普通高等教育"十五"国家级规划教材

分析化学教程

主编：李克安

编委：常文保　江子伟　廖一平
　　　李克安　李　娜　李元宗
　　　刘　锋　刘虎威　叶宪曾
　　　张新祥　赵凤林　庄乾坤

北京大学出版社
PEKING UNIVERSITY PRESS

图书在版编目(CIP)数据

分析化学教程/李克安主编. —北京:北京大学出版社,2005.5
(普通高等教育"十五"国家级规划教材)
ISBN 978-7-301-08146-4

Ⅰ.分… Ⅱ.李… Ⅲ.分析化学-高等学校-教材 Ⅳ.O65

中国版本图书馆 CIP 数据核字(2004)第 129909 号

内 容 简 介

本书为普通高等教育"十五"国家级规划教材,是北京大学分析化学课程教学组诸多知名教授多年教学、科研及教材编著经验的结晶。

本书从分析化学的系统性出发,将经典化学分析和现代仪器分析结合在一起介绍。全书包括概论篇、化学分析篇、分离分析篇、光学分析篇、电分析化学篇、其他分析方法篇及附录等 7 大部分,共 29 章,涵盖了当今分析方法的绝大部分。与以前的同类教材相比,根据学科的发展新增了分析测试的质量保证、生化分析、环境分析、有机元素分析、流动注射分析、放射化学分析、毛细电泳法、超临界流体色谱法等新的分析方法。如此编排,既能让学生了解各类各种分析方法的原理、步骤、要求和应用范围,又能了解分析化学研究和应用方面的新进展。

本书可作为普通高等院校及师范类院校化学、生物、医学等专业的本科教材,也可供相关人员学习参考。

与本书出版的同时,化学分析内容的电子版(Power Point)课件(CD 版)也正式推出。这些课件不完全拘泥于本书的内容,可供教师上课使用,也可供学生自学使用。

书　　　　名:	分析化学教程
著作责任者:	李克安　主编
责 任 编 辑:	段晓青　郑月娥
封 面 设 计:	林胜利
标 准 书 号:	ISBN 978-7-301-08146-4/O・0623
出 版 发 行:	北京大学出版社
地　　　　址:	北京市海淀区成府路 205 号　100871
网　　　　址:	http://www.pup.cn
新 浪 微 博:	@北京大学出版社
电 子 信 箱:	zye@pup.pku.edu.cn
电　　　　话:	邮购部 62752015　发行部 62750672　编辑部 62767347　出版部 62754962
印 刷 者:	北京宏伟双华印刷有限公司
经 销 者:	新华书店

787 毫米×1092 毫米　16 开本　49 印张　1223 千字
2005 年 5 月第 1 版　2022 年 1 月第 7 次印刷

定　　　　价: 99.00 元

序　言

　　分析化学是化学的分支学科,它具有悠久历史,同时发展也十分迅速,尤其是近几十年内,无论在方法上还是应用上都经历了最大的拓展。分析化学是建立在化学、物理学、数学、生物学、电子学和计算机科学技术之上的一门边缘的和交叉性学科,已经成为一个独立的学科分支——一门关于物质的信息科学。欧洲化学联合会对分析化学作了如下定义:分析化学是发展和应用各种方法、仪器和策略,以获得有关物质在空间和时间方面组成和性质的信息科学。

　　分析化学可以分为化学方法和物理方法两大类,在很多情况下,两种方法的区分并不那么清楚和明确,有时甚至完全融合在一起。经典分析化学是以无机物分析为基础的,而如今的分析化学研究对象已大大拓展到有机物、药物和生命物质等几乎所有的物质领域,它所要解决的问题不仅是测定组成物质的成分(定性分析)、各种成分的含量(定量分析),还要解决物质的各种组成的结合方式及其与性质的关系(结构分析,形态分析)。分析化学要解决从常量水平到微量水平甚至超痕量水平的物质的分析方法,从而让人们知道物质世界组成的真理,以适应今天的科学、生产和生活的实际需要。今天的分析化学对推动我们这个社会未来发展的责任比以往任何时候都大。

　　根据北京大学分析化学课程教学组的调查研究,分析化学作为一个独立的分支学科应无疑义,将化学分析与仪器分析作为一个学科整体进行教学具有实际意义。这样做的好处是:能使学生获得整体的分析化学概念、原理,系统地了解分析化学知识和解决各种问题的方法,根据样品的来源和目的,设计合理的分析测定方法步骤并对结果给出恰当的评价。值得提出的是,当前乃至今后相当长的一段时期内,随着生命科学、材料科学以及环境保护的进展,分析化学的研究和实践担负着前所未有的大量任务,面临着严峻挑战,可以说没有分析化学的发展进步,这些人类最关心的领域的发展进步是不可能的。

　　1984 年北京大学分析化学课程教学组推出第一本教材《定量化学分析简明教程》(第一版,由彭崇慧、冯建章、张锡瑜编;由原作者授权,由李克安、赵凤林修改于 1997 年出版第二版,北京大学出版社),1993 年推出将化学分析和仪器分析实验合在一起的《基础分析化学实验》(第一版,北京大学化学系分析化学教研室编;第二版于 1998 年出版,北京大学出版社),1997年推出《仪器分析教程》(北京大学化学系仪器分析教学组编,北京大学出版社),同时还推出几本教学参考书。2001 年由北京大学和吉林大学的老师们共同努力,欧洲版权威教科书《分析化学》(R. Kellner, J. -M. Mermet, M. Otto, H. M. Widmer 等编著;李克安,金钦汉等译,北京大学出版社)得以翻译出版。现在,北京大学分析化学课程教学组的老师们在以前工作的基础上,提出新编一本教科书,此教材先被北京大学教材建设立项,继而又被国家“十五”规划教材建设立项。

　　国内外出版的分析化学教材众多,要编写出一本既适合教学需要,又能反映分析化学进展的有特色的教科书,实属不易。几经斟酌,本书从分析化学的系统性出发,将经典的化学分析和现代仪器分析结合在一起,既让学生了解各类各种分析方法的原理、步骤、要求和应用范围,又能了解分析化学研究和应用方面的新进展。与以前的教科书相比,本书增加或强调了以下内容：

(1) 绪论部分，增加了许多有代表性的事实，说明分析化学在社会进步和人类生活方面的重要现实意义，具有启发性。

(2) 为强调分析测定的质量，在分析测定的统计学处理部分增加了质量保证的内容。

(3) 鉴于生命科学的发展和需要，增加了生化分析一章。

(4) 鉴于环境监测和环境保护对人类生存的重要性，增加了环境分析一章。

(5) 有机元素分析是有机物分析的重要手段，本书作了一个简单介绍，并且与热分析共同组成一章。

(6) 由于流动注射技术已成为常规分析手段，本书增加了流动注射分析一章。

(7) 利用核科学技术进行分析测定是分析化学的重要方面，本书增加了放射化学分析一章。

(8) 将分离方法（包括化学分离法和经典色谱法）归入分离分析篇，同时在色谱一章增加了毛细管电泳法和超临界流体色谱法。

(9) 介绍了电路与测量的基本知识和微机在分析化学中的应用。

本书在介绍各种分析方法之后，介绍了运用这些方法综合解决实际问题，以提高学生解决实际问题的能力，如解决环境、生命和健康等领域的分析测定问题。教学中，教师也可以结合所教专业的实际，加以选择和扩充。与本书出版的同时，电子版（Power Point）课件（CD版）也正式推出，内容包括绪论、化学分析法、误差和数据处理、分光光度法以及化学分离法等。其他部分的内容将拟做进一步整理修改后出版。这些课件不完全拘泥于本书的内容，可供教师上课使用，也可供学生自学使用。

参加本书编写的人员有常文保（第1,27章），叶宪曾（第2,9,11,14,15,17～21,25章），赵凤林（第3,4,23章，附录），刘锋（第5,6,10章），李娜（第7,12章），刘虎威（第8,24章），廖一平（第13章），张新祥（第16,22,24,28,29章），庄乾坤和江子伟（第17～21章），李元宗（第26章），江子伟（第28章），李克安（序言，第29章，附录）。叶宪曾仔细阅改了仪器分析部分；刘锋仔细阅读了化学分析部分；赵凤林做了大量的编务工作；张新祥编制了索引部分；李克安着重修改了绪论、数据处理、化学分析分离和部分光学分析法，并对全书进行了策划和统稿。

本书在编写出版过程中得到北京大学和北京大学化学学院分析化学研究所的老师们的鼓励和帮助；曾从事过分析化学课程教学并帮助过我们的所有老师们，为我们的教学和教材建设打下了坚实的基础；北京大学出版社的段晓青编审、郑月娥编辑对书稿的审校和加工，付出了辛勤的劳动。为此，在本书出版之际，对他们表达我们由衷的感谢。

限于我们的学识和水平，本书的缺点和错误在所难免，恳请读者批评指正。

编　者

2004 年 6 月于北京大学

目　　录

概论篇

第1章 绪 论

历史表明,那些取得重大科学发现的科学家,他们对研究的目标有着深刻的认识,对工作有着极大的兴趣和热忱,对结果抱有极大的希望。一个具有创新能力的人所应具备的重要品质就是兴趣和自信心,缺乏创造力主要是由于缺乏兴趣,兴趣是创新的推动力。兴趣的产生首先依靠对学科的了解和认识。

1.1 分析化学概述

1.1.1 何谓"分析化学"?

"分析化学"的定义是一个发展、变化着的概念。早在1894年,F. W. Ostwald(奥斯特瓦尔德)曾指出,"分析化学,即鉴定各种物质和测定其成分的技术,在科学的应用中占有显著地位。因为,为了科学和技术的目的而应用化学过程的任何场合,都会出现用分析化学才能解答的问题"。20世纪50~60年代的教科书中,则称分析化学是研究物质的组成的测定方法和有关原理的一门科学。按照任务的不同,分析化学可分为定性分析和定量分析两个部分。定性分析的任务是确定试样由哪些组分(元素、离子或化合物)组成的,定量分析的任务则是测定物质中各组分的含量,或确定物质中各组成部分的量的关系。例如,物质组成的质量分数,溶液的浓度等等。到了20世纪90年代,则将结构分析归入了分析化学。国家自然科学基金委员会发布的分析化学学科发展战略调研报告中,称"分析化学是人们获得物质化学组成和结构信息的科学"。欧洲化学协会联合会给出的分析化学定义为"分析化学是一个发展和应用各种方法、仪器和策略,以获得物质在特定时间和空间有关组成和性质信息的科学分支"。目前,人们的共识简单表述是:分析化学是测量物质的组成和结构的学科,也是研究分析方法的学科。在化学的各个分支学科中,分析化学的特点就在于:它不是直接提供和合成新型的材料或化合物,而是提供与这些新材料、新化合物的化学成分和结构相关的信息,研究获取这些信息的最优方法和策略。今天,我们认识到分析化学是通过化学测量提供化学信息的科学这一结论,反映了分析化学的新发展。显然,成分分析早已不能满足要求了,科学技术的发展,要求进行价态分析、形态分析、结构分析、成分分布分析;要求作微区分析、表面分析、三维立体分析等等。分析化学家的职责不仅仅是提供一张冷冰冰的分析结果报告单,提供一堆数据,而且要提供有效的、具有统计意义的信息,以及对"问题"做出有前瞻意义的决定。分析化学家应当科学地解释所获得的结果和信息,参与决策,一开始就应该成为解决实际问题的队伍中的成员。

1.1.2 化学分析与仪器分析[①]

化学分析法是以化学反应为基础,依据实验测定的重量或体积,利用化学计量关系来确定

---

① Charles M. Beck Ⅱ, *Anal. Chem.*, 166(4), 224A~239A(1994)

试样中某成分含量的方法。化学分析法分为重量分析法和滴定分析法。该法历史悠久,是分析化学的基础,故又称为经典分析法。

化学分析法有以下特点: ① 重量法不需要标准物质,只要求沉淀的形式与其化学式一致。对滴定分析法来说,关键是指示剂能正确指出终点,滴定反应的方程式计量关系成立就可以了。② 分析的准确度高。有经验的分析工作者做到 $0.1\%\sim0.2\%$(相对误差)并不困难,适合于常量组分(被测组分的含量 $>1\%$)的分析。③ 该法灵敏度低,不适于微量成分分析。④ 不够快速和简便,比较耗时。但随着电子天平、微波炉、自动加液装置的引入,已大有改观。

化学分析法在吸收、融合各学科的最新成果基础上,特别是在相对原子质量、元素周期律以及物理化学中的溶液理论的支持下发展起来,到了 20 世纪 30 年代,在解决工农业和科学技术的难题中日臻完善,使化学分析从一种技术发展成为一门科学,在历史上做出了贡献。举例来说:

1. 建立了一大批适合于不同物质的分析方法和分离技术

19 世纪以来,各国处于工业革命的高潮中,冶金、采矿、纺织、印染、化工等行业飞速发展,地质部门进行着大规模的勘探和普查,这就给分析化学提出了成千上万的新课题。就以钢铁冶炼来说,首先铁矿要作分析,不仅要分析铁的含量,而且要分析各种杂质,尤其是 S、P 的含量,其次要分析焦炭、萤石等等,还要建立起与铁水预处理、转炉吹炼、铸锭等等相应的分析方法;不仅要求分析快速,要求及时反映过程的变化,而且期望依靠分析数据判断冶炼的终点,至于钢铁产品的分类等,当然就只能依靠分析结果的裁决了。

历代的金属检验都是一大难题。例如,对黄金的纯度鉴定,我国早有“七青八黄九紫十赤”的说法。古罗马人用划痕颜色和深度来判断成色。关于金矿含量的测定,对于判断有无开采价值极为重要。火试金分离重量法在“旧约”书中就有记载。其实验方法是直接吸收了冶炼金矿石的生产经验,将提炼方法缩小规模和简化:将金矿试样与碳酸钠、硼砂、氧化铅、面粉混匀,放入泥质坩埚中,高温下熔融,金、银与铅形成合金(铅扣)沉入底部,经氧化熔炼(灰吹)去铅,得金银合粒,以硝酸去银得纯金粒,可直接称重。该法至今仍为国际通用的标准方法。后来,发展了一系列测定金的滴定法,例如碘量法、氢醌法、硫酸高铈法等等。由于该法测量范围广,方法的条件较宽容,操作易于掌握,滴定法目前是国内测定金普遍采用的方法。但该法选择性不够高,对地质、冶金产品,通常均需要预先富集分离。最成功的当属活性炭富集分离法,不仅简单快速,而且分离效率高,回收率可达 99%。

2. 设计、创制了一大批实验器具

J. J. Berzelius(贝采里乌斯)是一位备受赞誉的分析化学家,他致力于相对原子质量测定 20 余年,在他的名著《化学教程》(1841 年)中,详尽介绍了天平、坩埚、干燥器、过滤器、滤纸等等,他使用了天平,最小的砝码(游码)为 5mg,载重 10g 时的灵敏度为 1mg。他提出了银坩埚、铂坩埚的正确使用及清洗方法,提出了漏斗的锥角为 60°时过滤最快。曾编辑出版了全世界最早的分析化学杂志的 C.K. Fresenius(伏累森纽斯)在 1846 年的《定量分析教程》中,介绍的天平灵敏度已达 0.1mg。同年,铜制活塞玻璃滴定管被法国 E.O. Henry(亨利)发明不久,就演化成为玻璃磨砂活塞的滴定管。1855 年,提出银量法的 Mohr(莫尔)介绍了用剪式夹控制流速的滴定管,即现在使用的碱式滴定管。1886 年他出版了《化学分析滴定法专论》。1894 年,F.W. Ostward 出版了专著《分析化学科学基础》。该书认为,分析化学在化学发展为一门科学的过程中起着关键作用。至此,化学分析法已经日趋成熟。

3. 为基本化学定律的确立做出了贡献

18～19 世纪，一大批化学家，如 A. Lavoisier (拉瓦锡)，H. Cavendish (凯文迪许) 等等，对化合物的性质、结构和化学反应的基本规律进行了定量的研究，竭力想在化学中应用数学方法进行定量的描述，并先后提出了酸碱当量定律、倍比定律、定组成定律以及质量作用定律等。但由于这些定律提出之时实验不够精确，定量分析的误差较大，缺乏足够的说服力，故这些定律的建立大都经过了几十年甚至上百年的争议和辩论，直至 19 世纪中叶，由于定量化学分析的发展，能够提供足够精确的实验数据之后，才能真正为大家所接受。例如定组成定律，早在 18 世纪末已经提出来了，1799 年法国化学家 J. L. Proust (普罗斯) 明确地阐述了这一定律，"两种或两种以上元素相化合成某一化合物时，其重量之比是天然一定的，人力不能增减"。但遭到了法国化学界的权威 C. L. Berthollet (贝托雷) 等的激烈反对，直至 1860 年，比利时的杰出分析化学家 J. S. Stas (斯达)，为了确证定组成定律，设计了一系列实验方案，做了大量的精密的分析实验：他用 5 种方法制备了金属银，然后称出相同量的银以酸溶解，再以 $NaCl$ 分别沉淀，结果发现，所消耗 $NaCl$ 的量对平均值的偏差不超过 0.002%（表 1.1）；另外，他用不同的方法制得的 NH_4Cl 来沉淀相同质量的纯银，所消耗的 NH_4Cl 量对平均值的偏差不超过 0.004%（表 1.2）。这些高度精确的实验结果说服了各国科学家，结束了长达 80 年的关于定组成定律的辩论。

表 1.1 Stas 的氯化银试验（一）

制银的方法	相同质量之银溶解后，用 $NaCl$ 沉淀为 $AgCl$，所需 $NaCl$ 之相对量
(1) 用氢氧吹管蒸馏	(1) 100.00
(2) 电解 $AgCNO$	(2) 99.998；99.999；99.997
(3) 用乳糖还原 $AgNO_3$	(3) 99.994；99.995；99.999
(4) 用亚硫酸还原 $AgNO_3$	(4) 99.997
(5) 用 Na_2CO_3-$NaNO_3$ 熔融 $AgCl$，使之分解还原	(5) 99.995
(6) 用木炭和石灰与氯化银同热 使之还原	(6) 99.991

表 1.2 Stas 的氯化银试验（二）

$AgCl$ 的制取方法	100 份银所需 NH_4Cl
(1) 用盐酸及冷氨水合成，在常温下沉淀 $AgCl$	(1) 49.600；49.599；49.598
(2) 将 NH_4Cl 在常压下升华提纯，在常温下沉淀 $AgCl$	(2) 49.598；49.597；49.598
(3) 将 NH_4Cl 在常压下升华提纯，在 120 ℃下沉淀 $AgCl$	(3) 49.597；49.598；49.602
(4) 将 NH_4Cl 在真空中升华提纯，在常温下沉淀 $AgCl$	(4) 49.598；49.592
平均 = 49.598	

4. 新元素的发现

19 世纪化学分析所取得的一系列成就，特别是化学分离方法、系统分析法的进展和元素性质的鉴别知识的积累，为探寻新元素，尤其是那些分散的和难以分开的性质极其相近的新元素，提供了条件。以致 19 世纪成为发现新元素最多的世纪，有近 50 种之多。此处举两例以说明分析化学在新元素发现中的巨大作用。一为铬的发现。L. N. Vauguelin(沃克兰)是法国的矿物分析教授。1796 年,他对"西伯利亚红铅矿"(实为铬酸铅矿)矿石进行分析,证明其中有过氧化铅、铁、铝等;但一位俄国化学家 Bindheim(平特海姆)也分析了该矿石,认定其成分为镍、钴、铁、铜和钼酸。显然,这两人的结果相差太大。为了解决这一难题,1797 年 Vauguelin 再次分析了同一样品。他用碳酸钾与矿粉同煮,得白色 $PbCO_3$ 沉淀和黄色溶液(K_2CrO_4)。向该黄色溶液中加入汞盐,产生红色沉淀;加入铅盐,得黄色沉淀;加入 $SnCl_2$,溶液呈亮绿色($CrCl_3$)。于是,他确信黄色溶液中含有一种新元素。次年,他将黄色滤液蒸干,与木炭混合在高温下获得了灰色针状的金属,遂命名为 Chromium(铬),意为"美丽的颜色"。二为镉的发现。镉由德国革丁根大学化学兼药学教授 F. Stromeyer(斯特罗迈尔)于 1817 年发现。他将西里西亚产的碳酸锌焙烧,以制备配药用的白色 ZnO,但产物却为黄棕色,当然不合格了。而医药顾问 Roloff(诺罗夫)将 $ZnCO_3$ 用硫酸溶解,通入 H_2S,析出了黄色沉淀,认为是硫化砷,故认定 $ZnCO_3$ 中含剧毒物质将其全部没收。但 Stromeyer 怀疑这一结论。他将硫化物沉淀滤出,充分洗涤之后,以浓 HCl 处理,结果沉淀全部溶解了。因为若是硫化砷当不溶于酸,从而否定了 Roloff 的结论。他进而将盐酸溶液蒸干,残渣以水溶解,再加碳酸铵,使原沉淀中的 Zn 盐和 Cu 盐全部溶解。但留下了一些白色沉淀($CdCO_3$)。他将此白色沉淀洗净,再焙烧成氧化物,结果仍得黄棕色粉末。于是,他判断西里西亚产的 $ZnCO_3$ 中含有新元素,命名为 Cadmium(镉)。

　　到了 20 世纪 30 年代后期,由于工农业和科学技术,特别是生命科学和环境科学的突飞猛进,发现极微量的化学物质,甚至是 ng 级或更低,就足以对材料、环境、健康产生巨大的影响。因此,对分析化学不断提出新的更高的要求,推动分析化学突破了经典分析为主的局面,开创了仪器分析的新阶段。首先是半导体材料的发展,不仅要求测定含量为 $10^{-4}\%\sim10^{-8}\%$ 的杂质,而且要求在分析测试的参与下,如何"掺杂"制备出符合要求的半导体材料、原子能工业中的反应堆材料以及其他高纯材料;天然产物研究、新化合物的合成、复杂物质的"剖析"等等,都要求进行多组分的分离和结构测定;生物医药和临床诊断则要求对生命物质,如酶、蛋白质、糖等等进行分析。凡此种种,都是经典分析方法无能为力的。好在分析化学是化学领域中交叉、渗透性最强的学科,它成功地、不断地在汲取化学、物理学、生物学、电子学、医药学等相邻学科的新成就。例如各种光源、光栅和棱镜、光电池和光电倍增管,X 射线衍射,电解理论,质谱技术,光谱技术等等,先后建立起了发射光谱法、吸光光度法、原子荧光法、极谱法、红外光谱法、核磁共振波谱法等等一系列仪器分析方法。仪器分析方法的特点是: ① 适用于微量和痕量组分的测定,其灵敏度很高。② 不能给出高精密度和高准确度的结果,一般准确度为 1%～5%。因此,一般不适于常量分析。③ 几乎所有的仪器分析法都是比较法,需要标准物质作参照。④ 一般说来,仪器分析设备费用较高,一次性投入较大。⑤ 仪器分析简单、快速、易于实现自动化。

　　综上所述,化学分析与仪器分析各有优缺点,各有适用范围,理应相互配合,发挥各自优势。若将两者联用,可以涵盖成分为 100% 甚至到 1 个原子的所有范围。但只有仪器分析可进行结构测定。化学分析是分析化学的基础,是常量分析的惟一方法。由于科学技术的进步及研究对象的变化,人们又需要研究生命、材料、环境诸方面的难题,从而对痕量分析和复杂体系分析提出了更高的要求。因此,仪器分析的发展前景广阔,代表了分析化学的发展方向,教学上也应予以倾斜。

1.1.3 分析化学的社会责任

在国务院学位委员会办公室与教育部研究生工作办公室合编的《学科专业简介》中指出，分析化学"不仅给各个科学领域和生产部门提供新的检测方法，直接为国民经济、国防建设及社会生活的众多领域(如医疗卫生及环境保护)服务，而且影响着社会财富的创造、人类生存(如环境生态)和政策决策(如资源、能源开发)等重大社会问题的解决，其发展是衡量国家科学技术水平的重要标志之一"。分析化学家一直都在致力于采用最新的科学技术成果，研制最好的分析方法和最新型的分析仪器，以解决社会生活、科学研究和工农业生产提出的分析难题。可以说，当代科学领域的所谓"四大理论"(即天体、地球、生命、人类的起源和演化)以及人类社会面临的"五大危机"(即资源、能源、人口、粮食和环境)问题的解决，都与分析化学密切相关。但要想全面地叙述分析化学在各个领域的作用显然是十分困难的事情。我们只能择要举例。

1. 分析化学与工农业生产

分析化学在工业生产中的重要性主要表现在原料、产品的质量检验和工艺流程的控制。市场的竞争就是产品质量的竞争。生产过程质量控制分析是保证产品质量的关键。美国每年用于产品质量控制的分析测试费用高达 500 亿美元，每天要进行 2.5 亿次分析测试，控制着全国 2/3 产品的质量。严格的分析使其大多数产品稳定在一流水平。作为国家经济命脉的石油和石油工业的发展，需要对原油的质量、组成、密度、粘度、相对分子质量分布等做出准确的分析。石油中碳氢化合物的类型、卟啉等复杂的化合物、石油中的金属以及添加剂的测定，对石油基地的建设和石油资源的综合利用，都具有极为重要的作用。在进出口贸易中，表明商品分析检验结果的"商检证书"，就是一张入关的通行证。分析检测也是商品进出口贸易的"仲裁者"。当有必要采取起诉、没收、禁运或其他法律手段时，就必须有分析结果作其依据。在农业方面，除农产品质量检验，涉及蛋白质、糖类、脂肪、淀粉、维生素、纤维素、酶以及各种农药残留和有害元素分析外，农业用水及土壤分析对指导农业生产也十分重要，这是众所周知的。

2. 分析化学是科学技术的眼睛

分析化学给人们提供有关物质的表面、内层、微区，甚至动态的组成和结构的信息，是科学探索和发现的基础。科学实验是检验理论的标准，而科学实验必然要进行一系列精密准确的分析工作，这就需要科学的分析测试体系来保障。居里夫人在发现镭和钋的过程中，从仅含镭千万分之三、含钋不超过亿分之一的沥青铀矿中，经过 45 个月的提纯分离，仅提出了 100 mg 的氧化物，经历了 5000 多次艰苦细致的分析测试，才完成了划时代的发现。另一个分析化学推动科学技术进步的事例是人类基因组计划的提前完成。早在 1990 年，在 DNA 双螺旋结构的提出者 Watson(华森)博士推动下，美国制定了世界上最庞大的人类基因组项目：计划在 15 年内，投资 30 亿美元，完成人类基因组全部 DNA(脱氧核糖核酸)测序、定位和遗传学研究。基因是具有遗传功能的单元，其遗传信息存贮于 DNA 片段的 4 种碱基(鸟嘌呤、胞嘧啶、胸腺嘧啶、腺嘌呤)序列中。因此，人们形象地将 DNA 碱基序列称为遗传密码，人体约有 3 万个基因，30 亿个碱基对。若将测定好的 30 亿个碱基对编辑成书，将相当于 200 本电话簿(1000 页/本)。这将揭示人类遗传的秘密，容易地查出遗传疾病的基因，使得人类在分子水平上全面认识自我。这一重大项目给分析化学带来了前所未有的机遇和挑战。由此，生物分析化学被列为 10 个热门生物技术领域之一。为了完成这一项目，当务之急就是必须发展快速、灵敏、准确、廉价和自动化程度高的测序方法。否则，按 20 世纪 90 年代初的分析化学水平，100 台自动测序仪同时工作需耗时 300 年才能完成预定目标。1993 年修改了计划,明确规定以后 5 年,每年经费的一半(1 亿美元)要用于研究和开发 DNA 测序新技术。毛细管电泳方面的分析化学家们投入了巨大的热情,发展了 4 种荧光试剂标记及激光诱导荧光检测的自动化 DNA 测序方法,完全取代了放射性同位素标记及自辐射显影的手工测序方法;发展了新的毛细管凝胶电泳方法,研制出了 96 支毛细管阵列的 DNA 测序仪,使分析测序速度提高了数十倍,从而保证了该项目的提前完成。2000 年 6 月 26 日,美、英、中的国家领导人同时宣布历时 10 年的人类基因组计划的完成,并将这一计划与阿波罗登月计划相提并论。不久,我们将会看到一份描述人类自身的说明书,这是一本完整地讲述人体构造和运转情况的指南。届时危害人类健康的 5000 多种遗传病以及与遗传密码相关的癌症、心血管疾病、高血压、糖尿病、精神病等等,都可以得到早期诊断和治疗。例如癌症是严重危害人类身体健康的恶性疾病,关键在于早发现、早诊断、早治疗。医学研究发现,癌症病人的体液及病理组织中某些物质的含量异常,可作为癌症标志物,如甲胎蛋白(AFP)、癌胚抗原(CEA)、异位激素(ACTH)、前列腺特异抗原(PSA)等等。因此,快速测定这些癌症标志物,具有非常重要的临床意义。分析化学与科学研究关系的另一重要方面是航天高新技术。1969 年 7 月 20 日,两名美国宇航员第一次将人类的足迹印到月球上,他们从相隔很远的 6 个地点挖了一些月面物质带回了地球,给航天专家与分析化学家带来了惊喜。这些样品足够分析研究多年,可增加人们对月球的认识和了解,特别是对月面物质化学成分的分析结果,对人们判断月球的形成,月球上有无生命存在的痕迹等等十分有益。后来,则发射了"月球勘探者"号探测器考察月球,它将 5 台科学仪器送上月球,在月球上寻找水源,测绘多种元素的分布等等,它不再"取样"送回地球,而将"信息"传回地球。目前,分析化学家研制了基于激光、红外光和 X 射线荧光分析的各种遥测仪器,安装在火星探测器上。

3. 分析化学是人民健康的技术保障

民以食为天,水是生命之源。今天,人们产生了新的困惑:我们该吃什么?该喝什么?食品和水的安全谁来为我们把关?先说水。水有井水、河水、湖水、自来水,由于水污染日益严重,人们渴望喝上安全水的心理促成了水市场的大发展。近年来推出了纯净水、矿泉水、太空水、磁化水、富氧水、电解离子水等瓶装水。试问,这些水就安全吗?它们就是人们盼望的"健康水"吗?再说食。食品安全问题,一是食品本身的营养价值和质量,二是食品在加工、运输、贮存、销售过程中的污染问题。这几年国内外出现了二噁英事件、毒酒案、毒大米事件等等,滥用添加剂已成粮食安全隐患。例如面粉中除了超标添加增白剂过氧化二苯甲酰(我国规定面粉中最大剂量为 $0.06\,\mathrm{g\cdot kg^{-1}}$)外,为获暴利,还以工业磷酸钙、滑石粉和"吊白块"为增白剂。"吊白块"为工业用漂白剂甲醛次硫酸氢钠($NaHSO_2 \cdot CH_2O \cdot 2H_2O$)的俗名,使用过程中分解产生甲醛,而甲醛的毒性人所共知。目前,国内外饲料中违禁滥用激素、抗生素的现象十分严重,尤其是添加"瘦肉精"(即羧甲叔丁肾上腺素,又称盐酸克伦特罗或克喘素),危害十分严重,豚鼠静脉注射半致死量为 $12.6\,\mathrm{mg\cdot kg^{-1}}$,人食后出现肌肉震颤、心悸、头疼、恶心等症状,还会加重心脏病、高血压、甲亢、青光眼等的病情。过去几年中,食品安全事件层出不穷,人为的化学污染引发的隐患呈扩大和加重趋势,国内外概莫如此。人们翘首以盼"食品卫生法"等有关法规的保护,而这些法规的贯彻执行的事实依据是准确、可靠的分析测试结果。

4. 分析化学是防伪打假的有力武器

这里说的假,一是指假冒伪劣产品,人们最恨的是假药;二是伪科学。我国为贯彻"产品质量法"曾举办过多次"质量万里行"活动。第一年即查处了价值 50 亿元的假冒伪劣商品。其中最突出的是周口地区某兽药厂特大假药案,该厂 6 年里制售人药 25 种,经分析检测,其中 21 种药物含量为零,只是一些淀粉、滑石粉的压片而已。某烟叶大省购买了几千吨钾镁复合肥,结果种的烟苗枯死了。分析检测证明,该"化肥"只是一些粗盐而已。某县黄金局局长在私宅制售黄金,他将 Cu、Sn、Au 和石蜡一同熔炼,冷却后以酸浸泡,将金块表层的其他金属溶去做成"金玉其外,败絮其中"的假金块出售给银行,银行只做"划痕"检验,即定成色收购,造成巨大经济损失。经分析检测,这些"金块"中 Au 的含量最高 61%,最低只有 16%。作为伪科学的大案,当属"水变油"为最。"水变油"的神话,始于美国(1874 年),日本在 1939 年闹腾过,到了 20 世纪 80 年代,我国有人鼓吹起"水变油",十余年间沸沸扬扬,骗取了数亿元资金。因为违背了物质不灭和能量守恒基本原理,我国科学家们斩钉截铁回应"绝对不可能"。他们提出了多种关于"水变油"的检验方案。其核心是双方(科学家们和"水变油"提出者)共同监督全过程的真实性,由中科院化学所派人取样 3 份,加封;1 份存入保险柜,2 份交石油化工科学院按"国标"测定燃料的物理化学特性和热值,并进行元素成分分析;将配制前的水及柴油样品送北京大学化学系分析化学成分;等等。但"水变油"提出者不敢应战。可见,分析化学是揭穿伪科学的"最高裁判"。

5. 分析化学是新药研究和应用的强力支撑

我国的药物研究,由仿制国外药物转向自己创制新药物。国家药品监督管理局发布了新药审批办法(1999 年 5 月起施行)。一个创新药物(一类新药)报批时,除需提交有关生产工艺、药效、药理、毒性的资料外,还需提供涉及分析化学的多种资料:确证化学结构或组分的试验资料;质量研究工作的资料,包括理化性质,纯度检查,溶出度、含量测定方法等;质量标准草案及起草说明,并提供标准品或对照品;稳定性研究的试验资料;临床研究用的样品及其检验报告书;药代动力学试验资料;等等。药物分析工作者要按药典要求,制定出新药质量标准,对性状进行描述,定出鉴别方法,再根据生产过程,考虑成品中可能含有的对人体有害的杂质,制定出杂质检查方法。新药的创新研究,给分析化学提供了创新的机遇。因为是首创药,结构是未知的,测定方法要求简单快速、准确可靠、易于掌握、便于推广,是一个很高的标准。在新药测定方法建立之后,进行稳定性试验和药代动力学实验,研究新药对光、温度、湿度及长期保存下的变化,给出数据;研究药物在动物体内各脏器的分布,给出血药浓度-时间曲线,测定血浆蛋白结合率,提供吸收速率常数、消除速率常数;等等。

近年来,国际上对天然药物日益重视,尤其看好中药。但是,由于中药化学成分十分复杂,单味中药材往往含有几百种化合物,有效成分难以确定。与合成药相比,中药材及其制剂的质量控制和安全性评价,就更为复杂和困难。但这又是中药现代化,中药走向世界的关键。近年来,药物分析工作者应用了红外指纹图谱、核磁共振图谱、质谱、DNA 指纹图谱等手段,进行中药材及其制剂的质控研究,取得了可喜的成绩,通过把握中药指纹图谱的特征,能够有效地鉴别中药的真伪优劣及产地,确保质量相对稳定。当然,中药的国际化和实现中药现代化,还有很长的路要走。

药物的质量好坏,最终要靠临床效果判定。事实证明,药物的疗效和毒副作用与用药剂量和给药方式密切相关。药物的药理作用强度取决于血药浓度而不完全取决于剂量。这是因为,药物进入体内至产生一定的血药浓度,其间要经过吸收、分布、代谢和排泄等过程,又由于各人的性别、年龄、病理因素、遗传因素等不同,因此,不同病人即使使用同一剂量的药物,也会引起很大的血药浓度差异。而血药浓度太高常伴随毒副作用,太低则无疗效。并非血药浓度越高治疗效果越好。血药浓度应控制在一定范围内,该范围称为有效血药浓度(治疗浓度)。借助于血药浓度的监测,可为临床用药剂量的调整提供科学依据,保证其安全、有效和合理用药,这就是近年发展起来的"治疗药物监测",又叫"给药个体化方案"。这里,关键和难点就是血药浓度检测方法的建立。由于进入血液中的药物浓度很低,波动范围很大,血液样品又不能大量采集,再加上血液成分复杂,药物要降解,还可能和血液成分结合等等,使得血液中药物成分的分析成为分析化学研究中的一大难题。分析方法必须足够灵敏和准确,因为人命关天。目前,已经确定治疗药物浓度的药物不过才几十种,治疗浓度范围大多在 $\mu g \cdot L^{-1} \sim mg \cdot L^{-1}$ 之间。治疗心脏病的地高辛仅为 $0.9 \sim 2.2 \mu g \cdot L^{-1}$。事实上,目前也只能是对药物剂量小、毒性大、有效浓度范围窄等情况,才开展血药浓度监测。

　　6. 分析化学是打击犯罪、侦破未知的科学

　　毒物和毒品分析,是与药(毒)理学、法医学密切相关的研究分离、鉴定毒物(如杀虫剂、杀鼠剂等)及毒品(如鸦片、海洛因、吗啡、大麻、可卡因等)的学科,其任务就是为侦查、审判毒杀、吸毒、贩毒案件提供破案线索和科学证据,并为中毒事件及临床抢救提供依据。例如某案,以氰化钾投毒,因为分析检出快速,及时使用了二巯基丙磺酸钠(DMPS)解毒,使死亡率大大降低。毒品分析的任务是检验可疑物质是否是毒品?是何种毒品?纯度如何?对吸毒者体液(主要是尿液)进行分析以判断是否吸毒。毒物和毒品分析是法庭科学的主要支柱,其特点是:检验对象情况复杂,而且样品量往往极微,分析对象往往未知,需要进行分离及测定极少量毒物,又要求快速、准确,鉴定结论具有法律责任,是分析化学研究的难点之一。物证分析技术也为侦破历史疑案做出了贡献。秦始皇陵内早有"以水银为百川江河大海,机相灌输"的记载。是否属实?以测汞仪测定了 125 900 m² 陵墓封土中汞的含量,发现了 1200 m² 的强汞异常区,而且土层越深,汞含量越高。估计陵墓中汞量约有 100 吨左右。从而为解开皇陵之秘迈出了一大步。伟大的英国科学家牛顿临终时,人们剪下了一缕头发留作纪念。现在,人们对他的头发进行了中子活化分析和 X-荧光分析,结果表明,牛顿头发中重金属铅、锑、汞和砷的含量非常高,这就揭开了牛顿晚年失眠、记忆力衰退、忧郁症和致死之谜,并进而推断,这是牛顿长期在实验室中加热金属、环境被严重污染的结果。

　　当前,分析化学应用研究的重点领域正在向医学、药物、生物工程等生命科学领域转移。"药品与食品安全工程",疾病的预防、诊断和治疗,反恐斗争等等向分析化学提出了越来越多的难题,这就要求分析化学家不断创新,充分采用各种高新技术(包括计算机技术、激光技术、纳米技术、芯片技术、光纤技术、仿生技术、微电子技术、生物技术等等),发展各种新方法和新仪器,以便实现在体、原位、实时、非侵入的方法进行检测,迎接分析化学面临的挑战。

1.2　分析测定过程

　　通常情况下,一项分析任务,从接题到结束,要经历的过程如下:首先是要明确分析的目标和要求,然后选择分析方法,再依次进行取样,样品的预处理,干扰的消除或分离,测定,结果的表示与评估,最后写出分析测试报告。

1.2.1　分析目的和要求

　　这是首先要向分析任务下达部门或送检人员弄清楚的关键问题,否则就无法起步。一定要

明确,要获取什么样的信息:是只要回答"有什么"(定性分析)和"有多少"(定量分析)就够了,还是指定分析某种成分是否存在,含量如何? 还是要求"全分析"抑或要求提供存在价态、存在形式的信息? 或者是要求作表面分析、分布分析、结构分析? 等等。这里侧重讨论成分分析。

1.2.2　分析方法的选择

当分析任务明确之后,要选择恰当的方法来实现,尚有诸多因素要考虑:首先要考虑本单位的仪器设备条件和人员水平、能力和经验;依据样品的性质,是有机物还是无机物? 稳定还是不稳定? 存在状态如何? 样品的量的大小等。结合方法的检出限、灵敏度和准确度,以及分析速度(是否要求尽快提供结果)选择方法。① 如要求测定的是常量组分,要求的结果准确度高,多选用重量法或滴定法。例如要求测定萤石中的钙含量、铁矿石中 Fe_2O_3 含量、硅酸盐中 SiO_2 的含量等。② 如要求测定的是微量组分,则主要考虑方法的灵敏度能否满足要求,例如分析半导体、超导材料、高纯金属中的痕量杂质,则主要选用原子吸收分光光度法、原子发射光谱法等等。③ 如测定对象是有机物或生命物质,问题要复杂得多,往往要求先行分离制备出纯品组分,再选择多种谱学手段综合运用,才能解决其组成和结构问题。④ 很多情况下需使用"联用技术",最常用的是将分离能力很强的色谱技术与质谱或光谱检测技术的结合,例如气相色谱-质谱(GC-MS)、高效液相色谱-质谱(HPLC-MS)、高效液相色谱-傅里叶变换红外光谱(HPLC-FTIR)等等。⑤ 有时会遇到一些特殊的样品,如航天样品、刑侦样品、考古样品,取样量大小受到严格限制,而且难以再次取样,样品十分宝贵,这就要求我们必须设计合理的分析程序,选择可靠分析方法进行分析。当然,是否要求从标准方法中选择以及费用等也得考虑在内。方法的选择是很难的一件事情,没有标准答案可以对号入座,在某种程度上,可能是全凭牢靠、坚实的分析化学基础和经验。

1.2.3　取样①

我们在实际工作中,遇到的分析对象种类繁多,有固体、液体和气体,有金属、矿石、土壤、食品、医药、血、尿、毛发等等;而分析对象的数量可以惊人的巨大,如一轮船矿石、石油可以上万吨;也可以是十分稀少,如天外来客(陨石、陨冰)、古代文物、体液(血液、脑脊液等等)。我们总不能将"整体"拿来作分析测定,也不能任意抽取一部分作分析。例如,某人从某矿场取了一块矿样要求作分析检验,就毫无代表性,分析结果也就毫无价值。在实际工作时,分析检验用的试样仅仅是分析对象的很小一部分,也许是整体的 10^{-8},甚至 10^{-10}。常常是只能称得几克(火试金分析可达 100~200 g)或毫克级试样。称取如此少的试样所得分析结果,要能正确地反映全体的平均组成,就要求该试样要具有代表性。试样(又称样品)的定义是:自整体中取出的可代表其组成和质量的一小部分。从整体抽出代表性的部分的过程就是取样。取样之后要按一定程序将取得的样品磨碎、研磨、过筛、混匀、缩分,直至取得足够分析测定和重复测定用的试样,这一过程称为制样。取样和制样通常由专门的科室完成。

取样分为选择性取样和客观性取样(随机取样)。在刑侦、食品、环保中,常常是依据投诉、检验性观察或其他线索针对性地取样,例如选取发霉的食品以确认黄曲霉毒素污染。又如,鼠

---

① 联合国粮农组织文件,倪京楠等译.食品检验的取样.北京:中国轻工业出版社,1991

害食品的取样,由于鼠尿具有特殊的荧光,从而可以指示从哪里取样。选择性取样方法常常用于提高有缺陷或低于国家标准产品的概率,为取得重要物证提供了机会。但通常都是进行客观性取样。客观性取样又称随机取样,即让分析检验对象中的每一部分都具有相同的概率选作样品。以下举例予以说明。

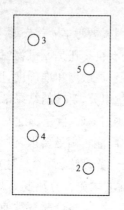

图 1.1 敞车取样模式
1 在车皮的中心处;2 在距车皮后门 1~1.5 m 和车皮一侧大约 0.5 m 处;3 在距车皮另一端 1~1.5 m 处和与 2 号点相对的车皮一侧大约 0.5 m 处;4 和 5 与 2 和 3 相同,只是尺码从相对的端点和侧壁量起

1. 地质矿样的采集和制备

例如在火车上采样,至少应在如图 1.1 的 5 点上扦取样品。取样要考虑到各点不同深度部位取样。经过长途运输,再加上颗粒大小密度不同,分布会很不均匀,这种取样模式可适用于卡车或小型驳船,这样扦取的样品,汇总起来,可能达上百千克或数十千克,而且很不均匀。样品的采集量可按经验公式计算:

$$Q \geqslant Kd^2$$

式中 Q 为采集试样的最低质量(kg),d 为试样中最大颗粒的直径(mm),K 为样品特性常数,可由实验求得,K 通常都在 0.02~1 之间。该式的意义就是,取样的最低质量与样品最大颗粒直径的平方呈正比。分析所需样品甚少。因此,取样之后要用机械方法将样品粉碎,然后经过过筛、混匀、缩分等步骤,制得均匀而有代表性的试样。为控制试样粒度一致,常采用过筛的方法。筛子一般以细铜合金丝制成,其孔径用筛号表示(表 1.3)。

表 1.3 标准筛的筛号与筛孔直径

筛 号	3	6	20	40	60	100	120	140	200
筛孔直径/mm	6.72	3.36	2.00	0.83	0.42	0.25	0.149	0.125	0.105	0.074

应当说明的是,该过程不能一蹴而就,要反复粉碎和过筛,直至全部通过某一定筛号的筛子,切不可随意丢弃,以免影响试样的代表性。实际过程中,常采用粉碎过筛与缩分同步进行,就是每经过一次破碎并充分混匀,将其堆成锥形,然后略为压平,通过锥台中心分为 4 等份,将任意相对的两份弃去,这样处理试样便减少了一半。缩分的目的是逐步让粉碎的试样量减少,但又不能失去其代表性。分析试样一般要求通过 100~200 号筛,从大量取样到最后制成 10~300 g 分析试样,送交分析人员。

2. 生物样品采集

生化分析的对象往往是来自生物体的血液、尿液、脑脊液、唾液、汗液、毛发等等。血液试样通常用注射器抽取。但临床血液检验方法和要求不同,所需血量相差可以很大,因此采集方法也不一样。最常用的是毛细血管采血法和静脉采血法。采好的血样有时需要除掉或抑制血液中的凝血因子,阻止血液凝固,为此需要将采好的血样立即注入盛有抗凝剂的洁净容器中。常用的抗凝剂有:枸橼酸钠($Na_3C_6H_5O_7 \cdot 2H_2O$)、乙二胺四乙酸二钠(EDTA-$Na_2$)、肝素、草酸钾($K_2C_2O_4$)等。尿液的组成和性状可直接反映机体的代谢状况,临床上常常通过尿液检查辅助诊断疾病。不同的检验项目有不同的收集方法。如人的首次晨尿为浓缩尿,适宜于作尿蛋白、

尿糖、绒毛膜促性腺素(HCG)等检测;随机标本尿适用于常规化验、隐血、酮体、胆红素等检测。运动员是否"服用"兴奋剂都是通过尿样分析来确定的。一般是比赛结束后 1 h 内,被选中的运动员必须到取样站报到,由专人伴随直到取得尿样。尿样至少 75 mL,一瓶装 50 mL,另一瓶装 25 mL,将两瓶密封、编号,再装入一袋中,再密封,冷冻保存,送往兴奋剂检验中心进行分析。由于事关运动员声誉,所以整个过程要求极为严格,以防止各种弄虚作假的行为。至于吸毒人员的认定或在戒毒所中的表现,大多也是通过尿液检验确认。因为留取尿样或毛发样比较容易为人们接受,尿样分析也比血液分析难度小一些。"凤毛麟角察全身",人的头发、指甲往往反映人体健康状况和营养状况。现代分析技术可以对一根头发逐段进行分析。20 世纪 80 年代,曾对拿破仑的头发进行了中子活化分析,发现头发中砷含量很高,而且头发根部浓度更高,从而判断是被人用砒霜投毒慢性毒杀的。

3. 食品检验的取样

送交食品卫生监督机构的样品是拒绝某批食品进入我国、禁止某种食品进入市场,或者是对制造厂商采取严厉措施的惟一依据。取样不当或样品采集量不够、样品采集中的错误、检验人员的人为污染等等都会影响分析结果,可能会导致不良食品滞留市场,从而危害民众健康。在制定取样计划时,应考虑的因素是:食品的种类、可能存在的问题性质(毒素、农药残留、细菌污染)及对人类健康危害的程度、假冒伪劣食品的可能性、接收或拒收的依据(有无掺杂,是否符合限量,是否符合成分标准,等等)、欲取样食品的批量(单位产品、罐头、小包等的数量)、所需分析结果的置信度,以保证检验的有效性。在一批欲取样食品的单位数量中,通常取样对象的数量为总数的平方根。如图 1.2 代表一批食品,共 36 箱,按顺序编号。36 的平方根为 6,故从 36 箱中随机选取 6 箱作为样品。随机选取 6 个箱子,可以有不同的方法。一种方法是,把 36 箱分别编号的纸条放在一个盒子里,振荡,任意抓取一张记下号码,再将那张纸条放回盒子里,以保证抽取的概率不变。重复上述做法,直到选取 6 个不同的号码。确定每个箱子有 36 个小包,应当在选出的 6 个箱子中每个取出 6 个小包。做法是:先把第一只箱子腾空,留下 6 个小包食品,再从其余 5 箱中每箱取出 6 小包食品,放回第一只箱子中,作为样品,然后将第一只箱子中取出的 30 小包食品,分别填满其余 5 个箱子,并将其重新封装好,加以标识,放回大批之中,这也是取样人员的一种职业道德。这种做法叫做"回填法"。

装在火车车厢或卡车车厢中的谷物的取样(图 1.2),常使用"扦筒"取样器(图 1.3),长约 2 m,上端有手柄,可开启或关闭扦筒。取样时呈开启状态,取样后关闭,抽出扦筒后,在一大块布上打开扦筒,倒出样品,布上便出现一小堆谷物样品,显示了车皮中不同深度的样品状况。

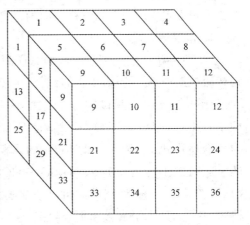

图 1.2 随机取样方法示例

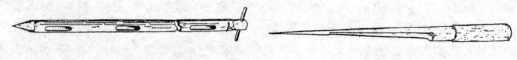

　　　　图 1.3　取样器示例：扦筒　　　　　　　　　图 1.4　锥形金属取样器

　　用于袋装的谷物、咖啡豆、调味料等食品的取样，常使用一种锥形金属取样器，俗称"袋贼"（图 1.4）。这种取样器可以在不搬动或不打开口袋的情况下扦取样品。

　　一般而言，对于固体或半固体样品，大多使用洁净而干燥的圆柱状广口瓶作为容器；对于液体样品，其容器除必须干燥和清洁外，其材质应能防水、防油，容器必须有严密的盖或塞子。这些容器和封盖绝不能影响样品的气味、pH、成分。合适的塑料袋也常用来取样，不过，带农药残留的样品不能用塑料袋或塑料容器。

　　采集的样品应予标识，如标记样品名称、采集厂商或库房名称、火车厢编号、采样人员和取样时间等。另外，液体和气体样品的取样还需用专门技术，此处从略。

1.2.4　溶样——样品的处理

　　在一般的分析测定中，大都需要事先将固体试样分解，制成溶液。试样的预处理是分析测试过程的重要一环，必须慎之又慎。试样必须分解完全，一定要确保待分析组分全部转入溶液中，而且要防止试样分解过程待测组分的挥发损失，也不能另外引入待测组分和干扰物质。需要说明的是，并不是所有的分析测定都需要溶样等预处理，如用 X 射线荧光光谱法进行无机组分的定性和定量分析，样品可不做处理；又如用红外光谱进行分析，固体样品只要研磨成细小颗粒（$1 \sim 2 \mu m$）就可以了，至于纯液体样品，可直接滴入两窗片之间形成薄膜后进行测定。但是，对于大多数分析方法，例如用重量法或滴定法测定常量组分，或用原子光谱法、分子光谱法等仪器方法分析微量组分时，常需要将样品转化成溶液方可进行。

　　常用的溶样方法分为溶解法和熔融法两种。溶解法根据样品在不同溶剂中的溶解情况可以给出很多重要的组成和结构方面的信息。常用溶剂有水、酸和碱。水为溶剂中的首选。

　　1. 溶解法

　　(i) 水溶法。能全部溶于水的试样为可溶性盐类，如硝酸盐、铵盐、醋酸盐、大部分的氯化物和硫酸盐等，对于不溶于水的试样，再依次进行酸溶或碱溶试验。

　　(ii) 酸溶法。利用试样的酸碱性、氧化还原性和形成络合物的作用使其溶解。常用的酸有 HCl、HNO_3、H_2SO_4、H_3PO_4、$HClO_4$、HF 和混合酸。混合酸往往具有比单一纯酸更强的溶解能力。众所周知王水（HCl 和 HNO_3 的体积比为 1∶3）能溶解 Au、Pt 等。常用的混合酸还有 H_2SO_4+HF、$H_2SO_4+H_3PO_4$、$H_2SO_4+HClO_4$ 等等。遇到难溶样品，可将浓酸或混酸与样品一起放入"钢弹"中加热。"钢弹"由不锈钢或聚四氟乙烯制成，可密封，既耐腐蚀又耐高温，又可维持腔内一定压力，分解效率大为提高。由聚四氟乙烯（特氟隆）制成的"消解罐"可放在微波炉中加热。为了提高效率，事先要进行条件优化试验，以确定微波功率、加热时间、压力大小等等。微波溶解样品，具有效率高、污染小和快速的优点。

　　(iii) 碱溶法。主要溶剂为 NaOH 和 KOH。此法常用来溶解两性金属 Al、Zn 及其合金，Al、Zn 等的氧化物、氢氧化物，以及 WO_3、MoO_3、GeO_2 等。

2. 熔融法

熔融法是将难以被水、酸、碱溶解的试样与熔剂相混合,加热至高温,利用发生的复分解反应,使试样的全部组分转化为易溶于水、酸、碱的钠盐、钾盐、硫酸盐、氯化物等。熔融法虽然分解样品能力很强,但操作条件难度大,会引入大量熔剂和杂质,包括使用坩埚材料的腐蚀。所以这种方法是不得已而用的方法。根据所用的熔剂又分为酸性熔融法和碱性熔融法。

(i) 酸性熔融法。常用的熔剂是 $K_2S_2O_7$(mp. 419 ℃)、$KHSO_4$(mp. 219 ℃)和 $(NH_4)_2S_2O_8$+NH_4F 等。该法常用于钛铁矿、铬铁矿、铝砂、镁砂、ZrO_2、TiO_2、Cr_2O_3、Fe_3O_4 等的分解。

(ii) 碱性熔融法。常用的熔剂是 Na_2CO_3(mp. 850 ℃)、K_2CO_3(mp. 890 ℃)、Na_2CO_3+K_2CO_3(1:1,mp. 700 ℃)、Na_2O_2+KOH(mp. 400 ℃)、$NaOH$(mp. 321 ℃)等。通过熔融将试样转化成易溶于酸的氧化物或碳酸盐等。Na_2O_2 是强氧化剂,又是强碱性熔剂,能将样品中的元素氧化成高价状态,能分解铬铁矿、钛铁矿、绿柱石、锆英石等高难熔性物质。Na_2O_2 又有很强的腐蚀性,故常用铁坩埚或镍坩埚。要确保试样中不存在有机物,以免发生爆炸。

3. 干式灰化法

为了测定有机试样或生物试样中的一些元素,需要将主体(基体)破坏,将待测元素转化为某一便于测定的状态。为此,常采用干式灰化法。通常是将样品放入马弗炉中加热,以空气中的氧为氧化剂使之分解,灰化。显然,该法会造成砷、硼、铅、汞、磷、锌等易挥发元素的损失。为克服此弊端,发展了氧瓶燃烧法,即将试样包在无灰滤纸中,用铂片夹住,放入充满氧气并盛有一定量吸收液的容器中进行,通电使试样燃烧分解,在吸收液中测定各元素含量。

1.2.5 分离、富集与掩蔽——干扰的消除[①]

干扰是指在分析测试过程中,由于非故意原因导致测定结果失真的现象(有意造成的失真称为过失)。干扰是由于样品中与待测成分性质相似的共存物质引起的,或者是某种外来因素给出与待测成分相同的信号响应,从而产生错误的结果。例如,天然水的硬度主要由钙盐和镁盐组成,它们的分别测定是水分析、硅酸盐全分析的常规项目。但不论用重量法、滴定法、光度法或离子色谱法进行分析,都面临着消除它们彼此间干扰的问题。又如,Zn、Cd、Hg 由于具有相似的发色功能,它们的吸收曲线彼此严重重叠,若不事先予以分离,难以用光度法测其分量;锆、铪、铌、钽、钼、钨之间由于性质相似,它们的纯化合物难以制备,它们的分别检测至今仍是分析化学中的难题。土壤提取物中,农药残留的各种有机氯、有机胂、有机磷类化合物几十种,由于彼此干扰,难用常规分析法测定,只能通过色谱或色谱-质谱联用技术才行。又如分析的对象是生物样品,如血浆、血清、组织匀浆等,其中含有的大量蛋白质是严重的干扰物。蛋白质在测定过程中能形成泡沫、浑浊或沉淀,还会污染仪器,与试剂反应等,如在色谱分析时,蛋白质会沉积在色谱柱上,不仅影响柱效,而且会阻塞色谱柱。所以生物样品的测定前一般都要进行去蛋白质处理。由此,不难看出,干扰是产生分析误差的主要来源。为了得到准确、可靠的分析结果,在进行测定之前,必须了解干扰情况并设法消除干扰。研究、建立的每一种新的分析方法,有关干扰的研究和讨论必不可少,而且干扰消除的难易、可靠与否,已成为对新方法评价的重要方面。问题在于,干扰情况千变万化,消除干扰并无一定之规,所以有人认为,"消除干扰是

---

① 周天泽. 化学分析测试中的干扰消除. 北京:首都师范大学出版社,1996

一门艺术",是分析测试最耗时费力的一环。消除干扰的主要方法是分离(富集)和掩蔽。

分离方法的应用目的是:分离基体成分,消除基体干扰;除去重要干扰成分或一般干扰成分;提取待测元素,特别是当待测成分含量低于预定测试方法的检出限时,通过分离可以进行富集,以改善测试效果。总之,通过分离,减少了杂质,富集了被测成分,降低了空白,可以大大提高分析的准确性。常用的分离手段是:沉淀、萃取、离子交换、蒸馏、离心、超滤、浮选、吸附、气相色谱、液相色谱、毛细管电泳等等。如何选择分离方法? 有一定的经验性和灵活性。要在工作经验积累和宽厚的知识基础上,综合考虑以下几个因素:① 测定的目的,是定性或是定量? 是成分分析或是结构确认? 是全分析还是主成分分析? ② 样品的数量、来源难易及某些组分的含量。大量样品中痕量成分的分离,首先要求进行萃取、吸附等富集方法,再行分离。③ 分离后得到产品的数量、纯化能否满足测定的需要。④ 分离对象和性质。如是亲水或是疏水,是离子型还是非离子型? 挥发性和热稳定性如何? 例如,亲水的、极性大的离子型化合物,一般可选择萃取、离子交换、电泳以及薄层色谱等。对于复杂体系,色谱方法当是首选,对挥发性、热稳定性好的,可考虑选择蒸馏或是气相色谱法。近年来发展快速的超临界流体萃取技术,具有传质速度快、萃取效率高、取样量少、无毒等优点,在复杂样品的预处理和制备规模的样品分离中应用效果甚佳。

掩蔽是分析测试中常用的消除干扰的有效手段,掩蔽作用的实质是改变干扰成分的反应活性,使其减小甚至失去与待测成分的竞争能力。为此,通常是向待测体系中加入"掩蔽剂"的方式,以改变干扰成分的存在形式。例如,使之转变成络合物或改变氧化状态。其原理就是,干扰离子和待测成分与掩蔽剂形成的络合物稳定性不同。理想的络合掩蔽剂是只和干扰离子形成稳定的络合物,而完全不与待测离子反应。实际工作中只能退而求其次。也可以同时使用多种掩蔽剂,例如用 EDTA 滴定 In^{3+} 时,加入 1,10-邻二氮菲络合 Ni^{2+},加入 KI 络合 Hg^{2+},加入硫脲还原 $Cu^{2+} \rightarrow Cu^+$ 并络合 Cu^+。在光度分析中,曾提出了不少以金属离子命名的试剂,如铝试剂、铍试剂、钙试剂、铜试剂、钍试剂等等。但它们大都是"盛名之下,其实难副"。例如,以铬天青 S 或以铝试剂测定 Al 时,化学性质相似的 Be^{2+}、In^{3+}、Ga^{3+} 等严重干扰,Fe^{3+}、Cu^{2+}、Co^{2+} 也形成有色络合物干扰测定。为此,可加入乙酸钠掩蔽 Be^{2+}、In^{3+}、Ga^{3+},加入抗坏血酸还原 $Fe^{3+} \rightarrow Fe^{2+}$ 以掩蔽铁,加入硫脲掩蔽铜。由于加入乙酸钠的量甚大,测定 Al 的灵敏度也受到了一定影响。利用反应速率差异也可以用来消除干扰。其原理就是设法降低干扰离子与试剂的反应速率。例如,以 EDTA 滴定 Sn(Ⅳ) 时,Cr(Ⅵ)干扰。若将 Cr(Ⅵ)还原为 Cr(Ⅲ),同时,保持室温下滴定,由于 Cr(Ⅲ)与 EDTA 的反应需几十个小时才能完成,故其干扰实际上已经消除了。由以上举例不难看出,掩蔽可以看做是"均相分离",它既未从体系中除去任何成分,也不生成新相。它只是将干扰成分的有效浓度降到对主反应的影响可以忽略的程度。当然,掩蔽剂选择时还应考虑到,掩蔽反应的生成物最好为无色、溶于水、不应引起新的副反应以及掩蔽剂适用的酸度范围等因素。

由于干扰情况非常复杂,尽管进行了分离或掩蔽,甚至做了仪器校准,做了空白试验等等,仍不一定能取得预期的效果。这时,我们还可以采用标准物质和标准分析方法进行对照分析,综合消除干扰的影响。例如,将实际样品与标准物质在同样优化好的条件下测试,当标准物质的测定值与标准物质的标准值一致时,可以认为该测定结果可靠;若无标准物质,可选用标准方法进行测定,以确定其可靠程度。尤其在痕量组分的分析中,如采用分光光度法、原子吸收法、电化学分析法和色谱法等等,校准曲线法和加标回收法是消除总体干扰、对待测结果做出最佳估计的重要方法。值得说明的是,校准曲线不可一劳永逸,校正曲线的斜率常常变化,最好是在每次测定时同时绘制校准曲线。

1.2.6　分析测定结果的表示

对样品的来源、用途及性质考查之后,经过取样、分解试样、分离和富集、选择适当的分析测定方法(标准方法或自行设计的方法)测定之后,要对测定结果进行表达,并填写分析结果报告单。分析结果的表示可以多种多样,但不可任意。为了进行比对,大家取得共识,在符合国家有关规定的前提下,要考虑送样部门要求,进行科学的表达。

被测组分含量的表示,首先要确定被测组分的化学形式。可以是以元素形式表示,如 C、H、O、Fe、Cu 等;可以是氧化物形式,如 CaO、Fe_2O_3、SiO_2 等;也可以是离子形式或化合物形式表示,如 SO_4^{2-}、NO_3^-、KCl、$CaCO_3$、$C_6H_8O_2$(葡萄糖)、$C_2H_5O_2N$(甘氨酸)等等。然后再按照确定的形式将测定结果进行换算和表达。使用比较普遍的是以质量分数表示。组分 B 的质量分数 w_B 的定义是:B 的质量与试样的质量之比,即

$$w_B = m_B/m_s$$

w_B 为无量纲量。式中 m_B 为被测组分的质量,m_s 为试样的质量。通常情况下,为方便比对,该质量分数常常以百分数形式表示,如表示为 $w(NaCl) = 16.05\%$。

对于液体试样,除了可以用"质量(百)分数"表示外,还可以用"体积(百)分数"和"质量体积(百)分数"表示。体积(百)分数 $\phi(V/V)$ 就是被测组分在液体试样中的体积分数:

$$\phi_x = V_x/V_s$$

V_x 为一定温度和压力下被测组分的体积,V_s 为相同温度和压力条件下试样的体积,V_x 和 V_s 应取相同的体积单位。

"质量体积(百)分数"(m/V) 通常为 100 mL 试液中所含被测组分的质量(g):$x\% = m_x/V_s \times 100\%$,式中 m_x 为被测组分的质量(g),V_s 为试样体积(mL)。例如 $20.15\%(m/V)NaCl$ 表示 100 mL 试样中含 $NaCl$ 20.15 g。

气体试样测定结果一般也以体积(百)分数表示。

此外,也常用"物质的量浓度"c_B 表示结果:

$$c_B = n_B/V$$

n_B 指物质 B 的物质的量,单位为 mol;V 为试样体积,单位是 L。但所用单位可根据具体情况而改变,例如临床测定血糖(葡萄糖)就要以 $mmol \cdot L^{-1}$ 表示测定结果,因为判定血糖是否正常的参考值就是以 $mmol \cdot L^{-1}$ 公布的($3.88 \sim 5.99\ mmol \cdot L^{-1}$)。

分析结果的表达,除上述依照试样量、测得的数据及有关计量关系计算试样中有关组分的含量之外,尚存在结果的"有效数字"取舍及结果的可靠性表达问题,请参见第 2 章。

1.3 分析化学分类及特点

分析化学按照分析原理、分析对象、分析任务(应用领域)、试样用量等等,可以有多种分类方法,见表1.4。

表1.4 分析化学的分类

分类依据	分析方法的分类		分析方法的特点
分析对象	无机分析		涉及元素多,主要确定元素、离子、化合物及其含量
	有机分析		组成有机物的元素不多(C、H、O、N、S、P等),但有机化合物种类多,结构复杂,要求进行元素分析、官能团分析及结构分析。主要依靠谱学方法
	生化分析		又分为蛋白质分析、糖类分析、核酸分析、激素分析等等,主要用于生命科学研究及临床诊断
分析原理	化学分析法	重量分析法 滴定分析法	以化学反应为基础的分析方法。重量法不需要标准物质。涉及仪器较简单,方法准确度高,适合于常量分析
	仪器分析法	光学分析法 电化学分析法 色谱分析法 质谱分析法 核磁共振波谱法 X射线光谱法,等	依靠物理性质和物理化学性质为基础的分析方法。大多需要价高、复杂和特殊的仪器。特点是:都是比较法,需要标准物质参照;方法灵敏度高、快速、自动化程度高,适用于微量组分的测定
分析要求	例行分析		指分析实验室日常生产、临床、环保等进行的常规分析
	仲裁分析		又称裁判分析。当对分析结果有争议时,请权威分析部门用指定的方法进行准确的分析,以判断原分析结果的准确可靠性
应用领域	药物分析		按照"中华人民共和国药典"进行分析,以判断药物真伪及品质
	食品分析		贯彻食品卫生法的重要手段,保障人民健康
	环境分析		检验环境各项指标,确定水、气、土壤等污染程度
	临床分析		为诊断疾病提供科学判据
	地质、矿物分析,法医、刑侦分析,金属、合金分析,星际分析等		
试样用量		试样重量/g	试液体积/mL
	常量分析	>0.1	>10
	半微量分析	$0.01\sim0.1$	$1\sim10$
	微量分析	$10^{-4}\sim0.01$	$0.01\sim1$
	超微量分析(痕量分析)	$<10^{-4}$	<0.01
测定组分含量		含量/%	含量/$(\mu g \cdot g^{-1})$
	常量组分分析	$1\sim100$	$10^4\sim10^6$
	微量组分分析	$0.01\sim1$	$10^2\sim10^4$
	痕量组分分析	$10^{-4}\sim0.01$	$1\sim10^2$
	超痕量组分分析	$<10^{-4}$	<1

需要说明的是：以上分类不是很严格的，只是大致的分类，界限不可理解为"鸿沟"。它可以使我们对分析化学有个概貌的了解，提供选择分析方法时的参考。分析方法在不断发展，新方法、新技术层出不穷，例如多种联用方法、单分子检测、单原子检测以及在线分析、无损分析、遥测分析、微区分析等等，均未列入表中。另外，不可以为进行痕量分析的取样量也要取到"微量水平"。相反，由于组分含量低，分析方法检出限不够低，往往需要取大量试样。例如金矿中金的含量是 g/t 级(t 为吨)，称样量往往达 50～200 g。

1.4　标准物质及标准溶液[①]

1.4.1　标准物质

标准物质是国家标准中的一种形式。为了判别产品质量，鉴定仪器的可靠程度和评价分析检测方法等等，都需要一个共同认可的标准，这就是标准物质。标准物质(reference material，RM)是一种"已确定其一种或几种特性，用于校准测量器具，评价测量方法或确定材料特性量值的物质"。我国的这一定义与国际标准化组织(International Organization for Standardization，ISO)的定义相一致，但对标准物质的命名上各国的名称不尽相同。如美国称为"标准参考物质"(SRM)，俄罗斯称为"标准样品"(CO)。

1.4.2　标准物质的产生与发展

在经济、科学技术与社会生活高度发展，产品与科技国际化的今天，无处不需要可靠的数据。分析化学要求分析结果能经得起时间和空间的检验；国家之间、部门之间、商品交换或技术交流之间、生产过程控制的不同时间之间，分析结果要相互一致。标准物质的产生、发展，已成为有力的计量量具，在保证测量数据的可比性和一致性方面发挥了巨大的作用。

标准物质在 20 世纪初有了萌芽，首先在冶金工业中开始应用和发展。经过近一个世纪的发展，标准物质的应用领域不断扩展，使人们认识到了标准物质是保存量值和量值溯源的计量标准。为了进一步促进标准物质在世界范围内的推广应用，1990 年由中国、法国、美国、英国、德国、日本和前苏联等七国的国家实验室组成了国际标准物质信息库(COMAR)理事会。1998年，COMAR 信息库已储存各主要国家和部分国际组织发布的标准物质超过 1 万种。

1.4.3　标准物质的分类、分级与编号

按照国家标准物质管理办法之规定，将标准物质分成化学成分标准物质、物理特性与物理化学特性标准物质和工程技术特性标准物质。又按其属性和应用领域分成 13 大类(表 1.5)，每大类又可细分。例如化工标准物质又分为高纯标准物质，有机标准物质，无机标准物质，化工气体标准物质，农药、化肥标准物质，pH 标准物质，滴定分析标准物质(表 1.6)等等。

标准物质按其特性的准确度水平分为一级标准物质和二级标准物质，一级准确度最高。关于一级和二级标准化物质的特点、代号及编号方法参见表 1.7。

---

① 韩永志.标准物质手册.北京：中国计量出版社,1998
全浩.标准物质及其应用技术.北京：中国标准出版社,1990

表 1.5 一级标准物质的分类及编号

序 号	一级标准物质分类名称	分类编号
1	钢铁成分分析标准物质	GBW01101—GBW01999
2	有色金属及金属中气体成分分析标准物质	GBW02101—GBW02999
3	建材成分分析标准物质	GBW03101—GBW03999
4	核材料成分分析与放射性测量标准物质	GBW04101—GBW04999
5	高分子材料特性测量标准物质	GBW05101—GBW05999
6	化工产品成分分析标准物质	GBW06101—GBW06999
7	地质矿产品成分分析标准物质	GBW07101—GBW07999
8	环境化学分析标准物质	GBW08101—GBW08999
9	临床化学分析与药品成分分析标准物质	GBW09101—GBW09999
10	食品成分分析标准物质	GBW10101—GBW10999
11	煤炭石油成分分析和物理特性测量标准物质	GBW11101—GBW11999
12	工程技术特性测量标准物质	GBW12101—GBW12999
13	物理特性与物理化学特性测量标准物质	GBW13101—GBW13999

表 1.6 常用标准物质

国家标准编号	名 称	纯度及不确定度(10^{-2})	主要用途	使用前的处理方法
GBW06101a	碳酸钠 *	99.995 ± 0.008	标定 HCl、H_2SO_4 等溶液	$(270\pm10)℃$ 干燥 4 h
GBW06102	乙二胺四乙酸二钠 *	99.979 ± 0.005	标定金属离子溶液	硝酸镁饱和溶液恒湿器中（相对湿度 56%）放置 15 d
GBW06103a	氯化钠 *	99.995 ± 0.005	标定 $AgNO_3$ 溶液	$(500\pm10)℃$ 干燥 6 h
GBW06104	苯	99.95 ± 0.03	气相色谱标准	以折光率进行均匀性检验
GBW06105a	重铬酸钾 *	99.990 ± 0.01	标定 $Na_2S_2O_3$、$FeSO_4$ 溶液	$(130\pm10)℃$ 干燥 6 h
GBW06106	邻苯二甲酸氢钾 *	99.998 ± 0.01	标定 NaOH 溶液等	$(118\pm2)℃$ 干燥 2 h
GBW06107	草酸钠 *	99.960 ± 0.02	标定 $KMnO_4$ 溶液	$(110\pm5)℃$ 干燥 2 h
GBW(E)060022a	三氧化二砷	98.9 ± 0.1	标定 I_2 溶液	$130℃$ 干燥 6 h
GBW06201	乙酰苯胺	99.99 ± 0.3	有机物 C、H、N 元素分析	需经过燃烧法、凯氏定氮法进行均匀性检验
GBW06301	CO	99.990 ± 0.005	制备 CO 混合气分析	需用均匀检验方法经两年测量,证明稳定性良好

* 用在滴定分析中又称为"基准试剂"。

1.4.4 标准物质的特征

标准物质的特征包括:

(i) 材质均匀是标准物质的首要条件。制备好的样品首先要经过均匀性检验。只有均匀性检验合格,才能进入定值阶段。并给出确保样品均匀的最小取样量。

(ii) 定值准确、可靠是标准物质最主要的特征。经过高水平的分析工作者在权威性实验室进行的测定,数据经过统计处理,确定其量值及准确度,此值称为"标准值",要标注在标准物质证书上。

表 1.7 一级与二级标准物质

	一级标准物质(基准级)	二级标准物质(工作级)
代号及编号	代号为 GBW(国家级标准物质汉语拼音的缩写),每一种标准物质对应一个编号(见表 1.5) 标准物质代号—大类号(两位阿拉伯数字)—小类号(一位阿拉伯数字)—顺序号(两位阿拉伯数字)—标准物质生产批号(一位英文字母) GB W X Y Z U	代号为 GBW(E)
研制	由国家技术监督局负责审批和授权,具体技术审定由计量科学院标准物质研究所负责。权威性实验室或科研院所均可提出研制申请	由生产企业或研究院所研制
定值方法	(1) 绝对测量法定值(重量法、库仑法、同位素稀释质谱法等) (2) 两种以上不同原理的准确可靠的分析方法定值 (3) 多个合格实验室协作定值。中心实验室应选择 6～15 个实验室定值。按方法不少于 7 组数据,每组至少提供 4 个以上独立的分析数据。最后对结果进行统计处理	(1) 至少用一种准确、可靠的分析方法定值 (2) 和一级标准物质相比较的方法定值
准确度	定值结果由标准值及其不确定度两个部分组成。其准确度力求比最终使用要求高 3～10 倍	应高于现场分析准确度的 3～10 倍
稳定性	当不同时间间隔内的测量结果的偏差不超过实验方法的测量不确定度时,认为该标准物质是稳定的。要求稳定期(有效期)至少一年	稳定期半年以上,如果某标准物质可立即获得并能使用,特定期可要求至几个星期
主要用途	(1) 高级测量仪器的校准 (2) 二级标准物质的定值 (3) 研究或评价分析方法,尤其是标准分析方法 (4) 技术仲裁的依据	(1) 一般仪器的校准 (2) 研究或评价现场分析方法 (3) 对分析技术人员考核的依据

(iii) 性能稳定。在制备标准物质时,应进行标准物质稳定性考查。由于贮存、运送或使用不当,都会影响其稳定性。生产供应者应提供该种标准物质使用的有效期限。在发布后,应不断跟踪核查标准物质的稳定性能。若发现问题,应及时发布停用通告或重新定值。

(iv) 标准物质证书。每一标准物质必须配有标准物质证书,该证书是介绍标准物质属性和特征的技术文件,也是标准物质的"身份证"。它由封面和说明两大部分组成。"封面"出示标准物质名称和编号、标准值和定值准确度、有效期限和研发部门;在"说明"部分,需简要介绍标准物质的制备方法、均匀性、检验、稳定性考查、正确使用、运送和保存方法,以及研制部门和人员等。

标准物质只有具备以上特征,才能发挥其真正的作用。

标准物质与其他计量标准相比,有如下特点:

(i) 标准物质所保存或重现的量值仅与物质的性质有关,与物质的数量和形式无关。这是标准物质与实物量具(如砝码、标准电阻等)的区别所在。

(ii) 种类多。物质的多样性和化学测量过程的基体效应决定了标准物质的多样性。

(iii) 实用性强。标准物质有良好的均匀性和稳定性,使用者可在实际工作条件下应用,便于估计实际测量条件下的不确定度。

(iv) 适用性广。任何一种标准物质均可用于校准或检定测量仪器,评价测量方法的准确度,用于测量过程的质量保证,分析检测实验室计量认证、计量仲裁等。

(v) 重现性好,易重复制备。

1.4.5　标准物质的作用

由分析测试方法、仪器设备和标准物质构成的分析测试体系,是获得准确可靠的物质结构和成分信息的保证。标准物质应用到国民经济和科学研究各个方面,作用巨大。这里只能择要加以说明。

1. 工业生产的质量检查和工艺流程控制

这是标准物质应用最为广泛、用量最大的领域,例如美国国家标准局(NBS)[①] 为钢铁工业提供了 330 种标准物质,研制了 65 种铜的标准物质。在电解法制备铜的过程中,从选矿到冶炼直到成品,采用了 18 种铜的标准物质进行分析监控,确保生产正常运行,提高铜的回收率和保证产品质量稳定。钢铁工业使用标准物质约占全部标准物质销售量的 35%,销售额则高达百万美元。使用标准物质给国民经济带来了巨大的经济效益。

2. 商业贸易中的仲裁依据

商贸中要"按质论价",进出口商品检验已经发展成为庞大的分析检验部门。海关凭商检合格证书准许出口,但进口国要作质量核查,以防止不合格产品进入本国。由此往往引起争议。例如食品中农药残留、不安全色素、亚硝酸盐、重金属等等,又如纯金属是否达标,钢铁中 S、P 是否超标等等。争议往往由第三国权威分析机构仲裁。而仲裁分析则需要品种繁多的标准物质作检测标准。

3. 临床检验和药物鉴定的标准

临床检验结果是判断人体健康状况和疾病诊断的依据,但人体体液或组织样品分析难度很大,数据重现性不好,数据不准,为提高临床分析的准确度,必须使用临床标准物质。例如,卫生部门调查,206 家医院测定血液中总胆固醇含量的相对标准偏差曾达到 6.8%~10.8%,个别实验室超过 30%。在使用了标准物质后,测定的相对偏差下降为 3.9%~5.3%。但由于认识上的原因及制备难度,直到 1967 年美国国家标准局才颁布了第一个用于临床分析的标准物质"胆甾醇标准物质"。迄今,以人血浆、尿液、毛发为主体的标准物质已有百种之多。

4. 科学研究数据准确、可靠的保证

在研究和发展新的分析方法时,必须用标准物质作为已知物,对新方法进行考核,以判定可靠程度;标准物质又是分析仪器制造及使用过程中的校准依据,也是技术监督部门进行"计量认证"的依据。定期地用标准物质进行核对,可以检验分析仪器的稳定性、分辨率和灵敏度;在日常测定过程中,常用一系列不同含量的标准物质作出校准曲线,以提高工作效率;标准物质又常用于考核、评价分析工作者和实验室的业务水平。方法就是将标准物质作为未知物之一

---

① 现称"国家标准和技术研究所"(National Institute of Standard and Technology,NIST)。

发给考核对象。建立一个由国际奥委会认可的兴奋剂实验室,难度之一就是兴奋剂标准品收集和阳性尿的取得。因为检测结果关系到运动员的声誉和命运,确认是否服用兴奋剂必须慎之又慎。除了用运动员的尿样分析结果来确证是否服用某药物外,同时要用此药物的标准品、阳性尿和空白尿的色谱和质谱图谱共同对照比较。当尿样与标准物质和阳性尿的数据完全符合时才可确证。

1.4.6 标准物质的制备和定值

固体标准物质的制备大致可以分为采样、粉碎、混匀和分装等几步。液体和气体的标准物质可用人工模拟天然样品的组成来制备。均匀是标准物质首要的也是最根本的要求,是保证标准物质具有空间一致性的前提,对固体样品尤其如此。当然,均匀性是一个相对的概念,只要样品的不均匀度远远小于分析方法的误差,就可以认为样品是均匀的。取样量的大小也与均匀度有关,为此,标准物质证书中通常要规定最小取样量。稳定性是标准物质的另一重要性质,是使标准物质具有时间一致性的前提。很多标准物质封装后都要采用辐射灭菌或高温灭菌措施,以防止微生物的活动导致样品组成的改变。选择适当的储存容器,加入适当的稳定剂,都能改善稳定性。

标准物质的定值由下述 3 种方法之一获得:① 一种已知准确度的标准方法;② 两种以上独立可靠的方法;③ 一种专门设立的实验室协作网,例如,由一组经选拔合格的高水平实验室,按预定的程序进行协作试验来定值。

1.4.7 标准物质的选择

使用标准物质,难度之一是如何选择恰当的标准物质。要考虑多种因素,如标准物质的物理状态与表面状态、分析方法的基体效应与干扰情况、标准物质的准确度水平以及取样量、进样方式等等。为了消除由于标准物质与待测样品主体成分不同对测定带来的影响,应选择与待测物质在组成或特性上尽可能近似的标准物质。例如不同种类树叶甚至其他植物中微量元素的分析,可考虑选用"桃叶标准物质"。

1.4.8 标准溶液

当我们以化学分析法或仪器分析法进行分析测定时,往往需要配制标准溶液。标准溶液就是已知其主体成分或其他特性量值的溶液。按照用途的不同,又分为滴定分析用标准溶液、杂质测定用标准溶液和 pH 测量用标准溶液。

1. 标准滴定溶液

滴定分析用标准溶液主要用于测定试样中主体成分或常量成分,有两种配制方法:一是用一级或二级标准物质(又称"基准试剂",见表 1.6)直接配制;二是用分析纯以上规格的试剂配成接近所需浓度的溶液,再用标准物质进行测定(称为"标定")。GB 601—88《滴定分析用标准溶液的制备》是我国惟一的标准方法。标准滴定溶液用物质的量浓度表示,符号为 $c(B)$,单位为 $mol \cdot L^{-1}$,意指每升溶液中含有的滴定剂 B 为基本单元的物质的量(mol)。例如,某硫酸标准滴定溶液浓度为 $c\left(\frac{1}{2}H_2SO_4\right) = 0.1000 \, mol \cdot L^{-1}$,又如,$c\left(\frac{1}{5}KMnO_4\right) = 0.1021 \, mol \cdot L^{-1}$。

2. 杂质测定用标准溶液

杂质测定用标准溶液又称仪器分析用标准溶液,GB 602—88《杂质测定用标准溶液的制备》给出了 83 种杂质标准溶液的制备方法。该种溶液所含的元素、离子、化合物或基团的量,以每毫升含有多少毫克表示。该标准规定的多数标准溶液浓度为 $0.1\,mg \cdot mL^{-1}$,少数是 $1\,mg \cdot mL^{-1}$,仅一种是 $10\,mg \cdot mL^{-1}$。规定浓度下溶液比较稳定,可称为贮备液,当需要使用更低浓度时可按要求稀释,制成标准系列溶液。

3. pH 测量用标准溶液

当用 pH 计测量溶液的酸度时,必须先用 pH 标准溶液对 pH 计进行校准。表 1.8 给出了 pH 标准物质及标准溶液。

表 1.8　pH 标准物质[①]及 pH 标准溶液

	名　称	编　号	纯度/%(由酸碱滴定确定)	使用前处理	规定浓度[②]/(mol·kg⁻¹)	不同温度(℃)下的 pH(±0.005)						
						10	20	25	30	40	50	60
1	四草酸三氢钾	GBW13103	99.9～100.1	(55±3)℃下烘干 4 h	0.05	1.671	1.676	1.680	1.684	1.694	1.706	1.721
2	酒石酸氢钾	GBW13102	99.9～100.1		25℃饱和溶液			3.559	3.551	3.547	3.555	3.573
3	邻苯二甲酸氢钾	GBW13103	99.9～100.1	110℃下烘干 2～3 h	0.05	3.996	3.998	4.003	4.010	4.029	4.055	4.087
4	磷酸二氢钾	GBW13104	99.5～100.5	(115±5)℃下烘干 2～3 h	0.025KH₂PO₄ 和 0.025Na₂HPO₄ 混合溶液	6.921	6.879	6.864	6.852	6.839	6.833	6.837
	磷酸氢二钠	GBW13105	99.9～100.1									
5	硼砂(四硼酸钠)	GBW13106	99.8～99.9	不可烘烤	0.01	9.330	9.226	9.182	9.142	9.072	9.015	8.968
6	氢氧化钙	GBW13107	96.1～96.5		25℃饱和溶液	13.011	12.637	12.460	12.292	11.975	11.697	11.426

1.5　分析化学中的计量单位及符号

世界各国都十分重视计量单位的统一,为了结束计量单位混乱的局面,便于和国际单位制接轨,1984 年,国务院发布了《关于在我国统一实行法定计量单位的命令》,1985 年又颁布了《中华人民共和国计量法》,把国家推行国际单位制提到了执行国家法令和法律的地位。接着又公布了国家标准 GB 3100—93《国际单位制及其应用》和 GB 3101—93《有关量、单位和符号的一般原则》等等。但贯彻执行要有一个过程,实际发展也不平衡。为了能够顺利阅读国内外书刊文献,加强合作交流,我们不仅应当了解、学会使用法定计量单位,而且应当了解那些现在禁用的但过去长期使用过的计量单位。详见表 1.9[③]。

表 1.9　常用的量和法定计量单位

量的名称	量的符号	量的定义	单位名称	单位符号
相对原子质量	A_r	元素的平均原子质量与核素¹²C 原子质量的 1/12 之比	—	1
相对分子质量	M_r	物质的分子或特定单元的平均质量与核素¹²C 原子质量的 1/12 之比	—	1
分子或其他基本单元数	N	分子或其他基本单元在系统中的数目	—	1

---

① 用该标准物质配制的标准溶液,作为 pH 测量标准,用于 pH 计的检定和校准。

② 所用水的电导率应小于 $2 \times 10^{-6}\,S \cdot cm^{-1}$。

③ 唐晓燕.分析化学标准化.北京:中国建材工业出版社,1998
　鲍建成,赵燕.实用计量单位简编.北京:科学出版社,1999
　张铁成.分析化学中的量和单位.北京:中国标准出版社,1995

（续表）

量的名称	量的符号	量的定义	单位名称	单位符号
物质的量	$n,(v)$		摩［尔］	mol
摩尔质量	M	质量除以物质的量 $M=m/n$	千克每摩［尔］	kg/mol g/mol
摩尔体积	V_m	体积除以物质的量 $V_m=V/n$	立方米每摩［尔］ 升每摩［尔］	m^3/mol L/mol
密度、质量密度、体积质量 相对密度	ρ d	质量除以体积 $\rho=m/V$ $d=\rho_1/\rho_2$	千克每立方米	$kg/m^3,g/m^3$ g/cm^3 1
B 的浓度、B 的物质的量浓度	c_B^*	B 的物质的量除以混合物的体积 $c_B=n_B/V$	摩［尔］每立方米	mol/m^3 mol/L
B 的质量浓度	ρ_B	B 的质量除以混合物的体积 $\rho_B=m_B/V$	千克每升	kg/L g/mL
溶质 B 的质量摩尔浓度	b_B,m_B	溶液中溶质 B 的物质的量除以溶剂的质量 $b_B=n_B/m_A$	摩［尔］每千克	mol/kg mol/g
B 的质量分数	w_B	B 的质量与混合物的质量之比 $w_B=m_B/m$	—	1 % $\mu g/g$ ng/g
B 的体积分数	φ_B	$\varphi_B=x_B V_{m,B}^*\Big/\sum_i x_{A_i}V_{m,A_i}^*$ 式中 V_{m,A_i}^* 为纯物质 A_i 在相同温度和压力下的摩尔体积	—	1 % $\mu L/L$ nL/L
B 的摩尔分数	$x_B,(y_B)$	B 的物质的量与混合物的物质的量之比 $x_B=n_B/n$	—	1
溶质 B 的摩尔比	r_B	溶质 B 的物质的量与溶剂的物质的量之比 $r_B=n_B/n_A$	—	1

　　* 代表物质的符号表示成右下标，如 c_B,w_B,φ_B 等；但一般将具体物质的符号及其状态置于与主符号齐线的括号中，如 $c(H_2SO_4)$。

思考题与习题

1.1　化学分析法有什么特点？

1.2　仪器分析法有什么特点？

1.3　分析化学在国民经济和科学研究中的地位和作用如何？

1.4　如何选择分析方法？

1.5　标准物质有何特征？

1.6　用于直接配制标准滴定溶液的基准物质应符合什么条件？

第2章 分析数据处理及分析测试的质量保证

分析测试是比较复杂的过程,与其他测试一样,所得结果不可能绝对准确。即使采用最可靠的分析方法,使用最精密的仪器,由很熟练的分析人员非常仔细地进行测定,也不可避免地具有误差。同一个人对同一样品在相同条件下进行多次分析,结果也不尽相同。这就充分说明了误差存在的必然性。例如,普通分析天平称量只能准确到 0.1 mg,滴定管读数误差达 0.01 mL,pH 计测量误差为 0.02 等。一般常量分析结果的相对误差为千分之几,微量分析为百分之几,而痕量分析则可达百分之十几。人们在实际的测量和分析中并不能得到确切无误的真值,而只能对测量特性做出相对准确的估计。研究误差的目的是要对自己实验所得的数据进行处理,判断其最接近的值是多少,其可靠性如何,正确处理实验数据,充分利用数据信息,以便得到最接近于真实的最佳结果。此外,研究误差理论还可以帮助我们正确地组织实验和测量,合理地设计仪器、选用仪器及选定测量方法,使我们能以最经济的方式获得最有效的结果。

2.1 误差及误差的分类

2.1.1 误差的表征——准确度与精密度

分析结果的准确度(accuracy)表示测定值与被测组分的真值的接近程度,测定值与真值之间差别越小,则分析结果的准确度越高。

为了获得可靠的分析结果,在实际工作中人们总是在相同条件下对样品平行测定几份,然后以平均值作为测定结果。如果平行测定所得数据很接近,说明分析的精密度高。所谓精密度(precision),就是几次平行测定值相互接近的程度。

如何从精密度与准确度两方面来衡量分析结果的好坏呢?

图 2.1 表示出甲、乙、丙、丁 4 人分析同一试样中铁含量的结果。由图可见:甲所得结果准确度与精密度均好,结果可靠;乙的精密度虽很高,但准确度太低,可能测量中存在系统误差;丙的精密度与准确度均很差;丁的平均值虽也接近于真值,但几个数值彼此相差甚远,而仅是由于大的正负误差相互抵消才使结果接近真值。如丁只取 2 次或 3 次来平均,结果就会与真值相差很大,因此这个结果是凑巧得来的,因而也是不可靠的。

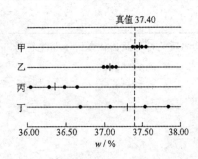

图 2.1 不同人分析同一样品的结果
·表示个别测量值,|表示平均值

综上所述,可得到下述结论:

(i) 精密度是保证准确度的先决条件。精密度差,所测结果不可靠,就失去了衡量准确度的前提。

(ii) 高的精密度不一定能保证高的准确度。

2.1.2　误差的表示——误差与偏差

1. 误差

准确度的高低用误差(error)来衡量。误差表示测定值与真值(true value)的差异。个别测定值 $x_1, x_2, \cdots, x_n$ 与真值 T 之差称为个别测定的误差,分别表示为

$$x_1 - T, \; x_2 - T, \; \cdots, \; x_n - T$$

实际上,通常是用各次测定值的平均值 $\bar{x}$ 来表示测定结果。因此应当用 $\bar{x} - T$ 来表示测定的误差,它实际是全部个别测定的误差的算术平均值。误差可用绝对误差(E_a)与相对误差(E_r)两种方法表示。

(1) 绝对误差

$$E_a = \bar{x} - T \tag{2.1a}$$

(2) 相对误差

$$E_r = \frac{E_a}{T} \times 100\% \tag{2.1b}$$

误差小,表示测定结果与真值接近,测定的准确度高;反之,误差越大,测定准确度越低。若测定值大于真值,误差为正值;反之,误差为负值。相对误差反映出误差在测定结果中所占百分率,更具有实际意义,因此常用相对误差表示测定结果的准确度。过去,相对误差也曾用千分率(‰)表示。

客观存在的真值是不可能准确知道的,实际工作中往往用"标准值"代替真值来检查分析方法的准确度。"标准值"是指采用多种可靠的分析方法、由具有丰富经验的分析人员经过反复多次测定得出的比较准确的结果。有时也将纯物质中元素的理论含量作为真值。

例 2.1　用沉淀滴定法测得纯 NaCl 试剂中的 $w(\text{Cl})$ 为 60.53%,计算绝对误差和相对误差。

解　纯 NaCl 试剂中 $w(\text{Cl})$ 的理论值是

$$w(\text{Cl}) = \frac{M(\text{Cl})}{M(\text{NaCl})} \times 100\% = \frac{35.45}{35.45 + 22.99} \times 100\% = 60.66\%$$

$$\text{绝对误差} \quad E_a = 60.53\% - 60.66\% = -0.13\%$$

$$\text{相对误差} \quad E_r = \frac{-0.13\%}{60.66\%} \times 100\% = -0.2\%$$

2. 偏差

偏差是衡量精密度高低的尺度,它表示一组平行测定数据相互接近的程度。偏差小,表示测定的精密度高。

关于偏差的表示方法,将在 2.3 节介绍。

2.1.3　误差的分类——系统误差与随机误差

在图 2.1 的示例中,为什么乙的结果精密度很好,准确度却很差呢?为什么每人所得的 4 个平行数据都有差别呢?这就涉及系统误差与随机误差的问题。

1. 系统误差

系统误差(systematic error)是由某种固定的因素造成的,它具有单向性,即正负、大小都

有一定的规律性,当重复进行测定时会重复出现。若能找出原因,并设法加以测定,就可以消除,因此也称为可测误差。

产生系统误差的主要原因是:

(i) 方法误差。指分析方法本身所造成的误差。例如重量分析中,沉淀的溶解,共沉淀现象;滴定分析中反应进行不完全,由指示剂指示的终点与化学计量点不符合以及发生副反应等,都系统地影响测定结果偏高或偏低。方法的选择或方法的校正可克服方法误差。

(ii) 仪器误差。来源于仪器本身不够准确。如天平两臂不等长,砝码长期使用后质量有所改变,容量仪器体积不够准确,仪器没有调整到理想状态等。可对仪器进行校准,来克服仪器误差。

(iii) 试剂误差。由于试剂不纯所引起的误差。如滴定分析中所使用的水的质量不合格所带来的误差也属此类。通过空白校正及使用纯度高的水等方法,可加以克服。

(iv) 操作误差。由于操作人员的主观原因造成,如对终点颜色敏感性不同,有人偏深,有人偏浅。通过加强训练,可减小此类误差。

系统误差具有重现性,增加平行测定次数、采取数理统计的方法并不能消除或减弱此类误差。

2. 随机误差

随机误差(random error)是由某些难以控制、无法避免的偶然因素造成,其大小、正负都不固定。因此,随机误差也称为不可测误差。如天平及滴定管读数的不确定性,操作中的温度、湿度、灰尘、电磁场等影响都会引起测量数据的波动。随机误差的大小决定分析结果的精密度。

随机误差虽然不能通过校正而减小或消除,但它的出现服从统计规律,可以通过增加测定次数予以减小并采取统计方法对测定结果进行表达。

应该指出,系统误差和随机误差的划分并非绝对的,有时很难区别某种误差属于哪一类。例如判断滴定终点颜色的深浅,总有偶然性;使用同一仪器或试剂所得到的测定结果也未必是相同的。

"过失"不同于这两类误差。它是由于分析工作者粗心大意或违反操作规程,或不正确使用测量仪器所产生的错误,如溶液溅失、沉淀穿滤、读数记错等,都可能产生错误的测定值。

在处理所得实验数据时,如发现测定值是由于过失引起的,应该把该次测定结果弃去不用。也可以用统计方法检查该次测定值是不是由过失引起的,详见 2.3.4 节。

2.2 随机误差的分布

随机误差是由偶然因素造成,其大小与正负号都不定,那么它的出现有无规律性呢?

2.2.1 频率分布

以学生用重量法测定 $BaCl_2 \cdot 2H_2O$ 试剂纯度的实验结果为例。若将测得的 173 个数据逐个列出,可见数据有高有低,杂乱无章。但将其按大小顺序排列起来,由最大值和最小值可知数据处于 98.9%～100.2% 范围内;进一步将 173 个数据按组距为 0.1% 分为 14 组。为使每个数据都能归入组内,避免"骑墙"现象发生,可使组间边界值比测量值多取一位,即取 4 位数。每个组中数据出现的个数称为频数(n_i),频数除以数据总数(n)称为频率。频率除以组距(Δs)(即组中最大值与最小值之差)就是频率密度(frequency density)。表 2.1 列出这些数据。以频率密度和相应组值范围作图,就得到频率密度直方图(见图 2.2)。

表 2.1　频数分布表

组　号	$w/\%$	频　数 (n_i)	频　率 (n_i/n)	频率密度 $(n_i/n\Delta s)$
1	98.85～98.95	1	0.006	0.06
2	98.95～99.05	2	0.012	0.12
3	99.05～99.15	2	0.012	0.12
4	99.15～99.25	5	0.029	0.29
5	99.25～99.35	9	0.052	0.52
6	99.35～99.45	21	0.121	1.21
7	99.45～99.55	30	0.173	1.73
8	99.55～99.65	50	0.289	2.89
9	99.65～99.75	26	0.150	1.50
10	99.75～99.85	15	0.087	0.87
11	99.85～99.95	8	0.046	0.46
12	99.95～100.05	2	0.012	0.12
13	100.05～100.15	1	0.006	0.06
14	100.15～100.25	1	0.006	0.06
	合　　计	173	1.001	

由表 2.1 和图 2.2 可见:数据有明显的集中趋势,频率密度最大值处于平均值(99.6%)左右;87%的数据处于(平均值±0.3%)范围之间,远离平均值的数据出现很少。直接连接相邻组中值所对应的频率密度点,即得频率密度多边形。可以设想,实验数据越多,分组越细,频率密度多边形将逐渐趋近于一条平滑的曲线。该曲线称为概率密度曲线。

2.2.2　正态分布

分析测定中测量值大多服从或近似服从正态分布(normal distribution)。图 2.3 为两条正态分布曲线。正态分布的概率密度函数是

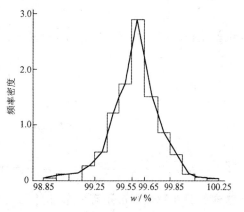

图 2.2　频率密度直方图

$$y = f(x) = \frac{1}{\sigma\sqrt{2\pi}}\mathrm{e}^{-\frac{(x-\mu)^2}{2\sigma^2}} \tag{2.2}$$

式中,$f(x)$ 称为概率密度,x 表示测量值。μ 和 σ 是正态分布的两个参数,这样的正态分布记做 $N(\mu,\sigma)$[①]。

μ 是总体均值,即无限次测定所得数据的平均值,相应于曲线最高点的横坐标值,表示无

---

① 也常记做 $N(\mu,\sigma^2)$,其中的 σ^2 是总体标准差 σ 的平方,称为方差。

限个数据的集中趋势,只有在没有系统误差时,μ 才是真值。

　　σ 是总体标准差,是曲线两转折点之间距离的一半,表征数据分散程度。σ 小,数据集中,曲线瘦高;σ 大,数据分散,曲线矮胖(见图 2.3)。

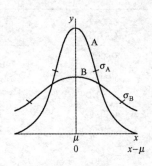 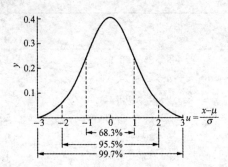

图 2.3　正态分布曲线
μ 同,σ 不同
　　　　　　图 2.4　标准正态分布曲线

　　$x-\mu$ 表示随机误差。若以 $x-\mu$ 为横坐标,则曲线最高点横坐标为 0。这时表示的是随机误差的正态分布曲线。

　　正态分布曲线清楚地反映出随机误差的规律:小误差出现的概率大,大误差出现的概率小,特别大的误差出现的概率极小,正误差和负误差出现的概率是相等的。

　　由于正态分布曲线的形状随 σ 而异,若将横坐标改用 u 表示,则正态分布曲线都归结为一条曲线。u 定义为

$$u = \frac{x-\mu}{\sigma}$$

也就是说,以 σ 为单位来表示随机误差。这时函数是

$$f(x) = \frac{1}{\sigma\sqrt{2\pi}} e^{-u^2/2}$$

又 $\mathrm{d}x = \sigma \mathrm{d}u$,则

$$f(x)\mathrm{d}x = \frac{1}{\sqrt{2\pi}} e^{-u^2/2} \mathrm{d}u = \phi(u)\mathrm{d}u$$

即
$$y = \phi(u) = \frac{1}{\sqrt{2\pi}} e^{-u^2/2} \tag{2.3}$$

这样的分布称为标准正态分布,记作 $N(0,1)$,与 σ 的大小无关。标准正态分布曲线见图 2.4。

2.2.3　随机误差的区间概率

　　正态分布曲线下面的面积表示全部数据出现概率的总和,显然应当是 100%(即为 1)。

$$\int_{-\infty}^{\infty} \phi(u)\mathrm{d}u = \frac{1}{\sqrt{2\pi}} \int_{-\infty}^{\infty} e^{-u^2/2} \mathrm{d}u = 1$$

　　随机误差在某一区间内出现的概率,可取不同 u 值对式(2.3)积分得到。已计算出不同 u 值时曲线下所包括的面积,并制成不同形式的概率积分表供直接查阅。正态分布概率积分表见表 2.2。表中列出的面积与图中阴影部分相对应,表示随机误差在此区间的概率。若是求 $\pm u$ 值区间的概率,必须乘以 2。

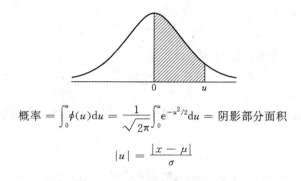

$$\text{概率} = \int_0^u \phi(u)\mathrm{d}u = \frac{1}{\sqrt{2\pi}}\int_0^u \mathrm{e}^{-u^2/2}\mathrm{d}u = \text{阴影部分面积}$$

$$|u| = \frac{|x-\mu|}{\sigma}$$

表 2.2　正态分布概率积分表（部分数值）

$|u|$	面　积	$|u|$	面　积
0.674	0.2500	2.000	0.4773
1.000	0.3413	2.576	0.4950
1.645	0.4500	3.00	0.4987
1.960	0.4750	∞	0.5000

　　由表 2.2 可求出随机误差或测量值出现在某区间内的概率。例如，随机误差在$(-1\sigma,$ $+1\sigma)$区间，即测量值 x 在$(\mu-\sigma,\mu+\sigma)$区间的概率是 $2\times0.3413=68.3\%$。同样，可求出测量值出现在其他区间的概率（见表 2.3）。

表 2.3　不同 u 值下测量值出现的区间概率

随机误差出现的区间 u （以 σ 为单位）	测量值出现的区间	概　率
$(-1,+1)$	$(\mu-1\sigma,\mu+1\sigma)$	68.3%
$(-1.96,+1.96)$	$(\mu-1.96\sigma,\mu+1.96\sigma)$	95.0%
$(-2,+2)$	$(\mu-2\sigma,\mu+2\sigma)$	95.5%
$(-2.58,+2.58)$	$(\mu-2.58\sigma,\mu+2.58\sigma)$	99.0%
$(-3,+3)$	$(\mu-3\sigma,\mu+3\sigma)$	99.7%

　　由此可见，随机误差超过$\pm3\sigma$的测量值出现的概率仅有 0.3%。

2.3　分析数据的统计处理

　　随机误差分布的规律给分析数据处理提供了理论基础，但仅是对无限多次测量而言。而实际测定只能是有限次，它们是从无限的总体中随机抽出的一部分，我们称之为样本（sample）。样本所含的个体数叫样本容量，用 n 表示。分析数据处理的任务是通过对有限次测量数据合理的分析，对总体做出科学的判断，其中包括对总体参数的估计以及统计检验。

2.3.1　数据的集中趋势和分散程度的表示——对 μ 和 σ 的估计

　　对无限次测量而言，总体均值 μ 是数据集中趋势的表征，总体标准差 σ 是分散程度的表征，但 μ 和 σ 是未知的。在有限次测定中，只能通过测定结果对 μ 和 σ 做出合理的估计。

1. 数据集中趋势的表示

(1) 样本平均值 $\bar{x}$

n 次测定数据的平均值(mean)$\bar{x}$ 是

$$\bar{x} = \frac{x_1 + x_2 + \cdots + x_n}{n} = \frac{1}{n} \sum_{i=1}^{n} x_i \qquad (2.4)$$

$\bar{x}$ 是总体平均值 μ 的最佳估计值。对有限次测定,测量值是向算术平均值 $\bar{x}$ 集中的。当 $n \to \infty$ 时,$\bar{x} \to \mu$。

(2) 中位数 $\tilde{x}$

将数据按大小顺序排列,位于正中间的数据称为中位数(median)。当 n 为奇数时,居中者即是;而当 n 为偶数时,正中间两个数的平均值为中位数。中位数表示法的优点是不受个别偏大值或偏小值影响,但用以表示集中趋势不如平均值好。

2. 数据分散程度的表示

(1) 极差 R(或称全距)

极差(range)指一组平行测定值中最大者($x_{\max}$)与最小者($x_{\min}$)之差

$$R = x_{\max} - x_{\min} \qquad (2.5)$$

此法简单,适用于少数几次测定。例如,几次平行滴定所耗滴定剂体积的精密度常以 R 表示。相对极差为 $\frac{R}{\bar{x}} \times 100\%$。

(2) 平均偏差 $\bar{d}$

平均偏差(average deviation)表示各次测量值与样本平均值之差的绝对值的平均值。各次测量值对样本平均值的偏差为

$$d_i = x_i - \bar{x} \quad (i = 1, 2, \cdots, n)$$

平均偏差为

$$\bar{d} = \frac{|d_1| + |d_2| + \cdots + |d_n|}{n} = \frac{1}{n} \sum_{i=1}^{n} |d_i| \qquad (2.6)$$

d_i 值有正有负。若不取绝对值,其和必为零,就不能表示数据的精密度了。

相对平均偏差则是 $\frac{\bar{d}}{\bar{x}} \times 100\%$。

(3) 样本标准差 s[①]

按式(2.7a)定义样本标准差。

$$s = \sqrt{\frac{\sum\limits_{i=1}^{n} (x_i - \bar{x})^2}{n-1}} = \sqrt{\frac{\sum\limits_{i=1}^{n} d_i^2}{n-1}} \qquad (2.7a)$$

样本标准差比平均偏差更灵敏地反映出较大偏差的存在,又比极差更充分地引用了全部数据的信息,在统计上更有意义。式(2.7a)中($n-1$)称为自由度[②],常用 f 表示。

相对标准差(RSD)也称变异系数(CV),用百分率表示为

$$\mathrm{CV} = \frac{s}{\bar{x}} \times 100\% \qquad (2.7b)$$

---

① 样本标准差 s 的平方 s^2 称为样本方差,是总体方差 σ^2 的估计值。

② 此处自由度 f 表示计算一组数据分散度的独立偏差数。其值比测定次数 n 少 1。例如,作一次测定,是无"分散度"可言的,其自由度(即独立偏差数)为零。测定两次,尽管有 2 个偏差,但因偏差和为零,独立偏差数只有 1 个,即自由度为 1。

必须区别样本标准差 s 与总体标准差 σ。前者 s 是对有限次测定而言,表示的是各测量值对样本平均值 $\bar{x}$ 的偏离;而后者 σ 表示的是无限次测定的情况。

3. 平均值的标准差

通常是用一组测定的平均值 $\bar{x}$ 来估计总体均值 μ。一系列测定(每次作几个平行测定)的平均值 $\bar{x}_1, \bar{x}_2, \cdots$ 的波动情况也遵从正态分布。这时应当用平均值的标准差 $\sigma_{\bar{x}}$ 来表示平均值的分散程度。显然,平均值的精密度应当比单次测定的精密度更好。统计学已证明

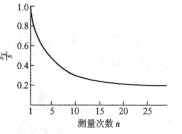

$$\sigma_{\bar{x}} = \frac{\sigma}{\sqrt{n}} \qquad (2.8)$$

对有限次测定,样本平均值的标准差为

$$s_{\bar{x}} = \frac{s}{\sqrt{n}} \qquad (2.9)$$

图 2.5 平均值的标准差与
测定次数的关系

平均值的标准差与测定次数的平方根呈反比。增加测定次数可以提高测量的精密度,但过分增加测定次数也不尽合理。从图 2.5 可见,开始时 $s_{\bar{x}}/s$ 随 n 增加减小得很快,但当 $n>5$ 变化就较慢了,而当 $n>10$ 变化已很小。实际工作中测定次数为 $4\sim6$ 次就可以了。

例 2.2 分析铁矿中铁的质量分数得到如下数据:$37.45, 37.20, 37.50, 37.30, 37.25$($\%$)。计算测定的平均值、中位数、极差、平均偏差、标准差、变异系数和平均值的标准差。

解
$$\bar{x} = \frac{37.45 + 37.20 + 37.50 + 37.30 + 37.25}{5}\% = 37.34\%$$
$$\tilde{x} = 37.30\%$$
$$R = 37.50\% - 37.20\% = 0.30\%$$

各次测量的偏差 d_i($\%$)分别是 $+0.11, -0.14, -0.04, +0.16, -0.09$,则

$$\bar{d} = \frac{\sum |d_i|}{n} = \frac{0.11 + 0.14 + 0.04 + 0.16 + 0.09}{5}\% = 0.11\%$$

$$s = \sqrt{\frac{\sum d_i^2}{n-1}} = \sqrt{\frac{(0.11)^2 + (0.14)^2 + (0.04)^2 + (0.16)^2 + (0.09)^2}{5-1}} \times 100\%$$
$$= 0.13\%$$

$$\mathrm{CV} = \frac{s}{\bar{x}} \times 100\% = \frac{0.13\%}{37.34\%} \times 100\% = 0.35\%$$

$$s_{\bar{x}} = \frac{s}{\sqrt{n}} = \frac{0.13\%}{\sqrt{5}} = 0.058\% \approx 0.06\%$$

分析结果只需报告出 $n, \bar{x}, s$,无需将数据一一列出。此例结果可表示为
$$n = 5, \quad \bar{x} = 37.34\%, \quad s = 0.13\%$$
有了 $n, \bar{x}, s$ 这 3 个数据,就可以对总体参数 μ 和 σ 作统计推断——区间估计和显著性检验。

2.3.2 总体均值的置信区间——对 μ 的区间估计

如前所述,只有当 $n \to \infty$,才有 $\bar{x} \to \mu$,也才能得到最可靠的分析结果。显然,这是做不到的。由有限次测量得到的平均值 $\bar{x}$ 总带有一定的不确定性,只能在一定置信度下,根据 $\bar{x}$ 值对

μ 可能存在的区间做出估计。

1. t 分布曲线

在作有限次测定时，σ 的真值往往是不知道的，仅知道它的估计值 s，用 s 代替 σ 时必然引起误差。英国化学家和统计学家 W. S. Gosset 研究了这一课题，提出用 t 值代替 u 值，以补偿这一误差。t 定义为

$$t = \frac{\bar{x} - \mu}{s_{\bar{x}}} = \frac{\bar{x} - \mu}{s}\sqrt{n} \tag{2.10}$$

这时随机误差不是正态分布，而是 t 分布。t 分布曲线的纵坐标是概率密度，横坐标是 t。图 2.6 为 t 分布曲线。

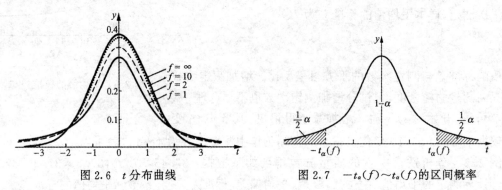

图 2.6　t 分布曲线　　　　　　　　图 2.7　$-t_\alpha(f) \sim t_\alpha(f)$ 的区间概率

t 分布曲线随自由度 f($f = n-1$) 变化。当 $n \to \infty$ 时，t 分布曲线即标准正态分布曲线。t 分布曲线下面某区间的面积也表示随机误差在某区间的概率（见图 2.7）。

t 值不仅随概率而异，还随 f 变化。不同概率与 f 值所相应的 t 值已由数学家计算出。表 2.4 列出了部分常用值，表中的 α 为 t 出现在大于 $t_\alpha(f)$ 和小于 $-t_\alpha(f)$ 时的概率（又称显著水平）。t 出现在 $[-t_\alpha(f), t_\alpha(f)]$ 区间的概率则为 $1-\alpha$（又称置信度），可用 p 表示。由表可见，当 $f \to \infty$ 时，$s \to \sigma$，t 即 u（见表 2.2 和表 2.4 中最下边一行的数据）。实际上，$f = 20$ 时，t 与 u 已很接近。

表 2.4　t 分布值表

$t_\alpha(f)^*$ ＼ α 自由度 f	0.50	0.10	0.05	0.01
1	1.00	6.31	12.71	63.66
2	0.82	2.92	4.30	9.93
3	0.76	2.35	3.18	5.84
4	0.74	2.13	2.78	4.60
5	0.73	2.02	2.57	4.03
6	0.72	1.94	2.45	3.71
7	0.71	1.90	2.37	3.50
8	0.71	1.86	2.31	3.36
9	0.70	1.83	2.26	3.25
10	0.70	1.81	2.23	3.17
20	0.69	1.73	2.09	2.85
∞	0.67	1.65	1.96	2.58

* $t_\alpha(f)$ 表示显著水平 α、自由度 f 的 $t_\text{表}$ 值。

2. 置信区间

总体标准差 σ 未知时,对置信区间的确定用 t 这个统计量:

$$t = \frac{\overline{x} - \mu}{s / \sqrt{n}} \tag{2.11}$$

它服从自由度为 $f(f = n - 1)$ 的 t 分布。由图 2.7 可知

$$- t_\alpha(f) < t < t_\alpha(f)$$

的概率等于 $1 - \alpha$。将式(2.11)代入上式,即得

$$- t_\alpha(f) < \frac{\overline{x} - \mu}{s / \sqrt{n}} < t_\alpha(f) \tag{2.12}$$

改写为

$$\overline{x} - t_\alpha(f) \frac{s}{\sqrt{n}} < \mu < \overline{x} + t_\alpha(f) \frac{s}{\sqrt{n}} \tag{2.13a}$$

于是,置信度为 $(1 - \alpha) \times 100\%$ 的 μ 的置信区间是

$$\left(\overline{x} - t_\alpha(f) \frac{s}{\sqrt{n}} \ , \ \overline{x} + t_\alpha(f) \frac{s}{\sqrt{n}} \right) \tag{2.13b}$$

它是以 $\overline{x}$ 为中心的区间,这个区间有 $(1 - \alpha) \times 100\%$ 的可能包含 μ。置信度需事先给出,通常是 90%,95% 或 99%。

例 2.3　分析铁矿石中铁含量得如下结果:$n = 4, \overline{x} = 35.21\%, s = 0.06\%$。求:

(1) 置信度为 95% 的置信区间;

(2) 置信度为 99% 的置信区间。

解　(1) $1 - \alpha = 0.95$,则 $\alpha = 0.05$。查表 2.4 知 $t_{0.05}(3) = 3.18$,代入式(2.13b),得 μ 的 95% 置信区间:

$$\left(35.21\% - 3.18 \times \frac{0.06\%}{\sqrt{4}}, 35.21\% + 3.18 \times \frac{0.06\%}{\sqrt{4}} \right) = (35.11\%, 35.31\%)$$

(2) $1 - \alpha = 0.99$,则 $\alpha = 0.01$。查表 2.4 知 $t_{0.01}(3) = 5.84$,代入式(2.13b),得 μ 的 99% 的置信区间:

$$\left(35.21\% - 5.84 \times \frac{0.06\%}{\sqrt{4}}, 35.31\% + 5.84 \times \frac{0.06\%}{\sqrt{4}} \right) = (35.03\%, 35.39\%)$$

由上例可见,置信度高,置信区间就大。这个结论不难理解:区间的大小反映估计的精度,置信度高低说明估计的把握程度。100% 的置信度意味着区间无限大,肯定会包含 μ,但这样的区间是毫无意义的,应当根据工作需要定出置信度。

对于经常分析某类试样,由于大量数据的积累,σ 可以认为是已知的,这时 μ 的 $(1 - \alpha) \times 100\%$ 置信区间可用前面的方法类似地推出。因为

$$u = \frac{\overline{x} - \mu}{\sigma / \sqrt{n}} \tag{2.14}$$

由图 2.8 可见

$$- u_\alpha < u < u_\alpha$$

的概率等于 $1 - \alpha$。

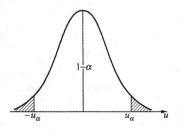

图 2.8　$-u_\alpha \sim u_\alpha$ 的区间概率

将式(2.14)代入上式,得

$$-u_\alpha < \frac{\bar{x} - \mu}{\sigma/\sqrt{n}} < u_\alpha \qquad (2.15)$$

改写为

$$\bar{x} - u_\alpha \frac{\sigma}{\sqrt{n}} < \mu < \bar{x} + u_\alpha \frac{\sigma}{\sqrt{n}} \qquad (2.16a)$$

于是 μ 的 $(1-\alpha) \times 100\%$ 置信区间是

$$\left(\bar{x} - u_\alpha \frac{\sigma}{\sqrt{n}}, \ \bar{x} + u_\alpha \frac{\sigma}{\sqrt{n}} \right) \qquad (2.16b)$$

例 2.4 分析某铁矿石的铁含量得如下结果:$n=4, \bar{x}=35.21\%, \sigma=0.06\%$。求 μ 的 95%
置信区间。

解 $1-\alpha=0.95$,则 $\alpha=0.05$。从 2.2 节知 $u_{0.05}=1.96$。将 $n=4, \bar{x}=35.21\%, \sigma=0.06\%$ 代
入式(2.16b),得 μ 的 95% 置信区间:

$$\left(35.21\% - 1.96 \times \frac{0.06\%}{\sqrt{4}}, 35.21\% + 1.96 \times \frac{0.06\%}{\sqrt{4}} \right) = (35.15\%, 35.27\%)$$

与例 2.3(1)比较,由于有了 σ 这个量,置信区间变窄了,即精度提高了。

2.3.3 显著性检验

在生产和试验中,测得的数据总是有波动的,样本平均值 $\bar{x}$ 未必正好等于真值 μ_0。这种差
异可能完全是由随机误差引起的,也可能还包含系统误差。这两种情形是直观上难以分辨的。
显著性检验就是为了处理这类问题而提出的。

1. 总体均值的检验——u 检验法(σ 已知)

u 检验法用的是 u 这个量(见式(2.14)),做出检验需知 σ。

$u < -u_\alpha$ 和 $u > u_\alpha$ 的概率等于 α(如图 2.9 所示),或

$$\frac{\bar{x} - \mu_0}{\sigma/\sqrt{n}} < -u_\alpha \quad 和 \quad \frac{\bar{x} - \mu_0}{\sigma/\sqrt{n}} > u_\alpha$$

改写为

$$\bar{x} < \mu_0 - u_\alpha \frac{\sigma}{\sqrt{n}} \quad 和 \quad \bar{x} > \mu_0 + u_\alpha \frac{\sigma}{\sqrt{n}}$$

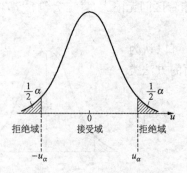

图 2.9 拒绝域和接受域

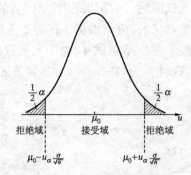

图 2.10 拒绝域和接受域

此结果可用图 2.10 表示。例如,$u_\alpha=1.96$,则 $\alpha=0.05$,它是一个小概率。根据小概率原

理："小概率在一次试验中可以认为基本上不会发生"。如果小概率发生了,我们就说出现在拒绝域,即拒绝假设,则 $\mu \neq \mu_0$。习惯上说,总体均值 μ 与 μ_0 存在显著差异,表明有系统误差存在。小概率 α 称为显著水平,通常取 0.10,0.05 或 0.01,这是在检验前就指定的。

u 检验的步骤是:

(i) 提出假设：$\mu = \mu_0$。

(ii) 给定显著水平 α。

(iii) 计算 $u = \dfrac{\bar{x} - \mu_0}{\sigma / \sqrt{n}}$。

(iv) 如果选择 $\alpha = 0.05$,则 $|u| > 1.96$ 时拒绝假设,如果选择 $\alpha = 0.01$,则 $|u| > 2.58$ 时拒绝假设。

例 2.5　从长期经验知道,某炼铁厂生产的铁水的碳含量服从正态分布,μ_0 为 4.55%,σ 为 0.08%。现在又测定了 5 炉铁水,其碳含量分别为 4.28%,4.40%,4.42%,4.35%,4.37%。试问均值有无变化?(给定 $\alpha = 0.05$)

解　假设 $\mu = \mu_0 = 4.55\%$,$\bar{x} = 4.36\%$

$$u_{计算} = \frac{\bar{x} - \mu_0}{\sigma / \sqrt{n}} = \frac{4.36\% - 4.55\%}{0.08\% / \sqrt{5}} = -5.3$$

查表知 $u_{0.05} = 1.96$,$|u_{计算}| = 5.3 > 1.96$。

故拒绝假设,即平均含碳量比原来的降低了。

2. 总体均值的检验——t 检验法(σ 未知)

σ 未知时用 t 检验法。

假设

$$\mu = \mu_0$$

给定显著水平 α,将 $\mu_0, n, \bar{x}, s$ 代入式(2.11),得

$$t_{计算} = \frac{\bar{x} - \mu_0}{s / \sqrt{n}}$$

从 t 分布值表(表 2.4)中查得 $t_\alpha(f)$ 值。若 $|t_{计算}| > t_\alpha(f)$ 时,拒绝假设。

例 2.6　某化验室测定 CaO 的质量分数为 30.43% 的某样品中 CaO 的含量,得如下结果：$n = 6, \bar{x} = 30.51\%, s = 0.05\%$。问此测定是否有系统误差?(给定 $\alpha = 0.05$)

解　假设 $\mu = \mu_0 = 30.43\%$

$$t_{计算} = \frac{\bar{x} - \mu_0}{s / \sqrt{n}} = \frac{30.51\% - 30.43\%}{0.05\% / \sqrt{6}} = 3.9$$

查表 2.4 知

$$t_表 = t_{0.05}(5) = 2.57$$

因此

$$|t_{计算}| > t_表$$

说明 μ 与 μ_0 有显著差异,此测定存在系统误差。

3. 两组测量结果的显著性检验

(1) 检验两个总体标准差是否相等——F 检验法

用 F 这个量检验两个总体标准差 σ_1 和 σ_2 是否相等,即

$$F=\frac{s_1^2}{s_2^2} ① \tag{2.17a}$$

是否服从自由度为$(n_1-1),(n_2-1)$的F分布。在检验前先假设：

$$\sigma_1=\sigma_2$$

计算出两组试验的标准差s_1和s_2。假定$\alpha=0.10$，则$F_{计算}>F_2$和$F_{计算}<F_1$时，拒绝假设，σ_1和σ_2有显著差异。而如果$F_{计算}$介于F_1和F_2之间，则接受假设（见图 2.11）。

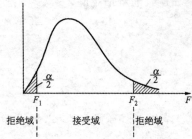

图 2.11 拒绝域和接受域

由于大多数书只列出$F>1$的值，所以计算时我们只要把大的s^2值当做分子，小的s^2当做分母就可以了②，即

$$F_{计算}=\frac{s_{大}^2}{s_{小}^2} \tag{2.17b}$$

从图 2.11 知，如果给定$\alpha=0.10$，则应查$F_{0.05}(n_{大}-1,n_{小}-1)③$。若$F_{计算}>F$时拒绝假设，$F_{计算}<F$时接受假设，请参阅例 2.7。表 2.5 列出了$\alpha=0.05$的$F$分布值（部分）。

表 2.5 显著水平为 0.05 的 F 分布值表

f_2	f_1($s_{大}$ 的自由度)									
	2	3	4	5	6	7	8	9	10	∞
2	19.00	19.16	19.25	19.30	19.33	19.35	19.37	19.38	19.40	19.50
3	9.55	9.28	9.12	9.01	8.94	8.89	8.85	8.81	8.79	8.53
4	6.94	6.59	6.39	6.26	6.16	6.09	6.04	6.00	5.96	5.63
5	5.79	5.41	5.19	5.05	4.95	4.88	4.82	4.77	4.74	4.36
6	5.14	4.76	4.53	4.39	4.28	4.21	4.15	4.10	4.06	3.67
7	4.74	4.35	4.12	3.97	3.87	3.79	3.73	3.68	3.64	3.23
8	4.46	4.07	3.84	3.69	5.58	3.50	3.44	3.39	3.35	2.93
9	4.26	3.86	3.63	3.48	3.37	3.29	3.23	3.18	3.14	2.71
10	4.10	3.71	3.48	3.33	3.22	3.14	3.07	3.02	2.98	2.54
∞	3.00	2.60	2.37	2.21	2.10	2.01	1.94	1.88	1.83	1.00

（2）检验两个总体均值是否相等——t 检验法

先用 F 检验法检验 σ_1 和 σ_2 是否相等（见上节）。若检验表明，σ_1 和 σ_2 无显著差异④，再按以下办法进行 t 检验。

假设

$$\mu_1=\mu_2$$

---

① $\sigma_1\neq\sigma_2$ 时，$F=\dfrac{s_1^2/\sigma_1^2}{s_2^2/\sigma_2^2}$。

② 张锡瑜等编著. 化学分析原理. 北京：科学出版社，1991，502～503，531～532

③ $n_{大},n_{小}$ 分别为标准差 $s_{大},s_{小}$ 所对应的测量次数。

④ 如果 σ_1 和 σ_2 有显著差异，处理就复杂了，此处不作介绍。

$$t = \frac{\overline{x}_1 - \overline{x}_2}{s_p} \sqrt{\frac{n_1 n_2}{n_1 + n_2}} \qquad (2.18)$$

服从自由度 $f = n_1 + n_2 - 2$ 的 t 分布。式中 s_p 称为合并标准差。

$$s_p = \sqrt{\frac{(n_1 - 1)s_1^2 + (n_2 - 1)s_2^2}{n_1 + n_2 - 2}} \qquad (2.19)$$

给定显著水平 α,查表 2.4 可得 $t_\alpha(n_1 + n_2 - 2)$,当 $|t_{计算}| > t_表$ 时说明 μ_1 与 μ_2 存在显著差异;相反,则接受假设,$\mu_1 = \mu_2$。

例 2.7　用两种方法测定一碱石灰(Na_2CO_3)试样中 Na_2CO_3 的质量分数,结果如下:

方法 1	方法 2
$n_1 = 5$	$n_2 = 4$
$\overline{x}_1 = 42.34\%$	$\overline{x}_2 = 42.44\%$
$s_1 = 0.10\%$	$s_2 = 0.12\%$

请比较 μ_1 与 μ_2 有无显著差异。

解　(1) 先用 F 检验法检验 σ_1 等于 σ_2 是否成立。给定 $\alpha = 0.10$。
假设

$$\sigma_1 = \sigma_2$$

$$F_{计算} = \frac{s_大^2}{s_小^2} = \frac{0.12^2}{0.10^2} = 1.44$$

查表 2.5,

$$F_\alpha(n_大 - 1, n_小 - 1) = F_{0.05}(3, 4) = 6.59$$

故　　　　　　　　　　　　　　$F_{计算} < F_表$

接受假设,σ_1 和 σ_2 无显著差异。

(2) 用 t 检验法检验 μ_1 是否等于 μ_2。
假设

$$\mu_1 = \mu_2$$

$$t_{计算} = \frac{\overline{x}_1 - \overline{x}_2}{\sqrt{\dfrac{(n_1 - 1)s_1^2 + (n_2 - 1)s_2^2}{n_1 + n_2 - 2}}} \sqrt{\frac{n_1 n_2}{n_1 + n_2}}$$

$$= \frac{42.34 - 42.44}{\sqrt{\dfrac{(5 - 1) \times 0.10^2 + (4 - 1) \times 0.12^2}{5 + 4 - 2}}} \sqrt{\frac{5 \times 4}{5 + 4}}$$

$$= -1.35$$

查表 2.4,

$$t_\alpha(n_1 + n_2 - 2) = t_{0.10}(7) = 1.90$$

故　　　　　　　　　　　　　　$|t_{计算}| < t_表$

接受假设,μ_1 和 μ_2 无显著差异。

2.3.4 异常值的检验

在一组平行测定所得数据中,有时会出现个别值远离其他值的情况。对此,有理由怀疑它是不是出自同一总体,是否为异常值。异常值的混入将会影响总体参数的估计和检验的质量。如果这个异常值是由于明显过失引起的(例如,配制溶液时溶液的溅失,滴定管活塞处出现渗漏等),则不论这个值与其他数据是近是远,都应该将其舍弃;否则,就要进行异常值的检验。检验异常值的方法很多,从统计学观点考虑,比较严格而使用又方便的是 Q 检验法。

Q 检验法的做法如下:

(i) 测定值按大小顺序排列。

(ii) 计算测定值的极差 R。

(iii) 计算可疑值与其相邻值之差的绝对值 d。

(iv) 代入下式计算:

$$Q_{计算} = \frac{d}{R}$$

再根据测定次数 n,从表 2.6 中查得指定置信度下的 Q 值。若 $Q_{计算} > Q_{表}$,则该可疑值即为异常值,应予舍弃,否则应予保留。

表 2.6 舍弃商 Q 值表

测定次数 n	3	4	5	6	7	8	9	10
$Q_{0.90}$	0.94	0.76	0.64	0.56	0.51	0.47	0.44	0.41
$Q_{0.95}$	0.97	0.84	0.73	0.64	0.59	0.54	0.51	0.49

例 2.8 测定某溶液浓度$(mol \cdot L^{-1})$得如下结果:$0.1014, 0.1012, 0.1016, 0.1025$。试作检验说明 0.1025 这个值是否应当舍弃(置信度 90%)?

解
$$Q_{计算} = \frac{0.1025 - 0.1016}{0.1025 - 0.1012} = 0.69$$

查表 2.6,置信度为 90%,$n=4$ 时,$Q_{表}=0.76$;$Q_{计算} < Q_{表}$,故 0.1025 不是异常值,应该保留。

2.4 误差的传递

分析结果(如物质化学成分的含量)一般是不能直接测量的,而是先测量一些如质量、体积、电位、电流、吸光度等可以直接测量的物理量,再按一定的公式计算得到所欲求的分析结果。也就是说,分析结果往往是通过一系列测量步骤之后获得的,各个测量值误差对分析结果的影响在统计学中称为误差的传递(propagation of error)。

2.4.1 系统误差的传递

1. 加减运算

若分析结果 R 是 A, B, C 3 个测量值加减而得,例如

$$R = A + B - C$$

分析结果的绝对误差 $E_{a(R)}$ 是各测量值绝对误差的代数和:

$$E_{a(R)} = E_{a(A)} + E_{a(B)} - E_{a(C)} \qquad (2.20)$$

若有关项有系数,如 $R = A + mB - nC$,则

$$E_{a(R)} = E_{a(A)} + mE_{a(B)} - nE_{a(C)} \qquad (2.21)$$

2. 乘除运算

若分析结果 R 是 A,B,C 3 个测量值相乘除而得,例如

$$R = \frac{AB}{C}$$

那么分析结果的相对误差是各测量值相对误差的代数和,即

$$E_{r(R)} = E_{r(A)} + E_{r(B)} - E_{r(C)} \qquad (2.22)$$

如果计算公式中测量值带有系数,例如

$$R = m\frac{AB}{C}$$

其误差传递公式与式(2.22)相同。

3. 对数运算

若分析结果 R 由测量值 A 通过下列对数关系求得

$$R = k + n\lg A$$

其误差传递关系式为

$$E_{a(R)} = 0.434n\frac{E_{a(A)}}{A} \qquad (2.23)$$

4. 指数运算

若分析结果 R 与测量值 A 有下列指数关系:

$$R = k + A^n$$

那么,分析结果的相对误差是测量值相对误差的指数倍,即

$$E_{r(R)} = nE_{r(A)} \qquad (2.24)$$

2.4.2　随机误差的传递

1. 加减运算

若分析结果 R 是 A,B,C 3 个测量值相加减而得,例如

$$R = aA + bB - cC$$

则,分析结果的样本标准差的平方是各测量值标准差的平方的总和,即

$$s_R^2 = a^2 s_A^2 + b^2 s_B^2 + c^2 s_C^2 \qquad (2.25)$$

2. 乘除运算

若分析结果 R 是 A,B,C 3 个测量值相乘除的结果,例如

$$R = \frac{AB}{C}$$

则分析结果的相对标准差的平方是各测量值相对标准差的平方的总和,即

$$\frac{s_R^2}{R^2} = \frac{s_A^2}{A^2} + \frac{s_B^2}{B^2} + \frac{s_C^2}{C^2} \qquad (2.26)$$

如果 $R = m\dfrac{AB}{C}$,其误差传递公式同式(2.26)。

3. 对数运算

若分析结果 R 由测量值 A 按下式对数运算而得

$$R = k + n\lg A$$

则

$$s_R = 0.434n \frac{s_A}{A} \tag{2.27}$$

4. 指数运算

若 $R = k + A^n$，则

$$\frac{s_R}{R} = n \frac{s_A}{A} \tag{2.28}$$

2.4.3　极值误差

在式(2.20)和(2.22)中各项均为代数和，各测量值的误差可能相互叠加，也可能相互抵消。如果是相互叠加的，就可能产生最大误差，称为极值误差(E_R)，即各测量值误差的绝对值之和。与式(2.20)和(2.22)对应的极值误差和极值相对误差分别为

$$E_R = |E_A| + |E_B| + |E_C| \tag{2.29}$$

$$\frac{E_R}{R} = \left|\frac{E_A}{A}\right| + \left|\frac{E_B}{B}\right| + \left|\frac{E_C}{C}\right| \tag{2.30}$$

2.4.4　误差分配

当确定了分析结果的误差后，由此对各测量值的误差提出要求，称为误差分配(distribution of error)。这是在设计实验时必须考虑的问题。例如，若要求滴定分析结果的相对误差小于 0.2%，那么试样称量及滴定剂体积测量的相对误差一般应各分配为 0.1%。对于称量，如分析天平的精度为 0.1 mg，称 1 份试样需 2 次读数，即最大绝对误差为 0.2 mg，设应称取的试样质量为 m，则 $\frac{0.2}{m} \leqslant 0.1\%$，所以 $m \geqslant 200$ mg，即称样量不应小于 200 mg。对体积测量，一般 50 mL 滴定管可读取到 0.01 mL。同理可得，滴定剂体积 V 不应少于 20 mL。

例 2.9　用硫酸钡重量法测定钡，称取试样 $m_1 = 0.4503$ g，最后得到硫酸钡沉淀 $m_2 = 0.4291$ g。如果天平称量时的标准差 $s = 0.1$ mg，试计算分析结果的标准差 s_w。

解　$w(\text{Ba}) = \dfrac{m_2 \times \dfrac{A_r(\text{Ba})}{M_r(\text{BaSO}_4)}}{m_1} \times 100\% = \dfrac{0.4291 \text{ g} \times \dfrac{137.33}{233.39}}{0.4503 \text{ g}} \times 100\%$

$\qquad\qquad = 56.07\%$

根据式(2.26)，有

$$\frac{s_w^2}{w^2} = \frac{s_{m_2}^2}{m_2^2} + \frac{s_{m_1}^2}{m_1^2}$$

因 m_1 为 2 次称量测得，m_2 为 4 次称量所得(由于恒重)，即

$$m_1 = m_{1(2)} - m_{1(1)}$$

$$m_2 = (m_{2(4)} - m_{2(3)}) - (m_{2(2)} - m_{2(1)})$$

根据式(2.25)，有

$$s_{m_1}^2 = s_{m_{1(2)}}^2 + s_{m_{1(1)}}^2 = 2s^2$$

$$s_{m_2}^2 = s_{m_2(4)}^2 + s_{m_2(3)}^2 + s_{m_2(2)}^2 + s_{m_2(1)}^2 = 4s^2$$

所以

$$\frac{s_w^2}{w^2} = \frac{4s^2}{m_2^2} + \frac{2s^2}{m_1^2} = 4\left(\frac{s}{m_2}\right)^2 + 2\left(\frac{s}{m_1}\right)^2$$

$$= 4\left(\frac{0.1\ \text{mg}}{429.1\ \text{mg}}\right)^2 + 2\left(\frac{0.1\ \text{mg}}{450.3\ \text{mg}}\right)^2 = 3.16 \times 10^{-7}$$

$$\frac{s_w}{w} = 5.62 \times 10^{-4}$$

$$s_w = 5.62 \times 10^{-4} \times 56.07\% = 0.032\%$$

2.5　分析测试质量保证

2.5.1　分析测试质量保证的内容与目标

分析测试质量保证(quality assurance of analytical test)的基本内容是统计学和系统工程与特定的生产或测量实践的结合。通过一系列的质量控制、质量审核和质量评价达到经济、准确、可信的预期目标。

众所周知,任何测试均会产生测量误差。分析测试是比较复杂的过程,误差来源很多,如样品的代表性、均匀性、稳定性,样品处理过程的有效性,校准曲线的正确性,测量仪器计量性能的可靠性,实验室环境,测量程序和操作技能等都会影响分析结果的准确度。由此可见分析测试不是一个简单的过程,而是一个复杂的系统。质量保证的任务就是把所有的误差,其中包括系统误差、随机误差,减少到预期的水平。于是,一方面需要采取一系列减小误差的措施,对整个分析过程(从取样到分析结果的计算)进行质量控制;另一方面需要行之有效的方法,对分析结果进行质量评价,及时发现分析过程中的问题,确保分析结果的可靠性。应从实际需要出发,而不是盲目地做出误差限的选择。既要使分析结果能说明问题,得到正确的结论,又不能过分地追求分析结果的可靠性,消耗不必要的人力和物力,降低了工作效率,也是不科学的。通过质量保证工作,应当使分析测试工作做得恰到好处,不仅能确保测定结果准确可靠,而且能达到提高工作效率、降低消耗的目的。

质量保证工作不仅是一项具体的技术工作,而且也是一项实验室管理工作,如科学的实验室管理制度、正确的操作规程以及分析工作者的技术考核等。质量保证工作必须贯穿于分析过程的始终,包括取样和样品处理、方法选择、测定过程、实验记录、数据检查、数据的统计分析,直到分析结果的表达等。分析测试质量保证的目标,就是要保证测量数据的质量,使分析测试建立在可靠的基础之上。

分析测试的质量保证可分为取样的质量保证和分析检测系统的质量保证两大方面。

2.5.2　取样的质量保证

样品是从大量物质中选取的一部分物质。样品的测定结果是总体特性量的估计值。由于总体物质的不均匀性,用样品的测定结果推断总体,必然引入误差,称此误差为取样误差。

取样误差是总误差的一部分,它仅与用样本推断总体有关。取样误差可分随机误差和系统误差。取样的随机误差是由取样过程中无法控制的随机因素所引起的,增加取样次数,加大取样量,可以减小取样的随机误差。取样的系统误差是由于取样方案不完善、取样设备有缺陷、操作不正确、环境等影响因素引起的,该误差只能通过严格的取样质量保证工作避免或消除。

取样误差总是和测量误差相关连,通过重复测定多个实验室样品和一个实验室样品的多次测定,可估计取样误差。若用 E_T,E_m 和 E_s 分别表示取样和测量的总误差、测量误差和取样误差,则

$$E_s = (E_T^2 - E_m^2)^{1/2}$$

在分析化学中,常用 Ingamells 取样常数法估算最小取样量

$$K_s = m(CV)^2 \tag{2.31}$$

式中 m 是每个样品的质量,CV 是样品间的相对标准差,K_s 是 Ingamells 取样常数,它相当于 CV＝1％时的最小取样量。该法的基本原理是,对特定的样品,取样量增加,样品间的相对标准差减小,两者的乘积是个常数。因此通过初步实验估算出 K_s 值,如先测定 n 个质量为 m 的样品,算出平均值 $\bar{x}$ 及标准差 s,再算得 CV,由 m 与 CV 的乘积估算出 K_s,再根据给定的取样误差估算出最小取样量。

2.5.3 分析检测过程的质量控制

分析检测过程一般包括样品的处理、测量方法和计量标准的选用、测量仪器的校准、测定、数据的统计分析和报告测量结果。其中每个环节都和测量者的操作技术、理论知识和质量意识密切相关。并受实验室环境条件、所用化学试剂以及辅助设备的影响。特别是随着痕量分析技术的发展,人们日益重视分析检测过程中的质量控制,以避免过失,最大限度地减小系统误差,提高测量的精密度和准确度。

1. 样品处理与回收率

样品的消解、溶解和被测组分的分离、富集是分析测量过程的重要环节。在样品处理过程中可能发生溶解、分离、富集不完全,或被测组分挥发、分解而产生负的系统误差;另一方面还会由于器皿、化学试剂、环境和操作者玷污被测组分而产生正的系统误差。在样品处理过程中即使没有产生明显的系统误差,也会引入较大的随机误差。

回收率(recovery)是样品处理过程的综合质量指标,也是估计分析结果准确度的主要依据之一。通常用"加标回收"法,即在样品中加入标准物质,测定其回收率,以确定准确度,多次回收试验还可发现方法的系统误差。其计算式是

$$回收率 = \frac{加标试样测定值 - 试样测定值}{加标量} \times 100\%$$

加入标准物质量的大小对回收率有影响,因此加入标准物质的量应与待测物质的浓度接近为宜。加标回收法要求加入的标准组分和样品中的组分具有相同的回收率,而且样品中被测组分的含量是已知的或可测定的。也可用与被测样品基体相同或相近的标准物质测定回收率。用与被测样品完全相同的方法来处理和测定所选定的标准物质,测定值的平均值与标准物质的保证值之比,即为"方法回收率"。综合标准物质保证值的不确定度和测定值的随机误差可得方法回收率的不确定度。

对例行分析回收率控制指标的原则性规定如下表所示:

被测组分质量分数	$<10^{-7}$	$>10^{-7}$	$>10^{-6}$	$>10^{-4}$
加标回收率/%	60～110	80～110	90～110	95～105

2. 分析空白的控制与校正

(1) 分析空白及其作用

空白包括样品中被测组分的玷污(正空白)、样品中被测组分的损失(负空白)和仪器噪音产生的空白。分析空白及其变动性对痕量和超痕量分析结果的准确度、精密度以及分析方法的检出限起着决定性作用。在痕量和超痕量分析工作中，必须从取样、样品传送、贮存、处理到测定的全过程避免、减少和控制可能发生的玷污。并在样品测定过程中做平行或穿插空白试验，以便校正测量结果或正确表达测量结果。或作空白质量控制图，及时发现分析过程有无明显的玷污，以确定分析结果的可靠性。通常对痕量或超痕量组分分析结果的报告方法有如下规定:

痕量组分分析结果	$<3s_B$	$3s_B$	$3s_B～10s_B$	$>10s_B$
报告方法	未检出	检出限	检出但未定量	报告结果并给出不确定度

其中 s_B 为空白试验的标准差。

(2) 分析空白的控制

分析空白高而又不稳定的分析方法不能用于痕量或超痕量化学成分的测定。所以消除和控制污染源、减小空白及其变动性是痕量分析的重要工作内容。主要有以下几点：① 消除或控制实验环境对样品的玷污；② 化学试剂对样品中被测组分的玷污随试剂纯度和用量而变；③ 贮存、处理样品所用的器皿，如果材质不纯或者未洗涤干净均可能玷污样品；④ 避免分析者对样品的玷污。

(3) 空白试验

空白试验(blank test)又叫空白测定。是指用去离子水代替试样的测定，其所加试剂和操作步骤与试样测定完全相同。空白试验应与试样测定同时进行，试样分析时仪器的响应值(如吸光度、峰电流等)不仅是试样中待测物质的分析响应值，还包括所有其他因素，如试剂中的杂质、环境及操作过程中的玷污等的响应值。空白试验就是要了解它们对试样测定的综合影响。空白试验测得的响应值称为空白试验值。根据空白试验值及其标准差，对试样测定值进行空白校正。

3. 测量方法的适用性

(1) 测量方法的类别与等级

为探测物质的变化规律，解决生产、贸易、环境、卫生、社会法规等问题，人们不断研究、开发各种测量技术、绝对测量方法和高准确度的标准方法。现有标准方法数以千计，大体可分为 3 种类型：① 检测产品技术规格的普及型标准方法。② 为贯彻某些法规而开发的标准方法，称为官方方法。如美国官方分析化学家协会(AOAC)拟定了用于分析食品、药物、肥料、农药、化妆品的标准方法，以保证有关农业和公共健康法规的贯彻。③ 基础性标准方法，如英国分析化学学会(SAC)拟定的分析方法和美国材料测试学会(ASTM)拟定的标准方法。

根据方法的准确度或精密度水平，可将化学测量方法划分为 6 个等级：

等 级	准确度或精密度	名 称
A	<0.01%	最高准确度或精密度方法
B	0.01%～0.1%	高准确度或精密度方法
C	0.1%～1%	中等准确度或精密度方法
D	1%～10%	低准确度或精密度方法
E	10%～35%	半定量方法
F	>35%	定性方法

(2) 测量方法的主要技术参数和控制指标

(i) 线性范围。待测物质的量浓度或含量与相应测量仪器的响应值或其他指示量之间的定量关系曲线称为校准曲线。分析测定中常用校准曲线的直线部分。某一方法的校准曲线的直线部分所对应的待测物质的量浓度或含量的变化范围,称为该方法的线性范围。

(ii) 准确度。准确度是用一个特定的分析程序所获得的分析结果(单次测定值或重复测定值的均值)与假定的或公认的真值之间符合程度的量度。它是反映分析方法或测量系统存在的系统误差和随机误差两者的综合指标,并决定其分析结果的可靠性。评价准确度的方法有两种:一种是用某一方法来分析标准物质,据其结果确定准确度;第二种是加标回收法。目前对复杂样品的分析可能达到的准确度水平如下:

被测组分质量分数	$>10^{-2}$	10^{-3}	10^{-5}	10^{-7}	$<10^{-7}$
准确度水平/%	<5	10	15	20	>25

(iii) 精密度。精密度是指用一特定的分析程序在受控条件下重复分析均一样品所得测定值的一致程度,它反映分析方法或测量系统所存在随机误差的大小。极差、平均偏差、相对平均偏差、标准差和相对标准差都可用来表示精密度大小,较常用的是标准差。

在讨论精密度时,常遇到平行性、重复性、再现性等术语。平行性是指同一实验室中,当分析人员、分析设备和分析时间都相同时,用同一分析方法对同一样品进行双份或多份平行样测定结果之间的符合程度。重复性是指在同一实验室中,当分析人员、分析设备和分析时间三因素中至少有一项不相同时,用同一分析方法对同一样品进行的两次或两次以上独立测定结果之间的符合程度。再现性是指在不同实验室(分析人员、分析设备甚至分析时间都不相同),用同一分析方法对同一样品进行多次测定结果之间的符合程度。

实验室内精密度通常是指平行性和重复性的总和,而实验室间精密度(即再现性)常用分析标准试样的方法来确定。

(iv) 灵敏度。分析方法的灵敏度是指该方法对单位浓度或单位量的待测物质的变化所引起的响应值变化的程度。它可以用仪器的响应值或其他指示量与对应的待测物质的浓度或量之比来描述,因此常用校准曲线的斜率 k 来度量灵敏度。k 值大,说明方法灵敏度高。灵敏度因实验条件而变。

但在实际工作中,各实验点并不都落在回归直线上,有一定的发散性。实验点的发散性也影响测量方法的灵敏度,发散性大,灵敏度下降。因此灵敏度应定义为 k/s_f,其中 s_f 是线性回归拟合标准差,用下式估算:

$$s_t = \left[\frac{\sum\limits_{i=1}^{n} d_i^2}{n-2} \right]^{1/2}$$

式中 d_i 是第 i 个实验点对回归直线的偏离值，n 是实验点的数目。

　　(v) 检出限。分析方法的检出限是在一定置信概率下能检出被测组分的最小含量（或浓度）。这个最小含量所产生的信号能与分析空白、仪器噪音在一定的置信概率下区分开来。国际纯粹与应用化学联合会（IUPAC）1976 年对分析方法的检出限作了如下规定：在与分析实际样品完全相同的条件下，作不加入被测组分的重复测定（即空白试验），测定次数尽可能多（一般为 20 次）。算出空白值的平均值 $\bar{x}_B$ 和空白值的标准差 s_B。在一定置信概率下，与 $3s_B$ 相对应的被测组分的含量 q_L 或浓度 c_L 就是分析方法的检出限，即

$$q_L = \frac{3s_B}{k}, \qquad c_L = \frac{3s_B}{k}$$

式中 k 为校准曲线的斜率。

　　4. 测量方法的校准

　　测量方法校准的目的是建立测量信号与被测化学成分量值的函数关系，即物理信号与化学成分量的定量关系。制作准确而有效的校准曲线是获得准确可靠测量结果的重要前提。

　　(1) 使用准确可靠的计量标准

　　用于制作校准曲线的化学成分标准物质应满足准确度高、变动性小、量值呈梯度的要求，以保证相对于观测物理信号的变动性可以忽略不计，有效地确定测量范围以及测量结果的准确性。

　　(2) 消除或者测定干扰与基体效应的影响

　　大多数分析测量方法受样品中其他组分或者主体成分的影响，而产生明显的系统误差。通过选用与被测样品组成相同或者相近的标准物质可以消除这一系统误差。在实际分析工作中会遇到各种样品，并非对任何样品都能找到与之类似的标准物质，因而不得不用纯物质配制标准溶液作校准标准。这时，应根据分析方法和样品的实际情况做干扰实验和基体影响实验，并正确估计影响程度。

　　(3) 控制实验条件，合理设计实验

　　应按以下原则设计实验：① 为了尽可能保持测量样品的实验条件与制作校准曲线的条件一致，应在较短时间间隔内制作和使用校准曲线；② 校准曲线上的实验点数最好在 5 个以上，且实验点的量值范围尽可能宽，以提高校准曲线的可靠性与稳定性；③ 各实验点最好作重复测量取平均值，至少应在校准曲线的端点作重复测定，以减少实验误差。

　　5. 标准分析方法和分析方法标准化

　　标准分析方法又称分析方法标准，是技术标准中的一种。它是一项文件，是权威机构对某项分析所作的统一规定的技术准则和各方面共同遵守的技术依据。它是公认的成熟的方法，并通过协作试验，确定了误差范围。它由权威机构审批和发布。编制和推行标准分析方法的目的是为了保证分析结果的重复性、再现性和准确性。不但要求同一实验室的分析人员分析同一样品的结果要一致，而且要求不同实验室的分析人员分析同一样品的结果也要一致。标准方法的选定首先要达到所要求的检出限，能体现足够小的随机和系统误差，对各种样品能得到相近的准确度和精密度，当然也要考虑技术、仪器的现实条件和推广的可能性。

　　一个项目的测定往往有多种可供选择的方法,这些方法的灵敏度不同,对仪器和操作的要求不同。而且由于方法的原理不同,干扰因素也不同,甚至其结果的表示涵义也不尽相同。当采用不同方法测定同一项目时就会产生结果不可比的问题,因此有必要使分析方法标准化。标准化工作是一项具有高度政策性、经济性、技术性、严密性和连续性的工作,开展这项工作必须建立严密的组织管理机构。

2.5.4 分析测试的质量评价

　　质量评价的目的是让委托方或者主管部门相信测量结果是准确可靠的,能满足预期要求;或者测量实验室具有进行某一领域测量工作的能力,有提供准确、有效测量结果的组织和技术保证。从而达到在国际贸易和技术交流中双边或多边相互承认测量结果的目的。

　　质量评价的任务是对分析结果是否可取做出判断。通常可分为"实验室内"的质量评价和"实验室间"的质量评价。内部质量评价是实验室分析人员对分析质量进行自我评价的过程。一般通过分析和应用某种质量控制图或其他方法来实现。实验室间的质量评价是检查各实验室是否存在系统误差,找出误差来源,提高测量水平。这一工作通常由某一系统的中心实验室、上级机关或权威单位负责。下面简要介绍几种常用的质量评价方法。

　　1. 质量控制图

　　质量控制图(graph of quality control)是实验数据的图解,是用来判断统计控制的标准,也是鉴别失控原因的方法。它是简单、直观、有效的统计技术之一,在实验工作中起着下述重要作用。

　　(i) 可以及时直观地展示分析过程是否处于统计控制中。当控制图表示出失控时,它能指出在什么时间、什么位置和多大置信水平下发生了问题。

　　(ii) 可以对被控制过程特性作出估计。如用极差或标准差控制图可以估计例行测量过程的变动性(σ^2 或 s^2)。

　　(iii) 是例行实验工作决定观测值取舍的最好标准和依据。

　　(iv) 是检验各实验室间数据是否一致的有效方法。

　　(v) 可检验测量过程是否有明显的系统误差,并能指出误差的方向。

　　质量控制图的基本组成见图 2.12。它表示测量过程的一个特定的统计值(如平均值、标准差、极差等)随抽样顺序(或组序)的变化。控制图通常由中心线(预期值)和对应于 99.7% 置信水平的 3σ 上、下控制限构成,也有的在图中标示了上、下警告限和上、下辅助线。最常用的是平均值($\bar{x}$)控制图、极差(R)控制图和标准差控制图,其中平均值控制图应用尤广。还可以将控制

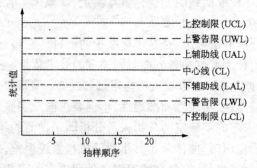

图 2.12　质量控制图

图分为精密度控制图和准确度控制图。前者用各组观测值的平均值或极差的平均值作中心线；而后者用标准物质的保证值或用观测值和保证值之差的平均值作中心线。

几种质量控制图的参数计算式列于表 2.7。当样本大小相同时，即各组由相同数目的观测值构成时，系统 A_1，A_2，B_3，B_4，D_3，D_4 的数值列于表 2.8。质量控制图的应用举例如下。

表 2.7　质量控制图的参数计算式

控制图类型	中心线	3σ 控制限
平均值	$\bar{x}$	$\bar{x} \pm A_1 \bar{\sigma}$ 或 $\bar{x} \pm A_2 \bar{R}$
标准差	$\bar{\sigma}$	$B_3 \bar{\sigma}$(下)和 $B_4 \bar{\sigma}$(上)
极差	$\bar{R}$	$D_3 \bar{R}$(下)和 $D_4 \bar{R}$(上)

表 2.8　计算 3σ 控制限的系数

每组观测值个数 n	平均值图 A_1	平均值图 A_2	标准差图 B_3	标准差图 B_4	极差图 D_3	极差图 D_4	变换因子* $\sqrt{\dfrac{n-1}{n}}$
2	3.760	1.880	0	3.267	0	3.267	0.7071
3	2.394	1.023	0	2.568	0	2.575	0.8165
4	1.880	0.729	0	2.266	0	2.282	0.8660
5	1.596	0.577	0	2.089	0	2.115	0.8944
6	1.410	0.483	0.030	1.970	0	2.004	0.9129
7	1.277	0.419	0.118	1.882	0.076	1.924	0.9258
8	1.175	0.373	0.185	1.815	0.136	1.864	0.9354
9	1.094	0.337	0.239	1.761	0.184	1.816	0.9428
10	1.028	0.308	0.284	1.716	0.223	1.777	0.9487
11	0.973	0.285	0.321	1.679	0.256	1.744	0.9535
12	0.925	0.266	0.354	1.646	0.284	1.716	0.9574
13	0.884	0.249	0.382	1.618	0.308	1.692	0.9608
14	0.848	0.235	0.406	1.594	0.328	1.671	0.9636
15	0.816	0.223	0.428	1.572	0.348	1.652	0.9661

* 当用 $s = \sqrt{\dfrac{\sum (x_i - \bar{x})^2}{n-1}}$ 代替 $\sigma = \sqrt{\dfrac{\sum (x_i - \mu)^2}{n}}$ 时，则用 $A_1 \sqrt{\dfrac{n-1}{n}}$ 代替 A_1，$\bar{s}$ 代替 $\bar{\sigma}$。

例 2.10　10 个实验室测定了橡胶中的 ZnO 含量，测定结果如表 2.9 所示。试比较实验室间数据的一致性。

表 2.9　各实验室测定结果

重复性测定序号 ＼ 实验室编号	1	2	3	4	5	6	7	8	9	10
1	2.42	2.41	2.35	2.42	2.46	2.44	2.41	2.38	2.40	2.46
2	2.42	2.41	2.36	2.42	2.44	2.43	2.38	2.37	2.41	2.43
3	2.37	2.39	2.36	2.40	2.46	2.43	2.37	2.38	2.48	2.46
4	2.38	2.41	2.38	2.43	2.46	2.46	2.43	2.36	2.48	2.43
平均值 $\bar{x}$	2.39_8	2.40_5	2.36_2	2.41_8	2.45_5	2.44_0	2.39_8	2.37_2	2.44_2	2.44_5
标准差 s_i	0.02_6	0.01_0	0.01_3	0.01_3	0.01_0	0.01_4	0.02_8	0.01_0	0.04_3	0.01_7

解 （1）作标准差控制图（图 2.13），用以比较各实验室间观测值的变动性。

中心线 $\bar{s}=\dfrac{\sum s_i}{n}=0.0187$；

3σ 控制限 $B_3\bar{s}$ 和 $B_4\bar{s}$。

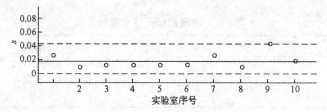

图 2.13　标准差控制图

从表 2.8 查得，$n=4$ 时，$B_3=0$，$B_4=2.266$，因而下控制限为 0，上控制限为 $2.266\times 0.0187=0.042$。从图 2.13 可知，除 9 号实验室外，其他各实验室观测值的变动性是一致的。

（2）作平均值控制图（图 2.14），用以比较各实验室间观测结果的一致性。

平均值中心线 $\bar{x}=\dfrac{\sum \bar{x}_i}{n}=2.414$；

3σ 控制限 $\bar{x}\pm A_1\sqrt{\dfrac{n-1}{n}}\bar{s}$。

图 2.14　平均值控制图

从表 2.8 查得，$n=4$ 时 $A_1=1.880$，$\sqrt{\dfrac{n-1}{n}}=0.8660$，代入公式算得上控制限等于 2.444，下控制限为 2.384。平均值控制图 2.14 显示出 3，5，8 和 10 号实验室的测定结果在控制限之外，6 号和 9 号的结果接近上控制限，只有 4 个实验室的结果在控制限之内。而在标准差控制图 2.13 上，仅有 1 个实验室的标准差不在控制限内。这表明不同实验室测定结果间的变动性大于同一实验室内重复测定结果的变动性，不同实验室的测定结果间可能存在系统误差。

例 2.11　用 γ 射线谱仪测定 ^{137}Cs 的 γ 射线强度（计数·min^{-1}）。每天测定 4 次，每次计数 4 min，共测定 10 d，测定结果如表 2.10 所示。试问，测量过程是否处于统计控制中？

解　计算出中心线和控制限，作平均值控制图（图 2.15），用以比较组间数据的一致性。该控制图表明有 5 组数据在控制限外。根据统计理论，放射性随机计数应服从 Poisson 分布，即标准差等于平均值的平方根，$s=\sqrt{\bar{x}}$。本例中每个计数区间（4 min）的平均计数是 $8540\times 4=34160$，则 $s=\sqrt{34160}=185$，或 $185/4=46$ 计数·min^{-1}。但实际上组内的平均标准差是 104 计数·min^{-1}，明显大于 46 计数·min^{-1}。因此，Poisson 分布不能完全解释观测到的变动性，有可能是测量仪器的不稳定引起了各组测量结果的不一致性。

表 2.10　^{137}Cs 的 γ 射线强度测定数据(按天分组)

每天测量次序 ＼ 测定日期	1	2	3	4	5	6	7	8	9	10
1	8581	8467	8551	8824	8752	8691	8736	8228	8414	8032
2	8651	8462	8498	8801	8723	8655	8580	8407	8492	8223
3	8589	8625	8298	8732	8685	8807	8196	8389	8579	8333
4	8487	8609	8439	8771	8796	8798	8247	8379	8633	8421
平均值 $\bar{x}$	8577	8541	8446	8782	8739	8738	8440	8351	8530	8252
标准差 s	68	88	109	40	47	76	261	83	96	168

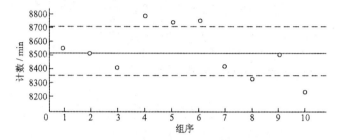

图 2.15　测量 ^{137}Cs γ 射线强度的平均值控制图

2. 对照分析

在分析样品的同时,对标准物质或由权威部门制备的合成标准样进行平行分析。只要标准物质的测定结果与保证值一致,便表明分析过程是有效的,未知样品的分析结果也是可靠的。这种标准物质的保证值或标准样的标称值也可以不告诉操作人员(密码样),然后由上级或权威部门对结果进行检查,这也是考核人员的一种方法。

3. 双样品法

为检查实验室间是否存在系统误差,它的大小和方向以及对分析结果的可比性是否有显著影响,可用双样品法对有关实验室进行误差检验。该法是将两个浓度不同(分别为 x_i,y_i,两者相差约±5%),但很类似的样品分发给各实验室,分别对其作单次测定,其测定结果为 x_i,y_i。计算每一浓度的均值 $\bar{x}$ 和 $\bar{y}$,在 x-y 坐标图上分别点上 x_i,y_i 值的点,并作垂直 x 轴的 $\bar{x}$ 值垂线和平行于 x 轴的 $\bar{y}$ 值水平线,如图 2.16 所示。此图叫双样图,可以根据图形判断实验室存在的误差。

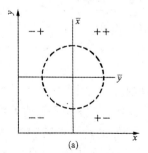 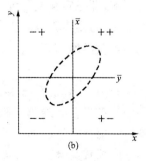

图 2.16　双样图

如果各实验室间不存在系统误差,则各点应随机分布在 4 个象限,即大致成一个以代表两均值的直线交点为中心的圆形,如图 2.16(a)所示。如各实验室间存在系统误差,则实验室测定值双双偏高或双双偏低,即测定点分布在＋＋或－－象限内,形成一个与纵轴方向约成 45°倾斜的椭圆形,如图 2.16(b)所示。根据椭圆形的长轴与短轴之差及其位置,可估计实验室间系统误差的大小与方向。根据各点的分散程度来估计各实验室间的精密度和准确度。

为更具体地了解各实验室间的误差性质,可对数据进一步作误差分析。有两种处理方法。

(1) 标准差分析

(i) 将各对数据(x_i, y_i)分别求和值、差值:

$$\underline{\text{和\ 值}} \qquad\qquad \underline{\text{差\ 值}}$$

$$x_1 + y_1 = T_1 \qquad\qquad |x_1 - y_1| = D_1$$
$$x_2 + y_2 = T_2 \qquad\qquad |x_2 - y_2| = D_2$$
$$\cdots\cdots \qquad\qquad\qquad \cdots\cdots$$
$$x_n + y_n = T_n \qquad\qquad |x_n - y_n| = D_n$$

(ii) 取和值计算各实验室数据分布的标准差:

$$s = \left[\frac{\sum T_i^2 - \dfrac{\left(\sum T_i \right)^2}{n}}{2(n-1)} \right]^{1/2}$$

分母中的 2 是因为 T_i 值中包括两个类似样品的测定而含有 2 倍的误差。

(iii) 标准差可分解为系统标准差和随机标准差,当两个类似样品测定结果相减,使系统标准差消除,故可取差值 D_i 计算随机标准差:

$$s_r = \left[\frac{\sum D_i^2 - \dfrac{\left(\sum D_i \right)^2}{n}}{2(n-1)} \right]^{1/2}$$

(iv) 如 $s = s_r$,即总标准差只包含随机标准差,表明实验室间不存在系统误差。

(2) 方差分析

当 $s_r < s$ 时需以方差分析进行检验(参见 2.3.3 节)。

(i) 计算 $F = \dfrac{s^2}{s_r^2}$。

(ii) 根据给定显著性水平(0.05)和 s, s_r 自由度(f_1, f_2),查方差分析 F 数值表。

(iii) 若 $F \leqslant F_{0.05(f_1, f_2)}$,表明在 95% 置信水平时,实验室间所存在的系统误差对分析结果的可比性无显著性影响,即各实验室分析结果之间不存在显著性差异。

(iv) 如 $F > F_{0.05(f_1, f_2)}$,则实验室间所存在的系统误差将显著影响分析结果的可比性,应找出原因并采取相应的校正措施。

4. 熟练实验

熟练实验(proficiency testing)是权威机构为核验和评价例行检测实验室测量结果可靠性和实际测量能力而组织的实验。通过实验室间测量数据的比较,客观地评价实验室的测试能力。实验样品的基体和拟测成分的含量要有代表性、良好的均匀性,其变动性应小于分析方法室内变动性的 10%。由权威实验室用与实验样品类似的标准物质进行相对测定或者通过协作实验来获得实验样品的标称真值。各参加实验室要用规定的分析方法,按本实验室的例行分析检测的操作技术、工作条件、质量控制程序对实验样品进行独立测量。为了防止产生主观、虚假数据,可以同时分析测定少数密码样品。实验组织者要对每次实验的数据进行统计分析,对各参加实验室在本次实验中的效能做出评价,对效能差的实验室提出改进意见。

5. 实验室认证

实验室认证(laboratory accreditation)是对测量实验室进行某个领域或特定类型测量能力的正式承认。在我国称之为计量认证,是计量行政主管部门对向社会提供公正数据的技术机构,从事计量检定或测试的实际能力、可靠性和公正性所进行的考核和证明。经认证合格的实验室,由国家认证机构发给有一定期限的证书,证明该实验室有为社会提供公正数据的能力和资格。在证书规定的范围内提供的数据可用于贸易出证、产品质量评定、成果鉴定等需要公正数据的场合,并具有法律效力。近年来各国的实验室认证工作正向着国际间相互承认的方向发展,以促进国际贸易和技术交流。

实验室认证的程序按有关文件的规定进行,在这里不作赘述。其要点是:① 权威性。认证机构的权威性及采用的认证标准决定了所认证实验室的公正程度。并通过国际合作拟定统一的认证标准,促进国际间的相互承认。② 公正性。认证机构和被认证实验室应具有客观、公正的第三方立场和地位,仅对其工作质量和出具的数据负责。③ 溯源性。实验室认证的核心问题就是确认被认证的实验室能否提供准确可靠的数据,其测量结果能否通过连续的比较链溯源到国家计量标准。为此,对分析检测不仅要求测量仪器必须经过计量检定和校准,测量时应尽量选用基体相似的标准物质作工作标准,而且要防止样品处理过程中的玷污和损失,严格控制分析空白和回收率。④ 有效性。有效性是指取得证书的实验室能否在规定的期间内(一般为4～5 年)向社会提供公正可靠的数据。要求实验室不仅实行长期质量控制,保证不同时间或不同批次测量数据的可比性,而且应经常参加熟练实验,保持测量数据的可靠性。

标准物质是在化学、物理、工程和生物测试领域广泛应用的计量标准。它的基本功能是复现、保存量值和量值溯源。能保证不同时间与空间(不同实验室、不同国家)测量结果的可比性和准确性。它的基本要素是:具有计量溯源性的准确量值;具有足以保证量值不变的均匀性和稳定性;可重复制备和连续供给,并附以证书。它是一个完整的质量保证体系的支柱。有关分析化学标准物质请参阅本书第 1 章。

2.6　有效数字及其运算规则

2.6.1　有效数字

为了得到准确的分析结果,不仅要准确地进行测量,而且还要正确地记录数字的位数。因为数据的位数不仅表示数量的大小,也反映测量的精确程度。所谓有效数字(significant figure),就是实际能测到的数字。

有效数字保留的位数,应当根据分析方法和仪器准确度来决定,应使数值中只有最后一位是可疑的。例如用分析天平称取试样时应写做 0.5000 g,表示最后一位是可疑数字,其相对误差为

$$\frac{\pm 0.0002 \text{ g}}{0.5000 \text{ g}} \times 100\% = \pm 0.04\%$$

而称取试样 0.5 g,则表示是用台秤称量的,其相对误差为

$$\frac{\pm 0.2\ \mathrm{g}}{0.5\ \mathrm{g}} \times 100\% = \pm 40\%$$

同样,如把量取溶液的体积记做 24 mL,就表示是用量筒量取的,而从滴定管中放出的体积则应写做 24.00 mL。

例 2.12　用返滴定法测定某酸,为了保证测定的准确度,加入足够过量的 40.00 mL 0.1000 mol·L^{-1} NaOH 溶液,再用浓度相近的 HCl 返滴定,消耗 39.10 mL,有同学报告结果为 10.12%,对不对?

解　不对。因为实际消耗在被测酸上的 NaOH 体积只有

$$(40.00 - 39.10)\mathrm{mL} = 0.90\ \mathrm{mL}$$

如果读数误差按 ±0.02 mL 计,则体积测量误差达 2%,所以该实验结果只能为 10.1%。

数字“0”具有双重意义。若作为普通数字使用,它就是有效数字;若作为定位用,则不是有效数字。例如,滴定管读数 20.30 mL,两个“0”都是测量数字,都是有效数字,此有效数字为 4位。若改用升表示则是 0.02030 L,这时前面的两个“0”仅起定位作用,不是有效数字,此数仍是 4 位有效数字。改变单位并不改变有效数字的位数。当需要在数的末尾加“0”作定位用时,最好采用指数形式表示,否则有效数字的位数含混不清。例如,质量为 25.0 mg,若以 μg 为单位,则表示为 2.50×10^4 μg。若表示成 25000 μg,就易误解为 5 位有效数字。

在分析化学中常遇到倍数、分数关系,非测量所得,可视为无限多位有效数字。而对 pH,pM,lg$K$ 等对数数值,其有效数字的位数仅取决于尾数部分的位数,因其整数部分只代表该数的方次。如 pH=11.02,即[H$^+$]=9.6×10^{-12} mol·L^{-1},其有效数字为 2 位而非 4 位。

在计算中若遇首位数 ≥8 的数字,可多计一位有效数字,如 0.0985,可按 4 位有效数字对待。

有效数字的修约一般采取“四舍六入五成双”的规则。例如,将下列数据修约为 4 位有效数字:

$$0.52664 \to 0.5266, \quad 0.36266 \to 0.3627, \quad 10.2350 \to 10.24,$$
$$2.50650 \to 2.506, \quad 18.0852 \to 18.09$$

2.6.2　数据运算规则

在分析结果的计算中,每个测量值的误差都要传递到最后的结果。因此必须运用有效数字的运算规则,做到合理取舍,既不无原则地保留过多位数使计算复杂化,也不因舍弃任何尾数而使准确度受到损失。运算过程中应先按下述规则将各个数据进行修约,再计算结果。

1. 加减法

加减法是各个数值绝对误差的传递,结果的绝对误差应与各数中绝对误差最大的那个数相适应。可以按照小数点后位数最少的那个数来保留其他各数的位数,以便于计算。例如

$$50.1 + 1.45 + 0.5812 = ?$$

可见 3 个数中 50.1 的小数点后位数只有一位,它的绝对误差最大,以它为准,将各数修约为带一位小数的数,再相加求和,结果为 52.1。

2. 乘除法

乘除法是各个数值相对误差的传递,结果的相对误差应与各数中相对误差最大的那个数相适应。通常可以按照有效数字位数最少的那个数来保留其他各数的位数,以便于运算。例如

$$0.0121 \times 25.64 \times 1.05782 = ?$$

其中以第一数(3 位有效数字)相对误差最大,应以它为标准,其他各数都修约为 3 位有效数字,然后相乘,即 $0.0121 \times 25.6 \times 1.06 = 0.328$。这样,最后结果仍为 3 位有效数字,与准确度最差的第一数相适应。若直接相乘,得到积为 $0.3281823\cdots$,就完全失去有效数字的意义,因而是不正确的。

凡涉及化学平衡的有关计算,由于常数的有效数字多为 2 位,一般保留 2 位有效数字。常量组分的重量法与滴定法测定,方法误差约 0.1%,一般取 4 位有效数字。但若含量在 80% 以上,取 3 位有效数字与方法的准确度更为相近;若取 4 位,则表示准确度近万分之一,通过计算任意提高准确度,显然是不合理的。采用计算器连续运算的过程中可能保留了过多的有效数字,但最后结果应当修约成适当位数,以正确表达分析结果的准确度。

参 考 文 献

[1] 彭崇慧,冯建章,张锡瑜等.定量化学分析简明教程(第二版).北京:北京大学出版社,1997,第二章

[2] R. Kellner, J.-M. Mermet, M. Otto, H. M. Widmer 等编著;李克安,金钦汉等译.分析化学.北京:北京大学出版社,2001,第 2.4 节,第 3 章

[3] 潘秀荣.分析化学准确度的保证和评价.北京:计量出版社,1985

[4] 奚旦立,孙裕生,刘秀英.环境监测(修订版).北京:高等教育出版社,2001,第九章

[5] 钱耆生,沈国超.化工产品质量保证.北京:中国计量出版社,1994,第 5 章

思考题与习题

2.1 分析过程中出现下面的情况,试回答它造成什么性质的误差,如何改进?

(1) 过滤时使用了定性滤纸,最后灰分加大;

(2) 滴定管读数时,最后一位估计不准;

(3) 试剂中含有少量被测组分。

2.2 概率、置信度和置信区间各是什么含义?

2.3 u 分布曲线和 t 分布曲线有何不同?

2.4 例 2.12 中的测定结果有 2% 的误差,不能满足常量分析的要求,如何改进才能使测定误差达到 0.1% 左右?

2.5 甲乙二人同时分析一矿物试样中硫的质量分数时,每次称取试样 3.5 g,分析结果报告为,甲:0.042%,0.041%;乙:0.04099%,0.04201%。问哪一份报告是合理的,为什么?

2.6 分析检测质量保证的涵义是什么?

2.7 认证分析方法包括哪些内容?

2.8 为从分析结果中得出有意义的结论,精密度高就足够了吗?

2.9 再现性和重复性的差别是什么?

2.10 什么是标准物质?在分析检测中它的主要应用有哪些?

2.11 控制图的概念是什么?

2.12 测定某样品中氮的质量分数时,6 次平行测定的结果分别是 20.48%,20.55%,20.58%,20.60%,20.53%,20.50%。

(1) 计算这组数据的平均值、中位数、极差、平均偏差、标准差、相对标准差和平均值的标准差;

(2) 若此样品是标准样品,其中氮的质量分数为 20.45%,计算以上测定结果的绝对误差和相对误差。

2.13 测定试样中 CaO 的质量分数时,得到如下结果:35.65%,35.69%,35.72%,35.60%。问:

(1) 统计处理后的分析结果应如何表示?

(2) 比较 95% 和 90% 置信度下总体平均值的置信区间。

2.14 根据以往经验,用某一方法测定矿样中锰的质量分数时,标准差(即 σ)是 0.12%。现测得锰的质量分数为 9.56%,如果分析结果分别是根据 1 次、4 次、9 次测定得到的,计算各次结果平均值的置信区间(95% 置信度)。

2.15 某分析人员提出了测定氯的新方法。用此法分析某标准样品(标准值为 16.62%),4 次测定的平均值为 16.72%,标准差为 0.08%。问此结果与标准值相比有无显著差异(显著性水平 $\alpha = 0.05$)。

2.16 在不同温度下对某试样作分析,所得结果($w\%$)如下:

$$10℃:96.5,95.8,97.1,96.0$$
$$37℃:94.2,93.0,95.0,93.0,94.5$$

试比较两组结果是否有显著差异(显著性水平 $\alpha = 0.10$)。

2.17 某人测定一溶液浓度($mol \cdot L^{-1}$),得以下结果:0.2038,0.2042,0.2052,0.2039。第三个结果应否弃去?结果应如何表示?测定了第五次,结果为 0.2041,这时第三个结果可弃去吗?(显著性水平 $\alpha = 0.10$)

2.18 标定 $0.1\ mol \cdot L^{-1}$ HCl,欲消耗 HCl 溶液 25 mL 左右,应称取 Na_2CO_3 基准物多少克?从称量误差考虑能否达到 0.1% 的准确度?若改用硼砂($Na_2B_4O_7 \cdot 10H_2O$)为基准物,结果又如何?

2.19 下列各数含有几位有效数字?

$$0.0030,\ 6.023 \times 10^{23},\ 64.120,\ 4.80 \times 10^{-10},$$
$$998,\ 1000,\ 1.0 \times 10^3,\ pH = 5.2\ 时的\ [H^+]。$$

2.20 按有效数字计算下列结果:

(1) $213.64 + 4.4 + 0.3244$;

(2) $\dfrac{0.0982 \times (20.00 - 14.39) \times 162.206/3}{1.4182 \times 1000} \times 100$;

(3) $pH = 12.20$ 溶液的 $[H^+]$。

2.21 某人用络合滴定返滴定法测定试样中铝的质量分数。称取试样 0.2000 g,加入 $0.02002\ mol \cdot L^{-1}$ EDTA 溶液 25.00 mL,返滴定时消耗了 $0.02012\ mol \cdot L^{-1}\ Zn^{2+}$ 溶液 23.12 mL。请计算试样中铝的质量分数。此处有几位有效数字?如何才能提高测定的准确度?

2.22 用某质量浓度为 $42\ mg \cdot L^{-1}$ 的质量控制水样,每天分析一次平行样,共得 20 个数据(吸光度 A),顺序为:0.301,0.303,0.304,0.300,0.305,0.300,0.312,0.308,0.304,0.305,0.313,0.308,0.309,0.313,0.306,0.312,0.309,0.300,0.310,0.306。试作平均值($\bar{x}$)控制图,并说明在进行质量控制时如何使用此图。

2.23 某厂声称,在其生产的阿司匹林片剂中阿司匹林的含量为 0.30 g,标准差为 0.02 g。从生产线上取 9 粒药作为样品进行分析,测得平均含量为 0.285 g。请在 0.05 和 0.01 显著性水平检验厂商的保证。

2.24 分析血清中钾的质量浓度,6 次测定结果分别为 0.160,0.152,0.155,0.154,0.153 和 0.156 $mg \cdot mL^{-1}$。计算置信度为 95% 时,平均值的置信区间。

2.25 10 名病人服药前(x_i)后(y_i)血液中血红蛋白含量如下表所示。问该药是否引起血红蛋白含量变化?(显著性水平 $\alpha = 0.10$)

病人编号	1	2	3	4	5	6	7	8	9	10
$x_i/(g \cdot L^{-1})$	113	150	150	135	128	100	110	120	130	123
$y_i/(g \cdot L^{-1})$	140	138	140	135	135	120	147	114	138	120
$d_i = x_i - y_i$	−27	12	10	0	−7	−20	−37	6	−8	3

2.26 某学生配制 1 L 约 $0.1\ mol \cdot L^{-1}$ 的 NaCl(摩尔质量是 $58.443\ g \cdot mol^{-1}$)溶液。他采用差减法称出 5.8970 g NaCl,天平和容量瓶的标准差分别是 0.0001 g 和 0.4 mL。计算此 NaCl 溶液物质的量浓度的相对标准差是多少?

化学分析篇

第3章 酸碱平衡与酸碱滴定法

酸碱反应是各类化学反应的基础。从酸雨的形成到岩石的风化,从蛋白质的生物合成到生物活性物质在生命体中的代谢,均与酸碱反应密切相关。酸碱滴定法是依据酸碱反应建立起来的分析方法。酸碱滴定法简单、方便,是广泛应用的测定方法之一。本章重点介绍:① 溶液中的酸碱平衡,包括活度与活度系数、酸碱反应类型与平衡常数、酸度对弱酸(碱)形态分布的影响、溶液中[H⁺]的计算及缓冲溶液的选择与配制;② 酸碱滴定,包括滴定曲线的绘制、指示剂的选择、终点误差计算、滴定分析的实际应用等。

3.1 酸碱反应及其平衡常数

3.1.1 活度与活度系数

对于溶液中达到平衡的任意反应 $a\mathrm{A}+b\mathrm{B} \Longrightarrow c\mathrm{C}+d\mathrm{D}$,其反应的平衡常数表达式为

$$K^c = \frac{[\mathrm{C}]^c \cdot [\mathrm{D}]^d}{[\mathrm{A}]^a \cdot [\mathrm{B}]^b} \tag{3.1}$$

由产物与反应物的平衡浓度(用[ ]表示)计算所得的平衡常数称为浓度常数(concentration constant),用 K^c 表示。浓度常数并不是在任何条件下都为固定的数值,当溶液的离子强度增大时,由于离子间的静电作用力增大,以及离子和溶剂间的相互作用力(不是化学反应)增大,使得离子在化学反应中表现出的有效浓度与其实际浓度间出现差别。离子在化学反应中起作用的有效浓度称为离子的活度(activity),用 a 表示。在一定温度下,反应达到平衡时,产物与反应物的活度之间保持确定的常数关系,称为活度常数(activity constant),用 $K^\ominus$ 表示。

$$K^\ominus = \frac{a(\mathrm{C})^c \cdot a(\mathrm{D})^d}{a(\mathrm{A})^a \cdot a(\mathrm{B})^b} \tag{3.2}$$

离子的活度与平衡浓度之间的关系是

$$a(\mathrm{M}^{n+}) = \gamma(\mathrm{M}^{n+}) \cdot [\mathrm{M}^{n+}] \tag{3.3}$$

式中 $\gamma(\mathrm{M}^{n+})$ 称为离子的活度系数(activity coefficient)。当溶液中离子浓度为零(或趋近于零)时称为理想溶液,这时离子的浓度极稀,可以忽略离子间的相互作用,即可将浓度视为活度。理想溶液中离子的活度系数为1;中性分子不带电荷,其活度系数为1;当溶质的浓度很小时,溶剂的活度视为1。

稀溶液($I<0.1 \mathrm{\ mol \cdot L^{-1}}$)中离子活度系数计算可用 Debye-Hückel(德拜-休克尔)公式

$$-\lg\gamma_i = \frac{0.509z_i^2 \sqrt{I}}{1 + B\mathring{a}\sqrt{I}} \tag{3.4}$$

式中 γ_i 为 i 离子的活度系数;z_i 为 i 离子的电荷;B 为常数,25℃时为 3.28;$\mathring{a}$ 为离子的体积参数,约等于水合离子的有效半径(nm);I 为溶液的离子强度,它是溶液中离子浓度和电荷数

的总量度,可由下式计算:

$$I = \frac{1}{2}(c_1 z_1^2 + c_2 z_2^2 + \cdots) = \frac{1}{2}\sum(c_i z_i^2) \tag{3.5}$$

式中 $c_1, c_2, \cdots$ 和 $z_1, z_2, \cdots$ 分别为溶液中各种离子的浓度和电荷数。一些离子的体积参数($\mathring{a}$)和活度系数(γ)列于附录 III.1 中。

当 I 为 $0.1 \sim 0.6 \ \text{mol} \cdot \text{L}^{-1}$ 时,可用 Davis(戴维斯)公式计算活度系数:

$$-\lg \gamma_i = 0.509 z_i^2 \left(\frac{\sqrt{I}}{1 + \sqrt{I}} - 0.2I \right) \tag{3.6}$$

图 3.1 为水合离子半径相同(除 H^+ 外均按 $0.3 \ \text{nm}$ 计)但带不同电荷的离子的活度系数与溶液离子强度的近似关系曲线。由图 3.1 可见:① 当离子强度趋于零时,所有离子的活度系数趋于 1,随着离子强度增加,活度系数减小;② 当离子强度增大时,离子所带电荷数越多,活度系数减小得越快;③ 当离子强度大于 $0.1 \ \text{mol} \cdot \text{L}^{-1}$ 后,活度系数改变不大。因此在离子强度较高时常省略活度系数的计算,按 $I = 0.1 \ \text{mol} \cdot \text{L}^{-1}$ 来处理溶液平衡问题。

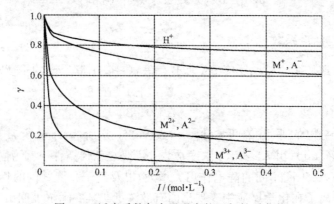

图 3.1　活度系数与离子强度的近似关系曲线

3.1.2　酸碱反应及其平衡常数

1. 酸、碱及共轭酸碱对

根据 Brönsted(布朗斯台德)的酸碱质子理论:凡是能给出质子的物质称为酸,能与质子结合的物质称为碱。例如

$$HAc \Longrightarrow H^+ + Ac^-$$
$$NH_4^+ \Longrightarrow H^+ + NH_3$$
$$H_2CO_3 \Longrightarrow H^+ + HCO_3^-$$
$$HCO_3^- \Longrightarrow H^+ + CO_3^{2-}$$
$$NH_3OH^+ \Longrightarrow H^+ + NH_2OH$$
$$Al(H_2O)_6^{3+} \Longrightarrow H^+ + [Al(OH)(H_2O)_5]^{2+}$$
$$\text{酸} \Longrightarrow H^+ + \text{碱}$$

离解式两边的酸与碱是相互依存的共轭关系,酸给出质子后成为它的共轭碱,碱接受质子后成为它的共轭酸,两者构成一共轭酸碱对。按酸碱质子理论,弱酸或弱碱既可以是分子型的,

如 HAc、HF、NH_3、NH_2OH 等,也可以是离子型的,如 NH_4^+、HSO_4^-、$[Al(H_2O)_6]^{3+}$、CN^-、CO_3^{2-} 等。既能给出质子作为酸,也能接受质子作为碱的物质称为两性物,如 H_2O、HSO_3^-、HCO_3^-、HS^-、$H_2PO_4^-$、HPO_4^{2-} 等。

2. 水的质子自递反应

H_2O 既可以作为酸给出质子,也可以作为碱接受质子,在水溶液中存在着水的质子自递反应

$$H_2O + H_2O \rightleftharpoons H_3O^+ + OH^-$$

该反应的平衡常数(K_w)称为水的质子自递常数(autoprotolysis constant),或称水的活度积。

$$K_w = a(H_3O^+) \cdot a(OH^-) = 1.0 \times 10^{-14} \quad (25℃) \tag{3.7}$$

在任何水溶液中,在一定温度下,水的活度积为一常数。表 3.1 列出了不同温度下水的 K_w。滴定分析通常在室温下进行,取水的活度积为 1.0×10^{-14}。

表 3.1　不同温度时水的质子自递常数

$t/℃$	0	10	20	24	25	50	100
K_w	1.139×10^{-15}	2.920×10^{-15}	6.809×10^{-15}	1.000×10^{-14}	1.008×10^{-14}	5.474×10^{-14}	5.5×10^{-13}

例 3.1　计算纯水及 $c(KCl) = 0.10\ mol \cdot L^{-1}$ 的水溶液在 25℃时的 $a(H^+)$,$a(OH^-)$ 和溶液的 pH。(为书写方便,通常以 H^+ 代替 H_3O^+)

解　$K_w = a(H^+) \cdot a(OH^-) = [H^+] \cdot \gamma(H^+) \cdot [OH^-] \cdot \gamma(OH^-) = 1.0 \times 10^{-14}$

(1) 纯水的离子强度极小,可认为 $\gamma(H^+) = \gamma(OH^-) = 1.00$

$$a(H)^+ = a(OH^-) = (1.0 \times 10^{-14})^{1/2} = 1.0 \times 10^{-7}(mol \cdot L^{-1})$$

$$pH = -lga(H^+) = 7.00$$

(2) 当 $c(KCl) = 0.10\ mol \cdot L^{-1}$ 时,

$$I = (0.10 \times 1^2 + 0.10 \times 1^2)/2 = 0.10\ (mol \cdot L^{-1})$$

查附录 Ⅲ.1 或按式(3.4)计算,可知 $\gamma(H^+) = 0.83$,$\gamma(OH^-) = 0.76$,则

$$[H^+] = [OH^-] = \sqrt{\frac{1.0 \times 10^{-14}}{0.83 \times 0.76}} = 1.26 \times 10^{-17}(mol \cdot L^{-1})$$

$$a(H^+) = [H]^+ \cdot \gamma(H^+) = 1.26 \times 10^{-7} \times 0.83 = 1.05 \times 10^{-7}(mol \cdot L^{-1})$$

$$a(OH^-) = [OH^-] \cdot \gamma(OH^-) = 1.26 \times 10^{-7} \times 0.76 = 0.96 \times 10^{-7}(mol \cdot L^{-1})$$

$$pH = -lga(H^+) = -lg(1.05 \times 10^{-7}) = 6.98$$

3. 酸(碱)的离解反应及弱酸(碱)的离解常数

酸(碱)的离解反应是不能单独存在的,即酸只有与能接受质子的碱共存时才能给出质子,碱也必须与能给出质子的酸共存时才能接受质子。

例如醋酸(HAc)在水中的离解

$$HAc + H_2O \rightleftharpoons H_3O^+ + Ac^-$$

作为溶剂的 H_2O 起碱的作用,接受 HAc 给出的 H^+ 成为它的共轭酸 H_3O^+,HAc 给出质子后成为它的共轭碱 Ac^-。弱酸(HA)的离解常数用 K_a 表示:

$$K_a = \frac{a(H^+) \cdot a(A^-)}{a(HA)} \tag{3.8}$$

在稀溶液中溶剂 H_2O 的活度为一常数,不包括在公式中。K_a 越大则酸的离解倾向越大,表示该酸越强。

又如碱 Ac^- 在水中的离解

$$Ac^- + H_2O \Longleftrightarrow HAc + OH^-$$

H_2O 作为酸给出 H^+ 成为它的共轭碱 OH^-,Ac^- 作为碱接受 H_2O 给出的 H^+ 成为它的共轭酸 HAc。弱碱 (A^-) 的离解常数用 K_b 表示:

$$K_b = \frac{a(HA) \cdot a(OH^-)}{a(A^-)} \tag{3.9}$$

弱酸的 K_a 与弱碱的 K_b 称为活度常数,均与温度有关。在实际的分析工作中,常用到的是各组分的浓度。产物与反应物之间平衡浓度之间的关系不仅与温度有关,还与溶液的离子强度有关。例如弱酸(HA)离解平衡的浓度常数 K_a^c 为

$$K_a^c = \frac{[H^+] \cdot [A^-]}{[HA]} = \frac{a(H^+) \cdot a(A^-)}{a(HA)} \cdot \frac{\gamma(HA)}{\gamma(H^+) \cdot \gamma(A^-)} = \frac{K_a}{\gamma(H^+) \cdot \gamma(A^-)} \tag{3.10}$$

若 H^+(或 OH^-)用活度表示,其他组分用浓度表示,就得到混合常数(mixed constant)。弱酸(HA)离解的混合常数 K_a^M 为

$$K_a^M = \frac{a(H^+) \cdot [A^-]}{[HA]} = K_a / \gamma(A^-) \tag{3.11}$$

因实际工作中用电位法测得溶液的 pH 为 $-\lg a(H^+)$,使用混合常数进行处理就较方便。

附表 Ⅲ.2 中列出了弱酸(碱)的活度常数($I=0$)和 $I=0.1 \text{ mol} \cdot L^{-1}$ 时的混合常数。当溶液离子强度不大,或对计算结果准确度要求不高时,可以用活度常数代替浓度常数作近似计算,本章一般用活度常数处理酸碱平衡中的浓度问题;离子强度较大时,则采用 $I=0.1 \text{ mol} \cdot L^{-1}$ 的混合常数处理较为合理(如缓冲溶液的有关计算);如果对准确度要求较高,例如标准缓冲溶液 pH 的计算,则需根据离子强度计算活度系数,以浓度常数处理平衡浓度间的问题。

共轭酸碱对的 K_a 与 K_b 之间存在如下关系:

$$K_a \cdot K_b = \frac{a(H^+) \cdot a(A^-)}{a(HA)} \cdot \frac{a(HA) \cdot a(OH^-)}{a(A^-)}$$

$$= a(H^+) \cdot a(OH^-) = K_w = 1.0 \times 10^{-14} \quad (25℃) \tag{3.12}$$

或写成

$$pK_a + pK_b = pK_w = 14.00 \quad (25℃)$$

因此,由酸的 K_a 可求出其共轭碱的 K_b,反之亦然。若酸的酸性强则其共轭碱的碱性就弱。强酸 HCl、HNO_3 等在水中完全离解,则其共轭碱 Cl^-、NO_3^- 等几乎不能接受质子,可忽略其碱性。

多元弱酸在溶液中逐级离解,溶液中存在多个共轭酸碱对。例如三元弱酸 H_3A 的离解平衡为

$$H_3A \underset{K_{b_3}}{\overset{K_{a_1}}{\Longleftrightarrow}} H_2A^- \underset{K_{b_2}}{\overset{K_{a_2}}{\Longleftrightarrow}} HA^{2-} \underset{K_{b_1}}{\overset{K_{a_3}}{\Longleftrightarrow}} A^{3-}$$

H_3A 的离解常数为 K_{a_1},K_{a_2} 和 K_{a_3},通常 $K_{a_1} > K_{a_2} > K_{a_3}$。

三元弱碱 A^{3-} 的离解常数为 K_{b_1},K_{b_2} 和 K_{b_3},通常亦有 $K_{b_1} > K_{b_2} > K_{b_3}$。

据式(3.12)有

$$K_{b_1} = K_w / K_{a_3}, \qquad pK_{b_1} = 14.00 - pK_{a_3}$$

$$K_{b_2} = K_w / K_{a_2}, \qquad pK_{b_2} = 14.00 - pK_{a_2}$$

$$K_{b_3} = K_w / K_{a_1}, \qquad pK_{b_3} = 14.00 - pK_{a_1}$$

两性物在水中有两种离解方式,以 HS^- 为例:

$$HS^- + H_2O \underset{}{\overset{K_{a_2}}{\rightleftharpoons}} S^{2-} + H_3O^+ \qquad HS^- + H_2O \underset{}{\overset{K_{b_2}}{\rightleftharpoons}} H_2S + OH^-$$

两性物水溶液的酸碱性,取决于以上两种离解方式向右进行的倾向性大小。

4. 滴定反应

滴定反应常数用 K_t 表示。

强酸与强碱之间的滴定反应为

$$H^+ + OH^- \rightleftharpoons H_2O \qquad K_t = \frac{1}{a(H^+) \cdot a(OH^-)} = \frac{1}{K_w} = 10^{14.00}$$

强碱滴定一元弱酸:

$$OH^- + HA \rightleftharpoons H_2O + A^- \qquad K_t = \frac{K_a}{K_w}$$

强酸滴定一元弱碱:

$$H^+ + A^- \rightleftharpoons HA \qquad K_t = \frac{K_b}{K_w}$$

而一元弱酸与一元弱碱之间反应的平衡常数为

$$HA + B^- \rightleftharpoons A^- + HB \qquad K = \frac{a(A^-) \cdot a(HB)}{a(HA) \cdot a(B^-)} = \frac{K_a(HA)}{K_a(HB)}$$

综上可见:反应完全度最高的是强酸与强碱之间的反应;强碱(酸)滴定弱酸(碱)的反应进行的程度 K_t 取决于弱酸(碱)的强弱;与强碱(酸)滴定弱酸(碱)相比,弱酸与弱碱之间反应的平衡常数要小得多,因此不宜用于滴定分析。

3.2　酸度对弱酸(碱)形态分布的影响

分析化学中所使用的试剂(如沉淀剂、络合剂、萃取剂等)大多是弱酸(碱)。它们在溶液中存在离解平衡 $HA \rightleftharpoons H^+ + A^-$。改变溶液的$[H^+]$可使平衡移动,致使$[A^-]$与$[HA]$的比值改变。对于某一特定的反应而言,反应进行的程度仅决定于物质的某一形态的浓度,而该种形态的浓度与溶液酸度有关,因此常需控制反应的酸度。例如以 CaC_2O_4 形式沉淀 Ca^{2+} 时,沉淀的完全度与 $C_2O_4^{2-}$ 的浓度有关,控制溶液的酸度在某一 pH 范围内,以使 $C_2O_4^{2-}$ 为主要形态,才能使沉淀反应进行完全。了解酸度对弱酸(碱)形态分布的影响对于掌握与控制分析条件有重要的指导意义。下面分别讨论溶液酸度对一元弱酸(碱)和多元弱酸(碱)形态分布的影响。

3.2.1　一元弱酸(碱)溶液中各种形态的分布

一元弱酸(HA)在溶液中以 HA 和 A^- 两种形态存在,用 c 表示其总浓度,亦称分析浓度。

$$c = [HA] + [A^-]$$

酸碱形态在总浓度中所占分数可用摩尔分数(x)表示:

$$x(\mathrm{HA}) = \frac{[\mathrm{HA}]}{c} = \frac{[\mathrm{HA}]}{[\mathrm{HA}] + [\mathrm{A}^-]} = \frac{[\mathrm{HA}]}{[\mathrm{HA}] + \dfrac{[\mathrm{HA}] \cdot K_a}{[\mathrm{H}^+]}} = \frac{[\mathrm{H}^+]}{[\mathrm{H}^+] + K_a}$$

$$x(\mathrm{A}^-) = \frac{[\mathrm{A}^-]}{c} = \frac{K_a}{[\mathrm{H}^+] + K_a} \tag{3.13}$$

由上式可见,酸碱形态的分布仅与酸的 pK_a 及溶液的酸度有关,与其分析浓度无关。摩尔分数式将酸碱形态的平衡浓度与分析浓度联系起来,在处理酸碱平衡问题时常常用到。

以弱酸的 pK_a 为界,$pH < pK_a$ 时以酸形为主,$pH > pK_a$ 时以碱形为主,$pH = pK_a$ 时其酸形和碱形的浓度相等。不同弱酸的 pK_a 不同,其以酸形(HA)或碱形(A^-)存在的 pH 范围就不同。据此可以绘出一元弱酸形态分布的优势区域图。

例如 F^- 与 CN^- 常用于络合掩蔽金属离子,为使掩蔽效果好,必须控制 $[F^-]$ 与 $[CN^-]$ 足够大。已知 $pK_a(\mathrm{HF}) = 3.17$,F^- 为主要形态时 pH 至少在 3.17 以上;而 $pK_a(\mathrm{HCN}) = 9.31$,用 KCN 掩蔽 Cu^{2+}、Zn^{2+} 等离子时则需控制溶液 $pH > 10.0$,否则掩蔽效果不好,而且 HCN 易从溶液中挥发逸出,极其危险。

例 3.2 计算在 $pH = 4.00$ 和 8.00 时 $0.10 \ \mathrm{mol \cdot L^{-1}}$ 的 HAc 溶液中的 $[\mathrm{HAc}]$ 和 $[\mathrm{Ac}^-]$。

解 已知 $pK_a(\mathrm{HAc}) = 4.76$。

$pH = 4.00$ 时,

$$x(\mathrm{HAc}) = \frac{10^{-4.00}}{10^{-4.00} + 10^{-4.76}} = 0.85$$

$$x(\mathrm{Ac}^-) = 1.00 - 0.85 = 0.15$$

$$[\mathrm{HAc}] = x(\mathrm{HAc}) \cdot c(\mathrm{HAc}) = 0.85 \times 0.10 = 0.085 \ (\mathrm{mol \cdot L^{-1}})$$

$$[\mathrm{Ac}^-] = 0.15 \times 0.10 = 0.015 \ (\mathrm{mol \cdot L^{-1}})$$

$pH = 8.00$ 时,

$$x(\mathrm{HAc}) = \frac{10^{-8.00}}{10^{-8.00} + 10^{-4.76}} = 5.8 \times 10^{-4}$$

$$[\mathrm{HAc}] = x(\mathrm{HAc}) \cdot c(\mathrm{HAc}) = 5.8 \times 10^{-4} \times 0.10 = 5.8 \times 10^{-5} (\mathrm{mol \cdot L^{-1}})$$

$$[\mathrm{Ac}^-] = c(\mathrm{HAc}) - [\mathrm{HAc}] = 0.10 - 5.8 \times 10^{-5} \approx 0.10 \ (\mathrm{mol \cdot L^{-1}})$$

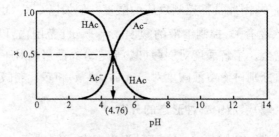

图 3.2 HAc 的形态分布图

图 3.2 为 HAc 的 x-pH 曲线,称为酸碱形态分布图。

在 pH＝pK_a±2 的范围内,可从图中查得酸碱形态的摩尔分数。任何一元弱酸(碱)的形态分布图形状都相同,只是图中曲线的交点随其 pK_a 大小不同而左右移动。

一元弱碱的形态分布图可根据其共轭酸的 pK_a 绘出。若已知溶液的[OH^-],也可用 K_b 计算摩尔分数。

$$x(A^-) = \frac{[OH^-]}{[OH^-] + K_b}, \qquad x(HA) = \frac{K_b}{[OH^-] + K_b}$$

3.2.2　多元弱酸(碱)溶液中各种形态的分布

以二元弱酸 H_2A 为例,用 x_0, x_1, x_2 分别代表溶液中 A^{2-}、HA^-、H_2A 的摩尔分数。

$$c = [H_2A] + [HA^-] + [A^{2-}] = [H_2A] \cdot \left(1 + \frac{K_{a_1}}{[H^+]} + \frac{K_{a_1} \cdot K_{a_2}}{[H^+]^2} \right)$$

$$x_2 = \frac{[H_2A]}{c} = \frac{1}{1 + \dfrac{K_{a_1}}{[H^+]} + \dfrac{K_{a_1} \cdot K_{a_2}}{[H^+]^2}} = \frac{[H^+]^2}{[H^+]^2 + [H^+]K_{a_1} + K_{a_1} \cdot K_{a_2}}$$

同理,可推导出 x_1 和 x_0:

$$x_1 = \frac{[HA^-]}{c} = \frac{[H^+]K_{a_1}}{[H^+]^2 + [H^+]K_{a_1} + K_{a_1} \cdot K_{a_2}}$$

$$x_0 = \frac{[A^{2-}]}{c} = \frac{K_{a_1} \cdot K_{a_2}}{[H^+]^2 + [H^+]K_{a_1} + K_{a_1} \cdot K_{a_2}}$$

例如,酒石酸的 pK_{a_1}＝3.04,pK_{a_2}＝4.37,按上式计算并绘制 x-pH 曲线,如图 3.3 所示。由于酒石酸的 pK_{a_1} 与 pK_{a_2} 相差较小,当 HA^- 浓度最大时,H_2A 与 A^{2-} 仍各占 15%。

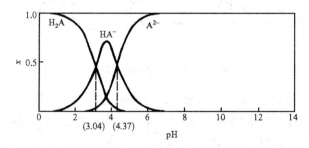

图 3.3　酒石酸的形态分布图

[A^{2-}]＝$c \cdot x_0$,[HA^-]＝$c \cdot x_1$,[H_2A]＝$c \cdot x_2$,利用以上各式,即可计算在指定[H^+]下各形态的浓度。

例 3.3　计算将 0.10 mol·L^{-1} H_2S 水溶液的 pH 调到 6.00 时各种形态的浓度。(已知 H_2S 的 K_{a_1}＝8.9×10^{-8}, K_{a_2}＝1.2×10^{-13})

解

$$[S^{2-}] = c \cdot x_0$$

$$= 0.10 \times \frac{8.9 \times 10^{-8} \times 1.2 \times 10^{-13}}{(1.0 \times 10^{-6})^2 + 1.0 \times 10^{-6} \times 8.9 \times 10^{-8} + 8.9 \times 10^{-8} \times 1.2 \times 10^{-13}}$$

$$= 0.10 \times \frac{1.1 \times 10^{-20}}{1.1 \times 10^{-12}} = 1.0 \times 10^{-9} (\text{mol} \cdot L^{-1})$$

$$[HS^-] = c \cdot x_1 = 0.10 \times \frac{1.0 \times 10^{-6} \times 8.9 \times 10^{-8}}{1.1 \times 10^{-12}} = 8.1 \times 10^{-3}(\text{mol} \cdot \text{L}^{-1})$$

$$[H_2S] = c \cdot x_2 = 0.10 \times \frac{(1.0 \times 10^{-6})^2}{1.1 \times 10^{-12}} = 9.1 \times 10^{-2}(\text{mol} \cdot \text{L}^{-1})$$

用同样的方法可以得到其他弱酸(碱)体系中各形态的摩尔分数与$[H^+]$的关系,进而可以计算不同酸度时各形态的浓度。如对于三元弱酸 H_3A,有

$$c = [H_3A] + [H_2A^-] + [HA^{2-}] + [A^{3-}]$$

$$x_3 = \frac{[H_3A]}{c} = \frac{[H^+]^3}{[H^+]^3 + [H^+]^2 \cdot K_{a_1} + [H^+] \cdot K_{a_1} \cdot K_{a_2} + K_{a_1} \cdot K_{a_2} \cdot K_{a_3}}$$

$$x_2 = \frac{[H_2A^-]}{c} = \frac{[H^+]^2 \cdot K_{a_1}}{[H^+]^3 + [H^+]^2 \cdot K_{a_1} + [H^+] \cdot K_{a_1} \cdot K_{a_2} + K_{a_1} \cdot K_{a_2} \cdot K_{a_3}}$$

$$x_1 = \frac{[HA^{2-}]}{c} = \frac{[H^+] \cdot K_{a_1} \cdot K_{a_2}}{[H^+]^3 + [H^+]^2 \cdot K_{a_1} + [H^+] \cdot K_{a_1} \cdot K_{a_2} + K_{a_1} \cdot K_{a_2} \cdot K_{a_3}}$$

$$x_0 = \frac{[A^{3-}]}{c} = \frac{K_{a_1} \cdot K_{a_2} \cdot K_{a_3}}{[H^+]^3 + [H^+]^2 \cdot K_{a_1} + [H^+] \cdot K_{a_1} \cdot K_{a_2} + K_{a_1} \cdot K_{a_2} \cdot K_{a_3}}$$

以 H_3PO_4 溶液中各形态的摩尔分数(x_i, $i=0\sim3$)对溶液的 pH 作图,得到 H_3PO_4 的形态分布图(见图 3.4)。

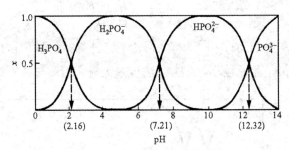

图 3.4　H_3PO_4 的形态分布图

图中每两条曲线的交点($x_i = x_{i-1}$处)的 pH 分别为 $pK_{a_1} = 2.16$,$pK_{a_2} = 7.21$,$pK_{a_3} = 12.32$。由于 H_3PO_4 的 pK_a 之间相差较大,$H_2PO_4^-$ 和 HPO_4^{2-} 为主要形态的 pH 范围较宽,可以用 NaOH 中和 H_3PO_4 到 $H_2PO_4^-$,进一步到 HPO_4^{2-},也就是说,可以进行多元酸的分步滴定。

用优势区域图表示 H_3PO_4 水溶液中在不同 pH 范围存在的主要形态则为

H_3PO_4		$H_2PO_4^-$		HPO_4^{2-}		PO_4^{3-}	
	pK_{a_1}		pK_{a_2}		pK_{a_3}		pH

对于任意元酸(H_nL)的任一形态,可以按下面的通式计算摩尔分数:

$$x_i = \frac{[H^+]^i \prod_{i=0}^{n-i} K_{a_i}}{\sum_{i=0}^{n} [H^+]^i \prod_{i=0}^{n-i} K_{a_i}} \quad (K_{a_0} = 1;\ i = 0, 1, \cdots, n)$$

*3.2.3　浓度对数图

　　弱酸的形态分布图表明了各形态随 pH 变化的情况,缺点是无法表示小量形态。若取浓度的对数值作图就能克服这个缺点。浓度对数图表示在酸碱分析浓度和离子强度不变的条件下,酸碱各种形态浓度的对数值随 pH 变化的情况。

　　图 3.5 是 HAc-Ac$^-$($c=0.1$ mol·L^{-1})的浓度对数图。图中横坐标表示 pH,取 0~14 单位;纵坐标 lgc_x,表示溶液中参与质子转移的各种形态的浓度的对数。在 HAc-Ac$^-$水溶液中存在的参与质子转移的形态有 HAc、Ac$^-$、H$^+$、OH$^-$,此图表示 lg[HAc],lg[Ac$^-$],lg[H$^+$],lg[OH$^-$]随 pH 变化的情况。在实际分析工作中,酸碱分析浓度 c 常小于 1 mol·L^{-1},故各形态浓度的对数皆为负值,一般纵坐标取-8~0 即可。图中各线与 pH 的关系是:

　　(i) lg[H$^+$]$=-$pH,lg[H$^+$]与 pH 成斜率为-1 的直线。

　　(ii) lg[OH$^-$]$=-$pOH$=$pH-14.0, lg[OH$^-$]与 pH 成斜率为$+1$ 的直线。

　　(iii) lg[HAc]与 pH 的关系是

$$[HAc] = c \cdot x_1 = \frac{c \cdot [H^+]}{K_a + [H^+]}$$

　　当[H$^+$]$\geqslant 10K_a$ 时,即在 pH$\leqslant$pK_a-1 区域,[HAc]$\approx c$, lg[HAc]$=$lg$c=-1.0$,lg[HAc]成为纵坐标为-1.0 的水平线。

　　当[H$^+$]$\leqslant\frac{1}{10}K_a$ 时,即在 pH$\geqslant$pK_a+1 区域,[HAc]$=\dfrac{c \cdot [H^+]}{K_a}$, lg[HAc]$=lgc+pK_a-$pH, lg[HAc]与 pH 成斜率为$-1$ 的直线。

　　当[H$^+$]$=K_a$ 时,即 pH$=$pK_a,[HAc]$=c/2$,lg[HAc]$=$lg$c-$lg2$=-1.3$。

　　(iv) lg[Ac$^-$]与 pH 存在以下关系:

　　在 pH$\leqslant$pK_a-1 区域,lg[Ac$^-$]$=$lg$c-$pK_a+pH,直线斜率为$+1$。

　　在 pH$\geqslant$pK_a+1 区域,lg[Ac$^-$]$=$lg$c=-1.0$,直线斜率为 0。

　　而当 pH$=$pK_a 时, lg[Ac$^-$]$=$lg$c-$lg2$=-1.3$。

　　显然, lg[HAc]与 lg[Ac$^-$]两线相交于(pK_a,lg($c/2$))点。在 p$K_a+1>$pH$>$pK_a-1 区域,lg[HAc],lg[Ac$^-$]呈弯曲线段。图 3.5 中 S 点称为体系点,其坐标是(pK_a,lg$c$),它是斜率为$+1,0,-1$ 的三条直线延长线的交点。

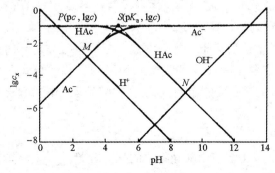

图 3.5　HAc-Ac$^-$共轭酸碱对的浓度对数图 ($c=0.10$ mol·L^{-1}, p$K_a=4.76$)

　　综上所述,浓度对数图的作法如下:

（i）先取好纵横坐标，其分度大小一致。再作 lg[H⁺]和 lg[OH⁻]线。两线相交于(7.0，
−7.0)点。这两条直线是任何酸碱体系都有的。

（ii）根据酸碱的分析浓度 c 画出 lg$c$ 水平线。在水平线上标出横坐标为 pK_a 的点，即 S 点。
经过 S 分别向两侧作斜率为±1 的两条直线，并在 pK_a+1>pH>pK_a−1 区域内作出两条弯
曲的线段，与 lg$c$ 水平线及斜率为±1 的两条直线相连，并相交于 S 点以下 0.3 单位处。最后标
出各条线的名称。

浓度对数图清楚地表明酸度对弱酸（碱）形态的影响，从图上可以读出小量形态的浓度。

当 pH≤pK_a−1 时，lg[HAc]与 lg$c$ 线重合，即[HAc]≈c，此时 HAc 是主要形态，[Ac⁻]
则很小。由图可读出，在 pH=1.0 时，lg[Ac⁻]=−4.76，即[Ac⁻]=1.7×10⁻⁵ mol·L⁻¹，在形
态分布图中如此低的浓度是表示不出来的。

当 pH≥pK_a+1 时，则是 lg[Ac⁻]与 lg$c$ 线重合，即[Ac⁻]≈c，而[HAc]很小。pH=10.0
时，lg[HAc]=−6.24。

当 pK_a+1>pH>pK_a−1 时，lg[HAc]，lg[Ac⁻]均不与 lg$c$ 线重合，[HAc]、[Ac⁻]均小
于 c，两种形态的浓度相差不大，这是 HAc-Ac⁻ 缓冲体系。

浓度对数图除能直接读出浓度很低的形态的浓度外，还包含很多有关处理酸碱平衡和酸
碱滴定的信息，利用它可以抓住酸碱反应的主要矛盾，从而简化计算。它具有多种用途，如求酸
碱溶液的 pH，计算终点误差以及确定分析测定中的最适宜酸度等。详细介绍请参阅彭崇慧的
《酸碱平衡的处理》一书。浓度对数图不仅用于酸碱平衡的处理，也可应用于络合、沉淀和氧化
还原平衡体系的处理。

3.3　酸碱溶液的 H⁺浓度计算

溶液的酸度（H⁺浓度）是化学反应的最基本和最重要的因素。强酸（碱）在水溶液中全部离
解，溶液的酸度可以方便地用酸或碱的浓度表示；弱酸（碱）在水溶液中部分离解，溶液的酸度
与酸（碱）的浓度不同。溶液中 H⁺浓度较小时常用 pH 表示溶液的酸度。水溶液的 pH 范围为
0～14。用酸度计可以很方便地测得溶液的 pH，利用微电极甚至可以测定单个细胞的 pH。其
测定原理将在第 17 章讨论。本章介绍溶液中 pH 的代数法计算。

在计算酸（碱）溶液的 pH 时，首先需全面考虑影响溶液 pH 的所有因素，根据平衡体系精
确的化学计量关系得到精确的计算式。这种计算式大多是高次方程，需要用数值方法借助计算
机求解。实际上计算 H⁺浓度所采用的平衡常数一般都有百分之几的误差，为了简化计算，本
书采取"分清主次、合理取舍、近似计算"的方法处理，将精确计算式简化为便于计算的近似计
算式或最简计算式。忽略离子强度的影响，以活度常数处理平衡浓度之间的关系。以[H⁺]代替
a(H⁺)求溶液的 pH，即

$$pH \approx -\lg[H^+]$$

一般的处理方法是：写出溶液中酸碱物质的化学计量关系式（物料平衡式、电荷平衡式或
质子条件式），代入酸碱离解平衡关系式，就可以得到 H⁺浓度的精确计算式，再根据溶液的具
体条件，分清主次，合理取舍。

化学计量关系包括：

● 物料平衡式(material balance equation,MBE)

在平衡状态下某一物质的分析浓度(用 c 表示)等于其各种形态的平衡浓度之和。例如浓度为 c mol·L^{-1} 的 HAc 溶液的物料平衡式为

$$c = [HAc] + [Ac^-]$$

浓度为 c mol·L^{-1} 的 Na$_2$HPO$_4$ 溶液的物料平衡式为

$$c = [H_3PO_4] + [H_2PO_4^-] + [HPO_4^{2-}] + [PO_4^{3-}]$$

$$2c = [Na^+]$$

● 电荷平衡式(charge balance equation,CBE)

溶液中荷正电质点所带正电荷数一定等于荷负电质点所带负电荷数。例如 Na$_2$HPO$_4$ 溶液的电荷平衡式为

$$[H^+] + [Na^+] = [H_2PO_4^-] + 2[HPO_4^{2-}] + 3[PO_4^{3-}] + [OH^-]$$

注意多价离子的平衡浓度前要乘以相应的系数(即离子所带电荷数)。

● 质子条件式(proton condition equation,PCE)

依据酸碱质子理论,在酸碱反应中,酸失去的质子数与碱得到的质子数一定相等。例如在 HA(弱酸)的水溶液中存在以下的质子转移:

HA 与 H$_2$O 间质子转移:

$$HA + H_2O \rightleftharpoons H_3O^+ + A^-$$

H$_2$O 与 H$_2$O 间质子转移:

$$H_2O + H_2O \rightleftharpoons H_3O^+ + OH^-$$

根据得失质子数相等的原则,可以写出质子条件式:

$$[H^+] = [A^-] + [OH^-]$$

在计算酸碱溶液的 H$^+$ 浓度时,通常以溶液中大量存在并参与质子转移的组分为零水准(zero level),即参考水准。如在 HA 的水溶液中,零水准为 HA 和 H$_2$O。将所有得到质子后的产物写在等式的左边,失去质子后的产物写在右边,就得到了质子条件式。在处理多元酸碱时要注意平衡浓度前的系数(零水准组分失去或得到的质子数)。例如在 NH$_4$H$_2$PO$_4$ 水溶液中,零水准为 NH$_4^+$、H$_2$PO$_4^-$ 和 H$_2$O,质子条件式为

$$[H^+] + [H_3PO_4] = [NH_3] + [HPO_4^{2-}] + 2[PO_4^{3-}] + [OH^-]$$

质子条件式反映酸碱反应的本质,在处理酸碱问题时经常用到。

3.3.1　弱酸(碱)水溶液 pH 的计算

1. 一元弱酸溶液

一元弱酸 HA(浓度为 c_a)的质子条件式为

$$[H^+] = [A^-] + [OH^-]$$

利用平衡常数表达式将各项写成[H$^+$]的函数,即

$$[H^+] = \frac{K_a[HA]}{[H^+]} + \frac{K_w}{[H^+]}$$

整理后得

$$[H^+] = \sqrt{K_a[HA] + K_w} \tag{3.14a}$$

此即一元弱酸溶液$[H^+]$的精确计算式。由于$[HA]$是未知的,需根据具体情况作近似处理。

若酸不是太弱$(c_a K_a > 20 K_w)$,可略去K_w项[①],即忽略水的离解:

$$[H^+] = \sqrt{K_a[HA]}$$

根据物料平衡式,$\qquad [HA] = c_a - [A^-]$

根据质子条件式,$\qquad [A^-] = [H^+] - [OH^-]$

忽略水离解产生的$[OH^-]$,$[HA] \approx c_a - [H^+]$,则

$$[H^+] = \sqrt{K_a[HA]} = \sqrt{K_a(c_a - [H^+])} \qquad (3.14b)$$

式(3.14b)即为$[H^+]$的近似计算式,解一元二次方程即得$[H^+]$。

若一元弱酸的离解$<5\%$,即$K_a/c_a \leqslant 2.5 \times 10^{-3}$,可忽略弱酸的离解,以分析浓度代替平衡浓度,就得到计算$[H^+]$的最简式

$$[H^+] = \sqrt{K_a c_a} \qquad (3.14c)$$

例 3.4 计算 0.10 mol·L^{-1} HAc ($pK_a = 4.76$)水溶液的pH。

解 $K_a(HAc) \cdot c(HAc) > 20 K_w$,$H_2O$离解的贡献$<5\%$,可忽略$H_2O$离解产生的$OH^-$;又$K_a/c_a < 2.5 \times 10^{-3}$,可用分析浓度代替平衡浓度,即用最简式计算。

$$[H^+] = \sqrt{K_a c_a} = \sqrt{10^{-4.76-1.00}} = 10^{-2.88}(mol \cdot L^{-1})$$
$$pH = 2.88$$

例 3.5 计算 0.20 mol·L^{-1}二氯乙酸($pK_a = 1.26$)溶液的pH。

解 $c_a K_a \gg K_w$,水的离解可以忽略,但是$K_a/c_a \gg 2.5 \times 10^{-3}$,需用近似式计算:

$$[H^+] = \sqrt{K_a[HA]} = \sqrt{K_a(c_a - [H^+])}$$

解一元二次方程,$[H^+] = 10^{-1.09}(mol \cdot L^{-1})$,$pH = 1.09$。

2. 一元弱碱溶液

一元弱碱A^-(浓度为c_b)的质子条件式为

$$[H^+] + [HA] = [OH^-]$$

得$[H^+]$的精确计算式

$$[H^+] = \sqrt{\frac{K_w}{1 + [A^-]/K_a}} \qquad (3.15a)$$

若略去水的离解,则

$$[H^+] = \sqrt{\frac{K_a K_w}{c_b - [OH^-]}}$$

或写做

$$[OH^-] = \sqrt{K_b[A^-]} = \sqrt{K_b(c_b - [OH^-])} \qquad (3.15b)$$

若碱的离解$<5\%$,则用最简式计算

$$[H^+] = \sqrt{\frac{K_a K_w}{c_b}} \quad 或 \quad [OH^-] = \sqrt{K_b c_b} \qquad (3.15c)$$

[①] 因平衡常数一般为两位有效数字,不确定性通常以5%计,在处理平衡关系时,小于5%的项即可以忽略。

例 3.6　将 2.45 g 固体 NaCN 溶于水,配成 500 mL 溶液,计算此溶液的 pH。(已知 $K_a(HCN)=4.9\times10^{-10}$, $M_r(NaCN)=49.00$)

解　此为一元弱碱(CN^-)的水溶液,$c(NaCN)=\dfrac{2.45}{49.00\times0.500}=0.10$ (mol·L^{-1})。

由于 $c(CN^-)/K_a(HCN)>20$,可以忽略分母中的 1,即忽略水的离解。

又 $K_b(CN^-)/c(CN^-)<2.5\times10^{-3}$,忽略弱碱的离解。所以

$$[OH^-]=\sqrt{K_b(CN^-)\cdot c(CN^-)}=1.4\times10^{-3}(mol\cdot L^{-1}), \quad pH=11.15$$

3. 多元弱酸(碱)溶液 pH 的计算

以 0.10 mol·L^{-1} 丁二酸(H_2A, $pK_{a_1}=4.21$, $pK_{a_2}=5.64$)为例,其质子条件式为

$$[H^+]=[HA^-]+2[A^{2-}]+[OH^-]$$

溶液为酸性,可略去[OH^-],结合有关平衡常数表达式,得

$$[H^+]=\frac{K_{a_1}[H_2A]}{[H^+]}+2\frac{K_{a_1}K_{a_2}[H_2A]}{[H^+]^2}=\frac{K_{a_1}[H_2A]}{[H^+]}\left(1+\frac{2K_{a_2}}{[H^+]}\right)$$

若 $2K_{a_2}/[H^+]\ll1$ 时,可将其略去,即忽略酸的第二步离解,按一元弱酸处理。为作此比较,先按一元弱酸计算[H^+]的近似值:

$$[H^+]=\sqrt{K_{a_1}\cdot c(H_2A)}=\sqrt{10^{-4.21-1.00}}=10^{-2.61}(mol\cdot L^{-1})$$

此时 $2K_{a_2}/[H^+]\ll1$,忽略其第二步离解是合理的。像丁二酸这样 $\Delta(\lg K_a)$ 仅为 1.43 仍可按一元弱酸处理,因此,一般多元弱酸,只要浓度不太稀,各步离解常数差别不是太小,均可按一元弱酸处理。多元弱碱溶液可作类似处理。至于能否用最简式计算,则需看其能否忽略第一步离解。

3.3.2　两性物质溶液 pH 的计算

1. 两性物(HA)溶液

在水溶液中两性物质(HA)有两种离解方式。

酸式离解:

$$HA+H_2O \Longrightarrow H_3O^++A^- \qquad K_{a_2}(H_2A^+)$$

碱式离解:

$$HA+H_2O \Longrightarrow H_2A^++OH^- \qquad K_{b_2}(A^-)=K_w/K_{a_1}(H_2A^+)$$

两性物水溶液的酸碱性取决于 $K_{a_2}(H_2A^+)$ 和 $K_{b_2}(A^-)$ 的相对大小。HA 的质子条件式为

$$[H^+]+[H_2A^+]=[A^-]+[OH^-]$$

代入平衡常数表达式,得

$$[H^+]+\frac{[H^+][HA]}{K_{a_1}}=\frac{K_{a_2}\cdot[HA]}{[H^+]}+\frac{K_w}{[H^+]}$$

整理上式得

$$[H^+]=\sqrt{\frac{K_{a_2}\cdot[HA]+K_w}{1+[HA]/K_{a_1}}} \tag{3.16a}$$

若 $K_{a_1}\gg K_{a_2}$(即 HA 的两种离解倾向都较小),则[HA]$\approx c$(HA)。另外,若 HA 的酸性远大

于 H_2O 的酸性,使 $K_{a_2} \cdot c > 20K_w$ 时,则可忽略上式分子中的 K_w,得

$$[H^+] = \sqrt{\frac{K_{a_2} \cdot c(HA)}{1 + c(HA)/K_{a_1}}} \tag{3.16b}$$

若 $c(HA)/K_{a_1} > 20$,则可忽略上式分母中的 1(即忽略水的碱性),即得最简式

$$[H^+] = \sqrt{K_{a_1} \cdot K_{a_2}} \tag{3.16c}$$

例 3.7   计算 $0.050 \text{ mol} \cdot L^{-1}$ $NaHCO_3$ 水溶液的 pH。

解   因为

$$K_{a_1} = 4.2 \times 10^{-7} \gg K_{a_2} = 5.6 \times 10^{-11}$$

$$c \cdot K_{a_2} = 5.6 \times 10^{-11} \times 0.050 = 2.8 \times 10^{-12} > 20K_w$$

$$c/K_{a_1} = 0.050/(4.2 \times 10^{-7}) = 1.2 \times 10^5 > 20$$

故采用最简式计算:

$$[H^+] = \sqrt{K_{a_1} \cdot K_{a_2}} = \sqrt{4.2 \times 10^{-7} \times 5.6 \times 10^{-11}}$$
$$= 4.8 \times 10^{-9} (\text{mol} \cdot L^{-1})$$
$$pH = 8.32$$

由于 HCO_3^- 的碱式离解倾向大于其酸式离解倾向,故 $NaHCO_3$ 的水溶液显碱性。

例 3.8   计算 $0.033 \text{ mol} \cdot L^{-1}$ Na_2HPO_4 溶液的 pH。

解   质子条件式为

$$[H^+] + [H_2PO_4^-] + 2[H_3PO_4] = [PO_4^{3-}] + [OH^-]$$

由于其 K_{a_1} 与 K_{a_2} 相差 5 个数量级,从其形态分布的优势区域图不难看出,上式中 $2[H_3PO_4]$ 可忽略不计。

计算 HPO_4^{2-} 水溶液的 $[H^+]$ 所涉及的离解常数为 $K_{a_2} = 10^{-7.21}$,$K_{a_3} = 10^{-12.32}$。又 $K_{a_2} \gg K_{a_3}$,则

$$[H^+] = \sqrt{\frac{K_{a_3} \cdot c + K_w}{1 + c/K_{a_2}}}$$

由于 $cK_{a_3} = 10^{-12.32} \times 0.033 = 1.6 \times 10^{-14}$,故 K_w 项不能忽略,而 $c/K_{a_2} > 20$,可忽略分母中的 1,得

$$[H^+] = \sqrt{\frac{K_{a_3} \cdot c + K_w}{c/K_{a_2}}} = \sqrt{\frac{10^{-12.32} \times 0.033 + 1.0 \times 10^{-14}}{0.033/10^{-7.21}}}$$
$$= 10^{-9.66} (\text{mol} \cdot L^{-1})$$
$$pH = 9.66$$

2. 弱酸与弱碱的混合溶液

当溶液中同时含有一弱酸(HA)和一弱碱(B)时,其 $[H^+]$ 计算与两性物相似。

例 3.9   计算含 $0.10 \text{ mol} \cdot L^{-1}$ NH_4Cl 与 $0.20 \text{ mol} \cdot L^{-1}$ $NaAc$ 的混合溶液的 pH。

解   已知 NH_3 的 $pK_b = 4.75$,HAc 的 $pK_a = 4.76$。

NH_4^+ 为弱酸,Ac^- 为弱碱,在水溶液中的质子条件式为

$$[H^+] + [HAc] = [NH_3] + [OH^-]$$

$$[H^+] = \sqrt{\frac{K_a(NH_4^+) \cdot [NH_4^+] + K_w}{1 + [Ac^-]/K_a(HAc)}} \qquad (3.17)$$

因 $K_a(NH_4^+) \cdot c(NH_4^+) \gg K_w$，可忽略分子中的 K_w；$c(HAc)/K_a(HAc) \gg 1$，可忽略分母中的 1。

由于反应 $NH_4^+ + Ac^- \rightleftharpoons NH_3 + HAc$ 的

$$K = \frac{[HAc][NH_3]}{[Ac^-][NH_4^+]} = \frac{K_a(NH_4^+)}{K_a(HAc)} = \frac{10^{-9.25}}{10^{-4.76}} = 10^{-4.49}$$

表明弱酸与弱碱的反应倾向很小，即可以用各自的分析浓度代替平衡浓度进行计算，

$$[H^+] = \sqrt{\frac{K_a(NH_4^+) \cdot c(NH_4^+)}{c(Ac^-)/K_a(HAc)}} = \sqrt{\frac{10^{-9.25} \times 0.10}{0.20/10^{-4.76}}} = 10^{-7.16}(mol \cdot L^{-1})$$

$$pH = 7.16$$

由优势区域图可见，在此 pH 下，溶液中的主要存在形态是 NH_4^+ 和 Ac^-，因此上述计算正确。

3.3.3 混合酸（碱）溶液 pH 的计算

1. 强酸与弱酸（HCl＋HA）混合溶液

质子条件式为 $\qquad [H^+] = [Cl^-] + [A^-] + [OH^-]$

即溶液中总的 $[H^+]$ 由 HCl、HA、H_2O 提供。溶液为酸性，可略去 $[OH^-]$。用摩尔分数式表示 $[A^-]$，得近似计算式

$$[H^+] = c(HCl) + \frac{c(HA) \cdot K_a}{K_a + [H^+]} \qquad (3.18)$$

解一元二次方程，即得 $[H^+]$。

一般可先用最简式 $[H^+] = c(HCl)$ 计算 $[H^+]$，再求 $[A^-]$，若 $[A^-] \ll c(HCl)$，则结果合理，即弱酸的离解可以忽略。否则，需用近似式求解。

H_2SO_4 是二元酸，其在水中的离解分两步进行，第一步完全离解，第二步部分离解，可以看做强酸与弱酸的混合溶液。

对于强碱与弱碱（NaOH＋A^-）混合溶液可作类似处理，近似计算式为

$$[OH^-] = c(NaOH) + \frac{c(A^-) \cdot K_b}{K_b + [OH^-]} \qquad (3.19)$$

例 3.10 在 20.00 mL 0.1000 mol·L^{-1} HA（$K_a = 10^{-7.00}$）溶液中加入 20.04 mL 0.1000 mol·L^{-1} NaOH 溶液（此为滴定到化学计量点后 0.2%），计算溶液的 pH。

解 混合后

$$c(A^-) = \frac{0.1000 \times 20.00}{20.00 + 20.04} = 10^{-1.30}(mol \cdot L^{-1})$$

$$c(NaOH) = \frac{0.1000 \times 0.04}{20.00 + 20.04} = 10^{-4.00}(mol \cdot L^{-1})$$

先按最简式计算：

$$[OH^-] = c(NaOH) = 10^{-4.00}(mol \cdot L^{-1})$$

再由 $[OH^-]$ 计算 $[HA]$：

$$[HA] = \frac{c(A^-) \cdot K_b}{K_b + [OH^-]} = \frac{10^{-1.30} \times 10^{-7.00}}{10^{-7.00} + 10^{-4.00}} = 10^{-4.30}(mol \cdot L^{-1})$$

$$[HA] \approx c(NaOH)$$

必须用近似式计算:

$$[OH^-] = \frac{10^{-1.30} \times 10^{-7.00}}{10^{-7.00} + [OH^-]} + 10^{-4.00}$$

解此一元二次方程,$[OH^-] = 10^{-3.86}(mol \cdot L^{-1})$,pH = 10.14。

2. 两种弱酸(HA+HB)的混合溶液

在水溶液中如果同时存在两种弱酸(HA+HB),质子条件式为

$$[H^+] = [A^-] + [B^-] + [OH^-]$$

忽略$[OH^-]$,代入平衡常数式得近似计算式

$$[H^+] = \sqrt{K_a(HA) \cdot [HA] + K_a(HB) \cdot [HB]} \tag{3.20a}$$

如果$c(HA) \cdot K_a(HA) \gg c(HB) \cdot K_a(HB)$,可以忽略 HB 离解出的那部分 H^+,即只根据 HA 的离解平衡计算$[H^+]$。

若两种弱酸的 cK_a 相差不大,则离解相互抑制,

$$[H^+] = \sqrt{c(HA) \cdot K_a(HA) + c(HB) \cdot K_a(HB)} \tag{3.20b}$$

对于弱碱混合溶液,其$[OH^-]$的计算方法与此类似。

3.3.4 共轭酸碱体系 pH 的计算

在弱酸(HA,浓度为c_a)与其共轭碱(A^-,浓度为c_b)共存的体系中,以 HA、A^-、H_2O 为零水准,用$[HA]_A$ 表示 A^- 得质子产物的浓度,$[A^-]_{HA}$ 表示 HA 失质子产物的浓度,质子条件式为

$$[H^+] + [HA]_A = [OH^-] + [A^-]_{HA}$$

$$c_a = [HA]_{HA} + [A^-]_{HA}, \qquad c_b = [A^-]_A + [HA]_A$$

即$[A^-]_{HA} = c_a - [HA]_{HA}$,将其代入质子条件式,得

$$c_a = [HA]_A + [HA]_{HA} + [H^+] - [OH^-] = [HA] + [H^+] - [OH^-]$$

可得 $[HA] = c_a - [H^+] + [OH^-]$。

类似地,将$c_b = [A^-]_A + [HA]_A$ 代入质子条件式,可得 $[A^-] = c_b + [H^+] - [OH^-]$。

利用 $K_a(HA)$ 的表达式,即得到计算$[H^+]$的公式

$$[H^+] = \frac{[HA]K_a}{[A^-]} = \frac{c_a - [H^+] + [OH^-]}{c_b + [H^+] - [OH^-]} \cdot K_a \tag{3.21a}$$

这是精确计算$[H^+]$的公式,实际上很少用到。当溶液为酸性时可忽略$[OH^-]$,

$$[H^+] = \frac{c_a - [H^+]}{c_b + [H^+]} \cdot K_a \tag{3.21b}$$

溶液为碱性时忽略$[H^+]$,

$$[OH^-] = \frac{c_b - [OH^-]}{c_a + [OH^-]} \cdot K_b \tag{3.21b$'$}$$

又若酸、碱的分析浓度较大,同时满足 $c_a \gg [OH^-] - [H^+]$,$c_b \gg [H^+] - [OH^-]$,可得到最

简式

$$[H^+] = \frac{c_a}{c_b} K_a \tag{3.21c}$$

即

$$pH = pK_a + \lg \frac{c_b}{c_a} \tag{3.21c'}$$

通常先用最简式计算,将得到的$[H^+]$和$[OH^-]$与c_a,c_b比较,看忽略是否合理。若不合理,则需用近似式计算。

例 3.11　计算以下溶液的 pH:(1) 0.040 mol·L^{-1} HAc-0.060 mol·L^{-1} NaAc 溶液;(2) 0.080 mol·L^{-1}二氯乙酸-0.12 mol·L^{-1}二氯乙酸钠溶液(已知 HAc 的 pK_a=4.76,二氯乙酸的 pK_a=1.26)。

解　(1) 先按最简式计算:

$$[H^+] = \frac{c_a}{c_b} K_a = \frac{0.040}{0.060} \times 10^{-4.76} = 10^{-4.94} (mol \cdot L^{-1})$$

$[H^+] \ll c_a$, $[H^+] \ll c_b$,因此计算合理,结果正确,pH=4.94。

(2) $[H^+] = \frac{c_a}{c_b} K_a = \frac{0.080}{0.12} \times 10^{-1.26} = 10^{-1.44} (mol \cdot L^{-1})$

$[H^+]$与c_a,c_b均很接近,因此忽略$[H^+]$是不合理的,应采用近似式计算:

$$[H^+] = \frac{c_a - [H^+]}{c_b + [H^+]} \cdot K_a = \frac{0.080 - [H^+]}{0.12 + [H^+]} \times 10^{-1.26}$$

解此一元二次方程,$[H^+] = 10^{-1.65} (mol \cdot L^{-1})$,pH=1.65。

例 3.12　在 20.00 mL 0.1000 mol·L^{-1} HA ($K_a = 10^{-7.00}$)溶液中,加入 19.96 mL 0.1000 mol·L^{-1} NaOH 溶液,计算溶液的 pH。

解　混合后 HA 和 A^-的浓度分别为

$$c_a = \frac{0.1000 \times 0.04}{20.00 + 19.96} = 10^{-4.00} (mol \cdot L^{-1}), \quad c_b = \frac{0.1000 \times 19.96}{20.00 + 19.96} = 10^{-1.30} (mol \cdot L^{-1})$$

先用最简式计算:

$$[H^+] = \frac{c_a}{c_b} K_a = \frac{10^{-4.00}}{10^{-1.30}} \times 10^{-7.00} = 10^{-9.70} (mol \cdot L^{-1})$$

此时$[OH^-] = 10^{-4.30} (mol \cdot L^{-1})$,与$c_a$接近,应采用近似式计算:

$$[OH^-] = \frac{c_b - [OH^-]}{c_a + [OH^-]} \cdot K_b = \frac{10^{-1.30} - [OH^-]}{10^{-4.00} + [OH^-]} \times 10^{-7.00}$$

解此一元二次方程,得 $[OH^-] = 10^{-4.44} (mol \cdot L^{-1})$,pH=9.56。

3.4　氨基酸与蛋白质的酸碱平衡

蛋白质(protein)是生命现象的物质基础,氨基酸(amino acid)是蛋白质的基本结构单位。在自然界中主要有 20 种 α-氨基酸构成无数种蛋白质大分子。

氨基酸的一般结构为

氨基→　　H₂N
　　　　　　　　　CH—R
羧基→　HOOC

其中 R 为不同的取代基团。由于羧基与氨基可发生酸碱反应,在水溶液中氨基酸以双极离子形态存在。

$$^+H_3N$$
$$CH{-}R$$
$$^-OOC$$

通常所说的氨基酸是两性物质(无净电荷)。在低 pH 介质中,氨基和羧基都质子化,成为氨基酸阳离子。在高 pH 介质中,羧基失去质子,氨氮也不与质子结合,成为氨基酸阴离子。附录 Ⅲ.2.3 列出了氨基酸的离解常数,其中每种氨基酸都以最高质子化形式出现。20 个常见天然氨基酸中 3 个有碱性取代基,能结合 H^+,称为碱性氨基酸;4 个有酸性取代基,可以离解出 H^+,称为酸性氨基酸;大多数为中性氨基酸。这些化合物的最高质子化形态分别为二元酸或三元酸。

3.4.1 氨基酸溶液及其等电点 pH 的计算

以甘氨酸(即氨基乙酸)为例,它在水溶液中的离解平衡可用下式表示:

$$NH_3^+CH_2COOH + H_2O \rightleftharpoons H_3O^+ + NH_3^+CH_2COO^- \qquad K_{a_1} = 10^{-2.35}$$

$$NH_3^+CH_2COO^- + H_2O \rightleftharpoons H_3O^+ + NH_2CH_2COO^- \qquad K_{a_2} = 10^{-9.78}$$

氨基乙酸(以 HL 表示)在溶液中的 3 种形态分别称为氨基乙酸阳离子、氨基乙酸双极离子(即通常说的氨基乙酸)和氨基乙酸阴离子。

氨基乙酸阳离子(H_2L^+)为二元弱酸($pK_{a_1} = 2.35$,$pK_{a_2} = 9.78$),仅部分离解,其 K_{a_2} 远小于 K_{a_1},因此可忽略第二步离解,按一元弱酸计算其溶液的 pH。

由附录 Ⅲ.2.3 中氨基酸的 pK_a 可以看出,质子化的氨基酸离解常数(K_{a_1})均比较大($>10^{-2.5}$),浓度不是很大时($<1.0\ mol \cdot L^{-1}$)不能用最简式计算 pH。

氨基乙酸阴离子(L^-)为二元弱碱,$K_{b_1} = K_w/K_{a_2} = 6.0 \times 10^{-5}$,$K_{b_2} = K_w/K_{a_1} = 2.2 \times 10^{-12}$。由于 $K_{b_2} \ll K_{b_1}$,可以忽略碱的第二步离解,作为一元弱碱处理。

氨基乙酸(HL)为两性物质。HL 作为酸时的离解常数大于作为碱时的离解常数,可以推测,氨基乙酸溶解在纯水中得到的溶液显酸性。

生物化学常常涉及氨基酸的等电点(isoelectric point)。等电点(pI)是指氨基酸的各种带电离子所带正电荷数与负电荷数相等时溶液的 pH。氨基乙酸等电点时溶液中的主要形态是不带电荷的 HL,而 $[H_2L^+]$ 与 $[L^-]$ 完全相等,也就是 $x(H_2L^+) = x(L^-)$,则

$$[H^+] = \sqrt{K_{a_1} \cdot K_{a_2}}, \quad pI = \frac{1}{2}(pK_{a_1} + pK_{a_2})$$

等电点时溶液的 pH 与氨基酸浓度无关。通常氨基酸的酸离解与碱离解的程度不同,纯氨基酸溶液不能达到其等电点,可以通过加入酸或碱调节其 pH 以达到等电点 pH。

酪氨酸在取代基上有一个可离解出 H^+ 的基团,赖氨酸取代基上的 N 也可以结合质子,它们最高可离解的质子数为 3。对于两者的两个中间形态,需视浓度大小采用适当的近似式计算溶液的 pH。(思考:如何计算等电点的 pH?)

3.4.2 蛋白质等电点的应用

蛋白质是由 α-氨基酸组成的。氨基酸通过肽键连接起来形成多肽,长的多肽就被称做蛋

白质。

蛋白质的种类和生物活性取决于肽链的氨基酸种类和排列顺序。蛋白质除有末端—NH_3^+和末端—COO^-外，参与蛋白质结构组成的碱性、酸性氨基酸残基侧链尚有—NH_3^+和—COO^-、—S^-、—O^-等酸、碱性基团，因此，蛋白质是两性物质。在生物化学研究中，常利用蛋白质的两性进行蛋白质的分离提纯。

1. 等电点沉淀与分离

处于等电点的蛋白质溶解度最小。当蛋白质混合物的 pH 被调到其中一种成分的等电点时，则该蛋白质将大部分或全部沉淀下来。那些等电点高于或低于该 pH 的蛋白质仍留在溶液中，可以利用此性质进行蛋白质的分离。这样沉淀出来的蛋白质保持天然构象，能再溶解于水并具有生物活性。

2. 电泳分离

蛋白质的—NH_3^+ 和—COO^- 的相对比例决定该蛋白质的电荷及其溶液的 pH 和在电场中泳动的情况。处于等电点的蛋白质总的正负电荷相等，则在电场中不向两电极泳动。不处于等电点状态的蛋白质，在外界电场影响下向电极移动，呈现界面(界面电泳)、区带(区带电泳)，可经显色、扫描或洗脱、比色进行定量分析。电泳速度与被电泳分子的大小、形状、电荷、支持物、缓冲液的 pH、离子强度以及电场强度有关。利用这种性质可以电泳分离各种蛋白质。

3.5　酸碱缓冲溶液

酸碱缓冲溶液(buffer solution)对化学和生物学有着特别重要的作用。它能维持溶液的酸度，使其不因外加少量酸、碱或溶液的稀释而发生显著的变化。例如健康人血液的 pH 保持在 7.36～7.44 之间(37℃)，是因为血液中的血红蛋白 HHb-KHb、氧络血红蛋白 $HHbO_2$-$KHbO_2$、血浆蛋白 HPr-NaPr 及磷酸盐 $H_2PO_4^-$-HPO_4^{2-}、碳酸盐 HCO_3^--H_2CO_3 等共轭酸碱对组成了缓冲能力很强的生理缓冲溶液。在分析化学中，为使络合滴定反应进行完全，必须用缓冲溶液控制溶液的 pH 在一定范围之内；氧化还原反应及沉淀的形成都需要控制合适的酸度。因此，合理地选择和配制缓冲溶液非常重要。

3.5.1　缓冲容量和缓冲范围

共轭酸碱体系对外来强酸(碱)有缓冲作用。例如在弱酸 HA 和其共轭碱 A^- 的混合体系中，

$$HA \rightleftharpoons A^- + H^+ \qquad K_a = \frac{[A^-][H^+]}{[HA]}$$

则
$$pH = pK_a + lg\frac{[A^-]}{[HA]} \qquad (3.22)$$

若加入少量的强酸或强碱，缓冲对中的弱碱或弱酸浓度有所改变，但两者比值改变不大，只会引起 pH 的小幅度变化。

任何缓冲溶液的缓冲能力都有一定的限度。有些化学反应进行时，往往伴随着 H^+ 的产生和消耗，要使溶液的 pH 在允许的范围内变化，缓冲溶液必须有足够的缓冲能力。缓冲能力的大小用缓冲指数 β 来表示，定义如下

$$\beta = -\frac{dc(H^+)}{dpH} = \frac{dc(OH^-)}{dpH} \qquad (3.23)$$

式中 $dc(H^+)$ 和 $dc(OH^-)$ 分别代表引入的小量强酸或强碱的浓度($mol \cdot L^{-1}$)。

以醋酸体系为例,HAc-Ac^-体系可看做 HAc 溶液中加入强碱。若 HAc 的分析浓度为 c,引入强碱的浓度为 $c(OH^-)$,其质子条件式为

$$[H^+] + c(OH^-) = [OH^-] + [Ac^-], \qquad c(OH^-) = -[H^+] + [OH^-] + [Ac^-]$$

对上式进行微分处理后得到

$$\beta = \frac{dc(OH^-)}{dpH} = 2.3\left\{[H^+] + [OH^-] + \frac{cK_a[H^+]}{([H^+] + K_a)^2}\right\} \qquad (3.24)$$

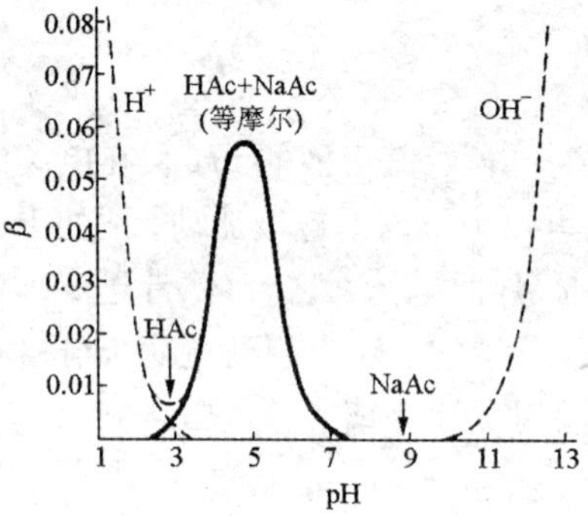

图 3.6　$0.1\ mol \cdot L^{-1}\ HAc$ 溶液的 β-pH 曲线

HAc-$NaAc$ 体系的缓冲指数与 pH 的关系如图 3.6 所示。

可见,当强酸或强碱的浓度较大时(pH<3 或 pH>11),溶液对外来酸(碱)有缓冲能力。但在 pH 3~11 之间,$[H^+]$ 和 $[OH^-]$ 均较小,几乎无缓冲作用,溶液的缓冲能力主要来自共轭酸碱体系。下面主要讨论共轭酸碱体系的缓冲问题。

由式(3.24)可知:① 共轭酸碱对的缓冲指数与缓冲物质总浓度有关,缓冲物质总浓度越大,缓冲指数越大,若浓度太小,则起不到控制溶液 pH 的作用;② 缓冲物质总浓度一定时,酸形与碱形浓度越接近,缓冲指数越大,当 $x(HA) = x(A^-) = 0.5$(即 pH=pK_a)时,β 有极大值:

$$\beta_{max} = 2.3c \times 0.50 \times 0.50 = 0.58c$$

若 $x(HA) : x(A^-) = 1 : 10$ 或 $10 : 1$,即 pH=p$K_a \pm 1$ 时,可以计算出 β 仅为 β_{max} 的 1/3;若 $x(HA) : x(A^-) = 100 : 1$ 或 $1 : 100$,即 pH=p$K_a \pm 2$ 时,β 仅为 β_{max} 的 1/25。由此可见,缓冲溶液的有效缓冲范围约在 pH 为 p$K_a \pm 1$ 的范围内。

实际工作中,常需要在外加强酸或强碱时,溶液的 pH 改变不超过 ΔpH 单位,因此可定义缓冲容量(buffer capacity)为使溶液的 pH 增加 ΔpH 单位时容许引入强碱的量 $\Delta c(OH^-)$,或使溶液的 pH 减少 ΔpH 单位时,容许引入强酸的量 $\Delta c(H^+)$。缓冲容量既与缓冲指数有关,也与缓冲溶液 pH 的变化范围有关。缓冲指数确定时,若容许溶液的 pH 有较大变化,就可以抵御较多的外来强酸(碱);若引入的强酸(碱)浓度一定时,要求溶液的 pH 改变较小,溶液就必须有更大的缓冲指数,就需要增加缓冲物质的浓度。

3.5.2　缓冲溶液的选择与计算

为了保证缓冲溶液有足够强的缓冲能力,在配制缓冲溶液时,需要做到:

(i) 为使共轭酸碱对的浓度比接近于1,应根据所需要维持的 pH 范围选择合适的缓冲对,使其中的弱酸的 pK_a 等于或接近于所要求的 pH。例如,生物培养液中需用 pH=7.0 的缓冲液,已知 $H_2PO_4^-$ 的 pK_{a_2}=7.21,因此 $H_2PO_4^-$-HPO_4^{2-} 是可以选择的合适的缓冲对。如若配制 pH=9.0 的缓冲溶液,则可选择 $NH_3 \cdot H_2O$-NH_4Cl 缓冲对(p$K_a(NH_4^+)$=9.25)。可见弱酸的 K_a 是选择缓冲溶液的主要依据,再按式(3.22)调节酸、碱比值,即能得到所需的 pH。表 3.2 列

出了几种常用的缓冲溶液。

表 3.2　常用缓冲溶液

缓冲溶液	共轭酸碱对形式	pK_a
氨基乙酸-HCl	$NH_3^+CH_2COOH$-$NH_3^+CH_2COO^-$	2.35
HCOOH-NaOH	$HCOOH$-$HCOO^-$	3.77
CH_3COOH-CH_3COONa	HAc-Ac^-	4.76
$(CH_2)_6N_4$-HCl	$(CH_2)_6N_4H^+$-$(CH_2)_6N_4$	5.13
NaH_2PO_4-Na_2HPO_4	$H_2PO_4^-$-HPO_4^{2-}	7.21
$NH_2C(CH_2OH)_3$-HCl	$NH_3^+C(CH_2OH)_3$-$NH_2C(CH_2OH)_3$	8.21
$Na_2B_4O_7$	H_3BO_3-$H_2BO_3^-$	9.24
$NH_3 \cdot H_2O$-NH_4Cl	NH_4^+-NH_3	9.25
$NaHCO_3$-Na_2CO_3	HCO_3^--CO_3^{2-}	10.25
Na_2HPO_4-NaOH	HPO_4^{2-}-PO_4^{3-}	12.32

三羟甲基甲胺($NH_2C(CH_2OH)_3$)缓冲溶液(简称 Tris 缓冲溶液)因其易与生物体液相容,一般不抑制酶活性而成为生物和临床测量中常用的缓冲溶液。

如果将几种 pK_a 不同的弱酸混合后加入不同量的强酸(碱),就可以制备全域缓冲溶液,在很宽的 pH 范围内都有缓冲作用。Britton-Robinson(伯瑞坦-罗宾森)缓冲溶液就是一种全域缓冲溶液,它是由浓度均为 0.04 mol $\cdot$ L^{-1} 的 H_3PO_4、H_3BO_3 和 HAc 混合而成的,向其中加入不同量的 NaOH,即可得到所需 pH 的缓冲溶液。

(ii) 适当提高共轭酸碱对的浓度,以保证足够的缓冲能力。但是,在实际工作中往往只需将 pH 控制在一定范围内,不必控制在某一固定 pH,因此,共轭酸碱对的浓度不必过高,这样不仅可以节省试剂,同时可以减少由于浓度过高造成的副反应等。一般共轭酸碱对的浓度在 $0.1 \sim 1.0$ mol $\cdot$ L^{-1} 为宜。

例 3.13　已知 pH $= 10.0$ 的 NH_3-NH_4Cl 缓冲溶液中缓冲物质总浓度为 0.10 mol $\cdot$ L^{-1},问:

(1) 该缓冲溶液的缓冲指数为多少?($pK_a^M(NH_4^+) = 9.4$)

(2) 若容许 pH 改变 ± 0.3 pH 单位时,上述溶液对强酸和强碱的缓冲容量各是多少?

解　(1) $\beta = 2.3c \cdot x_0 \cdot x_1 = 2.3 \times 0.10 \times \dfrac{10^{-9.4} \times 10^{-10.0}}{(10^{-9.4} + 10^{-10.0})^2} = 0.037$ (mol $\cdot$ L^{-1})

(2) **方法一**　$\beta = \dfrac{dc(H^+)}{dpH}$,　　$dc(H^+) = \beta \cdot dpH = 0.037 \times 0.3 = 0.011$ (mol $\cdot$ L^{-1})

方法二　加入强酸后使缓冲体系中 $[NH_4^+]$ 增加,计算 $\Delta[NH_4^+]$ 即得溶液对强酸的缓冲容量。

$$\Delta c(H^+) = \Delta[NH_4^+] = c \cdot \left(\frac{[H^+]_2}{K_a + [H^+]_2} - \frac{[H^+]_1}{K_a + [H^+]_1} \right)$$

$$= 0.10 \times \left(\frac{10^{-9.7}}{10^{-9.7} + 10^{-9.4}} - \frac{10^{-10.0}}{10^{-10.0} + 10^{-9.4}} \right) = 0.013 \text{ (mol} \cdot L^{-1})$$

加入强碱后,使缓冲体系中 $[NH_3]$ 增加,即可计算溶液对强碱的缓冲容量。

$$\Delta c(\text{OH}^-) = \Delta[\text{NH}_3] = c \cdot \left(\frac{K_a}{K_a + [\text{H}^+]_2} - \frac{K_a}{K_a + [\text{H}^+]_1} \right)$$

$$= 0.10 \times \left(\frac{10^{-9.4}}{10^{-9.4} + 10^{-10.3}} - \frac{10^{-9.4}}{10^{-9.4} + 10^{-10.0}} \right) = 0.009 \ (\text{mol} \cdot \text{L}^{-1})$$

上例表明,当缓冲对两组分浓度不等时,对强酸和强碱的缓冲容量不同,一般情况下,以平均值表示即可。

例 3.14 欲配制 200 mL pH=9.4 的氨性缓冲溶液,且使该溶液在加入 1.0 mmol HCl 或 NaOH 时 pH 改变不大于 0.2 单位,需称多少克 NH₄Cl 并加多少毫升 1.0 mol·L⁻¹的氨水?($pK_a^M(\text{NH}_4^+) = 9.4$)

解 200 mL 此溶液中加入 1.0 mmol 强酸(碱),则缓冲容量

$$\Delta c(\text{H}^+) = \Delta c(\text{OH}^-) = 1.0/200 = 0.0050 \ (\text{mol} \cdot \text{L}^{-1})$$

方法一 利用缓冲容量计算

(1) 加入强酸后,pH 为 9.2,强酸加入的量等于[NH₄⁺]增量:

$$\Delta c(\text{H}^+) = \Delta[\text{NH}_4^+] = c \cdot (x(\text{NH}_4^+)_2 - x(\text{NH}_4^+)_1)$$

$$= c \cdot \left(\frac{10^{-9.2}}{10^{-9.2} + 10^{-9.4}} - \frac{10^{-9.4}}{10^{-9.4} + 10^{-9.4}} \right) = 0.11c$$

$$c = 0.0050/0.11 = 0.045 \ (\text{mol} \cdot \text{L}^{-1})$$

(2) 加入强碱后 pH 为 9.6,

$$\Delta c(\text{OH}^-) = \Delta[\text{NH}_3] = c \cdot (x(\text{NH}_3)_2 - x(\text{NH}_3)_1)$$

$$= c \cdot \left(\frac{10^{-9.4}}{10^{-9.6} + 10^{-9.4}} - \frac{10^{-9.4}}{10^{-9.4} + 10^{-9.4}} \right) = 0.11c$$

$$c = 0.0050/0.11 = 0.045 \ (\text{mol} \cdot \text{L}^{-1})$$

pH=9.4 时,

$$x(\text{NH}_4^+) = x(\text{NH}_3) = 0.50$$

$$m(\text{NH}_4\text{Cl}) = c \cdot x(\text{NH}_4^+) \cdot V \cdot M(\text{NH}_4\text{Cl})$$

$$= 0.045 \times 0.50 \times 0.200 \times 53.49 = 0.24 \ (\text{g})$$

$$V(\text{NH}_3) = 0.045 \times 0.50 \times 200/1.0 = 4.5 \ (\text{mL})$$

方法二 利用缓冲指数近似计算

$$\beta = \frac{1.0/200}{0.2} = 2.5 \times 10^{-2} (\text{mol} \cdot \text{L}^{-1})$$

又

$$\beta = 2.3c \cdot x(\text{HA}) \cdot x(\text{A}) = 2.3c \frac{K_a \cdot [\text{H}^+]}{(K_a + [\text{H}^+])^2} = 0.575c$$

$$c = \frac{2.5 \times 10^{-2}}{0.575} = 0.043 \ (\text{mol} \cdot \text{L}^{-1})$$

$$m(\text{NH}_4\text{Cl}) = 0.043 \times 0.50 \times 0.200 \times 53.49 = 0.23 \ (\text{g})$$

$$V(\text{NH}_3) = 0.043 \times 0.50 \times 200/1.0 = 4.3 \ (\text{mL})$$

若 pH≠pK_a,两种方法计算的结果会有差别,pH 与 pK_a 相差越远且 ΔpH 越大,这种差别越明显(为什么?)。通常要求缓冲溶液的缓冲能力足够强,又不要因浓度太大而造成浪费,因此

上面两种方法计算所得的结果都符合要求。

3.5.3　影响缓冲溶液 pH 的因素及缓冲溶液的配制

1. 离子强度的影响

在缓冲溶液 pH 的计算式中,严格说来表示的是共轭酸碱对之间的活度关系,即

$$pH = pK_a + \lg \frac{a(A^-)}{a(HA)}$$

以浓度代替活度进行计算,忽略了活度系数,造成计算的 pH 与测得的 pH 不完全相同。活度系数随溶液的离子强度变化,惰性盐(如 NaCl)的加入或缓冲溶液体积的变化都会引起 pH 改变,对带高价电荷的组分影响更明显。例如 pH 为 6.6 的 0.5 mol·L^{-1} 磷酸盐缓冲液,稀释到 0.05 mol·L^{-1} 时 pH 上升到 6.9。

2. 温度的影响

缓冲溶液的 pK_a 受温度影响较大。例如 Tris 缓冲液对温度的依赖性表现相当明显。温度每升高 1℃,pK_a 约下降 0.031 单位。在 25℃制备的 pH 为 8.08 的 Tris 缓冲液,温度降至 4℃时 pH≈8.7,而当温度升至 37℃时,其 pH≈7.7。

3. 缓冲溶液的配制

通过计算配制缓冲溶液时忽略了离子强度和温度的影响,用分析浓度代替酸、碱形态的平衡浓度也不够严格,同一化合物从不同的手册会查得不同的离解常数,等等;众多因素使得酸碱浓度或 pH 的计算与实际情况有一定出入。因此,欲制备一定 pH 和浓度的缓冲溶液,不能仅凭计算,需借助 pH 计通过实验确定。

以配制 1.0 L 浓度为 0.10 mol·L^{-1}、pH 为 7.60 的 Tris 缓冲液为例。假设有三羟甲基甲胺和 HCl,可按如下步骤操作:

(i) 按计算量称取三羟甲基甲胺于带刻度的 1 L 烧杯中,用约 800 mL 纯水溶解;

(ii) 将 pH 计的电极插入溶液中监测溶液的 pH;

(iii) 边搅拌边滴加 HCl 使溶液的 pH 准确到 7.60;

(iv) 补加纯水到 1 L 后,转移到试剂瓶中保存。

至于加多少缓冲溶液才能使操作溶液的 pH 维持在某一范围内,在体系复杂、计算困难的情况下常常通过实验确定。

3.5.4　标准缓冲溶液

用酸度计测量溶液的 pH 前必须先用标准缓冲溶液校准酸度计,亦称定位(原理见第 18 章)。这类用于校准酸度计的缓冲溶液称为标准缓冲溶液,要用 pH 基准试剂配制。一级 pH 基准试剂是用氢-银/氯化银组成的无液体接界电位的电池定值的,pH 的不确定度为 ±0.005,它通常只用于二级 pH 基准试剂的定值和高精度 pH 计的校准。二级 pH 基准试剂的不确定度为±0.01pH,主要用于 pH 计的校准。

pH 标准缓冲溶液可由共轭酸碱对组成,如 $H_2PO_4^-$-HPO_4^{2-}、硼砂,也可由逐级离解常数相差较小的两性物质组成,如邻苯二甲酸氢钾和酒石酸氢钾。强碱(如氢氧化钙)的饱和溶液也可作为标准缓冲溶液。

常用的 pH 标准缓冲溶液在 25℃的 pH 列于表 3.3。校准 pH 计时所选标准缓冲溶液的

pH 应当与被测溶液的 pH 范围相近,并且注意温度对缓冲溶液 pH 的影响。

表 3.3   几种常用的标准缓冲溶液

标准缓冲溶液	pH(25℃)
饱和酒石酸氢钾($0.034\ mol \cdot kg^{-1}$)	3.557
$0.050\ mol \cdot kg^{-1}$邻苯二甲酸氢钾	4.008
$0.025\ mol \cdot kg^{-1}KH_2PO_4$-$0.025\ mol \cdot kg^{-1}\ Na_2HPO_4$	6.865
$0.010\ mol \cdot kg^{-1}$硼砂	9.180
饱和氢氧化钙	12.454

3.6   滴定分析法概述

滴定分析法(titrimetry)简便、快速,是定量化学分析中最重要的分析方法,适于常量、半微量组分的准确测定。依据化学反应的原理不同,滴定分析法可分为酸碱滴定、络合滴定、氧化还原滴定和沉淀滴定四类。各类滴定方法有各自的特点、各自的条件及与之适应的测定对象。

进行滴定分析时,一般是将被测物质的溶液置于锥形瓶(或烧杯)中,将已知准确浓度的试剂溶液(标准溶液)装入滴定管中(称滴定剂),再逐滴加到被测物质的溶液中。当加入的滴定剂的量与被测物质的量之间正好符合化学反应方程式所表示的化学计量关系时,称滴定反应达到了化学计量点(stoichiometric point,记做 sp)。这时根据加入滴定剂(titrant)的浓度和体积就可以计算待测物质的量。在化学计量点时往往没有任何外部特征显示,常需加入指示剂(indicator),以指示剂的颜色变化指示反应完成。指示剂的颜色转变点称为滴定终点(end point,记做 ep),滴定到此停止。

滴定终点与化学计量点不一定完全符合,人眼观察指示剂的颜色变化也会有一定出入,由此产生的误差称终点误差或滴定误差(titration error,记做 E_t)。终点误差是滴定分析误差的主要来源之一,它的大小取决于滴定体系反应进行的完全程度及指示剂的选择是否恰当。

3.6.1   滴定分析法对反应的要求和滴定方式

滴定分析法是以物质的化学反应为基础建立的分析方法,但是必须符合一定条件的化学反应才能用于滴定分析。按照反应进行情况的不同,滴定方式可分为以下几种。

1. 直接滴定法(direct titration)

滴定剂与被测物质之间的反应符合下列条件时可以采用直接滴定法:

(i) 反应按一定的反应式进行,即反应具有确定的化学计量关系,这是滴定分析法定量的依据。

(ii) 反应完全程度高,通常要求反应完全程度达到 99.9% 以上,才能使滴定曲线在化学计量点附近有明显突跃,以便于用指示剂确定终点。

(iii) 反应速率快,或者能通过加热或加催化剂等方法使反应加速。

(iv) 有适当的方法确定终点(加指示剂或用电位计)。

直接滴定法是最常用和最基本的滴定方式。例如用 HCl 滴定 NaOH,用 $K_2Cr_2O_7$ 滴定 Fe^{2+} 等。

2. 返滴定法(back titration)

若反应进行较慢或被测物是固体时,可以先定量加入过量的滴定剂,控制一定条件使反应加速,待反应完成后,再用另一种标准溶液滴定剩余的滴定剂,称为返滴定。例如,用酸碱滴定法测定 $CaCO_3$ 含量时,先加入定量过量的 HCl 标准溶液,加热使反应完全,再用 NaOH 标准溶液返滴过量的 HCl,根据加入 HCl 的量和返滴时消耗 NaOH 的量就可以计算 $CaCO_3$ 的量。

缺乏合适的指示剂确定终点或反应速度不足够快时,也可考虑采用返滴定法。例如用螯合剂 EDTA 滴定 Ni^{2+}、Al^{3+} 等离子时,Ni^{2+}、Al^{3+} 等离子封闭指示剂二甲酚橙,无法判断终点,且 Al^{3+} 与 EDTA 的反应速度不足够快。可以先加入过量 EDTA 标准溶液与待测金属离子反应,再用合适的金属离子标准溶液返滴过量的 EDTA。

返滴定法不能提高反应的完全程度,因此不能用于那些进行得不够完全的反应。

3. 置换滴定法(replacement titration)

如果滴定剂与被滴物质之间的反应不能按一定的反应式进行,两者之间就没有确定的计量关系,则不能用直接滴定法测定。例如,硫代硫酸钠不能直接滴定重铬酸钾及其他强氧化剂,因为强氧化剂不仅将 $S_2O_3^{2-}$ 氧化为 $S_4O_6^{2-}$,还会将其部分地氧化成 SO_4^{2-},滴定剂与被滴物质之间没有确定的计量关系。但是,若在酸性 $K_2Cr_2O_7$ 溶液中加入过量的 KI,$K_2Cr_2O_7$ 与 KI 可以定量反应生成 I_2,用 $Na_2S_2O_3$ 滴定生成的 I_2,计量关系很好。这种方法称为置换滴定法。$Na_2S_2O_3$ 溶液的标定就是以这种方式进行的。

有些反应的完全度不够高,也可以通过置换反应准确滴定。如 Ag^+ 与 EDTA 的络合物不够稳定,不能用 EDTA 直接滴定 Ag^+,但是若将 Ag^+ 与 $Ni(CN)_4^{2-}$ 反应,定量置换出 Ni^{2+},由滴定 Ni^{2+} 所消耗的 EDTA 的量即可计算出 Ag^+ 的量。

4. 间接滴定法(indirect titration)

不能与滴定剂直接反应的物质,有时可以通过另外的反应间接测定。例如,Ca^{2+} 不能直接用氧化还原法滴定,但若沉淀为 CaC_2O_4,过滤洗净后用 H_2SO_4 溶解,再用 $KMnO_4$ 标准溶液滴定 $H_2C_2O_4$,就可以间接测定 Ca^{2+} 的量。

由于返滴定法、置换滴定法及间接滴定法的应用,大大扩展了滴定分析的应用范围。

3.6.2　基准物质和标准溶液

标准溶液(standard solution)就是已知准确浓度的溶液,在滴定分析中常用做滴定剂。配制标准溶液的方法有两种:

1. 直接法

准确称取一定量的基准物质(primary standard,或称基准试剂),溶解后定量地转入容量瓶中,稀释至刻度并摇匀。根据称取物质的质量和容量瓶的容积,就可以计算出该标准溶液的准确浓度。例如,$K_2Cr_2O_7$ 标准溶液通常是用直接法配制的。

2. 标定法

如果试剂不符合基准物质的条件,不能直接配制标准溶液时,则采取标定法配制。即称取大致的量,在试剂瓶中稀释至大致的体积。然后利用该物质与基准物质(或已知准确浓度的另一溶液)的反应来确定其准确浓度。例如,NaOH、HCl、EDTA、$KMnO_4$、$Na_2S_2O_3$ 等标准溶液都是采用标定法配制。有的基准试剂价格太贵,也可采用纯度较低的试剂用标定法配制标准溶液。

用于直接配制或标定标准溶液的基准物质必须符合下述条件：

(i) 物质的组成与化学式相符。若含结晶水,其结晶水的含量也应与化学式相符。例如 $H_2C_2O_4 \cdot 2H_2O$、$Na_2B_4O_7 \cdot 10H_2O$ 等。

(ii) 试剂的纯度足够高(一般要求含量在 99.9% 以上)。

(iii) 试剂稳定,易于保存和准确称量。

常用的基准物质有 $KHC_8H_4O_4$、$Na_2C_2O_4$、$H_2C_2O_4 \cdot 2H_2O$、Na_2CO_3、$K_2Cr_2O_7$、$NaCl$、$CaCO_3$、金属锌等。带有结晶水的基准物质要保存在适当湿度的恒湿器中或贮存在密闭的容器中,以免失去部分结晶水;不带结晶水的基准物质要防止吸潮,使用前需在适当的条件下进行干燥处理并妥善保存。

标准溶液的浓度准确是准确测量的前提,而基准物质的准确称量和溶液体积的准确测定是滴定分析中的两项基本操作。

3.6.3　滴定分析中的基本运算

滴定分析中的计算问题包括溶液的配制、标定和测定结果计算。

1. 溶液的配制

标定法配制溶液时,只需配制成近似浓度。直接法配制标准溶液时,则需准确称量并稀释至准确体积。

例 3.15　用 $12\ \text{mol} \cdot L^{-1}$ 的市售浓 HCl 配制 500 mL $0.20\ \text{mol} \cdot L^{-1}$ 的 HCl 溶液。

解　A 物质的量(n,单位为 mol 或 mmol)与物质的量浓度(c,单位为 $\text{mol} \cdot L^{-1}$)、溶液的体积(V,单位为 L 或 mL)的关系为

$$n(\text{A}) = c(\text{A}) \cdot V(\text{A}) \tag{3.25}$$

按照稀释前后物质的量不变的原则,

$$n = c_1 \cdot V_1 = c_2 \cdot V_2 \tag{3.26}$$

$$V_1 = \frac{c_2 V_2}{c_1} = \frac{500 \times 0.20}{12} = 8.3\ (\text{mL})$$

用量筒量取 8.3 mL 浓 HCl 于试剂瓶中,用去离子水稀释至 500 mL 并摇匀即可。

例 3.16　配制 250.0 mL $0.01000\ \text{mol} \cdot L^{-1}$ 的 $K_2Cr_2O_7$ 溶液。

解　A 物质的质量($m(\text{A})$,单位为 g)与 A 物质的摩尔质量($M(\text{A})$,单位为 $\text{g} \cdot \text{mol}^{-1}$)、A 物质的量($n(\text{A})$,单位为 mol)的关系为

$$m(\text{A}) = n(\text{A}) \cdot M(\text{A}) \tag{3.27}$$

$$m(\text{K}_2\text{Cr}_2\text{O}_7) = c(\text{K}_2\text{Cr}_2\text{O}_7) \cdot V(\text{K}_2\text{Cr}_2\text{O}_7) \cdot M(\text{K}_2\text{Cr}_2\text{O}_7)$$

$$= 0.01000 \times 0.2500 \times 294.18 = 0.7354\ (\text{g})$$

准确称取 0.7354 g $K_2Cr_2O_7$ 基准试剂,于小烧杯中溶解后定量转移到 250 mL 容量瓶中,稀释至刻度并摇匀。

在滴定分析中,为了称量方便,通常只需准确称取 0.73 g 左右($\pm 10\%$) $K_2Cr_2O_7$,再按实际称取的质量计算溶液的准确浓度。

2. 溶液的标定

在用基准物质标定(standardization)粗配的标准溶液的浓度时,基准物质的量应根据待标定溶液的近似浓度和基准物质与待标定溶液的化学计量关系计算。为使体积的测量误差小于

0.1%,消耗滴定剂的体积一般按 25 mL 计。

例 3.17 用邻苯二甲酸氢钾($M_r(KHC_8H_4O_4)=204.22$)为基准物质标定 0.10 mol·L^{-1} NaOH 溶液,需称取多少克 $KHC_8H_4O_4$?

解 $$KHC_8H_4O_4 + NaOH = KNaC_8H_4O_4 + H_2O$$

邻苯二甲酸氢钾与 NaOH 按摩尔比 1:1 进行反应,因此两者的物质的量相等:

$$m(KHC_8H_4O_4) = n(KHC_8H_4O_4) \cdot M(KHC_8H_4O_4)$$
$$= c(NaOH) \cdot V(NaOH) \cdot M(KHC_8H_4O_4)$$
$$= 0.10 \times 25 \times 204.22 \times 10^{-3} = 0.51 \text{ (g)}$$

称取 0.51 g 左右(0.45~0.55 g)的邻苯二甲酸氢钾 3 份,分别置于 3 个锥形瓶中,各加约 25 mL 去离子水溶解后,用 NaOH 溶液滴定。

例 3.18 以 $K_2Cr_2O_7$($M_r=294.18$)为基准物质,采用析出 I_2 的方式标定 0.020 mol·L^{-1} $Na_2S_2O_3$ 溶液的浓度,计算称取 $K_2Cr_2O_7$ 的质量。

解 以 $K_2Cr_2O_7$ 标定 $Na_2S_2O_3$ 溶液浓度时,采用的是置换滴定法,涉及两个化学反应:

$$Cr_2O_7^{2-} + 6I^- + 14H^+ = 2Cr^{3+} + 3I_2 + 7H_2O$$
$$I_2 + 2S_2O_3^{2-} = 2I^- + S_4O_6^{2-}$$
$$1Cr_2O_7^{2-} \triangleq 3I_2 \triangleq 6S_2O_3^{2-} \quad (符号"\triangleq"表示"相当于")$$

若 $aA \triangleq bB$,则

$$n(A) = \frac{a}{b} n(B) \tag{3.28}$$

以反应物的分子为基本单元,根据反应式中的系数得出反应物之间的物质的量的关系,称为换算因数法。

该反应中 1 mol $K_2Cr_2O_7$ 相当于 6 mol $Na_2S_2O_3$,即 $K_2Cr_2O_7$ 的物质的量($n(K_2Cr_2O_7)$)等于 $Na_2S_2O_3$ 的物质的量($n(Na_2S_2O_3)$)的 1/6:

$$m(K_2Cr_2O_7) = n(K_2Cr_2O_7) \cdot M(K_2Cr_2O_7) = n(Na_2S_2O_3) \cdot M(K_2Cr_2O_7)/6$$
$$= c(Na_2S_2O_3) \cdot V(Na_2S_2O_3) \cdot M(K_2Cr_2O_7)/6$$
$$= 0.020 \times 0.025 \times 294.18/6 = 0.025 \text{ (g)}$$

若单份称取 0.025 g 左右的 $K_2Cr_2O_7$ 标定 $Na_2S_2O_3$,称量误差为 $\frac{0.0002}{0.025} \approx 1\%$。为使称量误差小于 0.1%,可以称取 10 倍量的 $K_2Cr_2O_7$(即 0.25 g 左右),溶解并定容于 250 mL 容量瓶中,然后用 25 mL 移液管移取 3 份进行标定。这种方法称为"称大样",可以减小称量误差。而例 3.17 中的邻苯二甲酸氢钾,单份称量质量大于 0.2 g,则可以分别称样,即"称小样"。"称小样"的测定结果更为可靠。

例 3.19 用 Zn^{2+} 标定 EDTA 溶液(1:1 络合)。称取 0.3126 g 锌片(纯度为 99.99%),加少量 HCl 溶解后于 250 mL 容量瓶中定容,用 25 mL 移液管移取 3 份,用 EDTA 溶液分别滴定时消耗的体积为 24.32,24.35,24.33 mL。计算此 EDTA 溶液的浓度。

解

$$c(Zn) = \frac{m(Zn)}{M(Zn) \cdot V} = \frac{0.3126}{65.38 \times 0.2500} = 0.01913 \text{ (mol·L}^{-1})$$

$$\bar{V}(EDTA) = (24.32 + 24.35 + 24.33)/3 = 24.33 \text{ (mL)}$$

$$c(\text{EDTA}) = 25.00 \times 0.01913/24.33 = 0.01966 \ (\text{mol} \cdot \text{L}^{-1})$$

3. 测定结果计算

常用分析测定结果的表达形式有：对于固体样品最常用的是质量分数(w)，多用百分数表示；对于液体试样，可用物质的量浓度(c)表示，也可用质量浓度(ρ，单位为 g·L^{-1}或 mg·L^{-1}等)表示。

例 3. 20 称取铁矿试样(m_s)0.2356 g 溶于酸，并将 Fe^{3+} 还原为 Fe^{2+}。用 0.01324 mol·L^{-1} $K_2Cr_2O_7$ 溶液滴定，消耗 $K_2Cr_2O_7$ 溶液 23.42 mL。计算试样中铁的含量(用 $w(\text{Fe})$ 和 $w(\text{Fe}_2\text{O}_3)$ 表示)。

解 此滴定反应为

$$6Fe^{2+} + Cr_2O_7^{2-} + 14H^+ = 6Fe^{3+} + 2Cr^{3+} + 7H_2O$$

$$Cr_2O_7^{2-} \triangleq 6Fe^{2+} \triangleq 3Fe_2O_3$$

物质的量之间存在如下关系：

$$n(\text{Fe}) = 6n(\text{Cr}_2\text{O}_7^{2-}), \qquad n(\text{Fe}_2\text{O}_3) = 3n(\text{Cr}_2\text{O}_7^{2-})$$

$$w(\text{A}) = \frac{m(\text{A})}{m_s} \times 100\% \tag{3.29}$$

$$w(\text{Fe}) = \frac{m(\text{Fe})}{m_s} = \frac{6 \times c(\text{K}_2\text{Cr}_2\text{O}_7) \cdot V(\text{K}_2\text{Cr}_2\text{O}_7) \cdot M(\text{Fe})}{m_s} \times 100\%$$

$$= \frac{6 \times 0.01324 \times 23.42 \times 55.85}{0.2356 \times 1000} \times 100\%$$

$$= 44.10\%$$

$$w(\text{Fe}_2\text{O}_3) = \frac{m(\text{Fe}_2\text{O}_3)}{m_s} = \frac{3 \times 0.01324 \times 23.42 \times 159.7}{0.2356 \times 1000} \times 100\% = 63.06\%$$

例 3. 21 检验某人血液中的钙含量：取 5.00 mL 血液，稀释后用 $(\text{NH}_4)_2\text{C}_2\text{O}_4$ 沉淀 Ca^{2+}，将 CaC_2O_4 沉淀过滤洗涤后溶解于热 H_2SO_4 中，用 $c\left(\dfrac{1}{5}\text{KMnO}_4\right) = 0.05000$ mol·L^{-1}的 $KMnO_4$ 溶液滴定，用去 1.35 mL。试计算此血液中钙的质量浓度。

解 此为间接滴定法测 Ca^{2+}，涉及的反应为

$$Ca^{2+} + (\text{NH}_4)_2\text{C}_2\text{O}_4 = CaC_2O_4 \downarrow + 2NH_4^+$$

$$CaC_2O_4 + 2H^+ = H_2C_2O_4 + Ca^{2+}$$

$$5H_2C_2O_4 + 2MnO_4^- + 6H^+ = 2Mn^{2+} + 10CO_2 + 8H_2O$$

$$Ca \triangleq C_2O_4^{2-}, \qquad 5C_2O_4^{2-} \triangleq 2MnO_4^-$$

为了计算方便，实验室中常以 $c\left(\dfrac{1}{6}\text{K}_2\text{Cr}_2\text{O}_7\right)$，$c\left(\dfrac{1}{5}\text{KMnO}_4\right)$，$c\left(\dfrac{1}{2}\text{H}_2\text{SO}_4\right)$，$\cdots$ 的形式表示溶液浓度。此处物质的基本单元不是分子，而是依据在反应中得失电子数或得失质子数确定的化学式。如例 3.21 中的 $KMnO_4$ 在酸性介质中作滴定剂时，$\text{MnO}_4^- \xrightarrow{+5e} \text{Mn}^{2+}$，因此取 $\dfrac{1}{5}\text{KMnO}_4$ 为基本单元。在此滴定反应中，因为 $\text{C}_2\text{O}_4^{2-} \xrightarrow{-2e} 2\text{CO}_2$，可取 $\dfrac{1}{2}\text{H}_2\text{C}_2\text{O}_4$ 为基本单元。这样确定基本单元后，反应物之间存在着基本单元数相等，即物质的量相等的关系，称为等物质的量规则。

$$n\left(\frac{1}{Z_A}A\right) = n\left(\frac{1}{Z_B}B\right) \tag{3.30}$$

式中 Z_A, Z_B 分别为 A, B 物质在反应中得失质子数或电子转移数。此例中

$$n\left(\frac{1}{5}KMnO_4\right) = n\left(\frac{1}{2}H_2C_2O_4\right)$$

又 $n(Ca) = n(H_2C_2O_4)$，所以

$$n\left(\frac{1}{2}Ca\right) = n\left(\frac{1}{5}KMnO_4\right)$$

则

$$\rho(Ca) = \frac{c\left(\frac{1}{5}KMnO_4\right) \cdot V(KMnO_4) \cdot M\left(\frac{1}{2}Ca\right)}{V_s}$$

$$= \frac{0.0500 \times 1.35 \times 40.08/2}{5.00} = 0.271 \ (g \cdot L^{-1})$$

总之，在滴定分析计算中，应熟练掌握物质的量(n)、物质的摩尔质量(M)、物质的质量(m)、溶液的浓度(c)和体积(V)之间的关系，根据具体反应情况和已知数据，计算有关组分的含量或浓度。

3.7　酸碱滴定曲线及终点的确定

利用酸碱之间的中和反应进行酸碱滴定，可以测定许多酸碱物质和非酸碱物质的含量，也可以进行酸碱物质摩尔质量和离解常数的测定。为此，必须了解滴定过程中溶液 pH 的变化情况。以溶液的 pH 对加入滴定剂的体积(或滴定百分数)作图，得到酸碱滴定曲线(titration curve)，它能很好地展示滴定过程中溶液 pH 的变化规律。滴定终点的确定是准确定量的关键，为此必须了解指示剂的作用原理。

3.7.1　酸碱指示剂

1. 酸碱指示剂的作用原理

酸碱指示剂一般为有机弱酸或弱碱，当溶液的 pH 改变时，指示剂获得质子转化为酸形或失去质子转化为碱形，由于指示剂的酸形和碱形具有不同的结构，因而具有不同的颜色。根据指示剂颜色的变化判断溶液 pH 的变化即可指示滴定的终点。下面以甲基橙和酚酞为例来说明。

(1) 甲基橙(MO, $pK_a = 3.4$)

甲基橙是一种弱碱，为双色指示剂，在溶液中存在如下的离解平衡和颜色变化：

由平衡关系不难看出，当溶液中 $[H^+]$ 增大时，反应向右进行，甲基橙主要以醌式(酸色形)存在，显红色；当溶液中 $[H^+]$ 降低时，反应向左进行，甲基橙主要以偶氮式(碱色形)存在，溶液显黄色。在酸碱滴定中另一个常用指示剂——甲基红(MR, $pK_a = 5.0$)具有类似的情况。

（2）酚酞（PP，$pK_a = 9.1$）

酚酞是弱的有机酸，在溶液中有如下平衡：

在酸性溶液中，上述平衡向左移动，酚酞主要以无色的羟式存在；在碱性溶液中平衡向右移动，酚酞转变为醌式而显红色。

下面以 HIn 代表指示剂的酸形，以 In⁻ 代表指示剂的碱形，讨论指示剂颜色的变化与溶液 pH 的关系。在溶液中指示剂的平衡关系可用下式表示：

$$K_a = \frac{[H^+][In^-]}{[HIn]}$$

或写做

$$\frac{[In^-]}{[HIn]} = \frac{K_a}{[H^+]}$$

溶液的颜色取决于指示剂碱形与酸形的比值（$[In^-]/[HIn]$）。在一定的实验条件下，每种指示剂都有确定的 K_a，因此 $[In^-]/[HIn]$ 就只取决于 $[H^+]$。理论上，$pH = pK_a$ 时，$[In^-]/[HIn] = 1$ 为指示剂的变色点，$pH \leqslant pK_a - 1$ 时，$[In^-]/[HIn] \leqslant 1:10$，溶液主要呈现指示剂的酸形颜色；$pH \geqslant pK_a + 1$ 时，$[In^-]/[HIn] \geqslant 10:1$，溶液主要呈现指示剂的碱形颜色；在 $pK_a - 1 < pH < pK_a + 1$ 范围内，溶液呈现指示剂的酸形与碱形复合色，称为指示剂的理论变色区间。实际上，由于人的眼睛对不同颜色敏感程度不同，观察到的指示剂变色区间与理论变色区间不完全相同。例如，甲基橙的变色区间为 pH 3.1～4.4，在此 pH 范围内溶液呈红、黄混合的橙色。$pH = 3.1$ 时，$x(HIn)$ 仅为 0.66，由于人眼对红色更敏锐，溶液已呈甲基橙酸形的红色，而 $pH = 4.4$ 时，$x(In^-)/x(HIn) = 10:1$，溶液呈其碱形的黄色。当溶液 pH 由高向低变化（pH 4.4 →3.1）时，可以观察到溶液由黄色变为显著橙色的一点，这一点的 pH 为 4.0，称为滴定指数，以 pT 表示，以此为滴定终点最易把握。当指示剂酸形的颜色与碱形的颜色对人的眼睛同样敏感时，指示剂理论上的变色点就是 pT，即 $pT = pK_a$。若溶液 pH 由低向高变化（pH 3.1→4.4）时，$pH = 4.0$ 时的橙色不易观察，一般以 $pH = 4.4$ 的黄色为滴定终点。在观察变色点时，一般会有 ±0.3pH 的出入，所以 $\Delta pH = \pm 0.3$ 常常作为目视滴定分辨终点的极限。

最常用的酸碱指示剂见表 3.4。其他指示剂可以从有关手册上查到。

为了使终点观测明显，缩小变色间隔，也可以采用混合指示剂。按其作用分为两类：一类是由两种酸碱指示剂混合，由于颜色互补使变色间隔变窄，颜色变化敏锐。例如甲基红-溴甲酚绿，pH<5.0 为暗红色，pH=5.1 为灰绿色，pH>5.2 为绿色，变色域很窄且颜色易于辨别。另一类是由一种酸碱指示剂与一种惰性染料相混合，后者非酸碱指示剂，颜色不随 pH 变化。由于颜色互补使变色敏锐，其变色间隔不变。例如甲基橙（pH 3.1～4.4，红～黄）与靛蓝磺酸钠（蓝色）混合后，pH<3.1 呈紫色（红+蓝），pH>4.4 为绿色（黄+蓝），颜色变化很清楚，适于在灯光下滴定时用。附录 II.1 中列出了一些常用的单一或混合指示剂。

表 3.4　常用的酸碱指示剂

指示剂	颜色			pK_a	pT	变色间隔
	酸形色	过渡色	碱形色			
甲基橙（MO）	红	橙	黄	3.4	4.0	3.1～4.4
甲基红（MR）	红	橙	黄	5.0	5.0	4.4～6.2
溴甲酚紫	黄		紫	6.1	6.0	5.2～6.8
酚红	黄	橙	红	7.8	7.0	6.4～8.2
酚酞（PP）	无色	粉红	红	9.1	9.0	8.0～9.6
百里酚酞（TP）	无色	淡蓝	蓝	10.0	10.0	9.4～10.6

2. 影响指示剂变色区间的因素

（1）指示剂用量

对双色指示剂，如甲基橙，pT 仅决定于$[In^-]/[HIn]$，而与指示剂用量无关。但若指示剂用量过多，色调变化不明显，而指示剂本身也要消耗滴定剂，则对分析不利。

对单色指示剂如酚酞，指示剂的用量对 pT 有较大的影响。设指示剂总浓度为 c，人眼观察到红色碱形的最低浓度为一固定值 a，代入平衡式

$$\frac{K_a}{[H^+]} = \frac{[In^-]}{[HIn]} = \frac{a}{c-a}$$

式中 K_a 和 a 都是定值，如果 c 增大了，要维持平衡只有增大$[H^+]$。也就是说，溶液会在较低的 pH 时显粉红色。如在 50～100 mL 溶液中加 2～3 滴 0.1%酚酞溶液，pH≈9 时显粉红色；而在同样条件下，若加 15～20 滴酚酞，则在 pH≈8 时就显粉红色。

（2）温度

温度改变时，指示剂的离解常数和水的质子自递常数都有所改变，因而指示剂的变色区间也随之改变。例如甲基橙在室温下的变色间隔是 3.1～4.4，在 100℃时为 2.5～3.7。所以滴定应在室温下进行，有必要加热时，最好将溶液冷却至室温后再滴定。

（3）离子强度

离子强度不同，指示剂的离解常数会有所改变，影响到指示剂颜色的变化。所以在滴定过程中不宜有大量盐类存在。在制备参比溶液时，除需要加入相同量的指示剂外，还应该有相同浓度的电解质（包括反应生成的盐）在内。

3.7.2　酸碱滴定曲线和指示剂的选择

酸碱滴定过程中，随着滴定剂的加入，溶液的 pH 不断改变。以 pH 为纵坐标，滴定剂加入量（或滴定百分数）为横坐标作图，即得酸碱滴定曲线。从滴定曲线上可以看到各类酸碱滴定中溶液 pH 的变化规律及影响因素，依据化学计量点及其前后的 pH 变化选择合适的指示剂才能使滴定分析得到准确的结果。下面介绍几类酸碱滴定曲线，以了解酸碱的离解常数、浓度等因素对滴定突跃（titration jump）的影响及指示剂的应用。

1. 强酸（碱）的滴定

强碱滴定强酸或强酸滴定强碱的反应为

$$OH^- + H^+ \Longrightarrow H_2O \qquad K_t = \frac{1}{K_w} = 10^{14.00}$$

在各类酸碱滴定反应中,强酸碱的滴定反应完全程度最高。现以 $0.1000\ mol \cdot L^{-1}$ NaOH 滴定 $20.00\ mL$ $0.1000\ mol \cdot L^{-1}$ HCl 为例,讨论强酸碱滴定中 pH 的变化、滴定曲线的形状及指示剂的选择。

(1) 滴定曲线

滴定过程可分为 4 个阶段。

● 滴定前　溶液的酸度等于 HCl 的原始浓度,即

$$[H^+] = 0.1000\ (mol \cdot L^{-1})$$
$$pH = -\lg[H^+] = 1.00$$

● 滴定开始到化学计量点前　溶液的酸度取决于剩余 HCl 的浓度。

例如,加入 NaOH $19.98\ mL$ 时,未中和的 HCl 为 $0.02\ mL$,此时溶液中

$$[H^+] = 0.1000 \times \frac{0.02}{20.00 + 19.98} = 5.0 \times 10^{-5} (mol \cdot L^{-1})$$
$$pH = 4.30$$

● 化学计量点时　加入 NaOH 为 $20.00\ mL$,HCl 全部被中和。此时溶液中 $[H^+]$ 由水的离解决定,即

$$[H^+] = [OH^-] = \sqrt{K_w} = 10^{-7.00} (mol \cdot L^{-1})$$
$$pH = 7.00$$

● 化学计量点以后　溶液的酸度取决于过量 NaOH 的浓度。如加入 NaOH $20.02\ mL$ 时,NaOH 过量 $0.02\ mL$,则

$$[OH^-] = 0.1000 \times \frac{0.02}{20.00 + 20.02} = 5.0 \times 10^{-5} (mol \cdot L^{-1})$$
$$[H^+] = 2.0 \times 10^{-10} (mol \cdot L^{-1})$$
$$pH = 9.70$$

用类似的方法可以计算滴定过程中加入任意体积 NaOH 时溶液的 pH,部分结果列于表 3.5。

表 3.5　$0.1000\ mol \cdot L^{-1}$ NaOH 滴定 $0.1000\ mol \cdot L^{-1}$ HCl ($20.00\ mL$)时体系的 pH 变化

V(加入 NaOH) mL	HCl 被滴定 百分数/%	V(剩余 HCl) mL	V(过量 NaOH) mL	$[H^+]$	pH	
0.00	0.00	20.00		1.00×10^{-1}	1.00	
18.00	90.0	2.00		5.26×10^{-3}	2.28	
19.80	99.0	0.20		5.02×10^{-4}	3.30	
19.98	99.9	0.02		5.00×10^{-5}	4.30	突跃范围
20.00	100.0	0.00		1.00×10^{-7}	7.00	
20.02	100.1		0.02	2.00×10^{-10}	9.70	
20.20	101.0		0.20	2.01×10^{-11}	10.70	
22.00	110.0		2.00	2.10×10^{-12}	11.68	
40.00	200.0		20.00	5.00×10^{-13}	12.52	

以溶液的 pH 为纵坐标,滴定百分数为横坐标绘制滴定曲线,如图 3.7 中实线所示。由图可见,在滴定开始时因为强酸具有较大的缓冲容量,pH 改变缓慢,曲线比较平坦。随着 NaOH 的加入,体系 pH 升高,曲线逐渐向上倾斜,在化学计量点前后发生突然变化,溶液的 pH 由化学计量点前 0.1% 的 4.30 提高到化学计量点后 0.1% 的 9.70,增大了 5.4 个 pH 单位,即 $[H^+]$ 改变了 2.5×10^5 倍,溶液由酸性变为碱性。这种 pH 的突然改变称为滴定突跃。化学计量点的 pH 为 7.00,正处于滴定突跃范围的中间。化学计量点后若继续加入 NaOH 溶液,体系的 pH 变化逐渐减小,曲线又比较平坦。

如果用 $0.1000 \ mol \cdot L^{-1}$ 的 HCl 滴定同浓度的 NaOH 溶液,情况相似,只是 pH 变化方向相反,如图 3.7 中虚线所示。

增大或减小滴定体系的浓度,化学计量点的 pH 均为 7.00,但滴定突跃的范围随之改变,如图 3.8 所示。酸碱浓度增大 10 倍,滴定突跃范围增加 2 个 pH 单位,若浓度降低至 1/10,滴定突跃范围则减小 2 个 pH 单位。

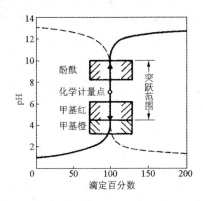

图 3.7　$0.1000 \ mol \cdot L^{-1}$ NaOH 与 $0.1000 \ mol \cdot L^{-1}$ HCl 的滴定曲线

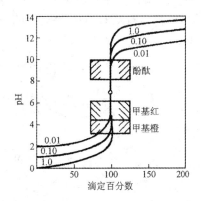

图 3.8　不同浓度($mol \cdot L^{-1}$)的强碱滴定强酸的滴定曲线

（2）指示剂的选择

滴定突跃是选择指示剂的依据,凡变色点的 pH 处于滴定突跃范围内的指示剂都可以控制滴定终点误差在 0.1% 以内。例如用 $0.10 \ mol \cdot L^{-1}$ NaOH 滴定同浓度 HCl 时,甲基橙(变色点 pH 为 4.4)、甲基红(变色点 pH 为 6.2)和酚酞(变色点 pH 为 9.0)均适用。在反方向的滴定中,甲基红(变色点 pH 为 5.0)、酚酞(变色点 pH 为 8.0)都是理想的指示剂,甲基橙的变色点为 pH 4.0,处于滴定突跃范围之外,会使终点误差超过 0.1%。

随着酸碱体系浓度增大,滴定突跃范围增大,指示剂的选择较为容易。如在 $1.00 \ mol \cdot L^{-1}$ HCl 滴定同浓度 NaOH 的体系中,pH 突跃范围为 10.7～3.3,甲基橙也是适用的指示剂了。反之,对于酸碱浓度较小的体系,由于滴定突跃范围减小,指示剂的选择受到限制。以 $0.01 \ mol \cdot L^{-1}$ 的 NaOH 滴定同浓度 HCl 时,pH 突跃为 5.3～8.7,要使误差小于 0.1%,甲基红最适宜,酚酞差一些,而若用甲基橙为指示剂,误差将高达 1%。

2. 一元弱酸(碱)的滴定

为使滴定反应进行完全,实际工作中总是以强酸(碱)为滴定剂滴定弱碱(酸)。

（1）强碱滴定弱酸 HA

滴定反应及其常数是

$$HA + OH^- \Longrightarrow H_2O + A^-$$

$$K_t = \frac{[A^-]}{[HA][OH^-]} = \frac{K_a}{K_w}$$

滴定反应常数 K_t 比强碱滴强酸时小,说明其反应的完全程度较强碱滴强酸时差。弱酸的强度是决定反应完全程度的主要因素,K_a 越大,K_t 就越大。滴定反应常数足够大才能使滴定反应准确进行。

现以 $0.1000 \text{ mol} \cdot \text{L}^{-1}$ NaOH 滴定 20.00 mL 同浓度的 HAc 为例,计算滴定过程中溶液的 pH。

● 滴定开始前 溶液是 $0.1000 \text{ mol} \cdot \text{L}^{-1}$ HAc,用最简式计算 $[H^+]$:

$$[H^+] = \sqrt{K_a c} = \sqrt{10^{-4.76-1.00}} = 10^{-2.88} (\text{mol} \cdot \text{L}^{-1})$$
$$pH = 2.88$$

● 滴定开始至化学计量点前 滴加 NaOH 后与 HAc 作用生成 NaAc,同时溶液中还有剩余的 HAc,这时溶液是 HAc 与 NaAc 的混合体系。当加入 NaOH 19.98 mL 时,未中和的 HAc 为 0.02 mL,则

$$c(HAc) = \frac{0.02 \times 0.1000}{20.00 + 19.98} = 5.0 \times 10^{-5} (\text{mol} \cdot \text{L}^{-1})$$

$$c(Ac^-) = \frac{19.98 \times 0.1000}{20.00 + 19.98} = 5.0 \times 10^{-2} (\text{mol} \cdot \text{L}^{-1})$$

故

$$[H^+] = \frac{c(HAc)}{c(Ac^-)} K_a = \frac{5.0 \times 10^{-5}}{5.0 \times 10^{-2}} \times 10^{-4.76}$$
$$= 10^{-7.76} (\text{mol} \cdot \text{L}^{-1})$$
$$pH = 7.76$$

● 化学计量点时   HAc 全部被中和生成 NaAc,

$$[OH^-] = \sqrt{K_b c} = \sqrt{\frac{10^{-14.00}}{10^{-4.76}} \times 10^{-1.30}} = 10^{-5.27} (\text{mol} \cdot \text{L}^{-1})$$

$$pH = 8.73$$

● 化学计量点后 溶液的组成是 NaOH 和 NaAc。可以忽略 Ac^- 的碱性,溶液的 $[OH^-]$ 由过量的 NaOH 浓度决定。当加入 20.02 mL NaOH 时,过量的 NaOH 为 0.02 mL。则

$$[OH^-] = \frac{0.02 \times 0.1000}{20.00 + 20.02} = 5.0 \times 10^{-5} (\text{mol} \cdot \text{L}^{-1})$$

$$pOH = 4.30$$
$$pH = 14.00 - 4.30 = 9.70$$

按上述方法,可以计算滴定过程中溶液的 pH,部分结果列于表 3.6 中。根据各点的 pH 绘出滴定曲线,如图 3.9。

表 3.6 0.1000 mol·L^{-1} NaOH 滴定 20.00 mL 同浓度的 HAc
或某一元弱酸 HA 时,体系的 pH 变化

V(加入 NaOH) mL	酸被滴定 百分数/%	pH	
		HAc	HA ($K_a=10^{-7.0}$)
0.00	0.0	2.88	4.00
10.00	50.0	4.76	7.00
18.00	90.0	5.71	7.95
19.80	99.0	6.76	9.00
19.96	99.8	7.46	9.56
19.98	99.9	7.76 ⎫ 突	9.70 ⎫ 突
20.00	100.0	8.73 ⎪ 跃	9.85 ⎪ 跃
20.02	100.1	9.70 ⎭ 范围	10.00 ⎭ 范围
20.04	100.2	10.00	10.14
20.20	101.0	10.70	10.70
22.00	110.0	11.70	11.70

HA 为 pK_a=10$^{-7.0}$的弱酸,在化学计算点附近的 pH 应采用近似式计算,见例 3.10 和 3.12。

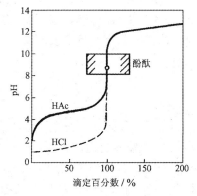

图 3.9 0.1000 mol·L^{-1} NaOH 滴定
0.1000 mol·L^{-1} HAc 的滴定曲线

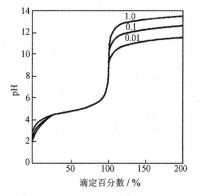

图 3.10 用强碱滴定不同
浓度(mol·L^{-1})的弱酸的滴定曲线

图 3.9 表明,滴定前弱酸溶液的 pH 比强酸溶液高。滴定开始后,反应产生的 Ac$^-$ 与 HAc 形成共轭体系。随着滴定的进行,Ac$^-$ 浓度逐渐增大,HAc 浓度不断降低,溶液的缓冲容量增大,pH 变化缓慢。50%的 HAc 被滴定时,溶液缓冲容量最大,曲线平坦。接近化学计量点时,HAc 浓度已很低,溶液的缓冲作用显著减弱,继续加入 NaOH,溶液的 pH 较快地增大。达到化学计量点时,体系为 Ac$^-$ 弱碱溶液,曲线在弱碱性范围出现突跃。化学计量点后为 NaAc-NaOH 混合溶液,Ac$^-$ 碱性较弱,它的离解可以忽略,曲线与 NaOH 滴定 HCl 的曲线基本重合。

由表 3.6 和图 3.9 看到,强碱滴定弱酸的突跃范围比滴定同样浓度强酸的突跃小得多,而且是在弱碱性区域。用 0.10 mol·L^{-1}的 NaOH 滴定 0.10 mol·L^{-1} HAc 的突跃范围为 pH 7.76~9.70,约 2 个 pH 单位,此时,酚酞作指示剂可获得准确的结果,而在酸性范围内变色的指示剂如甲基橙、甲基红等都不能使用。

酸的强弱是影响突跃大小的重要因素。化学计量点前 0.1%的 pH 决定于 pK_a,酸越强,

pH 越小,突跃越大。用 $0.1000\ mol \cdot L^{-1}$ NaOH 滴定 $pK_a = 7.0$ 的弱酸时,化学计量点前后 0.1% 时 pH 变化是 $9.70 \sim 10.00$,即使能选到合适的指示剂,其 pT 为 9.85,正好与化学计量点的 pH 一致,但由于人眼观察终点有 ± 0.3 pH 出入,终点将是 pH $9.55 \sim 10.15$,这时的误差为 $\pm 0.2\%$。酸再弱,突跃更小,更不易观察指示剂的颜色变化,则滴定的准确度更低。对于 $0.10\ mol \cdot L^{-1}$ 的弱酸,通常将 $K_a \geqslant 10^{-7}$ 作为能准确滴定的条件。

酸的浓度也影响突跃范围的大小(图 3.10),在化学计量点前,由于 $[H^+] = \dfrac{[HA]}{[A^-]} \cdot K_a$,$[H^+]$ 决定于 $[HA]$ 与 $[A^-]$ 之比,而与其总浓度无关,不同浓度弱酸的滴定曲线合为一条曲线;化学计量点时,HA 浓度增大 10 倍,pH 增加 0.5 个单位;化学计量点后 0.1% 时,与强酸的滴定相似,浓度增大 10 倍,pH 增加 1 个单位。因此,强碱滴定弱酸时,浓度对滴定突跃的影响比滴定强酸时小。

考虑到酸的浓度和强度两方面对滴定突跃大小的影响,以及人眼观察指示剂变色点存在 ± 0.3pH 的出入,在浓度不太稀的情况下,满足 $cK_a \geqslant 10^{-8}$ 的弱酸体系(滴定突跃可达 0.6pH 单位)就可以准确滴定,控制终点误差在 $\pm 0.2\%$ 以内。

(2) 强酸滴定弱碱

强酸滴定弱碱的情况与强碱滴定弱酸类似。现以浓度为 $0.1000\ mol \cdot L^{-1}$ 的 HCl 滴定 $20.00\ mL$ $0.1000\ mol \cdot L^{-1}$ NH$_3$ 为例,说明滴定过程中溶液 pH 变化及指示剂的选择。此滴定反应及其 K_t 是

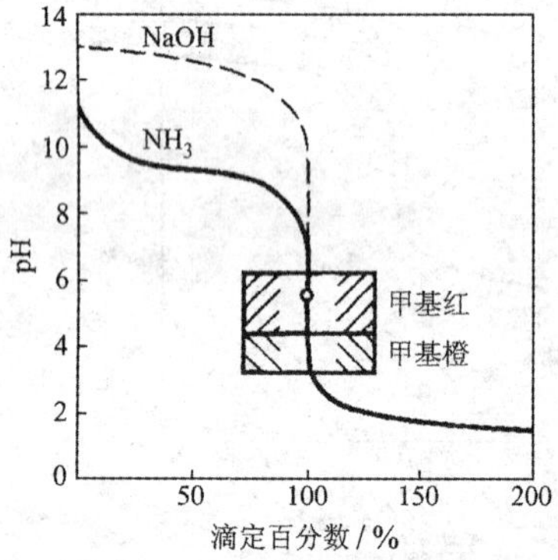

$$NH_3 + H^+ \Longrightarrow NH_4^+$$

$$K_t = \frac{[NH_4^+]}{[NH_3][H^+]} = \frac{1}{K_a} = \frac{K_b}{K_w} = 10^{9.25}$$

从滴定常数 K_t 可以预计滴定反应进行较完全。

从图 3.11 可以看出,强酸滴定弱碱,在化学计量点时溶液呈弱酸性,滴定突跃发生在酸性范围。对于 $0.10\ mol \cdot L^{-1}$ NH$_3$ 溶液的滴定,化学计量点 pH 为 5.28,突跃范围为 $6.25 \sim 4.30$。在酸性范围内变色的甲基红或溴甲酚紫是合适的指示剂;若用甲基橙作指示剂,则终点出现略迟,滴定到橙色时 (pH=4.0),误差有 $+0.2\%$。

图 3.11　$0.1000\ mol \cdot L^{-1}$ HCl 滴定 $0.1000\ mol \cdot L^{-1}$ NH$_3$ 的滴定曲线

与弱酸的滴定一样,弱碱的强度(K_b)和浓度(c)都会影响反应的完全度和滴定突跃的大小。在浓度不太低的情况下,当 $cK_b \geqslant 10^{-8}$ 时方能准确滴定。

3. 一元弱酸(碱)与强酸(碱)混合体系的滴定

对于 HA-A 共轭酸碱体系,用强碱滴定 HA 的逆过程就是用强酸滴定 A。图 3.12 表示 3 种强度不同的 $0.10\ mol \cdot L^{-1}$ HA 和 A 的滴定曲线。图中的 Q, R, S, T 分别相应于溶液组成为 $H^+ + HA$、HA、A、$A + OH^-$。此图是前面讨论的几类酸碱滴定的很好总结。

$$H^+ + HA \underset{H^+}{\overset{OH^-}{\rightleftharpoons}} HA \underset{H^+}{\overset{OH^-}{\rightleftharpoons}} A \underset{H^+}{\overset{OH^-}{\rightleftharpoons}} A + OH^-$$
$$\ \ (Q) \qquad\quad (R) \qquad\ (S) \qquad\quad (T)$$

(1) 滴定弱酸(HA)或弱碱(A)可行性的判断

由图 3.12 可知,对于浓度为 $0.10\ mol \cdot L^{-1}$ 的弱酸(碱),除 $K_a = K_b = 10^{-7}$ 的共轭酸碱对均可被准确滴定外,若弱酸可以被准确滴定($K_a > 10^{-7}$),其共轭碱($K_b < 10^{-7}$)则不能被准确

滴定;反之,如弱酸不能被准确滴定($K_a < 10^{-7}$),其共轭碱($K_b > 10^{-7}$)则可以被准确滴定。

（2）强酸＋弱酸（HCl＋HA）混合体系的滴定

HCl＋HA 混合体系相应于图中 Q 点,用 NaOH 滴定其中的 HCl 相应于从 Q 点到 R 点,其化学计量点的位置和滴定突跃的大小相当于用 HCl 滴定 A 的情况,继续滴定到 S 点,所测定的是 HA。图 3.12 清楚地表明了什么情况下可以滴定 HCl 分量,什么情况下只能滴定混合酸总量。当 HCl 的浓度为 0.1 mol·L^{-1}、HA 的浓度为 0.2 mol·L^{-1} 时:

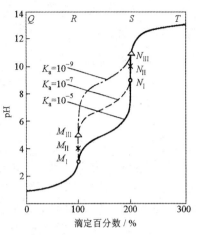

图 3.12　一元弱酸（碱）及其与强酸（碱）混合体系的滴定曲线

（i）若 HA 的 K_a 为 10^{-5},滴定 HCl 的化学计量点（M_I）附近突跃小,不能准确滴定 HCl 分量。第二化学计量点（N_I）附近突跃大,能准确滴定混合酸的总量。

（ii）若 HA 的 K_a 为 10^{-9},第一化学计量点（M_{II}）附近突跃比第二化学计量点（N_{II}）突跃大,这时能准确滴定 HCl 分量,不能准确滴定混合酸总量。

（iii）若 HA 的 K_a 为 10^{-7},第一化学计量点（M_I）和第二化学计量点（N_I）附近都有 0.6pH 的滴定突跃,既能准确滴定 HCl,也能准确滴定 HA,误差不大于 0.2%。

对强碱＋弱碱混合体系的滴定情况与此类似。

（3）$cK < 10^{-8}$ 的弱酸（碱）能否通过返滴定法准确滴定呢?

当用指示剂确定终点时,滴定突跃至少要 0.6pH 单位才可准确滴定,即要求 $cK \geqslant 10^{-8}$（浓度不能太低）。例如 NaAc 为 $K_b = 10^{-9.24}$ 的弱碱,不能用 HCl 直接滴定。那么能否加过量的 HCl 然后用 NaOH 返滴定进行测定呢?图 3.12 对此做出了明确的回答。如果加过量的 HCl 到 NaAc 溶液中,溶液的组成为 HCl＋HAc（$K_a = 10^{-4.76}$）,相应于图中 Q 点。用 NaOH 返滴定过量 HCl,化学计量点时溶液的组成是 HAc（即图中 R 点）。这就是 HCl 滴定 K_b 为 $10^{-9.24}$ 的弱碱 Ac^- 的化学计量点。可见返滴定法并不改变化学计量点的位置与突跃的大小,仅是从相反方向到达化学计量点而已。这就是说,若从反应完全度考虑,凡不能用直接滴定法测定的物质,也不能用返滴定法测定。

4. 多元弱酸（碱）的滴定

多元弱酸（碱）在滴定过程中体系组成比较复杂,计算滴定曲线中各点的 pH 比较困难。这里主要讨论多元弱酸（碱）能否准确滴定及指示剂的选择问题。

（1）多元弱酸（碱）分步滴定及全部滴定的可能性

多元弱酸（碱）在水溶液中分步离解。像一元弱酸（碱）一样,只有多元弱酸（碱）的离解常数足够大时,滴定反应才能进行完全,因此 $cK \geqslant 10^{-8}$ 仍可作为多元弱酸（碱）能准确滴定的条件之一。但是,如果第二步离解的常数也比较大,就会在第一步中和反应未进行完全时,第二步中和反应又开始了。为使第二步中和反应不影响第一步滴定的准确度,相邻的两级离解常数应相差足够大。当 $\Delta pK > 4$ 时,第一步滴定误差约小于 1%;$\Delta pK > 5$ 时,第一步滴定误差约小于 0.5%。由于多元弱酸（碱）的 ΔpK 一般不太大,对多元弱酸（碱）分步滴定的准确度不能要求太高,通常以 $cK_i \geqslant 10^{-8}$,且 $K_i/K_{i+1} \geqslant 10^5$,作为判断多元弱酸（碱）能被准确分步滴定的条件。

例如 H_3PO_4 是三元酸,其 $pK_{a_1}=2.16$,$pK_{a_2}=7.21$,$pK_{a_3}=12.32$。各相邻常数比值都约为 10^5,第一级离解常数($K_{a_1}>10^{-7}$)和第二级离解常数($K_{a_2}\approx10^{-7}$)都比较大,因此,可用 NaOH 准确滴定 H_3PO_4 到 $H_2PO_4^-$ 和 HPO_4^{2-}。K_{a_3} 太小,表明 HPO_4^{2-} 酸性太弱,故无法用 NaOH 继续滴定。PO_4^{3-} 作为三元弱碱,按以上原则判断,能用 HCl 滴定到 HPO_4^{2-} 和 $H_2PO_4^-$,不能滴定到 H_3PO_4。

对于两性物质,如 $H_2PO_4^-$ 和 HPO_4^{2-} 能否准确滴定,则需从其作为弱酸能否用 NaOH 滴定,以及作为弱碱能否用 HCl 滴定两个方面进行讨论。

大多数有机多元弱酸的各级相邻离解常数之比都太小,不能分步滴定,如草酸、酒石酸、柠檬酸等。但它们的最后一级离解常数都大于 10^{-7},都能用 NaOH 一步滴定全部可中和的质子,化学计量点时为其相应的多元弱碱。

多元弱酸(碱)+强酸(碱)混合体系的滴定情况与一元弱酸(碱)+强酸(碱)混合体系的滴定情况类似。

(2) 指示剂的选择

对于能够分步滴定的多元弱酸(碱),应根据化学计量点的 pH 选择适宜的指示剂。以 NaOH 滴定 H_3PO_4 为例:

第一化学计量点:用 NaOH 滴定至第一化学计量点的产物是 NaH_2PO_4,溶液中

$$pH \approx \frac{1}{2}(pK_{a_1}+pK_{a_2})=4.69$$

选 MO 为指示剂,采用同浓度的 NaH_2PO_4 溶液为参比,误差不大于 0.5%。

第二化学计量点:产物是 Na_2HPO_4,溶液的 $pH \approx \frac{1}{2}(pK_{a_2}+pK_{a_3})=9.77$,若选酚酞为指示剂则终点出现过早;选用百里酚酞($pH\approx10$)作指示剂,终点由无色变为浅蓝色,误差为 $+0.5\%$。

5. 混合弱酸(碱)的滴定

混合弱酸(碱)的滴定与多元弱酸(碱)的滴定相似。对两种弱酸混合体系 HA+HB(其中 $K_a(HA)>K_a(HB)$),若 $c(HA) \cdot K_a(HA) \geqslant 10^{-8}$,且 $c(HA) \cdot K_a(HA)/(c(HB) \cdot K_a(HB)) \geqslant 10^5$,就有可能分步滴定 HA,误差约为 0.5%,化学计量点时溶液组成为 A^-+HB。

3.7.3 终点误差计算

因滴定终点与化学计量点不一致引起的误差称为终点误差(E_t)。终点误差的定义为

$$E_t = \frac{n(\text{终点时过量或不足的滴定剂})}{n(\text{化学计量点时应加的滴定剂})}$$

1. 强酸(碱)滴定

以 NaOH 滴定 HCl 为例。滴定过程中体系的质子条件式可写成

$$c(NaOH) + [H^+] = c(HCl) + [OH^-]$$

即
$$c(NaOH) - c(HCl) = [OH^-] - [H^+]$$

化学计量点时加入的 NaOH 的量正好等于溶液中 HCl 的量,溶液中 $[OH^-]=[H^+]$,$pH=7.00$。

当终点与化学计量点不一致时,终点误差为

$$E_t = \frac{n(\text{终点时过量或不足的 NaOH})}{n(\text{化学计量点时应加入的 NaOH})}$$

$$= \frac{(c_{ep}(\text{NaOH}) - c_{ep}(\text{HCl})) \cdot V_{ep}}{c_{sp}(\text{HCl}) \cdot V_{sp}}$$

因为 $V_{ep} \approx V_{sp}$，所以

$$E_t = \frac{[\text{OH}^-]_{ep} - [\text{H}^+]_{ep}}{c_{sp}(\text{HCl})} \tag{3.31}$$

若终点 pH＞7.00，则 $[\text{OH}^-] > [\text{H}^+]$，误差为正值；若终点 pH＜7.00，则 $[\text{H}^+] > [\text{OH}^-]$，误差为负值。

若是用 HCl 滴定 NaOH，终点误差是

$$E_t = \frac{[\text{H}^+]_{ep} - [\text{OH}^-]_{ep}}{c_{sp}(\text{NaOH})} \tag{3.32}$$

例 3.22　计算 $0.10\ \text{mol} \cdot \text{L}^{-1}$ NaOH 滴定 $0.10\ \text{mol} \cdot \text{L}^{-1}$ HCl 至甲基橙变黄（pH＝4.4）和酚酞变红（pH＝9.0）的终点误差。

解　（1）$\text{pH}_{ep} = 4.4$：

$$E_t = \frac{[\text{OH}^-]_{ep} - [\text{H}^+]_{ep}}{c_{sp}(\text{HCl})} = \frac{10^{-9.6} - 10^{-4.4}}{0.05} \times 100\% = -0.08\%$$

（2）$\text{pH}_{ep} = 9.0$：

$$E_t = \frac{10^{-5.0} - 10^{-9.0}}{0.05} \times 100\% = +0.02\%$$

2. 一元弱酸（碱）滴定

用 NaOH 滴定一元弱酸 HA，滴定过程中的质子条件式可写成

$$c(\text{NaOH}) + [\text{H}^+] = [\text{A}^-] + [\text{OH}^-]$$

物料平衡式为

$$c(\text{HA}) = [\text{HA}] + [\text{A}^-]$$

两式相减，得

$$c(\text{NaOH}) - c(\text{HA}) = [\text{OH}^-] - [\text{H}^+] - [\text{HA}]$$

在化学计量点附近，

$$E_t = \frac{c_{ep}(\text{NaOH}) - c_{ep}(\text{HA})}{c_{sp}(\text{HA})} = \frac{[\text{OH}^-]_{ep} - [\text{H}^+]_{ep}}{c_{sp}(\text{HA})} - x_{ep}(\text{HA}) \tag{3.33a}$$

实际上滴定弱酸的终点多为碱性，上式中 $[\text{H}^+]_{ep}$ 可略去，即

$$E_t = \frac{[\text{OH}^-]_{ep}}{c_{sp}(\text{HA})} - x_{ep}(\text{HA}) \tag{3.33b}$$

例 3.23　计算 $0.10\ \text{mol} \cdot \text{L}^{-1}$ NaOH 滴定 $0.10\ \text{mol} \cdot \text{L}^{-1}$ HAc 至 pH 9.0 和 7.0 的终点误差。

解　由式（3.33b）计算。

（1）$\text{pH}_{ep} = 9.0$：

$$E_t = \frac{[\text{OH}^-]_{ep}}{c_{sp}(\text{HA})} - \frac{[\text{H}^+]_{ep}}{[\text{H}^+]_{ep} + K_a}$$

$$= \left(\frac{10^{-5.0}}{10^{-1.3}} - \frac{10^{-9.0}}{10^{-9.0} + 10^{-4.76}} \right) \times 100\% = +0.02\%$$

(2) $pH_{ep} = 7.0$：

$$E_t = \frac{10^{-7.0}}{10^{-7.0} + 10^{-4.76}} \times 100\% = -0.6\%$$

3. 多元酸(碱)滴定

以滴定二元酸 H_2A 为例，滴定至第一化学计量点(HA^-)时：

质子条件式为

$$c(NaOH) + [H^+] = [HA^-] + 2[A^{2-}] + [OH^-]$$

物料平衡式为

$$c(H_2A) = [H_2A] + [HA^-] + [A^{2-}]$$

两式相减，得

$$c(NaOH) - c(H_2A) = [A^{2-}] - [H_2A] + [OH^-] - [H^+]$$

在第一化学计量点附近，

$$E_t = \frac{c_{ep}(NaOH) - c_{ep}(H_2A)}{c_{sp_1}(H_2A)} = \frac{[A^{2-}]_{ep} - [H_2A]_{ep} + [OH^-]_{ep} - [H^+]_{ep}}{c_{sp_1}(H_2A)}$$

$$= \frac{[OH^-]_{ep} - [H^+]_{ep}}{c_{sp_1}(H_2A)} + x_{ep}(A^{2-}) - x_{ep}(H_2A) \tag{3.34}$$

3.7.4 终点误差公式

将终点误差计算式(3.33b)稍加处理即可得到滴定一元弱酸的终点误差公式，不仅可以简便地进行终点误差计算，还可更清楚地表明决定误差大小的因素，给出准确滴定的判据。

1. 滴定一元弱酸碱的终点误差公式

于终点误差计算近似式(3.33b)中引入平衡关系，则变为$[H^+]$的函数式：

$$E_t = \frac{[OH^-]_{ep} - [HA]_{ep}}{c_{sp}} = \left(\frac{K_w}{[H^+]_{ep}} - \frac{[H^+]_{ep} \cdot [A^-]_{ep}}{K_a} \right) \Big/ c_{sp}$$

令 $\Delta pH = pH_{ep} - pH_{sp}$，则$[H^+]_{ep} = [H^+]_{sp} \cdot 10^{-\Delta pH}$。又按式(3.15c)，有

$$[H^+]_{sp} = \sqrt{\frac{K_a \cdot K_w}{c_{sp}}}$$

而

$$[A^-]_{ep} \approx c_{sp}$$

将这些关系式代入上式并整理，得

$$E_t = \sqrt{\frac{c_{sp} \cdot K_w}{K_a}} (10^{\Delta pH} - 10^{-\Delta pH}) / c_{sp}$$

因为 $K_t = \dfrac{K_a}{K_w}$，则可整理成

$$E_t = \frac{10^{\Delta pH} - 10^{-\Delta pH}}{(c_{sp} \cdot K_t)^{1/2}} \tag{3.35}$$

此即强碱滴定一元弱酸的终点误差公式。

若用 HCl 滴定一元弱碱，则

$$E_t = \frac{10^{-\Delta pH} - 10^{\Delta pH}}{(c_{sp} \cdot K_t)^{1/2}} \tag{3.36}$$

例 3.24　公式法计算 $0.10 \text{ mol} \cdot \text{L}^{-1}$ NaOH 滴定 $0.10 \text{ mol} \cdot \text{L}^{-1}$ HAc 至 pH 9.0 和 7.0 的终点误差。

解　化学计量点时为 $0.050 \text{ mol} \cdot \text{L}^{-1}$ 的 Ac^- 溶液。

$$[\text{H}^+]_{sp} = \sqrt{\frac{K_a \cdot K_w}{c_{sp}}} = \sqrt{\frac{10^{-4.76} \times 10^{-14.00}}{0.050}} = 10^{-8.73}, \qquad \text{pH} = 8.73$$

pH=9.0 时，

$$\Delta\text{pH} = 9.0 - 8.7 = 0.3$$

$$E_t = \frac{10^{0.3} - 10^{-0.3}}{\sqrt{0.05 \times \dfrac{K_a}{K_w}}} = \frac{10^{0.3} - 10^{-0.3}}{\sqrt{0.05 \times \dfrac{10^{-4.76}}{10^{-14.00}}}} = 0.02\%$$

pH=7.0 时，

$$\Delta\text{pH} = 7.0 - 8.7 = -1.7$$

$$E_t = \frac{10^{-1.7} - 10^{1.7}}{\sqrt{0.05 \times \dfrac{10^{-4.76}}{10^{-14.00}}}} = -0.5\%$$

从误差公式可以清楚地看到影响误差大小的因素：

(i) ΔpH 大小反映选择指示剂是否恰当。ΔpH 小，终点离化学计量点近，E_t 就小。

(ii) cK_t 反映体系的反应完全度，取决于弱酸的浓度(c_{sp})和强度(K_a)。反应完全度高的体系，滴定曲线的突跃范围就大。例如 $K_a = 10^{-2.0}$ 的弱酸，浓度为 $0.10 \text{ mol} \cdot \text{L}^{-1}$ 时，滴定突跃为 pH 5.0～9.7。该滴定体系的 ΔpH 可达 ± 2.4 个单位，只要能控制滴定终点的 pH(指示剂变色点)在此范围内就能使滴定误差不大于 0.1%。反之，如果反应完全度很差，即使指示剂变色点与化学计量点一致，但由于确定终点时有 $\pm 0.3\text{pH}$ 出入，所引起的误差也会很大。若要使滴定误差不大于 0.2%，cK_t 不能小于 $10^{5.7}$。对于 $0.1 \text{ mol} \cdot \text{L}^{-1}$ 弱酸的滴定，化学计量点时浓度为 $0.05 \text{ mol} \cdot \text{L}^{-1}$，$K_t$ 则需大于 10^7，即弱酸的 $K_a \geqslant 10^{-7}$ 才有可能获得准确的滴定结果。

如果在不同 ΔpH 下以 E_t 对 $\lg(c_{sp}K_t)$ 作图可得误差图，从误差图上可以直接查得误差而不需计算。

2. 多元弱酸分步滴定的误差公式

滴定 H_2A 至第一化学计量点附近时，式(3.34)中的 $[\text{OH}^-]_{ep}$，$[\text{H}^+]_{ep}$ 均很小，可以忽略不计。

$$E_t \approx \frac{[\text{A}^{2-}]_{ep} - [\text{H}_2\text{A}]_{ep}}{c_{sp_1}(\text{H}_2\text{A})} = \frac{\dfrac{K_{a_2}[\text{HA}^-]_{ep}}{[\text{H}^+]_{ep}} - \dfrac{[\text{H}^+]_{ep}[\text{HA}^-]_{ep}}{K_{a_1}}}{c_{sp_1}(\text{H}_2\text{A})}$$

又

$$[\text{H}^+]_{ep} = [\text{H}^+]_{sp_1} \times 10^{-\Delta\text{pH}} = \sqrt{K_{a_1} \cdot K_{a_2}} \times 10^{-\Delta\text{pH}}$$

$$[\text{HA}^-]_{ep} \approx c_{sp_1}(\text{H}_2\text{A})$$

整理后即得

$$E_t = \frac{10^{\Delta\text{pH}} - 10^{-\Delta\text{pH}}}{(K_{a_1}/K_{a_2})^{\frac{1}{2}}} \tag{3.37}$$

可见,在多元弱酸分步滴定中 K_{a_1}/K_{a_2} 越大,E_t 越小。若 $\Delta\mathrm{pH}$ 为 ±0.3 个单位,允许 E_t 为 $\pm0.5\%$,则 $\Delta(\lg K_a)\geqslant 5$ 的多元酸就可以分步滴定。如果使用误差图,则横坐标为 $\Delta(\lg K_a)$。

3.8 酸碱滴定法的应用

3.8.1 酸碱标准溶液的配制与标定

酸碱滴定法中最常用的标准溶液是 HCl 与 NaOH 溶液,有时也用 H_2SO_4 或 HNO_3 溶液。溶液浓度常配制成 $0.10\ \mathrm{mol\cdot L^{-1}}$。如太浓,消耗试剂及所需样品太多,造成浪费;太稀,则滴定突跃小,难以得到准确的结果。

1. 酸标准溶液

HCl 标准溶液一般不是直接配制的,而是先配成大致所需浓度,然后用基准物质标定。标定 HCl 溶液的基准物质,最常用的是无水碳酸钠或硼砂。

(1) 无水碳酸钠

Na_2CO_3 容易制得很纯,价格便宜。但它有强烈的吸湿性,用前必须在 $270\sim300\ ℃$ 加热约 1 h,然后放于保干器中冷却备用。也可采用分析纯 $NaHCO_3$ 在 $270\sim300\ ℃$ 加热焙烧 1 h,使之转化为 Na_2CO_3。标定时可选甲基橙或甲基红作指示剂。

用 HCl 滴定 Na_2CO_3,第一化学计量点时滴定产物是 HCO_3^-,由于 $K_{b_1}/K_{b_2}=K_{a_1}/K_{a_2}=10^4<10^5$,滴定到 HCO_3^- 这一步的准确度不高,化学计量点的 pH 为 8.32(见例 3.7)。若采用甲酚红和百里酚蓝混合指示剂指示终点,并用相同浓度的 $NaHCO_3$ 作参比,结果误差约 0.5%。

第二化学计量点时滴定产物是 $H_2CO_3(CO_2+H_2O)$,其饱和溶液浓度约为 $0.04\ \mathrm{mol\cdot L^{-1}}$,溶液中

$$[H^+]\approx\sqrt{K_{a_1}\cdot c}=\sqrt{4.2\times10^{-7}\times0.04}=1.3\times10^{-4}(\mathrm{mol\cdot L^{-1}})$$

$$\mathrm{pH}=3.9$$

可采用甲基橙或甲基橙-靛蓝磺酸钠混合指示剂确定终点,在室温下滴定,但终点变化不敏锐。应采用为 CO_2 所饱和并含有相同浓度 NaCl 和指示剂的溶液为参比。通常用甲基红-溴甲酚绿混合指示剂。当滴定到溶液变红(pH$\leqslant$5.0),暂时中断滴定。加热除去 CO_2(pH$\approx$8),这时颜色又回到绿色,继续滴定到红色。溶液的 pH 变化如图 3.13 虚线所示。重复此操作直到加热后颜色不变为止,一般需要加热 $2\sim3$ 次。此滴定终点敏锐,准确度高。

(2) 硼砂($Na_2B_4O_7\cdot10H_2O$)

硼砂水溶液实际上是同浓度的 H_3BO_3 和 $H_2BO_3^-$ 的混合液:

$$B_4O_7^{2-}+5H_2O=\!=\!=2H_3BO_3+2H_2BO_3^-$$

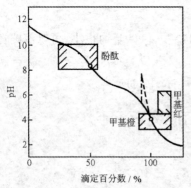

图 3.13　$0.10\ \mathrm{mol\cdot L^{-1}}$HCl 滴定 $0.050\ \mathrm{mol\cdot L^{-1}}$ Na_2CO_3 的滴定曲线

硼砂与 HCl 反应的物质的量之比是 1:2,由于其摩尔质量较大,在直接称取单份基准物标定时,称量误差较小。常保存在相对湿度为 60% 的恒湿器中以防止在空气中风化失去部分结晶水。用 $0.050\ \mathrm{mol\cdot L^{-1}}$ 硼砂标定 $0.10\ \mathrm{mol\cdot L^{-1}}$ HCl 的化学计

量点相当于 $0.10 \text{ mol} \cdot \text{L}^{-1} H_3BO_3$ 溶液,此时

$$[H^+]= \sqrt{K_a c} = \sqrt{10^{-9.24-1.00}} = 10^{-5.12}(\text{mol} \cdot \text{L}^{-1})$$

$$pH = 5.12$$

因此,选甲基红为指示剂是合适的。

2. 碱标准溶液

NaOH 具有很强的吸湿性,也易吸收空气中的 CO_2,因此不能用固体 NaOH 直接配制标准溶液,而是先配成大致浓度的溶液,然后进行标定。常用来标定 NaOH 溶液的基准物质有邻苯二甲酸氢钾、草酸等。

(1) 邻苯二甲酸氢钾($KHC_8H_4O_4$)

它是两性物质(其 pK_{a_2} 为 5.41),能与 NaOH 定量反应,滴定时选酚酞为指示剂。

邻苯二甲酸氢钾在空气中不易吸水,容易保存;摩尔质量大,可以采用"称小样"的方法进行标定。

(2) 草酸($H_2C_2O_4 \cdot 2H_2O$)

它是二元弱酸($pK_{a_1}=1.25$,$pK_{a_2}=4.29$),只能作为二元酸一次滴定至 $C_2O_4^{2-}$,亦选酚酞为指示剂。由于它与 NaOH 按 1:2(物质的量之比)反应,其摩尔质量又不太大,一般用"称大样"的方法标定 NaOH 标准溶液。

3. 酸碱滴定中 CO_2 的影响

CO_2 是酸碱滴定误差的重要来源,CO_2 对酸碱滴定的影响有以下几种情况。

(1) NaOH 试剂吸收 CO_2 或配制 NaOH 用水中含有 CO_2

$$CO_2 + 2NaOH = Na_2CO_3 + H_2O$$

以有机弱酸为基准物,PP 为指示剂标定 NaOH 浓度时,CO_3^{2-} 被中和至 HCO_3^-。当以此 NaOH 溶液作滴定剂时,若滴定突跃处于酸性范围,以 MO 或 MR 为指示剂,CO_3^{2-} 被中和为 H_2CO_3,NaOH 的实际浓度比标定的浓度大,就会导致测量误差。因此,配制 NaOH 溶液时必须除去 CO_3^{2-}。

(2) 标定好的 NaOH 溶液在放置过程中吸收 CO_2

1 mol CO_2 消耗 2 mol NaOH,生成 1 mol Na_2CO_3。用此 NaOH 溶液作滴定剂时,若以 PP 为指示剂,Na_2CO_3 被中和至 HCO_3^-,1 mol Na_2CO_3 只相当 1 mol NaOH 起作用,NaOH 溶液的实际浓度比标定的浓度小了,也会导致测量误差。而若采用 MO 为指示剂,则所吸收的 CO_2 最终又以 CO_2 形式放出,对测定结果无影响。

(3) 反应速度的影响

蒸馏水中含有的 CO_2 存在如下平衡:

$$CO_2 + H_2O = H_2CO_3 \qquad K = \frac{[H_2CO_3]}{[CO_2]} = 2.2 \times 10^{-3}$$

能与碱反应的是 H_2CO_3 形态,它在水溶液中仅占 0.2%。若采用 PP 为指示剂,当滴定至粉红色时,稍放置,CO_2 又转变为 H_2CO_3,致使粉红色褪去,直至溶液中的 CO_2 转化完毕为止。这种转化的速度不太快,因此,以 PP 为指示剂,用 NaOH 滴定弱酸时,需以粉红色 30 s 不褪为终点。

配制不含 CO_3^{2-} 的 NaOH 溶液的常用方法是:先配成饱和的 NaOH 溶液(约 19 $\text{mol} \cdot \text{L}^{-1}$),因为 Na_2CO_3 在饱和的 NaOH 溶液中溶解度很小,可沉降到溶液底部,然后取

上清液,用煮沸除去 CO_2 的蒸馏水稀释至所需浓度。配制成的 NaOH 标准溶液应当保存在装有虹吸管及碱石灰管(含 $Ca(OH)_2$)的瓶中,防止吸收空气中的 CO_2。放置过久,NaOH 溶液的浓度会发生改变,应重新标定。

3.8.2 酸碱滴定法应用示例

水溶液中的强酸(碱)和满足准确滴定条件的弱酸(碱)浓度不是太稀时都可以被准确滴定,两性物质若酸性或碱性足够强时也可以被准确滴定,关键是正确选择滴定剂和合适的指示剂。有些极弱酸(碱)可以采用强化技术处理后进行滴定,酸(碱)的浓度较稀时若应用一些特殊方法也可以获得准确结果。

1. 混合碱的测定

混合碱是指 NaOH 与 Na_2CO_3 的混合溶液或 Na_2CO_3 与 $NaHCO_3$ 的混合溶液。用 HCl 为标准溶液滴定混合碱,以酚酞为指示剂时,NaOH 被完全中和,Na_2CO_3 被中和至第一化学计量点,产物为 $NaHCO_3$;若以甲基橙为指示剂,Na_2CO_3 则被中和至第二化学计量点,产物为 H_2CO_3。根据用不同指示剂时滴定所消耗的 HCl 的体积即可以判断溶液的组成并计算各组分的浓度,这种方法称为双指示剂法。

H_3PO_4 与 HCl 或 Na_3PO_4 与 NaOH 的混合溶液以及不同形态磷酸盐的混合物也可以采用类似的方法测定。

2. 铵盐和有机物中氮的测定

肥料、土壤及有机化合物常常需要测定氮的含量,所以氮的测定在农业分析和有机分析中占重要的地位。常用的方法有以下两种:

(1) 克氏(Kjeldahl)定氮法(蒸馏法)

有机氮化物需要在 $CuSO_4$ 催化下,用浓 H_2SO_4 消化分解,使其转化为 NH_4^+。将含铵试液置于蒸馏瓶中,加浓碱使 NH_4^+ 转化为 NH_3,然后加热蒸馏。用过量的 HCl 标准溶液吸收 NH_3,再以 NaOH 标准溶液返滴过量的 HCl,化学计量点时为 NH_4Cl 溶液,$pH \approx 5$,采用甲基橙或甲基红为指示剂。

也可以用过量的 H_3BO_3 溶液来吸收 NH_3,产物为 $NH_4H_2BO_3$,再用 HCl 标准溶液滴定生成的 $H_2BO_3^-$。此终点产物是 NH_4^+ 和 H_3BO_3,$pH \approx 5$,选甲基红为指示剂。此法的优点是只需一种标准溶液(HCl)。H_3BO_3 作吸收剂,只要保证过量,其浓度和体积并不需要准确知道,此法也不需特殊仪器。

(2) 甲醛法

甲醛与 NH_4^+ 作用定量地置换出酸:

$$4NH_4^+ + 6HCHO = (CH_2)_6N_4H^+ + 3H^+ + 6H_2O$$

然后用 NaOH 标准溶液滴定。因 $(CH_2)_6N_4H^+$ 的酸性不太弱(pK_a 为 5.13),它也同时被 NaOH 滴定。1 mol NH_4^+ 与 1 mol NaOH 相当。终点产物是 $(CH_2)_6N_4$,应选酚酞为指示剂。此法可用于测定某些无机铵盐。

氨基酸不能被直接滴定,但可与甲醛发生加成反应:

$$NH_3^+CH_2COO^- + 2HCHO \longrightarrow (CH_2OH)_2NCH_2COO^- + H^+$$

再用 NaOH 滴定。

3. H_3BO_3 的测定

硼酸可与甲醇生成易挥发的硼酸甲酯,定量挥发并收集后煮沸甲醇,中和,再加入甘露醇或甘油等多元醇,则形成络合酸:

此络合酸的 pK_a 为 4.26,可用 NaOH 标准溶液直接滴定。

4. 磷的测定

将含磷试样处理后,使磷转化为 H_3PO_4,大量磷即可直接用酸碱滴定法测定。当样品中含磷量较低时,可在 HNO_3 介质中加入钼酸铵,使之生成黄色磷钼酸铵沉淀。其反应为

$$H_3PO_4 + 12MoO_4^{2-} + 2NH_4^+ + 22H^+ =\!=\!=\!= (NH_4)_2HPO_4 \cdot 12MoO_3 \cdot H_2O + 11H_2O$$

沉淀过滤后,用水洗涤至沉淀不显酸性为止。将沉淀溶于过量碱溶液中,然后以酚酞为指示剂,用 HNO_3 标准溶液返滴至红色褪去。其溶解与滴定的总的反应式是

$$(NH_4)_2HPO_4 \cdot 12MoO_3 \cdot H_2O + 24OH^- =\!=\!=\!= 12MoO_4^{2-} + HPO_4^{2-} + 2NH_4^+ + 13H_2O$$

此方法中,1 mol P 消耗 24 mol 的 NaOH,因此适用于微量磷的测定。

核酸(DNA、RNA)是酸性大分子物质,具有重要的生物功能。核酸的定量测定常采用定磷法。即是将测试标本(试样)用浓硫酸或高氯酸消化。使核酸磷转化成为无机磷酸,通过测定无机磷酸测定核酸。通常 RNA 的平均含磷量为 9.4%,而 DNA 为 9.9%,从磷含量就可推算出核酸含量。

除 N、P 外,基于中和滴定的元素分析还有:$S \rightarrow SO_2 \rightarrow H_2SO_4$,用 NaOH 滴定;$C \rightarrow CO_2$,用 $Ba(OH)_2$ 吸收,再用 HCl 滴定过量的 $Ba(OH)_2$;$Cl(Br) \rightarrow HCl(HBr)$,用 NaOH 滴定;$F \rightarrow SiF_4 \rightarrow H_2SiF_6$,用 NaOH 滴定等。

利用离子交换剂与溶液中离子的交换作用,一些极弱酸(如 NH_4Cl)、极弱碱(NaF)及中性盐(KNO_3)置换出 H^+ 或 OH^- 后,也可以用酸碱滴定法测定。

5. 双相滴定法

通常用水-乙醚、水-氯仿等两相溶媒为反应液的溶剂,以标准酸(或标准碱)溶液滴定弱碱(或弱酸),生成的弱酸(或弱碱)在水中的溶解度小,而在有机溶剂中溶解度大,可以不断地被萃取到有机相中使生成物的浓度降低,滴定反应即可趋于完全。

*3.9　非水溶剂中的酸碱滴定简介

一些在水中离解常数很小的弱酸或弱碱,由于没有明显的滴定突跃而不能被准确滴定,许多有机酸(碱)在水中的溶解度小,也使滴定产生困难。如果采用非水溶剂则有可能改变物质的酸(碱)性质或增大溶解度,使滴定分析获得准确结果。

3.9.1 非水溶剂的性质与作用

1. 质子自递反应与质子自递常数

许多非水溶剂(nonaqueous solvent)与水一样既有酸性又有碱性,具有质子自递作用,如甲醇、乙醇、甲酸、乙酸、液氨、乙二胺等。

$$SH + SH \Longrightarrow SH_2^+ + S^- \qquad K_s = a(SH_2^+) \cdot a(S^-) \qquad (3.38)$$

由于各种溶剂的酸碱性不同,质子自递常数(K_s)也不同,表 3.7 中列出一些常见溶剂的质子自递常数值。

表 3.7 溶剂的 pK_s(25℃)

H$_2$O	C$_2$H$_5$OH	CH$_3$OH	HAc	HCOOH	乙二胺	CH$_3$CN(乙腈)	甲基异丁基酮
14.0	19.1	16.7	14.45	6.2	15.3	32.2	>30

溶剂的 K_s 是非水溶剂的重要特性,由 K_s 可以了解酸碱滴定反应的完全度和混合酸有无连续滴定的可能性。

在两性溶剂 SH 中,强酸就是溶剂化质子 SH_2^+,强碱就是溶剂阴离子 S^-(正像水中的强酸是 H_3O^+,强碱是 OH^- 一样)。因此,两性溶剂中强酸滴定强碱的反应及其常数是

$$SH_2^+ + S^- \Longrightarrow 2SH \qquad K_t = \frac{1}{a(SH_2^+) \cdot a(S^-)} = \frac{1}{K_s}$$

可见溶剂的 K_s 越小,则 K_t 越大,滴定反应的完全度就高。若用 0.1 mol·L^{-1}强碱滴定 0.1 mol·L^{-1}的强酸,以水(pK_s=14.0)为溶剂,化学计量点前后 0.1%溶液的酸度为 pH 4.3～pOH 4.3,即 pH 4.3～9.7,相差 5.4 个 pH 单位。而以乙醇(pK_s=19.1)为溶剂时,则相应的酸度为 pC$_2$H$_5$OH$_2^+$4.3～pC$_2$H$_5$O$^-$4.3,即 pH 4.3～14.8,相差 10.5 个 pH 单位。显然以乙醇为溶剂时滴定突跃更大,表明反应进行得更完全。

2. 溶剂的酸碱性

如前所述,酸碱在溶液中的离解是通过溶剂接受或给予质子得以实现的。显然,物质的酸碱性强弱不仅决定于物质的本性,也与溶剂的酸碱性有关。例如吡啶在水中碱性很弱,但在酸性较强的冰醋酸中成为较强的碱,因为冰醋酸比水更易给出质子。然而,吡啶在水中不能被滴定,在冰醋酸中能被准确滴定的原因不是因为醋酸的酸性强,而是由于醋酸的碱性弱。这不难理解:此滴定反应的实质是质子由强酸(H_2Ac^+)转移到弱碱(吡啶),若溶剂的碱性强,它将与吡啶争夺质子,结果导致滴定反应完全度差。必须注意,溶剂的酸性强并不意味着碱性弱。

3. 溶剂的拉平效应与区分效应

在水中,HClO$_4$、H$_2$SO$_4$、HCl、HNO$_3$ 的稀溶液都是强酸,无法区分其强弱。这是因为水的碱性相对较强,上述强酸将质子全部转移给 H$_2$O 生成 H$_3$O$^+$,如

$$HClO_4 + H_2O \Longrightarrow H_3O^+ + ClO_4^-$$

$$H_2SO_4 + H_2O \Longrightarrow H_3O^+ + HSO_4^-$$

在水中最强的酸是 H$_3$O$^+$,更强的酸都被拉平到 H$_3$O$^+$ 的水平,这种现象称为拉平效应(leveling effect)。只有比 H$_3$O$^+$ 弱的酸,如 HAc、NH$_4^+$ 等,与 H$_2$O 存在着不同程度的质子转移作用,K_a 不同,才有强弱之分,这就是区分效应(differentiating effect)。在碱性比水弱的冰醋

酸中,只有 $HClO_4$ 比 H_2Ac^+ 强,而 H_2SO_4、HCl 和 HNO_3 的离解程度就有差别,可以分辨出强弱。

　　同样,在水溶液中,比 OH^- 更强的碱(如 O_2^-、NH_2^-、$C_2H_5O^-$)都被拉平到 OH^- 的水平。只有比 OH^- 弱的碱(如 NH_3、Ac^- 等)才能分辨出强弱。而在酸性比 H_2O 强的冰醋酸介质中,上述弱碱都被拉平到 Ac^- 的水平成为强碱(图 3.14)。

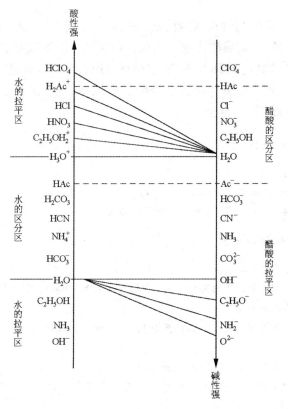

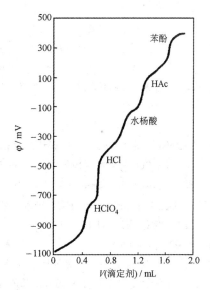

图 3.14　溶剂的拉平区和区分区示意图　　　　图 3.15　在甲基异丁酮中用 $0.20\ mol \cdot L^{-1}$ 氢氧化四丁胺连续滴定 5 种酸的混合溶液

　　利用溶剂的拉平效应,可以测定混合酸(或碱)的总量,利用其区分效应则可分别测定混合酸(碱)中各组分的含量。显然,溶剂的酸、碱性越弱(pK_s 越大),其区分区越大,越有利于混合酸(或碱)的分别测定。例如,甲基异丁酮(MIBK)的酸性碱性均极弱,$pK_s>30$,以 MIBK 为溶剂,用氢氧化四丁胺为滴定剂,可以连续滴定 $HClO_4$、HCl、水杨酸、HAc、苯酚 5 种酸,用电位法得到了明显的转折点,见图 3.15。

3.9.2　非水滴定的应用

1. 弱碱的滴定

　　滴定胺类、生物碱、氨基酸等弱碱应当选择碱性弱的溶剂,最常用的是冰醋酸。应当选强酸为滴定剂,$HClO_4$ 是常用的滴定剂。市售纯 $HClO_4$ 中含约 28% 的水,配制 $HClO_4$ 的冰醋酸溶液中应加适量醋酸酐以除去其中的水分。标定 $HClO_4$ 常用邻苯二甲酸氢钾为基准物(在水溶液中它作为酸标定碱,而在 HAc 中,它是作为碱标定酸)。指示终点可采用电位法或指示剂法。

结晶紫、甲基紫是常用的指示剂。

2. 弱酸的滴定

滴定羧酸、氨基酸(羧基)以及酚类等弱酸要用酸性弱的溶剂,如乙二胺、正丁胺、吡啶等。常用的滴定剂是强碱甲醇钠、乙醇钠或氢氧化四丁胺的苯-甲醇溶液。标定碱的基准物常用苯甲酸。指示剂多用百里酚蓝、偶氮紫等。

3. 混合酸(碱)中各组分的分别测定

为了分别滴定强度不同的酸(碱),必须用酸、碱性均弱的溶剂。例如,甲基异丁酮(MIBK)的酸性碱性均极弱($pK_s > 30$),对强酸不会拉平,对弱酸也能得到明显的突跃。以甲基异丁酮为溶剂,用氢氧化四丁胺为滴定剂,可以连续滴定 $HClO_4$、HCl、水杨酸、HAc、苯酚 5 种酸,用电位法得到了明显的转折点。三丁胺和乙基苯胺混合物在冰醋酸中只能测总量,而在乙腈($pK_s = 32.2$)中则可以得到 2 个突跃,从而测定两者分量。

参 考 文 献

[1] 彭崇慧编著. 酸碱平衡的处理(修订版). 北京:北京大学出版社,1982
[2] 吴宏,王镇浦等. 缓冲溶液 pH 计算公式的推导. 大学化学,2002,17(2):45~47
[3] 邹明珠,许宏鼎,于桂荣,苏星光. 化学分析(第二版). 长春:吉林大学出版社,2001,8

思考题与习题

3.1 写出 NH_4^+ 的 K_a,K_a^M,K_a^c 的表达式及相互之间的关系式。

3.2 欲用 Na_2CO_3 为基准物质标定 $0.10\ mol \cdot L^{-1}$ 的 HCl(产物为 H_2CO_3),应称多少克 Na_2CO_3?为减小称量误差应如何操作?若用 $Na_2B_4O_7 \cdot 10H_2O$ 为基准物又如何?

3.3 人血液的 pH 约为 7.40,KCN 进入血液后以什么形态存在?为什么用 KCN 掩蔽 Cu^{2+}、Co^{2+}、Ni^{2+} 时必须先将溶液调到 pH 10 以上?

3.4 37℃时,H_2CO_3 的 $pK_{a_1} = 6.10$,计算人血液中[H_2CO_3]与[HCO_3^-]的比值。

3.5 某同学以甲基红-溴甲酚绿为指示剂,用 HCl 滴定 Na_2CO_3。溶液颜色变暗红时,加热除去 CO_2,溶液变为绿色,待冷至室温,溶液又变为暗红色,如何解释?

3.6 以 MO 为指示剂,用 NaOH 滴定 HCl 时 pH_{ep} 是多少?用 HCl 滴定 NaOH 时 pH_{ep} 又是多少?为何两种情况下的 pH_{ep} 不相同?

3.7 用 NaOH 滴定一元弱酸 HA 时,可以用 pH 计测量滴定过程中溶液的 pH,以 pH 对滴定百分数作图即得滴定曲线。该曲线中哪一部分 pH 变化缓慢,曲线平缓?如何根据滴定曲线得 HA 的 K_a^M?

3.8 用 NaOH 溶液滴定浓度相同、强度不同的弱酸时,K_a 大小与 pH_{sp} 高低、滴定突跃范围大小有何关系?

3.9 K_a 大小反映酸的强弱,但反应完全程度取决于 K_a 和浓度两个参数,应如何理解?

3.10 按 E_t 不大于 0.2% 的要求,用指示剂指示终点,弱酸(碱)可以准确滴定的条件是什么?若要求 E_t 不大于 0.5%,多元弱酸(碱)可以分步滴定的条件是什么?

3.11 用 HCl 溶液滴定混合碱(可能含有 NaOH、Na_2CO_3 或 $NaHCO_3$),以 PP 为指示剂时消耗 HCl 溶液体积为 V_1;继续加入甲基橙指示剂,再用 HCl 溶液滴定,又消耗 HCl 溶液体积为 V_2。判断下述情况时溶液的组成:

(1) $V_1 = V_2$; (2) $V_1 = 0$,$V_2 > 0$; (3) $V_1 > 0$,$V_2 = 0$; (4) $0 < V_1 < V_2$; (5) $V_1 > V_2 > 0$。

3.12 用甲醛法测定试剂 $(NH_4)_2SO_4$ 中 NH_4^+ 的质量分数时,若试剂中含有少量游离酸,甲醛中含少量甲酸(HCOOH),应如何处理?滴定过程中溶液颜色如何变化?

3.13 测定奶制品中蛋白质含量时,样品消化后可否用甲醛法测定?

3.14 用一 HCl 标准溶液标定 NaOH 溶液的浓度,以 MO 为指示剂时消耗 HCl 24.32 mL,又以 PP 为指示剂,同样体积的 NaOH 消耗 HCl 24.05 mL。操作过程没有问题,如何解释此结果?

3.15 下列物质浓度均为 0.10 mol·L^{-1},能否用酸碱滴定法直接准确测定?如能,应使用什么标准溶液和指示剂?如不能,可用什么办法使之适于用酸碱滴定法进行测定?

(1) 乙胺;　(2) NH$_4$Cl;　(3) HF;　(4) NaAc;　(5) H$_3$BO$_3$;　(6) 硼砂;

(7) 苯胺;　(8) NaHCO$_3$;　(9) 氨基乙酸;　(10) NaHS;　(11) Na$_2$HPO$_4$。

3.16 下列物质(均为 0.10 mol·L^{-1})能够分步滴定还是全部滴定?用什么滴定剂和指示剂?滴定终点产物是什么?

(1) 柠檬酸;　(2) 顺丁烯二酸;　(3) NaOH+(CH$_2$)$_6$N$_4$;　(4) H$_2$SO$_4$+H$_3$PO$_4$;

(5) HCl+H$_3$BO$_3$;　(6) HF+HAc。

3.17 设计下列混合物中各组分的分析方案:

(1) HCl+NH$_4$Cl;　(2) 硼酸+硼砂;　(3) NaHSO$_4$+NaH$_2$PO$_4$;

(4) 磷酸盐混合液(可能含有 HCl、H$_3$PO$_4$、H$_2$PO$_4^-$、HPO$_4^{2-}$、PO$_4^{3-}$、NaOH)。

3.18 从附表中查出 H$_3$PO$_4$ 和 H$_2$CO$_3$ 的逐级酸离解常数以及 NH$_2$OH 和 (CH$_2$)$_6$N$_4$ 的 K_b,分别计算它们的共轭碱或共轭酸的离解常数。

3.19 某溶液中含有 HAc、NaAc 和 Na$_2$C$_2$O$_4$,其浓度分别为 0.80,0.29 和 1.0×10^{-4} mol·L^{-1}。计算此溶液中 C$_2$O$_4^{2-}$ 的平衡浓度。

3.20 计算 0.050 mol·L^{-1}邻苯二甲酸氢钾标准缓冲溶液的 pH(提示:需作活度校准)。

3.21 3 个烧杯中分别盛有 100 mL 0.30 mol·L^{-1}的 HAc 溶液。如欲分别将其 pH 调整到 4.50,5.00 及 5.50,问应分别加入 2.0 mol·L^{-1}的 NaOH 溶液多少毫升?

3.22 计算下列各溶液的 pH:

(1) 0.10 mol·L^{-1} ClCH$_2$COOH;　　　　　　(2) 0.10 mol·L^{-1} (CH$_2$)$_6$N$_4$;

(3) 0.010 mol·L^{-1}氨基乙酸;　　　　　　　(4) 氨基乙酸溶液的等电点(pI);

(5) 0.10 mol·L^{-1} Na$_2$S;　　　　　　　　　(6) 0.010 mol·L^{-1} H$_2$SO$_4$。

3.23 计算下列溶液的 pH:

(1) 50 mL 0.10 mol·L^{-1} H$_3$PO$_4$;

(2) 50 mL 0.10 mol·L^{-1} H$_3$PO$_4$+25 mL 0.10 mol·L^{-1} NaOH;

(3) 50 mL 0.10 mol·L^{-1} H$_3$PO$_4$+50 mL 0.10 mol·L^{-1} NaOH;

(4) 50 mL 0.10 mol·L^{-1} H$_3$PO$_4$+75 mL 0.10 mol·L^{-1} NaOH。

3.24 配制 pH 为 2.00 和 10.00 的氨基乙酸缓冲溶液各 100 mL,其缓冲物质总浓度为 0.10 mol·L^{-1}。问需分别称取氨基乙酸(NH$_2$CH$_2$COOH)多少克?加 1.0 mol·L^{-1} HCl 或 1.0 mol·L^{-1} NaOH 各多少毫升?(用 $I=0.1$ 的 K_a^M 计算)

3.25 某滴定反应过程中会产生 1.0 mmol H$^+$,现加入 5.0 mL pH 为 5.00 的 HAc-Ac$^-$缓冲溶液控制溶液的酸度。如欲使反应体系的 pH 下降不超过 0.30 个单位,该缓冲溶液中的 HAc 和 Ac$^-$浓度各为多少?若配制此溶液 1.0 L,应加多少克 NaAc·3H$_2$O 和多少毫升冰醋酸(17 mol·L^{-1})?(用 $I=0.1$ 的 K_a^M 计算)

3.26 用 0.10 mol·L^{-1} HCl 滴定同浓度的 NH$_3$,计算滴定百分数分别为 0,50.0%,99.9%,100%,100.1% 时的 pH。

3.27 用 0.0200 mol·L^{-1} HCl 滴定同浓度的弱碱(pK_b=6.00),计算 pH$_{sp}$ 及化学计量点前后 0.1% 的 pH。

3.28 计算用 0.20 mol·L^{-1} NaOH 滴定 0.10 mol·L^{-1} H$_2$SO$_4$ 至第一化学计量点和第二化学计量点时的 pH,应选何指示剂?

3.29 用 0.10 mol·L^{-1} NaOH 滴定 0.10 mol·L^{-1} HAc+0.010 mol·L^{-1} H$_3$BO$_3$ 中的 HAc,计算 pH$_{sp}$,应

选何指示剂？

3.30 用 $0.10\ mol \cdot L^{-1}$ NaOH 滴定 $0.10\ mol \cdot L^{-1}$ HCOOH 溶液，化学计量点的 pH 是多少？计算用酚酞作指示剂时的终点误差。

3.31 用 $0.0020\ mol \cdot L^{-1}$ HCl 滴定 20 mL $0.0020\ mol \cdot L^{-1}$ Ba(OH)$_2$，化学计量点前后 0.1% 的 pH 是多少？若用酚酞作指示剂，计算终点误差。

3.32 用 $0.10\ mol \cdot L^{-1}$ HCl 滴定 20.00 mL $0.10\ mol \cdot L^{-1}$ NaOH，若 NaOH 溶液中同时含有 $0.20\ mol \cdot L^{-1}$ NaAc，计算化学计量点以及化学计量点前后 0.1% 的 pH；若滴定到 pH＝7.0，终点误差有多大？

3.33 用 $0.10\ mol \cdot L^{-1}$ NaOH 滴定 20.00 mL $0.10\ mol \cdot L^{-1}$柠檬酸 (H$_3$A)，计算化学计量点及化学计量点前后 0.1% 时溶液的 pH；若以 PP 为指示剂，计算终点误差。

3.34 分别计算用 $0.10\ mol \cdot L^{-1}$ NaOH 滴定 $0.10\ mol \cdot L^{-1}$ H$_3$PO$_4$ 至 pH＝5.0 和 pH＝10.0 时的终点误差。

3.35 若以甲酸为溶剂，用 $0.10\ mol \cdot L^{-1}$强碱滴定 $0.10\ mol \cdot L^{-1}$强酸，化学计量点的 pH 及化学计量点前后 0.5% 的 pH 各为多少？

3.36 用克氏定氮法测定试样含氮量时，用过量的 100 mL $0.3\ mol \cdot L^{-1}$ HCl 吸收氨，然后用 $0.2\ mol \cdot L^{-1}$ NaOH 标准溶液返滴。若吸收液中氨的总浓度为 $0.2\ mol \cdot L^{-1}$，计算化学计量点的 pH 和返滴到 pH 为 4.0 及 7.0 时的终点误差。

3.37 现有一含磷样品。称取试样 1.000 g，经处理后，以钼酸铵沉淀磷为磷钼酸铵，用水洗去过量的钼酸铵后，用 $0.1000\ mol \cdot L^{-1}$ NaOH 50.00 mL 溶解沉淀。过量的 NaOH 用 $0.2000\ mol \cdot L^{-1}$ HNO$_3$ 滴定，以酚酞作指示剂，用去 HNO$_3$ 10.27 mL，计算试样中的 $w(P)$ 及 $w(P_2O_5)$。

3.38 称取混合碱试样（可能含 NaOH、Na$_2$CO$_3$、NaHCO$_3$ 中的一种或两种) 0.3010 g，用酚酞作指示剂滴定时，用去 $0.1060\ mol \cdot L^{-1}$ HCl 20.10 mL，继续用甲基橙作指示剂滴定，共用去 HCl 47.70 mL。计算试样中各组分的质量分数。

第4章 络合滴定法

络合滴定法(complexometry)是在金属离子与络合剂之间发生络合反应的基础上建立起来的滴定分析方法,主要用于金属离子含量的测定。通过间接滴定、置换滴定、返滴定的方法也可测定许多阴离子和有机化合物。在药物分析、临床检验、食品和生物制品分析及环境监测中常用到络合滴定。

络合滴定体系通常会涉及多个络合平衡、酸碱平衡的共存,为了定量处理各种因素对络合平衡的影响,引入了副反应系数和条件常数的概念,使得复杂体系的处理思路清晰、简便易行。这种处理方法也适用于其他涉及复杂平衡关系的体系。

4.1 络合平衡及其平衡常数

4.1.1 络合物的稳定常数

络合物(complex)的生成和离解与多元弱酸(碱)的生成和离解类似,是分步进行的,因此溶液中存在着一系列络合平衡。如用 ML_n(M 代表中心离子,L 代表络合剂,n 为与 M 络合的络合剂数目)代表一络合物,它在溶液中逐级生成,相应的平衡常数称为逐级稳定常数($K_{稳_i}$,简写为 K_i)(为简化计,省略离子的电荷)。

$$M + L \rightleftharpoons ML \qquad K_{稳_1} = \frac{[ML]}{[M][L]}$$

$$ML + L \rightleftharpoons ML_2 \qquad K_{稳_2} = \frac{[ML_2]}{[ML][L]}$$

$$\vdots \qquad\qquad \vdots \qquad\qquad (4.1)$$

$$ML_{n-1} + L \rightleftharpoons ML_n \qquad K_{稳_n} = \frac{[ML_n]}{[ML_{n-1}][L]}$$

若将逐级稳定常数渐次相乘,就得到各级累积稳定常数(β_i):

$$M + L \rightleftharpoons ML \qquad \beta_1 = \frac{[ML]}{[M][L]} = K_{稳_1}$$

$$M + 2L \rightleftharpoons ML_2 \qquad \beta_2 = \frac{[ML_2]}{[M][L]^2} = K_{稳_1} \cdot K_{稳_2}$$

$$\vdots \qquad\qquad \vdots \qquad\qquad (4.2)$$

$$M + nL \rightleftharpoons ML_n \qquad \beta_n = \frac{[ML_n]}{[M][L]^n} = K_{稳_1} \cdot K_{稳_2} \cdot \cdots \cdot K_{稳_n}$$

络合物 ML_n 的逐级离解平衡及平衡常数($K_{不稳_i}$)为

$$ML_n \rightleftharpoons ML_{n-1} + L \qquad K_{不稳_1} = \frac{1}{K_{稳_n}}$$

$$ML_{n-1} \rightleftharpoons ML_{n-2} + L \qquad K_{不稳_2} = \frac{1}{K_{稳_{n-1}}}$$

$$\vdots \qquad\qquad \vdots \qquad\qquad (4.3)$$

$$ML \rightleftharpoons M + L \qquad K_{不稳_n} = \frac{1}{K_{稳_1}}$$

络合物的稳定常数见附录 Ⅲ.3，Ⅲ.4。络合物的 $K_稳$ 越大，即 $K_{不稳}$ 越小，络合物越稳定。

4.1.2　络合平衡体系中络合物各种形态的浓度

根据络合物的各级累积稳定常数（β_i）的定义，可得出络合物各种形态平衡浓度的表达式：

$$[ML] = \beta_1[M][L]$$
$$[ML_2] = \beta_2[M][L]^2$$
$$\vdots \qquad \vdots$$
$$[ML_n] = \beta_n[M][L]^n$$

若金属离子 M 的分析浓度为 $c(M)$，则金属离子的物料平衡为

$$c(M) = [M] + [ML] + [ML_2] + \cdots + [ML_n]$$

用 $x_0, x_1, x_2, \cdots, x_n$ 分别代表络合平衡体系中 M、ML、ML$_2$、$\cdots$、ML$_n$ 的摩尔分数，则有

$$
\begin{aligned}
x_0 &= \frac{[M]}{c(M)} = \frac{[M]}{[M] + [ML] + [ML_2] + \cdots + [ML_n]} \\
&= \frac{[M]}{[M] + \beta_1[M][L] + \beta_2[M][L]^2 + \cdots + \beta_n[M][L]^n} \\
&= \frac{1}{1 + \beta_1[L] + \beta_2[L]^2 + \cdots + \beta_n[L]^n} \\
x_1 &= \frac{[ML]}{c(M)} = \frac{\beta_1[L]}{1 + \beta_1[L] + \beta_2[L]^2 + \cdots + \beta_n[L]^n} \\
&\vdots \qquad\qquad \vdots \\
x_n &= \frac{[ML_n]}{c(M)} = \frac{\beta_n[L]^n}{1 + \beta_1[L] + \beta_2[L]^2 + \cdots + \beta_n[L]^n}
\end{aligned}
\tag{4.4}
$$

$c(M)$ 是已知的，如果已知 $[L]$，依据摩尔分数表达式，就可以求得 $[M]$ 和各级络合物的平衡浓度。一般当络合剂的初始浓度 $c(L) \gg c(M)$ 时，可以忽略生成低配位络合物所消耗的 L。

例 4.1　将 10 mL 0.20 mol·L^{-1} CuSO$_4$ 溶液与 10 mL 2.00 mol·L^{-1} NH$_3$·H$_2$O 混合，计算平衡体系中 [Cu^{2+}]，[Cu(NH$_3$)$^{2+}$]，[Cu(NH$_3$)$_2^{2+}$]，[Cu(NH$_3$)$_3^{2+}$] 和 [Cu(NH$_3$)$_4^{2+}$]。

解　两种溶液混合后

$$c(\text{Cu}^{2+}) = 0.10 \ (\text{mol} \cdot \text{L}^{-1})$$
$$c(\text{NH}_3) = 1.00 \ (\text{mol} \cdot \text{L}^{-1})$$
$$[\text{NH}_3] \approx 1.00 - 4 \times 0.10 = 0.60 \ (\text{mol} \cdot \text{L}^{-1})$$

查附录 Ⅲ.3，得 Cu(NH$_3$)$_4^{2+}$ 的 $\lg\beta_1 \sim \lg\beta_4$ 为：4.13，7.61，10.48 和 12.59。

据式（4.4）：

$$x_0 = \frac{1}{1 + 0.60\beta_1 + 0.60^2\beta_2 + 0.60^3\beta_3 + 0.60^4\beta_4} = \frac{1}{5.1 \times 10^{11}}$$

所以

$$[\text{Cu}^{2+}] = c(\text{Cu}^{2+}) \cdot x_0 = 0.10 \times \frac{1}{5.1 \times 10^{11}} = 2.0 \times 10^{-13} (\text{mol} \cdot \text{L}^{-1})$$

$$[\text{Cu(NH}_3)^{2+}] = c(\text{Cu}^{2+}) \cdot x_1 = 0.10 \times \frac{0.60\beta_1}{5.1 \times 10^{11}} = 1.5 \times 10^{-9} (\text{mol} \cdot \text{L}^{-1})$$

$$[\text{Cu(NH}_3)_2^{2+}] = c(\text{Cu}^{2+}) \cdot x_2 = 0.10 \times \frac{0.60^2 \cdot \beta_2}{5.1 \times 10^{11}} = 2.9 \times 10^{-6} (\text{mol} \cdot \text{L}^{-1})$$

$$[Cu(NH_3)_3^{2+}] = c(Cu^{2+}) \cdot x_3 = 0.10 \times \frac{0.60^3 \cdot \beta_3}{5.1 \times 10^{11}} = 1.3 \times 10^{-3}(mol \cdot L^{-1})$$

$$[Cu(NH_3)_4^{2+}] = c(Cu^{2+}) \cdot x_4 = 0.10 \times \frac{0.60^4 \cdot \beta_4}{5.1 \times 10^{11}} = 0.099 \ (mol \cdot L^{-1})$$

$$[Cu^{2+}] : [Cu(NH_3)^{2+}] : [Cu(NH_3)_2^{2+}] : [Cu(NH_3)_3^{2+}] : [Cu(NH_3)_4^{2+}]$$
$$= 1 : 7.5 \times 10^3 : 1.5 \times 10^7 : 6.5 \times 10^9 : 5.0 \times 10^{11}$$

可以看出,只要体系中有过量的络合剂存在,则络合物的绝大部分为最高配位数的形式,低配位形态的浓度相对较低。

作 x_n 与 p[NH_3] 的关系图,可以得到铜氨络合物溶液中 Cu^{2+} 和各级络合物的分布系数曲线(见图 4.1)。

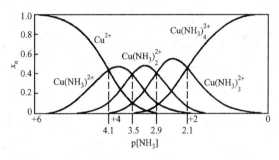

图 4.1　铜氨络合物各种形态的分布

图中各级铜氨络合物的分布与多元弱酸溶液中各种形态的分布相似。随着 p[NH_3] 的减小([NH_3]增大),形成配位数更高的络合物。相邻两级络合物分布系数曲线的交点($x_i = x_{i-1}$)所对应的 p[NH_3],为此两级络合物相关的 $\lg K_{稳}$。由于铜氨络合物的 $\lg K_{稳_1} \sim \lg K_{稳_4}$ 相近,在相当大的[NH_3]范围内都是以几种形态同时存在。与多元弱酸类似,以络合物的逐级稳定常数 $\lg K_{稳_i}$ 为界,可获得各种形态的优势区域图。

4.1.3　EDTA 及金属离子-EDTA 络合物

无机络合剂,如 NH_3、Cl^-、F^-、CN^- 等,分子中仅含 1 个配位原子,与金属离子逐级络合,逐级稳定常数相差较小,总稳定常数也不够大,因此不适合作滴定剂,仅 Ag^+ 与 CN^-、Hg^{2+} 与 Cl^- 等少数反应可用于滴定分析。

有机络合剂中常含有 2 个以上配位原子,与金属离子配位时形成低配位比的具有环状结构的螯合物,稳定性较好。广泛用作络合滴定剂的是含有氨羧基团(—N(CH₂COOH)₂)的一类有机化合物,称为氨羧络合剂(complexone)。其分子中含有氨氮和羧氧配位原子:

前者易与 Cu^{2+}、Co^{2+}、Ni^{2+}、Zn^{2+}、Hg^{2+} 等金属离子络合,后者则几乎能与所有高价金属离子络合。因此,氨羧络合剂兼有两者的络合能力,几乎能与所有的金属离子络合。已研究过的氨羧络合剂有几十种,其中应用最广的是乙二胺四乙酸(ethylenediamine tetraacetic acid),简称 EDTA,化学式为 $(CH_2COOH)_2NCH_2CH_2N(CH_2COOH)_2$,分子中含有 4 个可离解的 H^+,用

H₄Y 表示。在水溶液中,分子中 2 个羧酸上的氢转移到氮原子上,形成双偶极离子,其结构式为

$$\text{HOOCCH}_2 \quad\quad\quad\quad \overset{+}{\underset{H}{N}}\text{—CH}_2\text{COO}^-$$

$$\overset{-}{}\text{OOCCH}_2 \quad \overset{H}{\underset{+}{N}}\text{—CH}_2\text{—CH}_2\text{—} \quad\quad \text{CH}_2\text{COOH}$$

EDTA 的 2 个 N 可再接受 H⁺(水溶液中则为双偶极离子的 2 个羧酸根接受 H⁺),形成 H_6Y^{2+}。这样它就是一个六元酸,有六级离解常数,$pK_{a_1} \sim pK_{a_6}$ 分别为:0.9,1.6,2.07,2.75,6.24,10.34。在水溶液中,EDTA 有 7 种形态:H_6Y^{2+}、H_5Y^+、H_4Y、H_3Y^-、H_2Y^{2-}、HY^{3-} 和 Y^{4-}。各种形态的摩尔分数(x)与 pH 的关系如图 4.2 所示。在 pH<1 的强酸溶液中,主要以 H_6Y^{2+} 形态存在;在 pH 2.75~6.24 时主要以 H_2Y^{2-} 形态存在;只有在 pH>10.34 时才主要以 Y^{4-} 形态存在。其他常用氨羧络合剂参阅附录Ⅲ.4。

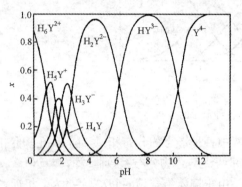

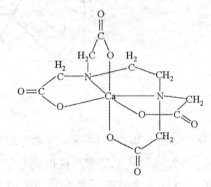

图 4.2　EDTA 各种形态的分布图　　　　图 4.3　CaY 螯合物的立体构型

　　通常络合反应的平衡常数用形成(稳定)常数表示,而酸碱平衡用离解常数表示。如果把酸(H_nL)看做它的碱型与 H⁺ 形成的络合物,就可以把酸碱平衡处理与络合平衡处理统一起来。EDTA 可看做 Y^{4-} 与 H⁺ 逐级形成的络合物,其形成常数用 K^H 表示,也称为质子化常数。各步反应及相应的常数(络合滴定中溶液的离子强度较高,因而涉及酸碱平衡时采用 $I=0.1$ 的混合常数)是

$$Y^{4-}+H^+ \Longrightarrow HY^{3-} \quad K_1^H = \frac{[HY^{3-}]}{[H^+][Y^{4-}]} = \frac{1}{K_{a_6}}, \quad \beta_1^H = K_1^H = \frac{[HY^{3-}]}{[H^+][Y^{4-}]} = 10^{10.34}$$

$$HY^{3-}+H^+ \Longrightarrow H_2Y^{2-} \quad K_2^H = \frac{[H_2Y^{2-}]}{[H^+][HY^{3-}]} = \frac{1}{K_{a_5}}, \quad \beta_2^H = K_1^H K_2^H = \frac{[H_2Y^{2-}]}{[H^+]^2[Y^{4-}]} = 10^{16.58}$$

$$\vdots \quad\quad\quad\quad\quad \vdots \quad\quad\quad\quad\quad\quad \vdots$$

$$H_5Y^++H^+ \Longrightarrow H_6Y^{2+} \quad K_6^H = \frac{[H_6Y^{2+}]}{[H^+][H_5Y^+]} = \frac{1}{K_{a_1}}, \quad \beta_6^H = K_1^H K_2^H \cdots K_6^H = \frac{[H_6Y^{2+}]}{[H^+]^6[Y^{4-}]} = 10^{23.9}$$

　　EDTA 分子中有 6 个配位原子,Ca^{2+}-EDTA 螯合物的立体构型见图 4.3。由于螯合环的形成,绝大多数 EDTA 络合物相当稳定。一些金属离子-EDTA 络合物的稳定常数列于附录 Ⅲ.4。

　　大多数金属离子-EDTA 络合物无色,有利于用指示剂确定终点。有色金属离子所形成的 EDTA 络合物比其水合离子的颜色更深,浓度大时不利于观察指示剂颜色的变化。

4.1.4 络合反应的副反应系数与络合物的条件（稳定）常数

金属离子与 EDTA 反应大多形成 1∶1 络合物：

$$M + Y \rightleftharpoons MY$$

反应的平衡常数表达式为

$$K(MY) = \frac{[MY]}{[M][Y]} \tag{4.5}$$

在络合滴定体系中，除了被测金属离子 M 与滴定剂 Y 之间的主反应外，还存在某些副反应。平衡关系表示如下：

$$
\begin{array}{ccccccccc}
 & M & + & & Y & & \rightleftharpoons & & MY & & \text{主反应} \\
A \diagup & \diagdown OH & H \diagup & & \diagdown N & & & H \diagup & & \diagdown OH \\
MA & M(OH) & HY & & NY & & & MHY & & M(OH)Y \\
\vdots & \vdots & \vdots & & & & & & \\
MA_n & M(OH)_n & H_6Y & & & & & & & & \text{副反应} \\
M' & & Y' & & & & & (MY)' \\
\end{array}
$$

副反应的发生都将影响主反应进行的程度。反应物（M、Y）发生副反应不利于主反应的进行，而反应产物（MY）发生副反应时有利于主反应。当存在副反应时，$K(MY)$ 的大小不能反映主反应进行的程度，因为这时未参与主反应的金属离子不仅有 M，还有 MA、MA_2、$\cdots$、及 $M(OH)$、$M(OH)_2$、$\cdots$，应当用这些形态的浓度总和 $[M']$ 表示。同时未参与主反应的滴定剂也应当用 $[Y']$ 表示。而所形成的络合物应当用总浓度 $[(MY)']$ 表示。因此应当用

$$K'(MY) = \frac{[(MY)']}{[M'][Y']} \tag{4.6}$$

表示有副反应发生时主反应进行的程度，$K'(MY)$ 称条件形成常数（conditional formation constant），简称条件常数。为了定量地表示副反应进行的程度，引入副反应系数 α（side reaction coefficient）。下面分别讨论 M、Y 和 MY 的副反应系数。

1. 滴定剂的副反应系数 α_Y

在 pH<12 的条件下进行络合滴定时，EDTA 不仅以 Y^{4-} 形式存在，而且以其各级质子化的形式存在。Y 与 H^+ 的反应则为 Y 与 M 反应的副反应，副反应系数用 $\alpha_{Y(H)}$ 表示：

$$
\begin{aligned}
\alpha_{Y(H)} &= \frac{[Y']}{[Y]} = \frac{[Y] + [HY] + \cdots + [H_6Y]}{[Y]} \\
&= \frac{[Y] + [H][Y]\beta_1^H + [H]^2[Y]\beta_2^H + \cdots + [H]^6[Y]\beta_6^H}{[Y]} \\
&= 1 + [H]\beta_1^H + [H]^2\beta_2^H + \cdots + [H]^6\beta_6^H
\end{aligned} \tag{4.7}
$$

$\alpha_{Y(H)}$ 表示溶液中未与 M 络合的滴定剂的各种形态的总浓度（$[Y']$）是游离滴定剂浓度（$[Y]$）的多少倍。显然，此即多元酸 H_6Y^{2+} 水溶液中 Y^{4-} 的摩尔分数 x_0 的倒数。$\alpha_{Y(H)}$ 仅是 $[H^+]$ 的函数。酸度越高，$\alpha_{Y(H)}$ 越大，故又称为酸效应系数。式（4.7）中各项分别与 Y、HY、H_2Y、$\cdots$、H_6Y 相对应，由各项数值大小可知哪种形态为主。

例 4.2 计算 pH=5.00 时 EDTA 的酸效应系数 $\alpha_{Y(H)}$。

解 查得 EDTA 的各级离解常数 $K_{a_1} \sim K_{a_6}$ 分别是 $10^{-0.9}$，$10^{-1.6}$，$10^{-2.07}$，$10^{-2.75}$，

$10^{-6.24}$，$10^{-10.34}$。EDTA 的各级稳定常数 $K_1^H \sim K_6^H$ 则分别是 $10^{10.34}$，$10^{6.24}$，$10^{2.75}$，$10^{2.07}$，$10^{1.6}$，$10^{0.9}$。则各级累积常数 $\beta_1^H \sim \beta_6^H$ 分别为 $10^{10.34}$，$10^{16.58}$，$10^{19.33}$，$10^{21.40}$，$10^{23.0}$，$10^{23.9}$。

按照式(4.7)有

$$
\begin{aligned}
\alpha_{Y(H)} &= 1 + [H]\beta_1^H + [H]^2\beta_2^H + \cdots + [H]^6\beta_6^H \\
&= 1 + 10^{-5.00+10.34} + 10^{-10.00+16.58} + 10^{-15.00+19.33} + 10^{-20.00+21.40} \\
&\quad + 10^{-25.00+23.0} + 10^{-30.00+23.9} \\
&= 1 + \underline{10^{5.34}} + \underline{10^{6.58}} + 10^{4.33} + 10^{1.40} + 10^{-2.0} + 10^{-6.1} \\
&= 10^{6.60}
\end{aligned}
$$

副反应系数计算式中虽然包含许多项，但在一定条件下只有少数几项（一般是 2～3 项）是主要的，其他项均可略去。由上例可见，pH＝5.00 时，未与 M 络合的 EDTA 主要以 H_2Y（式中第 3 项）形态存在，其次是 HY。

络合滴定中 $\alpha_{Y(H)}$ 是常用的重要数值。为应用方便，将不同 pH 时 EDTA 的 $\lg\alpha_{Y(H)}$ 计算出来列于附录 Ⅲ.5。

酸度对 $\alpha_{Y(H)}$ 影响极大，pH＝1.0 时，$\alpha_{Y(H)} = 10^{18.3}$，此时 Y^{4-} 与 H^+ 的副反应很严重，溶液中游离的 EDTA（即[Y]）仅为未与 M 络合的 EDTA 总浓度（即[Y']）的 $10^{-18.3}$。$\alpha_{Y(H)}$ 随酸度降低而减小。仅当 pH＞12 时，$\alpha_{Y(H)}$ 才等于 1，即此时 Y^{4-} 才不与 H^+ 发生副反应。

关于 Y 与溶液中存在的其他金属离子 N 的副反应系数 $\alpha_{Y(N)}$，将在 4.4 节混合离子的选择性滴定中讨论。

2. 金属离子的副反应系数 α_M

若金属离子 M 与其他络合剂 A 发生副反应，副反应系数

$$
\begin{aligned}
\alpha_{M(A)} &= \frac{[M] + [MA] + [MA_2] + \cdots + [MA_n]}{[M]} \\
&= 1 + [A]\beta_1 + [A]^2\beta_2 + \cdots + [A]^n\beta_n
\end{aligned}
\tag{4.8}
$$

$\alpha_{M(A)}$ 仅是[A]的函数。A 可能是滴定时所需的缓冲剂或为防止金属离子水解所加的辅助络合剂，亦可能是为消除干扰而加的掩蔽剂。若在较高 pH 下滴定金属离子时，OH^- 与 M 形成金属羟基络合物，A 就代表 OH^-。一些金属离子的 $\lg\alpha_{M(OH)}$ 列于附录 Ⅲ.6。一些金属离子的 $\lg\alpha_{M(OH)}$-pH 曲线和 $\lg\alpha_{M(NH_3)}$-$\lg[NH_3]$ 曲线见图 4.4 和图 4.5。

若 M 既与 A 又与 B 发生副反应，则金属离子总的副反应系数 α_M 为

$$
\begin{aligned}
\alpha_M &= \frac{[M']}{[M]} = \frac{[M] + [MA] + [MA_2] + \cdots + [MB] + [MB_2] + \cdots}{[M]} \\
&= \frac{[M] + [MA] + [MA_2] + \cdots}{[M]} + \frac{[M] + [MB] + [MB_2] + \cdots}{[M]} - \frac{[M]}{[M]} \\
&= \alpha_{M(A)} + \alpha_{M(B)} - 1
\end{aligned}
$$

α_M 表示未与滴定剂 Y 络合的金属离子的各种形态总浓度[M']是游离金属离子浓度[M]的多少倍，其值可由各个副反应系数 $\alpha_{M(A)}$，$\alpha_{M(B)}$ 等求得。若有 P 个络合剂与金属离子发生副反应，则

$$
\alpha_M = \alpha_{M(A_1)} + \alpha_{M(A_2)} + \cdots + (1 - P)
\tag{4.9}
$$

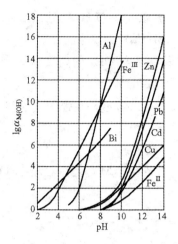

图 4.4　$\lg\alpha_{M(OH)}$-pH 曲线

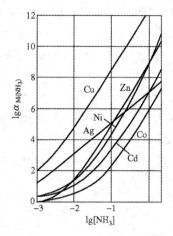

图 4.5　$\lg\alpha_{M(NH_3)}$-$\lg[NH_3]$曲线

例 4.3　计算 pH=11.0，$[NH_3]=0.10\ \mathrm{mol\cdot L^{-1}}$时的 $\lg\alpha_{Zn}$。

解　$Zn(NH_3)_4^{2+}$ 的 $\lg\beta_1\sim\lg\beta_4$ 分别是 2.27，4.61，7.01，9.06。按式(4.8)，有

$$\alpha_{Zn(NH_3)} = 1 + [NH_3]\beta_1 + [NH_3]^2\beta_2 + [NH_3]^3\beta_3 + [NH_3]^4\beta_4$$

$$= 1 + 10^{-1.00+2.27} + 10^{-2.00+4.61} + 10^{-3.00+7.01} + 10^{-4.00+9.06} = 10^{5.10}$$

由附录Ⅲ.6查得，pH=11.0 时，$\lg\alpha_{Zn(OH)}=5.4$，故

$$\alpha_{Zn} = \alpha_{Zn(NH_3)} + \alpha_{Zn(OH)} - 1 = 10^{5.1} + 10^{5.4} - 1 = 10^{5.6}$$

$$\lg\alpha_{Zn} = 5.6$$

必须注意，式(4.8)中[A]是指络合剂 A 的平衡浓度，即游离的 A 的浓度。络合剂 A 大多是弱碱，易与 H^+ 结合，[A]将随 pH 而变。若将 A 与 H^+ 的反应也看做副反应，则

$$\alpha_{A(H)} = \frac{[A']}{[A]} = \frac{[A]+[HA]+\cdots+[H_nA]}{[A]}$$

$$= 1 + [H]\beta_1 + \cdots + [H]^n\beta_n \tag{4.10}$$

当主反应进行得足够完全时，未与 EDTA 络合的金属离子很少。与金属离子络合所消耗的 A 可以忽略，[A']即络合剂的总浓度(或称分析浓度)$c(A)$。基于式(4.10)即可求出[A]，即

$$[A] = \frac{[A']}{\alpha_{A(H)}} \approx \frac{c(A)}{\alpha_{A(H)}}$$

例 4.4　计算 $pH=9.0$，$c(NH_3)=0.1\ \mathrm{mol\cdot L^{-1}}$时的 $\lg\alpha_{Zn(NH_3)}$(忽略与 Zn 络合消耗的 NH_3)。已知 $pK_b(NH_3)=4.6$。

解　$\lg K^H(NH_4^+)=9.4$，按式(4.10)得

$$\alpha_{NH_3(H)} = 1 + [H]\cdot K^H(NH_4^+) = 1 + 10^{-9.0+9.4} = 10^{0.5}$$

所以

$$[NH_3] = \frac{[NH_3']}{\alpha_{NH_3(H)}} \approx \frac{c(NH_3)}{\alpha_{NH_3(H)}} = \frac{10^{-1.0}}{10^{0.5}} = 10^{-1.5}(\mathrm{mol\cdot L^{-1}})$$

按式(4.8)计算出

$$\alpha_{Zn(NH_3)} = 10^{3.2}, \qquad \lg\alpha_{Zn(NH_3)} = 3.2$$

3. 络合物的副反应系数 α_{MY}

在酸度较高的情况下,会形成酸式络合物 MHY,可看做 MY 与 H^+ 的副反应:

$$\alpha_{MY(H)} = 1 + [H] \cdot K^H(MHY) \tag{4.11}$$

在碱性较强的情况下,会有碱式络合物生成,可看做 MY 与 OH^- 的副反应:

$$\alpha_{MY(OH)} = 1 + [OH] \cdot K^{OH}(MOHY) \tag{4.12}$$

部分络合物的 $K^H(MHY)$,$K^{OH}(MOHY)$ 列于附录Ⅲ.4。若不是在强酸或强碱中滴定,一般 $\alpha_{MY(H)}$ 或 $\alpha_{MY(OH)}$ 数值较小,可忽略不计。

4. 络合物的条件(稳定)常数

由副反应系数定义知 $[M'] = \alpha_M \cdot [M]$,$[Y'] = \alpha_Y \cdot [Y]$,$[(MY)'] = \alpha_{MY} \cdot [MY]$

将其代入式(4.6),得到

$$K'(MY) = \frac{\alpha_{MY} \cdot [MY]}{\alpha_M \cdot [M] \cdot \alpha_Y \cdot [Y]} = \frac{\alpha_{MY}}{\alpha_M \cdot \alpha_Y} \cdot K(MY) \tag{4.13}$$

在一定条件下(如溶液 pH 和试剂浓度一定时),α_M,α_Y 和 α_{MY} 均为定值,因此,$K'(MY)$ 在一定条件下为常数。用对数形式表示,则是

$$\lg K'(MY) = \lg K(MY) - \lg\alpha_M - \lg\alpha_Y + \lg\alpha_{MY} \tag{4.14}$$

多数情况下(溶液酸或碱性不太强时),不形成酸式或碱式络合物,简化成如下形式

$$\lg K'(MY) = \lg K(MY) - \lg\alpha_M - \lg\alpha_Y \tag{4.15}$$

这是常用的计算络合物条件常数的重要公式。

例 4.5 计算 pH 2.0 和 5.0 时的 $\lg K'(ZnY)$。

解 已知 $\lg K(ZnY) = 16.5$,$\lg K^H(ZnHY) = 3.0$。

pH = 2.0 时,查附录Ⅲ.5,$\lg\alpha_{Y(H)} = 13.8$;查附录Ⅲ.6,$\lg\alpha_{Zn(OH)} = 0$。

按式(4.11)计算,

$$\alpha_{ZnY(H)} = 1 + [H] \cdot K^H(ZnHY) = 1 + 10^{-2.0+3.0} = 10^{1.0}$$

按式(4.14)得

$$\lg K'(ZnY) = \lg K(ZnY) - \lg\alpha_{Zn(OH)} - \lg\alpha_{Y(H)} + \lg\alpha_{ZnY(H)}$$
$$= 16.5 - 0 - 13.8 + 1.0 = 3.7$$

pH = 5.0 时,$\lg\alpha_{Y(H)} = 6.6$,$\lg\alpha_{Zn(OH)} = 0$,$\lg\alpha_{ZnY(H)} = 0$,所以

$$\lg K'(ZnY) = \lg K(ZnY) - \lg\alpha_{Y(H)} = 16.5 - 6.6 = 9.9$$

由上可见,尽管 $\lg K(ZnY)$ 高达 16.5,但若在 pH = 2.0 时滴定,由于 Y 与 H^+ 的副反应严重,$\lg\alpha_{Y(H)}$ 为 13.8,此时 ZnY 络合物极不稳定,$\lg K'(ZnY)$ 仅 3.7;而在 pH = 5.0 时,EDTA 的酸效应系数低得多,$\lg\alpha_{Y(H)}$ 为 6.6,此时 $\lg K'(ZnY)$ 达 9.9,络合反应进行得很完全。

酸度降低使 $\lg\alpha_{Y(H)}$ 减小,有利于络合物形成。但酸度过低将使 $\lg\alpha_{M(OH)}$ 增大,这又不利于主反应。图 4.6 为一些金属离子-EDTA 络合物的 $\lg K'(MY)$-pH 曲线,它清楚地表明了酸度对 $\lg K'(MY)$ 的影响。溶液中无其他络合剂存在的情况下,络合物的条件常数也远较相应的浓度常数小。例如 $K(HgY) = 10^{21.8}$,实际 $K'(HgY)$ 不超过 $10^{12.0}$;$K(Fe^{Ⅲ}Y) \gg K(CuY)$,但由于 Fe(Ⅲ) 与 OH^- 的副反应严重,pH > 8 时 $K'(Fe^{Ⅲ}Y)$ 远小于 $K'(CuY)$。

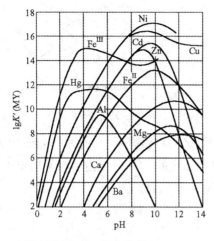
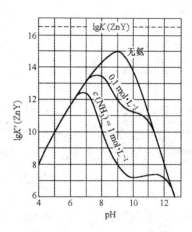

图 4.6　金属离子-EDTA 络合物的 $\lg K'(\mathrm{MY})$-pH 曲线　　　图 4.7　$\lg K'(\mathrm{ZnY})$-pH 曲线

例 4.6　计算 pH$=9.0$，$c(\mathrm{NH_3})=0.10\ \mathrm{mol\cdot L^{-1}}$时的 $\lg K'(\mathrm{ZnY})$。

解　此时溶液中的平衡关系是

$$
\begin{array}{ccccc}
\mathrm{NH_4^+} \xleftarrow{\ \mathrm{H^+}\ } \mathrm{NH_3} & \diagdown & \mathrm{Zn} & \diagup & \mathrm{OH^-} & + & \mathrm{Y} & \xrightleftharpoons{\ \ } & \mathrm{ZnY}\\
& & & & & & \Big|\,\mathrm{H^+} & & \\
\mathrm{Zn(NH_3)} & & \mathrm{Zn(OH)} & & \mathrm{HY} & & \\
\vdots & & \vdots & & \vdots & &
\end{array}
$$

此条件下，　　　　　$\alpha_{\mathrm{Zn(NH_3)}}=10^{3.2}$（例 4.4），　　　$\alpha_{\mathrm{Zn(OH)}}=10^{0.2}$（附录 Ⅲ.6）

所以　　　　　　　　$\alpha_{\mathrm{Zn}}=10^{3.2}+10^{0.2}-1=10^{3.2}$

又查附录 Ⅲ.5，　　　　　$\lg\alpha_{\mathrm{Y(H)}}=1.4$

故　　　　　　$\lg K'(\mathrm{ZnY})=\lg K(\mathrm{ZnY})-\lg\alpha_{\mathrm{Zn}}-\lg\alpha_{\mathrm{Y(H)}}$

$$=16.5-3.2-1.4=11.9$$

图 4.7 为不同氨浓度时的 $\lg K'(\mathrm{ZnY})$-pH 曲线。由图可见，当酸度较高时，Y 与 $\mathrm{H^+}$ 的副反应为主要因素，$\lg K'(\mathrm{ZnY})$ 随 pH 升高而增大，不同浓度氨的曲线合为一条；当 pH 继续升高时，$\mathrm{NH_3}$ 与 $\mathrm{Zn^{2+}}$ 的副反应使 $\lg K'(\mathrm{ZnY})$ 减小，$c(\mathrm{NH_3})$ 越大，$\lg K'(\mathrm{ZnY})$ 越小；当 pH>12 时，副反应主要是 $\mathrm{OH^-}$ 与 $\mathrm{Zn^{2+}}$ 的作用，三条曲线又合为一条，$\lg K'(\mathrm{ZnY})$ 随 pH 升高而减小。

4.2　金属指示剂

4.2.1　金属指示剂的作用原理

金属指示剂(metallochromic indicator)是一种有机染料，能与某些金属离子形成与染料本身颜色不同的有色络合物，从而指示溶液中金属离子浓度的变化。例如，铬黑 T(EBT)为蓝色，而镁与 EBT 的络合物为红色，其结构见下式：

HIn²⁻（蓝）　　　　　　　　MgIn⁻（红）

若以 EDTA 滴定 Mg^{2+}，滴定开始时溶液中有大量的 Mg^{2+}，部分 Mg^{2+} 与指示剂络合，呈现 $MgIn^-$ 的红色；随着 EDTA 的加入，Mg^{2+} 逐渐形成 MgY^{2-} 络合物；在化学计量点附近，Mg^{2+} 浓度降至很低，加入的 EDTA 进而夺取 $MgIn^-$ 络合物中的 Mg^{2+}，使指示剂游离出来，即

$$MgIn^- + HY^{3-} \Longleftrightarrow MgY^{2-} + HIn^{2-}$$
$$\text{红} \qquad\qquad\qquad\qquad \text{蓝}$$

此时溶液呈现蓝色，表示达到滴定终点。

作为金属指示剂，必须具备以下条件：

（i）指示剂与金属离子形成络合物的颜色必须与指示剂本身的颜色有明显区别，终点才易判断。金属指示剂多是有机弱酸，颜色随 pH 而变化，因此必须控制合适的 pH 范围。以 EBT 为例，它在溶液中有如下平衡：

$$H_2In^- \xrightleftharpoons[]{pK_{a_2}=6.3} HIn^{2-} \xrightleftharpoons[]{pK_{a_3}=11.6} In^{3-}$$
$$\text{紫红} \qquad\qquad \text{蓝} \qquad\qquad \text{橙}$$

显然，在 pH 7～11 范围内，指示剂本身为蓝色，而与金属离子形成的络合物为红色，是 EBT 的适用酸度。

（ii）金属离子与指示剂形成的络合物（MIn）稳定性要适当。若稳定性太低，终点变色不敏锐；若比金属离子-EDTA 络合物（MY）更稳定，则 EDTA 不能夺取 MIn 中的 M，即使过了化学计量点也不变色，以致无法确定终点。这种现象称为指示剂的封闭现象。例如在 pH 10 以 EBT 为指示剂滴定 Ca^{2+}、Mg^{2+} 总量时，Al^{3+}、Fe^{3+}、Cu^{2+}、Co^{2+}、Ni^{2+} 会封闭指示剂，致使终点无法确定。解决的办法是加入掩蔽剂，使干扰离子生成更稳定的络合物，从而不再与指示剂作用。Al^{3+}、Fe^{3+} 对 EBT 的封闭可加三乙醇胺予以消除，Cu^{2+}、Co^{2+}、Ni^{2+} 可用 KCN 掩蔽。

（iii）指示剂与金属离子的反应必须进行迅速，且有良好的可逆性，才能用于滴定。有些指示剂或金属离子-指示剂络合物在水中溶解度太小，使得滴定剂与金属离子-指示剂络合物交换缓慢，终点拖长，这种现象称为指示剂僵化，需通过加入有机溶剂或加热增大溶解度。例如用 PAN 作指示剂时就是如此。

金属指示剂大多为含双键的有色化合物，在水溶液中不稳定。若配成固体混合物则可保存较长时间。例如 EBT 和钙指示剂，常用固体 NaCl 或 KCl 作稀释剂配制。

4.2.2　金属指示剂颜色转变点的 pM（即 $(pM)_t$）的计算

忽略金属离子的副反应（条件常数用 $K(MIn')$ 表示），金属离子-指示剂络合物在溶液中有如下平衡关系：

$$M \ + \ In \ \longrightarrow \ MIn$$

$$\downarrow H$$

$$HIn$$

$$\vdots$$

其条件常数式为　　　　　$$K(MIn') = \frac{[MIn]}{[M][In']} = \frac{K(MIn)}{\alpha_{In(H)}}$$

采用对数形式　　　　　　$$pM + lg\frac{[MIn]}{[In']} = lgK(MIn) - lg\alpha_{In(H)}$$

在$[MIn]=[In']$时,溶液呈现混合色,即可得出指示剂颜色转变点的 pM,以$(pM)_t$表示:

$$(pM)_t = lgK(MIn') = lgK(MIn) - lg\alpha_{In(H)} \tag{4.16}$$

因此,只要知道金属离子-指示剂络合物的稳定常数 $K(MIn)$,并计算得到一定 pH 时指示剂的酸效应系数 $\alpha_{In(H)}$,就可求出$(pM)_t$。

例 4.7　EBT 与 Mg^{2+} 的络合物的 $lgK(MgIn)$ 为 7.0,EBT 的质子化累积常数的对数值为 $lg\beta_1 = 11.6$,$lg\beta_2 = 17.9$。试计算 pH=10.0 时 EBT 的$(pMg)_t$。

解　$\alpha_{In(H)} = 1 + [H]\beta_1 + [H]^2\beta_2 = 1 + 10^{-10.0+11.6} + 10^{-20.0+17.9} = 10^{1.6}$,故

$$(pMg)_t = lgK(MgIn') = lgK(MgIn) - lg\alpha_{In(H)} = 7.0 - 1.6 = 5.4$$

以上是指金属离子-指示剂组成为 1:1 的情况,实际上有时还会形成 1:2 或 1:3 以及酸式络合物,则$(pM)_t$的计算就很复杂。况且在实际应用时,通常控制溶液显 In 色(用 EDTA 滴定 M 时)或 MIn 色(用 M 滴定 EDTA 时)为终点,与计算的$(pM)_t$略有出入。因此大多指示剂变色点的$(pM)_t$是由实验测得的。附录Ⅲ.7 列出最常用的金属指示剂在不同 pH 下的$(pM)_t$。

若 M 发生副反应,终点时未与 EDTA 络合的金属离子总浓度是$[M']$,它是游离金属离子浓度的 α_M 倍。

$$(pM')_{ep} = (pM)_t - lg\alpha_M \tag{4.17}$$

只有金属指示剂颜色转变点的 pM′ 处于滴定曲线的突跃范围内,才能使滴定的终点误差小于 0.1%。

4.2.3　常用金属指示剂

常用金属指示剂列于附录Ⅱ.2 中,应用最多的有下面几种。

1. 铬黑 T(EBT)

如前所述,EBT 是在弱碱性溶液中滴定 Mg^{2+}、Zn^{2+}、Pb^{2+} 等离子的常用指示剂。EBT 与 Ca^{2+} 络合较弱,所呈颜色不深,终点变化不明显,不宜作为滴定 Ca^{2+} 的指示剂。

2. 二甲酚橙(XO)

XO 在酸性溶液(pH<6.0)中呈黄色,它的金属络合物为红色。常用于锆、铪、钍、钪、铟、稀土、钇、铋、铅、锌、镉、汞的直接滴定中。对于封闭 XO 的离子,如铝、镍、钴、铜等,可采用返滴定法测定,即于 pH 5.0~5.5(六次甲基四胺缓冲溶液)加入过量 EDTA 后,再用 Zn^{2+} 或 Pb^{2+} 返滴定。Fe^{3+} 可在 pH 2~3 时,以硝酸铋返滴定法测定之。

3. PAN

PAN 与 Cu^{2+} 的显色反应非常灵敏,但很多其他金属离子,如 Ni^{2+}、Co^{2+}、Zn^{2+}、Pb^{2+}、

Bi^{3+}、Ca^{2+} 与 PAN 反应速率慢或灵敏度低。若以 CuY-PAN 为间接金属指示剂,则可测定多种金属离子。在几种离子的连续滴定中,若分别使用几种指示剂,往往发生颜色干扰。而 CuY-PAN 可在很宽的 pH 范围(pH 1.9~12.2,PAN 黄色,络合物红色)内使用,就可以在同一溶液中连续指示终点。

4. 其他指示剂

在 pH 2 时,磺基水杨酸(无色)与 Fe^{3+} 形成紫红色络合物,可用做滴定 Fe^{3+} 的指示剂;在 pH 12.5 时,钙指示剂(蓝色)与 Ca^{2+} 形成紫红色络合物,可用做滴定钙的指示剂。

4.3 滴定曲线与终点误差

4.3.1 滴定曲线

在用 EDTA 滴定金属离子(M)的过程中,随着滴定剂的加入,溶液中未与 EDTA 反应的金属离子浓度([M'])减小,以 pM' 对滴定百分数作图可绘制滴定曲线。

- 化学计量点前
$$[M'] = c(M) - [MY]$$
- 化学计量点后　溶液中加入了过量的滴定剂,则
$$[M'] = \frac{[MY]}{[Y'] \cdot K'(MY)}$$
- 化学计量点时　$[M'] = [Y']$(注意,不是 $[M] = [Y]$)。若络合物比较稳定,
$$[MY]_{sp} = c_{sp}(M) - [M']_{sp} \approx c_{sp}(M)$$

代入条件常数式 $K'(MY) = \dfrac{[MY]}{[M'][Y']}$,整理即得

$$[M']_{sp} = \sqrt{\frac{c_{sp}(M)}{K'(MY)}} \tag{4.18}$$

取对数形式,即

$$(pM')_{sp} = \frac{1}{2}(\lg K'(MY) + pc_{sp}(M)) \tag{4.19}$$

式中 $c_{sp}(M)$ 表示化学计量点时金属离子的分析浓度。若滴定剂与被滴物浓度相等,$c_{sp}(M)$ 即为金属离子起始浓度之半。

例 4.8　用 $0.020 \ mol \cdot L^{-1}$ EDTA 滴定同浓度的 Zn^{2+}。若溶液 pH 为 9.0,$c(NH_3)$ 为 $0.20 \ mol \cdot L^{-1}$,计算化学计量点的 pZn',pZn,pY',pY,以及化学计量点前后 0.1% 时的 pZn' 和 pY'。

解　化学计量点时,pH=9.0,$\lg \alpha_{Y(H)} = 1.4$,$c(NH_3) = \dfrac{0.20}{2} = 0.10 \ mol \cdot L^{-1}$,例 4.6 已计算得:$\lg \alpha_{Zn} = \lg \alpha_{Zn(NH_3)} = 3.2$,$\lg K'(ZnY) = 11.9$(±0.1% 时可认为 $K'(ZnY)$ 不变),

$$c_{sp}(Zn) = 0.010 \ (mol \cdot L^{-1})$$

按式(4.19),则

$$(pZn')_{sp} = \frac{1}{2}(\lg K'(ZnY) + pc_{sp}(Zn)) = \frac{1}{2}(11.9 + 2.0) = 7.0$$

$$[Zn] = \frac{[Zn']}{\alpha_{Zn}}$$

$$(pZn)_{sp} = (pZn')_{sp} + \lg \alpha_{Zn} = 7.0 + 3.2 = 10.2$$

又

$$(pY')_{sp} = (pZn')_{sp} = 7.0$$

$$(pY)_{sp} = (pY')_{sp} + \lg \alpha_{Y(H)} = 7.0 + 1.4 = 8.4$$

化学计量点前 0.1% 时，

$$[Zn'] = 0.010 \times 0.1\% = 1.0 \times 10^{-5} (mol \cdot L^{-1}), \qquad pZn' = 5.0$$

$$[Y'] = \frac{[ZnY]}{[Zn'] \cdot K'(ZnY)} = \frac{0.010}{1.0 \times 10^{-5} \times 10^{11.9}} = 10^{-8.9} (mol \cdot L^{-1}), \qquad pY' = 8.9$$

化学计量点后 0.1% 时，

$$[Y'] = 0.010 \times 0.1\% = 1.0 \times 10^{-5} (mol \cdot L^{-1}), \qquad pY' = 5.0$$

$$[Zn'] = \frac{[ZnY]}{[Y'] \cdot K'(ZnY)} = \frac{0.010}{1.0 \times 10^{-5} \times 10^{11.9}} = 10^{-8.9} (mol \cdot L^{-1}), \qquad pZn' = 8.9$$

滴定突跃的大小是决定络合滴定准确度的重要依据。影响滴定突跃大小的因素有：

(i) 络合物的条件常数 $K'(MY)$。在浓度一定时，$K'(MY)$ 越大，突跃也越大 (图 4.8)。这是由于化学计量点后 $pM' = \lg K'(MY) - \lg \dfrac{[MY]}{[Y']}$，当滴定剂过量 0.1% 时，$pM' = \lg K'(MY) - 3.0$，可见 pM' 仅取决于 $\lg K'(MY)$，将随 $\lg K'(MY)$ 增大而增大，$K'(MY)$ 增大 10 倍，pM' 则增大 1 个单位。化学计量点前按反应剩余的 $[M']$ 计算 pM'，与 $K'(MY)$ 无关，因此 $K'(MY)$ 不同的滴定曲线合为一条。借助于调节溶液酸度，控制其他络合剂的浓度，可使 $\lg K'(MY)$ 加大，从而使滴定突跃加大。

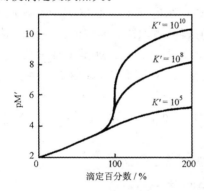

图 4.8　不同条件常数的滴定曲线
$(c = 10^{-2} mol \cdot L^{-1})$

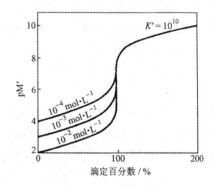

图 4.9　不同浓度溶液的滴定曲线

(ii) 金属离子浓度 $c(M)$。在条件常数 $K'(MY)$ 一定时，浓度越大，突跃也越大 (图 4.9)。化学计量点前 pM' 随 $c(M)$ 增大而减小，化学计量点前 0.1% 时，$pM' = pc_{sp}(M) + 3.0$。若浓度增大 10 倍，pM' 则降低 1 个单位。化学计量点后，浓度不同的滴定曲线合为一条，表明 pM' 与浓度无关。此处浓度改变仅影响滴定曲线的一侧，这与酸碱滴定中的一元弱酸 (碱) 滴定情况类似。

4.3.2　终点误差

按照终点误差的定义，EDTA(Y) 滴定金属 (M) 的终点误差计算式为

$$E_t = \frac{[Y']_{ep} - [M']_{ep}}{c_{sp}(M)} \tag{4.20}$$

由条件常数式

$$[Y'] = \frac{[MY]_{ep}}{[M']_{ep} \cdot K'(MY)} \approx \frac{c_{sp}(M)}{[M']_{ep} \cdot K'(MY)}$$

代入式(4.20)整理得

$$E_t = \frac{1}{[M']_{ep} \cdot K'(MY)} - \frac{[M']_{ep}}{c_{sp}(M)} \tag{4.21}$$

参照酸碱误差公式的导出,不难得到络合滴定的 Ringbom 误差公式。

由 $\Delta pM' = (pM')_{ep} - (pM')_{sp}$,$\Delta pY' = (pY')_{ep} - (pY')_{sp}$,得

$$[M']_{ep} = [M']_{sp} 10^{-\Delta pM'}, \qquad [Y']_{ep} = [Y']_{sp} 10^{-\Delta pY'} = [M']_{sp} 10^{\Delta pM'}$$

代入式(4.20),得

$$E_t = \frac{[M']_{sp}(10^{\Delta pM'} - 10^{-\Delta pM'})}{c_{sp}(M)}$$

根据式(4.18),有

$$[M']_{sp} = (c_{sp}(M)/K'(MY))^{1/2}$$

又因

$$\Delta pM' = \Delta pM$$

故

$$E_t = \frac{10^{\Delta pM} - 10^{-\Delta pM}}{(K'(MY) \cdot c_{sp}(M))^{1/2}} \tag{4.22}$$

此即络合滴定的终点误差公式。将酸碱滴定的终点误差图的横坐标用 $\lg(c_{sp}(M) \cdot K'(MY))$ 代替则可用于络合滴定。以络合滴定法测定时所需的条件,也取决于允许的误差和检测终点的准确度。一般络合滴定目测终点有 $\pm(0.2 \sim 0.5)\Delta pM$ 的出入,即 ΔpM 至少有 ± 0.2。若允许 E_t 为 0.1%,则 $\lg(c_{sp}(M) \cdot K'(MY)) \geqslant 6$。因此通常将 $\lg cK' \geqslant 6$ 作为能用络合滴定法准确测定的条件。

例 4.9 在 pH=5.0 的六次甲基四胺缓冲溶液中,以 $0.020 \text{ mol} \cdot L^{-1}$ EDTA 滴定同浓度的 Pb^{2+},计算滴定突跃,并选择合适的指示剂。

解 六次甲基四胺不与 Pb^{2+} 络合,在 pH=5.0 时,

$$\lg\alpha_{Pb(OH)} = 0, \qquad \lg\alpha_{Y(H)} = 6.6$$

故

$$\lg K'(PbY) = 18.0 - 6.6 = 11.4$$

据误差公式(4.22),$\lg(cK') = 11.4 - 2.0 = 9.4$,$E_t = \pm 0.1\%$ 时,$\Delta pM = \pm 1.7$,又

$$(pPb)_{sp} = \frac{1}{2}(\lg K'(PbY) + pc_{sp}(Pb)) = \frac{1}{2}(11.4 + 2.0) = 6.7$$

化学计量点前后 0.1% 的 pPb 是 6.7 ± 1.7,即滴定突跃 pPb 为 $5.0 \sim 8.4$。XO 在 pH=5.0 时的 $(pPb)_t = 7.0$,正处于突跃范围内,所以是合适的指示剂。

例 4.10 在 pH=10.0 的氨性缓冲溶液中,用 $0.020 \text{ mol} \cdot L^{-1}$ EDTA 滴定同浓度的 Mg^{2+}。若以 EBT 为指示剂滴定到变色点 $(pMg)_t$,计算 E_t。

解 pH=10.0 时,$\lg\alpha_{Y(H)} = 0.5$,$(pMg)_{ep} = (pMg)_t = 5.4$(见例 4.7 计算)。

$$\lg K'(MgY) = \lg K(MgY) - \lg\alpha_{Y(H)} = 8.7 - 0.5 = 8.2$$

$$(pMg)_{sp} = \frac{1}{2}(\lg K'(MgY) + pc_{sp}(Mg)) = \frac{1}{2}(8.2 + 2.0) = 5.1$$

$$\Delta pM = (pMg)_{ep} - (pMg)_{sp} = 5.4 - 5.1 = +0.3$$

$$E_t = \frac{10^{0.3} - 10^{-0.3}}{10^{(8.2-2.0)/2}} = +0.1\%$$

4.3.3　络合滴定中酸度的控制

最高酸度(即最低 pH)的控制是为使 $\alpha_{Y(H)}$ 不太大,以保证一定的 $K'(MY)$。若 M 未发生副反应,又忽略 MY 的副反应,条件常数用 $K(MY')$ 表示。当 $c_{sp}(M) = 0.01$ mol $\cdot$ L^{-1} 时,$\lg K(MY') \geqslant 8$ 才有可能使滴定误差在 $\pm 0.1\%$ 之内。

例 4.11　用 0.020 mol $\cdot$ L^{-1} EDTA 滴定同浓度的 Zn^{2+}。若 ΔpM 为 ± 0.2,要求终点误差在 $\pm 0.1\%$ 以内,最低 pH 应为多少?

解　$c_{sp}(Zn) = 0.010$ mol $\cdot$ L^{-1},须保证 $\lg K(MY') \geqslant 8$。

若 Zn^{2+} 没有发生副反应,

$$\lg K(ZnY') = \lg K(ZnY) - \lg \alpha_{Y(H)}$$

$$\lg \alpha_{Y(H)} = \lg K(ZnY) - \lg K(ZnY') = 16.5 - 8.0 = 8.5$$

从附录 Ⅲ.5 中查得此时 pH 约为 4.0,此即滴定 Zn^{2+} 时容许的最低 pH。

不同金属离子-EDTA 络合物的 $\lg K(MY)$ 不同,则使 $\lg K(MY')$ 达到 8.0 的最低 pH 也不同。对很稳定的络合物,如 BiY($\lg K(BiY) = 27.9$),可以在高酸度(pH$\approx$1)下滴定;而对不稳定的络合物,如 MgY($\lg K(MgY) = 8.7$),则必须在弱碱性(pH$=$10)溶液中滴定。

但若酸度过低,金属离子将发生水解甚至形成 M(OH)$_n$ 沉淀。这不仅影响络合反应的完全程度,而且影响反应速度,使终点难以确定。此"最低酸度"(即最高 pH)可由 M(OH)$_n$ 的溶度积求得。如滴定 Zn^{2+} 时,为防止滴定开始时形成 Zn(OH)$_2$ 沉淀,必须使

$$[OH^-] \leqslant \sqrt{\frac{K_{sp}(Zn(OH)_2)}{[Zn^{2+}]}} = \sqrt{\frac{10^{-15.3}}{0.020}} = 10^{-6.8}(mol \cdot L^{-1})$$

即最高 pH 为 7.2。

若加入适当的辅助络合剂(如滴定 Pb^{2+} 时加酒石酸,或滴定 Zn^{2+}、Cd^{2+} 时加氨水)防止金属离子水解沉淀,就可以在更低酸度下滴定。但辅助络合剂与金属离子的副反应导致 $K'(MY)$ 降低,必须控制其用量,否则 $K'(MY)$ 太小,将无法准确滴定。

4.4　混合离子的选择性滴定

以上讨论的是单一离子的滴定。由于 EDTA 等氨羧络合剂具有广泛的络合作用,而实际的分析对象常含有多种离子,它们在滴定时往往相互干扰。因此,在混合离子中进行选择性的滴定就成为络合滴定中需要解决的重要问题。

4.4.1　控制酸度进行分步滴定

若溶液中含有金属离子 M 和 N,它们均与 EDTA 形成络合物,且 $K(MY) > K(NY)$。当用 EDTA 滴定时,首先被滴定的是 M。若 $K(MY)$ 与 $K(NY)$ 相差足够大,则 M 被定量滴定后

才与 N 反应,也就是说能在 N 存在下准确滴定 M,这就是分步滴定的问题。至于 N 能否被继续滴定,这是单一离子滴定的问题,前面已经解决。这里需要讨论的是,$K(MY)$ 与 $K(NY)$ 相差多大才能分步滴定? 应当在什么酸度下滴定?

若将干扰离子 N 的影响与 H^+ 的影响同样地都作为对滴定剂 Y 的副反应来处理,求得在干扰离子存在下的条件常数 $K(MY')$,则能否准确滴定 M 的问题也就得到了解决。

1. 条件常数 $K(MY')$ 与酸度的关系

若 M 未发生副反应,溶液中的平衡关系是

$$\begin{array}{ccc} M & + & Y & \longrightarrow & MY \\ & & H \diagup \diagdown N & & \\ & & HY \quad NY & & \\ & & \vdots & & \end{array}$$

$\alpha_{Y(H)}$ 随酸度降低而减小。而

$$\alpha_{Y(N)} = \frac{[Y] + [NY]}{[Y]} = 1 + [N] \cdot K(NY)$$

为了能准确地分步滴定 M,化学计量点时 $[NY]$ 应当很小。若又没有其他络合剂与 N 反应,则

$$[N] = c(N) - [NY] \approx c(N)$$

$$\alpha_{Y(N)} \approx 1 + c(N) \cdot K(NY) \approx c(N) \cdot K(NY) \tag{4.23}$$

可见 $\alpha_{Y(N)}$ 仅取决于 $c(N)$ 与 $K(NY)$。只要酸度不太低,N 不水解,$\alpha_{Y(N)}$ 即为定值。Y 的总副反应系数

$$\alpha_Y = \alpha_{Y(H)} + \alpha_{Y(N)} - 1$$

- 若在较高的酸度下滴定　$\alpha_{Y(H)} > \alpha_{Y(N)}$,此时 $\alpha_Y \approx \alpha_{Y(H)}$,则有

$$K(MY') = K(MY)/\alpha_{Y(H)}$$

此时可以忽略 N 的影响,与单独滴定 M 的情况相同,$K(MY')$ 随酸度减小而增大。

- 若在较低的酸度下滴定　$\alpha_{Y(N)} > \alpha_{Y(H)}$,此时 $\alpha_Y \approx \alpha_{Y(N)}$,则有

$$K(MY') = K(MY)/\alpha_{Y(N)} \tag{4.24}$$

此时忽略的是 Y 与 H^+ 的副反应。只要 M、N 不水解也不发生其他副反应,$K(MY')$ 就不随酸度变化,并保持最大值,此即为滴定 M 的适宜 pH 范围。

2. 分步滴定可能性的判断及酸度的控制

在 $\alpha_{Y(N)} > \alpha_{Y(H)}$ 的 pH 范围内,$\alpha_Y \approx \alpha_{Y(N)} \approx c(N) \cdot K(NY)$,此时 M 与 Y 反应的条件常数 $K(MY')$ 只与干扰离子 N 的浓度 $c(N)$ 及其与 Y 反应的形成常数 $K(NY)$ 有关。

$$K(MY') = K(MY)/(c(N) \cdot K(NY))$$

两边同乘以 $c(M)$,并取对数,得

$$\lg(c(M) \cdot K(MY')) = \lg(c(M) \cdot K(MY)) - \lg(c(N) \cdot K(NY))$$

$$= \Delta\lg(cK) \tag{4.25}$$

$\Delta\lg(cK)$ 要相差多大才能分步滴定? 这取决于所要求的准确度(即允许的 E_t)和终点判断的准确程度(ΔpM)。若 $E_t = \pm 0.1\%$,且 $\Delta pM = \pm 0.2$,应使 $\lg(c(M) \cdot K(MY')) \geqslant 6$,即要求 $\Delta\lg(cK) \geqslant 6$。若 $c(M) = c(N)$,则 $\Delta\lg K \geqslant 6$;若 $c(M) \geqslant 10c(N)$,仅要求 $\Delta\lg K \geqslant 5$。

在大多数情况下,分步滴定在 $\lg K(MY')$ 达到最大时进行是有利的,此最低 pH 可认为是

在 $\alpha_{Y(H)} = \alpha_{Y(N)}$ 时的 pH。而 pH 高限则与单独滴定 M 时相同,即是防止生成 $M(OH)_n$ 沉淀的 pH。

少数高价离子极易水解,然而其络合物相当稳定,往往选在酸度稍高的情况下滴定。Bi^{3+}、Pb^{2+} 混合液中 Bi^{3+} 的滴定即是一例。若化学计量点时,

$$c_{sp}(Pb) = 10^{-2.0} \text{ mol} \cdot L^{-1}, \qquad \alpha_{Y(H)} = \alpha_{Y(Pb)} = 10^{-2.0+18.0} = 10^{16.0}$$

相应的 pH 是 1.4。若从条件常数考虑,应当选择 pH>1.4 滴定,但 pH=1.4 时 Bi^{3+} 已水解,会影响终点的确定。故一般选择在 pH=1.0 时滴定,尽管此时 $\lg K(BiY')$ 未达到最大值,但也有 9.6,已经可以准确滴定了。Pb^{2+} 可以在 pH 4~6 滴定。XO 既能和 Bi^{3+} 又能和 Pb^{2+} 生成红色络合物,前者更为稳定,可在 pH 1 指示 Bi^{3+} 的终点,在 pH 4~6 时指示 Pb^{2+} 的终点。若在 pH 1 滴定 Bi^{3+} 后,加入六次甲基四胺提高 pH 至 5 左右,继续滴定 Pb^{2+},就在同一溶液中连续滴定了 Bi^{3+} 和 Pb^{2+}。

4.4.2 使用掩蔽剂提高滴定的选择性

若被测金属的络合物与干扰离子的络合物的稳定性相差不够大,甚至 $\lg K(MY)$ 比 $\lg K(NY)$ 还小,就不能用控制酸度的方法分步滴定 M。若加入一种试剂与干扰离子 N 起反应,则溶液中 [N] 降低,N 对 M 的干扰作用也就减小以至消除。这种方法叫做掩蔽法。按所用反应类型的不同,可分为络合掩蔽法、沉淀掩蔽法和氧化还原掩蔽法,其中以络合掩蔽法用得最多。

1. 络合掩蔽法

使用络合掩蔽剂(A)时溶液中的平衡关系是

A 与 N 的反应实际上是 N 与 Y 反应的副反应。若掩蔽效果很好,[N] 已经降得很低,以至 $\alpha_{Y(N)} < \alpha_{Y(H)}$,此时 $\alpha_Y \approx \alpha_{Y(H)}$,则 N 已不构成干扰。$\lg K(MY')$ 仅与酸度有关,与滴定纯 M 时相同。

若加入掩蔽剂后,$\alpha_{Y(N)} > \alpha_{Y(H)}$,此时 $\alpha_Y \approx \alpha_{Y(N)}$,而

$$\alpha_{Y(N)} = 1 + [N] \cdot K(NY) \approx \frac{c(N)}{\alpha_{N(A)}} \cdot K(NY)$$

故
$$\lg K(MY') = \lg K(MY) - \lg \alpha_{Y(N)} = \Delta \lg K + pc(N) + \lg \alpha_{N(A)} \qquad (4.26)$$

例 4.12 用 0.020 mol·L^{-1} EDTA 滴定同浓度的 Zn^{2+}、Al^{3+} 混合液中的 Zn^{2+},若以 KF 掩蔽 Al^{3+},终点时未与 Al^{3+} 络合的 F 总浓度 [F'] 为 0.01 mol·L^{-1},pH=5.5,采用 XO 为指示剂,计算终点误差。

解 AlF_6^{3-} 的 $\lg \beta_1 \sim \lg \beta_6$ 分别是:6.1,11.2,15.0,17.7,19.4,19.7;$pK_a(HF) = 3.1$。

pH=5.5 时,

$$[F^-] = [F'] = 0.01 \text{ (mol} \cdot L^{-1})$$

$$\alpha_{Al(F)} = 1 + [F]\beta_1 + [F]^2\beta_2 + \cdots + [F]^6\beta_6$$

$$= 1 + 10^{-2.0+6.1} + 10^{-4.0+11.2} + 10^{-6.0+15.0} + 10^{-8.0+17.7}$$
$$+ 10^{-10.0+19.4} + 10^{-12.0+19.7} = 10^{10.0}$$

$$[\text{Al}] = \frac{[\text{Al}']}{\alpha_{\text{Al(F)}}} \approx \frac{c(\text{Al})}{\alpha_{\text{Al(F)}}} = \frac{10^{-2.0}}{10^{10.0}} = 10^{-12.0} (\text{mol} \cdot \text{L}^{-1})$$

$$\alpha_{\text{Y(Al)}} = 1 + [\text{Al}] \cdot K(\text{AlY}) = 1 + 10^{-12.0+16.1} = 10^{4.1} < \alpha_{\text{Y(H)}} = 10^{5.7}$$

表明 F^- 对 Al^{3+} 的掩蔽效果很好，此时 $\alpha_Y \approx \alpha_{\text{Y(H)}}$，则

$$\lg K(\text{ZnY}') = \lg K(\text{ZnY}) - \lg \alpha_{\text{Y(H)}} = 16.5 - 5.7 = 10.8$$

pH=5.5 时，$(\text{pZn})_{\text{ep}} = 5.7 (\text{XO})$，故

$$E_t = \frac{1}{[\text{Zn}]_{\text{ep}} \cdot K(\text{ZnY}')} - \frac{[\text{Zn}]_{\text{ep}}}{c_{\text{sp}}(\text{Zn})}$$

$$= \left(\frac{1}{10^{-5.7+10.8}} - \frac{10^{-5.7}}{10^{-2.0}} \right) \times 100\% = -0.02\%$$

例 4.13 某溶液含有 Zn^{2+}、Cd^{2+}，浓度均为 $0.020 \text{ mol} \cdot \text{L}^{-1}$。今以 KI 掩蔽 Cd^{2+}，终点时 $[\text{I}^-]=0.5 \text{ mol} \cdot \text{L}^{-1}$，pH=5.5，采用 XO 为指示剂。试问：

(1) 若以同浓度的 EDTA 滴定 Zn^{2+}，终点误差是多少？

(2) 若换用同浓度的 HEDTA (X) 为滴定剂，情况又如何？

解 CdI_4^{2-} 的 $\lg \beta_1 \sim \beta_4$ 分别是 $2.4, 3.4, 5.0, 6.2$；$[\text{I}^-]=0.5 \text{ mol} \cdot \text{L}^{-1}$。

$$\alpha_{\text{Cd(I)}} = 1 + 10^{-0.3+2.4} + 10^{-0.6+3.4} + 10^{-0.9+5.0} + 10^{-1.2+6.2} = 10^{5.1}$$

游离 Cd^{2+} 的浓度为

$$[\text{Cd}] = \frac{[\text{Cd}']}{\alpha_{\text{Cd(I)}}} \approx \frac{c(\text{Cd})}{\alpha_{\text{Cd(I)}}} = \frac{10^{-2.0}}{10^{5.1}} = 10^{-7.1} (\text{mol} \cdot \text{L}^{-1})$$

(1) 用 EDTA 为滴定剂，$\lg K(\text{ZnY}) = \lg K(\text{CdY}) = 16.5$。pH=5.5 时，$\alpha_{\text{Y(H)}} = 10^{5.7}$。

$$\alpha_{\text{Y(Cd)}} = 1 + [\text{Cd}] \cdot K(\text{CdY}) = 10^{-7.1+16.5} = 10^{9.4} \gg \alpha_{\text{Y(H)}}$$

$$\lg K(\text{ZnY}') = \lg K(\text{ZnY}) - \lg \alpha_{\text{Y(Cd)}} = 16.5 - 9.4 = 7.1$$

pH=5.5 时，$(\text{pZn})_{\text{ep}} = 5.7 (\text{XO})$，故

$$E_t = \left(\frac{1}{10^{-5.7+7.1}} - \frac{10^{-5.7}}{10^{-2.0}} \right) \times 100\% = +4\%$$

(2) 若用 HEDTA (X) 为滴定剂，$\lg K(\text{ZnX}) = 14.5$，$\lg K(\text{CdX}) = 13.0$。pH=5.5 时，$\alpha_{\text{X(H)}} = 10^{4.6}$。

$$\alpha_{\text{X(Cd)}} = 1 + [\text{Cd}] \cdot K(\text{CdX}) \approx 10^{-7.1+13.0} = 10^{5.9} \gg \alpha_{\text{X(H)}}$$

$$\lg K(\text{ZnX}') = \lg K(\text{ZnX}) - \lg \alpha_{\text{X(Cd)}} = 14.5 - 5.9 = 8.6$$

$$E_t = \left(\frac{1}{10^{-5.7+8.6}} - \frac{10^{-5.7}}{10^{-2.0}} \right) \times 100\% = 0.1\%$$

可见，采用 HEDTA 滴定的准确度高。此例也是使用掩蔽剂与选择滴定剂相结合进行选择性滴定的例子。表 4.1 列出了一些常用的络合掩蔽剂。

表 4.1　一些常用的络合掩蔽剂

掩蔽剂	被掩蔽的离子							pH
三乙醇胺	Al^{3+}	Fe^{3+}	Sn^{4+}	TiO_2^{2+}				10*
氟化物	Al^{3+}	Sn^{4+}	TiO_2^{2+}	Zr^{4+}				>4
乙酰丙酮	Al^{3+}	Fe^{3+}						5~6
邻二氮菲	Zn^{2+}	Cu^{2+}	Co^{2+}	Ni^{2+}	Cd^{2+}	Hg^{2+}		5~6
氰化物	Zn^{2+}	Cu^{2+}	Co^{2+}	Ni^{2+}	Cd^{2+}	Hg^{2+}	Fe^{2+}	10**
2,3-二巯基丙醇	Zn^{2+}	Pb^{2+}	Bi^{3+}	Sb^{3+}	Sn^{4+}	Cd^{2+}	Cu^{2+}	10
硫脲	Hg^{2+}	Cu^{2+}						弱酸
碘化物	Hg^{2+}							

　　* 三乙醇胺作掩蔽剂时,应当在酸性溶液中加入,然后调节 pH 至 10。否则,金属离子易水解,掩蔽效果不好。

　　** KCN 必须在碱性溶液中使用,否则生成剧毒 HCN 气体。滴定后的溶液,应当加入过量 $FeSO_4$,使之生成 $Fe(CN)_6^{4-}$,以防止污染环境。

　　以上是将干扰离子 N 掩蔽起来滴定离子 M。如同时还需要测定 N,可以在滴定 M 以后,加入一种试剂破坏 N 与掩蔽剂的络合物,使 N 释放出来,继续滴定 N,这种方法称为解蔽法。例如,欲测定溶液中 Pb^{2+}、Zn^{2+} 含量。这两种离子的 EDTA 络合物的稳定常数相近,无法控制酸度分步滴定。可先在氨性酒石酸溶液中用 KCN 掩蔽 Zn^{2+},以 EBT 为指示剂,用 EDTA 滴定 Pb^{2+},然后加入甲醛,$Zn(CN)_4^{2-}$ 被破坏,释放出 Zn^{2+},即

$$4HCHO + Zn(CN)_4^{2-} + 4H_2O \Longrightarrow Zn^{2+} + 4H_2C \begin{matrix} CN \\ \diagdown \\ OH \end{matrix} \quad (乙醇腈) + 4OH^-$$

然后再继续用 EDTA 滴定 Zn^{2+}。这里是利用两种试剂——掩蔽剂与解蔽剂进行连续滴定。$Cd(CN)_4^{2-}$ 也能被甲醛解蔽。Cu^{2+}、Co^{2+}、Ni^{2+}、Hg^{2+} 与 CN^- 生成更稳定的络合物,不易被甲醛解蔽,但若甲醛浓度较大时会发生部分解蔽。又如,硫脲可以将 Cu^{2+} 还原到 Cu^+,并掩蔽 Cu^+,用 H_2O_2 氧化,则可以将 Cu^{2+} 释放出来。

　　2. 氧化还原掩蔽法

　　加入一种氧化剂或还原剂,使之与干扰离子发生氧化还原反应以消除干扰,称为氧化还原掩蔽法。例如锆铁中锆的测定。由于锆和 Fe^{3+} 的 EDTA 络合物的 ΔlgK 不足够大 ($lgK(ZrOY^{2-}) = 29.9$, $lgK(FeY^-) = 25.1$),Fe^{3+} 会干扰锆的测定。若加入抗坏血酸或盐酸羟胺将 Fe^{3+} 还原为 Fe^{2+}。由于 FeY^{2-} 的稳定性较 FeY^- 差($lgK(FeY^{2-}) = 14.3$),Fe^{2+} 不干扰锆的测定。滴定 Th^{4+}、Bi^{3+}、In^{3+}、Hg^{2+} 时,也可以用同样的方法消除 Fe^{3+} 的干扰。

　　3. 沉淀掩蔽法

　　加入能与干扰离子生成沉淀的沉淀剂,并在沉淀存在下直接进行络合滴定,称为沉淀掩蔽法。例如 Ca^{2+}、Mg^{2+} 的 EDTA 络合物稳定常数相近,不能用控制酸度的方法分步滴定。但它们的氢氧化物的溶解度相差较大,若在 pH>12 时滴定 Ca^{2+},则 Mg^{2+} 形成 $Mg(OH)_2$ 沉淀而不干扰 Ca^{2+} 的测定。表 4.2 列出一些常用的沉淀掩蔽剂。

表 4.2　一些常用的沉淀掩蔽剂

掩蔽剂	被掩蔽离子	被滴定离子	pH	指示剂
氢氧化物	Mg^{2+}	Ca^{2+}	12	钙指示剂
KI	Cu^{2+}	Zn^{2+}	5～6	PAN
氟化物	Ba^{2+}　Sr^{2+}　Ca^{2+}　Mg^{2+}	Zn^{2+}　Cd^{2+}　Mn^{2+}	10	EBT
硫酸盐	Ba^{2+}　Sr^{2+}	Ca^{2+}　Mg^{2+}	10	EBT
硫化钠或铜试剂	Hg^{2+}　Pb^{2+}　Bi^{3+}　Cu^{2+}　Cd^{2+}	Ca^{2+}　Mg^{2+}	10	EBT

由于一些沉淀反应不够完全,特别是过饱和现象使沉淀不易析出;沉淀会吸附被测离子而影响测定的准确度;一些沉淀颜色深、体积较大而妨碍终点观察。因此在实际工作中沉淀掩蔽法应用不多。

除 EDTA 外,还有不少氨羧络合剂,它们与金属形成络合物的稳定性有所不同,选用不同的氨羧络合剂作滴定剂,可以选择性地滴定某些金属离子。如 EGTA(乙二醇二乙醚二胺四乙酸)与 Mg^{2+} 络合很不稳定($\lg K(MgY)=5.2$),但与 Ca^{2+} 络合则稳定得多($\lg K(CaY)=11.0$)。因此,如在 Mg^{2+} 存在下滴定 Ca^{2+},选用 EGTA 作滴定剂有利于提高选择性。在生物体系的研究中,欲消除 Ca^{2+} 的干扰时,EGTA 是很好的掩蔽剂。

4.5　络合滴定法的应用

4.5.1　络合滴定中缓冲剂的应用

络合滴定过程中会不断释放出 H^+。例如 pH 5 左右用 EDTA 滴定 Pb^{2+} 时,

$$Pb^{2+} + H_2Y^{2-} = PbY^{2-} + 2H^+$$

溶液酸度增高会降低 $K(MY')$,影响反应的完全程度,同时 $K(MIn')$ 也随之减小,使指示剂灵敏度降低。因此络合滴定中常加入缓冲剂控制溶液的酸度。

在弱酸性溶液(pH 5～6)中滴定,常使用醋酸缓冲溶液或六次甲基四胺缓冲溶液;在弱碱性溶液(pH 8～10)中滴定,常采用氨性缓冲溶液。在强酸中滴定(如 pH 1 时滴定 Bi^{3+})或强碱中滴定(如 pH>12 时滴定 Ca^{2+}),强酸或强碱本身就是缓冲溶液,具有一定的缓冲作用。缓冲剂的选择不仅要考虑缓冲剂所能缓冲的 pH 范围,还要考虑缓冲剂是否会引起金属离子的副反应而影响反应的完全度。例如在 pH≈5 时用 EDTA 滴定 Pb^{2+},通常不用醋酸缓冲溶液,因为 Ac^- 会与 Pb^{2+} 络合,降低 PbY 的条件形成常数。此外,缓冲溶液还必须有足够的缓冲容量才能控制溶液 pH 在一定范围内变化。

例 4.14　用 $0.02\ mol \cdot L^{-1}$ EDTA 溶液滴定 25 mL $0.02\ mol \cdot L^{-1}$ 的 Pb^{2+} 溶液,设滴定前 Pb^{2+} 溶液的 pH 为 5.0。如何使溶液的 pH 在滴定完成后不低于 4.8?

解　EDTA(H_2Y^{2-})滴定 Pb^{2+} 的反应为

$$Pb^{2+} + H_2Y^{2-} = PbY^{2-} + 2H^+$$

在 Pb^{2+} 与 EDTA 的络合反应中,产生 2 倍量的 H^+。化学计量点时,溶液体积增大 1 倍,即 H^+ 的浓度增大 $0.02\ mol \cdot L^{-1}$。

配制 pH=5.0 的缓冲溶液,又不与 Pb^{2+} 发生络合作用,应选六次甲基四胺(A)和其共轭酸(用 HNO_3 中和部分 A 至 HA)缓冲体系。反应后产生的 H^+ 使 [HA] 增大:

$$\Delta c(\mathrm{H^+}) = c \cdot (x_2(\mathrm{HA}) - x_1(\mathrm{HA})) = 0.02 \ (\mathrm{mol \cdot L^{-1}})$$

pH＝5.0 时，

$$x_1(\mathrm{HA}) = \frac{10^{-5.0}}{10^{-5.3} + 10^{-5.0}} = 0.67$$

pH＝4.8 时，

$$x_2(\mathrm{HA}) = \frac{10^{-4.8}}{10^{-5.3} + 10^{-4.8}} = 0.76$$

则

$$c = \frac{0.02}{0.76 - 0.67} = 0.22 \ (\mathrm{mol \cdot L^{-1}})$$

$$m((\mathrm{CH_2})_6\mathrm{N_4}) = 0.22 \times 0.025 \times 2 \times 140 = 1.5 \ (\mathrm{g})$$

$$n(\mathrm{HNO_3}) = 0.22 \times 0.67 \times 0.025 \times 2 = 7.4 \ (\mathrm{mmol})$$

于 25 mL $\mathrm{Pb^{2+}}$ 溶液中，加入 1.5 g 六次甲基四胺及 7.4 mmol $\mathrm{HNO_3}$ 即可。

4.5.2　滴定方式及应用

1. 直接滴定法

若金属与 EDTA 的反应满足滴定的要求就可以直接进行滴定。直接滴定法具有方便、快速的优点，可能引入的误差也较少。因此只要条件允许，应尽可能采用直接滴定法。表 4.3 列出了一些离子常用的 EDTA 直接滴定的方法。

表 4.3　直接滴定法示例

金属离子	pH	指示剂	其他主要条件
$\mathrm{Bi^{3+}}$	1	XO	$\mathrm{HNO_3}$ 介质
$\mathrm{Fe^{3+}}$	2	磺基水杨酸	加热至 50～60℃
$\mathrm{Th^{4+}}$	2.5～3.5	XO	
$\mathrm{Cu^{2+}}$	2.5～10	PAN	加乙醇或加热
	8	紫脲酸铵	
$\mathrm{Zn^{2+}}$、$\mathrm{Cd^{2+}}$、$\mathrm{Pb^{2+}}$、稀土	≈5.5	XO	
	9～10	EBT	$\mathrm{Pb^{2+}}$ 以酒石酸为辅助络合剂
$\mathrm{Ni^{2+}}$	9～10	紫脲酸铵	氨性缓冲液，加热至 50～60℃
$\mathrm{Mg^{2+}}$	10	EBT	
$\mathrm{Ca^{2+}}$	12～13	钙指示剂或紫脲酸铵	

水硬度的测定是络合滴定最典型的应用。水硬度是指水中碱土金属离子总浓度，约等于钙镁总浓度。下面仅就钙镁联合测定作介绍：先在 pH≈10 的氨性溶液中，以 EBT 为指示剂，用 EDTA 滴定。由于 CaY 比 MgY 稳定，故先滴定的是 $\mathrm{Ca^{2+}}$。但它们与 EBT 络合物的稳定性则相反（$\lg K(\mathrm{CaIn}) = 5.4$，$\lg K(\mathrm{MgIn}) = 7.0$），因此溶液由紫红变为蓝色，表示 $\mathrm{Mg^{2+}}$ 已定量滴定，而此时 $\mathrm{Ca^{2+}}$ 早已定量反应，故由此测得的是 $\mathrm{Ca^{2+}}$、$\mathrm{Mg^{2+}}$ 总量。另取同量试液，加入 NaOH 至 pH＞12，此时 $\mathrm{Mg^{2+}}$ 以 $\mathrm{Mg(OH)_2}$ 沉淀形式被掩蔽，选用钙指示剂为指示剂，用 EDTA 滴定

Ca^{2+}。由前后两次测定之差,即得到 Mg^{2+} 含量。

2. 返滴定法

如下一些情况可采用返滴定:① 被测离子与 EDTA 反应缓慢;② 被测离子在滴定的 pH 下会发生水解,又找不到合适的辅助络合剂;③ 被测离子对指示剂有封闭作用,又找不到合适的指示剂。用 EDTA 滴定 Al^{3+} 正是如此:Al^{3+} 与 EDTA 络合缓慢;酸度不高时,Al^{3+} 水解成多核羟基络合物,使之与 EDTA 络合更慢;Al^{3+} 又封闭 XO 等指示剂,因此不能用直接法滴定。

采用返滴定法并控制溶液的 pH,即可解决上述问题。方法是先加入过量的 EDTA 标准溶液于酸性溶液中,调 pH≈3.5,煮沸溶液。此时溶液的酸度较高,又有过量的 EDTA 存在,Al^{3+} 不会形成多核羟基络合物,煮沸则又加速了 Al^{3+} 与 EDTA 的络合反应。然后将溶液冷却,并调 pH 为 5~6,以保证 Al^{3+} 与 EDTA 络合反应定量进行。最后再加入 XO 指示剂,此时 Al^{3+} 已形成 AlY 络合物,不再封闭指示剂。过量的 EDTA 用 Zn^{2+} 标准溶液进行返滴定,即可测得 Al^{3+} 的含量。用做返滴定剂的金属离子与 EDTA 形成的络合物的稳定性应小于被测离子与 EDTA 络合物的稳定性,以免将被测离子置换出来。表 4.4 列出了一些常用做返滴定剂的金属离子。

表 4.4　常用做返滴定剂的金属离子

pH	返滴定剂		指示剂	测定金属离子			
1~2	Bi^{3+}		XO	ZrO^{2+}	Sn^{4+}		
5~6	Zn^{2+}	Pb^{2+}	XO	Al^{3+}	Cu^{2+}	Co^{2+}	Ni^{2+}
5~6	Cu^{2+}		PAN	Al^{3+}			
10	Mg^{2+}	Zn^{2+}	EBT	Ni^{2+}	稀土		
12~13	Ca^{2+}		钙指示剂	Co^{2+}	Ni^{2+}		

3. 析出法

在有多种组分存在的试液中欲测定其中一种组分,采用析出法不仅选择性高而且简便。以复杂铝试样中测定 Al^{3+} 为例。若其中还有 Pb^{2+}、Zn^{2+}、Cd^{2+} 等金属离子,采用返滴定法测定的是 Al^{3+} 与这些离子的总量。若要掩蔽这些干扰离子,必须首先弄清含有哪些组分,并加入多种掩蔽剂,这不仅麻烦,且有时难以办到。而若在返滴定至终点后,再加入能与 Al^{3+} 形成更稳定络合物的选择性试剂 NaF,在加热情况下发生如下析出反应:

$$AlY^- + 6F^- + 2H^+ === AlF_6^{3-} + H_2Y^{2-}$$

析出与 Al^{3+} 等物质的量的 EDTA。溶液冷却后再以 Zn^{2+} 标准溶液滴定析出的 EDTA,即得 Al^{3+} 的含量。此法测 Al^{3+} 的选择性较高,仅 Zr^{4+}、Ti^{4+}、Sn^{4+} 干扰测定。实际上,也可用此法测定锡青铜(含 Sn^{4+}、Cu^{2+}、Pb^{2+}、Zn^{2+})中的 Sn^{4+}。此外还有 KI 析出法测 Hg^{2+};硫脲析出法测 Cu^{2+};KCN(或邻二氮菲)析出法测定 Zn^{2+}、Cd^{2+}、Cu^{2+}、Co^{2+}、Ni^{2+}、Hg^{2+} 等。

4. 置换滴定法

Ag^+ 与 EDTA 的络合物不稳定($\lg K(AgY)=7.8$),也没有合适的指示剂,不能用 EDTA 直接滴定 Ag^+。若加过量的 $Ni(CN)_4^{2-}$ 于含 Ag^+ 的试液中,则发生如下置换反应:

$$2Ag^+ + Ni(CN)_4^{2-} === 2Ag(CN)_2^- + Ni^{2+}$$

此反应的平衡常数较大:

$$K = \frac{(K(Ag(CN)_2^-))^2}{K(Ni(CN)_4^{2-})} = \frac{(10^{21.1})^2}{10^{31.3}} = 10^{10.9}$$

反应进行较完全。置换出的 Ni^{2+} 可用 EDTA 滴定。例如,银币中 Ag 与 Cu 的测定。试样溶于硝酸后,加氨调 $pH \approx 8$,先以紫脲酸铵为指示剂,用 EDTA 滴定 Cu^{2+};然后调 $pH \approx 10$,加入过量 $Ni(CN)_4^{2-}$,再以 EDTA 滴定置换出的 Ni^{2+},即得 Ag 的含量。紫脲酸铵是络合滴定 Ca^{2+}、Ni^{2+}、Co^{2+} 和 Cu^{2+} 的经典指示剂。

有时还将间接金属指示剂用于置换滴定。例如 EBT 与 Ca^{2+} 显色不灵敏,但对 Mg^{2+} 较灵敏。在 $pH=10$ 滴定 Ca^{2+} 时加入少量 MgY,则发生如下置换反应:

$$Ca^{2+} + MgY \rightleftharpoons CaY + Mg^{2+}$$

置换出的 Mg^{2+} 与 EBT 呈深红色。EDTA 滴定溶液中 Ca^{2+} 后,再夺取 Mg-EBT 络合物中的 Mg^{2+},溶液变蓝即为终点。在此,加入的 MgY 与生成的 MgY 是相等的。EBT 通过 Mg^{2+} 指示终点,前述 Cu-PAN 间接指示剂也是同样的原理。

5. 间接滴定法

利用间接法可以测定与 EDTA 络合不稳定的某些金属离子,亦可测定某些非金属离子。例如,K^+ 可沉淀为 $K_2NaCo(NO_2)_6 \cdot 6H_2O$,沉淀过滤溶解后,用 EDTA 滴定其中的 Co^{2+},以间接测定 K^+ 含量。此法可用于测定血清、红血球和尿中的 K^+。又如 PO_4^{3-} 可沉淀为 $MgNH_4PO_4 \cdot 6H_2O$,沉淀过滤后溶解于 HCl,加入过量的 EDTA 标准溶液,并调至氨性,用 Mg^{2+} 标准溶液返滴过量的 EDTA,通过测定 Mg^{2+} 即间接求得 P 的含量。测定 SO_4^{2-} 时,则可定量地加入过量的 Ba^{2+} 标准溶液,将其沉淀为 $BaSO_4$,而后以 MgY-EBT 为指示剂,用 EDTA 滴定过量的 Ba^{2+},从而计算出 SO_4^{2-} 的含量。CO_3^{2-}、CrO_4^{2-}、S^{2-} 也可采用类似方法测定。胃舒平、乳酸钙等含金属的药物及咖啡因等能与金属离子作用的生物碱类药物都可用络合滴定法测定。

4.5.3　标准溶液的配制和标定

EDTA 在水中的溶解度较小(22℃时为 0.02 g/100 mL),难溶于酸和有机溶剂,易溶于 NaOH 或 NH_3 的水溶液。通常使用其二钠盐($Na_2H_2Y \cdot 2H_2O$,也称 EDTA)配制(22℃时溶解度为 11.1 g/100 mL,约 0.3 mol $\cdot$ L^{-1}),浓度为 0.01~0.05 mol $\cdot$ L^{-1} 为宜。由于水与其他试剂中常含有金属离子,EDTA 标准溶液通常采用标定法配制。

标定 EDTA 溶液的基准物质很多,如金属锌、铜、铋以及 ZnO、$CaCO_3$、$MgSO_4 \cdot 7H_2O$ 等。金属锌的纯度高(纯度可达 99.99%),在空气中稳定,Zn^{2+} 与 ZnY^{2-} 均无色,既能在 pH 5~6 以 XO 为指示剂标定,又可在 pH 9~10 的氨性溶液中以 EBT 为指示剂标定,终点均很敏锐,因此一般多采用金属锌为基准物质。

蒸馏水的质量是否符合要求,是络合滴定应用中十分重要的问题:① 若配制溶液的水中含有 Al^{3+}、Cu^{2+} 等,就会封闭指示剂,使得终点难以判断。② 若水中含有 Ca^{2+}、Mg^{2+}、Pb^{2+}、Sn^{2+} 等,则会消耗 EDTA,在不同的情况下会对结果产生不同的影响。例如,试剂或水中含有少量 Ca^{2+}、Pb^{2+} 时,若在碱性条件下滴定,两者均与 EDTA 络合;在弱酸溶液中滴定,只有 Pb^{2+} 与 EDTA 络合;在强酸溶液中滴定,则两者均不与 EDTA 络合。显然若在相同酸度下标定和测定,这种影响就可以抵消。为使测定的准确度高,标定的条件应与测定条件尽可能接近。在可能的情况下,最好选用被测元素的纯金属或化合物为基准物质。

参 考 文 献

[1] 彭崇慧,张锡瑜编著.络合滴定原理.北京:北京大学出版社,1987
[2] 陈承兆著.分析化学丛书第一卷第五册:络合滴定.北京:科学出版社,1986

思考题与习题

4.1 为什么用 EDTA 滴定 M 至化学计量点时,未与 M 络合的辅助络合剂的浓度 $[A']$ 约等于其分析浓度 $c(A)$?

4.2 用 EDTA 滴定同浓度的 M,若 $K'(MY)$ 增大 10 倍,滴定突跃范围改变多少?若 $K'(MY)$ 一定,浓度增加 10 倍,滴定突跃增大多少?

4.3 络合滴定至何点时,$c(M)=c(Y)$? 什么情况下 $[M]_{sp}=[Y]_{sp}$?

4.4 在使用掩蔽剂(B)进行选择性滴定时,若溶液存在下列平衡:

$$
\begin{array}{ccc}
M & + & Y \\
OH / \quad \backslash A - HA & H^+ | N_1 \quad N_2 & \overline{\qquad} B - N_2B \cdots N_2B_x \\
M(OH) \quad MA & HY \quad N_1Y \quad N_2Y & | H^+ \\
M(OH)_m \quad MA_n & H_6Y & HB \\
& & H_bB
\end{array}
$$

请写出 $\lg K'(MY)$ 的计算式。在该溶液中,$c(M),c(N_1),c(N_2),c(Y),c(A),c(B)$ 及 $[M'],[Y'],[A']$, $[B'],[N_1'],[N_2']$ 各是什么含义?

4.5 用 EDTA 滴定 Ca^{2+}、Mg^{2+},采用 EBT 为指示剂。此时,若存在少量的 Fe^{3+} 和 Al^{3+},对体系会有何影响? 如何消除它们的影响?

4.6 如何检验水中是否有少量金属离子? 如何确定它们是 Ca^{2+}、Mg^{2+},还是 Al^{3+}、Fe^{3+}、Cu^{2+}?

4.7 若配制 EDTA 溶液的水中含有 Ca^{2+},判断下列情况对测定结果的影响:
(1) 以 $CaCO_3$ 为基准物质标定 EDTA,用以滴定试液中 Zn^{2+} 的含量,XO 为指示剂;
(2) 以金属锌为基准物质,XO 为指示剂标定 EDTA,用以测定试液中 Ca^{2+} 的含量;
(3) 以金属锌为基准物质,EBT 为指示剂标定 EDTA,用以测定试液中 Ca^{2+} 的含量。

4.8 拟定分析方案,指出滴定剂、酸度、指示剂及所需其他试剂,并说明滴定的方式:
(1) 含有 Fe^{3+} 的试液中测定 Bi^{3+};
(2) Zn^{2+}、Mg^{2+} 混合液中两者的测定(举出 3 种方案);
(3) 铜合金中 Pb^{2+}、Zn^{2+} 的测定;
(4) Ca^{2+} 与 EDTA 混合液中两者的测定;
(5) 水泥中 Fe^{3+}、Al^{3+}、Ca^{2+}、Mg^{2+} 的测定;
(6) Al^{3+}、Zn^{2+}、Mg^{2+} 混合液中 Zn^{2+} 的测定;
(7) Bi^{3+}、Al^{3+}、Pb^{2+} 混合液中三组分的测定。

4.9 已知 NH_3 的 $K_b=10^{-4.63}$,请计算 $K_a(NH_4^+),K^H(NH_4^+),K^{OH}(NH_4OH)$ 及 pH=9.0 时的 $\alpha_{NH_3(H)}$。

4.10 乙酰丙酮(L)与 Fe^{3+} 的络合物的 $\lg\beta_1\sim\lg\beta_3$ 分别为 9.3,17.9,25.1。请指出在下面不同 pL 时 $Fe(\text{Ⅲ})$ 的主要存在形态。

pL	22.1	11.4	7.7	3.0
主要形态				

4.11 在下面的氨性缓冲溶液中用 EDTA 滴定 Cd^{2+},计算 $\lg\alpha_{Cd(NH_3)}$,$\lg\alpha_{Cd(OH)}$ 和 $\lg\alpha_{Cd}$。
(1) 溶液中 $[NH_3]=[NH_4^+]=0.10\ mol\cdot L^{-1}$;
(2) 加入少量 NaOH 于(1)液中至 pH 为 10.0。

4.12 用 EDTA 滴定 Ni^{2+}，计算下面两种情况下的 $\lg K'(NiY)$：

(1) $pH=9.0$，$c(NH_3)=0.2\ mol \cdot L^{-1}$；

(2) $pH=9.0$，$c(NH_3)=0.2\ mol \cdot L^{-1}$，$[CN^-]=0.01\ mol \cdot L^{-1}$。

4.13 在 pH 为 10.0 的氨性缓冲溶液中，以 $0.020\ mol \cdot L^{-1}$ EDTA 滴定同浓度的 Pb^{2+} 溶液。若滴定开始时酒石酸的分析浓度为 $0.2\ mol \cdot L^{-1}$，计算化学计量点时的 $\lg K'(PbY)$，$[Pb']$ 和酒石酸铅络合物的浓度（$[PbL]$）（酒石酸铅络合物的 $\lg K$ 为 3.8）。

4.14 $15\ mL\ 0.020\ mol \cdot L^{-1}$ EDTA 与 $10\ mL\ 0.020\ mol \cdot L^{-1}\ Zn^{2+}$ 溶液相混合，若 pH 为 4.0，计算 $[Zn^{2+}]$；若欲控制 $[Zn^{2+}]$ 为 $10^{-7.0}\ mol \cdot L^{-1}$，问溶液 pH 应控制在多大？

4.15 在 $pH=13.0$ 时，用 EDTA 滴定 Ca^{2+}。请根据表中数据，完成填空：

浓度 $c/(mol \cdot L^{-1})$	pCa		
	化学计量点前 0.1%	化学计量点	化学计量点后 0.1%
0.01	5.3	6.5	
0.1			

4.16 在一定条件下，用 $0.010\ mol \cdot L^{-1}$ EDTA 滴定 $20.00\ mL$ 同浓度金属离子 M。已知该条件下反应是完全的，在加入 $19.98 \sim 20.02\ mL$ EDTA 时 pM 改变 1 个单位，计算 $K'(MY)$。

4.17 以 $0.020\ mol \cdot L^{-1}$ EDTA 滴定浓度均为 $0.020\ mol \cdot L^{-1}$ 的 Cu^{2+}、Ca^{2+} 混合液中的 Cu^{2+}。

(1) 如溶液 pH 为 5.0，以 PAN 为指示剂，$(pCu)_t=8.8$，计算终点误差；

(2) 计算化学计量点和终点时 CaY 的平衡浓度各是多少？

4.18 用控制酸度的方法分步滴定浓度均为 $0.020\ mol \cdot L^{-1}$ 的 Th^{4+} 和 La^{3+}。若 EDTA 浓度也为 $0.020\ mol \cdot L^{-1}$，计算：

(1) 滴定 Th^{4+} 的合适酸度范围（$\lg K'(ThY)$ 最大，$Th(OH)_4$ 不沉淀）；

(2) 以 XO 为指示剂在 $pH=5.5$ 继续滴定 La^{3+}，终点误差多大？

4.19 用 $0.020\ mol \cdot L^{-1}$ 的 EDTA 滴定浓度均为 $0.020\ mol \cdot L^{-1}$ 的 Pb^{2+}、Al^{3+} 混合液中的 Pb^{2+}。以乙酰丙酮掩蔽 Al^{3+}，终点时未与 Al^{3+} 络合的乙酰丙酮总浓度为 $0.1\ mol \cdot L^{-1}$，pH 为 5.0，以 XO 为指示剂，计算终点误差（乙酰丙酮的 $pK_a=8.8$，忽略乙酰丙酮与 Pb^{2+} 的络合）。

4.20 在 $pH=5.5$ 时使用 $0.020\ mol \cdot L^{-1}$ HEDTA(X) 滴定同浓度 Zn^{2+}、Cd^{2+} 试液中的 Zn^{2+}，以 KI 掩蔽 Cd^{2+}，XO 为指示剂。已知：$\lg K(ZnX)=14.5$，$\lg K(CdX)=13.0$，$\lg \alpha_{X(H)}=4.6$，$(pZn)_t(XO)=5.7$；已计算得 $\lg \alpha_{Cd(I)}=5.1$，$\lg \alpha_{X(Cd)}=5.9$，$\lg K(ZnX')=8.6$，$(pZn)_{sp}=5.3$。

请根据以上数据，完成下表（单位均为 $mol \cdot L^{-1}$）：

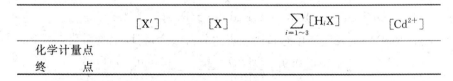

	$[X']$	$[X]$	$\sum_{i=1\sim3}[H_iX]$	$[Cd^{2+}]$
化学计量点				
终点				

4.21 称取含 Fe_2O_3 和 Al_2O_3 的试样 $0.2015\ g$。试样溶解后，在 $pH=2.0$ 以磺基水杨酸为指示剂，加热至 $50\,^\circ\!C$ 左右，以 $0.02008\ mol \cdot L^{-1}$ 的 EDTA 滴定至红色消失，消耗 EDTA $15.20\ mL$；然后加入上述 EDTA 标准溶液 $25.00\ mL$，加热煮沸，调 pH 至 4.5，以 PAN 为指示剂，趁热用 $0.02112\ mol \cdot L^{-1}$ Cu^{2+} 标准溶液返滴，用去 $8.16\ mL$。计算试样中 Fe_2O_3 与 Al_2O_3 的质量分数（以 % 表示）。

4.22 移取含 Bi^{3+}、Pb^{2+}、Cd^{2+} 的试液 $25.00\ mL$，以 XO 为指示剂，在 $pH=1.0$ 用 $0.02015\ mol \cdot L^{-1}$ EDTA 滴定，用去 $20.28\ mL$；调 pH 至 5.5，继续用 EDTA 溶液滴定又消耗 $30.16\ mL$；再加入邻二氮菲，用 $0.02002\ mol \cdot L^{-1}$ Pb^{2+} 标准溶液滴定，计用去 $10.15\ mL$。计算溶液中 Bi^{3+}、Pb^{2+}、Cd^{2+} 的浓度。

4.23 移取 $25.00\ mL$ pH 为 1.0 的 Bi^{3+}、Pb^{2+} 试液，用 $0.02000\ mol \cdot L^{-1}$ EDTA 滴定 Bi^{3+}，计耗去 $15.00\ mL$ EDTA。今欲在此溶液中继续滴定 Pb^{2+}，需加入多少克六次甲基四胺，才能将 pH 调到 5.0？

第5章 氧化还原滴定法

氧化还原滴定法(redox titration)是以氧化还原反应为基础的滴定方法,可以直接或间接测定多种无机物和有机物。因此,氧化还原滴定法在环境、药物、冶金等领域应用广泛。氧化还原反应比较复杂:有些反应的完全度很高但反应速率很慢;有时由于副反应的发生使反应物之间没有确定的计量关系。故在氧化还原滴定法中控制反应条件尤为重要。氧化还原滴定中可选择各种氧化(还原)滴定剂,形成了相应的滴定分析方法,应掌握这些方法的特点和应用范围。

5.1 氧化还原反应的条件电位及其影响因素

5.1.1 条件电位

25℃时,用 Nernst 方程式可以表示可逆[①]氧化(Ox)还原(Red)电对的电位。例如

$$Ox + ne \Longrightarrow Red$$

$$\varphi = \varphi^{\circ} + \frac{0.059}{n}\lg\frac{a(Ox)}{a(Red)} \tag{5.1}$$

式中 $a(Ox)$ 和 $a(Red)$ 分别为氧化态和还原态的活度,φ° 是电对的标准电位(standard potential)(25℃)。一些氧化还原电对的标准电极电位见附录Ⅲ.8。

对于实际的分析体系,已知的是氧化剂或还原剂的分析浓度,而不是其活度。当溶液离子强度较大,尤其是氧化态、还原态发生副反应的情况下(如酸度的影响,沉淀与络合物的形成),均可使得电位发生很大的变化。

若以浓度代替活度,必须引入相应的活度系数 $\gamma(Ox)$ 和 $\gamma(Red)$,考虑到副反应的发生,还必须引入相应的副反应系数 α_{Ox} 和 α_{Red}。此时

$$a(Ox) = [Ox] \cdot \gamma(Ox) = c(Ox) \cdot \gamma(Ox)/\alpha_{Ox}$$

$$a(Red) = [Red] \cdot \gamma(Red) = c(Red) \cdot \gamma(Red)/\alpha_{Red}$$

式中 $c(Ox)$ 和 $c(Red)$ 分别表示氧化态和还原态的分析浓度,将以上关系代入式(5.1),得

$$\varphi = \varphi^{\circ} + \frac{0.059}{n}\lg\frac{\gamma(Ox) \cdot \alpha_{Red}}{\gamma(Red) \cdot \alpha_{Ox}} + \frac{0.059}{n}\lg\frac{c(Ox)}{c(Red)}$$

当 $c(Ox) = c(Red) = 1\ mol \cdot L^{-1}$ 或 $c(Ox)/c(Red) = 1$ 时,即得电对的条件电位(conditional potential)$\varphi^{\circ\prime}$:

$$\varphi^{\circ\prime} = \varphi^{\circ} + \frac{0.059}{n}\lg\frac{\gamma(Ox) \cdot \alpha_{Red}}{\gamma(Red) \cdot \alpha_{Ox}} \tag{5.2}$$

$\varphi^{\circ\prime}$ 在一定介质条件下为常数,附录Ⅲ.8列出了一些电对的条件电位。条件电位反映了离子强度和各种副反应总的影响。引入了条件电位后,Nernst 方程式表示成

[①] 可逆电对能很快地建立氧化还原平衡,其实际电位遵从 Nernst 方程式。

$$\varphi = \varphi^{\ominus\prime} + \frac{0.059}{n}\lg\frac{c(\mathrm{Ox})}{c(\mathrm{Red})} \tag{5.3}$$

式中氧化态、还原态均用分析浓度 c 表示,以此进行氧化还原平衡处理既方便又比较符合实际情况。但是,实际反应的条件各异,而目前测得的条件电位有限。因此,在某些情况下,可以根据有关数据估算条件电位,以便判断反应进行的可能性及反应进行的程度。

5.1.2 条件电位的影响因素

1. 离子强度

在氧化还原反应中,一般溶液的离子强度较大,氧化态、还原态的价态也较高,其活度系数远小于1,因此,条件电位与标准电位有较大差异。但是由于各种副反应对电位的影响远比离子强度对电位的影响大,同时离子强度的影响又难以校正。因此,往往忽略离子强度的影响,利用下式近似计算,即用平衡浓度代替活度,得到

$$\varphi = \varphi^{\ominus} + \frac{0.059}{n}\lg\frac{[\mathrm{Ox}]}{[\mathrm{Red}]} \tag{5.4}$$

2. 沉淀的生成

在氧化还原反应中,当加入可与氧化态或还原态生成沉淀的沉淀剂时,就会改变电对的电位。氧化态生成沉淀使电对的电位降低,而还原态生成沉淀则使电对的电位升高。例如,用碘量法测定 Cu^{2+},如果仅根据两电对的标准电位

$$\varphi^{\ominus}(\mathrm{Cu^{2+}/Cu^+}) = 0.17\ \mathrm{V}, \qquad \varphi^{\ominus}(\mathrm{I_2/I^-}) = 0.54\ \mathrm{V}$$

应当是 I_2 氧化 Cu^+。但由于反应中 CuI 沉淀的生成:$2Cu^{2+}+4I^-\!=\!\!=\!\!=\!2CuI\!\downarrow+I_2$,大大降低了 Cu^+ 的浓度,使 $\varphi^{\ominus\prime}(\mathrm{Cu^{2+}/Cu^+})$ 显著升高,Cu^{2+} 已成为较强的氧化剂,使 Cu^{2+} 氧化 I^- 的反应进行得很完全。

例 5.1 计算 $25\ ^{\circ}\mathrm{C}$,KI 浓度为 $1\ \mathrm{mol\cdot L^{-1}}$ 时,Cu^{2+}/Cu^+ 电对的条件电位(忽略离子强度的影响)。

解 已知 $\varphi^{\ominus}(\mathrm{Cu^{2+}/Cu^+})=0.17\ \mathrm{V}$,$K_{sp}(\mathrm{CuI})=2\times10^{-12}$(本章均采用 $I=0.1$ 时的常数),按式(5.4),

$$\varphi \approx \varphi^{\ominus}(\mathrm{Cu^{2+}/Cu^+}) + 0.059\lg\frac{[\mathrm{Cu^{2+}}]}{[\mathrm{Cu^+}]}$$

$$= \varphi^{\ominus}(\mathrm{Cu^{2+}/Cu^+}) + 0.059\lg\frac{[\mathrm{Cu^{2+}}]}{K_{sp}(\mathrm{CuI})/[\mathrm{I^-}]}$$

$$= \varphi^{\ominus}(\mathrm{Cu^{2+}/Cu^+}) + 0.059\lg\frac{[\mathrm{I^-}]}{K_{sp}(\mathrm{CuI})} + 0.059\lg[\mathrm{Cu^{2+}}]$$

若 Cu^{2+} 未发生副反应,则 $[\mathrm{Cu^{2+}}]=c(\mathrm{Cu^{2+}})$;令 $[\mathrm{I^-}]=1\ \mathrm{mol\cdot L^{-1}}$,故

$$\varphi^{\ominus\prime} = \varphi^{\ominus}(\mathrm{Cu^{2+}/Cu^+}) + 0.059\lg\frac{[\mathrm{I^-}]}{K_{sp}(\mathrm{CuI})}$$

$$= 0.17 - 0.059\lg(2\times10^{-12}) = 0.86\ (\mathrm{V})$$

3. 络合物的形成

溶液中的络合剂往往与金属离子的氧化态及还原态形成稳定性不同的络合物,从而改变了电对的电位。在定量分析中,常利用络合物的形成以消除干扰。例如,碘量法测定矿石中的

Cu^{2+}时,样品中的 Fe^{3+} 也能氧化 I^-,干扰 Cu^{2+} 的测定。若加入 F^-,则 Fe^{3+} 与 F^- 形成稳定的络合物,使 $\varphi^{\ominus\prime}(Fe^{3+}/Fe^{2+})$ 低于 $\varphi^{\ominus}(I_3^-/I^-)$,即可消除 Fe^{3+} 的干扰。

例 5.2 计算 25℃,pH=3.0,$[F']=0.1\ mol \cdot L^{-1}$ 时,Fe^{3+}/Fe^{2+} 电对的条件电位(忽略离子强度的影响)。

解 已知 Fe(Ⅲ)氟络合物的 $\lg\beta_1 \sim \lg\beta_3$ 分别是 5.2,9.2 和 11.9,$\lg K^H(HF)=3.1$,$\varphi^{\ominus}(Fe^{3+}/Fe^{2+})=0.77\ V$,按式(5.4),

$$\varphi = \varphi^{\ominus}(Fe^{3+}/Fe^{2+}) + 0.059\lg\frac{[Fe^{3+}]}{[Fe^{2+}]}$$

$$= \varphi^{\ominus}(Fe^{3+}/Fe^{2+}) + 0.059\lg\frac{c(Fe^{3+})/\alpha_{Fe^{3+}(F)}}{c(Fe^{2+})/\alpha_{Fe^{2+}(F)}}$$

$$= \varphi^{\ominus}(Fe^{3+}/Fe^{2+}) + 0.059\lg\frac{\alpha_{Fe^{2+}(F)}}{\alpha_{Fe^{3+}(F)}} + 0.059\lg\frac{c(Fe^{3+})}{c(Fe^{2+})}$$

即

$$\varphi^{\ominus\prime} = \varphi^{\ominus}(Fe^{3+}/Fe^{2+}) + 0.059\lg\frac{\alpha_{Fe^{2+}(F)}}{\alpha_{Fe^{3+}(F)}}$$

当 pH=3.0 时,

$$\alpha_{F(H)} = 1 + [H] \cdot K^H(HF) = 1 + 10^{-3.0+3.1} = 10^{0.4}$$

则

$$[F] = [F']/\alpha_{F(H)} = 10^{-1.0}/10^{0.4} = 10^{-1.4}(mol \cdot L^{-1})$$

故

$$\alpha_{Fe^{3+}(F)} = 1 + [F]\beta_1 + [F]^2\beta_2 + [F]^3\beta_3$$

$$= 1 + 10^{-1.4+5.2} + 10^{-2.8+9.2} + 10^{-4.2+11.9}$$

$$= 10^{7.7}$$

而 $\alpha_{Fe^{2+}(F)}=1$,因此

$$\varphi^{\ominus\prime} = 0.77 + 0.059\lg\frac{1}{10^{7.7}} = 0.32\ (V)$$

一般规律是络合剂与氧化态形成的络合物更稳定,使氧化态的平衡浓度降低,从而使电对的电位降低。也有个别络合剂,如邻二氮菲(phen)与 Fe^{2+} 形成的络合物比其与 Fe^{3+} 形成的络合物稳定($\lg\beta(Fe(phen)_3^{3+})=14.1$,$\lg\beta(Fe(phen)_3^{2+})=21.3$)。因此在 $1\ mol \cdot L^{-1}\ H_2SO_4$ 介质中,当邻二氮菲存在时,$\varphi^{\ominus\prime}(Fe^{3+}/Fe^{2+})$ 可达 1.06 V。

4. 溶液酸度

很多氧化还原反应有 H^+ 或 OH^- 参加,酸度直接影响电对的电位,故有关电对的 Nernst 方程式中应包括$[H^+]$或$[OH^-]$项。一些物质的氧化态或还原态是弱酸或弱碱,酸度的变化还会影响其存在形式,也会影响电位。例如,对于 As(Ⅴ)/As(Ⅲ)电对,以上两方面的影响同时存在。在以下反应中

$$H_3AsO_4 + 2H^+ + 2I^- \Longrightarrow HAsO_2 + I_2 + 2H_2O$$

$$\varphi^{\ominus}(H_3AsO_4/HAsO_2) = 0.56\ V, \qquad \varphi^{\ominus}(I_2/I^-) = 0.54\ V$$

两电对的 $\varphi^{\ominus}$ 相近,但 I_2/I^- 电对的电位几乎与 pH 无关,而 $H_3AsO_4/HAsO_2$ 电对的电位则受酸度的影响很大。酸度高时反应向右进行,酸度低时反应则向左进行。

例 5.3 计算 25℃,pH=8.0 时,As(Ⅴ)/As(Ⅲ)电对的条件电位(忽略离子强度的影响)。

解　已知 H_3AsO_4 的 $pK_{a_1} \sim pK_{a_3}$ 分别是 2.1, 6.7 和 11.2; $HAsO_2$ 的 $pK_a = 9.1$, 半反应为

$$H_3AsO_4 + 2H^+ + 2e \rightleftharpoons HAsO_2 + 2H_2O \qquad \varphi^\ominus = 0.56 \text{ V}$$

其 Nernst 方程式是

$$\varphi = \varphi^\ominus(H_3AsO_4/HAsO_2) + \frac{0.059}{2}\lg\frac{[H_3AsO_4][H^+]^2}{[HAsO_2]}$$

而　　$[H_3AsO_4] = c(As(V)) \cdot x(H_3AsO_4),$　　　$[HAsO_2] = c(As(Ⅲ)) \cdot x(HAsO_2)$

代入上式, 得

$$\varphi = 0.56 + \frac{0.059}{2}\lg\frac{x(H_3AsO_4) \cdot [H^+]^2}{x(HAsO_2)} + \frac{0.059}{2}\lg\frac{c(As(V))}{c(As(Ⅲ))}$$

故　　　　　　$$\varphi^{\ominus\prime} = 0.56 + \frac{0.059}{2}\lg\frac{x(H_3AsO_4) \cdot [H^+]^2}{x(HAsO_2)}$$

当 pH = 8.0 时, $x(HAsO_2) \approx 1$, $x(H_3AsO_4) = 10^{-7.2}$(计算过程略), 所以

$$\varphi^{\ominus\prime} = 0.56 + \frac{0.059}{2}\lg 10^{-7.2-16.0} = -0.12 \text{ (V)}$$

根据 H_3AsO_4 和 $HAsO_2$ 的酸度常数, 可以推导出不同 pH 范围 As(V)/As(Ⅲ)电对的 $\varphi^{\ominus\prime}$ 与 pH 的关系:

$$
\begin{aligned}
&\text{pH} < 2.1 \text{ 时} & \varphi^{\ominus\prime} &= 0.56 - 0.06\,\text{pH} \\
&2.1 < \text{pH} < 6.7 \text{ 时} & \varphi^{\ominus\prime} &= 0.62 - 0.09\,\text{pH} \\
&6.7 < \text{pH} < 9.1 \text{ 时} & \varphi^{\ominus\prime} &= 0.82 - 0.12\,\text{pH} \\
&9.1 < \text{pH} < 11.2 \text{ 时} & \varphi^{\ominus\prime} &= 0.55 - 0.09\,\text{pH} \\
&11.2 < \text{pH} \text{ 时} & \varphi^{\ominus\prime} &= 0.89 - 0.12\,\text{pH}
\end{aligned}
\qquad (5.5)
$$

As(V)/As(Ⅲ)电对的 $\varphi^{\ominus\prime}$ 与 pH 的关系可用图 5.1 表示。

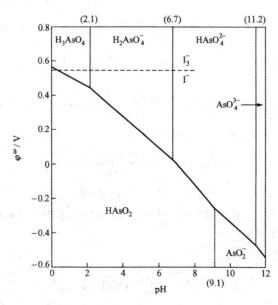

图 5.1　As(V)/As(Ⅲ)以及 I_3^-/I^- 电对的 $\varphi^{\ominus\prime}$ 与 pH 的关系

由图 5.1 可以看出 As(Ⅴ)/As(Ⅲ)以及 I_3^-/I^- 电对的电位随溶液酸度改变的情况。当 pH <8 时，$\varphi^{\ominus}(I_3^-/I^-)$ 不随 pH 变化；pH≈0.3 时，$\varphi^{\ominus\prime}(As(Ⅴ)/As(Ⅲ))=\varphi^{\ominus}(I_3^-/I^-)$；酸度再增大时，$\varphi^{\ominus\prime}(As(Ⅴ)/As(Ⅲ))>\varphi^{\ominus}(I_3^-/I^-)$。在 4 mol·L^{-1} HCl 中，As(Ⅴ)可定量氧化 I^-，采用间接碘量法，用 $Na_2S_2O_3$ 滴定析出的 I_2，即可测定 As（Ⅴ）；酸度减小时，$\varphi^{\ominus\prime}(As(Ⅴ)/As(Ⅲ))<\varphi^{\ominus}(I_3^-/I^-)$。pH=8 时，两电对电位相差很大，$I_2$ 滴定 As(Ⅲ)的反应可定量进行，可用 As_2O_3 标定 I_2 溶液。由此可见，酸度不仅会影响反应进行的程度，甚至可能影响反应进行的方向。在复杂物质的分析测定中，利用各种因素改变电对的电位，可以提高反应的选择性。

例 5.4 巴黎绿($3CuO·3As_2O_3·Cu(C_2H_3O_2)_2$)是一种含砷的杀虫剂，主要成分为 Cu^{2+} 和 As(Ⅲ)。为测定其中 Cu^{2+} 和 As(Ⅲ)的质量分数，可先在近中性溶液中用焦磷酸钠掩蔽 Cu^{2+}，以 I_2 滴定 As(Ⅲ)；而后提高酸度使 Cu^{2+} 解蔽，加入过量的 KI，用 $Na_2S_2O_3$ 滴定析出的 I_2 以测定 Cu^{2+}。计算说明：

(1) 若 pH 为 8.0，未与 Cu^{2+} 络合的焦磷酸钠浓度 $c(A)$ 为 0.30 mol·L^{-1}，$[I^-]$ 为 0.10 mol·L^{-1} 时，Cu^{2+} 不会干扰 As(Ⅲ)的测定；

(2) 提高酸度至 pH 为 4.0，若 $[I^-]$ 为 0.20 mol·L^{-1}，能定量测定 Cu^{2+} 而 As(Ⅴ)不干扰。(以淀粉为指示剂，蓝色出现时 $[I_2]=1.0\times10^{-5}$ mol·L^{-1})

解 (1) 查得 $\varphi^{\ominus}(Cu^{2+}/Cu^+)=0.17$ V，$\varphi^{\ominus}(I_3^-/I^-)=0.54$ V；焦磷酸铜络合物的 $lg\beta_1$，$lg\beta_2$ 分别是 6.7，9.0；$pK_{sp}(CuI)=11.7$；计算知 pH 为 8.0 时 $lg\alpha_{A(H)}=1.3$。

$$[A]=\frac{c(A)}{\alpha_{A(H)}}=\frac{0.30}{10^{1.3}}=10^{-1.8}(mol·L^{-1})$$

$$\alpha_{Cu(A)}=1+10^{-1.8+6.7}+10^{-3.6+9.0}=10^{5.5}$$

故
$$\varphi(Cu^{2+}/Cu^+)=\varphi^{\ominus}(Cu^{2+}/Cu^+)+0.059lg\frac{[I^-]·c(Cu^{2+})}{K_{sp}(CuI)·\alpha_{Cu(A)}}$$

$$=0.17+0.059lg\frac{0.10c(Cu^{2+})}{10^{-11.7}\times10^{5.5}}=0.48+0.059lgc(Cu^{2+})$$

终点时
$$\varphi(I_3^-/I^-)=\varphi^{\ominus}(I_3^-/I^-)+\frac{0.059}{2}lg\frac{[I_3^-]}{[I^-]^3}$$

$$=0.54+\frac{0.059}{2}lg\frac{10^{-5.0}}{0.10^3}=0.48\ (V)$$

达到平衡时两电对电位相等，故

$$lgc(Cu^{2+})=\frac{0.48-0.48}{0.059}=0.00$$

即
$$c(Cu^{2+})=1.0\ (mol·L^{-1})$$

达到平衡时，Cu^{2+} 浓度很大，而在滴定分析中 $c(Cu^{2+})$ 总是小于 1.0 mol·L^{-1}，因此 Cu^{2+} 不会氧化 I^-，即不干扰 As(Ⅲ)的测定。

(2) pH=4.0 时，计算得 $lg\alpha_{A(H)}=7.9$。

$$[A]=\frac{0.30}{10^{7.9}}=10^{-8.4}(mol·L^{-1})$$

$$\alpha_{Cu(A)}=1+10^{-8.4+6.7}+10^{-16.8+9.0}=1$$

即 Cu^{2+} 被完全解蔽。故

$$\varphi(\text{Cu}^{2+}/\text{Cu}^+) = 0.17 + 0.059\lg\frac{0.20}{10^{-11.7}} + 0.059\lg c(\text{Cu}^{2+})$$

$$= 0.82 + 0.059\lg c(\text{Cu}^{2+})$$

终点时　　　　　　$$\varphi(\text{I}_3^-/\text{I}^-) = 0.54 + \frac{0.059}{2}\lg\frac{10^{-5.0}}{0.20^3} = 0.45\ (\text{V})$$

此时　　　　　　$$\lg c(\text{Cu}^{2+}) = \frac{0.45 - 0.82}{0.059} = -6.3$$

即　　　　　　　$$c(\text{Cu}^{2+}) = 10^{-6.3}(\text{mol}\cdot\text{L}^{-1})$$

达到平衡时，Cu^{2+}的浓度已很低，表明 Cu^{2+} 已定量反应。

pH＝4.0 时，

$$\varphi^{\ominus\prime}(\text{As}(\text{V})/\text{As}(\text{III})) = 0.62 - 4.0 \times 0.09 = 0.26\ (\text{V})\quad (\text{见式}(5.5))$$

故　　　$$\varphi(\text{As}(\text{V})/\text{As}(\text{III})) = 0.26 + \frac{0.059}{2}\lg\frac{c(\text{As}(\text{V}))}{c(\text{As}(\text{III}))} = 0.45\ (\text{V})$$

求得　　　　$$\lg\frac{c(\text{As}(\text{V}))}{c(\text{As}(\text{III}))} = \frac{2 \times (0.45 - 0.26)}{0.059} = 6.44$$

可见 $c(\text{As}(\text{V})) \gg c(\text{As}(\text{III}))$，表明 $\text{As}(\text{V})$ 不干扰 Cu^{2+} 的测定。

5.1.3　氧化还原反应进行的程度

用平衡常数(equilibrium constant) K 可以衡量氧化还原反应进行的程度，而 K 可以从有关电对的标准电位求得。若引用条件电位，求得的是条件平衡常数(conditional equilibrium constant) K'，K' 更能说明反应实际进行的程度。

若氧化还原反应为

$$p_2\text{Ox}_1 + p_1\text{Red}_2 =\!=\!= p_2\text{Red}_1 + p_1\text{Ox}_2$$

25℃时，两电对的半反应及相应的 Nernst 方程式是

$$\text{Ox}_1 + n_1\text{e} =\!=\!= \text{Red}_1 \qquad \varphi_1 = \varphi_1^{\ominus\prime} + \frac{0.059}{n_1}\lg\frac{c(\text{Ox}_1)}{c(\text{Red}_1)}$$

$$\text{Ox}_2 + n_2\text{e} =\!=\!= \text{Red}_2 \qquad \varphi_2 = \varphi_2^{\ominus\prime} + \frac{0.059}{n_2}\lg\frac{c(\text{Ox}_2)}{c(\text{Red}_2)}$$

当反应达平衡时，$\varphi_1 = \varphi_2$，则

$$\varphi_1^{\ominus\prime} + \frac{0.059}{n_1}\lg\frac{c(\text{Ox}_1)}{c(\text{Red}_1)} = \varphi_2^{\ominus\prime} + \frac{0.059}{n_2}\lg\frac{c(\text{Ox}_2)}{c(\text{Red}_2)}$$

整理后得到

$$\lg K' = \lg\left[\left(\frac{c(\text{Red}_1)}{c(\text{Ox}_1)}\right)^{p_2} \cdot \left(\frac{c(\text{Ox}_2)}{c(\text{Red}_2)}\right)^{p_1}\right]$$

$$= \frac{(\varphi_1^{\ominus\prime} - \varphi_2^{\ominus\prime})p}{0.059} \tag{5.6}$$

式中 p 是两电对得失电子数的最小公倍数，$p = n_2 p_1 = n_1 p_2$。当 $n_1 = n_2$ 时，$p_1 = p_2 = 1$。

例 5.5　计算在 $1\ \text{mol}\cdot\text{L}^{-1}$ HCl 溶液中以下反应的平衡常数。

$$2\text{Fe}^{3+} + \text{Sn}^{2+} \rightleftharpoons 2\text{Fe}^{2+} + \text{Sn}^{4+}$$

解　已知 $\varphi^{\ominus\prime}(\text{Fe}^{3+}/\text{Fe}^{2+}) = 0.70\ \text{V}$，$\varphi^{\ominus\prime}(\text{Sn}^{4+}/\text{Sn}^{2+}) = 0.14\ \text{V}$。按式(5.6)，有

$$\lg K' = \lg\left[\left(\frac{c(\text{Fe}^{2+})}{c(\text{Fe}^{3+})}\right)^2 \cdot \frac{c(\text{Sn}^{4+})}{c(\text{Sn}^{2+})}\right] = \frac{(0.70 - 0.14) \times 2}{0.059} = 18.98$$

所以
$$K' = 10^{18.98}$$

当用 Fe^{3+} 滴定 Sn^{2+} 至化学计量点时,

$$\frac{c(\text{Fe}^{2+})}{c(\text{Fe}^{3+})} = \frac{c(\text{Sn}^{4+})}{c(\text{Sn}^{2+})}$$

$$K' = \left(\frac{c(\text{Fe}^{2+})}{c(\text{Fe}^{3+})}\right)^2 \cdot \frac{c(\text{Sn}^{4+})}{c(\text{Sn}^{2+})} = 10^{18.98}$$

求得 $\dfrac{c(\text{Fe}^{2+})}{c(\text{Fe}^{3+})} = \dfrac{c(\text{Sn}^{4+})}{c(\text{Sn}^{2+})} = 10^{6.3}$,该比值即表示反应的完全程度。此时未反应的 $\text{Fe}^{3+}(\text{Sn}^{2+})$ 仅占 $\dfrac{c(\text{Fe}^{3+})}{c(\text{Fe}^{3+}) + c(\text{Fe}^{2+})} = 10^{-6.3} = 10^{-4.3}\%$。

对于滴定反应来说,反应的完全度应 $\geqslant 99.9\%$。基于式(5.6),可以得到氧化还原滴定反应能定量进行时的两电对的条件电位之差。

当 $n_1 = n_2 = 1$,在化学计量点时,若 $\dfrac{c(\text{Red}_1)}{c(\text{Ox}_1)} \geqslant 10^3$, $\dfrac{c(\text{Ox}_2)}{c(\text{Red}_2)} \geqslant 10^3$,则

$$K' = \frac{c(\text{Red}_1)}{c(\text{Ox}_1)} \cdot \frac{c(\text{Ox}_2)}{c(\text{Red}_2)} \geqslant 10^6$$

所以
$$\varphi_1^{\ominus\prime} - \varphi_2^{\ominus\prime} = \frac{0.059}{p}\lg K' \geqslant 0.059 \times 6 = 0.35 \text{ (V)}$$

当 $n_1 = n_2 = 2$,此时

$$K' = \frac{c(\text{Red}_1)}{c(\text{Ox}_1)} \cdot \frac{c(\text{Ox}_2)}{c(\text{Red}_2)} \geqslant 10^6$$

所以
$$\varphi_1^{\ominus\prime} - \varphi_2^{\ominus\prime} \geqslant \frac{0.059}{2} \times 6 = 0.18 \text{ (V)}$$

因此,一般认为若两电对的条件电位差大于 0.4 V,反应就可以定量进行。在氧化还原滴定中,有多种强氧化剂可作滴定剂,还可以控制介质条件来改变电对的电位。要达到此要求,一般是不难做到的。故在氧化还原反应中,反应完全度的问题不像酸碱反应那样突出。

5.2　氧化还原反应的速率

根据有关电对的条件电位,可以判断氧化还原反应进行的方向和完全程度。但这只说明反应发生的可能性。如水溶液中溶解氧的半反应:

$$\text{O}_2 + 4\text{H}^+ + 4\text{e} \Longleftrightarrow 2\text{H}_2\text{O} \qquad \varphi^{\ominus} = 1.23 \text{ V}$$

若仅从平衡考虑,强氧化剂在水溶液中会氧化 H_2O 产生 O_2,强还原剂则会被水中的 O_2 所氧化。实际上 Ce^{4+} 等强氧化剂在溶液中相当稳定,而强还原剂 Sn^{2+} 等在水溶液中也能存在。这是由于反应速率极慢的原因。在滴定分析中,总是希望滴定反应能快速进行。

氧化还原反应的速率与物质的结构有关。一般说来,仅涉及电子转移的氧化还原反应是快的;而涉及打开共价键的体系,反应常常是慢的。下面分别讨论影响氧化还原反应速率的诸因素:反应物的浓度、温度、催化剂以及诱导反应等。

5.2.1　浓度对反应速率的影响

增加反应物浓度往往可以加快反应速率。对于有 H^+ 参加的反应,提高酸度即可大大加速反应。例如,$K_2Cr_2O_7$ 在酸性溶液中与 KI 的反应:

$$Cr_2O_7^{2-} + 6I^- + 14H^+ === 2Cr^{3+} + 3I_2 + 7H_2O$$

此反应速率较慢,若增大 I^- 和 H^+ 的浓度,即可加速反应。实验证明,在 H^+ 浓度为 $0.4\ mol \cdot L^{-1}$,KI 过量约 5 倍时,放置 5 min,反应即进行完全。

5.2.2　温度对反应速率的影响

对大多数反应来说,升高温度可以提高反应速率。通常溶液的温度每升高 10℃,反应速率约增大 2～3 倍。例如用 $KMnO_4$ 滴定 $H_2C_2O_4$ 时,温度需控制在 70～80℃ 之间。但是对某些易挥发的物质(如 I_2),加热溶液会引起挥发损失;有些还原性物质(如 Sn^{2+}、Fe^{2+})很容易被空气中的氧所氧化,加热溶液会促进它们的氧化,从而引起误差。

5.2.3　催化剂与反应速率

提高反应速率的有效方法之一是使用催化剂。以分析上的重要反应——$KMnO_4$ 在酸性溶液中氧化 $H_2C_2O_4$ 为例:

$$2MnO_4^- + 5C_2O_4^{2-} + 16H^+ === 2Mn^{2+} + 10CO_2 + 8H_2O$$

此反应即使在强酸溶液中升高温度至 80℃,在滴定的最初阶段,反应仍相当慢。随着反应进行,由于不断产生 Mn^{2+},使反应加速进行。这种由于生成物本身引起催化作用的反应称为自动催化反应(autocatalytic reaction)。

5.2.4　诱导反应

有些氧化还原反应在通常情况下并不发生或速率极慢,但在另一反应进行时会促进这一反应的发生,称为诱导反应(induced reaction)。例如,在酸性溶液中 $KMnO_4$ 氧化 Cl^- 的反应速率极慢,当溶液中同时存在 Fe^{2+} 时,$KMnO_4$ 氧化 Fe^{2+} 的反应加速了 $KMnO_4$ 氧化 Cl^- 的反应。例中 Fe^{2+} 称为诱导体,MnO_4^- 称为作用体,Cl^- 称为受诱体。$KMnO_4$ 氧化 Fe^{2+} 诱导了 Cl^- 的氧化,据认为是由于 MnO_4^- 氧化 Fe^{2+} 的过程中形成了一系列氧化能力更强的锰的中间产物。若加入大量 Mn^{2+},可使这些中间体迅速变成 $Mn(Ⅲ)$。在大量 Mn^{2+} 存在下,若用磷酸络合 $Mn(Ⅲ)$,则 $Mn(Ⅲ)/Mn(Ⅱ)$ 电对的电位降低,$Mn(Ⅲ)$ 就不能氧化 Cl^- 了。因此在 HCl 介质中用 $KMnO_4$ 法测定 Fe^{2+} 时,常加入 $MnSO_4$-H_3PO_4-H_2SO_4 混合溶液防止诱导反应发生,此混合溶液称为防止溶液。

诱导反应与催化反应不同。在催化反应中,催化剂参加反应后恢复其原来的状态。而在诱导反应中,诱导体参加反应后变成了其他物质,作用体的消耗量增加使结果产生误差。因此在氧化还原滴定中应防止诱导反应的发生。

5.3 氧化还原滴定基本原理

5.3.1 氧化还原滴定曲线

在氧化还原滴定中,随着滴定剂的加入,物质的氧化态和还原态的浓度逐渐改变,有关电对的电位也随之不断变化,这种变化可用滴定曲线来描述。

以 $25\ ^{\circ}C$ 时 $0.1000\ mol \cdot L^{-1}\ Ce(SO_4)_2$ 溶液滴定 $0.1000\ mol \cdot L^{-1}\ FeSO_4$ 溶液为例(在 $1\ mol \cdot L^{-1}\ H_2SO_4$ 介质中):

$$Ce^{4+} + Fe^{2+} \Longrightarrow Ce^{3+} + Fe^{3+}$$

$$\varphi^{\ominus\prime}(Ce^{4+}/Ce^{3+}) = 1.44\ V, \qquad \varphi^{\ominus\prime}(Fe^{3+}/Fe^{2+}) = 0.68\ V$$

滴定开始后,体系中同时存在两个电对。在滴定过程中的任何平衡点,两电对的电位相等。
各滴定平衡点电位的计算方法如下:

● 滴定开始至化学计量点前 加入的 Ce^{4+} 几乎全部被还原为 Ce^{3+}, Ce^{4+} 的浓度极小,不易直接求得,故只能根据 Fe^{3+}/Fe^{2+} 电对的 Nernst 方程式来计算 φ。例如,当滴定了 99.9% 的 Fe^{2+} 时,

$$c(Fe^{3+})/c(Fe^{2+}) = 999/1 \approx 10^3$$

故
$$\varphi = \varphi^{\ominus\prime}(Fe^{3+}/Fe^{2+}) + 0.059 lg \frac{c(Fe^{3+})}{c(Fe^{2+})}$$

$$= 0.68 + 0.059 lg 10^3 = 0.86\ (V)$$

● 化学计量点时 Ce^{4+} 和 Fe^{2+} 均定量地转变成 Ce^{3+} 和 Fe^{3+}。此时 $c(Ce^{3+})$ 和 $c(Fe^{3+})$ 已知,但未反应的 $c(Ce^{4+})$ 和 $c(Fe^{2+})$ 很小且未知。故不能单独按某一电对计算 φ,而要由两电对的 Nernst 方程式联立求得。

化学计量点时的电位 φ_{sp} 分别表示为

$$\varphi_{sp} = 0.68 + 0.059 lg \frac{c(Fe^{3+})}{c(Fe^{2+})}, \qquad \varphi_{sp} = 1.44 + 0.059 lg \frac{c(Ce^{4+})}{c(Ce^{3+})}$$

两式相加,得

$$2\varphi_{sp} = 0.68 + 1.44 + 0.059 lg \frac{c(Fe^{3+}) \cdot c(Ce^{4+})}{c(Fe^{2+}) \cdot c(Ce^{3+})}$$

在化学计量点时, $c(Fe^{3+}) = c(Ce^{3+})$, $c(Fe^{2+}) = c(Ce^{4+})$,故

$$lg \frac{c(Fe^{3+}) \cdot c(Ce^{4+})}{c(Fe^{2+}) \cdot c(Ce^{3+})} = 0$$

所以
$$\varphi_{sp} = \frac{0.68 + 1.44}{2} = 1.06\ (V)$$

● 化学计量点后 Fe^{2+} 几乎全部被氧化成 Fe^{3+}, $c(Fe^{2+})$ 极低不易直接求得,故只能根据 Ce^{4+}/Ce^{3+} 电对的 Nernst 方程式计算 φ。例如,当加入过量 $0.1\%\ Ce^{4+}$ 时, $c(Ce^{4+})/c(Ce^{3+}) = 1/10^3$,故

$$\varphi = \varphi^{\ominus\prime}(Ce^{4+}/Ce^{3+}) + 0.059 lg \frac{c(Ce^{4+})}{c(Ce^{3+})}$$

$$= 1.44 + 0.059 lg 10^{-3} = 1.26\ (V)$$

不同滴定平衡点计算所得的 φ 列于表 5.1,并绘制成相应的滴定曲线(见图 5.2)。滴定过

程中体系的电位与氧化剂及还原剂的浓度无关。

表 5.1 0.1000 mol·L^{-1} Ce(SO$_4$)$_2$ 溶液滴定 0.1000 mol·L^{-1} FeSO$_4$ 溶液
(在 1 mol·L^{-1} H$_2$SO$_4$ 介质中)

滴定百分数/%		φ/V
	$c(Fe^{3+})/c(Fe^{2+})$	
9	10^{-1}	$0.68-1\times0.059=0.62$
50	10^{0}	$0.68+0\quad=0.68$
91	10^{1}	$0.68+1\times0.059=0.74$
99	10^{2}	$0.68+2\times0.059=0.80$
99.9	10^{3}	$0.68+3\times0.059=0.86$
100		1.06
	$c(Ce^{4+})/c(Ce^{3+})$	
100.1	10^{-3}	$1.44-3\times0.059=1.26$
101	10^{-2}	$1.44-2\times0.059=1.32$
110	10^{-1}	$1.44-1\times0.059=1.38$
200	10^{0}	$1.44+0\quad=1.44$

（突跃范围）

从表 5.1 可以看出,用氧化剂滴定还原剂时,滴定百分数为 50% 处的电位是还原剂电对的条件电位;滴定百分数为 200% 处的电位是氧化剂电对的条件电位。这两个条件电位相差越大,化学计量点附近电位的突跃也越大,越容易准确滴定。

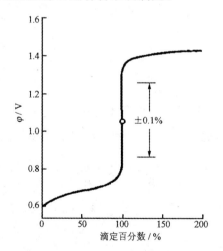

图 5.2 0.1000 mol·L^{-1} Ce(SO$_4$)$_2$ 溶液滴定 0.1000 mol·L^{-1} FeSO$_4$ 溶液的滴定曲线
(在 1 mol·L^{-1} H$_2$SO$_4$ 介质中)

Ce^{4+} 与 Fe^{2+} 的滴定反应中,两电对的电子转移数均为 1,化学计量点电位(1.06 V)正好处于滴定突跃(0.86~1.26 V)的中间,化学计量点前后的曲线基本对称。对于电子转移数分别

为 n_1, n_2 的两个对称电对[①] 之间的氧化还原反应：

$$p_2Ox_1 + p_1Red_2 \rightleftharpoons p_2Red_1 + p_1Ox_2$$

对应的两个半反应和条件电位是

$$Ox_1 + n_1e \rightleftharpoons Red_1 \qquad \varphi_1^{\ominus\prime}$$

$$Ox_2 + n_2e \rightleftharpoons Red_2 \qquad \varphi_2^{\ominus\prime}$$

又

$$\varphi_{sp} = \varphi_1^{\ominus\prime} + \frac{0.059}{n_1}\lg\frac{c(Ox_1)}{c(Red_1)}$$

$$\varphi_{sp} = \varphi_2^{\ominus\prime} + \frac{0.059}{n_2}\lg\frac{c(Ox_2)}{c(Red_2)}$$

两式相加，并整理后得到

$$(n_1 + n_2)\varphi_{sp} = n_1\varphi_1^{\ominus\prime} + n_2\varphi_2^{\ominus\prime} + 0.059\lg\left(\frac{c(Ox_1)}{c(Red_1)} \cdot \frac{c(Ox_2)}{c(Red_2)}\right)$$

化学计量点时，

$$\frac{c(Ox_1)}{c(Red_2)} = \frac{c(Red_1)}{c(Ox_2)} = \frac{p_2}{p_1}$$

故

$$\lg\left(\frac{c(Ox_1)}{c(Red_1)} \cdot \frac{c(Ox_2)}{c(Red_2)}\right) = 0$$

因此，化学计量点电位（φ_{sp}）的计算通式为

$$\varphi_{sp} = \frac{n_1\varphi_1^{\ominus\prime} + n_2\varphi_2^{\ominus\prime}}{n_1 + n_2} \qquad (5.7)$$

滴定突跃范围为

$$\varphi_2^{\ominus\prime} + \frac{3 \times 0.059}{n_2} \longrightarrow \varphi_1^{\ominus\prime} - \frac{3 \times 0.059}{n_1}$$

若 $n_1 \neq n_2$，在化学计量点前后滴定曲线是不对称的。化学计量点的电位不在滴定突跃的中心，而是偏向电子得失数较多的电对一方。例如，Fe^{3+} 滴定 Sn^{2+} 的反应（在 $1\ mol \cdot L^{-1}\ HCl$ 介质中）：

$$2Fe^{3+} + Sn^{2+} \rightleftharpoons 2Fe^{2+} + Sn^{4+}$$

$$\varphi_1^{\ominus\prime}(Fe^{3+}/Fe^{2+}) = 0.70\ V, \qquad \varphi^{\ominus\prime}(Sn^{4+}/Sn^{2+}) = 0.14\ V$$

则按式(5.7)，

$$\varphi_{sp} = \frac{1 \times 0.70 + 2 \times 0.14}{1 + 2} = 0.33\ (V)$$

其滴定突跃为 $0.23 \sim 0.52\ V$。

不可逆电对（如 MnO_4^-/Mn^{2+}、$Cr_2O_7^{2-}/Cr^{3+}$ 等）的电位不遵从 Nernst 方程式，计算的滴定曲线与实际滴定曲线有较大差异。因此，不可逆氧化还原体系的滴定曲线均由实验测定得到。

---

①　对称电对指在反应方程式中氧化态与还原态的系数相等，如电对 Ce^{4+}/Ce^{3+}、Fe^{3+}/Fe^{2+} 等。而不对称电对则是指氧化态与还原态的系数不相等，如 $Cr_2O_7^{2-}/Cr^{3+}$、I_2/I^- 等。不对称电对化学计量点的电位与浓度有关，此类电对多系不可逆电对，不遵从 Nernst 方程，此处不予讨论。

5.3.2 氧化还原滴定中的指示剂

氧化还原滴定中的指示剂有以下 3 类：

1. 自身指示剂

有些标准溶液或被滴定物质本身有颜色，而滴定产物无色或颜色很浅，则滴定时无需另加指示剂，本身的颜色变化起着指示剂的作用叫做自身指示剂(self indicator)。例如，MnO_4^- 本身显紫红色，而被还原的产物 Mn^{2+} 几乎无色，所以用 $KMnO_4$ 来滴定无色或浅色还原剂时，一般不必另加指示剂。化学计量点后稍过量的 MnO_4^- 即使溶液显粉红色。实验证明，MnO_4^- 浓度为 2×10^{-6} mol $\cdot$ L^{-1}(相当于 100 mL 溶液中有 0.02 mol $\cdot$ L^{-1} $KMnO_4$ 溶液 0.01 mL)，就能观察到粉红色。

2. 特殊指示剂

有些物质能与滴定剂或被测物产生特殊的颜色，因而可指示滴定终点，它们称为特殊指示剂(specific indicator)。例如，可溶性淀粉与 I_3^- 生成深蓝色吸附化合物，反应特效而灵敏。I_3^- 浓度为 1×10^{-5} mol $\cdot$ L^{-1} 即显蓝色，蓝色的出现与消失指示终点。又如，以 Fe^{3+} 滴定 Sn^{2+} 时，可用 KSCN 为指示剂，当溶液出现 Fe(Ⅲ) 的硫氰酸络合物的红色时即为终点。

3. 氧化还原指示剂

这类指示剂本身是氧化剂或还原剂，其氧化态和还原态具有不同的颜色。在滴定中，因其被氧化或还原而发生颜色变化从而指示终点。一些常用的氧化还原指示剂(redox indicator)列于附录 Ⅱ.3 中。这是一类通用指示剂，对氧化还原反应普遍适用。因此，较前两类指示剂应用更为广泛。

若以 In(Ox) 和 In(Red)分别表示指示剂的氧化态和还原态，则其氧化还原半反应和相应的 Nernst 方程式是

$$In(Ox) + ne \Longrightarrow In(Red)$$

$$\varphi = \varphi^{\ominus'}(In) + \frac{0.059}{n} lg \frac{c(In(Ox))}{c(In(Red))}$$

式中 $\varphi^{\ominus'}(In)$ 表示指示剂的条件电位。随着滴定体系电位的改变，指示剂的 $c(In(Ox))/c(In(Red))$ 随之变化，溶液的颜色也发生改变。当 $\varphi(In) = \varphi^{\ominus'}(In)$ 时，$c(In(Ox)) = c(In(Red))$，是指示剂的理论颜色转变点；当 $c(In(Ox))/c(In(Red))$ 在 $1/10 \sim 10/1$ 范围内，溶液表现为指示剂还原态颜色与氧化态颜色的混合色，指示剂的相应理论变色电位范围(V)是

$$\varphi^{\ominus'}(In) - \frac{0.059}{n} \longrightarrow \varphi^{\ominus'}(In) + \frac{0.059}{n}$$

下面重点介绍指示剂二苯胺磺酸钠和邻二氮菲亚铁。

(1) 二苯胺磺酸钠

试剂以无色的还原态存在，与氧化剂作用时先不可逆地被氧化成无色的二苯联苯胺磺酸，再进一步被可逆地氧化成紫色的二苯联苯胺磺酸紫，即

$$2^-O_3S-\!\!\!\!\bigodot\!\!\!\!-\overset{H}{N}-\!\!\!\!\bigodot$$

二苯胺磺酸盐(无色)

不可逆 ↓ 氧化

$$^-O_3S-\!\!\!\!\bigodot\!\!\!\!-\overset{H}{N}-\!\!\!\!\bigodot\!\!\!\!-\!\!\!\!\bigodot\!\!\!\!-\overset{H}{N}-\!\!\!\!\bigodot\!\!\!\!-SO_3^- + 2H^+ + 2e$$

二苯联苯胺磺酸(无色)

氧化 ‖ 还原

$$^-O_3S-\!\!\!\!\bigodot\!\!\!\!-\overset{H^+}{N}=\!\!\!\!\bigodot\!\!\!\!=\!\!\!\!\bigodot\!\!\!\!=\overset{H^+}{N}-\!\!\!\!\bigodot\!\!\!\!-SO_3^- + 2e$$

二苯联苯胺磺酸紫(紫色)

二苯胺磺酸钠是 $K_2Cr_2O_7$ 滴定 Fe^{2+} 的常用指示剂,由于指示剂氧化时会消耗少量滴定剂,若溶液浓度较低,而准确度要求较高,则应作指示剂校正。

二苯联苯胺磺酸紫可被过量的 $K_2Cr_2O_7$ 进一步不可逆氧化为无色或浅色,因此以 Fe^{2+} 滴定 $K_2Cr_2O_7$ 时,不可用二苯胺磺酸钠作为指示剂。

(2) 邻二氮菲亚铁

其氧化还原半反应是

$$Fe(C_{12}H_8N_2)_3^{3+} + e \Longleftrightarrow Fe(C_{12}H_8N_2)_3^{2+} \qquad \varphi^{\Theta\prime} = 1.06 \text{ V}$$

此指示剂可逆性好,终点变色敏锐,变色点电位高,多用于以强氧化剂(如 Ce^{4+})为滴定剂的情况。注意:在强酸中或存在可与邻二氮菲亚铁生成稳定络合物的离子(如 Cu^{2+}、Co^{2+}、Ni^{2+}、Cd^{2+}、Zn^{2+} 等)的溶液中,指示剂会缓慢分解。

邻二氮菲在酸性溶液中质子化后不易与 Fe^{2+} 络合,故滴定 Fe^{2+} 时不能用邻二氮菲指示终点;而邻二氮菲亚铁络合物具惰性,在酸性介质中离解较慢,可作为酸性介质中氧化还原滴定的指示剂。

选择氧化还原指示剂的原则是:指示剂变色点的电位应当处在滴定体系的电位突跃范围内。例如,在 $1 \text{ mol} \cdot L^{-1}$ H_2SO_4 溶液中,用 Ce^{4+} 滴定 Fe^{2+},前已计算出化学计量点前后 0.1% 的电位突跃范围是 $0.86\sim1.26$ V。显然,选择邻苯氨基苯甲酸($\varphi^{\Theta\prime} = 0.89$ V)和邻二氮菲亚铁($\varphi^{\Theta\prime} = 1.06$ V)为指示剂是适宜的。若选择二苯胺磺酸钠($\varphi^{\Theta\prime} = 0.85$ V)为指示剂,终点误差将大于 0.1%。但若在 $1 \text{ mol} \cdot L^{-1}$ $H_2SO_4 + 0.5 \text{ mol} \cdot L^{-1}$ H_3PO_4 介质中滴定,此时,$\varphi^{\Theta\prime}(Fe^{3+}/Fe^{2+}) = 0.61$ V,化学计量点前 0.1% 体系的电位是

$$\varphi = 0.61 + 0.059 \times 3 = 0.79 \text{ (V)}$$

则二苯胺磺酸钠也是适宜的。

控制反应条件可提高氧化还原滴定反应的完全程度,又有多种指示剂可供选择。因此终点误差一般可被控制在允许范围之内,故本章不讨论有关终点误差的计算问题。

5.3.3　氧化还原滴定预处理

1. 进行预氧化或预还原处理的必要性

在氧化还原滴定前,经常要进行预先处理,使待测组分处于适合滴定的某一形态。

(i) 测定某试样中 Mn^{2+}、Cr^{3+} 的含量。$\varphi^{\ominus}(MnO_4^-/Mn^{2+})$(1.51 V)和 $\varphi^{\ominus}(Cr_2O_7^{2-}/Cr^{3+})$ (1.33 V)都很高,比它们高的只有 $(NH_4)_2S_2O_8$ 等少数强氧化剂的电位。由于 $(NH_4)_2S_2O_8$ 稳定性差,反应速率又慢,不能用做滴定剂。但是,若将它作为预氧化(preoxidation)剂,在 Ag^+ 存在下将 Mn^{2+}、Cr^{3+} 分别氧化成 MnO_4^- 和 $Cr_2O_7^{2-}$,就可以用还原剂标准溶液(如 Fe^{2+})进行滴定。

(ii) Sn^{4+} 的测定。$\varphi^{\ominus}(Sn^{4+}/Sn^{2+})=-0.14$ V,用强还原剂直接滴定 Sn^{4+} 是困难的。若将 Sn^{4+} 预还原(prereduction)成 Sn^{2+},就可选用合适的氧化剂(如碘溶液)来滴定。

(iii) 测定铁矿中总铁量。铁矿中的铁以 Fe^{3+} 和 Fe^{2+} 两种价态存在。若分别测定 Fe^{3+} 和 Fe^{2+} 就需要两种标准溶液。如果将 Fe^{3+} 预还原成 Fe^{2+},然后用 $K_2Cr_2O_7$ 滴定,则只需滴定一次即求得总铁量。

由于还原滴定剂不稳定,易被空气氧化,所以在氧化还原滴定法中,滴定剂大多是氧化剂,故常对被测组分作预还原处理。

2. 预氧化剂或预还原剂的选择

所选用的预氧化剂或预还原剂必须符合以下条件:

(i) 必须定量氧化或还原待测组分。

(ii) 氧化还原反应具有一定的选择性。例如,钛铁矿中铁的测定。若用金属锌($\varphi^{\ominus}(Zn^{2+}/Zn)=-0.76$ V)为预还原剂,则不仅还原 Fe^{3+}($\varphi^{\ominus'}(Fe^{3+}/Fe^{2+})=0.70$ V),而且也还原 Ti^{4+}($\varphi^{\ominus'}(Ti^{4+}/Ti^{3+})=0.10$ V),用 $K_2Cr_2O_7$ 滴定的是两者合量。若选 $SnCl_2$($\varphi^{\ominus'}(Sn^{4+}/Sn^{2+})=0.14$ V)为预还原剂,则仅还原 Fe^{3+},提高了滴定的选择性。

(iii) 易于除去过量的预氧化剂或预还原剂。常用预氧化剂与预还原剂列于附录 Ⅱ.4。

5.3.4　氧化还原滴定计算

氧化还原滴定中涉及的化学反应比较复杂,根据反应前后某物质得失电子数确定基本单元,按等物质的量规则进行计算比较方便。

例 5.6　称取含甲酸($HCOOH$)的试样 0.2040 g,溶解于碱性溶液中后加入 0.2010 mol·L^{-1} $KMnO_4$ 溶液 25.00 mL,待反应完成后,酸化,加入过量的 KI 还原过剩的 MnO_4^- 以及 MnO_4^{2-} 歧化生成的 MnO_4^- 和 MnO_2,最后用 0.1002 mol·L^{-1} $Na_2S_2O_3$ 标准溶液滴定析出的 I_2,计消耗 $Na_2S_2O_3$ 溶液 21.02 mL。计算试样中甲酸的含量。

解　此测定涉及一系列化学反应:

MnO_4^- 氧化 $HCOOH$,即

$$HCOOH + 2MnO_4^- + 4OH^- \Longrightarrow CO_3^{2-} + 2MnO_4^{2-} + 3H_2O$$

酸化后,MnO_4^{2-} 发生歧化反应

$$3MnO_4^{2-} + 4H^+ \Longrightarrow 2MnO_4^- + MnO_2\downarrow + 2H_2O$$

然后是 I^- 将 MnO_4^- 和 MnO_2 全部还原为 Mn^{2+}。

该测定中氧化剂为 $KMnO_4$，还原剂为 $Na_2S_2O_3$ 和待测物 $HCOOH$。尽管 $KMnO_4$ 被还原经过多步，但其最终均被还原为 Mn^{2+}，因此，以 $\frac{1}{5}KMnO_4$ 为基本单元；根据碳的氧化数变化确定 $HCOOH$ 以 $\frac{1}{2}HCOOH$ 为基本单元；而 $Na_2S_2O_3$ 的基本单元即为 $Na_2S_2O_3$。

按等物质的量规则：

$$n\left(\frac{1}{5}KMnO_4\right) = n(Na_2S_2O_3) + n\left(\frac{1}{2}HCOOH\right)$$

故

$$\begin{aligned}
w(HCOOH) &= \frac{n\left(\frac{1}{2}HCOOH\right) \cdot M\left(\frac{1}{2}HCOOH\right)}{m_s} \\
&= \frac{\left[5c(KMnO_4) \cdot V(KMnO_4) - c(Na_2S_2O_3) \cdot V(Na_2S_2O_3)\right] \cdot M\left(\frac{1}{2}HCOOH\right)}{m_s} \\
&= \frac{(5 \times 0.02010 \times 25.00 - 0.1002 \times 21.02) \times 23.02}{0.2040 \times 1000} \times 100\% \\
&= 4.58\%
\end{aligned}$$

有的测定过程中，同一物质在不同条件下反应产物不同，按得失电子数确定基本单元比较困难，而按物质的量之比关系较为清楚。

例 5.7　称取含 KI 试样 1.000 g，溶于水，加 0.05000 mol·L^{-1} KIO_3 溶液 10.00 mL，反应后煮沸驱尽所生成的 I_2；冷却，加过量 KI 与剩余的 KIO_3 反应，析出的 I_2 用 0.1008 mol·L^{-1} $Na_2S_2O_3$ 滴定，消耗 21.14 mL。求试样中 KI 含量。

解　此测定中 KIO_3 为氧化剂，在与试样中的 KI 反应时

$$IO_3^- + 5I^- + 6H^+ = 3I_2 + 3H_2O$$

$$n(KIO_3) = \frac{1}{5}n(KI)$$

加热赶尽生成的 I_2 后，加入过量的 KI，与剩余的 KIO_3 完全反应，生成的 I_2 用 $Na_2S_2O_3$ 滴定。此时 KIO_3 最终被还原为 I^-，加入的 KI 未发生变化，$Na_2S_2O_3$ 为还原剂，其反应为

$$IO_3^- + 5I^- + 6H^+ = 3I_2 + 3H_2O$$

$$I_2 + 2S_2O_3^{2-} = 2I^- + S_4O_6^{2-}$$

$$1KIO_3 \triangleq 3I_2 \triangleq 6Na_2S_2O_3$$

即

$$n(KIO_3) = \frac{1}{6}n(Na_2S_2O_3)$$

故

$$\begin{aligned}
w(KI) &= \frac{\left[c(KIO_3) \cdot V(KIO_3) - \frac{1}{6}c(Na_2S_2O_3) \cdot V(Na_2S_2O_3)\right] \times 5M(KI)}{m_s} \\
&= \frac{\left(0.05000 \times 10.00 - \frac{1}{6} \times 0.1008 \times 21.14\right) \times 5 \times 166.0}{1.000 \times 1000} \times 100\% \\
&= 12.02\%
\end{aligned}$$

5.4　常用的氧化还原滴定方法

5.4.1　高锰酸钾法

1. 概述

高锰酸钾法(permanganate titration)的优点是：$KMnO_4$ 与多数还原剂反应较快,氧化能力强,可以直接或间接地测定多种无机物和有机物；MnO_4^- 本身有颜色,一般滴定无需另加指示剂。其缺点是：标准溶液不太稳定；反应历程比较复杂,易发生副反应；滴定的选择性较差。但若标准溶液配制、保存得当,滴定时严格控制条件,大多可以克服这些缺点。

高锰酸钾的氧化能力和还原产物与溶液的酸度有很大关系。

(i) 在强碱性溶液中,MnO_4^- 被还原为 MnO_4^{2-}：

$$MnO_4^- + e === MnO_4^{2-} \qquad \varphi^\ominus = 0.56 \text{ V}$$

$KMnO_4$ 氧化有机物的反应在碱性溶液中比在酸性溶液中快,常以返滴定法测定有机物质,如例 5.6 中甲酸的测定。

(ii) 在中性或弱碱性溶液中,MnO_4^- 被还原成 MnO_2：

$$MnO_4^- + 2H_2O + 3e === MnO_2 \downarrow + 4OH^- \qquad \varphi^\ominus = 0.59 \text{ V}$$

利用此反应可测定强还原剂 S^{2-}、SO_3^{2-} 等,也可测定甲醛、甲醇、苯酚等有机物。

(iii) 在焦磷酸溶液中,MnO_4^- 可以被还原成 $Mn(H_2P_2O_7)_3^{3-}$：

$$MnO_4^- + 3H_2P_2O_7^{2-} + 8H^+ + 4e === Mn(H_2P_2O_7)_3^{3-} + 4H_2O \qquad \varphi^\ominus \approx 1.7 \text{ V}$$

控制 pH 在 $4\sim7$ 范围内,用 $KMnO_4$ 滴定 Mn^{2+},以测定钢中的锰。由于 $Mn(H_2P_2O_7)_3^{3-}$ 有色,必须用电位法测定终点。

(iv) 在强酸性溶液中,$KMnO_4$ 被还原为 Mn^{2+}：

$$MnO_4^- + 8H^+ + 5e === Mn^{2+} + 4H_2O \qquad \varphi^\ominus = 1.51 \text{ V}$$

这是 $KMnO_4$ 法中应用最广的反应。从平衡方面考虑,MnO_4^- 与 Mn^{2+} 在溶液中不能共存。但在用 $KMnO_4$ 作滴定剂时,由于酸性溶液中 MnO_4^- 与 Mn^{2+} 反应速率较慢,而且在终点前 MnO_4^- 浓度极低,因此 $KMnO_4$ 与还原剂的反应可以定量进行。若是以还原剂(如 Fe^{2+})滴定 MnO_4^-,滴定一旦开始,MnO_4^-(剩余)与 Mn^{2+}(产物)都是大量的,它们会反应产生 MnO_2 沉淀。而 MnO_2 沉淀与还原剂反应慢,且终点不易观察,因此不能用还原剂滴定 MnO_4^-。实际测定 MnO_4^- 时是采用返滴定法,即先加过量还原剂,将 MnO_4^- 还原成 Mn^{2+},再以 $KMnO_4$ 标准溶液滴定过量的还原剂。

2. 标准溶液的配制与标定

市售 $KMnO_4$ 试剂纯度一般约 $99\%\sim99.5\%$,其中含有少量 MnO_2 及其他杂质。另外,蒸馏水中常含有少量的有机物,$KMnO_4$ 与有机物会发生缓慢的反应,生成的 $MnO(OH)_2$ 又会促进 $KMnO_4$ 进一步分解。因此,不能直接配制得到 $KMnO_4$ 标准溶液。$KMnO_4$ 标准溶液的配制方法如下：

(i) 称取稍多于计算用量的 $KMnO_4$,溶解于一定体积蒸馏水中；

(ii) 将溶液加热至沸,并保持微沸约 1 h,使还原性物质完全氧化；

(iii) 用微孔玻璃漏斗过滤除去 $MnO(OH)_2$ 沉淀(滤纸有还原性,不能用滤纸过滤);

(iv) 将过滤后的 $KMnO_4$ 溶液贮存于棕色瓶中,置于暗处以避免光对 $KMnO_4$ 的催化分解。

若需用浓度较稀的 $KMnO_4$ 溶液,通常用蒸馏水临时稀释并立即标定使用。稀溶液不宜长期贮存。

标定 $KMnO_4$ 溶液的基准物质很多,如 $H_2C_2O_4 \cdot 2H_2O$、$Na_2C_2O_4$、$(NH_4)_2Fe(SO_4)_2 \cdot 6H_2O$、$As_2O_3$ 和纯铁丝等。最常用的是 $Na_2C_2O_4$。$Na_2C_2O_4$ 稳定、无结晶水,在 $105\sim110℃$ 烘 2 h 即可使用。

在酸性介质中,MnO_4^- 和 $C_2O_4^{2-}$ 发生如下反应:

$$2MnO_4^- + 5C_2O_4^{2-} + 16H^+ \rlap{=}{=} 2Mn^{2+} + 10CO_2 + 8H_2O$$

为使反应定量进行,应注意以下滴定条件:

(i) 温度。室温下此反应速率极慢,需加热至 $70\sim80℃$ 左右滴定。但若温度超过 $90℃$,则 $H_2C_2O_4$ 部分分解:

$$H_2C_2O_4 \rlap{=}{=} CO_2 + CO + H_2O$$

导致标定结果偏高。

(ii) 酸度。酸度过低,MnO_4^- 会被部分还原为 MnO_2;酸度过高,会促进 $H_2C_2O_4$ 分解。一般滴定开始的最宜酸度约为 $1\ mol \cdot L^{-1}$。为防止诱导氧化 Cl^- 的反应发生,通常反应在 H_2SO_4 介质中进行。

(iii) 滴定速度。开始滴定时,MnO_4^- 与 $C_2O_4^{2-}$ 的反应速率很慢,滴定速度不宜太快。否则,滴入的 $KMnO_4$ 来不及与 $C_2O_4^{2-}$ 反应,就在热的酸性溶液中分解:

$$4MnO_4^- + 12H^+ \rlap{=}{=} 4Mn^{2+} + 5O_2 + 6H_2O$$

导致标定结果偏低。若滴定前加入少量 $MnSO_4$ 为催化剂,则可以加快滴定最初阶段的反应速度。

标定好的 $KMnO_4$ 溶液在放置一段时间后,如果发现有 $MnO(OH)_2$ 沉淀析出,应过滤并重新标定。

3. 滴定方法及应用

(1) 直接滴定法

在酸性介质中,用 $KMnO_4$ 标准溶液可直接测定许多还原性物质。如,Fe^{2+}、As(Ⅲ)、Sb(Ⅲ)、$C_2O_4^{2-}$、H_2O_2、NO_2^- 等。例如,在酸性溶液中测定 H_2O_2,H_2O_2 被 MnO_4^- 定量氧化:

$$2MnO_4^- + 5H_2O_2 + 6H^+ \rlap{=}{=} 2Mn^{2+} + 5O_2 + 8H_2O$$

此反应在室温下即可顺利进行。滴定开始时反应较慢,随着 Mn^{2+} 生成而加速,也可先加入少量 Mn^{2+} 为催化剂。若 H_2O_2 中含有机物质,后者也消耗 $KMnO_4$,会使测定结果偏高。这时,应当改用碘量法或铈量法测定 H_2O_2。

(2) 间接滴定法

用高锰酸钾法可间接测定 Ca^{2+}、Sr^{2+}、Ba^{2+}、Th^{4+} 等离子。以 Ca^{2+} 的测定为例,先沉淀为 CaC_2O_4,再经过滤、洗涤后将沉淀溶于热的稀 H_2SO_4 溶液中,以 $KMnO_4$ 标准溶液滴定 $H_2C_2O_4$。根据所消耗的 $KMnO_4$ 的量,间接求得 Ca^{2+} 的含量。

为了保证 Ca^{2+} 与 $C_2O_4^{2-}$ 间的 $1:1$ 的计量关系,以及获得颗粒较大的 CaC_2O_4 沉淀以便于过滤和洗涤,必须采取相应的措施:在酸性试液中先加入过量 $(NH_4)_2C_2O_4$,然后用稀氨水慢慢中和试液至甲基橙显黄色,以使沉淀缓慢地生成;沉淀完全后需放置陈化一段时间;用蒸馏水洗去沉淀表面吸附的 $C_2O_4^{2-}$。若在中性或弱碱性溶液中沉淀,会有部分 $Ca(OH)_2$ 或碱式草酸钙生成,将使测定结果偏低。为减少沉淀溶解损失,应当用尽可能少的冷水洗涤沉淀。

(3) 返滴定法

(i) MnO_2、PbO_2、$Cr_2O_7^{2-}$、MnO_4^- 等氧化性物质的测定。例如,利用 MnO_2 和 $C_2O_4^{2-}$ 在酸性溶液中的反应,可以测定软锰矿中 MnO_2 的含量。反应如下:

$$MnO_2 + C_2O_4^{2-} + 4H^+ = Mn^{2+} + 2CO_2 + 2H_2O$$

准确加入过量的 $Na_2C_2O_4$ 溶液于磨细的矿样中,加 H_2SO_4 并加热,当样品中无棕黑色颗粒存在时,表示试样分解完全。用 $KMnO_4$ 标准溶液趁热返滴定剩余的草酸。

(ii) 甲醛、甲酸、酒石酸、水杨酸、苯酚、柠檬酸、葡萄糖、甘油等有机物质的测定。以甘油测定为例,准确加入过量的 $KMnO_4$ 溶液到含有试样的 $2\ mol \cdot L^{-1}\ NaOH$ 溶液中:

$$\begin{array}{c} CH_2-CH-CH_2 \\ | \quad\ | \quad\ | \\ OH \ \ OH \ \ OH \end{array} + 14MnO_4^- + 20OH^- = 3CO_3^{2-} + 14MnO_4^{2-} + 14H_2O$$

待反应完成后,将溶液酸化,MnO_4^{2-} 歧化成 MnO_4^- 和 MnO_2,加入过量的 $FeSO_4$ 标准溶液还原所有高价锰为 Mn^{2+}。最后再以 $KMnO_4$ 标准溶液滴定剩余的 Fe^{2+}。由两次加入 $KMnO_4$ 和 $FeSO_4$ 的量,计算甘油的质量分数。

(iii) 在水质分析中,高锰酸盐指数(或称氧化度)是反映水体被有机物及无机还原性物质 (NO_2^-、S^{2-}、Fe^{2+})污染程度的常用指标。水样中加入一定量的 $KMnO_4$ 和 H_2SO_4,在沸水浴中加热 30 min 后,加入过量的 $Na_2C_2O_4$ 还原剩余的 $KMnO_4$,再用 $KMnO_4$ 溶液回滴过量的 $H_2C_2O_4$,即可计算水样的高锰酸盐指数。国际标准化组织(ISO)建议 $KMnO_4$ 法仅限于测定地表水、饮用水和生活污水。

5.4.2 重铬酸钾法

1. 概述

重铬酸钾是常用的氧化剂之一,在酸性溶液中被还原成 Cr^{3+}:

$$Cr_2O_7^{2-} + 14H^+ + 6e = 2Cr^{3+} + 7H_2O \qquad \varphi^\circ = 1.33\ V$$

重铬酸钾作滴定剂有如下优点:$K_2Cr_2O_7$ 可以制得很纯(质量分数为 99.99%),在 150~180℃下干燥 2 h 就可以直接称量配制标准溶液,且 $K_2Cr_2O_7$ 溶液非常稳定;$K_2Cr_2O_7$ 氧化性较 $KMnO_4$ 弱,则选择性较高;在 HCl 浓度低于 3 $mol \cdot L^{-1}$ 时,$Cr_2O_7^{2-}$ 不氧化 Cl^-,因此,用 $K_2Cr_2O_7$ 滴定 Fe^{2+} 可以在 HCl 介质中进行。$Cr_2O_7^{2-}$ 的还原产物 Cr^{3+} 呈绿色。重铬酸钾法 (dichromate titration)常用指示剂二苯胺磺酸钠确定终点。

2. 测定示例

(1) 铁矿石中全铁量的测定

重铬酸钾法是测定铁矿石中全铁量的标准方法。经典的重铬酸钾法 ($SnCl_2$-$HgCl_2$-$K_2Cr_2O_7$ 法)测定铁矿石中全铁量,是用 $SnCl_2$ 还原 Fe^{3+} 为 Fe^{2+},用 $HgCl_2$ 氧化过量的 $SnCl_2$。由于 $HgCl_2$ 剧毒造成环境污染,为保护环境,近年来出现了一些“无汞定铁法”,其中最常用的方法是 $SnCl_2$-$TiCl_3$ 法(此法已列为铁矿石分析的国家标准,GB 6730.5—86)。其方法是:试样用热浓 HCl 溶解,用 $SnCl_2$ 将大部分 Fe^{3+} 还原为 Fe^{2+};再以钨酸钠为指示剂,滴加 $TiCl_3$ 还原其余的 Fe^{3+},过量的 $TiCl_3$ 将钨酸钠还原为钨蓝,这时 Fe^{3+} 已被定量还原;然后滴加 $K_2Cr_2O_7$ 至蓝色恰好褪去,即过量的 $TiCl_3$ 被氧化;再用水稀释,并加入 H_2SO_4-H_3PO_4 混合酸和二苯胺磺酸钠指示剂,立即用 $K_2Cr_2O_7$ 标准溶液滴定至溶液由浅绿(Cr^{3+} 色)变为紫红色。

加入 H_3PO_4 的目的:① 降低 Fe^{3+}/Fe^{2+} 电对的电位,使二苯胺磺酸钠变色点的电位落在滴定的电位突跃范围之内;② 生成无色的 $Fe(HPO_4)_2^-$,消除 Fe^{3+} 的黄色,有利于终点的观察。

(2) 利用 $Cr_2O_7^{2-}$-Fe^{2+} 反应测定其他物质

$Cr_2O_7^{2-}$ 与 Fe^{2+} 的反应速度快,计量关系好,无副反应发生,指示剂变色明显。利用此反应可以间接测定多种物质。如,氧化性物质 NO_3^-、ClO_3^- 等,可加入过量的 Fe^{2+} 标准溶液,待反应完全后,用 $K_2Cr_2O_7$ 标准溶液返滴定剩余的 Fe^{2+},即可求得 NO_3^-、ClO_3^- 等的含量;强还原性物质 Ti^{3+}(或 Cr^{2+} 等)在空气中极不稳定,可将 Ti^{4+} 流经锌-汞齐还原柱后,用盛有 Fe^{3+} 溶液的锥形瓶接收,发生如下反应:

$$Ti^{3+} + Fe^{3+} =\!=\!= Ti^{4+} + Fe^{2+}$$

再用 $K_2Cr_2O_7$ 标准溶液滴定置换出的 Fe^{2+};还可以测定非氧化、还原性物质 Pb^{2+}(或 Ba^{2+} 等),先沉淀为 $PbCrO_4$,将沉淀过滤、洗涤后溶解于酸中,以 Fe^{2+} 标准溶液滴定 $Cr_2O_7^{2-}$,从而间接求出 Pb^{2+} 的含量。

(3) 化学耗氧量(COD)的测定

环境分析中用 COD 量度水样受还原性物质污染的程度。COD 是指水样中还原性物质(主要指有机物)所消耗的氧化剂的量,以氧的质量浓度($mg \cdot L^{-1}$)表示。其方法是:在水样中加入过量 $K_2Cr_2O_7$ 溶液和浓 H_2SO_4,加热回流 2 h,冷却后以邻二氮菲亚铁作为指示剂,用硫酸亚铁铵标准溶液滴定剩余的 $K_2Cr_2O_7$。

5.4.3 碘量法

1. 概述

碘量法(iodimetric method)是基于 I_2 的氧化性及 I^- 的还原性进行滴定的方法。由于固体 I_2 在水中的溶解度很小且易挥发,通常将 I_2 溶解于 KI 溶液中,此时 I_2 以 I_3^- 络离子形式存在(为简化并强调化学计量关系,一般将 I_3^- 简写为 I_2),其半反应是

$$I_2 + 2e =\!=\!= 2I^- \qquad \varphi^\circ(I_2/I^-) = 0.54 \text{ V}$$

此电对的电位在标准电位表中居中,可见 I_2 是较弱的氧化剂,I^- 则是中等强度的还原剂。用 I_2 标准溶液直接滴定 $S_2O_3^{2-}$、As(Ⅲ)、SO_3^{2-}、Sn^{2+}、维生素 C 等强还原剂,称为直接碘量法(iodimetry)(或碘滴定法)。利用 I^- 的还原作用,可与许多氧化性物质如 MnO_4^-、$Cr_2O_7^{2-}$、H_2O_2、Cu^{2+}、Fe^{3+} 等反应定量地析出 I_2。然后用 $Na_2S_2O_3$ 标准溶液滴定 I_2,从而间接地测定氧化性物质。此为间接碘量法(iodometry)(或称滴定碘法)。

碘量法采用淀粉为指示剂。当溶液呈现蓝色(直接碘量法)或蓝色消失(间接碘量法)即为终点。

碘量法中应该防止 I_2 的挥发及空气氧化 I^-。主要应采取的措施是:加入过量 KI 使 I_2 形成 I_3^- 络离子;析出碘的反应最好在碘瓶中进行,并置碘瓶于暗处待反应完全;适当稀释溶液,并立即滴定;滴定时勿剧烈摇动。

I_2 与 $S_2O_3^{2-}$ 的反应是碘量法中最重要的反应：

$$I_2 + 2S_2O_3^{2-} = 2I^- + S_4O_6^{2-}$$

I_2 与 $S_2O_3^{2-}$ 的物质的量之比为 1：2。酸度控制不当会影响它们的计量关系而造成误差。在间接碘量法中，氧化剂氧化 I^- 的反应大都是在酸度较高的条件下进行，用 $Na_2S_2O_3$ 滴定时易发生如下反应：

$$S_2O_3^{2-} + 2H^+ = H_2SO_3 + S\downarrow$$

而 H_2SO_3 与 I_2 的反应是

$$I_2 + H_2SO_3 + H_2O = SO_4^{2-} + 4H^+ + 2I^-$$

这时 I_2 与 H_2SO_3 反应的物质的量之比是 1：1，因而造成误差。但由于 I_2 与 $S_2O_3^{2-}$ 反应较快，只要滴加 $Na_2S_2O_3$ 速度不太快，并充分搅拌，勿使 $S_2O_3^{2-}$ 局部过浓，即使酸度高达 $3\sim4\ mol\cdot L^{-1}$，也可以得到满意的结果。但相反的滴定，即用 I_2 滴定 $S_2O_3^{2-}$，则不能在酸性溶液中进行。

若溶液 pH 过高，I_2 会部分歧化生成 HOI 和 IO_3^-，将发生下列反应：

$$4I_2 + S_2O_3^{2-} + 10OH^- = 2SO_4^{2-} + 8I^- + 5H_2O$$

因此用 $S_2O_3^{2-}$ 滴定 I_2 时，溶液的 pH 应小于 9。而若用 I_2 滴定 $S_2O_3^{2-}$，pH 则可高达 11。

2. 标准溶液的配制与标定

（1）硫代硫酸钠溶液的配制与标定

结晶的 $Na_2S_2O_3\cdot5H_2O$ 易风化，并含有少量杂质，因此不能直接称量配制其标准溶液。$Na_2S_2O_3$ 溶液不稳定，易被酸分解及空气中的 O_2 氧化，水中的微生物也会消耗其中的硫。因此，配制 $Na_2S_2O_3$ 溶液时，应当用新煮沸并冷却的蒸馏水，其目的在于除去水中溶解的 CO_2 和 O_2 并杀死细菌。加入少量 Na_2CO_3，使溶液呈弱碱性，以抑制细菌生长。溶液贮于棕色瓶并置于暗处，以防止光照分解。经过一段时间后应重新标定溶液，如发现溶液变混浊表示有硫析出，应弃去重配。

$Na_2S_2O_3$ 可用 $K_2Cr_2O_7$、KIO_3 等基准物采用间接法标定。以 $K_2Cr_2O_7$ 为例，在酸性溶液中与 KI 作用：

$$Cr_2O_7^{2-} + 6I^- + 14H^+ = 2Cr^{3+} + 3I_2 + 7H_2O$$

以淀粉为指示剂，用 $Na_2S_2O_3$ 滴定析出的 I_2。

$Cr_2O_7^{2-}$ 与 I^- 反应较慢，加入过量的 KI 并提高酸度可以加速反应。然而酸度过高又加速空气氧化 I^-，一般控制酸度为 $0.4\ mol\cdot L^{-1}$ 左右，并在暗处放置 5 min，以使反应完成。若是用 KIO_3 标定，只需稍过量的酸，反应即迅速进行，不必放置，空气氧化 I^- 的机会也很少。

（2）碘溶液的配制与标定

将一定量的 I_2 溶于 KI 浓溶液中，然后稀释至一定体积。溶液贮于棕色瓶中，防止遇热和与橡胶等有机物接触，否则浓度将发生变化。

碘溶液常用 As_2O_3 基准物标定，亦可用已标定好的 $Na_2S_2O_3$ 溶液标定。在 pH 8～9 时，I_2 快速而定量地氧化 $HAsO_2$。

$$HAsO_2 + I_2 + 2H_2O = HAsO_4^{2-} + 2I^- + 4H^+$$

As_2O_3 难溶于水，可用 NaOH 溶解。标定时先酸化溶液，再加 $NaHCO_3$ 调节 pH≈8。

3. 碘量法应用示例

(1) 铜的测定

间接碘量法测定铜是基于 Cu^{2+} 与过量 KI 反应定量地析出 I_2,然后用 $Na_2S_2O_3$ 标准溶液滴定,反应为

$$2Cu^{2+} + 4I^- \Longrightarrow 2CuI\downarrow + I_2$$

$$I_2 + 2S_2O_3^{2-} \Longrightarrow 2I^- + S_4O_6^{2-}$$

CuI 沉淀表面会吸附一些 I_2 导致结果偏低,为此常加入 KSCN,使 CuI 沉淀转化为溶解度更小的 CuSCN 沉淀,即

$$CuI + SCN^- \Longrightarrow CuSCN + I^-$$

KSCN 应当在接近终点时加入,否则 SCN^- 会还原 I_2 使结果偏低。

反应在 NH_4HF_2(即 NH_4F+HF)缓冲溶液中进行,控制溶液的 pH 在 3~4 范围内,F^- 能有效地络合样品中的 Fe^{3+},从而消除 Fe^{3+} 的干扰;由于 $pH<4$,Cu^{2+} 不致水解,保证了 Cu^{2+} 与 I^- 的反应定量进行。

很多具有氧化性的物质都可以用间接碘量法测定,如多种含氧酸(MnO_4^-、ClO^-、IO_4^- 等)、过氧化物、O_3、PbO_2、Cl_2、Br_2、Ce^{4+} 等。还可以滴定由 $BaCrO_4$、$PbCrO_4$ 沉淀溶解释放的 CrO_4^{2-} 来间接测定 Ba^{2+} 和 Pb^{2+}。

(2) 葡萄糖的测定

葡萄糖分子中的醛基能在碱性条件下用过量 I_2 氧化成羧基,其反应过程为

$$I_2 + 2OH^- \Longrightarrow IO^- + I^- + H_2O$$

$$CH_2OH(CHOH)_4CHO + IO^- + OH^- \longrightarrow CH_2OH(CHOH)_4COO^- + I^- + H_2O$$

剩余的 IO^- 在碱性溶液中歧化成 IO_3^- 和 I^-:

$$3IO^- \Longrightarrow IO_3^- + 2I^-$$

溶液经酸化后又析出 I_2:

$$IO_3^- + 5I^- + 6H^+ \Longrightarrow 3I_2 + 3H_2O$$

最后以 $Na_2S_2O_3$ 标准溶液滴定析出的 I_2。

在这一系列的反应中,1 mol 葡萄糖与 1 mol NaIO 作用,而 1 mol I_2 产生 1 mol NaIO。因此,1 mol 葡萄糖与 1 mol I_2 相当。

在药物分析中碘量法较其他氧化还原方法的应用更为广泛,在药典中有多种标准方法。直接碘量法可测定乙酰半胱氨酸、二巯基丙醇、安乃近、维生素 C 等药物。间接碘量法可测定葡萄糖、咖啡因、头孢噻吩钠、头孢氨苄等药物。

(3) 卡尔-费歇滴定法测定水

卡尔-费歇滴定法(Karl-Fischer titration)的基本原理是 I_2 氧化 SO_2 时需要定量的 H_2O:

$$I_2 + SO_2 + 2H_2O \Longrightarrow H_2SO_4 + 2HI$$

加入吡啶(C_5H_5N),以上反应才能定量地向右进行。其总反应是

$$C_5H_5N \cdot I_2 + C_5H_5N \cdot SO_2 + C_5H_5N + H_2O \longrightarrow 2C_5H_5N \cdot HI + C_5H_5N \cdot SO_3$$

生成的 $C_5H_5N \cdot SO_3$ 也能与水反应。为此加入甲醇,以防止发生副反应:

$$C_5H_5N \cdot SO_3 + CH_3OH \longrightarrow C_5H_5NHOSO_2OCH_3$$

综上所述,卡尔-费歇滴定法测定水是以 I_2、SO_2、C_5H_5N 和 CH_3OH 的混合溶液为标准溶

液,称为费歇试剂。此试剂呈红棕色(I_2 的颜色),与水反应后呈浅黄色。滴定过程中溶液由浅黄色变为红棕色即为终点。测定中所用器皿都须干燥,否则会造成误差。试剂的标定可用水-甲醇标准溶液,或以稳定的结晶水合物为基准物。

卡尔-费歇滴定法不仅可以测定无机物或有机物中的水分含量,而且根据有关反应中生成水或消耗水的量,还可以间接测定多种有机物的含量,如醇、酸酐、羧酸、腈类、羰基化合物、伯胺、仲胺以及过氧化物等。

5.4.4　溴酸钾法

溴酸钾是一种强氧化剂($\varphi^\circ(BrO_3^-/Br_2)=1.5$ V),容易制纯,180℃烘干后直接称量配制标准溶液。溴酸钾法(potassium bromate method)主要用于测定有机物。在酸性溶液中亦可直接测定一些还原性物质,如 As(Ⅲ)、Sb(Ⅲ)、Sn(Ⅱ)等。

称量一定量的 $KBrO_3$ 配制得到标准溶液,加入过量的 KBr 于其中。测定时将此标准溶液酸化,即发生如下反应:

$$BrO_3^- + 5Br^- + 6H^+ \Longrightarrow 3Br_2 + 3H_2O$$

实际上相当于溴溶液($\varphi^\circ(Br_2/Br^-)=1.07$ V)。溴水不稳定,不适于配成标准溶液作滴定剂;而 $KBrO_3$-KBr 标准溶液很稳定,只在酸化时才发生上述反应,这就像即时配制的溴标准溶液一样。利用溴的取代作用,可以测定酚类及芳香胺等有机化合物;以加成反应可以测定有机物的不饱和程度。

取代反应测定苯酚含量:在苯酚的酸性试液中准确加入过量的 $KBrO_3$-KBr 标准溶液,发生如下取代反应:

待反应完成后,加入过量的 KI 与剩余的 Br_2 作用,析出的 I_2 用 $Na_2S_2O_3$ 标准溶液滴定。

由于 Br_2 极易挥发,操作时需在碘量瓶口加水或碘化钾溶液封闭。一般都在条件完全相同的情况下做一空白试验,以消除仪器、试剂及溴挥发等带来的误差。

5.4.5　铈量法

Ce^{4+} 是强氧化剂(在 1 mol·L^{-1} H_2SO_4 介质中 $\varphi^{\circ\prime}=1.44$ V),其氧化性与 $KMnO_4$ 差不多,凡能用 $KMnO_4$ 测定的物质几乎都可用铈量法(cerimetry)测定。与 $KMnO_4$ 法相比,Ce^{4+} 标准溶液比 $KMnO_4$ 溶液稳定,可以在较浓的 HCl 溶液中滴定,反应简单,副反应少。但铈盐价贵,实际应用不太多。还需注意,Ce^{4+} 与一些还原剂的反应速率不够快,如与 $C_2O_4^{2-}$ 的反应需加热,与 As(Ⅲ)的反应需加 KI 作催化剂。

Ce^{4+} 的标准溶液可以用纯的硫酸铈铵($Ce(SO_4)_2\cdot(NH_4)_2SO_4\cdot2H_2O$)直接称量配制,亦可用纯度稍差的铈(Ⅳ)盐配制成大致浓度,然后用 As_2O_3 或 $Na_2C_2O_4$ 标定。Ce^{4+} 极易水解,配制 Ce^{4+} 溶液时必须加酸,滴定也应在强酸介质中进行,一般选择邻二氮菲亚铁作为指示剂。

思考题与习题

5.1 某 HCl 溶液中 $c(Fe^{3+}) = c(Fe^{2+}) = 1\ mol \cdot L^{-1}$，则此溶液中的 $\varphi^{\theta'}(Fe^{3+}/Fe^{2+})$ 与 $\varphi^{\theta}(Fe^{3+}/Fe^{2+})$ 是否相等？请写出 $\varphi^{\theta'}(Fe^{3+}/Fe^{2+})$ 的表达式。

5.2 $Fe(CN)_6^{3-}/Fe(CN)_6^{4-}$ 电对的条件电位为什么随离子强度增加而升高？Fe^{3+}/Fe^{2+} 电对的条件电位与离子强度有什么关系？

5.3 若两电对的电子转移数 $n_1 = 1$，$n_2 = 2$，$\Delta\varphi^{\theta'}$ 至少多大时，氧化还原反应有可能定量进行？

5.4 在用 $K_2Cr_2O_7$ 法测定 Fe 时，加入 S-P 混酸的目的是什么？在碘量法测定铜的过程中，KI、NH_4HF_2、KSCN 的作用各是什么？

5.5 Fe^{2+} 在酸性介质中较在中性和碱性介质中稳定，为什么？

5.6 诱导反应与催化反应有何区别？举例说明何为催化剂、诱导体、防止溶液？

5.7 请写出 Hg_2Cl_2/Hg 电对的 Nernst 方程式。

5.8 用 Ce^{4+} 滴定 Fe^{2+} 时，可否用邻二氮菲为指示剂？

5.9 以二苯胺磺酸钠为指示剂，用 $K_2Cr_2O_7$ 标准溶液滴定 Fe^{2+}，若浓度较稀时为什么需扣除指示剂空白？如何实施？

5.10 $KMnO_4$ 标准溶液和 $Na_2S_2O_3$ 标准溶液在配制时都需将水煮沸，请比较两者在操作上的不同，并解释其原因。

5.11 试设计用碘量法测定试液中 Ba^{2+} 浓度的方案。

5.12 试设计测定以下可能含惰性杂质的混合液（或混合物）中各组分含量的方案。请用简单流程图表示分析过程，并指出滴定剂、指示剂、主要反应条件及计算式。

(1) $Sn^{2+} + Fe^{2+}$；　　　(2) $Sn^{4+} + Fe^{3+}$；　　　(3) $Cr^{3+} + Fe^{3+}$；　　　(4) $H_2O_2 + Fe^{3+}$；

(5) $As_2O_3 + As_2O_5$；　　　(6) $H_2SO_4 + H_2C_2O_4$；　　　(7) $MnSO_4 + MnO_2$。

5.13 $K_3Fe(CN)_6$ 在强碱溶液中能定量氧化 I^- 为 I_2，因此可用 $K_3Fe(CN)_6$ 作为基准物标定 $Na_2S_2O_3$ 溶液。试计算 2 mol $\cdot$ L^{-1} HCl 溶液中 $Fe(CN)_6^{3-}/Fe(CN)_6^{4-}$ 电对的条件电位。

［已知 $\varphi^{\theta}(Fe(CN)_6^{3-}/Fe(CN)_6^{4-}) = 0.36$ V；$H_3Fe(CN)_6$ 是强酸；$H_4Fe(CN)_6$ 的 $K_{a_3} = 10^{-2.2}$，$K_{a_4} = 10^{-4.2}$；计算中忽略离子强度的影响］

5.14 银还原器（金属银浸于 1 mol $\cdot$ L^{-1} HCl 溶液中）只能还原 Fe^{3+} 而不能还原 Ti^{4+}。计算此条件下 Ag^+/Ag 电对的条件电位，并加以说明。

5.15 计算 pH 3.0，未与 Fe^{3+} 络合的 EDTA 浓度为 0.010 mol $\cdot$ L^{-1} 时，Fe^{3+}/Fe^{2+} 电对的条件电位（忽略离子强度的影响）。

5.16 将等体积的 0.40 mol $\cdot$ L^{-1} 的 Fe^{2+} 溶液和 0.10 mol $\cdot$ L^{-1} 的 Ce^{4+} 溶液相混合。若溶液中 H_2SO_4 浓度为 0.5 mol $\cdot$ L^{-1}，问反应达平衡时，Ce^{4+} 的浓度是多少？

5.17 在 1 mol $\cdot$ L^{-1} HCl 溶液中，用 Fe^{3+} 滴定 Sn^{2+}。计算下列滴定百分数时的电位：9，50，91，99，99.9，100.0，100.1，101，110，200(%)，并绘制滴定曲线。

5.18 用一定体积（mL 数）的 $KMnO_4$ 溶液恰能氧化一定质量的 $KHC_2O_4 \cdot H_2C_2O_4 \cdot 2H_2O$。如用 0.2000 mol $\cdot$ L^{-1} NaOH 溶液中和同样质量的 $KHC_2O_4 \cdot H_2C_2O_4 \cdot 2H_2O$，所需 NaOH 溶液的体积恰为 $KMnO_4$ 溶液的一半，试计算 $KMnO_4$ 溶液的浓度。

5.19 为测定试样中的 K^+，可将其沉淀为 $K_2NaCo(NO_2)_6$，溶解后用 $KMnO_4$ 溶液滴定（$NO_2^- \rightarrow NO_3^-$，$Co^{3+} \rightarrow Co^{2+}$）。计算 K^+ 与 MnO_4^- 的物质的量之比，即 $n(K) : n(KMnO_4)$。

5.20 称取软锰矿 0.3216 g 及分析纯的 $Na_2C_2O_4$ 0.3685 g，共置于同一烧杯中，加入 H_2SO_4，并加热；待反应完全后，用 0.02400 mol $\cdot$ L^{-1} $KMnO_4$ 溶液滴定剩余的 $Na_2C_2O_4$，消耗 $KMnO_4$ 溶液 11.26 mL。计算软锰矿中 MnO_2 的质量分数。

5. 21　称取含有苯酚的试样 0.5000 g,溶解后加入 0.1000 mol·L^{-1} KBrO$_3$ 溶液(其中含有过量 KBr) 25.00 mL,并加 HCl 酸化,放置。待反应完全后,加入 KI。滴定析出的 I$_2$ 消耗了 0.1003 mol·L^{-1} Na$_2$S$_2$O$_3$ 溶液 29.91 mL。计算试样中苯酚的质量分数。

5. 22　称取含有 KI 的试样 0.5000 g,溶于水后先用 Cl$_2$ 水氧化 I$^-$ 为 IO$_3^-$,煮沸除去过量 Cl$_2$;再加入过量 KI 试剂,滴定 I$_2$ 时消耗了 0.02082 mol·L^{-1} Na$_2$S$_2$O$_3$ 溶液 21.30 mL。计算试样中 KI 的质量分数。

5. 23　称取含 PbO 和 PbO$_2$ 的混合试样 1.234 g,加入 0.2500 mol·L^{-1} 草酸溶液 20.00 mL 将 PbO$_2$ 还原为 Pb^{2+};然后用氨水中和,这时 Pb^{2+} 以 PbC$_2$O$_4$ 形式沉淀;过滤并将滤液酸化后用 KMnO$_4$ 溶液滴定,消耗 0.0400 mol·L^{-1} KMnO$_4$ 溶液 10.00 mL;沉淀溶解于酸中,滴定时消耗 0.0400 mol·L^{-1} KMnO$_4$ 溶液 30.00 mL。计算混合试样中 PbO 和 PbO$_2$ 的质量分数。

5. 24　称取含 NaIO$_3$ 和 NaIO$_4$ 的混合试样 1.000 g,溶解后定容于 250 mL 容量瓶中;准确移取试液 50.00 mL,调至弱碱性,加入过量的 KI,此时 IO$_4^-$ 被还原为 IO$_3^-$(IO$_3^-$ 不氧化 I$^-$);释放出的 I$_2$ 用 0.04000 mol·L^{-1} Na$_2$S$_2$O$_3$ 溶液滴定至终点时,消耗 10.00 mL。另移取试液 20.00 mL,用 HCl 调节 溶液至酸性,加入过量 KI;释放出的 I$_2$ 用 0.04000 mol·L^{-1} Na$_2$S$_2$O$_3$ 溶液滴定,消耗 30.00 mL。计算 混合试样中 NaIO$_3$ 和 NaIO$_4$ 的质量分数。

第6章 沉淀重量法与沉淀滴定法

本章重点介绍以沉淀平衡为基础的沉淀重量法和沉淀滴定法,讨论影响沉淀溶解度的主要因素,以及如何控制反应条件使沉淀完全和获得纯净的沉淀,以达到准确定量测定的目的。

6.1 沉淀的溶解度及其影响因素

沉淀的溶解度直接影响沉淀重量法和沉淀滴定法的准确度。在水中绝对不溶的物质是不存在的,只是溶解的多少不同。若沉淀溶解损失量不超过 0.1 mg,就不影响测定的准确度。实际上相当多的沉淀在纯水中的溶解度都大于此值。但控制好沉淀条件,就可以降低溶解损失,获得高的测定准确度。

6.1.1 溶解度与固有溶解度,溶度积与条件溶度积

对于 MA 型难溶化合物(如 $AgBr$、$BaSO_4$ 等),在水溶液中达到平衡时,有如下的平衡关系:

$$MA(s) \rightleftharpoons MA(aq) \rightleftharpoons M^+ (aq) + A^- (aq)$$

其中 MA(aq)可以是不带电荷的分子 MA,也可以是离子对 M^+A^-。$[MA]_{aq}$ 在一定温度下是常数,叫做固有溶解度(intrinsic solubility)(或分子溶解度),以 S^0 表示。若溶液中没有影响沉淀溶解平衡的其他反应存在,则固体 MA 的溶解度 S 为固有溶解度和离子 M^+(或 A^-)浓度之和,即

$$S = S^0 + [M^+] = S^0 + [A^-] \tag{6.1}$$

对于大多数电解质来说,S^0 都较小,而且大多未被测定,故一般计算中往往忽略 S^0 项。但有的化合物的固有溶解度相当大,例如 $HgCl_2$,若按溶度积($K_{sp} = 2 \times 10^{-14}$)计算,$HgCl_2$ 在水中的溶解度约为 1.7×10^{-5} mol·L^{-1},但实际测得的溶解度约为 0.25 mol·L^{-1}。说明溶液中存在大量 $HgCl_2$ 分子。

根据难溶化合物 MA 在水溶液中的平衡关系,得到

$$K = \frac{a(M^+) \cdot a(A^-)}{a(MA)_{aq}} \tag{6.2}$$

中性分子的活度系数视为1,即 $\gamma(MA) = 1$,则 $a(MA)_{aq} = [MA]_{aq} = S^0$,故

$$K_{sp}^{\ominus} = KS^0 = a(M^+) \cdot a(A^-) \tag{6.3}$$

$K_{sp}^{\ominus}$ 是离子的活度积常数,简称活度积(activity product),它仅随温度变化。若引入活度系数 γ,则得到用浓度表示的溶度积常数 K_{sp},简称溶度积(solubility product):

$$K_{sp} = [M^+][A^-] = \frac{K_{sp}^{\ominus}}{\gamma(M^+) \cdot \gamma(A^-)} \tag{6.4}$$

溶度积 K_{sp} 与溶液的离子强度有关。在沉淀重量分析中通常要加入过量沉淀剂,一般离子强度较大,采用溶度积进行计算,才符合实际情况。本书多采用离子强度为 0.1 时的溶度积,仅在计

算沉淀在纯水中的溶解度时才用活度积。部分难溶化合物的溶度积常数列于附录Ⅲ.9 中。

溶液中除了形成沉淀的主反应外,还可能存在多种副反应。如组成沉淀的金属离子发生水解作用,或与络合剂发生络合反应;组成沉淀的阴离子发生质子化反应等。为便于书写,以下忽略离子的电荷数:

$$MA(s) \rightleftharpoons M + A$$

此时溶液中金属离子总浓度 [M'] 为

$$[M'] = [M] + [ML] + [ML_2] + \cdots + [MOH] + [M(OH)_2] + \cdots$$

沉淀剂总浓度 [A'] 为

$$[A'] = [A] + [HA] + [H_2A] + \cdots$$

引入相应的副反应系数 α_M, α_A,则

$$K'_{sp} = [M'][A'] = [M] \cdot \alpha_M \cdot [A] \cdot \alpha_A = K_{sp} \cdot \alpha_M \cdot \alpha_A \tag{6.5}$$

K'_{sp} 为条件溶度积(conditional solubility product),表示沉淀溶解达到平衡时,组成沉淀的各种离子的所有形式总浓度的乘积。一般情况下: $\alpha_M > 1, \alpha_A > 1$,所以 $K'_{sp} > K_{sp}$,即副反应的发生使溶度积增大,此时

$$S = [M'] = [A'] = \sqrt{K'_{sp}} \tag{6.6}$$

6.1.2　影响沉淀溶解度的因素

1. 盐效应及同离子效应

若溶液中有强电解质存在时,随着强电解质的浓度及所带电荷数的增大,溶液中离子强度也随之增大,使得沉淀的溶解度增大,这种作用称为盐效应(salt effect)。同其他化学因素(如同离子效应、酸效应、络合效应等)相比,一般盐效应对沉淀溶解度增加的影响要小得多,故常常可以忽略。

加入含有共同离子的电解质可使难溶电解质溶解度降低,这种效应称为同离子效应(common ion effect)。在沉淀重量法中,常加入过量沉淀剂,利用同离子效应来降低沉淀的溶解度。

例 6.1　向 10.0 mL 0.020 mol·L^{-1} $BaCl_2$ 溶液中分别加入(1) 10.0 mL 0.020 mol·L^{-1} Na_2SO_4 沉淀剂;(2) 10.0 mL 0.040 mol·L^{-1} Na_2SO_4 沉淀剂。通过计算比较溶液中 $BaSO_4$ 沉淀溶解度的大小。$(K_{sp}(BaSO_4) = 6 \times 10^{-10}, I = 0.1)$

解　(1) 生成了等物质的量的 $BaSO_4$。加入 SO_4^{2-} 的物质的量正好与 Ba^{2+} 的物质的量相等,利用 $BaSO_4(s)$ 的沉淀溶解平衡可计算 $BaSO_4$ 沉淀的溶解度。

$$BaSO_4(s) \rightleftharpoons Ba^{2+} + SO_4^{2-}$$

$$S = [Ba^{2+}] = [SO_4^{2-}] = \sqrt{K_{sp}(BaSO_4)}$$

$$= \sqrt{6 \times 10^{-10}} = 2 \times 10^{-5} (mol \cdot L^{-1})$$

(2) 相当于在含有 $BaSO_4(s)$ 的溶液中,加入过量的 Na_2SO_4,过量部分的 SO_4^{2-} 浓度为

$$\frac{10.0 \times 0.020}{20.0} = 0.010(\text{mol} \cdot \text{L}^{-1})$$

$$\text{BaSO}_4(\text{s}) \rightleftharpoons \text{Ba}^{2+} + \text{SO}_4^{2-}$$
$$S \qquad 0.010 + S \approx 0.010 \ (\text{mol} \cdot \text{L}^{-1})$$

$$S = [\text{Ba}^{2+}] = \frac{K_{\text{sp}}}{[\text{SO}_4^{2-}]} = \frac{6 \times 10^{-10}}{0.010} = 6 \times 10^{-8}(\text{mol} \cdot \text{L}^{-1})$$

可见随着溶液中 SO_4^{2-} 浓度的增加,BaSO_4 的溶解度大大减小。

利用同离子效应,加入过量沉淀剂是降低沉淀溶解度的最有效方法,但是过量沉淀剂在对生成的沉淀产生同离子效应的同时还会产生盐效应(即离子强度增大)或络合作用等,削弱同离子效应的影响,导致沉淀溶解度的增加。经验表明,一般沉淀剂过量 $50\% \sim 100\%$ 为宜;对非挥发性沉淀剂,则需控制沉淀剂过量 $20\% \sim 30\%$。

2. 酸效应

对于弱酸盐沉淀,当酸度较高时,沉淀溶解平衡将向生成弱酸方向移动,从而增加沉淀的溶解度。以 CaC_2O_4 为例,平衡关系是

$$\text{CaC}_2\text{O}_4(\text{s}) \rightleftharpoons \text{Ca}^{2+} + \quad \text{C}_2\text{O}_4^{2-}$$
$$\text{H}^+ \Big|$$
$$\text{HC}_2\text{O}_4^-$$
$$\text{H}_2\text{C}_2\text{O}_4$$

若知平衡时溶液的 pH,即可计算酸效应系数 $\alpha_{\text{C}_2\text{O}_4(\text{H})}$ 及条件溶度积 $K'_{\text{sp}}(\text{CaC}_2\text{O}_4)$,进而计算溶解度。

例 6.2 计算 CaC_2O_4 在以下情况时的溶解度:(1) 在纯水中;(2) 在 pH = 1.0 的 HCl 溶液中;(3) 在 pH = 4.0 的 0.10 mol · L^{-1} 草酸溶液中。($K_{\text{sp}}^{\ominus}(\text{CaC}_2\text{O}_4) = 10^{-8.6}$;$I = 0.1$ 时,$K_{\text{sp}}(\text{CaC}_2\text{O}_4) = 10^{-7.8}$,$\text{H}_2\text{C}_2\text{O}_4$ 的 $pK_{a_1} = 1.1$,$pK_{a_2} = 4.0$)

解 (1) 在纯水中,

$$S = [\text{Ca}^{2+}] = [\text{C}_2\text{O}_4^{2-}] = \sqrt{K_{\text{sp}}^{\ominus}(\text{CaC}_2\text{O}_4)} = 10^{-4.3}(\text{mol} \cdot \text{L}^{-1})$$

(2) 在 pH = 1.0 时,

$$\alpha_{\text{C}_2\text{O}_4(\text{H})} = 1 + [\text{H}^+]\beta_1 + [\text{H}^+]^2\beta_2 = 1 + 10^{-1.0+4.0} + 10^{-2.0+5.1} = 10^{3.4}$$

$$K'_{\text{sp}}(\text{CaC}_2\text{O}_4) = K_{\text{sp}}(\text{CaC}_2\text{O}_4) \cdot \alpha_{\text{C}_2\text{O}_4(\text{H})} = 10^{-7.8+3.4} = 10^{-4.4}$$

$$S = [\text{Ca}^{2+}] = [\text{C}_2\text{O}_4'] = \sqrt{K'_{\text{sp}}(\text{CaC}_2\text{O}_4)} = 10^{-2.2}(\text{mol} \cdot \text{L}^{-1})$$

(3) 在 pH = 4.0,$c(\text{H}_2\text{C}_2\text{O}_4) = 0.10$ mol · L^{-1} 条件下,既有酸效应,又有同离子效应。

$$\alpha_{\text{C}_2\text{O}_4(\text{H})} = 1 + 10^{-4.0+4.0} + 10^{-8.0+5.1} = 10^{0.3}$$

$$K'_{\text{sp}}(\text{CaC}_2\text{O}_4) = 10^{-7.8+0.3} = 10^{-7.5}$$

此时沉淀剂过量,则

$$[\text{Ca}^{2+}] = S$$

$$[\text{C}_2\text{O}_4'] = (0.1 + S) \approx 0.1(\text{mol} \cdot \text{L}^{-1})$$

$$S = [\text{Ca}^{2+}] = K'_{\text{sp}}(\text{CaC}_2\text{O}_4)/[\text{C}_2\text{O}_4'] = \frac{10^{-7.5}}{10^{-1.0}} = 10^{-6.5}(\text{mol} \cdot \text{L}^{-1})$$

则在此条件下钙的沉淀是完全的。

弱酸盐(MA)的阴离子(A)碱性较强时,其在纯水中的溶解度的计算也要考虑酸效应的影响。若沉淀的溶解度很小,溶解的弱碱 A 与水中 H^+ 结合基本不影响溶液的 pH,可按 pH 为 7.0 计算;若溶解度较大,而 A 的碱性又较强,则可按 $[OH^-] = S$ 进行计算。

例 6.3　分别计算 CuS、MnS 在纯水中的溶解度。($K_{sp}^{\ominus}(CuS) = 10^{-35.2}$,$K_{sp}^{\ominus}(MnS) = 10^{-12.5}$;$I = 0$ 时,H_2S 的 $pK_{a_1} = 7.1$,$pK_{a_2} = 12.9$)

解　(1) CuS 的溶解度很小,S^{2-} 与水中 H^+ 结合产生的 OH^- 很少,溶液的 pH $\approx$ 7.0,此时

$$\alpha_{S(H)} = 1 + 10^{-7.0+12.9} + 10^{-14.0+20.0} = 10^{6.3}$$

此酸效应系数很大。溶液中 $[S^{2-}]$ 远小于溶解度 S,此时

$$S = [S^{2-}] + [HS^-] + [H_2S] = [S']$$
$$S = [Cu^{2+}]$$

而

$$[Cu^{2+}][S'] = K_{sp}'(CuS) = S^2$$

故

$$S = \sqrt{K_{sp}'(CuS)} = \sqrt{K_{sp}^{\ominus}(CuS) \cdot \alpha_{S(H)}} = \sqrt{10^{-35.2+6.3}} = 10^{-14.5}(mol \cdot L^{-1})$$

(2) MnS 的溶解度较大,S^{2-} 定量生成 HS^-,产生等量的 OH^-,可由沉淀溶于水的反应平衡常数求溶解度 S。

$$MnS + H_2O \Longrightarrow Mn^{2+} + HS^- + OH^-$$
$$\qquad\qquad\qquad\qquad S \quad\ S \quad\ S$$

$$K = [Mn^{2+}][HS^-][OH^-] = \frac{[Mn^{2+}][S^{2-}][H^+][OH^-]}{K_{a_2}} = \frac{K_{sp}^{\ominus}(MnS) \cdot K_w}{K_{a_2}}$$

$$= \frac{10^{-12.5} \times 10^{-14.0}}{10^{-12.9}} = 10^{-13.6}$$

所以

$$S = \sqrt[3]{10^{-13.6}} = 10^{-4.5}(mol \cdot L^{-1})$$

此时溶液中 $[OH^-] = 10^{-4.5}$ mol $\cdot L^{-1}$,即 $[H^+] = 10^{-9.5}$ mol $\cdot L^{-1}$,则

$$\alpha_{S(H)} = 1 + 10^{-9.5+12.9} + 10^{-19.0+20.0} = 1 + 10^{3.4} + 10^{1.0}$$

故

$$[S^{2-}] : [HS^-] : [H_2S] = 1 : 10^{3.4} : 10^{1.0}$$

即溶液中以 HS^- 形态占优势。可见最初假设 $[HS^-]$ 等于沉淀的溶解度 S 是合理的。

3. 络合效应

若沉淀中的金属离子与溶液中存在的络合剂形成可溶性络合物,将促进沉淀-溶解平衡向溶解方向移动,从而增大沉淀的溶解度,甚至使沉淀完全溶解。

例 6.4　计算 PbC_2O_4 的溶解度。设沉淀与溶液达平衡后 pH 为 4.0,溶液中草酸总浓度为 0.2 mol $\cdot L^{-1}$,未与 Pb^{2+} 络合的 EDTA 的总浓度为 0.01 mol $\cdot L^{-1}$。($K_{sp}(PbC_2O_4) = 10^{-9.7}$,$\lg K(PbY) = 18.0$)

解　此时溶液中的平衡关系是

$$PbC_2O_4 \Longrightarrow Pb^{2+} + C_2O_4^{2-}$$
$$\cdots\ HY \xleftarrow{H^+} Y \Big| \qquad\qquad H^+ \Big|$$
$$\qquad\qquad\quad PbY \qquad\qquad HC_2O_4^-$$
$$\qquad\qquad\qquad\qquad\qquad\quad H_2C_2O_4$$

$$K'_{sp}(PbC_2O_4) = K_{sp}(PbC_2O_4) \cdot \alpha_{Pb(Y)} \cdot \alpha_{C_2O_4(H)}$$

$pH = 4.0, \alpha_{C_2O_4(H)} = 10^{0.3}$（见例 6.2），$\alpha_{Y(H)} = 10^{8.6}$。此时

$$[Y] = \frac{[Y']}{\alpha_{Y(H)}} = \frac{10^{-2.0}}{10^{8.6}} = 10^{-10.6}(mol \cdot L^{-1})$$

$$\alpha_{Pb(Y)} = 1 + [Y] \cdot K(PbY) = 1 + 10^{-10.6+18.0} = 10^{7.4}$$

$$K'_{sp}(PbC_2O_4) = 10^{-9.7+7.4+0.3} = 10^{-2.0}$$

所以

$$S = [Pb'] = \frac{K'_{sp}(PbC_2O_4)}{[C_2O_4']} = \frac{10^{-2.0}}{0.2} = 0.05(mol \cdot L^{-1})$$

溶解度很大，说明在此条件下 PbC_2O_4 不沉淀。

有些沉淀剂本身就是络合剂，沉淀剂过量时，既有同离子效应，又有络合效应。例如用 Cl^- 沉淀 Ag^+ 时，Cl^- 不仅与 Ag^+ 生成沉淀，而且还生成 $AgCl$、$AgCl_2^-$、$AgCl_3^{2-}$、$AgCl_4^{3-}$ 络合物（$lg\beta_1 \sim lg\beta_4$ 分别是 2.9, 4.7, 5.0, 5.9）。溶液中存在如下平衡：

$$Ag^+ + Cl^- \rightleftharpoons AgCl(s)$$

$$Cl^- |$$

$$AgCl$$

$$AgCl_2^-$$

$$AgCl_3^{2-}$$

$$AgCl_4^{3-}$$

沉淀的条件溶度积：

$$\begin{aligned} K'_{sp}(AgCl) &= [Ag'][Cl^-] = K_{sp}(AgCl) \cdot \alpha_{Ag(Cl)} \\ &= K_{sp}(AgCl)(1 + [Cl^-]\beta_1 + [Cl^-]^2\beta_2 + [Cl^-]^3\beta_3 + [Cl^-]^4\beta_4) \end{aligned}$$

$$\begin{aligned} S &= [Ag'] = K'_{sp}(AgCl)/[Cl^-] \\ &= K_{sp}(AgCl)\left(\frac{1}{[Cl^-]} + \beta_1 + [Cl^-]\beta_2 + [Cl^-]^2\beta_3 + [Cl^-]^3\beta_4\right) \end{aligned}$$

溶解度为最小值时的 $[Cl^-]$ 可由上式的一阶微商等于零求得，即

$$\frac{dS}{d[Cl^-]} = K_{sp}(AgCl)\left(-\frac{1}{[Cl^-]^2} + \beta_2\right) = 0$$

故

$$[Cl^-] = \frac{1}{\sqrt{\beta_2}} = 10^{-2.4}(mol \cdot L^{-1})$$

这时溶解度的最小值是

$$S = 10^{-9.5} \times \left(\frac{1}{10^{-2.4}} + 10^{2.9} + 10^{-2.4+4.7} + \cdots\right)$$

$$= 10^{-6.4}(mol \cdot L^{-1})$$

当 $[Cl^-] < 10^{-2.4}\ mol \cdot L^{-1}$ 时，以同离子效应为主，$[Cl^-]$ 增大使沉淀的溶解度减小；而当 $[Cl^-] > 10^{-2.4}\ mol \cdot L^{-1}$ 时，则以络合效应为主，$[Cl^-]$ 增大使沉淀的溶解度增大。

6.2 沉淀重量法

利用沉淀反应使被测组分以微溶化合物的形式沉淀出来，从而与其他组分分离，然后称

重,由称得的质量计算该组分的含量,即为沉淀重量法(precipitation gravimetry)。沉淀重量法准确度较高,相对误差一般为 $0.1\%\sim0.2\%$。缺点是操作比较冗繁,在实际应用中已逐渐被其他方法所替代。但是硅、硫、碳、钡、镍等元素的精确测定仍采用沉淀重量法。

6.2.1　沉淀重量法的分析过程和对沉淀的要求

试样分解制成试液后,加入适当的沉淀剂,使被测组分定量沉淀析出得到沉淀形(precipitation form)。沉淀再经过滤、洗涤,在适当温度下烘干或灼烧,转化为称量形(weighing form),然后称量。根据称量形的化学式计算被测组分在试样中的含量。沉淀形与称量形可能相同,也可能不同。以 SO_4^{2-} 和 Mg^{2+} 的测定为例,其分析步骤简述如下:

$$SO_4^{2-}\ +\ BaCl_2\ \longrightarrow\ BaSO_4\downarrow\ \xrightarrow[\text{洗涤}]{\text{过滤}}\ \xrightarrow[\text{灼烧}]{800^{\circ}\mathrm{C}}\ \boxed{BaSO_4}$$

$$Mg^{2+}+\ (NH_4)_2HPO_4\ \longrightarrow\ MgNH_4PO_4\cdot6H_2O\downarrow\ \xrightarrow[\text{洗涤}]{\text{过滤}}\ \xrightarrow[\text{灼烧}]{1100^{\circ}\mathrm{C}}\ \boxed{Mg_2P_2O_7}$$

$$\text{试液}\qquad\text{沉淀剂}\qquad\qquad\text{沉淀形}\qquad\qquad\qquad\qquad\text{称量形}$$

为了保证沉淀重量法有足够的准确度并便于操作,对沉淀形和称量形有一定的要求。

1. 对沉淀形的要求

(i) 在母液和洗涤液中的溶解度小。通常要求沉淀的溶解损失小于分析天平的称量误差即 $<0.1\,\mathrm{mg}$;

(ii) 体系中的其他元素和组分引起的干扰小,以得到纯度高的沉淀;

(iii) 便于过滤和洗涤。

2. 对称量形的要求

(i) 有确定的化学组成;

(ii) 热稳定性好,以使沉淀易于干燥而不分解;

(iii) 干燥后的产物性质稳定,不受空气中水分、CO_2 和 O_2 等的影响;

(iv) 摩尔质量大,所得称量形的质量较大,以减小称量造成的误差,有利于低含量组分的测定。

6.2.2　沉淀重量法结果的计算

在沉淀重量法中,往往称量形与待测组分的形式不同,这就需要将称得的称量形的质量换算成待测组分的质量。待测组分的摩尔质量与称量形的摩尔质量之比(有时需乘以适当的系数,使分子和分母中主要组分的数目相同)是常数,称为重量因数(gravimetric factor)(或称换算因数),常以 F 表示。例如

待测组分	称量形	F
S	$BaSO_4$	$M(S)/M(BaSO_4)=0.1374$
MgO	$Mg_2P_2O_7$	$2M(MgO)/M(Mg_2P_2O_7)=0.3622$
Fe_3O_4	Fe_2O_3	$2M(Fe_3O_4)/3M(Fe_2O_3)=0.9666$

由称得的称量形质量 m、重量因数 F 及所称试样的质量 m_s,即可求出待测组分的质量分数:

$$w=\frac{mF}{m_s}\times100\% \tag{6.7}$$

例 6.5　称取含铝试样 0.5000 g,溶解后用 8-羟基喹啉沉淀。烘干后称得 Al(C₉H₆NO)₃ 重 0.3280 g。计算样品中铝的质量分数。若将沉淀灼烧成 Al_2O_3 称重,可得称量形多少克?

解　称量形为 $Al(C_9H_6NO)_3$ 时,

$$w(Al) = \frac{m(Al(C_9H_6NO)_3) \cdot M(Al)/M(Al(C_9H_6NO)_3)}{m_s} \times 100\%$$

$$= \frac{0.3280 \times 0.05873}{0.5000} \times 100\% = 3.853\%$$

同量的 Al 若以 Al_2O_3 形式称量时,

$$w(Al) = \frac{m(Al_2O_3) \times 2M(Al)/M(Al_2O_3)}{m_s} \times 100\%$$

$$= \frac{m(Al_2O_3) \times 0.5293}{0.5000} \times 100\% = 3.853\%$$

则　　　　　　$$m(Al_2O_3) = \frac{3.853 \times 0.5000}{0.5293 \times 100} = 0.0364(g)$$

后一测定由于称量形摩尔质量小,同量的 Al 所得称量形的质量较小,会引起较大的称量误差。

6.2.3　沉淀的形成

根据沉淀的物理性质,可粗略地分为晶形沉淀(crystalline precipitate)(如 $BaSO_4$ 等)和无定形沉淀(amorphous precipitate)(如 $Fe_2O_3 \cdot xH_2O$、AgCl 等)两类。两类沉淀之间的主要差别是沉淀颗粒的大小不同。表 6.1 列出了沉淀类型及相应的颗粒直径。

表 6.1　沉淀类型及相应的颗粒直径

晶形沉淀	无定形沉淀	
	凝乳状沉淀	胶状沉淀
$BaSO_4$、CaC_2O_4、$MgNH_4PO_4$	AgCl	$Fe_2O_3 \cdot xH_2O$
0.1～1 μm	0.02～0.1 μm	＜0.02 μm

沉淀的形成是一个复杂的过程。目前有关这方面的理论大都是定性的解释或经验的描述,这里只作简单的介绍。下面的框图示意出沉淀形成的大致过程:

当溶液呈过饱和状态时,构晶离子由于静电作用而缔合起来形成晶核(grain of crystallization)。一般认为晶核含有 4～8 个构晶离子或 2～4 个离子对。例如,$BaSO_4$ 的晶核由 8 个构晶离子(即 4 个离子对)组成。过饱和的溶质从均匀液相中自发地产生晶核的过程叫做均相成核(homogeneous nucleation)。与此同时,在进行沉淀的介质和容器中不可避免地存在大量肉眼看不见的固体微粒。例如 1 g 化学试剂中含有不少于 10^{10} 个不溶微粒。烧杯壁上也附有许多 5～10 nm 长的"玻璃核",这些外来杂质也可以起晶核的作用。这个过程称为异相成核(heterogeneous nucleation)。

溶液中有了晶核以后,过饱和的溶质就可以在晶核上聚集起来,晶核逐渐成长为沉淀颗粒。沉淀颗粒的大小是由晶核形成速度和晶粒成长速度的相对大小所决定的。如果晶核形成的速度小于晶核成长的速度,则获得较大的沉淀颗粒,且能定向地排列成为晶形沉淀;如果晶核生成极快,势必形成大量微晶,只能聚集起来得到细小的胶状沉淀。Von Weimarn(冯·韦曼)提出了一个经验公式,沉淀生成的初始速度 v (即晶核形成速度,也称分散度)与溶液的相对过饱和度呈正比。

$$v = K \frac{Q-S}{S} \tag{6.8}$$

式中 Q 表示加入沉淀剂瞬间溶质的总浓度;S 表示晶核的溶解度;$Q-S$ 为过饱和度,$(Q-S)/S$ 为相对过饱和度;K 为与沉淀的性质、温度、介质等有关的常数。溶液的相对过饱和度越小,则晶核的形成速度越慢,可望得到较大颗粒的沉淀。

实验证明,各种沉淀都有一个能大量地自发产生晶核的相对过饱和极限值,称为临界(过饱和)值。控制相对过饱和度在临界值以下,沉淀就以异相成核为主,常常能得到大颗粒沉淀;若超过临界值后,均相成核就占优势,导致大量细小的微晶出现。不同的沉淀有不同的临界值:$BaSO_4$ 为 1000,$CaC_2O_4 \cdot H_2O$ 为 31,而 $AgCl$ 仅为 5.5。因此,在沉淀 $BaSO_4$ 时,只要控制试液和沉淀剂不太浓,比较容易保持过饱和度不超过临界值,制备出的 $BaSO_4$ 经常是细粒的晶形沉淀。在适当的沉淀条件下亦可得到 $CaC_2O_4 \cdot H_2O$ 晶形沉淀。但在沉淀 $AgCl$ 时,因其临界值很小,尽管用稀溶液并加热,每加一滴沉淀剂仍使溶质浓度大大地超过临界值,从而产生大量均相晶核,只能得到凝乳状沉淀。对于溶解度极小的沉淀,如 $Fe_2O_3 \cdot xH_2O$ 和某些硫化物,通常其相对过饱和度都很大,即使小心控制溶质浓度 Q,也会产生大量均相晶核,亦只能得到胶体沉淀。

6.2.4 沉淀的纯度

在沉淀重量法中要求得到的沉淀是纯净的,但当沉淀从溶液中析出时,不可避免或多或少地夹带溶液中的其他组分。为此,必须了解造成沉淀不纯的原因,从而找出减少杂质混入的方法。

1. 共沉淀

在一定操作条件下,当溶液中一种物质形成沉淀时,某些可溶性杂质随同生成的沉淀一起析出,这种现象叫共沉淀(coprecipitation)。例如沉淀 $BaSO_4$ 时,可溶盐 Na_2SO_4 或 $BaCl_2$ 被 $BaSO_4$ 沉淀带下来。共沉淀是沉淀重量法最主要的误差来源。发生共沉淀现象大致有以下几种原因。

(1) 表面吸附

由于沉淀的表面吸附所引起的杂质共沉淀现象叫做吸附共沉淀(adsorption coprecipitation)。在沉淀的晶格中,构晶离子是按照同电荷相斥、异电荷相吸的原则排列的。例如 $AgCl$ 晶体中,每个 Ag^+ 周围被 6 个带相反电荷的 Cl^- 所包围,整个晶体内部处于静电平衡状态。但处在沉淀表面或边、角上的 Ag^+ 或 Cl^-,至少有一面未和带相反电荷的 Cl^- 或 Ag^+ 连接,使之受到的引力不均衡,因此表面上的离子就有吸附溶液中带相反电荷离子的能力。首先被沉淀表面吸附的离子是溶液中过量的构晶离子,组成吸附层。例如将 KCl 溶液加入到 $AgNO_3$ 溶液中去,生成的 $AgCl$ 沉淀表面吸附过量的 Ag^+ 而带有正电荷。为了保持电中性,吸附层外面还需要吸引异电荷离子作为抗衡离子,这里就是 NO_3^-。这些处于较外层的离子结合得较松散,叫做扩散层。吸附层和扩散层共同组成包围着沉淀颗粒表面的双电层。处于双电层中的正、负离子总数相等,构成了被沉淀表面吸附的化合物——$AgNO_3$ 或其他银盐,也就是 AgCl 沉淀中的杂质。

沉淀对杂质离子的吸附遵从吸附规则(adsorption rule)。作为抗衡离子,如果各种离子的浓度相同,则优先吸附那些与构晶离子形成溶解度最小或离解度最小的化合物的离子;离子的价数越高,浓度越大,越易被吸附。

图 6.1 所示就是在过量 $AgNO_3$ 溶液中沉淀 AgCl 的情况。如果溶液中除过量 $AgNO_3$ 外,

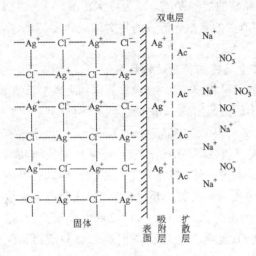

图 6.1　AgCl 沉淀的表面吸附示意图

还有 K^+、Na^+、Ac^- 等离子,按照吸附规则,AgCl 沉淀表面首先吸附溶液中与构晶离子相同的离子 Ag^+,而不是 Na^+ 或 K^+;作为扩散层被吸附到沉淀表面附近的抗衡离子是 Ac^-,而不是 NO_3^-,因为 AgAc 的溶解度远小于 $AgNO_3$ 的溶解度。结果是在 AgCl 沉淀表面有一层 AgAc 杂质共沉淀。

此外,沉淀表面吸附杂质的量还与下列因素有关:

(i) 与沉淀的总表面积有关。对同质量的沉淀而言,沉淀的颗粒越小则比表面积越大,吸附杂质越多。晶形沉淀颗粒比较大,表面吸附现象不严重,而无定形沉淀颗粒很小,表面吸附严重。

(ii) 与溶液中杂质的浓度有关。杂质的浓度越大,被沉淀吸附的量越多。

(iii) 与溶液的温度有关。吸附作用是放热过程,因此溶液的温度升高,可减少杂质的吸附。

表面吸附现象发生在沉淀的表面,因此减少吸附杂质的有效方法是洗涤沉淀。

(2) 包藏

在沉淀过程中,如果沉淀生长太快,表面吸附的杂质还来不及离开沉淀表面就被随后生成的沉淀所覆盖,使杂质或母液被包藏在沉淀内部。这种因为吸附而留在沉淀内部的共沉淀现象称为包藏(occlusion)。包藏的程度也符合吸附规则。例如沉淀 $BaSO_4$ 时,当硫酸盐加到钡盐中去时,$BaSO_4$ 沉淀包藏阴离子杂质较多,$Ba(NO_3)_2$ 被包藏的量要大于 $BaCl_2$,因为前者的溶解度较小而易被吸附;将钡盐加到硫酸盐中去时,沉淀是在 SO_4^{2-} 过量的情况下进行的,所以 $BaSO_4$ 晶粒吸附 SO_4^{2-} 而荷负电,造成杂质阳离子优先被吸附,进而包藏在沉淀内部。由于杂质被包藏在沉淀内部,因此不能用洗涤方法除去,应当通过陈化或重结晶的方法予以减免。

(3) 生成混晶或固溶体

如果溶液中杂质离子与沉淀构晶离子的半径相近且晶体结构相似,则形成混晶共沉淀(mixed crystal precipitation)。例如,$BaSO_4$-$PbSO_4$、$BaSO_4$-$BaCrO_4$、AgCl-AgBr 等。像 $KMnO_4$ 这样的易溶盐也能和 $BaSO_4$ 共沉淀。将新沉淀出来的 $BaSO_4$ 与 $KMnO_4$ 溶液共摇,后者通过再结晶过程而深入到 $BaSO_4$ 晶格内,使沉淀呈粉红色。用水洗涤不褪色说明虽然 $KMnO_4$ 与 $BaSO_4$ 的离子电荷不同,但半径相近,都有 ABO_4 型的化学组成,也能生成固溶体。生成混晶的过程属于化学平衡过程,杂质在溶液中和进入沉淀中的比例决定于该化学反应的平衡常数。改

变沉淀条件、洗涤、陈化,甚至再沉淀都没有很大的除杂效果.减少或消除混晶生成的最好方法是事先分离除去杂质.例如将 Pb^{2+} 沉淀成 PbS 而与 Ba^{2+} 分离,将 Ce^{3+} 氧化为 Ce^{4+} 而不再与 La^{3+} 生成混晶.用加入络合剂、改变沉淀剂等方法也能防止或减少此类共沉淀.

2. 后沉淀

一种本来难于析出沉淀的物质,或是形成稳定的过饱和溶液也不能单独沉淀的物质,在另一种组分沉淀之后被"诱导"沉淀下来的现象称为后沉淀(postprecipitation).例如,在 Mg^{2+} 存在下沉淀 CaC_2O_4 时,Mg^{2+} 由于形成稳定的草酸盐过饱和溶液而不沉淀.如果将 CaC_2O_4 沉淀立即过滤,只发现有少量 Mg^{2+} 被吸附,若是将含有 Mg^{2+} 的母液与 CaC_2O_4 沉淀长时间共热,则 MgC_2O_4 的后沉淀量会显著增多.类似的现象在金属硫化物的沉淀分离中也屡有发现.随着沉淀放置时间的延长,后沉淀引入的杂质量增加.缩短沉淀和母液共置的时间可以避免或减少后沉淀.

3. 共沉淀或后沉淀对分析结果的影响

在沉淀重量法中,共沉淀或后沉淀现象对分析结果的影响程度,取决于杂质的性质和量的多少.共沉淀或后沉淀可能引起正误差或负误差,亦可能不引入误差.例如,$BaSO_4$ 沉淀中包藏了 $BaCl_2$,对于测定 SO_4^{2-} 来说,这部分 $BaCl_2$ 是外来的杂质,使沉淀的质量增加,引入了正误差;对于测定 Ba^{2+} 来说,$BaCl_2$ 的摩尔质量小于 $BaSO_4$ 的摩尔质量而使沉淀质量减少,引入了负误差.若 $BaSO_4$ 沉淀中包藏了 H_2SO_4,灼烧沉淀时 H_2SO_4 分解成 SO_3 挥发了,对硫的测定产生负误差,而对钡的测定则没有影响;若是采用微波干燥法获得称量形,H_2SO_4 不被分解,则会对钡的测定造成正误差.

6.2.5　沉淀的条件和称量形的获得

1. 沉淀条件的选择和沉淀后的处理

为了满足沉淀重量法对沉淀形的要求,应当根据不同类型沉淀的特点,采用适宜的沉淀条件以及相应的后处理.

(1) 晶形沉淀

在沉淀过程中控制比较小的过饱和程度,沉淀后通过陈化,可以获得易于过滤洗涤的大颗粒晶形沉淀,并减少杂质的包藏.以 $BaSO_4$ 沉淀为例:

(i) 沉淀应在比较稀的热溶液中进行,并在不断搅拌下,缓缓地滴加稀沉淀剂.目的是降低溶质的过饱和程度,防止沉淀剂的局部过浓;稀释溶液还可以使杂质的浓度减小,减少共沉淀的杂质量;加热不仅可以增大溶解度,还可以增加离子扩散的速率,有助于沉淀颗粒的成长,同时也减少杂质的吸附.

(ii) 为了增大 $BaSO_4$ 的溶解度以减小相对过饱和度,应在沉淀之前向溶液中加入 HCl 溶液.H^+ 能使 SO_4^{2-} 部分质子化,较大地增加 $BaSO_4$ 的溶解度,并能防止钡的弱酸盐的沉淀.对于增加溶解度所造成的损失,可以在沉淀后期加入过量沉淀剂来补偿.

(iii) 沉淀完成以后,常将沉淀与母液一起放置一段时间,此过程称为陈化(aging),其作用是为了获得完整、粗大且纯净的晶形沉淀.在陈化过程中,特别是在加热的情况下,晶体中不完整部分的离子容易重新进入溶液,而在溶液中的离子又不断回到晶体表面,这样使晶体趋于完整.同时释放出包藏在晶体中的杂质,使沉淀更为纯净.此外,由于小晶粒的溶解度比大晶粒大,同一溶液对小晶粒是未饱和的而对大晶粒则是过饱和的,因此陈化过程中还会发生小晶粒溶解、大晶粒长大的现象。陈化后自然冷却至室温再过滤,以减少溶解损失。

　　(iv) 洗涤 $BaSO_4$ 沉淀时,若测定的是 Ba^{2+},可先用稀 H_2SO_4 作为洗涤液,利用同离子效应减少洗涤过程中沉淀溶解的损失,在灼烧过程中可除去未洗净的 H_2SO_4。若是测定 SO_4^{2-},则只能用水作为洗涤液。

　　CaC_2O_4 也是一种晶形沉淀,同样需要在稀的热溶液中进行沉淀。但 CaC_2O_4 沉淀可溶于酸中,因此处理方法与 $BaSO_4$ 有所不同。一般是向含 Ca^{2+} 的酸性溶液加入 $(NH_4)_2C_2O_4$,然后在加热和不断搅拌下滴加稀氨水,逐渐提高溶液的 pH 至甲基橙变为黄色为止。由于 $C_2O_4^{2-}$ 浓度缓慢地增大,CaC_2O_4 沉淀是在相对过饱和度很小的条件下逐渐生成的,故所得沉淀的颗粒比较大。若溶液中有 Mg^{2+} 共存,则沉淀陈化时间不能太长,以防止后沉淀杂质量增加。

　　(2) 无定形沉淀

　　无定形沉淀一般体积大、疏松、含水量多。无定形沉淀大都因为溶解度非常小,无法控制其过饱和度,以致生成大量微小胶粒而不能长成大粒沉淀。对于这种类型的沉淀,重要的是使其聚集紧密,便于过滤;同时尽量减少杂质的吸附。以 $Fe_2O_3 \cdot xH_2O$ 沉淀为例:

　　(i) 沉淀一般在较浓的近沸溶液中进行,沉淀剂加入的速度不必太慢。在浓、热溶液中离子的水化程度较小,得到的沉淀结构紧密,含水量少,容易聚沉。热溶液还有利于防止胶体溶液的生成,减少杂质的吸附。但是在浓溶液中也提高了杂质的浓度。为此,在沉淀完毕后迅速加入大量热水稀释并搅拌,使吸附于沉淀上的过多的杂质解吸,达到稀溶液中的平衡,从而减少杂质的吸附。

　　(ii) 沉淀要在大量电解质存在下进行,以使带电荷的胶体粒子相互凝聚、沉降。电解质通常选择灼烧时容易挥发的铵盐,如 NH_4Cl、NH_4NO_3 等,这还有助于减少沉淀对其他杂质的吸附。已经凝聚的 $Fe_2O_3 \cdot xH_2O$ 沉淀在过滤洗涤时,由于电解质浓度降低,胶体粒子又重获电荷而相互排斥,使无定形沉淀变成了胶体而穿过滤纸,这种现象叫做胶溶(peptization)。为了防止沉淀的胶溶,不能用纯水洗涤沉淀,应当用稀的、易挥发的电解质热溶液作洗涤液。

　　(iii) 无定形沉淀聚沉后应立即趁热过滤,不必陈化。因为陈化不仅不能改善沉淀的性状,反而使沉淀更趋粘结,杂质难以洗净。趁热过滤还能大大缩短过滤洗涤的时间。无定形沉淀吸附杂质严重,一次沉淀很难保证纯净。要使铁与其他组分分离而共存阳离子浓度较大时,最好将过滤后的沉淀溶解于酸中进行第二次沉淀。

　　2. 称量形的获得——沉淀的过滤、洗涤、烘干或灼烧

　　沉淀定量生成后经过滤与母液中其他组分分离。准备烘干的沉淀应采用已恒重的玻璃砂芯坩埚或玻璃砂芯漏斗减压抽滤。根据沉淀颗粒大小选择适当孔径(d)的玻璃砂芯坩埚,经常使用 P16 型($10\,\mu m < d \leqslant 16\,\mu m$)和 P40 型($16\,\mu m < d \leqslant 40\,\mu m$)玻璃砂芯坩埚。准备高温灼烧的沉淀则用定量滤纸在玻璃漏斗中过滤。$BaSO_4$、CaC_2O_4 等细晶形沉淀用致密的慢速滤纸,以防穿滤;$Fe_2O_3 \cdot xH_2O$、$Al_2O_3 \cdot xH_2O$ 等无定形沉淀采用快速滤纸,以加快过滤速度;而 $MgNH_4PO_4 \cdot 6H_2O$ 等粗晶形沉淀则可用中速滤纸。

　　为了得到纯净的沉淀,应根据沉淀的性质选择适当的洗涤剂,以除去吸留在沉淀表面的母液。如果沉淀在水中溶解度足够小,且不会形成胶体,用水洗最为方便。若水洗会形成胶体,则需用稀的、易挥发的电解质水溶液洗涤。对于溶解度较大的沉淀,例如 $BaSO_4$ 或 CaC_2O_4,可以先用稀沉淀剂($BaSO_4$ 用稀 H_2SO_4 洗,CaC_2O_4 用 $(NH_4)_2C_2O_4$)洗,再用少量水洗去沉淀剂。为提高洗涤效率,既除净杂质,又不致因溶解而损失沉淀,常采用倾泻法,少量多次地进行洗涤。

纯净的沉淀还需要除去吸留的水分和洗涤液中的可挥发性溶质才能得到称量形。至于采取烘干还是灼烧的办法,温度和时间如何控制,则要根据沉淀的性质而定。有的沉淀形本身有固定的组成,只要低温烘去吸附的水分之后即可获得称量形。例如 AgCl、丁二酮肟镍、四苯硼酸钾等,很容易在 $105 \sim 120 \, ^{\circ}\mathrm{C}$ 烘干至恒重。有些有稳定结晶水的化合物,如 $CaC_2O_4 \cdot H_2O$、$Mg(C_9H_6NO)_2 \cdot 2H_2O$(8-羟基喹啉镁),也可以在 $105 \sim 110 \, ^{\circ}\mathrm{C}$ 烘干,以上述化学式作为称量形。对于有机沉淀剂生成的螯合物沉淀,烘干后的称量形摩尔质量大,有利于提高低含量组分测定的准确度。

有的沉淀虽然有固定组成,但沉淀内部含有包藏水或固体表面有吸附水,这些水分都不能烘干除去,而必须置于恒重的坩埚中高温灼烧至恒重。如 $BaSO_4$ 含有以固溶液形式存在的包藏水,要灼烧至 $850 \, ^{\circ}\mathrm{C}$ 以上晶粒爆裂后才能除去;AgCl 烘干后还残留有万分之一的吸附水,对于一般的分析来说可以忽略不计,但在精确的相对原子质量测定中,就要加热至熔融温度 $455 \, ^{\circ}\mathrm{C}$,以除净最后的痕量水分。

许多沉淀没有固定的组成,必须经过灼烧使之转变成适当的称量形。如铁、铝等金属的水合氧化物含有不固定的水合水;铜铁试剂、辛可宁等生物碱与金属离子所生成的沉淀,都必须高温($1100 \sim 1200 \, ^{\circ}\mathrm{C}$)灼烧成相应的金属氧化物;$MgNH_4PO_4 \cdot 6H_2O$ 的结晶水不稳定,通常在 $1100 \, ^{\circ}\mathrm{C}$ 灼烧成焦磷酸镁($Mg_2P_2O_7$)形式称量。沉淀在灼烧时组成会发生一系列变化。用热天平称量沉淀在不同温度下的质量,以沉淀质量对温度作图得到热降解曲线,即可确定适宜的灼烧温度及称量形式。

例如,草酸钙在 $110 \, ^{\circ}\mathrm{C}$ 以 $CaC_2O_4 \cdot H_2O$ 形式存在,是稳定的,但此时倾向于保留过多的水分,共沉淀的 $(NH_4)_2C_2O_4$ 也不能分解,因此不是可靠的称量形;无水草酸钙有强吸湿性也不宜于称量。$CaCO_3$ 是一个好的称量形,但它要求灼烧温度范围为 $500 \pm 25 \, ^{\circ}\mathrm{C}$,较难控制;若在 $850 \, ^{\circ}\mathrm{C}$ 灼烧至恒重,则以 CaO 的形式称量,但 CaO 会吸收空气中的水和 CO_2,操作中应注意。

在高温灼烧获得称量形的过程中,盛放沉淀的坩埚也必须以灼烧样品相同的时间和温度灼烧、冷却,直至恒重,因此耗时较长。近年来,采用微波炉干燥 $BaSO_4$ 获得理想的结果,大大缩短了沉淀重量法的时间。

6.2.6　有机沉淀剂简介

1. 有机沉淀剂的特点

有机沉淀剂与无机沉淀剂相比有如下优点,因此在分析化学中获得广泛的应用。

(i) 试剂种类多,性质各不相同,根据不同的分析要求,选择不同试剂,可大大提高沉淀的选择性;

(ii) 沉淀的溶解度一般很小,有利于被测物质沉淀完全;

(iii) 沉淀的极性小,因此对无机杂质离子的吸附能力小,易获得纯净的沉淀;

(iv) 有机沉淀物组成恒定,经烘干后即可称重,既简化了沉淀重量分析的操作,又可得到摩尔质量大的称量形,有利于提高低含量组分测定的准确度。

2. 有机沉淀剂的分类

(1) 生成盐类的有机沉淀剂

有些有机沉淀剂的官能团,如—COOH、—SO₃H、—OH 等在一定条件下能直接与金属离子反应,形成难溶盐。如苦杏仁酸可以沉淀锆:

$$\underset{4}{\left[\underset{OH}{\underset{|}{}}\right.} \text{—CHCOOH} + ZrO^{2+} = \left[\underset{OH}{\underset{|}{}} \text{—CHCOO}^-\right]_4 Zr^{4+} + 2H^+ + H_2O$$

四苯硼酸钠能与 K^+、NH_4^+、Tl^+、Ag^+ 等生成难溶盐。例如,与 K^+ 反应:

$$K^+ + B(C_6H_5)_4^- === KB(C_6H_5)_4 \downarrow$$

四苯硼酸钠易溶于水,是测定 K^+ 的良好试剂,沉淀组成恒定,在 $105\sim120℃$ 下烘干后直接称量。四苯硼酸钠法亦可用于有机胺类、含氮杂环类、生物碱、季胺盐等药物的测定。

（2）生成螯合物的有机沉淀剂

在沉淀剂的分子中除含有上述可反应的官能团外,还含有可形成金属配位体的官能团,如

$$\text{—NH}_2、 \quad \overset{\diagdown}{\underset{\diagup}{}}CO、 \quad \overset{\diagdown}{\underset{\diagup}{}}CS、 \quad \cdots$$

能同金属离子形成络合物。例如,丁二酮肟与 Ni^{2+} 在氨性溶液中能定量地沉淀 Ni^{2+},选择性高,组成固定,烘干后可直接称量。

6.3 沉淀滴定法

沉淀滴定法(precipitation titration)是依据沉淀反应建立的滴定方法。虽然形成沉淀的反应很多,但是能够用来进行滴定分析的却很少。其原因是:很多沉淀没有固定的组成;对构晶离子的吸附现象及与其他离子共沉淀造成较大误差;有些沉淀的溶解度比较大,在化学计量点时反应不够完全;很多沉淀反应速率较慢,尤其是一些晶形沉淀,容易产生过饱和现象;缺少合适的指示剂等。目前,应用最多的沉淀滴定法是银量法(argentimetry)。

$$Ag^+ + X^- === AgX \downarrow$$

本节重点介绍银量法的基本原理及应用。

6.3.1 滴定曲线

以 $0.1000 \, \text{mol} \cdot \text{L}^{-1}$ $AgNO_3$ 溶液滴定 $20.00 \, \text{mL}$ $0.1000 \, \text{mol} \cdot \text{L}^{-1}$ $NaCl$ 溶液为例,计算滴定过程中 Ag^+ 浓度的变化,并绘出滴定曲线。

化学计量点前,根据溶液中剩余的 Cl^- 浓度和 $AgCl$ 的溶度积计算 $[Ag^+]$。例如,滴定百分数为 99.9%,即加入 $19.98 \, \text{mL}$ 的 $AgNO_3$ 时,溶液中剩余的 $[Cl^-]$ 为

$$[Cl^-] = 0.1000 \times \frac{0.02}{20.00 + 19.98} = 10^{-4.3} (\text{mol} \cdot \text{L}^{-1})$$

故 $\qquad [Ag^+] = \dfrac{K_{sp}(AgCl)}{[Cl^-]} = \dfrac{3.2 \times 10^{-10}}{10^{-4.3}} = 10^{-5.2} (\text{mol} \cdot \text{L}^{-1}), \qquad pAg = 5.2$

化学计量点时,

$$[Ag^+] = [Cl^-] = \sqrt{K_{sp}(AgCl)} = 10^{-4.75} (\text{mol} \cdot \text{L}^{-1}), \qquad pAg = 4.75$$

化学计量点后,根据过量的 $[Ag^+]$ 计算。例如滴定百分数为 100.1,即加入 $20.02 \, \text{mL}$ 的 $AgNO_3$ 时,溶液中过量的 $[Ag^+]$ 为

$$[Ag^+] = 0.1000 \times \frac{0.02}{20.00 + 20.02} = 10^{-4.3} (\text{mol} \cdot \text{L}^{-1}), \qquad pAg = 4.3$$

表 6.2 列出不同滴定百分数时的 pAg,其滴定曲线如图 6.2 所示。图中亦同时作出 $0.1000\ mol\cdot L^{-1}\ AgNO_3$ 溶液滴定同浓度 NaI 溶液的滴定曲线。

表 6.2　$0.1000\ mol\cdot L^{-1}\ AgNO_3$ 溶液滴定 $0.1000\ mol\cdot L^{-1}\ NaCl$ 溶液时的离子浓度变化

滴定百分数/%	pCl	pAg
0.0	1.0	
90.0	2.3	7.2
99.0	3.3	6.2
99.9	4.3	5.2
100.0	4.7(5)	4.7(5)
100.1	5.2	4.3
101.1	6.2	3.3
110.0	7.2	2.3
200.0	8.0	1.5

由图 6.2 可见,若忽略滴定过程中体积的变化,则滴定曲线在化学计量点前后是完全对称的。

滴定突跃的大小既与溶液的浓度有关,更取决于沉淀的溶解度。若浓度增大(减小)10 倍,滴定突跃的 pAg 范围增加(减小)2 个单位。在浓度均为 $0.1000\ mol\cdot L^{-1}$ 时, $AgNO_3$ 滴定 NaCl($K_{sp}(AgCl)=10^{-9.5}$)的滴定突跃为 0.9 个单位(pAg 5.2→4.3);而 $AgNO_3$ 滴定 NaI($K_{sp}(AgI)=10^{-15.8}$)的滴定突跃则是 7.2 个单位(pAg 11.5→4.3)。显然,后者滴定突跃大得多。

沉淀滴定法终点的确定按指示剂作用原理的不同分为 3 种情况:形成有色沉淀、形成有色络合物、指示剂被吸附而引起沉淀颜色的改变。银量法分为 3 种方法,分别介绍如下。

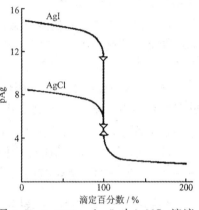

图 6.2　$0.1000\ mol\cdot L^{-1}\ AgNO_3$ 溶液分别滴定 $0.1000\ mol\cdot L^{-1}\ NaCl$、NaI 溶液的滴定曲线

6.3.2　莫尔法——铬酸钾作指示剂

莫尔法(Mohr's method)是以 K_2CrO_4 作为指示剂,在中性或弱碱性溶液中,用 $AgNO_3$ 标准溶液直接滴定 Cl^-(或 Br^-)的方法。根据分步沉淀的原理,随着 $AgNO_3$ 溶液的不断加入,首先生成 AgCl 沉淀,当 AgCl 定量沉淀后,随后砖红色 Ag_2CrO_4 沉淀的出现指示滴定终点。

指示剂 K_2CrO_4 的用量直接影响莫尔法的准确度。若 K_2CrO_4 浓度过高,终点出现过早,且溶液颜色过深,影响终点的观察;而若 K_2CrO_4 浓度过低,则终点出现过迟。实验证明,K_2CrO_4 的浓度以 $0.005\ mol\cdot L^{-1}$ 为宜。下面通过计算终点误差来说明方法的准确度。若以 $0.1000\ mol\cdot L^{-1}\ AgNO_3$ 溶液滴定 $0.1000\ mol\cdot L^{-1}\ NaCl$ 溶液,化学计量点时,

$$[Ag^+]_{sp}=[Cl^-]_{sp}=\sqrt{K_{sp}(AgCl)}=\sqrt{3.2\times10^{-10}}=1.8\times10^{-5}(mol\cdot L^{-1})$$

Ag_2CrO_4 沉淀出现时,

$$[Ag^+]_{ep}=\sqrt{\frac{K_{sp}(Ag_2CrO_4)}{[CrO_4^{2-}]}}=\sqrt{\frac{5.0\times10^{-12}}{5.0\times10^{-3}}}=3.2\times10^{-5}(mol\cdot L^{-1})$$

可见,终点时 Ag^+ 是过量的。真正过量的 $[Ag^+]$ 必须从总的 $[Ag^+]$ 中减去 AgCl 沉淀所离解的部分,后者在数值上等于 $[Cl^-]$;另外,为能观察到明显的终点,必须有一定量的 Ag_2CrO_4 生成,还需消耗 2×10^{-5} mol $\cdot$ L^{-1} Ag^+(实验确定)。所以,实际上过量的 $[Ag^+]$ 为

$$[Ag^+]_{过量} = [Ag^+]_{ep} - [Cl^-]_{ep} + 2.0 \times 10^{-5}$$

$$= 3.2 \times 10^{-5} - \frac{3.2 \times 10^{-10}}{3.2 \times 10^{-5}} + 2.0 \times 10^{-5} = 4.2 \times 10^{-5}(mol \cdot L^{-1})$$

故终点误差为

$$E_t = \frac{[Ag^+]_{过量}}{c(Ag^+)_{sp}} = \frac{4.2 \times 10^{-5}}{0.05000} \times 100\% = +0.08\% < 0.1\%$$

可见莫尔法有很高的准确度。

在莫尔法测定中应注意以下几点:

(i) H_2CrO_4 的 $pK_{a_2} = 6.50$,若在酸性介质中,CrO_4^{2-} 易生成 $Cr_2O_7^{2-}$($K = 4.3 \times 10^{14}$),使得 Ag_2CrO_4 沉淀出现过迟,甚至不出现沉淀;但若碱度过高,则出现 Ag_2O 沉淀。所以测定的最适宜 pH 范围是 $6.5 \sim 10.5$。

(ii) 在含有氨或其他能与 Ag^+ 生成络合物的物质存在下滴定,会增大 AgCl 和 Ag_2CrO_4 的溶解度。若试液中有 NH_3 存在,应当先用 HNO_3 中和,滴定的 pH 范围应控制在 $6.5 \sim 7.2$ 之间。

(iii) 可以测定 Cl^-、Br^-,但不能测定 I^- 和 SCN^-。因为 AgI 或 AgSCN 沉淀强烈吸附 I^- 或 SCN^-,使终点过早出现,且终点变化不明显。也不能以 NaCl 溶液直接测定 Ag^+,因为溶液中的 Ag^+ 先与指示剂生成 Ag_2CrO_4 沉淀,其转化为 AgCl 沉淀的速度十分缓慢,无法指示终点。

(iv) 选择性较差,凡能与 CrO_4^{2-} 或 Ag^+ 生成沉淀的阳离子(如 Ba^{2+}、Pb^{2+}、Hg^{2+} 等)或阴离子(如 SO_3^{2-}、PO_4^{3-}、AsO_4^{3-}、S^{2-}、$C_2O_4^{2-}$ 等)均干扰测定,必须预先除去。

6.3.3　佛尔哈德法——铁铵矾作指示剂

用铁铵矾($NH_4Fe(SO_4)_2 \cdot 12H_2O$)作指示剂的银量法称佛尔哈德法(Volhard's method)。本法可分为直接滴定法和返滴定法。

1. 直接滴定法

在 HNO_3 介质中,以铁铵矾为指示剂,用 NH_4SCN 标准溶液滴定 Ag^+。当 AgSCN 定量沉淀后,稍过量的 SCN^- 与 Fe^{3+} 生成的红色络合物可指示滴定终点。其反应是

$$Ag^+ + SCN^- \rightleftharpoons AgSCN \downarrow (白) \qquad K_{sp} = 2 \times 10^{-12}$$

$$Fe^{3+} + SCN^- \rightleftharpoons FeSCN^{2+}(红) \qquad K = 2 \times 10^2$$

实验表明,为能观察到红色,$FeSCN^{2+}$ 的最低浓度为 6×10^{-6} mol $\cdot$ L^{-1}。通常控制终点时 $[Fe^{3+}] \approx 0.015$ mol $\cdot$ L^{-1},即可使终点误差小于 0.1%。

2. 返滴定法

在含有卤素离子或 SCN^- 的 HNO_3 溶液中,加入一定量过量的 $AgNO_3$,然后以铁铵矾为指示剂,用 NH_4SCN 标准溶液返滴过量的 $AgNO_3$。由于滴定是在 HNO_3 介质中进行,许多弱酸盐如 PO_4^{3-}、AsO_4^{3-}、S^{2-} 等都不干扰卤素离子的测定,因此方法的选择性较高。

在用佛尔哈德法测定 Cl^- 时,终点的判断会遇到困难。这是因为 AgCl 比 AgSCN 的溶解度大。在临近化学计量点时,加入的 NH_4SCN 将与 AgCl 发生沉淀转化反应:

$$AgCl \downarrow + SCN^- \Longrightarrow AgSCN \downarrow + Cl^-$$

沉淀转化的速率较慢,滴加 NH_4SCN 形成的红色随着摇动溶液而消失。当出现持久红色时,溶液中的 $[Cl^-]$ 与 $[SCN^-]$ 满足如下关系:

$$\frac{[Cl^-]}{[SCN^-]} = \frac{K_{sp}(AgCl)}{K_{sp}(AgSCN)} = \frac{3.2 \times 10^{-10}}{2.0 \times 10^{-12}} = 1.6 \times 10^2$$

显然多消耗了 NH_4SCN 标准溶液。当 Fe^{3+} 浓度为 $0.015\,mol \cdot L^{-1}$ 时,欲见到稳定的红色,溶液中的 $[SCN^-]$ 为 $2.0 \times 10^{-6}\,mol \cdot L^{-1}$。故平衡时,溶液中的 $[Cl^-]$ 为

$$[Cl^-] = 1.6 \times 10^2 [SCN^-] = 3.2 \times 10^{-4}(mol \cdot L^{-1})$$

若终点时溶液体积为 $70\,mL$,则多消耗 $0.10\,mol \cdot L^{-1}$ NH_4SCN 溶液 $0.22\,mL$,导致了较大的误差。为避免上述现象的发生,通常采取下列改进措施:

(i) 试液中加入过量 $AgNO_3$ 后,将溶液加热煮沸,使 $AgCl$ 沉淀凝聚,以减少 $AgCl$ 沉淀对 Ag^+ 的吸附。滤去沉淀,并用稀 HNO_3 洗涤沉淀,洗涤液并入滤液中,然后用 NH_4SCN 标准溶液返滴滤液中过量的 $AgNO_3$。

(ii) 试液中加入过量 $AgNO_3$,再加入有机溶剂如硝基苯或 1,2-二氯乙烷 $1 \sim 2\,mL$。用力摇动后,有机溶剂将 $AgCl$ 沉淀包住,使 $AgCl$ 与溶液隔开,阻止 SCN^- 与 $AgCl$ 发生沉淀转化反应。此法方便,但硝基苯毒性较大。

(iii) 提高 Fe^{3+} 的浓度以减小终点时 SCN^- 的浓度,从而减小上述误差。若溶液中 $c(Fe^{3+}) = 0.2\,mol \cdot L^{-1}$,终点误差将小于 0.1%。但随着 Fe^{3+} 浓度增大,将影响滴定终点的观察。

佛尔哈德返滴定法测定 Br^-、I^-、SCN^- 时不会发生沉淀转化反应,不必采取上述措施。

应用佛尔哈德法应注意以下几点:

(i) 反应在 $0.1 \sim 1\,mol \cdot L^{-1}$ 的 HNO_3 介质中进行。若酸度过低,Fe^{3+} 将水解形成 $FeOH^{2+}$ 等深色络合物,影响终点观察;若酸度再低,还会析出 $Fe(OH)_3$ 沉淀。

(ii) 测定碘化物时,必须先加 $AgNO_3$ 后加指示剂,否则会发生如下反应:

$$2Fe^{3+} + 2I^- \Longrightarrow 2Fe^{2+} + I_2$$

(iii) 强氧化剂和氮的氧化物以及铜盐、汞盐均与 SCN^- 作用而干扰测定,必须预先除去。

6.3.4　法扬司法——吸附指示剂

用吸附指示剂指示终点的银量法称为法扬司法(Fajans' method)。吸附指示剂是一些有机染料,其阴(阳)离子在溶液中容易被带正(负)电荷的胶状沉淀所吸附,吸附后结构变形而引起颜色变化,从而指示滴定终点。

例如,用 $AgNO_3$ 滴定 Cl^- 时,以荧光黄作指示剂。荧光黄是一种有机弱酸(用 HFl 表示),在溶液中离解为黄绿色的阴离子 Fl^-。在化学计量点前,溶液中 Cl^- 过量,这时 $AgCl$ 沉淀胶粒吸附 Cl^- 而带负电荷,Fl^- 受排斥而不被吸附,溶液呈黄绿色;而在化学计量点后,加入稍过量的 $AgNO_3$,使得 $AgCl$ 沉淀胶粒吸附 Ag^+ 而带正电荷,这时,溶液中 Fl^- 被吸附,溶液由黄绿变为粉红色,指示终点到达,此过程可示意如下。

Cl^- 过量时:$AgCl \cdot Cl^- + Fl^-$(黄绿色)

Ag^+ 过量时:$AgCl \cdot Ag^+ + Fl^- \xrightarrow{\text{吸附}} AgCl \cdot AgFl$(粉红色)

为了使终点颜色变化明显,应用吸附指示剂时要注意以下几点:

(i) 由于颜色的变化发生在沉淀表面,欲使终点变色明显,应尽量使沉淀的比表面大一

些。为此,常加入一些保护胶体(如糊精),阻止卤化银凝聚,使其保持胶体状态。溶液太稀时,生成的沉淀少,终点颜色变化不明显,不宜使用此法。

(ii) 溶液的酸度要适当。常用的吸附指示剂大多是有机弱酸,其 K_a 各不相同。为使指示剂呈离子状态,必须控制适当的酸度。例如荧光黄的 $pK_a=7$,只能在中性或弱碱性(pH 7~10)溶液中使用;若 pH<7,则主要以 HFl 形式存在,很难被沉淀吸附,无法指示终点。表 6.3 列出了几种常用的吸附指示剂。

(iii) 滴定中应当避免强光照射。卤化银沉淀对光敏感,易分解析出金属银使沉淀变为灰黑色,影响终点观察。

(iv) 胶体微粒对指示剂的吸附能力应略小于对被测离子的吸附能力,否则指示剂将在化学计量点前变色。但也不能太小,否则终点出现过迟。卤化银对卤化物和几种吸附指示剂的吸附能力的顺序为 $I^->SCN^->Br^->$ 曙红 $>Cl^->$ 荧光黄。因此,滴定 Cl^- 不能选曙红,而应选荧光黄。

表 6.3　常用吸附指示剂

指示剂	被测离子	滴定剂	滴定 pH	颜色变化
荧光黄	Cl^-、Br^-、I^-	$AgNO_3$	7~10	黄绿→粉红
二氯荧光黄	Cl^-、Br^-、I^-	$AgNO_3$	4~10	黄绿→浅红
曙红	SCN^-、Br^-、I^-	$AgNO_3$	2~10	橙红→红紫
甲基紫	Ag^+	NaCl	酸性溶液	红→紫

6.3.5　银量法的应用

1. 标准溶液的配制

银量法中常用的标准溶液是 $AgNO_3$ 和 NH_4SCN。

$AgNO_3$ 可以用纯的 $AgNO_3$ 直接配制,更多的是采用 NaCl 基准物标定的方法配制。NaCl 易吸潮,使用前应置于洁净的瓷坩埚中,于 500~600℃灼烧至不再有爆破声为止。$AgNO_3$ 溶液见光易分解,应保存于棕色试剂瓶中。

NH_4SCN 试剂常含有杂质,且易吸潮,不能直接配制成 NH_4SCN 标准溶液,而是采用佛尔哈德直接滴定法用 $AgNO_3$ 标准溶液标定。

2. 应用

氯化物、溴化物试剂纯度的测定,以及天然水中 Cl^- 含量的测定都可采用莫尔法,方法简便、准确。

用佛尔哈德直接滴定法可以测定银合金中银的含量。将银合金试样溶于硝酸,加尿素除去氮的氧化物,分解过量的尿素后,以铁铵矾为指示剂,用 NH_4SCN 标准溶液直接滴定。

有机卤化物中的卤素可采用佛尔哈德返滴定法测定。以农药"666"($C_6H_6Cl_6$)为例,通常是将试样与 KOH 乙醇溶液一起加热回流煮沸,使有机氯以 Cl^- 形式转入溶液:

$$C_6H_6Cl_6+3OH^-\Longrightarrow C_6H_3Cl_3+3Cl^-+3H_2O$$

溶液冷却后,加 HNO_3 调至酸性,用佛尔哈德法测定释放出的 Cl^-。

在药典中收载的用银量法测定含量的药物有:无机卤化物、有机卤化物、可以形成氢卤酸盐的有机化合物、能与 Ag^+ 作用产生沉淀的有机化合物等等。

思考题与习题

6.1 为什么沉淀重量法对反应进行完全程度的要求不如滴定分析法高？

6.2 称量形的摩尔质量是否越大越好？若例 6.5 中的 $w(Al)=38.53\%$，应该如何选择称量形？

6.3 影响沉淀溶解度的主要因素有哪些？沉淀重量法中如何控制条件以减小溶解损失？

6.4 在沉淀重量法中，为何应尽量控制低的相对过饱和度？应采取哪些措施降低相对过饱和度？

6.5 $BaSO_4$ 沉淀重量法中，为了得到较大晶体，需控制哪些条件？

6.6 何谓恒重？坩埚和沉淀的恒重温度是如何确定的？

6.7 以 K_2CrO_4 为指示剂，用 $AgNO_3$ 滴定 Cl^-、Br^- 混合液时，能否测得二组分的分量？

6.8 设计 HCl-HAc 溶液中二组分含量的测定方案。

6.9 欲用莫尔法测定 $BaCl_2 \cdot 2H_2O$ 中的 Cl^-，如何消除 Ba^{2+} 的干扰？

6.10 如何用莫尔法测定 Ag^+？

6.11 说明以下测定的分析结果偏高、偏低还是没有影响，为什么？

(1) 在 pH 4 或 11 时，以莫尔法测定 Cl^-；

(2) 采用佛尔哈德法测定 Cl^- 或 Br^-，未采取改进措施；

(3) 用法扬司法测 Cl^-，选曙红为指示剂；

(4) 用莫尔法测定 NaCl、Na_2SO_4 混合液中的 NaCl。

6.12 设计用银量法测定下列各试样中氯含量的实验方案。

(1) NH_4Cl；　　(2) $BaCl_2$；　　(3) $FeCl_3$；

(4) $CaCl_2$；　　(5) NaCl 和 Na_3AsO_4；　　(6) NaCl 和 Na_2SO_3。

6.13 计算下列重量因数：

测定物	称量物
(1) FeO	Fe_2O_3
(2) $KCl(\rightarrow K_2PtCl_6 \rightarrow Pt)$	Pt
(3) Al_2O_3	$Al(C_9H_6NO)_3$
(4) P_2O_5	$(NH_4)_3PO_4 \cdot 12MoO_3$

6.14 计算下列微溶化合物在给定介质中的溶解度((1) 小题用 $I=0$ 时的常数，其他均采用 $I=0.1$ 时的常数)。

(1) $ZnS(\alpha \, 型)$在纯水中；

(2) CaF_2 在 $0.01 \, mol \cdot L^{-1}$ HCl 溶液中(忽略沉淀溶解所消耗的酸)；

(3) AgBr 在 $0.01 \, mol \cdot L^{-1}$ NH_3 溶液中；

(4) $BaSO_4$ 在 pH 7.0，EDTA 浓度为 $0.01 \, mol \cdot L^{-1}$ 的溶液中；

(5) AgCl 在 $0.1 \, mol \cdot L^{-1}$ 的 HCl 溶液中。

6.15 $MgNH_4PO_4$ 饱和溶液中 $[H^+]=2.0\times10^{-10} \, mol \cdot L^{-1}$，$[Mg^{2+}]=5.6\times10^{-4} \, mol \cdot L^{-1}$，计算其溶度积 K_{sp}。

6.16 称取 0.4817g 硅酸盐试样，获得 0.2630g 不纯的 SiO_2(杂质主要含有 Fe_2O_3、Al_2O_3)。将不纯的 SiO_2 用 H_2SO_4-HF 溶液处理，使 SiO_2 转化为 SiF_4 除去，残渣经灼烧后称重为 0.0013g，计算试样中纯 SiO_2 的质量分数；若不经 H_2SO_4-HF 溶液处理，杂质造成的误差有多大？

6.17 称取风干(空气干燥)的石膏试样 1.2030g，经烘干后得吸附水分 0.0208g，再经灼烧又得结晶水 0.2424g。计算分析试样换算成干燥物质时的 $CaSO_4 \cdot 2H_2O$ 的质量分数。

6.18 20 粒含铁食用药片共重 22.131g，磨细、混匀后，称取 2.998g 粉末溶于 HNO_3，加热使所有铁转化为

Fe^{3+}，然后再加入 NH_3 使 Fe^{3+} 定量地生成 $Fe_2O_3 \cdot xH_2O$ 沉淀，灼烧后得到 0.264 g Fe_2O_3。计算每片药中 $FeSO_4 \cdot 7H_2O$ 的质量分数。

6.19 某沉淀物中含有 3.9% NaCl，9.6% AgCl，现欲用 1.0 L 氨水将 300 g 该沉淀物溶解，问氨水最低浓度应为多少？（生成 $Ag(NH_3)_2^+$）

6.20 称取 0.3028 g KCl 与 KBr 的混合试样，溶于水后用 $AgNO_3$ 标准溶液滴定，用去 0.1014 mol·L^{-1} $AgNO_3$ 30.20 mL。试计算混合物中 KCl 和 KBr 的质量分数。

6.21 称取一纯盐 KIO_x 0.5000 g，经还原为碘化物后用 0.1000 mol·L^{-1} $AgNO_3$ 溶液滴定，用去 23.36 mL。求该盐的化学式。

6.22 称取某含砷农药 0.2000 g，溶于 HNO_3 后转化为 H_3AsO_4，调节至中性，加 $AgNO_3$ 使其沉淀为 Ag_3AsO_4。沉淀经过滤、洗涤后，再溶解于稀 HNO_3 中，以铁铵矾为指示剂，滴定时消耗了 0.1180 mol·L^{-1} NH_4SCN 标准溶液 33.85 mL。计算该农药中 As_2O_3 的质量分数。

6.23 某试样含有 $KBrO_3$、KBr 及惰性物。今称取试样 1.000 g，溶解后配制到 100 mL 容量瓶中。吸取 25.00 mL，在 H_2SO_4 介质中用 Na_2SO_3 还原 BrO_3^- 为 Br^-，除去过量的 SO_3^{2-} 后调至中性并用莫尔法测定 Br^-，计消耗 0.1010 mol·L^{-1} $AgNO_3$ 溶液 10.51 mL。另吸取 25.00 mL 试液用 H_2SO_4 酸化后加热逐去 Br_2，再调至中性，滴定过剩 Br^- 时消耗了上述 $AgNO_3$ 溶液 3.25 mL。计算试样中 $KBrO_3$ 和 KBr 的质量分数。

6.24 将含有防高血压药物（$C_{14}H_{18}Cl_6N_2$，$M_r = 427$）的试样 2.89 g 置于密封试管中加热分解，然后用水浸取游离出的氯化物，于水溶液中加入过量的 $AgNO_3$，得 AgCl 0.187 g。假定该药物是氯化物的惟一来源，计算试样中 $C_{14}H_{18}Cl_6N_2$ 的质量分数。

分离分析篇

第7章 分析测定中的样品制备与分离方法

本章介绍分析测定中的样品制备,包括样品采集至样品测定前的所有过程。简介采样、无机样品和有机样品的制备以及分析化学中的分离方法。

7.1 导　言

分析过程主要由下图所述的 5 个环节组成。其中的每一个环节都是非常重要的。

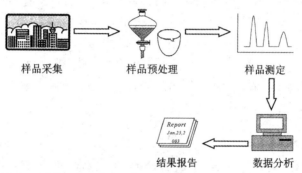

样品采集　　　样品预处理　　　样品测定

结果报告　　　数据分析

在前面的章节里讨论了分析过程中的样品测量方法,即定量分析方法。在实际应用中,绝大多数样品需要进行预处理,将样品转化为可以测定的形态以及将被测组分与干扰组分分离。由于实际的分析对象往往比较复杂,在测定某一组分时,除了采样外,分析过程中最大的误差来源于样品预处理过程(如图 7.1)。因此,为了获得准确的分析结果,样品采集和样品预处理过程的设计和实验是不容忽视的。同时,在整个分析过程中,样品测定步骤日趋自动化,而样品预处理往往是很费时的步骤。所以,必须设计合理的预处理方案以及争取实现预处理的自动化。

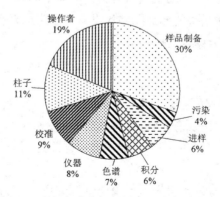

图 7.1　液相色谱分析过程中误差来源分配图

从样品的采集到将样品转化成能够用于直接分析(包括化学分析和仪器分析)的澄清均一的溶液称为样品制备,它包括很多步骤:样品的采集,样品的干燥,成分的浸出、萃取或者基底的消化和分离,溶剂的清除以及样品的富集。

样品制备步骤必须能够为样品测定提供如下条件或实现如下目标：

（i）样品溶于合适的溶剂（对于测定液体样品的分析方法）；

（ii）基底干扰被除掉或者大部分被除掉；

（iii）最终待测样品溶液的浓度范围应适合于所选定的分析方法；

（iv）方法符合环保要求；

（v）方法容易自动化。

选择样品制备方法的一个指导原则是，所制得的样品中的被分析物要达到定量回收，也就是说，被测组分在分离过程中的损失要小到可以忽略不计。常用被测组分的回收率（R）来衡量，即在整个分析过程中，被回收的标准物质的量相当于加入量的百分比。

$$R = \frac{测量值}{原始加入量} \times 100\% \tag{7.1}$$

回收率越高越好。在实际工作中因被测组分的含量不同，对回收率有不同的要求。对于主要组分，回收率应大于 99.9%；对于含量在 1% 以上的组分，回收率应大于 99%；对于微量组分，回收率应在 95%～105% 之间。如果回收率小于 80%，则需要改进方法以提高回收率。

另一个指导原则是，在分离过程中要尽可能地消除干扰。被测组分与干扰组分分离效果的好坏一般用分离因数（$S_{I,A}$）表示，定义为在分离过程中，干扰物与被分析物质的回收率的比值。

$$S_{I,A} = \frac{R_I}{R_A} \tag{7.2}$$

理想的分离效果是，$R_A = 1$，$R_I = 0$，因而 $S_{I,A} = 0$。通常，对于有大量干扰存在下的痕量物质的分离，$S_{I,A}$ 应 $\leqslant 10^{-7}$；对于分析物和干扰物存在的量相当的情况，$S_{I,A}$ 应 $\leqslant 10^{-3}$。

7.2 取 样

样品的制备包括 3 个基本步骤：样品采集、样品保存和样品制备。在不同部位取得能够代表被测物质总体的样品，然后进行样品加工，得到用于测定的少量样品。

在取样过程中，要注意所采集的样品能够代表所要分析的对象，同时还要注意保持样品的整体性，避免样品被污染、损失以及分解。

7.2.1 液态样品

液态样品包括溶剂、饮料（如牛奶和果汁）、自然界样品（如湖水、河水、海水以及雨水等）、体液（血液、尿液和脑脊液等）以及悬浮液（如各种口服液）等。均匀样品的取样方法比较简单，可以直接取样。但即使是液态样品，在很少的情况下样品是均匀的，采取的取样方法必须因具体的样品和被分析物而定。

环境中的水质分析和废水分析提供了一个非常好的例子。地表水受流速和深度的影响。对于流速快的河流，可以采取简单取样，将带塞瓶子没入水中，打开瓶塞取水，之后盖上瓶塞并将水瓶从水下取出。对于流速较慢的河流以及湖水，采样时必须考虑样品在不同深度的分布，要分别在不同深度取样，并分析样品随深度的变化；也可以将不同深度采集的样品汇集，分析总的样品。

采集地下水样品时,不能简单地取水。须抽出井中已有的水,直至井水的温度、pH 以及电导不变,以保证取到的样品未受污染并能代表欲测样品。生活用水的取样也是如此。

生活废水以及工业废水的采样一般需要采集 24 小时的样品。每隔固定时间采集一定体积的样品,然后将 24 小时采集的样品汇集并混匀。

在采集液态样品时,还必须注意容器的材料。例如,分析有机物、杀虫剂和油污时,由于这些物质常与塑料表面相互作用,应该选用玻璃容器;分析痕量金属离子时,由于玻璃容器对金属离子有吸附作用,应该选用塑料容器。

对于液态样品,在采集后,其化学成分还可能受化学、物理以及生理条件变化的影响。因而,在样品采集后,应该合理控制 pH、温度,密封并避光保存,有时还需要加入化学防腐剂。样品保存时间因样品而异。表 7.1 给出了水质和废水分析中部分分析物的保存方法以及允许保存时间。

表 7.1 水质和废水分析中样品的保存方法及时间

分析物	保存方法	保存时间
氨	4℃;pH<2 (H_2SO_4)	28 天
氯	不需特殊保存条件	28 天
金属 Cr(Ⅵ)	4℃	24 小时
金属 Hg	pH<2(HNO_3)	28 天
其他金属	pH<2(HNO_3)	6 个月
硝酸根	不需特殊保存条件	48 小时
有机氯杀虫剂	1 mL 10 mg·mL^{-1} $HgCl_2$; 或加入萃取溶剂	无萃取剂 7 天; 有萃取剂 40 天
待测 pH 的样品溶液	不需特殊保存条件	需立即测定

7.2.2 气态样品

气态样品包括汽车尾气、工业排气、大气和压缩气,同时也包括气溶胶中的固体颗粒。

最简单的样品收集方式是,直接将气体吸入容器并封口。此时要注意样品中某些成分在器壁上的吸附。在大多数情况下,采用固体吸附或过滤的方法采集气态样品。吸附的方法用于采集挥发以及半挥发样品。过滤适用于不挥发样品。

气态样品一般比较稳定,不需要特殊保存。可通过热解吸或溶剂萃取的方式将样品与吸附剂分离。

7.2.3 固态样品

固态样品包括矿物、土壤、沉积物、食品、药片和胶囊、高分子和金属材料以及生物组织样品等。

固态样品的成分分布通常不均匀,取样应保证采集的样品能够代表被分析的对象。针对不同来源的样品,取样方式有所不同。

固态样品在保存过程中有可能发生化学组成的变化,如挥发性物质的损失、生物降解以及发生氧化还原反应等。在样品保存的过程中应采取措施,避免环境条件对样品的影响。

固体样品一般不能直接用于分析,需要作进一步的加工,包括粉碎和溶解。后者将在样品制备中介绍。

样品不均匀是固态样品潜在的误差来源之一,需要将样品的颗粒减小到一定程度,利于均匀取样和溶解。通常将样品初步粉碎再混合,进一步分成几份。再分别研磨,混合。经过几轮加工,获得实验室样品。为确保获得均匀的颗粒度,样品还需筛分。不能通过一定孔径的筛孔的颗粒需进一步研磨,直至可以通过筛孔。

在固态样品研磨过程中,仍需注意样品组成可能会发生变化。减小颗粒度意味着增大样品的表面积,也增大了易挥发物质损失的可能性;表面积增大,样品与空气的接触面增大,被氧化的可能性也相应增加;同时,在样品加工研细的过程中有可能混进杂质。这些都可能影响测定结果的准确度。

7.3　样　品　制　备

样品也可按照有机样品和无机样品来分类。不同的样品,为了达到如前所述的要求,其制备方法应有差别。本节将分别对无机样品和有机样品的预处理进行介绍。

7.3.1　有机样品的制备

有机样品按照形态,可以分为挥发、半挥发和不挥发样品。样品的初始形态可以是固态、半固态(包括霜膏、凝胶、悬浮液和胶体)、液态和气态。挥发性物质通常用气相色谱分析。有关的样品预处理技术有简单取样、固相俘获、液阱、顶空采样、动态顶空技术以及热萃取等。表 7.2 简要介绍了这些方法。

表 7.2　气态样品的取样及样品制备技术

样品制备方法	原　　理	应　　用
简单取样	气体样品被引入抽真空的容器或用泵抽入塑料袋或其他惰性容器中	用于空气中挥发样品的采样,之后则用冷阱技术将样品分离浓缩
固相俘获	将样品通过填充吸附剂如硅胶或活性炭的管子,俘获的物质再用强的溶剂洗脱	用于空气中半挥发性有机物的样品采集
液阱	样品吹入对欲分离样品具有较好溶解度的溶剂中	
顶空采样	固体或液体样品放入封口玻璃瓶中。当两相达到平衡时,采集其中的气相样品用于气相色谱分析	主要用于传统气相色谱技术所不能实现的样品中痕量挥发物质的采样
动态顶空技术	固体或液体样品被封入容器,用惰性气流将顶空蒸气带走,再进行固相萃取或冷阱俘获分离,热脱附后用于气相色谱分析	用于浓度极低的样品或者静态顶空无法解决的样品
热萃取	过程同动态顶空技术,只是增加控温加热手段将样品加热至很高的温度	用于半挥发样品的制备

相比之下,液体样品比较容易处理,通常仅需要将样品用合适的溶剂稀释。对于液体样品,分析化学工作者关心的是基底的干扰、分析物的浓度是否合适以及与所选的分析方法是否匹配。常用的液体样品的制备技术列于表 7.3。

表 7.3　常用溶液和悬浮液样品的制备方法

制备方法	原　　理	应　　用
固相萃取	溶液通过固定相,样品中欲分析物被保留,再用强的溶剂洗脱分析物。保留和洗脱机理与液相色谱相同	无机物、有机物以及生物活性物质
液-液萃取	样品在互不相溶的两相中溶解度不同,被分析物则进入有机相	无机物、有机物以及药物等
稀释	用合适溶剂稀释样品以避免色谱柱过载或使样品浓度处于检测器的线性范围内	
蒸发	在一定气压(空气或惰性气体流)下或一定真空度下加热将液体缓慢除掉	药物等
蒸馏	在回流装置中将溶液加热至沸腾,分析物则被气化、冷凝至收集管中	有机物
微透析	半透膜将两水相隔开,基于浓度差别,分析物从一侧溶液迁移至另一侧	用于监测活组织的细胞外化学作用现象;也用于除掉样品中的蛋白质
冻干	在真空中水溶液被冷冻,进而溶剂被升华	用于非挥发性有机物,包括蛋白质等生物活性物质

　　固体以及半固体样品的处理过程要复杂一些,存在两种情形:若要分析整个样品,所有成分必须完全溶解;若对样品中的成分进行选择性测定,则待测组分需要与基底分离。对于易溶解的盐和药片等药剂型,则只需要选择一个适当的溶剂溶解样品或者需要测定的成分,剂型中不溶解的成分通过过滤或者离心等手段与待测成分分离。如果样品不溶于普通溶剂,则要考虑将待测组分提取出来,常用的技术有过滤、固-液萃取、索氏(Soxhlet)萃取、超临界流体萃取和超声萃取等。如果基底和待测组分均难溶于普通溶剂,则需要特殊的处理过程。例如,土壤样品可以用硝酸消化,将待测成分释放并溶解。将在 7.3.2 小节对样品的消化进行介绍。

　　一旦样品被转入溶液中,可以依照液体样品的制备技术作进一步的处理。

7.3.2　无机样品的制备

1. 样品干燥

　　在获得了具有代表性样品之后,大多数的分析过程始于样品干燥。干燥的方法包括冷冻干燥、传统的烘箱干燥、放入保干器中平衡、真空干燥、红外和微波炉干燥等。一般认为样品干燥过程中减少的质量为失去的水分。但是,质量的损失也可能是由于干燥过程中失去了易挥发的成分。加热将会比室温干燥引起更大的易挥发样品的损失。若选择了合适的方法和条件,即便是在不同的实验室,也会得到一致的样品组成。

　　对于无机样品,传统的烘箱和保干器的方法是较常用的。像硅胶和土壤,则需要加热到大大高于水的沸点的温度以确保除掉水分,但同时,吸附的挥发性样品可能会流失。对于生物样品,加热的温度应该低于 100℃ 或更低以确保样品不被分解。对于憎水的有机样品,由于基本上不吸附水,不需要加热处理。对于碳水化合物,例如酸酐,则可用抽真空的保干器干燥。有些样品,加热易被氧化,可以用抽真空的保干器或通氮气干燥。生物样品或易挥发样品常采用冷冻干燥。

2. 样品溶解

样品溶解可分为提取和全溶解技术。对于某些样品的分析,将样品转换成较容易萃取的形态是样品制备的重要步骤。像采用磨碎、冻干等技术减少样品的粒度可以使溶剂能够充分与样品接触。对于大多数无机样品,简单的提取不能有效地"浸出"痕量元素,所以大多数的无机物采用全溶解技术处理样品。样品的溶解方法有干法灰化、熔融和消化。

干法灰化是最传统的样品分解技术,此方法为在炉中或借助现代的等离子体源,在高温、有氧存在条件下,将样品转换成易于溶解的氧化物。食品中营养矿物质,如 Ca、Mg、Ni、K、Fe、Zn、Cu 和 Mn 的测定,常采用干法灰化处理基底以分解有机物并将处理后的样品溶于稀盐酸。而对于含有 Se 和汞等易挥发元素的样品,采用干法灰化技术将会导致这些元素的损失,对它们则用火焰原子吸收光谱测定。

熔融技术适用于难以用酸或碱溶解的化合物。样品与大量的助熔剂在适当材料制作的坩埚(如白金、锆和惰性材料坩埚)内反应,以生成成分固定的化合物;也可能将难熔氧化物简单地转化成可溶于酸或水的形式,很容易地与干扰物分开来。但是,此方法容易引入污染物,所以仅适用于常量样品的预处理,而且仅作为最后的选择方法。另一方面,可以产生均一的固体"溶液",从而获得重复性很好的结果,该技术尤其适用于像 X 射线荧光分析的样品制备。

样品的消化通常借助酸(盐酸、硝酸、高氯酸、硫酸、氢氟酸等)和加热。为了使样品完全溶解,通常采用混合酸来消化样品。例如,过氧化氢和过量的硝酸混合,可以快速地氧化大多数有机物。硝酸和硫酸组合,可以有效地脱水和氧化混合物。通常在产生发烟硫酸之前加入少量的硝酸以确保样品被完全氧化。但用该混合酸容易产生硫酸钡沉淀,而且含有硫酸根的基底容易对用原子吸收法分析某些元素造成光谱干扰。另外一个最常用的混合酸由硝酸和高氯酸组成。在蒸干高氯酸之前要加入过量的硝酸并检验样品是否被完全氧化。在加热条件下,高氯酸可以快速地氧化和溶解样品,是最有效的样品制备方法,但要特别注意安全操作。与其他酸相比,高氯酸处理的样品产生的难溶盐少。当溶解玻璃和有些矿物时,上述混合酸还需要加入氢氟酸,此时,必须使用聚四氟乙烯(Teflon)容器。表 7.4 给出了使用硝酸或硝酸和其他酸的混合酸对一些无机化合物的消化。硝酸作为强酸与金属氧化物反应,或者作为氧化剂和强酸与金属反应将样品溶解。硝酸与所有的金属/非金属及其氧化物作用生成的盐都溶于水,这一性质是其他酸所不具备的。

表 7.4　硝酸及其混合酸消化无机样品

硝酸及其混合酸	无机化合物
$HNO_3(10\%\sim15\%)$	碱土金属氧化物,镧系氧化物,锕系氧化物,Sc_2O_3,Y_2O_3,La_2O_3
$HNO_3(1:1)$	V_2O_5,CuO,CdO,锰氧化物,汞氧化物,铊氧化物,铅氧化物,铋氧化物,金属 Cu、Zn、Cd、Hg、Pb
$HNO_3(69\%)$	金属 Mn、Fe(加热)、Co、Ag、Pd(加热)、Se、As、Bi、Re
HNO_3+HCl(王水)$(1:3)$	Pt、Au、钢、Fe-Ni 合金、Cu 合金、Cr-Ni 合金
$HNO_3+HF+H_2O(1:1:1)$	Ti、Zr、Hf、Nb、W、Sn、Al、Si、Ge、Sb、Te、As、Se 和 Mo 等金属及其氧化物,以及含有上述金属元素的合金和氧化物

样品消化的方法也可应用于有机化合物为基底的痕量无机组分的测定,如生物样品中的痕量金属离子的测定。只是在应用时由于硝酸易与醇类和芳环化合物反应生成易爆化合物,所

以应用硝酸或硝酸与其他酸的混合酸消化有机化合物时要格外小心,尤其对含有稠环芳烃的样品,最好避免使用硝酸。如果样品中含有羟基,则最好先用浓硫酸处理。

3. 微波方法在样品制备中的应用

微波消解方法的出现大大加快了样品的消解速度,并有可能为样品处理和分析的自动化提供条件。在处理生物样品时,微波方法仅用 5~15 min,而传统的样品消化方法则需要 1~2 h。波导型微波系统如图 7.2 所示。聚四氟乙烯或石英的样品管直接插入波导器,盛有样品的部分处于微波中,管子的上半截接冷凝器和试剂自动加入装置,挥发的酸雾被冷凝下来,不会造成消化和溶解过程中酸和被测元素的损失及来自外界的污染。现在,微波的发展集中于温度和压力的控制以实现微波消解的自动化。

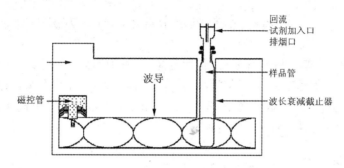

图 7.2　波导型微波系统

一个分析样品预处理方法的建立,始终不能离开它的目标,即必须具备好的重现性和回收率。将经典的样品消化方法转化为微波消解方法,有 4 种途径:微波单位功率的调节、仪器功率的校准,以及温度和压力反馈的控制。除了第一种方法,其他三种都具有较好的重现性。仪器功率的校准为整个消解过程提供均匀的微波场从而提供可重现的反应条件。温度和压力控制通过调整温度或压力以提供实现重现的反应过程的微波功率。样品制备的自动化最终变为现实。

4. 极稀溶液分析物的稳定性

在浓度极稀(例如 10^{-9} g·g^{-1})[①]的情况下,分析物表现出浓度不稳定性,其主要原因是容器壁的吸附,使得所检测到的分析物的浓度比实际浓度要低。在许多情况下,这是一个容易被忽视的问题。

目前吸附机理有如下 3 种:

(i) 物理吸附:指由于容器表面与被分析物之间的范德华(van der Waals)作用力。

(ii) 化学吸附:由于化学作用而破坏或生成新的化学键。

(iii) 渗入:由于离子交换、还原、沉淀以及扩散进入容器壁。

溶液的 pH 对吸附影响较大。如表 7.5 所述,大多数的无机痕量分析物在 pH<2 的条件下吸附不显著。对于无机离子,常用形成螯合物的办法防止吸附。

---

① 　10^{-9}以前常用 ppb 表示;10^{-6}以前常用 ppm 表示。

表 7.5　pH 对各种材料的容器吸附无机离子的影响

离子	浓度 /(g·g^{-1})	实验时间 /h	容器材料	吸附显著的 pH 范围	吸附不显著的 pH 范围
Ag(I)	10^{-6}	1	聚乙烯,聚四氟乙烯	2~12	酸性溶液
Al(III)	$(1\sim10)\times10^{-6}$	24	硼硅酸盐玻璃	3.5~11	pH<3.5,pH>13
Ca(II)	$(0.5\sim21)\times10^{-6}$	24	硼硅酸盐玻璃	8~12	1.5
Cr(III)	$(1\sim5)\times10^{-6}$	24	硼硅酸盐玻璃	3.5~12	1.5
Pb(II)	$(1\sim13)\times10^{-5}$	24	硼硅酸盐玻璃	3.5~12	1.5

7.4　分析测定中常用的分离方法

分析测定中的分离方法有挥发法(包括蒸馏、冷冻干燥等)、萃取法(连续萃取、固相萃取和超临界流体萃取等)、色谱法、离子交换法、浮选法、膜分离法、相变分离法以及沉淀法等等。本节主要介绍沉淀分离法、萃取分离法、膜分离法、相变分离法和浮选分离法。色谱法、离子交换分离法将在后面的色谱分离技术中讨论。

7.4.1　沉淀分离法

根据溶解度不同,控制溶液条件使溶液中化合物或离子分离的方法统称为沉淀分离法。对于金属离子的分离,根据沉淀剂的不同,沉淀分离法也可分成无机沉淀剂分离法、有机沉淀剂分离法和共沉淀分离富集法。

1. 无机沉淀剂分离法

最有代表性的无机沉淀剂有 NaOH、NH$_3$、H$_2$S 等。

大多数金属离子都能生成氢氧化物沉淀,但沉淀的溶解度往往相差很大,有可能借控制酸度的方法使某些金属离子彼此分离。从理论上讲,只要知道氢氧化物的溶度积和金属离子的原始浓度,就能计算出沉淀开始析出和沉淀完全时的酸度。但实际上,金属离子可能形成多种羟基络合物(包括多核络合物)及其他络合物,有关常数现在也还不齐全;沉淀的溶度积又随沉淀的晶形而改变(如刚析出与陈化后,沉淀的晶态有变化,溶度积就不同了)。因此,金属离子分离的最适宜 pH 范围与计算值常会有出入,必须由实验确定。

采用 NaOH 作沉淀剂可使两性元素与非两性元素分离,两性元素以含氧酸阴离子形态保留在溶液中,非两性元素则生成氢氧化物沉淀。

在铵盐存在下以氨水为沉淀剂(pH 8~9)可使高价金属离子如 Th^{4+}、Al^{3+}、Fe^{3+} 等与大多数一、二价金属离子分离。此时,Ag$^+$、Cu^{2+}、Ni^{2+}、Zn^{2+}、Cd^{2+} 等以氨络合物形式存在于溶液中,而 Ca^{2+}、Mg^{2+} 因其氢氧化物溶解度较大,也会留在溶液中。此外,还可加入某种金属氧化物(如 ZnO)或有机碱(如(CH$_2$)$_6$N$_4$)等来调节和控制溶液的酸度,以达到沉淀分离的目的。

硫化物沉淀法与氢氧化物沉淀法相似,不少金属硫化物的溶度积相差很大,可以借控制硫离子的浓度使金属离子彼此分离。在常温常压下,H$_2$S 饱和溶液的浓度大约与[H$^+$]^2 呈反比。因此,可通过控制溶液酸度的方法来控制溶液中硫离子浓度,以实现分离的目的。例如,往氯代乙酸缓冲溶液中通入 H$_2$S,则使 Zn^{2+} 沉淀为 ZnS 而与 Fe^{2+}、Co^{2+}、Ni^{2+}、Mn^{2+} 分离;往六次甲基四胺缓冲溶液(pH $5\sim6$)中通入 H_2S,则 ZnS、CoS、NiS、FeS 等会定量沉淀而与 Mn^{2+} 分离。

硫化物共沉淀现象严重,分离效果往往不很理想,而且 H_2S 是有毒并有恶臭的气体,因此,硫化物沉淀分离法的应用并不广泛。

2. 有机沉淀剂分离法

有机沉淀剂种类繁多,选择性高,共沉淀不严重,沉淀晶形好,在较低温度下就能除掉水分。

丁二酮肟在氨性溶液中,在酒石酸存在下,它与镍的反应几乎是特效的,在弱酸性溶液中也只有 Pd^{2+}、Ni^{2+} 与它生成沉淀。

铜铁试剂在 $1:9$ H_2SO_4 中可定量沉淀 Fe^{3+}、Th^{4+}、$V(V)$ 等,而与 Al^{3+}、Cr^{3+}、Co^{2+}、Ni^{2+} 等分离。

8-羟基喹啉能与许多金属离子在不同 pH 下生成沉淀,可通过控制溶液酸度和加入掩蔽剂来分离某些金属离子。在 8-羟基喹啉分子中引入某些基团,也可以提高分离的选择性。例如,8-羟基喹啉与 Al^{3+}、Zn^{2+} 均生成沉淀;而 2-甲基 8-羟基喹啉不能与 Al^{3+} 生成沉淀,只能与 Zn^{2+} 生成沉淀,可使 Al^{3+} 与 Zn^{2+} 分离。

3. 共沉淀分离富集法

在 6.2.4 小节中讨论共沉淀现象时,往往着重讨论它的消极方面。但在微量组分测定中,却往往利用共沉淀现象来分离和富集那些含量极微的不能用常规沉淀方法分离出来的组分。例如自来水中微量铅的测定,因铅含量甚微,测定前需要预富集。若采用浓缩的方法会使干扰离子的浓度同样地提高,但采用共沉淀分离富集的方法则较合适。为此,通常是往大量自来水中加入 Na_2CO_3,使水中的 Ca^{2+} 转化为 $CaCO_3$ 沉淀或特地向其中加 $CaCO_3$ 并剧烈摇动,水中的 Pb^{2+} 就会被 $CaCO_3$ 沉淀载带下来。然后可将所得沉淀用少量酸溶解,再选适当方法测定铅。

上述方法中所用的共沉淀剂(载体)是 $CaCO_3$,属于无机共沉淀剂。这类共沉淀剂的作用机理主要是表面吸附或形成混晶,将微量组分载带下来。

4. 提高沉淀分离选择性的方法

(1) 控制溶液的酸度

这是最常用的方法,前面提到的氢氧化物、硫化物沉淀分离都是控制溶液酸度以提高沉淀选择性的典型例子。

(2) 利用络合掩蔽作用

利用掩蔽剂提高分离的选择性是经常被采用的手段。例如,往含 Cu^{2+}、Cd^{2+} 的混合溶液中通入 H_2S 时,它们都会生成硫化物沉淀;若在通 H_2S 之前,加入 KCN 溶液,由于 Cu^{2+} 与 CN^- 反应生成稳定的络合物,便不再被 H_2S 沉淀,而 Cd^{2+} 虽也生成 $Cd(CN)_4^{2-}$ 络合物,但稳定性差,仍将生成 CdS 沉淀,这样就能使 Cu^{2+} 与 Cd^{2+} 分离了。又如 Ca^{2+} 和 Mg^{2+} 之间的分离问题,若用 $(NH_4)_2C_2O_4$ 作沉淀剂,部分 MgC_2O_4 也将沉淀下来,但若加过量 $(NH_4)_2C_2O_4$,则 Mg^{2+} 与过量 $C_2O_4^{2-}$ 会形成 $Mg(C_2O_4)_2$ 络合物而被掩蔽,这样便可使 Ca^{2+} 和 Mg^{2+} 分离。

在沉淀分离中应用 EDTA 作掩蔽剂,可以有效地提高分离效果。以草酸盐形式分离 Ca^{2+} 和 Pb^{2+} 就是一例:PbC_2O_4 在水溶液中的溶解度比 CaC_2O_4 小,但在 EDTA 存在,并控制一定酸度时,就能选择性地沉淀 Ca^{2+} 而使之与 Pb^{2+} 分离,如图 7.3 所示。图中实线代表 EDTA 不存在时 Ca^{2+} 与 Pb^{2+} 的草酸盐溶解度与 pH 的关系,虚线代表 EDTA 为 10^{-2} $mol\cdot L^{-1}$ 时上述两者与 pH 的关系。由图可见,若平衡时溶液中 $H_2C_2O_4$ 的浓度为 $0.1\,mol \cdot L^{-1}$,未与金属络合的 EDTA 的总浓度为 $10^{-2}\,mol \cdot L^{-1}$,为使 Ca^{2+} 与 Pb^{2+} 定量分离(溶液中),应当控制 pH 在 $2.8 \sim 4.9$ 之间。可见,将使用掩蔽剂和控制溶液酸度两种手段结合起来,能更有效地提高分离效果。

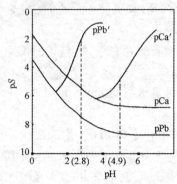

图 7.3　在草酸盐和 EDTA 存在下草酸钙和草酸铅的溶解度与 pH 的关系

$([C_2O_4'] = 10^{-1}\,mol \cdot L^{-1}, [Y'] = 10^{-2}\,mol \cdot L^{-1})$

（3）利用氧化还原反应

许多元素可以处于多种氧化态,而不同氧化态与同一种试剂的作用常不同,通过预先氧化或还原,改变离子的价态,可以实现分离的目的。例如,Fe^{3+} 与 Cr^{3+} 的分离,用氨水为沉淀剂是不能使两者分离的,如果先把 Cr^{3+} 氧化成 CrO_4^{2-},则 CrO_4^{2-} 就不会被氨水沉淀了,这样就能将铁和铬定量分离。再如,在岩石分析中,Mn^{2+} 含量不高,往往仅部分地与氧化物 Fe_2O_3 和 Al_2O_3 等一起沉淀,仍有一部分留在溶液中,就会干扰以后对 Ca^{2+}、Mg^{2+} 的测定。为此,可先将 Mn^{2+} 氧化成 $Mn(IV)$,由于 $MnO(OH)_2$ 溶解度小,就可与上述氧化物一起定量沉淀,从而消除了 Mn^{2+} 对 Ca^{2+}、Mg^{2+} 测定的干扰。

7.4.2　萃取分离法

萃取是将所要分析的化合物从一种溶液（如水相)转移到另外一种不相混溶的溶液中（通常为有机相)或者从固体中将化合物提取到液相中的方法。前者是液-液萃取,后者是液-固萃取。最近由于可反应固定相的发展,可以将物质从液相中萃取到固定相中,这一新技术被称为固相萃取。以下通过介绍溶剂萃取阐述萃取的基本原理和概念。

1. 萃取分离基本原理

当与水互不相溶的有机溶剂（有机相)和水溶液（水相)一起混合振荡时,由于一些组分具有疏水性而从水相转入有机相,而亲水性的组分留在水相中,这样就实现了提取和分离。

化学家很早就已经认识到有机物质在液-液两相的分配行为,因而溶剂萃取很久以来一直是有机化学实验室的基本手段之一。无机化合物的溶剂萃取可以追溯到 19 世纪。1892 年,Rothe 和 Hanroit 分别用二乙醚萃取了盐酸中的铁之后,这一方法被应用于从共存金属离子中分离铁。

1872 年 Berthelot 和 Jungflesch 首次对液-液分配平衡进行了定量描述。1891 年 Nernst 从热力学的角度阐述了分配定律:假定化合物 A 在水相和与水不相溶的有机相中都没有达到饱和,当分配达到平衡时,如果 A 在两相中存在的形态相同,则 A 在水相和有机相中的平衡浓度之比在给定的温度下是常数。该常数记做 K_D,称为分配系数。

$$K_D = \frac{[A]_{有}}{[A]_{水}} \tag{7.3}$$

严格地讲活度之比才为常数。但只有中性分子才可被萃取,而中性分子的活度受介质影响较小,所以在应用分配定律时可用浓度代替活度。

实际上萃取是个复杂体系,它可能伴随有离解、缔合和络合等多种化学过程,化合物 A 在两相中可能有多种形式存在,此时分配定律不适用。对于分析为目的的萃取,着眼于化合物 A 在两相间的分配。定义化合物 A 在两相中各形态浓度和之比为分配比,以 D 表示:

$$D = \frac{(c_A)_{有}}{(c_A)_{水}} = \frac{[A_1]_{有} + [A_2]_{有} + \cdots + [A_n]_{有}}{[A_1]_{水} + [A_2]_{水} + \cdots + [A_n]_{水}} \tag{7.4}$$

当化合物 A 在两相中的存在形态相同时,分配比就是分配系数,为常数。在其他情形下,分配比不是常数,且随介质条件改变而变化。碘在水与 CCl_4 中分配的实验结果见表 7.6。可以看出在碘的浓度不太大时,D 是常数。当在水中加入 I^- 时,在水相中不仅有 I_2,还有 I_3^- 存在。

$$D_{I_2} = \frac{(c_{I_2})_{有}}{(c_{I_2})_{水}} = \frac{[I_2]_{有}}{[I_2]_{水} + [I_3^-]_{水}}$$

$$= \frac{[I_2]_{有}}{[I_2]_{水}(1 + \beta[I^-])} = \frac{K_D(I_2)}{\alpha_{I_2(I^-)}}$$

这时,从上式可知碘的分配比随水相中 I^- 的浓度而变化。由于 $\alpha_{I_2(I^-)} > 1$,则 $D_{I_2} < K_D$。只有当 I^- 浓度很小,即 $\beta[I^-] \ll 1$ 时,碘才以相同形态存在于两相中,因而 $D_{I_2} = K_D(I_2)$。

表 7.6　碘在水与 CCl_4 中的分配(25℃)

$[I_2]_{有}/(g \cdot L^{-1})$	$[I_2]_{水}/(g \cdot L^{-1})$	$K_D(I_2)$
25.61	0.2913	87.92
16.54	0.1934	85.52
10.88	0.1276	85.27
6.966	0.0818	85.16

例 7.1　700 mg Sb(V)溶解于 100 mL HCl 溶液中,加入等体积的异丙醚,振荡使体系充分混合。分层后,移取醚相,蒸发除去异丙醚。测得醚相含有 685 mg Sb。请计算分配比 D。

解

$$D = \frac{Sb\ 在有机相中的浓度(g/mL)}{Sb\ 在水相中的浓度(g/mL)} = \frac{0.685/100}{(0.700 - 0.685)/100} = 45.7$$

萃取率是衡量萃取总效果的量,常用 E 表示:

$$E = \frac{溶质\ A\ 在有机相中的总量}{溶质\ A\ 的总量} \times 100\% \tag{7.5}$$

即

$$E = \frac{c_{有} V_{有}}{c_{水} V_{水} + c_{有} V_{有}} \times 100\% \tag{7.6}$$

式中 $c_{有}$ 是溶质 A 在有机相的浓度,$V_{有}$ 是有机相的体积,$c_{水}$ 是溶质 A 在水相中的浓度,$V_{水}$ 是水相的体积。用 $c_{水} V_{有}$ 去除上式各项则得萃取率与分配比关系式:

$$E = \frac{D}{D + (V_{水}/V_{有})} \times 100\% \tag{7.7}$$

式中 $V_水/V_有$ 又称相比,用 R 表示。该式表明萃取率由分配比和相比决定,当相比为 1 时,萃取率仅决定于分配比 D,此时分配比与萃取率的关系如图 7.4 所示。D 较大时,萃取较完全。若一次萃取要求萃取率达到 99.9% 时,则 D 必须大于 1000。

当 D 不高时,萃取不完全,可采用多次萃取以提高萃取率。如用 $V_有$(mL) 溶剂萃取 $V_水$(mL) 试液时,设试液中含有 m_0(g) 溶质 A,一次萃取后水相中剩余溶质 A 为 m_1(g),则进入有机相中的量为 (m_0-m_1)(g),这时分配比为

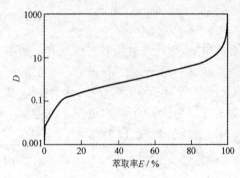

图 7.4　分配比与萃取率的关系曲线
　　　　　$(V_有=V_水)$

$$D = \frac{(c_A)_有}{(c_A)_水} = \frac{(m_0-m_1)/V_有}{m_1/V_水} \tag{7.8}$$

则

$$m_1 = m_0(V_水/(DV_有+V_水)) \tag{7.9}$$

不难导出,当用 $V_有$(mL) 萃取 n 次时,水相剩余溶质 A 为 m_n(g)。则

$$m_n = m_0(V_水/(DV_有+V_水))^n \tag{7.10}$$

此时,萃取率为

$$E = [1-(V_水/(DV_有+V_水))^n] \times 100\% \tag{7.11}$$

例 7.2　用 8-羟基喹啉氯仿溶液从 pH=7.0 的水溶液中萃取 La^{3+}。已知它在两相中的分配比 $D=43$。今取含 1 mg/mL La^{3+} 的水溶液 20.0 mL,计算用萃取液 10.0 mL 一次萃取和用同量萃取液分两次萃取的萃取率。

解　用 10.0 mL 萃取液一次萃取:

$$m_1 = 20 \times \left(\frac{20}{43 \times 10 + 20}\right) = 0.89(\text{mg})$$

$$E = \frac{20-0.89}{20} \times 100\% = 95.6\%$$

每次用 5.0 mL 萃取液,连续萃取两次:

$$m_1 = 20 \times \left(\frac{20}{43 \times 5 + 20}\right)^2 = 0.145(\text{mg})$$

$$E = \frac{20-0.145}{20} \times 100\% = 99.3\%$$

计算结果表明,用同样数量的萃取液,分多次萃取比一次萃取的效率高。

2. 萃取平衡

(1) 萃取剂在两相中的分配

大多数萃取剂是有机弱酸(碱),它们的中性形态具有疏水性,易溶于有机相,在水相中主要是它们的各种离解形态(带正电荷或负电荷)。

设萃取剂是一元弱酸(HL),它在两相中的平衡可用下式表示:

$$HL_{(o)} \rightleftharpoons HL_{(w)} \tag{7.12}$$

$$D = \frac{[HL]_o}{[HL]_w + [L]_w} = \frac{[HL]_o}{[HL]_w(1+K_a/[H^+]_w)}$$

$$= \frac{K_D}{1+K_a/[H^+]_w} \tag{7.13}$$

从式(7.13)可见：在 pH＝pK_a 时，$D＝K_D/2$；当 pH＜pK_a－1 时，水相中萃取剂几乎全部以 HL 形式存在，$D≈K_D$；当 pH＞pK_a 时，D 将减小。例如在苯-水体系中(图 7.5)，乙酰丙酮的 $K_D＝5.9$，其 pK_a＝8.9，则 pH 7.9 时，$D≈5.9$；pH 8.9 时，$D＝5.9/2≈3.0$。

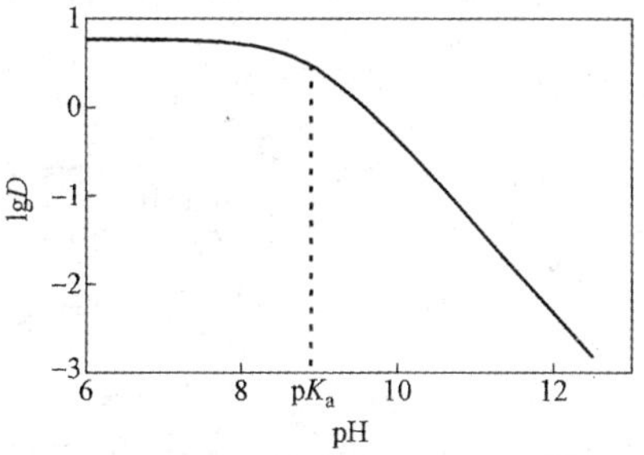

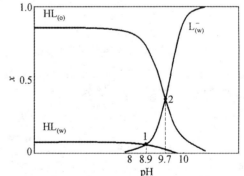

图 7.5　乙酰丙酮在苯-水中的分配与 pH 的关系

为了进一步了解萃取剂在有机相和水相中的分布情况，可以计算它的各种存在形态的摩尔分数。对一元弱酸(碱)萃取剂而言，它共有 3 种存在形态：$HL_{(o)}$、$HL_{(w)}$ 和 $L_{(w)}^-$，萃取剂总量 n_T 可计算如下：

$$n_T ＝ [HL]_o V_o + [HL]_w V_w + [L^-]_w V_w$$

$$＝ \left(\frac{1}{R} K_D \cdot K^H(HL) \cdot [H^+]_w + K^H(HL) \cdot [H^+]_w + 1 \right) [L^-]_w V_w \tag{7.14}$$

所以

$$x(L^-)_{(w)} ＝ \frac{[L^-]_w V_w}{n_T} ＝ \frac{1}{\frac{1}{R} K_D \cdot K^H(HL) \cdot [H^+]_w + K^H(HL) \cdot [H^+]_w + 1} \tag{7.15}$$

$$x(HL)_{(w)} ＝ \frac{K^H(HL) \cdot [H^+]_w}{\frac{1}{R} K_D \cdot K^H(HL) \cdot [H^+]_w + K^H(HL) \cdot [H^+]_w + 1} \tag{7.16}$$

$$x(HL)_{(o)} ＝ \frac{\frac{1}{R} K_D \cdot K^H(HL) \cdot [H^+]_w}{\frac{1}{R} K_D \cdot K^H(HL) \cdot [H^+]_w + K^H(HL) \cdot [H^+]_w + 1} \tag{7.17}$$

这样，只要知道 K_D, K_a，相比 R 及水溶液的 pH，就可以算得萃取剂各种存在形态的摩尔分数。对于乙酰丙酮，在苯-水体系中，各种形态的分布系数如图 7.6 所示。

(2) 金属离子的萃取

不论萃取的机理如何，只有中性的化合物才能被萃取到有机相。由于这一原因，在很长一段时间里，溶剂萃取并没有广泛应用于金属离子的分离。直到 1925 年，Fischer 应用双硫腙作为沉淀剂与一些金属离子形成稳定的螯合物来萃取分离金属。之后相继又有应用其他螯合试剂萃取金属离子的研究工作问世。这些研究扩展了溶剂萃取的应用范围。

图 7.6　乙酰丙酮在苯-水体系中的形态分布

以镍的萃取为例，镍在水溶液中以阳离子形式存在，在氨性溶液(pH≈9)中加入丁二酮肟，使其与镍形成中性螯合物，再用有机溶剂如三氯甲烷萃取。

根据萃取剂的类型，金属离子的萃取可分为螯合物萃取和离子缔合物萃取等方式。

● 螯合物萃取

螯合物萃取中使用的螯合剂，一般是有机弱酸或有机弱碱。例如丁二酮肟-镍、双硫腙-汞等都是典型的螯合物萃取体系。为了了解影响螯合物萃取的主要因素，下面对萃取平衡作简单介绍。

螯合物萃取体系存在几个平衡关系,可用下图表示:

$$
\begin{array}{ccc}
\text{HL} & & \text{ML}_n \\
\text{两相界面} \underline{\qquad\qquad\quad} & \text{有机相} & \underline{\qquad\qquad\qquad} \\
\text{(1)} \updownarrow K_D(\text{HL}) & \text{水相} & K_D(\text{ML}_n) \updownarrow \text{(4)} \\
\text{HL} \underset{K^H(\text{HL})}{\overset{(2)}{\rightleftharpoons}} \text{H}^+ + \text{L}^- & & n\text{L}^- + \text{M}^{n+} \underset{\beta_n}{\overset{(3)}{\rightleftharpoons}} \text{ML}_n
\end{array}
\tag{7.18}
$$

图示中忽略了萃取剂在有机相中的聚合。总的萃取平衡方程式为

$$
M^{n+}_{(w)} + n\text{HL}_{(o)} \overset{K_{ex}}{\rightleftharpoons} \text{ML}_{n(o)} + n\text{H}^+_{(w)} \tag{7.19}
$$

该反应的平衡常数可简称为萃取常数,用 K_{ex} 表示:

$$
K_{ex} = \frac{[\text{ML}_n]_o[\text{H}^+]^n_w}{[\text{M}^{n+}]_w[\text{HL}]^n_o} = \frac{K_D(\text{ML}_n) \cdot \beta_n}{(K_D(\text{HL}) \cdot K^H(\text{HL}))^n} \tag{7.20}
$$

由上式可知,K_{ex} 的大小取决于螯合物的分配系数 $K_D(\text{ML}_n)$ 和累积稳定常数 β_n 以及螯合剂的分配系数 $K_D(\text{HL})$ 和离解常数(K_a)。

若水相中只有游离的金属离子 M,有机相中只有螯合物 ML_n 一种形式,则式(7.20)可改写成

$$
D = \frac{[\text{ML}_n]_o}{[\text{M}^{n+}]_w} = K_{ex} \frac{[\text{HL}]^n_o}{[\text{H}^+]^n_w} \tag{7.21}
$$

一般情况下有机相中萃取剂的量远大于水相中金属离子的量,所以进入水相和与 M 络合消耗的 HL 可忽略不计,即上式成为

$$
D = K_{ex} \frac{(c(\text{HL})_o)^n}{[\text{H}^+]^n_w} \tag{7.22}
$$

即

$$
\lg D = \lg K_{ex} + n\lg c(\text{HL})_o + n\text{pH}_w \tag{7.23}
$$

实际萃取时所涉及的平衡关系要复杂得多,如螯合剂在两相中的分配,以及它在水相中的离解或质子化,金属离子和其他络合剂的副反应等等。若考虑水相中的 M 与有机相中的 HL 的副反应,它的条件萃取常数 K'_{ex} 为

$$
K'_{ex} = \frac{K_{ex}}{\alpha_M \cdot \alpha^n_{HL}} = \frac{[\text{ML}_n]_o[\text{H}^+]^n_w}{[\text{M}']_w(c(\text{HL})_o)^n} \tag{7.24}
$$

即

$$
D = \frac{[\text{ML}_n]_o}{[\text{M}']_w} = \frac{K_{ex}(c(\text{HL})_o)^n}{\alpha_M \alpha^n_{HL}[\text{H}^+]^n_w} \tag{7.25}
$$

式中 α_M 的计算同前,α_{HL} 则表示有机相和水相中萃取剂的总量与有机相中萃取剂的量之比。对一元弱酸而言,其 α_{HL} 为

$$
\begin{aligned}
\alpha_{HL} &= \frac{[\text{HL}]_o V_o + [\text{HL}]_w V_w + [\text{L}^-]_w V_w}{[\text{HL}]_o V_o} \\
&= \frac{[\text{HL}]_o/R + [\text{HL}]_w + [\text{L}^-]_w}{[\text{HL}]_o/R} \\
&= 1 + \frac{1}{K_D/R} + \frac{1}{K_D \cdot K^H(\text{HL}) \cdot [\text{H}^+]_w/R}
\end{aligned}
\tag{7.26}
$$

当水溶液的 $pH \leqslant \lg K^H(HL)$ 时，

$$\alpha_{HL} \approx 1 + \frac{1}{K_D/R} \tag{7.27}$$

α_{HL} 接近一个常数，仅与分配系数及相比有关。当 $pH > \lg K^H(HL)$ 时，α_{HL} 则随 pH 升高而急剧增大。

式(7.25)的对数形式是

$$\lg D = \lg K_{ex} - \lg \alpha_M - n\lg \alpha_{HL} + n\lg c(HL)_o + npH_w \tag{7.28}$$

式(7.28)说明，水相 pH 是影响螯合物萃取的一个极重要的因素。

在研究金属螯合萃取分离时，往往需要通过实验作出不同金属离子的萃取率 E-pH 曲线。图 7.7 为用双硫腙的四氯化碳溶液萃取金属离子的酸度曲线。萃取率为 50% 时的 pH 称为 $pH_{1/2}$，即金属离子被萃取一半时的 pH。在 $E = 50\%$ 和 $V_o = V_w$ 时，$D = 1$，因此，式(7.28)可改写为

$$pH_{1/2} = \frac{1}{n}\lg \alpha_M - \frac{1}{n}\lg K_{ex} + \lg \alpha_{HL} - \lg c(HL)_o \tag{7.29}$$

一般为使两种金属离子达到定量分离，要求两者的 $pH_{1/2}$ 相差约 3 个 pH 单位(即分离效果达到 99.9%)。由图可知，在 $pH = 1$ 时，Hg(II) 可以和除了 Ag 和 Cu 以外的金属离子分离。当 $pH = 11$ 时，Cd 可以和几乎图中所列的其他金属分离。还可以通过反萃取的方法实行进一步的分离。欲将 Sn 从含有 Hg、Bi、Pb 和 Cd 共存的溶液中分离，可以考虑如下方案：$pH = 6$ 时，第一次萃取将离子分成两组，Hg 和 Bi 与 Sn 一起被萃取出来。之后，Sn 被反萃取回到水相($pH = 3.5$)，而 Hg 和 Bi 留在有机相中，从而实现了 Sn 与其他共存金属离子的分离。

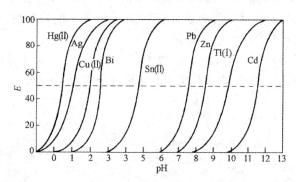

图 7.7　以双硫腙的四氯化碳溶液萃取金属离子时酸度对萃取率的影响

如何才能使两种金属离子的 $pH_{1/2}$ 差值加大，以达到定量分离的目的？

在萃取条件相同的情况下，若两种金属离子的螯合物皆是 ML_n 形式，则式(7.29)中右边的后两项是相同的。为扩大它们间的差值，必须从前面两项考虑：① 扩大两种金属离子萃取常数的差值。由式(7.20)可知，应选用螯合物稳定常数相差较大的螯合剂和合适的溶剂，使被萃取的螯合物在有机相中有较大的分配系数 K_D，以及使留在水相中的另一种金属螯合物的 K_D 尽可能小。② 加入适当的掩蔽剂，使干扰离子的 $\alpha_{M(A)}$ 有更大的值，而被萃取的金属离子与掩蔽剂基本无作用。例如，在 Cu^{2+} 存在下以 8-羟基喹啉萃取 VO_2^{2+} 时，加入 EDTA 掩蔽 Cu^{2+}。Cu^{2+} 由于形成更稳定的 Cu-EDTA 螯合物而留在水相，VO_2^{2+} 被萃取。

螯合物萃取有许多成功的例子，被萃取的金属离子主要以分光光度法测定，比如临床检验

中血铅的分离和测定。结合使用掩蔽剂和调整溶液 pH，可以达到选择性萃取 Pb 的目的。实验方案之一如下图：

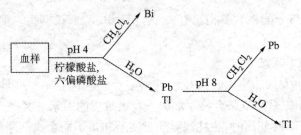

由图 7.7 可知，在 pH 8 时，Hg、Ag、Cu、Bi、Sn 以及大部分 Zn 将和 Pb 一起被萃取。通常情况下，血液中不存在 Hg、Ag 和 Sn。可以在酸性条件下预先萃取除掉 Bi。在碱性条件下加入 CN^- 以掩蔽 Zn 和 Cu 离子，使得 Zn 和 Cu 不被萃取。而柠檬酸盐与 Fe 络合，防止 Fe 生成氢氧化物沉淀；六偏磷酸盐防止 Ca 生成磷酸钙沉淀。

● 离子缔合物萃取

阳离子和阴离子通过静电引力相结合而形成电中性的化合物称离子缔合物。该缔合物具有疏水性，能被有机溶剂萃取，例如在 HCl 溶液中用乙醚萃取 $FeCl_4^-$ 时，溶剂乙醚与 H^+ 键合生成䥽离子 $(CH_3CH_2)_2OH^+$，该䥽离子与铁的络阴离子缔合成称为䥽盐的中性分子，可被有机溶剂萃取，即

$$\{(C_2H_5)_2OH^+, FeCl_4[(C_2H_5)_2O]_2^-\}$$

这类萃取的特点是溶剂分子也参加到被萃取的分子中去，因此它既是溶剂，又是萃取剂。除醚类外，能生成䥽盐的含氧有机溶剂还有酮类（如甲基异丁酮）、酯类（如醋酸乙酯）、醇类（如环己醇）等。萃取剂的选择往往由实验确定。

碱性染料在酸性溶液中与 H^+ 结合，形成大阳离子，它与金属络阴离子缔合后，能被有机溶剂萃取。例如，微量硼在 HF 介质中与次甲基蓝形成缔合物，能被苯或甲苯等惰性溶剂萃取。缔合形式为

$$\left[(CH_3)_2N\!-\!\overset{S}{\underset{N}{\bigcirc\!\bigcirc}}\!-\!N(CH_3)_2\right]^+ [BF_4]^-$$

3. 其他萃取方法简介

(1) 连续萃取

在很多情况下，欲萃取的物质的分配比很低，需要溶剂的体积非常大，或者需要多次萃取才能够实现待测物质的定量萃取。连续萃取方法和装置的建立能够使得溶剂被重复使用，而且满足有机相和水相接触的时间足够长，使得这些化合物的萃取分离或富集成为可能。图 7.8 所示的是实验室用的有机溶剂比水重时的连续萃取器。这里给出的萃取器只需要很少体积的有机溶剂，是非常简单、有效和经济的实验装置。有机溶剂置于圆底烧瓶内，加热时，蒸气向上依次进入 B 和 C。经过冷凝，溶剂进入萃取器 D。溶剂流经样品层（水层）E，聚集于 F。溶剂最终溢流回烧瓶内。这是一个连续的过程，萃取出的化合物被收集于圆底烧瓶中。以氯仿萃取可乐饮料中的咖啡因时，只需要 45 min～1 h。

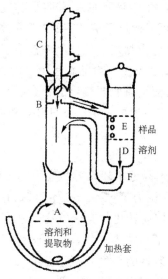
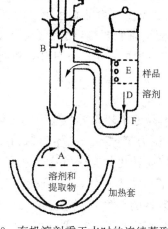
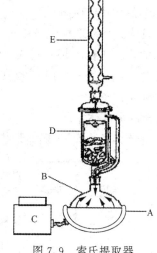

图 7.8 有机溶剂重于水时的连续萃取装置   图 7.9 索氏提取器

有些固体样品中待测成分的分配比较低,对于这些物质的提取则同样需要大量的有机溶剂。理想的装置能够容纳非常细的固体颗粒以保证与有机溶剂有较大的接触面,而且能够重复使用少量的有机溶剂。德国农业化学家 Franz Ritter von Soxhlet 发明了索氏萃取器(Soxhlet extractor),如图 7.9。仪器由以下几部分组成:A 和 C 为加热和控温装置,圆底烧瓶 B 中盛有溶剂,D 为萃取腔,E 为冷凝管。被萃取物最终流入 B 中。之后,纯溶剂又从 B 中蒸发,重复图中所示的萃取过程。每一次循环之后,B 中的萃取物的浓度都在增加。

(2)固相萃取

固相萃取属液固分离,物质从液相被萃取到固相。

1978 年,Waters 公司将该方法推向市场。所用的固相萃取物质是一个直径约 1 cm 的键合不同种化合物的硅胶多孔盘。样品通过圆盘时,所要的化合物保留在固相圆盘上。之后可以用几毫升甚至小于 1 mL 的溶剂将所要的化合物洗脱下来。在固相萃取中,固相可以直接与待萃取的溶液混合来萃取。但是,最常见的是将固相填充到一个很小的柱子中,之后将样品流过柱子。

固相萃取的步骤如图 7.10 所示,分为以下五步:① 选择合适的固相萃取柱;② 平衡柱子;③ 加样;④ 洗涤柱子;⑤ 洗脱欲测组分。针对不同样品的极性等应该选择合适材料的柱子以及合适的洗脱液等等。固相萃取柱的原理与色谱分离的原理是相同的,将在第 8 章详细介绍。

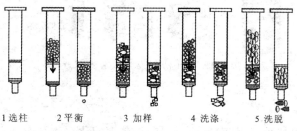

1 选柱   2 平衡   3 加样   4 洗涤   5 洗脱

图 7.10 固相萃取过程

当分析痕量物质时,固相萃取方法比传统的液-液萃取具有明显的优越性:不仅快速,而且节约了溶剂,避免了浓缩步骤。几升的溶液可以通过萃取柱,痕量组分被保留在柱上,之后用几毫升的溶剂便可将组分从柱上洗脱下来。既将待测组分从样品中提取了出来,又达到了浓缩的目的。虽然固相萃取柱仅有10～15塔板数,远不及高效液相色谱(HPLC)的柱效,但是使用固相萃取的目的不在于将所有欲测组分分开,而是将所要测定的化合物从溶液中提取出来,进一步的分离和测定则是HPLC或其他分离测定手段的任务。为HPLC进行样品的预处理是固相萃取的应用之一。

(3) 超临界流体萃取

超临界流体萃取是气-固萃取方式。萃取剂是处于超临界状态下的气体。对于某一特定气

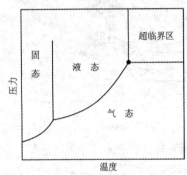

图 7.11　CO_2 相图

体,当温度和压力超过某一临界值(临界温度 T_c 和临界压力 p_c)后,该气体便转化为介于气态和液态的超临界状态(如图7.11),形成了超临界流体。在超临界状态下,气体比绝大多数液体具有较低的粘度和近乎于零的表面张力,具有类似气体的强大穿透能力和有机溶剂的溶解度。这一性质使得其以更快的速度穿过固相,实现分离的目的。当萃取完全时,降低压力,气体将自动挥发,萃取下来的化合物将自动得到浓缩。

在所有的超临界流体中,CO_2 被认为是最有效、最安全和最经济的萃取剂。当压力和温度在临界范围内调节时,CO_2 具有与有机溶剂相同的溶解度,因此能够对大多数有机物进行萃取。

超临界流体萃取装置由四部分组成:超临界流体提供系统(泵)、萃取器、控制器和样品收集系统,如图7.12所示。从钢瓶放出的 CO_2 经高压柱塞泵压缩形成 CO_2 液体,再经阀门进入载有有机萃取物的高温萃取器中,在超临界温度和压力下的 CO_2 流经样品进行超临界萃取。随后 CO_2 携带萃取物经限流管一同从萃取器(样品管)流出并进入收集管内的回收液中。萃取物被收集在小量溶液内,CO_2 自然挥发。当 CO_2 超临界流体与萃取物的极性差异较大,而不能对样品进行萃取时,可利用另一个泵加入改性剂(夹带剂)以提高 CO_2 之极性,加强极性样品的萃取效率。

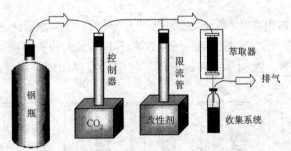

图 7.12　超临界流体萃取装置示意图

7.4.3　膜分离法

顾名思义,膜分离技术采用膜来分离样品。被分离的化合物从膜的一边转移或迁移到膜的

另一边,实现分离。通常意义上的膜为固体半透膜,分离原理基于热力学第二定律,分离方法有渗透、反渗透、透析与电透析技术。液膜是一种特殊的膜,是由液体组成的膜,分离机理与半透膜的分离机理也截然不同。以下简介透析和液膜分离技术。

1. 透析分离

透析指利用浓度梯度的差别将相对分子质量低的分子或离子从溶液中除掉的方法。透析的应用很广泛。在医学上,肾功能衰竭的病人每三天需要进行血液透析以除去积累在血液中的盐。在生物制备中,透析分离法用于除去小分子或盐。例如,采用透析法除去蛋白质样品中的微量金属离子。将蛋白质溶液放入透析袋中,封口,放入纯水中。透析膜具有一定的孔径,只允许小分子透过。由于透析袋内外的浓度差,金属离子迁移到透析袋外的水中,当浓度达到平衡,迁移停止。当不断地更新水,迁移会进行下去,从而达到除去金属离子的目的。

2. 液膜分离

液膜分离具有高效和高选择性等特点,分为乳状液膜和支撑液膜,通过选择不同的载体,可以达到选择性分离。支撑液膜是指多孔固体膜材料中固定了有机溶剂(大多含有萃取剂,又称流动载体)。乳状液膜是通过乳化制备的,根据膜相(有机溶剂或水)或接收相(内相,水或有机溶剂)不同,分为 W/O 型和 O/W 型。制备的乳状液分散到被分离的溶液(料相或外相)中,料相中的被分离物质通过膜相迁移入内相,实现分离,如图 7.13。由于液膜分离将萃取和反萃取结合在一起,分离效率很高。

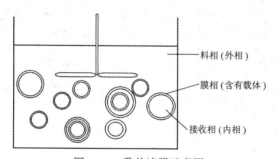

图 7.13 乳状液膜示意图

7.4.4 相变分离

相变分离是利用温度和压力的变化使得欲分离的物质发生相变,而其他组分不发生变化而达到分离的目的。所使用的相变分离方法有挥发、区域熔融、蒸馏、升华以及冻干等方法。这里简要介绍挥发与蒸馏法。挥发法的一个最简单的例子就是检测木材中的湿度。当木材被加热,其中的水分就会变成水蒸气挥发,而与木材中其他的化合物分离。Hg、As 和 Se 的测定就是应用挥发技术将元素从样品中挥发,之后用原子吸收光谱测定。实际上有 30 余种元素可以应用挥发法分离。例如,总氮量的测定中,首先将样品中的含氮化合物的氮转化成 NH_4^+,在浓碱存在下加热将氮以 NH_3 形式挥发,再用酸吸收。根据样品中氮的含量来选择测定方法。蒸馏分离法在有机化合物的分离中应用很广,不少有机化合物是利用各自沸点的不同而得到分离和提纯的。在环境监测中,许多毒性物质,如 Hg、CN^-、SO_2、S^{2-}、F^- 和酚类等,都能用蒸馏分离法分离富集,之后选用适当的方法测定。

7.4.5 浮选分离

浮选分离法似乎是一种很古老的技术,但是在环境监测和工业中有着很重要的应用。浮选分离是指将气泡通过样品的悬浮液选择性地携带粒子到溶液表面。在浮选分离法中有吹扫-捕集(purge and trap,PAT)和泡沫浮选(foam fractionation)等,以下分别简要介绍。

如图 7.14 所示,PAT 指将气泡从液体样品的底部吹入,气流带走挥发性物质,再将其捕集。吹扫是为了从样品中分离被测物,捕集是将清洗出的化合物浓缩以备定性和定量。该技术应用于像固体食品、高分子,或者火灾残骸物等固体样品。例如,从消化鱼的溶液中分离测定 Hg,从烤制面包中分离测定二溴乙烯,从食品萃取物中分离测定可挥发的农药残留物等等。

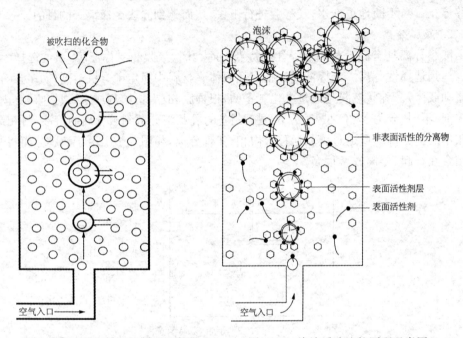

图 7.14　吹扫-捕集法处理样品的原理示意图　　　图 7.15　泡沫浮选法的原理示意图

PAT 技术最主要的应用是测定水中的工业有害物质,例如美国环境保护署(EPA)规定的优先污染物(priority pollutants),共有 128 种。将 N_2 或 He 通过水样,所要监测的挥发性物质由气泡带出,再被活性炭或硅胶等捕集,被捕集的物质用气相色谱分离检测。PAT 方法的浓缩系数可以达到数千倍。

泡沫浮选技术是将溶液中的组分转入气泡表面并带到溶液的顶部,被分离的组分暂时被富集在泡沫中。之后将泡沫撇走,破坏,被富集的组分(浮选富集物,colligend)则被收集起来。表面活性剂在这里被用做起泡剂。如图 7.15 所示。气流通过含有表面活性剂的溶液。表面活性剂集中于气-液界面,非极性端插入气泡内。气泡表面则是极性的,吸附带有相反电荷的分子,起到富集的作用。泡沫浮选技术的应用还是很多的。当其他技术造价较高时,泡沫浮选技术则被用来富集溶液中浓度低(可低至 10^{-10} mol·L^{-1})的物质。在工业中,该技术被应用于处理污水以除掉有机废物和无机氧化阴离子,如 Re(Ⅲ)、Mo(Ⅵ)、Cr(Ⅵ)、W(Ⅵ)和 V(Ⅴ),以及 Zn(Ⅱ)、Cd(Ⅱ)、Hg(Ⅱ)和 Au(Ⅲ)的氰络阴离子。在实验室中,泡沫浮选则被应用于富集蛋白质如牛血清白蛋白、细胞色素 c、大麦芽以及各种动植物体内的蛋白质和酶。

参 考 文 献

[1] E. Clifton. Meloan. *Chemical Separations—Principles, Techniques and Experiments*. John Wiley & Sons, Inc., 1999

[2] Frank Settle. *Handbook of Instrumental Techniques for Analytical Chemistry*. Prentice Hall, 1997

[3] H. M. Kingston, S. J. Haswell, *Microwave Enhanced Chemistry: Foundamentals, Sample Preparations, and Applications*. Washington, D.C.: American Chemical Society, 1997

[4] Health Protection Branch Laboratories, Bureau of Nutritional Sciences. *Sample Preparation by Dry Ashing for the Determination of Various Elements by Flam Atomic Absorption Spectroscopy*. Ottawa: LPFC-137, 1985

[5] William Horwitz. *Official Methods of Analysis of AOAC International* (17th Edition). 2000

[6] D. Gary. Christian. *Analytical Chemistry* (5th Edition). John Wiley & Sons, 1993

思考题与习题

7.1 选择样品制备方法时应该注意哪些问题,应该保证或达到哪些目的?

7.2 什么是干法灰化、熔融和消化?

7.3 以 $0.010\ mol \cdot L^{-1}$ 8-羟基喹啉的 $CHCl_3$ 溶液萃取 Al^{3+} 和 Fe^{3+}。已知 8-羟基喹啉的 $lgK_D = 2.6$,$lgK^H = 9.9$,$lgK^H(H_2L^+) = 5.0$;此萃取体系中 $lgK_{ex}(Fe) = 4.11$,$lgK_{ex}(Al) = -5.22$。若 $R = 1$,计算 $pH = 3.0$ 时,Al^{3+} 和 Fe^{3+} 的萃取率;并指出 Al^{3+} 与 Fe^{3+} 能否得到分离?

7.4 什么是固相萃取?与液-液萃取相比,固相萃取有何优越性?

7.5 什么是超临界流体萃取?与液-液萃取相比,超临界流体萃取有何优越性?

7.6 8-羟基喹啉的酸解离常数以及在氯仿-水中分配系数如下:

$$K_{a_1} = 1.0 \times 10^{-5}, \qquad K_{a_2} = 1.3 \times 10^{-10}$$

$$K_D = \frac{[HOx]_o}{[HOx]_w} = 7.2 \times 10^2$$

请推导测定 D 的方程并计算 pH 7.5 时的结果。

7.7 有一弱酸(HL),$K_a = 2.0 \times 10^{-5}$,它在水相和有机相中的分配系数 $K_D = 31$。如果将 $50\ mL$ 该酸的水溶液和 $5.0\ mL$ 有机溶剂混合萃取,计算在 $pH = 1.0$ 和 $pH = 5.0$ 时,HL 的萃取率。

7.8 饮用水常含有痕量氯仿。实验指出,取 $100\ mL$ 水,用 $1.0\ mL$ 戊烷萃取时的萃取率为 53%。试问取 $10\ mL$ 水,用 $1.0\ mL$ 戊烷萃取时的萃取率为多大?

7.9 碘在某有机溶剂和水中的分配比是 8.0。如果用该有机溶剂 $100\ mL$ 和含碘为 $0.0500\ mol \cdot L^{-1}$ 的水溶液 $50.0\ mL$ 一起摇动至平衡,取此已平衡的有机溶剂 $10.0\ mL$,问需 $0.0600\ mol \cdot L^{-1}$ $Na_2S_2O_3$ 多少毫升能把碘定量还原?

7.10 以等体积的甲醛萃取 $7\ mol \cdot L^{-1}$ HCl 中的 As(Ⅲ),萃取率为 70%。当以等体积的甲醛萃取 3 次,溶液中还剩余百分之几的 As(Ⅲ)?

第8章　色谱与毛细管电泳法

8.1　概　　述

8.1.1　色谱法与毛细管电泳的发展

色谱法作为一种分析技术已有 100 余年的历史了,现在已经是一种相当成熟的仪器分析方法,广泛用于复杂混合物的分离和分析。从本质上讲色谱是一种物理分离方法,它利用被研究物质组分在两相(流动相和固定相)间分配系数的差异,当样品随流动相经过固定相时,其组分就在两相间经过反复多次的分配或吸附/解吸,最终实现分离。

色谱法是俄国植物学家 Mikhail S. Tswett(茨维特)在 1901 年首先发现的。他在日内瓦大学研究植物叶子的成分时,将植物叶子的石油醚提取物加在装有碳酸钙吸附剂(固定相)的玻璃管(色谱柱)上部,然后加入石油醚溶剂(流动相)从上往下淋洗。结果看到了不同颜色的谱带。正如他在题为"叶绿素的物理化学结构,实验和理论研究(*Physicochemical structure of the chlorophyll grain, experimental and critical study*)"的硕士论文中所描述的另一个实验那样:"当叶子的石油醚提取液通过瑞士纸过滤时,我很清楚地看到了不同的颜色环。"1903 年 3 月,Tswett 在华沙大学的一次学术会议上所作的报告中正式提出"chromatography(即色谱)"一词,标志着色谱法的诞生。也有人认为 Tswett 在 1906 年发表的德文论文中提出 chromatographie(英文译作 chromatography)标志着色谱的出现。在希腊文中,chroma 意为"颜色",graphein 意为"谱写"。有趣的是,Tswett 的俄文名字也含有颜色之意。

Tswett 当时研究的是液相色谱(LC)分离技术(即经典色谱方法)。事实上,在色谱技术出现后的最初 30 年,它并没有受到应有的重视。其原因当然是多方面的,比如,当时整个化学的发展并不需要如此高效的分离技术;Tswett 是植物学家,一时不为化学家所知;Tswett 的论文多以德文或俄文发表,很多化学家不易看到等等。直到 1931 年,德国人 Kuhn 和 Lederer 采用 Tswett 的方法分离了 α-、β-和 γ-胡萝卜素,才使色谱获得了新生。此后十多年,LC 成了分离复杂天然样品最受欢迎的技术,化学家用色谱方法实现了很多混合物的分离,取得了不少重要的成就。色谱的优势被越来越多的人们所认识,正如曾获 1937 年诺贝尔化学奖的著名有机化学家 Paul Karrer 在 1947 年的 IUPAC 会议上所讲:"没有其他的发现像 Tswett 的色谱吸附分析法那样对广大有机化学家的研究领域产生过如此重大的影响。如果没有这种新的方法,维生素、激素、类胡萝卜素和众多的其他天然化合物的研究就不可能得到如此迅速的发展,它使人们发现了许多自然界中密切相关的化合物"。《化学中的机会》一书中写道:"可以说,没有任何一种单一的分离技术能像色谱这样分离性能非常接近的化合物,如异构体的分离。"由此可见,色谱对整个化学以至整个自然科学的发展是何等重要了。值得一提的还有色谱的姐妹技术电泳,在 20 世纪 30 年代也获得了突破性进展,瑞典科学家 Tiselius 在 1937 年研究出了用于蛋白质分离的电泳装置,他因此而获得了 1948 年的诺贝尔化学奖。

在色谱发展史上占有重要地位的还有英国人 Archer. J. P. Martin(马丁)和 Richard L.

M. Synge(辛格),他们在 20 世纪 40 年代初研究了液液分配色谱的理论与实践,并论证了气体作为色谱流动相的可行性。到 1952 年,他们便发表了第一篇气相色谱(GC)论文。与此巧合的是,这两位科学家获得了当年的诺贝尔化学奖。尽管获奖成果是他们对分配色谱理论的贡献,但也有后人误认为他们是因 GC 而获奖的。

虽然 GC 的出现较 LC 晚了 50 年,但其在此后 20 多年的发展却是 LC 所望尘莫及的。从 1955 年第一台商品 GC 仪器的推出,到 1958 年毛细管 GC 柱的问世,GC 很快从实验室的研究技术变成了常规分析手段,几乎形成了色谱领域 GC 独领风骚的局面。只是 20 世纪 60 年代末高效液相色谱(HPLC)(即现代液相色谱)的成功应用才改变了这一发展格局。1970 年以来,电子技术,特别是计算机技术的发展,使得包括 GC,HPLC、超临界流体色谱(SFC)等分支的色谱技术如虎添翼,1979 年弹性石英毛细管柱的出现更使 GC 倍受瞩目。而 20 世纪 90 年代迅速兴起的生物技术,又使 HPLC 发挥了并将继续发挥重要的作用。与此同时,毛细管电泳(CE)技术从 20 世纪 80 年代以来得到了飞速的发展,毛细管区带电泳(CZE)、毛细管凝胶电泳(CGE)、毛细管等电聚焦(CIEF)、毛细管等速电泳(CITP)、胶束电动毛细管色谱(MEKC)和毛细管电色谱(CEC)等 CE 分离模式得到了越来越广泛的应用。这些既是高科技发展的结果,又是现代工农业生产的要求所使然。反过来,色谱技术又大大促进了现代社会物质文明的发展。可以这么说,在现代社会的方方面面,色谱技术均发挥着重要的作用。从日常生活中的食品和化妆品,到各种化工生产的工艺控制和产品质量检验;从司法检验中的物证鉴定,到地质勘探中的油气田寻找;从疾病诊断、药物分析,到考古发掘、环境保护,色谱无疑是应用最为广泛的仪器分析方法。

8.1.2 色谱与毛细管电泳法在仪器分析中的地位

在仪器分析方法中,色谱法以其能同时进行分离和分析的特点而区别于其他方法。特别是对复杂的样品、多组分混合物的分离,色谱的优势是明显的。当然,我们同时要认识到,就色谱本身来说,其定性鉴定能力相对薄弱一些。它可以将有数百种组分的混合物分离,但却难以确定每种组分的结构,故需要其他结构鉴定方法,如质谱(MS)、傅里叶变换红外光谱(FTIR)、核磁共振波谱(NMR)等来作为色谱的检测技术。对很多实际问题的解决,不能仅靠一种仪器方法,而是需要多种方法相互配合,相互印证。多种在线联用方法,如 GC-MS、GC-FTIR、LC-MS、LC-NMR 等都是强有力的分离分析方法。

总而言之,我们说色谱是一种极为重要的仪器分析方法,有两个事实可以充分说明这一点。第一,美国化学会在 1990 年出版的《分析化学的里程碑》一书中选出了 60 篇被认为是里程碑式的论文,其中有 20 篇与色谱有关;第二,有人统计了从 1937 到 1972 年 40 多位诺贝尔化学奖得奖者的成果,其中 12 位得奖人的研究成果直接与色谱分析方法有关。今天,各种色谱技术在几乎所有科学分支中均有成功的应用。

8.1.3 色谱与毛细管电泳法的分类与比较

1. 色谱与毛细管电泳法的分类

色谱法的分类方法有多种,下面就主要的几种作一介绍:

(i) 按照分离机理的物理化学性质可分为吸附色谱、分配色谱、离子色谱(IC)、排阻色谱(SEC)、络合色谱和亲和色谱等。吸附色谱包括气固色谱(GSC)和液固色谱(LSC);分配色谱有气液色谱(GLC)和液液色谱(LLC)；IC 有离子交换色谱、离子排斥色谱和离子对色谱；SEC则包括凝胶渗透色谱(GPC)和凝胶过滤色谱(GFC)。需要指出,大部分色谱过程并不是仅有一种分离机理起作用,而是两种或多种机理共同作用的结果。因此,上述分类方法只是基于分离过程中起主导作用的机理,或者说是被分析物与流动相和固定相的主要相互作用。

(ii) 按照分离介质的几何形状可分为柱色谱和平面色谱。前者有气相色谱(GC)和柱液相色谱(LC),后者主要指薄层色谱(TLC)和纸色谱(PC)。按照色谱柱的类型又可分为填充柱色谱和开管柱色谱；LC 还可按发展过程分为经典液相色谱和现代(高效)液相色谱(HPLC)。

(iii) 按照流动相的物理状态可分为气相色谱(GC)、液相色谱(LC)和超临界流体色谱(SFC)。如果考虑到固定相的物理状态,就可继续细分为各种色谱分支。

图 8.1 概括了这些色谱的分类方法。

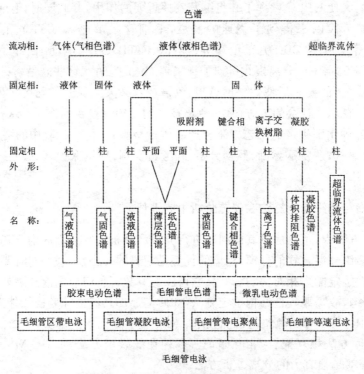

图 8.1　色谱和毛细管电泳的分类图示

应当指出,电泳也是一种分离分析方法,特别是过去 20 多年来飞速发展的毛细管电泳(CE)。尽管在分离机理上电泳与色谱常常是不同的,但两者又是密切关联的。比如胶束电动色谱(MEKC)、微乳电动色谱(MEEKC)和毛细管电色谱(CEC)就是色谱与电泳相结合的产物。所以,习惯上人们将色谱和电泳看做是同一类分析技术,在本章中我们就讨论这两种分离分析方法,重点是 GC 和 HPLC,同时简要介绍平面色谱、SFC 和 CE 等技术。

2. 色谱与毛细管电泳法的比较

(1) 不同色谱方法的比较

上文讲到各种色谱方法的共同特点是能够对复杂样品同时进行分离和分析,分离过程和仪器构成均类似。但是,不同的色谱方法还有一些不同的特点。下面我们考察 GC、LC 和 SFC之间的区别。

(i) 流动相。GC 用气体作流动相,又叫载气。常用的载气有氦气、氮气和氢气。与 LC 相比,GC 流动相的种类少,可选择范围小,载气的主要作用是将样品带入 GC 系统进行分离,其本身对分离结果的影响很有限。而在 LC 中,液体流动相或洗脱剂的种类较多,且对分离结果的贡献很大。换一个角度看,GC 中与流动相有关的操作参数优化相对于 LC 要简单一些。此外,GC 载气的成本要低于 LC 流动相的成本。SFC 使用处于临界温度和临界压力条件(或更高条件)下的流体,即所谓超临界流体作为流动相,分析速度快,成本介于 GC 和 LC 之间。在色谱方法中,驱动流动相通过色谱柱的动力都是压力,GC 为高压气体,HPLC 和 SFC 为高压输液泵。

(ii) 固定相。因为 GC 的载气种类相对少,故其分离选择性主要通过不同的固定相来改变,尤其在填充柱 GC 中,固定相常由载体和涂敷在其表面的固定液组成,这对分离有决定性的影响,所以,导致了种类繁多的 GC 固定相的开发研究。迄今已有数百种 GC 固定相可供选择使用,但常用的 LC 固定相也就十几种。而 LC 在很大程度上要靠选用不同的流动相来改变分离选择性。当然,毛细管 GC 常用的固定相也不过十几种。在实际分析中,GC 一般是选定一种载气,而通过改变色谱柱(即固定相)以及操作参数(柱温和载气流速等)来优化分离,而 LC 则往往是选定色谱柱后,通过改变流动相的种类和组成以及操作参数(柱温和流动相流速等)来优化分离。SFC 的固定相类似于 GC。

(iii) 分析对象。GC 所能直接分离的样品应是可挥发且是热稳定的,沸点一般不超过 500℃。据有关统计,在目前已知的化合物中,有 15%～20% 可用 GC 直接分析,其余原则上均可用 LC 分析。也就是说 GC 的分析对象远没有 LC 多。这也可以解释为什么每年国际上发表的色谱文献中,有关 LC 的论文数量比 GC 的多。国内早些年因为 LC 的使用远不及 GC 普遍,故 GC 的论文发表多一些。近年来,随着社会经济的发展,LC 的普及速度很快,发表论文趋势已同国际接轨。需要指出,有些虽然不能用 GC 直接分析的样品,通过衍生化处理或特殊的进样技术,如顶空进样和裂解进样,也可用 GC 间接分析。比如高分子材料的裂解色谱(Py-GC)就是如此。这在一定程度上扩大了 GC 分析对象的范围。此外,GC 比 LC 更适合于永久气体的分析。SFC 在理论上讲既可以分析 GC 的分析对象,也可以分析 LC 的分析对象,但由于适合作 SFC 流动相的超临界流体种类有限,故应用受到一定的限制。实际上,SFC 的优势是分离分析热不稳定的化合物。

(iv) 检测技术。GC 常用的检测技术有多种,比如热导检测器(TCD)、火焰离子化检测器(FID)、电子俘获检测器(ECD)、氮磷检测器(NPD,又叫热离子检测器,TID)等,其中 FID 对大部分有机化合物均有响应,且灵敏度相当高,最小检测限可达纳克(ng)级。而在 LC 中尚无通用性这么好的高灵敏度检测器。商品 LC 仪器常配的也就是紫外-可见光吸收检测器(UV)和示差折光检测器(RI)。前者的通用性远不及 GC 中的 FID,后者的灵敏度又较低,且不适于梯度洗脱。当然,不论 GC 还是 LC,都有一些高灵敏度的选择性检测器,GC 有 ECD 和 NPD 等,LC 则有荧光和电化学检测器。较为理想的检测器应该首推 MS,但在这一点上,GC 目前要优于 LC。因为 GC 流动相的特点,它与 MS 的在线联用已不存在任何问题,特别是毛细管 GC 与 MS 的联用(GC-MS)已成了常规分析方法。而 LC 与 MS 的联用就受到了流动相的限制。虽然目前已有多种接口,如离子束、热喷雾和电喷雾等,但流动相的选择还是受到明显的限制。SFC 可以采用 GC 和 LC 的检测器,目前使用最多的是 GC 的离子化检测器,包括 MS。

(v) 制备分离。在新产品研究开发过程中,或在未知物的定性鉴定工作中,常需要收集色谱分离后的组分作进一步的分析,而某些高纯度的生化试剂则是直接用色谱分离来制备的。就这一点而言,GC 和 SFC 在原理上应该是有优势的,因为收集流分后载气很容易除去。然而,由于 GC 的柱容量远不及 LC,如果用 GC 作制备,那是相当费时的。因此,制备 GC 的实用价值很有限,制备 LC 则有很广泛的应用。如果必须用 GC 实现制备分离,还是可以用尺寸较大的填充柱来进行。一般几次分离所收集的样品就足以进行一次 NMR 测定。SFC 在制备方面介于GC 和 HPLC 之间。

(2) 色谱与毛细管电泳的比较

色谱和电泳的分离机理有所不同,但分离过程却很相似,都是被分析物谱带在分离介质中的差速运动过程。在仪器构成方面两者也类似,都有进样装置、分离介质、检测器和数据处理部分。所以电泳和色谱中的一些基本术语和概念是互通的,理论处理的基础也有类似之处。然而,它们之间的区别也是明显的:

(i) 分离机理。色谱主要依据化合物在固定相和流动相之间的分配或吸附差异实现分离,而电泳则是依据带电组分在电场中的差速迁移实现分离。MEKC、MEEKC 和 CEC 则是电泳和分配色谱机理的结合。

(ii) 流动相的驱动力。色谱流动相的驱动力是压力,而电泳的驱动力则是电场力,更具体地说是电渗流带动被分析物通过分离介质。

(iii) 检测方式。色谱多用在线检测方法,即被分析化合物从色谱柱流出后直接进入检测器进行检测。但 CE 多用柱上检测方法,即分离介质的一部分作为光学检测器的检测池,这样,由于柱外效应的减小,导致了 CE 的分离效率常常高于色谱。另一方面,目前 CE 所用检测器的种类较少,这是不及色谱的地方。

8.2　柱层析和平面色谱法

8.2.1　引言

色谱法有经典色谱法和现代色谱法之分,所谓经典色谱法是相对于现代色谱法而言的,主要是指高效液相色谱(HPLC)出现以前的常压液相色谱技术,包括经典柱色谱和常规薄层色谱以及纸色谱。因为 HPLC 和 GC 也都是柱色谱,我们这里将经典柱色谱称为柱层析。虽然这些技术在今天的分析化学中已经较少用于纯粹的分析目的,但在样品制备、纯化,以及实验条件筛选中仍然发挥着一定的作用,特别是薄层色谱法在有机合成、化学工业、药物筛选、临床检验和生化分析等领域,常常作为初始分离分析的手段,仍然有着非常广泛的应用。因此,我们在讲述现代色谱法之前,首先介绍一下有关的经典色谱法。

8.2.2　柱层析

1. 柱层析的基本原理

柱层析(column chromatography)是指以制备或半制备为目的的色谱分离方法,一般是在柱状的固定相(层析柱)上加入待分离的样品,然后用流动相淋洗,根据样品组分与固定相及流动相的作用力不同,在通过层析柱的过程中,不同的组分得到了分离。这里采用层析而不是色谱的概念主要为了与现代色谱区别,其实层析或色谱均来自"chromatography"。层析的分离原理可以是吸附、分配、离子交换或体积排阻作用,主要取决于所用固定相。历史上使用最多的是吸附剂,如硅胶、活性炭、氧化铝等。当使用离子交换树脂作固定相时,分离主要基于离子交换机理;而当使用凝胶时,主要是体积排阻作用。近年来,硅胶键合相填料的使用越来越普遍,它主要是基于分配的机理。

根据柱压力降的大小,柱层析可以分为低压层析和中压层析。前者采用粒度较大(粒径 $100\ \mu m$ 左右)的填料,流动相主要靠重力作用通过层析柱,操作简单,成本低,但分离效率有限;后者采用 $40\ \mu m$ 左右的填料,需要输液泵推动流动相通过层析柱,分离效率较高,但设备较复杂。至于采用粒径 $10\ \mu m$ 左右填料的高压柱层析,则与现代液相色谱非常接近。

柱层析的原理以及固定相的性质与现代液相色谱基本相同,操作条件如固定相的选择、流动相的性质和流速等也都与现代液相色谱类似,我们将在现代液相色谱部分(8.5 节)进行讨论,此处不再详述。

2. 柱层析的设备

用于柱层析的设备主要包括用于输送流动相(淋洗液或洗脱液)的装置、层析柱、检测器和收集装置,如图 8.2 所示。输液设备多用价廉的蠕动泵,也可用低压活塞泵。在更简单的低压层析情况下,则可用滴管手工滴加。层析柱材料多用玻璃,也可用不锈钢。柱尺寸则依据制备规模的大小而定。为色谱分析进行样品制备时,可用一个小的滴管(长 20 cm 左右,内径 4 mm 左右),其中装填上合适的填料,便可作为层析柱使用;在有机合成中纯化产物时可用直径 5 mm 左右、长度 1 m 左右的玻璃管;在大规模制备时(如制药厂的生产),甚至可以采用直径 1 m 以上的不锈钢管。检测设备主要是为收集指示时间,可用紫外-可见分光光度计或者折光指数检测器(详细讨论见 8.5 节现代液相色谱部分)。当发现被分离组分流出层析柱时,便可开始收集。

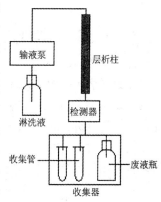

图 8.2 柱层析的设备示意图

用于收集被分离组分的设备叫馏分收集器。根据仪器的自动化程度,可以用普通试管手工收集,也可以用自动馏分收集器通过计算机控制进行自动收集。总之,柱层析的设备有很大的选择范围,手工操作仪器简单,设备成本低,但费时,效率也低。自动化仪器设备成本高,但效率也高。

柱层析应用中上样量是一个非常重要的参数,它关系到制备工作的效率。上样量实际上取决于柱容量,详细讨论见 8.3 节。在制备层析中,采用的上样量常常要超过柱容量,目的是以牺牲一定的分离效率为代价,获得较高的制备效率(单位时间获得的制备量)。

8.2.3 平面色谱法

平面色谱(planar chromatography)是相对于柱色谱的概念,它包含固定相的几何形状为平面的薄层色谱(thin layer chromatography,TLC)和纸色谱(paper chromatography,PC),前者采用涂布在惰性板(如玻璃)上的多孔固体吸附剂为固定相,后者则是采用纸为固定相。平面色谱的规模可以是分析型,也可以是半制备和制备型。平面形状的固定相有几个优点,比如操作简单,应用灵活,同时可以平行分析多个样品,展开方式多种多样,还可以采用各种选择性检测方法,而分析成本仅是一般柱色谱的三分之一。缺点是影响分析结果的因素很多,故需要有丰富的经验和较高的操作技巧。由于实际分析中纸色谱的应用已经很少,而且纸色谱的操作技术与 TLC 非常接近,故下面的讨论主要以 TLC 为对象。

在 TLC 中,如果流动相的驱动力仅为吸附剂的毛细管作用,则叫经典 TLC;如果采用了外力,则称为强制流薄层色谱(FFTLC)。还有一个概念是高效薄层色谱(HPTLC),它是相对于经典 TLC 而言的,通常是指吸附剂粒度较小的 TLC,但两者之间没有明确的分界线。在FFTLC 中,使用气体压力的称为超压薄层色谱(OPLC),使用电场力的叫高速薄层色谱(HSTLC),而采用离心力的就是离心薄层色谱(CTLC)或旋转薄层色谱(RTLC)。

根据分离机理,TLC 可以分为分配、吸附、离子交换和体积排阻几种类型。根据固定相和流动相的相对极性,有正相薄层色谱(吸附剂的极性大于洗脱液的极性)和反相薄层色谱(吸附剂的极性小于洗脱液的极性)之分。正相薄层色谱主要依据吸附机理分离,而反相薄层色谱则多是依据分配机理。当然,依据机理的分类方法不是绝对的,一个分离过程常常是几种机理的结合,只是在特定的条件下,某一种机理起主导作用而已。

根据仪器操作的自动化程度又可分为在线分析和离线分析两类。前者从点样、展开、溶剂挥发、收集和检测等主要操作步骤均可由仪器自动完成;后者则主要是手工一步步完成。最后还可依据分离的目的将 TLC 分为分析型和制备型。

8.2.4 平面色谱的基本原理

1. 经典平面色谱

经典平面色谱是指靠毛细管作用控制溶剂流动的平面色谱,即经典 TLC 和 PC。PC 一般采用纤维素纸为固定相,溶剂系统(即展开剂)可以是有机相,也可以是水相,还可以是两者的混合物。将待分离样品点在滤纸条的一端,然后将其悬挂在密闭的展开室内,待纸条被展开剂的蒸气饱和后,将点样一端浸入展开剂中(但样品点要保持在展开剂液面以上),展开剂便借助毛细管作用流向纸条的另一端,在此过程中,被分离组分由于其理化性质的不同而得到分离。分离原理主要是基于被分析组分在纤维素纸上的选择性吸附能力不同,或者在固定相和溶剂之间的分配不同,从而造成不同组分的差速移动。通过对普通的纤维素纸进行改性,可以改善分离效率。由于纤维素纸可以吸附高达 20% 的水分,所以分配机理往往占主导作用,一般认为PC 是一种液液分配色谱。

在 TLC 中,将固定相以均匀的薄层涂布在玻璃板等载板上,待分离样品点在薄层的一端,然后将其置于展开室内,点样端样品点以下的薄层板浸入展开剂,展开剂便借助毛细管作用流向薄层的另一端,样品组分则被分离为独立的斑点。分离原理主要是基于被分析组分与固定相和展开剂(流动相)的相互作用不同,可以是吸附、分配,也可以是离子交换或体积排阻。经典TLC 的操作步骤都是离线的,故分离以后斑点的测定往往在板上进行。

2. 强制流薄层色谱(FFTLC)

(1) 超压薄层色谱(OPLC)

在 OPLC 中,驱动溶剂(流动相)迁移的是外加压力。根据操作条件的要求,可以施加 200～10 000 kPa 的压力。在此条件下,可以在薄层板的整个展开距离上优化流动相的流速,以提高分离度。图 8.3(a)是 OPLC 的设备示意图。薄层板由一层薄膜包覆,在外加压力作用下,溶剂蒸气相已不存在,这有利于更好地控制分离条件。展开时可以用干板(与经典 TLC 一样),也可以先用流动相使薄层平衡,然后再进行展开(与 HPLC 类似)。OPLC 分离时间短,斑点集中,灵敏度高,重现性好,可以采用不同的展开方法。

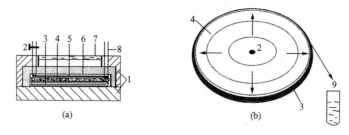

图 8.3　OPLC(a)和 RTLC(b)的设备示意图

1—展开室壳体；2—样品和溶剂加入口；3—载板；4—固定相薄层；5—薄膜；
6—水隔垫；7—安全玻璃窗；8—洗脱液出口；9—馏分收集

(2) 旋转薄层色谱(RTLC)

RTLC 利用离心力驱动流动相,同时也有毛细管作用。样品点在圆形薄层板的中间,流动相也从板中心加入,在离心力作用下径向展开。用于分析时,样品点在靠近板中心的一个圆圈上,一次可以展开多达 72 个样品。用于制备时,一次只能加一个样品,点在板的中心。展开后要收集的样品组分会从板的边沿洗脱下来,可以采用在线方法收集于自动收集器中。图 8.3(b)是 RTLC 的原理示意图。

3. 平面色谱的参数

评价平面色谱分离结果的参数主要有保留值、容量因子、分离度、理论塔板数等。这些参数的意义与柱色谱中的相应参数完全相同,请参阅 8.3 节,这里只就平面色谱的特殊表示方法作一介绍。

(1) 保留值

(i) 比移值(R_f)。定义为溶质移动距离与流动相前沿移动距离之比,这是平面色谱的基本定性参数。图 8.4 所示为一个两组分混合物展开后得到的色谱图,点样位置为原点,其中组分 A 移动到板的中间,移动距离为 a, 组分 B 的移动距离为 b,溶剂前沿的移动距离为 c。那么,组分 A 和 B 的比移值就可表示为

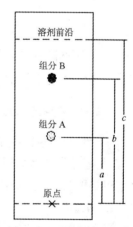

图 8.4　平面色谱示意图

$$R_f(A) = a/c, \qquad R_f(B) = b/c \qquad (8.1)$$

显然,当 R_f 值为 0 时,表示组分留在原点未被展开;当 R_f 值为 1 时,组分不被固定相保留,而随溶剂前沿移动。因此,平面色谱的 R_f 值总是在 0～1 之间。

(ii) 高比移值(hR_f)。为了避免 R_f 值为小数,有些文献采用高比移值代替 R_f:

$$hR_f = 100R_f \qquad (8.2)$$

(iii) 相对比移值($R_{i,s}$)。因为影响平面色谱分离的因素很多,故用不同的薄层板(固定相相同)展开时,同一组分的 R_f 或 hR_f 的重现性往往较差。为了提高定性鉴定的可靠性,有必要在分析样品时,在同一薄板上点一个参比样,并在相同条件下展开。然后计算样品组分与参比物的比移值之比,这就叫相对比移值。如果图 8.4 中的组分 B 是参比物,则组分 A 的相对比移值($R_{i,s}$)可以表示为

$$R_{i,s(A)} = R_{f(A)}/R_{f(B)} \tag{8.3}$$

由于参比物与样品在完全相同的条件下展开,故消除了一些操作参数(如环境条件的波动)对分析重现性的影响。用 $R_{i,s}$ 作为定性鉴定的依据就有更好的可靠性。

(2) 容量因子(k')

k' 定义为在流动相和固定相达到两相平衡时,某组分在两相中的质量之比:

$$k' = m_s/m_m \tag{8.4}$$

式中 m 表示质量,下标 s 表示固定相,下标 m 表示流动相。如用比移值表示,则有

$$k' = (1 - R_f)/R_f \tag{8.5}$$

可见,R_f 为 1 时,k' 等于 0,说明该组分在固定相上无保留;而当 R_f 趋于 0 时,k' 趋于无穷大,说明该组分完全被固定相保留。在实际工作中,可以通过改变溶剂性质(如极性)的方法来改变 k',达到改善分离的目的。

(3) 分离度(R)

分离度反映相邻两斑点之间的分离程度,定义为两斑点中心的距离与其平均斑点宽度之比,即

$$R = 2d/(W_A + W_B) \tag{8.6}$$

式中 d 表示两斑点中心的距离,W 为斑点宽度。

(4) 理论塔板数(n)和塔板高度(H)

一块薄层板的分离效率(称为板效)高低,可以用理论塔板数(n)或塔板高度(H)来表示,其定义为

$$n = 16(D/W)^2 \tag{8.7}$$

$$H = L/n \tag{8.8}$$

其中 D 为从点样原点到组分斑点中心的距离,W 为斑点的宽度,L 为原点到溶剂前沿的距离。在移动距离相等的情况下,斑点越集中即 W 值越小,则 H 越小,板效就越高。

8.2.5 影响分离的主要因素

无论是分析型还是制备型 TLC,也无论驱动流动相的力只是毛细管作用还是有外加压力,其色谱过程都是相同的。决定分离优劣的因素主要有固定相和溶剂系统的性质、展开室的尺寸和结构、展开技术和溶剂流速。下面简单讨论之。

1. 固定相

固定相的性质决定分离的模式,固定相的尺寸(粒度、孔径、比表面积等)影响分离效率。有关理论请参阅 8.3 节的讨论。TLC 所用固定相有硅胶(包括改性硅胶)、氧化铝、纤维素及其衍生物、聚酰胺、离子交换树脂、硅藻土等,其中硅胶是最常用的。对于分析型 TLC,硅胶固定相的粒度为 $5 \sim 20~\mu m$,孔径为 $1 \sim 150~nm$,比表面积为 $200 \sim 1000~m^2 \cdot g^{-1}$。表 8.1 列出了一些常用固定相及其应用。

表 8.1　常用 TLC 固定相、分离机理和主要应用范围

固定相	分离机理	主要分离对象
未改性硅胶	正相或吸附色谱	各类化合物
C_8、C_{18} 键合硅胶	反相色谱	非极性及极性化合物
NH_2 键合硅胶	正相及反相色谱	核苷酸、农药、酚类化合物、甾族类、磺酸类、羧酸类等
手性键合相	配体交换色谱	对映异构体
氧化铝	吸附色谱	生物碱、甾族类、萜类、脂肪族和芳香族化合物
未改性纤维素	分配色谱	氨基酸、羧酸及碳氢化合物
乙酰化纤维素	正相或反相色谱	蒽醌类、抗氧化剂、多环芳烃和硝基酚类
离子交换纤维素	阴离子交换	氨基酸、肽、酶、核苷酸等
离子交换树脂	阴离子和阳离子交换	氨基酸、核酸水解产物、氨基糖、抗菌素等
硅藻土	处理后作正相或反相色谱	黄曲霉素、除草剂、四环素等
聚酰胺	分配色谱	黄酮类、酚类
活性炭	吸附色谱	非极性物质
淀粉	分配色谱	有机酸、氨基酸、维生素、糖、色素等

载板多用玻璃,也有用塑料如聚四氟乙烯的。薄板的尺寸有多种多样,实验室制备的分析型薄板尺寸多为 10 cm×20 cm,商品化的薄板尺寸有 10 cm×10 cm,10 cm×20 cm,20 cm×20 cm 几种。固定相厚度可依据上样量的要求确定,越厚容量越大,但分离效率越低。分析型薄层板的厚度为 0.1~0.25 mm,而用于制备的则为 0.5~2.0 mm。

2. 溶剂系统

溶剂系统就是流动相,也称展开剂或洗脱液,可以是单一溶剂,也可以是几种溶剂的组合。TLC 对溶剂系统的要求首先是对所分离样品组分有足够的溶解度和洗脱能力,其次是价格低廉,毒性小。评价溶剂的参数有极性、溶解度和溶剂强度(即洗脱能力)等,选择溶剂则多是依据溶剂的分类。按照张敬宝[①] 等人的方法,根据溶剂的性质(质子受体、质子给予体、电子受体、电子给予体、偶极分子)一般把溶剂分为 6 类:

第一类为电子授受体溶剂,包括甲苯、苯、氯苯、四氢呋喃、乙酸乙酯、丙酮和乙腈等;

第二类为质子给予体溶剂,包括异丙醇、正丁醇、甲醇和乙醇等;

第三类为强质子给予体溶剂,包括氯仿、乙酸、甲酸和水等;

第四类为质子受体溶剂,包括三乙胺、乙醚等;

第五类为偶极作用溶剂,包括 1,2-二氯乙烷、二氯甲烷等;

第六类为惰性溶剂,包括环己烷、正己烷和四氯化碳等。

这 6 类溶剂包含了有机溶剂的各种类型,选择单一溶剂时往往是按照"极性相似相溶"原则,而选择混合溶剂时,则应当从不同的类别中选取互溶的溶剂进行混合,再根据实际分离结果优化混合比率,最后达到理想的分离效果。关于溶剂的分类和极性参数,还有著名的斯奈德方法[②]。更详细的溶剂选择方法将在 8.5 节作系统介绍。

3. 展开技术

选定固定相和流动相之后,就可点样(用毛细管、注射器或者专门的点样器将样品加载到

---

① 张敬宝,班允东,孙毓庆. 色谱,1989, 7(5):256

② L. R. Snyder. *J. Chromatogr. Sci.*, 1978, 16:223

薄层板上),然后将薄板置于密闭的并加有展开剂的展开室中进行展开分离。一般来讲,平面色谱的展开方式主要有 5 种,即单向线性展开、双向线性展开、环形展开、向心展开和多次展开,如图 8.5 所示。

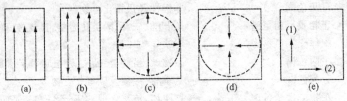

图 8.5　平面色谱的基本展开方式

(a) 单向线性展开;(b) 双向线性展开;(c) 环形展开;(d) 向心展开;(e) 多次展开

　　特定的展开方式往往需要特定的展开室,比如线性展开时,可以用平底展开室进行上行展开、近水平展开或水平展开(图 8.6)。还可在第一次展开后,换一种展开剂,并将薄板转 90°(图 8.5(e)),进行二次展开(也叫二维展开),以提高对复杂样品的分离效率。RTLC 采用的是环形展开。此外,还有多种形式的展开室,以及连续展开技术、程序展开技术等等,限于篇幅,不再详述,读者可参阅有关专著。

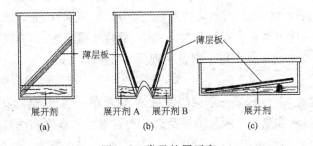

图 8.6　常见的展开室

(a) 平底玻璃展开室,线性展开;(b) 双槽玻璃展开室,线性展开;(c) 玻璃展开室,近水平展开

　　在平面色谱中,分离过程是在两相未充分平衡的状态下进行的,除了固定相和流动相外,溶剂的蒸气相也参加了展开过程。因此,在展开之前是否用溶剂蒸气预饱和展开室和薄层板对分离的影响很大。一般来说,预饱和以后再进行展开,分析结果的重现性更好一些。

　　此外,展开温度对 TLC 也有一定的影响。研究证明,环境温度在 20～40℃变化时,对分离的影响不大,但温度变化范围太大时,分离的重现性要变差,因此 TLC 分离一般在室温下进行。

8.2.6　检测技术

　　平面色谱展开后,还必须进行定位、定性和定量分析,因此需要适当的检测技术。所谓定位,就是确定薄层板上斑点的位置和数量;定性则是确定斑点的化合物属性;定量就是确定斑点对应的化合物在样品中的含量。TLC 所用的检测技术有多种,下面简要介绍最常用的几种。

　　1. 利用被分析物的发光特性进行检测

　　可以利用被分析物的发光特性,如有机化合物的紫外-可见吸收特性或荧光特性,以及无机化合物磷光特性,来确定薄层板上斑点的位置。方法是将展开的薄层板适当干燥后,置于紫外灯下,便可观察到发光的斑点。当然,有颜色的物质在自然光下便可看到不同颜色的斑点。

　　对于没有上述光学特性的化合物,可以采用在固定相中加入荧光试剂的办法,即在紫外灯下被分析化合物会显示出荧光的暗色斑点,比如,荧光黄、桑色素或罗丹明 B 就可作为这样的试剂使用。

2. 蒸气显色方法

对于上述方法不能检测的物质,可以考虑采用蒸气显色方法。对展开的薄层板挥发去溶剂后,置于储有晶体碘,并充满溴蒸气的密闭玻璃容器内,大多数有机化合物在吸附碘蒸气后会显示为不同颜色深度的黄褐色斑点,从而可以实现斑点的定位。注意,有机化合物与碘蒸气的反应有可逆和不可逆两类,在进行制备分离时,要避免不可逆反应。

3. 试剂显色方法

对于可以与特定荧光试剂发生反应,生成有颜色的或具荧光的物质,可以用喷雾枪将显色试剂以气溶胶形式均匀地喷洒在薄层板上。反应后便可在紫外灯或自然光下观察到斑点。这是 TLC 中广泛应用的定位方法,能够选择性地检测目标化合物。

4. 生物自显影方法

具有生物活性的物质可以抑制某些微生物的生长或酶的活性,因此可以在薄层板上分离后,在一定温度下与含有微生物的琼脂培养基表面接触,或与酶的稀释溶液反应。经过一定时间后,就可以在琼脂表面检出抑菌点或者酶活性的抑制点。这种定位方法在生化分析和药物筛选中很有意义。

5. 放射显影方法

对于放射性同位素,可以用照相感光板进行检测。在相同的感光条件下,感光板所呈黑度与斑点的放射性活度呈正比,因此可以进行定性和定量分析。

以上就是常见的 TLC 检测方法。在定位的基础上便可进行定性和定量分析。定性分析可以用对照样品在相同条件下展开,根据比移值或相对比移值确定斑点的属性,也可以将斑点刮下,溶于一定的溶剂,然后作各种光谱分析鉴定。TLC 还常用薄层扫描仪来进行定性和定量分析,即对薄层板展开的斑点进行紫外-可见光扫描,得到相应的光谱图。通过与标准样品的光谱图比较,就可实现鉴定。同时可以选择合适的吸收波长,进行定量分析。半定量分析则可以用目测比色法完成。

与后面要讲述的 HPLC 方法相比,TLC 的最大优点是方法简单,操作方便,分析成本低。但缺点也是明显的,这就是分析速度较慢,重现性较低,不容易实现精确定量分析。

8.3　现代色谱法的基本理论

8.3.1　引言

色谱分析的结果是得到被分析物分离的谱带。混合物中各组分能否分离,以及分离的程度如何,受到多种因素的影响。其中主要是热力学因素和动力学因素,前者包括被分析物与固定相和流动相的相互作用,后者则包括分离过程中的传质和扩散等因素。色谱理论就是研究这些因素对分离的影响,主要有热力学理论和动力学理论,以及分离优化理论等。本节将简要讨论色谱的塔板理论和速率理论。在涉及有关理论之前,首先介绍有关柱色谱的概念和参数。

8.3.2　色谱分离过程和色谱图

柱色谱是在色谱柱介质中实现分离的。固定相在色谱柱内不运动,被分析混合物随流动相连续不断地通过色谱柱。在此过程中,因为混合物中的各组分在固定相和流动相之间的分配比不同,一定时间之后各组分便可实现一定程度的分离。图 8.7(a)就是一个含 A 和 B 两组分混合物的色谱过程示意图,这种在色谱柱内分离开的图谱称为内色谱图。被分离的组分流出色谱柱进入检测器时,检测器就会产生响应,然后通过电子线路输出一个与被分离组分的质量或浓度有关的信号。将此信号记录下来就得到了如图 8.7(b)所示的所谓外色谱图,一般简称为色谱图。

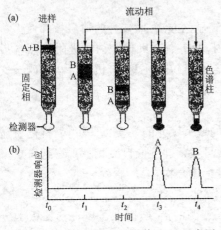

图 8.7　色谱过程(a)和色谱图(b)示意图

可见,所谓色谱图就是检测器输出信号随时间的变化曲线,又叫流出曲线。当只有流动相而没有样品组分进入检测器时,输出信号不变,此时的响应值是背景信号,在色谱图上称为基线。而当有组分进入检测器时,信号就会变化(多为增大),并随着组分通过检测器而出现一个峰值,这就是色谱峰。峰值的大小或色谱峰轮廓下的面积就代表了样品混合物中该组分的质量或浓度,这是色谱定量分析的基础。峰值所对应的时间是该组分在色谱柱上的滞留时间,即保留时间,反映了与固定相相互作用的强弱,可用于色谱峰的定性和研究特定组分的物理化学性质。

理想情况下,即进样量很小、浓度很低时,在吸附等温线(对于吸附色谱)或分配等温线(对于分配色谱)的线性范围内,色谱峰是对称的,可以用高斯正态分布函数来表示:

$$c = \frac{c_0}{\sigma\sqrt{2\pi}} \cdot \exp\left[-\frac{1}{2}\left(\frac{t-t_R}{\sigma}\right)^2\right] \tag{8.9}$$

式中 c 表示在时间 t 时某组分的浓度,c_0 为该组分进样时的初始浓度,t_R 为峰的保留时间,σ 为标准差。

但是,在绝大多数情况下,色谱峰是不对称的,这是因为色谱分离过程中有多种因素,包括仪器因素都影响峰的对称性。下面将讨论这些因素。

8.3.3　色谱基本参数

1. 色谱图的有关概念

前面已经解释了色谱图和色谱峰,其他有关概念列于表 8.2,并参见图 8.8。

表 8.2　有关色谱图的概念

术　语	符　号	定　　义
峰底		连接峰起点与终点之间的线段
峰高	h	从峰最大值点到峰底的距离
标准差	σ	0.607 倍峰高处峰宽的一半,即图 8.8 中 W_i 的一半
峰(底)宽	W	在峰两侧拐点处所作切线与峰底相交两点间的距离,$W=4\sigma$
半峰宽	$W_{1/2}$	在峰高的中点作平行于基线的直线,此直线与峰两侧相交点之间的距离,$W_{1/2}=2.354\sigma$
峰面积	A	峰轮廓线与峰底之间的面积
基线漂移		基线随时间的缓慢变化

（续表）

术　语	符　号	定　义
基线噪音		由于各种因素引起的基线波动
拖尾峰		后沿较前沿平缓的不对称峰
前伸峰		前沿较后沿平缓的不对称峰

说明：① 峰面积和峰高一般与组分的质量或浓度呈正比，故是定量分析的依据。

② 半峰宽是比峰宽更为常用的参数，大多数积分仪给出的所谓峰宽（Peak Width）实际上就是近似半峰宽，且以时间为单位。

③ 峰面积和峰高过去常用手工测量，费时又误差大。现在多采用电子积分仪或计算机软件处理数据，使峰面积和峰高的测量精度大为提高。需要指出的是，积分仪和计算机给出的峰面积和峰高单位不是采用常规的面积单位，而是用信号强度和时间单位来表示。比如，峰高常用 mV 或 μA，而面积则用 $\mu V \cdot s$ 或 $nA \cdot s$ 表示。

从色谱图上还可计算出峰的不对称因子 A_s，它等于 10% 峰高处的峰宽被峰高切割成的前后两线段之比，如图 8.8 后一个峰所示：

$$A_s = \frac{b}{a} \tag{8.10}$$

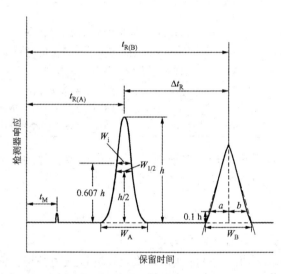

图 8.8　色谱图及有关参数示意图

如前所述，实际色谱过程很复杂，色谱峰的对称性取决于多种因素。如色谱柱对某些组分的吸附性太强，或者进样量太大造成柱超载，均会导致色谱峰的不对称。$A_s > 1$ 时为拖尾峰，$A_s < 1$ 时为前伸峰。A_s 越接近于 1，说明色谱系统的性能越好。实际工作中，对于较好的色谱系统，A_s 应在 $0.8 \sim 1.2$ 之间。

2. 分配系数（K）

分配系数是指在一定的温度和压力下，被分离组分（溶质）在固定相和流动相中的分配达到平衡时的浓度之比。

$$K = \frac{c_s}{c_m} \tag{8.11}$$

式中 c_s 为单位体积固定相中溶质的质量，c_m 为单位体积流动相中溶质的质量。

分配系数是由被分离组分、固定相和流动相的热力学性质决定的，它是一定色谱条件下每种溶质的特征值。正是不同物质分配系数的差异构成了色谱分离的基础。应当指出,式 (8.11)只是在吸附等温曲线的线性部分才是正确的。

3. 保留值

保留值是表征溶质色谱行为的基本参数,最常用的是保留时间,如图 8.8 所示。表 8.3 给出了常见保留值的定义及符号。

表 8.3　有关保留值的术语

保留值	符　号	定义及说明
保留时间	t_R 或 t_r	样品组分从进样到出现峰最大值所需的时间,即组分被保留在色谱柱中的时间
死时间	t_M 或 t_0	不被固定相保留的组分的保留时间
调整保留时间	t'_R	$t'_R = t_R - t_M$,即扣除了死时间的保留时间
校正保留时间	t°_R	$t^\circ_R = j t_R$,j 为压力校正因子
净保留时间	t_N	$t_N = j t'_R$,即经压力校正的调整保留时间
死体积	V_M	$V_M = t_M F_c$,即对应于死时间的保留体积,F_c 为色谱柱内流动相的平均流量(见下文)
保留体积	V_R	$V_R = t_R F_c$,即对应于保留时间的流动相体积
调整保留体积	V'_R	$V'_R = t'_R F_c = V_R - V_M$,即对应于调整保留时间的流动相体积
校正保留体积	V°_R	$V^\circ_R = j V_R$,即经压力校正的保留体积
净保留体积	V_N	$V_N = j V'_R$,即经压力校正的调整保留体积
比保留体积	V_g	$V_g = (273/T_c)(V_N/m_L)$,即单位质量固定相校正到 273 K 时的净保留体积,T_c 为色谱柱温度,m_L 为色谱柱中固定液的质量

表 8.3 中一些参数涉及压力校正因子 j。因为色谱柱中各处的压力不同,故流动相体积流量也不同,j 就是用来校正色谱柱中压力梯度的,其定义为

$$j = \frac{3}{2} \frac{(p_i/p_o)^2 - 1}{(p_i/p_o)^3 - 1} \tag{8.12}$$

式中 p_i 为柱入口处压力,p_o 为柱出口压力。

对于 LC,一般认为流动相是不可压缩的,故无须进行压力校正。而对于 GC,流动相是可压缩的,故必须用 j 进行校正。同样,在 LC 中,由于色谱柱温度往往接近室温,故流动相的平均流速一般指色谱柱出口的流速;而在 GC 中则还需要对在室温下测得的柱出口流速 F_a 进行温度和水蒸气压力的校正:

$$F_c = F_a \frac{T_c}{T_a} \left(1 - \frac{p_w}{p_a} \right) \tag{8.13}$$

式中 F_c 为流动相在柱内的平均流速,T_c 为色谱柱温度(热力学温度),T_a 为测定时的室温,p_w 为测定温度下水的饱和蒸气压,p_a 为测定点的大气压。

事实上,在 LC 中一般不涉及流动相流速的校正问题,因而校正保留时间、净保留时间、校正保留体积、净保留体积和比保留体积只用于 GC。毛细管 GC 中更多采用的是流动相(载气)平均线性流速 u。当 F_c 不变时,载气通过色谱柱的线速度随柱内径不同而不同。为此采用载气线性流速(简称线流速)u 来描述载气在色谱柱中的前进速率。

$$u = \frac{L}{t_M} \tag{8.14}$$

式中 L 为柱长(cm)，t_M 为死时间(s)。使用热导检测器(TCD)时，空气峰的保留时间常作为 t_M；使用氢火焰离子化检测器(FID)时，甲烷的保留时间作为 t_M。

在 LC 中，t_M 的测定较为复杂，这是因为很难找到一种在固定相上无保留的化合物，而且有些化合物与固定相有静电排斥或体积排阻的作用，其保留时间可能比 t_M 小，造成了 t_M 测定的困难。另外有的化合物在 LC 常用检测器上无响应也是一个问题。一般认为采用流动相的同系物测定 t_M 是较为合理的。比如正相 LC 中用己烷作流动相时，用戊烷测定 t_M。在反相 LC 中常用硫脲或尿嘧啶测定 t_M。

8.3.4　色谱的塔板理论

在色谱分离过程中，不同溶质在色谱柱内不同位置的浓度是不断变化的。被分离组分在柱内的浓度分布形状被称为谱带，英国人 Martin 和 Synge 在 1941 年提出的塔板理论[①] 就是用来描述谱带过程的。后来有一些人对此理论进行了补充和完善，使之为色谱界所广泛接受。尽管理论还存在一些不足，但它的一些概念和结论对色谱实践仍有一定的指导意义。

1. 塔板理论基本方程

塔板理论借助了化工原理上的塔板概念，来描述溶质在色谱柱中的浓度变化。首先将色谱柱看成是由许多单级蒸馏的小塔板组成的精馏柱，并假设每一块塔板的高度足够小，以致在此塔板上溶质在流动相和固定相之间的分配能在瞬间达到平衡。对于一定长度的色谱柱来说，这种假设塔板的高度越小，塔板数就越多，意味着溶质在色谱柱上反复进行的分配平衡次数越多，分离效率就越高。

假定某一溶质在每块塔板上均存在两相间的分配平衡，则依据式(8.11)：

$$c_s = Kc_m$$

其微分形式为

$$dc_s = Kdc_m \tag{8.15}$$

现在我们从一根均匀的色谱柱中截取三个前后相接的塔板，如图 8.9 所示。每个塔板上流动相的体积 V_m 均相等，固定相的体积 V_s 也相等。则各塔板上某一溶质在两相中的浓度分别为：

塔板$(p-1)$：$c_{m(p-1)}$，$c_{s(p-1)}$

塔板(p)：$c_{m(p)}$，$c_{s(p)}$

塔板$(p+1)$：$c_{m(p+1)}$，$c_{s(p+1)}$

当一微小体积的流动相 dV 从塔板$(p-1)$进入塔板(p)时，必然有相同体积的流动相被从塔板(p)上置换出来进入塔板$(p+1)$。那么，塔板(p)上溶质的质量变化可以表示为

$$dm = [c_{m(p-1)} - c_{m(p)}]dV \tag{8.16}$$

dm 将进一步分配在塔板(p)上的流动相和固定相之间，从而引起两相中溶质浓度改变 $dc_{m(p)}$ 和 $dc_{s(p)}$，即

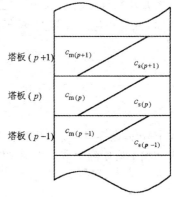

图 8.9　塔板上溶质的平衡浓度

① A. J. P. Martin, R. L. M. Synge, *J. Biochem.*，1941，35：1358

$$dm = V_m dc_{m(p)} + V_s dc_{s(p)} \tag{8.17}$$

由式(8.15)得 $dc_{s(p)} = K dc_{m(p)}$，代入式(8.17)得

$$dm = V_s K dc_{m(p)} + V_m dc_{m(p)} = (KV_s + V_m) dc_{m(p)} \tag{8.18}$$

合并式(8.16)和(8.18)，则

$$(KV_s + V_m) dc_{m(p)} = [c_{m(p-1)} - c_{m(p)}] dV$$

即

$$\frac{dc_{m(p)}}{dV} = \frac{c_{m(p-1)} - c_{m(p)}}{KV_s + V_m} \tag{8.19}$$

式中 $(KV_s + V_m)$ 反映了一块塔板上流动相和固定相的体积之和，其中包含了该塔板上所有的溶质。我们再定义一个新的变量 v：

$$v = \frac{V}{KV_s + V_m} \tag{8.20}$$

将式(8.20)微分，得

$$dV = (KV_s + V_m) dv \tag{8.21}$$

代入式(8.19)，并整理，则

$$\frac{dc_{m(p)}}{dv} = c_{m(p-1)} - c_{m(p)} \tag{8.22}$$

该式是描述流动相通过塔板(p)时溶质浓度变化的基本微分方程，将其积分就可得到色谱柱某一塔板上溶质流出曲线的函数式。对于塔板(p)，一个简单的代数解为

$$c_{m(p)} = \frac{c_0 e^{-v} v^p}{p!} \tag{8.23}$$

式中 $c_{m(p)}$ 是离开塔板(p)时流动相中溶质的浓度，c_0 是色谱柱第一块塔板上溶质的初始浓度。若色谱柱有 n 块塔板(称为理论塔板数)，则色谱柱出口处流动相中的溶质浓度为

$$c_{m(n)} = \frac{c_0 e^{-v} v^n}{n!} \tag{8.24}$$

这就是塔板理论的基本方程。它是一个泊松函数，但当 n 值足够大时，它非常接近于高斯函数。所以，色谱柱越长，n 越大，峰形越接近高斯分布。式(8.24)的另一种表达形式是

$$
\begin{aligned}
c_m &= \left(\frac{n}{2\pi}\right)^{\frac{1}{2}} e^{-\frac{n}{2}\left(1 - \frac{V}{V_R}\right)^2} \frac{w}{V_R} \\
&= \left(\frac{n}{2\pi}\right)^{\frac{1}{2}} e^{-\frac{n}{2}\left(\frac{V_R - V}{V_R}\right)^2} \frac{w}{V_R}
\end{aligned}
\tag{8.25}
$$

式中 w 为进样量，V_R 为保留体积。该式反映当通过色谱柱的流动相体积为 V 时，色谱柱出口流动相中溶质的浓度。当 $V = V_R$ 时，式(8.25)有最大值：

$$c_{max} = \left(\frac{n}{2\pi}\right)^{\frac{1}{2}} \frac{w}{V_R} \tag{8.26}$$

代入式(8.25)，得

$$c_m = c_{max} e^{-\frac{n}{2}\left(\frac{V_R - V}{V_R}\right)^2} \tag{8.27}$$

假定流动相的流速恒定，则可用保留时间替代保留体积：

$$c_m = c_{max} e^{-\frac{n}{2}\left(\frac{t_R - t}{t_R}\right)^2} \tag{8.28}$$

从式(8.25)～式(8.28)可以看出:

(i) c_{max} 与进样量 w 呈正比,w 越大,色谱峰越高;

(ii) c_{max} 与色谱柱的理论塔板数 n 的平方根呈正比,保留时间一定时,n 越大,峰越高;

(iii) c_{max} 与溶质保留体积 V_R 呈反比,当 n 和 w 一定时,V_R 越大,即保留时间越长,峰越低,反之,保留时间越短,色谱峰越高。

塔板理论的这些结论基本反映了色谱分离过程的实际情况。同时,塔板理论还导出了下面几个重要的参数。

2. 容量因子 k

容量因子 k,也叫分配比或分配容量。它定义为平衡状态时,组分在固定相与流动相中的质量之比:

$$k = \frac{m_s}{m_m} = \frac{c_s V_s}{c_m V_m} = \frac{K V_s}{V_m} \tag{8.29}$$

式中 m_s 和 m_m 分别为组分在固定相和流动相中的质量;V_s 在分配色谱中指固定液的体积,在体积排阻色谱中则是固定相的孔体积;V_m 为流动相的体积,近似等于死体积。

k 是反映被分离组分在色谱柱上保留作用的重要参数,在理论处理中最常用,有时被称为保留因子。k 越大,说明该组分在固定相上的质量越大,或者说色谱柱的容量越大,此即容量因子的含义。其实,k 的最初定义是溶质的分配系数与色谱柱相比 β 之商:

$$k = \frac{K}{\beta} \tag{8.30}$$

相比 β 是色谱柱中流动相与固定相体积之比:

$$\beta = \frac{V_m}{V_s} \tag{8.31}$$

实际测量时,很难得到 V_s 的准确值,故采用间接测定方法:

$$k = \frac{t_R - t_M}{t_M} = \frac{t_R'}{t_M} = \frac{V_R'}{V_0} \tag{8.32}$$

该式是由色谱的塔板理论推导出来的,下面只作简单的介绍,详细情况可参考有关专著。

设流动相和被分离组分在长度为 L 的色谱柱中的运动速率分别为 u 和 u_s,则

$$t_R = \frac{L}{u_s} \tag{8.33}$$

$$t_M = \frac{L}{u} \tag{8.34}$$

故

$$\frac{t_R}{t_M} = \frac{u}{u_s} \tag{8.35}$$

若用质量分数表示,即

$$u/u_s = (m_m + m_s)/m_m = 1 + k \tag{8.36}$$

所以,合并式(8.35)和(8.36),得

$$t_R = t_M(1 + k) \tag{8.37}$$

整理式(8.37)就可得到式(8.32)。需要指出,只有在色谱系统的柱外死体积足够小的时候,式(8.32)才是有效的。

3. 分离因子 α

分离因子又叫选择性或选择性因子,是用来表征两种不同溶质在色谱柱上的分离性能的参数。α 越大,说明色谱系统对所分离物质对的选择性越好。其定义为组分 A 和 B (B 在 A 之后出峰)的分配系数之比:

$$\alpha = \frac{K_B}{K_A} \tag{8.38}$$

将式(8.30)和(8.32)代入式(8.38),得

$$\alpha = \frac{k_B}{k_A} = \frac{t'_{R(B)}}{t'_{R(A)}} = \frac{V'_{R(B)}}{V'_{R(A)}} \tag{8.39}$$

这是一个很常用的色谱参数。当固定相和流动相一定时,α 可以认为只是一对溶质在两相间的分配系数和温度的函数,故 α 常用于色谱峰的定性。

4. 分离度 R

上述 α 反映色谱系统对被分离物质对的选择性,并不能准确地反映相邻两峰的分离程度。这是因为即使 α 不变,峰的宽度不同也可导致分离情况的不同。故又引入了分离度的概念,用于衡量相邻两个色谱峰分离程度的优劣,其定义为 (参见图 8.8)

$$R = \frac{2(t_{R(B)} - t_{R(A)})}{W_A + W_B} = \frac{2\Delta t_R}{W_A + W_B} \tag{8.40}$$

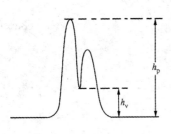

图 8.10 峰高分离度的计算

式中 Δt_R 为相邻两峰的保留时间之差,W_A 和 W_B 分别为两峰的峰底宽。当两峰的峰高相差不大,且峰形接近时,可认为 $W_A = W_B$,这时 $R = \Delta t_R / W$。对于高斯峰(正态分布)来说,$R = 1.5$ 时,两峰的重叠部分为 0.3%,被认为是达到了基线分离。

有时两峰远未分离,无法准确测定峰底宽,就可采用峰高分离度 R_h 来描述其分离情况(见图 8.10):

$$R_h = \frac{h_p - h_v}{h_p} \tag{8.41}$$

可见,R_h 等于 1 时,相邻两峰就达到了基线分离。

8.3.5 柱效和色谱峰的对称性

1. 柱效

柱效也是塔板理论导出的重要参数,也叫柱效能或柱效率,是指色谱柱在分离过程中主要由动力学因素(操作参数)所决定的分离效能,通常用理论塔板数 n 或理论塔板高度 H 来表示。两者的关系为

$$H = \frac{L}{n} \tag{8.42}$$

式中 L 为色谱柱的长度。在式(8.27)中,令 $V_R - V = \Delta V$, 得

$$c_m = c_{max} e^{-\frac{n}{2}\left(\frac{\Delta V}{V_R}\right)^2} \tag{8.43}$$

当色谱柱出口流动相中溶质的浓度为最大浓度的一半,即 $c_{max}/c_m = 2$ 时, ΔV 可用 $\Delta V_{1/2}$ 表示,这实际上是半峰宽的一半,则

$$\frac{c_{\max}}{c_m} = 2 = e^{\frac{n}{2}\left(\frac{\Delta V_{1/2}}{V_R}\right)^2}$$

$$\ln 2 = \frac{n}{2}\left(\frac{\Delta V_{1/2}}{V_R}\right)^2$$

$$n = 2\ln 2 \left(\frac{V_R}{\Delta V_{1/2}}\right)^2 = 8\ln 2 \left(\frac{V_R}{2\Delta V_{1/2}}\right)^2$$

因为 $2\Delta V_{1/2} = W_{1/2}$，故

$$n = 5.54 \left(\frac{V_R}{W_{1/2}}\right)^2 \tag{8.44}$$

这就是计算理论塔板数的基本公式。实际工作中测定时间更方便，故用保留时间取代保留体积：

$$n = 5.54 \left(\frac{t_R}{W_{1/2}}\right)^2 \tag{8.45}$$

又因为 $W_{1/2} = 2.354\sigma$，$W = 4\sigma$，故

$$n = \left(\frac{t_R}{\sigma}\right)^2 = 16\left(\frac{t_R}{W}\right)^2 \tag{8.46}$$

这些色谱塔板理论导出的公式一直沿用至今，用以衡量色谱柱的柱效。在相同的操作条件下，用同一样品测定色谱柱的 n 或 H 值，n 值越大（H 越小），柱效越高。对于不同长度的色谱柱，则用单位长度色谱柱的 n 值比较。GC 填充柱的 n 值一般可达每米 $1000 \sim 1500$，GC 开管柱则可达每米 $3000 \sim 5000$；LC 标准柱（内径 $4.6~\mathrm{mm}$）的 n 值多为每米 $80\,000$ 左右。注意，计算 n 和 H 时，t_R 和 $W_{1/2}$（或 W）的单位要一致。此外，由于色谱系统存在着死体积，溶质消耗在死体积中的死时间与分配平衡无关，特别是对于 k 值很小的物质，其 n 值会很大，但分离并不一定好，故引入有效塔板数 N 和有效塔板高度 H_{eff} 的概念，以扣除死时间的影响：

$$N = 5.54 \left(\frac{t_R - t_M}{W_{1/2}}\right)^2 = 5.54 \left(\frac{t_R'}{W_{1/2}}\right)^2 \tag{8.47}$$

同样有

$$N = \left(\frac{t_R'}{\sigma}\right)^2 = 16\left(\frac{t_R'}{W}\right)^2 \tag{8.48}$$

$$H_{\mathrm{eff}} = \frac{L}{N} \tag{8.49}$$

根据式（8.32）和 $t_R' = t_R - t_M$ 可以导出 n 和 N 的关系：

$$n = \left(\frac{1+k}{k}\right)^2 N \tag{8.50}$$

可见，当 k 很大时，n 和 N 趋于相等；而实际分析中，k 值一般不大于 20，故 n 和 N 的差别是较大的。

2. 色谱峰的对称性

在 8.3.3 小节中我们介绍了色谱峰的不对称因子，见式（8.10）。而上面有关的讨论则都是基于色谱峰服从高斯分布的假设。实际分析中，峰的不对称性是常常遇到的问题，它会降低系统的分离效率，影响分析的准确度。那么，是什么因素造成峰的不对称性呢？

峰的不对称性反映了溶质谱带在色谱柱床中移动速率的不均匀性。对于柱长为 L 的色谱

柱,谱带的平均移动速率可由式(8.33)得到

$$u_s = \frac{L}{t_R}$$

因为 $V_R = t_R F_c$, $V_R = V_M + K V_s$,故

$$u_s = \frac{L}{t_R} = \frac{L F_c}{V_R} = \frac{L F_c}{V_M + K V_s}$$

一般情况下,V_M 均远小于 $K V_s$,所以上式可简化为

$$u_s = \frac{L F_c}{K V_s} \tag{8.51}$$

可见,谱带移动速率与分配系数呈反比,这说明谱带的移动速率与溶质在固定相上的吸附等温线密切相关。

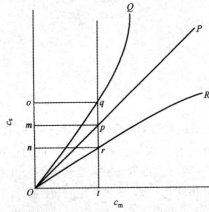

图 8.11　吸附等温线示意图

吸附等温线一般分为 3 种类型:线性、凹型和凸型,如图 8.11 所示。图中纵坐标是溶质在固定相中的浓度,横坐标是溶质在流动相中的浓度。其中凸型吸附等温线 OrR 又称为兰格缪尔吸附等温线。

对于线性吸附等温线 OpP:

$$K_1 = \frac{c_s}{c_m} = \frac{tp}{mp} \tag{8.52}$$

此时,分配系数 K_1 为常数,故谱带的移动速率也是常数,所产生是色谱峰就是对称的。

对于凹型吸附等温线 OqQ:

$$K_2 = \frac{tq}{oq} \tag{8.53}$$

显然,$K_2 > K_1$,也就是说与线性情况相比有更多的溶质分配在固定相中,此时,溶质谱带通过色谱柱的速率在高浓度下慢,在低浓度下快,峰最大值向后移,从而出现前伸峰。造成这种情况的原因是溶质分子间的相互作用力大于溶质分子与流动相分子之间的作用力。当进入色谱柱的样品量增大时,固定相表面上已吸附的溶质分子会从流动相中吸附更多的溶质分子。色谱柱超载时就是这种情况。

对于凸型吸附等温线 OrR:

$$K_3 = \frac{tr}{nr} \tag{8.54}$$

与凹型吸附等温线的情况相反,此时 $K_3 < K_1$,谱带移动速率要比线性情况快,特别是溶质浓度高的谱带将明显快一些,结果就会出现拖尾峰。比如,在吸附色谱中,当一部分溶质分子被吸附在固定相表面后,就对其他溶质分子与固定相的相互作用产生了屏蔽效应,致使外层的溶质分子只能与固定相发生远程相互作用,此时就会出现拖尾峰。在反相 LC 中,采用硅胶基键合相柱分离碱性化合物时,因为硅胶表面残留的硅羟基对碱性化合物有较强的吸附作用,也常常出现拖尾峰。

在色谱分析中,前伸峰和拖尾峰都是要尽量避免的。通过选择适合特定样品的色谱柱和分离条件,可以克服大多数峰不对称问题。

3. 色谱柱的其他参数

色谱柱的参数有柱尺寸、柱材料、固定相,以及前面介绍的相比 β、柱效 n 等。此外,LC 柱还有几个特性参数,下面分别简要讨论之。

(1) 空隙度 ε_T

空隙度定义为色谱柱横截面上流动相所占的分数,也叫总空隙度,即柱内流动相体积 V_m 与柱总体积 V_c 之比。即

$$\varepsilon_T = \frac{V_m}{V_c} = \frac{V_i + V_p}{V_c} \tag{8.55}$$

式中 V_i 是柱内填料间空隙体积,V_p 是柱填料内部孔穴体积。因为 V_m 等于死时间 t_M 与流动相体积流速 F_c 的乘积,即 $V_m = F_c t_M$,流动相线性速率 $u = L/t_M$,故

$$\varepsilon_T = \frac{V_m}{V_c} = \frac{F_c t_M}{\dfrac{\pi d_c^2}{4} L} = \frac{4F_c}{\pi d_c^2 u} = \frac{F_c}{\pi r^2 u} \tag{8.56}$$

式中 d_c 为色谱柱内直径,r 为内半径,L 为柱长,u 为流动相线性流速。对于开管柱(即空心柱),$V_m = \left[\left(\dfrac{d_c}{2}\right) - d_f\right]^2 \pi L$,$V_c = \left(\dfrac{d_c}{2}\right)^2 \pi L$,故

$$\varepsilon_T = \frac{(d_c - 2d_f)^2}{d_c^2} \tag{8.57}$$

式中 d_f 是柱内壁固定相涂层的厚度。一般情况下,$d_c \gg d_f$,故开管柱的 ε_T 接近于 1。

ε_T 的大小取决于柱填料类型和填充密度。典型的 LC 多孔填料的 ε_T 值在 0.85 左右;实心填料或薄壳填料的 V_p 为 0,ε_T 在 0.42～0.45 之间。

(2) 渗透率 K_f

ε_T 是色谱柱制造者控制的,使用者更关心的是柱压降。而柱压降是与柱渗透率或渗透性相关的。渗透率 K_f 的定义为

$$K_f = K_0 \varepsilon_T \tag{8.58}$$

式中 K_0 叫做渗透率常数或比渗透率:

$$K_0 = \frac{u \eta L}{\Delta p} \tag{8.59}$$

式中 η 为流动相的粘度,Δp 为柱压力降。将式(8.56)和(8.59)代入式(8.58),整理得

$$K_f = \frac{4F_c L \eta}{\pi d_c^2 \Delta p} \tag{8.60}$$

可见,渗透率与流动相流速、粘度和柱长呈正比,而与色谱柱的截面积和压力降呈反比。因此,跟踪记录一定流动相条件下色谱柱的压力降,便可了解柱渗透率的变化。

(3) 阻抗因子 ϕ

色谱柱的填料粒度 d_p 与渗透率直接相关,可用下式表示:

$$d_p^2 = K_0 \phi \tag{8.61}$$

因此

$$\phi = \frac{d_p^2}{K_0} = \frac{\Delta p d_p^2}{u \eta L} \tag{8.62}$$

$$\Delta p = \frac{\phi u \eta L}{d_p^2} \tag{8.63}$$

根据式(8.60)又有

$$\Delta p = \frac{4F_c L \eta}{\pi d_c^2 K_f} \tag{8.64}$$

式(8.63)和(8.64)说明,对于给定的柱长,柱压降与流动相的流速和粘度呈正比,而与柱内径的平方及渗透率呈反比。渗透率越小,流动相粘度越大,柱压降越高。液体的粘度约为气体粘度的 100 倍,所以,LC 的柱压降要比 GC 高得多。当然,LC 采用小粒度填料也是造成柱压降高的重要原因。

8.3.6 色谱速率理论

上面我们讨论过的色谱塔板理论,可以简单地解释色谱分离过程,它所建立的一些参数和概念已为广大色谱工作者所接受和应用。然而,必须指出,塔板理论的局限性也是很明显的。首先,假设每块塔板上溶质在两相间的分配瞬间达到平衡是不符合实际的,这仅仅是一种理想状态;事实上,只要在色谱峰的最大值处,两相间的分配才接近于平衡。其次,塔板理论可以计算理论塔板数,却不能解释为什么同一溶质在不同流动相流速下会有不同的 n 值,也就是说,塔板理论只考虑静态的分配过程,而没有研究动力学因素。还有,塔板理论未能将色谱柱参数和操作参数与 n 关联起来。鉴于此,荷兰人 van Deemter 深入研究了影响色谱峰展宽的一系列因素,在 1956 年提出了著名的色谱速率理论[①]。其后又有不少人对此理论进行了补充和修正,使之成为被普遍接受的色谱学理论。下面将重点介绍速率理论,由于篇幅所限,我们将不讨论详细的数学处理和推导。

1. 影响谱带展宽的因素

样品进入色谱柱,起初是一段"塞子"状的谱带。但随着色谱过程的进行,由于扩散作用和其他因素的影响,谱带会不断展宽,因此当谱带离开色谱柱进入检测器时,记录下来的就不是矩形的色谱峰,而是高斯峰、拖尾峰或前伸峰。总的来说,影响谱带展宽的因素有两部分,即柱外因素和柱内因素。若用方差来表示,就是 σ_e^2 和 σ_c^2。根据统计理论,有限个独立变量和的方差等于这些变量的方差之和,故总方差 σ^2 为

$$\sigma^2 = \sigma_e^2 + \sigma_c^2 \tag{8.65}$$

引起谱带展宽的柱外因素一般有样品本身引起的方差 σ_s^2、进样器引起的方差 σ_i^2、进样器到检测器各部件之间的连接管线和接头引起的方差 σ_t^2、检测器引起的方差 σ_d^2 和电子线路引起的方差 σ_r^2 等,即

$$\sigma_e^2 = \sigma_s^2 + \sigma_i^2 + \sigma_t^2 + \sigma_d^2 + \sigma_r^2 \tag{8.66}$$

上述五种柱外因素对谱带展宽的贡献大小不同,在不同的色谱系统中也是不同的。实践证明,连接管线和接头的影响是最主要的柱外因素,在液相色谱中往往比气相色谱中更为明显。总之,它们对分离都是不利的,必须尽可能消除。

柱内因素远比柱外因素复杂,实际上也是速率理论要描述的。下面我们就详细讨论影响谱带展宽的各项柱内因素。

① J. J. van Deemter, F. J. Zufderweg, A. Klinkenberg. *Chem. Eng. Sci.*, 1956, 5: 27

2. 速率理论基本方程

我们已经知道,在塔板理论中,采用理论塔板数 n 和理论塔板高度 H 来表征色谱柱的分离效能。为了消除柱长的影响,在理论处理时一般都采用 H 来表征柱效。根据式(8.42)和(8.46),可以得到

$$H = \frac{\sigma^2 L}{t_R^2} \tag{8.67}$$

可见理论塔板高度 H 与柱长和方差的平方呈正比,且与保留时间的平方呈反比。速率理论认为,引起样品谱带在色谱填充柱内展宽的因素有多路径效应、纵向扩散、流动相的传质阻力和固定相的传质阻力。用方差来表示就是

$$\sigma_c^2 = \sigma_m^2 + \sigma_l^2 + \sigma_{rm}^2 + \sigma_{rs}^2 \tag{8.68}$$

式中 σ_m^2 是多路径效应引起的方差,σ_l^2 是纵向扩散引起的方差,σ_{rm}^2 是流动相的传质阻力引起的方差,σ_{rs}^2 是固定相的传质阻力引起的方差。相应的 H 也可表示为

$$H = H_m + H_l + H_{rm} + H_{rs} \tag{8.69}$$

这就是速率理论的基本方程。下面我们逐一分析这些因素。

3. 影响谱带展宽的柱内因素

（1）多路径效应

在速率理论中,多路径效应对理论塔板高度的贡献表示为

$$H_m = 2\lambda d_p \tag{8.70}$$

式中 d_p 为填料粒度,λ 是一个与柱内填料粒度均一性和填充状态有关的常数。因为填料粒度的不均一性和填充状态的差异,色谱柱内填料颗粒之间的空隙也是不均一的,这就造成了流动相的不同分子在柱内迁移路径的不同,如图8.12所示。这样,分布在流动相中的溶质分子就可能经历不同的路径。样品进入色谱柱的瞬间,所有溶质分子可以看成是处于柱轴向上相同位置,但因为这种多路径效应,当一种溶质的分子流出色谱柱时,就会处

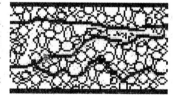

图8.12 多路径效应示意图

于不同的轴向位置上,因而造成了宏观上的谱带展宽。另一方面,流动相携带着溶质流经色谱柱时,会与填料颗粒发生碰撞,从而在某些空隙中形成涡流,导致谱带的扩散。这也是有人称 H_m 为涡流扩散项的原因。

从式(8.70)可知,d_p 和 λ 越小,H_m 就越小,柱效就越高。但是,填料粒度越小,要维持一定流动相流速所需的压力也越大,对仪器的耐压要求就越高。气相色谱填充柱常用的填料粒度一般为80~120目,液相色谱一般为3~5 μm。提高颗粒的均一性是改善柱性能的另一个主要方法,填料粒度分布越窄,λ 越小,故采用粒径单分散的填料可有效地降低多路径效应。

（2）纵向扩散

在色谱柱中,由于溶质谱带前后存在有浓度梯度,故无论是在流动相中还是固定相中,溶质分子必然会从高浓度向低浓度扩散。溶质随着流动相在色谱柱中迁移的过程中,谱带就会展宽,这就是纵向扩散效应。速率理论中表示为

$$H_l = \frac{2\gamma_1 D_m}{u} + \frac{2\gamma_2 k D_s}{u} = \frac{2\gamma_1 D_m}{u}\left(1 + \frac{\gamma_2 D_s}{\gamma_1 D_m}k\right) \tag{8.71}$$

式中系数 γ_1 和 γ_2 分别反映填料不均一性对溶质在流动相和固定相中扩散的影响,又称为阻

滞因子和弯曲因子。色谱柱填充越均匀,阻滞因子越小。D_m 和 D_s 分别为溶质在流动相和固定相中的分子扩散系数,u 为流动相流速,k 为容量因子。很容易理解,分子扩散系数越大,纵向扩散效应就越大;而温度对扩散系数的影响很大,故高温时纵向扩散效应更严重。流动相流速越大,溶质在色谱柱中的滞留时间越短,纵向扩散效应就越小。因为一般物质在气相中的 D_m 要比其在液相中的 D_s 大 4~5 个数量级,故在 GC 中,溶质在流动相中的扩散更为重要,而在固定相中的纵向扩散效应则可以忽略,即

$$H_1 = \frac{2\gamma_1 D_m}{u} \tag{8.72}$$

同理,LC 中的纵向扩散效应远比 GC 中小,在 HPLC 中更是如此。事实上,只要流动相流速足够高,LC 中纵向扩散效应对整个理论塔板高度的贡献就小于 1%,与其他因素相比就是可以忽略的。

(3) 流动相传质阻力

在色谱分离过程中,溶质要在流动相和固定相之间进行反复多次的分配,就必须首先从流动相扩散到流动相与固定相的界面,然后进入固定相。在此过程中,由于溶质在流动相中的分子扩散系数以及柱内流动相的流型、流速有差异,所以造成了传质的有限性。当流动相流速不是很低时,这种传质阻力就会导致谱带的展宽。速率理论认为

$$H_{rm} = \frac{f_1(k)d_p^2}{D_m}u \tag{8.73}$$

式中 $f_1(k)$ 是容量因子 k 的函数,d_p 为填料粒度,D_m 是溶质在流动相中的分子扩散系数,u 为流动相流速。

显然,分子扩散系数越大,越有利于传质,从而有利于溶质在两相间建立分配平衡,分离效率就高;流动相流速越快、填料粒度越大,传质有限性对理论塔板高度的贡献越大。另一方面,压力驱动的流动相在色谱柱中心的流速要比靠近柱壁处的流速大,原因是柱壁与流动相之间存在的摩擦力大。加之,在填料孔中存在相对静止的流动相,这样,传质有限性就造成了类似多路径效应的谱带展宽。因此,采用较低的流动相流速和较小的填料粒度,可以降低传质阻力对理论塔板高度的贡献,此外,较高的温度可以得到较大的扩散系数,也有利于克服传质有限性。

研究结果表明,在 GC 中,流动相的传质阻力项为

$$H_{rm} = \frac{0.01kd_p^2}{(1+k)^2 D_m}u \tag{8.74}$$

而在 LC 中:

$$H_{rm} = \frac{1 + 6k + 11k^2}{24(1+k)^2} \cdot \frac{d_p^2}{D_m}u \tag{8.75}$$

(4) 固定相传质阻力

溶质从流动相进入固定相后,还必须离开固定相返回流动相,才能实现色谱分离。因此,与流动相的传质阻力类似,固定相的传质有限性也对谱带展宽有重要影响。特别是流动相流速 u 较大、固定相膜厚度 d_f 较大时,影响更为严重。溶质在固定相中的分子扩散系数 D_s 较大时有利于传质。故速率理论认为

$$H_{rs} = \frac{f_2(k)d_f^2}{D_s}u \tag{8.76}$$

当固定相为液相时,更确切的表示为

$$H_{rs} = \frac{8}{\pi^2} \cdot \frac{kd_f^2}{(1+k)^2 D_s} u \tag{8.77}$$

这说明,采用较薄的固定相膜和较低的流动相流速,可获得更好的色谱分离结果。当固定相为固体吸附剂(在气固色谱中)时,

$$H_{rs} = \frac{2t_d ku}{(1+k)^2} \tag{8.78}$$

式中 t_d 为溶质在固定相表面的平均吸附时间,$t_d = 1/k_d$,k_d 是溶质解吸的一级速率常数。

4. 速率理论的 van Deemter 方程

van Deemter 总结了上述各种影响峰展宽的因素,提出了填充柱 GC 的速率理论方程:

$$H = 2\lambda d_p + \frac{2\gamma D_m}{u} + \frac{8}{\pi^2} \cdot \frac{kd_f^2}{(1+k)^2 D_s} u \tag{8.79}$$

此方程中范氏认为,在 GC 中流动相的传质阻力是可以忽略的;然而,在 LC 中,流动相中的分子扩散系数比 GC 中小 4~5 个数量级,故其传质阻力是必须考虑的。基于此,后来有人推导出了流动相传质阻力表达式,得到了更完整的 van Deemter 方程。

对于气液色谱:

$$H = 2\lambda d_p + \frac{2\gamma D_m}{u} + \frac{0.01 k^2 d_p^2}{(1+k)^2 D_m} u + \frac{8kd_f^2}{\pi^2 (1+k)^2 D_s} u \tag{8.80}$$

对于液固色谱:

$$H = 2\lambda d_p + \frac{2\gamma_1 D_m}{u}\left(1 + \frac{\gamma_2 D_s}{\gamma_1 D_m} k\right) + \frac{(1 + 6k + 11k^2)d_p^2}{24(1+k)^2 D_m} u + \frac{2t_d k}{(1+k)^2} u \tag{8.81}$$

该方程的简单表达式为

$$H = A + \frac{B}{u} + Cu \tag{8.82}$$

其中,

$$A = 2\lambda d_p \tag{8.83}$$

在 GC 中,

$$B = 2\gamma D_m \tag{8.84}$$

在 LC 中,

$$B = 2\gamma_1 D_m\left(1 + \frac{\gamma_2 D_s}{\gamma_1 D_m} k\right) \tag{8.85}$$

$$C = C_m + C_s \tag{8.86}$$

对于气体流动相(GC):

$$C_m = \frac{0.01 k^2 d_p^2}{(1+k)^2 D_m} \tag{8.87}$$

对于液体流动相(LC):

$$C_m = \frac{(1 + 6k + 11k^2)d_p^2}{24(1+k)^2 D_m} \tag{8.88}$$

对于液体固定相:

$$C_s = \frac{8kd_f^2}{\pi^2(1+k)^2 D_s} \tag{8.89}$$

对于固体固定相:

$$C_s = \frac{2t_d k}{(1+k)^2} \tag{8.90}$$

由于 van Deemter 方程将色谱柱有关参数(如 d_p 和 d_f)、溶质有关特性(如 D_m，D_s 和 k)和色谱操作参数(u)关联了起来，较好地描述了影响色谱峰展宽的因素，故对色谱实践有很好的指导意义。方程中各项对流动相流速 u 作图，可以得到如图 8.13 所示的 van Deemter 曲线。由此我们可以求得理论塔板高度最小或柱效最高时的 u 值，即最佳流速 u_{opt}：

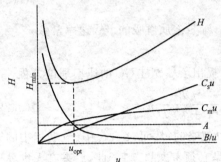

图 8.13 van Deemter 方程的 H-u 曲线

令 $\dfrac{\mathrm{d}H}{\mathrm{d}u} = -\dfrac{B}{u^2} + C_m + C_s = 0$，则

$$u_{opt} = \sqrt{\frac{B}{C_m + C_s}} \tag{8.91}$$

与最佳流速相对应，有最小理论塔板高度 H_{min}：

$$H_{min} = A + 2\sqrt{\frac{B}{C_m + C_s}} \tag{8.92}$$

由方程式(8.82)和图 8.13，我们可以观察到：

(i) A 只与色谱柱填充状态有关，而与流动相流速无关。

(ii) 当 $u < u_{opt}$ 时，纵向扩散对 H 的贡献最大，传质阻力可以忽略，故式(8.82)可以简化为

$$H = A + \frac{B}{u} \tag{8.93}$$

据此式作 H-$1/u$ 曲线，可由直线斜率求得 B，截距为 A。

(iii) 当 $u > u_{opt}$ 时，传质阻力是引起谱带展宽的主要因素，随着 u 的升高，H 增加，但变化缓慢。u 很高时，分子扩散可以忽略，故式(8.82)可以简化为

$$H = A + (C_m + C_s)u \tag{8.94}$$

据此式作 H-u 曲线，其斜率为$(C_m + C_s)$，截距为 A。

(iv) 当 $u = u_{opt}$ 时，H 最小，柱效最高。一般色谱分离所用流速均高于 u_{opt}，这是因为较高流速可以在牺牲一定柱效的条件下提高分析速度。只要分离度能满足要求，分析速度当然是越快越好。

(v) 色谱柱填料粒度对 H 有很大影响，图 8.14 是典型的 LC 实验结果。对式(8.91)的近似计算可以得到

$$u_{opt} = \frac{1.62 D_m}{d_p} \tag{8.95}$$

与此对应的有

$$H_{min} = 2.48 d_p \tag{8.96}$$

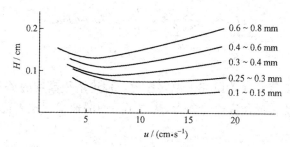

图 8.14　填料粒度对理论塔板高度的影响曲线

右边数字为填料颗粒直径

5. 速率理论方程的修正

虽然 van Deemter 方程能够较好地解释色谱过程中的谱带展宽现象,但后来发现实验结果与理论计算有所不符。因此,许多色谱学者又进行了深入的研究,对 van Deemter 方程提出了修正,从而使理论更符合实际。下面介绍几个修正的速率理论方程。

（1）Giddings 方程

Giddings 的研究表明,多路径效应与流动相流速是有关的,且流速的变化对多路径效应和流动相传质阻力的影响也不是相互独立的。流动相在色谱柱中的填料颗粒间流动时,会引起一种微湍流。当流速增加时,填料颗粒间的传质阻力会降低;而当流动相流速较低时,这种阻力会增加。当流速趋于 0 时,多路径效应就趋于 0。据此,Giddings 于 1961 年提出了速率理论的修正方程：

$$H = \frac{A}{1 + \dfrac{E}{u}} + \frac{B}{u} + Cu \tag{8.97}$$

这一方程被称为耦合方程。与前面介绍的 van Deemter 方程相比,Giddings 方程引入了一个峰展宽常数 E。在这里,

$$\frac{A}{1 + \dfrac{E}{u}} = \frac{1}{\dfrac{1}{2\lambda d_{\mathrm{p}}} + \dfrac{1}{C_{\mathrm{m}}u}}$$

这就是耦合方程的含义。可见,当 $E \ll u$ 时,$A = 2\lambda d_{\mathrm{p}}$,式（8.97）就是式（8.82）；而当 u 趋于 0 时,A 趋于 0,多路径效应就可忽略了。

（2）Huber 方程

Huber 在 Giddings 的研究基础上,进一步讨论了填料颗粒之间的流动相对传质的阻力。认为随着流动相流速的增加,有一种“湍流混合”作用,导致了多路径效应和纵向扩散对理论塔板高度的贡献趋于常数。综合考虑 GC 和 LC 的情况,Huber 导出了下面的方程：

$$H = \frac{A}{1 + \dfrac{E}{\sqrt{u}}} + \frac{B}{u} + Cu + D\sqrt{u} \tag{8.98}$$

式中 A, B, C, D, E 均为常数。

（3）Horvath-Lin 方程

Horvath-Lin 方程是对 Huber 方程的进一步修正,使理论数值与实验结果更为吻合。

$$H = \frac{A}{1 + \dfrac{E}{u^{1/3}}} + \frac{B}{u} + Cu + Du^{2/3} \tag{8.99}$$

（4）Knox 方程

Knox 等人在 1972 年更深入研究了填料粒度与理论塔板高度的关系,采用 Giddings 早些年建议的折合塔板高度和折合流速的概念,建立了下面的速率理论方程:

$$h = Av^{1/3} + \frac{B}{v} + Cv \tag{8.100}$$

式中 $h = H/d_p$,为折合塔板高度,相当于单位路径上的理论塔板高度。由于 H 与 d_p 的单位一致,故 h 是一个无量纲参数。$v = ud_p/D_m$,叫折合速率,即以填料颗粒间扩散速率为单位的流动相流速,也是一个无量纲参数。利用这一方程可以简单有效地评价色谱柱的装填质量,但因为式中 A,B,C 等参数是通过经验公式得到的,并没有经过严格的理论推导,故其理论意义是有限的。

（5）Golay 方程

针对开管柱 GC 的特点,Golay 推导出了描述开管柱中谱带展宽的方程。因为开管柱中没有填料,故多路径效应为 0。所以,理论塔板高度只与纵向扩散和传质阻力有关:

$$H = \frac{2D_m}{u} + \frac{(1 + 6k + 11k^2)r^2}{24(1 + k)^2 D_m}u + \frac{2kd_f^2}{3(1 + k)^2 D_s}u \tag{8.101}$$

式中 r 为开管柱的内半径,d_f 为固定相膜厚度。可见在开管柱 GC 中,H 与 r 密切相关。随着柱半径减小,柱效显著提高。这就是开管柱具有高分离效率的原因。对于不保留溶质,其 $k = 0$,故

$$H = \frac{2D_m}{u} + \frac{r^2}{24D_m}u \tag{8.102}$$

类似于 van Deemter 方程,Golay 方程可以简单表示为

$$H = \frac{B}{u} + Cu \tag{8.103}$$

其中 $B = 2D_m$,$C = C_m + C_s = \dfrac{(1 + 6k + 11k^2)r^2}{24(1 + k)^2 D_m} + \dfrac{2kd_f^2}{3(1 + k)^2 D_s}$,同样可以导出开管柱的最小理论塔板高度 H_{min} 和相应的最佳流速 u_{opt}:

$$H_{min} = 2\sqrt{BC} \tag{8.104}$$

$$u_{opt} = \sqrt{\frac{B}{C}} \tag{8.105}$$

可见,决定开管柱柱效的因素主要是柱半径、固定相膜厚度、流动相流速和溶质的热力学参数。Golay 方程较好地解释了影响开管柱柱效的因素,为开管柱 GC 的研究者广泛采用。

上面介绍了速率理论的多个方程,各有其适用的范围。为了简便起见,Hawkes 建议将多路径效应和流动相的传质阻力合并,对各种 GC 和 LC 均采用统一的"现代 van Deemter 方程":

$$H = \frac{B}{u} + C_m u + C_s u \tag{8.106}$$

式中 B 为纵向扩散系数,用式(8.85)表示;C_s 为固定相传质阻力系数,用式(8.89)或(8.90)表示。流动相的传质阻力系数 C_m 则表示为填料粒度的平方(d_p^2)、色谱柱直径的平方(d_c^2)和流动相流速(u)的函数与溶质在流动相中的分子扩散系数(D_m)之比:

$$C_m = \frac{f(d_p^2, d_c^2, u)}{D_m} \tag{8.107}$$

这一观点已被不少国外大学的教科书所采纳。

色谱理论的研究对推动色谱科学的发展起了非常重要的作用,后面讨论毛细管电泳时,我们还要涉及有关理论。下面我们关注一下理论对实践的指导,即在具体的色谱操作中,如何运用这些理论优化分离参数,从而获得满意的分析结果。

8.3.7　色谱分离优化

1. 色谱基本关系式

如前所述,色谱分离的优劣可以用分离度 R 来表征。那么,柱效 n、容量因子 k、选择性 α 和保留时间 t_R 之间有什么关系?理解这些关系对优化分离显然是有用的。因此,在讨论分离优化之前,我们先来推导几个色谱的基本关系式。

(1) 柱效 n、容量因子 k、选择性 α 和分离度 R 的关系

我们来考虑由两个含量相当的溶质 A 和 B 组成的混合物,假设这两个组分的保留时间非常接近,则可以认为它们的峰宽近似,即

$$W_A \cong W_B \cong W$$

故式(8.40)可以写做

$$R = \frac{t_{R(B)} - t_{R(A)}}{W}$$

对于组分 B,由式(8.46)可得

$$\frac{1}{W} = \frac{\sqrt{n}}{4t_{R(B)}}$$

合并上面两个公式,得

$$R = \frac{t_{R(B)} - t_{R(A)}}{t_{R(B)}} \cdot \frac{\sqrt{n}}{4}$$

代入式(8.37),经整理可得

$$R = \frac{k_{(B)} - k_{(A)}}{1 + k_{(B)}} \cdot \frac{\sqrt{n}}{4}$$

再代入式(8.39),整理后得到

$$R = \frac{\sqrt{n}}{4}\left(\frac{\alpha - 1}{\alpha}\right)\left(\frac{k_{(B)}}{1 + k_{(B)}}\right) \tag{8.108}$$

或

$$n = 16R^2\left(\frac{\alpha}{\alpha - 1}\right)^2\left(\frac{1 + k_{(B)}}{k_{(B)}}\right)^2 \tag{8.109}$$

此式常用来计算获得一定分离度所需的理论塔板数(见下文的计算举例)。

在理论处理时,常用到上面两式的简化形式。在一定的色谱条件下,当两个相邻的组分很难分离时,$K_{(A)} \approx K_{(B)}$。此时可以认为 $k_{(A)} \approx k_{(B)} = k$。由式(8.39)可知,$\alpha$ 趋于 1,故式(8.108)和(8.109)可以简化为

$$R = \frac{\sqrt{n}}{4}(\alpha - 1)\left(\frac{k}{1 + k}\right) \tag{8.110}$$

$$n = 16R^2\left(\frac{1}{\alpha-1}\right)^2\left(\frac{1+k}{k}\right)^2 \tag{8.111}$$

式中 k 为两组分容量因子的平均值。下面讨论分离优化时我们将用到这些关系式。

(2) 保留时间 t_R 与分离度 R 的关系

在色谱实践中,人们总是希望用最短的分析时间获得最大的分离度。然而,常常是鱼和熊掌的关系,我们不得不作折中处理。根据式(8.33),组分 B 在色谱柱中的移动速率 $u_{(B)} = L/t_{R(B)}$,代入式(8.42)得

$$u_{(B)} = \frac{nH}{t_{R(B)}} \tag{8.112}$$

由式(8.35)可得

$$\frac{t_{R(B)}}{t_M} = \frac{u}{u_{(B)}} \quad \text{或} \quad \frac{t_{R(B)} - t_M + t_M}{t_M} = \frac{u}{u_{(B)}}$$

即

$$u_{(B)} = \frac{u}{1 + k_{(B)}} \tag{8.113}$$

合并式(8.112)和(8.113),可得到对于特定的色谱柱,当流动相流速为 u 时,组分 B 流出色谱柱所需的时间:

$$t_{R(B)} = \frac{nH(1 + k_{(B)})}{u} \quad \text{或} \quad n = \frac{ut_{R(B)}}{H(1 + k_{(B)})}$$

将上式代入式(8.109),得

$$t_{R(B)} = \frac{16R^2H}{u}\left(\frac{\alpha}{\alpha-1}\right)^2\frac{(1 + k_{(B)})^3}{k_{(B)}^2} \tag{8.114}$$

此式将多个色谱参数关联起来,在预测保留时间时很有用。

2. 分离性能的优化

在我们选择色谱条件,以便在最短的时间内实现所需的分离目的时,前面讨论的色谱基本关系式有重要的指导意义。纵观式(8.108)~(8.111)和式(8.114),可以发现每个公式均由三部分构成。第一部分与引起谱带展宽的动力学因素有关,即 n 或 H/u;第二部分是选择性因子 α,它与被分析物的性质相关;第三部分则是容量因子 k,它取决于被分析物和色谱柱的性质。可以说,后两部分均与被分离组分的热力学性质相关,即依赖于分配系数的大小、流动相和固定相的体积等。

在优化分离时应当明确,基本参数 α,k 和 H(或 n)可在一定的范围内独立调节。比如,改变温度或流动相的组成很容易改变 α 和 k;而改变固定相(即色谱柱)在实际工作中则是不太方便的。对于提高柱效 n,最简单的途径是增加柱长。根据速率理论,还可以通过调节流动相流速、改变填料粒度、改变流动相粘度(影响扩散系数)和固定相液膜厚度来改变 H。下面具体介绍有关的优化策略。

(1) 提高柱效

提高柱效的途径主要有 3 种。① 对于给定的色谱柱,可以通过优化操作条件,如改变流动相组成和流速以及色谱柱温度来优化柱效。根据速率理论,在接近最佳流动相流速操作,或采用较低的温度时,可以获得较高的柱效(较小的理论塔板高度),但一般都以增加分析时间为代价。改变流动相组成是较为有效的方法,比如,在 GC 中,采用氮气有利于抑制纵向扩散(降低

D_m),获得较高的理论塔板数,而采用氦气或氢气流动相可以在较高流速下工作(H-u 曲线较平坦),以缩短分析时间,当然,理论塔板高度要比采用氮气时高。在 LC 中,改变流动相组成是最常用的优化分离手段,但这种改变是通过影响容量因子和选择性因子来提高分离度的,而不是直接影响柱效。此外,因为 LC 中纵向扩散可以忽略,故降低流动相的粘度可以增大溶质的扩散系数,降低传质阻力,提高柱效。② 对于给定的固定相,采用较长色谱柱当然会成比率地增加柱效,但分析时间也会增加。故这一方法不是优化分离的首选。③ 在保持色谱柱长不变的情况下,降低理论塔板高度以提高单位柱长的理论塔板数。此时,不会牺牲分析时间。在操作条件不变的情况下,只有更换色谱柱填料或填充高质量的色谱柱才能达到这一目的。换言之,这一途径较为有效,但色谱柱成本较高。

例 8.1　用 15 cm 长的色谱柱分离物质 A 和 B,测得保留时间分别为 15.74 min 和 16.82 min。两峰的峰底宽分别为 1.02 min 和 1.12 min,死时间为 0.65 min。请计算:

(1) 两峰的分离度 R;

(2) 两峰的平均理论塔板数 n 和理论塔板高度 H;

(3) 若使分离度达到 1.5,需要多长的色谱柱;

(4) 更换较长的色谱柱后,物质 B 的保留时间为多少;

(5) 若不改变柱长,且使物质 B 的保留时间仍为 16.82 min,要使分离度达到 1.5,理论塔板高度应为何值?

解　(1) 将保留时间和峰底宽代入式(8.40):

$$R = \frac{2(16.82 - 15.74)}{1.12 + 1.02} = 1.01$$

(2) 根据式(8.46),物质 A 和 B 的理论塔板数分别为

$$n_{(A)} = 16\left(\frac{15.74}{1.02}\right)^2 = 3810$$

$$n_{(B)} = 16\left(\frac{16.82}{1.12}\right)^2 = 3609$$

平均理论塔板数和理论塔板高度分别为

$$n = \frac{3810 + 3609}{2} = 3710$$

$$H = \frac{15}{3710} = 0.004 \text{ (cm)}$$

(3) 根据式(8.110),当 n 和 L 改变,α 和 k 不变时,则

$$\frac{R_1}{R_2} = \frac{\sqrt{n_1}}{\sqrt{n_2}}$$

$$n_2 = n_1\left(\frac{R_2}{R_1}\right)^2 = 3710\left(\frac{1.5}{1.01}\right)^2 = 8183$$

据式(8.42):

$$L = nH = 8183 \times 0.004 = 32.7 \text{ (cm)}$$

(4) 又据式(8.114),不同的分离度对应不同的保留时间,故

$$\frac{t_{R(B)_1}}{t_{R(B)_2}} = \frac{R_1^2}{R_2^2}$$

$$t_{R(B)_2} = t_{R(B)_1} \frac{R_2^2}{R_1^2} = 16.82 \left(\frac{1.5}{1.01} \right)^2 = 37.10 \ (\text{min})$$

可见,色谱柱需要增加一倍以上,才能达到 1.5 的分离度,此时,分析时间也增加了一倍以上。

(5) 据式(8.114),若保留时间不变而改变 H,则有

$$\frac{t_{R(B)}}{t_{R(B)}} = \frac{R_1^2}{R_2^2} \cdot \frac{H_1}{H_2}$$

$$H_2 = H_1 \frac{R_1^2}{R_2^2} = 0.004 \left(\frac{1.01}{1.5} \right)^2 = 0.0018 \ (\text{cm})$$

所以,保留时间和柱长均不变时,要使分离度达到 1.5,就必须使理论塔板高度减小一半多。这说明采用高效色谱柱是非常重要的。

(2) 改善容量因子 k

增大容量因子 k 常常可以显著改善分离情况。为简便起见,将式(8.108)改写为

$$R = Q \left(\frac{k_{(B)}}{1 + k_{(B)}} \right)$$

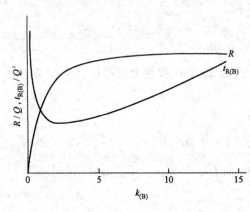

图 8.15　容量因子对分离度和
保留时间的影响

而将式(8.114)改写为

$$t_{R(B)} = Q' \frac{(1 + k_{(B)})^3}{k_{(B)}^2}$$

式中 Q 和 Q' 代表原公式中的其他部分。分别作 $R/Q\text{-}k_{(B)}$ 和 $t_{R(B)}/Q'\text{-}k_{(B)}$ 图,可得到图 8.15 所示的曲线。显然,随着容量因子的增加,分离度会增加,同时分析时间也增加。事实上,容量因子大于 10 以后,分离度增加的幅度是很有限的,而保留时间则增加得更快一些。容量因子在 2 左右时,保留时间最小。综合考虑分离度和分析时间,容量因子的最佳值应当控制在 1~5 之间,一般不超过 10。

改变 k 是优化分离最容易的方法。在 GC 中,升高色谱柱温度可以降低 k;而在 LC 中则常常通过改变流动相组成来调节 k。

(3) 改善选择性因子 α

选择性因子主要由溶质、固定相和流动相的性质所决定,当两种溶质的 α 值趋于 1 时,增加 k 和 n 均很难在合理的时间内实现这两个组分的分离。此时,应当设法增加 α,同时保持 k 值在适当的范围(1~10)内。常用于改善 α 的方法有:① 改变流动相的组成,包括改变 pH;② 降低柱温;③ 改变固定相组成;④ 采用化学改性剂。

改变流动相的组成最容易实现,比如在 LC 中,流动相的溶剂组成比率变化可以明显影响 α。对于可解离的酸和碱,改变流动相 pH 可以控制溶质的解离程度,从而在 k 值变化不大的情况下调节 α,以改善分离效果。在 GC 中,流动相的种类有限,改变流动相对分离的影响很小。

无论在 GC 还是 LC 中,改变固定相的性质常常是改善 α 的有效途径。为此,大多数色谱实验室要配备几种常用的色谱柱,以便针对不同分析对象选用不同的色谱柱。一般 LC 情况下,温度的改变可以调节 k 值,但对 α 的影响很小。但在离子交换色谱中,温度对 α 的影响是明显的。在 GC 中温度对 α 也有一定的影响,故在更换色谱柱之前应当尝试优化温度。

　　最后一种方法是在固定相中加入化学改性剂,它可以与某种或某些被分析物发生络合反应或其他相互作用,从而增加难分离物质对的 α。一个典型的例子是分离烯烃时在固定相中加入银盐,由于银盐可与不饱和有机化合物形成络合物,从而改善分离效果。

　　(4) 改善总体分离效果

　　对于复杂样品的分离,常常遇到图 8.16 所示的情况。当我们采用针对组分 1 和 2 的优化条件分离时(见图 8.16(a)),组分 4 和 5 的 k 值太大(保留时间太长),且峰形很宽,影响定量分析精度。而当我们采用针对组分 4 和 5 的优化条件时,组分 1 和 2 同时出峰而不能分离(见图 8.16(b))。此时,理想的办法是在分离过程中随时间改变有关条件。开始时采用针对组分 1 和 2 的条件,然后逐步过渡到针对组分 4 和 5 的优化条件,最后获得如图 8.16(c)所示的良好分离结果。这在色谱分析中被称为程序方法,即分析条件随时间程序变化。在 GC 中一般是改变色谱柱温度,即程序升温方法;也有改变压力的,称程序升压。在 LC 中则是随时间改变流动相组成,即梯度洗脱方法。

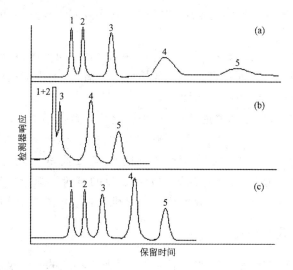

图 8.16　程序方法(GC 程序升温或 LC 梯度洗脱)示意图
(a) GC 恒温或 LC 等梯度洗脱,流动相的强度适合于峰 1 和峰 2;
(b) GC 恒温或 LC 等梯度洗脱,流动相的强度适合于峰 4 和峰 5;
(c) GC 程序升温或 LC 梯度洗脱

8.4　气相色谱法

8.4.1　分离原理与分类

　　气相色谱法(gas chromatography,GC)是 1952 年出现的,发展到 20 世纪 60 年代就已相当成熟,1980 年以后熔融石英毛细管色谱柱的逐步普及应用在很大程度上取代了传统的填充柱,计算机技术则为仪器控制和数据处理的自动化提供了基础。今天,GC 已经成为应用最为广泛的常规仪器分析方法之一,在石油化工、环境保护、食品安全等分析领域起着非常重要的作用。

　　GC 主要是利用物质的沸点、极性及吸附性质差异来实现混合物的分离的。待分析样品气化后被惰性气体(即载气,也叫流动相)带入色谱柱,柱内含有液体或固体固定相,由于样品中各组分的沸点、极性或吸附性能不同,每种组分都倾向于在流动相和固定相之间形成分配或吸附平衡。但由于载气是流动的,这种平衡实际上很难建立起来。也正是由于载气的流动,使样品组分在运动中进行反复多次的分配或吸附/解吸,结果是在载气中分配浓度大(与固定相的作用力较小)的组分先流出色谱柱,而在固定相中分配浓度大(与固定相的作用力较大)的组分后流出。从而实现混合物中各组分的分离。

GC 可以分为不同的分支。按所用色谱柱分,有填充柱 GC 和开管柱 GC。填充柱内要填充上一定的填料,它是"实心"的,而开管柱则是"空心"的,其固定相是附着在柱管内壁上的。GC 早期使用的都是填充柱,1958 年才出现了开管柱。而开管柱的普遍使用则是 1979 年出现了熔融石英柱后才开始的。

按固定相状态可分为气固色谱和气液色谱。前者采用固体固定相,如多孔氧化铝或高分子小球等,主要用于分离永久气体和较低相对分子质量的有机化合物,其分离主要是基于吸附机理。后者则为液体固定相,分离主要基于分配机理。在实际 GC 分析中,90% 以上的应用为气液色谱。

按分离机理可分为分配色谱(即气液色谱)和吸附色谱(即气固色谱)。应当指出,气液色谱并不总是纯粹的分配色谱,气固色谱也不完全是吸附色谱。一个色谱过程常常是两种或多种机理的结合,只是有一种机理起主导作用而已。

此外,按进样方式分,可分为普通色谱、顶空色谱和裂解色谱等。

除了上面所述,还有一种特殊的 GC,叫做逆气相色谱(inversed gas chromatography),又叫反相气相色谱(与 HPLC 中的反相色谱是不同的)。它是将欲研究的对象作为固定相,而用一些有机化合物(叫探针分子)作为样品进行分析。目的是研究固定相与探针分子之间的相互作用。比如在高分子领域,用此法研究聚合物与有机化合物的相互作用参数。

8.4.2 气相色谱仪的构成

要完成 GC 分析,就需要有相应的仪器。虽然目前市场上的 GC 仪器型号繁多,性能各异,但总的来说,仪器的基本结构是相似的,即由下面几部分组成:

1. 气路系统

包括载气和检测器所用气体的气源(氮气、氦气、氢气、压缩空气等的高压钢瓶和/或气体发生器,气流管线)以及气体净化和气流控制装置(压力表、针型阀,还可能有电磁阀、电子流量计)。

2. 进样系统

其作用是有效地将样品导入色谱柱进行分离,如自动进样器、进样阀、各种进样口(如填充柱进样口、分流/不分流进样口、冷柱上进样口、程序升温进样口等),以及顶空进样器、吹扫-捕集进样器、裂解进样器等辅助进样装置。

3. 柱系统

包括精确控温的柱加热箱、色谱柱,以及与进样口和检测器的接头,其中色谱柱本身的性能是分离成败的关键。

4. 检测系统

用各种检测器监测色谱柱的流出物,并将检测到的信号转换为可被记录仪处理的电压信号,或者由计算机处理的数字信号。常见的有热导检测器(TCD)、火焰离子化检测器(FID)、氮磷检测器(NPD)、电子俘获检测器(ECD)、火焰光度检测器(FPD)、质谱检测器(MSD)、原子发射光谱检测器(AED)等。

5. 数据处理系统和控制系统

数据处理系统对 GC 原始数据进行处理,画出色谱图,并获得相应的定性定量数据。虽然对分离和检测没有直接的贡献,但分离效果的好坏、检测器性能如何,都要通过数据反映出来。分离优化、方法的开发都要以数据为依据,而最后的分析结果也必须用数据来表示。因此,数据处理系统是 GC 分析必不可少的部分。至于控制系统,一般仪器都置于主机上,如温度控制、气体流量控制和检测器控制等。高档仪器的数据处理和控制系统往往集于一体,由所谓的色谱工作站来完成。

图 8.17 所示为一台普通 GC 仪器的结构示意图(色谱柱安装在柱箱内,进行分析时关上柱箱门,色谱柱是看不到的),它可以同时配置两个进样口和两个检测器,用键盘实现控制,积分仪处理数据。下面将分别讨论 GC 仪器系统的具体配置。

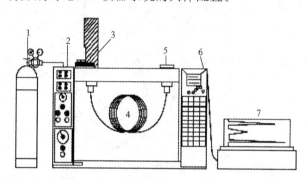

图 8.17 GC 仪器基本结构示意图

1—气源;2—气路控制系统;3—进样系统;4—柱系统;5—检测系统;6—控制系统;7—数据处理系统

8.4.3 气路系统

1. 气源

气源就是为 GC 仪器提供载气和/或辅助气体的高压钢瓶或气体发生器。GC 对各种气体的纯度要求较高,比如作载气的氮气、氢气或氦气都要高纯级(99.999%)的,这是因为气体中的杂质会使检测器的噪音增大,还可能对色谱柱性能有影响。检测器辅助气体如果不纯,更会增大背景噪音,降低检测灵敏度,缩小检测器的线性范围,严重的会污染检测器。因此,实际工作中要在气源与仪器之间连接气体净化装置。

气源则可以选择高压钢瓶或气体发生器。当用氦气(如 GC-MS 应用)或氩气(如电子俘获检测器的某些应用中)作载气时,目前只能使用钢瓶,因为尚无此类气体发生器供实验室使用。

2. 气路控制系统

GC 仪器的气路控制系统好坏直接影响分析的重现性,尤其是在毛细管 GC 中,柱内载气流量一般为 $1 \sim 3$ mL·min^{-1}之间,如果控制不精确,就会造成保留时间的不重现。因此,在 GC 仪器中,往往采用多级控制方法。如图 8.18 所示为典型的双进样口(填充柱和分流/不分流进样口)、双柱(填充柱和毛细管柱)、双检测器(TCD 和 FID)仪器配置的气路控制示意图。

从钢瓶(1,2,3)出来的气体首先要经过减压阀(4)减压,GC 要求的气源压力约为 4 MPa,

压力太小会影响后面气路上有关阀件的正常工作。如果是用气体发生器,就不需要减压阀了。大部分气体发生器的输出压力均为 4 MPa。气体经过净化装置(5)后进入 GC 仪器。稳压阀和压力表(6)用于控制和显示各种气体进入 GC 的总压力。作为检测器(如 FID)用辅助气的氢气(燃烧气)和压缩空气(助燃气)分别经针型阀(11)和(12)调节后,直接进入检测器(FID、NPD、FPD 均使用这两种气体)。载气气路稍微复杂一些,它先经两个三通接头(7)分成三路,其中一路到填充柱进样口(23),另一路到毛细管柱分流/不分流进样口(14),第三路则作为毛细管柱的尾吹气,经针型阀(10)调节后在柱出口处接入检测器。

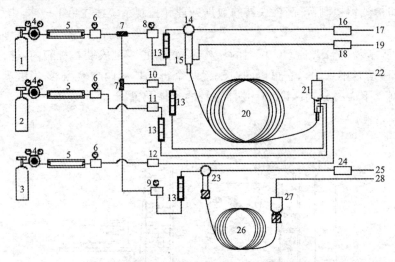

图 8.18 典型双柱仪器系统的气路控制示意图

1—载气(氮气或氢气);2—氢气;3—压缩空气;4—减压阀(若采用气体发生器就可不用减压阀);5—气体净化器;6—稳压阀及压力表;7—三通连接头;8—分流/不分流进样口柱前压调节阀及压力表;9—填充柱进样口柱前压调节阀及压力表;10—尾吹气调节阀;11—氢气调节阀;12—空气调节阀;13—流量计(有些仪器不安装流量计);14—分流/不分流进样口;15—分流器;16—隔垫吹扫气调节阀;17—隔垫吹扫放空口;18—分流流量控制阀;19—分流气放空口;20—毛细管柱;21—FID 检测器;22—FID 放空口;23—填充柱进样口;24—隔垫吹扫气调节阀;25—隔垫吹扫放空口;26—填充柱;27—TCD 检测器;28—TCD 放空口

两个进样口的共同之处在于,一是都有柱前压调节阀和压力表(8,9),以控制色谱柱的载气流速。流量计(13)可以读出载气流量,不过有些仪器已不安装流量计了,而是用压力表指示流量。第二个共同点是隔垫吹扫气(也有些仪器的填充柱进样口不用隔垫吹扫气),以消除进样口密封垫中的挥发物对分析的干扰。隔垫吹扫气的流量分别用阀(16)和(24)控制,一般流量为 $2\sim 3$ mL·min^{-1}。两个进样口最大的不同是毛细管柱分流/不分流进样口有分流装置,故多一个阀(18)以控制分流流量。对于载气控制模式,有的仪器用恒压模式,即分析过程中,柱前压保持恒定,不随柱温而变化。有的则采用恒流模式,即随着柱温变化自动调节压力,使载气流量保持恒定。安装电子气路控制(EPC)系统的仪器,可由使用者选择使用恒流或恒压控制模式。

此外,需要强调一点,图 8.18 的气路控制系统中,TCD 为单丝检测器,故填充柱系统只用一路载气即可(检测器本身还需要一路参比气)。如果是双丝 TCD,则填充柱应为双气路,这也是某些仪器之所以要同时配置三个进样口和三个检测器的原因之一。

8.4.4 进样系统

1. 进样口结构与技术指标

GC 进样系统包括样品引入装置(如注射器和自动进样器)和气化室(也叫进样口),这里我们先讨论进样口。要获得良好的 GC 分析结果,首先要将样品定量引入色谱系统,并使样品有效地气化。然后用载气将样品快速"扫入"色谱柱。为此,进样口的设计要考虑以下几项技术指标:

（1）操作温度范围

一般仪器进样口的最高操作温度为 350～420℃,有的可达 450℃。技术上讲,这一温度设置还可以更高,但由于色谱柱的最高使用温度一般不超过 400℃,所以没有必要设计更高的气化温度。大部分 GC 应用的进样口温度在 400℃ 以下,更高级的仪器有气化室程序升温功能。

（2）载气压力和流量设定范围

常见仪器的载气压力范围为 0～7×10⁵ Pa,流量范围在 0～200 mL·min⁻¹ 之间。当配置了 EPC 后,压力和流量范围会更大。

（3）死体积

气化室的死体积应足够小,以保证样品进入色谱柱的初始谱带尽可能窄,从而减少柱外效应。但死体积太小时,又会因样品气化后体积膨胀而引起压力的剧烈波动,严重时会造成样品的"倒灌",使样品进入载气管路,反而增大了柱外效应。常见气化室的死体积为 0.2～1 mL。

（4）惰性

气化室内壁应具有足够的惰性,不对样品发生吸附作用或化学反应,也不能对样品的分解有催化作用。为此,在气化室的不锈钢套管中要插入一个石英玻璃衬管。

（5）隔垫吹扫（septum purge）功能

因为进样隔垫一般为硅橡胶材料制成,其中不可避免地含有一些残留溶剂和/或低分子齐聚物。再则,由于气化室高温的影响,硅橡胶会发生部分降解。这些残留溶剂和降解产物如果进入色谱柱,就可能出现"鬼峰"(即不是样品本身的峰),影响分析。隔垫吹扫就是消除这一现象的有效方法。

图 8.19 是一个填充柱进样口的结构示意图及隔垫吹扫装置的放大图。可以看到,载气进入进样装置后,先经过加热块预热,这样可保证气化温度的稳定。然后,大部分载气进入衬管起载气的作用,同时有一部分(2 mL·min⁻¹)向上流动,并从隔垫下方吹扫过,最后放空。从隔垫排出的可挥发物就随这一隔垫吹扫气流排出系统外。而样品是在衬管内气化,故不会随隔垫吹扫气流失。

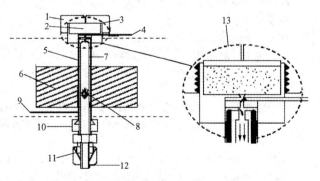

图 8.19　填充柱进样口结构及隔垫吹扫原理示意图

1—固定隔垫的螺母；2—隔垫；3—隔垫吹扫装置；4—隔垫吹扫气出口；5—气化室；6—加热块；7—玻璃衬管；8—石英玻璃毛；9—载气入口；10—柱连接件固定螺母；11—色谱柱固定螺母；12—色谱柱；13—3 的放大图

从图 8.19 还可以看出,衬管内轴向上各处的温度是不相等的。如图 8.20 所示,当设定气化温度为 350℃时,相对于不同的柱箱温度有不同的温度分布,而隔垫的温度要比设定气化温度低很多,这样可防止隔垫的快速老化,同时也要注意,进样时注射器一定要插到底,使针尖到达衬管中部最高温度区,以保证样品的快速气化。衬管中部有时塞有一些硅烷化处理过的石英玻璃毛,其作用是使针尖的样品尽快分散以加速气化,避免注射针"歧视"效应(见下文的有关讨论)。另一个作用是防止样品中的固体颗粒或从隔垫掉下来的碎屑进入色谱柱。

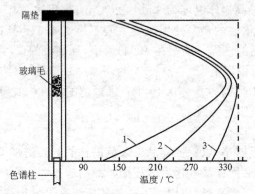

图 8.20　气化室温度(设定为 350℃)分布示意图

1—柱箱温度为 35℃;2—柱箱温度为 150℃;3—柱箱温度为 300℃

(6) 分流比的设定

对于毛细管柱进样口,还有一个分流比的设定问题。常用分流比为(10～200):1;作快速 GC 分析时,要求分流比很高,有时需要达到 5000:1 或更高。

2. 常用 GC 进样方式

表 8.4 列出了常用 GC 进样口和进样方式的特点,限于篇幅,下面只对几种常用的进样方式作详细讨论。与顶空进样和裂解进样相应的是顶空色谱和裂解色谱,读者可参看有关专著。

表 8.4　常用 GC 进样口和进样技术

进样口和进样技术	特　点
填充柱进样口	最简单的进样口。所有气化的样品均进入色谱柱,可接玻璃和不锈钢填充柱,也可接大口径毛细管柱进行直接进样
分流/不分流进样口	最常用的毛细管柱进样口。分流进样最为普遍,操作简单,但有分流歧视和样品可能分解的问题。不分流进样虽然操作复杂一些,但分析灵敏度高,常用于痕量分析
冷柱上进样口	样品以液体形态直接进入色谱柱,无分流歧视问题。分析精度高,重现性好。尤其适用于沸点范围宽或热不稳定的样品,也常用于痕量分析(可进行柱上浓缩)
程序升温气化进样口	将分流/不分流进样和冷柱上进样结合起来,功能多,适用范围广,是较为理想的 GC 进样口
大体积进样	采用程序升温气化或冷柱上进样口,配合以溶剂放空功能,进样量可达几百微升,甚至更高,可大大提高分析灵敏度,在环境分析中应用广泛,但操作较为复杂
阀进样	常用六通阀定量引入气体或液体样品,重现性好,容易实现自动化。但进样对峰展宽的影响大,常用于永久气体的分析,以及化工工艺过程中物料流的监测
顶空进样	只取复杂样品基体上方的气体部分进行分析,有静态顶空和动态顶空(吹扫-捕集)之分,适合于环境分析(如水中有机污染物)、食品分析(如气味分析)及固体材料中的可挥发物分析等
裂解进样	在严格控制的高温下将不能气化或部分不能气化的样品裂解成可气化的小分子化合物,进而用 GC 分析,适合于聚合物样品或地矿样品等

（1）填充柱进样

填充柱进样口是目前最为常用,也是最简单、最容易操作的 GC 进样口,其基本结构见图 8.19。该进样口的作用就是提供一个样品气化室,所有气化的样品都被载气带入色谱柱进行分离。进样口可以配置,也可以不配置隔垫吹扫装置。这种进样口可连接玻璃或不锈钢填充柱,还可连接大口径毛细管柱作直接进样分析。

● 填充柱进样

(i) 柱连接。采用玻璃柱或不锈钢柱时,连接方法是不同的,需使用不同的接头(又叫插件)。玻璃柱可直接插入气化室,由一个固定螺母加石墨垫密封。此时插入气化室的色谱柱部分不应有填料在其中,否则会在高温下分解而干扰分析。这段空的色谱柱又起到了玻璃衬管的作用(相当于填充柱柱上进样),防止了样品与气化室不锈钢表面的接触。

当采用不锈钢柱时,柱端接在气化室的出口处,用螺母和金属压环密封。这时应在气化室安装玻璃衬管,以避免极性组分的分解和吸附。

(ii) 样品的适用范围。只要色谱柱的分离能力可满足要求,填充柱进样口适合于各种各样的可挥发性样品。由于所有气化的样品都进入色谱柱,且填充柱柱容量大,故定量分析准确度很高。如果色谱柱能完全分离所测组分,则灵敏度一般也没问题。对于热不稳定的样品,最好采用玻璃柱,将样品直接进入柱头;而对"脏"的样品则应采用衬管,以防止污染物进入色谱柱而造成柱性能下降。

(iii) 操作参数设置。包括:① 进样口温度。该温度应接近或略高于样品中待测高沸点组分的沸点。温度太高可能引起某些热不稳定组分的分解,或当进样量大时,造成样品倒灌。如果温度太低,晚流出的色谱峰会变形(展宽、拖尾或前伸)。② 载气流速。内径为 2 mm 左右的填充柱,载气流速一般为 30 mL·min^{-1}(氮气)。用氢气作载气时流速可更高一些,用氮气时则要稍低一些。③ 进样量和进样速度。填充柱的柱容量大,进样量一般为 1~5 μL,甚至更高。由于填充柱分离效率有限,进样速度的快慢对结果影响不大,只要进样量和进样速度重现,手动进样和自动进样所得结果的分析精度没有太大差别。

● 大口径毛细管柱直接进样

(i) 柱连接。所谓直接进样就是指用大口径(内径≥0.53 mm)毛细管柱接在填充柱进样口,像填充柱进样一样,所有气化的样品全部进入色谱柱。大口径毛细管柱的柱容量介于填充柱和常规毛细管柱之间,其柱内载气流速可以高达 20 mL·min^{-1}左右,故采用填充柱进样口是可行的,只是将填充柱接头换成大口径毛细管柱专用接头即可。

(ii) 样品的适用范围。基本与填充柱分析相同,对热不稳定的样品宜采用柱内直接进样,"脏"的样品则采用普通直接进样,利用衬管来保护色谱柱不被污染。

(iii) 操作参数设置。包括:① 进样口温度。一般应高于待测组分沸点 10~25℃。② 载气流速。从减小初始谱带宽度的角度看,载气流速越快越好。但由于填充柱进样口的载气控制常常是恒流控制模式,其稳定流速不应低于 15 mL·min^{-1},而这正是大口径毛细管柱的流量上限。所以当需要载气流速低于 10 mL·min^{-1}时(0.53 mm 内径柱的最佳流量为 3.5 mL·min^{-1}),应在气路中增加一个限流器,以稳定流速。③ 进样量和进样速度。由于大口径柱的柱容量小于填充柱,故进样量一般不应超过 1 μL。进样量大时很容易造成柱超载。同时,进样速度慢一些可以减少倒灌的可能性,改善早流出峰的分离度。

(2) 分流/不分流进样

● 进样口结构

分流/不分流进样口是毛细管 GC 最常用的进样口,它既可用做分流进样,也可用做不分流进样。图 8.21 是典型的分流/不分流进样口示意图。

从结构上看,分流/不分流进样口与填充柱进样口有明显的不同,一是前者有分流气出口及其控制装置;二是除了进样口前有一个控制阀外,在分流气路上还有一个柱前压调节阀;三是两者使用的衬管结构不同。而分流进样和不分流进样在操作参数的设置、对样品的要求以及衬管结构方面也有很大区别,下面分别讨论之。

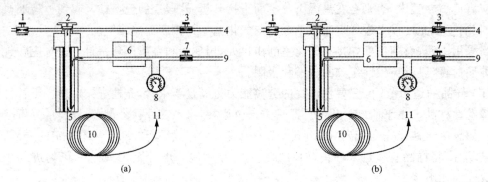

图 8.21　分流/不分流进样口原理示意图
(a) 分流状态;(b) 不分流状态

1—总流量控制阀;2—进样口;3—隔垫吹扫气调节阀;4—隔垫吹扫气出口;5—分流器;6—分流/不分流电磁阀;
7—柱前压调节阀;8—柱前压表;9—分流出口;10—色谱柱;11—接检测器

● 分流进样

(i) 载气流路和衬管选择。分流进样时载气流路如图 8.21(a)所示。进入进样口的载气总流量由一个总流量阀控制,而后载气分成两部分:一是隔垫吹扫气($1 \sim 3$ mL·min^{-1}),二是进入气化室的载气。进入气化室的载气与样品气体混合后又分为两部分:大部分经分流出口放空,小部分进入色谱柱。以总流量为 104 mL·min^{-1}为例,如果隔垫吹扫气流设置为 3 mL·min^{-1},则另 101 mL·min^{-1}进入气化室。当分流流量为 100 mL·min^{-1}时,柱内流量为 1 mL·min^{-1},这时分流比为 100:1。

分流进样口可采用多种衬管。用于分流进样的衬管大都不是直通的,管内有缩径处或者烧结板,或者有玻璃珠,或者填充有玻璃毛,这主要是为了增大与样品接触的表面,保证样品完全气化,减小分流歧视(见下文)。同时也是为了防止固体颗粒和不挥发的样品组分进入色谱柱。另外,玻璃毛活性较大,不适合于分析极性化合物,此时可用经硅烷化处理的石英玻璃毛。

(ii) 样品的适用性。分流进样适合于大部分可挥发样品,包括液体和气体样品,特别是对一些化学试剂(如溶剂)的分析。因为其中一些组分会在主峰前流出,而且样品不能稀释,故分流进样往往是理想的选择。此外,在毛细管 GC 的方法开发过程中,如果对样品的组成不很清楚,也应首先采用分流进样。对于一些相对“脏”的样品,更应采用分流进样,因为分流进样时大部分样品被放空,只有一小部分样品进入色谱柱,这在很大程度上防止了柱污染。只是在分流进样不能满足分析要求时(如灵敏度太低),才考虑其他进样方式,如不分流进样和柱上进样等。

(iii) 操作参数设置。包括:① 温度。进样口温度应接近于或等于样品中最重组分的沸点,以保证样品快速气化,减小初始谱带宽度。但温度太高有使样品组分分解的可能性。对于一个未知的新样品,可将进样口温度设置为 300℃进行试验。② 载气流速。常用毛细管 GC 所用柱内载气线流速为:氦气 30～50 cm·s^{-1},氮气 20～40 cm·s^{-1},氢气 40～60 cm·s^{-1}。实际流速可通过测定死时间来计算,通过调节柱前压来控制。对于分流进样,还要测定隔垫吹扫气流量和分流流量。前者一般为 2～3 mL·min^{-1},后者则要依据样品情况(如待测组分浓度等)、进样量大小和分析要求来改变。用大口径柱时分流比小一些(或采用不分流进样),用微径柱作快速 GC 分析时,分流比要求很大。③ 进样量和进样速度。分流进样的进样量一般不超过 2 μL。当然,进样量和分流比是相关的,分流比大时,进样量可大一些。至于进样速度应当越快越好,一是防止不均匀气化,二是保持窄的初始谱带宽度。因此,快速自动进样往往比手动进样的效果好。

(iv) 分流歧视问题。所谓分流歧视是指在一定分流比条件下,不同样品组分的实际分流比是不同的,这就会造成进入色谱柱的样品组成不同于原来的样品组成,从而影响定量分析的准确度。因此,采用分流进样时必须注意这个问题。那么,是什么因素造成分流歧视的呢?

不均匀气化是分流歧视的主要原因之一。即由于样品中各组分的极性不同,沸点各异,因而气化速度各不相同。理论上讲,只要气化温度足够高,就能使样品的全部组分迅速气化。只要气化室内样品处于均相气体状态,分流歧视就是可以忽略的。然而,实际上样品在气化室是处于一种运动状态,即必须随载气流动。从气化室气化到进入色谱柱的时间很短(以秒计),沸点不同的组分到达分流点时,气化状态可能不完全相同。这样,由于分流流量远大于柱内流量,气化不太完全的组分就比完全气化的组分可能多分流掉一些样品。造成分流歧视的另一个原因是不同样品组分在载气中的扩散速率不同,而扩散速率与温度是呈正比的。所以,尽量使样品快速气化是消除分流歧视的重要措施,包括采用较高的气化温度,也包括使用合适的衬管。

分流比的大小也会影响分流歧视。一般讲,分流比越大,越有可能造成分流歧视。所以,在样品浓度和柱容量允许的条件下,分流比小一些有利。至于分流比的测定是很简单的,只要在分流出口用皂膜流量计测定分流流量,再测定柱内流量(因为柱内流量很小,用皂膜流量计测定时误差较大,故常用测定死时间的办法进行流量计算)。两者之比即为分流比。

要消除分流歧视,还应注意色谱柱的初始温度尽可能高一些。这样,气化温度和柱箱温度之差就会小一些,因而样品在气化室经历的温度梯度就会小一些,可避免气化后的样品发生部分冷凝。最后一个问题是色谱柱的安装,一是要保证柱入口端超过分流点,二是保证柱入口端处于气化室衬管的中央,即气化室内色谱柱与衬管是同轴的。

另一方面,由于分流进样给检测灵敏度提出了更高的要求,而当样品浓度太低时,分流进样并不总是合适的选择。除了进行样品预处理(如浓缩)外,我们很容易想到不分流进样。既然分流进样是因为柱容量小、样品浓度高而不得不采用的方法,那么低浓度样品采用不分流进样,以提高检测灵敏度就是理所当然的选择了。

● 不分流进样

(i) 载气流路和衬管选择。不分流进样与分流进样采用同一个进样口。顾名思义,不分流进样就是将分流气路的电磁阀关闭(图 8.21(b)),让样品全部进入色谱柱。这样做的好处是显而易见的,既可提高分析灵敏度,又能消除分流歧视的影响。然而,在实际工作中,不分流进样的应用远没有分流进样普遍,只是在分流进样不能满足分析要求时(主要是灵敏度要求),才考虑使用不分流进样。这是因为不分流进样的操作条件优化较为复杂,对操作技术的要求高。其中一个最突出的问题是样品初始谱带较宽(样品气化后的体积相对于柱内载气流量太大),气化的样品中溶剂是大量的,不可能瞬间进入色谱柱,结果溶剂峰就会严重拖尾,使早流出组分的峰被掩盖在溶剂拖尾峰中(如图 8.22(a)所示),从而使分析变得困难,甚至不可能。有人也将这一现象叫做溶剂效应。

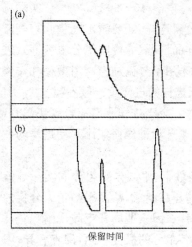

图 8.22 不分流进样的溶剂效应
(a) 完全不分流;(b) 瞬间不分流

消除这种溶剂效应可从几个方面考虑,但就载气的流路来说,主要是采用所谓瞬间不分流技术。即进样开始时关闭分流电磁阀,使系统处于不分流状态(图 8.21(b)),待大部分气化的样品进入色谱柱后,开启分流阀,使系统处于分流状态(图 8.21(a))。这样,气化室内残留的溶剂气体(当然包括一小部分样品组分)就很快从分流出口放空,从而在很大程度上消除了溶剂拖尾(图 8.22(b)所示)。分流状态一直持续到分析结束,注射下一个样品时再关闭分流阀。所以我们说,不分流进样并不是绝对不分流,而是分流与不分流的结合。文献报道多采用 0.75 min 的分流开启时间,即从进样到开启分流阀的时间为 0.75 min,通常能保证 95%以上的样品进入色谱柱。

衬管的尺寸是影响不分流进样性能的另一个重要因素。为了使样品在气化室尽可能少地稀释,从而减小初始谱带宽度,衬管的容积小一些有利,一般为 0.25~1 mL,且最好使用直通式衬管(参见下文图 8.27H)。当用自动进样器进样时,因进样速度快,样品挥发快,故建议采用容积稍大一些的直通式衬管(参见图 8.27G)。

(ii) 样品的适用性。不分流进样具有明显高于分流进样的灵敏度,通常用于环境分析(如水和大气中痕量污染物的检测)、食品中的农药残留监测,以及临床和药物分析等。这些样品往往比较脏,所以样品的预处理是保护色谱柱所必须要注意的问题。此外,待测痕量组分如果在溶剂拖尾处出峰的话,还可采用溶剂聚焦(见下文有关内容)的方法来提高分析灵敏度。

不分流进样对样品溶剂有较严格的要求,因为进样口温度、色谱柱初始温度、瞬间不分流的时间和进样体积都与溶剂沸点有关。一般地讲,使用高沸点溶剂比低沸点溶剂有利,因为溶剂沸点高时,容易实现溶剂聚焦,且可使用较高的色谱柱初始温度,还可降低注射器针尖歧视以及气化室的压力突变。表 8.5 列出了常见的溶剂及其沸点和实现溶剂聚焦宜采用的色谱柱初始温度。

表 8.5 常见溶剂的沸点和实现溶剂聚焦宜采用的色谱柱初始温度

溶剂名称	沸点/℃	初始柱温/℃	溶剂名称	沸点/℃	初始柱温/℃
乙醚	36	10~室温	正己烷	69	40
正戊烷	36	10~室温	乙酸乙酯*	77	45
二氯甲烷*	40	10~室温	乙腈	82	50
二硫化碳	46	10~室温	正庚烷	98	70
氯仿*	61	25	异辛烷	99	70
甲醇*	65	35	甲苯	111	80

* 只能用于固定液交联的色谱柱。

另一方面,溶剂的极性一定要与样品的极性相匹配,且要保证溶剂在所有被测样品组分之前出峰,否则早流出的峰就会被溶剂的大峰掩盖。同时,溶剂还要与固定相匹配,才能实现有效的溶剂聚焦。必要时可采用保留间隙管来达到聚焦的目的。

对于高沸点痕量组分的分析,不分流进样就容易多了。此时可以不考虑溶剂的沸点,因为有固定相聚焦就完全能保证窄的初始谱带,采用高的初始柱温还可缩短分析时间。事实上,不分流进样应是分析高沸点痕量组分的首选方法。

(iii) 操作参数设置。包括:① 进样口温度。进样口温度的设置可以比分流进样时稍低一些,因为不分流进样时样品在气化室滞留时间长,气化速度稍慢一些不会影响分离结果,还可通过溶剂聚焦和/或固定相聚焦来补偿气化速度慢的问题。不过,进样口温度的最低限是能保证待测组分在瞬间不分流时完全气化,否则,过低的进样口温度会造成高沸点组分的损失,影响分析灵敏度和重现性。当然,过高的温度又会造成样品的分解。② 载气流速。从减小初始谱带宽度的角度考虑,不分流进样的载气流速应高一些,其上限以保证分离度为准。分流出口的流量(开启分流阀后)一般为 30~60 mL·min^{-1}。只要开启分流阀的时间设置正确,分流出口流量在此范围内变化对分析结果的影响很小。③ 进样量和进样速度。进样量一般不超过 2 μL。进样量大时应选用容积大的衬管,否则会发生样品倒灌。进样速度则应快一些,最好用自动进样器。若采用手动进样,进样速度的重现性会影响分析结果。

对于高沸点样品,不分流时间长一些有利于提高分析灵敏度,而不影响测定准确度;对于低沸点样品,则要尽可能使不分流时间短一些,最大限度地消除溶剂拖尾,以保证分析准确度。对于热不稳定的化合物,最好用冷柱上进样技术。

(3) 阀进样

(i) 阀进样的特点。阀进样是用机械阀将气体或液体样品定量引入色谱系统。这一进样技术常用于动态气流或液流的监测,比如天然气输送管中的气体监测、化工过程物料流的实时分析、石油蒸馏塔的气体分析等等。阀进样可以是手动的,也可以是自动的。它可以直接与色谱柱相连,也可以接到色谱仪进样口。

(ii) 进样阀的结构。现在使用的进样阀有两种类型,一是转动阀,二是滑动阀。转动阀可在高温高压下工作,寿命较长;滑动阀的工作温度不能超过 150℃。所以尽管滑动阀的切换时间短,内部体积小,但仍然没有转动阀使用那么普遍。我们这里主要介绍转动阀的结构,滑动阀的功能与转动阀完全相同。

图 8.23(a)所示为常用于气体样品的普通进样阀。A 为载样位置,B 为进样位置。进样体积是由定量管(loop,也有人叫定量环)的内径和长度控制的(这与 HPLC 进样阀原理相同)。改变进样量时须更换定量管,常见的气体进样体积为 0.25~1 mL。载样时(图 8.23(a)A),样品由阀接头 1 引入,通过接头 6 进入定量管,多余的样品通过接头 3 连接 2 排出。GC 载气则通过接头 5 到 4,然后直接进入色谱柱。进样时(图 8.23(a)B),阀的转子(转动片)转动 60°,这样就使原来相通的两接头断开,而使原来断开的两接头连通。载气通过定量管将样品带入色谱系统进行分离。阀的转动可以手动控制,也可以气动控制,还可以电动控制。

对于液体的阀进样,因为气化后体积会膨胀数百倍,故定量管的容积应大大小于气体进样阀。这时采用刻在阀转子上的定量槽(又叫内部定量管)来控制进样量,一般小于 5 μL。如图 8.23(b)所示,其工作原理与气体进样阀相同,只是在样品排出口上接一个限流器,以保持一定压力,使样品在槽中(载样位置)保持为液体状态。一旦转动到进样位置,气路系统的压力下降到载气进样口压力,液体便气化并随载气进入色谱柱。

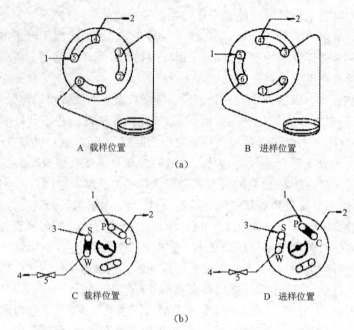

图 8.23　气体进样阀结构图(a)与液体进样阀结构图(b)

无论是气体进样阀还是液体进样阀,为保证准确的进样量,都必须恒定在一定的温度。气体进样阀要求控制在较高温度,以防止样品的冷凝,从而保证进样的重现性。阀体通常安装在柱箱外,用独立加热块控制阀体温度,有时也将阀装在柱箱内。液体进样阀要求温度低,一般装在柱箱外,也可不控温。根据制造材料的不同,气体进样阀的操作温度范围为 150～350℃,液体进样阀一般在 75℃ 以下。

(iii) 样品适用性。常温下为气体的样品适合于用气体进样阀进样,注意阀体和连接管应保持在一定温度,以防止样品组分的冷凝或被吸附。如果要分析液体物料流,则常用液体进样阀,但前提是样品中所有组分都必须在阀切换后压力减低到柱前压时快速气化。如果某些组分不能快速气化,则会滞留在阀体或管道内,从而干扰下次分析或形成鬼峰。如果样品中有较难气化的组分,则应考虑采用气体进样阀,并使样品在进入阀之前加热气化,且在进样过程中一直保持为气体状态。

对于极性较大的样品,如酸性或碱性物质,可能会被吸附在阀体或管道中,造成分析重现性下降,或者腐蚀阀体或管道的内表面。此时应选用内表面惰性好的阀体,如镍阀体(耐高温,价格也高)、聚四氟乙烯(PTFE)阀体(不能耐高温)。

(iv) 操作条件的设置。阀体或管道的温度控制前面已讲过,这里再强调一点,不同材料的阀体耐高温性能不同,使用时应注意。就气体进样阀而言,PTFE 阀体吸附性小,但使用温度一般不应超过 200℃,过高温度会使阀体漏气。聚酰亚胺或石墨化聚酰亚胺阀体可耐 300℃ 以上的高温,但吸附性较强,低于 150℃ 可能出现漏气现象。至于连接管道的温度则应控制在样品中最重组分的沸点以上,以防止因冷凝而损失样品,造成大的分析误差。

阀进样的初始样品谱带往往较宽,故应通过选择适当的色谱柱尺寸、固定相和初始温度以实现固定相聚焦和热聚焦。

阀进样常要求载气流速大于 $20\ mL \cdot min^{-1}$,才能有效地将样品转移到色谱柱。所以,阀进样多用填充柱分析。而用毛细管柱分析时,进样阀接在进样口之前,载气总流量应大于 $20\ mL\cdot min^{-1}$。然后通过调节分流比来控制进入色谱柱的样品量,此时还应注意气化室死体积可能造成的谱带展宽,故应选择死体积小的直通衬管。

(4) 顶空进样

(i) 顶空分析基本原理。顶空分析是通过样品基质上方的气体成分来测定这些组分在原样品中的含量。显然,这是一种间接分析方法,其基本理论依据是在一定条件下气相和凝聚相(液相或固相)之间存在着分配平衡。所以,气相的组成能反映凝聚相的组成。我们可以把顶空分析看成是一种气相萃取方法,即用气体作"溶剂"来萃取样品中的挥发性成分,因而,顶空分析就是一种理想的样品净化方法。传统的液液萃取以及固相萃取(SPE)都是将样品溶在液体中,不可避免地会有一些共萃取物干扰分析。况且溶剂本身的纯度也是一个问题,这在痕量分析中尤为重要。而气体作溶剂就可避免不必要的干扰,因为高纯度气体很容易得到,且成本较低。采用顶空进样的 GC 分析叫做顶空色谱。

作为一种分析方法,首先顶空分析简单,它只取气相部分进行分析,大大减少了样品基质对分析的干扰。作为 GC 分析的样品处理方法,顶空是最为简便的。其次,顶空分析有不同模式,可以通过优化操作参数而适合于各种样品。第三,顶空分析的灵敏度能满足法规的要求。最后,与 GC 的定量分析能力相结合,顶空 GC 完全能够进行准确的定量分析。

(ii) 顶空气相色谱的分类与比较。顶空 GC 通常包括 3 个过程,一是取样,二是进样,三是 GC 分析。根据取样和进样方式的不同,顶空分析有动态和静态之分。所谓静态顶空就是将样品密封在一个容器中,在一定温度下放置一段时间使气液两相达到平衡。然后取气相部分进入 GC 分析。所以静态顶空 GC 又称为平衡顶空 GC,或叫做一次气相萃取。根据这一次取样的分析结果,就可测定原来样品中挥发性组分的含量。如果再取第二次样,结果就会不同于第一次取样的分析结果,这是因为第一次取样后样品组成已经发生了变化。与此不同的是连续气相萃取,即多次取样,直到将样品中挥发性组分完全萃取出来。这就是动态顶空 GC。常用的方法是在样品中连续通入惰性气体,如氦气,挥发性成分即随该萃取气体从样品中逸出,然后通过一个吸附装置(捕集器)将样品浓缩,最后再将样品解吸进入 GC 进行分析。这种方法通常被称为吹扫-捕集(purge and trap)分析方法。

静态顶空和动态顶空(吹扫-捕集)GC 各有特点,表 8.6 简单比较了两者的优缺点。实际上,静态顶空也可进行连续气体萃取,得到类似吹扫-捕集的分析结果,只是其准确度稍差一些。很多样品用两种方法都可进行分析。

表 8.6　静态顶空 GC 和动态顶空(吹扫-捕集)GC 的比较

方　法	优　点	缺　点
静态顶空 GC	样品基质(如水)的干扰极小; 仪器较简单,不需要吸附装置; 挥发性样品组分不会丢失; 可连续取样分析	灵敏度稍低; 难以分析较高沸点的组分
动态顶空 GC	可将挥发性组分全部萃取出来,并在捕集装置中浓缩后进行分析; 灵敏度较高; 比静态顶空应用更广泛,可分析沸点较高的组分	样品基质可能干扰分析; 仪器较复杂; 吸附和解吸可能造成样品组分的丢失

（5）裂解进样

● 裂解进样原理和分析流程

裂解进样 GC 分析叫做裂解色谱（Py-GC）。在特定的环境气氛、温度和压力条件下，高分子以及各种有机物的裂解过程将遵循一定的规律进行。也就是说，特定的样品有其特定的裂解行为，而不同的聚合物有不同的裂解规律，有无规主链断裂、解聚断裂、侧基断裂和碳化反应等。这就是 Py-GC 的基础。其分析流程是：将待测样品置于裂解装置内，在严格控制的条件下加热使之迅速裂解成可挥发的小分子产物，然后将裂解产物有效地转移到色谱柱直接进行分离分析。通过产物的定性定量分析，及其与裂解温度、裂解时间等操作条件的关系可以研究裂解产物与原样品的组成、结构和物化性能的关系，以及裂解机理和反应动力学。由此可见，Py-GC 是一种破坏性分析方法。从这个意义上讲，Py-GC 与热分析方法有相似之处。

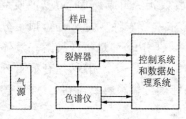

图 8.24　Py-GC 分析流程

图 8.24 是 Py-GC 的分析流程示意图。一个 Py-GC 分析系统主要由三部分组成，一是裂解装置（即裂解器），二是色谱仪，三是控制和数据处理系统。

● 裂解器

（i）裂解器的技术要求。Py-GC 对裂解器的要求一般有下面几项：① 能精确控制和测定平衡温度（T_{ep}），且有较宽的调节范围。最常用的 T_{eq} 范围为 $300\sim800\,℃$，裂解器的 T_{eq} 应在室温到 $1000\,℃$ 甚至 $1500\,℃$ 之间可调，这样就可满足绝大多数 Py-GC 应用的要求。② 温升时间（TRT，即从开始升温到达到平衡温度所需的时间）尽可能短，并能严格控制温度-时间曲线的重复性。因为裂解过程中发生的化学反应是非常快的，所以，每次裂解必须能重复样品的加热过程，以保证每次分析样品都在相同的温度范围内裂解。③ 裂解器和色谱仪连接的接口体积应尽量小，以利于减小 Py-GC 系统的死体积，抑制二次反应，提高分离效率。④ 裂解器和进样装置对样品的裂解反应无催化作用。⑤ 适应性强。既能适应于各种物理形态的样品，又易于与色谱仪连接。⑥ 操作方便，维护容易。

（ii）裂解器的分类和比较。裂解器的分类有两种方法：一是按照加热方式分为电阻加热型（包括热丝（带）裂解器、管炉裂解器）、感应加热型（如居里点裂解器），以及辐射加热型（如激光裂解器）；二是按照加热机制分为连续式和间歇式裂解器。两种分类方法的关系如下：

表 8.7 归纳了两类裂解器的特点。最常用的连续式裂解器是管炉裂解器，但由于经典的管炉裂解器二次反应较为严重，现在已较为少用，取而代之的是微炉裂解器。热丝（带）裂解器则是常用的间歇式裂解器。

表 8.7　连续式裂解器和间歇式裂解器的比较

技术指标	连续式	间歇式
温升时间 TRT	一般不可调	短且可调
裂解温度	低于炉温	接近平衡温度
恒温降解	难以达到	可实现
热量传递	慢,且样品内部有温度梯度	快
对载气流速的依赖性	高	低
裂解产物转移	慢速且至高温区	快速且至冷区
二次反应概率	高	低
对检测器灵敏度的要求	低	高
进样技术要求	低	高
样品用量	mg 量级	μg 量级
重复性	较低	较高

3. 进样方式的选择与操作问题

(1) 样品的稳定性

对于热稳定的样品,分流/不分流进样口是优先的选择。但对热不稳定的样品或者有易分解组分的样品,就必须考虑进样口温度的设置以及气化室的惰性问题。进样口温度高,或者气化室内表面有活性催化点(如金属或玻璃表面的金属离子),就可能引起样品组分的分解。采用不分流进样时,更容易发生样品的降解,从而使色谱图上出现更多的峰,使分析准确度下降。因此,在保证样品有效气化的前提下,进样口温度低一些有助于防止样品的分解。采用高的分流流量、对进样口内表面进行脱活处理都是防止样品降解的措施。如采用这些措施后样品仍然会分解,就应考虑用冷柱上进样技术。

(2) 进样口对峰展宽的影响

对于填充柱来说,这个问题可以忽略。而对于分离效率极高的毛细管柱,柱内峰展宽远比填充柱小,故进样口或进样技术的影响就是必须考虑的问题。原则上讲,消除进样口对峰展宽的影响就是要使进入色谱柱的样品初始谱带尽可能窄。一般讲,进样量小一些、进样口温度高一些、载气流速快一些、气化室体积小一些、分流比大一些,都对降低初始谱带宽度有利。此外,还可利用进样过程中的聚焦技术来减小初始谱带宽度。为了进一步理解聚焦技术,我们先简单讨论一下进样口造成峰展宽的机理。

进样口造成峰展宽的机理有两种,一是时间上的展宽,二是空间上的展宽。时间上的峰展宽是由样品蒸气从进样口到色谱柱的转移速度决定的。速度越快,初始峰宽越小。而空间上的峰展宽则是样品进入色谱柱头时产生的。如不分流进样和冷柱上进样时,样品进入柱头会发生部分或全部冷凝。冷凝的液体样品会在载气的吹扫下移动,从而在一定的长度上分布,这一长度就是初始峰宽。如果样品与固定相的相容性不好,还会形成液滴而分布。这就使初始峰宽进一步加大,严重的还会造成分裂峰。那么,如何来消除这些影响呢?通常采用如下几种聚焦技术。

(i) 固定相聚焦。这是最常用的聚焦技术,但只能用于程序升温分析。在 GC 中,保留时间是柱温的指数函数,故柱温低时,样品从气化室进入色谱柱后的移动速度就会大为减慢。这时固定相与样品相互作用,从而使样品组分聚焦到一个窄的谱带中。由此可见,实现固定相聚焦的条件是初始柱温要低,样品与固定相的相容性要好(可用极性相似相溶规律来判断)。

(ii) 溶剂聚焦。样品在柱头部分或全部冷凝以后,溶剂开始挥发,与溶剂挥发性接近的组分就会浓缩在未挥发的溶剂中,从而产生很窄的初始谱带。这就是溶剂聚焦,也叫溶剂效应。如图 8.25 所示,当使用己烷作溶剂进行不分流进样时,由于其沸点低于初始柱温,且与样品十一烷(C_{11})和十二烷(C_{12})的沸点相差大,故无溶剂聚焦发生。但改用辛烷作溶剂后,同样的分析条件下,C_{11} 和 C_{12} 的峰明显变窄。所以,根据样品组分的沸点和初始柱温来选择合适的溶剂,往往可以抑制进样过程对峰展宽的影响。

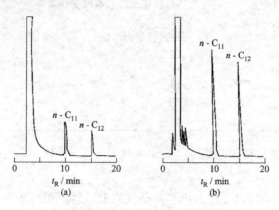

图 8.25　溶剂聚焦的作用

(a) 己烷为溶剂,沸点 68℃;(b) 辛烷为溶剂,沸点 125℃

条件:不分流进样 2 μL,样品浓度 50 μg・mL^{-1}(C_{11}、C_{12}),OV-101 毛细管柱,115℃恒温分析

(iii) 热聚焦。样品进入柱头后,在冷凝的过程中,由于溶剂先进入色谱柱而导致溶质发生浓缩,这就是热聚焦。当柱温达到溶质气化温度后,样品就以很窄的谱带进入色谱柱。可见低的初始柱温是热聚焦的关键。在冷柱上进样时,采用液态氮或二氧化碳使柱头处于低温下,就是为了实现冷冻聚焦(即热聚焦)。一般实现热聚焦的条件是初始柱温低于待分析样品的沸点 150℃。在此条件下,热聚焦与色谱过程无关,它只需要有一个使样品蒸气冷凝的表面。实际应用中,热聚焦往往伴随有固定相聚焦发生,甚至一个聚焦过程是以上三种聚焦作用的结合。只是在特定条件下,何种聚焦作用起主导作用而已。

(3) 保留间隙管的使用

使用保留间隙管是另一种减小初始谱带宽度的有效方法。所谓保留间隙管,就是连接在进样口和色谱柱之间的一段空管。它只是为样品冷凝提供一个空间,而对气化的溶剂和溶质均无保留作用。保留间隙管的另一个作用是防止不挥发的样品组分进入色谱柱。

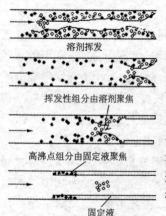

图 8.26　保留间隙管的工作
原理示意图

如图 8.26 所示,当样品离开进样口进入保留间隙管后,由于低温而冷凝下来。因为该管内无固定相,所以不同样品组分不会因与固定相的作用不同而相互分离,重要的是样品液体的分布长度变小了。而后,随着溶剂的气化,所有溶质随载气进入分析柱头,在此处就会发生溶剂聚焦和固定相聚焦($k<5$ 的峰多发生溶剂聚焦,$k>5$ 的峰则多发生固定相聚焦),从而减小了初始样品谱带宽度。

样品分析中如果发现峰展宽严重并出现了分裂峰,就应考虑使用保留间隙管。保留间隙管的长度一般为 0.5 m 左右(1 μL 进样量约需要 30 cm 长的保留间隙管),常用空的石英毛细管柱材料。注意,保留间隙管必须很好地脱活,以防止它造成峰的拖尾或样品分解。一般非极性溶剂需要非极性脱活的保留间隙管,极性溶剂需要极性脱活的保留间隙管。

(4) 隔垫和衬管

关于衬管,现在有多种型号可供选择,多为玻璃或石英材料制成。图 8.27 给出了几种常见的衬管结构。至于具体选择,我们已在前面讨论进样方式时作了介绍,这里再强调几个普遍性的问题:

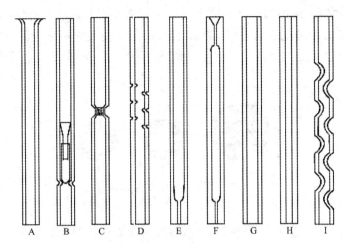

图 8.27　常用 GC 进样口衬管的结构

A—用于填充柱进样口;B~G—用于毛细管柱分流进样;G 和 H—用于不分流进样;

G,H 和 I—用于程序升温气化进样口

(i) 衬管能起到保护色谱柱的作用。在分流/不分流进样时,不挥发的样品组分会滞留在衬管中而不进入色谱柱。如果这些污染物在衬管内积存一定量后,就会对分析产生直接影响。因此,一定要保持衬管干净,注意及时清洗和更换。

(ii) 衬管内表面的活性点可能导致样品被吸附或分解,故要进行脱活处理。

(iii) 衬管中是否应填充填料,要依具体情况而定。一般填少量经硅烷化处理的石英玻璃毛可防止注射器针尖的歧视作用,加速样品气化;还可避免颗粒物质堵塞色谱柱。样品中难挥发物含量高时,还可填充一些固体吸附剂或色谱固定相,以达到样品预分离的效果,但也同时增加了样品分解和吸附的可能性。

(iv) 衬管容积是影响分析质量的重要参数,基本要求是衬管容积至少要等于样品中溶剂气化后的体积。常用溶剂气化后体积要膨胀 150~500 倍。如果衬管容积太小,会引起气化样品的“倒灌”,以及柱前压突变,这对分析都是不利的。反之,如果容积太大,又会带来不必要的柱外效应,使样品初始谱带展宽。故要注意衬管容积与样品的匹配性。

8.4.5　色谱柱系统

1. 柱箱

柱箱一般为配备隔热层的不锈钢壳体,内装一恒温风扇和测温热敏元件,由电阻丝加热,电子线路控温。现在商品仪器的柱箱体积一般不超过 15 dm³(L),可以安装多根色谱柱。

柱箱的控温性能包括操作温度范围、控温精度、程序升温设置指标和降温时间。大部分仪器的柱箱操作温度上限为 400 ℃左右,下限为室温以上 10 ℃,有低温功能的仪器可到 −180 ℃。控温精度为±0.1 ℃;程序升温阶数 5～9 阶,升温速率 0.1～75 ℃·min⁻¹。从 250 ℃降到 60 ℃需要 5 min 左右。柱箱的低温功能需要用液氮或液态 CO_2 来实现,主要用于冷柱上进样以及冷冻聚焦。

2. 色谱柱的类型和比较

GC 仪器的心脏是色谱柱,通常是由玻璃、石英或不锈钢制成的圆管,管内装有固定相。根据分离机理可将色谱柱分为气液色谱柱和气固色谱柱。前者柱内装有固体吸附剂,后者则装有表面涂敷了固定液的固体颗粒(载体),或者柱内表面涂敷有固定液。习惯上人们将色谱柱分为装满填料的填充柱和空心的开管柱(如图 8.28),而开管柱又常被称为毛细管柱,但毛细管柱并不总是开管柱。事实上,毛细管柱也有填充型和开管型之分,只是人们习惯上将开管柱叫做毛细管柱。

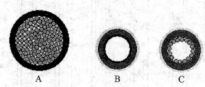

图 8.28　不同色谱柱的截面示意图

A—填充柱;B—壁涂开管柱(WCOT);C—多孔层开管柱(PLOT)

表 8.8 是填充柱和开管柱主要参数的比较,可见开管柱比填充柱有更高的分离效率。这是因为开管柱内没有固体填料,气阻比填充柱小得多,故可采用较长的柱管和较小的柱内径,以及较高的载气流速。这样,既消除了填充柱中涡流扩散的问题,又大大减小了纵向扩散造成的谱带展宽。而采用较薄的固定液膜又在一定程度上抵消了由于载气流速增大而引起的传质阻力增大。一般来说,一根 30 m 长的开管柱很容易达到 100 000 的总理论塔板数,而一根 3 m 长的填充柱却最多只有 6000 的总柱效。

表 8.8　填充柱与开管柱的比较

参 数	内 径 /mm	常用长度 /m	每米柱效 n	柱材料	柱容量	程序升温 应用	固定相
填充柱	2～5	0.5～3	≈1500	玻璃、不锈钢	mg 级	较差	载体+固定液
WCOT	0.1～0.53	10～60	≈3000	熔融石英	<100 ng	较好	固定液
PLOT	0.05～0.35	10～100	≈2500	熔融石英	ng～mg	尚可	固体吸附剂

填充柱一般用于组成相对简单的混合物的分离,且多采用恒温分析。这是因为填充柱内的固定相(载体加固定液)热稳定性有限,在程序升温时容易流失一些挥发性成分,从而造成检测器基线的漂移。如果采用双柱双检测器系统,则可避免这一问题。而开管柱将固定液涂敷于柱管内壁,且多采用交联或/和键合技术,大大提高了热稳定性,在程序升温分析中表现了良好的柱性能,可以分析组成很复杂的样品。

另一方面,填充柱制备工艺简单,实验成本低;开管柱则需要复杂的制备工艺,多数实验室要购置商品柱,故成本较高。开管柱还有柱容量小的局限性。因为其内径小,固定液负载量小,所以,进样量过大很容易造成柱超载,因而要求检测器的灵敏度更高。开管柱对进样技术的要求也更高,载气流速的控制要求更为精确。一般来讲,填充柱可接受的单个组分的量是 10^{-6} g 量级,而开管柱则只能承受 10^{-8} g 量级或更低。

3. 填充柱

(1) 管材

填充柱的管材多用玻璃和不锈钢,其中玻璃的惰性较好,但易碎;不锈钢柱耐用,但表面有一定活性点,易引起极性化合物的吸附或降解。因此,玻璃柱常用于极性化合物(如农药)的分离,而不锈钢柱则有更广泛的应用。

(2) 载体

在气液色谱填充柱中,固定液涂敷在作为载体的多孔固体颗粒表面。载体又称担体,其作用是为固定液提供一个惰性的表面,并使固定液与流动相之间有尽可能大的接触界面。因此,要求载体有较大的比表面积,有分布均匀的孔径、良好的机械强度、化学惰性和热稳定性,表面不与固定液和样品起化学反应,且吸附性和催化性能越小越好。表 8.9 列出了一些典型的载体,其中硅藻土类是最常用的。

表 8.9 一些典型的气液色谱用载体

名 称	组成及处理技术	颜 色	催化吸附性能	备 注
上试 101	硅藻土载体	白色	有	国产
上试 101 酸洗	酸洗的上试 101	白色	小	国产
上试 101 硅烷化	硅烷化的上试 101	白色	小	国产
上试 201	硅藻土载体	红色	有	国产
上试 201 酸洗	酸洗的上试 201	红色	小	国产
上试 201 硅烷化	硅烷化的上试 201	红色	小	国产
玻璃微球	特种高硅玻璃	无色	小	国产
聚四氟乙烯	四氟乙烯烧结塑料	白色	小	国产
Chromasorb A	硅藻土载体	白色	有	进口
Chromasorb P	硅藻土载体	红色	有	进口
Chromasorb PAW	酸洗的硅藻土载体	红色	有	进口
Chromasorb PAW HMDS	经酸洗和六甲基二硅胺烷处理的硅藻土载体	红色	小	进口
Chromasorb W	硅藻土载体	白色	有	进口
Chromasorb WAW	酸洗的硅藻土载体	白色	有	进口
Chromasorb WAW DMCS	经酸洗和二甲基氯硅烷处理的硅藻土载体	白色	很小	进口
Gas Pak F	表面涂全氟聚合物的硅藻土载体	白色	小	进口
Chemalite TF	氟树脂载体	白色	小	进口

(3) 固定液

(i) GC 对固定液的基本要求。在 GC 中,固定液对分离结果起决定性的作用,因为流动相是惰性气体,其作用主要是"运送"被分析物通过色谱柱,对分离本身作用很有限。固定液一般是高沸点的有机化合物,均匀地涂布在载体表面,在分析条件下呈液态。历史上有数百种化合物曾用做 GC 固定液,但目前常用的约有几十种,其中聚硅氧烷类和聚乙二醇类是最常用的。色谱对固定液的性能要求主要是:使用温度范围宽,比如聚合物的玻璃化转变温度要低,分解温度要高;黏度低,有利于提高被测物在其中的传质速度;蒸气压低,热稳定性好,以减少固定液在分析过程中的流失,延长色谱柱使用寿命;化学惰性好,在使用条件下不与载气、样品组分及载体起不可逆化学反应;湿润性好,易于在载体表面形成稳定的薄液膜;对分析对象有良好的选择性,即可以分离结构类似的不同化合物。

(ii) 固定液的极性指标。固定液的选择性取决于被分离组分与固定液之间的相互作用,这些作用力有色散力、静电力、诱导力和氢键作用力。而在 GC 应用中，固定液常以极性来分类。所谓极性是指含不同官能团的固定液与被分析物官能团和亚甲基之间相互作用的程度。如果一种固定液对某一类化合物有较强的保留作用，则说明该固定液对此类化合物的选择性好。评价固定液性能的参数是麦克雷诺(McReynolds)常数，简称麦氏常数，这是由 Rohrschneider (罗什耐德)提出，经 McReynolds 改进的一套系统方法测定的固定液的相对极性参数。下面简要介绍麦克雷诺常数的测定方法。

该方法规定角鲨烷固定液的相对极性为零，然后选择了 5 种代表性的化合物作为所谓探针分子，来测定它们在不同固定液上的保留指数，并与角鲨烷固定液上所测得保留指数比较。这 5 种化合物是：代表芳烃和烯烃作用力的苯(电子给予体)、代表电子吸引力的正丁醇(质子给予体)、代表定向偶极作用力的 2-戊酮、代表电子接受体的硝基甲烷和代表质子接受体的吡啶。根据分子间作用力的加和性，被测固定液的极性表示为

$$\Delta I = I_p - I_s = ax' + by' + cz' + du' + es' \tag{8.115}$$

式中 ΔI 为保留指数差；I_p 为测试固定液上的保留指数；I_s 为角鲨烷上的保留指数；a, b, c, d, e 分别代表上述 5 种化合物的组分常数(对于苯：$a = 100$，另 4 个常数为零；对于正丁醇：$b = 100$，另四个常数为零；其余类推)；x', y', z', u' 和 s' 即为麦克雷诺常数。

$$x' = \Delta I_{苯}/100, y' = \Delta I_{正丁醇}/100, z' = \Delta I_{戊酮}/100, u' = \Delta I_{硝基甲烷}/100, s' = \Delta I_{吡啶}/100$$

很多工具书都收录了详尽的麦克雷诺常数，可供查阅。表 8.10 列出了一些常见的固定液及其麦克雷诺常数。应当指出，固定液的评价是一个很复杂的问题，用麦克雷诺常数表征固定液并不很完善，它也不能告诉我们何种固定液最适合于特定样品的分析。但是，该常数仍然可以在一定程度上指导我们选择固定液。比如，要分离沸点很接近的醇和醚，若想让醇在醚之前出峰，就选择 z' 值大于 y' 值的固定液。反之，在 z' 值小于 y' 值的固定液上，相同沸点的醚就会在醇之前流出。

在 GC 中，还有一些特殊的固定液，如用于光学异构体分离的手性固定液(环糊精、冠醚等)，这里不再一一介绍。关于填充柱的制备，请参看《基础分析化学实验》(北京大学出版社，第二版，1998)。

表 8.10 常见固定液的结构和性质

型 号	名 称	极 性	使用温度 /℃	麦克雷诺常数					
				x'	y'	z'	u'	s'	Σ
角鲨烷	2,6,10,15,19,23-六甲基二十四烷	非极性	20～150	0	0	0	0	0	0
OV-101	聚甲基硅氧烷	非极性	20～350	17	57	45	67	43	234
OV-1, SE-30	聚甲基硅氧烷	非极性	100～350	16	55	44	65	42	227
SE-54	1%乙烯基,5%苯基,聚甲基硅氧烷	弱极性	50～300	19	74	64	93	62	312
OV-17	50%苯基,聚甲基硅氧烷	中极性	0～375	119	158	162	243	202	884
OV-210	50%三氟丙基,聚甲基硅氧烷	极性	0～275	146	238	358	468	310	1520
OV-225	25%氰丙基,25%苯基,聚甲基硅氧烷	极性	0～265	228	369	338	492	386	1813
PEG-20M	聚乙二醇	强极性	25～275	322	536	368	572	510	2308
FFAP	聚乙二醇衍生物	强极性	50～250	340	580	397	602	627	2546
OV-275	聚二氰烷基硅氧烷	强极性	25～250	629	872	763	110	849	4219

数据引自：J. A. Dean. *Analytical Chemistry Handbook*. McGraw-Hill, 1998.

(iii) 固定液的选择。针对具体分析对象选择固定液目前尚无严格的科学规律可循。经验性的原则是"极性相似相溶",即对于非极性的样品采用非极性的固定液,极性样品采用极性固定液。分析烃类化合物如汽油,常用二甲基聚硅氧烷固定液;而分析醇类样品如白酒,则多选用聚乙二醇固定液。这样一般可获得较强的色谱保留作用和较好的选择性。如果样品是极性和非极性化合物的混合物,则首先要选择弱极性的固定液。实际工作中往往是参考文献资料,再经过实验比较,最后确定合适的固定液。

(4) 气固色谱固定相

气固色谱主要用来分离永久气体和低相对分子质量的有机化合物,所用固定相包括无机吸附剂、高分子小球、化学键合相三类。表 8.11 列出了相关的固定相及其主要应用。

表 8.11　气固色谱常用固定相及其主要应用

固定相		特　性	主要用途
无机吸附剂	硅胶	氢键型强极性固体吸附剂,多用粗孔硅胶,组成为 $SiO_2 \cdot nH_2O$	分析 N_2O、SO_2、H_2S、SF_6、CF_2Cl_2 以及 $C_1 \sim C_4$ 烷烃
	氧化铝	中等极性吸附剂,多用 γ 型晶体,热稳定性和机械强度好	分析 $C_1 \sim C_4$ 烷烃,低温也可分离氢的同位素
	碳	非极性吸附剂,主要有活性炭、石墨化炭黑和碳分子筛等品种。活性炭是具有微孔结构的无定形碳。石墨化炭黑是炭黑在惰性气体保护下经高温煅烧而成的石墨状细晶。碳分子筛则是聚偏二氯乙烯小球经高温热解处理后的残留物	活性炭用于分析永久气体和低沸点烃类。涂少量固定液后可分析空气、CO、CO_2、甲烷、乙烯、乙炔等混合物;石墨化炭黑分离同分异构体,以及 SO_2、H_2S、低级醇类、短链脂肪酸、酚和胺类;碳分子筛多用于分离稀有气体、空气、N_2O、CO_2、$C_1 \sim C_3$ 烃类
	分子筛	人工合成的硅铝酸盐,具有分布均匀的空穴,基本组成为 $MO \cdot Al_2O_3 \cdot xSiO_2 \cdot yH_2O$,其中 M 代表 Na^+、K^+、Li^+、Ca^{2+}、Sr^{2+}、B^{2+} 等金属离子。多用 4A、5A 和 13X 三种类型	主要用于分离 H_2、N_2、O_2、CO、甲烷以及在低温下分析惰性气体
高分子小球		苯乙烯-二乙烯苯共聚物小球,兼具吸附剂和固定液的性能,吸附活性低,应用范围广	分析各种有机物和气体,特别适合于有机物中痕量水分的测定
化学键合相		利用化学反应把固定液键合在载体表面,热稳定性好	分析 $C_1 \sim C_3$ 烷烃、烯烃、炔烃、CO_2、卤代烃和含氧有机化合物

4. 开管柱

(1) 开管柱的材料和制备

开管柱的管材多用熔融石英,是用纯二氧化硅拉制而成,内径有 0.1,0.2,0.25,0.32 和 0.53 mm 几种。制备色谱柱时,首先要对毛细管内壁进行预处理,常用的有粗糙化处理、脱活处理等,然后便可进行涂渍。

开管柱的涂渍有动态和静态之分,前者是在气压驱动下使一定浓度的固定液溶液通过毛细管,然后通载气在恒定温度下使溶剂挥发,这样毛细管内壁就挂了一层固定液。后者则是先在毛细管中充满一定浓度的固定液溶液,然后将一端封上,另一端接在真空系统上,在恒定温度下使溶剂缓慢挥发,从而在毛细管内壁形成均匀的固定液膜。这两种涂渍方法各有优缺点,动态法简单,快速,但固定液膜厚不易精确控制;静态法慢,但可精确控制膜厚。

涂渍完毕的开管柱要进行交联和/或固定化处理,方法是在通载气的情况下,控制温度,在引发剂作用下的固定液分子之间发生交联反应，或固定液分子与管壁某些基团发生反应，这样可以大大提高固定液的热稳定性。最后是老化处理，即在通载气的情况下，逐渐升高温度，进一步除去残留溶剂，并获得均匀的固定液膜厚。

涂渍好的色谱柱要进行性能评价，一般是用含有各种组分的 Grob 试剂在一定条件下测定柱效（理论塔板数）、峰对称因子、酸碱性、惰性和热稳定性等指标。图 8.29 为典型的 Grob 试剂测试色谱图，理想情况下，各组分的峰高与虚线相齐。其中醇类物质用于测定色谱柱的活性，峰越低说明色谱柱内壁的残留硅羟基越多，柱活性越大；2,6-二甲基苯酚和 2,6-二甲基苯胺的峰高比反映色谱柱的酸碱性；二环己基胺的峰高则是更严格的柱活性指标；正构烷烃和脂肪酸甲酯用来测定柱效（理论塔板数）或分离效率。

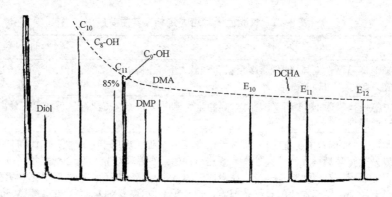

图 8.29　开管柱的 Grob 试剂测试色谱图

色谱峰：Diol—2,3-丁二醇；C_{10}—正癸烷；C_8-OH—正辛醇；C_{11}—正十一烷；C_9-OH—正壬醇；DMP—2,6-二甲基苯酚；DMA—2,6-二甲基苯胺；E_{10}—癸酸甲酯；DCHA—二环己基胺；E_{11}—十一酸甲酯；E_{12}—十二酸甲酯

（2）色谱柱的类型

根据不同的涂渍方式，开管柱可分为 3 种类型：壁涂开管柱（WCOT）、载体涂渍开管柱（SCOT）和多孔层开管柱（PLOT）。PLOT 柱主要用于永久气体和低相对分子质量有机化合物的气固色谱分离。SCOT 柱所用固定液的量大一些，相比 β 较小，故柱容量较大。但由于制备技术较复杂，应用不太普遍。毛细管 GC 中的主力军是 WCOT 柱，故下面的讨论主要是针对此类柱的。

表 8.12 是 WCOT 柱的进一步分类。柱内径越小，分离效率越高，完成特定分离任务所需的柱长就越短，但细的色谱柱柱容量小，容易超载。当然，同样内径的色谱柱也因固定液的膜厚度不同而具有不同的柱容量。这些都是在选择色谱柱时应考虑的问题。大口径柱（0.53 mm）是一类特殊的开管柱，它的液膜厚度一般较大，故有接近于填充柱的柱容量，而且因为大口径柱的柱效高于填充柱，程序升温性能更好，故可获得比填充柱更为有效，且更为快速的分离，其定量分析精度完全可与填充柱相比。微径柱则主要用于快速 GC 分析。

表 8.12　WCOT 柱的尺寸分类

柱类型	内径/mm	常用柱长/m	每米理论塔板数	主要用途
微径柱	不大于 0.1	1～10	4000～8000	快速 GC
常规柱	0.2～0.32	10～60	3000～5000	常规分析
大口径柱	0.53～0.75	10～50	1000～2000	定量分析

（3）色谱柱的选择

常规分析工作中选择色谱柱主要是考虑固定液的问题。WCOT 柱常用的固定液有 OV-1、SE-30、OV-101、SE-54、OV-17、OV-1701、FFAP 及 PEG-20M 等。有人估计，一个常规 GC 实验室只要购置 3 种开管柱，就可应付 85％以上的 GC 分析任务。这 3 种柱是：OV-1（SE-30）、SE-54、OV-17（OV-1701）。

8.4.6　检测系统

如果说色谱柱是色谱分离的心脏，那么，检测器就是色谱仪的眼睛。无论色谱分离的效果多么好，若没有好的检测器就"看"不到分离结果。因此，高灵敏度、高选择性的检测器一直是色谱仪发展的关键技术。目前，GC 所使用的检测器有多种，但商品化的检测器不外乎热导检测器（TCD）、火焰离子化检测器（FID）、火焰光度检测器（FPD）、氮磷检测器（NPD）、电子俘获检测器（ECD）、光离子化检测器（PID）、原子发射光谱检测器（AED）、红外光谱检测器（IRD）和质谱检测器（MSD）几种。

1. 检测器的分类

根据检测原理的不同，可将检测器分为浓度型和质量型两种：浓度型检测器测量的是某组分浓度的瞬间变化，即检测器的响应值和通过检测器的组分浓度呈正比，此类检测器代表有 TCD 和 ECD；质量型检测器测量的是某组分进入检测器的速率变化，即检测器的响应值与单位时间内进入检测器的组分的量呈正比，此类检测器代表有 FID 和 FPD。

根据检测器对不同物质的响应情况，可将其分为通用检测器和选择性检测器。前者如 TCD、AED 和 MSD 对绝大多数化合物均有响应；后者如 ECD、FPD 和 NPD 只对特定类型的化合物有较大响应，而对其他化合物则无响应或响应很小。

根据物质通过检测器后其分子形式是否被破坏，还可将检测器分为破坏性和非破坏性两类。FID、NPD、FPD 和 MSD 均为破坏性检测器，而 TCD 和 IRD 则属于非破坏性检测器。

此外，按照检测原理还可以分为离子化检测器（如 FID、NPD、PID 和 ECD）、光度检测器（如 FPD）、整体物理性能检测器（即 TCD），以及电化学检测器等。

2. 检测器的性能指标

色谱分析对检测器的要求主要有噪音小、死体积小、响应时间短、稳定性好、对所测化合物的灵敏度高、线性范围宽等。下面简要讨论几个主要的性能指标。

（1）噪音和漂移

这是评价检测器稳定性的指标，同时还影响检测器的灵敏度。

噪音：即反映检测器背景信号的基线波动，用 N 表示。噪音的来源主要有检测器构件的工作稳定性、电子线路的噪音以及流过检测器的气体纯度等。实际工作中人们又进一步将噪音分为短期噪音和长期噪音两种，如图 8.30(a)和(b)所示。

短期噪音是基线的瞬间高频率波动，是一般检测器所固有的背景信号。通过在数据处理时采用适当的滤波器可以除去，故对实际分析的影响很小。长期噪音则是与色谱峰信号相似的基线波动，往往是由于载气纯度降低、色谱柱固定相流失或检测器被污染所造成的，很难通过滤波器除去，故对实际分析影响较大。

漂移（Dr）：是基线随时间的单向缓慢变化，如图 8.30(c)所示。通常表示为单位时间（0.5 或 1.0 h）内基线信号值的变化，即

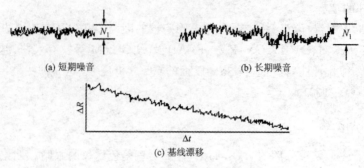

(a) 短期噪音　　　　　　　　　　　(b) 长期噪音

(c) 基线漂移

图 8.30　基线噪音和漂移

$$\mathrm{Dr} = \Delta R / \Delta t \tag{8.116}$$

单位可以是 mV·h^{-1} 或 pA·h^{-1}。造成漂移的原因多是仪器系统某些部件未进入正常工作状态,如温度、载气流速,以及色谱柱固定相的流失。因此,基线漂移在很大程度上是可以控制的。

（2）灵敏度和检测限

当一定量(Q)的物质通过检测器时产生一定的响应(R),以 R 对 Q 作图,直线部分的斜率就是灵敏度 S,即

$$S = \Delta R / \Delta Q \tag{8.117}$$

由于浓度型和质量型检测器的物质质量的表示方式不同,故灵敏度的单位也不同。对于前者,采用浓度单位 mg·mL^{-1},响应信号用 mV 表示,故灵敏度单位是 mV·mL·mg^{-1};而后者采用 g·s^{-1} 单位,响应信号用 pA(如 FID)表示,故灵敏度的单位是 pA·s·g^{-1}。灵敏度的测量应在检测器的线性范围内进行,其信号值应该是检测限的 10～1000 倍,或者在相同条件下比噪音大 20～200 倍。

灵敏度只考虑响应信号的大小,未考虑噪音问题。为了更确切地反映检测器对样品组分的检测能力,应当用信号和噪音的比值来测量,这就是检测限(DL),或称检出限或敏感度。其定义为在检测器上所产生的信号等于 2 倍噪音信号时被测物质的质量,即

$$\mathrm{DL} = 2N / S \tag{8.118}$$

式中 DL 是检测限,N 是噪音,S 是灵敏度。根据检测器类型不同,S 的单位不同,因而 DL 的单位也不同。对于浓度型检测器,DL 的单位一般为 mg·mL^{-1},对于质量型检测器则为 g·s^{-1}。需要指出,国际上广泛使用的 DL 定义是所产生的信号等于 3 倍噪音信号时被测物质的质量。

S 和 DL 是两个从不同角度评价检测器性能的参数,前者越大,后者越小,说明检测器的性能越好。当然,要比较检测器的灵敏度或检测限,需要用同一物质进行测试,否则就没有多大意义。此外,与灵敏度有关的概念还有最小检测限和最小定量限,一般是与具体方法相联系的,并不仅仅由检测器本身的性能所决定。我们将在 8.6.5 小节介绍。

（3）线性和线性范围

线性是指检测器的响应值 R 与进入检测器的物质的量 Q 之间呈比例关系。可以用公式表示如下

$$R = CQ^n \tag{8.119}$$

其中 C 为常数。当 $n=1$ 时,响应为线性的,否则就是非线性的。目前使用的 GC 检测器大多数是线性的,但 FPD 对硫的响应却是非线性的,其 $n=2$。

任何检测器对特定的物质的响应只有在一定的范围内才是线性的。这一范围就是线性范

围,或者说,检测器的灵敏度保持不变的区间即被称为线性范围。很显然,线性范围的下限就是检测限,而上限一般认为是偏离线性±5%时的响应值。具体表示方法多用上限与下限的比值,比如,FID 的线性范围为 10^7,就是这样得来的。

　　线性和线性范围对于定量分析是很重要的,绘制校准曲线时,样品的浓度范围应当控制在检测器的线性范围内,否则,定量的准确度就会下降。与线性范围相关的一个概念是动态范围,严格地讲,动态范围是指检测器的响应随样品量的增加而增加的范围,可能是线性的,也可能是非线性的。我们不应混淆线性范围和动态范围这两个概念。

　　(4) 时间常数

　　指某一组分从进入检测器到响应值达到其实际值的 63% 所经过的时间,用 τ 表示。这实际上是色谱系统对输出信号的滞后时间,其原因主要是检测器的死体积和电子放大线路的滞后现象。显然,τ 值越小越好,尤其是对高效的毛细管色谱分离。时间常数过大会带来不可忽略的柱外效应。

　　表 8.13 总结了常见 GC 检测器的主要性能指标和特点。

表 8.13　常用 GC 检测器的特点和技术指标

检测器	类型	最高操作温度/℃	最低检测限	线性范围	主要用途
火焰离子化检测器(FID)	质量型,准通用型	450	丙烷: <5 pg 碳·s^{-1}	10^7 $(\pm10\%)$	适用于各种有机化合物的分析,对碳氢化合物的灵敏度高
热导检测器(TCD)	浓度型,通用型	400	丙烷: <400 pg·mL^{-1};壬烷: $20\ 000$ mV·mL·mg^{-1}	10^4 $(\pm5\%)$	适用于各种无机气体和有机物的分析,多用于永久气体的分析
电子俘获检测器(ECD)	浓度型,选择型	400	六氯苯: <0.04 pg·s^{-1}	$>10^4$	适合分析含电负性元素或基团的有机化合物,多用于分析含卤素的化合物
微型 ECD	浓度型,选择型	400	六氯苯: <0.008 pg·s^{-1}	$>5\times10^4$	同 ECD
氮磷检测器(NPD)	质量型,选择型	400	用偶氮苯和马拉硫磷的混合物测定: <0.4 pg 氮·s^{-1}; <0.2 pg 磷·s^{-1}	$>10^5$	适用于含氮和含磷化合物的分析
火焰光度检测器(FPD)	质量型,选择型	250	用十二烷硫醇和三丁基膦酸酯混合物测定: <20 pg 硫·s^{-1}; <0.9 pg 磷·s^{-1}	硫: $>10^5$ 磷: $>10^6$	适用于含硫、含磷和含氮化合物的分析
脉冲 FPD (PFPD)	质量型,选择型	400	对硫磷: <0.1 pg 磷·s^{-1}, <1 pg 硫·s^{-1}; 硝基苯: <10 pg 氮·s^{-1}	磷: 10^5 硫: 10^3 氮: 10^2	同 FPD

　　3. 热导检测器(TCD)

　　热导检测器是一种通用型检测器,其结构如图 8.31 所示。作为热敏元件的合金丝(如铼钨丝)是惠斯登电桥的一臂(图中 R 为电阻),置于严格控制温度的检测池体内。当热丝周围通过的是纯载气时,将电桥调平衡,输出为 0。因为作为载气的氢气或氦气的热导率比有机化合物的热导率高 6～10 倍,故当色谱柱内有样品组分流出时,热丝周围气体的热导率发生变化,因而热丝的温度发生变化,导致电阻值变化,结果是电桥电路失去平衡,此时输出信号不再为 0。样品组分与载气的热导率差越大,灵敏度越高。

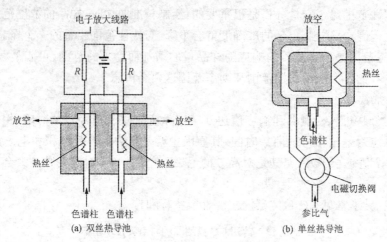

图 8.31 TCD 结构示意图

传统的填充柱 GC 多采用双气路双丝热导,需要两支色谱柱(图 8.31(a))。两根热丝分别为惠斯登电桥的测量臂和参比臂。这种结构由于池体积较大(几十微升),容易造成色谱峰在柱外的扩散,故灵敏度较低。毛细管 GC 要求更高的检测灵敏度,故多采用池体积更小(几微升)的单丝热导(图 8.31(b))。此时只要一根色谱柱,另加一路参比气,通过一个电磁切换阀,使参比气交替进入检测池的左右两个入口,而色谱柱的流出物则进入中间的入口。这样在电磁阀的一次切换之前,通过热丝一侧的气体如果是纯载气,则在切换后通过热丝一侧的就是柱流出物。切换前后电路采集到的信号之差便是输出的色谱信号。

TCD 的灵敏度除取决于池体的体积和样品与载气的热导率差之外,还取决于池体的温度、载气的纯度、热丝的电阻温度系数和通过热丝的电流等因素。载气纯度越高、热丝的电阻温度系数越大、电流越大,灵敏度越高。但是,电流越大,热丝寿命越短。TCD 的灵敏度较之于其他检测器是较低的,故多用于在其他检测器上无响应或响应很低的气体的气固色谱分析。另外,由于 TCD 是非破坏性检测器,故可与其他检测器串联使用,这是 TCD 的一个优点。

4. 火焰离子化检测器(FID)

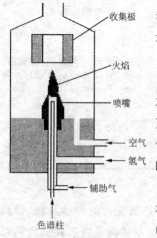

图 8.32 FID 结构示意图

FID 是目前应用最为广泛的 GC 检测器,其结构如图 8.32 所示。氢气在喷嘴出口处与空气混合而燃烧,色谱柱流出物从喷嘴下方进入检测器。其检测原理还不是十分清楚,一般认为是基于有机化合物在氢火焰中可以发生裂解,所产生的自由基碎片经过与氧气的进一步反应而生成离子:

$$CH + O \longrightarrow CHO^+ + e$$

在电场作用下,离子定向移动,通过火焰上方的收集极就可测得微电流,再由电子线路转换为电压信号输出,便是仪器记录的色谱信号。

FID 的优点是死体积小,灵敏度高,线性范围宽(表 8.13),响应速度快.它对含有 C—H 或 C—C 键的化合物均敏感,故应用非常广泛,而对一些有机官能团如羰基、羟基、氨基或卤素的灵敏度较低,对一些永久性气体,如氧气、氮气、氦气、一氧化碳、二氧化碳、氮的氧化物、硫化氢和水则几乎没有响应。

FID 的灵敏度与检测池死体积、喷嘴结构有关,还与氢气、空气和氮气的比率有直接关系,一般三者的比率应接近或等于 $1:10:1$,如氢气 $30\sim40$ mL·min^{-1},空气 $300\sim400$ mL·min^{-1},氮气 $30\sim40$ mL·min^{-1}。在使用填充柱时,由于柱内载气流速可达 $30\sim40$ mL·min^{-1},故不需要辅助气,但要注意,如果用氢气作载气,则要把检测器的氢气换成氮气。在使用毛细管柱时,为了满足氢火焰灵敏度对氢气、空气和氮气比率的要求,需要增加氮气作为辅助气(或称尾吹气)。同时,由于毛细管柱的柱内载气流速较低,当被分离物质的谱带离开色谱柱进入检测器时,可能会因体积膨胀而造成谱带展宽,加入辅助气还可起到消除这种柱外效应的作用。

FID 是质量型检测器,其响应值与单位时间进入检测器的物质的质量呈正比,故载气流速的变化对检测灵敏度的影响较小.此外,FID 是一种破坏性检测器。

5. 氮磷检测器(NPD)

NPD 又称热离子检测器(TIC),是在 FID 基础上发展起来的,其基本结构与 FID 类似。它与FID 的不同之处在于增加了一个热离子源(由铷盐珠构成),并用微氢焰。含铷盐的玻璃珠悬在铂丝上,置于火焰喷嘴和收集极之间,在热离子源通电加热的条件下,含氮和含磷化合物的离子化效率大为提高,故可高灵敏度、选择性地检测这两类化合物,多用于检测农药残留的分析。

热离子源的温度变化对检测灵敏度的影响极大。温度高,灵敏度就高,但铷盐珠的寿命就会缩短。增加热离子源的电压、加大氢气流量,均可提高检测灵敏度。而增加空气流量和载气或尾吹气流量会降低灵敏度。然而,必须注意,空气流量太低会导致检测器的平衡时间太长;氢气流量太高,又会形成 FID 那样的火焰,大大降低铷盐珠的使用寿命,而且破坏了对氮和磷的选择性响应。故气体流量一般设定为:氢气 $3\sim4$ mL·min^{-1},空气 $100\sim120$ mL·min^{-1},用填充柱和大口径柱,载气流量在 20 mL·min^{-1} 左右时,不用尾吹气,用常规开管柱时,尾吹气设定为 30 mL·min^{-1} 左右。

6. 电子俘获检测器(ECD)

ECD 的结构如图 8.33 所示,检测器池体内有阴极和阳极,放射源(一般为 ^{63}Ni)镀在腔体内表面。色谱柱流出物(使用毛细管柱时还有辅助气)进入腔体后,在放射源放出的 β 射线的轰击下发生电离,产生大量电子。在电源、阴极和阳极组成的电场作用下,电子流向阳极。当只有载气进入检测器时,可获得 nA 级的基流。而当含有电负性基团(如卤素、硫、磷、硝基等)的有机化合物进入检测器时,即捕获池内电子,使基流下降,产生负峰,负峰的大小与进入检测器的组分的量呈正比,这就是 ECD 的原理。

ECD 是最灵敏的 GC 检测器之一,对于含卤素有机化合物、过氧化物、醌、邻苯二甲酸酯和硝基化合物有极高的灵敏度,特别适合于环境中微量有机氯农药的检测。另一方面,ECD 对胺、醇或烃类化合物不敏感,因此是一个选择性检测

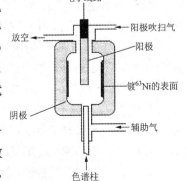

图 8.33　ECD 结构示意图

器,也是破坏性检测器。ECD 的缺点是线性范围较窄,一般为 10^3,且检测器的性能受操作条件的影响较大,载气中痕量的氧气会使背景噪音明显增大。

近年来,为配合毛细管色谱柱的快速分析应用,有些仪器配备了微型 ECD(即 μ-ECD)。由于这种检测器的池体积更小,结构设计更合理,成为目前最灵敏的 GC 检测器,线性范围可达 10^4(见表 8.13)。

7. 火焰光度检测器(FPD)

简单地讲,FPD 是一个没有收集极的 FID 与一个化学发光检测装置的结合体。不同的是采用了富氢焰,含硫和含磷化合物在富氢焰中燃烧时生成化学发光物质,并发出特征波长的光谱。经滤光片滤光后的发射光谱再经光电倍增管放大便得到了色谱检测信号。如硫元素的特征波长为 394 nm,磷元素则在 526 nm 处有最大发射光谱。

FPD 是一种质量型的、破坏性的选择性检测器。对含硫和含磷化合物的灵敏度极高(见表 8.13),多用于有机硫和有机磷农药的测定。

近年来,为进一步提高 FPD 的灵敏度和选择性,脉冲火焰光度检测器(PFPD)应用越来越多。这种检测器的结构如图 8.34 所示,其特点是采用了脉冲火焰,上部为点火室,下部为燃烧室。点火器通直流电,使热丝一直处于炽热状态,但无火焰。色谱柱流出物与富氢/空气混合后,进入石英燃烧管内,在此处与从外层通入的空气/氢气混合后进入点火室,即被点燃,接着自动引燃燃烧室中的混合气,使样品组分在富氢/空气焰中燃烧,发光。由于燃烧后瞬间缺氧,造成火焰熄灭。连续的气体继续进入燃烧时,排去燃烧产物,进行第二次点火。如此反复进行,脉冲火焰的频率一般为 1～10 Hz。蓝宝石将燃烧室与光学监测系统分开,光信号通过光导管和滤光片后,由光电倍增管接收并放大,输出色谱信号。

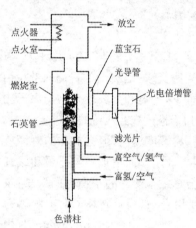

图 8.34　PFPD 结构示意图

PFPD 的灵敏度比普通 FPD 提高了 100 倍左右,它可以区分杂原子和烃类化合物的发光,也可区分不同杂原子的发光。而且由于自动点火的功能,避免了猝灭作用。

8. 其他检测器简介

(1) 质谱检测器(MSD)

MSD 是质量型、通用型 GC 检测器,其原理与质谱(MS)相同。它不仅能够给出一般 GC 检测器所能获得的色谱图(称总离子流色谱图(TIC)或重建离子流色谱图(RIC)),而且能够给出每个色谱峰所对应的质谱图。通过计算机对标准谱库的自动检索,可提供化合物分子结构的信息,故是 GC 定性分析的有效工具。常被称为色谱-质谱联用(GC-MS)分析,是将色谱的高分离能力与 MS 的结构鉴定能力结合在一起的现代分析技术。

MSD 实际上是一种专用于 GC 的小型 MS 仪器,一般配置电子轰击(EI)和化学离子化(CI)源,也有直接 MS 进样功能。MSD 的质量数范围通常为 10～1000 u,检测灵敏度和线性范围与 FID 接近,采用选择离子检测(SIM)时灵敏度更高。有关 GC-MS 的内容请见第 22 章。

(2) 原子发射光谱检测器(AED)

AED 是一种小型原子发射光谱仪,它采用微波等离子体技术对色谱柱的流出物进行检测,实际上也是一种联用仪器(GC-AED)分析技术。它将色谱的高分离能力与 AED 的元素分析能力结合在一起,也是 GC 的有效定性手段。AED 的原理与原子发射光谱相同,可参看 13.3 节。GC-AED 原则上可测定除载气以外的所有元素,一次进样可同时测定不同元素的色谱图,根据元素色谱峰的面积或峰高可以确定化合物的元素组成。AED 的一个重要的优点是其响应值只与元素的含量有关,而与化合物的结构无关,因此可以进行所谓绝对定量分析。

8.4.7　气相色谱方法开发

简单地说,方法开发就是针对一个或一批样品建立一套完整的分析方法。就 GC 而言,就是首先确定样品预处理方法,然后优化分离条件,直至达到满意的分离结果。最后建立数据处理方法,包括定性鉴定和定量测定。下面介绍方法开发的一般步骤。

1. *样品来源及其预处理方法*

GC 能直接分析的样品必须是气体或液体,固体样品在分析前应当溶解在适当的溶剂中,而且还要保证样品中不含 GC 不能分析的组分(如无机盐)或可能会损坏色谱柱的组分。当对一个未知样品进行分析时,首先必须了解它的来源,从而估计样品可能含有的组分,以及样品的沸点范围。对于可以直接分析的样品,只要找一种合适的溶剂溶解即可进行分析。一般地讲,溶剂应具有较低的沸点,从而使其容易与样品分离。

开始实验前,应进行文献检索。若文献中已有相同样品的分析方法,就会大大加快方法开发的过程。只要在此基础上作一些必要的优化即可。如果样品中有不能用 GC 直接分析的组分,或者样品浓度太低,就必须进行必要的预处理,包括采用一些预分离手段,如各种萃取技术、浓缩方法、提纯方法等。详细内容见 8.6.1 小节。

2. *确定仪器配置*

所谓仪器配置就是用于分析样品的方法所采用的进样装置、载气、色谱柱以及检测器。就色谱柱而言,常用的固定相有非极性的 OV-1 (SE-30)、弱极性的 SE-54、极性的 OV-17 和 PEG-20M 等,可根据极性相似相溶原理来选用。而要分析特殊的样品,如手性异构体,就需要特殊的色谱柱。对于很复杂的混合物,SE-54 往往是首选的固定相。

3. *确定初始操作条件*

当样品准备好,且仪器配置确定之后,就可开始进行尝试性分离。这时要确定初始分离条件,主要包括进样量、进样口温度、检测器温度、色谱柱温度和载气流速。

进样量要根据样品浓度、色谱柱容量和检测器灵敏度来确定。样品浓度不超过 $1.0\ mg \cdot mL^{-1}$ 时填充柱的进样量通常为 $1 \sim 5\ \mu L$,而对于毛细管柱,若分流比为 50∶1 时,进样量一般不超过 $2\ \mu L$。必要时先对样品进行预浓缩,还可采用专门的进样技术,如大体积进样,或者采用灵敏度更高的检测器。

进样口温度主要由样品的沸点范围决定,还要考虑色谱柱的使用温度,即首先要保证待测样品全部气化,其次要保证气化的样品组分能够全部流出色谱柱,而不会在柱中冷凝。常用的条件是 $250 \sim 350\ ℃$。注意,当样品中某些组分会在高温下分解时,就要适当降低气化温度。必要时可采用冷柱上进样或程序升温气化(PTV)进样技术。

色谱柱温度的确定主要由样品的复杂程度和气化温度决定。原则是既要保证待测物的完全分离,又要保证所有组分能流出色谱柱,且分析时间越短越好。简单的样品最好用恒温分析,这样分析周期会短一些。对于组成复杂的样品,常需要用程序升温分离。

检测器的温度是指检测器加热块温度,而不是实际检测点(如火焰)的温度。检测器温度的设置原则是保证流出色谱柱的组分不会冷凝,同时满足检测器灵敏度的要求。比如在使用 OV-101 或 OV-1 毛细管色谱柱时,火焰离子化检测器(FID)的温度可设定为 300 ℃。

载气流速可按照比最佳流速(氮气约为 20 cm $\cdot$ s^{-1},氦气和氢气约为 30 cm $\cdot$ s^{-1})高 10% 来设定,然后再据分离情况进行调节。原则是既保证待测物的完全分离,又要保证尽可能短的分析时间。用填充柱时,载气流量一般设为 30 mL $\cdot$ min^{-1}。

此外,当所用检测器需要燃烧气和/或辅助气时,还要设定这些气体的流量。

上述初始条件设定后,便可进行样品的尝试性分析。一般先分析标准样品,然后再分析实际样品。在此过程中,还要根据分离情况不断进行条件优化。

4. 分离条件优化

事实上,当样品和仪器配置确定之后,一个色谱技术人员最经常的工作除了更换色谱柱外,就是改变色谱柱柱温和载气流速,以期达到最优化的分离。柱温对分离结果的影响要比载气流速的影响大。

简单地说,分离条件的优化目的就是要在最短的分析时间内达到符合要求的分离结果。所以,当在初始条件下样品中难分离物质对的分离度 R 大于 1.5 时,可采用增大载气流速、提高柱温或升温速率的措施来缩短分析时间,反之亦然。比较难的问题是确定色谱图上的峰是否为单一组分的峰,这可用标准样品对照,也可用 GC-MS 测定峰纯度。如果某一感兴趣的峰是两个以上组分的共流出峰,在改变柱温和载气流速也达不到基线分离的目的时,就应更换更长的色谱柱,甚至更换不同固定相的色谱柱。

5. 定性鉴定

所谓定性鉴定就是确定色谱峰的归属。对于简单的样品,可通过标准物质对照来定性。就是在相同的色谱条件下,分别对标准样品和实际样品进行分析,根据保留值即可确定色谱图上哪个峰是要分析的组分。定性时必须注意,在同一色谱柱上,不同化合物可能有相同的保留值,所以,对未知样品的定性仅仅用一个保留数据是不够的。双柱或多柱保留指数定性是 GC 中较为可靠的方法。对于复杂的样品,则要通过保留指数和/或 GC-MS 来定性。不过,我们应当了解,GC-MS 并不总是可靠的,尤其是一些同分异构体的质谱图往往非常相似,计算机检索结果有时是不正确的。只有当 GC 保留指数和 MS 谱图的鉴定结果相吻合时,定性的可靠性才是有保障的。详细内容见 8.6.3 小节。

6. 定量分析

这一步骤是要确定用什么定量方法来测定待测组分的含量。常用的色谱定量方法不外乎峰面积(峰高)百分比法、归一化法、内标法、外标法和标准加入法(又叫叠加法)。详细内容见 8.6.4 小节。

至此,就基本建立起了一个 GC 分析方法,图 8.35 总结了 GC 方法开发的一般步骤。在将该方法作为标准方法或法规方法使用前,还必须对其进行认证。有关内容将在 8.6.5 小节中讨论。

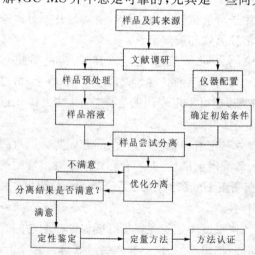

图 8.35　GC 方法开发的一般步骤

8.5　高效液相色谱法

8.5.1　引言

1. 高效液相色谱法的特点

高效液相色谱(high performance liquid chromatography，HPLC)是 20 世纪 60 年代末在经典液相色谱的基础上发展起来的一种现代色谱分析方法，历史上曾出现过不同的叫法，如高压液相色谱(HPLC)、高速液相色谱(HSLC) 和高分辨液相色谱(HRLC)。就分离原理而言，HPLC 与经典柱层析(色谱)没有本质的区别，但由于采用了高压输液泵、高效微粒固定相和高灵敏度检测器，HPLC 在分析速度、分离效率、检测灵敏度和操作自动化方面，都达到了可与 GC 相比的程度，并保持了样品适用范围广、流动相种类多和便于制备的柱层析优点，在生物工程、制药工业、食品工业、环境监测和石油化工等领域获得了广泛的应用。特别是在当今迅速发展的生命科学领域，在蛋白组学的研究中，HPLC 已经成为必不可少的分析手段。

在前面的章节我们已经对 HPLC 和 GC 进行了全面的比较，并深入讨论了色谱的基本理论，这里再强调一下 HPLC 的特点：

(i) 样品适用范围广。HPLC 有多种分离模式，原则上讲，几乎可以分析除永久气体外所有的有机和无机化合物。

(ii) 分离效率高。采用新型的高效微粒固定相(粒度为 3~10 μm)，HPLC 填充柱的柱效可达每米 40 000~80 000 的理论塔板数，可以分离结构非常近似的化合物，甚至光学异构体。

(iii) 检测灵敏度高。HPLC 虽然没有 GC 中 FID 那样的通用性好、灵敏度高的检测器，但近年来发展日益成熟的 LC-MS 技术已经得到了广泛的应用，即使是紫外吸收检测器也可达到 10^{-9} g 的最小检测限，荧光检测器的最小检测限则可达到 10^{-12} g，电化学检测器的灵敏度可以更高。

(iv) 分析速度快。与经典柱层析相比，HPLC 的分析速度大为提高，一个典型的分析可在几分钟到几十分钟内完成。

(v) 样品回收方便，很容易将分析放大为制备分离。由于大多采用非破坏性检测器，故可回收珍贵的样品，这在蛋白组学的研究和生物工程中尤为重要。

2. 高效液相色谱法的分类

HPLC 的分类方法有多种，比较常见的有 3 种。

(1) 按照分离机理分类

(i) 吸附色谱。这是历史上 LC 所利用的第一种分离机理，它是依据样品组分在固定相上的吸附性能差异实现分离的。固定相采用固体吸附剂，流动相则是各种极性不同的溶剂或混合溶剂。吸附色谱分离弱极性到中等极性的化合物效果较好，还用于样品的族分离。比如用硅胶和氧化铝等固定相分离组分极性范围很宽的样品，用不同极性的流动相洗脱，可以依次得到饱和脂肪烃、不饱和脂肪烃、芳烃和极性化合物。

(ii) 分配色谱。这是目前应用最为广泛的 HPLC 分离模式，主要根据样品组分在流动相和固定相之间的分配性能差异来实现分离。它以负载在固体基质上的液体(或者在操作条件下为液态)为固定相，以不同极性的溶剂或混合溶剂为流动相。固定相若是物理涂敷在固体基质表面,就称为液液分配色谱;固定相若是化学键合在基体表面,如键合有十八烷基的硅胶,就称为键合相分配色谱,简称键合相色谱(需要指出,关于键合相色谱的分离机理有两种观点,一种认为是分配机理,另一种认为是吸附机理,目前尚无定论)。当固定相的极性大于流动相的极性时,称为正相色谱(NP-HPLC);当流动相的极性大于固定相的极性时,称为反相色谱(RP-HPLC)。据统计,在所有 HPLC 应用中,85% 的分离是采用反相色谱完成的,它既可以分析中性化合物,也可以分析可离子化的碱性或酸性化合物。

(iii) 离子交换色谱(IEC)。用于分离有机或无机离子的 HPLC 方法,按照样品中离子与固定相上的荷电基团进行可逆性离子交换的能力的差异实现分离。固定相是各种离子交换树脂,流动相则是严格控制 pH 的缓冲溶液。

(iv) 体积排阻色谱(SEC)。是分离天然、合成聚合物和生物大分子的 HPLC 方法,按照样品组分的分子尺寸不同实现分离。固定相为化学惰性的多孔颗粒填料,分子尺寸小的组分可以进入固定相的孔而有强的保留,分子尺寸大的组分则保留弱,故洗脱是以相对分子质量递减为顺序的。当流动相为有机相时,称为凝胶渗透色谱(GPC);流动相为水相时则称为凝胶过滤色谱(GFC)。SEC 在蛋白质分离、大分子的相对分子质量测定以及相关研究中有重要的应用。

(v) 亲和色谱(AC)。主要用于生化分析和药物筛选,以生物分子(如抗原)与配体(如抗体)之间的特异性相互作用不同而实现分离。将不同特性的配体键合到硅胶等基质上作为固定相,以严格控制 pH 的缓冲溶液为流动相。多用于分离具有生物活性的化合物,如氨基酸、肽、蛋白质、核苷、核苷酸、酶等。

(2) 按照色谱柱洗脱动力学分类

(i) 洗脱法。也叫淋洗法。以三组分混合样品为例,样品进入色谱柱后随流动相移动,依据不同组分与固定相的相互作用不同而顺序流出,各组分的谱带是相互独立的。这是 HPLC 应用最多的方法,如图 8.36(a)所示。

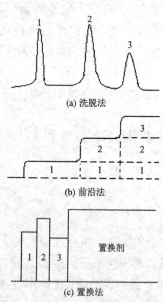

(a) 洗脱法

(b) 前沿法

(c) 置换法

置换剂

图 8.36 HPLC 的不同洗脱动力学过程

(ii) 前沿法。又称迎头法。将三组分混合物溶于流动相,并连续注入色谱柱。由于各组分与固定相的作用不同,作用力最弱的第一组分首先流出,其次是第二组分叠加在第一组分上流出,最后是作用力最强的第三组分叠加在第一和第二组分上流出(图 8.36(b))。此法得到的分离谱带是混合的,只有第一组分的纯度较高。前沿法在分离分析中较少使用,主要用于一些特殊的情况,如研究某些化合物与固定相的相互作用。

(iii) 置换法。又称顶替置换法。当样品组分与固定相的相互作用都较强时,采用一般流动相难以在合理的时间内洗脱下来。此时可采用一种流动相(用做置换剂),它与固定相的作用比样品组分都强。当置换剂进入色谱柱后,就可将保留在色谱柱上的样品组分置换下来。此法得到的谱带一般也是独立的,可获得纯的化合物,故在大规模的制备分离中很有应用价值。

(3) 按照分离目的分类

(i) 分析液相色谱。这是应用最广泛的以定性和/或定量分析为目的的 HPLC 方法,也是本书讲述的主要内容。

(ii) 制备液相色谱。以获得样品组分纯品为目的的 HPLC。

8.5.2　高效液相色谱仪

无论何种 HPLC 分离模式，其仪器组成基本都是相同的，而且与 GC 的相应部件的作用类似。即由溶剂(流动相)输送系统、进样系统、柱系统、检测系统、数据处理和控制系统组成，其分析流程也与 GC 相同。图 8.37 所示为典型的 HPLC 仪器组成，储液瓶和泵之间一般用聚四氟乙烯管连接，而从泵到检测器则需要采用细内径(0.17 mm 左右)的不锈钢管连接。因为 HPLC 的色谱柱长度(5～30 cm)远比 GC 毛细管柱短，柱外效应的影响更为严重，所以 HPLC 的连接管线不但要内径小，而且要尽可能短。

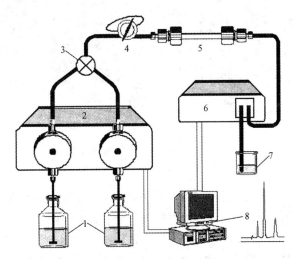

图 8.37　HPLC 仪器组成示意图

1—储液瓶(输液管入口端安装有过滤器)；2—高压输液泵；3—混合器和阻尼器；4—进样器(阀)；

5—色谱柱；6—检测器；7—废液瓶；8—数据处理和控制系统

1. 高压输液系统

由于 HPLC 所用固定相的粒度很小(3～10 μm)，因此对流动相的阻力极大。为保持一定的流动相流速，必须配备高压输液系统。该系统一般由储液瓶、高压输液泵、过滤器、压力脉动阻尼器等组成(见图 8.37)，其中高压输液泵是核心部件。

HPLC 输液泵的要求是能在高达 40 MPa 的压力下保持密封性能好、输出流量恒定、压力平稳，可在 0.1～10 mL·min^{-1} 的范围内调节流量(用于制备时要求流量更大)，且流量控制的误差要小于 0.5%，便于更换溶剂以及耐腐蚀性好。常用的输液泵有恒流和恒压两种类型。前者是在一定的操作条件下，输出流量保持恒定，而与系统的压力无关；后者则是输出压力保持恒定，流量随系统压力变化而变化。因为恒压泵可能造成保留时间的不重现，故现在的 HPLC 仪器基本都采用恒流泵。

恒流泵又称机械泵，有注射泵和往复泵两种。注射泵类似于注射器，用一个伺服马达驱动与活塞相连的螺杆，将"针筒"内的流动相压入色谱系统。注射泵设备简单，流量稳定，但一次可使用的流动相量有限，且在更换或添加流动相时必须停泵。注射泵现在多用于流量要求在 1～50 μL·min^{-1} 范围的微型 HPLC 或毛细管柱 HPLC 中。

常规 HPLC 一般采用往复泵，其中泵体由不锈钢制成，活塞则采用蓝宝石杆，并由高压密封圈保持密封，可承受 40 MPa 或更高的压力。图 8.38 是两种往复泵的原理图。在并联结构(a)中，两个活塞的相位差为180°,这样可以抑制流量脉冲。每个活塞配备两个止逆阀,一个是在活塞排液时阻止流动相回流到储液瓶,另一个是在活塞吸液时阻止已排出的流动相回流。在串联结构(b)中,两个活塞的冲程不同,一般 A 活塞一次往复所输送的液体是 B 活塞一次往复所输送液体的两倍,这样通过两活塞间的一个储液装置,就可达到与并联活塞相同的脉冲抑制效果,而且由于仅需要两个止逆阀,不仅成本下降,而且泄漏故障发生率大为降低,维护也相对简单。

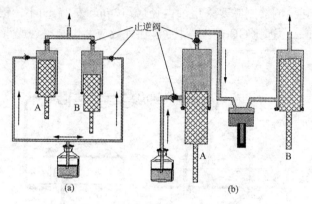

图 8.38　往复式活塞泵的结构
(a) 双活塞并联泵；(b) 双活塞串联泵

　　还有一种往复泵是隔膜泵,原理与上述活塞泵相同,只是在活塞与液体之间加一层隔膜,活塞的运动通过流体力学传递给活塞,进而驱动流动相。隔膜泵的优点是可使用有一定腐蚀性的流动相,而不会对泵体和活塞造成腐蚀。缺点是使结构变得复杂,维护不太方便。

　　为了实现 HPLC 的梯度洗脱分析,高压输液系统还应具备梯度功能。实现梯度的方式一般有两种,即低压梯度和高压梯度。前者只用一个双活塞往复泵,不同的溶剂经过一个电磁比率阀后再进入泵。梯度洗脱时各种溶剂的比率是由比率阀控制的,比率阀则由计算机控制,可实现时间编程。由于流动相是在泵前的低压条件下混合的,故称为低压梯度。高压梯度则是采用多个双活塞往复泵(每种溶剂需要一个泵)将不同的溶剂抽入,在泵后的高压状态下混合。就梯度的重现性而言,高压梯度优于低压梯度,但高压梯度需要多个泵显然增加了仪器成本。一般情况下,低压梯度完全可以满足分析重现性的要求,而当分析要求极为苛刻时,高压梯度就是较好的选择。

　　HPLC 要求流动相中不含有永久气体,因为一旦有气泡进入系统,就会引起压力不稳,检测器噪音增大,分析重现性下降。所以在使用前一定要对流动相进行彻底的脱气处理。离线脱气常用超声波浴,在线脱气则可以采用吹氦气鼓泡或真空脱气。

　　2. 进样系统

　　进样系统要求在不停流和不泄漏的情况下,将 $1\sim500\ \mu L$ 的样品准确注入 HPLC 系统,所以大多采用六通阀进样。进样阀的工作原理与 GC 中所用气体进样阀(见图 8.23)完全相同,只是在 HPLC 中进样量要少得多,而且有手动阀进样与自动进样器之分。采用手动阀进样时,进样量由样品环的大小来控制,也可由注射器控制(但进样量不能超过样品环的容积)。而自动进样器则往往由计量泵来精确控制进样量。图 8.39 为典型的自动进样器原理图,目前阀的位置是取样。机械手将所需样品瓶送到取样针下方,取样针伸入样品溶液中,此时计量泵按照设定的进样量将样品抽入样品环。如果需要还可以从另一个样品瓶中抽取反应试剂,在样品环中与样品混合反应后再分析。取样后移走样品瓶,取样针落下插入底座,同时阀转动,由流动相将样品带入色谱柱进行分析。采用自动进样器所得到的分析结果一般要优于手动进样,而且可以在无人看管的条件下实现多样品的自动分析。

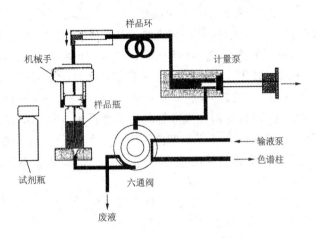

图 8.39　自动进样器原理示意图

3. 色谱柱系统

与 GC 中的情况一样,色谱柱也是 HPLC 的心脏。由于 HPLC 在很高的压力下工作,故色谱柱材料除了要满足 GC 柱对材料的要求外,还必须有很好的机械性能,要能够承受更高的压力。实际工作中大多用不锈钢材料,为避免不锈钢内壁可能对样品的不良作用,内壁可以涂敷一层耐腐蚀的惰性聚合物膜。还有少数色谱柱采用 PEEK(聚醚醚酮)材料。

按照色谱理论,色谱柱的内径越小,柱效越高,而柱长则与理论塔板数呈正比。在 HPLC 中,常规分析柱的内径一般为 2.1~4.6 mm,柱长一般为 5~30 cm。由于单位柱长的理论塔板数可以达到每米 40 000~80 000,故短的色谱柱也能满足常规分析的需要,而且,短柱有利于降低系统压力,延长色谱柱寿命,实现快速分析。有关色谱柱的填料(固定相)将在下一节介绍。

在 HPLC 的柱系统中常常还有对分析柱起保护作用的预柱和预饱和柱。预柱安装在进样器和分析柱之间,柱长 5~10 mm,其中填充与分析柱相同的固定相。其作用一是防止来自样品的不溶性颗粒物进入分析柱而造成分析柱的堵塞,二是将强保留组分截流在预柱上,避免进入分析柱而造成污染。因为强保留组分一旦进入分析柱,则很难洗脱下来。当使用硅胶基色谱柱时,安装预饱和柱可以延长分析柱的使用寿命。预饱和柱安装在泵和进样器之间,其中填充硅胶填料即可,当流动相通过预饱和柱时,其中的硅胶可使流动相饱和,这样流动相进入分析柱时,就不会再溶解其中的固定相。在流动相的 pH 高于 7 或低于 3 时,预饱和柱是非常必要的,因为硅胶在此 pH 条件下,较容易溶于含水的流动相。

色谱柱系统还有一个部件就是柱恒温箱,有的将色谱柱置于一个电加热恒温箱,还有的是通过半导体控温(帕尔贴)元件使进入色谱柱的流动相处于恒温状态。其作用是恒定色谱柱和/或进入色谱柱的流动相的温度。一般来说,HPLC 柱的操作温度对分析结果的影响不像 GC 柱温度的影响那么强烈,而且流动相中的有机溶剂在高温条件下很容易挥发,硅胶基固定相在水中的溶解度则随温度的升高而增大,故 HPLC 一般在室温下操作,最高不会超过 90℃。这也是很多常规分析的 HPLC 仪器没有配置柱恒温箱的主要原因。尽管如此,色谱柱的恒温对提高分析结果的重现性还是很重要的,必要时,可以通过改变温度来获得更优化的分离效果。

在阳、阴离子的离子交换色谱分离中,有双柱方法和单柱方法之分。离子分析多采用电导检测器,当用交换容量高的离子交换色谱柱分离阳离子和阴离子时,流动相的离子强度较高,若使色谱柱流出物直接进入检测器,则因背景信号太高而影响检测灵敏度。为了提高灵敏度,就需在分析柱和检测器之间连接一支离子交换柱,以抑制流动相的离子强度。如分析阴离子时,采用阳离子交换树脂(H^+形式)抑制柱将流动相中的 Na^+ 除去,样品阴离子则转化为相应的酸;而分析阳离子时,采用阴离子交换树脂(OH^-形式)抑制柱,将流动相中的酸转化为水,样品阳离子转化为相应的氢氧化物。这就是过去普遍采用的双柱离子色谱方法。

采用抑制柱的双柱方法确实提高了检测灵敏度,但也带来了一些问题,比如仅限于分析强解离的离子,增加了系统死体积,抑制柱逐渐饱和后需要再生。所以,单柱离子色谱方法的应用越来越为人们所重视。所谓单柱就是不用抑制柱,而采用低交换容量的离子交换柱作为分析柱,这样流动相就可以用浓度很稀的盐溶液,从而保证了电导检测的高灵敏度。

4. 检测系统

HPLC 对检测器的要求与 GC 对检测器的要求基本相同,检测器的性能指标也是噪音、灵敏度、检测限和线性范围等,可以沿用 GC 检测器的表示方法。

HPLC 的检测器常被分为两类,一是整体性能检测器,二是溶质性能检测器。前者测定进入检测器的液体的整体物理化学性质,如示差折光检测器(测定折射率)和电导检测器(测定电导率);后者则主要是对溶质有响应,如紫外吸收、荧光和安培检测器。根据所适用的样品范围,还可将检测器分为通用型检测器和选择性检测器。下面简要介绍几种常用的 HPLC 检测器。

(1) 紫外-可见吸收检测器(UV-Vis)和光电二极管阵列检测器(DAD)

UV-Vis 检测器是 HPLC 应用最多的检测器,适用于检测对紫外和/或可见光有吸收的样品。其原理与 UV-Vis 分光光度计相同,只是吸收池中的液体是流动的(故称流通池),检测是动态的,故要求响应要快。随着流动相和被分析物从色谱柱流出,检测器要随时读出吸光度,并转换为电信号在数据处理装置上记录下来。据统计,在 HPLC 分析中,接近 80% 的样品可以使用这种检测器。这种检测器灵敏度较高,通用性较好,可用于梯度洗脱,但要求作为流动相的溶剂在所选检测波长下没有或只有很低的吸收,这在一定程度上限制了某些流动相的使用。

传统的 UV 检测器有两种类型,即固定波长和可变波长。固定波长检测器采用汞灯的254 nm 和 280 nm 波长的谱线,许多有机官能团在此波长下有吸收。可变波长检测器则多采用氘灯,并采用光栅分光,可以在 200~450 nm 范围内任意选择检测波长(步长 1 nm)。

近年来发展起来的光电二极管阵列检测器(DAD)由于响应速度快,自动化程度高而得到了广泛的应用。图 8.40 所示为 DAD 的光学原理图,左下方为流通池结构,光程长度 1 cm。光源为钨灯和氘灯,波长范围可达 190~900 nm。氧化钬滤光片用于自动校正波长,1024 个二极管组成阵列,保证 1 nm 的波长分辨率。很快的响应速度可以保证快速分析时数据的可靠性。使用这种检测器可以同时在多达 5 个不同的波长进行检测,一次进样分析可得到多个波长下的色谱图,而且可在一次分析过程中对不同的色谱峰采用不同的检测波长。更重要的是可在线采集每个色谱峰的 UV-Vis 光谱图,根据选择的波长范围不同,每秒钟可扫描得到几十张到几百张光谱图,最后由计算机处理数据,可绘出三维色谱图。这样除了可以快速选定最佳检测器波长外,还可以比较一个色谱峰上不同位置的光谱图(即峰纯度检测),有利于判断分离情况。通过对比标准物质的 UV-Vis 光谱图,还能够提供对色谱峰进行定性鉴定的重要信息。

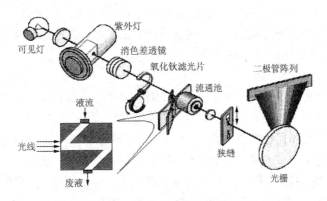

图 8.40　光电二极管阵列检测器

左下方为流通池的截面图

（2）荧光检测器（FLD）

FLD 的原理与荧光分光光度计完全相同，多采用氙灯为光源，流通池与 UV 检测器类似，只是光电倍增管置于激发光入射方向的垂直方向上。这是一种选择性检测器，只能用于具有荧光活性的化合物的检测，灵敏度可比 UV 检测器高 2～3 个数量级，检测限可达 pg 量级或更低。许多有机化合物，如含有芳香基团的化合物，具有很强的荧光性能，在一定波长的激发光作用下，产生的荧光强度与样品浓度呈正比。对于无荧光活性的物质，还可以在样品或 HPLC 系统中加入荧光试剂进行柱前或柱后衍生化，以实现高灵敏度检测。在芳烃、甾族化合物、氨基酸、维生素、酶和蛋白质分析中，FLD 是较为理想的 HPLC 检测器。此外，FLD 也可用于梯度洗脱。最新型的 FLD 也具有三维谱图功能，且可同时给出激发光和发射光的三维谱图。

FLD 的缺点是样品适用范围有限，定量分析的线性范围较窄（$10^4 \sim 10^5$）。

（3）示差折光检测器（RID）

RID 又称折光指数检测器，图 8.41 是 RID 的原理示意图。流通池分成两半，一半为参比池，其中只有流动相，另一半是测量池，其中是来自色谱柱的含样品流动相。RID 通过连续监测参比池和测量池中溶液的折射率之差来测定样品浓度。由于不同的物质具有不同的折射率，而溶液的折射率等于溶剂及其所含溶质的折射率与其摩尔浓度的乘积之和，当流动相中的样品浓度变化时，流经测量池的含样品流动相与流经参比池的纯流动相的折射率之差就发生变化，由此反映流动相中的样品浓度，故 RID 是一种整体性质检测器，也是一种通用型检测器。

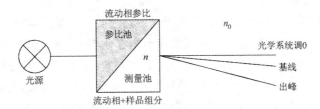

图 8.41　示差折光检测器原理示意图

按照工作原理的不同，RID 可分为干涉式、偏转式和反射式几种。干涉式因为造价昂贵而使用较少；偏转式池体积较大（约 10 μL），但适用于测定各种不同溶剂的折射率；反射式池体积较小（约 3 μL），应用较多，但当测定折射率相差较大的样品时，可能需要更换流通池。

RID 虽然通用，但因为其检测限一般为 $10^{-6} \sim 10^{-7}$ g·mL^{-1}，不及 UV 检测器的灵敏度高,故应用远不及 UV 普遍,多用于碳水化合物(如单糖或多糖)的测定。此外,RID 对温度特别敏感,通常要求检测池的温度波动不超过 ±0.001 ℃,这使得其平衡时间较长。还由于 RID 是整体性质检测器,因此不能用于梯度洗脱。

(4) 电化学检测器

电导测量仪、安培计、伏安计或库仑计均可用做 HPLC 的电化学检测器。其中电导检测器和安培检测器是使用较多的两种。

电导检测器是测量物质在流动相中电离后所引起的电导率变化,样品组分的浓度越高,电离产生的离子浓度越高,电导率变化就越大。显然,电导检测器是一个整体性质检测器,不适合梯度洗脱分析。它只能测量离子或在所用色谱流动相中可电离的化合物,因而又是一个选择性检测器,在离子色谱中应用很广泛。其检测限可达到 10^{-11} mol·L^{-1},线性范围 10^6。

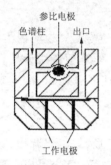

图 8.42　安培检测器

电导检测器的主要部件是一个作为流通池的电导池,其中安装有正负两个电极(多用玻碳电极或铂电极)。由于电导率对温度敏感,故需要很稳定的温度。此外,当使用缓冲液作流动相时,由于背景电导增大而导致灵敏度的降低。

安培检测器是使用最多的电化学检测器,其典型的结构如图 8.42 所示。在工作电极上施加恒定的电压,样品随流动相流出色谱柱后进入检测器,经过工作电极表面,再流出检测器。有电化学活性的组分便在电极表面发生氧化或还原反应,安培计就可测定扩散电流。两个工作电极可以施加不同的电压,分别检测不同的反应,也可施加相同的电压,相当于加大了电极表面,可以提高检测灵敏度。

安培检测器是一个选择性检测器,适合于测定所有在工作电极的电压范围内发生氧化或还原反应的物质,在生化样品分析中应用广泛。比如,测定肾上腺素或去甲肾上腺素时,检测限可达 10^{-15} mol·L^{-1},是迄今最灵敏的 HPLC 检测器。线性范围一般为 $10^4 \sim 10^5$。

安培检测器要求流动相的电化学惰性好,且必须具有导电性,通常需要 $0.01 \sim 0.1$ mol·L^{-1} 的电解质浓度。在梯度洗脱时,安培检测器的基线漂移较大。在检测还原电流时,流动相中微量的氧气可干扰测定,故要严格脱去流动相中的氧气。电极表面吸附某些样品组分之后,灵敏度也会下降,因此要经常清洗或更换。此外,样品如含有表面活性物质,会造成电极的中毒。

(5) 其他检测器简介

(i) 蒸发光散射检测器(ELSD)。它是基于光线通过微小的粒子时会产生光散射现象的原理。经色谱柱分离的样品组分随流动相进入检测器的雾化器,在高速喷雾气(氮气或空气)的作用下喷成微小的液滴,然后进入加热的蒸发室,流动相被气化而蒸发,不挥发的组分则成为微小的雾状颗粒。这些颗粒快速通过一个光源(白炽灯、卤素灯或激光光源)的光路,溶剂蒸气使光线反射到检测器上成为稳定的基线信号,而雾状的溶质颗粒使光线发生散射,被位于与入射光成 120° 角处的光电倍增管收集,作为样品信号记录。散射光的强度与散射室中样品的量呈正比。光散射的程度取决于检测器中溶质粒子的大小和数量,而粒子数量又取决于流动相的性质和流速,以及喷雾气的流速。假定流动相的条件和喷雾条件(喷雾气流速和雾化器温度)都不变,则颗粒的大小由颗粒中溶质的浓度决定。

由此可见,ELSD 是一个通用型检测器,其灵敏度比 RID 高许多,检测限可达 ng 量级。对温度的敏感程度也比 RID 低得多,而且适合于梯度洗脱。另一个优点是一般无需测定不同化合物的定量校正因子,因为 ELSD 的响应值仅取决于光线中溶质颗粒的大小和数量,与化合物结构关系不大。

ELSD 的局限性是操作较为复杂,只适合于测定可挥发和半挥发性化合物,流动相也必须是可挥发的。如果流动相含有缓冲液,也必须使用挥发性盐,而且浓度要尽可能低。目前,ELSD 的应用尚不普遍,主要用于其他检测器难以检测的化合物,如磷脂、皂甙、糖类和聚合物等。

(ii) 化学发光检测器(CLD)。有些物质可在常温下发生化学反应而生成处于激发态的反应中间体或产物。当这些中间体或产物返回基态时,就会发射出一定波长的光线。由于物质激发态的能量是通过化学反应获得的,故称为化学发光。在 HPLC 中,CLD 利用的化学发光是指由高能量、不放热、不做电功或其他功的化学反应所释放的能量来激发体系中某些化合物分子而产生的次级光发射。CLD 不需要外部光源,消除了杂散光或光源不稳定所带来的问题,从而提高了信噪比和灵敏度。CLD 的线性范围也较宽(可达 10^4),预计今后将被更广泛地使用。

(iii) 质谱检测器 (MSD)和核磁共振检测器 (NMR)。这两种检测器是强有力的结构鉴定工具,事实上属于联用仪器,其原理参见第 22 章和第 16 章。

8.5.3　高效液相色谱固定相

1. 液固吸附色谱固定相

液固吸附色谱固定相有极性和非极性两类。极性固定相主要是硅胶(酸性)、氧化铝和氧化镁、硅酸镁分子筛等。非极性固定相有多孔微粒活性炭、多孔石墨化炭黑,以及高度交联的苯乙烯-二乙烯苯共聚物的单分散多孔小球和碳多孔小球,粒度一般在 $5\sim40~\mu m$ 之间,$5\sim10~\mu m$ 粒度的填料最常用。

极性硅胶是应用最为普遍的液固色谱固定相,主要有三种类型,即无定形硅胶、薄壳型硅胶和全多孔球形硅胶。无定形硅胶最早使用,但传质速率慢、柱效低。后来出现了薄壳型硅胶。薄壳型硅胶是在直径为 $30\sim40~\mu m$ 的玻璃珠表面涂布一层 $1\sim2~\mu m$ 厚的硅胶微粒,制成孔径均一、渗透性好、传质速率快的色谱柱填料,可以实现 HPLC 的高效快速分离。然而,薄壳型硅胶的柱容量有限,很快被后来出现的全多孔球形硅胶所取代。全多孔球形硅胶的粒度一般为 $5\sim10~\mu m$,颗粒和孔径的均一性都比前两种硅胶好,而且样品容量大,是当今液固色谱固定相的主体,也是键合固定相的主要基质。

2. 液液分配色谱固定相

液液分配色谱固定相是在吸附剂表面涂敷一层固定液,类似于 GC 填充柱的固定相。无定形硅胶、全多孔球形硅胶和氧化铝均可作为固定液的载体,而固定液则多采用 GC 的固定液。这类固定相的缺点是固定液层的耐溶剂冲刷性能差,使用一段时间就会出现固定液的流失,而导致柱效降低。因此,很快被键合相填料所取代。

3. 键合相色谱固定相

键合相色谱基本上属于分配色谱,它与液液分配色谱固定相不同的是"固定液"是以化学键的形式与基体结合在一起的。前文已经讲过,根据固定相和流动相的相对极性,键合相色谱又可分为正相色谱和反相色谱,相应地固定相也有正相和反相之分。

正相键合相色谱的固定相是将极性基团,如氨基(—NH$_2$)、腈基(—CN)或二醇基等,经化学反应键合到全多孔或薄壳微粒硅胶上,硅胶基体要先经过酸活化处理,使其表面含有大量的硅羟基。当流动相的极性比这些基团弱时,就是正相色谱分离模式,属于分配色谱。

反相键合相色谱的固定相是将非极性或弱极性的基团,如乙基(—C_2H_5)、丁基(—C_4H_9)、辛烷基(—C_8H_{17})、十八烷基(—$C_{18}C_{37}$)和苯基(—C_6H_5),经化学反应键合到经酸活化处理的全多孔或薄壳微粒硅胶上,形成非极性键合固定相。基体上残留的未反应硅羟基可以采用小分子的硅烷化试剂(如三甲基氯硅烷)进行封端(end-cap)处理,使其表面惰性更好,对碱性化合物的吸附作用大为减小。故市售色谱柱有封端和未封端之分。

图 8.43 所示为辛烷基键合相的结构示意图。烷基链在硅胶表面形成"刷子"状的结构,在分离过程中,根据样品分子与键合基团的作用力强弱而有不同程度的保留,作用力强的样品分子保留就强,洗脱就难,出峰就晚,反之亦然。如在十八烷基键合相上分离甲苯和苯酚,流动相为甲醇和水的混合液,则甲苯的保留要比苯酚强,故苯酚会首先被洗脱下来,甲苯则后出峰。而在二醇基键合相上则是甲苯先出峰。

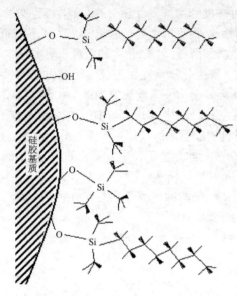

图 8.43 辛烷基硅胶键合相的结构示意图

键合工艺不同会造成键合相性能的不同,如表面硅羟基的反应率(键合度)、表面含碳量、封端情况等。因此,要获得重现性好的分析结果,最好选择同一品牌甚至同一批号的固定相。表 8.14 列出了常用的键合相及其应用范围,其中分离模式是由固定相和流动相的相对极性决定的。离子对色谱则是一种分离离子型化合物的特殊分离模式。采用非极性固定相分离弱酸或弱碱等可离子化的化合物时,因其在固定相上的保留作用很弱,不易分离。故在流动相中加一种与被分析物极性相反的离子(离子对试剂),使其与被分析物形成缔合物,从而增加保留,提高分离度。这就是离子对色谱。

表 8.14 常用键合相及其应用范围

类 型	键合官能团	性 质	分离模式	应用范围
烷基 (C_8、C_{18})	—$(CH_2)_7$—CH_3 —$(CH_2)_{17}$—CH_3	非极性	反相、 离子对	中等极性化合物,可溶于水的强极性化合物,如多环芳烃、合成药物、小肽、蛋白质、甾族化合物、核苷、核苷酸等
苯基 (Phenyl)	—$(CH_2)_3$—C_6H_5	非极性	反相、 离子对	非极性至中等极性化合物,如多环芳烃、合成药物、小肽、蛋白质、甾族化合物、核苷、核苷酸等
氨基 (—NH_2)	—$(CH_2)_3$—NH_2	极性	正相、反相、 阴离子交换	正相可分离极性化合物,反相可分离碳水化合物,阴离子交换可分离酚、有机酸和核苷酸
腈基 (—CN)	—$(CH_2)_3$—CN	极性	正相、反相	正相类似于硅胶吸附剂,适于分离极性化合物,但比硅胶的保留弱;反相可提供与非极性固定相不同的选择性
二醇基 (Diol)	—$(CH_2)_3$—O—CH_2—CH—CH_2 　　　　　　　　　　　OH　OH	弱极性	正相、反相	比硅胶的极性弱,适于分离有机酸及其齐聚物,还可作为凝胶过滤色谱固定相

4. 离子色谱固定相

经典的离子交换树脂采用交联的苯乙烯-二乙烯苯共聚物多孔小球作为基质,这种树脂的机械性能较差,在溶剂中会发生溶胀,故不适合于高效色谱分离。现代离子色谱主要采用两类交换剂,一种是将合成的离子交换剂涂敷在玻璃或聚合物珠表面,填料粒径为 30~40 μm。另一种是将液体离子交换剂涂敷于多孔硅胶表面。被分离的离子在这两类固定相上的扩散速率远大于经典的离子交换树脂,故可实现快速分离。然而,就交换容量而言,却比经典的离子交换树脂低。现代离子交换色谱固定相主要有四种类型:强阳离子交换剂(SCX),以磺酸基(—SO_3^-)为代表,在很宽的 pH 范围内带负电荷;强阴离子交换剂(SAX),以季胺基(—$N(CH_3)_3^+$)为代表,在很宽的 pH 范围内带正电荷;弱阳离子交换剂(WCX),以羧酸基(—CH_2COO^-)为代表,在较窄的 pH 范围内带负电荷;弱阴离子交换剂(WAX),以二乙基氨基(—$CH_2N(C_2H_5)_2H^+$)为代表,在较窄的 pH 范围内带正电荷。

5. 排阻色谱固定相

排阻色谱固定相按照不同的孔径分离不同相对分子质量范围的大分子,一般都是凝胶,可分为有机胶和无机胶两类。有机胶有交联葡萄糖、琼脂糖和聚丙烯酰胺等软质凝胶,有交联的苯乙烯-二乙烯苯共聚物,以交联度不同可分为半刚性凝胶(中等交联度)和刚性凝胶(高度交联的);无机胶则主要是多孔球形硅胶。

8.5.4 高效液相色谱流动相

1. HPLC 流动相的性质和分类

与 GC 中使用惰性气体作流动相不同,在 HPLC 分析中使用液体流动相,它对分离有重要的影响。HPLC 对流动相的基本要求是,第一,纯度高;第二,与固定相不互溶,以避免固定相的降解或塌陷;第三,对样品有足够的溶解度,以改善峰形和灵敏度;第四,粘度低,以降低传质阻力,提高柱效;第五,与检测器兼容,以降低背景信号和基线噪音;第六,毒性小,安全性好。与 HPLC 分离过程密切相关的溶剂性质有溶剂强度、溶解度参数、极性参数等。

(1) 溶剂强度

溶剂强度是用来表示溶剂对化合物的洗脱能力的,在液固色谱中常用溶剂强度参数 ε°[1] 来表示,其定义是溶剂分子在单位吸附剂表面 A 上的吸附自由能 E_a,反映的是溶剂分子对吸附剂的亲和程度。对于 Al_2O_3 吸附剂:

$$\varepsilon^{\circ}(Al_2O_3) = \frac{E_a}{A} \tag{8.120}$$

规定戊烷在 Al_2O_3 吸附剂上的 $\varepsilon^{\circ}(Al_2O_3)=0$。在硅胶吸附剂上,

$$\varepsilon^{\circ}(SiO_2) = 0.77\varepsilon^{\circ}(Al_2O_3) \tag{8.121}$$

ε° 数值越大,溶剂与吸附剂的亲和能力越强,越容易从吸附剂上将被吸附的物质洗脱下来。依据各种溶剂在 Al_2O_3 吸附剂上的 ε° 值,可判别其洗脱能力的强弱,从而得到溶剂的洗脱顺序。表 8.15 列出了常见溶剂的 $\varepsilon^{\circ}(Al_2O_3)$ 值。

对于由两种溶剂(A 和 B)组成的混合流动相体系,如果 $\varepsilon^{\circ}_B > \varepsilon^{\circ}_A$,则混合溶剂的溶剂强度参数 ε°_{AB} 可由下式计算得到:

---

[1] L. R. Snyder. *J. Chromatogr.*, 1974, 92: 223

$$\varepsilon^{\circ}_{AB} = \varepsilon^{\circ}_{A} + \frac{\lg[x_B \cdot 10^{\beta \cdot n_B(\varepsilon^{\circ}_B - \varepsilon^{\circ}_A)} + (1 - x_B)]}{\beta \cdot A_B} \tag{8.122}$$

式中 x_B 为溶剂 B 的摩尔分数；A_B 为吸附剂吸附一个 B 分子所占的面积，且假设 $A_B = A_A$；β 为吸附剂的活性，随含水量的不同，其数值在 0.6～1.0 之间变化，反映硅胶吸附剂表面未被水分子覆盖的硅羟基的多少。

表 8.15　HPLC 流动相常用溶剂的性质

溶剂	沸点 /℃	密度 /(g·cm⁻³) (20℃)	粘度 /(mPa·s) (20℃)	折射率	λ_{UV} /nm*	ε°	δ	P'	x_e	x_d	x_n
正己烷	69	0.659	0.30	1.372	190	0.01	7.3	0.1			
环己烷	81	0.779	0.90	1.423	200	0.04	8.2	-0.2			
四氯化碳	77	1.590	0.90	1.457	265	0.18	8.6	1.6			
苯	80	0.879	0.60	1.498	280	0.32	9.2	2.7	0.23	0.32	0.45
甲苯	110	0.866	0.55	1.494	285	0.29	8.8	2.4	0.25	0.28	0.47
二氯甲烷	40	1.336	0.41	1.421	233	0.42	9.6	3.1	0.29	0.18	0.53
异丙醇	82	0.786	1.90	1.384	205	0.82		3.9	0.55	0.19	0.27
四氢呋喃	66	0.880	0.46	1.405	212	0.57	9.1	4.0	0.38	0.20	0.42
乙酸乙酯	77	0.901	0.43	1.370	256	0.58	8.6	4.4	0.34	0.23	0.43
氯仿	61	1.500	0.53	1.443	245	0.40	9.1	4.1	0.25	0.41	0.33
二氧六环	101	1.033	1.20	1.420	215	0.56	9.8	4.8	0.36	0.24	0.40
吡啶	115	0.983	0.88	1.507	305	0.71	10.4	5.3	0.41	0.22	0.36
丙酮	56	0.818	0.30	1.356	330	0.50	9.4	5.1	0.35	0.23	0.42
乙醇	78	0.789	1.08	1.359	210	0.88		4.3	0.52	0.19	0.29
乙腈	82	0.782	0.34	1.341	190	0.65	11.8	5.8	0.31	0.27	0.42
二甲亚砜	189		2.00	1.477	268	0.75	12.8	7.2	0.39	0.23	0.39
甲醇	65	0.796	0.54	1.326	205	0.95	12.9	5.1	0.48	0.22	0.31
硝基甲烷	101	1.394	0.61	1.380	380	0.64	11.0	6.0	0.28	0.31	0.40
甲酰胺	210		3.30	1.447	210		17.9	9.6	0.36	0.33	0.30
水	100	1.00	0.89	1.333	180		21.0	10.2	0.37	0.37	0.25

* λ_{UV} 表示紫外吸收截至波长，即在紫外波长大于该波长时，该溶剂不再有吸收。

（2）溶解度参数（δ）

在液液色谱中常用溶解度参数（δ）表征溶剂的极性，定义为 1 mol 理想气体冷却变成液体时所释放的凝聚能 E_c 与液体摩尔体积 V_m 比值的平方根：

$$\delta = \sqrt{\frac{E_c}{V_m}} \tag{8.123}$$

δ 是溶剂与溶质分子间作用力的总和。对于非极性化合物，E_c 很低，故 δ 值较小；而极性化合物的 δ 值则较大。因此，δ 在液液分配色谱中表示溶剂的极性强弱。表 8.15 列出了常见溶剂的 δ 值。对于混合溶剂，其 δ 值可由下式计算：

$$\delta = \sum_{i=1}^{n} \varphi_i \cdot \delta_i \tag{8.124}$$

式中 φ_i 和 δ_i 分别是混合溶剂中每种溶剂的体积分数和溶解度参数。在正相色谱中，δ 值越大，说明洗脱强度越大,被分析物的容量因子越小;在反相色谱中,情况正好相反,δ 值越大,说明洗脱强度越小,被分析物的容量因子越大。

(3) 极性参数(P')

极性参数(P')是每种溶剂与乙醇(e)、二氧六环(d)和硝基甲烷(n)三种物质相互作用的度量:

$$P' = \lg(K_g'')_e + \lg(K_g'')_d + \lg(K_g'')_n \tag{8.125}$$

式中 K_g'' 是溶剂的极性分配系数。为了进一步表示溶剂的特定作用力大小,又定义了每种溶剂的选择性参数:

$$x_e = \lg(K_g'')_e/P' \tag{8.126}$$

$$x_d = \lg(K_g'')_d/P' \tag{8.127}$$

$$x_n = \lg(K_g'')_n/P' \tag{8.128}$$

x_e 反映了溶剂作为质子接受体的能力,x_d 反映了溶剂作为质子给予体的能力,x_n 则反映了溶剂偶极相互作用的能力。P' 比较全面地反映了溶剂的性质,常见溶剂的 P' 和 x_e,x_d,x_n 值列于表 8.15。对于混合溶剂,可由下式计算其极性参数:

$$P' = \sum_{i=1}^{n} \varphi_i \cdot P_i' \tag{8.129}$$

式中 φ_i 和 P_i' 分别是混合溶剂中每种溶剂的体积分数和极性参数。

在正相色谱中,溶剂的 P' 值越大,说明洗脱强度越大,被分析物的容量因子越小;在反相色谱中,情况正好相反,P' 值越大,说明洗脱强度越小,被分析物的容量因子越大。因此,通过改变流动相的组成来调节其极性参数就可改变样品的分离选择性。

2. 液固吸附色谱和液液分配色谱流动相

在液固色谱中,当使用极性固定相如硅胶和氧化铝时,流动相多以非极性的戊烷、己烷或庚烷为主体,再适当加入二氯甲烷、氯仿、乙酸乙酯等中等极性溶剂,或者四氢呋喃、乙腈、甲醇等极性溶剂为改性剂,以调节流动相的洗脱强度,实现样品组分的分离。必须注意,混合流动相中的各种溶剂都应该是互溶的!而当使用非极性固定相如苯乙烯-二乙烯苯共聚物或石墨化炭黑微球时,多以水、甲醇或乙醇为流动相主体,加入乙腈或四氢呋喃作为改性剂调节洗脱强度。使用混合溶剂的好处一是优化分离选择性,缩短分析时间;二是降低粘度,降低柱压降。

在正相液液色谱中使用的流动相与在液固色谱中使用极性吸附剂时的流动相类似,以非极性溶剂(如己烷)为主体,以中等极性溶剂为改性剂。而在反相液液色谱中使用的流动相则与在液固色谱中使用非极性吸附剂时的流动相类似,以极性溶剂(如水)为主体,加入不同极性的溶剂为改性剂。调节混合比率便可得到一定洗脱强度的流动相。

3. 键合相色谱流动相

键合相色谱是目前 HPLC 的主流技术,人们对其流动相的研究已经相当深入。广泛采用的溶剂分类方法是基于溶剂的极性参数和选择性参数(见表 8.15)将溶剂分为 8 组[1,2]。即分别以三个选择性参数为三角形坐标的三边,每种溶剂就对应于三角形中的一个点(图 8.44),相邻的点代表选择性相近的溶剂,据此可将溶剂分为 8 组。表 8.16 列出了不同组的代表性溶剂。

① J. L. Glajch, J. J. Kirkland, K. M. Squire. *J. Chromatogr.*, 1980, 199: 57

② S. C. Rutan, L. R. Snyder. *J. Chromatogr.*, 1989, 463: 21

对于同一组溶剂组成的混合流动相,改变混合比率对洗脱强度和选择性的影响很小,故要改变流动相的选择性,应当选择不同组的溶剂混合。组成混合流动相的溶剂在三角形上的距离越远,混合比率对选择性的影响就越大。当然,混合流动相中的各种溶剂都应该是互溶的!

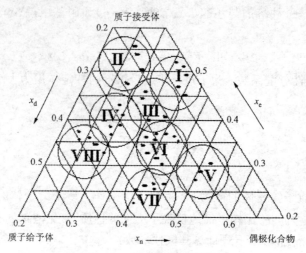

图 8.44　溶剂选择性分组

表 8.16　溶剂分类表

组　别	代表性溶剂
I	脂肪族醚、三级烷胺、四甲基胍、六甲基磷酰胺
II	脂肪醇
III	吡啶衍生物、四氢呋喃、乙二醇醚、亚砜、酰胺(除甲酰胺外)
IV	乙二醇、苯甲醇、甲酰胺、乙酸
V	二氯甲烷、二氯乙烷
VI	磷酸三甲苯酯、脂肪族酮和酯、聚醚、二氧六环、乙腈
VII	硝基化合物、芳香醚、芳烃、卤代芳烃
VIII	氟代烷醇、间甲基苯酚、氯仿、水

　　在正相键合相色谱中使用的流动相与正相液液色谱流动相类似,常常是以己烷为主体,必要时加入改性剂调节选择性,如加入质子接受体溶剂乙醚或甲基叔丁基醚(第 I 组)、质子给予体氯仿(第 VIII 组),或者偶极溶剂二氯甲烷(第 V 组)。

　　在反相键合相色谱中使用的流动相则与反相液液色谱流动相类似,常常以水为主体,加入其他溶剂来调节选择性,如质子接受体溶剂甲醇(第 II 组)、质子给予体乙腈(第 VI 组),或者偶极溶剂四氢呋喃(第 III 组)。

　　在 HPLC 分析中,常常需要在保持流动相极性参数和洗脱强度不变的情况下,通过改用不同的溶剂来改变选择性,从而优化分离结果。比如,用甲醇-水(40:60)体系时分析时间较合适,但分离选择性差。此时可以改用乙腈-水(46:54)体系或者四氢呋喃-水(33:67)体系。因为这三种溶剂体系的极性参数很近似:

甲醇-水(40∶60)体系：$P' = 0.4 \times 5.1 + 0.6 \times 10.2 = 8.16$

乙腈-水(46∶54)体系：$P' = 0.46 \times 5.8 + 0.54 \times 10.2 = 8.18$

四氢呋喃-水(33∶67)体系：$P' = 0.33 \times 4.0 + 0.67 \times 10.2 = 8.15$

这样,就可以在保持分析时间基本不变的情况下,获得不同的分离选择性。

此外,在反相 HPLC 分析中有时还要加入改性剂以控制流动相的酸碱度,达到改善色谱峰形,提高分离度的目的。如在分析有机弱酸时,在流动相中加入三氟乙酸(体积分数<1%)可抑制溶质的解离,获得对称的色谱峰。在分析弱碱性化合物时,流动相中加入三乙胺(体积分数<1%),可获得类似的效果。这常被称为离子抑制技术。

4. 离子色谱流动相

离子交换色谱的流动相以水相缓冲液为主,有时加少量的有机改性剂,如甲醇、乙腈或四氢呋喃。选择流动相的原则是尽可能使样品和流动相的摩尔电导率相差大一些。分析阴离子时常用体积较大的有机酸,如苯甲酸和水杨酸,或者氢氧化钠;分析阳离子时季铵盐溶液是合适的流动相,但因其容易吸附到离子交换树脂上而较少使用,更多是采用水合氢离子或乙二胺离子作为缓冲液离子。盐浓度多为 $5 \sim 200$ mmol·L^{-1}。pH 是调节选择性的主要参数,对于强阴离子交换剂固定相,流动相的 pH 一般小于 9;对于弱阴离子交换剂,流动相的 pH 一般小于 6;对于强阳离子交换剂固定相,流动相的 pH 一般大于 3;而对于弱阳离子交换剂,流动相的 pH 一般大于 8。此外,对离子类型及其浓度、有机改性剂的浓度、流动相流速和温度都是影响分离选择性的参数。

5. 排阻色谱流动相

如前所述,SEC 的分离机理是基于相对分子质量(或分子体积)的大小与作为固定相的凝胶的孔径的匹配程度,样品与流动相的相互作用对分离的影响很小。除了满足一般 HPLC 流动相的要求外,SEC 的流动相还应对固定相有良好的浸润作用。又因为样品的相对分子质量大,分子扩散系数小,故流动相要有较小的粘度。

在 GPC 中,四氢呋喃是最常用的流动相溶剂,此外还有 N,N-二甲基甲酰胺和二甲苯等。在 GFC 中,则主要是水相流动相,有时加入少量的盐以改善分离效果。

8.5.5　高效液相色谱的应用

HPLC 的方法开发步骤与 GC 类似,即首先收集样品的有关数据和文献方法,然后选择分离模式和色谱柱,确定仪器配置。选定初始条件后进行尝试分析,再进行优化分离,最后是定性和定量,以及方法认证。这里主要强调两点,一是选择分离模式,二是选择流动相。

分离模式的选择主要是依据样品的性质,如在不同溶剂中的溶解性质、相对分子质量和极性大小等等。一般来讲,相对分子质量在 2000 以上的样品需要用 SEC 分离,脂溶性大分子用 GPC,水溶性大分子则用 GFC。对于相对分子质量小于 2000 的化合物,若极性较弱,可采用吸附色谱法或正相键合相色谱法,分离位置异构体如苯的取代位置异构体一般用吸附色谱法,分离同系物则多用分配色谱法;若是强极性混合物,则多用反相键合相色谱分离。对于弱酸性或弱碱性化合物,还可以用反相离子对色谱,而对于离子型化合物如强酸和强碱,则需要用离子交换色谱法。特殊的分析对象需要特殊的色谱柱,如对映异构体需要手性色谱柱,生物大分子可能需要亲和色谱柱。

流动相首先是按照上面所述选择常用溶剂,然后进行优化。理论上讲,首先应考虑物理化学性质适合的溶剂,然后再从中选择保留性能合适的溶剂(即分离时间合适),最后确定满足分离选择性要求的流动相体系。在广泛使用的反相 HPLC 中,C_{18}或 C_8 键合相是首选固定相,水-甲醇或水-乙腈是首选流动相。

HPLC 的应用极为广泛,包括药物分析、临床诊断、生命科学、食品安全、环境监测、法庭刑侦、石油化工等等领域,HPLC 都已发挥,并将继续发挥重要的作用。具体的应用可参阅本章所列的参考文献和书目。

8.6　色谱分析样品处理和数据处理

8.6.1　样品处理方法简述

如前所述,GC 可以直接分析的样品必须是气体或可以气化且不分解的液体,而 HPLC 以及后面要讲到的毛细管电泳则要求直接分析的样品是溶液,且无不溶的固体微粒。对于痕量或超痕量分析,还必须保证样品的浓度满足仪器灵敏度的要求,同时,要避免样品基质对色谱分析的干扰,这就需要在仪器分析前对样品进行必要的预处理。现代色谱仪器分析一次样品所用的时间越来越短,但用于样品处理的时间却往往很长。有统计显示,常规色谱实验室用于样品处理的时间占整个工作时间的三分之二以上,真正仪器的分析时间不及样品处理时间的三分之一。故如何选择适当的样品处理技术、提高样品处理的效率往往是缩短整个分析周期的关键。

用于色谱分析的样品采集和处理必须遵循如下原则:

(i) 样品必须是具有代表性的;

(ii) 样品制备过程应尽可能避免待测组分的化学变化或损失;

(iii) 如果样品处理包括化学反应(如衍生化处理),则反应必须是明确的,且能定量地完成;

(iv) 样品处理过程中要避免引入污染物。

样品处理方法与分析目的有密切的关系。比如,目标化合物的定性分析、纯度分析、杂质分析、定量分析等等,可能采用不同的样品处理方法。若分析体液中的小分子药物,就必须先进行萃取,以将目标化合物从样品基质中提取出来;要分析环境水样中的微量污染物,就必须进行萃取和浓缩;要分析食品中的氨基酸,就必须在提取后进行衍生化处理(如,硅烷化后用 GC 分析,荧光试剂衍生化后用 HPLC 分析)。

GC 和 HPLC 分析常用的样品处理技术有粉碎、冷冻干燥、气体萃取(顶空分析和吹扫-捕集)、溶剂萃取(回流或索氏萃取,加压溶剂萃取)、固相萃取、固相微萃取、超临界流体萃取、微波萃取、超声波萃取、微透析、衍生化、膜分离、蒸馏、吸附、离心、过滤、浓缩和溶解等等。有关这些技术的原理请阅读本书有关章节以及参考书,下面只是给出一个概括的样品处理方法指南,供参考。

色谱分析样品处理指南

1. 固体样品

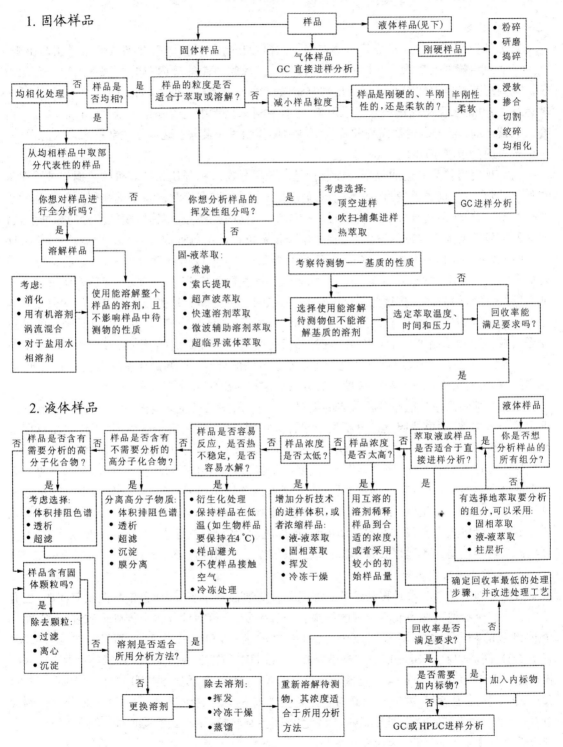

2. 液体样品

8.6.2 色谱数据处理基础

1. 基本要求

数据处理最基本的要求是将检测器输出的模拟信号随时间的变化曲线即色谱图画出来，然后计算色谱峰的有关参数，并给出分析报告。实现此功能的最简单的方法是采用一台记录仪。只要用信号电缆线将检测器输出端与记录仪输入端相连接即可。记录仪以一定的走纸速度运行，通过记录笔将色谱信号记录下来。这样就可根据走纸速度和记录纸上的距离求出色谱峰的保留时间。至于色谱峰面积和峰高等数据则需用手工测量。这样往往会带来人为的误差，故记录仪的使用越来越少。

另一种使用较为普遍的数据处理装置是电子积分仪。积分仪和计算机的数据记录原理基本相同，即它只处理数字信号，而不能识别模拟信号。这样，在检测器输出端和积分仪之间就需要一个接口，即所谓模数（A/D）转换器。A/D 转换器以一定的速率提取模拟信号的数据点，将连续的信号转换为不连续的数值。现在的电子技术可设计出每秒取上万个数据点的 A/D 转换器，而一般色谱分析所需的取点（采样）速率只要每秒 20 个数据点就可以了（快速色谱分析需要更高的采样速率，如每秒 200 个点）。积分仪将这些数值信号打印在以一定速率运行的记录纸上，并用光滑的曲线连接这些点，就得到了色谱图。更重要的是积分仪有进一步的数据处理能力，它可以将数字信号储存起来，测定出色谱峰的保留时间、峰高和峰面积，并计算出峰的宽度等参数。当分析结束时，打印出每个峰的保留时间、峰宽、峰面积（或峰高），以及峰面积（或峰高）百分比。此外，积分仪还可自动进行各种定量方法的计算。只要操作者输入相关的数据（如标样的浓度、定量方法等），积分仪就可按方法要求打印出定量分析报告。

数据处理的高级功能是分析报告的编辑和打印。积分仪只能给出简单的分析报告，充其量再记录分析条件，而要按照具体分析要求设计分析报告格式、编辑报告，并且不仅输出打印在纸上的报告，还要输出电子报告，这就需要计算机来完成了。通过专门的应用软件，计算机不仅能完成积分仪的所有工作，而且能够设计、编辑报告格式，并用不同的格式输出报告。还可以有更大的硬盘容量，永久保存色谱原始数据，包括检测器输出信号、色谱仪的分析条件以及分析过程中仪器的状态变化（这是优良实验室规范，即所谓 GLP 所要求的）等等。与此同时，计算机还可通过键盘输入来实现仪器的自动控制（比如流动相流量、柱箱温度、检测器参数等）。通过互联网还可实现遥控和远程故障诊断。这套系统就是所谓的色谱工作站。

2. 数据处理基本参数

数据处理的基本参数是积分参数。如果积分参数设置不当，即使色谱分离没有问题，也有可能造成积分数据不准确或不重现的结果。一般积分仪（包括计算机数据处理软件）有下面几个可设置的积分参数：斜率（SLOP）或斜率灵敏度（SLOP SENSITIVITY）、峰宽（PEAK WIDTH）、阈值（THRESHOLD）或最小峰高（MIN HEIGHT）、最小峰面积（MIN AREA）或面积截除（AREA REJECTION）、衰减（ATTENUATION）、走纸速度（CHART SPEED）、零点（ZERO）。实际上，积分数据的正确与否是直接由前 3 个参数控制的，我们称之为积分控制参数；后 3 个参数是控制色谱图外观的，称为色谱图控制参数；至于最小峰面积，则是在积分之后进行计算时才使用的，可称为后积分参数。

斜率（或斜率灵敏度）是确定色谱峰的判断标准。平直的色谱基线的斜率为 0，当出现色谱峰时斜率会快速增大。当斜率大于或等于积分仪的斜率设定值时，积分仪就认为是出峰了，此时便开始积分。当斜率由正变负时，即为色谱峰的最大值，此时的信号值即为峰高，所对应的时间值就是该峰的保留时间（积分仪可以用斜率转变前后的几个点拟合二次曲线，通过求导算出峰最大值）。峰出完后，斜率的绝对值变小，当降低到斜率设置值以下时，积分仪认为出峰结束，就停止该峰的积分。对于两个未完全分离的峰，前一个峰未出完就出第二个峰，此时斜率由负变正，积分仪就开始第二个峰的积分。至于第一个峰，可能停止积分，也可能继续积分，这要看有关积分功能如何设置。如果积分仪有溶剂峰识别功能（斜率超过一个高限时认定为溶剂峰），且认定前一个峰为溶剂峰，或者在前一个峰设置了切线（TANGENT）积分功能，积分仪就会对第一个峰继续积分直到斜率转变点的切线与峰起始点基线延长线的交点处（图 8.45(a)），否则，积分仪会在斜率转变点结束前一个峰的积分（图 8.45(b)）。所以，斜率的设定要依据基线的稳定程度和峰的具体宽度而定。原则上应该比基线波动的斜率大（否则会把基线波动当作峰处理），而比色谱图上最宽的峰的起点斜率小（否则会把此峰当做基线波动处理）。

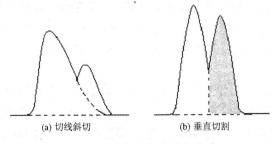

(a) 切线斜切　　　(b) 垂直切割

图 8.45　未完全分离峰的积分

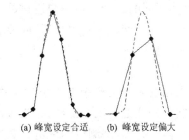

(a) 峰宽设定合适　　(b) 峰宽设定偏大

图 8.46　峰宽设定值对积分结果影响的示意图
图中虚线为模拟信号，实线为积分仪绘图结果

峰宽是设定积分仪采集数据速率的。前已述及，A/D 转换器有一个采集数据速率，而积分仪的数据采集速率并不一定等于该速率。峰宽参数控制积分仪处理数据时的采集速率。峰宽设定越小，采集速率越快，反之亦然。对于很窄的峰，采集速率应足够快；如图 8.46 所示，峰宽设定合适时，积分仪绘图结果（实线）和模拟信号基本重合，而当峰宽设定偏大时，积分仪绘图结果就与模拟信号不能重合，出现了畸变峰。另一方面，对于很宽的峰，采集速率可慢一些，对于未分离峰，峰宽值应足够小，以保证积分的正确性。总之，峰宽值设定小一些有利于保证积分数据的正确性，初始峰宽的设定值应接近于或等于色谱图上最窄峰的半峰宽值。峰宽值设定太小，有可能将基线噪音也作为色谱峰积分，而峰宽设置太大，又可能将小而窄的色谱峰作为噪音滤去。

阈值是另一个设定色谱峰判断标准的参数，它不是依据斜率判断，而是依据峰高判断。阈值实际上与最小峰高相类似。即使按斜率的标准认为是色谱峰的信号，如果其峰的最大值小于阈值，也不会作为色谱峰来积分。只有在符合斜率标准的前提下，信号值大于阈值时，色谱峰的积分才开始。阈值越大，色谱峰起始积分点越推后，结束点越提前，相应的绝对峰面积值会有所减少。显然，设置适当的阈值既可保证所需色谱峰的积分，又能最大限度地滤除噪音。

当积分结束后，某一色谱峰是否参与最后的计算，则取决于最小峰面积的设定值。只有面积大于最小峰面积设定值的峰才参与最后计算。因此，我们可以利用这一后积分参数从最后报告中剔除不需要计算的峰。对于峰面积百分比或归一化定量方法，更应注意最小峰面积的设置。

最后，在色谱图控制参数中，走纸速度设定时间坐标的刻度大小，速度越快，峰显得越宽（但并不改变以时间单位表示的峰宽！）。衰减是控制纵坐标刻度的，衰减值越小，峰就显得越大

（但并不影响以电压单位表示的峰高值！）。而零点则是设置基线位置的。此外，积分仪还有回零功能，不论何时按下回零键，当前信号值就回到零点设定的位置。总之，走纸速度、衰减、零点这三个参数设置只影响色谱图的外观，并不能影响积分数据的准确性。

8.6.3　色谱定性分析方法

所谓定性分析就是鉴定色谱峰的归属和色谱峰的纯度（有无共流出峰）。常用的方法有：

1. 标准物质对照定性

就是在相同的色谱条件下，分别对标准样品和实际样品进行分析，对照保留值（GC 多用保留时间、相对保留时间或保留指数，HPLC 则多采用保留时间和相对保留时间）即可确定色谱峰的归属。定性时必须注意，在同一色谱柱上，不同化合物可能有相同的保留值，所以，对未知样品的定性仅仅用一个保留数据是不够的。双柱或多柱保留指数定性是 GC 中较为可靠的方法，因为不同的化合物在不同色谱柱上具有相同保留值的概率要小得多。标准物质对照定性的问题是有些标准物质不容易得到，而在样品组分大部分或全部未知的情况下，选择什么标准物质对照就更困难了。所以，标准物质对照定性虽然是最直接的，但并不总是容易的。

2. 利用文献数据定性

前人已发表的文献中有大量的数据可供参考，比如 GC 保留指数库就收集了数千种化合物在不同色谱柱上的保留指数，如果采用与文献相同规格的色谱柱和分析条件，就可以重现文献数据。因此，可以将测得的保留指数与文献值相比较，从而达到定性鉴定的目的。在 HPLC 中，因为色谱柱填料的重现性不及 GC 柱的重现性好，故较少使用文献数据定性。即使利用文献数据，一般也要结合标准样品对照。

3. 利用选择性检测器定性

在 GC 和 HPLC 中都有一些选择性检测器，GC 中有 NPD、ECD、FPD，HPLC 中则有荧光和电化学检测器。可以利用这些检测器对特定物质的响应来判断样品中是否存在目标化合物。比如，在环境分析中用 GC 测定有机氯农药，若在 ECD 检测器上没有响应，就说明检测不出有机氯农药。HPLC 分析电化学活性成分时，可以用电化学检测器判断有无目标化合物。此外，二极管阵列检测器可以采集色谱峰的紫外光谱图，这对峰鉴定很有用，而且可以给出峰纯度的信息。

4. 在线联用仪器定性

对于复杂的样品，联用仪器是强有力的定性手段，尤其是在线联用技术，比如气相色谱-质谱联用（GC-MS）、气相色谱-红外光谱联用（GC-FTIR）、气相色谱-原子发射光谱联用（GC-AED）、液相色谱-质谱联用（LC-MS）、液相色谱-核磁共振波谱联用（LC-NMR）等。联用仪器方法实际上是二维分离技术，即光谱图的横坐标垂直于色谱图的时间坐标，这样就可在色谱图的任一时刻获得光谱图，不仅能提供色谱峰的鉴定信息，还能提供峰纯度的信息。所以，联用仪器方法的应用越来越普遍。有关内容请阅读本书其他章节。

5. 其他定性方法

在色谱分析中使用的定性方法还有衍生化法，即对样品进行柱前或柱后衍生化，通过观察保留时间或者检测器响应的变化，来推断目标化合物。最后一种鉴定方法是收集色谱分离后的组分，除去溶剂（流动相）后用各种光谱方法（UV-Vis、MS、IR、NMR 等）进行结构鉴定。这种方法就是所谓离线仪器联用，鉴定结果很可靠，但较费事。GC 很少用于制备，因为其制备效率较低，HPLC 中用得较多。

8.6.4 色谱定量分析方法

1. 峰面积或峰高的测量

在检测器的线性范围内,响应值(峰面积或峰高)与样品浓度呈正比,这是色谱定量分析的基础。因此,准确测量峰面积或峰高是定量分析的前提。历史上有过多种测量方法,如采用条形记录仪时,手工测量峰高和峰宽,然后用三角形面积近似法(峰高乘以半峰宽),还有手工积分仪法、剪纸称重法等等。现在多采用的电子积分仪或计算机技术可以很准确地测定各种形状的峰的峰高或峰面积,但所用单位不是传统的高度和面积单位,如峰高采用 μV,时间单位为 s,则面积单位为信号强度与时间的乘积,即 $\mu V \cdot s$。若用手工计算,高斯峰(峰形对称)的峰面积计算公式为

$$A = 1.065 \times h \times W_{1/2} \tag{8.130}$$

式中 A 为峰面积,h 为峰高,$W_{1/2}$ 为半峰宽。对于不对称的峰,常用峰高乘以平均峰宽来计算:

$$A = 0.5h(W_{0.15} + W_{0.85}) \tag{8.131}$$

其中 $W_{0.15}$ 和 $W_{0.85}$ 分别为峰高 0.15 倍和 0.85 倍处的峰宽。

2. 定量校正因子

在绝大部分色谱检测器上,相同浓度的不同化合物在同一分析条件下、同一检测器上得到的峰面积或峰高往往是不相等的,为此,必须用标准样品进行校准或校正,方可得到准确的定量分析结果。这样就引入了一个校正系数,叫做定量校正因子 f_i 或响应因子,其定义为单位峰面积(或峰高)代表的样品量:

$$f_i = w_i/A_i \tag{8.132}$$

其中 w_i 是组分 i 的量,可以是质量,也可以是物质的量或体积;A_i 为峰面积(或峰高)。

定量校正因子的测定要求色谱条件高度重复,特别是进样量要重复,所以,色谱条件的波动常常导致定量校正因子测定的较大误差。为了提高定量分析的准确度,又引入一个相对定量校正因子 f_i' 的概念,其定义为样品中某一组分的定量校正因子与标准物的定量校正因子之比:

$$f_i'(m) = \frac{f_i(m)}{f_s(m)} = \frac{A_s \cdot m_i}{A_i \cdot m_s} \tag{8.133}$$

式中 A 为峰面积(或峰高),m 为质量,下标 i 表示组分 i,s 表示标准物,$f_i'(m)$ 称为相对质量校正因子。若物质之量用摩尔或体积表示,则有相对摩尔校正因子 $f_i'(M)$ 或相对体积校正因子 $f_i'(V)$。在 GC 中,TCD 常用苯作为标准物,FID 则用正庚烷。而在 HPLC 中,标准物是多种多样的。

很多工具书收集有相对定量校正因子数据,可供查用。若要自己测定,则需要配制纯物质(待测物和/或标准物)的溶液,然后多次进样分析,控制响应值在检测器的线性范围内,测得峰面积(或峰高)的平均值,然后根据上面的公式计算。

3. 常用定量计算方法

(1) 峰面积(峰高)百分比法

计算公式如下

$$x_i(\%) = \frac{A_i}{\sum A_i} \times 100\% \tag{8.134}$$

式中 x_i 为待测样品中组分 i 的含量(浓度)，A_i 为组分 i 的峰面积(也可用峰高计算)。

峰面积(峰高)百分比法最简单,但最不准确。该方法要求样品中所有组分均能从色谱柱流出,且在所用检测器上均有近似的响应因子。只有样品由同系物组成,或者只是为了粗略地定量时,该法才是可选择的。当然,在有机合成过程中监测反应原料和/或产物的相对变化时,也可用此法作相对定量。峰面积(峰高)百分比法实际上是未校正的归一化法。下面几种定量方法均需要校正。

(2) 归一化法

计算公式如下

$$x_i(\%) = \frac{f_i \cdot A_i}{\sum f_i A_i} \times 100\% \tag{8.135}$$

式中 x_i 为待测样品中组分 i 的含量(浓度)，A_i 为组分 i 的峰面积(也可用峰高计算)，f_i 为组分 i 的校正因子。

归一化法定量准确度高,但方法复杂,要求所有样品组分均出峰,且要有所有组分的标准品,以测定校正因子。

(3) 外标法

计算公式如下

$$x_i = f_i A_i = \frac{A_i}{A_E} \times E_i \tag{8.136}$$

式中 x_i 为待测样品中组分 i 的含量(浓度)；A_i 为组分 i 的峰面积；f_i 为组分 i 的校正因子,用标准样品测定 $f_i = E_i / A_E$；E_i 为标准样品中组分 i 的含量(浓度)；A_E 为标准样品中组分 i 的峰面积。

外标法简单,是色谱分析中采用最频繁的方法,只要用一系列浓度的标准样品作出校准曲线(样品量或浓度对峰面积或峰高作图)及其回归方程(f_i 为斜率),就可在完全一致的条件下对未知样品进行定量分析。只需待测组分可出峰且分离完全,而不考虑其他组分是否出峰和是否分离完全。需要强调,外标法定量时,分析条件必须严格重现,特别是进样量。如果测定未知物和测定校准曲线时的条件有所不同,就会导致较大的定量误差。还应注意,校准曲线可能不过原点,此时回归方程为

$$x_i = f_i A_i + C \tag{8.137}$$

C 为截距。

(4) 内标法

计算公式如下

$$x_i(\%) = \frac{m_s \cdot A_i \cdot f_{s,i}}{m \cdot A_s} \times 100\% \tag{8.138}$$

式中 x_i 为待测样品中组分 i 的含量(浓度)；A_i 为组分 i 的峰面积；m 为样品的质量；m_s 为待测样品中加入内标物的质量；A_s 为待测样品中内标物的峰面积；$f_{s,i}$ 为组分 i 与内标物的校正因子之比,即相对校正因子。

内标法的定量精度最高,因为它是用相对于标准物(叫内标物)的响应值来定量的,而内标物要分别加到标准样品和未知样品中。这样就可抵消由于操作条件(包括进样量)的波动带来的误差。与外标法类似,内标法只要求待测组分出峰且分离完全即可,其余组分则可用快速升

高柱温使其流出或用反吹法将其放空,这样就可达到缩短分析时间的目的。尽管如此,要选择一个合适的内标物并不总是一件容易的事情,因为理想的内标物是样品中不存在的组分,其保留时间和响应因子应该与待测物尽可能接近,且要完全分离。此外,用内标法定量时,样品制备过程要多一个定量加入内标物的步骤,标准样品和未知样品均要加入一定量的内标物。

（5）标准加入法

又叫叠加法。标准加入法是在未知样品中定量加入待测物的标准品,然后根据峰面积（或峰高）的增加量来进行定量计算。其样品制备过程与内标法类似,但计算原理则完全来自外标法。标准加入法的定量精度应该介于内标法和外标法之间。

8.6.5　色谱分析方法认证简介

所谓方法认证（validation）就是要证明所开发方法的实用性和可靠性。实用性一般指所用仪器配置是否全部可作为商品购得（实验室自己制造的仪器部件就欠实用）,样品处理方法是否简单易操作,分析时间是否合理,分析成本是否可被同行接受等。可靠性则包括定量的线性范围、检测限、方法回收率、重复性、重现性和耐用性等。下面就简单讨论这几个可靠性参数。

1. 方法的线性范围

即检测器响应值与样品量（浓度）呈正比的线性范围,它主要由检测器的特性所决定。原则上,这一线性范围应覆盖样品组分浓度整个变化范围。线性范围的确定通常是采用一系列（多于 3 个）不同浓度的样品进行分析,以峰面积（或峰高）对浓度进行线性回归。当相关系数大于 0.99 时,就可认为是线性的。

2. 方法的检测限

检测限（DL）是指方法可检测到的最小样品量（浓度）。一般的原则是按照 3 倍信噪比计算,即当样品组分的响应值等于基线噪音的 3 倍时,该样品的浓度就被作为最小检测限,与此对应的该组分的进样量就叫做最小检测量。此外,在验证定量方法时,还将 10 倍信噪比所对应的样品浓度叫做最小定量限。当用于法规分析时,这一数据应等于或低于法规方法所要求的实际样品中待测组分的最低允许浓度。

3. 方法回收率

即方法测得的样品组分浓度与原来样品中实有浓度的比率。如果样品未经任何预处理,则回收率一般可不考虑。只有当某些样品组分被仪器系统不可逆吸附时,回收率才是需要考虑的问题。如果样品经过了预处理,如萃取工艺,那就必须考虑整个方法的回收率。一般要求回收率大于 60%,越接近 100% 越好。

回收率可用下述简单方法测定:配置一定浓度的标准样品,将其两等分,其中一份按方法步骤进行预处理,然后用 GC 或 HPLC 分析。另一份则不经预处理而直接用 GC 或 HPLC 分析。两份样品所得待测组分峰面积的比率乘以 100% 即是该组分的回收率。有时实际样品很复杂,特别是样品基质对预处理的回收率影响较大时,就必须用空白样品基质（确信不含待测物）制备标准样品,比如测定废水中有机农药残留量时,就要采用不含农药的水作空白基质,在其中加入已知量的农药标准品,然后进行处理和分析。处理后测得的组分含量与处理前加入量的比率乘以 100% 就得到了回收率。

4. 方法重复性和重现性

重现性（reproducibility）是指同一方法在不同时间、地点,不同型号仪器,不同操作人员使用时所得结果的一致性。与此近似的另一个术语是重复性(repeatability),常指同一个人在同一台仪器上重复进样所得结果的一致性。对现代仪器来说,分析重复性是容易实现的,而重现性则是更重要的,也是方法验证所必须考察的。重现性和重复性都用多次分析所得结果的相对标准差(RSD)来表示。

方法的重现性应包括多次连续进样分析的重复性、不同时间(天与天之间)分析的重复性、不同型号仪器之间的重现性和不同实验室之间的重现性。作为方法开发者,首先应测定重复性,即在相同条件下连续进样5~10次,统计待测组分的保留时间和峰面积(或峰高)的RSD,一般要求保留时间的RSD不大于1%,峰面积的RSD不大于5%。如果样品要经过预处理,还应测定同一样品多次处理的重复性。即同一样品取3~5份作平行处理,看最后测定结果的重复性。这一RSD值应不大于5%。

当上述重复性满足要求后,说明该方法在一个实验室是可靠的。要将此方法作为标准方法推广使用,还必须测定不同仪器、不同实验室之间的重现性。当这些重现性(RSD)都能满足要求时,这一方法的可靠性就得到了较为满意的验证。

5. 方法的耐用性

方法的耐用性有两个含义,一是指仪器参数(如温度控制精度、流速控制精度等)在一定范围内波动时,方法所测得的结果是否可靠;二是指环境条件(如温度、湿度、海拔高度等)的改变对分析结果的影响。方法耐用性体现了特定分析方法对仪器和环境的要求。

*8.7 超临界流体色谱法

超临界流体色谱法(SFC)是20世纪80年代以来发展的新的高效分离分析技术,它是以超临界流体作为流动相的一种柱色谱方法。由于其能够分析常规GC和HPLC一般难以分析的物质,故已成为GC和HPLC之后的第三种重要的柱色谱技术。比如一些难挥发而又热不稳定的化合物,用GC方法很难直接分析,用SFC则可像HPLC那样在室温下操作分离这些化合物;又比如一些缺乏特定功能团、用HPLC的光谱检测器或电化学检测器很难检测的物质,则用SFC采用GC的检测器进行高灵敏度的检测。本节就对这一色谱方法进行简要的介绍。

8.7.1 超临界流体及其性质

1. 什么是超临界流体?

我们在物理化学课程中知道,物质一般有三种状态,即气态、液态和固态。如图8.47的相图所示,当温度达到临界点以上时,无论压力如何变化,物质都不会以确定的液体存在。这一温度叫做临界温度,与此温度对应的物质的蒸气压称为临界压力。在相图上,临界温度和临界压力对应的点叫临界点。在临界温度和临界压力以上(但接近于临界温度和临界压力),物质既不是液体,又不是气体,被称为超临界流体。

2. 超临界流体作为色谱流动相的性质

超临界流体的某些性质,如粘度和密度,介于气体和液体之间。表8.17列出了气体、液体和超临界流体的一些与色谱

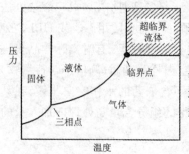

图8.47 纯物质的相图

性能关系密切的性质。可见,超临界流体的粘度和扩散系数更接近于气体,因而作为色谱流动相使用时,传质阻力小,在较高的流动相流速条件下,仍可以获得高的柱效。这意味着可以实现快速分离。另一方面,超临界流体的密度又接近于液体,因而具有较高的溶解能力,可以在室温条件下用于分离热不稳定的和相对分子质量较大的物质(超临界流体萃取也是利用了这一性质,见第 7 章)。

表 8.17　超临界流体和气体、液体的一些典型物理性质比较

性　质	气　体	超临界流体	液　体
密度/(g・cm^{-3})	$(0.6\sim2)\times10^{-3}$	$0.2\sim0.5$	$0.6\sim2$
扩散系数/(cm^2・s^{-1})	$(1\sim4)\times10^{-1}$	$10^{-4}\sim10^{-3}$	$(0.2\sim2)\times10^{-5}$
粘度/(Pa・s)	$(1\sim3)\times10^{-5}$	$(1\sim3)\times10^{-5}$	$(0.2\sim3)\times10^{-3}$

　　超临界流体作为流动相还有一个诱人的特性,就是其扩散系数、粘度和溶解能力随着密度的变化而变化,因此可以在色谱操作中采用程序升压技术来调节分离选择性,这类似于 GC 中程序升温和 HPLC 中梯度洗脱的功能。由此可见,SFC 的流动相对分离有较大的贡献,虽不及 HPLC 流动相对分离的影响那么大,但比 GC 中载气的影响大。

　　3. SFC 常用的流动相

　　表 8.18 列出了几种常用的 SFC 流动相及其性质,其中 CO_2 是最常用的。其主要原因是:第一,CO_2 的临界温度为 31 ℃,临界压力为 7.29 MPa,都是易于实现的色谱操作条件,对于普通 SFC 仪器来说,可以在很宽的仪器操作条件范围内选择温度和压力,以获得理想的分离性能。第二,在超临界条件下,CO_2 对有机化合物具有良好的溶解能力,比如它可以溶解含 30 个碳原子的链烷烃以及含 6 个苯环的多环芳烃。第三,CO_2 极易挥发,故在制备分离中,柱后收集的馏分很容易除去流动相而获得纯物质。第四,CO_2 无色无味无毒,环境友好。第五,CO_2 在 190 nm 以上无紫外吸收,可使用 GC 的 FID 检测器,也可使用 HPLC 的紫外吸收检测器,还容易与 MS 联用。第六,CO_2 易于获得,与 GC 和 HPLC 所用流动相相比,成本非常低。

表 8.18　几种常用的 SFC 流动相及其性质

超临界流体	临界温度/℃	临界压力/MPa	临界点的密度/(g・cm^{-3})	40 MPa 时的密度/(g・cm^{-3})
CO_2	31.1	7.29	0.47	0.96
N_2O	36.5	7.17	0.45	0.94
NH_3	132.5	11.25	0.24	0.40
$n\text{-}C_4H_{10}$	152.0	3.75	0.23	0.50
CH_3OH	239.4	8.10	0.27	—
CCl_2F_2	111.8	4.12	0.56	—
Xe	16.6	5.84	1.113	—

　　对于强极性的化合物,CO_2 的溶解能力是有限的,此时可以加入一些有机改性剂,如甲醇和二氧六环,以增加被分析物在流动相中的分配,改善分离效果。表 8.18 所列的其他超临界流体因为有毒(如 N_2O)或样品适用范围窄而很少使用。需要指出,超临界氙气作为流动相与红外光谱检测器非常匹配,因为氙气没有红外吸收,故可获得丰富的样品红外吸收信息。使用氙气的最大缺点是成本太高。

8.7.2 仪器和操作参数

SFC 的仪器一般可由 GC 和 HPLC 的部件组成,其中流动相控制部分和进样部分与 HPLC 相同,即采用高压泵输送超临界流体,六通阀进样;而柱系统则在很大程度上与 GC 相同,柱温箱必须能精确控制色谱柱的温度。检测系统多采用 GC 的检测器,也可用 HPLC 的检测器。此外,SFC 在柱出口处需要接一个限流器(或反压装置),以保持柱内压力满足超临界流体的要求,同时使流动相逐渐减压,实现相转变,最后以气体状态进入检测器。在填充柱 SFC 中,一般是在柱尾连接一段 $2\sim10$ cm 长、$5\sim10$ μm 内径的毛细管作为限流器,而在毛细管柱 SFC 中,则是将色谱柱尾端拉细拉长,图 8.48 所示为常用的限流器示意图。

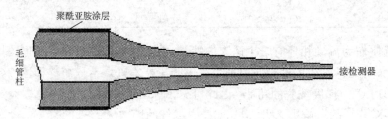

图 8.48 毛细管尾端拉细作为 SFC 的限流器

SFC 仪器的操作参数主要是色谱柱温度和系统压力。如前所述,柱温由柱箱控制,填充柱 SFC 通常在恒温条件下操作,毛细管 SFC 则多采用程序升温分离。系统压力的控制特别重要,因为超临界流体的密度对压力很敏感。SFC 分析中容量因子主要是通过压力来调节的,压力越高,密度越大,流动相的洗脱能力越强,溶质的保留时间越短。因此常常采用程序升压的方法来实现类似 GC 程序升温和 HPLC 梯度洗脱的功能。

8.7.3 色谱柱

SFC 的色谱柱也有填充柱和毛细管柱(开管柱)之分。前者与 HPLC 填充柱类似,多采用硅胶键合相,基于分配色谱的机理进行分离。分析柱内径 $0.5\sim5$ mm,长度 $5\sim25$ cm,填料粒径 $3\sim10$ μm。

SFC 毛细管柱则类似于 GC 中具有聚酰亚胺外涂层的熔融石英毛细管柱,固定相也多用 GC 中的聚硅氧烷类固定液,通过涂渍或化学键合方式固定在毛细管内表面,分离机理当然也与 GC 相似。毛细管柱内径一般为 $50\sim100$ μm,长度为 $5\sim20$ m。与 GC 的毛细管柱不同的是,SFC 要求色谱柱承受更高的压力,故需要较厚的柱壁。比如,内径 200 μm、外径 400 μm 的熔融石英毛细管可耐压 $40\sim60$ MPa,而内径 300 μm、外径 400 μm 的石英毛细管则经常在 40 MPa 左右的压力下破裂。

8.7.4 检测器

SFC 可以使用 GC 和 HPLC 的常用检测器,最常用的是 FID 和紫外吸收检测器,也可使用 TCD、ECD 和 NPD 等检测器。这些检测器的原理和性能前面章节已经讨论过,在此从略。

由于 SFC 与 MS 容易实现联用,故使用也很普遍。采用 SFC-MS 可以检测 0.1 pg 的联苯类化合物,并可检测相对分子质量较大的生物样品。此外,FTIR 也是很有用的 SFC 检测器,但是用 CO_2 超临界流体时,FTIR 的背景信号较大。

8.7.5 应用

因为超临界流体的粘度和扩散系数更接近于气体,故 SFC 可以获得比 HPLC 更好的柱效和分离速度;又由于超临界流体的密度接近于液体,故有更强的溶解能力,这意味着 SFC 的柱容量大于 GC,且可分离热不稳定的和相对分子质量较大(10^5)的化合物。所以,SFC 广泛应用于分析天然产物、药物、食品及其添加剂、表面活性剂、聚合物及其添加剂、石油化工和炸药。图 8.49 和 8.50 分别是一个聚合物样品和热不稳定的农药样品的 SFC 谱图结果,充分表明了 SFC 的分离能力和分析速度。

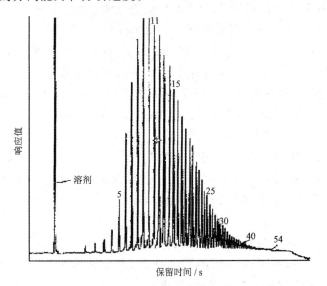

分离条件:
色谱柱长度:10 m
内径:50 μm
固定相:SE-54
膜厚:0.2 μm
流动相:CO_2,100 ℃,10 MPa

图 8.49 聚硅氧烷的 SFC 分离结果
色谱峰上的数字表示聚合度

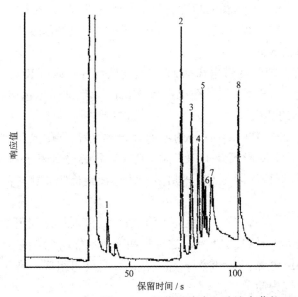

分离条件:
色谱柱长度:1.5 m
内径:25 μm
固定相:SE-54
膜厚:0.15 μm
流动相:CO_2,100 ℃,13.5 MPa

图 8.50 氨基甲酸酯和酸性农药的 SFC 分离结果
色谱峰:1—毒莠定(picloram);2—残杀威(propoxur);3—麦草畏(dicamba);4—2,4-滴(2,4-D);5—甲萘威(carbaryl);6—2,4,5-涕三酸(silvex);7—草灭平(chloramben);8—甜菜宁(phenmedipham)

*8.8 毛细管电泳法

8.8.1 引言

电泳技术起源于 19 世纪初,1808 年俄国物理学家 Von Reuss 首次发现电泳现象,即溶液中的荷电粒子在电场作用下会因为受到排斥或吸引而发生差速迁移。1937 年瑞典科学家 Arem Tiselius 成功地把电泳技术用于人血清中不同蛋白质的分离,因此而获得了 1948 年诺贝尔化学奖。传统电泳主要是凝胶电泳,因为凝胶可以抑制因热效应而导致的对流。如果在自由溶液中施加高的电压,就会导致大的焦耳热,严重影响分离。因此,人们一直致力于减小分离介质的尺寸,即分析仪器的微型化。1981 年美国学者 Jorgenson 和 Lukacs[1] 使用内径为 75 μm 的石英毛细管,配合 30 kV 的高电压进行自由溶液电泳,获得了高于每米 40 万理论塔板数的分离柱效。他们不仅设计出了结构简单的仪器装置,还从理论上阐述了毛细管区带电泳(CZE)的分离机理。这一出色的工作标志着毛细管电泳(capillary electrophoresis,CE)作为一种新型分离分析技术的诞生。从此 CE 以其高效、快速、低成本等特点引起了广泛的关注,并在 20 世纪 80 年代后期迅速发展起来。CE 现已广泛应用于无机离子、中性分子、药物、多肽、蛋白质、DNA 及糖等各类化合物的分析,并被认为是 20 世纪分析化学领域中最有影响的进展之一。20 世纪 90 年代后期出现的阵列 CE 技术作为基因测序的关键方法在人类基因组计划中发挥了极其重要的作用。

作为与色谱方法并列的分析技术,CE 与传统的电泳技术相比,具有以下特点:

(i) 应用范围广。CE 既能分析有机和无机小分子,又能分析多肽和蛋白质等生物大分子;既能用于带电离子的分离,又能用于中性分子的测定;非常适用于复杂混合物的分离分析和药物对映异构体的纯度测定。

(ii) 分离效率高。CE 采用 25~100 μm 内径的熔融石英毛细管柱,限制了电流的产生和管内发热,并采用柱上检测,大大消除了柱外效应。在 100~500 V·m^{-1}的电场强度下,可以达到每米几十万到上百万理论塔板数的柱效。

(iii) 分离模式多。目前已经有毛细管区带电泳(CZE)、电动毛细管色谱(EKCC)、毛细管凝胶电泳(CGE)、毛细管等速电泳(CITP)、毛细管等电聚焦(CIEF)和毛细管电色谱(CEC)等 6 种模式,而且容易实现各模式之间的切换。

(iv) 最小检测限低。虽然采用 25~100 μm 内径的毛细管,光学检测器的光程有限,用一般光吸收检测器时,以浓度表示的灵敏度尚不及 HPLC 高,但以样品绝对量表示的最小检测限却很低。迄今,分离分析领域的最低检测限是 CE 采用激光诱导荧光检测器获得的,这也为单分子的检测提供了可能。

(v) 分析成本低。原因一是毛细管本身成本低,且易于清洗;二是溶剂和试剂消耗量少,废液处理成本低;三是样品用量少,仅为纳升(10^{-9} L)级,这对那些珍贵的样品尤其有利。

(vi) 仪器简单。只需要一个高压电源、一个检测器和一截毛细管就可组成一台简单的 CE 仪器,由于操作参数少,方法开发也较为简单。

---

[1] J. W. Jorgenson, K. D. Lukacs. *Anal. Chem.*, 1981, 53: 1298

(vii) 环境友好。因为分离介质多为水相,且产生的废液量很少,故对环境的影响很小。这符合绿色化学的要求。

8.8.2 毛细管电泳的基本理论

1. 电泳淌度

CE 是以电渗流(EOF)为驱动力,以毛细管为分离通道,依据样品中组分之间淌度和分配行为上的差异而实现分离的一种液相微分离技术。离子在自由溶液中的迁移速率可以表示为

$$\nu = \mu E \tag{8.139}$$

式中 ν 是离子迁移速率,μ 为电泳淌度,E 为电场强度。对于给定的带电量为 q 的离子,淌度是其特征常数,它由离子所受到的电场力(F_E)和通过介质所受到的摩擦力(F_F)的平衡所决定。

$$F_E = qE \tag{8.140}$$

对于球形离子:

$$F_F = 6\pi\eta r\nu \tag{8.141}$$

式中 η 为介质粘度,r 为离子的流体动力学半径。在电泳过程达到平衡时,上述两种力方向相反,大小相等:

$$qE = 6\pi\eta r\nu \tag{8.142}$$

将式(8.142)代入式(8.139),得

$$\mu = \frac{q}{6\pi\eta r} \tag{8.143}$$

因此,离子的电泳淌度与其带电量呈正比,与其半径及介质粘度呈反比。带相反电荷的离子其电泳淌度的方向也相反。需要指出,我们在物理化学手册中可以查到的离子淌度常数是绝对淌度,即离子带最大电量时测定并外推至无限稀释条件下所得到的数值。在电泳实验中测定的值往往与此不同,故我们将实验值称为有效淌度(μ_e)。有些物质因为绝对淌度相同而难以分离,但我们可以改变介质的 pH,使离子的带电量发生改变。这样就可以使不同离子具有不同有效淌度,从而实现分离。下文中所提到的电泳淌度除特别说明外,均指有效淌度。

2. 电渗流和电渗淌度

电渗流(EOF)是 CE 中最重要的概念,指毛细管内壁表面电荷所引起的管内液体的整体流动,来源于外加电场对管壁溶液双电层的作用。

在水溶液中多数固体表面带有过剩的负电荷。就石英毛细管而言,表面的硅羟基在 pH 大于 3 以后就发生明显的解离,使表面带有负电荷。为了达到电荷平衡,溶液中的正离子就会聚集在表面附近,从而形成所谓双电层,如图 8.51 所示。这样,双电层与管壁之间就会产生一个电位差,叫做 Zeta 电势。当毛细管两端施加一个电压时,组成扩散层的阳离子被吸引而向负极移动。由于这些离子是溶剂化的,故将拖动毛细管中的体相溶液一起向负极运动,这便形成了电渗流。需要指出,很多非离子型材料如聚四氟乙烯和聚丙烯等也可以产生电渗流,原因可能是其表面对阴离子的吸附。

电渗流的大小可用速率和淌度来表示:

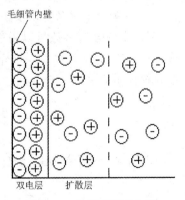

图 8.51 毛细管壁双电层
结构示意图

$$\nu_{EOF} = (\varepsilon \xi / \eta) E \tag{8.144}$$

或者

$$\mu_{EOF} = \varepsilon \xi / \eta \tag{8.145}$$

式中 ν_{EOF} 为电渗流速率，μ_{EOF} 为电渗淌度，ξ 为 Zeta 电势，ε 为介电常数。

Zeta 电势主要取决于毛细管表面电荷的多寡。一般来说，pH 越高，表面硅羟基的解离程度越大，电荷密度越大，电渗流速率就越大。

除了依赖于 pH 的高低，电渗流还与表面性质(硅羟基的数量，是否有涂层等)、溶液离子强度有关，双电层理论认为，增加离子强度可以使双电层压缩，从而降低 Zeta 电势，减小电渗流。此外，温度升高可以降低介质粘度，增大电渗流。电场强度虽然不影响电渗淌度，但却可改变电渗流速率。显然，电场强度越大，电渗流速率越大。

由上可知，电渗流的方向一般是从正极到负极，然而，在溶液中加入阳离子表面活性剂后，由于毛细管表面强力吸附阳离子表面活性剂的亲水端，而阳离子表面活性剂的疏水端又会紧密结合一层表面活性剂分子，结果就形成了带正电的表面，双电层 Zeta 电势的极性发生了反转，最后使电渗流的方向发生了变化。在分析小分子有机酸时，这是常用的电渗流控制技术。

电渗流的一个重要特性是具有平面流型。由于引起流动的推动力在毛细管的径向上均匀分布，所以管内各处流速接近相等。其优点是径向扩散对谱带扩展的影响非常小，如图 8.52 所示。与此形成鲜明对照的是高压泵驱动的抛物线流型(如在 HPLC 中)，由于管内径向上各处的流速不同，使得谱带峰形变宽。这也是与 HPLC 相比，CE 具有更高分离效率的一个重要原因。

电渗流的另一个重要优点是可以使几乎所有被分析物向同一方向运动，而不管其电荷性质如何。这是因为电渗淌度一般比离子的电泳淌度大一个数量级，故当离子的电泳淌度方向与电渗流方向相反时，仍然可以使其沿电渗流方向迁移。这样，就可在一次进样分析中，同时分离阳离子和阴离子。中性分子由于不带电荷，故随电渗流一起运动。如果对毛细管内壁进行修饰可以降低电渗流，而被分析物的淌度则不受影响。在此情况下，阴阳离子有可能以不同的方向迁移。

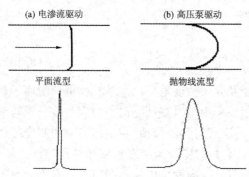

图 8.52 不同驱动力的流型和相应的谱带峰形

3. 毛细管电泳的基本参数

CE 中的分析参数可以用色谱中类似的参数来描述，比如与色谱保留时间相对应的有迁移时间，定义为一种物质从进样口迁移到检测点所用的时间，迁移速率(ν)则是迁移距离(l，即被分析物质从进样口迁移到检测点所经过的距离，又称毛细管的有效长度)与迁移时间(t)之比：

$$\nu = \frac{l}{t} \tag{8.146}$$

因为电场强度等于施加电压(U)与毛细管长度(L)之比：

$$E = \frac{U}{L} \tag{8.147}$$

就 CE 的最简单的模式——毛细管区带电泳(CZE)而言，结合式(8.139)，可得

$$\mu_{a} = \frac{l}{tE} = \frac{lL}{tU} \qquad (8.148)$$

在毛细管区带电泳(CZE)条件下测得的淌度是电泳淌度与电渗流淌度的矢量和,我们称之为表观淌度 μ_{a},即

$$\mu_{a} = \mu_{e} + \mu_{EOF} \qquad (8.149)$$

实验中可以采用一种中性化合物,如二甲亚砜或丙酮等,来单独测定电渗流淌度,然后求得被分析物的有效淌度 μ_{e}。例如,图 8.53 是一个混合物的分离结果,其中三个峰分别为阳离子($t = 39.5\text{ s}$)、中性化合物($t = 66.4\text{ s}$)和阴离子($t = 132.3\text{ s}$)。实验用毛细管总长度为 48.5 cm,有效长度(从进样口到检测点的距离)为 40 cm,施加电压为 20 kV。根据上述公式,我们便可以计算出电渗淌度以及不同离子的表观淌度和有效淌度。

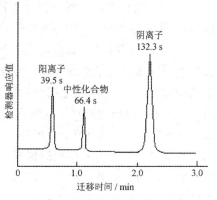

图 8.53　阳离子、中性化合物和
阴离子的 CE 分离图

电渗淌度:

$$\mu_{EOF} = \frac{40 \times 48.5}{20000 \times 66.4} = 1.46 \times 10^{-3}(\text{cm}^{2} \cdot \text{V}^{-1} \cdot \text{s}^{-1})$$

阳离子:

$$\mu_{a} = \frac{40 \times 48.5}{20000 \times 39.5} = 2.46 \times 10^{-3}(\text{cm}^{2} \cdot \text{V}^{-1} \cdot \text{s}^{-1})$$

$$\mu_{e} = \mu_{a} - \mu_{EOF} = 1 \times 10^{-3}(\text{cm}^{2} \cdot \text{V}^{-1} \cdot \text{s}^{-1})$$

阴离子:

$$\mu_{a} = \frac{40 \times 48.5}{20000 \times 132.3} = 7.33 \times 10^{-4}(\text{cm}^{2} \cdot \text{V}^{-1} \cdot \text{s}^{-1})$$

$$\mu_{e} = \mu_{a} - \mu_{EOF} = -7.27 \times 10^{-4}(\text{cm}^{2} \cdot \text{V}^{-1} \cdot \text{s}^{-1})$$

注意,阴离子的有效淌度为负值,因为其电泳淌度与电渗淌度的方向相反。

4. 影响分离的因素

在 CE 中仍然可以采用色谱中的塔板和速率理论描述分离过程。若以电泳峰的标准偏差或方差(σ)表示理论塔板数(n),则有

$$n = \left(\frac{l}{\sigma}\right)^{2} \qquad (8.150)$$

与色谱分离类似,造成 CE 分离过程中谱带或区带展宽的因素主要有扩散(σ_{dif}^{2})、进样(σ_{inj}^{2})、温度梯度(σ_{temp}^{2})、吸附作用(σ_{ads}^{2})、检测器(σ_{det}^{2})和电分散(σ_{ed}^{2})等等。可以用下面的总方差(σ_{T}^{2})公式表示:

$$\sigma_{T}^{2} = \sigma_{dif}^{2} + \sigma_{inj}^{2} + \sigma_{temp}^{2} + \sigma_{ads}^{2} + \sigma_{det}^{2} + \sigma_{ed}^{2} + \cdots \qquad (8.151)$$

(i) 扩散。与色谱分离类似,扩散是造成 CE 分离中区带展宽的重要因素。不同的是,由于电渗流驱动的平面流型,径向扩散对峰展宽的影响非常小。纵向扩散决定着分离的理论极限效率,因此,被分离物的分子扩散系数越小,区带越窄,分离效率越高。

(ii) 进样体积。因为毛细管很细,较大的进样体积会在管内形成较长的样品区带。如果进样长度比扩散控制的区带宽度还大,分离就会变差。CE 进样量一般为纳升级,这对检测灵敏度的提高是一个限制。

(iii) 焦耳热。因电流通过而产生的热称为焦耳热，在传统的电泳技术中，焦耳热是限制分析速度和分离效率的主要因素，因为焦耳热可导致不均匀的温度梯度和局部的粘度变化，严重时可造成层流甚至湍流，从而引起区带展宽。在 CE 中，细内径的毛细管抗对流性能好，比表面积大，有效地限制了热效应。故可以采用高的电场强度，以提高分离效率。理论推导也证明，尽量高的电场强度对分离是有利的。然而，电场强度的升高最终要受到焦耳热的限制。

(iv) 毛细管壁的吸附。被分析物与毛细管内壁的相互作用对分离是不利的，轻则造成峰拖尾，重则引起不可逆吸附。造成吸附的主要原因是阳离子与毛细管表面负电荷的静电相互作用，以及疏水相互作用。细毛细管具有的大比表面积对散热有利，但却增加了吸附作用，特别是在分离碱性蛋白质和多肽时，因为这些物质具有较多的电荷和疏水性基团。抑制或消除吸附的方法一般有三种，一是在毛细管内壁涂敷抗吸附涂层，如聚乙二醇；二是采用极端 pH 条件，如极低的 pH 可以抑制硅羟基的解离；三是在分离介质中加入两性离子添加剂。

(v) 检测器的死体积。采用柱上检测时不存在这个问题，但对于柱后检测（如质谱检测器）则应当考虑到检测池死体积的影响。因为毛细管很细，很小的死体积就会造成区带的展宽。

(vi) 电分散作用。电分散作用是指毛细管中样品区带的电导与分离介质（缓冲液）的电导不匹配而造成的区带展宽现象。如果样品溶液的电导较缓冲液低，样品区带的电场强度就大，离子在样品区带的迁移速率就高，当进入分离介质时，速率就会减慢，因而在样品区带与分离介质之间的界面上形成样品堆积，结果有可能造成前伸峰。反之，如果样品溶液的电导较缓冲液高，结果很可能造成峰拖尾。鉴于此，CE 分析中样品溶液的离子强度应当接近于分离介质的离子强度。另一方面，电分散所造成的样品堆积常常是提高检测灵敏度的有效方法。操作条件选择适当的话，检测灵敏度可以提高 2～3 个数量级。

5. 理论塔板数和分离度

上面讨论了影响 CE 分离的主要因素，这些因素在不同的条件下所起的作用是不同的。在理想情况下（进样体积小，没有管壁对被分析物的吸附，毛细管恒温好，采用柱上进样等），纵向扩散可以被认为是 CE 分离中造成区带展宽的惟一因素，这样理论处理就可大大简化。采用色谱速率理论的纵向扩散项：

$$\sigma^2 = 2Dt = \frac{2DlL}{\mu_e U} \tag{8.152}$$

式中 D 为分子扩散系数。将式(8.152)代入式(8.150)，就可得到 CE 的理论塔板数表达式：

$$n = \frac{\mu_e U l}{2DL} = \frac{\mu_e E l}{2D} \tag{8.153}$$

式(8.153)说明，采用高的电场强度对分离是有利的，因为场强高时，电渗流速率大，样品在毛细管中滞留的时间短，纵向扩散就小。

实验中，理论塔板数可以采用 8.3.5 小节所述的公式(8.45)进行计算，只要将保留时间换成迁移时间即可。

CE 中分离度的概念也与色谱相同（见公式(8.40)），但是，CE 主要靠高柱效(n)来促进分离，而色谱则是靠选择性(α)。另外，两种组分的分离还可用柱效来表达：

$$R = \frac{\sqrt{n}}{2} \frac{(\mu_2 - \mu_1)}{\mu_2 + \mu_1} \tag{8.154}$$

式中 μ_2 和 μ_1 分别是两组分的有效淌度。将式(8.153)代入式(8.154)，整理得

$$R = \frac{l\Delta\mu}{4\sqrt{2}} \left(\frac{U}{D(\bar{\mu} + \mu_{\text{EOF}})} \right)^{1/2} \tag{8.155}$$

其中 $\Delta\mu = \mu_2 - \mu_1, \bar{\mu} = (\mu_2 + \mu_1)/2$。

这是常见的分离度理论表达式,不仅可以不计算柱效而直接得到分离度,而且包含了电渗流的影响。可见,分离度与电压的平方根呈正比,但靠增大电场强度来提高分离度必然受到焦耳热的限制。

当 $\bar{\mu}$ 与 μ_{EOF} 大小相等但方向相反时,分离度无穷大。也就是说,被分析离子以与电渗流相同的速率但相反的方向运动时,分离度最大。然而,此时的分析时间也趋于无穷。所以,与色谱类似,CE 分离也需要对操作条件进行优化,以实现在最短的分析时间获得满意的分离度的目的。

8.8.3　毛细管电泳的仪器及操作

1. 仪器组成及条件的选择

图 8.54 所示为 CE 仪器示意图。其组成部分主要是高压电源、缓冲液瓶(包括样品瓶)、毛细管和检测器。下面分别简要讨论之。

高压电源是为分离提供动力的,商品化仪器的输出直流电压一般为 0～30 kV,也有文献报道采用 60 kV 以至 90 kV 电压的。大部分直流电源都配有输出极性转换装置,可以根据分离需要选择正电压或负电压。

缓冲液瓶多采用塑料(如聚丙烯)或玻璃等绝缘材料研制成,容积为 1～3 mL。考虑到分析过程中正负电极上发生的电解反应,体积大一些的缓冲液瓶有利于 pH 的稳定。进样时毛细管的一端伸入样品瓶,采用压力或电动方式将样品加载到毛细管入口,然后将样品瓶换为缓冲液瓶,接通高压电源开始分析。

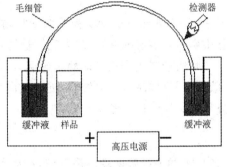

图 8.54　CE 仪器组成示意图

CE 中常用的缓冲液见表 8.19,注意要控制 pH 在电解质的 pK_a 左右,即缓冲容量范围内,否则电解引起的 pH 的微小变化将导致实验重复性的明显下降。缓冲盐的浓度也是一个重要的实验条件,浓度过低会造成实验不稳定和重复性差,而浓度过高又会使电渗流降低,影响分析速度,更重要的是,高的盐浓度会产生高的电流,进而引起过大的焦耳热,导致分离效率下降。一般 20～50 mmol·L^{-1} 的浓度比较合适,分析蛋白质和多肽时浓度往往更高一些。

表 8.19　CE 中常用的缓冲液

缓冲液	pK_a
磷酸盐	2.12, 7.21, 12.32
乙酸盐	4.75
柠檬酸盐	3.06, 4.74, 5.40
硼酸盐	9.24
三甲氧基氨基甲烷(Tris)	8.30

毛细管是分离通道,目前普遍采用的是外涂耐高温聚酰亚胺涂料的熔融石英毛细管,内径 25～100 μm,长度 20～100 cm。采用柱上检测时,在检测点将外涂层除去,以便光线可以通过

窗口检测到样品组分。毛细管尺寸的选择主要考虑分离效率和检测灵敏度,内径越小,分离效率越高,但由于窄内径毛细管限制了进样量,故对检测器灵敏度的要求也越高,实践中 50 μm 内径的毛细管用得最多;毛细管越长,分离效率越高,但因为高压电源的限制,长的毛细管将导致电场强度降低,因而延长分析时间。实践中有效长度 40 cm 左右、总长度 50 cm 左右的毛细管就可以解决绝大部分分离问题。

2. 进样方式

CE 的进样方式主要有两类,即压差进样和电动进样。压差进样又可分为正压力进样、负压力进样和虹吸进样。

正压力进样即是在样品瓶中施加正的气压,将样品压入毛细管。负压力进样即是在毛细管的出口端抽真空,入口端插入样品瓶,用真空度的高低和进样时间来控制进样量。压差进样时进样量是压力、进样时间、毛细管尺寸以及电解质溶液粘度的函数。进样压力一般在(25～100)$\times 10^2$ Pa 之间,时间为 1～5 s。压差进样的进样量可由下面的经验公式计算:

$$V_{\text{inj}} = \frac{\Delta p d^4 \pi t_{\text{inj}}}{128 \eta L} \tag{8.156}$$

式中 V_{inj} 为进样体积,Δp 为毛细管两端的压力差,d 为毛细管内直径,t_{inj} 为进样时间,η 为毛细管中电解质溶液的粘度,L 为毛细管的总长度。

虹吸进样则是进样时将毛细管入口端的样品瓶升高,靠入口端和出口端液面差所形成的虹吸作用将样品吸入毛细管,进样量由毛细管入口和出口的高度差以及时间来决定。下式为计算虹吸进样体积的经验公式:

$$V_{\text{inj}} = \frac{\Delta h \rho g d^4 \pi t_{\text{inj}}}{128 \eta L} \tag{8.157}$$

式中 Δh 为毛细管两端的高度差,ρ 为毛细管中电解质溶液的密度,g 为重力常数,其余符号的意义同式(8.156)。

电动进样是将毛细管入口端插入样品瓶中,然后在毛细管两端施加一定的电压,靠电渗流将样品带入毛细管。显然,控制电压的大小和时间的长短便可控制进样量。以下为计算电动进样时进样量的经验公式:

$$Q = (\mu_{\text{e}} + \mu_{\text{EOF}})U r^2 \pi c t_{\text{inj}}/L \tag{8.158}$$

式中 Q 为进样量,U 为进样电压,r 为毛细管内半径,c 为样品组分浓度,其余符号的意义同式(8.156)。

采用电动进样时要考虑进样歧视的问题。因为混合样品中各组分的电泳淌度不可能完全一致,这样它们随电渗流进入毛细管的迁移速率就不同。比如正极进样时,正离子迁移速率快,负离子迁移速率慢,因而进入毛细管的正离子就会比负离子的相对量大一些,结果造成了进入毛细管的样品组成与原来样品的组成的不同。即使是带同一符号电荷的离子也存在这种进样歧视。所以,电动进样时,若不经过校准,其定量结果的误差要大于压差进样。当然,中性组分之间不存在这种歧视问题。

需要指出,无论压力进样还是电动进样,确切的进样量往往是不知道的,这是因为不同样品溶液的粘度、浓度、离子强度差别较大,以及仪器系统的压力、温度和电压控制精度不同。然而这并不影响分析结果的精度,只要操作条件能够严格重复,使用标准样品校准后就可得到准确的分析结果。

3. 检测器

CE 检测器与 HPLC 检测器类似，紫外吸光检测器是最常用的，其次是激光诱导荧光检测器和电化学检测器。这些检测器的原理和应用范围与 HPLC 中所讲完全一样，只是紫外吸光检测器和激光诱导荧光检测器一般进行柱上检测，而电化学检测器（电导检测器和安培检测器等）则多采用微电极在柱后检测。目前商品仪器的标准配置为紫外吸光检测器，包括单波长、多波长和二极管阵列检测器。

当被分析物没有紫外吸光性质时，常常采用间接紫外检测方法。即在分离介质中加入具有紫外吸光性质的物质，如苯甲酸或萘磺酸等，这样就造成很强的背景吸收值，当样品组分（如 K^+、Ca^{2+} 等阳离子）流过检测窗口时，背景吸收值降低，出现负峰。通过放大电路输出极性的转换便可得到正常的电泳图。

CE 检测中还应考虑检测歧视问题。我们知道，在 HPLC 中，当流动相流速恒定时，不同样品谱带在色谱柱中的运动速率是一致的，因而在检测池中的运动速率也是一致的。这样，假设两种组分的吸光系数相等、浓度相同，（在用光学检测器时）峰面积就是相等的。然而，在 CE 中，不同组分的区带在毛细管中的迁移速率是不同的，因而通过检测窗口的速率也不同。这样，两种吸光系数相等、浓度相同的组分所得峰面积就是不相等的。这再次说明，采用 CE 进行定量分析时，用标准样品校准是非常必要的。

8.8.4 毛细管电泳的分离模式及其应用

CE 有 6 种常用的分离模式，其分离依据及应用范围如表 8.20 所示。其中 CZE、EKCC 和 CEC 最为常用，下面我们对这些模式分别进行讨论。

表 8.20 6 种 CE 分离模式的分离依据及应用范围

分离模式	分离依据	应用范围
毛细管区带电泳（CZE）	溶质在自由溶液中的淌度差异	可解离的或离子化合物、手性化合物及蛋白质、多肽等
毛细管电动色谱（EKCC）	溶质在胶束与水相间分配系数的差异	中性或强疏水性化合物、核酸、多环芳烃、结构相似的肽段
毛细管电色谱（CEC）	电渗流驱动的色谱分离机制	同 HPLC
毛细管凝胶电泳（CGE）	溶质分子大小与电荷/质量比差异	蛋白质和核酸等生物大分子
毛细管等速电泳（CITP）	溶质在电场梯度下的分布差异（移动界面）	同 CZE，电泳分离的预浓缩
毛细管等电聚焦（CIEF）	等电点差异	蛋白质、多肽

1. 毛细管区带电泳

毛细管区带电泳（CZE）是最简单的 CE 模式，因为毛细管中的分离介质只是缓冲液。在电场的作用下，样品组分以不同的速率在独立的区带内进行迁移而被分离。由于电渗流的作用，正负离子均可以实现分离。在正极进样的情况下，正离子首先流出毛细管，负离子最后流出。中性物质在电场中不迁移，只是随电渗流一起流出毛细管，故得不到分离。

在 CZE 中，影响分离的因素主要有缓冲液的种类、浓度和 pH，添加剂，分析电压，温度，毛细管的尺寸和内壁改性等。缓冲液种类的选择主要考虑其 pK_a 要与分析所用 pH 匹配，另外，有的缓冲液与样品组分之间有特殊的相互作用，可提高分析选择性。比如，分析多羟基化合物时，多用硼酸缓冲液，因为硼酸根可与羟基形成络合物，有利于提高分离效率。增大缓冲液的浓度一般可以改善分离，但电渗流会降低，因而延长了分析时间，过高的盐浓度还会增加焦耳热。

缓冲液的 pH 主要影响电渗流的大小和被分析物的解离情况,进而影响被分析物的淌度,是 CZE 分析中最重要的操作参数之一。缓冲液添加剂多为有机试剂,如甲醇、乙腈、尿素、三乙胺等,其作用主要是增加样品在缓冲液中的溶解度,抑制样品组分在毛细管壁的吸附,改善峰形。提高分析电压有利于提高分离效率和缩短分析时间,但可能造成过大的焦耳热。温度的变化可以改变缓冲液的粘度,从而影响电渗流。毛细管内径越小,分离效率越高,但样品容量越低;增加毛细管长度可提高分离效率,但延长了分析时间。有时为了改善分离,要对毛细管内壁进行改性,比如分离碱性蛋白质时,毛细管内壁涂一层聚乙二醇能有效地抑制蛋白质的吸附,提高分离效率和检测灵敏度。

CZE 的应用范围很广,分析对象包括氨基酸、多肽、蛋白质、无机离子和有机酸等。图 8.55 所示为 CZE 分离阴离子的实例。

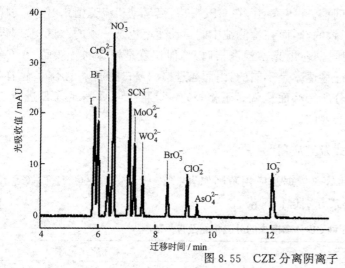

分析条件:

毛细管:内径 50 μm,总长度 64.5 cm,有效长度 56 cm,内壁涂渍聚乙二醇

缓冲液:20 mmol·L^{-1} 磷酸缓冲液,pH 8.0

压力进样:2×10^4 Pa·s

分析电压:15 kV

温度:20 ℃

紫外吸收检测:200 nm

样品:每种离子 100 mg·L^{-1}

图 8.55　CZE 分离阴离子

此外,在药物对映异构体的分离分析方面,CZE 已经成为强有力的手段。一般是在缓冲液中加入具有手性识别能力的添加剂(称为手性选择剂),如环糊精、冠醚、大环抗生素或蛋白质,根据手性选择剂与不同旋光异构体的作用力差异实现分离。对于可解离的药物,多采用中性手性选择剂;而对于中性药物,则需要用带电的手性选择剂。有些被分析物在水中溶解度非常低,需要用有机溶剂作为分离介质,这就是非水介质 CZE。图 8.56 是采用非水介质的 CZE 分离 N-苯甲酰基-苯丙氨酸甲酯对映异构体的结果。

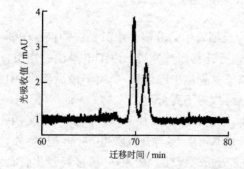

分析条件:

毛细管:内径 50 μm,总长度 50 cm,有效长度 41.5 cm

背景电解质溶液:0.1 mol·L^{-1}β-环糊精,0.06 mol·L^{-1} NaCl 的甲酰胺溶液,含 10%乙酸

压力进样:5000 Pa×5 s

分析电压:30 kV

检测波长:260 nm

温度:25 ℃

图 8.56　N-苯甲酰基-苯丙氨酸甲酯对映异构体的非水介质 CZE 手性分离[1]

① Y. Li, L. J. Xie, H. W. Liu, W. T. Hua. *Chinese Chemical Letters*, 1999, 10(4): 303

2. 毛细管电动色谱

毛细管电动色谱(EKCC)的最大特点是既可以分离离子型化合物,又能分离中性物质,在药物分析和环境分析等领域有广泛的应用。这一模式包括毛细管胶束电动色谱(MEKC)和毛细管微乳电动色谱(MEEKC)。

MEKC 是 Terabe 在 1984 年提出的[①]。在 MEKC 中,将高于临界胶束浓度的离子型表面活性剂加入缓冲液中形成胶束,被分析物在胶束(即假固定相)和水相中进行分配,中性化合物根据其分配系数的差异进行分离,带电组分的分离机理则是电泳和色谱的结合。最常用的胶束相是阴离子表面活性剂十二烷基硫酸钠(SDS),有时也用阳离子表面活性剂,如十六烷基三甲基溴化铵 (CTAB)。可以通过改变缓冲液种类、pH 和离子强度、胶束的浓度来调节选择性,进而对被分析物的保留值产生影响。也可使用混合胶束,以及加入各种添加剂如有机溶剂、环糊精和尿素等来影响分离的选择性。图 8.57 是 MEKC 分离苯酚和苯甲醇类化合物的电泳图。

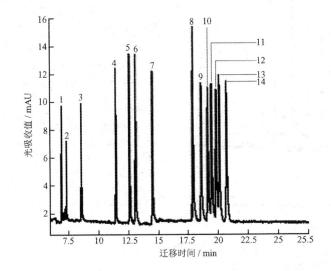

分析条件:

缓冲液:90 mmol·L^{-1}硼酸盐,pH 8.6,70 mmol·L^{-1} SDS

毛细管:内径 50 μm,涂聚乙烯醇的熔融石英管,总长度 64.5 cm,有效长度 56 cm

进样:2×10^3 Pa·s

电场强度:465 V·cm^{-1}

毛细管温度:12 ℃

检测:UV 200 nm

图 8.57　苯酚和苯甲醇类化合物的 MEKC 分离电泳图

色谱峰:1—4-羟基苯甲醇;2—3-羟基苯甲醇;3—苯酚;4—2-羟基苯甲醇;5—间甲酚;6—对甲酚;
7—2-氯代苯酚;8—2,6-二甲基苯酚;9—邻乙基苯酚;10—2,3-二甲基苯酚;11—2,5-二甲基苯酚;
12—3,4-二甲基苯酚;13—3,5-二甲基苯酚;14—2,4-二甲基苯酚

MEEKC 是 20 世纪 90 年代在 MEKC 基础上发展起来的一种电泳新技术[②]。微乳液是由正构烷烃(如庚烷和辛烷)、表面活性剂、辅助表面活性剂和缓冲液,通过超声处理而组成的稳定透明液体。纳米级大小的微乳液滴,分散在缓冲液中作为假固定相。油相和水相间存在着很高的表面张力,两者互不相溶,当表面活性剂加入后,降低了油水间的表面张力,使得微乳液的形成成为可能。辅助表面活性剂(如丁醇)加入后,插入到表面活性剂的中间,进一步使表面张力几乎降至零,表面活性剂和辅助表面活性剂在油滴表面有序排列,使得微乳体系非常稳定。

在 MEEKC 分离过程中,被分析物的疏水性不同,同微乳液滴的亲和作用不同。脂溶性越

①　S. Terabe, K. Otsuka, K. Ichikawa, A. Tsuchiya, T. Ando. *Anal. Chem.*, 1984, 56: 111

②　H. Watarai. *Chem. Lett.*, 1991, 391

强,和微乳液滴的亲和作用越强,迁移时间越长。通常采用十二烷基苯测定分析物和微乳液滴的亲和常数。SDS 是 MEEKC 中最常用的阴离子表面活性剂,它分布于微乳液滴表面使其带负电荷,在电场力作用下,微乳液滴被阳极吸引,与电渗流的方向刚好相反,但是电渗流的速率要大于液滴的速率,所以带负电荷的微乳液滴向阴极移动。中性物质由于和微乳液滴表面的活性剂没有电荷相互作用,其分离机制就是电渗流驱动下的色谱过程;带正电的物质和微乳表面的负电荷有离子对的相互作用,带负电的物质和微乳液表面的负电荷有互斥作用,它们的分离过程是电泳和色谱综合作用的结果。MEEKC 可以同时分离水溶性的、脂溶性的、带电的或不带电的物质,它所分离物质的极性范围很宽。图 8.58 是 MEEKC 分离强疏水性联苯腈类化合物的电泳图,这些化合物是难以用 CZE 分离的。MEKC 和 MEEKC 相比,最大的区别是 MEKC 的样品容量小得多。

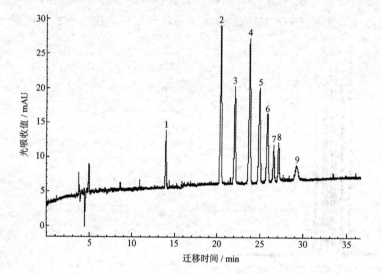

分析条件:
缓冲液:10 mmol·L^{-1}四硼酸钠,含有 100 mmol·L^{-1} SDS,80 mmol·L^{-1}胆酸钠,0.81% (w/w)正庚烷,7.5% (w/w)正丁醇和 10%乙腈
石英毛细管:50 μm 内径,总长度 48.5 cm,有效长度 40.0 cm
分析电压:25 kV
毛细管温度:35 ℃
检测:UV 254 nm
进样:2.5×10^4 Pa·s

图 8.58　强疏水性联苯腈类化合物的 MEEKC 分离结果

各峰所对应的化合物结构如下:

1　HO—〈〉—〈〉—CN

2　C$_2$H$_5$—〈〉—COO—〈〉—CN

3　C$_2$H$_5$—〈〉—〈〉—CN

4　C$_4$H$_9$—〈〉—COO—〈〉—CN

5　C$_4$H$_9$—〈〉—〈〉—CN

6　C$_5$H$_{11}$—〈〉—〈〉—CN

7　C$_5$H$_{11}$—〈〉—COO—〈〉—〈〉—CN

8　C$_7$H$_{15}$—〈〉—〈〉—CN

9　C$_5$H$_{11}$—〈〉—COO—〈〉—C$_5$H$_{11}$

3. 毛细管电色谱

毛细管电色谱(CEC)是在毛细管中填充或在管壁涂布、键合类似 HPLC 的固定相,在毛细管的两端加高直流电压,以电渗流代替高压泵推动流动相。因此,CEC 将 HPLC 的高选择性和 CE 的高柱效有机地结合在一起,是一种很有发展前景的微柱分离技术。对中性化合物,其

分离过程和 HPLC 相似,即通过溶质在固定相和流动相之间的分配差异而获得分离;当被分析物在流动相中带电荷时,除了和中性化合物一样的分配机理外,自身电泳淌度的差异对物质的分离也起相当的作用。

采用电渗流驱动流动相,一方面大大降低了柱压降,使得采用 1.5 μm 或更小粒径的填料成为可能;另一方面,"塞子"状的平面流型抑制了样品谱带的展宽,因而使 CEC 的柱效明显高于 HPLC。就应用范围而言,CEC 可以同 HPLC 一样广泛。CEC 可以采用 HPLC 的各种模式,分析有机和无机化合物。目前,由于柱容量较小,CEC 的检测灵敏度尚不及 HPLC。图 8.59 是 CEC 分离苯系物和多环芳烃的典型色谱图。

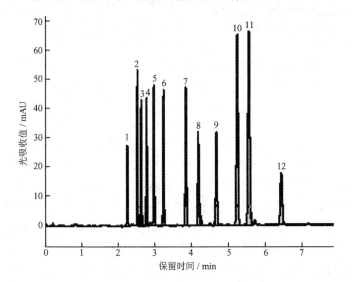

分析条件:

色谱柱:CEC Hypersil C_{18},粒径 3 μm,内径 0.1 mm,总长度 350 mm,有效长度 250 mm

流动相:80%乙腈,20%MES 缓冲液,25 mmol·L^{-1}MES,pH 6

分析电压:25 kV

电动进样:5 kV,3 s

柱两端加气压:1 MPa

柱温:20 ℃

理论塔板数:65 000~80 000

对称性因子:0.93~0.98

图 8.59 CEC 分离苯系物和多环芳烃的典型色谱图

色谱峰:1—硫脲;2—对羟基苯甲酸甲酯;3—对羟基苯甲酸乙酯;4—对羟基苯甲酸丙酯;5—对羟基苯甲酸丁酯;6—对羟基苯甲酸戊酯;7—萘;8—联苯;9—芴;10—菲;11—蒽;12—荧蒽

4. 其他毛细管电泳模式

(1) 毛细管凝胶电泳

毛细管凝胶电泳(CGE)是在毛细管中填充聚合物凝胶,当带电的被分析物在电场作用下进入毛细管后,聚合物起着类似"分子筛"的作用,小的分子容易进入凝胶而首先通过凝胶柱,大分子则受到较大的阻碍而后流出凝胶柱。这类似于体积排阻色谱的分离原理。CGE 主要用于蛋白质和核酸等生物大分子的分离;如 DNA 测序。因为 DNA 和被 SDS 饱和的蛋白质的质荷比与其分子大小无关,DNA 链每增加一个核苷酸,就增加一个相同的质量和电荷单位。如果没有凝胶,用 CZE 是不可能分离的。正是因为有了能够快速测定 DNA 序列的阵列毛细管凝胶电泳技术,人类基因组计划才提前完成。

与板电泳相比,CGE 采用 50~100 μm 内径的毛细管具有很好的抗对流作用,因而可以施加比板电泳高 100 倍的电场强度而不会引起焦耳热效应,能够获得上百万的理论塔板数。不足之处是 CGE 用于制备分离时由于样品容量有限而影响了制备效率。

常用的 CGE 凝胶介质有交联聚丙烯酰胺、线性聚丙烯酰胺、纤维素、糊精和琼脂凝胶等。图 8.60 是一个标准 DNA 样品的 CGE 分离结果,可见不同碱基对数目的 DNA 得到了很好的分离。

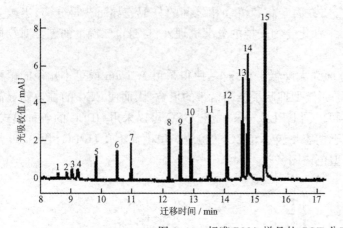

分析条件：

毛细管：聚丙烯酰胺凝胶填充石英管，

内径 75 μm，总长度 48.5 cm，有效长度

40 cm

样品：pGEM DNA 标准样品，

1 μg · μL^{-1}

缓冲液：DNA 缓冲液

电动进样：−5 kV，4 s

分离电压：−16.5 kV

毛细管温度：25 ℃

检测：DAD 260 nm

图 8.60　标准 DNA 样品的 CGE 分离结果

每个峰对应的碱基对数：1—36 bp；2—51 bp；3—65 bp；4—75 bp；5—126 bp；6—179 bp；7—222 bp；8—350 bp；9—396 bp；10—460 bp；11—517 bp；12—676 bp；13—1198 bp；14—1605 bp；15—2645 bp

(2) 毛细管等速电泳

毛细管等速电泳(CITP)分析中，样品区带前后使用两种不同的缓冲体系，前面是前导电解质，后面是尾随电解质，被分离的区带夹在中间维持等速迁移的状态。以阴离子分析为例，前导电解质多含阴离子的有效淌度要大于样品中所有阴离子的有效淌度，而尾随电解质多含阴离子的有效淌度要小于样品中所有阴离子的有效淌度。这样，在电场作用下，前导阴离子迁移最快，尾随阴离子迁移最慢，虽然单个阴离子在不连续的区带内迁移，但迁移速率是相同的，速率的快慢由前导离子决定。

CITP 中样品区带之所以能等速迁移，是因为各个区带的电场强度不同。淌度大的离子所在区带的场强较低，淌度小的离子所在区带的场强较高。在分离过程中场强会自动调节，从而使各个区带间保持明显的界面。如果有的离子扩散进入了邻近的区带，其迁移速率立刻会发生变化，最后使其返回原来的区带。

CITP 可以同时分离阴离子和阳离子。在实际工作中常常用 CITP 进行样品的柱上浓缩(称为样品堆积)。

(3) 毛细管等电聚焦

毛细管等电聚焦(CIEF)是采用两性电解质在毛细管内建立起 pH 梯度，当被分析物进入毛细管后，将其一端放入碱性溶液(高 pH)，另一端放入酸性溶液(低 pH)。施加电场后，两性电解质和样品就在介质中迁移，直到到达不带电的区域(即等电点 pI 处)，这一过程就是"聚焦"。聚焦后的样品不会迁移到其他 pH 区域，因为一旦离开其 pI 处，就会带电，电场作用力就会促使它返回 pH 等于其 pI 的区域。最后用气压或其他方法将聚焦的区带推出毛细管进入检测器，根据推动速度就可计算出区带在毛细管中的聚焦位置，从而得到其等电点数据。

由此可见，CIEF 主要是用来测定多肽和蛋白质的等电点，或者是依据等电点不同来分离蛋白质和多肽。当然，CIEF 也可用于异构体的分离，以及分离其他方法难以分离的蛋白质，如免疫球蛋白和血红蛋白等。

目前，CE 仍然是一种发展中的分析技术，更多的内容请参阅有关专著。

参 考 文 献

[1] F. Geiss. *Fundamentals of Thin Layer Chromatography*. Huthig，Heideiberg，1987

[2] 何丽一. 平面色谱方法及应用. 北京：化学工业出版社，2000

[3] 周同惠. 薄层色谱. 北京：科学出版社，1992

[4] J. C. Giddings. *J. Chromatogr.*，1961，5：46

[5] J. F. K. Huber，J. A. R. Hulsman. *J. Anal. Chem. Acta*，1967，38：305

[6] C. Horvath，H. J. Lin. *J. Chromatogr.*，1976，149：401

[7] G. J. Kennedy，J. H. Knox. *J. Chromatogr. Sci.*，1972，10：606

[8] M. J. E. Golay. *In Gas Chromatography*，Desty D H Ed. New York：Academic Press，1958

[9] S. J. J. Hawkes. *Chem. Educ.*，1983，60：393·

[10] 刘虎威. 气相色谱方法及应用. 北京：化学工业出版社，2000

[11] B. Kolb，L. S. Ettre. *Static Headspace-Gas Chromatography*，*Theory and Practice*. New York：Wiley-VCH，1997

[12] 傅若农，刘虎威. 高分辨气相色谱及高分辨裂解气相色谱. 北京：北京理工大学出版社，1992

[13] M. L. Lee，F. J. Yang，K. D. Bartle. *Open Tubular Column Gas Chromatography*. John Wiley & Sons，1984

[14] 吴烈钧. 气相色谱检测方法. 北京：化学工业出版社，2000

[15] 于世林. 高效液相色谱方法及应用. 北京：化学工业出版社，2000

[16] 刘国诠，余兆楼. 色谱柱技术. 北京：化学工业出版社，2000

[17] 张晓彤，云自厚. 液相色谱检测方法. 北京：化学工业出版社，2000

[18] 牟世芬，刘克纳. 离子色谱方法及应用. 北京：化学工业出版社，2000

[19] 施良和. 凝胶色谱法. 北京：科学出版社，1980

[20] 王立，汪正范，牟世芬，丁晓静. 色谱分析样品处理. 北京：化学工业出版社，2001

[21] 汪正范. 色谱定性与定量. 北京：化学工业出版社，2000

[22] 陈义. 毛细管电泳技术及应用. 北京：化学工业出版社，2000

[23] Morteza Khaledi. *High Performance Capillary Electrophoresis*：*Theory*，*Techniques*，*and Applications* (Chemical Analysis，Vol 146). John Wiley & Sons，1998

[24] Patrick Camilleri. *Capillary Electrophoresis*：*Theory and Practice* (New Directions in Organic and Biological Chemistry Series). CRC Pr，1997

思考题和习题

8. 1　在仪器分析技术中，色谱的独特优点是什么？

8. 2　为什么说色谱对化学乃至整个科学技术的发展起了重要的作用？

8. 3　色谱主要有哪些分支？

8. 4　试比较气相色谱和液相色谱的异同。

8. 5　简述色谱与电泳的区别。

8. 6　什么是经典色谱法？柱层析和现代柱色谱的主要区别是什么？

8. 7　平面色谱包括哪些方法？各有什么特点？

8.8 简述薄层色谱的分类方法。

8.9 影响薄层色谱分离的主要因素是什么？

8.10 薄层色谱的常用检测技术有哪些？

8.11 导致谱带展宽的因素有哪些？

8.12 吸附等温线的形状与色谱峰的类型有什么关系？

8.13 影响分离因子 α 的参数有哪些？

8.14 如何控制和调节容量因子 k？

8.15 色谱柱的柱效 n 由哪些因素决定？如何提高柱效？

8.16 导致色谱峰不对称的因素是什么？

8.17 什么是程序升温？

8.18 在液相色谱分析中,含 A,B 和 C 3 种组分的混合物在 30 cm 长的色谱柱上分离,测得不保留组分 A 的出峰时间为 1.3 min, 组分 B 和 C 的保留时间分别为 16.40 min 和 17.36 min, 峰(底)宽分别为 1.11 min 和 1.21 min。请计算：

(1) 组分 B 和 C 的分离度；

(2) 色谱柱的平均理论塔板数和理论塔板高度；

(3) 若使组分 B 和 C 的分离度达到 1.5, 假设理论塔板高度不变,需要多长的色谱柱？

(4) 使用较长色谱柱后,组分 B 的保留时间为多少(流动相线流速不变)？

(5) 如果仍使用 30 cm 长的色谱柱,要使分离度达到 1.5, 理论塔板高度应为多少？

8.19 气相色谱分析中,用 2 m 长的色谱柱分离二氯代甲苯,测得死时间为 1.0 min, 各组分的保留时间 (t_R) 和峰(底)宽 (W) 如下所列：

出峰顺序	组　分	t_R/min	W/min
①	2,6-二氯甲苯	5.00	0.30
②	2,4-二氯甲苯	5.41	0.37
③	3,4-二氯甲苯	6.33	0.67

试计算：

(1) 各组分的调整保留时间 t_R' 和容量因子 k；

(2) 相邻两组分的选择性因子 α 和分离度 R, 哪两个组分为难分离物质对？

(3) 各组分的理论塔板高度和色谱柱平均理论塔板高度；

(4) 欲使难分离物质对的分离度达到 1.5, 假设理论塔板高度不变,应采用多长的色谱柱？

(5) 使用较长色谱柱后,假设流动相线流速不变,组分②的保留时间将为多少？

8.20 在 LC 分析中采用 25 cm 长的色谱柱,流动相的流速为 0.5 mL·min^{-1}, 色谱柱内的固定相体积为 0.16 mL, 流动相体积为 1.37 mL。测定不保留组分和样品中 4 个组分的保留时间 (t_R) 和半峰宽 ($W_{1/2}$) 如下所列：

出峰顺序	组　分	t_R/min	$W_{1/2}$/min
①	不保留组分	3.10	—
②	组分 A	5.40	0.20
③	组分 B	13.30	0.50
④	组分 C	14.10	0.53
⑤	组分 D	15.60	0.85

试计算：

(1) 各组分的理论塔板数以及理论塔板高度；

(2) 各组分的容量因子和分配系数；

(3) 组分 B 和 C 的分离度和选择性因子；

(4) 组分 C 和 D 的分离度和选择性因子；

(5) 欲使组分 B 和 C 的分离度达到 1.5，需要多长的色谱柱？

(6) 欲使组分 C 和 D 的分离度达到 1.5，需要多长的色谱柱？

(7) 欲完全分离 4 个组分(相邻两峰的分离度大于或等于 1.5)，需要多长的色谱柱？

8.21　在 GC 分析中采用 40 cm 长的色谱柱，流动相的流速为 35 mL·min^{-1}，色谱柱内的固定相体积为 19.6 mL，流动相体积为 62.6 mL。测定不保留组分(空气)和样品中 3 个组分的保留时间(t_R)和半峰宽($W_{1/2}$)如下所列：

出峰顺序	组　分	t_R/min	$W_{1/2}$/min
①	空气	1.90	—
②	甲基环己烷	10.00	0.76
③	甲基环己烯	10.90	0.82
④	甲苯	13.40	1.06

试计算：

(1) 3 个样品组分的平均理论塔板数和标准偏差；

(2) 3 个样品组分相邻两峰的分离度；

(3) 3 个样品组分的容量因子和分配系数；

(4) 3 个样品组分相邻两峰的选择性因子。

8.22　已知 M 和 N 两个化合物在水和正己烷之间的分配系数(K＝在水相中的浓度/在正己烷中的浓度)分别为 6.01 和 6.20，现在用含有吸附水的硅胶色谱柱分离，以正己烷为流动相。已知色谱柱内的固定相体积与流动相体积之比为 0.422，请计算：

(1) 组分 M 和 N 的容量因子和两组分的选择性因子；

(2) 若使两组分的分离度达到 1.5，需要多少理论塔板数？

(3) 如果色谱柱的理论塔板高度为 0.022 mm，则所需柱长为多少？

(4) 如果流动相的线性流速为 7.10 cm·min^{-1}，那么，多长时间可以将两组分从该色谱柱上洗脱？

8.23　GC 有多种不同的分析方法，请为下列分析任务选择最合适的方法，并连线。

(1) 汽油成分的全分析　　　　　(a) 静态顶空 GC

(2) 血液中的酒精含量分析　　　(b) 衍生化 GC

(3) 食品中的氨基酸分析　　　　(c) 直接进样毛细管 GC

(4) 聚合物的热稳定性分析　　　(d) 裂解 GC

8.24　在 GC 分析中，什么检测器最适合下列目标化合物的检测？

(1) 土壤中的石油污染物；

(2) 蔬菜中的有机氯农药残留；

(3) 啤酒中的微量硫化物；

(4) 有机溶剂中的痕量水分；

(5) 天然气中的氢气含量；

(6) 装饰材料中的甲醛和甲苯含量。

8.25 请推断下列混合物在 GC 分析中的出峰顺序,并说明理由(括弧内为沸点):

(1) 载气为氢气,采用固定相为 PEG-20M 的色谱柱分离乙醇(78 ℃)、丙酮(56.5 ℃)和异丙醇(82 ℃)的混合物;

(2) 载气为氮气,采用固定相为 OV-1 的色谱柱分离异丙醇(82 ℃)、丙酮(56.5 ℃)和异辛烷(99.2 ℃)的混合物。

8.26 开管柱主要有 PLOT、WCOT 和 SCOT 3 种类型,请比较它们的异同。

8.27 在 GC 分析中,如果色谱柱一定,优化分离主要靠调节什么参数?载气流速对色谱柱的理论塔板高度有什么影响?

8.28 试比较分流进样、不分流进样方式的优缺点。

8.29 当试图用 GC 分析炸药样品时,宜采用什么进样方式?

8.30 MS 作为 GC 检测器有什么优越性?

8.31 检测器的灵敏度和检测限有什么不同?

8.32 ECD 的线性范围为 10^4,现在要分析一系列样品,其中某组分的浓度范围为 $1 \text{ ng} \cdot \text{mL}^{-1} \sim 1 \text{ mg} \cdot \text{mL}^{-1}$。请问,如何保证所有样品定量分析的准确度?

8.33 与填充柱相比,开管柱有什么优点?

8.34 填充柱 GC 使用的固定相主要有哪些?开管柱 GC 呢?

8.35 什么叫程序升温?什么情况下宜采用恒温分析,什么情况下宜采用程序升温分析?

8.36 在 HPLC 中,提高柱效的最有效的途径是什么?

8.37 何为反相色谱,何为正相色谱?

8.38 在 HPLC 中,欲改变分离的选择性,对色谱柱可采取哪些措施?

8.39 选择题(在相应的选择项上画√):

(1) 若分析聚乙烯的相对分子质量分布,宜采用(吸附、分配、体积排阻、离子)色谱及(电导、FID、UV、RI)检测器;

(2) 若分析酸雨中 SO_4^{2-}、Cl^-、F^- 等阴离子,宜采用(气液、气固、离子交换、体积排阻)色谱及(电导、ECD、UV、荧光)检测器;

(3) 若直接分析巴比妥类药物,宜采用(气液、气固、液液、液固)色谱及(FPD、ECD、UV、IR)检测器;

(4) 在正相 HPLC 中(己烷、甲醇、二氯甲烷、水)的极性最强,(己烷、甲醇、二氯甲烷、水)的洗脱能力最强;

(5) 在反相 HPLC 中(己烷、甲醇、二氯甲烷、水)的极性最弱,(己烷、甲醇、二氯甲烷、水)的洗脱能力最弱。

8.40 请解释下面色谱分析中混合物各组分的流出顺序(括弧内为沸点):

(1) 反相 HPLC 采用水和甲醇流动相及 C_{18} ODS 色谱柱分离二甲苯(139 ℃)、硝基苯(210.8 ℃)和氯代苯(132 ℃)的混合物;

(2) 正相 HPLC 采用二氯甲烷流动相及硅胶柱分离己烷(68.7 ℃)、正己醇(157.5 ℃)和苯(80.1 ℃)的混合物。

8.41 什么是键合相色谱?常用的键合相有哪几种?

8.42 在 HPLC 中,为什么经常选择混合溶剂作流动相?使用混合流动相时应注意些什么问题?

8.43 什么是反相 HPLC 中的离子抑制技术?常用的改性剂是什么?

8.44 简述什么是离子对色谱。

8.45 在离子交换色谱中,常用的离子交换剂有哪些?

8.46 解释 SEC 的分离机理,与 GPC 和 GFC 有什么不同?

8.47 在正相 HPLC 中,固定相为硅胶,流动相为甲苯,一个化合物的保留时间是 25 min,请问流动相改为四氯化碳是否可以缩短保留时间？为什么？改用氯仿作流动相呢？

8.48　在反相 HPLC 中，采用 C_{18} 键合相色谱柱分离对羟基苯甲酸及其酯类化合物，流动相为水-乙腈(30：70)混合溶剂，请问：

(1) 若改用水-甲醇(30：70)混合体系，是否可以缩短分析时间？

(2) 若保持分析时间不变，水-甲醇的比率应为多少？

(3) 若要进一步改善分离选择性，最好选择哪两种溶剂代替乙腈？

(4) 若对羟基苯甲酸的色谱峰拖尾，流动相中加入何种改性剂可以改善峰的对称性？

8.49　什么叫梯度洗脱？与 GC 中的程序升温有什么异同？

8.50　离子交换色谱分析中双柱方法和单柱方法有什么区别？

8.51　在电子积分仪或计算机数据处理系统中，控制色谱峰面积准确度的积分参数是什么？

8.52　用于法规分析的色谱方法为什么必须经过认证？认证的内容主要有哪些？

8.53　色谱定量分析时为什么要进行校准或校正？

8.54　用 GC 测定一混合溶剂，其中含有 4 种溶剂：乙醇、正庚烷、苯和乙酸乙酯。在 TCD 上得到如下数据：

组分	乙醇	正庚烷	苯	乙酸乙酯
峰面积/$(\mu V \cdot s)$	50.5	75.3	48.6	68.9
f_i	0.64	0.70	0.78	0.79

请计算混合溶剂中各组分的百分含量。

8.55　用 HPLC 测定银杏叶提取物中的黄酮苷山奈素，在 UV 检测器上测定一系列标准山奈素溶液，得到如下数据：

浓度/$(mg \cdot L^{-1})$	40	80	100	120
峰高/AU	560.5	1000.6	1504.3	1980.8

对于两个实际的银杏叶提取物样品，测得其中山奈素的峰高分别为 645.3 和 789.5。请绘制峰高与浓度校准曲线或回归线性方程，并用外标法求得两个实际样品中山奈素的含量。

8.56　用 GC 测定废水中的二甲苯，以苯为内标物，检测器为 FID。取 1 L 废水(不含苯)，加入 0.5 mg 苯，经二氯甲烷溶剂萃取和浓缩后，得到 1 mL 样品。取 1 μL 进样分析，测定 4 个组分的峰面积如下($f'(m)$ 是基于物质质量的相对定量校正因子)：

组分	苯	对二甲苯	间二甲苯	邻二甲苯
峰面积(面积计数)	35.6	40.2	32.5	29.9
$f'(m)$	1.00	0.89	0.93	0.91

请用内标法计算此废水样品中 3 种二甲苯异构体的物质的量浓度。

8.57　超临界流体色谱有什么优点？

8.58　毛细管电泳有什么特点？

8.59　电渗流是如何产生的？为什么说毛细管电泳的流型是"塞子"状的平面流型？它有什么优点？

8.60　用毛细管区带电泳分离苯胺、甲苯和苯甲酸，缓冲液的 pH 为 7，请判断出峰顺序。

8.61　8.60 题中分析得到 3 个峰的迁移时间分别为 78,132.8 和 264.6 s。已知实验用毛细管总长度为

48.5 cm,有效长度(从进样口到检测点的距离)为 40 cm,施加电压为20 kV。请计算出电渗淌度以及苯胺、甲苯和苯甲酸的表观淌度和有效淌度。

8.62 什么是焦耳热？如何避免过高的焦耳热？

8.63 什么是电分散？如何避免电分散？

8.64 CE 中电动进样和压差进样各有什么优缺点？

8.65 试比较 CE 各分离模式的特点。

光学分析篇

第 9 章　光学分析法引论

9.1　光学分析法及其分类

光学分析法是根据电磁辐射与物质相互作用后产生的辐射信号或发生的变化,或根据物质发射的电磁辐射来测定物质的性质、含量和结构的一类分析方法,它是现代分析化学的重要组成部分。这些电磁辐射包括 γ 射线、X 射线、紫外光、可见光、红外光、微波和无线电波的整个电磁波范围,而不只局限于光学光谱区。电磁辐射与物质相互作用的方式有发射、吸收、反射、折射、散射、干涉、衍射、偏振等。

光学分析法可以分为光谱法和非光谱法两大类。光谱法是基于物质与辐射能作用时,测量由物质的内部发生量子化的能级之间的跃迁而产生的发射、吸收或散射辐射的波长和强度进行分析的方法。光谱法可分为原子光谱和分子光谱。原子光谱是由原子外层或内层电子能级的变化产生的,它的表现形式为线光谱。属于这类分析方法的有原子发射光谱法(AES)、原子吸收光谱法(AAS)、原子荧光光谱法(AFS)以及 X 射线荧光光谱法(XFS)等。分子光谱是由分子中电子能级、振动和转动能级的变化产生的,表现形式为带光谱。属于这类分析方法的有紫外-可见分光光度法(UV-Vis)、红外光谱法(IR)、分子荧光光谱法(MFS)和分子磷光光谱法(MPS)等。另外,化学发光分析也属于光谱法。

非光谱法是基于物质与辐射相互作用时,测量辐射的某些性质,如折射、散射、干涉、衍射和偏振等变化的分析方法。非光谱法不涉及物质内部能级的跃迁,电磁辐射只改变传播方向、速率或某些物理性质。属于这类分析方法的有折射法、偏振法、光散射法、干涉法、衍射法、旋光法和圆二向色性法等。

本书主要介绍光谱法。如果按照电磁辐射和物质相互作用的结果,可以产生发射、吸收和联合散射三种类型的光谱。

9.1.1　发射光谱

物质通过电致激发、热致激发或光致激发等激发过程获得能量,变为激发态原子或分子 M*,当从激发态过渡到低能态或基态时产生发射光谱,多余的能量以光的形式发射出来:

$$M^* \longrightarrow M + h\nu$$

通过测量物质的发射光谱的波长和强度来进行定性和定量分析的方法叫做发射光谱分析法。根据发射光谱所在的光谱区和激发方法不同,发射光谱法分为以下几种。

1. γ 射线光谱法

天然或人工放射性物质的原子核在衰变的过程中发射 α 和 β 粒子后,往往使自身的核激发,然后该核通过发射 γ 射线回到基态。测量这种特征 γ 射线的能量(或波长),可以进行定性分析;测量 γ 射线的强度(检测器每分钟的记数),可以进行定量分析。

2. X 射线荧光分析法

原子受高能辐射激发,其内层电子能级跃迁,即发射出特征 X 射线,称为 X 射线荧光。用

X 射线管发生的一次 X 射线来激发 X 射线荧光是最常用的方法。测量 X 射线荧光的能量(或波长)可以进行定性分析,测量其强度可以进行定量分析。

3. 原子发射光谱分析法

用火焰、电弧、电感耦合等离子体、激光、微波等离子体等作为激发源,使气态原子或离子的外层电子受激发发射特征光学光谱,利用这种光谱进行分析的方法叫做原子发射光谱分析法。波长范围在 190～900 nm,可用于定性和定量分析。

4. 原子荧光分析法

气态自由原子吸收特征波长的辐射后,原子的外层电子从基态或低能态跃迁到高能态,约经 10^{-8} s,又跃迁至基态或低能态,同时发射出与原激发波长相同或不同的辐射,称为原子荧光。波长在紫外和可见光区。在与激发光源成一定角度(通常为 90°)的方向测量荧光的强度,可以进行定量分析。

5. 分子荧光分析法

某些物质被紫外光照射后,物质分子吸收了辐射而成为激发态分子,然后在回到基态的过程中发射出比入射光波长更长的荧光。测量荧光的强度进行分析的方法称为荧光分析法。波长在光学光谱区。

6. 分子磷光分析法

物质吸收光能后,基态分子中的一个电子被激发跃迁至第一激发单重态轨道,由第一激发单重态的最低能级,经系统间交叉跃迁至第一激发三重态,并经过振动弛豫至最低振动能级,由此激发态跃回至基态时,便发射磷光。根据磷光强度进行分析的方法称为磷光分析法。它主要用于环境分析、药物研究等方面的有机化合物的测定。

7. 化学发光分析法

由化学反应提供足够的能量,使其中一种反应产物的分子的电子被激发,形成激发态分子。激发态分子跃回基态时,就发出一定波长的光。其发光强度随时间变化,并可得到较强的发光(峰值)。在合适的条件下,峰值与被分析物浓度呈线性关系,可用于定量分析。由于化学发光反应类型不同,发射光谱范围为 400～1400 nm。

9.1.2　吸收光谱

当物质所吸收的电磁辐射能与该物质的原子核、原子或分子的两个能级间跃迁所需的能量能满足 $\Delta E = h\nu$ 的关系时,将产生吸收光谱:

$$M + h\nu \longrightarrow M^*$$

有以下几种吸收光谱法。

1. Mössbauer 谱法

由与被测元素相同的同位素作为 γ 射线的发射源,使吸收体(样品)的原子核产生无反冲的 γ 射线共振吸收所形成的光谱。光谱波长在 γ 射线区。从 Mössbauer 谱可获得原子的氧化态和化学键、原子核周围电子云分布或邻近环境电荷分布的不对称性以及原子核处的有效磁场等信息。

2. 紫外-可见分光光度法

它是利用溶液中的分子或基团在紫外和可见光区产生分子外层电子能级跃迁所形成的吸收光谱,可用于定性和定量测定。

3. 原子吸收光谱法

利用待测元素气态原子对共振线的吸收进行定量测定的方法。其吸收机理是原子的外层电子能级跃迁,波长在紫外、可见和近红外区。

4. 红外光谱法

利用分子在红外区的振动-转动吸收光谱来测定物质的成分和结构。

5. 顺磁共振波谱法

在强磁场的作用下,电子的自旋磁矩与外磁场相互作用分裂为磁量子数 m_s 值不同的磁能级,磁能级之间的跃迁吸收或发射微波区的电磁辐射。在这种吸收光谱中,不同化合物的耦合常数不同,可用来进行定性分析。根据耦合常数,可用来帮助结构的确定。根据峰高或峰面积,可作定量测定。

6. 核磁共振波谱法

在强磁场作用下,核自旋磁矩与外磁场相互作用分裂为能量不同的核磁能级,核磁能级之间的跃迁吸收或发射射频区的电磁波。利用这种吸收光谱可进行有机化合物结构的鉴定,以及分子的动态效应、氢键的形成、互变异构反应等化学研究。

9.1.3　拉曼散射光谱

频率为 ν_0 的单色光照射到透明物质上,物质分子会发生散射现象。如果这种散射是光子与物质分子发生能量交换的,即不仅光子的运动方向发生变化,它的能量也发生变化,则称为Raman(拉曼)散射。这种散射光的频率(ν_m)与入射光的频率不同,称为 Raman 位移。Raman 位移的大小与分子的振动和转动的能级有关,利用 Raman 位移研究物质结构的方法称为Raman 光谱法。

9.2　电磁辐射的性质

电磁辐射是一种以极大的速度(在真空中为 2.9979×10^8 m·s^{-1})通过空间,不需要以任何物质作为传播媒介的能量。它包括无线电波、微波、红外光、紫外-可见光以及 X 射线和 γ 射线等形式。电磁辐射具有波动性和微粒性。

9.2.1　电磁辐射的波动性

根据 Maxwell 的观点,电磁辐射可以用电场矢量 E 和磁场矢量 B 来描述,如图 9.1 所示,这是最简单的单一频率的平面偏振电磁波。平面偏振就是它的电场矢量 E 在一个平面内振动,而磁场矢量 B 在另一个与电场矢量相垂直的平面内振动。这两种矢量都是正弦波形,并且垂直于波的传播方向。当辐射通过物质时,与物质微粒的电场或磁场发生作用,在辐射和物质间就产生能量传递。由于电磁辐射的电场是与物质中的电子相互作用,所以一般情况下,仅用电场矢量表示电磁波。波的传播

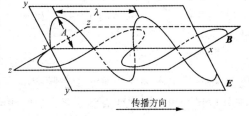

图 9.1　电磁波的电场矢量 E 和磁场矢量 B
λ—波长;A—振幅

以及反射、衍射、干涉、折射和散射等现象表现了电磁辐射具有波的性质,可以用以下的波参数

来描述。

(1) 周期 T

相邻两个波峰或波谷通过空间某一固定点所需要的时间间隔称为周期,单位为 s。

(2) 频率 ν

单位时间内通过传播方向上某一点的波峰或波谷的数目,即单位时间内电磁场振动的次数称为频率。它等于周期 T 的倒数,单位为 Hz。

(3) 波长 λ

相邻两个波峰或波谷间的直线距离。不同的电磁波谱区可采用不同的波长单位,可以是 m,cm,μm 或 nm。它们之间的换算关系为 $1\,m = 10^2\,cm = 10^6\,\mu m = 10^9\,nm$。

(4) 波数 $\tilde{\nu}$(或 σ)

波长的倒数,每厘米长度内含有波长的数目,单位 cm^{-1}。将波长换算为波数的关系式为

$$\tilde{\nu}/cm^{-1} = 1/(\lambda/cm) = 10^4/(\lambda/\mu m) \tag{9.1}$$

(5) 传播速率 v

辐射的速率等于频率 ν 乘以波长 λ,即 $v = \nu\lambda$。在真空中辐射的传播速率与频率无关,并达到其最大值,这个速率以符号 c 表示。c 的值已被准确地测定为 $2.99792458 \times 10^8\,m \cdot s^{-1}$。

9.2.2 电磁辐射的微粒性

电磁辐射的波动性不能解释辐射的发射和吸收现象。对于光电效应、Compton 效应以及黑体辐射的光谱能量分布等,需要把辐射看做是微粒(光子)才能满意地解释。Planck 认为物质吸收或发射辐射能量是不连续的,只能按一个基本固定量一份一份地或以此基本固定量的整数倍来进行。这就是说,能量是"量子化"的。这种能量的最小单位即为"光子"。光子是具有能量的,光子的能量与它的频率呈正比,或与波长呈反比,而与光的强度无关。

$$E = h\nu = hc/\lambda \tag{9.2}$$

式中 E 代表每个光子的能量;ν 代表频率;h 是 Planck 常数,$h = 6.626 \times 10^{-34}\,J \cdot s$;$c$ 为光速。

光子的能量可用 J(焦耳)或 eV(电子伏)表示。eV 常用来表示高能量光子的能量单位,它表示 1 个电子通过电位差为 1 V 的电场时所获得的能量。$1\,eV = 1.602 \times 10^{-19}\,J$,或 $1\,J = 6.241 \times 10^{18}\,eV$。在化学中用 $J \cdot mol^{-1}$ 为单位表示 1 mol 物质所发射或吸收的能量。

$$E = h\nu N_A = hc\tilde{\nu}N_A \tag{9.3}$$

将 Planck 常数 h、光速 c 和 Avogadro 常数 N_A 代入,得

$$E = (6.626 \times 10^{-34} \times 2.998 \times 10^{10} \times 6.022 \times 10^{23} \times \tilde{\nu})\,J \cdot mol^{-1}$$
$$= (11.96\tilde{\nu})\,J \cdot mol^{-1}$$

9.2.3 电磁波谱

将各种电磁辐射按照波长或频率的大小顺序排列起来即称为电磁波谱。表 9.1 列出了用于分析目的的电磁波的有关参数。γ 射线的波长最短,能量最大;其后是 X 射线区、紫外-可见区和红外区;无线电波区波长最长,其能量最小。由式(9.2)可以计算出在各电磁波区产生各种类型的跃迁所需的能量,反之亦然。例如,使分子或原子的价电子激发所需的能量为 $1 \sim 20$ eV,由式(9.2)可以算出该能量范围相应的电磁波的波长为 $1240 \sim 62$ nm。

$$\lambda_1 = \frac{hc}{E} = \frac{6.626 \times 10^{-34} \times 2.998 \times 10^{10}}{1 \times 1.602 \times 10^{-19}} \times 10^7 \text{ nm} = 1240 \text{ nm}$$

$$\lambda_2 = \frac{6.626 \times 10^{-34} \times 2.998 \times 10^{10}}{20 \times 1.602 \times 10^{-19}} \times 10^7 \text{ nm} = 62 \text{ nm}$$

表 9.1　电磁波谱的有关参数

E/eV	ν/Hz	λ	电磁波	跃迁类型
$>2.5 \times 10^5$	$>6.0 \times 10^{19}$	<0.005 nm	γ 射线区	核能级
$2.5 \times 10^5 \sim 1.2 \times 10^2$	$6.0 \times 10^{19} \sim 3.0 \times 10^{16}$	$0.005 \sim 10$ nm	X 射线区	$\}$ K,L 层电子能级
$1.2 \times 10^2 \sim 6.2$	$3.0 \times 10^{16} \sim 1.5 \times 10^{15}$	$10 \sim 200$ nm	真空紫外光区	
$6.2 \sim 3.1$	$1.5 \times 10^{15} \sim 7.5 \times 10^{14}$	$200 \sim 400$ nm	近紫外光区	$\}$ 外层电子能级
$3.1 \sim 1.6$	$7.5 \times 10^{14} \sim 3.8 \times 10^{14}$	$400 \sim 800$ nm	可见光区	
$1.6 \sim 0.50$	$3.8 \times 10^{14} \sim 1.2 \times 10^{14}$	$0.8 \sim 2.5$ μm	近红外光区	$\}$ 分子振动能级
$0.50 \sim 2.5 \times 10^{-2}$	$1.2 \times 10^{14} \sim 6.0 \times 10^{12}$	$2.5 \sim 50$ μm	中红外光区	
$2.5 \times 10^{-2} \sim 1.2 \times 10^{-3}$	$6.0 \times 10^{12} \sim 3.0 \times 10^{11}$	$50 \sim 1000$ μm	远红外光区	$\}$ 分子转动能级
$1.2 \times 10^{-3} \sim 4.1 \times 10^{-6}$	$3.0 \times 10^{11} \sim 1.0 \times 10^9$	$1 \sim 300$ mm	微波区	
$<4.1 \times 10^{-6}$	$<1.0 \times 10^9$	>300 mm	无线电波区	电子和核的自旋

9.3　光谱法仪器

　　用来研究吸收、发射或荧光的电磁辐射强度和波长的关系的仪器叫做光谱仪或分光光度计。这一类仪器一般包括五个基本单元：光源、单色器、样品容器、检测器和读出器件，如图9.2 所示。

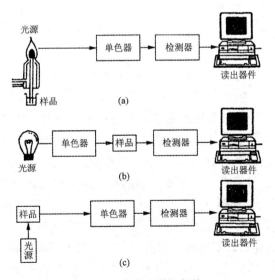

图 9.2　各类光谱仪部件

(a) 发射光谱仪；(b) 吸收光谱仪；(c) 荧光和散射光谱仪

9.3.1　光源

光谱分析中,光源必须具有足够的输出功率和稳定性。由于光源辐射功率的波动与电源功率的变化呈指数关系,因此往往需用稳压电源以保证稳定,或者用参比光束的方法来减少光源输出的波动对测定所产生的影响。光源有连续光源和线光源等。一般连续光源主要用于分子吸收光谱法,线光源用于荧光、原子吸收和 Raman 光谱法。图 9.3 给出了光谱分析中常使用的光源。

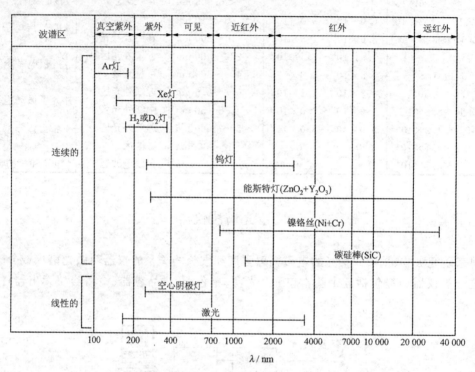

图 9.3　不同波谱区所用的光源

1. 连续光源

连续光源是指在很大的波长范围内主要发射强度平稳的具有连续光谱的光源。

(i) 紫外光源。紫外连续光源主要采用氢灯或氙灯。它们在低压($\approx 1.3 \times 10^3$ Pa)下以电激发的方式产生的连续光谱范围为 160~375 nm。高压氢灯以 2000~6000 V 的高压使两个铝电极之间发生放电。低压氢灯是在有氧化物涂层的灯丝和金属电极间形成电弧,起动电压约为 400 V 直流电压,而维持直流电弧的电压约为 40 V。

氙灯的工作方式与氢灯相同,光谱强度比氢灯大 3~5 倍,寿命也比氢灯长。

(ii) 可见光源。可见光区最常用的光源是钨丝灯。在大多数仪器中,钨丝的工作温度约为 2870 K,光谱波长范围为 320~2500 nm。氙灯也可用做可见光源,当电流通过氙气时,可以产生强辐射,它发射的连续光谱分布在 250~700 nm。

(iii) 红外光源。常用的红外光源是一种用电加热到温度在 1500~2000 K 之间的惰性固体,光强最大的区域在 6000~5000 cm^{-1}。在长波侧 667 cm^{-1} 和短波侧 10 000 cm^{-1} 的强度已降到峰值的 1% 左右。常用的有能斯特灯、硅碳棒。

2. 线光源

(i) 金属蒸气灯。在透明封套内含有低压气体元素,常见的是汞和钠蒸气灯。把电压加到固定在封套上的一对电极上时,就会激发出元素的特征线光谱。汞灯产生的线光谱的波长范围为 254～734 nm,钠灯主要是 589.0 nm 和 589.6 nm 处的一对谱线。

(ii) 空心阴极灯。主要用于原子吸收光谱中,能提供许多元素的线光谱。

(iii) 激光。激光的强度非常高,方向性和单色性好,它作为一种新型光源在 Raman 光谱、荧光光谱、发射光谱、Fourier(傅里叶)变换红外光谱、光声光谱等领域极受重视。它是在一种叫做激光器的装置中,利用被激发介质中光的诱导发射作用以一定的方式持续下去并进行光的放大。在激光器中所使用的介质叫做激光介质,可以是气体、液体,也可以是固体。要在介质中实现光的诱导发射,就必须使处于高能态的原子或分子数比处于低能态的原子或分子数多,也就是说实现反转分布。在通常的热平衡状态下,这种反转分布是完全不可能实现的。因此,必须用某种手段对介质进行强激发,一般对气体介质用放电激发,而固体和液体介质常用光激发,对半导体介质则采用通电激发。常用的激光器有主要波长为 693.4 nm 的红宝石激光器,主要波长为 632.8 nm 的 He-Ne 激光器和主要波长为 514.5,488.0 nm 的 Ar 离子激光器。

原子发射光谱的电弧、火花、等离子体光源,原子吸收光谱的空心阴极灯光源,将在第 13 章中详述。

9.3.2　单色器

光学分析仪器几乎都有单色器,它的作用是将复合光分解成单色光或有一定宽度的谱带。单色器由入射狭缝、出射狭缝、准直镜以及色散元件(如棱镜或光栅等)组成,如图 9.4 所示。

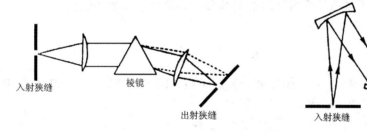

入射狭缝　　棱镜　　出射狭缝　　　　入射狭缝　　光栅　　出射狭缝

图 9.4　单色器

1. 棱镜

棱镜是根据光的折射现象进行分光的。构成棱镜的光学材料对不同波长的光具有不同的折射率,波长短的光折射率大,波长长的光折射率小。因此,平行光经色散后就按波长顺序分解为不同波长的光,经聚焦后在焦面的不同位置上成像,得到按波长展开的光谱。常用的棱镜有 Cornu(考纽)棱镜和 Littrow(立特鲁)棱镜,如图 9.5 所示。前者是一个顶角 α 为 60° 的棱镜,为了防止生成双像,该 60° 棱镜是由 2 个 30° 棱镜组成,一边为左旋石英,另一边为右旋石英。后者由左旋或右旋石英做成 30° 棱镜,在其纵轴面上镀上铝或银。棱镜的光学特性可用色散率和分辨率来表征。

(1) 色散率

棱镜的角色散率用 $d\theta/d\lambda$ 表示,它表示入射线与折射线的夹角,即偏向角 θ(见图 9.5)对波长的变化率。角色散率越大,波长相差很小的两条谱线分得越开。

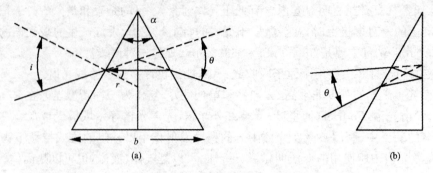

图 9.5   棱镜的色散作用

(a) Cornu 棱镜;(b) Littrow 棱镜

在光谱仪中,棱镜一般安置在最小偏向角的位置(入射光通过棱镜时与底边平行),这时棱镜的角色散率可用下式表示:

$$\frac{\mathrm{d}\theta}{\mathrm{d}\lambda} = \frac{2\sin\dfrac{\alpha}{2}}{\sqrt{1 - n^2\sin^2\dfrac{\alpha}{2}}} \cdot \frac{\mathrm{d}n}{\mathrm{d}\lambda} \tag{9.4}$$

从上式可知,棱镜的顶角 α 愈大或折射率 n 愈大,棱镜的角色散率也愈大。

棱镜的色散能力也可用线色散率 $\mathrm{d}l/\mathrm{d}\lambda$ 表示,它表示两条谱线在焦面上被分开的距离对波长的变化率。在实际工作中常采用线色散率的倒数表示,$\mathrm{d}\lambda/\mathrm{d}l$ 值越大,色散率越小。

(2) 分辨率

棱镜的分辨率 R 是指将两条靠得很近的谱线分开的能力。在最小偏向角的条件下,R 可表示为

$$R = \frac{\bar{\lambda}}{\Delta\lambda} \tag{9.5}$$

式中 $\bar{\lambda}$ 为两条谱线的平均波长,$\Delta\lambda$ 为刚好能分开的两条谱线间的波长差。分辨率与棱镜底边的有效长度 b 和棱镜材料的色散率 $\mathrm{d}n/\mathrm{d}\lambda$ 呈正比:

$$R = \frac{\bar{\lambda}}{\Delta\lambda} = b\frac{\mathrm{d}n}{\mathrm{d}\lambda}$$

或

$$R = \frac{\bar{\lambda}}{\Delta\lambda} = mb\frac{\mathrm{d}n}{\mathrm{d}\lambda} \tag{9.6}$$

式中 mb 为 m 个棱镜的底边总长度。由该式可知,分辨率随波长而变化,在短波部分分辨率较大。棱镜的顶角较大和棱镜材料的色散率较大时,棱镜的分辨率较高。但是棱镜顶角增大时,反射损失也增大,因此通常选择棱镜顶角为 60°。对紫外光区,常使用对紫外光有较大色散率的石英棱镜;而对可见光区,最好的是玻璃棱镜。由于介质材料的折射率 n 与入射光的波长 λ 有关,因此棱镜给出的光谱与波长有关,是非匀排光谱。

2. 光栅

光栅分为透射光栅和反射光栅,用得较多的是反射光栅。反射光栅又可分为平面反射光栅(或称闪耀光栅)和凹面反射光栅。光栅是一种多狭缝部件,光栅光谱的产生是多狭缝干涉和单狭缝衍射两者联合作用的结果。多缝干涉决定光谱线出现的位置,单缝衍射决定谱线的强度分

布。图 9.6 是平面反射光栅的一段垂直于刻线的截面。这种光栅具有刻成三角形的槽线,每一刻痕的小反射面与光栅平面的夹角保持一定,以控制每一小反射面对光的反射方向,使光能集中在所需要的一级光谱上,获得特别明亮的光谱。图中 α 和 θ 分别为入射角和衍射角,β 是光栅刻痕小反射面与光栅平面的夹角,称为闪耀角,d 为光栅常数。α 角规定为正值,如果 θ 角与 α 角在光栅法线同侧,θ 角取正值,异侧则取负值。它的色散作用可用光栅公式表示:

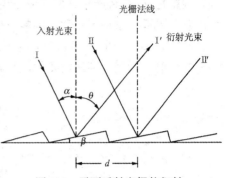

图 9.6　平面反射光栅的衍射

$$d(\sin\alpha + \sin\theta) = n\lambda \qquad (9.7)$$

式中 $n=0,\pm1,\pm2,\cdots$,为光谱级次。当 $n=0$ 时,即零级光谱,衍射角与波长无关,也就是无分光作用。不同波长的光的衍射角不同,产生一级光谱的位置也不同。波长短的衍射角小,靠近零级光谱,波长长的衍射角大,距零级光谱就稍远,形成均匀排列的光谱。这样,多色光通过光栅后成为单色光,而二级光谱距零级光谱更远些。

　　光栅的特性可用色散率、分辨能力和闪耀特性来表征。当入射角 α 不变时,光栅的角色散率可用光栅公式微分求得

$$\frac{\mathrm{d}\theta}{\mathrm{d}\lambda} = \frac{n}{d\cos\theta} \qquad (9.8)$$

式中 $\mathrm{d}\theta/\mathrm{d}\lambda$ 为衍射角对波长的变化率,也就是光栅的角色散。当 θ 很小且变化不大时,可以认为 $\cos\theta \approx 1$。因此,光栅的角色散率只决定于光栅常数 d 和光谱级次 n,可以认为是常数,不随波长而变,这样的光谱称为匀排光谱。这是光栅优于棱镜的一个方面。

　　在实际工作中用线色散率 $\mathrm{d}l/\mathrm{d}\lambda$ 表示。对于平面光栅,线色散率为

$$\frac{\mathrm{d}l}{\mathrm{d}\lambda} = \frac{\mathrm{d}\theta}{\mathrm{d}\lambda} \cdot f = \frac{nf}{d\cos\theta} \qquad (9.9)$$

式中 f 为会聚透镜的焦距。由于 $\cos\theta \approx 1$ ($\theta \approx 0°$),则

$$\frac{\mathrm{d}l}{\mathrm{d}\lambda} = \frac{nf}{d} \qquad (9.10)$$

　　光栅的分辨能力是根据 Rayleigh(瑞利)准则来确定的。如图 9.7 所示,Rayleigh 准则认为,等强度的两条谱线(Ⅰ 和 Ⅱ)中,一条(Ⅱ)的衍射最大强度落在另一条(Ⅰ)的第一最小强度上,这时,两衍射图样中

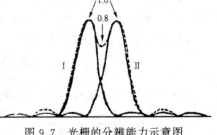

图 9.7　光栅的分辨能力示意图

间的光强约为中央最大的 80%,而在这种情况下两谱线中央最大的距离是光学仪器能分辨的最小距离。光栅的分辨率 R 等于光谱级次 n 与光栅刻痕总数 N 的乘积,即

$$R = \frac{\overline{\lambda}}{\Delta\lambda} = nN \qquad (9.11)$$

例如,对于一块宽度为 50 mm,刻痕数 N 为 1200 条·mm^{-1} 的光栅,在第一级光谱中(即 $n=1$),它的分辨率为

$$R = nN = 1 \times 50\ \mathrm{mm} \times 1200\ \mathrm{mm}^{-1} = 6 \times 10^4$$

可见,光栅的分辨率比棱镜高得多,这是光栅优于棱镜的又一方面。光栅的宽度越大,单位宽度

的刻痕数越多,分辨率就越大。

闪耀特性,是将光栅刻痕刻成一定的形状(通常是三角形的槽线),使衍射的能量集中到某个衍射角附近。这种现象称为闪耀,这种光栅称为闪耀光栅,辐射能量最大的波长称为闪耀波长。当角 $\alpha=\theta=\beta$ 时,在衍射角 θ 的方向上可得到最大的相对光强。质量优良的光栅可以将约 80% 的辐射能量集中到所需要的波长范围内。

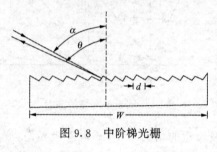

图 9.8 中阶梯光栅

目前中阶梯光栅(Echelle 光栅)已相当多地用于商品仪器,这是一种具有精密刻制的宽平刻痕的特殊衍射光栅(见图 9.8)。它与普通的闪耀平面光栅相似,区别在于光栅每一阶梯的宽度是其高度的几倍,阶梯之间的距离是欲色散波长的 10~200 倍,闪耀角大。

中阶梯光栅的线色散率,在入射光与衍射光之间夹角很小时,可用下式计算:

$$\frac{\mathrm{d}l}{\mathrm{d}\lambda}=\frac{2f\tan\beta}{\lambda}=\frac{nf}{d\cos\beta} \tag{9.12}$$

普通光栅是靠增大焦距 f 提高色散率,而中阶梯光栅是通过增大闪耀角 β(60°~70°),利用高光谱级次 n(40~120 级)来提高线色散率的。

中阶梯光栅的分辨率,在入射光与衍射光之间的夹角很小时,$R=\bar{\lambda}/\Delta\lambda=2Nd\sin\beta/\lambda=nN$。中阶梯光栅是通过增大闪耀角 β,光栅常数 d 和光谱级次 n 来提高分辨率。中阶梯光栅的集光本领,因使用高级次光谱,要求在任一级色散辐射时,光栅角度变化相当小,所有波长都在或接近在最合适的闪耀角测量,而且物镜焦距短,因而获得最大的光能量。由于中阶梯光栅具有很高的色散率、分辨率和集光本领,使用光谱区广,它在降低发射光谱检出限,谱线轮廓、多元素同时测定等方面都是很有用的。它与一般棱镜结合,进行交叉色散,可得到分辨率很高的二维光谱图。

下面举一个关于单色器分辨率的例子。

例 9.1 用 $\mathrm{d}n/\mathrm{d}\lambda=1.3\times10^{-4}\,\mathrm{nm}^{-1}$ 的 60°熔凝石英棱镜和刻有 2000 条·mm^{-1} 的光栅来色散 Li 的 460.20 nm 和 460.30 nm 两条谱线。试计算:(1) 分辨率;(2) 棱镜和光栅的大小。

解 (1) 棱镜和光栅的分辨率

$$R=\frac{\bar{\lambda}}{\Delta\lambda}=\frac{(460.30\ \mathrm{nm}+460.20\ \mathrm{nm})/2}{460.30\ \mathrm{nm}-460.20\ \mathrm{nm}}=4.6\times10^3$$

(2) 由式(9.6)求棱镜的大小,即底边长

$$b=\frac{\bar{\lambda}}{\Delta\lambda}\cdot\frac{1}{\mathrm{d}n/\mathrm{d}\lambda}=4.6\times10^3\times\frac{1}{1.3\times10^{-4}\ \mathrm{nm}^{-1}}\times10^{-7}=3.5\ \mathrm{cm}$$

由式(9.11)算出光栅的总刻痕数

$$N=\frac{\bar{\lambda}}{\Delta\lambda}\cdot\frac{1}{n}$$

对于一级光谱,$n=1$

$$N=4.6\times10^3\times\frac{1}{1}=4.6\times10^3$$

光栅的大小,即宽度 W 为

$$W=Nd=4.6\times10^3\times\frac{1}{2000\ \mathrm{mm}^{-1}}\times0.1=0.23\ \mathrm{cm}$$

以上介绍的棱镜和光栅是色散型波长选择器,而干涉仪和声光可调滤光片则是非色散型波长选择器。

3. 干涉仪

Michelson(迈克耳逊)干涉仪是 Fourier 光谱技术的基础,它将光源来的信号以干涉图的形式输入计算机进行 Fourier 变换的数学处理,最后将干涉图还原成光谱图。

4. 声光可调滤光器(AOTF)

这是一种微型窄带可调滤光器,通过改变施加在某种晶体(常用的是 TeO_2)上的射频频率来改变通过滤光器的光的波长,而通过 AOTF 光的强度可通过改变射频的功率进行精密、快速的调节。通过 AOTF 光的波长范围很窄,它的分辨率很高,目前已达到 0.0125 nm 或更小。波长调节速度快且有很大的灵活性。这种全电子波长选择系统适用于光谱化学分析,特别是近红外光谱领域,也已被用于原子光谱法。

5. 狭缝

狭缝是由两片经过精密加工,且具有锐利边缘的金属片组成,其两边必须保持互相平行,并且处于同一平面上,如图 9.9 所示。

单色器的入射狭缝起着光学系统虚光源的作用。光源发出的光照射并通过狭缝,经色散元件分解成不同波长的单色平行光束,经物镜聚焦后,在焦面上形成一系列狭缝的像,即所谓光谱。因此,狭缝的任何缺陷都直接影响谱线的轮廓与强度的均匀性,所以对狭缝要仔细保护。

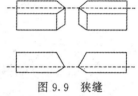

图 9.9　狭缝

狭缝宽度对分析有重要意义。单色器的分辨能力表示能分开最小波长间隔的能力。波长间隔的大小决定于分辨率、狭缝宽度和光学材料的性质等,它用有效带宽 S 表示:

$$S = DW \tag{9.13}$$

式中,D 为线色散率的倒数,W 为狭缝宽度。当仪器的色散率固定时,S 将随 W 而变化。对于原子发射光谱,在定性分析时一般用较窄的狭缝,这样可以提高分辨率,使邻近的谱线清晰分开。在定量分析时则采用较宽的狭缝,以得到较大的谱线强度。对原子吸收光谱来说,由于吸收线的数目比发射线少得多,谱线重叠的概率小,因此常采用较宽的狭缝,以得到较大的光强。当然,如果背景发射太强,则要适当减小狭缝宽度。一般原则是,在不引起吸光度减小的情况下,采用尽可能大的狭缝宽度。

9.3.3　吸收池

盛放试样的吸收池由光透明的材料制成。在紫外光区工作时,采用石英材料;可见光区,则用硅酸盐玻璃;红外光区,则可根据不同的波长范围选用不同材料的晶体制成吸收池的窗口,如 NaCl、KBr、KRS-5 (58% TlI 和 42% TlBr 的混合晶体)等。

9.3.4　检测器

在现代仪器中,用光电转换器作为检测器。这类检测器必须在一个宽的波长范围内对辐射有响应,在低辐射功率时的反应要敏感,对辐射的响应要快,产生的电信号容易放大,噪音要小,更重要的是产生的信号应正比于入射光强度 I,即

$$G = KI + D_c \tag{9.14}$$

式中 G 是检测器以电流、电阻或电压为单位表示的电信号,常数 K 决定于检测器的灵敏度,D_c 为没有入射光时的暗电流,一般可用补偿电路加以解决。

检测器可分为两类,一类为对光子有响应的光检测器,另一类为对热产生响应的热检测器。

1. 光检测器

(1) 硒光电池

将硒沉积在铁或铜的金属基板上,硒表面再覆盖一层金、银或其他金属的透明金属层就构成了硒光电池,其结构示意于图 9.10。金属基板是光电池的正极,与金属薄膜相连接的金属收集环是光电池的负极。当光照射在半导体上时,在半导体硒内产生自由电子和空穴,自由电子向金属薄膜流动,而空穴则移向另一极。所产生的自由电子通过外电路和空穴复合而产生电流。当外电路的电阻不大时,这一电流与照射的光强具有线性关系,其大小为 $10\sim100$ μA 数量级,因此可以直接进行测量,无需外电源及放大装置。但受强光照射或使用时间过长会产生"疲劳"现象。硒光电池光谱响应的波长范围为 $300\sim800$ nm,其最灵敏区为 $500\sim600$ nm。

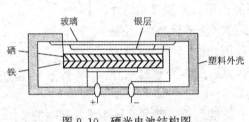

图 9.10　硒光电池结构图

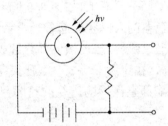

图 9.11　真空光电二极管原理图

(2) 光电管(也称真空光电二极管)

其阴极为一金属半圆筒,内表面涂有碱金属及其他材料组成的光敏物质,阳极为金属镍环或镍片,电极被封闭在一个透明真空管中。在光的作用下,光敏物质发射光电子,这些光电子被加在两极间的电压(≈90 V)所加速,并为阳极所收集而产生光电流,这一电流在负载电阻两端产生一个电位降,再经直流放大器放大,并进行测量(见图 9.11)。

光电管的光谱响应特性决定于光阴极上的涂层材料。不同阴极材料制成的光电管有着不同的光谱使用范围。即使同一光电管,对不同波长的光,其灵敏度也不同。因此对不同光谱区的辐射,应选用不同类型的光电管进行检测。图 9.12 为几种光电管的光谱响应曲线。

(3) 光电倍增管

光电倍增管实际上是一种由多级倍增电极组成的光电管,其结构如图 9.13 所示。它的外壳由玻璃或石英制成,内部抽真空。阴极为涂有能发射电子的光敏物质(Sb-Cs 或 Ag-O-Cs 等)的电极,在阴极 C 和阳极 A 之间装有一系列次级电子发射极,即电子倍增极 $D_1, D_2, \cdots$。阴极 C 和阳极 A 之间加有约 1000 V 的直流电压。当辐射光子撞击光阴极 C 时发射光电子,该光电子被电场加速落在第一倍增极 D_1 上,撞击出更多的二次电子。依次类推,阳极最后收集到的电子数将是阴极发出的电子数的 $10^5\sim10^8$ 倍。

与光电管不同,光电倍增管的输出电流随外加电压的增加而增加。因为每个倍增电极获得的增益取决于加速电压,因此,总增益对外加电压的变化极为敏感。所以,对光电倍增管的电源电压必须严加控制。即使没有光照射在阴极上,光电倍增管也有输出电流,这就是暗电流。光电倍增管的暗电流愈小,质量愈好。光电倍增管的光谱响应范围与光电管一样,决定于光阴极材料。

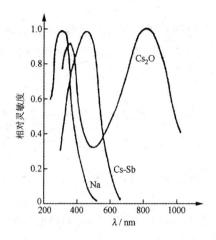

图 9.12 几种光电管光谱响应曲线

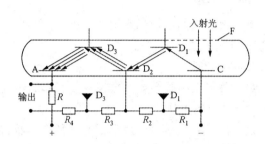

图 9.13 光电倍增管工作原理图

F—窗口;C—光阴极;D_1,D_2,D_3—次级电子发射极;

A—阳极;R_1,R_2,R_3,R_4—电阻

(4) 硅二极管阵列检测器

它是由在一硅片上形成的反相偏置的 p-n 结组成。反向偏置造成了一个耗尽层,使该结的传导性几乎降到了零。当辐射照到 n 区,就可形成空穴和电子。空穴通过耗尽层到达 p 区而湮灭,于是电导增加,增加的大小与辐射功率呈正比。可以在一硅片上制成这种检测器的阵列。图 9.14 是放大的光二极管阵列靶的部分截面和端视图,靶的直径为 16 mm,每 1 mm² 含有 15 000 个以上的光二极管。每个光二极管都由被绝缘二氧化硅层包围着的一个圆柱形 p 型硅区所组成。因此每个二极管都与其邻近的二极管电绝缘,它们都连接到一个共同的 n 型层上。

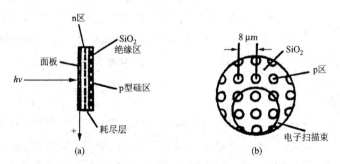

图 9.14 硅二极管阵列靶

(a) 侧视;(b) 端视

当靶的表面被电子束扫描时,每个 p 型柱就连接着被充电到电子束的电位,起一个充电电容器的作用。当光子打到 n 型表面以后形成空穴,空穴向 p 区移动并使沿入射辐射光路上的几个电容器放电。然后当电子束再次扫到它们时又使这些电容器充电。这一充电电流随后被放大作为信号。

若电子束的宽度≈20 μm,可使靶的表面有效地分成几百个通道。每一个通道的信号可分别贮存到计算机的存贮器中。如果靶处于单色器的焦面上,则每个通道的信号就与不同波长的辐射相对应,此即光学多道分析器,可作多元素同时测定。

（5）半导体检测器

这种检测器实际上是一种电阻器,没有光照时,其电阻可达 200 kΩ,吸收辐射后,半导体中的电子和空穴增加,导电性增加,电阻减小,因此可根据电阻的变化来检测辐射强度的大小。最常用的半导体材料是 PbS,它在 $0.8 \sim 2~\mu m$ 左右的近红外区内反应灵敏。

（6）感光板

感光板的乳剂层经光作用并显影后,产生一定黑度的谱线,可作多元素同时测定。详见第 13 章原子光谱法。

2. 热检测器

热检测器是吸收辐射并根据吸收引起的热效应来测量入射辐射的强度的。

（1）真空热电偶

是目前红外光谱仪中最常用的一种检测器。它利用不同导体构成回路时的热电效应,将温差转变为电位差,其结构示意于图 9.15。它以一小片涂黑的金箔作为红外辐射的接受面。在金箔的一面焊有两种不同的金属、合金或半导体作为热接点,而在冷接点（室温）连有金属导线（冷接点图中未画出）。此热电偶封在高真空的腔体内。为接受各种波长的红外辐射,在此腔体上对着涂黑的金箔开一小窗,粘以红外透光材料,如 KBr、CsI、KRS-5 等。当红外辐射通过此窗口射到涂黑的金箔上时,热接点温度升高,产生温差电位,在闭路的情况下,回路即有电流产生。由于它的阻抗很低（一般 $10~\Omega$ 左右）,在和前置放大器耦合时需要用升压变压器。

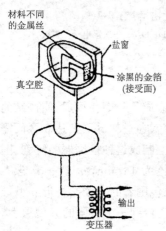

材料不同的金属丝
盐窗
真空腔
涂黑的金箔（接受面）
输出
变压器

图 9.15　真空热电偶结构图

（2）热释电检测器

利用某些晶体,如氘化硫酸三苷肽（DTGS）、硫酸三甘氨酸酯、钽酸锂等,具有温敏偶极矩的性质。把这些晶体放在两块金属板之间,当红外辐射照射到晶体上时,晶体表面电荷分布发生变化,由此测量红外辐射的强度。它的响应极快,可进行高速扫描,适用于 Fourier 变换红外光谱仪。

3. 电荷转移器件

电荷转移器件（CTD）是一种光谱分析多道检测器,发明于 20 世纪 70 年代,在 90 年代已用于商品光谱仪。它以电荷量表示光量大小,用耦合方式传输电荷量。主要分为电荷耦合器件（CCD）和电荷注入器件（CID）两类硅集成电路,前者应用较多。基本工作过程分四步:信号输入（电荷注入）、电荷存贮、电荷转移和信号输出（电荷的检测）。CCD 有更大的光活性区域和更长的波长覆盖（200～1050 nm）,能对单个光子计数,噪音低,在可见光区（400～500 nm）量子检测效率可达 91%。灵敏度高,特别适合于弱光检测,检出限为 pg 或 fg 级,线性范围宽达 $10^5 \sim 10^6$。CID 的优点是信号读出时所有储存的电荷信号不会被破坏,因而可被重复读取或储存下来。将 CCD 或 CID 与中阶梯光栅的交叉波长选择系统联用,可实现多道同时采样,获得波长-强度-时间三维谱图,可同时得到不同波长的光谱信息,对原子光谱定性或定量分析、机理研究、干扰校正等十分有价值。也已用于 Raman 光谱、薄层色谱、重叠色谱峰的分析等。

图 9.16 为光谱仪的检测器及其应用波长范围。

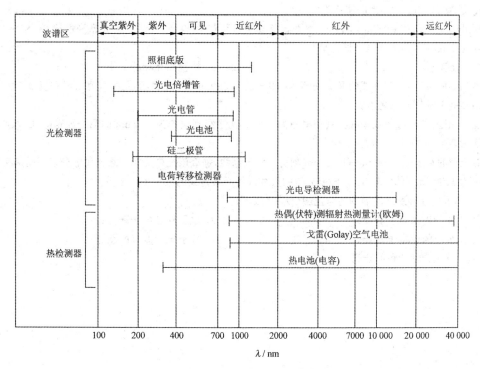

图 9.16 光谱仪的检测器

9.3.5 读出装置

由检测器将光信号转换为电信号后,可用检流计、微安表、记录仪、数字显示器或阴极射线显示器显示和记录测定结果。

参 考 文 献

[1] E. D. Olson. *Modern Optical Methods of Analysis*. McGraw-Hill, 1975
[2] D. A. Skoog, D. M. West 著;金钦汉译. 仪器分析原理(上册). 上海:上海科学技术出版社,1987
[3] 严凤霞,王筱敏.现代光学仪器分析选论.上海:华东师范大学出版社,1992,第一章

思考题与习题

9.1 将以下描述电磁波长(在真空中)的量转换成以 m 为单位的值。

(1) 500 nm;   (2) 1000 cm^{-1};   (3) 10^{15} Hz;   (4) 165.2 pm。

9.2 计算下述电磁辐射的频率(Hz)和波数(cm^{-1})。

(1) 波长为 900 pm 的单色 X 射线;

(2) 在 12.6 μm 的红外吸收峰。

9.3 请按能量递增和波长递增的顺序,分别排列下列电磁辐射区:红外,无线电波,可见光,紫外,X 射线,微波。

9.4 对下列单位进行换算:

(1) 150 pm X 射线的波数(cm^{-1});   (2) 670.7 nm Li 线的频率(Hz);

(3) 3300 cm^{-1} 波数的波长(cm);   (4) Na 588.995 nm 相应的能量(eV)。

9.5 一束多色光射入含有 1750 条·mm^{-1} 刻线的光栅,光束相对于光栅法线的入射角为 48.2°。试计算衍射

角为 20°和 −11.2°的光的波长为多少?

9.6 用 $dn/d\lambda = 1.5 \times 10^{-4}$ nm^{-1}的 60°熔融石英棱镜和刻有 1200 条·mm^{-1}的光栅来色散 Li 的 460.20 nm 及 460.30 nm 两条谱线。试计算:

(1) 分辨率;   (2) 棱镜和光栅的大小。

9.7 若用 500 条·mm^{-1}刻线的光栅观察 Na 的波长为 590 nm 的谱线,当光束垂直入射和以 30°角入射时,最多能观察到几级光谱?

9.8 有一光栅,当入射角是 60°时,其衍射角为 −40°。为了得到波长为 500 nm 的第一级光谱,试问光栅的刻线为多少?

9.9 若光栅的宽度是 5.00 mm,每 1 mm 刻有 720 条刻线,那么该光栅的第一级光谱的分辨率是多少?对波数为 1000 cm^{-1}的红外光,光栅能分辨的最靠近的两条谱线的波长差为多少?

9.10 写出下列各种跃迁所需的能量范围(以 eV 表示)。

(1) 原子内层电子跃迁;   (2) 原子外层电子跃迁;

(3) 分子的价电子跃迁;   (4) 分子振动能级的跃迁;

(5) 分子转动能级的跃迁。

第10章 紫外-可见分光光度法

紫外-可见分光光度法(ultraviolet and visible (UV-Vis) spectrophotometry)是利用某些物质的分子吸收 200～800 nm 光谱区的辐射来进行分析测定的方法。这种分子吸收光谱(molecular absorption spectrum)主要产生于分子中的外层价电子在电子能级间的跃迁。紫外-可见分光光度法有以下特点:

(i) 方法灵敏度高。测定下限可达 $10^{-6}\%$,可直接用于微量或痕量组分的测定。

(ii) 方法的准确度能满足微量组分测定的要求。测定的相对误差为 $2\%\sim5\%$,使用精度高的仪器,误差可达 $1\%\sim2\%$。

(iii) 仪器相对简单。相对其他光谱分析方法,其仪器设备和操作都比较简单,费用低,且分析速度快。

(iv) 应用广泛。既可测定无机物,也能测定具有生色团的有机物;既能进行定量分析,又能进行定性分析和结构分析;还可测定配合物的组成、有机酸(碱)及配合物的平衡常数等等。因此紫外-可见分光光度法在生物、医药、化工、冶金、环境保护、地质、食品等诸多领域有着广泛的应用。

10.1 紫外-可见吸收光谱

10.1.1 分子吸收光谱的产生

分子中的电子总是处在某一种运动状态之中,而每一种状态都具有一定的能量,属于一定的能级(图 10.1)。电子吸收了光、热、电等外来辐射的能量而被激发,从一个能量较低的能级转移到一个能量较高的能级,称为跃迁。在分子内部除了电子相对于原子核的运动外,还有核间的相对运动,即核的振动和分子绕着重心的转动。这 3 种运动的能量都是量子化的,因此分子具有转动能级、振动能级和电子能级。当分子吸收了外来辐射的能量 $h\nu$ 之后,其总能量变化 ΔE 为其振动能变化 ΔE_v、转动能变化 ΔE_r 以及电子运动能量变化 ΔE_e 之和,即

$$\Delta E = \Delta E_v + \Delta E_r + \Delta E_e \tag{10.1a}$$

若分子的较高能级与较低能级能量之差恰好等于该电磁波的能量 $h\nu$ 时,有

$$\Delta E = h\nu = h\frac{c}{\lambda} \tag{10.1b}$$

则分子将从较低能级跃迁至较高能级。式(10.1a)中 ΔE_e 最大,一般在 $1\sim20$ eV 之间,由式(10.1b)可以计算出与该能量范围相应的波长范围是 1240～62 nm。紫外-可见光区的波长为 200～800 nm。分子振动能级的间隔 ΔE_v 一般在 0.05～1 eV 之间,相应的分子吸收光谱是红外光谱。分子转动能级间跃迁需要的能量 ΔE_r 一般在 0.005～0.05 eV,与之对应的分子吸收光谱称为远红外光谱。当发生电子能级之间的跃迁时,必然也要发生振动能级和转动能级之间的跃迁。

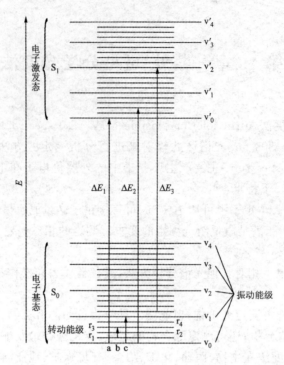

图 10.1　分子能级和电子跃迁(a),转动跃迁(b),振动跃迁(c)

物质对不同波长的光线具有不同的吸收能力,物质也只能选择性地吸收那些能量相当于该分子振动能变化 ΔE_{v}、转动能变化 ΔE_{r} 以及电子运动能量变化 ΔE_{e} 的总和 ΔE 的辐射。由于各种物质分子内部结构的不同,分子的各种能级之间的间隔也互不相同,这样就决定了物质对不同波长光线的选择性吸收。表 10.1 列出了可见光中各吸收光颜色、吸收光波长与物质颜色(吸收光颜色的互补色)之间的关系。

表 10.1　可见光中各吸收光颜色、波长与物质颜色之间的关系

吸收光颜色	吸收光波长 λ/nm	物质颜色(互补色)
紫	400~450	黄绿
蓝	450~480	黄
绿蓝	480~490	橙
蓝绿	490~500	红
绿	500~560	红紫
黄绿	560~580	紫
黄	580~610	蓝
橙	610~650	绿蓝
红	650~760	蓝绿

如果改变通过某一吸收物质的入射光波长(incident wavelength),并记录该物质在每一波长处的吸光度(absorbance)A,然后以波长为横坐标,以吸光度为纵坐标作图,这样得到的谱图称为该物质的吸收光谱或吸收曲线。例如 $K_2Cr_2O_7$ 与 $KMnO_4$ 溶液的吸收光谱见图 10.2。某物质吸收光谱的波形,波峰的强度、位置及其数目反映了该物质在不同的光谱区域内吸收能力的分布情况,为研究物质的内部结构提供了重要的信息。

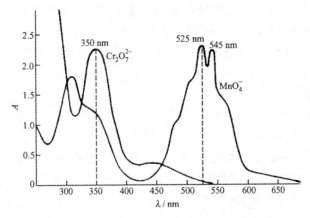

图 10.2　$K_2Cr_2O_7$ 与 $KMnO_4$ 溶液的吸收光谱

10.1.2　有机化合物的紫外-可见吸收光谱

有机化合物的紫外-可见吸收光谱取决于分子的结构,以及分子轨道上电子的性质。有机化合物分子对紫外光或可见光的特征吸收,可以用吸收最大处的波长,即吸收峰波长来表示,符号为 λ_{max}。λ_{max} 取决于分子的激发态与基态之间的能量差。从化学键的性质来看,与紫外-可见吸收光谱有关的电子主要有 3 种,即形成单键的 σ 电子、形成双键的 π 电子以及未参与成键的 n 电子(孤对电子)。

根据分子轨道理论,分子中这 3 种电子的能级高低顺序是:

$$(\sigma) < (\pi) < (n) < (\pi^*) < (\sigma^*)$$

σ,π 表示成键分子轨道;n 表示非键分子轨道;σ*,π* 表示反键分子轨道。σ 轨道和 σ* 轨道是由原来属于原子的 s 电子和 p_x 电子所构成,π 轨道和 π* 轨道是由原来属于原子的 p_y 和 p_z 电子所构成,n 轨道是由原子中未参与成键的 p 电子所构成。当受到外来辐射的激发时,处在较低能级的电子跃迁到较高的能级。由于各个分子轨道之间的能量差不同,因此要实现各种不同的跃迁所需要吸收的外来辐射的能量也各不相同。有机分子最常见的 4 种跃迁类型是:σ→σ*,π→π*,n→σ*,n→π*。图 10.3 定性地表示了几种分子轨道能量的相对大小及不同类型的电子跃迁所需要吸收能量的大小。

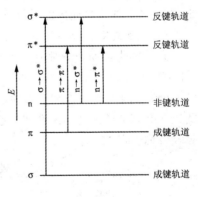

图 10.3　分子的电子能级

电子跃迁时吸收能量的大小顺序也可表示为:

$$\sigma \rightarrow \sigma^* > n \rightarrow \sigma^* > \pi \rightarrow \pi^* > n \rightarrow \pi^*$$

1. 饱和有机化合物

饱和烃分子中只有 C—C 键和 C—H 键,只能发生 σ→σ* 跃迁。实现 σ→σ* 跃迁所需要吸收的能量最大,因而所吸收的辐射波长最短,处于小于 200 nm 的真空紫外区。如甲烷的 λ_{max} 为 125 nm,乙烷的 λ_{max} 为 135 nm。

如果饱和烃中的氢键被氧、氮、卤素等原子或基团所取代,这些原子中的 n 轨道可以发生

$n \rightarrow \sigma^*$ 跃迁。$n \rightarrow \sigma^*$ 跃迁产生的吸收峰的波长一般在 200 nm 附近,但大多数仍出现在小于 200 nm 的区域内。$n \rightarrow \sigma^*$ 跃迁的 ε 一般在 $100 \sim 3000$ L $\cdot$ mol^{-1} $\cdot$ cm^{-1}。

由于饱和有机化合物一般在近紫外光区不产生吸收,因此在紫外-可见吸收光谱中常用作溶剂。

2. 不饱和脂肪族化合物

(i) $\pi \rightarrow \pi^*$ 跃迁: C=C 双键可以发生 $\pi \rightarrow \pi^*$ 跃迁,这种跃迁的 ε 较大,一般在 $5 \times 10^3 \sim 10^5$ 左右。只有一个 C=C 双键的 $\pi \rightarrow \pi^*$ 跃迁的吸收出现在 $170 \sim 200$ nm。同样,只有一个 C=C 或 C≡N 键的 $\pi \rightarrow \pi^*$ 跃迁的吸收亦小于 200 nm。如果分子中存在两个或两个以上双键(包括叁键)形成的共轭体系,随着共轭体系的延长,$\pi \rightarrow \pi^*$ 跃迁的吸收带将明显向长波方向移动,吸收强度也随之加强(见表 10.2)。

表 10.2 多烯化合物的吸收带

化合物	双键数	$\lambda_{max}/nm(\varepsilon)$	颜 色
乙烯	1	185 (10 000)	无色
丁二烯	2	217 (21 000)	无色
1,3,5-己三烯	3	258 (35 000)	无色
癸五烯	5	335 (118 000)	淡黄
二氢-β-胡萝卜素	8	415 (210 000)	橙黄
番茄红素	11	470 (185 000)	红

(ii) $n \rightarrow \pi^*$ 跃迁: C=O 、 —N=N— 、 —N=O 等基团存在双键和孤对电子。这些基团除了可以进行 $\pi \rightarrow \pi^*$ 跃迁,有较强的吸收外,还可以发生 $n \rightarrow \pi^*$ 跃迁。这种跃迁所需能量较小,在近紫外或可见光区的吸收不太强,ε 一般在 $10 \sim 100$ L $\cdot$ mol^{-1} $\cdot$ cm^{-1}。

3. 芳香族化合物

芳香族化合物一般都有 3 个吸收峰:分别是 E_1 带、E_2 带、B 带,或称作 I 带、II 带、III 带。苯的 E_1 带 $\lambda_{max} = 184$ nm$(\varepsilon = 60\,000)$,E_2 带 $\lambda_{max} = 204$ nm$(\varepsilon = 6900)$,B 带 $\lambda_{max} = 255$ nm$(\varepsilon = 230)$(图 10.4)。在气态或非极性溶剂中,苯及其同系物的 B 带有许多精细结构,这是由于振动跃迁在基态电子跃迁上的叠加。这种精细结构特征可用于鉴别芳香化合物。苯及其衍生物的吸收带列于表 10.3。

表 10.3 苯及其衍生物的吸收带

取代基	E_2 带 $\lambda_{max}/nm(\varepsilon)$	B 带 $\lambda_{max}/nm(\varepsilon)$
—H	204(6900)	255(230)
—NH$_3^+$	203(7500)	254(160)
—CH$_3$	206(7000)	261(225)
—I	207(7000)	257(700)
—Cl	209(7400)	263(190)
—Br	210(7900)	261(192)
—OH	210(6200)	270(1450)
—OCH$_3$	217(6400)	269(1480)
—CO$_2^-$	224(8700)	268(560)

（续表）

取代基	E_2 带 $\lambda_{max}/nm(\varepsilon)$	B 带 $\lambda_{max}/nm(\varepsilon)$
—COOH	230(11 600)	273(970)
—NH$_2$	230(8600)	280(1430)
—O$^-$	235(9400)	287(2600)
—CHO	244(15 000)	280(1500)
—CH=CH$_2$	244(12 000)	282(450)
—NO$_2$	252(10 000)	280(1000)

注：以上用水、甲醇或乙醇为溶剂。

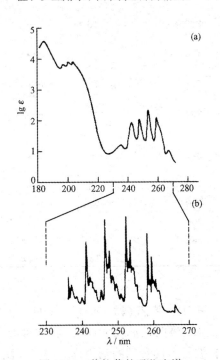

图 10.4　苯的紫外吸收光谱
(a) 苯的乙醇溶液；(b) 苯蒸气

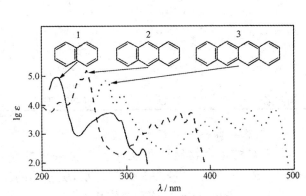

图 10.5　稠环芳烃的吸收光谱

对于稠环芳烃，随着苯环数目的增多，E_1，E_2，B 带三个吸收带均向长波方向移动（见图 10.5）。

4. 影响紫外-可见吸收光谱的因素

(1) 生色团和助色团

分子中能吸收紫外或可见光的基团称为生色团(chromophore)。生色团中含有非键轨道和分子轨道的电子体系，能产生 n→π* 和 π→π* 跃迁。例如 C=C 、C=O、C=C—O—、—N=O。表 10.4 列出了某些常见生色团的吸收特性。

助色团(auxochrome)是指具有非键电子对的基团。如—OH、—NH$_2$、—SH 及一些卤族元素等。它们本身并不吸收大于 200 nm 的光，但它们可与生色团中电子相互作用，形成非键电子与 π 的共轭，即 p-π 共轭，降低了 π→π* 跃迁的能量，引起吸收峰向长波方向移动，且吸收强度增加。

表 10.4　常见生色团的吸收特性

生色团	示　例	溶剂	λ_{max}/nm	ε	跃迁类型
烯	$C_6H_{13}CH{=}CH_2$	正庚烷	177	13 000	$\pi{\to}\pi^*$
炔	$C_5H_{11}C{\equiv}C{-}CH_3$	正庚烷	178	10 000	$\pi{\to}\pi^*$
			196	2000	—
			225	160	—
羰基	$\overset{O}{\underset{}{CH_3CCH_3}}$	正己烷	186	1000	$n{\to}\sigma^*$
			280	16	$n{\to}\pi^*$
	$\overset{O}{\underset{}{CH_3CH}}$	正己烷	180	大	$n{\to}\sigma^*$
			293	12	$n{\to}\pi^*$
羧基	$\overset{O}{\underset{}{CH_3COH}}$	乙醇	204	41	$n{\to}\pi^*$
酰胺基	$\overset{O}{\underset{}{CH_3CNH_2}}$	水	214	60	$n{\to}\pi^*$
偶氮基	$CH_3N{=}NCH_3$	乙醇	339	5	$n{\to}\pi^*$
硝基	CH_3NO_2	异辛烷	280	22	$n{\to}\pi^*$
亚硝基	C_4H_9NO	乙醚	300	100	—
			665	20	$n{\to}\pi^*$
硝酸酯	$C_2H_5ONO_2$	二氧杂环己烷	270	12	$n{\to}\pi^*$

（2）红移与蓝移

　　某些有机化合物经取代反应引入含有未共享电子对的基团（如—NH_2、—OH、—Cl、—Br、—NR_2、—OR、—SH、—SR 等）之后,吸收峰的波长 λ_{max} 将向长波长方向移动,这种效应称为红移效应（red shift）。这些会使某化合物的 λ_{max} 向长波长方向移动的基团称为向红基团。

　　与红移效应相反,在某些生色团（如 ＼C=O ）的碳原子一端引入一些取代基（如—CH_3、—CH_2CH_3、—O—$\overset{O}{\underset{CH_3}{C}}$ 等）之后,吸收峰的波长会向短波长方向移动,这种效应称为蓝移效应（blue shift）。这些会使某化合物的 λ_{max} 向短波长方向移动的基团称为向蓝基团。

（3）溶剂的影响

　　当物质溶解在溶剂中时,溶质分子被溶剂分子所包围,即溶剂化,限制了溶质分子的自由转动,从而使转动光谱消失。溶剂的极性增大,使溶质分子的振动受到限制,由振动引起的精细结构亦消失。当物质溶解在非极性溶剂中时,其光谱与物质的气态的光谱相似,可以观察到孤立分子产生的转动-振动的精细结构。图 10.6 是对称四嗪在气态、非极性和极性溶剂中的吸收光谱。

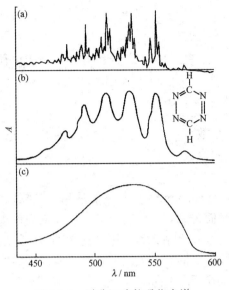

图 10.6　对称四嗪的吸收光谱
(a) 蒸气态；(b) 环己烷溶液；(c) 水溶液

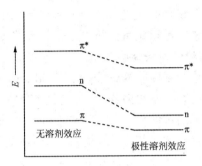

图 10.7　溶剂极性对 $\pi \rightarrow \pi^*$ 与
$n \rightarrow \pi^*$ 跃迁能量的影响

　　溶剂极性的不同也会引起某些化合物吸收光谱的红移或蓝移,这种作用称为溶剂效应。在 $\pi \rightarrow \pi^*$ 跃迁中,激发态极性大于基态,当使用极性大的溶剂时,由于溶剂与溶质相互作用,激发态 π^* 比基态 π 的能量下降更多,因而激发态与基态之间的能量差减小,导致吸收谱带 λ_{max} 红移。而在 $n \rightarrow \pi^*$ 跃迁中,基态 n 电子与极性溶剂形成氢键,降低了基态能量,使激发态与基态之间的能量差变大,导致吸收带 λ_{max} 蓝移。图 10.7 给出了在极性溶剂中 $\pi \rightarrow \pi^*$ 和 $n \rightarrow \pi^*$ 跃迁能量变化的示意图。

10.1.3　无机化合物的紫外-可见吸收光谱

1. 电荷转移吸收光谱

　　某些分子同时具有电子给予体部分和电子接受体部分,它们在外来辐射激发下会强烈吸收紫外光或可见光,使电子从给予体外层轨道向接受体跃迁,这样产生的光谱称为电荷转移光谱(charged-transfer spectroscopy)。许多无机配合物能产生这种光谱。如以 M 和 L 分别表示配合物的中心离子和配位体,当一个电子由配位体的轨道跃迁到与中心离子相关的轨道上时,可用下式表示:

$$M^{n+}\text{-}L^{b-} \xrightarrow{h\nu} M^{(n-1)+}\text{-}L^{(b-1)-}$$

例如:

$$\underset{\text{接受体 给予体}}{Fe^{3+}\text{-}SCN^-} \xrightarrow{h\nu} Fe^{2+}\text{-}SCN$$

　　一般来说,在配合物的电荷转移过程中,金属离子是电子接受体,配位体是电子给予体。此外,一些具有 d^{10} 电子结构的过渡元素形成的卤化物及硫化物,如 $AgBr$、PbI_2、HgS 等也是由于这类电荷转移而产生颜色。

　　某些有机化合物也可以产生电荷转移吸收光谱,如在

分子中,苯环可以作为电子给予体,氧可以作为电子接受体,在光子的作用下产生电荷转移:

电荷转移吸收光谱的最大特点是摩尔吸光系数大,一般 $\varepsilon_{max} > 10^4$ L·mol^{-1}·cm^{-1}。因此用这类谱带进行定量分析可获得较高的测定灵敏度。

2. 配位体场吸收光谱

配位体场吸收光谱(ligand field absorption spectrum)是指过渡金属离子与配位体所形成的配合物在外来辐射作用下,吸收紫外或可见光而得到相应的吸收光谱。元素周期表中第四、第五周期的过渡元素分别含有 3d 和 4d 轨道,镧系和锕系元素分别含有 4f 和 5f 轨道。这些轨道的能量通常是相等的(简并的),而当配位体按一定的几何方向配位在金属离子的周围时,使得原来简并的 5 个 d 轨道和 7 个 f 轨道分别分裂成几组能量不等的 d 轨道和 f 轨道。如果轨道是未充满的,当它们的离子吸收光能后,低能态的 d 电子或 f 电子可以分别跃迁到高能态的 d 或 f 轨道上去。这两类跃迁分别称为 d-d 跃迁和 f-f 跃迁。这两类跃迁必须在配位体的配位场作用下才有可能产生,因此又称为配位场跃迁。

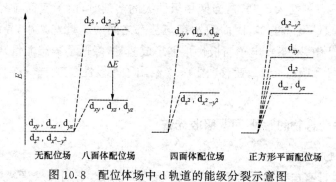

图 10.8   配位体场中 d 轨道的能级分裂示意图

在配位体场中 d 轨道的能级分裂示意图见图 10.8。由于它们的基态与激发态之间的能量差别不大,这类光谱一般位于可见光区,又由于选择规则的限制,配位场跃迁吸收谱带的摩尔吸光系数较小,一般 $\varepsilon_{max} < 10^2$ L·mol^{-1}·cm^{-1}。相对来说,配位体场吸收光谱较少用于定量分析中,但它可用于研究配合物的结构及无机配合物键合理论等方面。

10.2   朗伯-比尔定律

10.2.1   透射比和吸光度

当一束平行光通过均匀的液体介质时,光的一部分被吸收,一部分透过溶液,还有一部分被器皿表面反射。设入射光强度为 I_0,吸收光强度为 I_a,透射光强度为 I_t,反射光强度为 I_r,则

$$I_0 = I_a + I_t + I_r \tag{10.2}$$

在吸收光谱分析中,被测溶液和参比溶液一般是分别放在同样材料和厚度的吸收池中,让强度

为 I_0 的单色光分别通过两个吸收池,再测量透射光的强度。所以反射光的影响可相互抵消,式(10.2)可简化为

$$I_0 = I_a + I_t \tag{10.3}$$

透射光的强度(I_t)与入射光强度(I_0)之比称为透射比(transmittance),用 T 表示,则有

$$T = \frac{I_t}{I_0} \tag{10.4}$$

溶液的透射比越大,表示物质对光的吸收越少;反之,透射比越小,表示物质对光的吸收越多。常用吸光度来表示物质对光的吸收程度,其定义为

$$A = \lg \frac{1}{T} = \lg \frac{I_0}{I_t} \tag{10.5}$$

A 越大,表明物质对光的吸收越强烈。透射比和吸光度均是物质对光的吸收程度的一种量度。透射比常以百分率表示,称为百分透射比。

10.2.2　朗伯-比尔定律

朗伯-比尔定律(Lambert-Beer's law)是光吸收的基本定律。当入射光波长一定时,溶液的吸光度 A 是待测物质浓度和液层厚度的函数。朗伯和比尔分别于 1760 年和 1852 年研究了溶液的吸光度与溶液层厚度和溶液浓度之间的定量关系。当用适当波长的单色光照射一固定浓度的溶液时,其吸光度与光透过的液层厚度呈正比,此即朗伯定律,其数学表达式为

$$A = k'l \tag{10.6}$$

式中 k' 为比例系数,l 为液层厚度(即样品的光程长度)。朗伯定律适用于任何非散射的均匀介质。但朗伯定律不能阐明吸光度与溶液浓度的关系。

比尔定律描述了溶液浓度与吸光度之间的定量关系。当用一适当波长的单色光照射厚度一定的均匀溶液时,吸光度与溶液浓度呈正比,即

$$A = k''c \tag{10.7}$$

式中 k'' 为比例系数,c 为溶液浓度。

当溶液的浓度 c 和液层的厚度 l 均发生变化时,均会影响溶液的吸光度。将式(10.6)和(10.7)合并,得到朗伯-比尔定律,其数学表达式为

$$A = klc \tag{10.8}$$

式中 k 为比例系数,其与溶液的性质、温度及入射光波长等因素有关。

朗伯-比尔定律的推导如下：根据量子理论,光是由光子组成的,其能量 $E = h\nu$。吸收过程就是吸光质点(如分子或离子)俘获了光子,使它们的能量增加而处于激发态,它们获得光子的概率与吸光质点的面积有关。如图 10.9 所示,假设有一束强度为 I_0 的单色平行光束,垂直通过一横截面积为 S 的均匀介质。在吸收介质中,光的强度为 I_x,当通过吸收层 dl 后,减弱了 dI_x,则厚度为 dl 的吸光层对光的吸收率为 $-dI_x/$

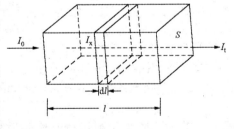

图 10.9　辐射吸收示意图

I_x。由于厚度 dl 为无限小,所以该截面上光子被吸收的概率为横截面上所有吸光质点所占的截面积之和 dS 与横截面积 S 之比 dS/S,即

$$-\frac{\mathrm{d}I_x}{I_x} = \frac{\mathrm{d}S}{S} \tag{10.9}$$

如果在吸收介质内含有 m 种吸光质点，而且这些吸光质点之间没有相互作用，a_i 为第 i 种吸光质点对指定波长光子的吸收截面积，$\mathrm{d}n_i$ 是第 i 种吸光质点的数目，则

$$\mathrm{d}S = \sum_{i=1}^{m} a_i \mathrm{d}n_i \tag{10.10}$$

将式(10.10)代入式(10.9)，得到

$$-\frac{\mathrm{d}I_x}{I_x} = \frac{1}{S} \sum_{i=1}^{m} a_i \mathrm{d}n_i \tag{10.11}$$

当光束通过厚度为 l 的吸收层时，对上式两边积分，得到

$$\ln \frac{I_0}{I_t} = \frac{1}{S} \sum_{i=1}^{m} a_i n_i \tag{10.12}$$

根据吸光度的定义，有

$$A = \lg \frac{I_0}{I_t} = \frac{0.434}{S} \sum_{i=1}^{m} a_i n_i$$

将截面积 S 用均匀介质的体积 V 和光程长度 l 表示，即 $S = V/l$，代入上式，得

$$A = 0.434 \frac{l}{V} \sum_{i=1}^{m} a_i n_i = \sum_{i=1}^{m} 0.434 N_A a_i l \frac{n_i}{N_A V}$$

式中 N_A 为 Avogadro 常数，$n_i/(N_A V)$ 为第 i 种质点在均匀介质中的浓度 c_i。将 $0.434 N_A a_i$ 合并为常数 ε_i，则

$$A = \sum_{i=1}^{m} \varepsilon_i l c_i \tag{10.13}$$

式(10.13)表明，总吸光度等于吸收介质内各吸光物质吸光度之和，即吸光度具有加和性，这是进行多组分光度分析的理论基础。当吸收介质内只有一种吸光物质时，式(10.13)简化为

$$A = \varepsilon l c \tag{10.14}$$

式(10.14)是朗伯-比尔定律的数学表达式。由式(10.5)和(10.14)，得到

$$T = 10^{-A} = 10^{-\varepsilon l c} \tag{10.15}$$

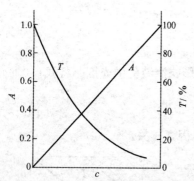

图 10.10　吸光度、透射比与浓度的关系

分别以吸光度和透射比对吸光物质浓度作图，可得图 10.10 所示的两条线。其中 A-c 是一条直线，即光度分析中所用的校准曲线(又称工作曲线)。

通常 l 的单位用 cm。当 c 以 mol·L^{-1} 为单位时，ε 为摩尔吸光系数(molar absorptivity)，单位是 L·mol^{-1}·cm^{-1}；当 c 用 g·L^{-1} 表示，则用 a 代替 ε，a 称为吸光系数(absorptivity)，单位为 L·g^{-1}·cm^{-1}，则

$$\varepsilon = aM \tag{10.16}$$

式(10.16)中 M 为待测物质的摩尔质量(g·mol^{-1})；当待测物质的摩尔质量未知时，c 用 g·(100 mL)$^{-1}$ 表示，则用 $E_{1\,\mathrm{cm}}^{1\%}$ 代替 ε。$E_{1\,\mathrm{cm}}^{1\%}$ 称为比吸光系数(specific absorptivity)，是指吸光物质的质量分数为 1%，l 为 1 cm 时的吸光度，其与 a 和 ε 的关系为

$$E_{1\,\mathrm{cm}}^{1\%} = 10a = \frac{10\varepsilon}{M} \tag{10.17}$$

在实际工作中用得最多的是ε。许多体系的ε已被测定,可从有关书籍上查得。由于ε的大小与入射光波长和溶剂有关,因此在表示某物质溶液的ε时,应注明入射光的波长及所用的溶剂。

10.3 紫外-可见分光光度计

10.3.1 主要组成部件

各种型号的紫外-可见分光光度计(UV-Vis spectrophotometer),就其基本结构而言,均由 5 个部分组成(见图 10.11),即光源(light source)、单色器(monochromator)、吸收池(absorption cell)、检测器(detector)和信号指示系统(signal indicating system)(详见 9.3 节)。

图 10.11 紫外-可见分光光度计基本结构示意图

10.3.2 紫外-可见分光光度计的类型

紫外-可见分光光度计大概可归纳为 5 种类型:单光束分光光度计、双光束分光光度计、双波长分光光度计、多通道分光光度计和探头式分光光度计。最常用的是前 3 种类型。

1. 单光束分光光度计

单光束分光光度计(single beam spectrophotometer)的光路示意图如图 10.11 所示。经单色器分光后的一束平行光,轮流通过参比溶液和样品溶液,以进行吸光度的测定。

2. 双光束分光光度计

双光束分光光度计(double beam spectrophotometer)是将单色器色散后的单色光分成两束,一束通过参比池,一束通过样品池,经一次测量即可得到样品溶液的吸光度。单色光分为两束的方法有空间分隔式和时间分隔式两种。空间分隔式双光束分光光度计见图 10.12(a),通过 V 型光束分裂器和反射镜获得的强度相等的两束光,分别进入参比池和样品池,检测器测量的是两束光强度之比。图 10.12(b)显示了时间分隔式双光束分光光度计的基本光路。在单

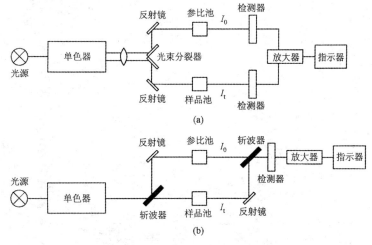

图 10.12 双光束紫外-可见分光光度计基本光路示意图

(a) 空间分隔式;(b) 时间分隔式

色器和样品池之间安装了一个斩波器,使单色器射出的单色光转变为交替的两束光,分别通过参比池和样品池,然后在样品池与检测器之间的斩波器控制下,两束透射光交替聚焦到同一检测器上,检测器输出信号的大小决定于两束光的强度之差。

3. 双波长分光光度计

双波长分光光度计(dual wavelength spectrophotometer)的基本光路原理如图 10.13 所示。由同一光源发出的光被分成两束,分别经过两个单色器,得到两束不同波长(λ_1 和 λ_2)的单色光。利用斩波器使两束光以一定的频率交替照射同一吸收池,然后经过光电倍增管和电子控制系统,最后由指示器显示出两个波长处的吸光度之差 ΔA($\Delta A = A_{\lambda_2} - A_{\lambda_1}$)。对于多组分混合物、混浊试样(如生物组织液)分析,以及存在背景干扰或共存

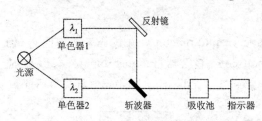

图 10.13　双波长分光光度计原理图

组分吸收干扰的情况下,利用双波长分光光度法,往往能提高方法的灵敏度和选择性。通过光学系统转换,使双波长分光光度计能很方便地转化为单波长工作方式。如果能在 λ_1 和 λ_2 处分别记录吸光度随时间变化的曲线,还能进行化学反应动力学研究。

4. 光学多通道分光光度计

光学多通道分光光度计(optical multichannel spectrophotometer)问世于 20 世纪 80 年代初期,是一种具有全新光路系统的仪器,其光路原理如图 10.14 所示。由钨灯或氘灯发射的复合光先通过样品池后再经全息光栅色散,色散后的单色光由光二极管阵列(photodiode array)中的光二极管接收,一个光二极管阵列一般能容纳 400 个光二极管,可覆盖 190~900 nm 波长范围。由于全部波长同时被检测,而且光二极管的响应又很快,因此可在极短的时间内(≤1 s)给出整个光谱的全部信息。这种类型的分光光度计特别适于进行快速反应动力学研究及多组分混合物的分析,在环境及过程分析中也非常重要。近几年来被用做高效液相色谱仪和毛细管

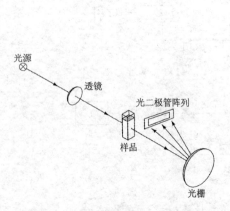

图 10.14　光学多通道分光光度计光路图

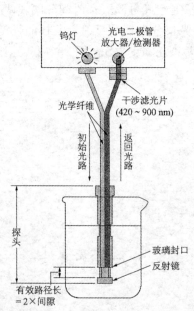

图 10.15　光导纤维探头式分光光度计光路图

电泳仪的检测器。

5. 光导纤维探头式分光光度计

图 10.15 是光导纤维探头式分光光度计(optical fiber probe-type spectrophotometer)光路图。探头是由两根相互隔离的光导纤维组成。钨灯发射的光由其中一根光纤传导至试样溶液,再经镀铝反射镜反射后,由另一根光纤传导,通过干涉滤光片后,由光敏器件接收转变为电信号。探头在溶液中的有效路径可在 $0.1 \sim 10$ cm 范围内调节。此类仪器的特点是不需要吸收池,直接将探头插入样品溶液中,在原位进行测定,不受外界光线的影响。这种类型的光度计常用于环境和过程监测。

10.4　紫外-可见分光光度法的灵敏度与准确度

10.4.1　灵敏度的表示方法

紫外-可见分光光度法是测定微量或痕量组分的方法。因此,显色反应的灵敏度(sensitivity)是人们选择、评价分析方法的重要依据。描述显色反应灵敏度常采用以下两种方式。

1. 摩尔吸光系数(ε)

一般认为,若 $\varepsilon < 10^4$,则反应的灵敏度是低的;ε 在 $10^4 \sim 5 \times 10^4$ 时,属于中等灵敏度;ε 在 $5 \times 10^4 \sim 10^5$ 时,属高灵敏度;$\varepsilon > 10^5$ 时,属超高灵敏度。

2. Sandell(桑德尔)灵敏度

Sandell 把显色反应的灵敏度定义为截面积为 1 cm^2 的液层,在一定波长或波段处测得的吸光度 A 为 0.001 时,所含待测物质之量,用符号 S 表示,其单位是 $\mu g \cdot cm^{-2}$。

微量或痕量分析的结果常用物质的质量(μg)而不用物质的量(mol)表示,因此使用 Sandell 灵敏度更方便。比较灵敏的显色反应,S 大多在 $0.01 \sim 0.001$ $\mu g \cdot cm^{-2}$ 范围。S 越小,方法越灵敏。

S 与 ε 的关系可推导如下

$$A = \varepsilon lc = 0.001$$
$$cl = 0.001/\varepsilon$$

c 的单位为 $mol \cdot L^{-1}$;l 为吸收池厚度,单位为 cm。如果 cl 乘以待测物质的摩尔质量 $M(g \cdot mol^{-1})$,就是单位截面积光程内待测物质的质量,则

$$S = \frac{cl}{1000} M \times 10^6 = clM \times 10^3$$

将 $cl = 0.001/\varepsilon$ 代入上式,则得

$$S = \frac{0.001}{\varepsilon} M \times 10^3 = M/\varepsilon \qquad (10.18)$$

10.4.2　影响准确度的因素

1. 仪器测量误差

用任何光度计进行测量都有一定的误差,这是由于光源不稳定、实验条件的偶然变动、读数不准确等因素造成的。应选择适宜的吸光度范围,以使测量结果的误差尽量减小。根据朗伯-比尔定律:

$$A = -\lg T = \varepsilon l c$$

微分后得

$$\mathrm{d}\lg T = 0.434 \frac{\mathrm{d}T}{T} = -\varepsilon l \mathrm{d}c$$

或

$$0.434 \frac{\Delta T}{T} = -\varepsilon l \Delta c \tag{10.19}$$

将式(10.19)代入朗伯-比尔定律,则浓度测定结果的相对误差为

$$\frac{\Delta c}{c} = 0.434 \frac{\Delta T}{T\lg T} \tag{10.20}$$

要使测定结果的相对误差($\Delta c/c$)最小,对 T 求导数应有一极小值,即

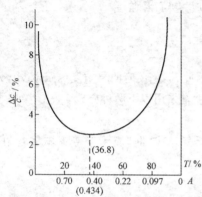

$$\frac{\mathrm{d}}{\mathrm{d}T}\left(\frac{0.434\Delta T}{T\lg T}\right) = \frac{0.434\Delta T(\lg T + 0.434)}{(T\lg T)^2} = 0 \tag{10.21}$$

解得

$$\lg T = -0.434 \quad 或 \quad T = 36.8\%$$

即当吸光度 $A = 0.434$ 时,吸光度的测量误差最小。图 10.16 表示 $\Delta c/c$ 与 T 或 A 的关系。如果光度计读数误差为 1%,若要求浓度测量的相对误差小于 5%,则待测溶液的透射比应选在 70%～10% 范围内,相应的吸光度为 0.15～1.00。实际工作中,可通过调节待测溶液的浓度,选用适当厚度的吸收池等方式使透射比 T(或吸光度 A)落在此区间内。这种情况仅是对于比较简单的低、中档仪器而言。现在较高档的分光光度计的检测器使用光电倍增管,使得可用透射比范围得到扩展,因此在吸光度高达 2.0,甚至 3.0 时,亦可保证浓度测量的相对误差小于 5%。

图 10.16　浓度测量的相对误差($\Delta c/c$)与溶液透射比(T)或吸光度(A)的关系

2. 对朗伯-比尔定律的偏离

在均匀体系中,当溶液浓度固定时,吸光度 A 与样品的光程 l 之间的线性关系总是普遍成立。但在 l 恒定时,吸光度 A 与浓度 c 之间的正比关系有时可能会失效,也就是说会偏离朗伯-比尔定律,因而影响了测定的准确度。引起偏离朗伯-比尔定律的主要因素有两方面:

(1) 与测定样品溶液有关的因素

通常只有在溶液浓度小于 $0.01\ \mathrm{mol \cdot L^{-1}}$ 的稀溶液中朗伯-比尔定律才能成立。在高浓度时,由于吸光质点间的平均距离缩小,临近质点彼此的电荷分布会产生相互影响,以致改变它们对特定辐射的吸收能力,即光吸收系数发生改变,导致对比尔定律的偏离。

推导朗伯-比尔定律时隐含着测定试液中各组分之间没有相互作用的假设。但随着溶液浓度增加,各组分之间的相互作用则是不可避免的。例如,可以发生离解、缔合、光化反应、互变异构及配合物的配合数变化等作用,从而使被测组分的吸收曲线发生明显改变,吸收峰的位置、高度以及光谱精细结构等都会不同,以致破坏了原来的吸光度与浓度的函数关系,偏离了比尔定律。

溶剂对吸收光谱的影响也很重要。在分光光度法中广泛使用的各种溶剂,往往会对生色团的吸收峰高度、波长位置产生影响。溶剂还会影响待测物质的物理性质和组成,从而影响其光谱特性,包括谱带的电子跃迁类型等。

当试样为胶体、乳状液或有悬浮物质存在时,入射光通过溶液后,有一部分光会因散射而

损失,使吸光度增大,对比尔定律产生正偏差。质点的散射强度是与入射光波长的四次方呈反比的,所以散射对紫外区的测定影响更大。

(2) 与仪器有关的因素

严格讲朗伯-比尔定律只适用于单色光,但在紫外-可见分光光度法中从光源发出的复合光经单色器分光,为满足实际测定中需有足够光强的要求,狭缝必须有一定的宽度。因此,由出射狭缝投射到被测溶液的光,并不是理论上要求的单色光,这种非单色光是引起比尔定律偏离的重要因素之一。

现假定入射光由 λ_1 和 λ_2 两种波长的光组成,溶液吸光质点对 λ_1 和 λ_2 光的吸收都遵从朗伯-比尔定律。

对 λ_1:
$$A_1 = \lg I_{0_1}/I_1 = \varepsilon_1 lc, \quad I_1 = I_{0_1} 10^{-\varepsilon_1 lc}$$

对 λ_2:
$$A_2 = \lg I_{0_2}/I_2 = \varepsilon_2 lc, \quad I_2 = I_{0_2} 10^{-\varepsilon_2 lc}$$

总的入射光强度为 $I_{0_1} + I_{0_2}$,透射光强度为 $I_1 + I_2$,该光通过溶液后的吸光度为

$$A = \lg \frac{I_{0_1} + I_{0_2}}{I_1 + I_2} = \lg \frac{I_{0_1} + I_{0_2}}{I_{0_1} 10^{-\varepsilon_1 lc} + I_{0_2} 10^{-\varepsilon_2 lc}}$$

当 $\varepsilon_1 = \varepsilon_2 = \varepsilon$ 时,即入射光为单色光,则上式 $A = \varepsilon lc$,A 与 c 呈线性关系;若 $\varepsilon_1 \neq \varepsilon_2$,则 $A \neq \varepsilon lc$,故 A 与 c 不呈线性关系。ε_1 与 ε_2 相差愈大,对比尔定律的偏离愈严重。

入射光波长的选择对比尔定律的偏离也有影响。因此,测定中总是尽量选择吸光物质的最大吸收波长的光为入射光,这不仅可获得最大的灵敏度,而且吸光物质的吸收光谱在此处有一个较小的平坦区,ε 变化很小,因此能够得到较好的线性关系(见图 10.17)。

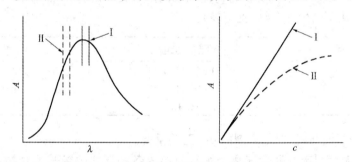

图 10.17　复色光对朗伯-比尔定律的影响

10.5　分析条件的选择

10.5.1　反应条件的选择

在无机分析中,金属离子的吸光系数都比较小,故很少利用金属离子本身的颜色进行光度分析。一般都是选用适当的有机试剂,与待测离子反应生成对紫外或可见光有较大吸收的物质再进行测定。这种反应称为显色反应,所用的试剂称为显色剂(color developing reagent)。配合反应、氧化还原反应以及增加生色基团的衍生化反应等都是常见的显色反应类型,尤以配合反应应用最为广泛。许多有机显色剂与金属离子形成稳定性好、具有特征颜色的螯合物,其灵敏度和选择性都较高。部分显色剂列于附录Ⅱ.5中。

显色反应一般应满足下述要求:① 反应的生成物必须在紫外、可见光区有较强的吸光能

力,即摩尔吸光系数较大,且反应有较高的选择性;② 反应生成物应当组成恒定、稳定性好、显色条件易于控制等,以保证测量结果有良好的重现性;③ 对照性要好,显色剂与有色配合物的 λ_{max} 的差别要在 60 nm 以上。实际上能同时满足上述条件的显色反应不是很多,因此在初步选定好显色剂以后,认真细致地研究显色反应的条件十分重要。

1. 显色剂用量

生成配合物的显色反应可用下式表示:

$$M + nR \rightleftharpoons MR_n$$

$$\beta_n = \frac{[MR_n]}{[M][R]^n} \quad \text{或} \quad \frac{[MR_n]}{[M]} = \beta_n[R]^n \tag{10.22}$$

式中 M 代表金属离子,R 为显色剂,β_n 为配合物的累积稳定常数。由式(10.22)可见,当[R]固定时,从 M 转化成 MR_n 的转化率不发生变化。对稳定性好的(即 β_n 大)配合物,只要显色剂过量,显色反应即能定量进行。而对不稳定的配合物或可形成逐级配合物时,显色剂用量要过量很多或必须严格控制。显色剂的用量可通过实验确定,作吸光度随显色剂浓度变化曲线,选恒定吸光度时的显色剂用量。

2. 溶液酸度的影响

多数显色剂都是有机弱酸或弱碱,介质的酸度会直接影响显色剂的离解程度,从而影响显色反应的完全程度。溶液酸度的影响表现在许多方面。

(i) 由于 pH 不同,可形成具有不同配合比、不同颜色的配合物。金属离子与弱酸阴离子在酸性溶液中大多生成低配合比的配合物,可能并没有达到阳离子的最大配合数。当 pH 增大时,游离的阴离子浓度相应增大,使得可能生成高配合比的配合物。例如,Fe^{3+} 可与水杨酸在不同 pH 生成配合比不同的配合物(见下表):

pH 范围	配合物组成	颜色
<4	$Fe(C_7H_4O_3)^+$	紫红色(1:1)
4~7	$Fe(C_7H_4O_3)_2^-$	棕橙色(1:2)
8~10	$Fe(C_7H_4O_3)_3^{3-}$	黄 色(1:3)

在用这类反应进行测定时,控制溶剂的 pH 至关重要。

(ii) pH 增大会引起某些金属离子水解而形成各种形式的羟基配合物,甚至可能析出沉淀;或者由于生成金属的氢氧化物而破坏了有色配合物,使溶液的颜色完全褪去,例如

$$Fe(SCN)^{2+} + OH^- \rightleftharpoons Fe(OH)^{2+} + SCN^-$$

可计算得到显色反应的最宜酸度范围。如果金属离子与配合试剂 R 生成逐级配合物 MR_n,即

$$M + nR \rightleftharpoons MR_n$$

条件累积稳定常数 β_n' 与累积稳定常数 β_n 有如下关系:

$$\beta_n' = \frac{[MR_n]}{[M'][R']^n} = \frac{\beta_n}{\alpha_M \alpha_R^n} \tag{10.23}$$

式中 α_M 和 α_R 分别为 M 和 R 的副反应系数。当上述反应定量进行时(即 99.9% 的 M 转化为 MR_n),

$$\frac{[MR_n]}{[M']} = \frac{\beta_n[R']^n}{\alpha_M \alpha_R^n} \geqslant 10^3 \tag{10.24}$$

即要求 $\lg\beta'_n + n\lg[R'] \geqslant 3$。

以邻二氮菲(phen)与 Fe^{2+} 的显色反应为例。假定反应在 0.1 $mol \cdot L^{-1}$ 柠檬酸盐(A)缓冲溶液中进行,过量显色剂浓度[phen']为 10^{-4} $mol \cdot L^{-1}$,Fe-phen 配合物的 $\lg\beta_3$ 为 21.3,不同 pH 时的 $\lg\alpha_{Fe(A)}$,$\lg\alpha_{phen(H)}$,$\lg([Fe(phen)_3]/[Fe'])$(根据式(10.25)计算)和 $\lg\beta'_3$ 的计算结果见表 10.5。

$$\lg\frac{[Fe(phen)_3]}{[Fe']} = \lg\beta_3 - \lg\alpha_{Fe(A)} - 3\lg\alpha_{phen(H)} + 3\lg[phen']$$
$$= \lg\beta'_3 + 3\lg[phen'] \tag{10.25}$$

计算结果表明,在柠檬酸盐缓冲溶液中邻二氮菲(phen)与 Fe^{2+} 显色反应的最宜 pH 范围是 3~8,这与实验结果一致。

表 10.5　酸度对邻二氮菲(phen)与 Fe^{2+} 显色反应完全度的影响

pH	$\lg\alpha_{Fe(A)}$	$\lg\alpha_{phen(H)}$	$\lg\beta'_3$	$\lg\dfrac{[Fe(phen)_3]}{[Fe']}$
1.0	—	3.9	9.6	−2.4
2.0	—	2.9	12.6	0.6
3.0	—	1.9	15.6	3.6
4.0	0.5	1.0	17.8	5.8
5.0	2.6	0.3	17.8	5.8
6.0	4.2	—	17.1	5.1
7.0	5.5	—	15.8	3.8
8.0	6.5	—	14.8	2.8
9.0	7.5	—	13.8	1.8
10.0	8.5	—	12.8	0.8

实际工作中显色反应的最宜酸度是通过实验来确定的。具体做法是固定溶液中待测组分与显色剂的浓度,改变溶液的 pH,测定溶液的吸光度 A,并绘出 A-pH 曲线,从而确定反应的最宜 pH 范围。

另外,显色反应的时间、温度、放置时间对配合物稳定性的影响等都对显色反应有影响。这些都需要通过条件试验来确定。

10.5.2　参比溶液的选择

测量试样溶液的吸光度时,先要用参比溶液(reference solution)调节透射比为 100%,以消除溶液中其他成分以及吸收池和溶剂对光的反射和吸收所带来的误差。根据试样溶液的性质,选择合适组分的参比溶液是很重要的。

(i) 溶剂参比。当试样溶液的组成较为简单,共存的其他组分很少且对测定波长的光几乎没有吸收时,可采用溶剂作为参比溶液,这样可消除溶剂、吸收池等因素的影响。

(ii) 试剂参比。如果显色剂或其他试剂在测定波长有吸收,按显色反应相同的条件,只是不加入试样,同样加入试剂和溶剂作为参比溶液,这种参比溶液可消除试剂中的组分产生吸收的影响。

(iii) 试样参比。如果试样基体在测定波长有吸收,而与显色剂不起显色反应时,可按与显色反应相同的条件处理试样,只是不加显色剂。这种参比溶液适用于试样中有较多的共存组分,加入的显色剂量不大,且显色剂在测定波长无吸收的情况。

10.5.3　干扰及消除方法

在光度分析中,体系内存在的干扰物质的影响有以下几种情况:干扰物质本身有颜色或与显色剂形成有色化合物,在测定条件下也有吸收;在显色条件下,干扰物质水解,析出沉淀使溶液混浊,致使吸光度的测定无法进行;与待测离子或显色剂形成更稳定的配合物,使显色反应不能进行完全。

可以采取以下几种方法来消除这些干扰作用:

(i) 控制酸度。根据配合物的稳定性不同,可以利用控制酸度的方法提高反应的选择性,以保证主反应进行完全。例如,双硫腙能与 Hg^{2+}、Pb^{2+}、Cu^{2+}、Ni^{2+}、Cd^{2+} 等十多种金属离子形成有色配合物,其中与 Hg^{2+} 生成的配合物最稳定,在 $0.5\ mol \cdot L^{-1}\ H_2SO_4$ 介质中仍能定量进行,而上述其他离子在此条件下不发生反应。

(ii) 选择适当的掩蔽剂。使用掩蔽剂消除干扰是常用的有效方法。选取的条件是掩蔽剂不与待测离子作用,掩蔽剂以及掩蔽剂与干扰物质形成的配合物的颜色应不干扰待测离子的测定。

(iii) 利用生成惰性配合物。例如钢铁中微量钴的测定,常用钴试剂为显色剂。钴试剂不仅与 Co^{2+} 有灵敏的反应,而且与 Ni^{2+}、Zn^{2+}、Mn^{2+}、Fe^{2+} 等都有反应。钴试剂与 Co^{2+} 在弱酸性介质中一旦完成反应后,即使再用强酸酸化溶液,该配合物也不分解。而 Ni^{2+}、Zn^{2+}、Mn^{2+}、Fe^{2+} 等与钴试剂形成的配合物在强酸介质中很快分解,从而消除了上述离子的干扰,提高了反应的选择性。

(iv) 选择适当的测定波长。如在 $K_2Cr_2O_7$ 存在下测定 $KMnO_4$ 时,不是选 λ_{max}(525 nm),而是选 $\lambda = 545$ nm。这样测定 $KMnO_4$ 溶液的吸光度时,$K_2Cr_2O_7$ 就不干扰了。

(v) 分离。若上述方法不宜采用时,也可以采用预先分离的方法,如沉淀、萃取、离子交换、蒸发和蒸馏以及色谱分离法(包括柱色谱、纸色谱、薄层色谱等)。

此外,还可以利用化学计量学方法实现多组分的同时测定,以及利用导数光谱法、双波长光谱法等技术来消除干扰。

10.6　紫外-可见分光光度法的应用

紫外-可见分光光度法是对物质进行定性分析、结构分析和定量分析的一种手段,而且还能测定某些化合物的物理化学参数,例如摩尔质量,配合物的配合比和稳定常数,以及酸、碱离解常数等。

10.6.1　定性分析

紫外-可见分光光度法对无机元素的定性分析应用较少,无机元素的定性分析可用原子发射光谱法或化学分析的方法。在有机化合物的定性鉴定和结构分析中,由于紫外-可见光谱较简单,特征性不强,因此该法的应用也有一定的局限性。紫外-可见分光光度法主要适用于不饱和有机化合物,尤其是共轭体系的鉴定,以此推断未知物的骨架结构。此外,可配合红外光谱、核磁共振波谱法和质谱法进行定性鉴定和结构分析,因此它仍不失为一种有用的辅助方法。

在相同的测量条件(溶剂、pH 等)下,测定未知物的吸收光谱与所推断化合物的标准物的吸收光谱直接比较,或将其与未知物的吸收光谱数据进行比较来作定性分析。如果吸收光谱的形状,包括吸收光谱的 λ_{max},λ_{min},吸收峰的数目、位置、拐点以及 ε_{max} 等完全一致,则可以初步认为是同一化合物。

目前,已有多种以实验结果为基础的各种有机化合物的紫外-可见吸收光谱标准谱图,有的则汇编了有关电子光谱的数据表。常用的标准谱图有以下几种(见下表):

(1) *Sadtler Standard Spectra (Ultraviolet)*. Heyden,London,1978
(2) Frieded R A and Orchin M. *Ultraviolet Spectra of Aromatic Compounds*. Wiley,New York,1951
(3) Kenzo Hirayama. *Handbook of Ultraviolet and Visible Absorption Spectra of Organic Compounds*. New York,Plenum,1967
*(4) *Organic Electronic Spectral Data*. John Wiley and Sons,1946~

　* 这是一套由许多作者共同编写的大型手册性丛书,所搜集的文献资料自 1946 年开始,目前还在继续编写。

应该指出,分子或离子对紫外-可见光的吸收只是它们含有的生色基团和助色基团的特征,而不是整个分子或离子的特征,因此仅靠紫外-可见吸收光谱来确定未知物的结构是困难的。参照一些经验规则,如 Woodward-Fieser 规则和 Scott 规则,可以用来计算化合物的最大吸收波长 λ_{max},并与实验值进行比较,再与其他的物理或化学方法配合,以确认物质的结构。

1. Woodward-Fieser 规则

Woodward 提出了计算共轭二烯、多烯烃及共轭烯酮类化合物 $\pi \rightarrow \pi^*$ 跃迁最大吸收波长的经验规则,如表 10.6 和表 10.7 所示。计算时先从母体得到一个最大吸收的基数,然后对连接在母体 π 电子体系上的不同取代基以及其他结构因素加以修正。要注意的是,Woodward-Fieser 规则不适用于像 这样的交叉共轭体系或芳香族体系。

表 10.6　计算二烯烃或多烯烃的最大吸收位置(在己烷溶剂中)

化　合　物	λ/nm
(1) 母体是异环的二烯烃或无环多烯烃类型,如:	
基数	214
(2) 母体是同环的二烯烃或这种类型的多烯烃*,如:	
基数	253
增加一个共轭双键	30
环外双键	5
每个取代烷基或环残基	5
每个极性基	
—$OCOCH_3$	0
—O—R	6
—S—R	30
—Cl、—Br	5
—NR_2	60
溶剂校正值	0

　* 当两种情形的二烯烃体系同时存在时,选择波长较长的为其母体系统,即选用基数为 253 nm。

表 10.7 计算不饱和羰基化合物 π→π* 的最大吸收位置

$$\overset{\delta}{-C}=\overset{\gamma}{C}-\overset{\beta}{C}=\overset{\alpha}{C}-\overset{|}{C}=O$$
$$\underset{X}{|}$$

		λ/nm
α,β-不饱和羰基化合物母体（无环、六元环或较大的环酮）		215
α,β 键在五元环内		−13
醛		−6
当 X 为 OH 或 OR 时		−22
每增加一个共轭双键		30
同环二烯化合物		39
环外双键		5
每个取代烷基或环残基	α	10
	β	12
	γ（或更高）	18
每个极性基		
—OH	α	35
	β	30
	γ（或更高）	50
—OCOCH₃	$\alpha,\beta,\gamma,\delta$（或更高）	6
—OR	α	35
	β	30
	γ	17
	δ（或更高）	31
—SR	β	85
—Cl	α	15
	β	12
—Br	α	25
	β	30
—NR₂	β	95
溶剂校正		
乙醇、甲醇		0
氯仿		1
二氧六环		5
乙醚		7
己烷、环己烷		11
水		−8

例 10.1

同环二烯母体基值	253 nm
烷基取代基(4×5)	20 nm
共轭系统的延长(1×30)	30 nm
计算值	303 nm

例 10.2

异环二烯母体基值	214 nm
烷基取代基(5×5)	25 nm
共轭系统的延长(1×30)	30 nm
环外双键(2×5)	10[①] nm
计算值	279 nm

例 10.3

同环二烯母体基值	253 nm
烷基取代基(3×5)	15 nm
取代基(—OCOCH₃)	0
环外双键(1×5)	5 nm
共轭系统的延长(1×30)	30 nm
计算值	303 nm
实测值	304 nm

例 10.4

异环二烯母体基值	214 nm
烷基取代基(4×5)	20 nm
环外双键(2×5)	10[②] nm
计算值	244 nm

例 10.5

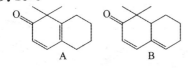

	A	B
基值	215 nm	215 nm
取代基 γ	18 nm	18 nm
δ	18×2 nm	18 nm
同环二烯	39 nm	0
环外双键	0	5 nm
共轭系统延长	30 nm	30 nm
计算值	338 nm	286 nm

例 10.6

	A	B
基值	215 nm	215 nm
取代基 β	12 nm	0
γ	0	18 nm
δ	18 nm	18 nm
环外双键	5 nm	5 nm
共轭系统延长	30 nm	30 nm
计算值	280 nm	286 nm

---

① 此双键是两个环的环外双键,故乘以 2。
② 仅考虑共轭系统中的环外双键。

例 10.7

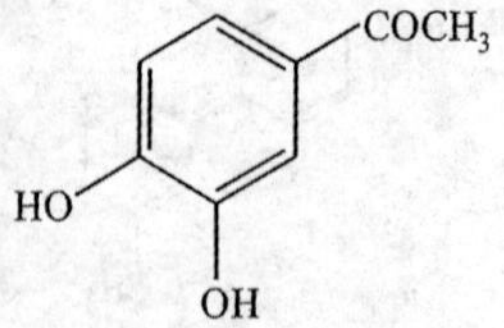

例 10.8

母体	246 nm
间位—OH	7 nm
对位—OH	25 nm
计算值	278 nm
实测值	279 nm

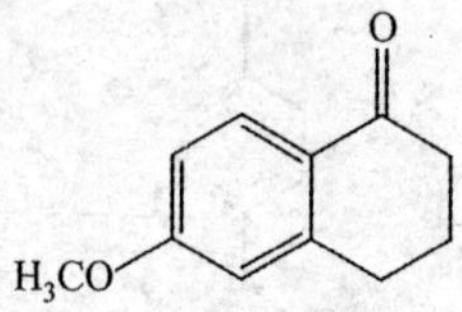

母体	246 nm
邻位—R	3 nm
对位—OR	25 nm
计算值	274 nm
实测值	276 nm

2. Scott 规则

Scott 规则用于计算芳香族羰基的衍生物在乙醇中的 λ_{max}。表 10.8 和表 10.9 列出了 Scott 经验规则的计算方法。

表 10.8　PhCOR 衍生物 E_2 带 λ_{max}^{EtOH} 的计算

PhCOR 生色团母体	λ/nm
R＝烷基或环残基(R)	246
R＝氢(H)	250
R＝羟基或烷氧基(OH 或 OR)	230

表 10.9　苯环上邻、间、对位被取代基取代的 λ 增值($\Delta\lambda/nm$)

取代基	邻　位	间　位	对　位
—R(烷基)	3	3	10
—OH、—OR	7	7	25
—O⁻	11	20	78
—Cl	0	0	10
—Br	2	2	15
—NH₂	13	13	58
—NHAc	20	20	45
—NR₂	20	20	85

10.6.2　结构分析

可以应用紫外-可见吸收光谱来确定一些化合物的构型和构象。

1. 判别顺反异构体

反式异构体空间位阻小,共轭程度较高,其 λ_{max} 和 ε_{max} 大于顺式异构体。表 10.10 列举了某些有机化合物的顺反异构体的 λ_{max} 和 ε_{max}。

表 10.10　某些有机化合物的顺反异构体的 λ_{max} 和 ε_{max}

化合物	顺　式		反　式	
	λ_{max}/nm	ε_{max}	λ_{max}/nm	ε_{max}
番茄红素	440	90 000	470	185 000
	380*	弱	470*	
二苯代乙烯	280	13 500	295	27 000
苯代丙烯酸	264	9 500	273	20 000
α-甲基均二苯代乙烯	260	11 900	270	20 100
丁烯二酸二甲酯	198	26 000	214	34 000
偶氮苯	295	12 600	315	50 100
肉桂酸	280	13 500	295	27 000
1-苯基-1,3-丁二烯	265	14 000	280	28 300

* 380 nm 吸收峰属新番茄红素的顺式乙烯键；470 nm 为新番茄红素吸收峰，强度较全反式番茄红素弱。

2. 判别互变异构体

一般共轭体系的 λ_{max}，ε_{max} 大于非共轭体系(见表 10.11)。例如，乙酰乙酸乙酯有酮式和烯醇式间的互变异构：

$$CH_3-\overset{O}{\overset{\|}{C}}-CH_2-\overset{O}{\overset{\|}{C}}-OC_2H_5 \;\Longrightarrow\; CH_3-\overset{OH}{\overset{|}{C}}=CH-\overset{O}{\overset{\|}{C}}-OC_2H_5$$

在极性溶剂中该化合物以酮式存在，吸收峰弱；而在非极性溶剂正己烷中以烯醇式为主，出现强的吸收峰。

表 10.11　某些有机化合物的互变异构体

化合物	共轭(醇式)	非共轭(酮式)
	$\lambda_{max}/nm(\varepsilon)$	$\lambda_{max}/nm(\varepsilon)$
亚油酸	232	无吸收
苯酰乙酸乙酯	308	245
乙酰乙酸乙酯	245(18 000)	204(110)
乙酰丙酮	269(12 100)(水中)	277(1900)(己烷中)
异丙 α 丙酮	235(12 000)	220

10.6.3　定量分析

紫外-可见分光光度法定量分析的依据是朗伯-比尔定律，即在一定波长处被测定物质的吸光度与其浓度呈线性关系。因此，通过测定一定波长处溶液的吸光度，即可求出该物质在溶液中的浓度。下面介绍几种常用的测定方法。

1. 单组分的测定

标准曲线法是实际工作中用得最多的一种方法。具体做法是：配制一系列不同浓度的标准溶液，以不含被测组分的空白溶液为参比，测定标准溶液的吸光度，在符合朗伯-比尔定律的浓度范围内绘制吸光度(A)-浓度(c)曲线，即标准曲线。在相同条件下测定未知试样的吸光度，从标准曲线上就可以查得与之对应的未知试样的浓度。

2. 示差分光光度法

常用的示差分光光度法(differential spectrophotometry)有 4 种类型：高吸光度示差法、低吸光度示差法、最精密示差测量法和全示差光度测量法。其中应用最广泛的是在高含量组分分析方面采用高吸光度示差法。

高吸光度示差法是采用浓度比试样含量稍低的已知浓度的标准溶液作为参比溶液，如果标准溶液浓度为 c_s，待测试样浓度为 c_x，且 $c_x > c_s$。根据朗伯-比尔定律，

$$A_x = \varepsilon l c_x$$

$$A_s = \varepsilon l c_s$$

$$A = \Delta A = A_x - A_s = \varepsilon l(c_x - c_s) = \varepsilon l \Delta c \tag{10.26}$$

测定时先用比试样浓度稍小的标准溶液，加入各种试剂后作为参比，调节其透射比为 100%，即吸光度为零，然后测量试样溶液的吸光度。这时的吸光度实际上是两者之差 ΔA，它与两者浓度差 Δc 呈正比，且处在正常的读数范围(图 10.18)。以 ΔA 对 Δc 作校准曲线，根据测得的 ΔA 查得相应的 Δc，即可知待测试样的浓度 $c_x = c_s + \Delta c$。由于用已知浓度的标准溶液作参比，若该参比溶液的透射比为 10%，现调至 100%，就意味着将仪器透射比标尺扩展了 10 倍。如待测试液的透射比原是 5%，用示差光度法测量时将是 50%。另一方面，在示差光度法中即使 Δc 很小，如果测量误差为 $\mathrm{d}c$，固然 $\mathrm{d}c/\Delta c$ 会很大，但最后测定结果的相对误差是 $\dfrac{\mathrm{d}c}{\Delta c + c_s}$，$c_s$ 较大而且非常准确，所以测定结果的准确度仍将很高。

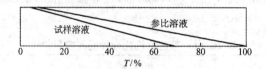

图 10.18　高浓度示差分光光度法测定原理示意图

3. 多组分的测定

根据吸光度具有加和性的特点，在同一试样中可以测定两个以上的组分。假设试样中含有 x，y 两种组分，在一定条件下将它们转化为有色配合物，分别绘制其吸收光谱，会出现 3 种情况，如图 10.19 所示。图 10.19(a)的情况是两组分互不干扰，可分别在 λ_1 和 λ_2 处测量 x，y 溶液的吸光度。图 10.19(b)的情况是组分 x 对组分 y 的光度测定有干扰，但组分 y 对 x 无干扰，这时可以先在 λ_1 处测量溶液的吸光度 A_{λ_1} 并求得 x 组分的浓度。然后再在 λ_2 处测量溶液的吸光度 $A_{\lambda_2}^{x+y}$ 和纯组分 x 及 y 的 $\varepsilon_{\lambda_2}^{x}$ 和 $\varepsilon_{\lambda_2}^{y}$，根据吸光度的加和性原则，可列出下式：

$$A_{\lambda_2}^{x+y} = \varepsilon_{\lambda_2}^{x} l c_x + \varepsilon_{\lambda_2}^{y} l c_y \tag{10.27}$$

由式(10.27)即可求得组分 y 的浓度 c_y。图 10.19(c)表明两组分彼此互相干扰，这时首先在 λ_1 处测定混合物吸光度 $A_{\lambda_1}^{x+y}$ 和纯组分 x 及 y 的 $\varepsilon_{\lambda_1}^{x}$ 和 $\varepsilon_{\lambda_1}^{y}$。然后在 λ_2 处测定混合物吸光度 $A_{\lambda_2}^{x+y}$ 和纯组分的 $\varepsilon_{\lambda_2}^{x}$ 和 $\varepsilon_{\lambda_2}^{y}$。根据吸光度的加和性原则，可列出方程组：

$$\begin{cases} A_{\lambda_1}^{x+y} = \varepsilon_{\lambda_1}^{x} l c_x + \varepsilon_{\lambda_1}^{y} l c_y \\ A_{\lambda_2}^{x+y} = \varepsilon_{\lambda_2}^{x} l c_x + \varepsilon_{\lambda_2}^{y} l c_y \end{cases} \tag{10.28}$$

方程组(10.28)中 $\varepsilon_{\lambda_1}^{x}$，$\varepsilon_{\lambda_1}^{y}$，$\varepsilon_{\lambda_2}^{x}$ 和 $\varepsilon_{\lambda_2}^{y}$ 均由已知浓度 x 及 y 的纯溶液测得。由实验测得试液的 $A_{\lambda_2}^{x+y}$

和 $A_{\lambda_1}^{x+y}$，便可通过解联立方程组求得 c_x 和 c_y。对于更复杂的多组分体系，可用计算机处理测定的数据。

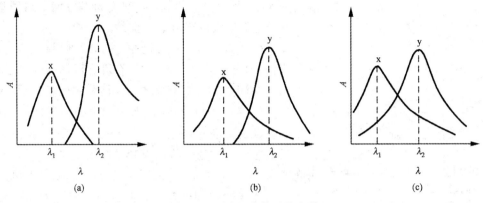

图 10.19　多组分的吸收光谱

4. 光度滴定

光度滴定法(photometric titration)是依据滴定过程中溶液吸光度变化来确定终点的滴定分析方法。随着滴定剂的加入，溶液中吸光物质(待测物质或反应产物)的浓度不断发生变化，因而溶液的吸光度也随之变化。以吸光度 A 对滴定剂加入体积 V 作图，就得到光度滴定曲线。这是一条折线，两线段的交点或延长线的交点所对应的体积即为化学计量点时滴定剂的体积 V_{sp}。由于在选定波长下被滴定的溶液中各组分的吸光情况不同，滴定曲线形状的类型也不一样，一些典型的滴定曲线如图 10.20 所示。图 10.20(a)是滴定剂对测定波长的光有很大的吸收，待测物质与产物均不吸收。例如，以 $KMnO_4$ 溶液滴定 Fe^{2+} 的酸性溶液。图 10.20(b)是滴定剂与产物对测定波长的光均无吸收，而待测物质有强烈吸收。例如，以 EDTA 溶液滴定水杨酸铁溶液。图 10.20(c)是滴定剂与待测物质均有吸收，产物无吸收。例如，用标准 $KBrO_3$-KBr 溶液在 326 nm 波长处滴定 Sb^{3+} 的 HCl 溶液。图 10.20(d)是滴定剂与待测物无吸收，而产物有吸收。例如，以 NaOH 溶液滴定对溴苯酚。

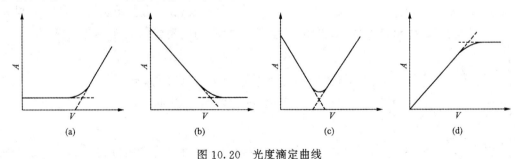

图 10.20　光度滴定曲线

光度滴定与利用指示剂颜色变化进行目视确定终点的滴定法相比，有如下优点：

(i) 指示剂法确定终点是根据化学计量点附近，被测物浓度的突然变化(滴定突跃)来实现的，对于滴定反应不完全的体系，准确滴定难以实现。例如，只有 $cK_a \geqslant 10^{-8}$ 的弱酸和 $cK_b \geqslant 10^{-8}$ 的弱碱才能被准确测定；$\Delta pK_a \geqslant 5$ 的多元酸碱才可分步滴定。而光度滴定法是线性滴定法，它是根据滴定曲线的线性部分的延长线的交点来确定终点的，所以滴定反应不够完全的体系也可以用光度滴定法来测定。例如,对硝基酚的 $pK_a = 7.15$,间硝基酚的 $pK_a = 8.39$,用指示剂法既不可滴定总量,也不可以分步滴定。但它们可用光度滴定法测定。图 10.21 是用 NaOH 标准溶液滴定对硝基酚和间硝基酚混合溶液的光度滴定曲线。

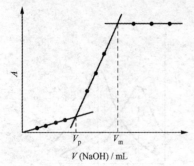

图 10.21　用 NaOH 滴定对硝基酚和间硝基酚混合溶液的光度滴定曲线(测量波长为 545 nm)

(ii) 对溶解度不大的有机酸(碱),很难用指示剂法确定终点,而分光光度法的灵敏度高,有可能用光度滴定法测定。

(iii) 被测物本身有颜色或被测溶液的底色较深,用指示剂法目测终点将相当困难,但选用合适的测量波长,有可能用光度滴定法测定。

只有在滴定过程中溶液吸光度发生变化的体系,才能使用光度滴定法。另外,为了保证测定准确度,必须对滴定过程中溶液的体积变化加以校正,为此,只需将测得的吸光度乘以 $(V_0 + V)/V_0$ 就可以了。V_0 是被测溶液的起始体积,V 是加入滴定剂的体积。

5. 双波长法

单波长分光光度计一般只能用来测定符合朗伯-比尔定律的透明溶液。双波长分光光度法是在传统的单波长分光光度法的基础上发展起来的。此方法在提高灵敏度、分辨重叠吸收谱带和消除混浊背景的干扰等方面具有独到之处。

用不同波长的两束光(λ_1 和 λ_2)交替照射同一吸收池,测量两波长下的吸光度之差 ΔA:

$$\Delta A = A_{\lambda_1} - A_{\lambda_2} = (\varepsilon_{\lambda_1} - \varepsilon_{\lambda_2})lc \tag{10.29}$$

因此 ΔA 与被测组分的浓度呈正比。ΔA 由双波长分光光度计测得。双波长分光光度法可用于两组分体系中单一组分的分析或同时进行两组分分析。主要方法有:等吸收波长法(equiabsorption wavelength method)和系数倍率法(coefficient multiple method)。

(1) 等吸收波长法

用双波长分光光度法测定混浊样品,可以消除混浊背景的干扰。选择待测组分的最大吸收波长 λ_2 为测定波长,选择在 λ_2 附近且样品无特征吸收的波长 λ_1 为参比波长。设在 λ_1 和 λ_2 波长下,总吸光度为 A_{λ_1} 和 A_{λ_2},待测组分的吸光度为 $A_{\lambda_1}^s$ 和 $A_{\lambda_2}^s$,背景的吸光度为 $A_{\lambda_1}^B$ 和 $A_{\lambda_2}^B$,则

$$\Delta A = A_{\lambda_2} - A_{\lambda_1} = (A_{\lambda_2}^s + A_{\lambda_2}^B) - (A_{\lambda_1}^s + A_{\lambda_1}^B)$$
$$= (A_{\lambda_2}^s - A_{\lambda_1}^s) + (A_{\lambda_2}^B - A_{\lambda_1}^B)$$

当 $A_{\lambda_2}^s - A_{\lambda_1}^s \gg A_{\lambda_2}^B - A_{\lambda_1}^B$ 时,

$$\Delta A \approx A_{\lambda_2}^s - A_{\lambda_1}^s \tag{10.30}$$

即可认为,测得的 ΔA 就是待测组分的 ΔA,其与混浊背景的吸收无关。

两组分(x+y)混合体系中,各组分的吸收曲线如图 10.22 所示,被测组分 x 在 λ_1 处有最大吸收,一般选 λ_1 为测量波长,于 λ_1 处作垂线与 y 的吸收曲线相交,由此交点作 λ 轴的平行线与 y 的吸收曲线交于另一点(或几点),选此点的波长作参比波长 λ_2。因为

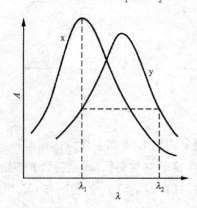

图 10.22　双波长分光光度法选择波长 λ_1, λ_2 示意图

$$A_{\lambda_1} = A_{\lambda_1}^{x} + A_{\lambda_1}^{y}$$

$$A_{\lambda_2} = A_{\lambda_2}^{x} + A_{\lambda_2}^{y}$$

$$\Delta A = A_{\lambda_1} - A_{\lambda_2} = (A_{\lambda_1}^{x} + A_{\lambda_1}^{y}) - (A_{\lambda_2}^{x} + A_{\lambda_2}^{y})$$

又因 $A_{\lambda_1}^{y} = A_{\lambda_2}^{y}$，故

$$\Delta A = A_{\lambda_1}^{x} - A_{\lambda_2}^{x} = (\varepsilon_{\lambda_1}^{x} - \varepsilon_{\lambda_2}^{x})lc_{x} \tag{10.31}$$

式(10.31)表明,双波长法测得的 ΔA 与 y 组分无关,因此可在 y 组分存在下准确测定 x 组分。同理,可在 x 组分存在下准确测定 y 组分。

(2) 系数倍率法

当干扰组分的吸收曲线在测量的波长范围内无吸收峰,仅出现陡坡,不存在吸光度相等的两个不同波长时,用等吸收波长法就不能测定被测组分了,这时可采用系数倍率法测定。当被测组分是 x、干扰组分是 y 时,选取两个波长,测定混合试样的吸光度 A_{λ_1} 和 A_{λ_2},然后用双波长分光光度计的函数放大器分别放大 k_1 和 k_2 倍,得到差示信号 S:

$$S = k_1 A_{\lambda_1} - k_2 A_{\lambda_2}$$

式中

$$A_{\lambda_1} = A_{\lambda_1}^{x} + A_{\lambda_1}^{y}, \quad A_{\lambda_2} = A_{\lambda_2}^{x} + A_{\lambda_2}^{y}$$

所以

$$S = k_1 (A_{\lambda_1}^{x} + A_{\lambda_1}^{y}) - k_2 (A_{\lambda_2}^{x} + A_{\lambda_2}^{y})$$

调节信号放大器使

$$\frac{k_2}{k_1} = \frac{A_{\lambda_1}^{y}}{A_{\lambda_2}^{y}}$$

则

$$S = k_1 A_{\lambda_1}^{x} - k_2 A_{\lambda_2}^{x} \tag{10.32}$$

式(10.32)表明,测量信号仅与被测组分的吸光度有关,而与干扰组分无关。

6. 导数分光光度法

导数分光光度法(derivative spectrophotometry)是解决干扰物质与被测物质的吸收光谱重叠、消除胶体和悬浮物散射影响和背景吸收、提高光谱分辨率的一种技术。将朗伯-比尔定律 $A_{\lambda} = \varepsilon_{\lambda}lc$ 对波长 λ 进行 n 次求导,得到

$$\frac{\mathrm{d}^n A_{\lambda}}{\mathrm{d}\lambda^n} = \frac{\mathrm{d}^n \varepsilon_{\lambda}}{\mathrm{d}\lambda^n} lc \tag{10.33}$$

由式(10.33)可知,吸光度的导数值仍与吸光物质的浓度呈线性关系。因此借导数与 c 的正比关系,可对被测组分进行定量分析。

图 10.23 为物质的吸收光谱(零阶导数光谱)和其相应的 1～4 阶导数光谱图。由图可见,随着导数的阶次增加,最大吸收峰的数目增加,分辨能力得到提高。

在用导数光谱进行定量分析时,需要对扫描出的导数光谱进行测量以获得导数值。常用的测量方法有 3 种,如图 10.24 所示。

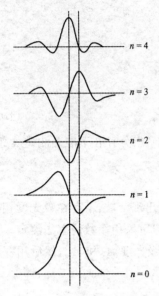

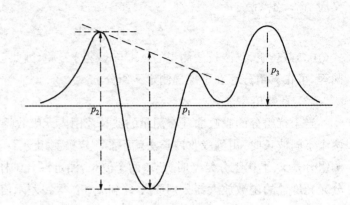

图 10.23　物质的吸收光谱及其　　　　　　　图 10.24　导数光谱峰值
1～4 阶导数光谱　　　　　　　　　　p_1—正切法；p_2—峰谷法；p_3—峰零法

（i）正切法。画一条直线正切于两个邻近的极大或极小处,然后测量中间极值至切线的距离 p_1,这种方法可用于线性背景干扰的试样的测定。

（ii）峰谷法。在多组分的定量分析中多采用两个相邻极值（极大或极小）间的距离 p_2 作为导数值。

（iii）峰零法。极值到零线之间的垂直距离 p_3 也可以作为导数值。这种方法适用于信号对称于横坐标的较高阶导数的求值。

导数分光光度法具有灵敏度高、再现性好、噪音低、分辨率高等优点。可用于稀土元素、药物、氨基酸、蛋白质等物质的测定。如,核糖核酸酶 A、过氧化氢酶、细胞色素 c 等的高阶导数光谱显示出它们特征的精细结构,称为"指纹"光谱,可用于这些物质的鉴定和纯度检验。由图 10.25 可知,用普通分光光度法只能测定约 $10\ \mu g \cdot mL^{-1}$ 的苯（曲线 III）,而用 4 阶导数光谱可检测低于 $1\ \mu g \cdot mL^{-1}$ 的苯（曲线 V）。在一定的浓度范围内,$\overline{EF}$ 与 $\overline{CD}$ 分别与苯胺和苯酚的浓度呈线性关系,故用导数分光光度法可以同时定量测定废水中的痕量苯胺和苯酚（见图 10.26）。

7. 配合物组成的测定

应用光度法测定配合物组成有多种方法,这里介绍常用的两种方法。

（1）摩尔比法

摩尔比法（mole ratio method）又称饱和法,是根据在配合反应中金属离子 M 被显色剂 R（或相反）所饱和的原则来测定配合物组成的。

设配合反应为

$$M + nR \rightleftharpoons MR_n$$

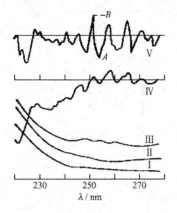

图 10.25① 　定量测定乙醇中的痕量苯

Ⅰ—乙醇的吸收光谱；

Ⅱ—含 1 $\mu g \cdot mL^{-1}$ 苯的乙醇溶液的吸收光谱；

Ⅲ—含 10 $\mu g \cdot mL^{-1}$ 苯的乙醇溶液的吸收光谱；

Ⅳ—Ⅲ 的 2 阶导数光谱；

Ⅴ—Ⅲ 的 4 阶导数光谱（$\overline{AB}$正比于苯的浓度）

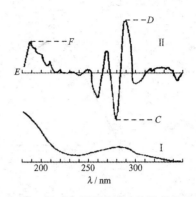

图 10.26① 　同时定量测定废水中的苯胺和苯酚

Ⅰ—含 5 $\mu g \cdot mL^{-1}$ 苯胺和苯酚混合液的吸收光谱；

Ⅱ—含 5 $\mu g \cdot mL^{-1}$ 苯胺和苯酚混合液的 4 阶导数光谱

若 M 与 R 均不干扰 MR_n 的吸收，且其分析浓度分别是 $c(M)$，$c(R)$。那么固定金属离子 M 的浓度，改变显色剂 R 的浓度，可得到一系列 $c(R)/c(M)$ 不同的溶液。在适宜波长下测量各溶液的吸光度，然后以吸光度 A 对 $c(R)/c(M)$ 作图（图 10.27）。当加入的试剂 R 还没有使 M 定量转化为 MR_n 时，曲线处于斜线阶段；当加入的试剂 R 已使 M 定量转化为 MR_n 并稍过量时，曲线便出现转折；加入的 R 继续过量，曲线又是水平直线。那么转折点所对应的物质的量之比即是配合物的组成比 n。若配合物较稳定，则转折点明显；反之，则不明显。这时可用外推法求得两直线的交点，交点对应的 $c(R)/c(M)$ 即是 n。

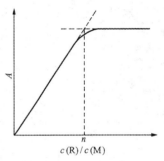

图 10.27　摩尔比法

（2）等摩尔连续变化法（又称 Job 法）

配合反应为

$$M + nR \rightleftharpoons MR_n$$

设溶液中 M 与 R 的浓度（$mol \cdot L^{-1}$）分别为 $c(M)$ 和 $c(R)$，配制一系列溶液，保持 $c(M)+c(R)=c$（常数）。改变 $c(M)$ 与 $c(R)$ 的相对比值，在 MR_n 的最大吸收波长下测定各溶液的吸光度 A，当 A 达到最大时，即 MR_n 浓度最大，该溶液中 $c(M)/c(R)$ 比值即为配合物的组成比。若以吸光度 A 为纵坐标，$c(M)/c$ 为横坐标作图，即绘出等摩尔连续变化法（equimolar series method）曲线（见图 10.28）。由两曲线外推的交点所对应的 $c(M)/c$，即可得到配合物的组成 M 与 R 的摩尔比 n。

图 10.28(a) 中最大吸光度所对应的 $c(M)/c$ 为 0.5，即 $c(M)/c(R)=1$，表明配合物组成为 $n_M : n_R = 1 : 1$，即配合物为 MR。而图 10.28(b) 中最大吸光度所对应的 $c(M)/c$ 为 0.33，即 $c(M)/c(R)=0.33/0.67$，表明配合物组成比为 $n_M : n_R = 1 : 2$，即配合物为 MR_2。

① 孙毓庆. 分析化学(下册).北京：人民卫生出版社，1995，37

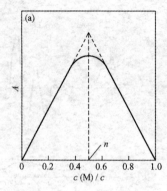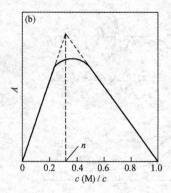

图 10.28　等摩尔连续变化法

本法适用于溶液中只形成一种离解度小的、配合比低的配合物组成的测定。

8. 酸碱离解常数的测定

在分析化学中所用的指示剂或显色剂大多是有机弱酸或弱碱,若它们的酸色形和碱色形的吸收曲线不重叠,就可能用分光光度法测定其离解常数。该法特别适用于溶解度较小的有机弱酸或弱碱。

现以一元弱酸 HL 为例,在溶液中有如下平衡关系:

$$HL \rightleftharpoons H^+ + L^-$$

$$K_a = \frac{[H^+][L^-]}{[HL]} \tag{10.34}$$

或

$$pK_a = pH + \lg \frac{[HL]}{[L^-]} \tag{10.35}$$

从式(10.35)知,在某一确定的 pH 下,只要知道[HL]与[L⁻]的比值,就可以计算 pK_a。HL 与 L⁻ 互为共轭酸碱,它们的平衡浓度之和等于弱酸 HL 的分析浓度 c。若 HL 与 L⁻ 的吸收均遵从朗伯-比尔定律,就可以通过测量溶液的吸光度求得[HL]与[L⁻]的比值。首先配制 n 个浓度 c 相等而 pH 不同的 HL 溶液,在某一确定的波长下,用 1.0 cm 吸收池测量各溶液的吸光度,并用酸度计测量各溶液的 pH。各溶液的吸光度为

$$A = \varepsilon_{HL} \cdot [HL] + \varepsilon_{L^-} \cdot [L^-]$$

$$= \varepsilon_{HL} \cdot \frac{[H^+]c}{K_a + [H^+]} + \varepsilon_{L^-} \cdot \frac{K_a c}{K_a + [H^+]} \tag{10.36}$$

$$c = [HL] + [L^-]$$

在高酸度时,可认为溶液中该酸只以 HL 形式存在,仍在以上确定的波长下测量吸光度,则

$$A_{HL} = \varepsilon_{HL} \cdot [HL] \approx \varepsilon_{HL} \cdot c$$

$$\varepsilon_{HL} = A_{HL}/c \tag{10.37}$$

而在碱性介质中,可认为该酸主要以 L⁻ 形式存在,这时仍在以上波长下测量吸光度,则

$$A_{L^-} = \varepsilon_{L^-} \cdot [L^-] \approx \varepsilon_{L^-} \cdot c$$

$$\varepsilon_{L^-} = A_{L^-}/c \tag{10.38}$$

将式(10.37)和式(10.38)代入式(10.36),整理得

$$K_a = \frac{[\text{H}^+][\text{L}^-]}{[\text{HL}]} = \frac{A_{\text{HL}} - A}{A - A_{\text{L}^-}}[\text{H}^+]$$

或

$$pK_a = pH + \lg\frac{A - A_{\text{L}^-}}{A_{\text{HL}} - A} \tag{10.39}$$

式(10.39)是用分光光度法测定一元弱酸离解常数的基本公式。式中 A_{HL},A_{L^-} 分别为弱酸完全以 HL、L$^-$ 形式存在时溶液的吸光度;A 为某一确定 pH 时溶液的吸光度。上述各值均由实验测得。测定每一份溶液的 A 和 pH 后,即可计算一次 pK_a。由 n 个 pH 不同的溶液,即可计算得到 n 个 pK_a,最后可取其平均值。

也可将式(10.39)改写成

$$\lg\frac{A - A_{\text{L}^-}}{A_{\text{HL}} - A} = pK_a - pH \tag{10.40}$$

式(10.40)是一个线性方程,可用线性拟合法或作图法求出 pK_a。

参 考 文 献

[1] 陈国珍,黄贤智,刘文远,郑朱梓,王尊本. 紫外-可见分光光度法(上册). 北京:原子能出版社,1983
[2] 罗庆尧,邓延倬,蔡汝秀,曾云鹗. 分光光度分析. 北京:科学出版社,1998
[3] 沈淑娟,方绮云. 波谱分析的基本原理及应用. 北京:高等教育出版社,1988

思考题与习题

10.1 分子光谱是如何产生的? 它与原子光谱的主要区别是什么?

10.2 光学光谱区的电磁波都有哪些? 指出它们的波长范围。

10.3 溶液有颜色是因为它吸收了可见光中特定波长范围的光。若某溶液呈绿色,它吸收的是什么颜色的光? 若溶液为无色透明的,是否表示它不吸收光?

10.4 在分光光度法测定中,为什么应尽可能选择最大吸收波长为测量波长?

10.5 单光束、双光束、双波长分光光度计在光路设计上有什么不同? 这几种类型的仪器分别由哪几大部件组成?

10.6 常用 ε 和 S 表示分光光度法的灵敏度,它们是如何定义的? 分别在什么情况下使用? 是不是 ε 大,S 一定小呢?

10.7 试说明分光元件:滤光片、棱镜、光栅的分光原理,它们各有什么特点?

10.8 在分光光度法测定中,引起对朗伯-比尔定律偏离的主要因素有哪些? 如何克服这些因素对测量的影响?

10.9 简述示差光度法、双波长分光光度法、导数分光光度法的原理。这些方法分别有什么优点?

10.10 CH_3Cl 分子中有几种类型的价电子? 在紫外光辐射下可发生何种类型的电子跃迁?

10.11 某酮类化合物,当溶于极性溶剂中(如乙醇)时,溶剂对 n→π* 及 π→π* 跃迁各产生什么影响?

10.12 将下列吸光度换算为透射比:

(1) 0.010; (2) 0.050; (3) 0.300; (4)1.00; (5) 1.70。

10.13 将下列透射比换算为吸光度:

(1) 5.00%; (2) 10.0%; (3) 75.0%; (4) 90%; (5) 99%。

10.14 已知 $KMnO_4$ 的 $\varepsilon_{545\text{ nm}} = 2.2 \times 10^3$ L·mol^{-1}·cm^{-1},计算:(1) 此波长下 0.002%(m/V) 的 $KMnO_4$ 溶液在 3.0 cm 吸收池中的透射比;(2) 若将溶液稀释一倍,其透射比又是多少?

10.15 以丁二酮肟光度法测定镍,若配合物 NiDx$_2$ 的浓度为 1.7×10^{-5} mol $\cdot$ L^{-1},用 2.0 cm 吸收池在 470 nm 波长下测得的透射比为 30.0%。计算配合物 NiDx$_2$ 在 470 nm 波长下的摩尔吸光系数。

10.16 根据下列数据绘制磺基水杨酸光度法测定 Fe^{3+} 的校准曲线。标准溶液是由 0.432 g 铁铵钒(NH$_4$Fe-(SO$_4$)$_2 \cdot$ 12H$_2$O)溶于水,再定容至 500.0 mL 配制而成。取下列不同量标准溶液于 50.0 mL 容量瓶中,加显色剂后定容,测量其吸光度:

$V(Fe^{3+})$/mL	1.00	2.00	3.00	4.00	5.00	6.00
A	0.097	0.200	0.304	0.408	0.510	0.618

测定某试液含铁量时,吸取试液 5.00 mL,稀释至 250.0 mL,再取此稀释溶液 2.00 mL 置于 50.0 mL 容量瓶中,与上述校准曲线同样条件下测得吸光度为 0.450,计算该试液中 Fe^{3+} 含量(以 g $\cdot$ L^{-1} 表示)。

10.17 以邻二氮菲光度法测定 Fe^{2+},称取试样 0.500 g,经处理后加入显色剂,最后定容至 50.0 mL,用 1.0 cm 吸收池,在 510 nm 波长下测得吸光度 $A = 0.430$。计算:(1) 试样中铁的质量分数;(2) 当溶液稀释一倍后,其透射比是多少?($\varepsilon_{510 \text{ nm}} = 1.1 \times 10^4$ L $\cdot$ mol$^{-1} \cdot$ cm^{-1})

10.18 有两份不同浓度的某一有色配合物溶液,当液层厚度均为 1.0 cm 时,对某一波长的透射比分别为:(a) 65.0%;(b) 41.8%。求:

(1) 该两份溶液的吸光度 A_1,A_2;

(2) 如果溶液(a)的浓度为 6.5×10^{-4} mol $\cdot$ L^{-1},求溶液(b)的浓度;

(3) 计算在该波长下有色配合物的摩尔吸光系数和桑德尔灵敏度(设待测物质的摩尔质量为 47.9 g $\cdot$ mol^{-1})。

10.19 当光度计透射比测量的读数误差 $\Delta T = 0.01$ 时,测得不同浓度的某吸光溶液的吸光度为:0.010,0.100,0.200,0.434,0.800,1.200。计算由仪器读数误差引起的浓度测量的相对误差。

10.20 以联吡啶(bipy)为显色剂,光度法测定 Fe^{2+},若在浓度为 0.2 mol $\cdot$ L^{-1},pH $= 5.0$ 的醋酸缓冲溶液中进行显色反应。已知过量联吡啶的浓度为 1.0×10^{-3} mol $\cdot$ L^{-1},lgK^H(bipy)$= 4.4$,lg$K$(FeAc)$= 1.4$,lgβ_3(Fe-bipy)$= 17.6$。试计算说明反应能否定量进行。

10.21 用分光光度法测定含有两种配合物 x 与 y 的溶液的吸光度($l = 1.0$ cm),获得表中数据。计算未知溶液中 x 和 y 的浓度。

溶　液	浓　度 c/(mol $\cdot$ L^{-1})	吸光度 A_{λ_1} ($\lambda_1 = 285$ nm)	吸光度 A_{λ_2} ($\lambda_2 = 365$ nm)
x	5.0×10^{-4}	0.053	0.430
y	1.0×10^{-3}	0.950	0.050
x+y	未知	0.640	0.370

10.22 称取维生素 C 0.050 g 溶于 100 mL 的 0.005 mol $\cdot$ L^{-1} H$_2$SO$_4$ 溶液中,再准确移取此溶液 2.0 mL,用水稀释至 100 mL。用 1 cm 吸收池,在 $\lambda_{\text{max}} = 245$ nm 处测得 A 为 0.551。计算样品中维生素 C 的质量分数。(已知 245 nm,$E_{1 \text{ cm}}^{1\%} = 560$)

10.23 强心药托巴丁胺($M_r = 270$)在 260 nm 波长处有最大吸收,$\varepsilon = 7.0 \times 10^2$ L $\cdot$ mol$^{-1} \cdot$ cm^{-1}。取一片该药溶于水并稀释至 2.0 L,静置后取上层清液用 1.0 cm 吸收池于 260 nm 波长处测得吸光度为 0.687,计算药片中含托巴丁胺多少克?

10.24 有一含氧化态辅酶(NAD$^+$)和还原态辅酶(NADH)的溶液,使用 1.0 cm 吸收池,在 340 nm 处测得该溶液的吸光度为 0.311，在 260 nm 处吸光度为 1.20。请计算 NAD^+ 和 NADH 的浓度各为多少？
已知条件见下表：

辅　酶	ε(260 nm)	ε(340 nm)
NAD^+	1.8×10^4	0
NADH	1.5×10^4	6.2×10^3

10.25 配制同浓度（1.00×10^{-3} mol·L^{-1}）但酸度不同的某指示剂（HIn）溶液 5 份，用 1.0 cm 吸收池在 650 nm 波长下分别测量此 5 份溶液的吸光度，数据如下：

pH	1.00	2.00	7.00	10.00	11.00
A	0.00	0.00	0.588	0.840	0.840

计算：（1）该指示剂的 pK_a；（2）在 650 nm 波长下 In^- 的摩尔吸光系数。

10.26 有两种异构体，α 异构体的吸收峰在 228 nm（$\varepsilon=1.4\times10^4$ L·mol^{-1}·cm^{-1}），而 β 异构体吸收峰在 296 nm（$\varepsilon=1.1\times10^4$ L·mol^{-1}·cm^{-1}）。试指出这两种异构体分别属于下面两种结构中的哪一种。

10.27 计算下列化合物的 λ_{max}。

10.28 某未知物的分子式为 $C_{10}H_{14}$，在 268 nm 处有一强吸收峰，其可能的结构式有如下四种。请根据上述测定值，推测该未知物的结构式。

(1)

(2)

(3)

(4)

10.29 根据红外光谱和核磁共振谱推测某一化合物的结构可能为(1)或(2),其紫外光谱的 $\lambda_{max}^{MeOH} = 284$ nm ($\varepsilon = 9.7 \times 10^3$ L·mol^{-1}·cm^{-1}),试问其结构为何式?

(1)

(2)

第 11 章　红外光谱法

11.1　概　　述

红外光谱(infrared spectrometry, IR)又称为分子振动转动光谱,也是一种分子吸收光谱。当样品受到频率连续变化的红外光照射时,分子吸收了某些频率的辐射,并由其振动或转动运动引起偶极矩的净变化,产生分子振动和转动能级从基态到激发态的跃迁,使相应于这些吸收区域的透射光强度减弱。记录红外光的百分透射比与波数或波长关系的曲线,就得到红外光谱。红外光谱法不仅能进行定性和定量分析,而且从分子的特征吸收可以鉴定化合物和分子结构。

11.1.1　红外光区的划分

红外光谱在可见光区和微波光区之间,其波长范围约为 $0.8 \sim 1000~\mu m$。根据实验技术和应用的不同,通常将红外区划分成 3 个区:近红外光区($0.8 \sim 2.5~\mu m$)、中红外光区($2.5 \sim 25~\mu m$)和远红外光区($25 \sim 1000~\mu m$)(见表 11.1)。其中中红外区是研究和应用最多的区域,一般所说的红外光谱就是指中红外区的红外光谱。

表 11.1　红外光谱的 3 个波区

区　域	$\lambda/\mu m$	$\widetilde{\nu}/cm^{-1}$	能级跃迁类型
近红外区(泛频区)	$0.8 \sim 2.5$	$12\,500 \sim 4000$	OH、NH 及 CH 键的倍频吸收
中红外区(基本振动区)	$2.5 \sim 25$	$4000 \sim 400$	分子振动,伴随转动
远红外区(转动区)	$25 \sim 1000$	$400 \sim 10$	分子转动

红外吸收光谱一般用 T-λ 曲线或 T-$\widetilde{\nu}$ 曲线来表示。如图 11.1 所示,纵坐标为百分透射比 $T\%$,因而吸收峰向下,向上则为谷;横坐标是波长 λ(单位为 μm),或波数 $\widetilde{\nu}$(单位为 cm^{-1})。λ 与 $\widetilde{\nu}$ 之间的关系为:$\widetilde{\nu}/cm^{-1} = 10^4/(\lambda/\mu m)$。因此,中红外区的波数范围是 $4000 \sim 400~cm^{-1}$。用波数描述吸收谱带较为简单,且便于与 Raman 光谱进行比较。近年来的红外光谱均采用波数等间隔分度,称为线性波数表示法。

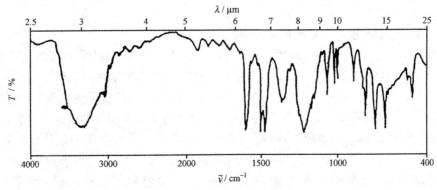

图 11.1　苯酚的红外吸收光谱

11.1.2 红外光谱法的特点

与紫外-可见吸收光谱不同,产生红外光谱的红外光的波长要长得多,因此光子能量低。物质分子吸收红外光后,只能引起振动和转动能级跃迁,不会引起电子能级跃迁。所以红外光谱一般称为振动-转动光谱。

紫外-可见吸收光谱常用于研究不饱和有机化合物,特别是具有共轭体系的有机化合物,而红外光谱法主要研究在振动中伴随有偶极矩变化的化合物。因此除了单原子分子和同核分子,如 Ne、He、O_2 和 H_2 等之外,几乎所有的有机化合物在红外光区均有吸收。红外吸收谱带的波数位置、波峰的数目及其强度,反映了分子结构上的特点,可以用来鉴定未知物的分子结构组成或确定其化学基团;而吸收谱带的吸收强度与分子组成或其化学基团的含量有关,可用来进行定量分析和纯度鉴定。

红外光谱分析对气体、液体、固体样品都可测定,具有用量少、分析速度快、不破坏试样等特点,使红外光谱法成为现代分析化学和结构化学的不可缺少的工具。但对于复杂化合物的结构测定,还需配合紫外光谱、质谱和核磁共振波谱等其他方法,才能得到满意的结果。

11.2 基 本 原 理

11.2.1 产生红外吸收的条件

红外光谱是由于分子振动能级(同时伴随转动能级)跃迁而产生的,物质分子吸收红外辐射应满足两个条件:

(i) 辐射光子具有的能量与发生振动跃迁所需的跃迁能量相等。以双原子分子的纯振动光谱为例,双原子分子可近似看做谐振子。根据量子力学,其振动能量 E_v 是量子化的:

$$E_v = \left(v + \frac{1}{2} \right) h\nu \tag{11.1}$$

式中 ν 为分子振动频率;h 为 Planck 常数;v 为振动量子数,$v=0,1,2,3,\cdots$。分子中不同振动能级的能量差 $\Delta E_v = \Delta v h \nu$。吸收光子的能量 $h\nu_a$ 必须恰等于该能量差,因此

$$\nu_a = \Delta v \nu \tag{11.2}$$

在常温下绝大多数分子处于基态($v=0$),由基态跃迁到第一振动激发态($v=1$)所产生的吸收谱带称为基频谱带。因为 $\Delta v = 1$,因此

$$\nu_a = \nu \tag{11.3}$$

也就是说,基频谱带的频率与分子振动频率相等。

(ii) 辐射与物质之间有耦合作用。为满足这个条件,分子振动必须伴随偶极矩的变化。红外跃迁是偶极矩诱导的,即能量转移的机制是通过振动过程所导致的偶极矩的变化和交变的电磁场(这里是红外光)相互作用而发生的。分子由于构成它的各原子的电负性的不同,也显示不同的极性,称为偶极子。通常用分子的偶极矩(μ)来描述分子极性的大小。当偶极子处在电磁辐射的电场中时,该电场做周期性反转,偶极子将经受交替的作用力而使偶极矩增加或减少。由于偶极子具有一定的原有振动频率,显然,只有当辐射频率与偶极子频率相匹配时,分子才与辐射相互作用(振动耦合)而增加它的振动能,使振幅增大,即分子由原来的基态振动跃迁到较高的振动能级。因此,并非所有的振动都会产生红外吸收,只有发生偶极矩变化($\Delta\mu \neq 0$)

的振动才能引起可观测的红外吸收光谱,该分子称为红外活性的。$\Delta\mu=0$ 的分子振动不能产生红外振动吸收,称为非红外活性的。

由上述可见,当一定频率的红外光照射分子时,如果分子中某个基团的振动频率和它一致,两者就会产生共振,此时光的能量通过分子偶极矩的变化而传递给分子,这个基团就吸收一定频率的红外光,产生振动跃迁;如果红外光的振动频率和分子中各基团的振动频率不匹配,该部分的红外光就不会被吸收。如果用连续改变频率的红外光照射某试样,由于试样对不同频率的红外光吸收的程度不同,使通过试样后的红外光在一些波数范围减弱了,在另一些波数范围内则仍较强。由仪器记录该试样的红外吸收光谱,如图 11.1 所示。

11.2.2 双原子分子的振动

分子中的原子以平衡点为中心,以非常小的振幅(与原子核之间的距离相比)做周期性的振动,可近似地看做简谐振动。这种分子振动的模型,以经典力学的方法可把两个质量为 m_1 和 m_2 的原子看做刚体小球,连接两原子的化学键设想成无质量的弹簧,弹簧的长度 l 就是分子化学键的长度(图 11.2)。由经典力学可导出该体系的基本振动频率计算公式:

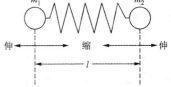

$$\nu = \frac{1}{2\pi}\sqrt{\frac{k}{\mu}} \tag{11.4}$$

图 11.2 双原子分子振动示意图

或

$$\tilde{\nu} = \frac{1}{2\pi c}\sqrt{\frac{k}{\mu}} \tag{11.5}$$

式中 k 为化学键的力常数,其定义为将两原子由平衡位置伸长单位长度时的恢复力(单位为 $N \cdot cm^{-1}$),单键、双键和叁键的力常数分别近似为 5,10 和 15 $N \cdot cm^{-1}$;c 为光速,为 $2.998 \times 10^{10}\,cm \cdot s^{-1}$;$\mu$ 为折合质量,单位为 g,且

$$\mu = \frac{m_1 \cdot m_2}{m_1 + m_2} \tag{11.6}$$

根据小球的质量和相对原子质量之间的关系,式(11.5)可写为

$$\tilde{\nu} = \frac{N_A^{1/2}}{2\pi c}\sqrt{\frac{k}{A_r'}} = 1302\sqrt{\frac{k}{A_r'}} \tag{11.7}$$

式中 N_A 是 Avogadro 常数($6.022 \times 10^{23}\,mol^{-1}$),$A_r'$ 是折合相对原子质量,如两原子的相对原子质量分别为 A_{r_1} 和 A_{r_2},则

$$A_r' = \frac{A_{r_1} \cdot A_{r_2}}{A_{r_1} + A_{r_2}} \tag{11.8}$$

式(11.5)或式(11.7)为分子振动方程式。对于双原子分子或多原子分子中其他因素影响较小的化学键,用式(11.7)计算所得的波数 $\tilde{\nu}$ 与实验值是比较接近的。

从式(11.7)可见,影响基本振动频率的直接因素是相对原子质量和化学键的力常数。化学键的力常数 k 越大,折合相对原子质量 A_r' 越小,则化学键的振动频率越高,吸收峰将出现在高波数区;反之,则出现在低波数区。例如, —C—C— 、 C=C 、 —C≡C— 3 种碳碳键的原子质量相同,键力常数的顺序是叁键>双键>单键。因此在红外光谱中, —C≡C— 键的吸收峰出现在约 2222 cm^{-1},而 $\diagdown\!\!\!\!\diagdown$ C=C $\diagup\!\!\!\!\diagup$ 约在 1667 cm^{-1}, $\diagdown$ —C—C— $\diagup$ 约在 1429 cm^{-1}。对于相同化学键的基团,$\tilde{\nu}$ 与相对原子质量平方根呈反比。例如,C—C 、C—O 、C—N 键的力常数相近,但折合相对原子质量不同,其大小顺序为 C—C < C—N < C—O ,因而这三种键的基频振动峰分别出现在 1430,1330 和 1280 cm^{-1} 附近。

需要指出的是,上述用经典方法来处理分子的振动是宏观处理方法,或是近似处理方法。但一个真实分子的振动能量变化是量子化的。另外,分子中基团与基团之间、基团中的化学键之间都相互有影响,除了化学键两端的原子质量、化学键的力常数影响基本振动频率外,还与内部因素(结构因素)和外部因素(化学环境)有关。

11.2.3 多原子分子的振动

多原子分子由于组成原子数目增多,组成分子的键或基团和空间结构的不同,其振动光谱比双原子分子要复杂得多。但是可以把它们的振动分解成许多简单的基本振动,即简正振动。

1. 简正振动

简正振动的振动状态是,分子质心保持不变,整体不转动,每个原子都在其平衡位置附近做简谐振动,其振动频率和位相都相同,即每个原子都在同一瞬间通过其平衡位置,而且同时达到其最大位移值。分子中任何一个复杂振动都可以看成这些简正振动的线性组合。

2. 简正振动的基本形式

一般将振动形式分成两类:伸缩振动和变形振动。

(i) 伸缩振动。原子沿键轴方向伸缩,键长发生变化而键角不变的振动称为伸缩振动,用符号 ν 表示。它又可以分为对称伸缩振动(符号 ν_s)和反对称伸缩振动(符号 ν_{as})。对同一基团来说,反对称伸缩振动的频率要稍高于对称伸缩振动。

(ii) 变形振动。又称弯曲振动或变角振动。基团键角发生周期变化而键长不变的振动称为变形振动,用符号 δ 表示。变形振动又分为面内变形和面外变形振动。面内变形振动又分为剪式(以 δ 表示)和平面摇摆振动(ρ)。面外变形振动又分为非平面摇摆(ω)和扭曲振动(τ)。

亚甲基的各种振动形式如图 11.3 所示。变形振动的力常数比伸缩振动的小,因此同一基团的变形振动都在其伸缩振动的低频端出现。

3. 基本振动的理论数

简正振动的数目称为振动自由度,每个振动自由度相应于红外光谱图上一个基频吸收带。设分子由 n 个原子组成,每个原子在空间都有 3 个自由度,原子在空间的位置可以用直角坐标系中的 3 个坐标 x,y,z 表示,因此 n 个原子组成的分子总共应有 $3n$ 个自由度,亦即 $3n$ 种运动状态。但在这 $3n$ 种运动状态中,包括 3 个整个分子的质心沿 x,y,z 方向平移运动和 3 个整个分子绕 x,y,z 轴的转动运动。这 6 种运动都不是分子的振动,因此振动形式应有$(3n-6)$种。但对于直线型分子,若贯穿所有原子的轴是在 x 方向,则整个分子只能绕 y,z 轴转动,因此直线型分子的振动形式为$(3n-5)$种。例如水分子是非线型分子,其振动自由度$=3\times3-6=3$,简正振动形式如图 11.4 所示。CO_2 分子是线型分子,振动自由度$=3\times3-5=4$,其简正振动形式如图 11.5 所示。

每种简正振动都有其特定的振动频率,似乎都应有相应的红外吸收谱带。有机化合物一般由多原子组成,因此红外吸收光谱的谱峰一般较多。但实际上,红外光谱中吸收谱带的数目并

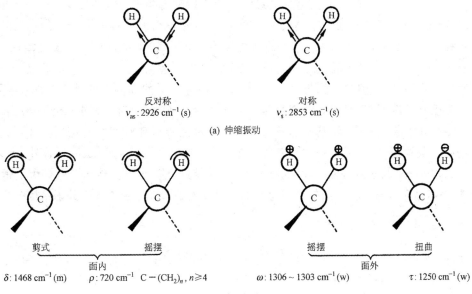

反对称
$\nu_{as}: 2926 \text{ cm}^{-1} \text{(s)}$

对称
$\nu_s: 2853 \text{ cm}^{-1} \text{(s)}$

(a) 伸缩振动

剪式   摇摆   摇摆   扭曲

面内   面外

$\delta: 1468 \text{ cm}^{-1} \text{(m)}$ $\rho: 720 \text{ cm}^{-1}$ $C-(CH_2)_n, n \geqslant 4$ $\omega: 1306 \sim 1303 \text{ cm}^{-1} \text{(w)}$ $\tau: 1250 \text{ cm}^{-1} \text{(w)}$

(b) 变形振动

图 11.3 亚甲基的简正振动形式

+,－分别表示运动方向垂直纸面向里和向外

s—强吸收；m—中等强度吸收；w—弱吸收

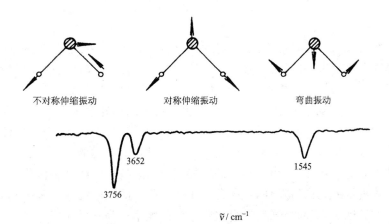

不对称伸缩振动   对称伸缩振动   弯曲振动

3756   3652   1545

$\tilde{\nu}/\text{cm}^{-1}$

图 11.4 水分子的 3 种简正振动形式和它的红外光谱

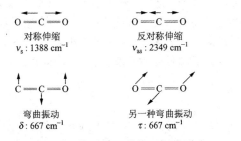

对称伸缩
$\nu_s: 1388 \text{ cm}^{-1}$

反对称伸缩
$\nu_{as}: 2349 \text{ cm}^{-1}$

弯曲振动
$\delta: 667 \text{ cm}^{-1}$

另一种弯曲振动
$\tau: 667 \text{ cm}^{-1}$

图 11.5 CO_2 分子的 4 种简正振动形式

不与公式计算的结果相同。基频谱带的数目常小于振动自由度。其原因有：① 分子的振动能否在红外光谱中出现及其强度与偶极矩的变化有关。通常对称性强的分子不出现红外光谱，即所谓非红外活性的振动。如 CO_2 分子的对称伸缩振动 ν_s 为 $1388\ cm^{-1}$，该振动 $\Delta\mu=0$，没有偶极矩变化，所以没有红外吸收，CO_2 的红外光谱中没有波数为 $1388\ cm^{-1}$ 的吸收谱带。② 简并。有的振动形式虽不同，但它们的振动频率相等，如 CO_2 分子的面内与面外弯曲振动。③ 仪器分辨率不高或灵敏度不够，对一些频率很接近的吸收峰分不开，或对一些弱峰不能检出。

在中红外吸收光谱中，除基团由基态向第一振动能级跃迁所产生的基频峰外，还有由基态跃迁到第二激发态、第三激发态等所产生的吸收峰，称之为倍频峰。除倍频峰外，还有合频峰 $\nu_1+\nu_2$，$2\nu_1+\nu_2$，$\cdots$，及差频峰 $\nu_1-\nu_2$，$2\nu_1-\nu_2$，$\cdots$。倍频峰、合频峰和差频峰统称泛频谱带。泛频谱带一般较弱，且多数出现在近红外区。但它们的存在增加了红外光谱鉴别分子结构的特征性。

11.2.4　吸收谱带的强度

红外吸收谱带的强度取决于分子振动时偶极矩的变化，而偶极矩与分子结构的对称性有关。振动的对称性越高，振动中分子偶极矩变化越小，谱带强度也就越弱。因而一般说来，极性较强的基团（如 $C=O$、$C-X$ 等）振动，吸收强度较大；极性较弱的基团（如 $C=C$、$C-C$、$N=N$ 等）振动，吸收较弱。红外光谱的吸收强度一般定性地用很强(vs)、强(s)、中(m)、弱(w)和很弱(vw)等来表示。

11.2.5　基团频率

1. 官能团具有特征吸收频率

红外光谱的最大特点是具有特征性，这种特征性与各种类型化学键振动的特征相联系。因为不管分子结构怎么复杂，都是由许多原子基团组成，这些原子基团在分子受激发后都会产生特征的振动。大多数有机化合物都是由 C、H、O、N、S、P、卤素等元素构成，而其中最主要的是C、H、O、N 四种元素。因此可以说大部分有机化合物的红外光谱基本上是由这四种元素所形成的化学键的振动贡献的。利用分子振动方程式(11.5)或(11.7)，只能近似地计算简单分子中化学键的基本振动频率。对于大多数化合物的红外光谱与其结构的关系，实际上还是通过大量标准样品的测试，从实践中总结出了一定的官能团总对应有一定的特征吸收。也就是说，在研究了大量化合物的红外光谱后发现，不同分子中同一类型的基团的振动频率是非常相近的，都在一较窄的频率区间出现吸收谱带，这种吸收谱带的频率称为基团频率(group frequency)。例如，$-CH_3$ 基团的特征频率在 $2800\sim3000\ cm^{-1}$ 附近，$-CN$ 的吸收峰在 $2250\ cm^{-1}$ 附近，$-OH$ 伸缩振动的强吸收谱带在 $3200\sim3700\ cm^{-1}$ 等。由于在分子中原子间的主要作用力是连接原子的价键力，虽然在红外光谱中影响谱带位移的因素很多，但在大多数情况下这些因素的影响相对是很小的。可以认为力常数从一个分子到另一个分子的改变不会很大，因此在不同分子内，和一个特定的基团有关的振动频率基本上是相同的。

2. 基团频率区和指纹区

(1) 基团频率区

中红外光谱区可分为 $4000\sim1300\ cm^{-1}$ 和 $1800\sim600\ cm^{-1}$ 两个区域。最有分析价值的基团频率在 $4000\sim1300\ cm^{-1}$ 之间，这一区域称为基团频率区或官能团、特征区。区内的峰是由伸缩振动产生的吸收带，比较稀疏，易于辨认，常用于鉴定官能团。

在 1800～600 cm^{-1} 区域中,除单键的伸缩振动外,还有因变形振动产生的谱带。这些振动与整个分子的结构有关。当分子结构稍有不同时,该区的吸收就有细微的差异,并显示出分子的特征。这种情况就像每个人有不同的指纹一样,因此称为指纹区(fingerprint region)。指纹区对于指认结构类似的化合物很有帮助,而且可以作为化合物存在某种基团的旁证。

基团频率区又可以分为三个区域:

(i) 4000～2500 cm^{-1} 为 X—H 伸缩振动区,X 可以是 O、H、C 或 S 原子。O—H 基的伸缩振动出现在 3650～3200 cm^{-1} 范围内,它可以作为判断有无醇类、酚类和有机酸类的重要依据。当醇和酚溶于非极性溶剂(如 CCl_4),浓度小于 0.01 mol·L^{-1} 时,在 3650～3580 cm^{-1} 处出现游离 O—H 基的伸缩振动吸收,峰形尖锐,且没有其他吸收峰干扰,易于识别。当试样浓度增加时,羟基化合物产生缔合现象,O—H 基伸缩振动吸收峰向低波数方向位移,在 3400～3200 cm^{-1} 出现一个宽而强的吸收峰。有机酸中的羟基形成氢键的能力更强,常形成二缔合体。

胺和酰胺的 N—H 伸缩振动也出现在 3500～3100 cm^{-1},因此可能会对 O—H 伸缩振动有干扰。

C—H 的伸缩振动可分为饱和的和不饱和的两种。饱和的 C—H 伸缩振动出现在 3000 cm^{-1} 以下,约 3000～2800 cm^{-1},取代基对它们的影响也很小。如 —CH_3 基的伸缩吸收出现在 2960 cm^{-1}(ν_{as})和 2870 cm^{-1}(ν_s)附近;—CH_2 基的吸收在 2930 cm^{-1}(ν_{as})和 2850 cm^{-1}(ν_s)附近;—CH 基的吸收出现在 2890 cm^{-1} 附近,但强度较弱。不饱和的 C—H 伸缩振动出现在 3000 cm^{-1} 以上,以此来判别化合物中是否含有不饱和的 C—H 键。苯环的 C—H 伸缩振动出现在 3030 cm^{-1} 附近,它的特征是强度比饱和的 C—H 键稍弱,但谱带比较尖锐。不饱和的双键 =CH 的吸收出现在 3010～3040 cm^{-1} 范围内,末端 =CH_2 的吸收出现在 3085 cm^{-1} 附近,而叁键 ≡CH 上的 C—H 伸缩振动出现在更高的区域(3300 cm^{-1})附近。

醛类中与羰基的碳原子直接相连的氢原子组成在 2740 和 2855 cm^{-1} 的 $\nu_{C—H}$ 双重峰,很有特色,虽然强度不太大,但很有鉴定价值。

(ii) 2500～1900 cm^{-1} 为叁键和累积双键区。这一区域出现的吸收,主要包括 —C≡C、—C≡N 等叁键的伸缩振动,以及 —C=C=C、—C=C=O 等累积双键的不对称伸缩振动。对于炔类化合物,可以分成 R—C≡CH 和 R′—C≡C—R 两种类型,前者的伸缩振动出现在 2100～2140 cm^{-1} 附近,后者出现在 2190～2260 cm^{-1} 附近。如果 R′=R,因为分子是对称的,则是非红外活性的。—C≡N 基的伸缩振动在非共轭的情况下出现在 2240～2260 cm^{-1} 附近。当与不饱和键或芳香核共轭时,该峰位移到 2220～2230 cm^{-1} 附近。若分子中含有 C、H、N 原子,—C≡N 基吸收比较强而尖锐。若分子中含有 O 原子,且 O 原子离 —C≡N 基越近,—C≡N 基的吸收越弱,甚至观察不到。

(iii) 1900～1200 cm^{-1} 为双键伸缩振动区,该区域主要包括三种伸缩振动:

● C=O 伸缩振动出现在 1900～1650 cm^{-1},是红外光谱中很特征的且往往是最强的吸收,以此很容易判断酮类、醛类、酸类、酯类以及酸酐等有机化合物。酸酐的羰基吸收谱带由于振动耦合而呈现双峰。

● C=C 伸缩振动。烯烃的 $\nu_{C=C}$ 为 1680～1620 cm^{-1},一般较弱。单核芳烃的 C=C 伸缩振动出现在 1600 cm^{-1} 和 1500 cm^{-1} 附近,有 2～4 个峰,这是芳环的骨架振动,用于确认有无芳核的存在。

● 苯的衍生物的泛频谱带,出现在 2000～1650 cm^{-1} 范围,是 C—H 面外和 C=C 面内变形振动的泛频吸收,虽然强度很弱,但它们的吸收面貌在表征芳核取代类型上是很有用的(见表 11.2)。

表 11.2　苯的衍生物的特征吸收

相邻氢的数目	苯环上取代基配置情况	ν_{C-H}倍频图形	ν_{C-H}/cm^{-1}吸收峰
5	一取代	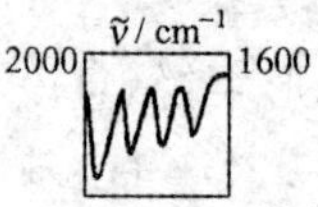	≈900；770～730；710～690
4	邻位二取代		770～735
(1+3)	间位二取代		900～860；865～810* 810～750；725～680
3	1,2,3-三取代		800～770；720～685；780～760*
(1+2)	不对称三取代		900～860；860～800；730～690
2	对位二取代 1,2,3,4-四取代	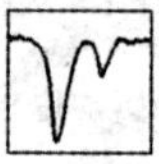	860～780
1	1,3,5-三取代 1,2,3,5-四取代 1,2,4,5-四取代 五取代		900～840 1,3,5-三取代苯还会有 850～800 和 730～675*
0	六取代苯	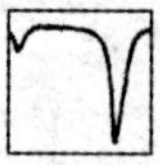	

表中图形标注：2000　$\tilde{\nu}/$cm^{-1}　1600

* 表中带星号的峰有时不出现。

(2) 指纹区

可以分为两个区域:

(i) 1800～900 cm^{-1} 区域是 C—O、C—N、C—F、C—P、C—S、P—O、Si—O 等单键的伸缩振动和 C=S 、S=O 、P=O 等双键的伸缩振动吸收。其中≈1375 cm^{-1}的谱带为甲基的δ_{C-H}对称弯曲振动,对判断甲基十分有用。 C—O 的伸缩振动在 1300～1000 cm^{-1},是该区域最强的峰,也较易识别。

(ii) 900～650 cm^{-1} 区域内的某些吸收峰可用来确认化合物的顺反构型。利用芳烃的 C—H 面外弯曲振动吸收峰来确认苯环的取代类型(表 11.2)。例如烯烃的 =C—H 面外变

形振动出现的位置,很大程度上决定于双键取代情况。其在反式构型

$$R\!-\!\!\!\overset{\displaystyle H}{\underset{\displaystyle H}{C}}\!\!=\!\!\!\overset{\displaystyle H}{\underset{\displaystyle R}{C}}$$ 中,出现在 $990 \sim 970 \ cm^{-1}$;而在顺式构型 $$R\!-\!\!\!\overset{\displaystyle R}{\underset{\displaystyle H}{C}}\!\!=\!\!\!\overset{\displaystyle R}{\underset{\displaystyle H}{C}}$$

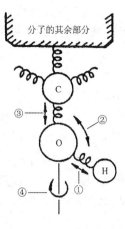

中,则出现在 $690 \ cm^{-1}$ 附近。

多数情况下,一个官能团有数种振动形式,因而有若干相互依存而又相互佐证的吸收谱带,称为相关吸收峰,简称相关峰。例如醇羟基(图11.6),除了 O—H 键伸缩振动(①, $3700 \sim 3200 \ cm^{-1}$)强吸收谱带外,还有弯曲(②, $1410 \sim 1260 \ cm^{-1}$)、C—O 伸缩振动(③, $1250 \sim 1000 \ cm^{-1}$)和面外弯曲(④, $750 \sim 650 \ cm^{-1}$)等谱带。用一组相关峰确认一个基团的存在,是红外光谱解析的一条重要原则。

图 11.6　醇羟基的振动

3. 影响基团频率的因素

基团频率主要是由基团中原子的质量及原子间的化学键力常数决定。然而分子的内部结构和外部环境的改变对它都有影响,因而同样的基团在不同的分子和不同的外界环境中,基团频率可能会有一个较大的范围。因此了解影响基团频率的因素,对解析红外光谱和推断分子结构是十分有用的。

影响基团频率位移的因素大致可分为内部因素和外部因素。但有的情况就不能归结为某一种单一的因素,而可能是几种因素的综合效应。内部因素有以下几种:

(1) 电子效应

包括诱导效应、共轭效应和中介效应,它们都是由于化学键的电子分布不均匀而引起的。

(i) 诱导效应(I 效应)。由于取代基具有不同的电负性,通过静电诱导作用,引起分子中电子分布的变化,从而改变了键力常数,使基团的特征频率发生位移。例如,一般电负性大的基团(或原子)吸电子能力强,与烷基酮羰基上的碳原子相连时,由于诱导效应就会发生电子云由氧原子转向双键的中间(下表中箭头所示),增加了 C=O 键的力常数,使 C=O 的振动频率升高,吸收峰向高波数移动。随着取代原子电负性的增大或取代数目的增加,诱导效应越强,吸收峰向高波数移动的程度越显著。

化合物	$\overset{\delta^-}{\underset{\delta^+}{O}}$ $R-C-R'$	O‖ R—C→Cl	O‖ Cl←C→Cl	O‖ F←C→F
$\nu_{C=O}/cm^{-1}$	1715	1800	1828	1928

(ii) 共轭效应(C 效应)。共轭效应使共轭体系中的电子云密度平均化,结果使原来的双键略有伸长(即电子云密度降低)、力常数减小,使其吸收频率往往向低波数方向移动。例如酮的 C=O ,因与苯环共轭而使 C=O 的力常数减小,振动频率降低。

化合物	R—C—R ‖O	⬡—C—R ‖O	⬡—C—⬡ ‖O	⬡—C—CH=CH—R ‖O
$\nu_{C=O}/cm^{-1}$	$1710 \sim 1725$	$1695 \sim 1680$	$1667 \sim 1661$	$1667 \sim 1653$

（iii）中介效应（M 效应）。当含有孤对电子的原子（O、N、S 等）与具有多重键的原子相连时，也可起类似的共轭作用，称为中介效应。例如酰胺：

$$R-\overset{\underset{\displaystyle O}{\|}}{C}\rightarrow\overset{..}{N}\!<^{H}_{H}$$

其中的 C=O 因氮原子的共轭作用，使 C=O 上的电子云更移向氧原子，C=O 双键的电子云密度平均化，造成 C=O 键的力常数下降，使吸收频率向低波数位移（1650 cm^{-1}左右）。

对同一基团来说，若诱导效应 I 和中介效应 M 同时存在，则振动频率最后位移的方向和程度，取决于这两种效应的净结果。当 I 效应＞M 效应时，振动频率向高波数移动；反之，振动频率向低波数移动。例如，饱和酯的 C=O 伸缩振动频率为 1735 cm^{-1}，比酮（1715 cm^{-1}）高，这是因为 —OR 基的 I 效应比 M 效应大。而 —SR 基的 I 效应比 M 效应小，因此硫酯的 C=O 振动频率移向低波数。

$$R-\overset{\underset{\displaystyle}{O}}{C}\rightarrow\overset{..}{O}R \qquad R-\overset{\underset{\displaystyle}{O}}{C}-R' \qquad R-\overset{\underset{\displaystyle}{O}}{C}\rightarrow\overset{..}{S}R$$

　　　　1735 cm^{-1}　　　　　　　1715 cm^{-1}　　　　　　1690 cm^{-1}
　（I 效应＞M 效应）　　　　　　　　　　　　　　　（I 效应＜M 效应）

（2）振动耦合

当两个振动频率相同或相近的基团相邻并具有一公共原子时，由于一个键的振动通过公共原子使另一个键的长度发生改变，产生一个"微扰"，从而形成了强烈的振动相互作用。其结果是使振动频率发生变化，一个向高频移动，一个向低频移动，谱带分裂。振动耦合常出现在一些二羰基化合物中。例如羧酸酐：

$$\begin{array}{c} R_1-C{\overset{\displaystyle O}{\|}} \\ O \\ R_2-C{\overset{\displaystyle O}{\|}} \end{array}$$

其中两个羰基的振动耦合，使 $\nu_{C=O}$ 吸收峰分裂成两个峰，波数分别为 ≈1820 cm^{-1}（反对称耦合）和 ≈1760 cm^{-1}（对称耦合）。

（3）Fermi（费米）共振

当一振动的倍频与另一振动的基频接近时，由于发生相互作用而产生很强的吸收峰或发生裂分，这种现象叫 Fermi 共振。例如，⬡—COCl 中 ⬡—CO 间的 C—C 变形振动（880～860 cm^{-1}）的倍频与羰基的 $\nu_{C=O}$（1774 cm^{-1}）发生 Fermi 共振，结果是在 1773 和 1736 cm^{-1}出现 2 个 C=O 吸收峰。

又如醛中的 ν_{C-H} 是一个强度相近的二重峰，位于 2855 和 2740 cm^{-1}，实际上它是 δ_{C-H}（位于 1400 cm^{-1}附近）的倍频和 ν_{C-H}（位于 2800 cm^{-1}附近）之间发生 Fermi 共振的结果。

（4）空间效应

空间效应可以通过影响共面性而削弱共轭效应来起作用，也可以通过改变键长、键角，产生某种"张力"来起作用。例如,环己酮的 $\nu_{C=O}$ 为 1714 cm^{-1},环戊酮的是 1746 cm^{-1},而环丁酮的是 1783 cm^{-1},这是由于键角变化所引起环的张力的结果。

(5) 分子的对称性

分子的对称性将使某些能级简并,从而减少吸收峰的数目。分子的对称性还将直接影响红外吸收峰的强度。例如,苯分子中共有 12 个原子,应当有 3×12−6＝30 种简正振动方式,即理论上它可以有 30 个基频吸收。但由于对称性使其中 10 种简正振动彼此具有相同的振动频率,而剩下的 20 种简正振动中,伴随有偶极矩变化的只有 4 种,所以苯分子的红外光谱中只有 4 种基频吸收。

影响基团频率的外部因素有氢键作用和实验条件的影响。

(1) 氢键的影响

氢键的形成使电子云密度平均化,从而使伸缩振动频率降低。最明显的是羧酸的情况,羧基和羟基之间容易形成氢键,使羧基的频率降低。游离羧酸的 C＝O 频率出现在 1760 cm^{-1} 左右,而在液态或固态时, C＝O 频率都在 1700 cm^{-1},因为此时羧酸形成二聚体形式。

RCOOH

$\nu_{C=O}=1760$ cm^{-1}

$\nu_{C=O}=1700$ cm^{-1}

分子内氢键不受浓度影响,分子间氢键则受浓度影响较大。例如,以 CCl$_4$ 为溶剂测定乙醇的红外光谱,当乙醇浓度小于 0.01 mol·L^{-1}时,分子间不形成氢键,而只显示游离的 —OH 的吸收 (3640 cm^{-1});但随着溶液中乙醇浓度的增加,游离羟基的吸收减弱,而二聚体 (3515 cm^{-1}) 和多聚体 (3350 cm^{-1}) 的吸收相继出现,并显著增加。当乙醇浓度为 1.0 mol·L^{-1} 时,主要是以缔合形式存在(图 11.7)。

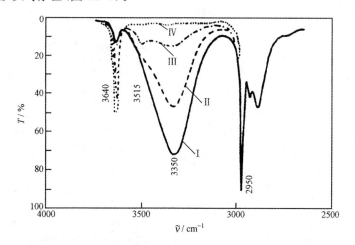

图 11.7　不同浓度的乙醇 CCl$_4$ 溶液的红外光谱片段

I —1.0 mol·L^{-1}; Ⅱ —0.25 mol·L^{-1}; Ⅲ —0.10 mol·L^{-1}; Ⅳ —0.01 mol·L^{-1}

(2) 实验条件的影响

实验条件会影响分子的精细结构,从而影响简正振动频率。红外光谱对某些实验条件还是相当敏感的,如测定时所用溶剂的极性和浓度、测定的温度、试样的状态和制样方法等.测定一个化合物的红外光谱时,应指明实验条件,包括仪器的型号和厂家.同一种物质由于状态不同,分子间相互作用力不同,测得的光谱也不同.一般在气态下测得的谱带波数最高,并能观察到伴随振动光谱的转动精细结构,在液态或固态下测定的谱带波数相对较低.例如,丙酮在气态时的 $\nu_{C=O}$ 为 $1742\ cm^{-1}$,而在液态时为 $1718\ cm^{-1}$.通常在极性溶剂中,溶质分子的极性基团的伸缩振动频率随溶剂极性的增加而向低波数方向移动,并且强度增大.因此在红外光谱测定中,应尽量采用非极性溶剂.并在查阅标准谱图时应注意试样的状态和制样方法.

　　4. 常见官能团的特征吸收频率

　　用红外光谱来确定化合物中某种基团是否存在时,需熟悉基团频率.先在基团频率区观察它的特征峰是否存在,同时也应找到它们的相关峰作为旁证.

　　表 11.3 列举了一些有机化合物的重要基团频率.

表 11.3　典型有机化合物的重要基团频率* ($\tilde{\nu}/cm^{-1}$)

化合物	基　团	X—H 伸缩振动区	叁键区	双键伸缩振动区	部分单键振动和指纹区
烷烃	—CH₃	$\nu_{as\ CH}:2962\pm10(s)$ $\nu_{s\ CH}:2872\pm10(s)$			$\delta_{as\ CH}:1450\pm10(m)$ $\delta_{s\ CH}:1375\pm5(s)$
	—CH₂—	$\nu_{as\ CH}:2926\pm10(s)$ $\nu_{s\ CH}:2853\pm10(s)$			$\delta_{CH}:1465\pm20(m)$
	—CH—	$\nu_{CH}:2890\pm10(w)$			$\delta_{CH}:\approx1340(w)$
烯烃	C=C(H,H 顺)	$\nu_{CH}:3040\sim3010(m)$		$\nu_{C=C}:1695\sim1540(m)$	$\delta_{CH}:1310\sim1295(m)$ $\tau_{CH}:770\sim665(s)$
	C=C(H,H 反)	$\nu_{CH}:3040\sim3010(m)$		$\nu_{C=C}:1695\sim1540(w)$	$\tau_{CH}:970\sim960(s)$
快烃	—C≡C—H	$\nu_{CH}:\approx3300(m)$	$\nu_{C\equiv C}:2270\sim2100(w)$		
芳烃	⬡	$\nu_{CH}:3100\sim3000(变)$		泛频:$2000\sim1667(w)$ $\nu_{C=C}:1650\sim1430(m)$ 2~4 个峰	$\delta_{CH}:1250\sim1000(w)$ $\tau_{CH}:910\sim665$ 单取代:$770\sim730(vs)$ $\approx700(s)$ 邻双取代:$770\sim735(vs)$ 间双取代:$810\sim750(vs)$ $725\sim680(m)$ $900\sim860(m)$ 对双取代:$860\sim780(vs)$
醇类	R—OH	$\nu_{OH}:3700\sim3200(变)$			$\delta_{OH}:1410\sim1260(w)$ $\nu_{CO}:1250\sim1000(s)$ $\tau_{OH}:750\sim650(s)$
酚类	Ar—OH	$\nu_{OH}:3705\sim3125(s)$		$\nu_{C=C}:1650\sim1430(m)$	$\delta_{OH}:1390\sim1315(m)$ $\nu_{CO}:1335\sim1165(s)$
脂肪醚	R—O—R′				$\nu_{CO}:1230\sim1010(s)$
酮	R—C(=O)—R′			$\nu_{C=O}:\approx1715(vs)$	

（续表）

化合物	基团	X—H 伸缩振动区	叁键区	双键伸缩振动区	部分单键振动和指纹区
醛	R—C—H (O)	ν_{CH}:≈2820,≈2720(w) 双峰		$\nu_{C=O}$:≈1725(vs)	
羧酸	R—C—OH (O)	ν_{OH}:3400～2500(m)	$\nu_{C=O}$:1740～1690(m)	δ_{OH}:1450～1410(w) ν_{CO}:1266～1205(m)	
酸酐	—C—O—C— (O O)			$\nu_{as\ C=O}$:1850～1880(s) $\nu_{s\ C=O}$:1780～1740(s)	ν_{CO}:1170～1050(s)
酯	—C—O—R (O)	泛频 $\nu_{C=O}$:≈3450(w)		$\nu_{C=O}$:1770～1720(s)	ν_{COC}:1300～1000(s)
胺	—NH₂	ν_{NH_2}:3500～3300(m) 双峰		δ_{NH}:1650～1590(s,m)	ν_{CN}(脂肪):1220～1020(m,w) ν_{CN}(芳香):1340～1250(s)
	—NH	ν_{NH}:3500～3300(m)		δ_{NH}:1650～1550(vw)	ν_{CN}(脂肪):1220～1020(m,w) ν_{CN}(芳香):1350～1280(s)
酰胺	—C—NH₂ (O)	$\nu_{as\ NH}$:≈3350(s) $\nu_{s\ NH}$:≈3180(s)		$\nu_{C=O}$:1680～1650(s) δ_{NH}:1650～1250(s)	ν_{CN}:1420～1400(m) τ_{NH_2}:750～600(m)
	—C—NHR (O)	ν_{NH}:≈3270(s)		$\nu_{C=O}$:1680～1630(s) $\delta_{NH}+\gamma_{CN}$:1750～1515(m)	$\nu_{CN}+\gamma_{NH}$:1310～1200(m)
	—C—NRR′ (O)			$\nu_{C=O}$:1670～1630	
酰卤	—C—X (O)			$\nu_{C=O}$:1810～1790(s)	
腈	—C≡N		$\nu_{C≡N}$:2260～2240(s)		
硝基化合物	R—NO₂			$\nu_{as\ NO_2}$:1565～1543(s)	$\nu_{s\ NO_2}$:1385～1360(s) ν_{CN}:920～800(m)
	Ar—NO₂			$\nu_{as\ NO_2}$:1550～1510(s)	$\nu_{s\ NO_2}$:1365～1335(s) ν_{CN}:860～840(s) 不明:≈750(s)
吡啶类	(吡啶环)	ν_{CH}:≈3030(w)		$\nu_{C=C}$及$\nu_{C=N}$: 1667～1430(m)	δ_{CH}:1175～1000(w) τ_{CH}:910～665(s)
嘧啶类	(嘧啶环)	ν_{CH}:3060～3010(w)		$\nu_{C=C}$及$\nu_{C=N}$: 1580～1520(m)	δ_{CH}:1000～960(m) τ_{CH}:825～775(m)

＊ 表中 vs,s,m,w,vw 用于定性地表示吸收强度很强,强,中,弱,很弱。

11.3　红外光谱仪

目前主要有两类红外光谱仪,它们是色散型红外光谱仪和 Fourier 变换红外光谱仪。

11.3.1　色散型红外光谱仪

色散型红外光谱仪的组成部件与紫外-可见分光光度计相似,但对每一个部件的结构、所用的材料及性能等与紫外-可见分光光度计不同。它们的排列顺序也略有不同,红外光谱仪的样品是放在光源和单色器之间;而紫外-可见分光光度计是放在单色器之后。

图 11.8 是色散型红外光谱仪原理的示意图。

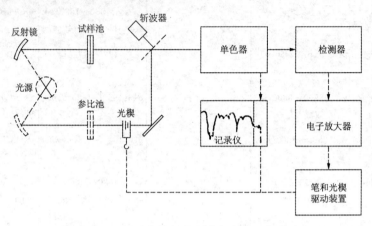

图 11.8　双光束红外光谱仪原理示意图

1. 光源

红外光谱仪中所用的光源通常是一种惰性固体,用电加热使之发射高强度的连续红外辐射。常用的是 Nernst 灯或硅碳棒。Nernst 灯是用氧化锆、氧化钇和氧化钍烧结而成的中空棒或实心棒。工作温度约 1700℃,在此高温下导电并发射红外线。但在室温下是非导体,因此在工作之前要预热。它的优点是发光强度高,尤其在 >1000 cm^{-1} 的高波数区,使用寿命长,稳定性较好。缺点是价格比硅碳棒贵,机械强度差,且操作不如硅碳棒方便。硅碳棒是由碳化硅烧结而成,工作温度在 1200~1500℃。由于它在低波数区域发光较强,因此使用波数范围宽,可以低至 200 cm^{-1}。此外,其优点是坚固,发光面积大,寿命长。

2. 吸收池

因玻璃、石英等材料不能透过红外光,红外吸收池要用可透过红外光的 NaCl、KBr、CsI、KRS-5 (TlI 58%,TlBr 42%)等材料制成窗片。用 NaCl、KBr、CsI 等材料制成的窗片需注意防潮。固体试样常与纯 KBr 混匀压片,然后直接进行测定。

3. 单色器

单色器由色散元件、准直镜和狭缝构成。复制的闪耀光栅是最常用的色散元件,它的分辨本领高,易于维护。红外光谱仪常用几块光栅常数不同的光栅自动更换,使测定的波数范围更为扩展且能得到更高的分辨率。

狭缝的宽度可控制单色光的纯度和强度。然而光源发出的红外光在整个波数范围内不是恒定的,在扫描过程中狭缝将随光源的发射特性曲线自动调节狭缝宽度,既要使到达检测器上的光的强度近似不变,又要达到尽可能高的分辨能力。

4. 检测器

紫外-可见分光光度计中所用的光电管或光电倍增管不适用于红外区,因为红外光谱区的光子能量较弱,不足以引发光电子发射。现今常用的红外检测器是高真空热电偶、热释电检测器和碲镉汞检测器。

真空热电偶是利用不同导体构成回路时的温差电现象,将温差转变为电位差。它以一小片涂黑的金箔作为红外辐射的接受面。在金箔的一面焊有两种不同的金属、合金或半导体作为热接点,而在冷接点端(通常为室温)连有金属导线。为了提高灵敏度和减少热传导的损失,将热电偶封于真空度约为 7×10^{-7} Pa 的腔体内。在腔体上对着涂黑的金箔开一小窗,窗口用红外透光材料,如 KBr(至 25 μm)、CsI(至 50 μm)、KRS-5(至 45 μm)等制成。当红外辐射通过此窗口射到涂黑的金箔上时,热接点温度上升,产生温差电位差,在回路中有电流通过。而电流的大小则随照射的红外光的强弱而变化。

热释电检测器是用硫酸三苷肽 $(NH_2CH_2COOH)_3H_2SO_4$ (简称 TGS)的单晶薄片作为检测元件。TGS 是铁电体,在一定温度(其居里点 49℃)以下能产生很大的极化效应,其极化强度与温度有关,温度升高,极化强度降低。将 TGS 薄片正面真空镀铬(半透明),背面镀金,形成两电极。当红外辐射光照到薄片上时,引起温度升高,TGS 极化度改变,表面电荷减少,相当于"释放"了部分电荷,经过放大,转变成电压或电流的方式进行测量。其特点是响应速度快、噪音影响小,能实现高速扫描,故被用于 Fourier 变换红外光谱仪中。目前使用最广的晶体材料是氘化了的 TGS (DTGS),居里点温度 62℃,热电系数小于 TGS。

碲镉汞检测器(MCT 检测器)是由宽频带的半导体碲化镉和半金属化合物碲化汞混合成的,其组成为 $Hg_{1-x}Cd_xTe$, $x \approx 0.2$,改变 x 值能改变混合物组成,获得测量波段不同灵敏度各异的各种 MCT 检测器。它的灵敏度高,响应速度快,适于快速扫描测量和 GC-FTIR 联机检测。MCT 检测器分为两类,光电导型是利用入射光子与检测器材料中的电子能态起作用,产生载流子进行检测。光伏型是利用不均匀半导体受光照时,产生电位差的光伏效应进行检测。MCT 检测器都需在液氮温度下工作,其灵敏度比 TGS 约高 10 倍。

5. 记录系统

红外光谱仪一般都有记录仪自动记录谱图。中、高档的仪器还配有微处理机,以控制仪器的操作、谱图中各种参数、谱图的检索等。

红外光谱仪一般均采用双光束,如图 11.8 所示。将光源发射的红外光分成两束,一束通过试样,另一束通过参比,利用半圆扇形镜使试样光束和参比光束交替通过单色器,然后被检测器检测。在光学零位法中,当试样光束与参比光束强度相等时,检测器不产生交流信号;当试样有吸收,两光束强度不等时,检测器产生与光强差呈正比的交流信号,通过机械装置推动锥齿形的光楔,使参比光束减弱,直至与试样光束强度相等。此时,与光楔连动的记录笔就在图纸上记下了吸收峰。

11.3.2　Fourier 变换红外光谱仪(FTIR)

前面我们介绍的以光栅作为色散元件的红外光谱仪在许多方面已不能完全满足需要。由于采用了狭缝,能量受到限制,尤其在远红外区能量很弱;它的扫描速度太慢,使得一些动态的研究以及和其他仪器(如色谱)的联用发生困难;对一些吸收红外辐射很强的或者信号很弱的样品的测定及痕量组分的分析等,也受到一定的限制。随着光学、电子学尤其是计算机技术的迅速发展,20 世纪 70 年代出现了新一代的红外光谱测量技术和仪器,它就是基于干涉调频分光的 Fourier 变换红外光谱仪。这种仪器不用狭缝,因而消除了狭缝对于通过它的光能的限制,可以同时获得光谱所有频率的全部信息。它具有许多优点:扫描速度快,测量时间短,可在 1 s 内获得红外光谱,适于对快速反应过程的追踪,也便于和色谱法联用;灵敏度高,检出限可达 $10^{-9} \sim 10^{-12}$ g;分辨本领高,波数精度可达 0.01 cm^{-1};光谱范围广,可研究整个红外区 (10 000~10 cm^{-1})的光谱;测定精度高,重复性可达 0.1%,而杂散光小于 0.01%。

  Fourier 变换红外光谱仪没有色散元件,主要由光源(硅碳棒、高压汞灯)、Michelson 干涉仪、检测器、计算机和记录仪等组成(图 11.9)。其核心部分是 Michelson 干涉仪,它将光源发来的信号以干涉图的形式送往计算机进行 Fourier 变换的数学处理,最后将干涉图还原成光谱图。图 11.10 是干涉仪的示意图。图中 M$_1$ 和 M$_2$ 为两块互相垂直的平面镜,M$_1$ 固定不动,M$_2$ 则可沿图示方向做微小的移动,称为动镜。在 M$_1$ 和 M$_2$ 之间放置一呈 45°角的半透膜光束分裂器 BS,它能将光源 S 发来的光分为相等的两部分,光束 I 和光束 II。光束 I 穿过 BS 被动镜 M$_2$ 反射,沿原路回到 BS 并被反射到达检测器 D;光束 II 则反射到固定镜 M$_1$,再由 M$_1$ 沿原路反射回来通过 BS 到达检测器 D。这样,在检测器 D 上所得到的是 I 光和 II 光的相干光(图 11.10 中 I 和 II 光应是合在一起的,为了说明和理解方便,才分开绘成 I 和 II 两束光)。如果进入干涉仪的是波长为 λ_1 的单色光,开始时,因 M$_1$ 和 M$_2$ 离 BS 距离相等(此时称 M$_2$ 处于零位),I 光和 II 光到达检测器时位相相同,发生相长干涉,亮度最大。当动镜 M$_2$ 移动入射光的 $\lambda/4$ 距离时,则 I 光的光程变化为 $\lambda/2$,在检测器上两光位相差为 180°,则发生相消干涉,亮度最小。当动镜 M$_2$ 移动 $\lambda/4$ 的奇数倍,则 I 光和 II 光的光程差为 $\pm\lambda/2$,$\pm 3\lambda/2$,$\pm 5\lambda/2$,…时(正负号表示动镜从零位向两边的位移),都会发生这种相消干涉。同样,M$_2$ 位移 $\lambda/4$ 的偶数倍时,即两光的光程差为 λ 的整数倍时,则都将发生相长干涉。而部分相消干涉则发生在上述两种位移之间。因此,匀速移动 M$_2$,即连续改变两束光的光程差时,在检测器上记录的信号将呈余弦变化,每移动 $\lambda/4$ 的距离,信号则从明到暗周期性地改变一次(图 11.11(a))。图 11.11(b)是另一入射光波长为 λ_2 的单色光所得干涉图。如果是两种波长的光一起进入干涉仪,则得到两种单色光干涉图的加合图(图 11.11(c))。当入射光为连续波长的多色光时,得到的是中心极大并向两侧迅速衰减的对称干涉图(图 11.12)。这种多色光的干涉图等于所有各单色光干涉图的加合。当多色光通过试样时,由于试样对不同波长光的选择吸收,干涉图曲线发生变化(图 11.13(a))。但这种极其复杂的干涉图是难以解释的,需要经计算机进行快速 Fourier 变换,就可得到我们所熟悉的透射比随波数变化的普通红外光谱图,如图 11.13(b)所示。

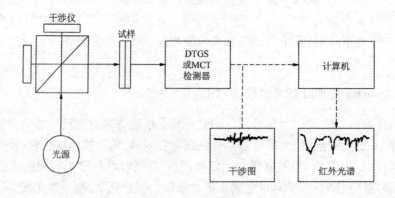

图 11.9 Fourier 变换红外光谱仪工作原理示意图

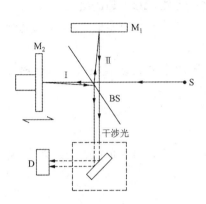

图 11.10 Michelson 干涉仪光学
示意及工作原理图
M₁—固定镜；M₂—动镜；S—光源；
D—检测器；BS—光束分裂器

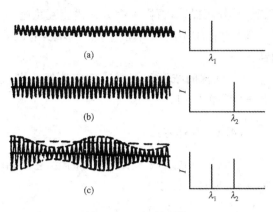

图 11.11 波的干涉

图 11.12 Fourier 变换红外光谱干涉图

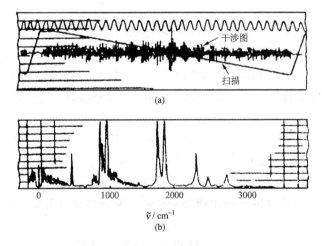

图 11.13 同一有机化合物的干涉图(a)和红外光谱图(b)
图(a)中扫描表示动镜移动的轨迹

11.4 试样的处理和制备

能否获得一张满意的红外光谱图,除仪器性能的因素外,试样的处理和制备也十分重要。

11.4.1 红外光谱法对试样的要求

红外光谱的试样可以是气体、液体或固体,一般应符合以下要求:

(i) 试样应该是单一组分的纯物质,纯度应＞98％或符合商业规格,这样才便于与纯化合物的标准光谱进行对照。多组分试样应在测定前尽量预先用分馏、萃取、重结晶、区域熔融或色谱法进行分离提纯,否则各组分光谱相互重叠,难于解析(当然,GC-FTIR 法例外)。

(ii) 试样中不应含有游离水。水本身有红外吸收,会严重干扰样品谱,而且会侵蚀吸收池的盐窗。

(iii) 试样的浓度和测试厚度应选择适当,以使光谱图中的大多数吸收峰的透射比处于 10%～80%范围内。

11.4.2　制样方法

气态试样可在玻璃气槽内进行测定,它的两端粘有红外透光的 NaCl 或 KBr 窗片。先将气槽抽真空,再将试样注入。

1. 液体和溶液试样

常用的方法有:① 液体池法。沸点较低,挥发性较大的试样,可注入封闭液体池中,液层厚度一般为 0.01～1 mm。② 液膜法。沸点较高的试样,直接滴在两块盐片之间,形成液膜。

对于一些吸收很强的液体,当用调整厚度的方法仍然得不到满意的谱图时,可用适当的溶剂配成稀溶液来测定。一些固体也可以溶液的形式来进行测定。常用的红外光谱溶剂应在所测光谱区内本身没有强烈吸收,不侵蚀盐窗,对试样没有强烈的溶剂化效应等。例如,CS_2 是 1350～600 cm^{-1} 区域常用的溶剂,CCl_4 用于 4000～1350 cm^{-1} 区。

2. 固体试样

常用的方法有:① 压片法。将 1～2 mg 试样与 200 mg 纯 KBr 研细混匀,置于模具中,用 $(5～10)×10^7$ Pa 压力在油压机上压成透明薄片,即可用于测定。试样和 KBr 都应经干燥处理,研磨到粒度小于 2 μm,以免散射光影响。KBr 在 4000～400 cm^{-1} 光区不产生吸收,因此可测绘全波段光谱图。② 石蜡糊法。将干燥处理后的试样研细,与液体石蜡或全氟代烃混合,调成糊状,夹在盐片中测定。液体石蜡油自身的吸收带简单,但此时不能用来研究饱和烷烃的吸收情况。③ 薄膜法。主要用于高分子化合物的测定。可将它们直接加热熔融后涂制或压制成膜。也可将试样溶解在低沸点的易挥发溶剂中,涂在盐片上,待溶剂挥发后成膜来测定。

当样品量特别少或样品面积特别小时,必须采用光束聚光器,并配有微量液体池、微量固体池和微量气体池,采用全反射系统或用带有卤化碱透镜的反射系统进行测量。

11.5　红外光谱法的应用

红外光谱法广泛用于有机化合物的定性鉴定和结构分析。

11.5.1　定性分析

1. 已知物的鉴定

将试样的谱图与标样的谱图进行对照,或者与文献上的标准谱图进行对照。如果两张谱图各吸收峰的位置和形状完全相同,峰的相对强度一样,就可以认为样品是该种标准物。如果两张谱图不一样,或峰位不对,则说明两者不为同一物,或样品中有杂质。如用计算机谱图检索,则采用相似度来判别。使用文献上的谱图应当注意试样的物态、结晶状态、溶剂、测定条件以及所用仪器类型均应与标准谱图相同。

2. 未知物结构的测定

测定未知物的结构,是红外光谱法定性分析的一个重要用途。如果未知物不是新化合物,可以通过两种方式利用标准谱图来进行查对:一种是查阅标准谱图的谱带索引,寻找与试样光谱吸收带相同的标准谱图;另一种是进行光谱解析,判断试样的可能结构,然后再由化学分类索引查找标准谱图对照核实。

在对光谱图进行解析之前,应收集样品的有关资料和数据。诸如了解试样的来源,以估计其可能是哪类化合物;测定试样的物理常数,如熔点、沸点、溶解度、折射率、旋光率等,作为定性分析的旁证;根据元素分析及摩尔质量的测定,求出化学式并计算化合物的不饱和度 Ω。

$$\Omega = 1 + n_4 + \frac{n_3 - n_1}{2} \tag{11.9}$$

式中 n_1,n_3 和 n_4 分别为分子中所含的一价、三价和四价元素原子的数目。当计算得 $\Omega = 0$ 时,表示分子是饱和的,应为链状烃及其不含双键的衍生物;$\Omega = 1$ 时,可能有一个双键或脂环;$\Omega = 2$ 时,可能有两个双键或脂环,也可能有一个叁键;$\Omega = 4$ 时,可能有一个苯环等。但是,二价原子如 S、O 等不参加计算。

图谱解析一般先从基团频率区的最强谱带入手,推测未知物可能含有的基团,判断不可能含有的基团。再从指纹区的谱带来进一步验证,找出可能含有基团的相关峰,用一组相关峰来确认一个基团的存在。对于简单化合物,确认几个基团之后,便可初步确定分子结构,然后查对标准谱图核实。

下面举几个简单的例子。

例 11.1　某化合物为挥发性液体,化学式为 C_8H_{14},红外光谱如图 11.14 所示,试推导其结构。

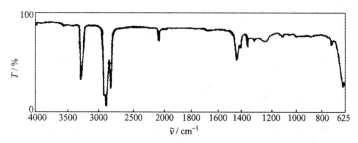

图 11.14　某化合物的红外光谱图

解　(1) 计算不饱和度: $\Omega = 1 + 8 - \dfrac{14}{2} = 2$

(2) 各峰的归宿(见下表):

$\tilde{\nu}/cm^{-1}$	归　宿	结构单元	不饱和度	化学式单元
3300	$\nu_{C\equiv C-H}$			
2100	$\nu_{C\equiv C}$	$-C\equiv C-H$	2	C_2H
625	$\tau_{C\equiv C-H}$			
$2960\sim2850$	ν_{C-H}			
1470	δ_{C-H}	$-(CH_2)_n-$		C_5H_{10}
720	ρ_{CH_2}	($n \geq 5$)		
1370	$\delta_{s\,C-H}$	$-CH_3$		CH_3

(3) 说明：分子的不饱和度是 2,就必须寻找一个基团来满足这个条件。是否是烯烃呢?因为在 1650 cm^{-1}没有任何强吸收峰,这就排除了分子中存在双键(烯)的可能性。然而在 3300 cm^{-1}处存在一个强而尖的吸收峰,表明分子中存在 C≡C 键,它的不饱和度正好等于 2。由于所有 ν_{C-H} 的吸收峰都在低于 3000 cm^{-1}区域,它们是饱和烃的 C—H 伸缩振动产生的。1370 cm^{-1}处存在的吸收峰是 —CH$_3$ 的对称弯曲振动吸收峰,而在 1470 cm^{-1}处存在的峰是亚甲基的弯曲振动产生的。在 720 cm^{-1}处的峰表明,分子中还存在着一系列亚甲基,通常在链中至少有 5 个亚甲基,才会出现这个由亚甲基面内摇摆振动引起的特征峰。到此,分子中只剩下一个碳原子没有得到解释了。显然,它就是分子中惟一的一个甲基。综上所述,该化合物为辛炔,即

$$CH_3CH_2CH_2CH_2CH_2CH_2C≡CH$$

例 11.2 有一种液态化合物,相对分子质量为 58,它只含有 C、H 和 O 3 种元素,其红外光谱如图 11.15 所示,试推测其结构。

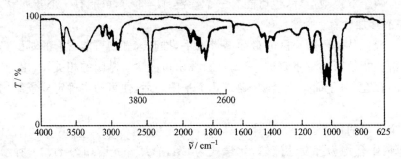

图 11.15 某化合物的红外光谱图

解 (1) 各峰的归宿(见下表):

$\tilde{\nu}$/cm^{-1}	归 宿	结构单元	相对分子质量
3620	ν_{O-H}游离		
3350	ν_{O-H}缔合 ⎫	—C—O—H	29
1036	ν_{C-O}醇 ⎭		
3100~3000	ν_{C-H}不饱和的 ⎫		
1650	$\nu_{C=C}$	H、H C=C R、H	27
995 910 ⎬	τ_{C-H}乙烯型		
3000~2800	ν_{C-H}饱和的		2

(2) 说明：首先观察中心位于 3350 cm^{-1}处的宽带,在稀释 50 倍后就消失了,这说明当浓度较大时存在着分子间的缔合作用;在 3620 cm^{-1}处的尖峰是羟基的伸缩振动吸收产生的;在 3000 cm^{-1}前后有吸收峰,这说明该化合物中存在着饱和的和不饱和的 C—H 伸缩振动;在 1650 cm^{-1}处的吸收峰是 $\nu_{C=C}$产生的,因其键的极性较弱,因此是一个弱峰;995 cm^{-1}和 910 cm^{-1}处出现吸收峰是 ＞C=CH$_2$ 类型的 C—H 面外弯曲振动产生的,因此进一步证明有乙烯基。乙烯基和醇基的式量是 56,相对分子质量总共是 58,还剩下 2,说明是伯醇。因此该化合物是丙烯醇,即

$$CH_2{=}CHCH_2{-}OH$$

例 11.3　有一无色挥发性液体,化学式为 C_9H_{12},红外光谱如图 11.16 所示,推测其结构。

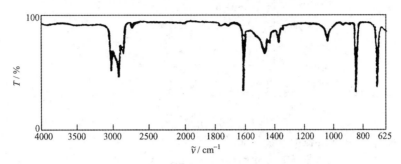

图 11.16　某化合物的红外光谱图

解　(1) 计算不饱和度:$\Omega = 1 + 9 - \dfrac{12}{2} = 4$

(2) 各峰归宿(见下表):

$\tilde{\nu}/cm^{-1}$	归　宿	结构单元	不饱和度	化学式单元
3020~3000	ν_{C-H}不饱和的	R		
1610	$\nu_{C=C}$芳环	苯环 1,3,5-三取代	4	C_6H_3
840	τ_{C-H} 1,3,5-	R　　R		
690	三取代			
3000~2880	ν_{C-H}饱和	$(-CH_3)_n$		C_3H_9
1370	$\delta_{s\,C-H}$甲基			

(3) 说明:不饱和度是 4,说明可能存在苯环。在 1610 cm^{-1}存在的吸收峰,加之在 840 cm^{-1}和 690 cm^{-1}处的苯核的 C—H 面外弯曲振动进一步确定苯核的存在;谱图中的后两个峰还说明是 1,3,5-三取代衍生物。一般来说,当不饱和度大于 4 时,就可考虑化合物中是否含有苯核。1370 cm^{-1}处出现的吸收峰是甲基的对称弯曲振动产生的。化学式 C_9H_{12}中去掉一个三取代的苯核(C_6H_3)后,还剩下 C_3H_9,而且谱图上只有一个 1370 cm^{-1}处的峰比较特征,所以 C_3H_9 是 3 个甲基组成的。综上所述,化合物的结构为右式所示。

例 11.4　有一无色液体,其化学式为 C_8H_8O,红外光谱如图 11.17 所示,试推测其结构。

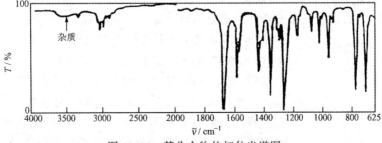

图 11.17　某化合物的红外光谱图

解　(1) 计算不饱和度:$\Omega = 1 + 8 - \dfrac{8}{2} = 5$

(2) 各峰的归宿:

$\tilde{\nu}/cm^{-1}$	归　宿	结构单元	不饱和度	化学式单元
3100~3000	ν_{C-H}不饱和			
1600 1590 1450	$\nu_{C=C}$芳环	(R—苯环)	4	C_6H_5
760 690	τ_{C-H}一取代			
1695	$\nu_{C=O}$	(R'—C(=O)—R")	1	CO
3000~2900	ν_{C-H}饱和			
1360	δ_{C-H}甲基 邻近羧基 使其增强	CH_3	0	CH_3

（3）说明：该化合物是单取代芳核，且邻接酮羰基，使羰基吸收波数降低。一个芳核和一个羰基，不饱和度为 5，还剩下一个甲基。从 1360 cm^{-1}峰的增强，说明是甲基酮。综上所述，此化合物为

（苯乙酮结构式：苯环—C(=O)—CH₃）

3. 几种标准图谱集

最常见的标准图谱有 3 种：

（i）Sadtler 标准光谱集。这是一套连续出版的大型综合性活页图谱集，由美国费城 Sadtler Research Laboratories 收集整理并编辑出版。到 1985 年已收集了 69 000 张棱镜图谱，到 1980 年已收集了 59 000 张光栅图谱。另外，它备有多种索引，便于查找。

（ii）Aldrich 红外图谱库。C. J. Pouchert 编，Aldrich Chemical Co. 出版，第 3 版，1981。它汇集了 12 000 余张各类有机化合物的红外光谱图，全卷最后附有化学式索引。

（iii）Sigma Fourier 红外光谱图库。R. J. Keller 编，Sigma Chemical Co. 出版，2 卷，1986。它汇集了 10 400 张各类有机化合物的 FTIR 谱图，并附索引。

11.5.2　定量分析

红外光谱定量分析是依据物质组分的吸收峰强度来进行的，它的理论基础是 Lambert-Beer 定律。用红外光谱作定量分析的优点是有许多谱带可供选择，有利于排除干扰；对于物理和化学性质相近，而用气相色谱法进行定量分析又存在困难的试样（如沸点高，或气化时要分解的试样）往往可采用红外光谱法定量；而且气体、液体和固态物质均可用红外光谱法测定。

红外光谱定量时吸光度的测定常用基线法，见图 11.18。假定背景的吸收在试样吸收峰两侧不变（即透射比呈线性变化），可用画出的基线来表示该吸收峰不存在时的背景吸收线，图中 I 与 I_0 之比就是透射比（T）。一般用校准曲线法或者与标样比较来定量。测量时由于试样池的窗片对辐射的反射和吸收，以及试样的散射会引起辐射损失，因此必须对这种损失进行补偿或

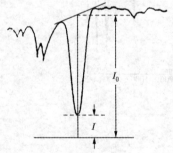

图 11.18　基线的画法

校正。此外,试样的处理方法和制备的均匀性都必须严格控制,以使其一致。

11.6　激光 Raman 光谱法简介

Raman(拉曼)光谱是分子的散射光谱,由于 Raman 效应太弱等原因,使这种研究分子结构的手段的应用和发展受到严重的影响。直到 1960 年激光问世并将这种新型光源引入 Raman 光谱后,使它克服了以前的缺点,并配以高质量的单色器及高灵敏度的光电检测系统。从而,激光 Raman 光谱的进展十分迅速,成为分子光谱学中的一个重要分支。

11.6.1　Raman 光谱的基本原理

1. 光的散射现象

一束单色光通过透明介质,在透射和反射方向以外出现的光称散射光。当介质中含有大小与光的波长差不多的微粒聚集体时,引起 Tyndall 散射。当散射的粒子为分子大小时,发生 Rayleigh 散射,其频率与入射光相同,强度与入射光波长的四次方呈反比。另外,在 1928 年印度物理学家 C. V. Raman 发现了与入射光频率不同的散射光,这种散射光称为 Raman 散射。它对称地分布于 Rayleigh 线两侧,其中频率较低的称为 Stokes 线,频率较高的称为反 Stokes 线(anti-Stokes)。下面用量子理论定性地解释 Raman 散射效应(见图 11.19)。

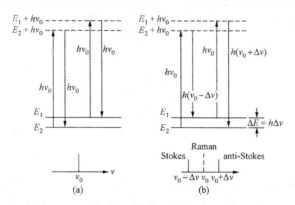

图 11.19　Rayleigh 散射(a)与 Raman 散射(b)

图 11.19 中 E_2 为基态能级,E_1 为振动激发态。入射单色光的频率为 ν_0,其光子能量为 $h\nu_0$。Rayleigh 散射是光子与物质分子间发生弹性碰撞,在碰撞过程中没有能量的交换,光子的频率不变,仅改变方向。处于 E_2 或 E_1 的分子,受能量为 $h\nu_0$ 入射光子的激发,分子的能量分别跃迁到 $E_2+h\nu_0$ 或 $E_1+h\nu_0$ 的受激虚态。分子在虚态是不稳定的,将很快返回相应的能级 E_2 和 E_1,把吸收的能量以光子的形式释放出来,即

$$\nu_d = \nu_0 \tag{11.10}$$

Raman 散射是光子与物质分子产生非弹性碰撞时,它们之间产生能量交换。光子不但发生了方向的改变,而且能量会减少或增加。当入射光子($h\nu_0$)把处于 E_2 能级的分子激发到 $E_2+h\nu_0$ 能级,因这种能态不稳定而跃回 E_1 能级,其净结果是分子获得了 E_1 与 E_2 的能量差,而光子就损失这部分能量,使散射光频率小于入射光频率,此即 Stokes 线。当入射光子($h\nu_0$)把处于 E_1 能级的分子激发到 $E_1+h\nu_0$ 能级,因这种能级不稳定而很快跃回到 E_2 能级。这时分子损失

E_1 与 E_2 的能量差,光子获得了这部分能量。结果是散射光的频率比入射光的频率大,此即反 Stokes 线。Stokes 线或反 Stokes 线的频率与入射光频率之差 $\Delta\nu$,称为 Raman 位移。对应的 Stokes 线与反 Stokes 线的 Raman 位移相等。按 Boltzmann 统计,室温时处于振动激发态的概率不足 1%,因此 Stokes 线的强度要比反 Stokes 线强得多。

同一种物质分子,随着入射光频率的改变,Raman 线的频率也改变,但 Raman 位移 $\Delta\nu$ 始终保持不变,因此 Raman 位移与入射光频率无关。它与物质分子的振动和转动能级有关。不同物质分子有不同的振动和转动能级,因而有不同的 Raman 位移。如以 Raman 位移(波数)为横坐标,强度为纵坐标,而把激发光的波数作为零(频率位移的标准,即 ν_0)写在光谱的最右端,并略去反 Stokes 谱带,便得到类似于红外光谱的 Raman 光谱图。图 11.20 是 CCl_4 的 Raman 光谱图。利用 Raman 光谱可对物质分子进行结构分析和定性检测。

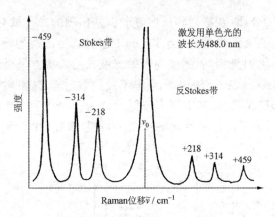

图 11.20 CCl_4 的 Raman 光谱

2. Raman 活性与红外活性的比较

(1) 机理

Raman 光谱与红外光谱都是研究分子的振动,但其产生的机理却截然不同。如前所述,红外光谱是极性基团和非对称分子,在振动过程中吸收红外辐射后,发生偶极矩的变化而形成的。Raman 光谱产生于分子诱导偶极矩的变化。非极性基团或全对称分子,其本身没有偶极矩,当分子中的原子在平衡位置周围振动时,由于入射光子的外电场的作用,使分子的电子壳层发生形变,分子的正负电荷中心发生了相对移动,形成了诱导偶极矩,即产生了极化现象。

$$\mu_1 = \alpha \cdot E \tag{11.11}$$

式中 μ_1 为诱导偶极矩,α 为极化率,E 为入射光子的电场。α 与分子内部的振动无关,则为 Rayleigh 散射;α 随分子内部的振动而变化,则为 Raman 散射。

表 11.4 和 11.5 是 CO_2 和 H_2O 的基本振动模式。线性 CO_2 分子有 4 种基本振动形式,简并后有 3 种。非线性的 H_2O 分子有 3 种基本振动形式。一般可用下面的规则来判别分子的 Raman 或红外活性:① 凡具有对称中心的分子,如 CS_2 和 CO_2 等线性分子,红外和 Raman 活性是互相排斥的,若红外吸收是活性的则 Rmana 散射是非活性的,反之亦然。② 不具有对称中心的分子,如 H_2O、SO_2 等,其红外和 Raman 活性是并存的。当然,在两种谱图中各峰之间的强度比可能有所不同。③ 少数分子的振动其红外和 Raman 都是非活性的。例如平面对称乙烯分子的扭曲振动,既没有偶极矩变化,也不产生极化率的改变。

$$H_+ \quad\quad\quad H_-$$
$$C{=}C$$
$$H_- \quad\quad\quad H_+$$

表 11.4　CO_2 的振动模式和选律

振动模式		O=C=O	极化率	Raman	偶极矩	红　外
对称伸缩		O→C←O	变化	活性	不变	非活性
非对称伸缩		O→←C←O	不变	非活性	变化	活性
弯　　曲	简并	O C O ↑	不变	非活性	变化	活性
		O C O ↓ + − +	不变	非活性	变化	活性

表 11.5　H_2O 的振动模式和选律

振动模式	O H H	极化率	Raman	偶极矩	红　外
对称伸缩	O H H	变化	活性	变化	活性
非对称伸缩	O H H	变化	活性	变化	活性
弯　　曲	O H H	变化	活性	变化	活性

（2）红外光谱与 Raman 光谱

大多数有机化合物具有不完全的对称性,因此它的振动方式对于红外和 Raman 都是活性的,并在 Raman 光谱中所观察到的 Raman 位移与红外光谱中所看到的吸收峰的频率也大致相同。例如,图 11.21 是反式 1,2-二氯乙烯的红外和 Raman 光谱的一部分。它的 $\nu_{C=C}$ 是红外非活性的,在 Raman 光谱中则很清楚(1580 cm^{-1})。同样,C—Cl 对称伸缩振动是红外非活性的,在 Raman 光谱中也很清楚(840 cm^{-1})。 C—Cl 不对称伸缩振动(895 cm^{-1})是红外活性的,却是 Raman 非活性的。两种 C—H 弯曲振动(δ_{C-H})分别出现在 1200(红外)和 1270 cm^{-1} (Raman)。

N—H、C—H、C≡C 及 C—C 等伸缩振动在 Raman 与红外光谱上基本一致,只是对应峰的强弱有所不同。如果有一些振动只具红外活性,而另一些振动仅有 Raman 活性,那么,为获得更完全的分子振动的信息,通常需要红外和 Raman 光谱的相互补充。如强极性键 —OH、—C=O、—C—X 等在红外光谱中有强烈的吸收带,但在 Raman 光谱中却没有反映。对于非极性但易于极化的键,如 —N≡C—、—S—S—、—N=N— 及反式烯烃的内双

键 $\begin{array}{c} H \quad\quad R' \\ C{=}C \\ R \quad\quad H \end{array}$ 等在红外光谱中根本不能或不能明显反映,在 Raman 光谱中则有明显的反

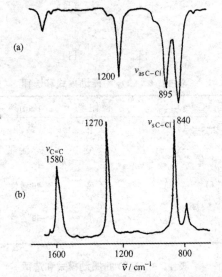

图 11.21　反式 1,2-二氯乙烯的红外和 Raman 光谱(部分)

(a) 红外光谱；(b) Raman 光谱

映。而 Raman 光谱对于饱和、不饱和烃的有限键和环的骨架振动则特征性更强。

3. 去偏振度及其测定

一般的光谱只有两个基本参数，即频率(或波长、波数)和强度，但 Raman 光谱还具有一个去偏振度，以它来衡量分子振动的对称性，增加了有关分子结构的信息。

当电磁辐射与分子相互作用时，偏振态常发生改变。不论入射辐射是平面偏振光或自然光都能观察到偏振态的改变。在 Raman 散射中，这种改变与被照分子的对称性有关。Raman 光谱仪常采用激光作为光源，而激光是偏振光。入射光为偏振光时去偏振度的测量示意于图 11.22。设一电场矢量在 xz 平面的偏振光和物质分子 O 在 x 轴方向上相互作用，现于 y 轴检测散射光的强度。在检测器前放置一个偏振器 P(如 Nicol 棱镜)，它只允许某一方面的偏振光通过。当偏振器与激光方向平行时，在 yz 平面内的散射光可通过，在检测器可检测到散射光强度 $I_{//}$；当偏振器与激光方向垂直时，在 xy 平面内的散射光可通过，在检测器可检测到散射光强度 $I_{\perp}$。去偏振度 ρ 定义为

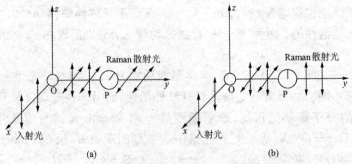

图 11.22　入射光为偏振光时去偏振度的测量

(a) xy 平面取向的偏振器；(b) yz 平面取向的偏振器

O—物质分子；P—偏振器

$$\rho = \frac{I_\perp}{I_\text{\slash\slash}} \tag{11.12}$$

去偏振度与分子的极化率有关。设极化率的各向同性部分用 $\bar\alpha$ 表示,各向异性部分用 $\bar\beta$ 表示,则去偏振度与 $\bar\alpha$ 和 $\bar\beta$ 有以下关系:

$$\rho = \frac{3\bar\beta^2}{45\bar\alpha^2 + 4\bar\beta^2} \tag{11.13}$$

对于分子的全对称振动来说,它的极化率是各向同性的,因此 $\bar\beta = 0$,也即 $\rho = 0$。此时产生的 Raman 散射光为完全偏振光。在非对称振动的情况下,极化率是各向异性的,$\bar\alpha = 0$,$\rho = 3/4$。在入射光是偏振光的情况下,ρ 在 $0 \sim 3/4$ 之间。可见去偏振度表征了 Raman 谱带的偏振性能,与分子的对称性和分子振动的对称类型有关。

11. 6. 2　激光 Raman 光谱仪

激光 Raman 光谱仪的基本组成有激光光源、样品池、单色器和检测记录系统四部分,并配有微机控制仪器操作和处理数据,其方框图如图 11.23 所示。

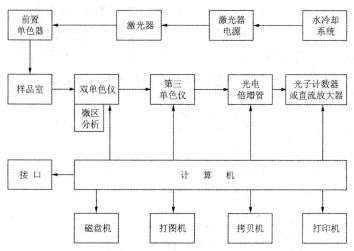

图 11.23　激光 Raman 光谱仪方框图

激光光源多用连续式气体激光器,如主要波长为 632.8 nm 的 He-Ne 激光器和主要波长为 514.5 和 488.0 nm 的 Ar 离子激光器。和 Rayleigh 散射一样,Raman 散射的强度反比于波长的四次方,因此使用较短波长的激光可以获得较大的散射强度。

样品池常用微量毛细管以及常量的液体池、气体池和压片样品架等。

单色仪是激光 Raman 光谱仪的心脏,要求最大限度地降低杂散光且色散性能好。常用光栅分光,并采用双单色仪以增强效果。为检测 Raman 位移为很低波数(离激光波数很近)的 Raman 散射,可在双单色仪的出射狭缝处安置第三单色仪。

对于可见光谱区内的 Raman 散射光,可用光电倍增管作为检测器。通常以光子计数进行检测,现代光子计数器的动态范围可达几个数量级。

FT-Raman 光谱仪的基本结构与普通可见光激光 Raman 光谱仪相似,所不同处是以 1.064 μm 波长的 Nd-YAG(钇铝石榴石)激光器代替了可见激光器作光源,以及由干涉 FT 系统代替分光扫描系统对散射光进行检测。检测器用高灵敏度的铟镓砷探头,并在液氮冷却下工作,从而大大降低了检测器的噪音。与可见光 Raman 光谱仪相比,FT-Raman 技术有以下新的特点:① 避免荧光干扰,从而大大拓宽了 Raman 光谱的应用范围;② 提高光谱仪的测量精度;③ 消除 Rayleigh 谱线;④ 操作方便;⑤ 测量速度快;⑥ 能进行光谱数据处理。

11.6.3　Raman 光谱的应用

激光 Raman 光谱已被广泛应用于许多领域,下面仅对化学领域中的某些应用作一简要介绍。

1. 有机物结构分析

红外光谱与 Raman 光谱都反映了有关分子振动的信息,但由于它们产生的机理不同,红外活性与 Raman 活性常常有很大的差异。两种方法互相配合、互相补充可以更好地解决分子结构的测定问题。

　—N=N—、—C≡C—、—C=C— 等基团,由于它们振动时偶极矩的变化均不大,因此红外吸收一般较弱,而它们的 Raman 谱线则一般较强。因此可以用 Raman 谱对这些基团的鉴定提供更为可靠、明确的依据。对碳链或环的骨架振动,Raman 谱较红外谱具有较强的特征性。Raman 谱测定的是 Raman 位移,即相对于入射光频率的变化值,在可见光区域,如使用第三单色仪,Raman 位移可测到很低的波数。对去偏振度的测定,可确定分子的对称性,从而有助于结构的测定。另外,Raman 谱常较红外谱简单,且制样容易,固体、液体试样可直接测定。

表 11.6 列出了常见的有机官能团的特征频率及红外、Raman 峰的强度。

表 11.6　常见有机官能团的特征频率及红外、Raman 峰的强度

振　　动	$\tilde{\nu}/\mathrm{cm}^{-1}$	强　度*	
		Raman	红　外
ν_{O-H}	3650~3000	w	s
ν_{N-H}	3500~3300	m	m
$\nu_{\equiv C-H}$	3300	w	s
$\nu_{=C-H}$	3100~3000	s	m
ν_{-C-H}	3000~2800	s	s
ν_{-S-H}	2600~2550	s	w
$\nu_{C\equiv N}$	2255~2220	m~s	s~0
$\nu_{C\equiv C}$	2250~2100	vs	w~0
$\nu_{C=O}$	1820~1680	s~w	vs
$\nu_{C=C}$	1900~1500	vs~m	0~w
$\nu_{C=N}$	1680~1610	s	m
$\nu_{N=N(脂肪族取代基)}$	1580~1550	m	0
$\nu_{N=N(芳香取代基)}$	1440~1410	m	0
$\nu_{a(C-)NO_2}$	1590~1530	m	s
$\nu_{s(C-)NO_2}$	1380~1340	vs	m
$\nu_{a(C-)SO_2(-C)}$	1350~1310	w~0	s
$\nu_{s(C-)SO_2(-C)}$	1160~1120	s	s
$\nu_{(C-)SO(-C)}$	1070~1020	s	s
$\nu_{C=S}$	1250~1000	s	w
$\delta_{CH_2}, \delta_{a CH_3}$	1470~1400	m	m
$\delta_{s CH_3}$	1380	m~w	s~m
		s(在 C=C)	

（续表）

振　　动	$\tilde{\nu}/cm^{-1}$	强　　度*	
		Raman	红　外
$\nu_{CC(芳香族)}$	1600,1580	s～m	m～s
	1500,1450	m～w	m～s
	1000	s 单取代	0～w
		（间位：1,3,5）	
$\nu_{CC(脂环和脂肪链)}$	1300～600	s～m	m～w
$\nu_{a\,C—O—C}$	1150～1060	w	s
$\nu_{s\,C—O—C}$	970～800	s～m	w～0
$\nu_{a\,Si—O—Si}$	1110～1000	w～0	vs
$\nu_{s\,Si—O—Si}$	550～450		w～0
$\nu_{O—O}$	900～845	s	0～w
$\nu_{S—S}$	550～430	s	0～w
$\nu_{Se—Se}$	330～290	s	0～w
$\nu_{C(芳香碳)—S}$	1100～1080	s	s～m
$\nu_{C(脂肪碳)—S}$	790～630	s	s～m
$\nu_{C—Cl}$	800～550	s	s
$\nu_{C—Br}$	700～500	s	s
$\nu_{C—I}$	660～480	s	s
$\delta_{sCC,脂肪链}$			
$C_n(n=3,\cdots,12)$	400～250	s～m	w～0
$\quad n>12$	$2495/n$		
分子晶体中的晶格振动			
（振动和平移振动）	200～20	vs～0	s～0

　*　ν 为伸缩振动，δ 弯曲振动，ν_s 对称振动，ν_a 反对称振动；vs 非常强，s 强，m 中等，w 弱，0 非常弱或非活性。

　2. 高分子聚合物的研究

　激光 Raman 光谱特别适合于高聚物碳链骨架或环的测定，并能很好地区分各种异构体，如单体异构、位置异构、几何异构、顺反异构等。对含有粘土、硅藻土等无机填料的高聚物，可不经分离而直接上机测量。

　3. 生物大分子的研究

　水的 Raman 散射很弱，因此 Raman 光谱对水溶液的生物化学研究具有突出的意义。激光光束可聚焦至很小的范围，测定中样品用量可低至几微克，并在接近于自然状态的极稀浓度下测定生物分子的组成、构象和分子间的相互作用等问题。Raman 技术已应用于测定如氨基酸、糖、胰岛素、激素、核酸、DNA 等生化物质。

　4. 定量分析

　Raman 谱线的强度与入射光的强度和样品分子的浓度呈正比，当实验条件一定时，Raman 散射的强度与样品的浓度呈简单的线性关系。Raman 光谱的定量分析常用内标法来测定，检出限在 $\mu g \cdot cm^{-3}$ 数量级，可用于有机化合物和无机阴离子的分析。

11.7　近红外光谱法简介

　自 1800 年 Herschel 第一次发现近红外（NIR）区域至今已有 200 年的历史。19 世纪末，

Abney 和 Festing 在 NIR 短波区首先记录了有机化合物的近红外光谱,1928 年 Brackett(布拉开)测得第一张高分辨的 NIR 谱图,并解释了有关基团的光谱特征。由于缺乏可靠的仪器基础,在 20 世纪 50 年代以前,NIR 只局限在为数不多的几个实验室里进行研究工作,实际应用甚少。20 世纪 80 年代以来,由于计算机技术的发展和化学计量学的应用,高性能的计算机与准确、合理的计量学方法相结合,使光谱工作者能在较短的时间内完成大量光谱数据的处理,NIR 分析也得到迅速发展。

近红外光谱的波长范围是 $780\sim2500$ nm,通常又划分为近红外短波区($780\sim1100$ nm,又称 Herschel 光谱区)和近红外长波区($1100\sim2500$ nm)。近红外光谱源于化合物中含氢基团,如 C—H、O—H、N—H、S—H 等振动光谱的倍频及合频吸收,其强度往往只有基频的 $10\%\sim1\text{‰}$。不同基团在该区域光谱的峰位、峰强和峰形不同,这是近红外光谱进行定性和定量分析的依据。鉴于 NIR 的谱图特征,一般需采用全谱扫描或宽波段扫描才能得到准确的定性和定量结果,且需采用合理的化学计量学方法并借助计算机才能识别。

近红外光谱的测量有透射方式和漫反射方式两种基本方法。透射测定法与分光光度法类似,用透射比(T)或吸光度(A)表示样品对光的吸收程度,吸光度与组分浓度的关系符合 Lambert-Beer 定律。漫反射法是对固体样品进行近红外测定的常用方法。当光源垂直于样品表面,有一部分漫反射光会向各个方向散射,将检测器放在与垂直光呈 $45°$ 角,测定的散射光强称为漫反射法。漫反射光强度 A 与反射率 R 的关系为

$$A = \log(1/R) = \log(R_0/R_1) \tag{11.14}$$

式中,R_1 为反射光强,R_0 为完全不吸收的表面反射光强。

20 世纪 90 年代以来,光纤技术在 NIR 中得到广泛应用,以适应不同物质在不同状态时直接测定其近红外光谱。光纤除用做传输光谱信号外,还设计成多种测样附件。

NIR 是一种无损分析技术,不需预处理样品,在测量过程中不产生污染,通过光纤可对危险环境中的样品进行遥测。因此 NIR 可称为绿色分析技术,已广泛用于农产品与食品、石油化工产品、生命科学与医学、聚合物合成加工、化学品分析、纺织、轻工、环境等领域。

参 考 文 献

[1] 王宗明,何欣翔,孙殿卿.实用红外光谱学(第 2 版).北京:石油化学工业出版社,1990

[2] 唐恢同.有机化合物的光谱鉴定.北京:北京大学出版社,1992

[3] 宁永成.有机化合物结构鉴定与有机波谱学.北京:清华大学出版社,1989

思考题与习题

11.1　$CHCl_3$ 的红外光谱表明 C—H 伸缩振动吸收峰在 3100 cm^{-1}。对于 C^3HCl_3 来说,这一吸收峰将在什么波长处?

11.2　HF 中键的力常数约为 9 N·cm^{-1},试计算:

(1) HF 的振动吸收峰波数;　　　　　(2) DF 的振动吸收峰波数。

11.3　指出下列振动是否有红外活性:

(1) CH_3—CH_3 中 C—C 伸缩振动;　　(2) CH_3—CCl_3 中 C—C 伸缩振动;

(3) ;　　(4) ;

(5) ;　　(6) ;

(7) ; (8) 结构式。

11.4 CS₂ 是线性分子,试画出它的基本振动类型,并指出哪些振动是红外活性的。

11.5 试预测 $CH_3CH_2\overset{\text{O}}{\underset{\|}{C}}-H$ 的红外吸收光谱中引起每一个吸收带的是什么键?

11.6 某未知物的化学式为 $C_{12}H_{24}$,试从其红外光谱图推断出它的结构式。

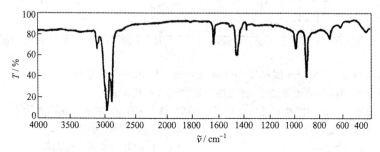

11.7 一种高沸点液体的化学式为 $C_9H_{10}O$,它的红外光谱如下图所示。指出波数大于 1400 cm⁻¹ 的各主要峰的归属。

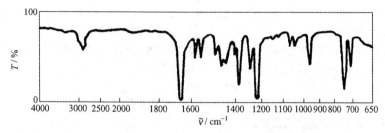

11.8 某化合物的化学式为 C_4H_5N,红外光谱如下图所示,试推断其结构式。

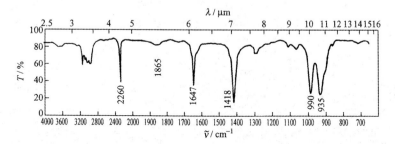

11.9 某化合物的化学式为 $C_6H_{10}O$,红外光谱如下图所示,试推断其结构式。

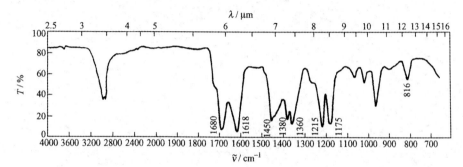

11.10 某化合物的化学式为 $C_{11}H_{16}O$，试从其红外谱图推测其结构。

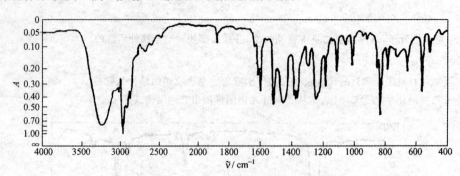

11.11 什么是 Raman 散射、Stokes 线和反 Stokes 线？什么是 Raman 位移？

11.12 Raman 光谱法与红外光谱法相比，在结构分析中的特点是什么？

11.13 指出以下分子的振动方式哪些具有红外活性，哪些具有 Raman 活性？或两者均有？

(1) O_2 的对称伸缩振动；   (2) CO_2 的不对称伸缩振动；

(3) H_2O 的弯曲振动；   (4) C_2H_4 的 C—H 键弯曲振动。

11.14 某化合物分子式为 C_5H_8O，有下面的红外吸收谱带：3020，2900，1690 和 1620 cm^{-1}。它的紫外光谱在 227 nm（$\varepsilon = 10^4$ $L \cdot mol^{-1} \cdot cm^{-1}$）有最大吸收。试写出该化合物的结构式。

11.15 在羰基化合物 R—CO—R′、R—CO—Cl、R—CO—F 、F—CO—F 中，C=O 伸缩振动频率最高的是什么化合物？

11.16 在相同实验条件下，在酸、醛、酯、酰卤和酰胺类化合物中，排出 C=O 伸缩振动频率的大小顺序。

11.17 下面两个化合物的红外光谱有何不同？

(1) $\bigcirc$—CH_2—NH_2；   (2) CH_3—$\overset{O}{\underset{\|}{C}}$—$N(CH_3)_2$。

11.18 下列基团的 ν_{C-H} 出现在什么位置？

(1) —CH_3；   (2) —CH_2—CH_2—；

(3) —$C{\equiv}CH$；   (4) —$\overset{O}{\underset{\|}{C}}$—H。

第12章 分子发光分析法

分子发光(molecular luminescence)包括荧光(fluorescence)、磷光(phosphorescence)、化学发光(chemiluminescence)、生物发光(bioluminescence)和散射(light scattering)光。分子发光分析已经成为分析化学家的有力工具之一,在化学以及生命科学领域中发挥非常重要的作用。本章扼要介绍前3种分子发光分析方法。

12.1 分子荧光和磷光分析法

12.1.1 分子发光原理

1. 荧光和磷光的产生

室温下,大多数分子处在基态的最低振动能级。处于基态的分子吸收能量(电能、热能、化学能或光能等)后被激发至激发态。激发态不稳定,将很快释放出能量跃迁回基态。若返回到基态时伴随着光子的辐射,这种现象称为发光。由于吸收光能而导致的发光称为光致发光。迄今为止,分析化学中应用最广泛的光致发光类型是荧光。早在1565年,人们就观察到了荧光现象,而荧光一词是从一种能发荧光的矿物——萤石(fluorspar)而来的。1852年,Stokes阐明了荧光发射的机制。

每个分子具有一系列严格分立的能级,称为电子能级。分子也具有振动能,存在一系列的振动能级。有机分子中振动能级的数量极多,使得每一个电子能级包含了一系列能差非常接近的振动能级。除非分子具有非常低频的振动,通常样品中99%的分子将处于每一振动的最低能级。

为了简单化,假设只有一个振动能级被激发,而且当分子吸收了紫外光后导致电子从电子基态的最低振动能级跃迁至激发态,被吸收的光量子的能量正好等于两能级之差。

图12.1表示一个分子的各种能级以及分子在吸收能量之后,释放能量的各种去活化过程。基态用S_0表示,第一电子单重激发态用S_1表示,第二电子单重激发态用S_2表示,第一电子三重激发态用T_1表示。不同电子状态间的有关振动能级,用振动量子数v表示。为了讨论磷光的产生,还需要了解电子激发态的多重度(multiplicity)这一概念。电子激发态的多重度用$M=2s+1$表示,s为电子自旋量子数的代数和,其值为0或1。根据Pauli不相容原理,分子中同一轨道所占据的两个电子必须具有相反的自旋方向,即自旋配对。假如分子中全部轨道里的电子都是自旋配对的,即$s=0$,则分子的多重度$M=1$,该分子体系处于单重态,用符号S表示。大多数有机物分子的基态是处于单重态的。分子吸收能量后,若电子在跃迁过程中不发生自旋方向的变化,这时分子处于激发的单重态,如图12.1中的S_1和S_2。如果电子在跃迁过程中还伴随着自旋方向的改变,这时分子便具有两个自旋不配对的电子,即$s=1$,分子的多重度$M=3$,分子处于激发的三重态,用符号T表示。处于分立轨道上的非成对电子,平行自旋要比成对自旋更稳定些(洪特规则),因此三重态能级总是比相应的单重态能级略低,如图12.1中的T_1。

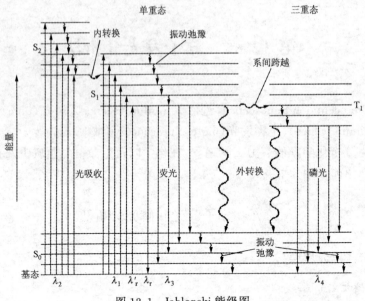

图 12.1　Jablonski 能级图

为了便于理解,现以丙酮分子为例。丙酮的电子跃迁方式有 $n \rightarrow \pi^*$ 和 $\pi \rightarrow \pi^*$ 跃迁。S_1 为 $n \rightarrow \pi^*$ 最低跃迁激发态,S_2 为 $\pi \rightarrow \pi^*$ 最低跃迁激发态。其电子状态由下图描述:

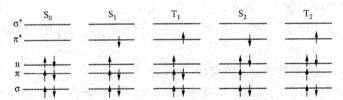

分子吸收紫外光,电子从基态跃迁到激发态。允许的跃迁方式有 $S_0 \rightarrow S_1$,$S_0 \rightarrow S_2$ 以及 $S_0 \rightarrow S_3$ 等等。$S_0 \rightarrow T$ 的跃迁违背量子力学的"选律",即在吸收光与发射光的过程中,电子自旋方向不可改变。

处在激发态的分子是不稳定的,它可能通过辐射跃迁和非辐射跃迁等去活化过程返回基态(见下图),其中以速度最快、激发态寿命最短的途径占优势:

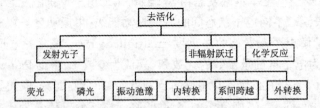

(i) 振动弛豫。当分子吸收光辐射后可能从基态的最低振动能级($v = 0$)跃迁到激发态 S_n 的较高的振动能级上去。之后分子从 S_n 的高振动能级失活到该电子能级的最低振动能级上,这一过程称为振动弛豫。发生振动弛豫的时间为 10^{-12} s 数量级。图 12.1 中各振动能级间的小箭头表示振动弛豫的情况。

(ii) 内转换。内转换指的是相同多重度等能态间的一种无辐射跃迁过程。当两个电子能级的振动能级间有重叠时,则可能发生电子由高能层以无辐射跃迁方式跃迁到低能层的电子激发态。这一过程在 $10^{-13} \sim 10^{-11}$ s 时间内发生,它通常要比由高激发态直接发射光子的速度快得多。

(iii) 荧光发射。当分子处于单重激发态的最低振动能级时,去活化过程的一种形式是在 $10^{-9} \sim 10^{-7}$ s 的短时间内发射光子返回基态,这一过程称为荧光发射。由于溶液中振动弛豫以及内转换效率都很高。因此,发射荧光的能量比分子所吸收的能量要小,即荧光的特征波长比它所吸收的特征波长要长,而且多为 $S_1 \rightarrow S_0$ 跃迁。

(iv) 外转换。激发分子通过与溶剂或其他溶质间的相互作用导致能量转换而使荧光或磷光强度减弱甚至消失的过程称外转换。这一现象称为"熄灭"或"猝灭"(quenching)。

(v) 系间跨越。系间跨越指的是不同多重度状态间的一种无辐射跃迁过程,它涉及受激电子自旋状态的改变。如 $S_1 \rightarrow T_1$,使原来两个自旋配对的电子不再配对。这种跃迁是禁阻的,但如果两个电子能态的振动能级有较大的重叠时,如图 12.1 中激发单重态 S_1 的最低振动能级与激发三重态 T_1 的较高振动能级重叠,这种禁阻的转换也有可能发生,通过自旋-轨道耦合等作用使 S_1 态转入 T_1 态的某一振动能级。

(vi) 磷光发射。从单重态到三重态的分子系间跨越发生后,接着发生快速的振动弛豫而到达三重态的最低振动能级上,当没有其他过程同它竞争时,在 $10^{-4} \sim 10$ s 左右时间内跃迁回基态而发磷光。同时,这一机理表明磷光的寿命要比荧光长得多。由此可见,荧光与磷光的根本区别是:荧光是由激发单重态最低振动能级至基态各振动能级的跃迁产生的,而磷光是由激发三重态的最低振动能级至基态各振动能级间跃迁产生的。

2. 激发光谱和发射光谱及其特征

任何荧光(磷光)化合物都具有两个特征光谱:激发光谱和发射光谱。它们是荧光(磷光)定性和定量分析的基本参数和依据。

荧光和磷光都是光致发光,由于光的吸收与分子结构有关,因此必须选择合适的激发光波长,才有可能观测到合适的荧光(磷光)发射。选择荧光(磷光)的最大发射波长为测量波长,改变激发光的波长,测量荧光强度的变化,以激发波长为横坐标,荧光强度为纵坐标作图,即得到荧光(磷光)化合物的激发光谱。激发光谱的形状与吸收光谱的形状极为相似,经校正后的真实激发光谱与吸收光谱不仅形状相同,而且波长位置也一样,这是因为物质分子吸收能量的过程就是激发过程。如果将激发波长固定在最大激发波长处,然后扫描发射波长,测定不同发射波长处的荧光(磷光)强度,即得到荧光(磷光)光谱。图 12.2 为菲的激发光谱和荧光(磷光)发射光谱,荧光发射光谱有如下特点:

(i) Stokes 位移。在溶液中,分子荧光的发射峰相对于吸收峰位移到较长的波长,这一现象称为 Stokes 位移。在商业中,这一现象被用于生产一种"比白还白"的去污剂。在洗衣粉中加入一种无色的荧光化合物,当衣物洗净之后,痕量的荧光物质残留在衣物的纤维中。当吸收紫外光时,发出一种蓝光,使得表观上发出的光强大于射入衣物的光,使衣物保持鲜艳的色泽。

(ii) 荧光发射光谱与激发波长的选择无关。如前所述,荧光发射多为 $S_1 \rightarrow S_0$ 跃迁,不论用哪一个波长的光辐射激发,电子都从第一电子激发态的最低振动能级返回到基态的各个振动能级,所以荧光发射光谱与激发波长无关。

(iii) 镜像规则。荧光发射光谱和它的吸收光谱呈镜像对称关系,如图 12.3 所示的蒽的荧光光谱和吸收光谱。

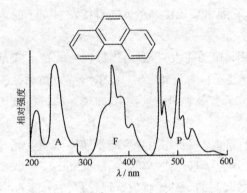

图 12.2 菲的激发和荧光、磷光光谱

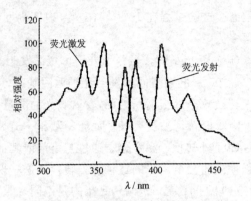

图 12.3 蒽的荧光激发和发射光谱

12.1.2 荧光量子产率与分子结构的关系

前面讨论了荧光产生的原理,但是实际上只有很少有机分子能发射荧光。分子产生荧光必须具有一定的荧光量子产率。

荧光量子产率(quantum yield, ϕ_f)也称荧光效率或量子效率,它表示物质发射荧光的能力,通常用下式表示:

$$\phi_f = \frac{\text{发射的光量子数}}{\text{吸收的光量子数}} = \frac{\text{荧光强度}(I_f)}{\text{吸收的光强}(I_a)} \tag{12.1}$$

ϕ_f 在 0~1 之间。

许多荧光物质并不能发射荧光,因为在激发态分子释放激发能的过程中除荧光发射外,还有许多如前所述的辐射和非辐射跃迁过程与之竞争。ϕ_f 主要取决于分子结构和化学环境。磷光的量子产率与荧光相似。以下将讨论物质的分子结构对其荧光强度以及荧光光谱的影响。

1. 跃迁类型

实验表明,大多数荧光化合物都是由 π→π* 或 n→π* 跃迁激发,然后经振动弛豫或其他无辐射跃迁,再发生 π*→π 或 π*→n 跃迁而产生荧光,其中 π*→π 跃迁的量子效率较高。

2. 共轭效应

含有 π→π* 跃迁能级的芳香族化合物可以产生较强的荧光。这种体系中的 π 电子共轭程度越大,则 π 电子离域性越大,越容易被激发,荧光也就越容易发生,而且荧光光谱将向长波移动。所以绝大多数能发生荧光的物质含有芳香环或杂环;除少数共轭程度较高的体系外,能发生荧光的脂肪族和脂环族化合物极少。任何有利于提高 π 电子共轭程度的结构的改变,都将提高荧光效率,并使荧光向长波长方向移动。例如,表12.1 所列的乙烯化作用增加了苯的荧光强度,并使荧光红移。

表 12.1 乙烯化作用对荧光效率以及荧光波长的影响

化合物	ϕ_f	λ/nm
联苯	0.18	316
4-乙烯基苯	0.61	333
蒽	0.36	402
9-乙烯基蒽	0.76	432

3. 刚性平面结构

实验发现,多数具有刚性平面结构的有机分子具有较强的荧光发射。刚性结构可以减少分子的振动,使分子与溶剂或其他溶质分子间的相互作用减小(即降低外转换的概率),也就减小了碰撞去活的可能性。

例如,尽管荧光素和酚酞的结构十分相似,但荧光素在溶液中有很强的荧光,而酚酞却没有荧光。这主要是荧光素分子中的氧桥使其具有刚性平面结构。又如芴和联苯在同样条件下其量子效率分别为≈1 和 0.18。芴中的亚甲基使分子的刚性增加,导致两者在荧光性质上差别显著。

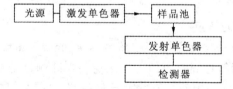

酚酞　　　　　　　　　　　　荧光素

联苯　　　　　　　　　　　　芴

4. 取代基效应

芳香族化合物苯环上的不同取代基对该化合物的荧光强度和荧光光谱有很大的影响。一般说来,给电子基团,如—OH、—OR、—NH$_2$、—CN、—NR$_2$ 等,使荧光增强。—COOH、—C=O、—NO$_2$、—NO、卤素离子等,会减弱甚至猝灭荧光。如硝基苯为非荧光物质,而苯酚、苯胺的荧光比苯强。如果将一个高原子序数的原子引入到 π 电子体系中去,往往会增强磷光而减弱荧光。例如,对于卤代苯,氟苯的荧光效率为 0.16,氯苯为 0.05,溴苯为 0.01,而碘苯则没有荧光。这是因为在原子序数较高的原子中,电子自旋和轨道运动间的相互作用变大,更有利于电子自旋的改变,增大了系间跨越的速率,而使荧光减弱,磷光增强。

12.1.3　荧光(磷光)光谱仪

用于测量荧光(磷光)的仪器由以下几个基本部件组成:激发光源、样品池、用于选择激发光波长和荧光(发射)波长的单色器以及灵敏的检测器,如图 12.4 所示。

光源 → 激发单色器 → 样品池 → 发射单色器 → 检测器

图 12.4　荧光光谱仪基本部件示意图

1. 光源

在紫外-可见吸收光谱的测定中,由于测定的是参比光与样品透射光的比值,对光源的绝对强度的要求不是很高。通常 10 W 的氙灯即可达到要求。而荧光发射的强度正比于光源强度,所以要求光源具有较高的输出功率。另外,希望光源的强度稳定以保证荧光强度不随时间变化。为了便于选择激发光的波长,要求激发光源是能够在很宽的波长范围内发光的连续光源。在紫外-可见光区,荧光光谱仪的光源常用氙弧灯,其能量谱图如图 12.5 所示。

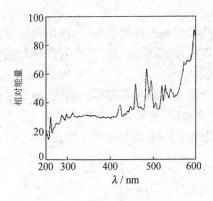 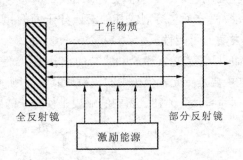

图 12.5　氙弧灯的能量谱图　　　　　图 12.6　气体激光器的结构示意图

高压汞灯是线状光源,可以发出 313,365,405,436 和 546 nm 的光。虽然限制了激发光波长的选用,但仍是较常用的荧光光源。

激光(light amplification by stimulated emission of radiation,Laser)光源的应用使得荧光技术有了较大的发展,特别是时间分辨荧光技术。激光是基于受激辐射的原理,发射的光单色性好,光束可以发射到很远的地方而不发散,且能保持高的能量密度。激光器的种类很多,但其制造原理基本相同。由激励能源(或称泵浦源)、工作物质和光学谐振腔三部分组成,图 12.6 给出了激光器的构造示意图。激励能源就是产生光能、电能或化学能的装置。激励能源的种类很多,有光能(闪光灯、氮分子激光器)、电能、化学能、热能和电子束等。工作物质是能够产生激光的物质,如红宝石、铍玻璃、氖气、半导体、有机染料等。光学谐振腔的作用,是用来加强输出激光的亮度,调节和选定激光的波长和方向等。世界上第一台激光器是固体激光器——红宝石(含有 Cr^{3+} 的 Al_2O_3)激光器,由闪光灯提供能量,发出 694 nm 的激光。气体激光器则是电子放电,有 N_2 分子激光器(337 nm,脉冲型)、He-Ne 激光器(632.8 nm,连续型)。染料激光器使用的基质是溶解于有机溶剂中的染料,用闪光灯或激光作激发源,有脉冲型和连续型两种激光器。染料激光器的波长可调范围较宽,为 20～80 nm。染料激光器的应用波长范围从近紫外到近红外范围,为 330～1020 nm。半导体激光器使用发光二极管,二极管激光器阵列可以取代其他固体激光器。使用不同种半导体材料可以产生 680,800,1300,1500 nm 的激光。二极管激光器可调波长范围较窄,很大程度地提高了仪器的分辨率。半导体激光器亦可用于近红外高分辨分子光谱。

2. 入射光与发光检测的角度

在荧光光谱仪中,入射光与发光检测的角度(sample geometry)呈 90°,而在紫外-可见分光光度计中,入射光与检测器在同一直线上。因为荧光的测量是在较强的激发光存在下进行的,直角观测能够避开激发光、杂散光等的影响,使得测定在黑背景下进行,增加了仪器的灵敏度(如下图所示)。

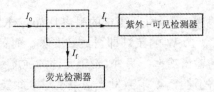

3. 样品池

对样品池的要求一般是无荧光发射,通常为合成的熔融二氧化硅材料而不是天然的石英。由于激发光和检测器呈 90°角设置,因此荧光光谱仪所用的样品池是四壁均光洁透明的,而不是像紫外-可见吸收光谱法中的吸收池那样只有两面光洁透明。

对于不透明的固体样品,不能使用液体用的样品池来盛装样品。通常将样品固定于样品夹的表面,如图 12.7 所示。

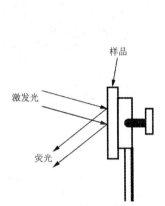

图 12.7　固体样品的测量装置

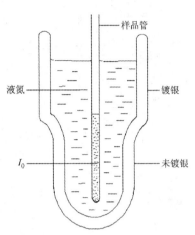

图 12.8　低温荧光的样品装置

4. 单色器

一般为光栅单色器和干涉滤光片。在荧光(磷光)仪中,需要两组单色器以分别获得一定波长的激发光和荧光。

5. 检测器

一般为光电池或光电倍增管。随着材料和电子技术的发展,出现了半导体检测器,可以组成检测器阵列进行多通道扫描;还有电荷耦合装置(CCD)以及光子计数器等更高功能的检测器。

6. 磷光光谱仪

就磷光寿命比荧光寿命长这一区别,荧光分光光度计将样品池系统改装以后,就可以用来检测磷光。

由于在磷光发射之前要经历更多的去活化过程,所以在室温条件下只有固态样品才能检测到磷光,此为室温磷光(room temperature phosphorescence,RTP)。液体样品只能在低温下检测。将溶解于合适溶剂中的样品放在盛有液氮的石英杜瓦瓶内,如图 12.8 所示,即可用于低温磷光(low temperature phosphorescence,LTP)测定。

有些物质同时会发生荧光和磷光。切断光源之后,荧光和散射光将停止,而磷光由于寿命较长仍会持续一段时间。利用这一原理可以检测磷光。通常在激发光单色器和液槽之间以及在液槽和发射光单色器之间各装一个斩波片,并由一个同步马达带动。这种装置称为磷光镜,有转筒式和转盘式两种类型,如图 12.9 所示。它们的工作原理是一样的,现以转筒式磷光镜说明之:转筒式磷光镜是一个空心圆筒,在其圆周面上有两个以上的等间距的狭缝,当马达带动圆筒旋转时,来自激发单色器的入射光交替地照射到样品池,由试样发射的光也交替(但与入射光异相)地到达发射单色器的入口狭缝。当磷光镜不遮断激发光时,测到的是磷光和荧光的总强度;当磷光镜遮断激发光时,由于荧光的寿命短,立即消失,而磷光寿命长,所以测到的只是磷光的信号,而且还可以调节圆筒的转速,测出不同寿命的磷光。另外还可以采用脉冲光源,在光源熄灭的时段检测磷光,此即时间分辨技术,其原理如图 12.10。

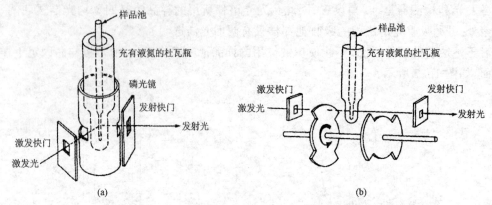

图 12.9　转筒式磷光镜(a)和转盘式磷光镜(b)

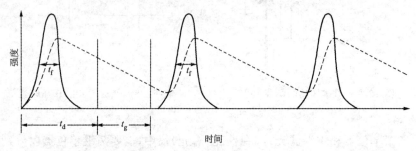

图 12.10　脉冲光源测定磷光

t_f—脉冲半高宽;t_g—门控(测定磷光的时间);t_d—脉冲起始至测定磷光的衰减时间

12.1.4　定量分析

1. 定量分析的理论依据

我们再考察一下荧光检测的光路。

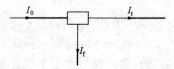

由荧光量子效率得

$$I_f = \phi_f \cdot I_a \tag{12.2}$$

其中

$$I_a = I_0 - I_t \tag{12.3}$$

所以,

$$I_f = \phi_f(I_0 - I_t) = \phi_f I_0(1 - I_t/I_0) \tag{12.4}$$

据 Lambert-Beer 定律,

$$I_t/I_0 = 10^{-\varepsilon lc} = e^{-2.303\varepsilon lc} \tag{12.5}$$

则

$$I_f = \phi_f \cdot I_0(1 - e^{-2.303\varepsilon lc}) \tag{12.6}$$

其中

$$e^{-2.303\varepsilon lc} = 1 + (-2.303\varepsilon lc)/1! + (-2.303\varepsilon lc)^2/2! + (-2.303\varepsilon lc)^3/3!$$
$$+ (-2.303\varepsilon lc)^4/4! + \cdots \tag{12.7}$$

当 $2.303\varepsilon lc/1! \leqslant 0.05$ 时,可省略第二项以后各项,则

$$I_f = 2.303\phi_f \cdot I_0 \varepsilon lc \tag{12.8}$$

当入射光强度 I_0 与 l 一定,式(12.8)可简写为

$$I_f = Kc \tag{12.9}$$

即荧光强度与荧光物质的浓度呈正比,但这种线性关系只有在极稀的溶液中(一般地,校准曲线中浓度最大的溶液,其吸光度不得超过 0.02)才成立。对于较浓的溶液,由于猝灭现象和自吸收等原因,使荧光强度与浓度不呈线性关系。

2. 影响荧光强度的因素

(1) 环境因素对荧光强度的影响

(i) 溶剂对荧光强度的影响。由于溶剂的极性对分子的紫外吸收光谱有很大的影响,所以必然会对荧光光谱有一定影响。表现为荧光光谱的红移或蓝移以及荧光强度的增大或减小,如 8-巯基喹啉在四氯化碳、氯仿、丙酮和乙腈 4 种不同极性的溶剂中的荧光峰位置和荧光效率是不同的(见表 12.2)。

表 12.2　8-巯基喹啉的荧光峰的位置和荧光效率与溶剂介电常数的关系

溶　　剂	介电常数	荧光峰 λ/nm	荧光效率
四氯化碳	2.24	390	0.002
氯仿	5.2	398	0.041
丙酮	21.5	405	0.055
乙腈	38.8	410	0.064

(ii) 温度对荧光强度的影响。温度对溶液的荧光强度有着显著的影响,温度上升使荧光强度下降。

(iii) 溶液 pH 对荧光强度的影响。带有酸性或碱性官能团的大多数芳香族化合物的荧光一般都与溶液的 pH 有关。有机化合物的酸形和碱形的荧光光谱和荧光量子产率是不同的。例如,α-萘胺在中性或碱性溶液中以碱形存在,会发出蓝色荧光;而当 pH<3.4 时,氨基被质子化,分子不发光。因此,在荧光分析中要严格控制溶液的 pH。

(2) 内滤光作用

当发光物质的浓度增大,其在溶液中的吸光度大于 0.02 时,校准工作曲线发生弯折。这是由于内滤光作用的影响。当激发光通过样品时,每层样品都对激发光有吸收,使得激发光强度减弱,不再是常数,从而减弱荧光强度。有些情况下,激发态分子可能会将能量转移给其他分子,产生猝灭现象,称为"自猝灭"或"浓度猝灭"。当溶液中有其他吸光物种(干扰物种)存在时(吸收光谱与荧光物质的激发或发射光谱重叠),也会造成荧光减弱甚至猝灭。另外,当 Stokes 位移很小,以致吸收光谱与激发光谱有较大程度重叠时,一部分发射光会被溶液自身吸收,使得溶液的荧光强度降低,此谓"自吸收",是内滤光作用的另一种情形。

(3) 散射光的影响

在荧光分析中常常遇到溶剂的瑞利散射光、容器表面的散射光、丁铎尔散射以及 Raman

散射的影响,使荧光空白值增加,从而使灵敏度受到限制。前 3 种散射光的波长与激发光波长一样,而 Raman 光的波长一般比激发光的波长稍长。

3. 灵敏度和选择性

(1) 灵敏度

在吸收光谱中,用摩尔吸光系数表示方法的灵敏度。在荧光分析中,方法的灵敏度与仪器和荧光物质的性质有关。当仪器条件一定时,灵敏度不仅与摩尔吸光系数有关而且与荧光分子的量子产率有关。另外,样品的预浓缩以及制备方法也会影响方法的灵敏度。

荧光分析的仪器灵敏度用信噪比(或称为检出限)来表示。必须有一个化学稳定的并具有稳定荧光发射强度的物质来衡量仪器的信噪比。美国标准物质及测定方法中规定用硫酸奎宁在 0.05 mol·L^{-1} H$_2$SO$_4$ 溶液中的检出限表示仪器的灵敏度。在没有硫酸奎宁的情况下测量背景信号:将盛有空白样品的荧光池放入样品室中,在 450 nm 处测量背景信号。之后,测量已知浓度的硫酸奎宁的荧光。硫酸奎宁的浓度水平应该保持很低,使其荧光信号刚好高于背景信号。

近年来,一种更准确、更方便的仪器灵敏度的表示方法是以水的 Raman 峰的信噪比来表示。纯水很容易获得,而且水的 Raman 峰重现性和稳定性都很理想,所以易于比较不同实验室所用仪器的灵敏度。在 350 nm 激发时,水的 Raman 峰在 397 nm。水的 Raman 峰并非荧光光谱,而是 Raman 散射的结果。由于其 Raman 峰比激发波长长,可以模拟荧光。一般荧光光度计的信噪比应大于 50。

具体操作如下:设定激发波长为 350 nm,并记录 365～460 nm 之间的光谱。在 397 nm 处测定 Raman 信号,在 420～460 nm 之间测定噪声信号,如图 12.11。

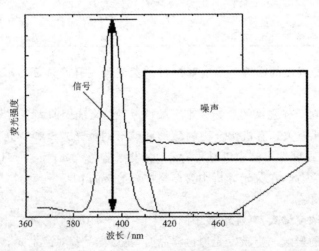

图 12.11　水的 Raman 光谱

另一种荧光测定方法的灵敏度用检出限(limit of detection)表示。检出限指能够产生 3 倍于仪器噪声信号的被分析物的浓度。就像上面所述以硫酸奎宁测定仪器的灵敏度那样,实际上可以用刚好高于空白的样品测定至少 10 次以上读数,其标准偏差的 3 倍所对应的分析物浓度即可视为检出限。

与紫外-可见分光光度法相比,荧光分析的灵敏度要高出 2～4 个数量级,它的检出限在 0.1～0.001 μg·cm^{-3}。这是因为与紫外-可见分光光度法的仪器相比较,荧光进入检测器的方向与入射光呈直角,即在黑背景下检测荧光。另外,荧光发射强度随激发光的强度增加而增大,加大激发光的强度,可以增强荧光发射强度,从而提高分析的灵敏度。

(2) 选择性

有机化合物荧光分析法的选择性较高。凡是会产生荧光的物质首先必须吸收一定频率的光,然而由于荧光量子产率的差别,吸光的物质不一定都会产生荧光,况且对于某一给定波长的激发光,会产生荧光的一些物质所发射的荧光波长也不尽相同,因而只要适当选择激发光的波长和荧光测定的波长,一般可达到选择性测定的目的。当然,应用荧光寿命的差别,也可以达到选择性测定的目的。

12.1.5　荧光分析方法介绍

荧光分析的方法大致分为直接分析法、衍生化方法和猝灭法。

1. 直接荧光法

有些化合物(主要为有机化合物)本身在紫外-可见光照射下可以发射荧光,可以直接用荧光法测定。这些化合物有:① 稠环芳烃(polyaromatic hydrocarbons,PAH),如苯并芘(benzpyrene),存在于烟草的焦油、大气、水和土壤中,是比较强烈的致癌物质。② 维生素,如维生素 A 拥有 5 个共轭双键,能够发出蓝绿色荧光,测定血液中的维生素 A 时,用环己烷提取,于 330 nm 激发,在 490 nm 测量溶液的荧光强度。维生素 B_2 在水溶液中呈黄绿色荧光,也可以直接测定。③ 植物颜料,包括花色素苷(thocyanins)、番茄红素(lycopene)、胡萝卜素(carotenes)和卟啉等。④ 药物,如硫酸奎宁常常被用做检验荧光仪性能的物质,其实从分析测定角度讲,硫酸奎宁是应用直接荧光法测定药物的一个例子。在饮料工业界,营养液中奎宁的测定是非常重要的日常分析。中国药典(ChP)、美国药典(USP)以及英国药典(BP)都将硫酸奎宁的荧光测定方法作为参考方法。存在于体液中的许多重要的与生理作用相关的化合物,在硫酸介质中发出很强的荧光,包括类固醇(如可的松)、胆固醇以及许多激素等。

除了上述的化合物以外,许多具有测定意义的化合物,包括蛋白质和核酸,本身具有荧光,但是发射光谱大都落在紫外区,很难避免干扰物质的影响。

2. 荧光衍生化方法

依照分析对象的不同,有 4 种衍生化方法。

(1) 与金属离子生成络合物

荧光试剂一般与金属离子螯合形成五元或六元环螯合物。例如,8-羟基喹啉是非常著名的螯合试剂,可以与很多金属离子形成五元环螯合物。与 Al^{3+} 和 Mg^{2+} 形成的螯合物分子是中性的,可以用醚或氯仿萃取,与螯合试剂和其他干扰离子分离,选择性地测定 Al^{3+} 或 Mg^{2+}。其荧光络合物的结构如下:

测定 Mg^{2+} 时,于 420 nm 激发,测定 530 nm 的荧光强度,检出限为 $10~\mu g \cdot mL^{-1}$。

（2）有机分析中的无机探针

在大多数情况下，由于基体在 350 nm 以下的发光较强而严重干扰了测定。引入荧光探针，希望能够使新的发光物种在 500 nm 以上有荧光发射，从而避免基体的干扰。镧系元素螯合物，如铕和铽的螯合物能够与蛋白质以及其他具有生物意义的化合物形成复合物（称为荧光标记），在较长波长具有特征的"线状"荧光发射，Stokes 位移大，而且荧光寿命较长，比蛋白质等背景荧光寿命长 10^4 倍，成为研究和测定这些分子的有力工具，基于此发展了镧系螯合物标记的"时间分辨荧光免疫分析法"。采用门控技术，延迟测定时间，待背景荧光完全衰减之后再进行测定，从而消除了背景荧光的干扰。如氯磺酰噻吩三氟乙酰丙酮（CTTA）-Eu^{3+} 螯合物，可以对所要标记的体系进行多重标记，建立超高灵敏度的时间分辨荧光免疫方法。

（3）非金属和阴离子的衍生化

传统的原子光谱分析法以及光度分析法难以直接用于测定非金属元素和阴离子。经过衍生化后，可以用荧光测定硼和硒以及其他无机阴离子如氰化物、硫化物、氟及磷酸盐等。

研究最多的是硼的衍生化。硼酸是最常见的分析对象，它可与安息香缩合形成荧光物质。反应式如下：

（4）有机物的衍生化

有相当数量的有机化合物具有内源性荧光，可直接用荧光法测定。但是当荧光发射波长小于 300 nm 时，环境中的痕量荧光物质将会严重地干扰测定。当被测物的荧光寿命较长时，可以借助时间分辨技术直接测定。但是，相当多的情形是通过衍生化来获得在长波长发射荧光的产物来实现测定。这一技术可应用于荧光发射波长较短的或非荧光物质。通过衍生化，使得衍生物具有比被分析物和衍生试剂更大的 π 键系统，从而在较长的波长发射荧光，荧光强度及量子产率也同时增大。通常，分析物和试剂通过缩合反应连接或者发生关环反应以增加或延长共轭体系。例如，丹磺酰氯衍生化有机胺、氨基酸以及蛋白质。

3. 荧光猝灭法

该方法基于荧光物质所发出的荧光被分析物猝灭。随着被分析物浓度的增加，溶液的荧光强度降低。根据 Stern-Volmer 方程，

$$\frac{\phi_f^o}{\phi_f} - 1 = Kc \tag{12.10}$$

式中 ϕ_f^o 为荧光物质的荧光效率；ϕ_f 为浓度为 c 的猝灭体存在下的荧光物质的荧光效率；K 为 Stern-Volmer 猝灭常数，与荧光物质的荧光寿命 τ 呈正比。在实际应用该方程时，ϕ_f^o 和 ϕ_f 分别

用 I_f^o 和 I_f 代替,因为 $\phi_f^o = I_f^o/I_a$,$\phi_f = I_f/I_a$。

荧光猝灭的一个非常重要的应用是氧的测定,非常低浓度的氧就能很容易地猝灭荧光体系的荧光。此时,荧光猝灭方法提供了一个监控微量氧的方法。

12.1.6　分子发光分析技术的应用

1. 荧光检测在色谱分离中的应用

多年来,荧光一直用于纸色谱或薄层色谱分离中化合物的定位:如果被分离的化合物在可见光范围内有荧光,则可以很清楚地观察到其色斑;如果被分离的化合物的荧光在紫外光区或者不发荧光,则需要喷洒合适的试剂以生成荧光物质。

高效液相色谱(HPLC)常使用荧光检测器。与紫外检测器相比,荧光检测器可以使方法的灵敏度提高 2~3 个数量级。主要采用衍生化方法,分为柱前衍生和柱后衍生。原则上,所有用于标准荧光光度法中的衍生化试剂都可用于 HPLC 的检测。表 12.3 给出了常用的用于 HPLC 中荧光检测的试剂。

表 12.3　HPLC 中荧光检测的常用试剂

衍生化试剂	被分析物
4-溴甲基-7-甲氧基香豆素	羧酸类化合物
7-氯-4硝基苯基-2-噁-1,3-偶氮化物	胺类和噻吩类
丹磺酰氯	一级胺类和酚类
丹磺酰肼	羰基化合物

2. 荧光免疫分析

免疫分析因其具有较高的灵敏度和选择性而在分析化学领域中得到了突飞猛进的发展。1978 年,Berson 和 Yalow 因其在胰岛素和与胰岛素结合的抗体方面的基础性工作而获得诺贝尔医学奖,也为免疫分析法提供了理论基础。抗体-抗原复合物通常从反应介质中沉淀出来,使得借助于分离手段的分析方法得到了广泛的应用。免疫分析方法是基于标记的和未标记的试剂在抗体上特异性结合位点的竞争结合而建立的。通过测定标记物的物理或化学特性建立校准曲线,以实现对未知试剂的定量分析。

作为荧光标记试剂,应该具备如下特性:荧光效率高;在可见光范围吸收和发光,以避免来自生物样品基底的较短波长荧光和散射光的干扰;Stokes 位移较大。常用的蛋白质的荧光标记试剂有异硫氰荧光素(FITC)、异硫氰罗丹明 B(RBITC)和丹磺酰氯(DNS-Cl)等,其荧光特性见表 12.4。

表 12.4　一些蛋白质荧光探针的荧光光谱参数

标记物	λ_{ex}/nm	λ_{em}/nm	ϕ_f	$\varepsilon/(L \cdot mol^{-1} \cdot cm^{-1})$	荧光寿命/ns
FITC	492	518	0.68	72 000	4.5
RBITC	550	585	0.30	12 300	3.0
DNS-Cl	340	500	0.30	3400	14.0

3. 荧光探针研究蛋白质和核酸

20 世纪 40 年代,Creech 和 Jones 报道了用苯并蒽异氰酸盐处理蛋白质,生成脲基共轭物。从此,荧光探针在蛋白质的研究中得到了广泛的应用。特别是在免疫学、蛋白质的微量检测以及溶液构象的分析中已成为不可缺少的手段之一。

对于蛋白质来说,最常用的荧光试剂是 1-苯胺基-8-萘磺酸盐(ANS)、1-二甲基氨基萘-5-磺酸盐(DNS)和它的衍生物丹磺酰氯(DNS-Cl)、2-对甲苯氨基萘-6-磺酸盐(TNS)、罗丹明 B、荧光素、荧光素异硫氰酸盐以及荧光胺等。

1,8-ANS 和 2,6-TNS 在水中基本不发光,但当结合到牛血清白蛋白和变性蛋白上时,可发出很强的荧光。利用它们对环境敏感这一特点,并根据它们在不同蛋白质中的量子产率、荧光峰的位置以及谱带宽度的变化,可以推测蛋白质大分子结合区的极性和疏水区的大小,从而推论构象的稳定情况及变化等等。

核酸常用的荧光探针有各种丫啶,包括丫啶橙、丫啶黄、前黄素和溴化乙锭。溴化乙锭与核酸(DNA、RNA 和双链多聚核苷酸)有特异结合的能力,不但能够灵敏地检测核酸(检出限 $10\ \mu g \cdot mL^{-1}$),而且与核酸的双链区结合是专一的,利用它与各种构象的核酸结合比率不同所产生荧光强度的变化,可以区分各种构象的核酸,例如鉴别天然核酸和变性核酸,区分线状 DNA 和环状 DNA 等。

4. 室温磷光法的应用

前面我们提到,在观察液体样品中发磷光的物种时,必须将样品溶于合适的溶剂并冷冻于液氮中。这给磷光方法应用于日常分析测定带来极大的不便。改进的固体基质室温磷光法和胶束保护的溶液室温磷光法已得到广泛的应用。

(1) 固体基质室温磷光法

固体基质室温磷光法测量室温下吸附于固体基质上的有机化合物所发射的磷光。所用的载体种类较多,有纤维素(如滤纸、玻璃纤维)、无机载体(如硅胶、氧化铝)以及有机载体(如乙酸钠、高分子聚合物、纤维素膜)。理想的载体是既能将分析物质牢固地束缚在表面以增加其刚性,并减少三重态的碰撞猝灭等非辐射去活化过程,而本身又不产生磷光背景。

(2) 胶束保护的溶液室温磷光法

研究发现,胶束可以减少发光分子因碰撞引起的非辐射去活化引起的能量损失。表面活性剂在水溶液中形成的胶束可以将磷光物质分子吸附至胶束中央,以保护磷光分子不与水等其他分子特别是水溶液中溶解的氧分子碰撞。另外,一些大的有机化合物分子与胶束具有同样的性质,为水溶液中三重态分子提供保护。例如,环糊精类化合物,可以与小分子形成主-客体(笼状)复合物,成功地用于磷光测定。其结构式如下:

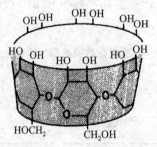

分子的结构内部有 CH 和酯基,使得内部具有憎水环境,有机物质吸附在里面,降低了碰撞去活化的概率。

12.1.7　荧光分析新技术简介

普通的荧光法对于复杂的多组分混合物分析尚嫌不足,需要利用更多的参数以便把光谱重叠的组分加以分辨,提高方法的选择性,免除繁杂的分离手续。

仪器设备的改进对荧光分析方法的发展至关重要。近年来,光电二极管阵列及光导摄像等光电子检测设备的发展,提供了同时多波长的检测,并提高了灵敏度和选择性。而电子计算机的应用实现了仪器操作的自动化。仪器设备的进步又促使激光诱导荧光、时间分辨荧光、相分辨荧光、同步荧光、显微荧光技术以及偏振荧光等新的分析技术在材料科学、医学、药学、生物学和化学领域得到发展和应用。

1. 时间分辨荧光

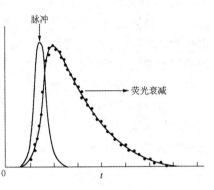

前面已经提及时间分辨技术。用一个脉冲光源激发荧光物质,如果脉冲光源的寿命小于荧光物质的荧光寿命,则可以观察到荧光的衰减,测定荧光物质的荧光寿命,如图 12.12 所示。荧光寿命的测定要求脉冲光源的脉冲时间宽度应该小于所测定物种的荧光寿命,由于磷光的寿命为微秒至秒级,而荧光的寿命为纳秒(ns)级,所以测定磷光的时间分辨技术不适合测定荧光寿命。稀土螯合物的荧光寿命相对较长,所以脉冲氙弧灯光源即可符合要求。现代荧光分辨技术,应用激光光源可获得皮秒(ps)级的脉冲宽度,用于测定大多数荧光物质的寿命。

图 12.12　荧光物质衰减示意图

2. 相分辨荧光

相分辨荧光(phase-resolved fluorescence)技术是采用调制光源激发样品,测定荧光的相位移信号。即用正弦波激发样品,记录发射光的调制或相位移并与激发光波作比较,从而测定荧光物质的荧光寿命。原理如图 12.13 所示。

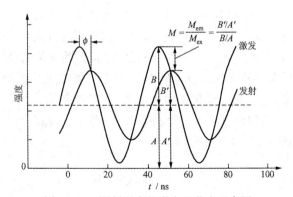

图 12.13　调制强度的激发和荧光示意图

用于激发样品的调制正弦波可以表示为

$$f_{ex}(t) = A + B\sin(\omega t) \tag{12.11}$$

发射光波将延迟或相位落后于激发光波,表示为

$$f_{em}(t) = A' + B'\sin(\omega t) \tag{12.12}$$

其中 $f_{ex}(t)$ 和 $f_{em}(t)$ 分别表示与时间有关的激发和发射强度。荧光的相位移(ϕ)与激发光束的

频率调制相角 ω 有如下关系：

$$\tan\phi = \omega\tau \qquad (\omega = 2\pi f, \ f \text{ 为调制频率}) \tag{12.13}$$

则激发光调制 M_{ex} 和荧光调制 M_{em} 由其 B/A 比值决定，与相差的关系可描述为

$$M = M_f/M_a = \cos\phi \tag{12.14}$$

与荧光寿命 τ^0 的关系可描述为

$$M = (1 + \omega^2\tau^{0^2})^{-1/2} \tag{12.15}$$

相分辨方法对于 M 为解调。上述两式皆可用于计算荧光物种的荧光寿命 τ^0。

相分辨方法与时间分辨方法不同的是，相分辨法可以使用普通荧光仪的光源，通过调节激发波的相位移，可以测定多组分体系各荧光物种的荧光寿命。

3. 偏振荧光

大家都知道光有各向异性。当静止的荧光分子被平面偏振光激发，则在同一偏振光平面发出荧光。如果分子转动或无规则地运动，则荧光偏振平面将与激发光的偏振面不同。如果垂直的偏振光激发荧光分子，则可在垂直和水平两个方向上检测发光强度。光发射强度从垂直到水平的改变程度与荧光探针标记的分子的运动性有关。对于大分子而言，由于分子运动缓慢，发射光保持较高的偏振程度。对于小分子而言，分子的转动和无规则运动很快，发射光相对激发光而言将会被不同程度地去偏振。

偏振度 P 由下式描述：

$$P = \frac{I - I_\perp}{I + I_\perp} \tag{12.16}$$

其中，I 表示平行偏振光，$I_\perp$ 表示垂直偏振光。

荧光偏振技术被广泛地应用于研究分子间的作用。与传统的方法相比，荧光偏振技术在研究蛋白质与核酸的结合作用时尤其具有许多优越性，如不存在放射性废弃物的污染，灵敏度高，在动力学检测中允许实时检测。可用于受体-配体研究、蛋白质-多肽作用、核酸-蛋白质作用以及竞争法免疫检测等。

4. 激光诱导荧光

激光诱导荧光是由于分子吸收电磁辐射之后被激发到较高电子能层之后发出的光。激光诱导荧光技术采用了在可见光区可调的染料激光器作为激发光源，对分析物提供选择性激发以避免基体干扰。由于近红外激光器和倍频法的发展，激光诱导荧光法可以应用于近紫外和近红外区。在紫外、可见以及红外光区都有可应用的激光器，如氦镉激光器和氩离子激光器、氦氖激光器和红宝石激光器、化学和二氧化碳激光器等；在微波范围有微射激光器(maser)。由于激光的应用，光源的单色性和能量输出都得到了改善，消除了杂散光、散射光等因素的影响，提高了测定灵敏度，检出限可达 10^{-12} g·mL^{-1}。

12.2　化学发光分析

由于化学反应导致的发光现象称为化学发光(chemiluminescence)。利用化学发光反应而建立起来的分析方法称为化学发光分析法。化学发光也发生于生命体系，这种发光专称为生物发光(bioluminescence)。

化学发光的能量水平与荧光相同，所不同的是引起发光的激发方式不同。这一区别如图12.14 所示。为了产生化学发光，反应必须产生能够发出可见光的激发态产物。只有放热反应

可以产生足够的能量,因而,几乎所有的化学发光反应需要氧、过氧化氢或其他强氧化剂。

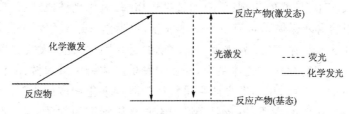

图 12.14　化学发光和荧光的能级图解

12.2.1　化学发光分析的基本原理

在如下反应中,A 和 B 反应产生 P。如果该反应是化学发光反应,则一部分产物 P 将处于激发态 P*,之后 P* 将发射光子 $h\nu$ 回到基态。

$$A + B \longrightarrow P^* \longrightarrow P + h\nu$$

需要注意的是最终的发光强度是由发光过程和化学反应的速率决定的。对于一个化学发光反应,发光强度 I(每秒所发射的光子数)直接与化学反应的速率 $\mathrm{d}P/\mathrm{d}t$(每秒参与反应的分子数)有关,所对应的比例常数就是化学发光量子产率 ϕ_{CL}(对应于每反应分子所发出的光子数),如下式所示:

$$I = \phi_{CL} \frac{\mathrm{d}P}{\mathrm{d}t} \tag{12.17}$$

如果反应是一级或假一级动力学反应,t 时刻的化学发光强度 $I(t)$ 与该时刻的分析物浓度呈正比,可以通过检测化学发光强度来定量测定分析物质。在化学发光分析中通常用峰高来表示发光强度,即峰值与被分析物的浓度呈线性关系。另一种分析方法是利用总发光强度与分析物浓度的定量关系,即在一定的时间间隔里对化学发光强度进行积分,得到

$$\int_{t_1}^{t_2} I(t)\mathrm{d}t = \phi_{CL} \int_{t_1}^{t_2} \frac{\mathrm{d}P}{\mathrm{d}t}\mathrm{d}t \tag{12.18}$$

如果取 $t_1=0$,t_2 为反应结束所需的时间,则得到整个反应产生的总发光强度,它与分析物浓度呈线性关系。

12.2.2　应用于分析化学的化学发光体系

有很多化学发光的反应体系被应用于分析化学。在这里只介绍最常用的几种应用液相反应的化学发光体系。

1. 鲁米诺

鲁米诺(luminol)是最常用的化学发光反应试剂。在碱性水溶液中,鲁米诺被氧化成 3-氨基苯二甲酸盐而发出蓝色的光(425 nm)。

鲁米诺　　　　　　　3-氨基苯二甲酸盐(3-APA)

用于该反应的氧化剂种类很多,如高锰酸盐、次氯酸盐以及碘等,最常用的是过氧化氢。在过氧化物参与的反应中,需要催化剂存在,如过氧化物酶、氯化高铁血红素、过渡金属和铁氰酸盐等。因而最常用的鲁米诺体系含有以下基本成分,鲁米诺+过氧化氢+催化剂+OH⁻,化学发光的强度直接正比于鲁米诺、过氧化氢和催化剂的量。因而,化学发光强度可被用于上述物质的定量分析。在大多数化学发光体系中,任何一种反应物皆可被看做分析物,反应体系中其他的组分则组成试剂。因而,化学发光体系可被用于测定催化剂或催化剂标记的物质、过氧化物或可以转化成过氧化物的物质,以及鲁米诺或者鲁米诺标记的物质。

2. 光泽精

在碱性溶液中,光泽精(lucigenin)经化学发光反应生成 N-甲基吖啶酮:

N-甲基吖啶酮(NMA)

该反应有几种副产物。N-甲基吖啶酮发出绿色的光,波长范围为 420～500 nm,最强处为440 nm。由于光泽精在此波段有吸收,因而发射光谱依赖于光泽精的浓度。总反应是氧化反应,但是反应机理比较复杂,可能存在氧化和还原两步反应。光泽精可以与过氧化氢反应或者在氧的存在下与还原剂反应。在溶解氧的存在下,光泽精可以与各种还原剂发生化学发光反应,该反应已被用于测定具有临床意义的还原剂。

3. 过氧化草酸盐或酯

过氧化草酸盐或酯(peroxyoxalates)反应实际上是芳香草酸酯与过氧化氢的反应。这一类反应是非生物化学发光反应中发光效率最高的,其发光效率大于 20%～30%。在反应过程中,产生高能中间体:

$$ArO-CO-CO-OAr + H_2O_2 \longrightarrow 中间体$$

一般认为,中间体与荧光团形成荷移络合物而产生激发态的荧光团。所以说,最终的光发射来自荧光团,因而发射光谱由荧光团决定。反应的化学产物是酚和二氧化碳。由于电荷转移发生于荧光团与中间体之间,显然容易被氧化的荧光团的发光效率较高。该类化学发光反应可被用来测定过氧化氢或稠环芳烃以及丹磺酰基或荧光素标记的化合物。最常用的草酸酯试剂是双-(2,4,6-三氯苯基)草酸酯(TCPO)和双-(2,4-二硝基苯)草酸酯(DNPO)。

过氧化草酸酯化学发光法可以在较宽的 pH 范围内应用,通常在中性条件下使用。TCPO的 pH 应用范围为 5～9 之间,发光最强的 pH 为 7.5。DNPO 的应用范围甚至可以降低至 pH 3.5。

4. (三-2,2′-双吡啶)钌(Ⅲ)

在(三-2,2′-双吡啶)钌体系(tris-(2,2′-bipyridine)-ruthenium(Ⅲ),Ru(bpy)₃)中,$Ru(bpy)_3^{3+}$ 和 $Ru(bpy)_3^{+}$ 反应产生激发态的的 $Ru(bpy)_3^{2+}$,当激发态向基态跃迁时发出橙色

的光。$Ru(bpy)_3^{3+}$ 在溶液中是稳定的。可以通过分别在 -1.3 V 还原和在 $+1.3$ V 氧化 $Ru(bpy)_3^{2+}$ 电解制备 $Ru(bpy)_3^+$ 和 $Ru(bpy)_3^{3+}$。当电解制得某一物种,相对的物种以及发光可以通过与合适的氧化剂或还原剂反应得到。该化学发光体系的独到之处在于试剂可以被循环使用。

$$Ru(bpy)_3^{2+} \longrightarrow Ru(bpy)_3^{3+} + e^-$$

$$Ru(bpy)_3^{3+} + C_2O_4^{2-} \longrightarrow Ru(bpy)_3^+ + 2CO_2$$

$$Ru(bpy)_3^+ + Ru(bpy)_3^{3+} \longrightarrow Ru(bpy)_3^{2+} + Ru(bpy)_3^{2+*}$$

$$Ru(bpy)_3^{2+*} \longrightarrow Ru(bpy)_3^{2+} + 光$$

5. 生物发光体系

生物发光(bioluminescence)是化学发光的一个特殊情形,发光发生在生命体系中,如水母、细菌、蘑菇、真菌、甲壳动物、鱼类和蠕虫等,其中包括我们所熟悉的萤火虫。生物发光可用于监测饮料中的细菌污染,预测癌症化疗的效果,以及监测基因表达过程。在重组技术的应用中,科学家将生物发光与免疫分析以及 DNA 探针技术结合应用。在分析化学中应用最广泛的生物发光体系有两个:萤火虫生物发光和细菌生物发光。虫荧光素的分子结构以及化学发光反应如下:

$$虫荧光素 + ATP + O_2 \xrightarrow{虫荧光素酶} 氧虫荧光素 + ADP + 发光$$

该反应体系将在 562 nm 发光。可以应用于测定三磷酸腺苷(ATP)或 ATP 参与反应以及产生 ATP 的体系。该方法的检出限为 $10^{-11} \sim 10^{-14}$ mol。由于虫荧光素酶中含有 ATP-转化酶,检出限由虫荧光素酶的纯度决定。该反应应用于测定细菌污染是一个非常快速的微生物检测方法。例如,可口可乐公司应用该方法进行饮料装瓶前的监测。

细菌荧光素的结构以及生物发光反应如下:

$$FMNH_2 + O_2 + RCHO \xrightarrow{细菌荧光素酶} FMN + RCOOH + H_2O + 发光$$

其中 $FMNH_2$ 为还原态的黄素核苷酸(flavin mononucleotide, FMN),RCHO 为长链的醛。该反应主要被用于测定黄素核苷酸,检出限为 10^{-12} mol。由于 NADH 和 NADPH 能够将 FMN 还原为 $FMNH_2$,所以该反应又被用于 NADH 和 NADPH 的测定。据报道,NADH 的检出限为 10^{-15} mol。

12.2.3 液相化学发光的测量装置

化学发光分析法的测量仪器比较简单,主要包括蠕动泵、样品室、检测器及信号输出部分,如图 12.15。化学发光反应在样品室中进行,反应发出的光直接照射在检测器上。样品和试剂混合的方式因仪器类型不同而各具特色。对于连续取样体系,加样是间歇的。将试剂先加到光电倍增管前面的反应池内,然后用进样器加入分析物。这种方式简单,但是每次测定都要重新换试剂,不能同时测定几个样品。对于连续流动体系,反应试剂和分析物是定时在样品池中汇合反应,且在载流推动下向前移动,被监测的光信号只是整个发光动力学曲线的一部分,以峰高来进行定量分析。

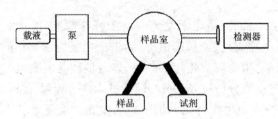

图 12.15　液相化学发光仪器流程示意图

12.2.4 化学发光分析的应用

化学发光分析法与流动注射分析法的结合使得化学发光分析得到了广泛的应用。基于过渡金属离子能够催化和增强鲁米诺、光泽精和没食子酸的过氧化物氧化反应,早期的化学发光方法主要应用于过渡金属离子的测定,如鲁米诺-过氧化氢系统可以测定 $0.01\ nmol \cdot L^{-1}$ 的 $Co(II)$ 和 $0.5\ nmol \cdot L^{-1}$ 的 $Cr(III)$ 等。利用 $Zn(II)$ 和 $Cd(II)$ 抑制 $Co(II)$-鲁米诺-过氧化氢系统的化学发光这一性质可以测定 $200\ nmol \cdot L^{-1}$ 的 $Zn(II)$ 和 $Cd(II)$。

由于化学发光反应需要能量,大多数的化学发光反应是氧化还原反应,所以具有氧化还原特性的物质都有可能用化学发光方法测定。鲁米诺和过氧化物草酸酯被用于测定天然水中的过氧化物,检出限约为 $10\sim100\ nmol \cdot L^{-1}$。水中氯/次氯酸盐的监测是环保中的重要问题,利用鲁米诺体系可以灵敏地测定这些化合物。光泽精化学发光体系可以用于测定还原性物质如抗坏血酸、肌酐、尿酸和葡萄糖醛酸等,检出限一般为 $1\sim10\ \mu mol \cdot L^{-1}$。$Ru(bpy)_3^{3+}$ 体系被用于测定可被氧化的物质如一级、二级和三级胺。对于三级胺检出限为 $1\sim10\ pmol \cdot L^{-1}$。

与酶反应相结合,化学发光法得到了广泛的应用。为了提高化学发光法的选择性以及拓宽化学发光法的应用范围,在被分析物和化学发光反应之间插入酶反应。如果被分析物是酶的一个底物,而且酶反应产物能够参与化学发光反应,则化学发光强度可以被间接地用于测定最初不能参与化学发光反应的物种。

由于应用鲁米诺或过氧化物草酸酯体系可以测定痕量的过氧化氢,应用氧化酶产生过氧化物使得上述体系得到了广泛的应用。例如葡萄糖、尿酸以及胆固醇的氧化:

$$\beta\text{-葡萄糖} + O_2 \xrightarrow{\text{葡萄糖氧化酶}} \beta\text{-葡萄糖酸} + H_2O_2$$

$$\text{尿酸} \quad + O_2 \xrightarrow{\text{尿酸酶}} \text{尿囊素} \quad + H_2O_2$$

$$\text{胆固醇} \quad + O_2 \xrightarrow{\text{胆固醇氧化酶}} \Delta^4\text{-胆固酮} + H_2O_2$$

当充足的酶存在时被分析物可以全部定量地转化为过氧化物,这一方法的检出限可达 $10\sim100$ nmol $\cdot$ L^{-1}。可以测定血浆或尿液中的葡萄糖、尿酸、胆固醇、氨基酸、乳酸盐、半乳糖以及草酸酯。

另外一个有趣的例子就是将 ATP 或 NADH 体系与生物发光结合。由于萤火虫和细菌生物发光系统分别需要有 ATP 或 NADH 参与,所以有可能设计测定能够参与酶反应而产生 ATP 或 NADH 的底物。借助肌酸激酶,萤火虫发光系统用于测定肌酸,检出限为 10 μmol $\cdot$ L^{-1}。细菌生物发光系统已被应用于测定谷氨酸盐、乙醇、葡萄糖、草酸酯、天冬氨酸盐、胆酸、乳酸盐以及氨基酸,检出限一般可达 1 μmol $\cdot$ L^{-1}。

参 考 文 献

[1] David Rendell. *Fluorescence and Phosphorescence Spectroscopy*. New York：Published on behalf of ACOL, London by Wiley, 1987

[2] R. G. Willy, Baeyens, Denis De Keukeleire, Katherine Korkidis. *Luminescence Techniques in Chemical and Biochemical Analysis*. New York：MARCEL DEKKER, INC. , 1991

[3] Starna® Brand. *Reference Materials for Molecular Fluorescence Spectroscopy*. Starna Ltd. , 1995

[4] E579-84 *Standard Test Method for Limit of Detection of Fluorescence of Quinine Sulfate*. American Society for Testing and Materials, West Conshohocken, PA, 1998

[5] Ashutosh Sharma and Stephen G. Schulman. *Introduction to Fluorescence Spectroscopy*. New York：John Wiley, 1999

[6] 郭晓君编著. 荧光实验技术及其在分子生物学中的应用. 北京:科学出版社,1979

思考题与习题

12. 1 试叙述激发态分子去活化的过程以及各历程所需要的时间,并简要回答为什么荧光和磷光的发射波长比激发波长长。

12. 2 试叙述荧光分析方法中,检测器在与激发光呈 90°的方向检测的优越性。

12. 3 在低浓度荧光分析中,空白的荧光受许多因素影响,试列举 4 种。

第 13 章　原子光谱法

13.1　概　　述

自从 1666 年 Newton(牛顿)用棱镜观察到了太阳光谱以来,人类就开始通过对光谱的研究来揭示物质与光的相互作用,以及它们之间固有的关系。事实上,对微观世界的了解在很大程度上依靠了光谱学。比如,在建立原子结构理论的过程中,原子光谱研究的实验结果成为最直接、最具有说服力的依据。又如,科学家们通过观察和研究物质的发射光谱,发现了许多以前不知道的元素,例如铯、铷、铊、铟、镓,稀土元素铥、钬、钐、镨、钕、镥以及惰性气体元素氦等。

同时科学家们还发现,不同的元素具有不同的原子结构,在与光相互作用之后,将会产生特定波长的光辐射。辐射的强度与该元素原子的数量有关。这就是原子光谱法定性、定量分析的依据。

随着科学技术的发展以及科学研究的深入,人们将鉴别样品中存在何种元素以及测定其含量或浓度的原子谱学方法主要归纳为 3 种:光学光谱法(optical spectrometry)、质谱法(mass spectrometry)和 X 射线光谱法(X-ray spectrometry)。在光学光谱法中,样品中的待测元素通过原子化被转变成气态原子或离子,然后测定蒸气中被激发原子或离子的紫外-可见吸收光谱、发射光谱或荧光光谱。相对应的分析技术分别为原子吸收光谱法(atomic absorption spectrometry, AAS)、原子发射光谱法(atomic emission spectrometry, AES)和原子荧光光谱法(atomic fluorenscence spectrometry, AFS)。在原子质谱法中,样品也要被原子化,但气态原子还需被进一步转变成正离子(通常为单电荷),然后质量分析器按质荷比将它们分离。根据质荷比获得了定性结果,对分离开的离子进行计数就获得了定量数据。X 射线光谱法与前两种类型的原子谱方法不同之处是,它不需要对样品进行原子化。因为大多数元素的 X 射线光谱在很大程度上与它们在样品中以何种化学键方式结合无关,所以,可以直接测定样品的 X 射线荧光光谱、X 射线吸收光谱和 X 射线发射光谱。有关这部分的内容将在第 14 章介绍。

图 13.1 是原子光谱与原子质谱方法的结构示意图。可以看出它们的共同点是都要有一个原子化装置(或称原子源),所以有的原子源几乎可以用于每一种原子谱方法。另一个共同点是都要有进样系统,根据被测样品的状态,是液体、气体还是固体,进样系统有所不同。对于光学原子谱技术,它们的分光系统与检测器在结构和性能上大同小异。另外,还可以看出在 AES 和 AFS 方法中,原子源本身就是光源。

原子谱分析方法的主要特点是灵敏度高、检出限低、选择性好。可直接测定周期表中绝大多数金属元素,对于非金属元素有的可直接测定,有的可通过间接法测定。与强有力的分离技术,如气相色谱、液相色谱、毛细管电泳等联用,还可以获得元素以何种形态存在于样品中的信息。原子质谱法还可以分析元素同位素的含量。因此原子谱分析技术在材料科学、环境科学、生物医学、临床药理学、营养学、地矿冶金学等领域的研究与发展中发挥着重要的作用。

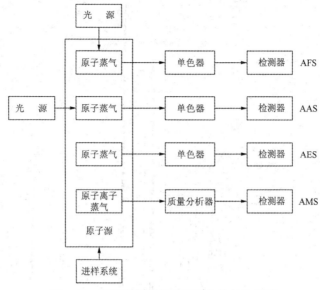

图 13.1　原子光谱与原子质谱方法结构框图

13.2　原子光谱基本原理

原子光谱学的发展历程已有三百多年。它开始于 1666 年 Newton(牛顿)的著名实验：通过小孔的太阳光透过三棱镜,在后面的屏幕上形成了一条彩带,Newton 称它为光谱。接着他又取其中一种颜色的光再透过另一个三棱镜进行观察,证明三棱镜对太阳光束的作用只是把太阳光本身存在着的各种颜色的光折射后分开,而不是三棱镜产生了颜色,这就是最初的光谱学知识。后来,一些光谱学的先驱者用狭缝代替入射小孔观察酒精火焰中加入一些盐类时的发射光谱。他们发现火焰光谱中存在与太阳光谱中暗线(后被称为 D 线)的位置完全相符的谱线。1859 年著名的德国科学家 Kirchhoff(基希霍夫)和 Bunsen(本生)认为太阳光谱中的许多暗线是太阳外表较低温度的大气的吸收谱线。当时把那些暗线与地球上元素的发射谱线比较,确认在太阳大气中存在着钠、铁、镁、铜、锌、钡、镍等元素。这就是光谱法用做物质成分分析的开始。

13.2.1　原子光谱的产生

图 13.2 中显示的是海水样品在氢-氧火焰中的发射光谱。可以看出有 3 种类型的光谱：线状、带状和连续状。线状光谱,如 Na(330.2 nm,330.3 nm),K(404.4 nm,404.7 nm)和 Ca(422.7 nm),都是元素的原子光谱；而 MgOH、MgO 和 CaOH 则发射分子的带状光谱；350 nm 以后明显增长起来的连续光谱是由炽热的固体和气体产生的。

那么原子光谱又是如何产生的呢？图 13.3 是钠原子发射光谱产生的示意图。通常情况下,基态原子在热能或电能的作用下获得足够的能量后,价电子(或称外层电子)由基态(E_0)跃迁至较高能量的能级(E_i),成为激发态。处于激发态的原子是不稳定的,其寿命小于 10^{-8} s,所以外层电子将从较高能级向较低能级或基态跃迁。跃迁过程中所释放出的能量是以电磁辐射的形式发射出来的,由此产生了原子发射光谱。谱线波长与能级能量之间的关系是

$$\lambda = \frac{hc}{E_2 - E_1} \tag{13.1}$$

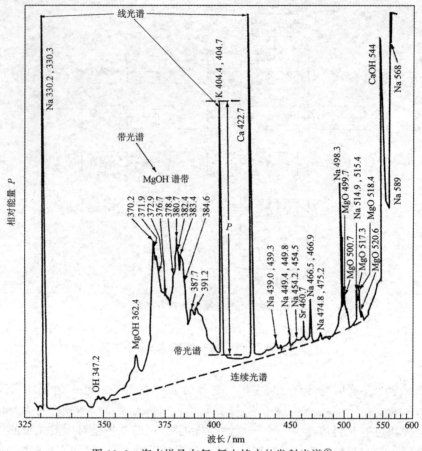

图 13.2　海水样品在氢-氧火焰中的发射光谱[①]

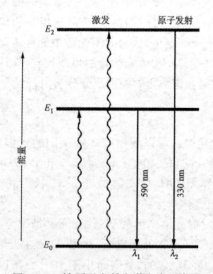

图 13.3　钠原子发射光谱产生示意图

式中 E_2，E_1 各为高能级与低能级的能量；λ 为波长；h 为 Planck 常数；c 为光速。

原子的某一价电子由基态激发到高能级所需要的能量称为激发能，若能量大小以电子伏特(eV)表示，也称激发电位。原子光谱中每一条谱线的产生有其各自相应的激发电位，具有特征性。在基态与第一激发态之间跃迁所产生的谱线称为共振线。共振线具有最小的激发电位，因此最易产生跃迁，也是该元素的最强的谱线，如图 13.3 中钠的 590 nm 线。

原子若获得足够的能量还会发生电离，电离所需的能量称为电离能或电离电位。原子失去一个价电子称为一次电离，一次电离后的原子离子再失去一个电子称为二次电离，依此类推。

原子离子也可能被激发，然后产生原子的离子光

① Douglas A. Skoog, et al. *Principles of Instrumental Analysis* (5th edition)，p.132(见本章末参考文献[6])

谱。由于原子离子的价电子与其原子的价电子所处能级不同,所以离子光谱与原子光谱的波长是不一样的,也有其特征性,即每一条离子线也有其特有的激发能。

在原子谱线表中,罗马数字 I 表示中性原子的谱线,II 表示一次电离离子的谱线,III 则表示二次电离离子的谱线。例如:Mg I 285.21 nm 为原子线,Mg II 280.27 nm 为一次电离离子线。

原子从基态跃迁至激发态所需的能量,除了可以由热能、电能提供外,还可来自光能,即光辐射。图 13.4 显示的就是光吸收与光辐射的过程。当基态原子吸收了特定波长的光辐射,就会从基态跃迁至激发态,此时产生原子吸收光谱。从激发态回到基态时所释放出的光能量,对应的波长与其吸收能量的波长可能相同,也可能不同,此时产生原子荧光光谱。

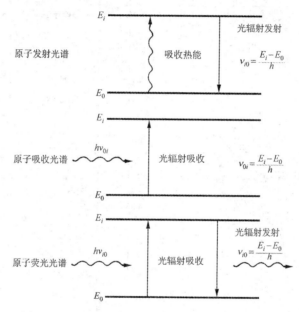

图 13.4　原子吸收光谱与原子荧光光谱产生示意图

13.2.2　原子能级图

原子光谱是由于原子的价电子在两个能级之间跃迁而产生的。对于每一个核外电子在原子中存在的状态可以由 4 个量子数来描述:主量子数 n、角量子数 l、磁量子数 m 和自旋量子数 m_s。它们分别表示:电子的能量及离核的远近;电子轨道的形状及角动量的大小;电子轨道在磁场中空间伸展的方向不同时,电子运动角动量分量的大小;电子自旋的方向。但是对于多个价电子的原子来讲,由于价电子之间的相互影响,用以上 4 个量子数已不能正确描述电子的运动状态,乃至原子的运动状态。必须用矢量加合的方法,将各角动量耦合,以描述整个原子的运动状态,这就是光谱项。通常光谱项的符号为

$$n^{2S+1}L_J$$

n 仍为主量子数,表示价电子所处的能级即原子的能量。n 愈小,原子能量愈小,即原子所处的能级愈低;n 愈大,原子的能量愈大,即原子所处的能级愈高。S 是原子的价电子总自旋量子数,$(2S+1)$ 称为光谱项的多重性;L 是原子的价电子总轨道角动量量子数;J 是多个价电子原子的总量子数 L 与总自旋量子数 S 的矢量和,即内量子数。

　　把原子中价电子所有可能存在状态的光谱项——能级及能级跃迁用图的形式表示出来，称为能级图。图 13.5 表示的分别是钠原子和镁离子的能级图。通常纵坐标为能量，基态原子的能量 $E=0$；横坐标为实际存在的光谱项。在钠原子光谱能级图中(图 13.5(a))，基态原子的能级为 3s，能量为 0。钠原子的电离能为 5.2 eV，如果一个 3s 电子获得了 5.2 eV 以上的能量，就会脱离原子轨道，钠原子转变成了钠离子。由图还可以看到，由于电子自旋角动量的相互作用，使 p 轨道能级发生分裂，但能量相差很小，因此钠的两条共振线波长（589.6 nm 和 589.0 nm）只相差 0.6 nm。

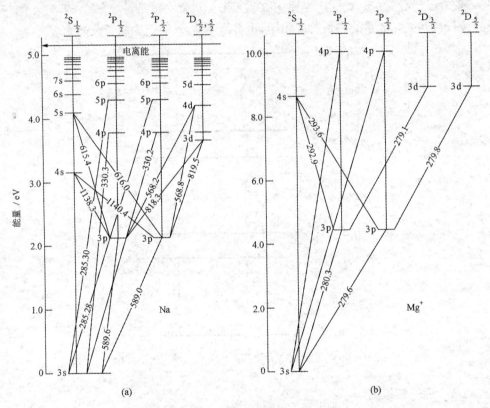

图 13.5　钠原子(a)与镁离子(b)能级图

　　从镁离子(Mg^+)的能级图中可以看到，几乎主要谱线的能级跃迁形式与钠原子非常相似，这是因为镁离子核外电子数目与钠原子的完全相同。但是由于镁原子的核电荷数大于钠原子，所以 3s 轨道与 3p 轨道之间的能量差大约是钠原子的两倍。

　　必须指出，不是在任何两个能级之间都能产生跃迁。跃迁是遵循一定的选择规则的。只有符合下列规则，才能跃迁。

　　(i) $\Delta n=0$ 或任意正整数。

　　(ii) $\Delta L=\pm 1$，跃迁只允许在 S 项与 P 项，P 项与 S 项或 D 项之间，D 项与 P 项或 F 项之间等等。

　　(iii) $\Delta S=0$，即单重项只能跃迁到单重项，三重项只能跃迁到三重项，等等。

　　(iv) $\Delta J=0,\pm 1$。$\Delta J>1$ 的跃迁是禁阻的。

　　也有个别例外的情况，这种不符合光谱选律的谱线称为禁阻跃迁线。例如锌的 307.59 nm

线是光谱项 4^3P_1 向 4^1S_0 跃迁的谱线,因为 $\Delta S \neq 0$,所以是禁阻跃迁线。一般这种谱线产生的机会很少,且谱线强度也很弱。

13.2.3　谱线强度

原子谱线的强度与相应能级间跃迁的原子数目呈正比。以热激发原子数目为例,当原子源温度一定,处于热力学平衡状态时,单位体积内基态原子的数目 N_0 与激发态原子数目 N_i 之比遵从 Boltzmann(玻尔兹曼)分布定律:

$$N_i = N_0 \frac{g_i}{g_0} e^{-\frac{E_i}{kT}} \tag{13.2}$$

式中 g_i,g_0 为激发态与基态的统计权重;E_i 为激发能;k 为 Boltzmann 常数;T 为激发温度。

原子的价电子在激发态和基态两个能级之间的跃迁,其原子发射谱线的强度表示为

$$I_{em} = N_i A_{i0} h \nu_{i0} \tag{13.3}$$

式中 A_{i0} 为两个能级间的跃迁几率,h 为 Planck 常数,ν_{i0} 为发射谱线的频率。将式(13.3)代入式(13.2):

$$I_{em} = \frac{g_i}{g_0} A_{i0} h \nu_{i0} N_0 \cdot e^{-\frac{E_i}{kT}} \tag{13.4}$$

由式(13.4)可见,影响谱线强度的因素是:

(i) 统计权重。谱线强度与激发态和基态的统计权重之比 $\frac{g_i}{g_0}$ 呈正比。

(ii) 跃迁几率。谱线强度与跃迁几率呈正比。跃迁几率是指一个原子在单位时间内,在两个能级间跃迁的概率,可通过实验数据计算出。

(iii) 基态原子数。谱线强度与基态原子数目呈正比。原子源的原子化效率愈高,基态原子数目愈多;激发条件合适,激发态原子的数目也就愈多,谱线就愈强。但激发态原子的数目与基态原子的数目之比遵从 Boltzmann 分布。式(13.4)正是原子发射光谱定量分析的依据。

(iv) 激发能。谱线强度与激发能呈负指数关系。温度一定时,激发能愈高,处于该能量状态的原子数目愈少,谱线强度就愈小。激发能最低的共振线通常是强度最大的谱线。

(v) 激发温度。激发温度增高,谱线强度增大。但随着温度升高,电离的原子数目也会增加,相应的激发态原子数目减少,致使原子谱线强度减弱,而离子谱线有可能增强。图13.6 是一些原子、离子谱线强度与激发温度的关系。可见不同谱线有其最合适的激发温度,在此温度下,谱线强度最大。

总之,当跃迁能级一定时,谱线的强度只与激发态原子数目有关,或者说与基态原子数目和激发温度有关,其他参数均为常数。

对于原子吸收光谱,吸收谱线的强度为

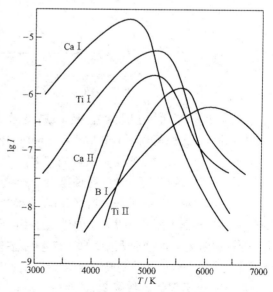

图 13.6　原子、离子谱线强度与激发温度的关系

$$I_{ab} = N_0 B_{0i} \rho(\nu) h\nu_{0i} \tag{13.5}$$

原子荧光光谱的谱线强度可表示为

$$I_{f} = N_i B_{i0} \rho(\nu) h\nu_{i0} \tag{13.6}$$

与式(13.3)比较,这 3 个谱线强度公式有共同之处与不同之处。为了区别于原子发射光谱,吸收光谱和荧光光谱的跃迁几率用 B 表示。

由于是光致激发和光致辐射过程,原子吸收与原子荧光谱线强度公式中还多了一项 $\rho(\nu)$,即光辐射能量密度,它是频率 ν 的函数。也就是说这两种光谱谱线的强度除了与基态原子数目、激发态原子数目等因素有关外,还与入射光辐射频率及强度有关。

13.2.4　谱线轮廓

根据原子在每一能级上的概率分布和海森堡测不准原理,无论是特定频率的原子发射谱线还是吸收谱线,都并非一条严格的几何线,而是具有一定自然宽度的谱线轮廓。谱线轮廓是指谱线强度随频率变化的一种分布。自然宽度是由原子能级本身的性质所决定,与外界因素无关。也就是说在外界因素的影响下,谱线宽度只会更加增大。在原子光谱中,谱线宽度之所以非常重要就是因为谱线窄可以减少谱线重叠带来的光谱干扰。在原子吸收光谱中还有它更特殊的意义。

谱线宽度用半峰宽表示,见图 13.7。半峰宽指谱线强度的 1/2 处的谱线宽度。之所以取半峰宽表示谱线宽度,是因为半峰宽比峰底宽度测量更准确。图中 λ_0 为中心波长。

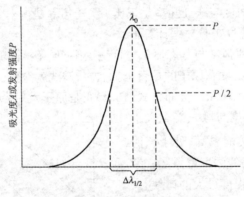

图 13.7　谱线轮廓

影响谱线轮廓的因素主要有热变宽(Doppler broadening)、压力变宽(pressure broadening)、场变宽(electric and magnetic field broadening)和自吸变宽(self-absorption broadening)等。其中自吸变宽的影响较大。

在原子源中,不仅存在着发射过程,而且伴随着吸收过程。一般来说,原子在原子源中心的高温区被激发,发射出某一波长的谱线,而在边缘的低温区域的同一元素的基态原子就会吸收这一波长的辐射,从而使中心区发射出的谱线强度减弱,这种现象叫做谱线的自吸收。自吸的程度与原子源中的温度分布和原子浓度的分布有关。温度分布差别越大,原子浓度越高,自吸越严重。图 13.8 中的 c 线因自吸几乎变成了两条谱线,这种严重的自吸称为自蚀(self-reversal)。

自吸效应不仅使谱线变宽,还使中心波长 λ_0 处的谱线强度明显下降,在光谱定量或定性分析中必须引起注意。

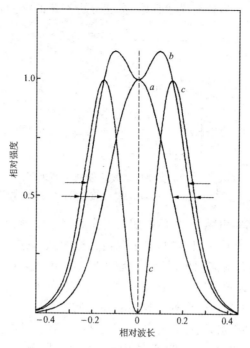

图 13.8　谱线的自吸与自蚀

理论计算得到的元素镉在 228.8 nm 处共振线自吸与自蚀的轮廓。自吸线 b、自蚀线 c 与正常轮廓 a 的半宽度比例

（见箭头）为 $a:b:c=1:1.53:1.67$

13.3　原子发射光谱法

原子发射光谱法的仪器主要分为两大部分：光源与光谱仪。光谱仪中包括分光系统和检测系统。原子发射光谱法既可作定性分析，也可作定量分析。根据对分析结果准确度的不同要求，可以选择不同光源的发射光谱仪，它们在定性、定量分析的性能上各有侧重。

13.3.1　光源

光源的作用是提供足够的能量使试样蒸发、原子化、激发，产生发射光谱。从图 13.1 可以看出，在原子发射光谱中的原子源就是光源。因此，原子发射光谱中的原子源具有双重作用，它既是产生基态原子的原子源，又是产生激发态原子，从而获得原子发射光谱的光源。可见，光源的特性在很大程度上直接影响着光谱分析的准确度、精密度和检出限。原子发射光谱分析用的光源种类很多，目前常用的有直流电弧、电火花、辉光放电以及电感耦合高频等离子体。

1. 直流电弧光源

直流电弧与火花是最早用于发射光谱分析的光源，因此也常被称为经典光源。直流电弧光源是通过两个电极（上电极与下电极）间产生的电弧，将下电极中填装的样品蒸发、原子化、激发。

图 13.9 是直流电弧发生器的基本电路。E 为直流电源，供电电压为 220～380 V，可以由交流电源经全波整流或直接由直流发电机供给，电流为 5～30 A。镇流电阻 R 的作用为稳定与调节电流的大小，电感 L 用以减小电流的波动。G 为分析间隙（或放电间隙），上下两个箭头表

示电极。最常用的电极材料为高纯棒状石墨,根据分析测定的需要,加工成不同的形状。

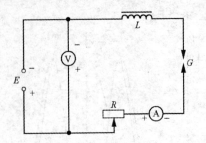

图 13.9 直流电弧发生器线路原理图

E—直流电源;V—直流电压表;L—电感;R—镇流电阻;A—直流电流表;G—分析间隙

直流电弧通常是经高频引燃。引燃后的阴极产生热电子发射,在电场作用下电子被加速并通过分析间隙射向阳极。在这个过程中,电子会与分析间隙内的气体分子发生碰撞,使气体电离。电离产生的阳离子高速射向阴极,又会引起阴极二次电子发射。高能量的阳离子也会与气体分子碰撞,使其电离。这样循环往复地进行,使电流持续,电弧不灭。直流电弧的弧温约为 4000~5000 K,弧温取决于弧柱中元素的电离能和物质的浓度。

另一方面,由于电子的轰击,阳极表面白热,产生亮点,形成"阳极斑点"。阳极斑点温度可高达 4000 K(石墨电极),因此常将分析试样置于阳极。样品在阳极表面的高温下被蒸发,甚至原子化。在弧柱内(分析间隙)被测元素的基态原子与分子、原子、离子和电子等具有较高能量的粒子发生碰撞,被碰撞激发发射出原子光谱。阴极温度一般低于 3000 K,也形成"阴极斑点"。

直流电弧的优点是设备简单。由于持续放电,电极头温度高,蒸发能力强,试样进入放电间隙的量多,绝对灵敏度高,适用于定性分析。对于粉末样品、金属屑、难熔岩矿等可直接装样进行测定。缺点是电弧不稳定,易漂移,尤其在定量分析时,对重现性影响较大。弧层较厚,温度梯度明显,自吸现象较严重。

直流电弧适合于粉末样品的定性、半定量分析,如岩矿、无机和有机合成材料、干燥后的生物样品等等。

2. 火花光源

火花光源是指在两电极间加上交流高电压,当两极间的空气被击穿时,两电极的尖端迅速放电,形成电火花。放电沿着狭窄的发光通道进行,并伴有爆裂声。日常生活中,雷电即是大规模的火花放电。

火花发生器线路见图 13.10。220 V 交流电压经变压器 T 升压至 8000~12 000 V 高压,通过扼流线圈 D 向电容器 C 充电。当电容器 C 两端的充电电压达到分析间隙的击穿电压时,通过电感 L 向分析间隙 G 放电,G 被击穿产生火花放电。在交流电下半周时,电容器 C 又重新充电、放电。这一过程重复不断,维持火花持续放电。

火花光源的特点是在放电的一瞬间释放出的能量很大,放电间隙的电流密度大,因此分析间隙的温度很高,有资料表明可达 40 000 K,具有很强的激发能力,一些难激发的元素也可被激发。由于放电温度高,电离能力也较强,观察到的离子线比电弧光源中的多。

火花光源的优点是:适用于金属或合金样品的定性、定量分析,而且这类样品本身就可直接作为电极(自电极)。由于是交流放电,放电稳定性好,以致重现性好,因此定量分析的精密度较高。

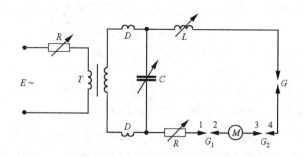

图 13.10　火花发生器线路原理图

E—电源；R—可变电阻；T—升压变压器；D—扼流线圈；C—可变电容；L—可变电感；
G—分析间隙；G_1，G_2—断续控制间隙；M—同步电机带动的断续器

缺点是由于存在放电间隙，放电通道窄小，放电通道的平均电流比直流电弧的小，因此电极表面的平均温度较低，使其蒸发能力不如直流电弧，从而测定的灵敏度较差。

3. 辉光放电光源

上面介绍的是经典光源，辉光放电光源和将要介绍的电感耦合高频等离子体光源常被称为现代光源。直流电弧、火花和电感耦合高频等离子体光源都是在常压下的辐射光源，而辉光放电则是一种低气压下的气体放电光源。辉光放电光源有多种类型，这里仅以 Grimm（格里姆）放电管为例，见图 13.11。

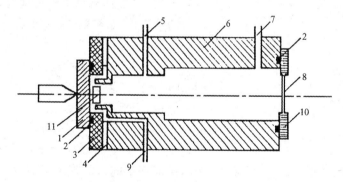

图 13.11　Grimm（格里姆）辉光放电管结构示意图

1—试样；2—密封圈；3—阴极体；4—绝缘片；5—阳极区抽气口；6—阳极体；
7—载气入口；8—石英窗；9—阴极区抽气口；10—石英窗压固圈；11—负辉区

通常是将阴、阳两个电极封入玻璃管中，样品托架是可拆卸的。但样品装好后，要求与阴极接触良好，并保持密封完好。将管内抽真空，然后充入惰性气体，使压力为几百帕。在两极间施加几百伏的电压，惰性气体分子在电场的作用下首先被电离。电离后的惰性气体正离子被电场加速，"冲"向已作为阴极的样品表面，轰击出样品中的原子，形成原子蒸气云，这一过程称为"阴极溅射"。溅射出的原子与高速运动的离子、原子、电子碰撞获得能量成为激发态原子，继而辐射出原子光谱。产生辉光放电时，从阴极到阳极有 8 个明暗不同的区域，其中光强最大的两个区域是负辉区和正辉区。在原子光谱中更需要的是负辉区，因为在这个区域主要是构成阴极材料（样品）的原子蒸气的辐射。当阴、阳极相距很近时，只出现负辉区，所以在原子光谱分析中使用的辉光放电光源，阴极与阳极的位置相距很近。

辉光放电光源的优点是适于分析固体样品，特别是进行表面分析和逐层分析。由于激发能

力较强,像硼、碳、硅、磷和硫这些较难测定的元素,辉光放电光源原子发射光谱也可得到较好的分析结果。

缺点是对样品制备要求较高,操作复杂。

4. 电感耦合高频等离子体光源

电感耦合高频等离子体通常简称为电感耦合等离子体(inductively coupled plasma,ICP),它是 20 世纪 60 年代研制出的新型光源。20 世纪 70 年代以后商品化仪器的逐渐出现以及自身良好的光源性能,ICP 光源不论从应用上还是研究上都更加引起人们的重视。

ICP 光源看似火焰,却并非火焰。它不仅外观与火焰相似,时间和空间分布的稳定性也近似于火焰,但是温度却远高于火焰,因为它是气体放电型光源。

ICP 光源是在高频感应电流的作用下产生的。光源主要由高频发生器、等离子炬管组成。高频发生器的作用是供给等离子体能量,频率多为 27 MHz 或 41 MHz,功率为 0.5~2 kW。

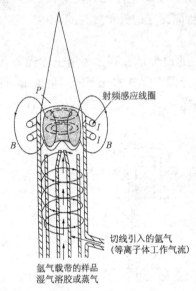

ICP 的主体部分是放在高频感应线圈内的等离子炬管。高频感应线圈为 2~3 匝空心铜管,铜管内通有冷却水。等离子体炬管为三层同心的石英管,见图 13.12。炬管的最外层通氩气(Ar)作为等离子体的工作气,同时还有冷却作用。这路气沿切线方向引入,可保持石英管上端口不被烧毁。中层管通入氩气作为辅助气;中心管以氩气作为载气,把经过雾化器的试样溶液以湿气溶胶的形式或蒸气态引入到等离子体中。

当高频发生器接通电源后,高频电流 I 通过线圈,在炬管内产生交变磁场 B。此时炬管内流过的氩气不导电,那么交变磁场就不会发生作用,因此同时要利用高压火花放电使氩气电离。电离后产生的离子与电子在交变磁场作用下产生感应电流,形成一个与感应线圈同心的涡流区,如图 13.12 中虚线 P。

图 13.12 电感耦合等离子体(ICP)光源[①]

它的电阻很小,电流很大(可达几百安培),释放出大量的热能(达 10 000 K)。炽热的气体发出刺眼的光芒,在炬管口形成了火焰状的等离子体炬焰。

氩等离子体炬焰大致分为 3 个区域:

(i) 焰心区:感应线圈区域内,高频电流形成的涡流区,温度高达 10 000 K。它发射很强的连续光谱,光谱分析应避开这个区域。试样气溶胶在此区域被预热、蒸发,又称预热区。

(ii) 内焰区:在感应线圈上方,温度约为 6000~8000 K。试样在此被原子化、激发,然后发射很强的原子线和离子线。这是光谱分析所利用的区域,也称测光区。测光时在感应线圈上的高度称为观测高度。

(iii) 尾焰区:在内焰区上方,温度低于 6000 K。观测到的谱线多为激发能较低的元素的谱线。

ICP 光源的优点:① 由于炬焰的激发温度高,有利于激发能高的原子激发。因此对大多数

---

① Douglas A. Skoog, et al. *Principles of Instrumental Analysis* (5th edition), p. 232

元素都有较好的检测能力。② 等离子体炬焰的稳定性好,精密度高。在实用的分析浓度范围内,相对标准差一般可达 1%。③ 由于炬焰温度高,样品基体效应较小,且自吸效应也较小。④ 分析工作曲线的线性动态范围宽,可达 4～6 个数量级。这样除可对样品中的痕量、微量元素进行测定外,也可对高含量的元素进行分析。⑤ 可进行多元素同时测定或顺序测定。与其他光源相比,定量分析的功能更强。

ICP 光源的缺点:一般要将样品转变成溶液才可以用 ICP 原子发射光谱进行测定,而且对于有机基体的样品分析还会遇到麻烦;对非金属元素测定灵敏度低;基体成分含量不能过高;仪器价格、日常维护与工作费用都较高。

属于等离子体光源的还有直流等离子体(direct-current plasma,DCP)和微波诱导等离子体(microwave-induced plasma,MIP)。经典光源中还有火焰光源(flame sources),关于火焰的性能将在原子吸收光谱中介绍。由于通常的火焰温度都小于 3000 K,所以火焰原子发射光谱更适合于低电离能的元素的分析,如碱金属、碱土金属。

5. 微波诱导等离子体光源

微波诱导等离子体通常简称为微波等离子体,它与 ICP 类似,也属于气体放电等离子体光源,也是利用电磁能与物质间交互作用产生等离子体。电磁能来自磁控管等微波发生器,所产生的微波能量通过谐振腔耦合给石英管或铜管中的惰性气体,使其电离并形成 MIP 放电。MIP 的激发温度可达 4000～5000 K,从理论上讲,MIP 几乎可以激发元素周期表中绝大多数元素,包括卤素、非金属,并可得到很低的检出限,被认为是一种性能优越的理想光源。但是MIP 是一个很小的等离子炬,微波发生器的功率只有数十瓦至数百瓦。进样量过多或样品基体浓度过大,都会影响 MIP 的稳定性。又因其气体温度相对较低(2000～3000 K),不能有效地完成湿气溶胶的去溶、干气溶胶的解离,致使其抗干扰能力差。而且原子化效率仅略好于普通的火焰原子化器,所以在实际样品分析中还有不少问题。但是,如果是气相样品直接进样,MIP则体现出了它的优越性。目前,氢化物发生进样系统已成功地用于 MIP 原子发射光谱分析中。

13.3.2　试样的引入

不同的激发光源有不同的进样方式,有的进样方式适用于不同的激发光源。比如液体样品用雾化器作为进样系统适用于 ICP 光源、MIP 光源和火焰光源,见图 13.13。粉末或屑末试样,通常可直接装入杯状电极中,见图 13.14。固体的金属和合金样品,因其本身能导电,若形状合适或经过加工,可直接作为自电极。金属箔、丝、屑样品,可置于杯状的石墨或碳电极内进行分析。

电弧或火花光源还可以利用溶液干渣法对溶液样品进行分析。将试液滴在平头或凹面电极上,烘干。根据样品浓度的高低,选择滴加与烘干的次数。样品烘干后,在电极头上形成一层样品的残渣。为了防止样品在烘干前渗入石墨电极的孔隙内,可预先滴入聚苯乙烯的苯溶液,在电极表面形成一层有机物薄膜。试液也可以滴入碳粉中,烘干后将碳粉装入电极孔内。

将激光技术引入到原子发射光谱的进样系统中,比较成功且已商品化的有两种形式:激光微电极(laser microprobe)和激光烧蚀(laser ablation)。前者是利用激光的高能量将火花光源电极上的样品蒸发,然后在火花光源的作用下被激发,这就克服了火花光源蒸发能力差的缺点。这种技术甚至可以用于非导体材料的分析,而且可以作样品表面分析,取样点的直径不大于 50 μm。激光烧蚀技术的原理与激光微电极技术类似,只是激光烧蚀装置与激发光源互为独立,但相互连接。激光蒸发出的被测元素的原子蒸气被惰性气体带入光源室,在那里被激发发

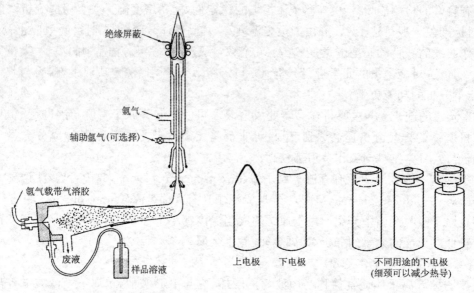

图 13.13　电感耦合等离子体(ICP)
光源的雾化器及流体进样系统[1]

图 13.14　直流电弧的石墨电极形状[2]

光。最常用的连接光源是 ICP。这两种形式目前主要用于固体样品,特别是冶金、岩矿样品的成分分析、表面分析和半导体材料的杂质分析等。

13.3.3　光谱仪

光谱仪的作用是将光源发射的电磁辐射经色散后,得到按波长顺序排列的光谱,并对不同波长的辐射进行检测与记录。

光谱仪的种类很多,但基本结构大致相同。通常由 3 部分组成:照明系统、色散系统与记录测量系统。按照所用色散元件的不同,分为棱镜光谱仪与光栅光谱仪。在原子发射光谱中,按照光谱记录与测量方法的不同,又可分为照相式摄谱仪和光电直读光谱仪。

1. 棱镜摄谱仪

目前有实用价值的为石英棱镜摄谱仪。石英材料对紫外光区有较好的折射率,而常见元素的谱线又多在近紫外区,故这种仪器在 20 世纪 40~50 年代生产较多。后来由于光栅色散元件的出现,光栅摄谱仪取代了棱镜摄谱仪,但有的石英棱镜摄谱仪仍在使用。

图 13.15 为 Q-24 中型石英棱镜摄谱仪的光路示意图。从光源 Q 发出的光经三透镜 L_1,L_2 和 L_3 组成的照明系统,聚焦在色散系统的入射狭缝 S 上。S,L_4 和 P 组成色散系统。L_4 为准直镜,将入射光变为平行光束,再投射到棱镜 P 上进行色散。波长短的折射率大,波长长的折射率小。再由照明物镜 L_5 将它们分别聚焦在感光板 FF' 上,得到按波长顺序展开的光谱。每一条谱线都是狭缝的像。

(1) 照明系统

三透镜照明系统的作用是将光源发出的光均匀地照在狭缝上,使狭缝全部面积上的各点

---

① Douglas A. Skoog, et al. *Principles of Instrumental Analysis* (5th edition), p. 232
② Ibid., p. 246

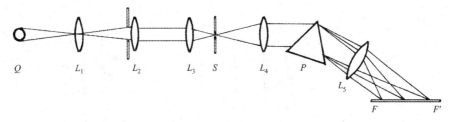

图 13.15　Q-24 中型石英棱镜摄谱仪光路示意图

照度一致。照明系统的设计应使光传播过程中的光损失降至最低。

（2）色散系统

光谱仪的好坏主要取决于它的色散元件。光谱仪光学性能的主要指标有色散率、分辨率和集光本领。因为原子光谱是靠谱线进行定性、定量分析的，所以，影响谱线质量的这三项指标至关重要。

（i）色散率：把不同波长的光分散开的能力。

（ii）分辨率：按照瑞利准则能正确分辨出波长相差极小的两条谱线的能力。分辨率与色散率是两个不同但又相关的概念。色散率是指仪器能将最小相差多少波长的两条相邻谱线分开的能力。而两谱线分开多少就可分辨出来则要由分辨率来决定。显然，色散率大的仪器，分辨率就高。

（iii）集光本领：表示光谱仪光学系统传递辐射的能力。常用入射狭缝处光源照度为一个单位时，在感光板焦面上单位面积内所得到的辐射通量来表示。集光本领与物镜的相对孔径 d 的平方呈正比（d^2/f^2），而与物镜的焦距 f 的平方呈反比，与狭缝宽度无关。狭缝宽度变大，像也增宽，单位面积上照度能量不变。增大物镜焦距 f，可增大色散率，但集光本领削弱。

（3）记录测量系统

通常也称检测系统。摄谱仪的记录方法为照相法，是用涂有感光材料的感光板接收、记录来自光源的辐射光。感光板为玻璃板，在玻璃板上均匀涂布具有感光作用的乳剂。乳剂是含有溴化银的精制明胶。

当感光板受到光的照射时，在光化学反应的作用下，溴化银分解成溴原子与银原子，这就是曝光过程。银原子积累构成原子簇，形成潜影核。将感光板放入以还原剂为主要成分的显影液中，经光化学作用过的、具有潜影中心的溴化银晶粒很快被还原成金属银，显示出黑色影像。曝光量小的乳剂面，潜影中心少，还原速度慢，显示出的影像黑色较浅。没有曝光的乳剂面，则几乎无潜影中心，还原速度极慢，只在整个相板上形成一层雾翳。

显影过后，将照相板放入定影液中。定影的作用是将未曝光部分的溴化银溶解下来，并将在水中膨胀软化的乳剂膜硬化。显影、定影是摄谱分析较关键的一步，操作条件如温度、时间等一定要控制好。

图 13.16 显示的就是照相板上的谱线图。粗细不同、深浅不同、明暗相间的谱线给出了很直观的光谱信息。某谱线黑度越大，说明光源中这条谱线所对应的某波长的光越强，从而说明在这个波长对应下的能级间产生跃迁的原子数目就越多。可见谱线所在的波长位置是光谱定性分析的依据；在摄谱法中，谱线黑度是光谱定量分析的依据。

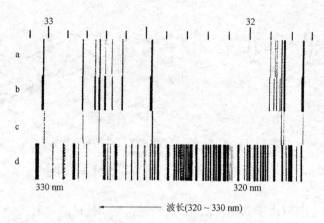

图 13.16　摄谱谱图
a,b,c 为样品谱图;d 是标准铁谱

2. 光栅摄谱仪

图 13.17 为国产 WSP-1 型平面光栅摄谱仪的光路示意图。由光源 B 发射的光经三透镜照明系统 L 照射到狭缝 S 上,再经反射镜 P 折向凹面反射镜 M 下方的准光镜 O_1 上。经 O_1 反射以平行光束照射到光栅 G 上,经光栅色散后,按波长顺序分开。被分开的、不同波长的光再由凹面反射镜上方的物镜 O_2 聚焦于感光板 F 上。用电动步进马达驱使光栅转动,可同时改变光栅的入射角和衍射角,从而获得所需波长范围的光谱或不同光谱级数的光谱谱线。

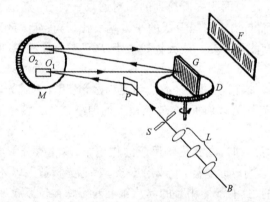

图 13.17　WSP-1 型平面光栅摄谱仪光路示意图
B—光源;L—照明系统;S—狭缝;P—反射镜;M—凹面反射镜;O_1—准光镜;
O_2—投影物镜;G—光栅;D—光栅台;F—相板

3. 光电直读光谱仪

光电直读光谱仪与摄谱仪的根本区别在于检测系统不同,或者说记录与测量光谱信息的方法不同。比如在摄谱法中,要想比较准确地得到谱线强度的测量结果,即找到谱线强度与被测元素浓度间的定量关系,首先要用测微光度计测出所关注的谱线的黑度,即乳剂的黑度。研究谱线黑度的目的是因为它和曝光量有关,而曝光量又和被测元素的原子(或离子)所发射的谱线强度有关。只有把以上关系搞清楚了,才能通过对乳剂黑度的测量来确定被分析元素的含量。但是乳剂黑度与曝光量之间的关系很复杂,不能只用一个数学公式来概括,所以只好用图示的方法直观地表示出。这就要通过实验,绘制出乳剂特性曲线。这一过程较费时。

　　光电直读光谱仪是利用光电转换元件,将来自光源的光信号转变成电信号,直接测定出光谱线的强度。电信号越大,说明谱线越强。光电直读光谱仪有两种基本类型:一种是多道固定狭缝式,另一种是单道扫描式。

　　在摄谱仪中色散系统只有入射狭缝而无出射狭缝。在光电直读光谱仪中,一个出射狭缝和一个光电转换器(如光电倍增管)构成一个光通道,在单位时间内可接收并转换出一条谱线的光谱信息。多道仪器是安装多个固定的出射狭缝和光电转换器(最多可达 70 个),可同时接受多个元素的谱线。这种光谱仪所用光栅为凹面光栅,光栅与出射狭缝设在以凹面光栅的曲率半径为直径的圆周上(也称罗兰圆,Rowland circle),见图 13.18。

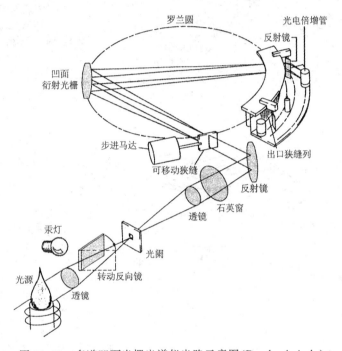

图 13.18　多道凹面光栅光谱仪光路示意图(Rowland circle)

　　单道扫描式光电光谱仪只有一个通道,通常使用平面光栅,通过光栅的转动将不同波长的光谱依次投射到出口狭缝上。但有的仪器是将狭缝阵列固定,移动光电倍增管,以实现扫描过程。这种光谱仪不能进行多元素同时测定,只能作多元素顺序测定,见图 13.19。这两种结构的仪器各有优缺点,多道光谱仪更适合于常规的、固定样品的多元素分析,如炼钢厂的炉前分析。单道光谱仪灵活性较大,但因扫描需要更多时间,要求光源稳定,样品量充足。所以也曾有人将两种结构都配置在一台光谱仪中以满足不同的分析要求。但这样不仅光谱仪的体积庞大,价格也较高。

　　近十几年,随着固态检测器(solid state detector, SSD)的出现和中阶梯光栅(echelle)的使用,无出口狭缝的单道光谱仪现也可作多元素同时测定。图 13.20(a)中的入射光不仅经过中阶梯光栅,还经过棱镜,这样得到的是二维色散光谱。如图 13.20(b)所示,沿 x 轴色散开的是不同波长的光谱,即波长色散;沿 y 轴分散开的是不同级数的光谱,即级数色散。那么用一块面积大小适宜的固态传感器作为光电转换检测器,如电荷耦合器件(charge-coupled device, CCD)、电荷注入器件(charge-injection device, CID)及其他类型的固态检测器,就可以同时测定多条谱线的光谱信号。

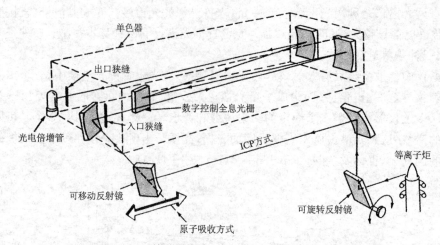

图 13.19　单道扫描式平面光栅光谱仪光路示意图

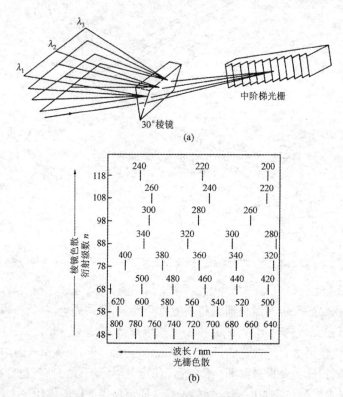

图 13.20　中阶梯光栅单色器光色散示意图

13.3.4　分析方法

1. 光谱定性分析

由于每种元素的原子结构不同,在光源的激发作用下,试样中各种元素都将发射自己的特征光谱,即特定波长的光。这是光谱定性分析的依据。

用经典光源和摄谱法进行光谱定性分析有它的独到之处。它不仅样品前处理较简单,测定操作也较简便。只要试样中所含元素达到一定浓度,都可以在感光板上记录下光谱信息,一目了然。它一直是元素定性分析的最好方法。

（1）元素的分析线

结构化学的知识告诉我们，每种元素的特征谱线不止一条，多的可达几千条。当进行定性分析时，不需要将所有的谱线全部检出，只需找出被测元素的分析线就可以了。分析线通常是指鉴定元素时所用的元素的最后线或特征谱线组。

最后线：指当样品中某元素含量逐渐减少时，最后仍能观察到的一些谱线。元素的最后线也就是该元素的最灵敏线，通常它们的激发电位较低，而且常常就是共振线。但是也很容易产生自吸，高浓度时还会出现自蚀。所以，最灵敏线不一定是最强线，只有在元素的含量低到一定程度时两者才一致。

特征谱线组：常常是元素的多重线组，如双重线（见图 13.5 的钠双线：589.0 nm 和 589.6 nm；镁离子双线：279.6 nm 和 280.3 nm）、三重线或几组双重线，很具有特征性，容易辨认。比如硅的 6 条线：250.69，251.43，251.61，251.92，252.41，252.85 nm；而且它们的强度也很相近。

需要指出的是，由于谱线强度与所用的光源、实验条件和仪器的检测性能有关，因而实际出现的灵敏线与理论上的灵敏线往往不一致。所以每一种型号的原子发射光谱仪器都有自己的标准谱图和波长表。现代化的仪器都将它们存储在计算机中。

（2）定性分析

（i）铁光谱比较法。这是目前摄谱法中最通用的方法。铁是过渡元素，价电子的原子轨道相当复杂，因此铁谱在 210～660 nm 范围内有几千条谱线。谱线间距都很近，在上述波长范围内均匀分布（见图 13.16d）。对每一条铁谱线的波长，前人都已进行了精确的测量，因此可以将铁谱作为一个精确的波长尺，为未知的被测元素的谱线进行波长定位，从而得到定性分析的结果。

每一种型号的原子发射光谱仪都有自己的标准光谱图。标准谱图中有一列铁谱，紧挨铁谱准确标出了 68 种元素的灵敏线或特征线，谱线上标明元素符号及谱线的相对强度。标准谱图上的谱线与实际照相板上的谱线相比，放大了 20 倍。

在摄谱过程中，除了拍摄样品的发射光谱，同时还要以光谱纯铁棒为自电极拍摄铁谱。这样在照相板上既记录了样品的谱线，又有铁的标准谱线，如图 13.16 所示。将处理后的照相板置于映谱仪上，谱线被放大 20 倍后映射在白板上。此时将标准光谱图放在白板上，使标准光谱图上的铁谱与白板上映出的、照相板上的铁谱完全重叠，然后逐一对照照相板上样品的谱线所出现的波长位置。这种方法可同时获得多元素定性鉴定结果。

（ii）标准试样光谱比较法。在这一方法中，除了拍摄铁光谱、试样光谱外，还要拍摄作为标样的被测元素的纯物质或纯化合物的光谱。然后在映谱仪上对照试样与标准样的谱线，以确定所关心的元素是否存在。这种方法适于指定元素定性分析或非常见元素的分析。

在现代化的光电直读光谱仪中，上述谱线分析任务均可由计算机来完成。

2. 光谱半定量分析

光谱定性分析若只给出有可能存在的元素名称，而没有其存在的大致浓度范围，那么这是一份不完整的定性分析结果，可信度大大下降。所以定性分析结果一定要有半定量分析结果作为补充。另外，有时指定元素的定量分析不需要精确的结果，只需知道大致的浓度范围，这也属于半定量分析。比如，对钢材、合金的分类，对矿产资源品位的估计等，半定量分析结果就可以满足要求了。

对于摄谱法,半定量分析就相当于目视比色法,即比较黑度法。配制与试样基体相似的被测元素的标准系列,与试样、铁谱一起拍摄,然后通过比较分析线的黑度落入标准系列的哪个浓度区间,就可给出被测元素的大致浓度范围。还可以利用不同含量的标准样品作为标准系列。

3. 光谱定量分析

(1) 光谱定量分析关系式

当光源温度一定时,谱线强度 I 与被测元素浓度 c 的关系为

$$I = ac \tag{13.7}$$

当考虑到谱线自吸时,关系式为

$$I = ac^b \tag{13.8}$$

式中 b 为自吸系数,随浓度 c 的增加而减小。浓度越大,自吸越严重,$b<1$;当浓度 c 很小时,无自吸,$b=1$。式(13.8)就是光谱定量分析的基本关系式。这个公式又称 Schiebe-Lomakin(赛伯-罗马金)公式。

在实际工作中,很难通过测定谱线的绝对强度直接得到定量分析的结果。因为试样的组成与实验条件都会影响谱线的强度,所以与其他谱学方法一样,原子光谱法也是用相对方法进行定量分析——校准曲线法。

(2) 定量分析方法

(i) 校准曲线法。以被测元素的标准溶液配制 3 个或 3 个以上不同浓度的标准系列,在完全相同的条件下分别测定标准系列溶液与试样的发射光谱。以分析线的强度 I 对标准溶液浓度 c 作图,或以 $\lg I$ 对 $\lg c$ 作图,得到一条校准曲线。将试样分析线的强度在校准曲线上查出相应的浓度。

(ii) 标准加入法。当测定元素含量较低、基体干扰较大,又不易模拟样品的基体来配制标准试样时,采用标准加入法比较好。制作方法是取几份相同量试样,其中一份作为试样直接测定,其他几份中分别加入不同量的被测元素的标准溶液,使加入量的浓度分别为 $c_1, c_2, \cdots, c_i$。在相同条件下测定它们的发射光谱。以强度对标准加入量浓度作图。真正的试样中标准溶液加入量为零,所以它所对应的强度标在纵坐标上。设试样中被测元素浓度为 c_x,根据相似三角形原理(见图 13.21),

$$\frac{c_x}{I_x} = \frac{c_1}{I_1}$$

所以

$$c_x = \frac{c_1 \cdot I_x}{I_1} \tag{13.9}$$

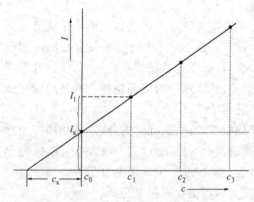

图 13.21 标准加入法曲线

将直线沿 I_x 点外推至与横坐标相交,交点处的 c_x 即为 I_x 对应的试样中被测元素的浓度。

(iii) 内标法。由于在光源中,从样品的蒸发到激发,几乎每一环节都会对谱线强度产生影响,从而光源的波动、条件的变化,都会使光谱分析结果产生较大的分析误差。内标法能较好的解决这个问题。内标法就是除了被测元素外,再选一个元素作为它的配对元素(也称内标元

素)。选择的原则是,内标元素与被测元素在光源作用下应有相近的蒸发性质。它们的激发能相近,电离能相近。它们的分析线称为分析线对,要么都是原子线,要么都是离子线,且波长尽可能相近,但需要强调的是实际样品本身不能含有内标元素。将内标元素分别加入到试样和标样中,充分混匀。这样,不管光源蒸发、激发条件有什么变化,分析线对的相对强度是不变的。这就克服了光源条件变化对元素谱线强度的影响,提高了光谱分析的精密度和准确度。

不论是内标法的校准曲线还是内标法的标准加入曲线,在标准系列和试样中均加入相同含量的内标元素。都是以分析线对的相对强度 R(或 $\lg R$)对被测元素的浓度 c(或 $\lg c$)作图。

(3) 背景扣除

从图 13.2 可以看出,光谱仪测得的原子谱线的谱线强度在很多情况下是原子谱线的强度与连续光谱或分子带状光谱强度之和。连续光谱与分子带状光谱就是原子光谱的光谱背景。光谱背景不扣除,必然导致测量误差。

在直流电弧和火花光源中的连续光谱产生于炽热的电极头,还有可能是从电极上逸出的大量炽热的微粒物质。带状光谱产生于挥发性的分子系列,如 CN 和 OH。在 ICP 光源中,连续光谱主要来源于轫致辐射和复合辐射。

在原子发射光谱法中扣除背景的方法常用空白扣除法。即测定试剂空白、电极空白或样品空白的谱线强度,在试样谱线强度中扣除空白的谱线强度。在摄谱法中,不能由黑度直接相减,必须用谱线强度相减。在光电直读光谱法中,可以直接用测量值相减。在现代化光电直读光谱仪中带有自动校正背景的装置,只要在计算机中输入扣除背景的波长范围,计算机就会自动扣除,报出被测元素分析谱线的净强度,或直接以浓度方式报出结果。图 13.2 中,元素钾(K)的404.4 nm 处的峰给出了背景扣除的示意线,净强度为 P。

4. 光谱载体与光谱缓冲剂

图 13.22 是电弧光源的蒸发曲线图。它表明,各种元素的蒸发行为是不一样的,它因元素本身的性质和基体成分的不同而不同,还与电极形状、电极温度、电极周围的化学氛围等因素有关。就元素本身性质而言,一般易挥发的物质先蒸发出来,难挥发的物质后蒸发出来。试样中这种不同元素的蒸发先后有序的现象称为分馏。所以,如果曝光时间(摄谱法)或采集数据时间(光电直读法)控制不好,就会"丢失"元素的光谱信息,得出错误的结论。

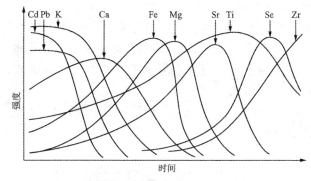

图 13.22　电弧光源蒸发曲线图

光谱载体与光谱缓冲剂的使用就是为了减缓上述影响。这种方法最早用于电弧光源中。

(1) 光谱载体

光谱载体多是一些化合物、盐类、碳粉等。对它们的纯度要求很高,不应含有被测元素。载

体的加入量比较大,载体的作用也比较复杂,大致有以下几种:

(i) 控制试样中元素的蒸发行为。通过载体与试样中被测元素之间的化学反应,使被测元素从难挥发转变为较易挥发或易挥发的化合物。如以氯化物为载体,可使熔点很高的 ZrO_2、TiO_2、稀土氧化物转变为易挥发的氯化物。

载体还可以与样品的主成分作用,改变基体效应。一个成功的例子是在测定 U_3O_8 样品中的杂质元素时加入 Ga_2O_3 作为载体。Ga_2O_3 是中等挥发性物质,不影响试样中杂质元素硼、镉、铁和锰等元素的挥发,但却大大抑制了氧化铀的蒸发,因此铀的谱线变得很弱,且数目减少,在很大程度上避免了铀的光谱干扰。

(ii) 稳定与控制电弧温度。电弧温度由电弧中电离能低的元素控制。可以选择合适的载体,以稳定和控制电弧温度,从而得到对被测元素有利的激发条件。

(iii) 延长被测元素在电弧中的停留时间。电弧中大量载体原子蒸气的存在,阻碍了被测元素原子的自由运动范围,延长了它们在电弧中的停留时间,增加了谱线的强度。

(iv) 稳定电弧。光谱载体的存在减小了直流电弧的漂移,从而提高了分析的准确度。

(2) 光谱缓冲剂

在试样中加入一种或几种物质,用来减小试样组成的影响,这种物质称为光谱缓冲剂。要使试样与标样的基体组成完全一致,在实际工作中往往难以办到。因此加入较大量的缓冲剂以稀释试样,减小试样基体的影响。光谱缓冲剂以碳粉为多。光谱缓冲剂也能起到控制电极温度和电弧温度的作用。因此,载体与缓冲剂很难截然区分。

在 ICP 光源中,由于样品是溶液,不使用光谱载体与光谱缓冲剂。但存在类似的方法,即为了减小基体的影响,加入基体改进剂。

在原子发射光谱分析中,各种光源配合使用效果更好。如用经典光源先对样品进行定性、半定量分析,根据所获信息再进一步用现代光源进行定量分析。当然,还要根据样品的状态、预处理的难易程度、对分析结果准确度的要求等来选择合适的激发光源。另外,仪器的检测手段也是要考虑的因素。用摄谱法作定量分析比较麻烦,因为要制作乳剂特性曲线,而采用光电直读法就简化了很多。但是普通的光电直读光谱仪作全定性分析,有时就不如摄谱法那样信息量大。光电直读光谱仪更适宜指定元素的定性分析。总之,要具体情况具体分析,不要盲目。

5. 干扰及其消除

无论是定性分析还是定量分析,原子发射光谱法的干扰都有两大类:光谱干扰与非光谱干扰。光谱干扰主要是由于被测元素的谱线与其他元素的谱线发生重叠或者非常靠近,分光系统不能将两者清晰地分开。遇到这种情况,通常要选择被测元素的次灵敏线。对于分子发射所造成的背景干扰,如前所述,一定要将其扣除。

非光谱干扰多指样品基体成分的干扰。最常用的消除干扰的方法就是加入光谱载体、光谱缓冲剂,或者加入基体改进剂。

13.4　原子吸收光谱法

1802 年英国科学家 Wollaston(沃拉斯顿)重复了 Newton 1666 年的光谱实验,并且对太阳光谱的几条暗线进行了研究。实际上暗线就是原子吸收现象。1823 年德国科学家 Fraunhofer(夫琅禾费)进一步研究了这些暗线,并测定出了它们的波长。真正将原子发射与原子吸收现象联系起来的是德国科学家 Kirchhoff(基希霍夫)。1806 年 Kirchhoff 在对太阳光谱进行研究以后指出,任何能够发射出给定波长辐射的物质都能吸收同一波长的辐射。或者说,基态原子蒸气能够吸收同种元素所发出的特征光谱。这就是原子吸收光谱分析的基本原理。

1878 年,英国科学家 Lockyer(洛克耶)在他撰写的"光谱分析研究"(*Studies of Spectrum Analysis*)一书中展示了他用于原子吸收光谱研究的仪器装置。但是进入 20 世纪后,最先发展并建立起来的却是电弧和火花原子发射光谱法。因为原子吸收光谱要想满足分析要求,必须要有一个能够提供特征辐射的光源,而常用的连续光源不但灵敏度低,而且光谱干扰严重。光源问题影响了原子吸收光谱法研究的进程。

1955 年,澳大利亚科学家 Walsh(沃尔什)和荷兰科学家 Alkemade(阿尔克梅德)与 Milatz(米拉兹)分别发表著名论文,建议将原子吸收光谱法作为常规的分析方法。Walsh 还在实验室组装了一台原子吸收光谱仪。这一切为原子吸收光谱法的建立与发展奠定了基础。

与原子发射光谱法相比,原子吸收光谱法的灵敏度高。从表 13.1 可以看出,至少在 4000 K 时,元素的基态原子数目 N_0 仍远大于激发态原子的数目 N_i。另外,原子吸收光谱法还具有检出限低、光谱干扰少、选择性好等特点。另外,仪器操作简便、价格较低,特别是火焰原子吸收光谱仪,一般实验室都可配备,因此应用广泛。此方法的局限性是不宜作定性分析。由于常用的原子化器的温度(3000 K)不足以使难熔元素、稀土元素充分原子化,它们的测定灵敏度很低。普通的原子吸收光谱仪不能进行多元素同时分析。近年来随着高科技的发展,改进的原子化器及多元素同时测定或顺序测定的新型仪器相继研制成功,并已商品化。

表 13.1　Walsh 根据 Boltzmann 分布计算出的 N_i/N_0 比率

元　素	激发能 /eV	波　长 /nm	$\dfrac{g_i}{g_0}$	N_i/N_0		
				2000 K	3000 K	4000 K
Zn	5.80	213.9	3	7.29×10^{-15}	5.58×10^{-10}	1.48×10^{-7}
Ca	2.93	422.7	3	1.22×10^{-7}	3.69×10^{-5}	6.03×10^{-4}
Na	2.11	589.0	2	0.86×10^{-4}	5.88×10^{-4}	4.44×10^{-3}
Cs	1.46	852.1	2	4.44×10^{-4}	7.24×10^{-3}	2.98×10^{-2}

从式(13.5)可以看出,吸收谱线的强度不仅与被测元素的基态原子数目有关,还与照射到基态原子蒸气上的特征辐射的光辐射能量密度 $\rho(\nu)$ 有关,因为原子吸收是一个光致激发的过程。基态的自由原子吸收了特定波长的光,被激发到高能态。对特征光谱吸收的多少与基态自由原子的数目有关,式(13.5)给出了原子吸收光谱定量分析的理论依据。

13.4.1　原子吸收谱线的轮廓

原子光谱的谱线并不是严格的几何意义上的线,而是随频率变化有一强度分布的谱线轮廓(见图 13.23)。对于原子吸收光谱的谱线,影响谱线轮廓的主要因素是热变宽(Doppler broadening)。它是由于原子的热运动所引起,因此称为热变宽。以下两式分别以频率和波长的形式描述了热变宽:

$$\Delta\nu_D = 7.16 \times 10^{-7} \nu_0 \left(\frac{T}{M} \right)^{1/2} \tag{13.10}$$

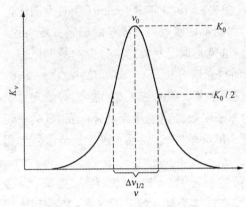

图 13.23　原子吸收谱线轮廓

$$\Delta\lambda_D = 7.16 \times 10^{-7}\lambda_0\left(\frac{T}{M}\right)^{1/2} \quad (13.11)$$

式中 T 为热力学温度，M 为吸收质点的摩尔质量。可见谱线变宽随环境温度的升高、运动原子摩尔质量的减小、该原子特征谱线的波长增长而加大。谱线的自然宽度一般约为 $10^{-5}\,nm$，而热变宽可达 $10^{-3}\,nm$。在原子吸收光谱法中，产生基态原子蒸气的原子化器的温度在 $2000\sim3000\,K$。基态原子一旦形成就处于热运动状态，必然导致它们对特征辐射的吸收谱线变宽。

13.4.2　吸收光谱的测量

由图 13.23 可见，吸收谱线轮廓内的面积积分就是某元素原子吸收的全部能量。图中 K_0 为峰值吸收系数，K_ν 为积分吸收系数。从经典色散理论可得到下述关系式：

$$\int K_\nu \cdot d\nu = \frac{\pi e^2}{mc}N_0 f \quad (13.12)$$

式中 e 为电子电荷；m 为电子质量；c 为光速；N_0 为单位体积内基态原子数目；f 为振子强度，表示被入射辐射激发的每个原子的平均电子数，它正比于原子对特定波长辐射的吸收概率。由式(13.12)可知，若能测定出吸收谱线的积分面积 $\int K_\nu d\nu$，就可求出原子浓度 N_0。但是尽管吸收谱线因 Doppler 效应已变宽至 $10^{-3}\,nm$，而要对频率积分，仍需要分辨率极高的色散元件，这是难以做到的。这也正是一百多年前就已发现原子吸收现象，却一直未能用于分析化学的原因之一。

Walsh 在 1955 年能够将这一方法实现就在于解决了上述难题。他指出，在温度不太高的稳定的火焰原子化器中，峰值吸收系数与火焰中被测元素的原子浓度呈正比。也就是说，有可能通过峰值的测量就可得到分析结果，而不必去苦苦追求难以实现的积分吸收系数的测量。

如何实现这一设想呢？先来看看图 13.24。图 13.24(a)是光源辐射的特征谱线的轮廓和到达检测器时所得到的谱线强度 I_0。此时原子化器中没有被测元素的基态原子蒸气存在，因此光源的光几乎全部穿过原子化器进入检测器。图 13.24(b)是当原子化器有基态原子蒸气存在时，对 I_0 的光产生吸收。13.24(c)是产生原子吸收时，进入到检测器的辐射光强度为 I_t。根据 Lambert-Beer 定律，表示吸收光程度的吸光度 A 与 I_0，I_t 的关系为

$$A = -\lg T = \lg \frac{I_0}{I_t} = kc \quad (13.13)$$

可见，要想通过对峰值吸收的测量得到 $A=kc$ 的关系，光源辐射的波长范围必须非常窄，是锐线光源，其谱线的半宽度必须小于吸收谱线的半宽度，且中心频率与吸收谱线的中心频率相同。同时吸收谱线又不能太宽，否则测定灵敏度下降。

Walsh 根据这一原则选择了空心阴极灯作为光源，燃烧火焰作为原子化器。空心阴极灯可以发射出锐线光谱，火焰原子化器的温度虽明显低于电弧和火花光源，但可以使很多元素较好地原子化，且不被热激发或较少电离。

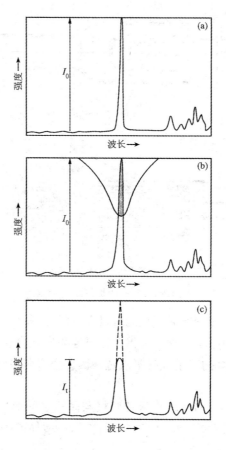

图 13.24　原子吸收光谱示意图

(a) 光源的发射光谱；(b) 光源的发射光谱被原子蒸气吸收的部分(黑色)；(c) 未被吸收的发射光谱

13.4.3　光源

由图 13.1 可知，原子吸收光谱中的光源与原子发射光谱中的光源，在概念上有所不同，因此对两者的设计与要求也不同。在原子吸收光谱中要求光源提供锐、强、稳的特征辐射，或称线状光谱。最常用的是空心阴极灯。

1. 空心阴极灯

空心阴极灯(hollow cathode lamp，HCL)是一种辐射强度较大、稳定度高的锐线光源。空心阴极灯的发光机理属于辉光放电，是一种特殊的辉光放电。图 13.25 是空心阴极灯的结构示意图，杯状阴极是空心阴极的来由。阴极内镶衬的阴极材料是被测元素的纯金属、合金或用粉末冶金方法制成的"合金"，它能发射出被测元素所需要的特征光谱，因此有时也称为元素灯。与前面介绍的 Grimm 放电管一样，空心阴极灯内只充入了几百帕的惰性气体，在电场的作用下产生阴极溅射效应。"溅射"造成阴极表面积聚大量的阴极材料的自由原子，被测元素的原子浓度很高。在电场作用下，高速运动的中性原子与电子或离子进一步碰撞获得能量，而被激发发光，整个阴极充满很强的负辉光——元素的特征光谱。

阴极溅射会引起局部热效应，因此对低熔点阴极材料溅射的同时，还伴随着热蒸发过程，

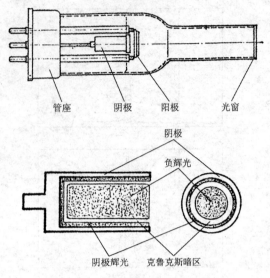

图 13.25   空心阴极灯结构示意图

使阴极腔内原子浓度增加。另一方面若灯电流过大,即使不是低熔点金属,阴极腔内的原子浓度也会增加。这样,很多中性原子还没有来得及被碰撞激发就会在阴极腔外围对腔内的特征辐射产生吸收,导致空心阴极灯的发射线自吸展宽。因此空心阴极灯的灯电流不宜过高。

2. 高强度空心阴极灯

在普通空心阴极灯中加一对辅助电极使阳极与阴极之间形成正辉区,这样来不及被碰撞激发的原子会在正辉区内激发,因此不仅减少了自吸,还增加了谱线强度。

3. 无极放电灯

大多数元素的空心阴极灯在强度、稳定性、寿命等方面都具有较好的性能,是目前原子吸收光谱中最常用的光源。但对于砷、硒、镉、锡等易挥发、低熔点的元素,往往易溅射但难激发,结果不仅谱线强度低,使用寿命也短。这些元素的空心阴极灯的光谱特性不令人满意。无极放电灯(electrodeless discharge lamp,EDL)恰好针对这些元素显示出优良的性能:强度大、光谱纯度高、谱线窄。

图 13.26 是无极放电灯的结构示意图。数毫克的被测元素的金属卤化物被封在一个长 30~100 mm、内径为 3~15 mm 的真空石英管里,内充几百帕的氩气。石英管牢固地放在一个高频发生器线圈中。灯内没有任何电极,是靠高频电场的作用激发出被测元素的原子发射光谱,其作用机理也属低压放电型,因此称为无极放电灯。

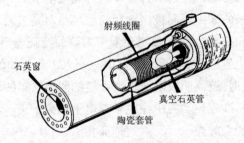

图 13.26   无极放电灯结构示意图

目前已制成的商品无极放电灯有砷、镉、碲、硒、锡、锑、铊、锌、铯、铷、锗、铋、汞、铅和磷等。磷无极放电灯是利用原子吸收光谱法测定磷的惟一实用光源。

4. 激光光源

随着现代激光技术的发展,激光在光谱分析中的应用也得到人们的重视。因为激光光谱具有很高的单色性和辐射强度,从理论上说,应该是 Walsh 峰值吸收法的理想光源。实验表明,激光光源确有相当高的测定灵敏度。20 世纪 70 年代后,染料激光器的出现使激光光谱的波长具有可调性,可望成为原子吸收光谱的理想光源,但目前仍停留在实验室研制阶段,还没有商品化仪器问世。

13.4.4 原子化器

原子化器的作用就是要把样品中的被测元素转变成基态原子蒸气。原子化器通常分为两大类:火焰原子化器和非火焰原子化器,后者也称炉原子化器。

1. 火焰原子化器

火焰原子化器(flame atomizer)是利用化学火焰的燃烧热为被测元素的原子化提供能量。火焰原子化器是最早也是最常使用的原子化器,它操作简便,测定快速,精密度好。

(1) 火焰原子化器的结构

图 13.27 是火焰原子化器的结构示意图,它通常由雾化器、预混合室和燃烧器头 3 部分组成。雾化器的作用是将试样溶液转变成湿气溶胶,即非常细小的雾滴。雾滴越细、粒径越均匀,对后面的去溶剂过程和原子化过程越有利。通常雾滴从雾化器喷嘴喷出,进入预混合室时,将与喷嘴前的玻璃撞击球或扰流片相撞,被进一步粉碎。在预混合室中,湿气溶胶、燃气、助燃气在进入燃烧器头之前被均匀混合,所以称预混合室。粒径大的液滴因重力作用不能被气流带到

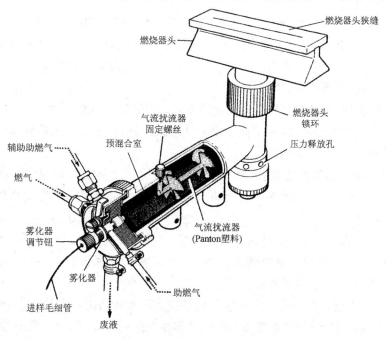

图 13.27 火焰原子化器结构示意图

燃烧器头,而从废液管排出。可见火焰原子化器的雾化效率不是100%,它是影响火焰原子化方法测定灵敏度的因素之一。

燃烧器头是火焰燃烧的地方,通常是用电子点火器将火焰点燃。试样随燃气、助燃气一起从燃烧器头的狭缝中喷出进入火焰,在火焰的高温下被迅速干燥(去溶剂)、灰化、原子化。从光源发出的特征辐射平行穿过整个火焰,火焰中的基态原子对特征光产生吸收。此时穿过火焰进入检测器的光辐射是被衰减了的透射光,与无样品时穿过火焰的光对比,经过对数运算放大器的信号转换就可得到吸光度值。

(2) 火焰的基本性质

(i) 燃烧速度。燃烧速度是指火焰由着火点向可燃混合气其他点传播的速度,它影响火焰的安全操作和燃烧的稳定性。要使火焰稳定,可燃的混合气体供气速度应大于燃烧速度。但供气速度过大,会使火焰离开燃烧器头表面,不仅变得不稳定,甚至会被吹灭;若供气速度过小,将会引起回火。

(ii) 火焰温度。不同类型的火焰所释放出的燃烧热量是不同的。表13.2中列出了几种常用火焰的燃烧特性。

表 13.2　几种常用火焰的燃烧特性

燃　气	助燃气	最快燃烧速度 /(cm·s^{-1})	最高火焰温度 /℃	附　注
乙炔	空气	158	2250	最常用火焰
乙炔	氧化亚氮	160	2700	用于难挥发和难原子化的物质
氢气	空气	310	2050	火焰透明度高,用于易电离元素
丙烷	空气	82	1920	用于易电离元素

(iii) 火焰的燃助比与化学环境。以火焰的燃气与助燃气的混合比率(简称燃助比)划分,火焰大致有3种燃烧状态:化学计量火焰、贫燃火焰和富燃火焰。化学计量火焰是指燃气与助燃气之比和化学反应计量关系相近,又称中性火焰。这类火焰温度高、稳定、背景低,适于许多元素的测定。贫燃火焰指助燃气大于化学计量的火焰。其特点是燃烧充分,有较强的氧化性,火焰温度较高,有利于易解离、易电离元素的测定。富燃火焰指燃气量大于化学计量的火焰。特点是燃烧不完全,具有还原性,温度低于化学计量火焰,适合于易形成难解离氧化物的元素的测定,但背景高。

由此可见,同一类型的火焰,若燃助比不同,火焰温度与化学环境的分布也会改变。图13.28表示的是空气-乙炔火焰在化学计量火焰和富燃火焰情况下的温度梯度。在这种情况下,光源的光穿过火焰的不同高度,测定的灵敏度就会有所不同。图13.29是针对镁、银和铬三种元素,改变火焰的测光高度而得到的吸收曲线。测光高度的选择是通过调节整个原子化器的位置上下移动来实现,常称为调节燃烧器高度。所以在火焰原子化方法当中,选择合适的燃助比和燃烧器高度是两个最基本的实验条件。

(iv) 火焰的光谱特性。火焰的光谱特性是指在没有样品进入火焰时,火焰本身对光源辐射的吸收情况,或者说火焰的"透明度"如何。火焰的"透明度"越高,火焰背景越小。图13.30是3种火焰在190～230 nm波长范围的吸收曲线。砷和硒的分析线分别在193.7 nm和

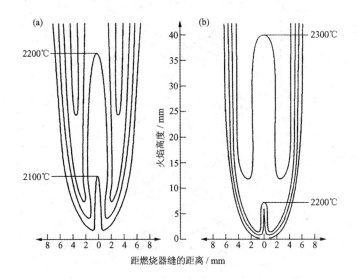

图 13.28　空气-乙炔火焰在富燃(a)和化学计量火焰(b)时的温度梯度

(a) 富燃火焰(C∶O＝0.9)；(b) 化学计量火焰(C∶O＝0.4)

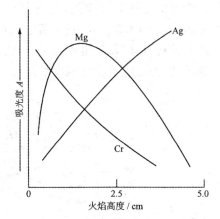

图 13.29　火焰测光高度的影响①

196.0 nm,在这个波长范围内,常用的空气-乙炔火焰背景吸收相当大,不利于砷和硒的测定。

在火焰原子吸收方法中最常用的火焰是空气-乙炔火焰。它的火焰温度较高,燃烧稳定,噪声小,重现性好.分析线波长大于 230 nm 以上的碱金属、碱土金属、贵金属等 30 多种元素都可用空气-乙炔火焰进行分析。但对于另外三十几种易形成难解离氧化物的元素最好使用温度更高、还原性更好的氧化亚氮-乙炔火焰进行分析。这种火焰因温度高易使被测元素的原子电离,另外火焰的燃烧产物 CN 易造成分子吸收背景,在使用中这些不足要引起注意。

2. 非火焰原子化器

非火焰原子化器也称炉原子化器(furnace atomizer),大致分为两类:电加热石墨炉(管)原子化器和电加热石英管原子化器。

---

① Douglas A. Skoog. *Principles of Instrumental Analysis* (5th edition), p. 209

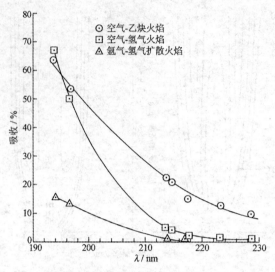

图 13.30　不同火焰的吸收曲线(波长范围 190~230 nm)[1]

(1) 电加热石墨炉原子化器

图 13.31 中是一支石墨管,中间的小孔为进样孔,直径小于 2 mm。石墨管的内径一般不超过 8 mm,管长一般不超过 30 mm。图 13.32 是将石墨管装入炉体中的结构图。通过与石墨管接触良好的石墨锥体,大电流流过石墨管。通常电压为 10 V 或 20 V,电流 250~500 A,一般最大功率不超过 5000 W。电能转变为热能,石墨管温度最高可达 3300 K。

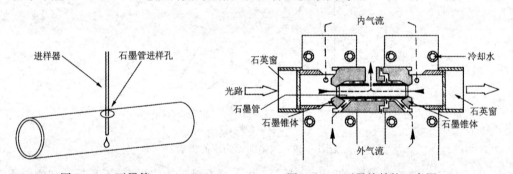

图 13.31　石墨管　　　　　　　　图 13.32　石墨炉结构示意图

光源发出的光穿过石墨管。石墨炉内需要载气和屏蔽气,通常采用惰性气体氩气,有时也用氮气。屏蔽气在石墨管外流动,其作用是为了保护石墨管在高温下不被空气氧化。载气在石墨管内流动,其作用是为了将石墨管内蒸发出的气体成分不断带走。另外在炉体的夹层中还通有冷却水,使达到高温的石墨炉在完成一个样品的分析后能迅速回到室温,准备下一次进样。

石墨炉原子化器与火焰原子化器的不同在于石墨炉的原子化过程温度可控、时间可控,即样品的干燥、灰化、原子化可在不同的温度下、不同的时间内分步进行。干燥温度一般稍高于溶剂的沸点,加热时间依进样体积大小而定。干燥的目的是为了去溶剂,以免溶剂存在时突然升至高温,样品发生崩溅。灰化温度与灰化时间依基体成分的挥发难易程度而定。灰化的目的是为了尽可能除去基体成分,保留被测元素。原子化的温度依被测元素存在状态的挥发性质而

① Bernhard Welz, Michael Sperling. *Atomic Absorption Spectrometry*, Third, Completely Revised Edition, p. 151

定,时间为 3～10 s 不等。原子化的目的是为了将被测元素转变成基态原子蒸气。即使是相同元素,在不同的样品基体中,它的灰化温度、原子化温度都会有所不同。所以要通过制作灰化温度曲线和原子化温度曲线来选择最佳的灰化温度和原子化温度。

在原子化过程中,载气将停止通过石墨管,以延长原子蒸气在石墨炉中的停留时间,提高测定灵敏度。原子化完成后可将温度升至更高些,利用高温清除样品残渣,净化石墨炉,为下一个样品分析提供清洁的环境。

石墨炉的升温程序通过计算机自动控制。进样可以是手动操作,也可以是自动操作。

由于石墨炉的进样效率是 100%,原子蒸气在光路中的停留时间比火焰原子化器中的长,并且没有火焰原子化器中火焰气体的稀释效应,所以石墨炉原子化方法的测定灵敏度通常比火焰原子化方法高 2～3 个数量级。样品消耗少,一次进样量 5～50 μL,而火焰原子化方法一次进样至少需要 2 mL。石墨炉原子化方法的不足是复杂样品的基体干扰和背景干扰较严重,测量的精密度不如火焰原子化方法,特别是使用微量注射器进行手动进样时。

(2) 电加热石英管原子化器

电加热石英管原子化器装置见图 13.33。在石英管外缠绕电炉丝,光路穿过石英管。受石英材料熔点的限制,炉体温度不能超过 1500 K。这种原子化方法只针对气体样品,特别是易生成挥发性化合物的金属元素的分析。比如金属氢化物、金属有机化合物(羰基化合物)、金属卤化物等。它们的沸点必须低于室温。

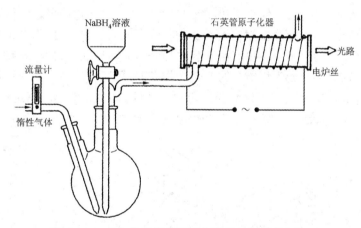

图 13.33　电加热石英管原子化器及氢化物发生装置

目前这种原子化方法基本上是挥发性氢化物和汞的专用测定方法。在含有汞或含有可生成挥发性氢化物元素的样品溶液中,加入硼氢化钠或硼氢化钾作为还原剂。在适当的酸度下汞被还原成汞蒸气,然后被载气带入电加热石英管中,汞蒸气对穿过石英管的特征光谱产生吸收。由于汞蒸气就是汞原子蒸气,所以有时石英管原子化器不必加热,仅起到"吸收池"的作用,因此也称冷原子吸收。可生成挥发性氢化物元素如砷、锑、铋、锗、铅、硒、碲、铟、铊、镉等在还原剂的作用下生成挥发性氢化物,从样品溶液中逸出(见图 13.33 中的氢化物发生装置),被载气带入石英管原子化器,在电加热原子化器的高温下形成基态原子。

氢化物发生原子吸收方法的最大特点是,一旦氢化物生成,就实现了被测元素与样品基体的分离过程;若将氢化物收集起来又实现了富集过程。所以这种方法的灵敏度高于石墨炉原子化方法,远远高于火焰原子化方法.目前氢化物发生技术已不仅是与电加热石英管原子化器连接,还可以与石墨炉原子化器连接,而且这一进样技术已被用于原子荧光光谱分析、ICP 原子发射光谱分析和气相色谱分析.

13.4.5 光谱仪

原子吸收光谱法使用的光谱仪也是由两大部分组成:单色器与检测器.由于原子吸收的谱线简单,又是锐线光源,所以对单色器分光能力的要求不像原子发射光谱中的那么高.

1. 单色器

图 13.19 中的单色器也是原子吸收光谱中最常用的.单色器由入射狭缝、出射狭缝、反射镜和色散元件组成.色散元件一般为平面闪耀光栅.单色器的作用就是将来自光源并经过原子化器的被测元素的共振线与邻近的非分析线分开,然后通过对出口狭缝的调节使非分析线被阻隔,只有被测元素的共振吸收线从出口狭缝射出,进入检测器.单色器置于原子化器之后,是为了防止来自原子化器的发射辐射干扰进入检测器.另外为了避免来自光源的特征谱线与来自原子化器的特征谱线发生重叠,光源的辐射必须经过调制.调制方法有两种:电学调制与机械调制.电学调制是指光源的电源以方波或脉冲方式供电,后面的检测系统通过滤波电路将来自光源的脉冲信号与来自原子化器的连续信号区分开来.机械调制是当光源的电源以直流方式供电时,在光源与原子化器之间加一个旋转的切光器.在切光器的作用下,光源的辐射时而通过,时而阻断,效果如同脉冲供电.

在原子吸收光谱当中,由于使用了锐线光源,单色器部分比较简单.但这种结构的特点是只能进行单元素测定,因为光源多为单元素空心阴极灯或无极放电灯.人们也曾尝试过多元素灯,但效果并不理想.为了进一步提高原子吸收光谱的分析性能,人们一直在为实现多元素同时测定而努力.目前以多个元素灯组合的复合光作光源,配以中阶梯光栅与棱镜组合的分光系统,以固态半导体光电转换器作为检测器件,基本可以满足多元素同时测定的要求,并已实现商品化,见图 13.34.但是如果使用连续光源,还需要更高分辨率的分光系统.

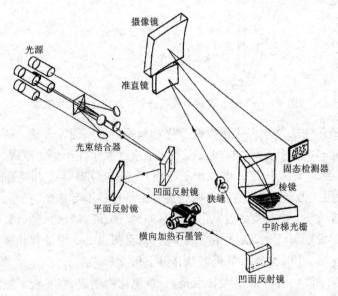

图 13.34 多元素同时测定原子吸收光谱仪光路示意图

2. 检测器

检测器(也称检测系统)由光电转换器、信号处理系统及信号输出系统组成。同原子发射光谱一样,原子吸收光谱法中常用的光电转换器件是光电倍增管(photomultiplier tube, PMT)。近些年随着高科技的发展,光电半导体器件的性能大大提高,如电荷耦合器件(CCD)、电荷注入器件(CID)、光电二极管阵列(photodiode arrays, PDA)以及其他类型的固态检测器(SSD)已被应用于商品化的原子吸收光谱分析仪器中。它们的最大特点是可同时获得多个波长下的光谱信息,且体积小,线性动态范围宽,适用于多元素同时测定。

信号输出方式有数字显示(数码管)、记录仪模拟峰形显示和计算机信息处理显示(数据直读与时间分辨峰形)。

13.4.6　干扰及其消除方法

原子吸收光谱法中的干扰有两大类:光谱干扰与非光谱干扰。在火焰原子化法和非火焰原子化法中,干扰的程度不同,干扰的机理不同,因此消除干扰的方法也有所区别。

1. 非光谱干扰

非光谱干扰是指在吸收体积内对分析物原子数目产生影响的那些起因和过程。

(1) 传输干扰

凡使用雾化器的原子化器,如火焰原子化器、ICP 原子化器,都会遇到传输干扰。它是由于样品溶液的粘度、表面张力和密度等物理性质的变化,使样品的雾化效率和气溶胶到达火焰的传输效率发生变化,从而影响了后来的原子化效率。当标准溶液与试样溶液之间存在这种差异时,就会导致传输干扰,使测定结果偏离真实值。消除的方法可以采用标准加入法,或者配制与被测试样组成尽可能相近的标准溶液体系。如果试样溶液浓度较高,也可采用稀释法减小传输干扰。

(2) 溶质挥发干扰

溶质挥发干扰在火焰原子化法和石墨炉原子化法中都会遇到。在火焰原子化方法中,这种干扰是因气溶胶中被测元素与伴生物的蒸发速率不同引起。在石墨炉原子化方法中,这种干扰是由于伴生物存在下,被测元素的挥发在温度与时间上有所改变,最常见的是在灰化步出现被测物的挥发损失。有时则是被测元素与伴生物形成了更稳定的化合物,使原子化效率降低。

在火焰原子化方法中可以通过加入释放剂和保护剂的方法来减小或消除这类干扰。释放剂的作用是其与干扰物质形成了更稳定的化合物,将干扰物从干扰物与被测元素形成的较稳定的化合物中“夺”出来,而被测元素被“释放”。比如磷酸根与钙形成稳定的磷酸钙,使钙的测定灵敏度大大降低。若加入镧盐或锶盐,镧与锶和磷酸根形成了比钙更稳定的化合物,把钙释放出来。保护剂的作用是与被测元素生成易分解或更稳定的化合物,防止被测元素与干扰物质生成易挥发或难解离的化合物。

在石墨炉原子化方法中可以通过加入基体改进剂,使它在干燥或灰化阶段与试样发生化学反应。要么与基体形成不稳定化合物,使基体的挥发性增加,被尽早除去,而将被测元素保留下来;要么与被测元素生成更稳定的化合物,使被测元素的挥发性降低,防止在灰化阶段与基体成分一起挥发而造成损失。这些消除干扰的方法思路与原子发射光谱法中的光谱载体和光谱缓冲剂的思路完全相同。

当以上方法都不能消除干扰时,只好采用预先分离的方法,如溶剂萃取、离子交换或沉淀分离等化学方法,将被测元素与基体分离开,再进行测定。

（3）气相干扰

这类干扰在所有的原子吸收技术中都会遇到。它是由于在气相中被测元素的原子化、电离或激发过程的平衡向不利于提高原子化效率的方向移动。比如原子化器的高温可以使被测元素充分原子化，但是同时也会使它们进一步电离，那么基态原子数目就会降低。此时就加入消电离剂——更易电离的元素，消电离剂电离后产生的大量电子抑制了被测元素的电离平衡移动，使电离趋势大大降低。

2. 光谱干扰

光谱干扰是由于仪器本身不能将所检测到的分析元素的吸收辐射和其他辐射完全区分所至。

（1）原子谱线的重叠

当样品基体中某元素的吸收谱线与被测元素的吸收谱线发生重叠，当被测元素的分析线旁有该元素或其他元素的非吸收线存在，而仪器又不能将上述两种情况的谱线分离开时，就会出现光谱干扰。由于原子吸收谱线简单，这类干扰较少。若有，则可选择其他分析线或对样品进行预先分离。

（2）背景干扰

背景干扰是分子吸收与光散射引起的光谱干扰的统称。因为，尽管这两种干扰的机理不同，但表现形式与消除方法一样，所以都称为背景干扰。

分子吸收是指在原子化过程中未解离的分子对来自光源的原子辐射产生吸收，造成透射比减小，吸光度增加。分子吸收是带状光谱，会在一定波长范围内形成干扰。光散射是指原子化过程中产生的微小固体颗粒（如石墨炉中的碳末）使来自光源的光发生散射，造成透射光减弱，吸光度增加。通常背景干扰都是使吸光度增加，以至于测定结果产生正误差。一般石墨炉原子化方法的背景吸收干扰比火焰原子化方法严重，因此必须扣除背景影响。

（3）背景校正方法

背景校正的方法有多种，但较常用的还是利用一些仪器技术手段，比如连续光源背景校正法和塞曼效应（Zeeman effect）背景校正法。连续光源背景校正方法是在原子吸收光谱仪中安装一个可发射连续光谱的光源，如氘灯。氘灯的发射光谱范围是 190～330 nm。原子吸收光谱法所测元素的分析线，大部分落在这个区域，因此氘灯是最常用的连续光源。图 13.35 是装有氘灯背景校正器的原子吸收光谱仪光路示意图。带有反射镜的旋转切光器的作用是将来自空心阴极灯的锐线光辐射和来自氘灯的连续光辐射交替进入原子化器，继而交替进入检测器。从锐线光源得到的吸光度是原子吸收与背景吸收的总和，从连续光源测得的吸光度主要为背景吸收的贡献，因为其中原子吸收光谱的贡献可以忽略不计。那么，将锐线光源测得的吸光度减去连续光源测得的吸光度，即为校正背景后的

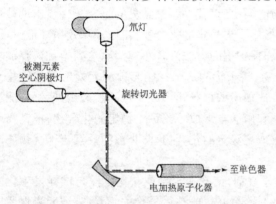

图 13.35　氘灯背景校正器光路示意图[1]

（图中标注：氘灯；被测元素空心阴极灯；旋转切光器；至单色器；电加热原子化器）

---

① Douglas A. Skoog, et al. *Principles of Instrumental Analysis* (5th edition), p. 218

被测元素的吸光度。

　　Zeeman 效应是指在磁场作用下谱线发生分裂和偏振的现象。Zeeman 背景校正方法分为两大类：光源调制法与原子化器调制法。前者是将磁场加在光源上,则光源的发射谱线发生分裂与偏振;后者是将磁场加在原子化器上,则吸收谱线发生分裂与偏振。后一种方法应用最多。

　　图 13.36 是镁的共振谱线在有、无磁场时的对照。谱线分裂后的 π 成分仍在中心波长 λ_0 (或 ν_0)处,而两个对称的 σ 成分已偏离中心波长。所以由 π 成分得到的吸光度是原子吸收与背景吸收的总和;而 σ 成分得到的吸光度只是背景吸收的,因为它不在中心波长处,没有被测元素的吸收。利用偏振现象又可使 π 与 σ 成分被交替进入检测器,因此两种成分的光谱所得到的吸光度相减,就是背景校正后的被测元素的吸光度。

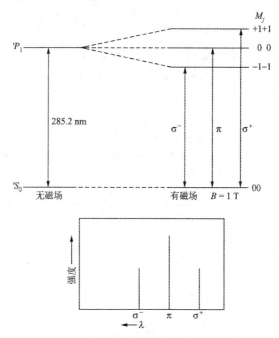

图 13.36　镁的正常塞曼效应能级分裂示意图[1]

为了清楚的表达,这张图夸大了谱线成分的分裂情况,实际上,裂距是 0.0038 nm

　　Zeeman 效应背景校正器的校正能力比氘灯背景校正器的校正能力强,但价格较贵。值得指出的是,无论哪种背景校正器,其校正能力都是有限的。正确的方法是,先用化学手段(如加入基体改进剂,甚至预先分离等)将背景吸收降至最低,落入背景校正器校正的范围内,再用背景校正器进行校正。

13.4.7　灵敏度、精密度与检出限

　　在微量、痕量甚至超痕量分析中,灵敏度、精密度与检出限是评价分析方法与分析仪器性能的重要指标。

　　1. 灵敏度

　　通常仪器分析的灵敏度 s 定义为分析标准函数的一次导数。分析标准函数为

　　① 　L. Ebdon, et al. *An Introduction to Analytical Atomic Spectrometry*, p. 41

$$x = f(c) \tag{13.14}$$

式中 x 为测量值，c 为被测元素或组成的浓度。灵敏度为

$$s = \frac{\mathrm{d}x}{\mathrm{d}c} \tag{13.15}$$

由此可见，灵敏度就是分析校准曲线的斜率。s 越大，方法的灵敏度越高。

在原子吸收光谱中更习惯于用 1% 吸收灵敏度来表示，它也叫特征灵敏度（characteristic sensitivity）。它的定义是：能产生 1% 吸收（即吸光度为 0.0044）信号时所对应的被测元素的浓度或质量。在火焰原子吸收方法当中，特征灵敏度以特征浓度 c_0（characteristic concentration）表示：

$$c_0 = \frac{c_x \times 0.0044}{A} (\mu g \cdot mL^{-1}) \tag{13.16}$$

式中 c_x 为被测元素浓度，A 为其对应的吸光度的平均值。

在非火焰原子吸收方法中，特征灵敏度常以特征质量 m_0（characteristic mass）表示：

$$m_0 = \frac{m_x \times 0.0044}{A} (\mathrm{ng} \ 或 \ \mathrm{pg}) \tag{13.17}$$

式中 m_x 为被测元素的质量，A 为其对应的吸光度的平均值。

用特征灵敏度表示时，特征浓度或特征质量的数值越小，说明方法越灵敏。特征灵敏度与灵敏度 s 的关系为

$$c_0 = \frac{0.0044}{s} \quad 或 \quad m_0 = \frac{0.0044}{s} \tag{13.18}$$

2. 精密度

精密度的表示方法通常采用 10 次测量值的相对标准差（RSD），其表达式为

$$\mathrm{RSD} = \frac{\sigma}{\bar{x}} \times 100\% \tag{13.19}$$

式中 σ 为标准差，$\bar{x}$ 为 10 次测量的平均值。σ 的表达式为

$$\sigma = \sqrt{\frac{\sum\limits_{i=1}^{n}(\bar{x} - x_i)^2}{n-1}} \tag{13.20}$$

式中 n 为总的测量次数，x_i 为第 i 次的测量值。

精密度反映了一组测量结果的波动性。波动性越小，RSD 越小，精密度越好，说明从操作者到仪器，各种状态都比较稳定。这组数据应当是同一位操作者，在同一实验室内，用同一台仪器设备经多次测定得到的，因此它也称为重复性（repeatability）。如果是同一样品，由不同的操作者在不同的实验室内，用不同型号的仪器设备进行测定，用精密度来反映各自独立测定结果的接近程度则称再现性或重现性（repreducibility）。

3. 检出限

检出限是分析方法或分析技术的重要性能。检出限定义为：在给定的分析条件和某一置信水平下可被检出的最低浓度（c_L）或最小量（m_L），表示为

$$c_L = \frac{c \times k\sigma}{\bar{x}} \quad 或 \quad m_L = \frac{m \times k\sigma}{\bar{x}} \tag{13.21}$$

式中 $\bar{x}$ 是 c 浓度溶液测定的平均值,或含待测物质量为 m 的溶液的测定平均值。实际上 $c/\bar{x}$ 或 $m/\bar{x}$ 是灵敏度 s 的倒数。σ 是空白溶液 10 次或更多次测定值的标准差;k 是置信因子,通常取 $k=3$,此时置信水平为 99.6%。

由于 c_L 是用空白溶液的测定值求得的,若空白溶液为理想状态,即除了被测元素不存在,其他成分全部与试样相同,那么 c_L 则反映了除被测元素之外,所有的化学的、物理的(包括仪器本身的)因素对测定结果造成的影响。所以 c_L 越小,说明仪器的检测能力越强。因为只有被测物含量大于等于检出限,才能可靠地将有效的分析信号与噪声信号区分开,从统计意义上确定试样中被测元素的存在。若被测元素的量低于检出限则确定为"未检出"。

13.5 原子荧光光谱法

原子荧光光谱(AFS)是在 1956 年开始研究,1964 年以后发展起来的原子光谱分析方法。它是以原子在特征辐射能激发下(光致激发)发射的荧光强度与元素含量之间的定量关系为依据的发射光谱定量分析方法。原子荧光现象是原子吸收现象的逆过程。在原子吸收光谱分析方法发展初期,原子荧光光谱分析也被提出,并进行了一些元素的测定,取得了良好的效果。在 1969 年和 1971 年的国际原子吸收光谱学会议上,各国科学家对 AFS 进行了专门研讨,指出:原子荧光光谱分析具有较高的灵敏度,能同时进行多元素测定,并可以简化(甚至"取消")色散系统和采用连续光源。原子荧光光谱法的这些特点引起了人们的兴趣与重视。

13.5.1 原子荧光的类型

气态自由原子吸收了光源的特征辐射后,原子的价电子跃迁到较高能级,然后又跃迁返回基态或较低能级,同时发射出与光源激发辐射波长相同或不同的辐射,这就是原子荧光。原子荧光是光致发光过程,当激发光源停止照射时,荧光辐射立即停止。

原子荧光可大致分为两类:共振荧光与非共振荧光。

1. 共振荧光

气态原子吸收共振辐射后被激发,再发射出与共振辐射波长相同的荧光,这就是共振荧光,见图 13.37(a)。它的特点是激发辐射线与荧光辐射线的高低能级都相同。例如锌原子吸收 213.86 nm 的辐射光,它发射的荧光辐射的波长也为 213.86 nm,如图 13.37(a)中的 A 所示。若原子受热激发处于亚稳态,再吸收特征辐射进一步被激发,然后发射出相同波长的荧光辐射,如图 13.37(a)中的 B 所示。这种情况称为热助共振荧光。图中所有虚线部分一律为非辐射形式跃迁过程。

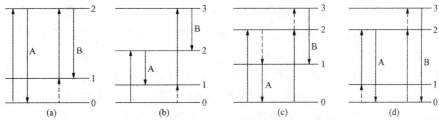

图 13.37 原子荧光的类型

(a) 共振荧光;(b) 直跃荧光;(c) 阶跃荧光;(d) 反斯托克斯荧光

2. 非共振荧光

当荧光辐射与激发辐射的波长不相同时,产生非共振荧光。非共振荧光又分为直跃荧光、阶跃荧光和反斯托克斯荧光。

(1) 直跃荧光

激发态原子跃迁返回高于基态的亚稳态时所发射的荧光称为直跃荧光,见图 13.37(b)。它的特点是激发辐射线和荧光辐射线具有相同的高能级,而低能级不同。由于产生荧光辐射的跃迁能级间隔小于激发辐射的跃迁能级间隔,所以荧光辐射的波长大于激发辐射的波长。如铅原子吸收 283.31 nm 的光,发射出 405.78 nm 的荧光。直跃荧光也称斯托克斯(Stokes)荧光。

(2) 阶跃荧光

由图 13.37(c)可见,在阶跃荧光中荧光辐射波长都大于激发辐射波长。例如钠原子吸收 330.30 nm 的辐射光,发射出 588.99 nm 的荧光辐射。图 13.37(c)中的 A 是激发态原子先以非辐射形式去激发跃迁至较低能级,然后再以光辐射形式释放出能量返回基态而发射荧光辐射。图 13.37(c)中的 B 则先以激发辐射跃迁至高能级,再以热助方式被激发到更高能级,然后返回至较低能级发射出荧光辐射。

(3) 反斯托克斯荧光

如果荧光辐射波长小于激发辐射的波长,称为反斯托克斯(anti-Stokes)荧光,见图 13.37(d)。例如铟吸收热能后处于一亚稳态能级,再吸收 451.13 nm 的辐射后跃迁至更高能级,然后跃迁返回至低能级发射出 410.18 nm 的荧光辐射。

以上各类荧光中,共振荧光谱线强度最大,最为常用。但有的元素的非共振荧光谱线的灵敏度更高。

13.5.2 原子荧光谱线强度

原子荧光谱线的强度不仅与被测元素的光致激发的原子数目有关,还与激发辐射光的强度有关。

若从初始状态考虑,如果激发光源稳定,入射光是平行而均匀的光束,自吸可以忽略不计,则基态原子对光吸收的强度 I_{ab} 与入射光强度 I_0 的关系为

$$I_{ab} = I_0 A (1 - e^{-k_{\nu}lN_0}) \tag{13.22}$$

式中 A 为光辐射照射在检测系统中观察到的有效面积,l 为吸收光程长,k_{ν} 为峰值吸收系数,N_0 为单位体积内的基态原子数目。可见基态原子数目多,光源辐射强,光致激发产生的激发态原子数目就多,I_{ab} 就强,结果荧光强度 I_f 就强。而 I_f 与 I_{ab} 的关系为

$$I_f = \phi I_{ab} \tag{13.23}$$

式中 ϕ 为荧光量子效率,它表示发射荧光光量子数与吸收激发光光量子数之比。但是受光激发后的原子,可能发射共振荧光,也可能发射非共振荧光,还可能无辐射跃迁至低能级,所以量子效率总是小于 1。

造成量子效率低的一个重要原因是荧光猝灭。它是由于受激原子和其他粒子碰撞,把一部分能量变成热运动或其他形式的能量,因而发生无辐射的去激发过程。可见荧光猝灭与原子化器内的环境有关。人们发现荧光猝灭现象在烃类火焰中(如燃气为乙炔的火焰)要比用氩稀释的氢-氧火焰中荧光猝灭大得多。因此原子荧光光谱法使用烃类火焰时,应采用较强的光源,以弥补荧光猝灭的损失。

13.5.3　光谱仪

原子荧光是原子吸收的逆过程,所以在仪器设置上它们有共同之处。但是原子吸收测量的是吸收光谱,而原子荧光测量的是发射光谱,所以在仪器设备上它们又有不同之处。图 13.38 是原子荧光光谱仪的结构框图。由图可见,与原子吸收光谱仪不同之处在于原子荧光光谱仪的光源与原子化器后面的光学系统、检测系统呈一定角度。这是为了避免所要测定的来自原子化器的原子荧光辐射与来自光源的相同波长的特征辐射一起进入检测系统,影响原子荧光光谱的测定。

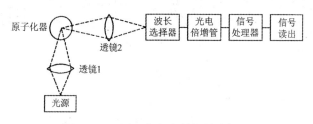

图 13.38　原子荧光光谱仪结构框图

1. 光源

原子荧光光谱中最常用的光源是高强度空心阴极灯(HI-HCL)和无极放电灯(EDL)。与原子吸收光谱一样,激光光源与连续光源在原子荧光光谱中的应用也是一个研究方向,以提高测定的灵敏度和多元素同时测定的能力。在原子荧光光谱法中光源也需要进行调制。

2. 原子化器

原子荧光光谱中使用的原子化器的类型基本与原子吸收光谱中的相同,但由于光源与检测器呈一定角度,希望原子化器的形状是圆柱形的。因此类似燃气灯型的火焰原子化器、ICP炬焰和石英管原子化器(垂直放置)都是原子荧光光谱法中较理想的原子化器。

3. 色散系统

图 13.38 中标出的"波长选择器"就是通常单色器的位置,之所以用波长选择器来表示,是因为在原子荧光光谱仪中可以用色散元件,如光栅,也可以用非色散元件,如滤光片。对波长选择器的要求与所用光源有关。若采用锐线光源或激光光源时,就可使用非色散型的波长选择器,不仅光的收集效率可以提高,还可以降低来自原子化器的背景信号。若采用连续光源,则必须使用中等分辨率以上的单色仪,以便在整个紫外-可见区内将光源辐射的散射光和其他组分激发的荧光与所测的荧光区分开来。

4. 检测器

检测器的类型因色散系统而定。色散型原子荧光光谱仪使用普通光电倍增管,非色散型光谱仪多使用日盲型光电倍增管。日盲光电倍增管的光阴极由 Cs-Te 材料制成,对 $160 \sim 280$ nm 波长的辐射有很高的灵敏度,但对 320 nm 以上波长的辐射则不灵敏。

5. 多元素原子荧光光谱仪

圆柱形原子化器使得原子荧光光谱的检测在各个角度上(除去与光源同轴外)是等同的,因此较易实现多元素测定。图 13.39 是商品化仪器 Tochnicon AFS-6 多通道原子荧光光谱仪结构示意图,这是非色散型原子荧光光谱仪。每种元素都有各自的激发光源,分布在原子化器周围,每种元素有各自的滤光片,安装在旋转轮上。每种元素有自己的电子通道通向各自的积分器,共用一个火焰原子化器,共用一个光电倍增管。因此,这是一个多元素顺序测定的原子荧光光谱仪。

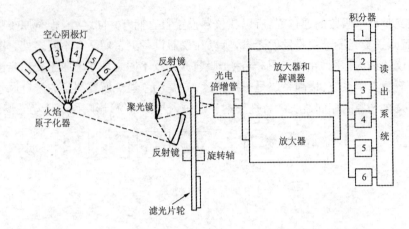

图 13.39　Tochnicon AFS-6 多通道原子荧光光谱仪结构框图

以 ICP 作为原子化器的原子荧光光谱仪也可以是非色散型的光谱仪。每种元素有各自的光源、各自的干涉滤光片和光电倍增管，它们组成一个模块，共有多个模块围绕着 ICP 炬管。因此这是一个多元素同时测定的原子荧光光谱仪。

目前国内生产的原子荧光光谱仪采用石英管原子化器，它基本上是测定可生成挥发性氢化物元素的专用光谱仪。

表 13.3 是以上介绍的几种原子光谱方法测定某些元素的检出限的对照，从中可以大致了

表 13.3　不同原子光谱法的部分元素的检出限 $(ng \cdot mL^{-1})$

元　素	AAS 火焰	AAS 电热	AES 火焰	AES ICP	AFS 火焰
Al	30	0.005	5	2	5
As	100	0.02	0.0005	40	100
Ca	1	0.02	0.1	0.02	0.001
Cd	1	0.0001	800	2	0.01
Cr	3	0.01	4	0.3	4
Cu	2	0.002	10	0.1	1
Fe	5	0.005	30	0.3	8
Hg	500	0.1	0.0004	1	20
Mg	0.1	0.00002	5	0.05	1
Mn	2	0.0002	5	0.06	2
Mo	30	0.005	100	0.2	60
Na	5	0.0002	0.1	0.2	—
Ni	5	0.02	20	0.4	3
Pb	10	0.002	100	2	10
Sn	20	0.1	300	30	50
V	20	0.1	10	0.2	70
Zn	2	0.00005	0.0005	2	0.02

表中数据引自 V. A. Fassel，R. N. Kniseley. *Anal Chem.*，1974，46，1111A；C. W. Fuller. *Electrothermal Atomization for Atomic Absorption Spectroscopy.* London：The Chemical Society，1977，65～83

解一下它们的检测能力。在实际当中,应当根据被测元素的含量范围,对结果准确度的要求以及操作上的难易程度等来全面权衡,选择适宜的方法进行测定。

13.6　原 子 质 谱

原子质谱是近几年才出现的专业名词,它是随着电感耦合等离子体质谱(ICPMS)、微波诱导等离子体质谱(MIPMS)、辉光放电质谱(GDMS)等方法的深入研究与发展而开辟的一个新领域。

13.6.1　概述

质谱分析基本上分为两大类:无机质谱与有机质谱。原子质谱属于无机质谱。无论哪类质谱,首先都要将样品转化为气态的离子,然后在质量分析器的作用下按质荷比大小进行分离,再分别记录下每一种质荷比离子的质量与强度信息。

原子质谱分析的步骤为:

(i) 样品中被测元素的原子化;

(ii) 原子化步形成的大部分原子被转变成离子(通常是单电荷离子);

(iii) 根据质荷比分离离子;

(iv) 测量并计算出每一种离子的数量,因为多是单电荷离子,所以质荷比 m/z 就是离子的质量。

步骤(i),(ii)正是与原子光谱法中讨论的原子化过程有关;步骤(iii),(iv)则与质谱法有关,这可能就是把它叫做原子质谱的原因之一,同时也有别于分子质谱。

对于无机质谱所分析的样品,其组成的分子形式相对简单一些,但为了进行更加灵敏、准确的定性和定量分析,仍希望将样品中的被测组分尽可能多地蒸发、解离并有效电离。这一过程的实现需要相对较高的能量,也就是说离子源的原子化效率与离子化效率要更高。

火花源质谱法(spark source mass spectrometry, SSMS)就是采用真空射频火花作为离子源,已被广泛地应用于痕量元素分析。它主要针对固体样品,而且要求样品先被研磨成粉末再压制成形。若是非导体样品还要与石墨或铝粉均匀混合后再压制成形。由于粉末样品在火花源中不能被充分解离,分析的灵敏度和精密度较差。除了火花,原子质谱的离子源还有热离子、辉光放电和多种等离子体。其中电感耦合等离子体被认为是比较好的离子源,因此近些年ICPMS 发展很快。

13.6.2　电感耦合等离子体质谱法

质谱仪的质量分析器必须在真空条件下工作,与其相接的离子源要么也在真空条件下工作,如真空射频火花离子源和辉光放电离子源;要么离子源在常压下工作,但必须有非常好的接口装置,以便常压下生成的离子能顺利地进入真空系统。

图 13.40 是 ICPMS 商品仪器的接口装置结构示意图。ICP 炬焰是在常压下操作,所以它与质量分析器之间通过取样锥和截取锥连接,将常压下产生的被测元素的离子束引入到真空系统。两个锥体中心的锥孔直径都小于 1 mm。炽热的等离子气体通过取样锥的小孔进入一个真空区域,此区的压力经机械泵的作用降至约 10^2 Pa($\sim 10^{-3}$atm)。在这个区域内,气体出现

迅速膨胀,并被冷却下来。然后部分气体通过截取锥的小孔,进入下一个真空室,室内压力~10^{-2} Pa,即~10^{-7} atm。在这个真空室内,正离子与电子和分子系列分离开,并被加速。然后被一个磁性离子镜聚焦到质谱分析器入口的小孔处。关于质量分析器的工作原理及种类请参阅第 22 章。

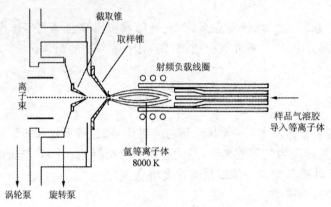

图 13.40　ICPMS 进样接口示意图[①]

周期表中大多数元素的第一电离能小于 9 eV。根据理论计算,它们在 ICP 中的电离度超过 80%。电离能越高,电离度越小。如砷、金和铂等元素在 ICP 中的电离度是 30%~80%,而氮、氖、氟、氧等元素的电离度小于 1%。在 ICP 中元素离子化的主要机理是热电离。

ICPMS 的进样系统与 ICPAES 中的一样,通常为雾化器装置,因此样品状态为溶液,无论从精密度和灵敏度上都大大优于火花质谱。如配置激光烧蚀进样器,可直接进行固体样品分析;若使用氢化物发生进样系统可测定气体样品。

13.6.3　原子质谱分析方法

1. 定性、半定量分析

一般 ICPMS 的检出限优于 ICPAES,可与电加热石墨炉原子吸收方法(electrothermal atomic absorption spectrometry, ETAAS)的检出限媲美。从图 13.41 中可以看到 ICPMS 与 ICPAES 和 ETAAS 的检出限对照。对于大多数元素 ICPMS 的检出限为 0.02~0.1 ng·mL^{-1}。另外,ICPMS 还具有多元素同时分析和分析速度快的优点。

ICPMS 的定性分析是根据谱峰的位置和丰度比。质谱谱图以质荷比为横坐标,对于单电荷离子就是元素的质量。在自然界中,天然稳定同位素的丰度比是不变的,因此丰度比常常是谱峰位置的旁证。

原子质谱谱峰图简单,理论上一种元素有几个同位素,就有几个质谱峰。但在 ICPAES 中,每种元素不止一条谱线,比如稀土元素和过渡元素,它们的谱线可达上千条。因此 ICPMS 的定性分析要比 ICPAES 简便。

半定量分析是直接用未知样中被测元素的峰信号与已知浓度的标准溶液的离子电流或峰强度进行对照,不考虑任何干扰是否存在。用这种粗略方法计算未知浓度简单易行,但准确度在 ±100%。

① L. Ebdon, et al. *An Introduction to Analytical Atomic Spectrometry*, p. 119

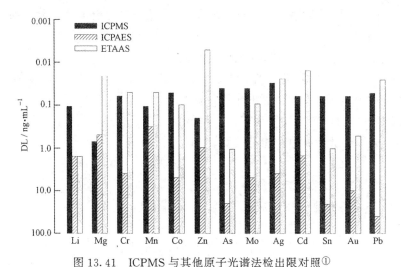

图 13.41　ICPMS 与其他原子光谱法检出限对照[①]

因 ETAAS 的检出限以质量单位(pg)表示,所以以 20 μL 进样量换算成浓度

2. 定量分析

ICPMS 中应用最广的定量分析方法是建立校准曲线,但根据不同的情况,建立校准的方式有所不同。如果样品基体足够稀($<2000\ \mu g \cdot mL^{-1}$),可以直接用简单的水基体标准溶液,有的书中也称外标法。如果基体元素浓度高,也可采用原子光谱分析方法中常用的标准加入法。

为了弥补仪器的漂移、不稳定性和减小基体干扰的影响,也常采用内标法。这也是原子光谱中常用的方法,就是将内标元素分别引入到标准溶液和未知样品中。铟和铑是两个最常用的内标元素,它们的质量数居中,且在天然样品中很少发现。通常样品被测元素和内标元素的离子电流比、离子计数比或强度比的对数在几个数量级的浓度范围内呈线性关系。

更准确的定量分析,也许要属同位素稀释法了。这一技术是基于加入已知浓度的、被浓缩的被测元素的某一同位素,然后测定被测元素的两个同位素信号强度比的变化。这个被加入的同位素就是理想的内标元素。

同位素稀释法的优点在于它能补偿在样品制备过程中被测元素的损失。只要这种损失是发生在加入浓缩同位素之后,那么即使出现损失,两种同位素损失的程度一样,不影响它们之间的比率。同理,它不受各种物理和化学的干扰,因为这些干扰对被测元素的两个同位素是相同的,因此在测定它们的比值时,这种影响被抵消。

同位素稀释法的缺点在于不能用于单同位素的测定,浓缩稳定同位素标样的来源有限,价格昂贵。总的来说,若使用得当,同位素稀释法的精密度和准确度比 ICPMS 中的其他校准方法都好。

3. 干扰

原子质谱的干扰效应通常分为两大类:质谱干扰与非质谱干扰。前者是因干扰物的标称质荷比与被测元素的质荷比相同而引起的干扰。干扰物可能是其他元素的同位素,也可能是分子离子峰。非质谱干扰与原子光谱方法中遇到的基体效应相似,可以用相似的方法解决。

质谱干扰主要有 4 种:同质异位离子(也称同量异位)的干扰、多原子离子或加合物离子

① Douglas A. Skoog, et al. *Principles of Instrumental Analysis* (5th edition), p. 267

干扰、双电荷离子干扰以及难熔氧化物离子的干扰.若使用高分辨的质谱分析器可以减小或消除大部分质谱干扰.

原子质谱与原子光谱方法相比,其优越之处是:

(i) 对于许多元素,检出限优于光谱法 3 个数量级;

(ii) 可测定的元素范围更宽,并可测定同位素;

(iii) 谱线简单、独特,常比较容易辨认、解释;

(iv) 定性分析、定量分析的性能都很好.

缺点是:

(i) 仪器价格昂贵,日常消耗费用高;

(ii) 仪器的环境条件要求高,如必须恒温、恒湿、超净.

13.7　元素的形态分析

无论是原子光谱分析还是原子质谱分析,都是元素分析方法.原子化器和原子化过程的特殊性,使它们对样品本身来说是"破坏性"的,也就是说通常测的是元素的总量.不管元素本身是以什么形式存在于样品之中,都想方设法将它们尽可能转变成一样的状态——自由原子蒸气,然后进行各种原子光谱或原子质谱检测.但是随着科学研究的不断深入,只知道微量、痕量元素的总量,对于了解它们的作用是远远不够的.比如,As(Ⅲ)与 As(Ⅴ)、Cr(Ⅲ)与 Cr(Ⅵ),它们的化合物的毒性、在生物体内的作用等是不同的,不能一概而论.即使是同一元素的同一价态,存在于不同的分子中,作用也不同.因此,对于越来越热门的环境科学、生命科学、生物无机化学、医药学和营养学等,痕量、微量元素存在的形态信息更有价值.所谓形态,就是指元素的存在状态,如是游离态,还是结合态;是高价态,还是低价态;是有机态,还是无机态;等等.

原子光谱或原子质谱方法是高灵敏度的元素分析方法,若与强有力的有机和无机分离技术联用,就可以实现高灵敏度、高选择性的形态分析.图 13.42 是原子光谱和原子质谱法形态分析技术的方法示意图.多种技术手段的结合是高科技发展的必然,也是今后原子光谱和原子质谱分析方法的发展方向.

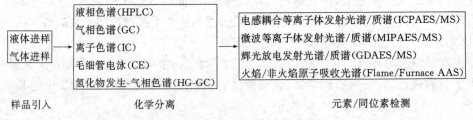

图 13.42　原子光谱与原子质谱元素形态分析方法结构框图

参 考 文 献

[1] 北京大学化学系仪器分析教学组.仪器分析教程.北京:北京大学出版社,1997

[2] 李超隆.原子吸收分析理论基础(上、下册).北京:高等教育出版社,1988

[3] D. James, Jr. Ingle, Stanley R. Crouch 著;张寒琦,王芬蒂,施文译. 光谱化学分析(*Spectrochemical Analysis*).长春:吉林大学出版社,1996

[4] Bernhard Welz, Michael Sperling. *Atomic Absorption Spectrometry* (Third, Completely Revised Edition). WILEY-VCH, Germany, 1999

[5] L. Ebdon, E. H. Evans, A. S. Fisher, S. J. Hill. *An Introduction to Analytical Atomic Spectrometry.* WILEY, England, 1998

[6] Douglas A. Skoog, F. James Holler, Timothy A. Nieman. *Principles of Instrumental Analysis* (Fifth Edition). Harcourt Brace & Company, USA, 1998

[7] Morris Slavin. *Atomic Absorption Spectroscopy* (Second Edition). John Wiley & Sons, 1978

思考题与习题

13.1 原子光谱是如何产生的？

13.2 什么叫激发能和电离能？

13.3 什么是共振线？

13.4 光谱项的含义是什么？什么是能级图？

13.5 各种原子光谱谱线的强度与哪些因素有关？

13.6 什么是谱线的自吸与自蚀？

13.7 在原子发射光谱法中，光源的作用是什么？

13.8 简述原子发射光谱法中几种常用光源的工作原理，比较它们的特性以及适用范围。

13.9 什么是光谱仪的色散率和分辨率？

13.10 什么是内标法？在什么情况下使用？

13.11 与原子发射光谱法相比，原子吸收光谱法的特点是什么？

13.12 为什么石墨炉原子化方法的灵敏度通常高于火焰原子化方法？

13.13 什么是光谱干扰和非光谱干扰？如何减小或消除这些干扰？

13.14 原子吸收光谱背景校正方法与原子发射光谱法中的背景校正方法有什么不同？为什么会有这种差别？

13.15 灵敏度、精密度、检出限所表示的含义是什么？

13.16 为什么说原子荧光现象是原子吸收现象的逆过程？

13.17 什么是荧光量子效率与荧光猝灭？

13.18 原子荧光光谱分析的特点是什么？

13.19 原子质谱方法的基本原理是什么？

13.20 原子质谱法中常用的内标元素是什么？选择它们的理由是什么？与原子发射光谱法中内标元素的选择原则有什么共同点与不同点？

13.21 什么是同位素稀释法？

13.22 比较原子光谱法与原子质谱法的性能特点。

13.23 什么是校准曲线法和标准加入法？这两种校准方法的特点是什么？

13.24 计算用标准加入法测定的水中钴(Co)含量的结果。移取 5 份体积均为 10.0 mL 的水样，分别置于 5 个 50.0 mL 的容量瓶中，加入不同体积的、浓度为 6.00 $\mu g \cdot mL^{-1}$ Co 的标准溶液，然后稀释至刻度，用下列数据作图，求出 Co 的含量($\mu g \cdot mL^{-1}$)。

样　品	$V_{水样}$/mL	$V_{标准溶液}$/mL	信号强度
空白	0	0	0.042
(1)	10.0	0	0.201
(2)	10.0	10.0	0.292
(3)	10.0	20.0	0.378
(4)	10.0	30.0	0.467
(5)	10.0	40.0	0.554

第14章 X射线荧光光谱法

当X射线照射物质时,除发生散射、衍射和吸收等现象外,还产生次级X射线,即X射线荧光。这种X射线荧光的波长只取决于物质中各元素原子电子层的能级差。因此,根据X射线荧光的波长,就可确定物质所含元素;根据其强度可确定所属元素的含量。这就是X射线荧光光谱法(X-ray fluorescence spectrometry)。

14.1 X射线和X射线谱

14.1.1 初级X射线的产生

X射线是一种波长为 0.001~50 nm 的电磁波。对于化学分析来说,最感兴趣的X射线波段是在 0.01~24 nm 之间(0.01 nm 附近代表超铀元素的 K 系谱线,24 nm 附近代表最轻元素 Li 的 K 系谱线)。

由X射线管产生的射线叫做初级X射线。X射线管是由一个热阴极(钨丝)和金属靶材料(Cu、Fe、Cr、Mo 等重金属)制成的阳极所组成,如图 14.1 所示。管内抽真空到 1.3×10^{-4} Pa。在两极之间加上几万伏的高压,加热阴极产生的电子被加速向阳极靶上撞击,此时电子的运动被突然停止,电子的能量大部分变成热能(金属靶需通入水或油冷却),只有不到 1% 的电功率转变成X光辐射从透射窗射出,即初级X射线。

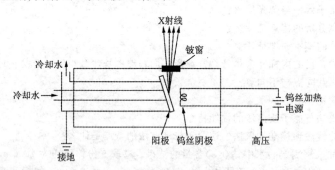

图 14.1 X射线管结构示意图

14.1.2 X射线谱

电子在与原子碰撞时的能量损失是一个随机过程,得到的是具有各种波长的X射线谱。X射线谱可以分为连续光谱和特征(标识)光谱两类。在常规的X射线管中,当所加的管电压低时,只有连续光谱产生;当管电压超过由靶材或阳极物质的某一临界数值(激发能)时,即有谱线叠加在连续光谱之上。这种谱线的波长决定于靶材的性质,因而这类谱线也称为特征(标识)光谱。由于这两类光谱的起源不同,它们所遵循的规律和特性也迥然而异。

1. 连续光谱

在 X 射线管中加速电压的电场位能转为电子动能,电子被加速。电子所获得的总动能 E_e 为

$$E_e = eU = \frac{1}{2}mv_0^2 \tag{14.1}$$

式中 m 为电子质量,e 为元电荷,U 为加速电压,v_0 为电子到达阳极表面的初速度。当高速电子轰击靶面时受到靶材料原子核的库仑力的作用而突然减速,使电子周围的电磁场发生了急剧的变化。电子的动能部分地变成了 X 光辐射能,产生了具有一定波长的电磁波。由于撞击到阳极上的电子并不都是以同样的方式受到原子核的库仑力作用而被减速的,其中有些电子在一次碰撞中即被制止,从而立刻释放出其所有的能量;另外大多数电子则需碰撞多次才逐次丧失其部分能量,直到完全耗尽为止。钨丝上的电子是以不规则的方向飞出的,各电子与管内残留气体碰撞的机会及消耗的能量也有区别。所以对大量电子来说,其能量损失是一个随机量,从而得到的是具有各种不同能量(波长)的电磁波,组成了连续 X 射线谱。这种高能带电粒子急剧减速时所发出的连续电磁辐射称为制动辐射或轫致辐射。

实验表明,连续光谱的总强度 I_{in} 随着 X 射线管内的电流强度(i/mA)、电压(U/kV)和阳极物质或靶材的原子序数(Z)加大而发生变化,如图 14.2 所示。这种总强度 I_{in},即连续区的积分强度或阳极所发出的连续光谱的总能量,其一般表达式为

$$I_{in} = \int_{\lambda_0}^{\infty} I(\lambda)\mathrm{d}\lambda \tag{14.2}$$

式中 λ_0 为连续光谱的短波限,$I(\lambda)$ 表示连续光谱按波长分布的光谱强度。

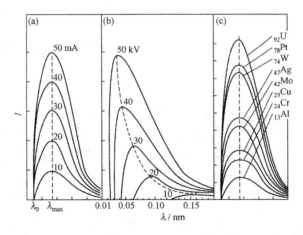

图 14.2　X 射线管电流、电压和靶材的改变对连续光谱的影响

(a) 管压、靶材(原子序数 Z)固定时,连续光谱强度 $I \propto i$;(b) 管流、靶材(原子序数 Z)固定时,连续光谱强度 $I \propto U^2$;

(c) 管压、管流固定时,连续光谱强度 $I \propto Z$

从图 14.2 可以看出:① 连续光谱的强度变化与管流 i 呈正比。② 它的强度变化还与阳极物质或靶元素的原子序数 Z 近似呈正比。③ 它的强度变化强烈地受 X 射线管内电子的加速电压 U 的影响,其表现为当 U 升高时,I_{in} 即迅速增大;连续光谱在其最强谱线的波长(λ_{max})附近,强度增加得特别快;λ_0 以及 λ_{max} 逐渐向短波一侧移动。实验和理论都表明,λ_0 与 X 射线管的加速电压 U 以及 λ_{max} 有以下简单关系:

$$\lambda_0 = 1240/U \tag{14.3}$$

$$\lambda_{\max} \approx 3\lambda_0/2 \tag{14.4}$$

上两式中 λ_0 以 nm 为单位，U 以 V(伏)为单位。短波限只与电子的加速电压有关，与靶材料无关。不同的靶材料只要加速电压相同，短波限都相同。

连续光谱的总强度为

$$I_{in} = KZiU^2 \tag{14.5}$$

式中 K 为比率常数。式(14.5)指出连续光谱的总强度随 U, i, Z 的增大而增高，其中 U 的影响为最大。如需要较大强度的 X 射线，靶材料要用 Z 大的重金属、较大的 X 射线管电流 i 及尽可能高的 X 射线管电压。在 X 射线荧光分析中，一般以连续 X 射线作为激发源。这是因为它的强度存在连续分布的形式，适合于周期表上所有元素的各个谱系的激发。

2. 特征光谱

当 X 射线管压升高到一定的临界值，使高速运动的电子的动能足以激发靶原子的内部壳层的电子，使它跳到能级较高的未被电子填满的外部壳层或离开体系而使原子电离。这时原子中的某个内部壳层即出现了空位，同时体系的能量升高处于不稳定的激发态或电离态；随后($10^{-7} \sim 10^{-14}$ s)即发生外层电子自高能态向低能态的跃迁，使整个原子体系的能量降低到最低而重新回到了稳定态。原子在发生电子跃迁的同时，将辐射出带有一定频率或能量的特征谱线。特征谱线的频率大小决定于电子在始态和终态的能量差，其能量的一般表达式为

$$h\nu_{n_1 \to n_2} = E_{n_1} - E_{n_2} = \Delta E_{n_1 \to n_2} \tag{14.6}$$

特征谱线的频率为

$$\nu_{n_1 \to n_2} = \frac{E_{n_1} - E_{n_2}}{h} = cR(Z - \sigma)^2 \left(\frac{1}{n_2^2} - \frac{1}{n_1^2} \right) \tag{14.7}$$

式(14.7)中 $R = 1.097 \times 10^7$ m^{-1}，称为 Rydberg 常数；σ 为核外电子对核电荷的屏蔽常数；n_1 和 n_2 分别代表电子在始态和终态时所属的电子壳层数；E_{n_1} 和 E_{n_2} 为其对应的能级能量；c 为光速。

如果原子最内层(即 K 层，$n=1$)的一个电子被逐出至外部壳层，由其他外层电子跃至 K 层空位，同时辐射出 X 射线，称为 K 系特征 X 射线。由 $n=2$ 的 L 层的一个电子跃入填补时，产生 Kα 辐射。此时 $n_1=2, n_2=1$，根据式(14.7)，其频率和波长分别为

$$\nu_{K\alpha} = \frac{3}{4} cR(Z - \sigma)^2 \tag{14.8}$$

$$\lambda_{K\alpha} = \frac{c}{\nu_{K\alpha}} = \frac{4}{3R(Z - \sigma)^2} \tag{14.9}$$

如果电子由 M 层($n=3$)跃入 K 层，则产生 Kβ 射线；由 N 层跃到 K 层的，称 Kγ 射线等。同样，由较外层电子跃到 L 层、M 层和 N 层而辐射的 X 射线则称为 L 系、M 系和 N 系特征 X 射线。由于电子轨道和自旋运动耦合，产生能级分裂，因此 X 射线还有精细结构。图 14.3 是钼的特征谱线。不同元素具有不同的 X 特征谱线，根据特征谱线的波长，可以判别元素的性质，即进行定性分析；根据谱线的强度，可以进行定量分析。

特征 X 射线的产生，也要符合一定的选择定则。这些选择定则是：

(i) 主量子数，$\Delta n \neq 0$；

(ii) 角量子数，$\Delta L = \pm 1$；

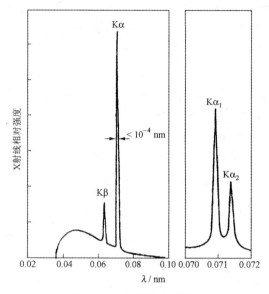

图 14.3　钼的特征谱线

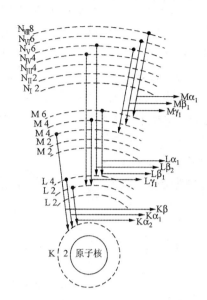

图 14.4　X 射线能级图及特征 X 射线的产生

(iii) 内量子数，$\Delta J = \pm 1$ 或 0（0→0 除外）。内量子数是角量子数 L 与自旋量子数 S 的矢量和，例如当 $L=1,S=1/2$ 时，J 值可取 1/2 和 3/2；$L=2,S=1/2$ 时，J 值可取 3/2 和 5/2。

不符合上述选律的谱线称为禁阻谱线。

特征 X 射线的产生及其相应的线系，可用能级图加以说明，如图 14.4 所示。

14.1.3　X 射线的吸收、散射和衍射

1. X 射线的吸收

设一束波长为 λ_0 的平行 X 射线束，沿着 x 轴方向，垂直入射到一均匀吸收体的表面上时的强度为 I_0，即 $l=0$ 时，$I=I_0$。当此 X 射线束在吸收体的路程上改变了 $\mathrm{d}l$ 距离时，其强度将改变 $\mathrm{d}I_0$。由物质的吸收和散射所造成的强度衰减 $\mathrm{d}I_0$ 不仅与入射线的强度 I_0 呈正比，而且还取决于吸收体的厚度 $\mathrm{d}l$、质量 $\mathrm{d}m$ 或单位截面上所遇到的原子数 $\mathrm{d}n$。有如下的关系：

$$\mathrm{d}I_0 = -I_0\mu_l\mathrm{d}l \tag{14.10}$$

$$\mathrm{d}I_0 = -I_0\mu_m\mathrm{d}m \tag{14.11}$$

$$\mathrm{d}I_0 = -I_0\mu_a\mathrm{d}n \tag{14.12}$$

式中负号表示 X 射线束通过物质时强度的衰减；μ_l,μ_m 和 μ_a 分别称为线性衰减系数、质量衰减系数和原子衰减系数，它们的物理意义分别为：在单位路程（1 cm）、单位质量（1 g）和单位截面（1 cm²）上遇到 1 个原子时所发生的 X 射线束强度的相对变化，其量纲各为 cm^{-1}，cm² · g^{-1} 和 cm²。

若用 X 射线照射固体物质后，其强度的衰减率与其穿过的厚度呈正比，即也符合光吸收基本定律：

$$\frac{\mathrm{d}I}{I} = -\mu_l\mathrm{d}l \tag{14.13}$$

将上式积分后得到

$$I = I_0 \cdot \exp(-\mu_l l) \tag{14.14}$$

式中 I_0 和 I 是入射和透射 X 射线强度，l 是试样厚度，μ_l 是线性衰减系数。在 X 射线分析法中，对于固体试样，最方便的是采用质量衰减系数 μ_m，而 $\mu_m = \mu_l/\rho$（单位：$cm^2 \cdot g^{-1}$）。式中 ρ 是物质的密度（单位：$g \cdot cm^{-3}$）；μ_m 的物理意义是一束平行的 X 射线穿过截面积为 $1\ cm^2$ 的 $1\ g$ 物质时，X 射线强度的衰减程度。

实际上，X 射线通过物质时的强度衰减是它受到物质的吸收和散射的结果。可以将 μ_m 表示为质量真吸收系数（或质量光电吸收系数）τ_m 和质量散射系数 σ_m 之和，即

$$\mu_m = \tau_m + \sigma_m \tag{14.15}$$

μ_m 是总的质量衰减系数，在实验中比质量真吸收系数易于测得，故一般表值中多以 μ_m 给出。

质量衰减系数 μ_m 是波长 λ 和元素的原子序数 Z 的函数，符合下述关系：

$$\mu_m = cZ^4\lambda^3 \frac{N_A}{A_r} \tag{14.16}$$

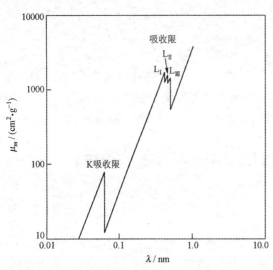

式中 N_A 为 Avogadro 常数，A_r 为相对原子质量，c 为随吸收限改变的常数，Z 为原子序数，λ 为波长。因此 X 射线的波长愈长，吸收物质的 Z 愈大，愈易被吸收；而波长愈短，Z 愈小，穿透力愈强。元素的吸收光谱就像它的发射光谱一样，也是由几个宽而很确定的吸收峰所组成，这些吸收峰的波长也是元素的特征，且很大程度上与其化学状态无关。在 X 射线吸收光谱上，当波长在某个数值时，质量吸收系数发生突变，有明显的不连续性，叫做"吸收限"或"吸收边"。它的定义是一个特征 X 射线谱系的临界激发波长。如图 14.5 所示，当 X 光子的能量恰好能激发 Mo 原子中 K 层电子时，即波长略小于 Mo 的 K 吸收限时，则入射

图 14.5　钼的质量吸收系数 μ_m 与波长的关系

的 X 射线大部分被吸收而产生次级 X 射线，这时 μ_m 最大；但波长再长，能量就不足以激发 K 层电子，因此吸收减小，μ_m 变小。L 吸收限是入射 X 射线激发 L 层电子而产生的，由于 L 层有 3 个支能级，所以有 3 个吸收限（λ_{L_I}，$\lambda_{L_{II}}$，$\lambda_{L_{III}}$）。以此类推，M 层有 5 个，N 层有 7 个吸收限。能级越接近原子核，吸收限的波长越短。

2. X 射线的散射

对于 X 射线通过物质时的衰减现象来说，波长较长的 X 射线和原子序数较大的散射体的散射作用与吸收作用相比，常常可以忽略不计。但是对于轻元素的散射体和波长很短的 X 射线，散射作用就显著了。X 射线射到晶体上时，使晶体原子的电子和核也随 X 射线电磁波的振动周期而振动。由于原子核的质量比电子大得多，其振动可忽略不计，主要考虑电子的振动。根据 X 光子的能量大小和原子内电子结合能的不同（即原子序数 Z 的大小）可以分为相干散射和非相干散射。

(1) 相干散射

相干散射也称 Rayleigh 散射或弹性散射。是由能量较小、波长较大的 X 射线与原子中束缚较紧的电子（Z 较大）作弹性碰撞的结果，迫使电子随入射 X 射线电磁波的周期性变化的电

磁场而振动,并成为辐射电磁波的波源。由于电子受迫振动的频率与入射线的振动频率一致,因此从这个电子辐射出来的散射 X 射线的频率和位相与入射 X 射线相同,只是方向有了改变。元素的原子序数愈大,相干散射作用也愈大。入射 X 射线在物质中遇到的所有电子,构成了一群可以相干的波源,且 X 射线的波长与原子间的间距具有相同的数量级,所以实验上即可观察到散射干涉现象。这种相干散射现象,是 X 射线在晶体中产生衍射现象的物理基础。

(2) 非相干散射

非相干散射也称 Compton(康普顿)散射或非弹性散射。这种散射现象称为 Compton-吴有训效应。

非相干散射是能量较大的 X 或 γ 射线光子与结合能较小的电子或自由电子发生非弹性碰撞的结果,如图 14.6 所示。碰撞后,X 光子把部分能量传给电子,变为电子的动能,电子从与入射 X 射线成 φ 角的方向射出(叫反冲电子),且 X 光子的波长变长,朝着与自己原来运动的方向成 θ 角的方向散射。由于散射光波长各不相同,两个散射波的周相之间互相没有关系,因此不会引起干涉作用而发生衍射现象,称为非相干散射。实验表明,这种波长的改变 $\Delta\lambda$ 与散射角 θ 之间有下列关系:

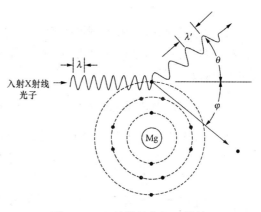

图 14.6　X 射线的非相干散射

$$\Delta\lambda = \lambda' - \lambda = K(1 - \cos\theta) \tag{14.17}$$

式中 λ 与 λ' 分别为初级入射线与非相干散射线的波长,K 为与散射体的本质和入射线波长有关的常数。

元素的原子序数愈小,非相干散射愈大,结果在衍射图上形成连续背景。一些超轻元素,如 N、C、O 等元素的非相干散射是主要的,这也是轻元素不易分析的一个原因。

3. X 射线的衍射

X 射线的衍射现象起因于相干散射线的干涉作用。当两个波长相等、位相差固定且振动于同一平面内的相干散射波沿着同一方向传播时,则在不同的位相差条件下,这两种散射波或者相互加强(同相),或者相互减弱(异相)。这种由于大量原子散射波的叠加、互相干涉而产生最大限度加强的光束叫 X 射线的衍射线。

如图 14.7 所示,当 X 射线以某个角度 θ 射向晶面时,将在每一个点阵(原子)处发生一系列球面散射波,即相干散射,从而将发生干涉。设有 3 个平行晶面,中间晶面的入射和散射 X 射线的光程与上面的晶面相比,其光程差为 $DB+BF$,而

$$DB = BF = d\sin\theta$$

只有光程差为波长的整数倍时,即

$$n\lambda = 2d\sin\theta \tag{14.18}$$

图 14.7　晶体产生 X 射线衍射的条件

时才能互相加强,这就是 Bragg(布拉格)衍射方程式。

式中 n 值为 0,1,2,3,… 等整数,即衍射级数;θ 为掠射角(入射角的补角);d 为晶面间距。

因为 $|\sin\theta|\leqslant 1$,所以当 $n=1$ 时,$\lambda/2d=|\sin\theta|\leqslant 1$,即 $\lambda\leqslant 2d$。这表明,只有当入射 X 射线波长 $\leqslant$ 2 倍晶面间距时,才能产生衍射。

在实际工作中,Bragg 方程式有两个重要作用:

(i) 已知 X 射线波长 λ,测 θ 角,从而计算晶面间距 d。这是 X 射线结构分析。

(ii) 用已知 d 的晶体,测 θ 角,从而计算出特征辐射波长 λ,再进一步查出样品中所含元素。这是 X 射线荧光分析。

14.2　X 射线荧光分析

前面已经提到,当用 X 射线照射物质时,除了发生吸收和散射现象外,还能产生特征 X 射线荧光,它们在物质结构和组成的研究方面有着广泛的用途。但对成分分析来说,X 射线荧光法的应用最为广泛。

14.2.1　X 射线荧光的产生

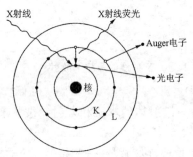

图 14.8　X 射线激发电子弛豫
过程示意图

X 射线荧光产生机理与特征 X 射线相同,只是采用 X 射线为激发手段。所以 X 射线荧光只包含特征谱线,而没有连续谱线。如图 14.8 所示,当入射 X 射线使 K 层电子激发生成光电子后,L 层电子落入 K 层空穴,这时能量 $\Delta E=E_K-E_L$ 以辐射形式释放出来,产生 Kα 射线,这就是 X 射线荧光。只有当初级 X 射线的能量稍大于分析物质原子内层电子的能量时,才能击出相应的电子,因此 X 射线荧光波长总比相应的初级 X 射线的波长要长一些。根据测得的 X 射线荧光的波长,可以确定某元素的存在,根据谱线的强度可以测定其含量。这就是 X 射线荧光分析法的基础。

原子中的内层(如 K 层)电子被电离后出现一个空穴,L 层电子向 K 层跃迁时所释放的能量,也可能被原子内部吸收后激发出较外层的另一电子,这种现象称为 Auger(俄歇)效应。后来逐出的较外层的电子,相对于原先从内层逐出的第一个光电子,称为次级光电子或 Auger 电子,如图 14.8 所示。各元素的 Auger 电子的能量都有固定值,在此基础上建立了 Auger 电子能谱法。

原子在 X 射线激发的情况下,所发生的 Auger 效应和荧光辐射是两种互相竞争的过程。对一个原子来说,激发态原子在弛豫过程中释放的能量只能用于一种发射,或者发射 X 射线荧光,或者发射 Auger 电子。对于大量原子来说,两种过程就存在一个概率问题。对于原子序数小于 11 的元素,激发态原子在弛豫过程中主要是发射 Auger 电子,而重元素则主要发射 X 射线荧光。Auger 电子产生的概率除与元素的原子序数有关外,还随对应的能级差的缩小而增加。一般对于较重的元素,最内层(K 层)空穴的填充,以发射 X 射线荧光为主,Auger 效应不显著;当空穴外移时,Auger 效应愈来愈占优势。因此 X 射线荧光分析法多采用 K 系和 L 系荧光,其他系则较少被采用。

14.2.2　Moseley 定律

X 射线荧光的波长随着元素原子序数的增加有规律地向波长变短方向移动。Moseley(莫塞莱)根据谱线移动规律,建立了 X 射线波长与元素原子序数关系的定律。其数学关系式为

$$\left(\frac{1}{\lambda}\right)^{1/2} = K(Z - S) \tag{14.19}$$

式中 K, S 为常数,随不同谱线系列(K,L)而定;Z 是原子序数。Moseley 定律是 X 射线荧光定性分析的基础,只要测出一系列 X 射线荧光谱线的波长,在排除了其他谱线的干扰以后,即可确定元素的种类。现在除了超轻元素外,绝大部分元素的特征波长都已测出并列表。读者可参阅本章所列的参考文献[1]中的附录Ⅲ。

14.3　X 射线荧光光谱仪

X 射线荧光在 X 射线荧光光谱仪上进行测量。根据分光原理,可将 X 射线荧光光谱仪分为两类:波长色散型(晶体分光)和能量色散型(高分辨率半导体探测器分光)。

14.3.1　波长色散型 X 射线荧光光谱仪

波长色散型 X 射线荧光光谱仪由 X 光源、分光晶体和检测器 3 个主要部分构成,它们分别起激发、色散、探测和显示的作用,如图 14.9 所示。

由 X 光管中射出的 X 射线,照射在试样上,所产生的荧光将向多个方向发射。其中一部分荧光通过准直器之后得到平行光束,再照射到分光晶体(或分析晶体)上。晶体将入射荧光束按 Bragg 方程式(见式(14.18))进行色散。通常测量的是第一级光谱($n=1$),因为其强度最大。检测器置于角度为 2θ 位置处,它正好对准入射角为 θ 的光线。将分光晶体与检测器同步转动,以这种方式进行扫描时,可得到以光强与 2θ 表示的荧光光谱图。

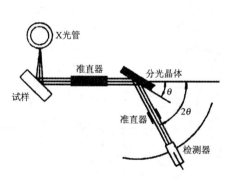

图 14.9　波长色散型 X 射线荧光光谱仪

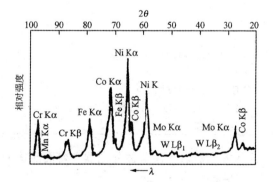

图 14.10　一种高温合金的 X 射线荧光光谱

图 14.10 是一种高温合金的 X 射线荧光光谱,其中所含元素的谱线都清晰可见。

1. X 射线激发源

由 X 射线管所发出的一次 X 射线的连续光谱和特征光谱是 X 射线荧光分析中常用的激发源。初级 X 射线的波长应稍短于受激元素的吸收限,能量最有效地激发分析元素的特征谱线。一般分析重元素时靶材选钨靶,分析轻元素用铬靶。靶材的原子序数愈大,X 光管的管压

（一般为 50～100 kV）愈高，则连续谱强度愈大。

常用的靶材及适合的分析元素范围如表 14.1 所示。

表 14.1　各种靶材适合的分析元素范围

靶　材	分析元素范围	使用谱线
W	$<_{32}Ge$	K
	$<_{77}Ir$	L
Mo	$_{32}Ge \sim _{41}Nb$	K
	$_{76}Os \sim _{92}U$	L
Pt	同 W 靶的元素	
Au	$_{72}Hf \sim _{77}Ir$	L
Cr	$<_{23}V$ 或 $_{22}Ti$	K
	$<_{58}Ce$	L
Rh,Ag	$<_{17}Cl$ 或 $_{16}S$	K
W-Cr	$W>_{22}Ti$ 或 $_{23}V$ 或同 Cr 靶的元素	

2. 晶体分光器

X 射线的分光主要利用晶体的衍射作用，因为晶体质点之间的距离与 X 光波长同属一个数量级，可使不同波长的 X 射线荧光色散，然后选择被测元素的特征 X 射线荧光进行测定。整个分光系统采用真空（13.3 Pa）密封。常用的分光晶体材料列于表 14.2 中。

表 14.2　常用的分光晶体

名　　称	$2d/nm$	测定元素
LiF(422)	0.1652	$_{87}Fr \sim _{29}Cu$
LiF(420)	0.180	$_{84}Po \sim _{28}Ni$
LiF(200)	0.4027	$_{58}Ce \sim _{19}K$
ADP(112)(磷酸二氢铵)	0.614	$_{48}Cd \sim _{16}S$
Ge	0.6532	$_{46}Pd \sim _{15}P$
PET(002)(异戊四醇)	0.8742	$_{40}Zr \sim _{13}Al$
EDDT(020)(右旋-酒石酸乙二胺)	0.8808	$_{41}Nb \sim _{13}Al$
LOD(硬脂酸铅)	10.04	$_{12}Mg \sim _5B$

晶体分光器有平面晶体分光器和弯面晶体分光器两种。

（1）平面晶体分光器

这种分光器的分光晶体是平面的。当一束平行的 X 射线投射到晶体上时，从晶体表面的反射方向可以观测到波长为 $\lambda = 2d\sin\theta$ 的一级衍射线，以及波长为 $\lambda/2, \lambda/3, \cdots$ 的高级衍射线。平面晶体反射 X 射线的示意图与图 14.9 相似。

为使发散的 X 射线平行地投到分光晶体上，常使用准直器。它是由一系列间隔很小的金属片或金属板平行地排列而成。增加准直器的长度、缩小片间距离可以提高分辨率，但强度往往会降低。

（2）弯面晶体分光器

这种分光器的分光晶体的点阵面被弯成曲率半径为 $2R$ 的圆弧形，它的入射表面研磨成曲率半径为 R 的圆弧。第一狭缝（入射）、第二狭缝（出射）和分光晶体放在半径为 R 的圆周（又称聚焦圆）上，并使晶体表面与圆周相切，两狭缝到分光晶体中心的距离相等。样品置于聚焦圆外靠近第一狭缝处，检测器与第二狭缝相连。其示意图见图 14.11。

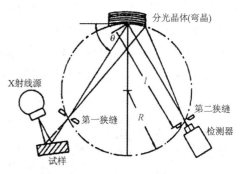

图 14.11　弯面晶体 X 射线荧光光谱仪示意图

测定时，入射狭缝的位置不变，分析晶体与出射狭缝及与其相连的检测器均沿聚焦圆运动，但出射狭缝与检测器的运动速度是分析晶体的 2 倍，以保证 θ 与 2θ 的关系，并满足 Bragg 衍射条件。同时还必须保持检测器的窗口始终对准分析晶体的中心。

弯面晶体色散法是一种强聚焦的色散方法。它的曲率能使从试样不同点上或同一点的侧向发散的同一波长的谱线，由第一狭缝射向弯晶面上各点时，它们的掠射角都相同。继而这些波长和掠射角均相等的衍射线又重新被会聚于第二狭缝处被检测，从而增强了衍射线的强度。

从表 14.2 可以看出，没有一种晶体可以同时适用于所有元素的测定，因此波长色散 X 射线荧光光谱仪一般必须有几块可以互换的分光晶体。

3. 检测器

X 射线检测器是用来接受 X 射线，并把它转化为可测量或可观察的量，如可见光、电脉冲和径迹等。然后再通过电子测量装置，对这些量进行测量。X 射线荧光光谱仪中常用的检测器有正比计数器、闪烁计数器和半导体计数器 3 种。

（1）正比计数器

这是一种充气型检测器，利用 X 射线能使气体电离的作用，使辐射能转变为电能而进行测量。其结构如图 14.12 所示。它的外壳为圆柱形金属壁，管内充有工作气体（Ar、Kr 等惰性气体）和抑制气体（甲烷、乙醇等）的混合气体。在一定的电压下，进入检测器的 X 射线光子轰击工作气体使之电离，产生离子-电子对。一个 X 光子产生的离子-电子对的数目，与光子的能量呈正比，与工作气体的电离能呈反比。作为工作气体的氩原子电离后，正离子被引向管壳，电子飞向中心阳极。电子在向阳极移动的

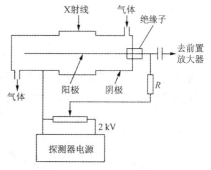

图 14.12　正比计数器

过程中被高压加速，获得足够的能量，又可使其他氩原子电离。由初级电离的电子引起了多级电离现象，在瞬间发生"雪崩"放大，一个电子可以引发 $10^3\sim10^5$ 个电子。这种放电过程发生在 X 射线光子被吸收后大约 $0.1\sim0.2~\mu s$ 的时间内。在这样短的时间内，有大量的雪崩放电冲击中心阳极，使瞬时电流突然增大，高压降低而产生一个脉冲输出。脉冲高度与离子-电子对的数目呈正比，与入射光子的能量呈正比。

自脉冲开始至达到脉冲满幅度的 90% 所需的时间称为脉冲的上升时间。两次可探测脉冲之间的最小时间间隔称为分辨时间。分辨时间也可粗略地称为死时间。在死时间内进入的 X

光子不能被测出。正比计数器的死时间约为 0.2 μs。

(2) 闪烁计数器

闪烁即为瞬间发光。当 X 射线照射到闪烁晶体上时,闪烁体能瞬间发出可见光。利用光电倍增管可将这种闪烁光转换为电脉冲,再用电子测量装置把它放大和记录下来。把闪烁晶体和光电倍增管组合起来,就构成了闪烁计数管,其结构示意于图 14.13。在 X 射线检测方面最普遍使用的闪烁体是铊激活碘化钠晶体,即 NaI(Tl)。

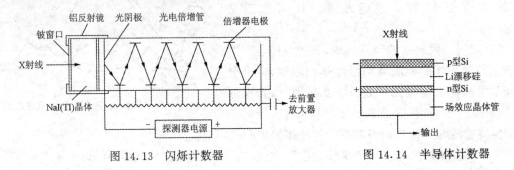

图 14.13　闪烁计数器　　　　　　　图 14.14　半导体计数器

(3) 半导体计数器

由掺有锂的硅(或锗)半导体做成,在其两面真空喷镀一层约 20 nm 厚的金膜构成电极,在 n,p 区之间有一个 Li 漂移区,如图 14.14 所示。因为锂的离子半径小,很容易漂移穿过半导体,而且锂的电离能也较低,当入射的 X 射线撞击锂漂移区(激活区)时,在其运动途径中形成电子-空穴对。电子-空穴对在电场的作用下,分别移向 n 层和 p 层,形成电脉冲。脉冲高度与 X 射线能量呈正比。

4. 记录系统

记录系统由放大器,脉冲高度分析器和记录、显示装置所组成。其中脉冲高度(即脉冲幅度)分析器的作用是选取一定范围的脉冲幅度,将分析线脉冲从某些干扰线(如某些谱线的高次衍射线、杂质线)和散射线(本底)中分辨出来,以改善分析灵敏度和准确度。例如,在图 14.15 中测量 Al 的 Kα 线($\lambda = 0.8339$ nm)时,同时会测得 Ag 的 Lα 线($\lambda = 0.4163$ nm)的二级衍射线。但短波长的 X 射线的脉冲幅度大于长波 X 射线。在脉冲高度分析器中采用两个可调的甄别器来限制所通过的脉冲高度,从而达到选择性地分别记录各种脉冲高度的目的。从图 14.15 可以看出,可完全将它们分开。

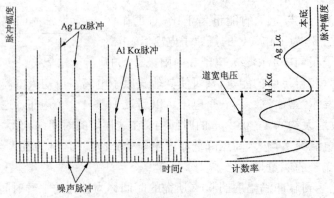

图 14.15　脉冲高度分析器原理图

14.3.2　能量色散型 X 射线荧光光谱仪

能量色散型 X 射线荧光光谱仪不采用晶体分光系统,而是利用半导体检测器的高分辨率,并配以多道脉冲分析器,直接测量试样 X 射线荧光的能量,使仪器的结构小型化、轻便化。这是 20 世纪 60 年代末发展起来的一种新技术,其仪器结构如图 14.16 所示。

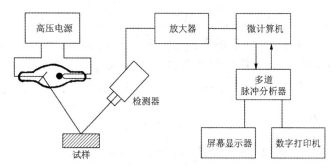

图 14.16　能量色散型 X 射线荧光光谱仪原理图

来自试样的 X 射线荧光依次被半导体检测器检测,得到一系列幅度与光子能量呈正比的脉冲,经放大器放大后送到多道脉冲幅度分析器(1000 道以上)。按脉冲幅度的大小分别统计脉冲数,脉冲幅度可以用光子的能量来标度,从而得到强度随光子能量分布的曲线,即能谱图。图 14.17 是一种血清样品的能谱图。

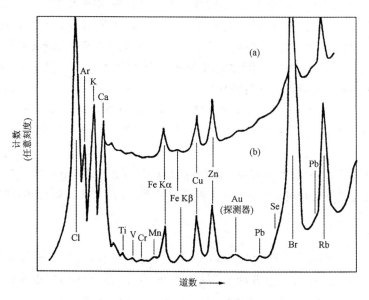

图 14.17　一种血清样品的 X 射线能谱图

(a) 无保护环;(b) 有保护环

与波长色散法相比,能量色散法的主要优点是:由于无需分光系统,检测器的位置可紧挨样品,检测灵敏度可提高 2~3 个数量级;也不存在高次衍射谱线的干扰。可以一次同时测定样品中几乎所有的元素,分析物件不受限制。仪器操作简便,分析速度快,适合现场分析。目前主要的不足之处是对轻元素还不能使相邻元素的 Kα 谱线完全分开,检测器必须在液氮低温下保存和使用,连续光谱构成的背景较大。

14.4　X射线荧光分析方法及应用

14.4.1　定性分析

X射线荧光的定性分析是根据选用的分光晶体(d已知)与实测的 2θ 角,用 Bragg 公式计算出波长,然后查谱线-2θ 表或 2θ-谱线表。这里谱线-2θ 表按原子序数的增加排列,2θ-谱线表按波长和 2θ 增加的顺序排列。在能量色散谱中,可从能谱图上直接读出峰的能量,再查阅能量表即可。

14.4.2　定量分析

定量分析的依据是 X 射线荧光的强度与含量呈正比。

1. 定量分析的影响因素

现代 X 射线荧光分析的误差主要不是来源于仪器,而是来自样品。

(1) 基体效应

样品中除分析元素外的主量元素为基体。基体效应是指样品的基本化学组成和物理、化学状态的变化对分析线强度的影响。X 射线荧光不仅由样品表面的原子所产生,也可由表面以下的原子所发射。因为无论入射的初级 X 射线或者是试样发出的 X 射线荧光,都有一部分要通过一定厚度的样品层。这一过程将产生基体对入射 X 线及 X 射线荧光的吸收,导致 X 射线荧光的减弱。反之,基体在入射 X 线的照射下也可能产生 X 射线荧光,若其波长恰好在分析元素短波长吸收限时,将引起分析元素附加的 X 射线荧光的发射而使 X 射线荧光的强度增强。因此,基体效应一般表现为吸收和激发效应。

基体效应的克服方法有:① 稀释法,以轻元素为稀释物可减小基体效应;② 薄膜样品法,将样品做得很薄,则吸收、激发效应可忽略;③ 内标法,在一定程度上也能消除基体效应。

(2) 粒度效应

X 射线荧光强度与颗粒大小有关:大颗粒吸收大;颗粒愈细,被照射的总面积大,荧光强。另外,表面粗糙不匀也有影响。在分析时常需将样品磨细,粉末样品要压实,块状样品表面要抛光。

(3) 谱线干扰

在 K 系特征谱线中,Z 元素的 Kβ 线有时与 $Z+1$,$Z+2$,$Z+3$ 元素的 Kα 线靠近。例如,$_{23}$V 的 Kβ 线与 $_{24}$Cr 的 Kα 线,$_{48}$Cd 的 Kβ 线与 $_{51}$Sb 的 Kα 线之间部分重叠;As 的 Kα 线和 Pb 的 Kα 线重叠。另外,还有来自不同衍射级次的衍射线之间的干扰。

克服谱线干扰的方法有以下几种:① 选择无干扰的谱线;② 降低电压至干扰元素激发电压以下,防止产生干扰元素的谱线;③ 选择适当的分析晶体、计数管、准直器或脉冲高度分析器,提高分辨本领;④ 在分析晶体与检测器间放置滤光片,滤去干扰谱线等。

2. 定量分析方法

(1) 校准曲线法

配制一套基体成分和物理性质与试样相近的标准样品,作出分析线强度与含量关系的校准曲线,再在同样的工作条件下测定试样中待测元素的分析线强度,由校准曲线上查出待测元素的含量。

校准曲线法的特点是简便,但要求标准样品的主要成分与待测试样的成分一致。对于测定二元组分或杂质的含量,还能做到这一点;但对多元组分试样中主要成分含量的测定,一般要用稀释法。即用稀释剂使标样和试样稀释比率相同,得到的新样品中稀释剂成为主要成分,分析元素成为杂质,就可以用校准曲线法进行测定。

(2) 内标法

在分析样品和标准样品中分别加入一定量的内标元素,然后测定各样品中分析线与内标线的强度 I_L 和 I_I,以 I_L/I_I 对分析元素的含量作图,得到内标法校准曲线。由校准曲线求得分析样品中分析元素的含量。

内标元素的选择原则:① 试样中不含该内标元素;② 内标元素与分析元素的激发、吸收等性质要尽量相似,它们的原子序数相近,一般在 $Z\pm2$ 范围内选择,对于 $Z<23$ 的轻元素,可在 $Z\pm1$ 的范围内选择;③ 两种元素之间没有相互作用。

(3) 增量法

先将试样分成若干份,其中一份不加待测元素,其他各份分别加入不同含量($\approx1\sim3$ 倍)的待测元素,然后分别测定分析线强度,以加入含量为横坐标、强度为纵坐标绘制校准曲线。当待测元素含量较小时,校准曲线近似为一直线。将直线外推与横坐标相交,交点坐标的绝对值即为待测元素的含量。作图时,应对分析线的强度作背景校正。

(4) 数学方法

上述方法是在 X 射线荧光分析中一般常用的方法。为了提高定量分析的精度,发展了直接数学计算方法。由于计算机的普及,这些复杂的数学处理方法已变得十分迅速而简便了。这类方法主要有经验系数法和基本参数法,此外还有多重回归法及有效波长法等。这些方法发展很快,可以预计,它们将成为 X 射线荧光分析法的主要方法。由于涉及的内容较多,本章不拟讨论,读者可参阅有关专著。

14.4.3　应用

随着计算机技术的普及,X 射线荧光分析的应用范围不断扩大,已被定为国际标准(ISO)分析方法之一。其主要优点是:

(i) 与初级 X 射线发射法相比,不存在连续光谱,以散射线为主构成的本底强度小,峰底比(谱线与本底强度的对比)和分析灵敏度显著提高。适合于多种类型的固态和液态物质的测定,并且易于实现分析过程自动化。样品在激发过程中不受破坏,强度测量再现性好,以便于进行无损分析。

(ii) 与光学光谱法相比,由于 X 射线光谱的产生来自原子内层电子的跃迁,所以除轻元素外,X 射线光谱基本上不受化学键的影响,定量分析中的基体吸收和元素间激发(增强)效应较易校准或克服。元素谱线的波长不随原子序数呈周期性的变化,而是服从 Moseley 定律,因而谱线简单,谱线干扰现象比较少,且易于校准或排除。

X 射线荧光分析法的应用主要取决于仪器技术和理论方法的发展。在物质的成分分析上,在冶金、地质、化工、机械、石油、建筑材料等工业部门,农业和医药卫生,以及物理、化学、生物、地学、环境、天文及考古等科学研究部门都获得了广泛的应用。分析范围包括周期表中 $Z\geqslant3$

(Li)的所有元素,检出限达 $10^{-5} \sim 10^{-9}$ g·g^{-1}(或 g·cm^{-3})。X 射线荧光分析能有效地用于测定薄膜的厚度和组成,如冶金镀层或金属薄片的厚度,金属腐蚀、感光材料、磁性录音带薄膜厚度和组成。它也可用于动态的分析上,测定某一体系在其物理化学作用过程中组成的变化情况,例如,相变产生的金属间的扩散、固体从溶液中沉淀的速度、固体在固体中扩散和固体在溶液中溶解的速度等等。随着激发源、色散方法和探测技术的改进,以及和计算机技术的联用,X 射线光谱分析法将日益发展成为各个科研部门和生产部门广泛采用的一种极为重要的分析方法。

参 考 文 献

[1] 谢忠信,赵宗铃,张玉斌,陈远盘,鄢梁垣编著. X 射线光谱分析. 北京:科学出版社,1982

[2] R. Tertian, F. Claisse. *Principles of Quantitative X-Ray Fluorescence Analysis*. London:Philadephia Rheine,1982

[3] 严凤霞,王筱敏编著. 现代光学仪器分析选论. 上海:华东师范大学出版社,1992,第 4 章

思考题与习题

14.1 解释并区分下列名词:

(1) 连续 X 射线与 X 射线荧光;

(2) 吸收限与短波限;

(3) Kα 与 Kβ 谱线;

(3) K 系谱线与 L 系谱线。

14.2 计算激发下列谱线所需的最低管电压。括弧中的数目是以 nm 表示的相应吸收限的波长。

(1) Ca 的 K 谱线(0.3064);

(2) As 的 Lα 谱线(0.9370);

(3) U 的 Lβ 谱线(0.0592);

(4) Mg 的 K 谱线(0.0496)。

14.3 在 75 kV 工作的带铬靶 X 光管,所产生的连续发射的短波限是多少?

14.4 X 射线荧光是怎样产生的? 为什么能用 X 射线荧光进行元素的定性和定量分析?

14.5 试从工作原理、仪器结构和应用三方面对色散型和能量型 X 射线荧光光谱仪进行比较。

14.6 试对几种 X 射线检测器的作用原理和应用范围进行比较。

第15章 表面分析

15.1 概　述

物体与真空或气体所构成的界面称为表面。表面有着内部体相所不具备的特殊的物理化学性质。因此,很多物理化学过程,如催化、腐蚀、氧化、钝化、吸附、扩散等,常常首先发生在表面,甚至仅仅发生在表面。相对体相而言,表面本身具有一定的组成和结构,有其特殊性和重要性,为此,往往专门称它为"表面相"。表面分析(surface analysis)作为一种实验技术,借助于各种手段研究表面相。它主要提供三方面的信息:① 表面化学状态,包括元素种类、含量、化学价态以及化学成键等;② 表面结构,从宏观的表面形貌、物相分布以及元素分布等一直到微观的表面原子空间排列,包括原子在空间的平衡位置和振动结构;③ 表面电子态,涉及表面的电子云分布和能级结构。表面分析的范畴一般为固体表面以及表面可能存在的吸附层,而液体样品在表面分析中是极为罕见的。不同的表面分析技术所涉及的深度,可以从一个单原子层的真正表面到几个原子层或更深的亚表面,甚至达到几微米的表层。

表面分析除了应用于表面、界面和薄膜外,某些样品经处理后,非表面问题也可以转化为表面问题,从而扩大了表面分析的应用范围。例如,气体或液体冷冻形成固体;固体在真空中断裂,使体相转化为表面相;液相中组分通过电解沉积和离子交换等附着在固体表面;气体悬浮微粒吸滤到过滤膜上等。

表面分析的方法很多,总的来说,就是激发源(如光子、电子、离子、中性原子或分子、电场、磁场、热或声波等)和样品相互作用产生各种现象,同时发射出粒子或波,这些粒子和波既可以是与样品作用后的激发束,也可以是来自样品本身,通过检测这些信号,就可以得到反映样品特征的各种信息。在实际工作中往往同时选用几种方法,以便互相印证,互相补充,从而获得可靠完整的信息。本章将主要介绍 X 射线光电子能谱、紫外光电子能谱、Auger(俄歇)电子能谱、二次离子质谱和扫描隧道显微镜等。至于其他方法,读者可参阅有关专著或文献。

15.2　光电子能谱法的基本原理

在表面分析中,最为常见的是光致电离后所形成的光电子能谱。它的基本原理是用单色光源(如 X 射线、紫外光)或具有一定能量的电子束去辐照样品,使原子或分子的内层电子或价电子受激而发射出来。这些被光子激发出来的电子称为光电子。测量光电子的能量,以光电子动能为横坐标,不同动能光电子的相对强度(脉冲数/s)为纵坐标作出光电子能谱图,从而获得试样的有关信息。用 X 射线作激发源的称 X 射线光电子能谱(XPS),用紫外光作激发源的称紫外光电子能谱(UPS)。对于 XPS,较高能量的光子可以使样品内层电子电离,此时留下来的激发态并不稳定,它在去激发过程中可以产生 X 射线荧光辐射和 Auger 电子发射。测量 Auger 电子的能量分布即得 Auger 电子能谱(AES)。其中 X 射线光电子能谱法对化学分析最有用,被称为化学分析用电子能谱(electron spectroscopy for chemical analysis, ESCA)。1954

年瑞典的 Siegbahn(西格巴恩)等人开始建立了 X 射线光电子能谱法,ESCA 这个词也是由他们首创的,Siegbahn 本人因此于 1981 年获诺贝尔物理学奖。以上 3 种电子能谱的特点见表 15.1。

表 15.1　3 种电子能谱的特点

名　称	简　写	原　理	特　点
(真空)紫外光电子能谱 (ultraviolet photoelectron spectroscopy)	UPS (UV-PES)	hv → e A+hv (UV) ⟶ A^{+*}+e	激发源:He I (21.22 eV) 　　　　He II (40.8 eV) 　　　　Y Mξ(132.3 eV) 　　　　Zr Mξ(154.1 eV) 测定的是气体分子的价电子或固体的价带电子结合能,可得到离子的振动结构、自旋分裂、Jahn-Teller 分裂和多重分裂等方面的信息;分辨率达几毫电子伏($\Delta E \approx 2 \sim 25$ meV)
X 射线光电子能谱 (X-ray photoelectron spectroscopy)	XPS (X-PES)	hv → e A+hv (X 射线) ⟶ A^{+*}+e	激发源:Mg Kα(1254 eV) 　　　　Al Kα(1487 eV) 　　　　Cu Kα(8048 eV) 　　　　Ti Kα(4511 eV) 可测定气体、液体、固体物质的内层电子结合能及其相关的化学位移;分辨率(对气体)可达零点几电子伏($\Delta E \approx 0.2$ eV)
俄歇电子能谱 (Auger electron spectroscopy)	AES (AS)	e (Auger) 空穴 A+hv (e) ⟶ A^{+*}+e ⟶ A^{+}+hv (X 荧光) ⟶ A^{2+}+e (Auger)	激发源:电子枪,X 射线 $Z<19$ 的元素适于 Auger 电子的研究(发射概率>90%) $Z>19$ 的重元素以发射 X 荧光为主;测定的是内层空穴非辐射跃迁发射的 Auger 电子 分辨率 $\Delta E \approx 0.2$ eV Auger 电子的特点是与激发源能量无关,具有很强的指纹性,可用于元素和状态分析

物质受到光的作用后,光子可以被分子(原子)内的电子所吸收或散射。内层电子容易吸收 X 光量子,价层电子容易吸收紫外光量子,而真空中的自由电子对光子只能散射,不能吸收。具有一定能量的入射光子同样品中的原子相作用时,单个光子把它的全部能量交给原子中某壳层上一个受束缚的电子,如果能量足以克服原子其余部分对此电子的作用,电子具有一定的动能发射出去,而原子本身变成一个激发态的离子。

$$A + hv \longrightarrow A^{+*} + e$$

式中 A 为原子,hv 为入射光子,A^{+*} 为激发态离子,e 为具有一定动能的电子。

此外,光电子离开原子时会使原子产生一个后退的反冲运动。而动量必须守恒,因此光电子还要有一部分能量传递给原子,这部分能量称为反冲动能。因此,当入射光的能量一定时,根

据 Einstein 关系式,对于自由原子有如下关系:

$$h\nu = E_B + E_k + E_r \tag{15.1}$$

式中 E_B 是原子能级中电子的电离能或结合能,其值等于把电子从所在的能级转移到真空能级时所需的能量;E_k 是出射光电子的动能;E_r 是发射光电子的反冲动能。反冲动能 E_r 与激发光源的能量和原子的质量有关:

$$E_r \approx \frac{m_e}{m}h\nu \tag{15.2}$$

式中 m 和 m_e 分别代表反冲原子和光电子的质量。反冲动能一般很小,在计算电子结合能时可以忽略不计,所以

$$h\nu = E_B + E_k \tag{15.3}$$

或

$$E_B = h\nu - E_k \tag{15.4}$$

因此,当测得 E_k 后,按照 $h\nu - E_k$ 即可求得 E_B 的值。光电离作用要求一个确定的最小的光子能量,称为临阈光子能量 $h\nu_0$。对气体样品,这个值就是分子电离势或第一电离能。研究固体样品时,通常还需进行功函数校准。一束高能量的光子,若它的 $h\nu$ 明显超过临阈能量 $h\nu_0$,它具有电离不同 E_B 值的各种电子的能力。一个光子可能激发出一个束缚得很松的电子,并传递给它高动能;而另一个同样能量的光子,也许会电离一个束缚得较紧的,并具有较低动能的光电子。因此光电离作用,即使使用固定能量的激发源,也会产生多色的光致发射。单色激发的 X 射线光电子能谱可产生一系列的峰,每一个峰对应着一个原子能级(s,p,d,f 等),这实际上反映了样品元素的壳层电子结构,如图 15.1 所示。

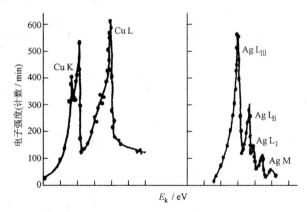

图 15.1 用 Mo Kα 线激发铜和银产生的 X 射线光电子能谱

光电离作用的概率用光电离截面 σ 表示,即一定能量的光子在与原子作用时从某个能级激发出一个电子的概率。σ 愈大,激发光电子的可能性也愈大。光电离截面与电子壳层平均半径、入射光子能量和受激原子的原子序数等因素有关。一般说来,同一原子的 σ 值反比于轨道半径的平方。所以对于轻原子,1s 电子比 2s 电子的激发概率要大 20 倍左右。对于重原子的内层电子,由于随着原子序数增大而轨道收缩,使得半径的影响不太重要;同一个主量子数 n 随角量子数 L 的增大而增大;对于不同元素,同一壳层的 σ 值随原子序数的增加而增大。

只有处于表面的原子发射出的光电子才具有 $h\nu = E_B + E_k$ 的能量。光电子从产生处向固体表面逸出的过程中与定域束缚的电子会发生非弹性碰撞,其能量不断地按指数关系衰减。电子能谱法所能研究的信息深度取决于逸出电子的非弹性散射平均自由程,简称电子逃逸深度(或

平均自由程),以 λ 表示。λ 随样品的性质而变,在金属中约为 0.5~2 nm,氧化物中约为 1.5~4 nm,对于有机和高分子化合物则为 4~10 nm。通常认为 XPS 的取样深度 d 为电子平均自由程的 3 倍,即 $d \approx 3\lambda$。因此光电子能谱的取样深度很浅,是一种表面分析技术。

15.3 X 射线光电子能谱法

用元素的特征 X 射线作为激发源,常用的有 Al $K\alpha_{1,2}$ 线(能量为 1486.6 eV)和 Mg $K\alpha_{1,2}$ 线(能量为 1253.6 eV)。

15.3.1 电子结合能

电子结合能就是一个原子在光电离前后的能量差,即原子的始态(1)和终态(2)之间的能量差,所以电子的结合能也可以表示为

$$E_B = E_{(2)} - E_{(1)}$$

对于气态样品,可近似地视为自由原子或分子。如果把真空能级(电子不受原子核吸引)选为参比能级,电子的结合能就是真空能级和电子能级的能量之差。在实验中测得的是电子的动能,也就是 Einstein 关系式中的 E_k。如果入射光子的能量大于电子的结合能,根据式(15.4),就可求得结合能 E_B。由于 E_B 反映着样品的特性,因此光电子能谱也可用 E_B 作横坐标的标度。

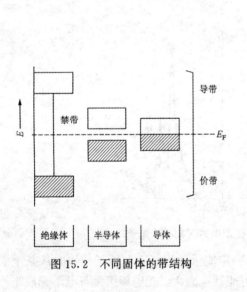

图 15.2 不同固体的带结构

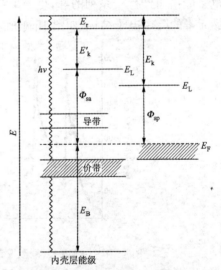

图 15.3 光电过程的能量关系示意图

$h\nu$—激发光子能量;E_B—电子结合能
Φ_{sa}—样品的功函数;Φ_{sp}—谱仪材料的功函数
E_k'—样品发射电子的动能
E_k—谱仪测量的电子动能
E_r—反冲能量;E_L—自由电子能级;E_F—Fermi 能级

对于固体样品,由于真空能级与表面状况有关,容易改变,所以选用 Fermi 能级(E_F 即相当于 0 K 固体能带中充满电子的最高能级)为参比能级。如果样品是导体,则样品与分析器之间有良好的电接触,这样样品和谱仪的 Fermi 能级处在同一个能量水平上。但对非导体样品,

Fermi 能级就不很明确,如图 15.2 所示,它的 Fermi 能级位于充满的价带和空的导带之间的带隙中。由于在实验中样品托是与谱仪相连并一同接地,且两者都是导体,因此样品和谱仪的 Fermi 能级处在同一能量值。这时样品和谱仪之间就产生一个接触电位差,其值等于样品功函数与谱仪功函数之差,即

$$U = \Phi_{sa} - \Phi_{sp}$$

所谓功函数,就是把一个电子从 Fermi 能级移到自由电子能级所需的能量。当两者达到动态平衡时,两种材料的化学势相同,Fermi 能级重合,该接触电位将加速电子运动,使自由电子的动能从 E_k' 增加到 E_k。图 15.3 是光电子激发过程的能量关系示意图,如略去反冲能 E_r,从该图可以看出

$$E_B = h\nu - \Phi_{sa} - E_k' \tag{15.5}$$

因为

$$E_k' + \Phi_{sa} = E_k + \Phi_{sp} \tag{15.6}$$

代入式(15.5),得

$$E_B = h\nu - E_k - \Phi_{sp} \tag{15.7}$$

式(15.7)是计算固体样品中原子内层电子结合能的基本公式,式中谱仪功函数 Φ_{sp} 可以通过测定一已知结合能的导电样品所得到的谱图来确定。对同一台仪器来说,Φ_{sp} 基本上是一个常数,与样品无关,其平均值约为 $3\sim4$ eV。而 $h\nu$ 是已知的,E_k 可由能谱仪测得,那么样品的 E_B 就可确定。各种原子、分子轨道的电子结合能是一定的,据此可鉴别各种原子或分子,即进行定性分析。

表 15.2 列出了各元素的电子结合能的数值。

表 15.2　各元素的电子结合能(E_B/eV)

	$1s_{1/2}$ K	$2s_{1/2}$ L_I	$2p_{1/2}$ L_{II}	$2p_{3/2}$ L_{III}	$3s_{1/2}$ M_I	$3p_{1/2}$ M_{II}	$3p_{3/2}$ M_{III}	$3d_{3/2}$ M_{IV}	$3d_{5/2}$ M_V	$4s_{1/2}$ N_I	$4p_{1/2}$ N_{II}	$4p_{3/2}$ N_{III}	$4d_{3/2}$ N_{IV}	$4d_{5/2}$ N_V	$4f_{5/2}$ N_{VI}	$4f_{7/2}$ N_{VII}
$_1$H	14															
$_2$He	25															
$_3$Li	55															
$_4$Be	111															
$_5$B	188															
$_6$C	284			7												
$_7$N	399			9												
$_8$O	532	24		7												
$_9$F	686	31		9												
$_{10}$Ne	867	45		18												
$_{11}$Na	1072	63		21	1											
$_{12}$Na	1305	89		52	2											
$_{13}$Al	1560	118	74	73	1											
$_{14}$Si	1839	149	100	99	8		3									
$_{15}$P	2149	189	136	135	16		10									
$_{16}$S	2472	229	165	164	16		8									
$_{17}$Cl	2823	270	202	200	18		7									
$_{18}$Ar	3203	320	247	245	25		12									
$_{19}$K	3608	377	297	294	34		18									

（续表）

	$1s_{1/2}$ K	$2s_{1/2}$ L_{I}	$2p_{1/2}$ L_{I}	$2p_{3/2}$ L_{II}	$3s_{1/2}$ M_{I}	$3p_{1/2}$ M_{II}	$3p_{3/2}$ M_{III}	$3d_{3/2}$ M_{IV}	$3d_{5/2}$ M_{V}	$4s_{1/2}$ N_{I}	$4p_{1/2}$ N_{II}	$4p_{3/2}$ N_{III}	$4d_{3/2}$ N_{IV}	$4d_{5/2}$ N_{V}	$4f_{5/2}$ N_{VI}	$4f_{7/2}$ N_{VII}
$_{20}$Ca	4038	438	350	347	44		26		5							
$_{21}$Sc	4493	500	407	402	54		32		7							
$_{22}$Ti	4965	564	461	455	59		34		3							
$_{23}$V	5465	628	520	513	66		38		2							
$_{24}$Cr	5989	695	584	575	74		63		2							
$_{25}$Mn	6539	769	652	641	84		49		4							
$_{26}$Fe	7114	846	723	710	95		56		6							
$_{27}$Co	7709	926	794	779	101		60		3							
$_{28}$Ni	8333	1008	872	855	112		68		4							
$_{29}$Cu	8979	1096	951	931	120		74		2							
$_{30}$Zn	9659	1194	1044	1021	137		87		9							
$_{31}$Ga	10 367	1298	1143	1116	158	107	103		18			1				
$_{32}$Ge	11 104	1413	1249	1217	181	129	122		29			3				
$_{33}$As	11 867	1527	1359	1323	204	147	141		41			3				
$_{34}$Se	12 658	1654	1476	1436	232	168	162		57			6				
$_{35}$Br	13 474	1782	1596	1550	257	189	182	70	69	27		5				
$_{36}$Kr	14 326	1921	1727	1675	289	223	214	89		24		11				
$_{37}$Rb	15 200	2065	1864	1805	322	248	239	112	111	30	15	14				
$_{38}$Sr	16 105	2216	2007	1940	358	280	269	135	133	38		20				
$_{39}$Y	17 039	2373	2115	2080	395	313	301	160	158	46		26	3			
$_{40}$Zr	17 998	3532	2307	2223	431	345	331	183	180	52		29	3			
$_{41}$Nb	18 986	2698	2465	2371	469	379	363	208	205	58		34	4			
$_{42}$Mo	20 000	2866	2625	2520	505	410	393	230	227	62		35	2			
$_{43}$Tc	21 044	3043	2793	2677	544	445	425	257	253	68		39	2			
$_{44}$Ru	22 117	3224	2967	2838	585	483	461	284	279	75		43	2			
$_{45}$Rh	23 220	3412	3146	3004	627	521	496	312	307	81		48	3			
$_{46}$Pd	24 350	3605	3331	3173	670	559	531	340	335	86		51	1			
$_{47}$Ag	25 514	3806	3524	3351	717	602	571	373	367	95	62	56	3			

15.3.2　X射线光电子能谱图

图 15.4 是以 Mg Kα 为激发源，Ag 片的 X 射线光电子能谱。通常采用被激发电子所在能级来标志光电子。例如，由 K 层激发出来的电子称为 1s 电子，由 L 层激发出来的分别记做 2s，$2p_{1/2}$，$2p_{3/2}$ 光电子，依次类推。Ag 原子的第一、第二壳层的电子结合能大于 Mg $Kα_{1,2}$ 的能量，故不能被激发；而在外面壳层的电子能被激发电离，其谱峰分别记做 Ag 3s，Ag $3p_{1/2}$，Ag $3p_{3/2}$，Ag $3d_{3/2}$，Ag $3d_{5/2}$，Ag 4s，Ag $4p_{1/2}$，Ag $4p_{3/2}$，Ag 4d；Ag 的 4f 轨道无电子填充，所以无此光电子峰。Ag 的 5s 轨道已成导带。每一个元素的原子都有 1～2 个最强特征峰。在 Ag 谱中由 Mg $Kα_{1,2}$ 激发的 Ag $3d_{3/2,5/2}$ 是最强的峰，彼此间距为 6 eV，而 Ag 3p 比特征峰 Ag 3d 要弱 6 倍左右。

15.3.3　化学位移

原子中的内层电子受核电荷的库仑引力和核外其他电子的屏蔽作用。任何外层价电子分

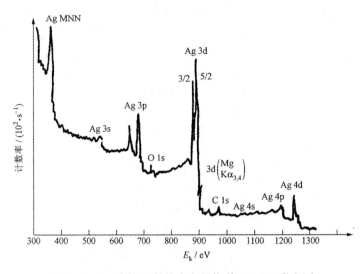

图 15.4　Ag 片的 X 射线光电子能谱(Mg Kα 激发源)

布的变化都会影响内层电子的屏蔽作用。当外层电子密度减少时,屏蔽作用减弱,内层电子的
结合能增加;反之,结合能将减少。在光电子谱图上可以
看到谱峰的位移,称为电子结合能位移 ΔE_B。由于原子
处于不同的化学环境而引起的结合能位移称为化学位
移。图 15.5 为铍的不同化合物的化学位移。由图可知,
当 Be 被氧化成 BeO 后,Be 的 1s 电子结合能向高结合
能方向移动 2.9 eV,BeF_2 和 BeO 中的 Be 虽然具有相
同的氧化数(2+),但由于氟的电负性比氧的电负性高,
所以 Be 在 BeF_2 中比在 BeO 中具有更高的氧化态。XPS
的实验结果证实,在 BeF_2 中由氟引起的结合能变化,比
BeO 中由氧引起的变化大,说明内层电子结合能随氧化
态增高而增加,化学位移愈大。

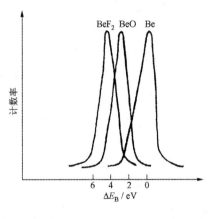

图 15.5　Be、BeO、BeF_2 中 Be 的 1s
电子光电子谱线的位移

　　原子氧化态的变化可以引起价电子密度的变化,从
而改变了对内层电子的屏蔽效应,导致内层电子结合能
的改变。表 15.3 列出了几种元素不同氧化态的化学位移,可以清楚地看出化学位移随氧化态
增加而增加。

表 15.3　几种无机离子不同氧化态的化学位移*

元　素	氧　化　态									
	−2	−1	0	+1	+2	+3	+4	+5	+6	+7
N(1s)		0		+4.5 eV		+5.1 eV		+8.0 eV		
S(1s)	−2.0 eV		0				+4.5 eV		+5.8 eV	
Cl(2p)		0				+3.8 eV		+7.1 eV		+9.5 eV
Cu(1s)			0	+0.7 eV	+4.4 eV					
I(4s)		0						+5.3 eV		+6.5 eV
Eu(4s)				0	+9.6 eV					

　　* 表中数值为相对于 0 的位移值。

　　化学位移还与电负性有关。电负性是指分子内原子吸引电子的能力，它的大小与原子的电子密度有关，在分子内某一原子的内层电子结合能直接与相连原子或原子团的电负性有关。例如，三氟乙酸乙酯中 C 1s 的 XPS 谱如图 15.6 所示。由于分子中各元素的电负性不同（F＞O＞C＞H），4 个碳原子所处的化学环境不同，所以谱图上出现了 4 个位移值不同的 C 1s 峰，其面积之比为 1：1：1：1，图中从左至右谱峰与结构式中碳原子有逐一对应的关系。

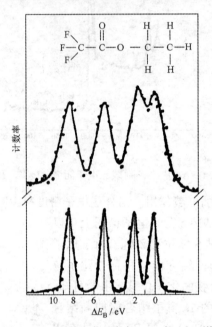

图 15.6　三氟乙酸乙酯中 C 1s 的 XPS 谱

15.4　紫外光电子能谱法

　　紫外光电子能谱和 X 射线光电子能谱的原理基本相同，只是采用真空紫外线作为激发源，通常使用稀有气体的共振线如 He I（21.2 eV）、He II（40.8 eV）。紫外线的单色性比 X 射线好得多，因此紫外光电子能谱的分辨率比 X 射线光电子能谱要高得多。用该方法可分析样品外壳层轨道结构、能带结构、空态分布和表面态情况。

15.4.1　电离能的测定

　　价电子的结合能习惯上称为电离能。由于紫外线的能量比 X 射线低，只能激发样品的原子或分子的价电子，因此，它所测定的是电离能。当能量为 $h\nu$ 的光子作用于气体样品的原子或分子时，可将第 n 个分子轨道中的某个电离能为 E_I 的价电子激发出来，使其成为有动能 E_k 的电子。这个分子离子可以处于振动、转动或其他激发状态。因此，入射紫外光的能量（$h\nu$）将用于以下几个方面：① 电子的电离能 E_I；② 光电子的动能 E_k；③ 分子离子的振动能 E_v 和转动能 E_r。它们之间的关系为

$$h\nu = E_k + E_v + E_r + E_I \tag{15.8}$$

式中 E_v 大约为 0.05～0.5 eV，E_r 更小，显然，E_v、E_r 比 E_I 小得多。因此由式(15.8)，得

$$E_k = h\nu - E_I \tag{15.9}$$

被激发电子的电离能 E_I 愈大,则测出的电子动能 E_k 愈小。

15.4.2　分子振动精细结构的测定

目前在各种电子能谱法中,只有紫外光电子能谱才是研究振动结构的有效手段。

紫外线的自然宽度比 X 射线窄得多。He I 的线宽为 0.003 eV,He II 为 0.017 eV;而 Mg Kα 线宽为 0.68 eV,Al Kα 为 0.83 eV。一般分子振动能级的间隔约为 0.1 eV,转动能级间隔约为 0.001 eV。在 XPS 中即使使用单色 X 射线,在价电子的情况下线宽通常要超过 0.5 eV(而 UPS 的最高分辨率已达 5 meV 左右)。所以 XPS 通常不能分辨振动的精细结构。图 15.7 是用 He I 共振线激发氢分子离子的紫外光电子能谱,从图中可看到 14 个峰,它们对应于氢分子离子的各个振动能级。

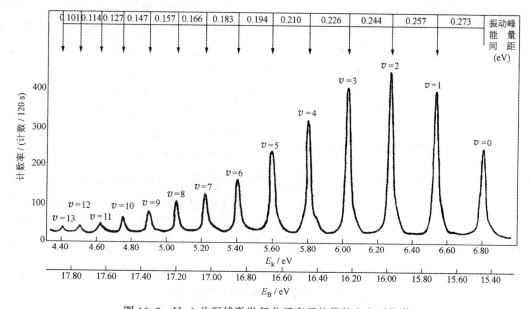

图 15.7　He I 共振线激发氢分子离子的紫外光电子能谱

下面以双原子分子为例,进一步说明振动的精细结构。双原子分子在室温时,只能激发基态振动一种方式,其光电子谱带的振动精细结构容易分辨。图 15.8 是双原子分子 AB 和它的 3 个离子态 AB⁺ 的位能曲线。最低的曲线是基态中性分子的位能曲线,它的平衡核间距离是 r_e。从该分子最高已占有的轨道激发出 1 个电子以后生成的基态分子离子是 AB⁺($\tilde{X}$),从次高轨道激发出 1 个电子以后生成的分子离子是 AB⁺($\tilde{A}$)、AB⁺($\tilde{B}$)等,它们相应的电离能分别是 E_{I_1},E_{I_2},E_{I_3}。这些离子可以有振动态 $v=0$,$v=1$,$v=2$ 等。按照 Frank-Condon(弗兰克-康登)原理,电子跃迁过程是一个非常迅速的过程,跃迁后电子态虽有改变,但原子核的质量比电子的质量大很多倍,核在这样短的时间内不可能发生显著的位

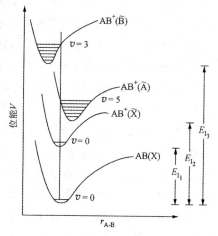

图 15.8　分子 AB 的分子基态位能曲线和离子 AB⁺ 的 3 种电子态的位能曲线

移.因此对双原子分子来说,从基态分子跃迁到与基态分子具有相同核间距的分子离子振动态的跃迁概率最大.谱图上的每一条谱线,即对应于位能曲线上的一种跃迁.

双原子分子振动频率的公式为 $\nu=(k/\mu)^{1/2}/2\pi$。式中 k 为化学键的力常数,μ 为折合质量.如果电离时,分子的一个非键电子(孤对电子)被移去,对化学键的强度(k)改变不大,振动频率几乎不变,$\nu_{ion}=\nu_{mole}$,平衡核间距 r_e 也不受影响,几何构型变化不大,这对应于图 15.8 中的(X)→(X̃)的电离跃迁;若被激发的电子是一个成键电子,则由于原子间成键效应减弱而使 r_e 增大,$\nu_{ion}<\nu_{mole}$,对应于图上(X)→(Ã)的跃迁;若被激发的是反键电子,则 r_e 减小,$\nu_{ion}>\nu_{mole}$,对应于(X)→(B̃)的跃迁.实际上,有两种与这些跃迁相联系的电离能,它们是:① 绝热电离能.它对应于分子基态到离子基态的跃迁,$v=0$.② 垂直电离能.跃迁后离子核间距离与中性分子的核间距离相同,$v\geqslant0$,具有最大的跃迁优势.

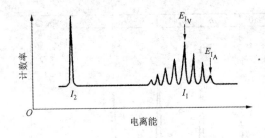

图 15.9 是假设的高分辨紫外光电子能谱,从该谱可以分辨振动结构.图中第一谱带 I_1 是由分子中与第一电离能相关的能级上的电子被逐出后产生的,第二谱带 I_2 则是与第二电离能相关的能级上的电子被逐出后产生的.第一谱带中又包括几个峰,这些峰对应于振动基态的分子到不同振动能级的离子的跃迁.其中,第一个峰代表 0→0 跃迁,或代表绝热电离能 E_{I_A}.最强的

图 15.9　假设的高分辨紫外光电子能谱

峰代表垂直电离能 E_{I_V}.谱带中每一个峰的面积代表产生每种振动态离子的概率,谱带宽度表示从分子变成离子经过的几何构型变更.根据各个振动能级峰之间的能量差 ΔE_v,从非谐振子模型公式可计算分子离子的振动频率 ν,分子对应的振动频率 ν_0 可以从红外光谱测得,把 ν 和 ν_0 加以比较,可以反映出发射光电子的分子轨道的键合性质.如果是成键电子被发射出来,则 $\nu<\nu_0$;若发射的是反键电子,则 $\nu>\nu_0$.图 15.9 中第二谱带(I_2)只有一个振动峰,这反映了电离作用产生的几何形状变化很小.这种谱带可以预期为非键电子的发射.

谱带的形状往往反映了分子轨道的键合性质.谱图中大致有 6 种典型的谱带形状,如图 15.10(a)~(f)所示.① 如果光电子是从非键或弱键轨道上发射出来的,分子离子的核间距与中性分子的几乎相同,绝热电离能(E_{I_A})和垂直电离能(E_{I_V})一致,这时谱图上出现一个尖锐的对称峰,如图 15.10 中的谱带(a).② 如果光电子从成键或反键轨道发射出来,分子离子的核间距比母体分子的较大或较小,绝热电离能和垂直电离能不一致,垂直电离能具有最大的跃迁概率,因此谱带中相应的峰最强,其他的峰较弱.如图 15.10 中的谱带(b)和(c).谱带中各振动峰所表示的电离能之间的差值,反映了分子离子中各振动能级的能级差.谱带中电离能最小的峰对应于由分子振动基态跃迁到分子离子振动基态所需的能量,即绝热电离能.而谱带中强度最大的那个峰对应于 Frank-Condon 跃迁,它所对应的能量为垂直电离能.③ 从非常强的成键或反键轨道发生的电离作用往往呈现缺乏精细结构的宽谱带,如图 15.10 中的谱带(d),其原因可能是振动峰的能量间距过小,谱仪的分辨率不够或者有其他使振动峰加宽的因素所造成.④ 有时振动精细结构叠加在离子离解的连续谱上面,就形成了谱带(e)的形状.⑤ 如果分子被电离以后,离子的振动类型不止一种,谱带呈现一种复杂的组合带,如谱带(f)所示.

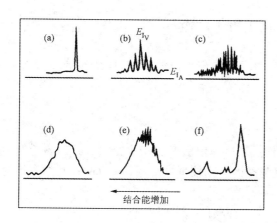

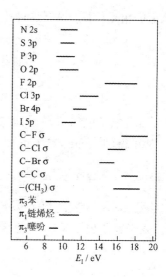

图 15.10　紫外光电子能谱中典型的谱带形状
(a) 非键或弱键轨道；(b)，(c) 成键或反键轨道；(d) 非常强的
成键或反键轨道；(e) 振动谱叠加在离子的连续谱上；(f) 组合谱带

图 15.11　某些典型的轨道
电离能范围

　　总之，通过紫外光电子能谱可分析振动的精细结构，求得绝热电离能及垂直电离能。峰面积代表产生每种振动态离子的概率，谱带形状表示从分子变成离子的几何构型的改变。根据各振动能级的峰之间的能量差，可计算分子离子的振动频率。此外，还可把分子离子的频率和母体分子的频率相比较来探知被电离的是反键、成键或非键电子，由此推得分子轨道的成键特性。图 15.11 是某些轨道的电离能范围。这种图可以帮助我们预测较复杂的分子轨道电离能和解释谱图中的峰所对应的轨道性质。

15.4.3　非键或弱键电子峰的化学位移

　　在 X 射线光电子能谱中，当原子的化学环境改变时，一般都可观察到内层电子峰的化学位移。这种位移是 X 射线光电子能谱用于元素状态分析和化合物分析的主要依据。紫外光电子能谱主要涉及原子和分子的价电子能级。成键轨道上的电子往往属于整个分子，谱峰很宽，在实验中测量化学位移很困难。但是，对于非键或弱键轨道中电离出来的电子，它们的峰很窄，其位置常常与元素的化学环境有关，这是由于分子轨道在该元素周围被局部定域之故。可以被 He I（58.4 nm，21.22 eV）光子电离的非键或弱键轨道有被卤素取代的化合物中卤素的 2p，3p，4p 和 5p 轨道，氧未共享电子对，某些类型的 π 轨道及氮未共用电子对等。这些电子产生化学位移的机理与内层电子有些类似。例如，乙基硫醇及 1,2-二乙基二硫醇的分子光电子能谱如图 15.12 所示。乙基硫醇的第一峰是硫的非键合 3p 轨道电离所成；而 1,2-二乙基二硫醇在同一位置上却出现了 2 个峰，代表了 2 个硫

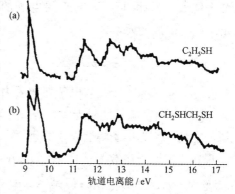

图 15.12　乙基硫醇(a)及 1,2-二乙基
二硫醇(b)的紫外光电子能谱

3p 轨道的相互作用。根据这种相互作用,并根据硫和烷基的谱带的相对面积,不难区别这两种硫醇。

15.5　Auger 电子能谱法

Auger 电子能谱法是用具有一定能量的电子束(或 X 射线)激发样品,记录二次电子能量分布,从中得到 Auger 电子信号。

15.5.1　Auger 过程

当用 X 射线或电子束激发出原子内层电子后,在内层产生一个空穴,同时,离子处于激发态。激发态离子由于趋向稳定,自发地通过弛豫而达到较低的能级。它有两种互相竞争的去激发过程:

$$M^{+*} \longrightarrow M^+ + h\nu \quad (发射 X 射线荧光)$$
$$M^{+*} \longrightarrow M^{2+} + e \quad (发射 Auger 电子)$$

第一种过程产生 X 射线荧光,原子的终态呈单电离状态;第二种过程即 Auger 过程。当形成激发态的离子后,外层电子向空穴跃迁并释放出能量,这种能量又使同一层或更高层的另一电子电离,这种电离的电子便是 Auger 电子,最后原子呈双电离态。图 15.13 表示原子 L 层的电子递降到 K 层的空穴,并释放出另一个 L 层的电子,即 Auger 电子发射过程。由于 Auger 电子的产生涉及始态和终态两个空穴,故 Auger 电子峰可用 3 个电子轨道符号表示。例如,图 15.13 的 Auger 电子可标记为 KLL。当然还有其他 Auger 电子,如 LMM 等。Auger 过程是一个受激离子的无辐射重新组合过程,它受电离壳层中的空穴及其周围电子云的相互作用的静电效应的控制,没有严格的选择定则。另外,Auger 电子的发射通常有 3 个能级参与,至少涉

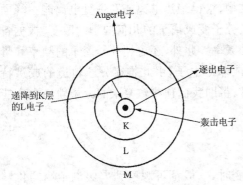

图 15.13　Auger 过程

及 2 个能级。因此对于只有 K 层电子的氢原子和氦原子不能产生 Auger 电子,铍是检出 Auger 电子的最轻元素。

15.5.2　Auger 电子的能量

Auger 电子的动能只与电子在物质中所处的能级(有关轨道的电子结合能)及仪器的功函数 Φ 有关,与激发源的能量无关。因此要在 X 光电子能谱中识别 Auger 电子峰,可变换 X 射线源的能量。X 光电子峰会发生移动,而 Auger 电子峰的位置不发生变化,以此加以区别。

现在考虑原子序数为 Z 的 KL_1L_1 Auger 电子的能量。电子从 L_1 跃迁到 K 空穴时,放出的能量为 $E_K(Z)-E_{L_1}(Z)$;但是 Auger 电子必须消耗 $E'_{L_1}(Z)+\Phi$ 的能量才能从 L_1 轨道电离,其中 Φ 为功函数。由于发射出 Auger 电子后,原子变成双重电离,$E'_{L_1}(Z)$ 是指双重电离原子的 L_1 电子的电离能,它与单电离态原子的 L_1 电子的电离能是有区别的。当 L_1 电子不存在

时,L_I 电子的结合能要增加,它较接近于没有空穴的 $Z+1$ 原子的 L_I 电子的结合能。因此 $E'_L(Z)$ 可写为 $E_L(Z+\Delta)$,Δ 为有效核电荷的补偿数,一般 Δ 值在 $1/2\sim1/3$ 之间。可以用下式表示 $KL_IL_{II}(Z)$ Auger 电子的能量:

$$E_{KL_IL_{II}}(Z) = E_K(Z) - E_{L_I}(Z) - E_{L_{II}}(Z+\Delta) - \Phi \tag{15.10}$$

Auger 电子能量的通式可写成

$$E_{wxy}(Z) = E_w(Z) - E_x(Z) - E_y(Z+\Delta) - \Phi \quad (Z \geqslant 3) \tag{15.11}$$

式中 $E_w(Z)-E_x(Z)$ 是 x 轨道电子填充 w 轨道空穴时释放的能量,$E_y(Z+\Delta)$ 是 y 轨道电子电离时所需的能量。

可根据 Z 和 $Z+1$ 原子的 y 轨道电子单重电离能(由 X 射线和光电子能量表查得)估算出 $E_{wxy}(Z)$。测出 Auger 电子能量,对照 Auger 电子能量表,就可确定样品表面的成分。

15.5.3　Auger 电子产额

Auger 电子与 X 射线荧光发射是两个互相关联和竞争的过程。对 K 型跃迁,设发射 X 射线荧光的概率为 P_{KX},发射 K 系 Auger 电子的概率为 P_{KA},则 K 层 X 射线的荧光产额 ω_{KX} 为

$$\omega_{KX} = \frac{P_{KX}}{P_{KX} + P_{KA}} \tag{15.12}$$

K 系 Auger 电子的产额 ω_{KA} 为

$$\omega_{KA} = 1 - \omega_{KX} \tag{15.13}$$

由于 ω_{KX} 与原子序数有关,所以 X 射线荧光产额和 Auger 电子产额均随原子序数而变化,如图 15.14 所示。由图可见,原子序数在 11 以下的轻元素发射 Auger 电子的概率

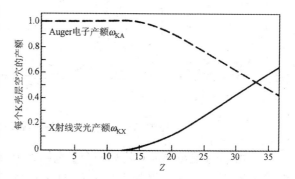

图 15.14　Auger 电子产额及 X 射线荧光产额与原子序数的关系

在 90% 以上。随着原子序数的增加,X 射线荧光产额增加,而 Auger 电子产额下降。因而 Auger 电子能谱法更适合于轻元素($Z \leqslant 32$)的分析。

15.5.4　Auger 峰的强度

对自由原子而言,Auger 峰的强度 I_A 主要由电离截面 Q_i 和 Auger 电子发射概率 P_A 决定:

$$I_A \propto Q_i \cdot P_A \tag{15.14}$$

电子碰撞激发的电离截面 Q_i 取决于被束缚电子的能量 E_{bi} 和入射电子束的能量 E_{in}。如果 $E_{in} < E_{bi}$,入射电子的能量不足以使 i 能级电离,Auger 电子产额等于 0;如果 E_{in} 过大,则由于入射电子与原子的相互作用时间过短,也不利用提高 Auger 电子产额;为获得较大的 Auger 电流,$E_{in}/E_{bi} \approx 3$ 较为合适。

在实验中为增加检测体积而采用较小的入射角。一般来说,最佳的入射角大约是 $10°\sim30°$。另外,为增加 Auger 信号和抑制本底信号,可采用能量分布的微分法。即以 $dN(E)/dE$ 为纵坐标、电子能量(eV)为横坐标作图,在微分曲线上本底信号变化平坦,而 Auger 峰能更清楚地显示出来。

由于影响 Auger 峰强度的因素较复杂,为此,可采用灵敏度因子法,即事先提供各种元素相对灵敏度因子的系统实验数据,然后用于半定量分析。

15.5.5 Auger 电子能谱

Auger 电子的能量与激发源的能量无关,只与在物质中所处状态的能级有关。当用一束能量足够大的电子激发样品时,在原子的库仑电场的作用下,入射电子将发生弹性散射和非弹性散射,可以产生多种电子信息。Auger 电子峰叠加在二次电子谱和散射电子谱上。把各种信息的电子按其能量分布绘制成电子能谱曲线,如图 15.15 所示。在谱图上可分为 3 个区域:

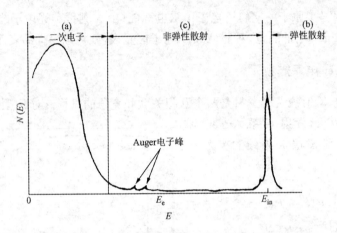

图 15.15　入射电子与原子碰撞后各种电子信息的能量分布

(a)部分在能量靠近 0 处有一个半宽约为 10 eV 的强电子峰,这是由于入射电子从样品中激发电子,这些电子又激发别的电子,即入射电子和原子经过弹性碰撞产生的大量的二次电子,平均能量较低。

(b)部分在能量等于入射电子的能量 E_{in} 处有一个强的峰,该峰是由入射电子与原子弹性碰撞所引起的。由于它的能量与入射电子的能量近似相等,一般可作为校准能量的参考。

(c)部分在弹性散射和二次电子峰之间没有强峰。但用高分辨、高灵敏的仪器观察时,可看到许多小峰:这些小峰中一类是 Auger 电子峰,它与入射的电子能量无关,且具有明确的能量;另一类是各种不连续的能量损失峰,它们与入射电子能量有关。

前面已经提到过,用电子能量微分法可以从大量背景中分辨出弱而宽的 Auger 电子峰。图 15.16 是碳原子的 Auger 电子能谱,下面一条曲线是各种电子信息的 $N(E)$-E 图,在 258 eV 处可看到碳的 Auger 电子小峰。上面一条曲线是各种能量的电子微分曲线,在此曲线上 Auger 电子峰十分尖锐,易于识别。通常把 $dN(E)/dE$ 峰的最大负振幅处作为 Auger 峰的能量。但要指出的是它和真正的 Auger 能量有差别,如图 15.16 中的 268 eV 和 258 eV 两个值。

对于原子序数为 3~14 的元素,最显著的 Auger 峰是由 KLL 跃迁形成的;而对于原子序数 14~40 的元素,则是 LMM 跃迁形成的。

Auger 电子能谱除对固体表面的元素种类具有标识外,它还能反映 3 类化学效应,即原子化学环境的改变会引起谱结构的变化。这 3 类化学效应为电荷转移、价电子谱及等离子激发。

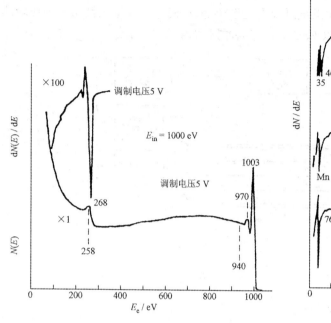

图 15.16 碳原子的 Auger 电子能谱

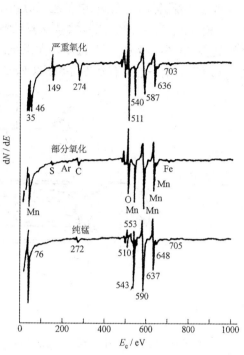

图 15.17 各种价态锰的 Aguer 电子能谱

1. 电荷转移

原子发生电荷转移(如价态变化)引起内壳层能级移动,Auger 电子峰显示化学位移。实验中测得的 Auger 位移可以从小于 1 eV 到大于 20 eV。可以根据化学位移来鉴别不同化学环境的同种原子。

2. 价电子谱

价电子谱直接反映了价电子的变化。与化学位移不同的是,价电子谱的变化不仅有能量的位移,而且由于新的化学键(或带结构)形成时电子重排造成了谱图形状的改变。

图 15.17 是纯锰、部分氧化的锰和严重氧化的锰的 Auger 电子能谱。从图中可以看出,发生氧化作用以后锰的 Auger 峰不仅产生几个电子伏的能量位移,而且在 40 eV 处由 1 个峰分裂成 2 个峰。

3. 等离子激发

不同的化学环境造成不同的等离子激发而损失能量,会造成一群附加等离子伴峰。例如,在纯镁的谱中低能端出现一群小峰,而氧化镁谱中却没有观察到这类结构。

Auger 电子能谱是一种表面分析方法。它的信息深度取决于 Auger 电子的逸出深度。逸出深度等于电子平均自由程。对于能量是 50~2000 eV 范围内的 Auger 电子,平均自由程大约是 0.4~2 nm。逸出深度与 Auger 电子能量以及样品材料有关。

15.6 电子能谱仪

X 射线光电子能谱仪、紫外光电子能谱仪和 Auger 电子能谱仪都是测量低能电子的。它们均由激发源、样品室系统、电子能量分析器、检测器和放大系统、真空系统以及计算机等部分组成。ESCA、UPS、AES 三者的激发源是不同的。将这些不同的激发源组装在一起,使用同一个样品室、电子能量分析器、检测放大系统以及真空系统等,可使一台能谱仪具有多种功能。图15.18 所示的电子能谱仪简图,就是以 ESCA 为主机,同时配以多种功能。

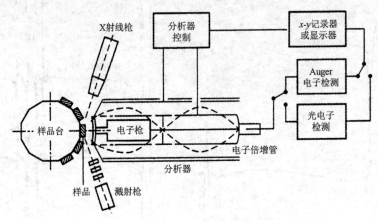

图 15.18　电子能谱仪简图

下面就其主要部件作一些简要介绍。

15.6.1　激发源

在研究结合能为几百到几千电子伏的内层电子时常用 X 光源,例如用 Cu 的 Kα 和 Al 的 Kα 线;而对于电离能约为 5～30 eV 的外层价电子则用紫外光源,如 He 的共振线和 Kr 的共振线;Auger 谱则用强度较大(5～10 keV)的、多能量的电子枪源。

表 15.4 和表 15.5 分别列举了 X 光电子能谱和紫外光电子能谱的光源。入射的 X 射线一般要经过滤波,使之基本上成为单色(能量宽度≤0.3 eV)的靶线,以提高分辨率。

表 15.4　X 射线光电子能谱所用单色性光源的能量

X 射线光源	E/eV	X 射线光源	E/eV
Mg Kα	1253.6	Cr Kα	5415
Al Kα	1486.6	Mo Kα	17 479.8
Na Kα	1041.0	介安粒子源	
Ag Kα	22 162.9	He 2 ^{1}S	20.61
Cu Kα	8040.0	2 ^{3}S	19.81

表 15.5　紫外光电子能谱所用单色性光源的能量

真空紫外线光源	E/eV	真空紫外线光源	E/eV
He(I)	21.2	Ar(I)	11.62, 11.83
He(II)	40.8	Xe(I)	9.55, 8.42
莱曼 a	10.2	Kr(I)	10.02, 10.63
Ne(I)	16.65, 16.83		

同步辐射光是光电子能谱仪的另一种激发光源。它是高速运动的电子受磁场力作用,在真空贮存环中沿着圆形轨道做向心加速运动时,在切线方向上所发射的电磁波,由于它首先是在电子加速器运行过程中发现的,因此称为同步辐射。这种光源可以解决常规光源所无法解决的问题。它的主要特点是能量范围宽,并且连续可调,从而填补了 X 射线和真空紫外线之间的能量空白。这种光源具有良好的偏振性,光子通量大,光束准直性好。但由于仪器复杂,价格昂贵,一般只用于上述激发光源所不能胜任的工作。

15.6.2 单色器——电子能量分析器

电子能量分析器是测量电子能量分布的一种装置,其作用是探测样品发射出来的不同能量电子的相对强度。现在的商品仪器绝大多数都采用静电场式能量分析器。它的优点是体积小,外磁场屏蔽简单,易于安装和调试。分析器都必须在低于 $1.33\times10^{-3}\,\mathrm{Pa}$ 的高真空条件下工作,以减少电子同分析器中残存气体分子碰撞的概率。此外,整个分析器都必须用导磁率高的金属材料屏蔽,因为低能电子易受杂散磁场的影响而偏离原来的轨道。对于静电色散型谱仪,杂散磁场(包括地磁场)要求小于 $1\times10^{-8}\,\mathrm{T}$。

常用的静电场式分析器有半球形分析器和筒镜分析器两种。

1. 半球形电子能量分析器

半球形分析器是由两个同心半球面组成,如图 15.19 所示。外球面加负电位,内球面加正电位。同心球面空隙中的电场,使进入分析器的电子按其能量大小"色散"开,而将能量为某一定值的电子聚焦到出口狭缝。改变分析器内、外两球面的电位差,就能使不同能量的电子依次通过分析器。记录每一种动能的电子数,并与其对应的电子能量作图,就得到电子能谱图。

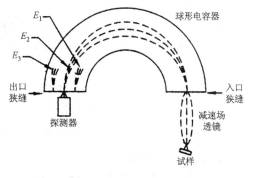

图 15.19 半球形电子能量分析器示意图
光电子动能 $E_3 > E_2 > E_1$

2. 筒镜电子能量分析器

筒镜电子能量分析器(CMA)由两个同轴圆筒组成。样品和检测器沿着两个圆筒的公共轴线放置,空心内筒的圆周上开有入口和出口狭缝,其几何形状如图 15.20 所示。外筒加负电压,内筒接地,内外筒之间有一个轴对称的静电场。能够通过筒镜分析器的电子的能量由下式决定:

$$E_k = \frac{eU}{2\ln(r_2/r_1)} \tag{15.15}$$

式中 E_k 为通过分析器的电子动能,e 为电子电荷,U 为加在内外筒之间的电压,r_1 为内筒半

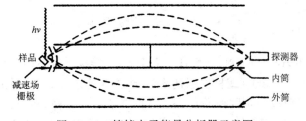

图 15.20 筒镜电子能量分析器示意图

径, r_2 为外筒半径。

筒镜分析器的接收角比较大, 因此灵敏度比较高, 大多数的 Auger 电子谱仪都使用 CMA。为了弥补筒镜分析器分辨率较低的不足, 目前的商品仪器都采用二级串联筒镜分析器。

电子能量分析器分辨率的定义为: $(\Delta E/E_k)\times 100\%$, 表示分析器能够区分两种相近能量电子的能力。

15.6.3　检测器

原子和分子的光电离截面都不大, 在 XPS 分析中所能测到的光电子流仅为 $10^{-13}\sim 10^{-19}$ A。要接收这样弱的信号必须采用单通道电子倍增器或多通道检测器。

1. 单通道电子倍增器

单通道电子倍增器有管式和平行板式两种, 前者由高铅玻璃或钛酸钡系陶瓷制成, 后者由基片(玻璃)、半导体层(如 Si)和二次发射层(如 Al_2O_3)等三层组成。其原理是: 当具有一定动能的电子打到内壁表面(二次电子发射层)后, 每个入射电子打出若干个二次电子; 这些二次电子沿内壁电场加速, 又打到对面的内壁上, 产生更多的二次电子; 如此反复倍增, 最后在倍增器的末端形成一个脉冲信号输出, 如图 15.21 所示。这种倍增器的放大倍数可达 10^8。

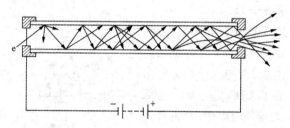

图 15.21　单通道电子倍增器工作示意图

2. 多通道检测器

将多个微型单通道电子倍增器组合在一起而制成大面积的多通道检测器, 以提高仪器的灵敏度。

15.6.4　真空系统

电子能谱仪的光源、样品室、分析器和检测器都必须在高真空条件下工作。这是为了减少电子在运动过程中同残留气体分子发生碰撞而损失信号强度。另一方面, 残留气体会吸附到样品表面上, 有的还会与样品起化学反应, 这将影响电子从样品表面上发射并产生外来干扰谱线。通常分析工作要求的真空度为 1.33×10^{-6} Pa。

15.7　二次离子质谱

当初级离子束(如 Ar^+、O_2^+、N_2^+、O^-、F^-、N^- 或 Cs^+ 等)轰击固体样品表面时, 它可以从表面溅射出各种类型的二次离子(或称次级离子), 通过质量分析器, 利用离子在电场、磁场或自由空间中的运动规律, 可以使不同质荷比(m/z)的离子得以分开, 经分别计数后可得到二次离子强度-质荷比关系曲线(见图 15.22), 这种分析方法称为二次离子质谱法(secondary ion mass spectrometry，SIMS)或次级离子质谱法。它是一种研究固体表面元素组成的近代表面分析技术。

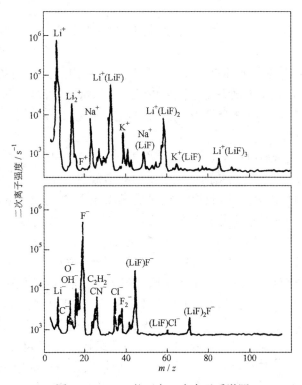

图 15.22　LiF 的正负二次离子质谱图

　　溅射出的粒子通常为中性，只有一小部分为带正、负电荷的离子。粒子的溅射和多种因素有关，首先，入射离子必须具有一定的能量，以便克服表面对这些粒子的束缚。这种开始出现溅射所需的入射离子最低能量，称为阈值能量，对于一般金属元素大约为 $10\sim30$ eV。其次，在不同情况下入射离子的溅射能力并不一样，每个入射离子平均从表面溅射的粒子数，称为溅射产额。元素种类或化合物类型不同时，溅射产额不同，大约为 $0.1\sim10$ 原子/离子。入射离子的种类和能量可以影响二次离子产额。二次离子质谱通常用 Ar^+ 等惰性气体离子作为入射离子。如果选用电负性的入射离子，如 O^-、F^-、Cl^-、I^-，可以极大地提高正的二次离子产额；如果选用电正性的入射离子，如 Cs^+ 等，则可以极大地提高负的二次离子产额。在分析中，可以选择不同的入射离子，以使某个成分的灵敏度增加。

　　不同样品的二次离子类型和产额是不同的，即使同一种元素处于不同的化合物或基体中，由于其他成分的存在，二次离子产额也会发生变化，产生基体效应。这是因为二次离子溅射要涉及电子转移，当其他成分影响到原子的电子状态，二次离子产额就会发生变化。另外，同一化合物的各种不同二次离子的产额也存在几个数量级的差别，因此质谱图中的二次离子流强度通常用对数坐标表示。在质谱图中，不同质荷比的峰不但反映化学成分的不同，而且同时也提供了不同质量的同位素信息。

　　二次离子质谱有"静态"和"动态"两种。在静态二次离子质谱(SSIMS)中，入射离子能量低(<5 keV)，束流密度小($nA\cdot cm^{-2}$量级)，以此尽量降低对表面的损伤，这样接收的信息可以

看做是来自未损伤的表面。动态二次离子质谱(DSIMS),入射离子能量较高,束密度大(mA·cm^{-2}量级),表面剥离速度快,分析的深度深,在表面分析过程中,它会使表面造成严重损伤。

15.8　扫描隧道显微镜

在表面分析领域中,显微技术是应用场和物质相互作用所产生的各种现象而建立的一类分析方法。它可以直接显示表面各个不同部位原子排列情况,可以观察动态变化和局部结构,以提供原子结构的信息。1981 年提出的扫描隧道显微镜(scanning tunneling microscope, STM)就是其中的一种。

以金属针尖为一电极,而固体表面为另一电极,当它们之间的间隙缩小到原子尺寸数量级(<1 nm)时,其间的势垒将减薄,从而产生电子的隧道效应。电子以一定概率穿透势垒,从一个电极到达另一个电极,这样两个导体以及之间的薄绝缘层便构成了隧道结。

在两个电极之间加一个很小的直流电压(2×10^{-3}~2 V),便可以测量隧道电流。对于针尖探针,隧道电流被限制在针尖和表面之间的一条线状通道内。由于隧道电流与两个电极的有效间隙呈指数关系,因此它对两电极之间的间隙十分敏感,每增加 0.1 nm,隧道电流就大约减少一个数量级。扫描隧道显微镜就是利用这个原理记录表面形貌和原子排列结构的。

探针在样品表面移动进行扫描时,可以采用两种不同的工作模式,如图 15.23 所示。图中

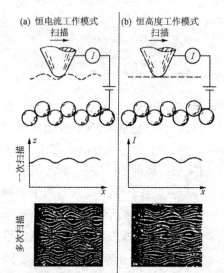

图 15.23　扫描隧道显微镜两种
工作模式示意图

(a)为两电极电压不变的条件下恒电流工作模式,在扫描过程中,为了维持电流恒定,反馈系统必须迅速调整探针高度,从而描绘出与表面原子轮廓有关的高度变化轨迹。图 15.23(b)为恒高度模式,探针在样品表面沿着一个平均高度进行扫描,当电极电压不变时,可以得到扫描过程电流变化的曲线。现在常用的是恒电流工作模式,它不要求样品表面呈原子水平平整。STM 的曲线和图像直接描绘了表面电子云态密度的分布,它除了反映表面形貌和原子空间排列情况以外,还可以反映出表面电子分布的变化,从而得到表面原子种类的信息。

STM 是一种无损分析方法,表面各部位能以原子尺度直接显示。目前,STM 的横向分辨率已达到 0.1 nm,垂直表面分辨率为 0.01 nm。为了获得高分辨率图像,探针的针尖必须极细,甚至顶端只能有 1 个原子,并且在严格的防震条件下,以极高的精度在样品表面定位和移动扫描。样品可以选择在更接近实际的工作环境下进行测试,即温度可高可低,气氛条件可以是真空、常压气体,甚至可以用水或液氮作为隧道结的绝缘层。STM 的缺点是要求样品具有导电性。针对这一问题,在 STM 的基础上 1986 年又发展了一种原子力显微镜(atomic force microscope, AFM),测量表面原子与扫描探针尖上原子之间存在的极微弱的原子间力,通过控制原子间力恒定等工作模式,扫描得到表面原子结构,达到接近原子分辨水平。AFM 可用于各种类型的试样,尤其是 STM 不能分析的非导体。例如,应用 AFM 测定 DNA 和其他生物分子的结构等。

15.9　应　　用

15.9.1　电子能谱法的特点

(i) 可以分析除 H 和 He 以外的所有元素;可以直接测定来自样品单个能级光电发射电子的能量分布,且直接得到电子能级结构的信息。

(ii) 从能量范围看,如果把红外光谱提供的信息称为"分子指纹",那么电子能谱提供的信息可称为"原子指纹"。它提供有关化学键方面的信息,即直接测量价层电子及内层电子轨道能级。而相邻元素的同种能级的谱线相隔较远,相互干扰少,元素定性的标识性强。

(iii) 是一种无损分析。

(iv) 是一种高灵敏超微量表面分析技术。分析所需试样约 10^{-8} g 即可,绝对灵敏度高达 10^{-18} g,样品分析深度约 2 nm。

15.9.2　X 射线光电子能谱法的应用

1. 元素定性分析

各种元素都有它的特征的电子结合能,因此在能谱图中就出现特征谱线,可以根据这些谱线在能谱图中的位置来鉴定周期表中除 H 和 He 以外的所有元素。通过对样品进行全扫描,在一次测定中就可检出全部或大部分元素。图 15.24 是用 Mg Kα 线照射的月球土壤的 X 射线光电子能谱,土壤的主要成分可以清晰鉴别。

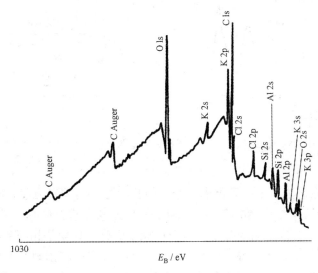

图 15.24　月球土壤的 X 射线光电子能谱

2. 元素定量分析

X 射线光电子能谱定量分析的依据是光电子谱线的强度(光电子峰的面积)反映了原子的含量或相对浓度。在实际分析中,采用与标准样品相比较的方法来对元素进行定量分析,其分析精度达 1%~2%。

3. 固体表面分析

固体表面是指最外层的 $1\sim10$ 个原子层,其厚度大概是 $(0.1\sim1)\times n$ nm。人们早已认识到在固体表面存在一个与固体内部的组成和性质不同的相。表面研究包括分析表面的元素组成和化学组成、原子价态,表面能态分布,测定表面原子的电子云分布和能级结构等。X 射线光电子能谱是最常用的工具。在表面吸附、催化、金属的氧化和腐蚀、半导体、电极钝化、薄膜材料等方面都有应用。

例如,用 X 射线光电子能谱研究了木炭载体上的铑催化剂。金属铑薄片、Rh_2O_3 和铑的催化剂的 Rh $3d_{5/2,3/2}$ 光电子能谱如图 15.25 所示。金属铑的谱图上可以看出有 1 个肩峰,这是因为金属铑表面已部分氧化,Rh_2O_3 和 Rh 的 Rh 3d 光电子谱线之间有 1.6 eV 的化学位移。催化剂 A 和 B 具有高的活性,催化剂 C 呈现低的活性,主要是因为催化剂表面铑的氧化物的浓度不一样。从图 15.25 可以看出,催化剂 A 和 B 的谱线形状十分相似,3d 双线出现两种峰表明催化剂表面至少存在两种可区别的铑原子,一种是金属铑,一种是铑的氧化物,而其中铑的氧化物占优势。催化剂 C 的谱线与 A 和 B 有些不一样,它虽然也存在两种铑原子,但金属铑占优势。

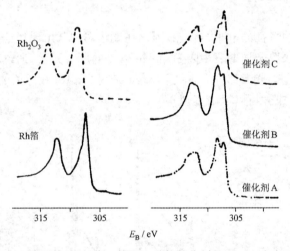

图 15.25 金属铑、三氧化二铑和 3 种铑催化剂的 Rh 3d 光电子能谱

4. 化合物结构鉴定

X 射线光电子能谱法对于内壳层电子结合能化学位移的精确测量,能提供化学键和电荷分布方面的信息。例如,图 15.26 是 1,2,4-和 1,3,5-三氟代苯的 C 1s 光电子能谱。苯的 C 1s 光电子能谱只有 1 个峰,这说明苯分子中 6 个 C 原子的化学环境是相同的。在氟代苯中除六氟代苯外,其余都有两种不同化学环境的 C 原子,因此 C 1s 电子将出现 2 个峰。和氟相连的 C 原子的 C 1s 电子结合能(E_B)比和氢相连的 C 原子的结合能大约高 $2\sim3$ eV。

5. 分子生物学

X 射线光电子能谱应用于生物大分子研究方面也有不少例子。例如,维生素 B_{12} 是在 C、H、O、N 等 180 个原子中只有 1 个 Co 原子,因此在 10 nm 的维生素 B_{12} 层中只有非常少的 Co 原子。可是从维生素 B_{12} 的 X 射线光电子能谱中仍能清晰地观察到 Co 的电子峰(图 15.27)。

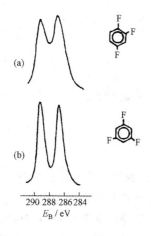

图 15.26　1,2,4-三氟代苯(a)和
1,3,5-三氟代苯(b)的 C 1s 光电子能谱

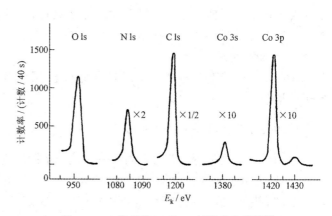

图 15.27　维生素 B_{12} 的 X 射线光电子能谱

15.9.3　紫外光电子能谱法的应用

1. 测量电离能

紫外光电子能谱法能精确地测量物质的电离能。紫外光子的能量减去光电子的动能便得到被测物质的电离能。对于气体样品来说,测得的电离能相应于分子轨道的能量。分子轨道的能量的大小和顺序对于解释分子结构、研究化学反应、验证分子轨道理论计算的结果等,提供了有力的依据。

2. 研究化学键

观察谱图中各种谱带的形状可以得到有关分子轨道成键性质的某些信息。例如,出现尖锐的电子峰,表明可能有非键电子存在;带有振动精细结构的比较宽的峰,表明可能有 π 键存在等。

3. 定性分析

紫外光电子能谱也具有分子"指纹"性质。虽然这种方法不适合用于元素的定性分析,但可用于鉴定同分异构体,及确定取代作用和配位作用的程度和性质。

4. 表面分析

紫外光电子能谱也能用于研究固体表面吸附、催化以及固体表面电子结构等。

15.9.4　Auger 电子能谱法的应用

Auger 电子能谱法也是一种表面分析技术,原则上适用于任何固体。测量的灵敏度高,可以探测的最小面浓度达 0.1％ 单原子层。它的分析速度比 X 射线光电子能谱更快,因此有可能跟踪某些快的变化。

1. 定性分析

Auger 电子能谱法适用于原子序数 33 以下的轻元素(H 和 He 除外)的定性分析。将实验测到的 Auger 电子峰的能量和已经测得的各种元素的各类 Auger 跃迁的能量加以对照,就可以确定元素种类。多数情况下,Auger 电子能谱主要用于监测洁净表面或被污染表面的元素组成或化学组成,多用于薄膜材料的分析。

2. 定量分析

Auger 电流近似地正比于被激发的原子数目,常用相对测量来定量。即把样品的 Auger 电子信号与标准样品的信号在相同条件下进行比较。

3. 表面分析

Auger 电子能谱法也能用于研究表面催化、吸附等,但它鉴定状态的能力不如 X 射线光电子能谱法。

15.9.5 二次离子质谱法的应用

由二次离子质谱可以获得在固相表面及一定深度内从氢到铀的几乎所有同位素的定性和定量信息,可用于成分分析和同位素分析。二次离子质谱的灵敏度和信噪比比较高,检测能力可达 10^{-6},甚至 10^{-9},可进行痕量杂质分析。二次离子质谱除了提供元素信息外,还可提供不同质量原子的同位素信息,从而可用于分析同位素标记的样品。分析样品可以是无机物、有机物以及生物高分子等。

参 考 文 献

[1] D. Briggs 编著;桂琳琳,黄惠忠,郭国霖译. X 射线与紫外光电子能谱. 北京:北京大学出版社,1984

[2] 刘世宏,王当憨,潘承璜. X 射线光电子能谱分析. 北京:科学出版社,1988

[3] H. Windawi, F. F-L. Ho. *Applied Electron Spectroscopy for Chemical Analysis*. John Wiley & Sons, Inc. , 1982

[4] 严凤霞,王筱敏编著. 现代光学仪器分析选论. 上海:华东师范大学出版社,1992,第 5 章

[5] 吴念祖. 化工百科全书(第 1 卷). 北京:化学工业出版社,1990,659~685

思考题与习题

15.1 试计算 Mg Kα(989.00 pm)和 Al Kα(833.9 pm)两种激发源下 N 1s 光电子的动能。在计算光电子动能时,气体、固体样品有何区别?

15.2 如何计算 Auger 电子的能量?Auger 电子的特点是什么?

15.3 以 Mg Kα (λ=989.00 pm)为激发源,测得 ESCA 光电子动能为 977.5 eV(已扣除了仪器的功函数),求此元素的电子结合能。

15.4 若 Cl(2p)电子的结合能为 272.5 eV,当 Cl 的价态为 -1,$+3$,$+5$,$+7$ 时,其化学位移分别为 0,$+3.8$,$+7.1$,$+9.5$ eV。根据 15.3 题的测定结果,判断氯应处于什么状态(Cl^-、ClO_2^-、ClO_3^-、ClO_4^-)?

15.5 如何从紫外光电子能谱谱带的形状来探知分子轨道的键合性质?

15.6 试比较 ESCA 光电子能谱与 Auger 电子能谱。

15.7 有一金属 Al 样品,经过研磨清洁后,立即放入 ESCA 样品室中进行测量,在光电子能谱上出现两个明显的谱峰,其峰值为 72.3 eV 和 7.5 eV,相对强度为 15.2 和 5.1 单位。取出样品放在空气中放置 1 周后,在同样条件下再次测量,上述两个峰的强度为 6.2 和 12.3 个单位。试解释之。

15.8 什么是二次离子质谱法?从二次离子质谱能得到哪些分析信息?

15.9 何谓 X 光电子能谱法?简述它在分析化学中的应用。

15.10 简述扫描隧道显微镜的工作原理。

第16章　核磁共振波谱法

20世纪中叶物理学家为了更精确地测定一些核的磁矩实现了核磁共振(nuclear magnetic resonance，NMR)现象的观察，但因为化学位移的发现，使得 NMR 成为观察分子化学结构的一种重要手段。现在的 NMR 应用已经远远超出了一般结构观察的范围，逐步应用到化学及材料科学、医学和生物学等领域。本章将主要介绍核磁共振现象的简要原理、基本仪器部件和一些简单的应用。

在大多数情况下，化学家关心的是原子核外的电子云分布、结合等信息，而原子核相关的研究则一般是物理学家关心的事情。NMR 也一样，1924 年 Pauling 基于光谱裂分现象提出了原子核也应该有自旋角动量和磁能级。但直到 1946 年才由斯坦福大学的 Bloch 和哈佛大学的 Purcell 领导的研究组真正实现 NMR 现象的观察，他们两人因此获得了 1952 年的诺贝尔物理学奖。1950 年 Proctor 和虞福春在测定硝酸铵的氮核磁共振谱时发现化学位移现象后，Night 等逐步建立了质子 NMR(¹H NMR)与分子结构之间的关系，使得 NMR 成为不可多得的分子结构测定工具。

NMR 快速发展的重要因素是 NMR 仪器的快速商业化，在 1951 年 Varian 公司就推出了第一台 30 MHz 的永磁铁磁场连续波扫描核磁共振波谱仪，随后又推出了一系列仪器。随着微电子技术的发展和快速傅里叶转换技术的应用，形成了现在常用的脉冲傅里叶变换核磁共振技术，NMR 在灵敏度和分辨率都有非常大的提高，已经从简单氢谱的测量发展到可以进行其他核、多维、动态 NMR 观测，成为从有机小分子到生物大分子的结构和动态行为测定的一个重要工具。2002 年 Kurt Wüthrich 因为在应用 NMR 进行生物大分子结构鉴定的开创性工作获得诺贝尔化学奖，2003 年 P. C. Lauterbur 和 P. Mansfield 因发展医用核磁成像技术获得诺贝尔医学奖。

16.1　磁共振原理

自旋核在磁场中产生核磁共振现象，但不是所有的原子核都存在核磁共振现象，只有一些核在磁场中会发生对射频辐射吸收的现象，说明该核具有一定的能级并发生了能级分裂。而对这种现象常有两种描述方法：量子力学方法和经典力学方法。

(1) 量子力学模型

假设一个核围绕经核心指定轴进行自旋，其自旋角动量为 P，而自旋角动量的状态数由该核的自旋量子数 I 决定，共有 $2I+1$ 个，取值为 $I, I-1, \cdots, -I$，而角动量的能级为 $h/2\pi$ 的整数或半整数倍。在无外磁场存在时，各状态的能量相同。

由于核都是带正电荷的，在其自旋时就会产生一个小磁场，其磁矩方向为轴向的，其大小与角动量 P 有关，即

$$\mu = \gamma P \tag{16.1}$$

式中 μ 是核的磁偶极矩；γ 称为磁旋比（magnetogyric ratio），每种核都有其特定值。

核自旋量子数 I 为 1/2 的常见核有 ${}^1H$、${}^{13}C$、${}^{19}F$、${}^{31}P$ 等，这些核有两种自旋态（$m=-1/2$ 和 $m=1/2$），而其他核也相应地具有不同的自旋量子数（$I=0\sim11/2$），表 16.1 列出一些核的自旋量子数、磁旋比值及相对灵敏度。

表 16.1　常见核的核磁共振相关参数

核	自旋量子数	磁旋比/$(T^{-1}\cdot s^{-1})$	4.6975 T 磁场中共振频率/MHz	相对灵敏度（相同数目的核）
${}^1H$	1/2	2.68×10^8	200	1.00
${}^2H(D)$	1	2.06×10^7	30.7	9.65×10^{-3}
${}^{13}C$	1/2	6.73×10^7	50.3	1.59×10^{-2}
${}^{15}N$	1/2	9.68×10^6	14.4	1.04×10^{-3}
${}^{19}F$	1/2	2.52×10^8	188.1	0.83
${}^{31}P$	1/2	1.08×10^8	80.96	6.63×10^{-2}

在磁场作用下，I 为 1/2 的核自旋存在两个取向，如图 16.1 所示其两个能级分别为 $E_{1/2}=-\dfrac{\gamma h}{4\pi}B_0$，$E_{-1/2}=\dfrac{\gamma h}{4\pi}B_0$，能级差为 $\Delta E=\dfrac{\gamma h}{2\pi}B_0$。与其他光谱法一样，此核可以吸收一定辐射发生跃迁，相应能量 $\Delta E=h\nu_0$，故

$$h\nu_0=\frac{\gamma h}{2\pi}B_0 \tag{16.2}$$

$$\nu_0=\frac{\gamma}{2\pi}B_0 \tag{16.3}$$

在 ν_0 符合上式时，磁场中核可以产生吸收信号。

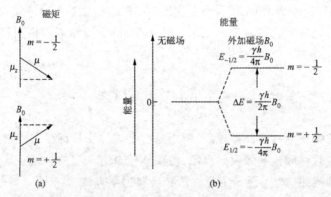

图 16.1　I 为 1/2 的自旋核在磁场中的行为

（2）经典力学模型

经典力学模型认为，对于一个具有非零自旋量子数的核，由于核带正电荷，所以在其旋转时会产生磁场。当这个自旋核置于磁场中时，核自旋产生的磁场与外加磁场相互作用，就会产生回旋，称为进动（procession）。进动的频率与自旋质点角速度及外加磁场的关系可以用 Larmor 方程表示，即

$$\omega_0=2\pi\nu_0=\gamma B_0 \tag{16.4}$$

$$\nu_0 = \frac{\gamma}{2\pi} B_0 \tag{16.5}$$

ν_0 亦称为 Larmor 频率,在磁场中的进动核有两个相反的取向(图 16.2),可以通过吸收或放出能量而发生翻转。

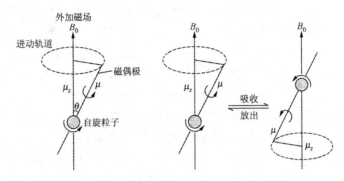

图 16.2　I 为 1/2 的核自旋和进动

不管是量子力学模型还是经典力学模型都说明了有些核在磁场存在下有不同的能级分布,可以吸收一定频率的辐射而发生变化。

在不同能级分布的核的数目可由 Boltzmann 定律计算:

$$\frac{N_i}{N_j} = \exp\left(-\frac{E_i - E_j}{kT}\right) \tag{16.6}$$

例 16.1　计算在 2.3488 T 磁场存在下,室温 25 ℃时 ^{1}H 的吸收频率及两种能级上自旋核数目之比。

解　共振频率:

$$\nu_0 = \frac{\gamma}{2\pi} B_0 = \frac{2.68 \times 10^8 \times 2.3488}{2 \times 3.14} = 100.00 \text{(MHz)}$$

两种能级 $m = \frac{1}{2}$,$m = -\frac{1}{2}$ 上数目之比:

$$\frac{N_{-1/2}}{N_{1/2}} = \exp\left(-\frac{E_{-1/2} - E_{1/2}}{kT}\right) = \exp\left(-\frac{\Delta E}{kT}\right) = \exp\left(-\frac{h\nu}{kT}\right)$$

$$= \exp\left(-\frac{6.626 \times 10^{-34} \times 100.00 \times 10^6}{1.38066 \times 10^{-23} \times 298}\right)$$

$$= 0.999984$$

与在紫外-可见光谱及红外光谱中一样,NMR 也是靠低能态吸收一定能量而跃迁到高能态的;不同的是前两种方法中低能态为基态,处于基态的原子或分子数目比处于激发态的数目大得多。但在 NMR 中正如例 16.1 所示,处于高低能态之间数目相差在 25 ℃时仅为 1.6×10^{-5}(百万分之十六),由于高低能态跃迁几率一致,而净效应则可以产生吸收。但若用足够强的辐射照射质子,则较低能态的过量核减少会带来信号减弱甚至消失,这种现象称为饱和(saturated)。但若较高能态的核能够及时返回到低能态,则可以保持信号稳定,这种由高能态回复到低能态的过程称为弛豫(relaxation)。弛豫过程决定了自旋核处于高能态的寿命,而 NMR 信号峰自然宽度与其寿命直接相关。根据 Heisenberg 测不准原理:

$$\Delta\tau \cdot \Delta\nu \geqslant 1 \quad 即 \quad \Delta\nu \geqslant \frac{1}{\Delta\tau} \tag{16.7}$$

式中 $\Delta\tau$ 为自旋核高能态寿命。

处于磁场中不同能级的自旋核之间可以发生跃迁,从而发生能量的重新分布,产生弛豫。自旋核总是处在周围分子包围之中,一般将周围分子统称为晶格,由于晶格中核处于不断热运动中,就可能产生一个变化的局部磁场(从长时间、大范围看,总和为零)。处于高能态的核可以将能量传递给相应的晶格,从而完成弛豫过程,称为自旋-晶格弛豫(spin-lattic relaxation),是纵向弛豫,其特征寿命称为 τ_1。在绝缘性较好的固体中,由于分子热运动受到限制,此弛豫几乎不能发生,τ_1 可达到 1000 s。在晶体或高粘度液体中,由于热运动速率不高,相应 τ_1 较长,随着温度升高或粘度下降,热运动加快,则产生局部磁场涨落较容易,τ_1 下降。但温度过高则可能导致涨落频率范围加大,能量转移概率减少而使自旋-晶格弛豫发生减少。在有 $I > 1/2$ 的自旋核或未成对电子存在时,更容易产生磁场局部涨落,从而使 τ_1 缩短很多,尤其是后者效应更大,故在 NMR 测量时要严格地消除顺磁杂质。横向弛豫一般发生在自旋核之间,称为自旋-自旋弛豫(spin-spin relaxation),其特征寿命记为 τ_2。在固体试样中,由于核-核之间结合紧密,这种方式特别有效,自旋-自旋弛豫虽不能有效地消除磁饱和现象,但由于自旋核相互交换,自旋核高能态寿命降低了,且由于存在快速交换的平均化作用,固体 NMR 出现"宽谱"。在液体或溶液中,τ_2 则稍长了一些。

在一般液体或溶液中,τ_1,τ_2 大致相当,一般在 $0.5 \sim 50$ s 之间,由相对短的弛豫控制。由于自旋状态寿命造成的谱线展宽是谱线的自然宽度,无法通过仪器性能改善而缩小。而其他一些可能导致谱线展宽的因素,如磁场漂移、不均匀等,则可以通过场频连锁、高速旋转样品匀场等方式来改善和弥补。

16.2　化学位移

大多数核不可能独立地存在于磁场中,而是被核外电子云以及其他环境所围绕,因此其发生核磁共振的性质也会受到这些因素的影响。其中之一就是化学环境变化造成的核磁共振性质的变化,我们称之为化学位移。

从表 16.1 可以查到 ^1H 在 4.6975 T 磁场中,将吸收 200 MHz 的电磁波。但在实验中发现,各种化合物中不同的氢原子,所吸收的频率稍有不同。正是这些不同,使 NMR 尤其是质子共振,在有机结构分析中得到很广泛的应用。

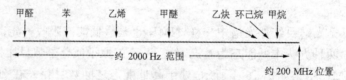

图 16.3　不同类型质子在 4.6975 T 磁场中的核磁共振频率的差异

图 16.3 所示的吸收频率的差别是由于原子核总是处在核外电子的包围之中,核外电子在外加磁场的作用下产生次级磁场,即原子核受到了比外加磁场稍低的一个磁场作用,因而共振频率发生变化。而内部产生的磁场与外加磁场有关:

$$B = B_0 - \sigma B_0 = (1 - \sigma)B_0 \tag{16.8}$$

其中 B 为核所受到的磁场；B_0 为外加磁场；σ 为屏蔽常数，此常数由核外电子云密度决定，与化学结构密切相关。

屏蔽作用的大小与核外电子云密切相关：电子云密度愈大，共振时所需加的外磁场强度也愈强。而电子云密度与核所处化学环境（如相邻基团的电负性等）有关。

在恒定外磁场存在时，由于化学环境的作用，不同氢核吸收频率不同。由于频率差异的范围相差不大，为避免漂移等因素对绝对测量的影响，通常采用引入一个相对标准的方法测定样品吸收频率（ν_x）与标准物质的吸收频率（ν_s）的差。为了便于比较，必须采用相对值来消除不同频源的差别，称为化学位移 δ：

$$\delta = \frac{\nu_x - \nu_s}{\nu_s} \times 10^6 \qquad (16.9)$$

式中 δ 表示化学位移（$\times 10^6$ 是为了使所得数值易于使用）。在吸收频率一定时，则利用发生共振时的磁场强度进行计算，类似的表达式有 $\delta = \frac{B_s - B_x}{B_s} \times 10^6$。

在进行质子及碳-13 核磁共振测量时，目前最常用的标准物是四甲基硅烷（$(CH_3)_4Si$，TMS），人为地把它的化学位移 δ 定为零。用 TMS 作标准是由于下列几个原因：① TMS 中 12 个氢核处于完全相同的化学环境中，它们的共振条件完全一致，因此只有一个尖峰；② TMS 中质子的屏蔽常数要比大多数其他化合物中质子的大，只在图谱中远离其他大多数待研究峰的高磁场（低频）区有一个尖峰；③ TMS 是化学惰性的，易溶于大多数有机溶剂，且易于从样品中除去（bp. 27 ℃）。在含水介质中要改用 3-三甲硅丙烷磺酸钠（$(CH_3)_3SiCH_2CH_2CH_2SO_3Na$）来代替，此化合物的甲基质子可以产生一个类似于 TMS 的峰，甲叉质子则产生一系列微小而容易鉴别并可以忽略的峰。在较高温度环境中则使用六甲基二硅醚（HMDS），其 $\delta = 0.06$。

δ 是无量纲的，表示相对位移。对于给定的峰，不管采用 40，60，100 还是 300 MHz 的仪器，δ 都是相同的。大多数质子峰的 δ 在 1～12 之间。

如前所述，化学位移是由于核外电子云密度不同而造成的，因此许多影响核外电子云密度分布的内外部因素都会影响化学位移。典型的内部因素有诱导效应、共轭效应、磁各向异性效应等；外部因素有溶剂效应、氢键的形成等。

(i) 诱导效应。由于电负性基团，如卤素、硝基、氰基等存在，使与之相接的核外电子云密度下降，从而产生去屏蔽作用，使共振信号向低场移动。在没有其他因素影响的情况下，屏蔽作用将随可以导致氢核外电子云密度下降的元素的电负性大小及个数而相应发生变化（见表 16.2），但变化并不具有严格的加和性。

表 16.2 甲烷中质子的化学位移与取代元素电负性的关系

化学式	CH_3F	CH_3OH	CH_3Cl	CH_3Br	CH_3I	CH_4	TMS	CH_2Cl_2	$CHCl_3$
取代元素	F	O	Cl	Br	I	H	Si	$2\times Cl$	$3\times Cl$
电负性	4.0	3.5	3.1	2.8	2.5	2.1	1.8	—	—
质子化学位移	4.26	3.40	3.05	2.68	2.16	0.23	0	5.33	7.24

(ii) 共轭效应。与诱导效应一样，共轭效应亦可使电子云密度发生变化，从而使化学位移向高场或低场变化。

(iii) 磁各向异性效应。如果在外磁场的作用下，一个基团中的电子环流取决于它相对于磁场的取向，则该基团具有磁各向异性效应。而电子环流将会产生一个次级磁场（右手定则），这个附加磁场与外加磁场共同作用,使相应质子的化学位移发生变化。如苯环上的质子是去屏蔽的(图 16.4),它们在比仅仅基于电子云密度分布所预料的磁场低得多的磁场处共振。当苯环的取向与外磁场平行时,则很少有感应电子环流产生,也就不会对质子产生去屏蔽作用。在溶液中苯环的取向是随机的,而各种取向都介于这两个极端之间。分子运动平均化所产生的总效应,使得苯环有很大的去屏蔽作用。同理,对于具有 π 电子云的乙炔分子、乙烯分子、醛基分子都会产生电子环流而导致次级磁场产生,分别产生屏蔽作用和去屏蔽作用。

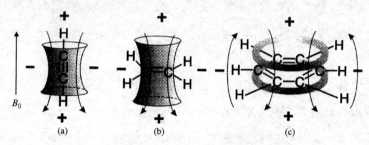

图 16.4　磁各向异性效应

(iv) 氢键。当分子形成氢键时,氢键中质子的信号明显地移向低磁场,使化学位移 δ 变大。一般认为是由于形成氢键时,质子周围的电子云密度降低所致。对于分子间形成的氢键,化学位移的改变与溶剂的性质及浓度有关。如在惰性溶剂的稀溶液中,可以不考虑氢键的影响;但随着浓度增加,羟基的化学位移值从 $\delta=1$ 增加到 $\delta=5$。而分子内氢键,其化学位移的变化与浓度无关,只与其自身结构有关。

溶剂的选择十分重要,不同的溶剂可能具有不同的磁各向异性,可能以不同方式与分子相互作用而使化学位移发生变化。因此通常选择溶剂时要考虑到以下几点:溶液可以很稀,能有效避免溶质间相互作用;溶剂不与溶质发生强相互作用。几种溶剂不完全氘代剩余质子的化学位移列于表 16.3。

表 16.3　不完全氘代溶剂的剩余质子的化学位移
(以四甲基硅烷为参比)

溶　剂	基　团	δ	溶　剂	基　团	δ
乙酸-d_4	甲基	2.05	重水	羟基	4.7*
	羰基	11.5*	1,4-二氧六环-d_8	亚甲基	3.55
丙酮-d_6	甲基	2.057	六甲基膦胺-d_{18}	甲基	2.60
乙腈-d_3	甲基	1.95	甲醇-d_4	甲基	3.35
苯-d_6	次甲基	6.78		羟基	4.8*
特丁醇,$(CH_3)_3COD$	甲基	1.28	二氯甲烷-d_2	亚甲基	5.35
氯仿-d_1	次甲基	7.25	吡啶-d_5	C-2 次甲基	8.5
环己烷-d_{12}	亚甲基	1.40		C-3 次甲基	7.0
N,N-二甲基甲酰胺-d_7	甲基	2.75,2.95		C-4 次甲基	7.35
	甲酰基	8.05	甲苯-d_8	甲基	11.3*,2.3
二甲亚砜-d_6	甲基	2.51		次甲基	7.2
	吸附水	3.3*	三氟乙酸-d_1	羟基	11.3*

* 这些值会随溶液和浓度的变化而变化。

总之,化学位移这一现象使化学家们可以获得关于电负性、键的各向异性及其他一些基本信息,对确定化合物结构起了很大作用。关于结构和化学位移的关系,总结成表 16.4。

表 16.4　质子化学位移与结构之间的关系

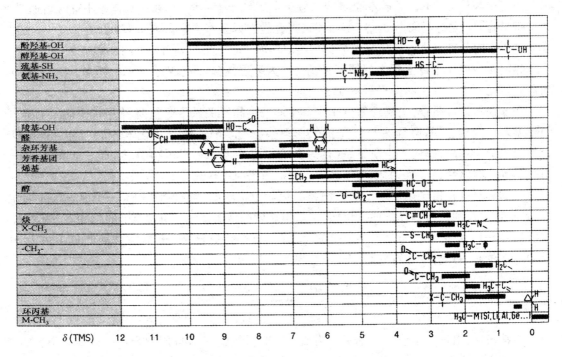

16.3　自旋耦合与自旋分裂

在许多分子中,各核之间距离很近,自旋量子数不为零的核在外磁场中会存在不同能级,也就是说这些核处在不同自旋状态,从微观上看,这些核都会产生小磁场,某种核周边核产生的小磁场将与外磁场产生叠加效应,使共振信号发生分裂。这种核的自旋之间产生的相互干扰称为自旋-自旋耦合,简称为自旋耦合。

图 16.5 表明,乙醇分子中由于氢核处于不同化学环境,在 NMR 图上不同位置出现吸收;而在高分辨的 NMR 上可以发现—CH₂—、—CH₃ 峰显示出许多细节(亦称"精细结构"或二级分裂),这是由于氢核之间相互作用所致。

一般自旋耦合的相互干扰作用是通过成键电子传递的。在有多种自旋量子数不为零的核存在的分子中要考虑多种核之间的相互作用。在有机化学中主要是碳氢化合物,由于 ¹³C 天然丰度较低,基本不

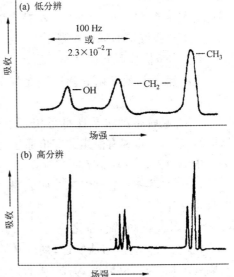

图 16.5　乙醇的高、低分辨率核磁共振图谱

考虑其对质子的自旋耦合,但反过来时必须考虑。对氢核来说,可根据相互耦合的核之间相隔的键数分为同碳(偕碳)耦合、邻碳耦合及远程耦合 3 类,分别以 ^2J, ^3J, … 表示。

同碳耦合常数变化范围非常大,其值与其结构密切相关,如乙烯中同碳耦合 $J=2.3$ Hz,而在甲醛中高达 42 Hz。邻碳耦合是相邻位碳上的氢产生的耦合,在饱和体系中耦合可通过 3 个单键进行,^3J 大约范围为 0～16 Hz,邻碳耦合是进行立体化学研究最有效的信息之一,这也是 NMR 结构分析提供有效信息的根源之一,^3J 与三键之间的二面角 θ 的度数有关。

相隔 4 个或 4 个以上键之间的相互耦合称为远程耦合,远程耦合常数一般较小(<1 Hz),如椅式六元环中 1,3 位同为平展的质子之间的 $^4J \approx 0.5$ Hz。

在复杂图谱分析中,正确理解分子中各个质子的相互关系十分重要。如甲烷中的 4 个质子的化学环境完全相同,而且这 4 个质子的化学位移完全相同,称之为化学等价,且相互间的耦合作用也完全相同,即此 4 个质子是"磁等价"的。它们在 NMR 谱图中只出现一个单峰,即一组化学等价的磁性核,内部的耦合不会在 NMR 图谱中表现出来。

在 NMR 中有相同化学环境的一组核的化学位移相同,且对组外任何一个原子核的耦合都相同,这组核则称为磁等价核。例如,二氟甲烷中的两个质子。化学等价的核并不一定是磁等价的,但磁等价的核一定是化学等价的。如在二氟乙烯中 H_a 和 H_b 是化学等价的,但由于 H_a 及 H_b 与 F_a、F_b 的耦合不同,故 H_a、H_b 不是磁等价的。

通常,若两组核化学位移的绝对值为 $\Delta\nu$ Hz 时,按 $\Delta\nu/J$ 对自旋耦合体系进行分类:$\Delta\nu/J$ >10 的体系称为弱耦合,所得图谱属于一级图谱;而 $\Delta\nu/J$<10 的体系称为强耦合,其图谱属于高级图谱。根据耦合强弱,对共振谱进行分类的基本规则如下:对强耦合体系其核以 ABC 或 KLM 等相连英文字母表示,称为 ABC…多旋体系;弱耦合的体系,其核以 AMX…不相连的字母表示,称为 AMX 多旋体系。磁等价的核用相同记号表示,如 A_2 或 B_3 表示;化学等价而磁不等价核,如以 AA′ 表示。对于一级图谱,自旋-自旋分裂图谱的解析十分简单方便。严格的一级行为要求 $\Delta\nu/J$>20,但在用一级技术对图谱进行分析时,对 $\Delta\nu/J$<10 体系有时亦可进行。

(1) 一级波谱的解析规则

(i) 磁等价核不能相互作用而产生多重吸收峰。

(ii) 耦合常数 J 随官能团间距增加而减小,因此,在大于 3 个键长时很少观察到耦合作用。

(iii) 吸收带的多重性可由相邻原子的磁等价核数目 n 来确认,并以 $(2nI+1)$ 加以表示(图 16.6)。在相邻有两组非等价原子时,则其多重性同时受两个原子上磁等价核数目 n 及 n' 的影响,以 $(2nI+1)(2n'I'+1)$ 表示。

(iv) 多重峰一般都对称于吸收带的中点,近似相对面积之比为函数 $(a+b)^n$ 展开式中各项系数之比。

(2) 较复杂图谱的简化

(i) 增加磁场。如前所述,耦合常数不受磁场增加的影响,而以频率为单位的化学位移却会因此增加,即可以提高 $\Delta\nu/J$,从而把复杂的高级图谱转换成便于解释的一级图谱。

(ii) 同位素取代。用氘(^2H)取代分子中的部分质子,可以去掉部分波谱,同时由于氘与质

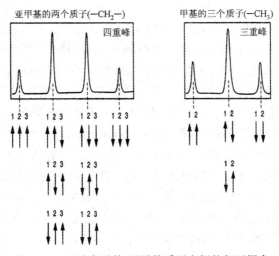

图 16.6　乙醇中甲基-亚甲基质子之间的相互耦合

子之间的耦合作用小而使谱图进一步简化。

（iii）自旋去耦。通过向核磁共振中引入多个射频场,有可能产生出一个或多个干扰场,这种实验方法称为双照射(或多照射)技术,而产生出双共振(或多共振)图谱。在进行自旋去耦时,第二个(和第三个,第四个,……)射频场的频率直接对准与待测核耦合的核的共振频率,使其在两个自旋态之间的跃迁大大加快,结果是待测核只能感受到耦合核的平均自旋态,能级不发生分裂,从而大大简化图谱,如图 16.7 所示:第二射频场处于(d),(c)核位置。

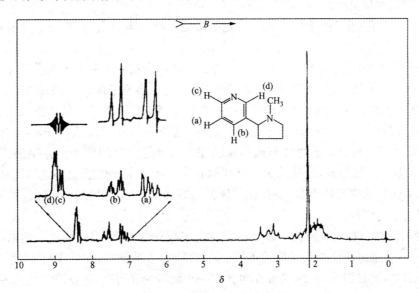

图 16.7　双共振去耦合技术在 NMR 中的应用

不同类型的核之间的耦合作用亦可被去耦,如在 1.4092 T 磁场中用约 4.3 MHz 射频场照射从而消除 ^{14}N 对质子共振谱的影响。

自旋去耦简化图谱能力是显而易见的,但发生强烈耦合的质子不能去耦,这是因为第二射频场的引入会产生干扰,从而观察不到相应的 NMR 现象。有关自旋去耦的理论颇为复杂,读者可参阅其他相关参考书。

(iv) 化学位移试剂。实验发现,若待测物质分子中有可用于配位的孤对电子(如含氧或氮的有机化合物),则向其溶液中加入镧系元素的顺式 β-二酮配合物,可使待测物质分子的质子化学位移差增大,从而简化图谱,这种镧系元素配合物称为化学位移试剂。镧系元素配合物的这种作用主要是由于镧系元素的顺磁性而在其周围产生一个较大的局部磁场,这样产生的诱导位移是按正常方式通过空间起作用的位移,与一些通过化学键起作用的物质所产生的接触位移是有些不同的,故称之为赝触位移(pseudo-contact shift)或偶极位移。

由于位移试剂常常可以引起高达 20 的化学位移,所以可以大大增加 NMR 谱的分布范围并简化图谱。而且赝触位移与质子到顺磁中心距离有关,因此亦能提供有价值的结构信息。

常用的位移试剂有 Eu(低场位移)及 Pr(高场位移)的 2,2,6,6-四甲基庚基-3,5-二酮(dipivalomethanato,DPM)及氟化烷基 β-二酮配合物。

高级图谱的解析既困难又复杂,读者可以参阅有关文献。

16.4　影响 NMR 谱的动力学因素

在核磁共振中,一种具有两种或两种以上不同存在形式的质子将根据其在两种形式间转化速率不同而出现不同的 NMR 谱。一般来说,若转化速率远远大于两种状态的化学位移差($\Delta\nu$)时,则出现一种平均化的信号;若转化速率大大低于两种化学位移差($\Delta\nu$)时则表现为各自不同化学环境的信号;在这两种极端之间时,将会观察到展宽了的波谱,由这些波谱可以获得有关交换过程的信息。

使一个(或一组)质子的化学环境平均化的常见过程有质子交换、构象互变及部分双键旋转等。

(i) 质子交换。在无质子溶剂中,少量乙醇和水的混合物的羟基质子将分别得出不同的信号。但随着温度的升高、浓度增加及 pH 改变时,质子的交换速率加快,乙醇的羟基将只出现一个信号,而且亚甲基只能被观察到一平均化的质子,故使—OH 质子信号从慢交换的三重峰变成单峰,且其自身信号不受—OH 质子裂分。同样,氨基(—NH$_2$)、巯基(—SH)亦有类似现象。

(ii) 构象改变。环己烷的两种椅式构象的相互转变是常见的例子。在室温下,环己烷的NMR 谱图由单一锐线组成,这是因为与直立的和平伏的质子的化学位移差相比,两个等价的椅式构象间的转换速率要快得多。但在温度较低,如-89℃时,这种转换变得很慢,则可以观察到两种不同质子的信号。

(iii) 受阻旋转。在酰胺中由于氮上的孤对电子与羰基发生共轭,使氮上的取代基与羰基处于同一平面内,造成两个取代基环境不同。如 N,N-二甲基酰胺,在低温时,N-甲基产生两个强度相等的信号,这是因为 OCN 共轭作用使 C—N 旋转受阻所致;而在温度较高时,则合并为一个信号。同样,其他酰胺类化合物及其他化合物亦可能有此效应。

16.5　核磁共振波谱仪

由于核磁共振信号的特性,核磁共振波谱仪非常精密,对外磁场强度及其稳定性、射频信号发生与检测、样品探头设计等都有很高的要求。到现在为止虽然第一台商用核磁共振波谱仪已经使用超过半个世纪,仍只有少数厂家可以生产高水平的核磁共振仪器。

常见的核磁共振波谱仪有两种工作方式,一是连续波仪器,这种方式是利用在稳定的外磁场(共振频率不变)的情况下,通过扫描频率(磁场)测量共振信号。另外一种方式是在稳定的外磁场中,通过一个扰动小磁场或复合脉冲,使处于低能态的核激发至高能态,而高能态的核通过不同弛豫过程回到低能态过程中将会产生射频辐射,通过对这种辐射的测量也可以获得共振信息。

16.5.1　连续波核磁共振仪

在核磁共振波谱仪(图 16.8)中稳定强度的磁场是一个关键因素,常用的磁场包括永磁铁、电磁铁及超导磁体 3 种。永磁铁制造成本和运营成本较低,但因为磁场强度不可能太高,一般主要应用于对分辨率和灵敏度要求不高的样品测量。电磁铁由于运行时会产生大量的能耗和稳定性限制,现在很少应用。超导磁体实际上是一种电磁铁,但利用了一些导体在超低温度(液氦中)下电阻消失而可以施加大电流和没有能量损耗的特性,可以产生高强度和稳定的磁场。现在已经制造出对应质子共振频率为 900 MHz 的超导磁体。

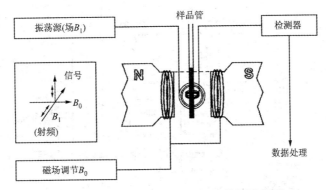

图 16.8　扫描磁场式核磁共振波谱仪原理图

由于通常的化学位移差在百万分之几,要求测量精度高于 10^{-8},因此需要通过微调保证施加到样品上的磁场强度稳定性优于 10^{-9}。

射频发生器也是一个重要的装置,通常使用恒温条件下的石英晶体振荡器产生稳定的基频,再进行倍频、调谐、放大等环节馈入与磁场和样品都垂直的线圈中。同样对射频发生器的稳定性要求也很高。

样品探针通常由样品管、扫描线圈和测量线圈组成,为保证样品管内样品所受磁场的均一性,通常利用一个气动转子使样品管以数十赫兹的频率旋转。同时在转轴方向加上调节线圈,保证样品在 x,y,z 3 个方向所受磁场的均匀性。

扫描单元的作用主要是产生一个微小变化的频率或磁场,寻找共振信号。获得的共振信号经信号检测、放大、记录系统收集处理,获得共振吸收峰的化学位移和峰面积信号,以供定性和定量分析。

16.5.2　傅里叶变换 NMR 谱仪

傅里叶变换 NMR 谱仪,亦称脉冲傅里叶变换核磁共振波谱仪(pulsed fourier transform

NMR，PFT-NMR），它是另一类获取 NMR 信号的仪器。在 PFT-NMR 中，不是通过扫描频率（或磁场）的方法找到共振条件，而是采用在恒定的磁场中，在整个频率范围内施加具有一定能量的脉冲，使自旋取向发生改变并跃迁至高能态。高能态的核经一段时间后又重新返回低能态，通过测量这个过程中产生的感应电流，即可获得时间域上的波谱图。一种化合物具有多种吸收频率时，所得图谱十分复杂，称为自由感应衰减(free induction decay，FID)，自由感应衰减信号产生于激发态的弛豫过程，有关机理可参阅相关书籍。FID 信号经快速傅里叶变换后即可获得频域上的波谱图，即常见的 NMR 谱图。

PFT-NMR 仪器工作框图如图 16.9 所示，其中脉冲射频通过一个线圈照射到样品上，随之该线圈作为接收线圈接受自由感应衰减信号。这一过程通常可在数秒内完成，与连续波相比大大提高了分析速度。在连续波 NMR 一次扫描的时间内，PFT-NMR 可以进行约 100 次扫描，可以大大提高 NMR 的灵敏度。正是由于 PFT-NMR 在 20 世纪 70 年代开始使用，才使得 ^{13}C NMR 成为一种常规分析手段。

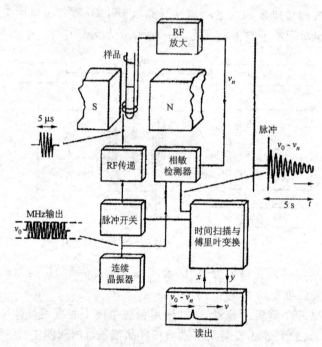

图 16.9   傅里叶变换核磁共振波谱仪原理图

在 PFT-NMR 中通过对 FID 信号的处理和计算，再转化为频域谱时，既能增加灵敏度（在 ^{13}C 等灵敏度和天然丰度较低的核的 NMR 中十分重要），又能增加分辨率。由于其分析速度快，可以用于核的动态过程、瞬时过程、反应动力学等方面的研究。

16.6   质子核磁共振波谱法的应用

前已述及，NMR 的应用主要集中在有机和生物化学分子结构分析和结构鉴定中，但在某些情况下亦可用于定量测定。

16.6.1　化合物鉴定

NMR 可以提供的主要参数有化学位移(见表 16.3)、质子的裂分峰数、耦合常数及各组分相对峰面积。与红外光谱一样,对于简单的分子,仅根据其本身的图谱即可进行鉴定。对于复杂的化合物,则需在已知化学式(质谱或元素分析结果)及红外光谱提供的部分信息上进一步分析鉴定。下面举例说明其结构推定的过程。

例 16.2　某一化学式为 $C_5H_{10}O_2$ 的化合物,在 CCl_4 溶液中的 NMR 谱如图 16.10 所示,试推测其结构。

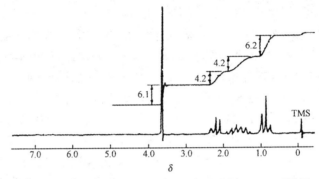

图 16.10　化合物 $C_5H_{10}O_2$ 在 CCl_4 溶液中的 ^1H NMR 谱图

解　该化合物的不饱和度:

$$\Omega = 1 + 5 + \frac{0 - 10}{2} = 1$$

从图 16.10 可知,其中有 4 种不同类型的质子。其比率为 6.1:4.2:4.2:6.2,即分别为 3,2,2,3 个质子。从 $\delta = 3.6$ 的 3 个质子的单峰看,则有可能是一个独立的甲基峰,从表 16.4 可推测其为 —O—CH$_3$ 的结构。

另外,从其裂分图可推断:$\delta = 0.9$ 处的三峰为毗邻亚甲基的甲基信号;与 O=C— 相邻的亚甲基的化学位移为 $\delta = 2.2$ 左右;$\delta = 1.7$ 的亚甲基分裂为六重峰。$\delta = 1.7$ 的亚甲基峰受左右质子耦合影响本应分裂为 $(3+1) \times (2+1) = 12$ 的多重峰,但由于仪器分辨率的限制而没有观察到。故其结构为

16.6.2　定量分析

质子 NMR 波谱中积分曲线高度与引起该峰的氢核数呈正比,这不仅用于结构分析,同样亦可用于定量分析。NMR 定量分析的最大优点是不需引进任何校正因子,且不需化合物的纯样品就可直接测出其浓度。

为了确定仪器的积分高度与质子浓度间的关系,必须采用一种标准化合物来进行鉴定。对标准化合物的基本要求是不会与任何试样的峰相重叠。为进行校准,最好使用有机硅化合物,因为它们的质子峰都在高磁场区。内标法原理是准确称取样品和内标化合物,以合适溶剂配成

适宜的浓度。内标法测定准确性高,操作方便,使用较多。外标法只是在未知化合物十分复杂、难以选择合适内标时使用,使用外标法时要求严格控制操作条件,以保证结果的准确性。

NMR 可以用于多组分混合物分析及元素分析等,但 NMR 定量分析的广泛应用受到仪器价格和分析成本的限制。另外共振峰重叠的可能性随样品复杂性增加而增加,而且饱和效应也必须克服。因此,往往是 NMR 可以分析的试样,用别的方法也可以方便地完成。

16.7　其他核的核磁共振波谱

16.7.1　^{13}C 的核磁共振波谱(^{13}C NMR)

^{13}C 核的共振现象早在 1957 年就开始被研究,但由于 ^{13}C 的天然丰度很低(1.1%),且 ^{13}C 的磁旋比约为质子的 1/4,^{13}C 的相对灵敏度仅为质子的 1/5600,所以早期研究得并不多。直至 1970 年后,发展了 PFT-NMR 应用技术,有关 ^{13}C 研究才开始增加。而且通过双照射技术的质子去耦作用,大大提高了其灵敏度,使之逐步成为常规 NMR 方法之一。

与质子 NMR 相比,^{13}C NMR 在测定有机及生化分子结构中具有很大的优越性:① ^{13}C NMR 提供的是分子骨架的信息,而不是外围质子的信息;② 对大多数有机分子来说,^{13}C NMR 谱的化学位移范围达 200,与质子 NMR 的 10 左右相比要宽得多,意味着在 ^{13}C NMR 中复杂化合物的峰重叠比质子 NMR 要小得多;③ 在一般样品中,由于 ^{13}C 丰度很低,一般在一个分子中出现 2 个或 2 个以上 ^{13}C 的可能性很小,同核耦合及自旋-自旋分裂会发生,但观测不出,加上 ^{13}C 与相邻的 ^{13}C 发生自旋耦合的概率很小,有效地降低了图谱的复杂性;④ 因为已经有有效地消除 ^{13}C 与质子之间耦合的方法,经常可以得到只有单线组成的 ^{13}C NMR 谱,如图 16.11 所示。

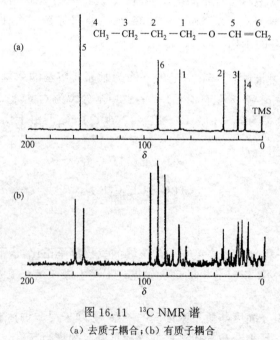

图 16.11　^{13}C NMR 谱

(a) 去质子耦合;(b) 有质子耦合

与质子 NMR 相比,^{13}C NMR 谱应用于结构分析的意义更大。^{13}C NMR 主要是依据化学位移进行的,而自旋-自旋作用不大。图 16.12 显示了许多主要官能团中^{13}C 的化学位移值。

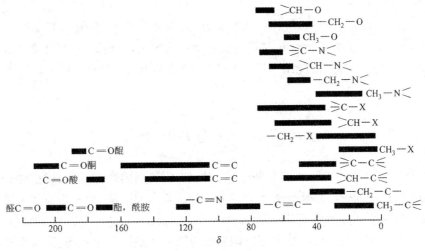

图 16.12　不同^{13}C 核的化学位移

^{13}C 在复杂化合物及固相样品中的分析有重要作用,近些年发展起来的各种二维^{13}C NMR(two-dimension ^{13}C NMR,2D ^{13}C NMR)及三维^{13}C NMR 等,更进一步扩大了^{13}C NMR 的应用。

二维核磁共振波谱(2D-NMR):NMR 图谱中由于自旋-自旋耦合、交叉弛豫及化学位移相近等存在,变得十分复杂,难以进行分子结构解析及分子动力学研究等。设 A 核与 B 核之间有某种相互作用存在,对 A 核施加两个间隔为 t_1 时间的 90°脉冲,得到有关 A 核进动频率的信息,通过两核之间的相互作用,将有关 A 核的信息转移至 B 核一部分,A 核转移过来的信息与 B 核自身信息混合并经第二脉冲作用后检测出混合信号,最后经解析获得这两种信息相结合的图谱。这种同时获得化学位移及相互作用信息的方法称为二维核磁共振波谱法。

常用的 2D-NMR 方法有很多,如相关谱法、J 分解法等。在相关谱法中,二维分别是 H 或 C 的化学位移,从而获得^{1}H-^{1}H、^{1}H-^{13}C 核之间是否相互作用,哪些核之间有相互作用等信息。J 分解法又分为 J 分解^{1}H NMR 及 J 分解^{13}C NMR 法,在这类方法中,一维为^{1}H 或^{13}C 的化学位移,另一维为耦合常数的相关量。

利用 2D-NMR 方法可以获得比一维 NMR 更丰富且更简明的信息,为复杂分子的结构鉴定提供了更有力的工具。

除^{1}H 和^{13}C 外,自然界还存在 200 多种同位素也有不为零的磁矩,其中包括^{31}P、^{15}N、^{19}F、^{2}D、^{11}B、^{23}Na 等等。

16.7.2　^{31}P 的核磁共振波谱(^{31}P NMR)

^{31}P 的自旋量子数 $I=1/2$,其 NMR 化学位移值可达 700。从表 16.1 可看到,在约 4.7 T 的磁场中^{31}P 核共振频率为 81.0 MHz。^{31}P NMR 研究主要集中在生物化学领域中,如通过观察三磷酸腺苷(ATP)在不同 Mg^{2+} 存在下的^{31}P NMR,可以有效地研究 ATP 与金属离子的作用过程。

16.7.3 ¹⁹F 的核磁共振波谱(¹⁹F NMR)

F 的自旋量子数 $I=1/2$,磁旋比与质子相近,在约 4.7 T 的磁场中,共振频率为 188 MHz(质子为 200 MHz)。氟的化学位移与其所处环境密切相关,可达 300,而且溶剂效应也比质子 NMR 大得多。相对来说¹⁹F NMR 研究得很少,但在氟化学应用中必然会拓展这一领域的研究。

16.8 电子自旋共振波谱法

电子与质子一样具有 1/2 的自旋量子数,因此在强磁场的影响下也具有不同的自旋能级,因为电子所带的是负电荷,故其低能级对应于 $-1/2$。与质子一样,在一定条件下可以发生磁共振,称为电子自旋共振波谱(electron spin resonance spectroscopy,ESR)。含有至少一个未成对电子的物质是顺磁性的,在磁场中可以诱导出使原磁场加强的小磁场。因此也称为电子顺磁共振波谱(electron paramagnetic resonance spectroscopy,EPR)。

与质子 NMR 类似,在 ESR 中共振频率可以通过磁场中电子能级差计算出来。

$$\Delta E = h\nu = \frac{\mu_B B_0}{I} = g\mu_B B_0 \qquad (16.10)$$

式中 μ_B 为 Bohr 磁子,其值为 9.27×10^{-24} J·T⁻¹。g 为分裂因子,g 值随电子的环境变化,自由电子的 $g=2.0023$;分子或离子中的未成对电子,其值为自由电子之值的百分之几。

ESR 仪常用的磁场为 0.34 T,从式(16.10)可以算出电子共振频率约为 9500 MHz,正好处于微波区域。

ESR 仪器原理与 NMR 相似,其辐射源是一个速调管,用以产生 9500 MHz 的单色微波辐射,此辐射通过波导管传给样品,共振则通过一个 Helmholtz 线圈来调节接收。

为了提高灵敏度和分辨率,ESR 图谱通常以导数形式来记录,图 16.13 所示为人前列腺素 H 合成酶-2(PHS-2)与花生四烯酸反应受 NO· 的影响,若只观察吸收信号,则很难观察

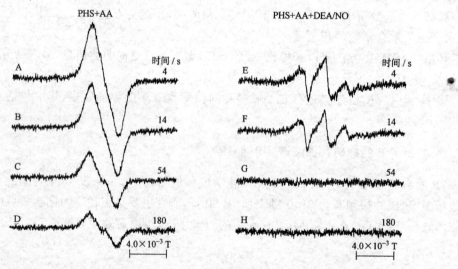

图 16.13 不同热处理时间的人前列腺素 H 合成酶-2(PHS-2)与花生四烯酸反应受 NO·自由基影响的 ESR

到信号,而经过一次微分后信号变得更容易观察。从反应结果可以看出,DEA(二乙胺,NO·自由基释放剂)释放的 NO·自由基对 PHS 和 AA 反应有明显的影响。

对于大多数分子,都不会观察到 ESR。因为分子中的电子数都是偶数的,因此电子自旋是互相配对的而相互抵消了其磁效应。只有存在未成对电子的化合物才会产生 ESR 效应,而未成对电子的自旋可与分子内近邻的核自旋耦合而得到类似于核自旋-自旋耦合的分裂图样,从而提供更多结构信息。

ESR 广泛地应用于研究自由基过程的化学、光化学和电子化学反应,还可以用于研究过渡金属的配合物,定量测定带有未成对电子的金属离子等。目前一个最重要的应用是自旋标记(spin lable)技术,将一带有未成对电子的小分子选择性地附在大分子的某一特定位置,用于研究生物化学中蛋白质和细胞膜等体系的动态和静态信息。

参 考 文 献

[1] 武汉大学化学系编. 仪器分析. 北京:高等教育出版社,2001

[2] D. A. Skoog, F. J. Holler and T. A. Nieman. *Principles of Instrumental Analysis*, 5th ed. Harcourt Brace and Company, 1998

[3] G. D. Christian, J. E. O'Reilly 编;王镇浦,王镇棣译.仪器分析.北京:北京大学出版社,1989

[4] 清华大学分析化学教研室编.现代仪器分析.北京:清华大学出版社,1983

[5] 唐恢同编著.有机化合物的光谱鉴定.北京:北京大学出版社,1992

[6] 梁晓天编著.核磁共振.北京:科学出版社,1982

[7] 北京大学化学系仪器分析教学组.仪器分析教程.北京:北京大学出版社,2002

[8] F. Rouessac, A. Rouessac. *Chemical Analysis-Modern Instrumentation Methods and Techniques*. John Wiley & Sons, 2000

思考题与习题

16.1 名词解释:

磁各向异性,Larmor 频率,耦合常数,一级图谱。

16.2 试计算在 1.94 T 的磁场中下列各核的共振频率:^1H, ^{19}F, ^{31}P。

16.3 在室温情况下,甲醇的 ^1H NMR 谱图中,无法观察到羟基质子与甲基质子之间的自旋耦合;但当冷却至 $-40\ ℃$ 时,质子交换速率变慢而可以观察到分裂现象。试勾绘出上述两种温度下甲醇的 ^1H NMR 谱图。

16.4 对氯苯乙醚的 ^1H NMR 谱图如下图所示,试说明各峰的归宿并解释原因。

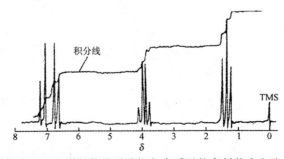

16.5 试计算 $T=300$ K 时,在 1.4 T 磁场的核磁共振仪中质子的高低能态之比;若在磁场为 7 T 的仪器中又是多少? $(\gamma=2.6752\times10^8\ T^{-1}\cdot s^{-1})$

16.6 异构体 A 和 B 的分子式为 $C_2HCl_3F_2$，在^{1}H NMR 谱图上 A 有 5.8 和 6.6 两个双峰($J=7$ Hz)存在，B 仅在 5.9 处出现一个三峰($J=7$ Hz)。若有第三种异构体存在，请推测其图谱形状。

16.7 根据^{1}H NMR 谱图中什么特征，可以鉴别下述两种异构体？

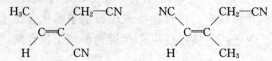

16.8 下述^{1}H NMR 谱图为溴苯、二氯甲烷、碘代乙烷的混合物，请根据图中数据计算各组分的质量分数。

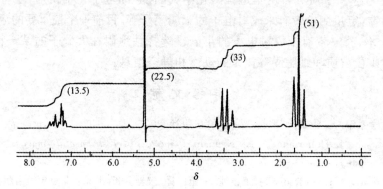

电分析化学篇

第17章　电分析化学引论

电分析化学(electroanalytical chemistry)是仪器分析的一个重要分支,是最早的仪器分析技术之一,它是把电学与化学有机的结合起来并研究它们之间相互作用的一门科学。它是通过测量电流、电位、电量及研究它们与其他化学参数间的相互作用关系得以实现的。

17.1　原电池与电解池

简单的化学电池由两组金属-溶液体系组成,这种金属-溶液体系称电极或半电池。两电极的金属部分与外电路连接,它们的溶液必须相互沟通。如两个电极浸在同一个电解质溶液中,这样构成的电池称为无液体接界电池(见图 17.1(a))。如两个电极分别浸在不同的电解质溶液中,溶液用烧结玻璃隔开,或用盐桥连接,这样构成的电池称有液体接界电池(见图 17.1(b))。烧结玻璃和盐桥是为了避免两种电解质溶液很快地机械混合,同时又能让离子通过。

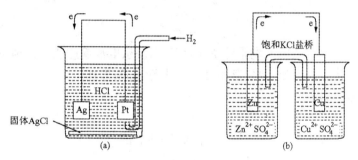

图 17.1　原电池

(a) 无液体接界电池;(b) 有液体接界电池

(a)中 $p(H_2)=101\ 325\ Pa(1\ atm)$, $c(HCl)=0.1\ mol \cdot L^{-1}$

化学电池是化学能与电能互相转换的装置,能自发地将化学能转变成电能的装置称为原电池(如图 17.1);而需要外部电源提供电能迫使电流通过,使电池内部发生电极反应的装置称为电解池(如图 17.2)。当电池工作时,电流必须在电池内部和外部流通,构成回路。电流是电荷的流动,外部电路是金属导体,移动的是带负电荷的电子。电池内部是电解质溶液,移动的是分别带正、负电荷的离子。为使电流能在整个回路中通过,必须在两个电极的金属-溶液界面处发生有电子跃迁的电极反应,即离子从电极上取得电子,或将电子交给电极。无论是原电池还是电解池,通常将发生氧化反应的电极(离子失去电子)称为阳极,发生还原反应的电极(离子得到电子)称为阴极。如图 17.1(a)中的电极反应为

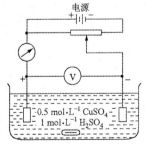

图 17.2　电解池

$$阳极：H_2 \rightleftharpoons 2H^+ + 2e$$

阴极：$AgCl \rightleftharpoons Ag^+ + Cl^-$，$Ag^+ + e \rightleftharpoons Ag$

电池可以用一定的表达式来表示，图 17.1(b) 的 Daniell 电池是把金属锌插入 $ZnSO_4$ 水溶液中，金属铜插入 $CuSO_4$ 水溶液中，两者用盐桥连接。它可表示为

$$(-)\ Zn\,|\,ZnSO_4(a_1)\,\|\,CuSO_4(a_2)\,|\,Cu\ (+)$$

以 | 表示金属和溶液的两相界面，以 ‖ 表示盐桥。

由于 Zn 比 Cu 标准电位要负，因此 Zn 较 Cu 活泼，Zn 原子易失去电子，氧化成 Zn^{2+} 进入溶液相。Zn 原子将失去的电子留在锌电极上，通过外电路流到铜电极上。Cu^{2+} 接受流来的电子成为金属铜沉积在铜电极上。因此 Zn 电极上发生的是氧化反应，是阳极：

$$Zn \rightleftharpoons Zn^{2+} + 2e$$

Cu 电极上发生的是还原反应，是阴极：

$$Cu^{2+} + 2e \rightleftharpoons Cu$$

电池的总反应方程式为

$$Zn + Cu^{2+} \rightleftharpoons Zn^{2+} + Cu$$

外电路电子流动的方向是，电子由 Zn 电极流向 Cu 电极。电流的方向与此相反，由 Cu 电极流向 Zn 电极。所以 Cu 电极的电位较高为正极，Zn 电极的电位较低为负极。

习惯将阳极写在左边，阴极写在右边，电池的电动势 E_{cell} 为右边的电极电位减去左边的电极电位，即

$$E_{cell} = \varphi_c - \varphi_a \tag{17.1}$$

若根据式 (17.1) 算得的电池电动势 E_{cell} 为正值，表示电池反应能自发地进行，是一个原电池；反之，是非自发进行的电池，要使其电池反应进行，必须外加一个大于该电池电动势的外加电压，构成一个电解池。

17.2　液接电位

当两种不同的溶液直接接触时，在它们的相界面上要发生离子的迁移。图 17.3 中 Ⅰ，Ⅱ 是两种浓度不同的 HCl 溶液相接触，HCl 浓度较大的溶液 Ⅱ 中的 H^+ 和 Cl^- 将向 Ⅰ 中扩散。由于 H^+ 的扩散速率比 Cl^- 大，结果 $\varphi(Ⅰ)$ 较正，$\varphi(Ⅱ)$ 较负，出现了电位差，产生了液接电位。

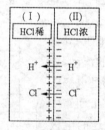

图 17.3　液接电位的形成

$c(Ⅰ) < c(Ⅱ)$，$\varphi(Ⅰ) - \varphi(Ⅱ) > 0$

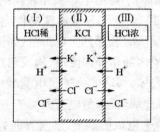

图 17.4　液接电位的消除

$\varphi(Ⅰ) - \varphi(Ⅱ) \approx 0$，$\varphi(Ⅲ) - \varphi(Ⅱ) \approx 0$

液接电位会影响电池电动势的测量结果，实际工作中必须设法消除，或尽量降低到最小限度。通常采用的方法是在两个溶液之间设置盐桥。盐桥可以这样制备：在饱和 KCl 溶液中加入约 3% 的琼脂，加热使琼脂溶解，注入 U 形玻璃管中，冷却成凝胶。使用时将它的两端分别插

入两个溶液中。它能消除或降低液接电位的原理见图 17.4。饱和 KCl 溶液的浓度较高(为 4.2 mol·L^{-1}),而且 K$^+$ 和 Cl$^-$ 的迁移数很接近,当盐桥和浓度不大的电解质溶液接触时,主要是盐桥中 K$^+$ 和 Cl$^-$ 扩散到插入的溶液中。K$^+$ 和 Cl$^-$ 的扩散速率又相近,使盐桥与溶液接触处产生的液接电位很小,一般为 1~2 mV。

17.3 电极反应速率

对于原电池,其电极反应是自发的,一旦电池回路形成,电极反应就立即启动;而对于电解池,电极反应受外加于电解池的两个电极上的电压控制。如在电解池的阴极上发生如下反应:

$$M^{z+} + ze \Longrightarrow M$$

在电极上发生变化的物质的量 n 与通过电解池的电量 Q 呈正比,这一基本定律称为 Faraday (法拉第)定律,用数学式表示为

$$n = \frac{Q}{zF} \tag{17.2}$$

式中 F 为 1 mol 元电荷的电量,称为 Faraday 常数(96 485 C·mol^{-1});z 为电极反应中的电子数。

电解消耗的电量 Q 可按下式计算:

$$Q = \int_0^t i \mathrm{d}t \tag{17.3}$$

式中 i 为流过回路的电流。因此电极反应速率 v(mol·s^{-1})为

$$v = \frac{\mathrm{d}n}{\mathrm{d}t} = \frac{i}{zF} \tag{17.4}$$

需要说明的是,不同于溶液中的均相化学反应,电极和溶液界面上进行的是非均相反应。非均相反应的速率尚依赖于向电极表面的传质速率和电极面积等。

17.4 Nernst 方程式

Nernst(能斯特)方程式表示电极电位 φ 与溶液中对应离子活度之间的关系。对于一个氧化还原体系:

$$Ox + ze \Longrightarrow Red$$

则有

$$\varphi = \varphi^{\ominus} + \frac{RT}{zF}\ln \frac{a_O}{a_R} \tag{17.5}$$

式中 $\varphi^{\ominus}$ 是标准电极电位,R 是摩尔气体常数(8.3145 J·mol^{-1}·K^{-1}),T 是热力学温度,F 是 Faraday 常数,z 是电极反应中转移的电子数,a_O 和 a_R 是氧化态和还原态的活度。把各常数的数值代入并转换成以 10 为底的对数,在 25 ℃时方程式(17.5)可写成

$$\varphi = \varphi^{\ominus} + \frac{0.05915}{z}\lg \frac{a_O}{a_R} \tag{17.6}$$

在实际工作中(如绘制校准曲线)常设法使标准溶液与被测溶液的离子强度相同,活度系数不变,这时可以用浓度代替活度。在反应物和产物中以纯固体或纯液体形式存在时,它们的活度都被定义为 1。如在水溶液中使用滴汞电极时,水和汞的活度都定义为 1。

在工作中,为了方便也可用氧化态、还原态的浓度代替它们的活度。这时 Nernst 方程式中的标准电极电位 $\varphi^{\ominus}$ 要改用条件电位 $\varphi^{\ominus\prime}$。因为溶液中离子的活度会受到离子强度、溶液的 pH、组分的溶剂化、离解、缔合和配合的影响。条件电位 $\varphi^{\ominus\prime}$ 就是在这一实际体系中,当氧化态和还原态的浓度都为 $1\ mol \cdot L^{-1}$ 时得到的电位(见附录 Ⅲ.8)。

17.5 电 极 电 位

很多化学反应都可看做一个氧化还原反应,是一个氧化反应和一个还原反应作用的结果。如果一个元素失去电子或它的氧化态数量增加,这个元素就进行了氧化反应,也就是说它获得了更多的正电荷;反之,如果一个元素获得电子或它的还原态数量增加,这个元素就进行了还原反应,即它获得了更多的负电荷。元素的原子处于零电荷状态。

电极电位的绝对值不能单独测定或从理论上计算,它必须和另一个作为标准的电极相连构成一个原电池,并用补偿法或在电流等于零的条件下测量该电池的电动势。IUPAC 推荐以标准氢电极(normal hydrogen electrode,NHE)为标准电极。

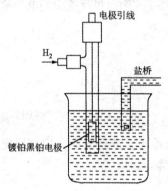

图 17.5　标准氢电极
$p(H_2) = 100\ kPa$,
$a(H^+) = 1\ mol \cdot L^{-1}$

标准氢电极如图 17.5。它是一片在表面涂有薄层铂黑的铂片,浸在氢离子活度等于 $1\ mol \cdot L^{-1}$ 的溶液中。在玻管中通入压力为 $100\ kPa$ 的氢气,让铂电极表面上不断有氢气泡通过。电极反应为

$$2H^+ + 2e \rightleftharpoons H_2(g)$$

人为地规定在任何温度下,标准氢电极的电极电位为零。对于任意给定的电极,它与标准氢电极构成原电池,所测得的电动势作为给定电极的电极电位。电子通过外路由标准氢电极流向给定电极,则给定电极的电位定为正值;电子通过外电路由给定电极流向标准氢电极,则给定电极的电位定为负值。附录 Ⅲ.8 中列出了一些电极反应的标准电极电位。

同时,利用两个给定的电极反应的标准电极电位,可求得第三个半电池反应的电极电位,如已知:

$$C + z_{C,B}e \rightleftharpoons B \qquad \varphi^{\ominus} = \varphi^{\ominus}_{C,B}$$

$$B + z_{B,A}e \rightleftharpoons A \qquad \varphi^{\ominus} = \varphi^{\ominus}_{B,A}$$

则反应 $C + (z_{C,B} + z_{B,A})e \rightleftharpoons A$ 的电极电位为

$$\varphi^{\ominus} = \varphi^{\ominus}_{C,A} = \frac{z_{B,A}\varphi^{\ominus}_{B,A} + z_{C,B}\varphi^{\ominus}_{C,B}}{z_{B,A} + z_{C,B}} \tag{17.7}$$

对于含有固态半电池反应的电极电位:

$$M^{n+} + ze \rightleftharpoons M \qquad\qquad \varphi^{\ominus} = \varphi^{\ominus}_{M^{n+},M}$$

$$M_pX_q \rightleftharpoons pM^{n+} + qX^{(pn/q)-} \qquad K = K_{sp}$$

则反应 $M_pX_q + pze \rightleftharpoons pM + qX^{(pn/q)-}$ 的电极电位为

$$\varphi^{\ominus} = \varphi^{\ominus}_{M^{n+},M} + \frac{0.05915}{pz}\lg K_{sp} \tag{17.8}$$

图中标注:电极引线、H₂、盐桥、镀铂黑铂电极

对于有 H^+ 参加的电极反应：

$$Ox + ze + mH^+ \rightleftharpoons Red$$

利用 Nernst 方程，可求得溶液 pH 对该电极反应的电极电位的影响：

$$\varphi^{\ominus} = \varphi^{\ominus}_{O,R} - \frac{0.05915\,m}{z}pH \tag{17.9}$$

17.6　电极表面传质过程及扩散电流

当电流通过化学电池时，电极和溶液界面发生了电荷转移过程，消耗了反应物，生成了反应产物。欲维持通过的电流值，反应物从溶液本体向电极表面方向传递，产物则从电极表面向溶液方向传递，这种物质在液相中的传送称为传质过程。在电极表面一般有 3 种传质方式：扩散、电迁移、对流（如图 17.6 所示）。

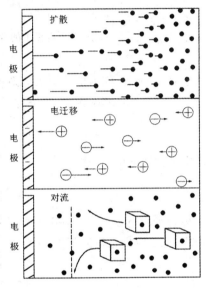

（i）电迁移：带电离子或极性分子在电场作用下发生迁移；

（ii）对流：由溶液对流或热运动引起的物质运动；

（iii）扩散：在浓差的作用下，分子或离子从高浓度向低浓度发生移动。

电迁移可以通过加入一些盐来消除（支持电解质），其浓度应至少是分析物的 100 倍，常用的支持电解质为钾盐或四丁基铵盐。因此，加入支持电解质后，溶液的电阻和 iR 降可忽略不计。测量时溶液静止（不搅拌）可消除对流的影响。

在这些条件下，所获得电流即为扩散电流。这里我们　　　图 17.6　电极表面的 3 种传质方式
先考虑平面电极上的扩散。平面电极上的扩散是垂直于电极表面的单方向扩散，即线性扩散，如图 17.7。对于线性扩散，根据 Fick（费克）第一定律，单位时间内通过扩散到达电极表面的被测离子的量 dn 为

$$dn = DA\frac{\partial c}{\partial x}dt \tag{17.10}$$

其中 n 为物质的量，c 为物质的量浓度，D 为扩散系数（$cm^2 \cdot s^{-1}$），A 为电极面积（cm^2）。

电极附近，被测物质浓度 c 的分布，除与距离 x 有关外，还与电解的时间 t 有关。根据 Fick 第二定律，

$$\frac{\partial c}{\partial t} = D\frac{\partial^2 c}{\partial x^2} \tag{17.11}$$

选择一定的起始和边界条件，应用 Laplace 变换求解以上方程，可得电极表面的浓差梯度为

$$\left(\frac{\partial c}{\partial x}\right)_{x=0} = \left(\frac{\partial \varphi(x,t)}{\partial x}\right)_{x=0} = \frac{c - c^s}{\sqrt{\pi Dt}} \tag{17.12}$$

也可写成

$$\left(\frac{\partial c}{\partial x}\right)_{x=0} = \frac{c - c^s}{\delta} \tag{17.13}$$

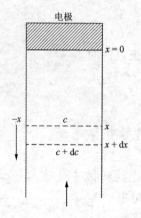

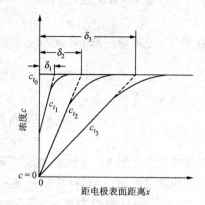

图 17.7　平面电极上的线性扩散　　　　图 17.8　浓度与电解时间的关系

t_0—电解开始时间；δ—扩散层厚度

其中 $\delta = \sqrt{\pi D t}$，称为扩散层的有效厚度；c^s 为电极表面浓度。时间越长，扩散层厚度越大，见图 17.8。根据 Faraday 定律，电解电流可表示为

$$i = zF\frac{\mathrm{d}n}{\mathrm{d}t} = zFAD\left(\frac{\partial c}{\partial x}\right)_{x=0} = zFAD\frac{c - c^s}{\delta} \tag{17.14}$$

当电极表面浓度为零时，

$$i_\mathrm{d} = zFAD\frac{c}{\delta} = zFAD\frac{c}{\sqrt{\pi D t}} \tag{17.15}$$

它称为平面电极的 Cottrell（科特雷尔）方程。Cottrell 方程表明，电流与电活性物质的浓度呈正比，这是定量分析的基础。

17.7　电分析化学方法简介

对电流(i)、电阻(R)、电量(Q)和电位(φ)等电信号的测量都可以用于不同的分析和研究目的。在电分析化学中常采用如下几种研究方法。

17.7.1　稳态法

在稳态法中，信号的测量是在整个本体溶液都处于平衡条件下进行的，它与时间无关。一般情况下这种平衡态是通过快速搅拌溶液或应用超微电极来实现的，如：

电位分析法：零电流下的电极电位测量。

电位滴定法：零电流下测定电极电位与所耗滴定剂体积间的关系曲线。

电流滴定法：在电位保持恒定的条件下，测定电流与滴加的滴定剂体积间的关系曲线。

超微电极伏安法：在电位保持恒定或电位慢扫描的条件下，电极电流在很短的时间内就可达到稳态。

17.7.2　暂态法

向电化学体系中施加电流或电位信号，在伏安仪上就可以获得一些定性或定量的响应信号。如在试液中向电极上施加随时间变化的电压信号，就可获得电流-电位曲线。这些暂态的方

法构成了近代的伏安法和极谱法,如循环伏安法、交流伏安法、方波伏安法、微分脉冲伏安法等。

17.7.3　控制电位法

施加在工作电极上的电位,经过严格控制后,在电极上析出的物质的量或流过电极的电流积分,即库仑数,将等于这种电活性物质从一种形态转化为另一种形态的量的总和。在控制电位计时电流法中,测得的是电流与时间的关系曲线;在控制电位电重量分析法中,测量的是电极上析出的质量;而在控制电位库仑分析法中测定的是反应的库仑数。

17.7.4　电荷迁移法

下列方法都是建立在电荷迁移的基础上的,这里电子转移过程可忽略不计。这些方法有:

电导测量法:测定在不同浓度下的电导率。

电导滴定法:测定电导率与滴定剂体积间的关系曲线。

参 考 文 献

[1] 高小霞等. 电分析化学导论. 北京:科学出版社,1986
[2] A. J. Bard, and L. R. Faulkner. *Electrochemical Methods*. New York:Wiley-Interscience, 1980
[3] 汪尔康. 21 世纪的分析化学. 北京:科学出版社,1999
[4] 李启隆. 电分析化学. 北京:北京师范大学出版社,1995

思考题与习题

17.1　化学电池由哪几部分组成?

17.2　盐桥的作用是什么?盐桥中的电解质溶液应有什么要求?

17.3　电极电位是如何产生的?电极电位 φ 的数值是如何得到的?

17.4　为什么原电池的端电压、电解电池的外加电压都不等于相应可逆电池的电动势?其差值由哪几部分组成?

17.5　正极是阳极,负极是阴极的说法对吗?阳极和阴极、正极和负极的定义是什么?

17.6　标准电极电位和条件电位的含义是什么?

17.7　对下述两个电池:(1)写出两个电极上的半电池反应;(2)计算电池的电动势;(3)按题中的写法,这些电池是自发电池,还是电解电池?(假设温度为 25 ℃,活度系数均等于1)

(a) Pt|Cr^{3+}(1.0×10^{-4} mol・L^{-1}),Cr^{2+}(1.0×10^{-1} mol・L^{-1})∥Pb^{2+}(8.0×10^{-2} mol・L^{-1})|Pb

已知:

$$Cr^{3+} + e \rightleftharpoons Cr^{2+} \qquad \varphi^{\ominus} = -0.41 \text{ V}$$

$$Pb^{2+} + 2e \rightleftharpoons Pb \qquad \varphi^{\ominus} = -0.126 \text{ V}$$

(b) Bi|BiO^{+}(8.0×10^{-2} mol・L^{-1}),H^{+}(1.00×10^{-2} mol・L^{-1})∥I^{-}(0.100 mol・L^{-1}),AgI(饱和)|Ag

已知:

$$BiO^{+} + 2H^{+} + 3e \rightleftharpoons Bi + H_2O \qquad \varphi^{\ominus} = 0.32 \text{ V}$$

AgI 的 $K_{sp} = 8.3 \times 10^{-17}$。

17.8　下图为 Weston(韦斯顿)标准电池(饱和型)的结构图,请写出该电池的表示式和电池中发生的半反应。

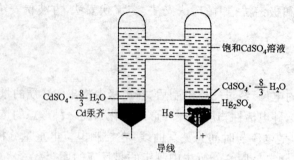

17.9 有 0.03 A 电流流过以下电池：

$$Pt\,|\,V^{3+}(1.0\times10^{-5}\ mol\cdot L^{-1}),V^{2+}(1.0\times10^{-1}\ mol\cdot L^{-1})\,\|$$

$$Br^{-}(2.0\times10^{-1}\ mol\cdot L^{-1}),AgBr(饱和)\,|\,Ag$$

电池最初的内阻为 1.8 Ω，计算电池最初的电动势和端电压。

已知：

$$V^{3+}+e\Longleftrightarrow V^{2+}\quad \varphi^{\ominus}=-0.255\ V$$

AgBr 的 $K_{sp}=7.7\times10^{-12}$。

17.10 请根据下列电池测得电动势的数值，计算右边电极相对于 NHE 的电极电位值。

(1) 饱和甘汞电极 ‖ $M^{n+}|M,Pt,\ E=0.809\ V$；

(2) 摩尔甘汞电极 ‖ $X^{3+},X^{2+}|Pt,\ E=0.362\ V$；

(3) 饱和银-氯化银电极 ‖ MA(饱和)，$A^{2-}|M,\ E=-0.122\ V$。

17.11 在 0.500 mol · L^{-1} H$_2$SO$_4$ 介质中，电解 0.1 mol · L^{-1} CuSO$_4$ 溶液，电解池内阻为 0.50 Ω，流过电流为 0.1 A。假设电极面积为 1 cm^2 左右，请写出电池表示式和电解时的半电池反应，并计算电解进行时外加电压的值(25 ℃)。0.1 A · cm^{-2} 时，在光 Pt 电极上的 η/V 为 H$_2$：0.29，O$_2$：1.3。

第 18 章　电位分析法

电极电位与电极活性物质的活度之间的关系可以用 Nernst 方程式表示。

$$\varphi = \varphi^{\ominus} + \frac{RT}{zF}\ln a \tag{18.1}$$

利用此关系建立了一类通过测量电极电位来测定某物质含量的方法,称之为电位分析法。

电极电位的测量需要构成一个化学电池,一个电池有两个电极。在电位分析中,将电极电位随被测电活性物质活度变化的电极称为指示电极;将另一个与被测物活度无关、电位比较稳定的、提供测量电位参考的电极称为参比电极。电解质溶液一般由被测试样及其他组分所组成。

电位分析法(potentiometry)有两类: ① 第一类方法选用适当的指示电极浸入被测试液,测量其相对于一个参比电极的电位,然后根据测出的电位,直接求出被测物质的浓度,这类方法称为直接电位法。② 第二类方法是向试液中滴加能与被测物质发生化学反应的已知浓度的试剂,然后观察滴定过程中指示电极电位的变化,以确定滴定的终点,再根据所需滴定试剂的量计算出被测物的含量。这类方法称为电位滴定法(potentiometric titration)。

18.1　指示电极与参比电极

电分析化学研究中,需要使用两支或三支电极。研究方法不同,电极的性质和用途也不同,其名称也各有差异。除前面提及的正极、负极、阳极、阴极外,还有指示电极或工作电极、辅助电极或对电极、参比电极、极化和去极化电极等。

18.1.1　指示电极或工作电极

在电分析化学研究过程中,若无电极反应发生,溶液本体浓度不发生任何变化,用于该体系研究的电极,称为指示电极;若有电极反应发生,电极表面溶液浓度随电极反应发生变化,用于该体系研究的电极称为工作电极。

18.1.2　参比电极

工作电极或指示电极是组成研究体系电池的主要电极,其他电极是辅助性质的电极,可称为辅助电极。凡是提供标准电位的辅助电极称为参比电极。

电分析化学中常用的参比电极是甘汞电极(尤其是饱和甘汞电极)以及银-氯化银电极。对于银-氯化银电极,其电极反应为

$$AgCl + e \Longrightarrow Ag + Cl^-$$

25℃时, Ag-Ag^+ 电极的电极电位为

$$\varphi = \varphi^{\ominus}_{Ag^+,Ag} + 0.05915\lg[Ag^+] \tag{18.2}$$

而
$$[Ag^+] = \frac{K_{sp}(AgCl)}{[Cl^-]} \tag{18.3}$$

因此，$Ag|AgCl,Cl^-$ 的电极电位可表示为

$$\varphi = \varphi^{\ominus}_{Ag^+,Ag} + 0.05915\lg[Ag^+]$$
$$= \varphi^{\ominus}_{Ag^+,Ag} + 0.05915\lg K_{sp}(AgCl) - 0.05915\lg[Cl^-]$$
$$= \varphi^{\ominus}_{AgCl,Ag} - 0.05915\lg[Cl^-] \tag{18.4}$$

甘汞电极 $Hg|Hg_2Cl_2,Cl^-$ 的电极反应为

$$Hg_2Cl_2 + 2e \Longrightarrow 2Hg + 2Cl^-$$

25℃时，电极电位可表示为

$$\varphi = \varphi_{Hg_2Cl_2,Hg} - 0.05915\lg[Cl^-] \tag{18.5}$$

类似的电极还有硫酸亚汞电极（$Hg|Hg_2SO_4,SO_4^{2-}$）等，它们的电位值见表 18.1。

表 18.1 参比电极电位表（25℃）

电　　极		电极电位 φ (vs. NHE)/V
甘汞	$Hg|Hg_2Cl_2,Cl^-$	
	0.10 mol · L^{-1} KCl	0.334
	1.0 mol · L^{-1} KCl	0.282
	饱和 KCl	0.242
银-氯化银	$Ag|AgCl,Cl^-$	
	0.10 mol · L^{-1} KCl	0.288
	1.0 mol · L^{-1} KCl	0.288
	饱和 KCl	0.199
硫酸亚汞	$Hg|Hg_2SO_4,SO_4^{2-}$	
	0.5 mol · L^{-1} K$_2$SO$_4$	0.682
	饱和 K$_2$SO$_4$	0.65

甘汞电极容易制备和保存，但它绝对不能在 80℃ 以上的环境中使用。饱和甘汞电极（SCE）虽然最容易制备，但温度变化后它再达到平衡的时间会很长。Ag-AgCl 电极可用于沸水中（在特殊条件下温度还可再高），电极的温度系数比甘汞电极要小，长时间使用后电极也比较稳定。

参比电极保存时要单独浸泡在 0.1 mol · L^{-1} KCl 溶液中，为了防止倒流及可能的电解质污染，参比电极的填充液高度必须高于试液和内电极的高度。

18.1.3　极化电极和去极化电极

电化学分析法中还把电极区分为极化电极和去极化电极。插入试液中的电极的电极电位完全随外加电压改变，或电极电位改变很大而产生的电流变化很小，这种电极称为极化电极。反之，电极电位不随外加电压改变，或电极电位改变很小而电流变化很大，这种电极称为去极化电极。因此，电位分析法中的饱和甘汞电极和离子选择电极应为去极化电极。库仑分析法中的两支铂工作电极应为极化电极。直流极谱法中的滴汞电极是极化电极，饱和甘汞电极是去极化电极等。详细讨论参见电化学分析中的有关章节。

此外，若某物质（如 Cd^{2+}）能在电极上发生氧化反应或还原反应，使电极电位维持在其平

衡值附近,阻碍了电极的极化,这样的物质叫做去极剂。发生阴极反应的物质叫阴极去极剂,发生阳极反应的物质叫做阳极去极剂。

18.2　离子选择性电极和膜电位

离子选择性电极和金属基电极是电位分析中常用的电极。离子选择性电极是一种电化学传感器,敏感膜是一个能分开两种电解质溶液,并对某类物质有选择性响应的薄膜。它能形成膜电位。

18.2.1　膜电位

膜电位是膜内扩散电位和膜与电解质溶液形成的内外界面的 Donnan 电位的代数和。

1. 扩散电位

在两种不同离子或离子相同而活度不同的液液界面上,由于离子扩散速率不同,能形成液接电位。它也可称为扩散电位,离子通过界面时,它没有强制性和选择性。扩散电位不仅存在于液液界面,也存在于固体膜内。在离子选择性电极的膜中可以产生扩散电位。

2. Donnan 电位

若有一种带负电荷载体的膜(阳离子交换物质)或选择性渗透膜,它能交换阳离子或让被选择的离子通过。如膜与溶液接触时,膜相中可活动的阳离子的活度比溶液中的高。膜允许阳离子通过,而不让阴离子通过。这是一种具有强制性和选择性的扩散。它造成两相界面电荷分布的不均匀,产生双电层结构,形成了电位差。这种电位称为 Donnan 电位。在离子选择性电极中,膜与溶液两相界面上的电位具有 Donnan 电位的性质。

18.2.2　玻璃膜电极

最早也是最广泛被应用的膜电极是 pH 玻璃电极。它是电位法测定溶液 pH 的指示电极。

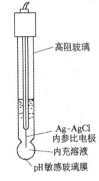

图 18.1　pH 玻璃电极

玻璃电极的构造如图 18.1 所示,下端部是由特殊成分的玻璃吹制而成的球状薄膜,膜的厚度为 0.1 mm。玻璃管内装一特定 pH(如 pH 7)的缓冲溶液和插入 Ag-AgCl 电极作为内参比电极。

敏感的玻璃膜是电极对 H^+、Na^+、K^+ 等产生电位响应的关键。它的化学组成对电极的性质有很大的影响。石英是纯 SiO_2 结构,它没有可供离子交换的电荷点,所以没有响应离子的功能。当加入 Na_2O 后就成了玻璃。它使部分 Si—O 键断裂,生成固定的带负电荷的 Si—O 骨架(见图 18.2),正离子 Na^+ 就可能在骨架的网络中活动。电荷的传导也由 Na^+ 来担任。当玻璃电极与水溶液接触时,原来骨架中的 Na^+ 与水中 H^+ 发生交换反应,形成水化层(如图 18.3):

$$G^- Na^+ + H^+ \rightleftharpoons G^- H^+ + Na^+$$

因此在水中浸泡后的玻璃膜可以由 3 部分组成:两个水化层和一个干玻璃层。

在水化层中,由于硅氧结构与 H^+ 的键合强度远远大于它与钠离子的强度,在酸性和中性溶液中,水化层表面 Na^+ 点位基本上全被 H^+ 所占有。H_2O 的存在,使 H^+ 大都以 H_3O^+ 的形式存在,在水化层中 H^+ 的扩散速率较快,电阻较小。由水化层到干玻璃层,H^+ 的数目渐次减少,

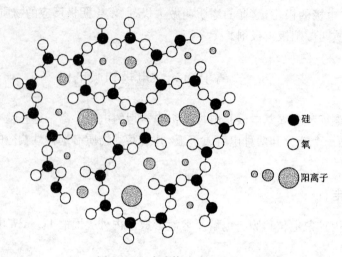

图 18.2 硅酸盐玻璃的结构

Na⁺数目相应地增加。在水化层和干玻璃层之间为过渡层,其中 H⁺在未水化的玻璃中扩散系数很小,其电阻率较高,甚至高于以 Na⁺为主的干玻璃层 1000 倍。这里的 Na⁺被 H⁺代替后,玻璃的阻抗是增加了。

φ_1	φ_M			φ_2
外部试液 $a(H^+)=x$	水化层 10^{-4} mm $a(Na^+)$上升→ ←$a(H^+)$上升	干玻璃层 0.1 mm 抗衡离子 Na⁺	水化层 10^{-4} mm ←$a(Na^+)$上升 $a(H^+)$上升→	内部溶液 $a(H^+)$=定值

图 18.3 水化敏感玻璃球膜的分层模式

水化层表面 —SiO⁻H⁺ 存在下列离解平衡:

$$—SiO^- H^+ + H_2O \rightleftharpoons —SiO^- + H_3O^+$$

水化层中的 H⁺与溶液中的 H⁺能进行交换。在交换过程中,水化层得到或失去 H⁺都会影响水化层和溶液界面的电位。这种 H⁺的交换,在玻璃膜的内外相界面上形成了双电层结构,产生两个相界电位。在内外两个水化层与干玻璃层之间又形成两个扩散电位。若玻璃膜两侧的水化层性质完全相同,则其内部形成的两个扩散电位大小相等,但符号相反,结果互相抵消。因此玻璃膜的电位主要决定于内外两个水化层与溶液的相界电位。

$$\varphi_M = \varphi_1 - \varphi_2 \tag{18.6}$$

当内充液组成一定时,φ_2 的值是固定的,φ_1 的值由 —SiO⁻H⁺ 的离解平衡所决定,它受溶液中 $a(H^+)$ 影响。总的 φ_M 在 25℃时可表示为

$$\varphi_M = 常数 + 0.05915 lga(H^+) = 常数 - 0.05915pH \tag{18.7}$$

如果内充液和膜外面的溶液相同时,φ_M 应为零。但实际上仍然有一个很小的电位存在,称为不对称电位。对于一个给定玻璃电极的不对称电位会随着时间而缓慢地变化。不对称电

位的来源尚待进一步研究,影响它的因素有:制造时玻璃膜内外表面产生的张力不同,外表面经常被机械和化学侵蚀等。它对 pH 测定的影响只能用标准缓冲溶液来进行校正,即对电极电位进行定位的办法来加以消除。

玻璃膜除了对 H^+ 离子活度有响应,也对某些碱金属离子活度有响应。它们也能发生下列交换平衡:

$$-SiO^- H^+ + M^+ \rightleftharpoons -SiO^- M^+ + H^+$$

它们对电极电位的贡献,常用选择性系数 $K_{H,M}^{pot}$ 来表示。这时 φ_M 可写成

$$\varphi_M = 常数 + \frac{RT}{F}\ln[a(H^+) + K_{H,M}^{pot} a(M^+)] \tag{18.8}$$

碱金属引起 pH 测量的干扰,在 pH>9 时就比较明显,称为碱差。改变玻璃膜的化学成分和结构,如加入 Al_2O_3,形成 $Na_2O\text{-}Al_2O_3\text{-}SiO_2$ 3 种组分的结构,并改变其相对含量,会使玻璃膜的选择性表现出很大的差异。研制了测定 Li^+、Na^+、K^+、Ag^+ 的玻璃电极,见表 18.2。

表 18.2　阳离子玻璃电极

主要响应离子	玻璃膜组成(摩尔分数/%)			选择性系数
	Na_2O	Al_2O_3	SiO_2	
Na^+	11	18	71	K^+ 3.3×10^{-3}(pH 7), 3.6×10^{-4}(pH 11), Ag^+ 500
K^+	27	5	68	Na^+ 5×10^{-2}
Ag^+	11	18	71	Na^+ 1×10^{-3}
	28.8	19.1	52.1	H^+ 1×10^{-5}
Li^+	Li_2O 15	25	60	Na^+ 0.3 K^+<1×10^{-3}

在 pH<1 时(如强酸性溶液中),或盐浓度较大时,或某些非水溶液中,pH 测量读数往往偏高。这可能是由于传送 H^+ 是靠 H_2O,水分子活度变小,$a(H_3O^+)$ 也就变小了。这种现象被称为酸差。

使用玻璃电极时应注意如下事项:

(i) 不用时,pH 电极应浸入缓冲溶液或水中。长期保存时,应仔细擦干并放入保护性容器中。

(ii) 每次测定后,用蒸馏水彻底清洗电极并小心吸干。

(iii) 进行测定前,用部分被测溶液洗涤电极。

(iv) 测定时要剧烈搅拌缓冲性较差的溶液,否则,玻璃-溶液界面间会形成一层静止层。

(v) 用软纸擦去膜表面的悬浮物和胶状物,避免划伤敏感膜。

(vi) 不要在酸性氟化物溶液中使用玻璃电极,因为膜会受到 F^- 的化学浸蚀。

18.2.3　晶体膜电极

这类膜电极是难溶盐的晶体,这些晶体具有离子导电的功能。由于只有少数几种简单的方

法能对氟离子进行选择性测定,从而使氟离子选择电极成为晶体膜类电极最有价值的电极之一。如图 18.4,该电极的敏感膜由 LaF_3 单晶片制成。为改善导电性,晶体中还掺杂了 $0.1\%\sim 5\%$ 的 EuF_2 和 $1\%\sim 5\%$ 的 CaF_2(通过加入 Eu^{2+}、Ca^{2+} 来替换晶格点阵中少量的 La^{3+},形成了较多空的 F^- 点阵),降低了晶体膜的电阻,而膜导电则由离子半径较小、带电荷较少的晶格离子 F^- 来承担。

将膜电极插入待测离子的溶液中,待测离子可以吸附在膜表面,它与膜上相同离子交换,并通过扩散进入膜相。因为膜相中存在的晶格缺陷,产生的离子也可扩散进入溶液相。这样在晶体膜与溶液界面上建立了双电层结构,产生相界电位。

$$\varphi = 常数 - \frac{RT}{F}\ln a(F^-) \tag{18.9}$$

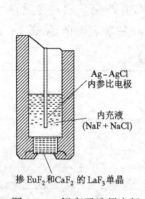

图 18.4 氟离子选择电极

内充液为 $0.1\ mol \cdot L^{-1}\ NaF + 0.1\ mol \cdot L^{-1}\ NaCl$

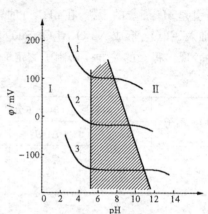

图 18.5 pH 对氟离子选择电极响应的影响

Ⅰ $H^+ + F^- \Longrightarrow HF$

Ⅱ $LaF_3 + 3OH^- \Longrightarrow La(OH)_3 + 3F^-$

$c_1(F^-) = 10^{-5}\ mol \cdot L^{-1}$,$c_2(F^-) = 10^{-3}\ mol \cdot L^{-1}$,

$c_3(F^-) = 10^{-1}\ mol \cdot L^{-1}$

这种电极对 F^- 有良好的选择性,一般阴离子除 OH^- 外均不干扰电极对 F^- 的响应。OH^- 的干扰可以解释为,OH^- 存在时,将发生下列反应:

$$LaF_3 + 3OH^- \Longrightarrow La(OH)_3 + 3F^-$$

释放出来的 F^- 将使电极表面的 F^- 浓度增大。也可认为 OH^- 与 F^- 有近乎相等的离子半径,因此 OH^- 占据晶格中 F^- 所处位置,与 F^- 一样参与导电过程。在酸性溶液中因 F^- 能与 H^+ 生成 HF 或 HF_2^-,降低了 F^- 的活度。pH 的影响见图 18.5,一般水中 F^- 的物质的量浓度为 $10^{-5}\ mol \cdot L^{-1}$,适用的 pH 范围为 $5\sim 7$。

某些阳离子,如 Be^{2+}、Al^{3+}、Fe^{3+}、Th^{4+}、Zr^{4+} 等能与溶液中 F^- 生成稳定的配合物,从而降低了游离 F^- 的浓度,使测得结果偏低。对此可加入柠檬酸钠、EDTA、钛铁试剂、磺基水杨酸等,使它们与阳离子配合而将 F^- 释放出来。

在测定中为了将活度与浓度联系起来,必须控制离子强度,为此,加入惰性电解质如 KNO_3。一般将含有惰性电解质的溶液称为总离子强度调节液(total ionic strength adjustment buffer,TISAB)。对氟电极来说,它由 KNO_3、HAc-NaAc 缓冲液、柠檬酸钾组成,控制 pH 为 5.5。一般氟电极的测试范围为 $10^{-1}\sim 10^{-6}\ mol \cdot L^{-1}$。

难溶盐 Ag_2S 和 AgX（X⁻为 Cl⁻、Br⁻、I⁻）以及 Ag_2S 和 MS（M²⁺为 Cu^{2+}、Pb^{2+}、Cd^{2+}）也可制成电极。这些电极不用单晶而以难溶盐沉淀的压片作薄膜。压片是将沉淀的粉末在 $10^8\sim 10^9$ Pa·cm⁻² 的压力下，压成致密的薄片。早期也有将这些电活性的难溶盐粉末与惰性的硅橡胶混合制成非均相的薄膜。这类电极膜内电荷的传递是靠 Ag^+。它们的检测下限和选择性系数常与各自难溶盐的溶度积 K_{sp} 有关。

表 18.3 晶体膜电极的品种和性能

电 极	膜材料	线性响应浓度范围 $c/(mol \cdot L^{-1})$	适 用 pH 范围	主要干扰离子
F⁻	$LaF_3 + Eu^{2+}$	$5\times 10^{-7}\sim 1\times 10^{-1}$	$5\sim 6.5$	OH⁻
Cl⁻	$AgCl + Ag_2S$	$5\times 10^{-5}\sim 1\times 10^{-1}$	$2\sim 12$	Br⁻、$S_2O_3^{2-}$、I⁻、CN⁻、S^{2-}
Br⁻	$AgBr + Ag_2S$	$5\times 10^{-6}\sim 1\times 10^{-1}$	$2\sim 12$	$S_2O_3^{2-}$、I⁻、CN⁻、S^{2-}
I⁻	$AgI + Ag_2S$	$5\times 10^{-7}\sim 1\times 10^{-1}$	$2\sim 11$	S^{2-}
CN⁻	AgI	$5\times 10^{-6}\sim 1\times 10^{-2}$	>10	I⁻
Ag^+、S^{2-}	Ag_2S	$5\times 10^{-7}\sim 1\times 10^{-1}$	$2\sim 12$	Hg^{2+}
Cu^{2+}	$CuS + Ag_2S$	$5\times 10^{-7}\sim 1\times 10^{-1}$	$2\sim 10$	Ag^+、Hg^{2+}、Fe^{3+}、Cl⁻
Pb^{2+}	$PbS + Ag_2S$	$5\times 10^{-7}\sim 1\times 10^{-1}$	$3\sim 6$	Cd^{2+}、Ag^+、Hg^{2+}、Fe^{3+}、Cl⁻
Cd^{2+}	$CdS + Ag_2S$	$5\times 10^{-7}\sim 1\times 10^{-1}$	$3\sim 10$	Pb^{2+}、Ag^+、Hg^{2+}、Cu^{2+}、Fe^{3+}

18.2.4 流动载体电极（液膜电极）

流动载体电极与玻璃电极不同，玻璃电极的载体（骨架）是固定不动的，流动载体电极的载体是可流动的，但不能离开膜，而离子可以自由穿过膜。流动载体电极由某种有机液体离子交换剂制成敏感膜。它由电活性物质（载体）、溶剂（增塑剂）、基体（微孔支持体）构成。敏感膜将试液与内充液分开，膜中的液体离子交换剂与被测离子结合，并能在膜中迁移。这时溶液中该离子伴随的电荷相反的离子被排斥在膜相之外，结果引起相界面电荷分布不均匀，在界面上形成膜电位。响应离子的迁移数大，电极的选择性好。电活性物质在有机相和水相中的分配系数决定电极检测下限，分配系数大，检测下限低。电极结构如图 18.6。

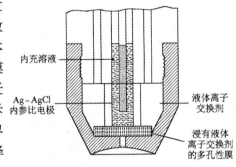

图 18.6 流动载体电极的结构

流动载体膜也可制成类似固态的"固化"膜，如 PVC（polyvinyl chloride）膜电极。它是将一定比例的离子交换剂先溶于一定的有机溶剂（起增塑作用）后，再加入聚氯乙烯（PVC）粉末，混匀，溶于四氢呋喃中，在玻璃板上铺开。待四氢呋喃挥发后，形成薄膜。与一般的流动载体膜相比，这种薄膜的稳定性和寿命有很大的提高。

表 18.4 中列出了几种带电荷的流动载体电极。

表 18.4　带电荷的流动载体电极

离子电极	活 性 物 质	线性响应浓度范围 $c/(mol \cdot L^{-1})$	主要干扰离子
Ca^{2+}	二(正辛基苯基)磷酸钙溶于苯基磷酸二正辛酯	$1 \times 10^{-5} \sim 1 \times 10^{-1}$	Zn^{2+}、Mn^{2+}、Cu^{2+}
水硬度 $(Ca^{2+} + Mg^{2+})$	二癸基磷酸钙溶于癸醇	$1 \times 10^{-5} \sim 1 \times 10^{-1}$	Na^+、K^+、Ba^{2+}、Sr^{2+}、Cu^{2+}、Ni^{2+}、Zn^{2+}、Fe^{2+}
NO_3^-	四(十二烷基)硝酸铵	$5 \times 10^{-6} \sim 1 \times 10^{-1}$	NO_2^-、Br^-、I^-、ClO_4^-
ClO_4^-	邻二氮杂菲铁(Ⅱ)配合物	$1 \times 10^{-5} \sim 1 \times 10^{-1}$	OH^-
BF_4^-	三庚基十二烷基氟硼酸铵	$1 \times 10^{-6} \sim 1 \times 10^{-1}$	I^-、SCN^-、ClO_4^-

流动载体电极的例子有:

(1) 硝酸根离子电极

它的电活性物质是带正电荷的载体,如季铵类硝酸盐,将它溶于邻硝基苯十二烷醚中。可将此溶液再与含有 5% PVC 的四氢呋喃溶液混合(1:5),在平板玻璃上制成薄膜,构成电极,其电极电位为

$$\varphi = 常数 - \frac{RT}{F} \ln a(NO_3^-) \tag{18.10}$$

(2) 钙离子电极

它的电活性物质是带负电荷的载体,如二癸基磷酸钙。用苯基磷酸二正辛酯作溶剂,放入微孔膜中,构成电极,其电极电位为

$$\varphi = 常数 + \frac{RT}{2F} \ln a(Ca^{2+}) \tag{18.11}$$

(3) 钾离子电极

它利用大环状冠醚化合物,如二甲基二苯基-30-冠-10,作中性载体,K^+ 可以被螯合在中间。将它们溶解在邻苯二甲酸二戊酯中,再与含有 PVC 的环己酮混合,铺在玻璃板上制成薄膜,构成中性载体电极。

二甲基二苯基-30-冠-10

18.2.5　气敏电极

气敏电极的端部装有透气膜(如图 18.7),气体可通过它进入管内。装有电解液的管中插有 pH 玻璃复合电极(将外参比电极 Ag-AgCl 绕在玻璃电极周围)。试样中的气体通过透气膜进入电解液,引起电解液中离子活度的变化,从而可用复合电极进行检测。

如 CO_2 气敏电极,管中电解液为 $0.01 \ mol \cdot L^{-1}$ 碳酸氢钠。CO_2 与水作用生成碳酸,从而影响碳酸氢钠的电离平衡:

$$CO_2 + H_2O \underset{}{\overset{K_1}{\rightleftharpoons}} H_2CO_3$$

$$H_2CO_3 \overset{K_2}{\rightleftharpoons} HCO_3^- + H^+$$

由　　　　$a(H_2CO_3) = K_1 p(CO_2)$　　　　(18.12)

$$a(H^+) = \frac{K_2 a(H_2CO_3)}{a(HCO_3^-)}$$　　　　(18.13)

得　　　　$a(H^+) = \frac{K_1 K_2 p(CO_2)}{a(HCO_3^-)}$　　　　(18.14)

其中 K_1, K_2 为常数；HCO_3^- 的浓度较高,也可看成常数。所以

$$a(H^+) = K p(CO_2)$$　　　　(18.15)

电解液中氢离子活度与试液中 CO_2 的分压呈正比,可以用 pH 玻璃电极来指示氢离子活度,其电位为

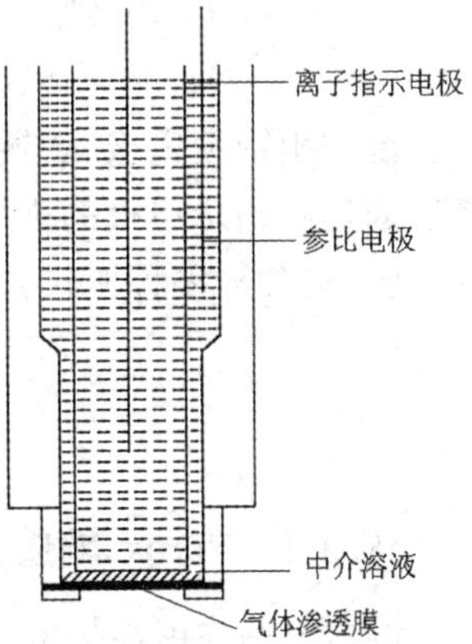

$$\varphi = 常数 + \frac{RT}{F} \ln a(H^+) = 常数 + \frac{RT}{F} \ln p(CO_2)$$

(18.16)

图 18.7　气敏电极

需要说明的是,气敏电极实际上已经构成了一个电池。这一点是它同一般电极的不同之处。

根据同样的原理,可以制成 NH_3、NO_2、H_2S、SO_2 等气敏电极。

18.2.6　生物膜电极

生物膜主要是由具有分子识别能力的生物活性物质(如酶、微生物、生物组织、核酸、抗原或抗体等)构成,它具有很高的选择性。例如葡萄糖氧化酶能从多种糖分子的混合溶液中,高选择性地识别出葡萄糖,并把它迅速地氧化为葡萄糖酸,这种葡萄糖氧化酶即称为生物功能物质。葡萄糖膜电极(如图 18.8)的工作原理为:

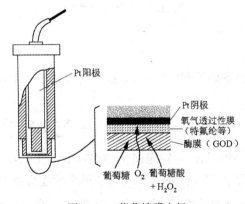

图 18.8　葡萄糖膜电极

(i) 含有溶解氧的葡萄糖待测液一旦和膜电极上载有葡萄糖氧化酶的膜接触,将起酶反应,消耗氧而生成葡萄糖酸及 H_2O_2:

$$葡萄糖 + O_2 + H_2O \longrightarrow 葡萄糖酸 + H_2O_2$$

(ii) 酶膜附近氧的量减少,导致氧还原电流的减少:

$$O_2 + 2H_2O + 4e \longrightarrow 4OH^- \qquad \varphi^\ominus = 0.401 \text{ V}$$

(iii) 氧还原电流减少的量与葡萄糖浓度呈正比。

(iv) 若测 H_2O_2,则

$$H_2O_2 \longrightarrow 2H^+ + O_2 + 2e \qquad \varphi^{\circ} = 0.69 \text{ V}$$

制作生物膜电极,关键是要制成具有生物活性的水不溶的生物膜,选择好指示电极后,再将它固定在指示电极的表面。固定方法有很多种,根据不同情况可以选择吸附、包埋、试剂交联、共价键合等多种形式。

18.3 离子选择性电极的性能参数

18.3.1 Nernst 响应、线性范围、检测下限

以离子选择电极的电位对响应离子活度的负对数作图(见图 18.9),所得曲线称为校准曲线。若这种响应变化服从于 Nernst 方程,则称它为 Nernst 响应。此校准曲线的直线部分所对应的离子活度范围称为离子选择电极响应的线性范围,该直线的斜率称为级差。当活度较低时,曲线就逐渐弯曲,CD 和 GF 延长线的交点 A 所对应的活度 a_i 称为检测下限。

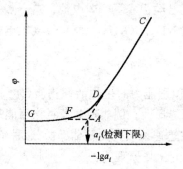

图 18.9 电极校准曲线

18.3.2 选择性系数

离子选择电极除对某特定离子有响应外,溶液中共存离子对电极电位也有贡献。这时,电极电位可写成

$$\varphi = 常数 \pm \frac{2.303RT}{z_i F} \lg\left(a_i + \sum_j K_{ij}^{pot} a_j^{z_i/z_j}\right) \tag{18.17}$$

其中 i 为特定离子,j 为共存离子,z_i 为特定离子的电荷数。第二项正离子取 $+$,负离子取 $-$。K_{ij}^{pot} 称为选择性系数,该值越小,表示 i 离子抗 j 离子干扰的能力越大。

K_{ij}^{pot} 有时也写成 K_{ij},它虽为常数,数值也可以从某些手册中查到,但无严格的定量关系,常与实验条件有关。它可以通过分别溶液法和混合溶液法测定。

1. 分别溶液法

分别配制活度相同的响应离子 i 和干扰离子 j 的标准溶液,然后用离子电极分别测量电位值。

$$\varphi_i = K + S\lg a_i$$
$$\varphi_j = K + S\lg K_{ij}a_j$$

两式相减,得

$$\varphi_j - \varphi_i = S\lg K_{ij} + S\lg a_j - S\lg a_i$$

因 $a_i = a_j$，故

$$\lg K_{ij} = \frac{\varphi_j - \varphi_i}{S} \tag{18.18}$$

式中 S 为电极实际斜率。对不同价数的离子，则

$$\lg K_{ij} = \frac{\varphi_j - \varphi_i}{S} + \lg \frac{a_i}{a_j^{z_i/z_j}} \tag{18.19}$$

2. 混合溶液法

混合溶液法是在被测离子与干扰离子共存时进行测定，求出选择性系数。它包括固定干扰法和固定主响应离子法。

如固定干扰法。该法先配制一系列含固定活度的干扰离子 j 和不同活度的主响应离子 i 的标准混合溶液，再分别测定电位值，然后将电位值 φ 对 pa_i 作图（图 18.10），一般活度小的值在左边；a_i 显著大于 a_j 时，j 的影响可忽略，CD 为直线。

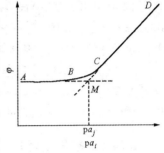

图 18.10　固定干扰法

$$\varphi_i = 常数 + \frac{RT}{z_i F}\lg a_i \tag{18.20}$$

当 a_i 降到 $a_i \leqslant a_j$，a_i 可忽略，这时电位由 a_j 决定，固定不变为直线 AB，则

$$\varphi_j = 常数 + \frac{RT}{z_i F}\ln K_{ij} a_j^{z_i/z_j} \tag{18.21}$$

AB，DC 延长交点 M 处 $\varphi_i = \varphi_j$，可得

$$a_i = K_{ij} a_j^{z_i/z_j} \tag{18.22}$$

$$K_{ij} = \frac{a_i}{a_j^{z_i/z_j}} \tag{18.23}$$

18.3.3　响应时间

响应时间是指离子电极和参比电极一起从接触试液开始到电极电位变化稳定（波动在 1 mV 以内）所经过的时间。该值与膜电位建立的快慢、参比电极的稳定性、溶液的搅拌速度有关，常常通过搅拌溶液来缩短响应时间。

18.3.4　内阻

离子选择电极的内阻，主要是膜内阻，也包括内充液和内参比电极的内阻，各种类型的电极其数值不同。晶体膜较低，玻璃膜电阻较高。该值的大小直接影响测量仪器输入阻抗的要求。如玻璃电极为 $10^8\ \Omega$，若读数为 1 V，要求误差不大于 0.1%，则测试仪表的输入阻抗应为

$$\frac{R_{内}}{R_{内} + R_{入}} = 0.1\% = 10^{-3}$$

又因为

$$R_{内} + R_{入} \approx R_{入}$$

故

$$R_{入} = \frac{R_{内}}{10^{-3}} = 10^{11}\ \Omega$$

即测试仪表的输入阻抗应为大于 $10^{11}\ \Omega$。

18.4 直接电位法

由于液接电位和不对称电位的存在,以及活度系数难以计算,一般不能从电池电动势的数据通过 Nernst 方程来计算被测离子的浓度。被测离子的含量还需通过以下几种方法来测定。

18.4.1 校准曲线法

配制一系列含有不同浓度的被测离子的标准溶液,其离子强度用惰性电解质进行调节,如测定 F^- 时采用的 TISAB 溶液。用选定的指示电极和参比电极插入以上溶液,测得电动势 E。作 $E\text{-lg}c$ 或 $E\text{-pM}$ 图,在一定范围内它是一条直线。待测溶液进行离子强度调节后,用同一对电极测量它的电动势。从 $E\text{-lg}c$ 图上找出与 E_x 相对应的浓度 c_x。由于待测溶液和标准溶液均加入离子强度调节液,调节到总离子强度基本相同,它们的活度系数基本相同,所以测定时可以用浓度代替活度。由于待测溶液和标准溶液的组成基本相同,又使用同一套电极,液接电位和不对称电位的影响可通过校准曲线校准。

18.4.2 标准加入法

待测溶液的成分较复杂,难以使它与标准溶液相一致。标准加入法可以克服这方面的困难。先测定体积为 V_x、浓度为 c_x 的样品溶液的电池电动势,即

$$
\begin{aligned}
E &= \varphi_{in} - \varphi_r + \varphi_j \\
&= \left(\varphi^\ominus + \frac{RT}{zF}\ln\gamma_x c_x\right) - \varphi_r + \varphi_j \\
&= (\varphi^\ominus - \varphi_r + \varphi_j) + \frac{RT}{zF}\ln\gamma_x c_x \\
&= 常数 + \frac{RT}{zF}\ln\gamma_x c_x
\end{aligned} \tag{18.24}
$$

其中 φ_{in} 为指示电极电位,φ_r 为参比电极电位,φ_j 为液接电位。然后在待测溶液中加入体积为 V_s、浓度为 c_s 的标准溶液,并用同一对电极再测电池的电动势。

$$
E' = 常数 + \frac{RT}{zF}\ln\gamma_x' c_x' \tag{18.25}
$$

因为加入标准溶液的量很少,体积变化很小,可以近似地看做体积不变,则

$$
c_x' = \frac{c_x V_x + c_s V_s}{V_x + V_s} \cong c_x + \frac{c_s V_s}{V_x} = c_x + \Delta c \tag{18.26}
$$

标准溶液加入后离子强度基本不变,组成也无太大变化,所以 $V_x = V_x'$,φ_r,φ_j 也保持不变,常数相等。

定义 $S = 2.303\dfrac{RT}{F}$,则

$$
\Delta E = E' - E = \frac{RT}{zF}\ln\frac{c_x + \Delta c}{c_x} = \frac{S}{z}\lg\frac{c_x + \Delta c}{c_x} \tag{18.27}
$$

$$\lg\left(1 + \frac{\Delta c}{c_x}\right) = \frac{\Delta E}{S/z}$$

$$1 + \frac{\Delta c}{c_x} = 10^{\frac{\Delta E}{S/z}}$$

最后得

$$c_x = \Delta c(10^{\frac{\Delta E}{S/z}} - 1)^{-1} \qquad (18.28)$$

其中 $\Delta c, \Delta E$ 由实验数据可得，c_x 可求算得到。

18.4.3　直接电位法的准确度

在直接电位法中，浓度相对误差主要由电池电动势测量误差决定。它们之间是对数关系，即

$$E = 常数 + \frac{RT}{zF}\ln a = 常数 + \frac{RT}{zF}\ln\gamma + \frac{RT}{zF}\ln c \qquad (18.29)$$

$$dE = \frac{RT}{zF} \cdot \frac{dc}{c}$$

或

$$\Delta E = \frac{RT}{zF} \cdot \frac{\Delta c}{c}$$

$$\frac{\Delta c}{c} = \frac{z}{RT/F} \cdot \Delta E \cong 3900 \cdot z \cdot \Delta E\% \quad (25℃) \qquad (18.30)$$

即对一价离子，$\Delta E = \pm 1\ \text{mV}$，则浓度相对误差可达 $\pm 4\%$；对二价离子，则高达 $\pm 8\%$。

18.4.4　电位法测量溶液的 pH

用 pH 计测定溶液的 pH 是用玻璃电极作指示电极、甘汞电极为参比电极组成测量电池：

pH 玻璃电极｜被测试液或标准缓冲液 ‖ 饱和甘汞电极

$$E = \varphi_{SCE} - \varphi_G = 常数 - \frac{RT}{F}\ln a(H^+) \qquad (18.31)$$

由于 pH 理论定义为

$$pH = -\lg a(H^+) \qquad (18.32)$$

故

$$E = 常数 + 2.303\frac{RT}{F}pH \qquad (18.33)$$

实际操作时，为了消去常数项的影响，而采用同已知 pH 的标准缓冲溶液相比较，即

$$E_s = 常数 + 2.303\frac{RT}{F}pH_s \qquad (18.34)$$

式(18.33)减式(18.34)得

$$pH = pH_s + \frac{E - E_s}{2.303RT/F} \qquad (18.35)$$

式(18.35)称为 pH 的实用定义。

pH 计是一台高阻抗输入的毫伏计，两次测量得到的是 $E - E_s$，测定的方法是校准曲线法的改进。定位的过程就是用标准缓冲溶液校准校准曲线的截距。温度校准是调整校准曲线的斜率。经过以上操作后，pH 计的刻度就符合校准曲线的要求，可以对未知溶液进行测定。测定的准确度首先决定于标准缓冲溶液 pH_s 的准确度，其次是标准溶液和待测溶液组成接近的程度。后者直接影响到包含液接电位的常数项是否相同。

常用标准缓冲溶液的 pH_s 列于表 18.5，它是由美国国家标准局（National Bureau of Standards，NBS）用下列电池测定的：

$$Pt\,|\,H_2(101\ 325\ Pa)，H^+，Cl^-，AgCl\,|\,Ag$$

$$E = \varphi^\circ - 2.303\frac{RT}{F}\lg a(H^+) - 2.303\frac{RT}{F}\lg c(Cl^-) - 2.303\frac{RT}{F}\lg\gamma(Cl^-) \quad (18.36)$$

这是一个无液接电位的电池，液接电位的影响得到了消除。但是使用这个电池测得的 pH，包含了一个一定浓度 Cl^- 的影响，可以把 Cl^- 浓度外推到零来消除。$\lg\gamma(Cl^-)$ 项不能直接测量，国际协议规定按 Debye-Hückel 理论计算所得值进行校正。

表 18.5　标准缓冲溶液的 pH

温度 /℃	草酸氢钾 (0.05 mol·L⁻¹)	酒石酸氢钾 (25℃饱和)	邻苯二甲酸氢钾 (0.05 mol·L⁻¹)	KH₂PO₄ (0.025 mol·L⁻¹) Na₂HPO₄ (0.025 mol·L⁻¹)	硼砂 (0.025 mol·L⁻¹)	氢氧化钙 (25℃饱和)
0	1.666	—	4.003	6.984	9.464	13.423
10	1.670	—	3.998	6.923	9.332	13.003
20	1.675	—	4.002	6.881	9.225	12.627
25	1.679	3.557	4.005	6.865	9.180	12.454
30	1.683	3.552	4.015	6.853	9.139	12.289
35	1.688	3.549	4.024	6.844	9.102	12.133
40	1.694	3.547	4.035	6.838	9.068	11.984

类似于 pH 计能直接测量溶液的 pH，各种离子计可用来直接读出试液的 pM。它们使用不同的离子选择性电极和相应的标准溶液来校准仪器的刻度。

18.5　电位滴定法

在滴定分析中遇到有色或混浊溶液时，终点的指示就比较困难，因为找不到合适的指示剂。电位滴定就是在滴定溶液中插入指示电极和参比电极，由滴定过程中电极电位的突跃来指示终点的到达。滴定过程中，被测离子与滴定剂发生化学反应，离子活度的改变又引起电位的改变。在滴定到达终点前后，溶液中离子的浓度往往连续变化几个数量级，电位将发生突跃。被测成分的含量仍通过消耗滴定剂的量来计算。电位滴定的装置见图 18.11。

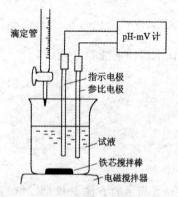

图 18.11　电位滴定基本仪器装置

如在酸碱滴定时可以用 pH 玻璃电极作指示电极，并与一个参比电极组成电池：

玻璃电极 | 测定试液 ‖ 饱和甘汞电极

在滴定过程中记录 pH（或 φ）值与滴定液的体积（mL 数），得到滴定曲线如图 18.12，曲线的斜率变化最大处即滴定终点。为了提高精度，可以将 $\Delta\varphi/\Delta V$（一级微分）对加入滴定剂体积（V）作图，滴定终点就更易确定。有时还作 $\Delta^2\varphi/(\Delta V)^2$（二级微分）对加入滴定剂体积（$V$）作图，$\Delta^2\varphi/(\Delta V)^2 = 0$ 为终点，用它所对应的滴定剂体积来计算滴定物的含量。

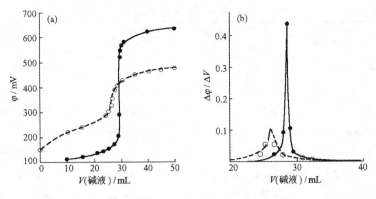

图 18.12 电位滴定曲线(a)和微分曲线(b)

其中实线为 HCl-NaOH 体系,虚线为 HAc-NH$_4$OH 体系

在氧化还原滴定中,可以用铂电极作指示电极。在络合滴定中若用 EDTA 作滴定剂,可以用第三类电极(汞与 EDTA 络合物组成的电极)作指示电极。在沉淀滴定中,如以硝酸银滴定卤素离子时,可以用银电极作指示电极。

电位滴定法在某些情况下还可以使用一个滴定剂来测定混合物的各个组分。如用 AgNO$_3$ 来滴定大约等量的 I$^-$、Br$^-$ 和 Cl$^-$ 的混合物。最难溶的 AgI 最早发生沉淀。理论上可证明,大约 0.02% I$^-$ 未被沉淀以前 AgBr 将不发生沉淀。这时滴定曲线将与单独滴定 I$^-$ 完全一样,然后 AgBr 发生沉淀。同样,也可证明溶液中尚有 0.3% Br$^-$ 存在时,AgCl 不会沉淀。这一区域类似于单独滴定 Br$^-$,最后 AgCl 沉淀,测定 Cl$^-$,整个滴定曲线如图 18.13。

由于离子选择性电极的发展,电位滴定法将得到更广泛的应用。自动滴定仪的生产和它在大量常规分析中的应用,大大加快了分析速度。

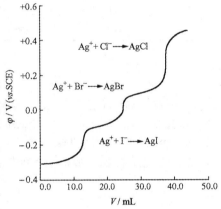

图 18.13 用 0.200 mol·L^{-1} AgNO$_3$ 滴定 2.5×10^{-3} mol·L^{-1} I$^-$、Br$^-$ 和 Cl$^-$ 的电位滴定曲线

18.6 应 用

电位分析法的应用较广泛。它作为成分分析的手段应用于环境保护、生化分析、临床检测等。在工业流程中它可用做自动在线分析。电极也可制成微电极,能在某些特殊的情况下测定,如在动物的管腔内进行测量。在理论研究方面,它可用于平衡常数测定和动力学的研究。

离子选择性电极测定的线性范围较宽,一般有 4～6 个数量级,响应快,平衡时间较短,常用离子选择电极的应用可见表 18.6。

表 18.6　电位法的应用

被测物质	离子选择电极	线性浓度范围 $c/(\text{mol} \cdot \text{L}^{-1})$	适用的 pH 范围	应用举例
F^-	氟	$10^0 \sim 5 \times 10^{-7}$	$5 \sim 8$	水、牙膏、生物体液、矿物
Cl^-	氯	$10^{-2} \sim 5 \times 10^{-5}$	$2 \sim 11$	水、碱液、催化剂
CN^-	氰	$10^{-2} \sim 10^{-6}$	$11 \sim 13$	废水、废渣
NO_3^-	硝酸根	$10^{-1} \sim 10^{-5}$	$3 \sim 10$	天然水
H^+	pH 玻璃电极	$10^{-1} \sim 10^{-14}$	$1 \sim 14$	溶液酸度
Na^+	pNa 玻璃电极	$10^{-1} \sim 10^{-7}$	$9 \sim 10$	锅炉水、天然水、玻璃
NH_3	气敏氨电极	$10^0 \sim 10^{-6}$	$11 \sim 13$	废气、土壤、废水
脲	气敏氨电极			生物化学
氨基酸	气敏氨电极			生物化学
K^+	钾微电极	$10^{-1} \sim 10^{-4}$	$3 \sim 10$	血清
Na^+	钠微电极	$10^{-1} \sim 10^{-3}$	$4 \sim 9$	血清
Ca^{2+}	钙微电极	$10^{-1} \sim 10^{-7}$	$4 \sim 10$	血清

参 考 文 献

[1] 高小霞等. 电分析化学导论. 北京：科学出版社，1986

[2] A. J. Bard，L. R. Faulkner. *Electrochemical Methods*. New York：Wiley-Interscience，1980

[3] 汪尔康. 21 世纪的分析化学. 北京：科学出版社，1999

[4] 李启隆. 电分析化学. 北京：北京师范大学出版社，1995

思考题与习题

18.1　电位分析法的根据是什么？它可以分成哪两类？

18.2　构成电位分析法的化学电池中的两电极分别称为什么？各自的特点是什么？

18.3　什么是离子选择性电极的选择性系数？它是如何求得的？

18.4　用 pH 玻璃电极测量得到的溶液 pH 与 pH 的理论定义有何关系？

18.5　计算与下述溶液接触的银电极电位：

(1) 1.00×10^{-4} mol $\cdot$ L^{-1} Ag$^+$；

(2) 由 25.0 mL 0.050 mol $\cdot$ L^{-1} KBr 和 20.0 mL 0.100 mol $\cdot$ L^{-1} AgNO$_3$ 混合而得的溶液。

18.6　当下述电池中的溶液是 pH 4.00 的缓冲溶液时，25℃时用毫伏计测得下列电池的电动势为 0.209 V。

$$\text{玻璃电极} \mid H^+ \ (a = x) \parallel SCE$$

当缓冲溶液由未知溶液代替时，毫伏计读数为 0.312 V，试计算溶液的 pH。

18.7　钙离子电极常受镁离子的干扰，在固定镁离子的浓度为 1.0×10^{-4} mol $\cdot$ L^{-1} 的情况下，实验测得钙离子的电极电位列于下表。请用作图的方法求出 $K_{Ca,Mg}^{pot}$。

$c(Ca^{2+})/(\text{mol} \cdot \text{L}^{-1})$	1.0×10^{-2}	1.0×10^{-3}	1.0×10^{-4}	1.0×10^{-5}	1.0×10^{-6}
φ (*vs.* SCE)/mV	$+30.0$	$+2.0$	-26.0	-45.0	-47.0

18.8　当用氟硼酸根液体离子交换薄膜电极测量 10^{-5} mol $\cdot$ L^{-1} 的 BF$_4^-$ 时，如果容许存在 1% 干扰，则容许存在的下列干扰阴离子的最大浓度是多少？括号中给出下列离子的选择性系数：OH$^-$ (10^{-3})，I$^-$ (20)，

$NO_3^-(0.1)$, $HCO_3^-(4 \times 10^{-3})$, $SO_4^{2-}(1 \times 10^{-3})$。

18.9 用氟离子选择电极组成电池为 SCE|试液|F⁻电极,测定水样中的氟,取水样 25.0 mL 并加离子强度调节缓冲液 25 mL,测得其电位值为 +0.1372 V (vs. SCE);再加入 1.00×10^{-3} mol·L⁻¹ 标准氟溶液 1.00 mL,测得其电位值为 +0.1170 V (vs. SCE),氟电极的响应斜率为 58.0 mV/pF。考虑稀释效应的影响,精确计算水样中 F⁻ 的浓度。

18.10 用氟离子选择电极组成电池为 F⁻电极|试液|SCE,测定天然水中氟离子的含量,取水样 25.00 mL 并用离子强度调节剂稀释至 50.0 mL,测得其电位为 −88.3 mV(对饱和甘汞电极)。若加入 5×10^{-4} mol·L⁻¹ 标准氟离子溶液 0.50 mL,测得的电位为 −68.8 mV。然后再分别加入标准氟离子溶液 0.50 mL 并测定其电位,得下列一组数据(空白值为 0):

次 数	0	1	2	3	4	5
φ/mV	−88.3	−68.8	−58.0	−50.5	−44.8	−40.0

已知该氟离子选择电极的实际斜率为 58.0 mV/pF,试用标准加入法求天然水中氟离子的含量?

18.11 某 pH 计的标度为,改变一个 pH 单位时电位的改变为 60 mV。今欲用响应斜率为 50 mV/pH 的玻璃电极来测定 pH 为 5.00 的溶液,采用 pH 为 2.00 的标准溶液来定位,测定结果的绝对误差为多大?若改用 pH 为 4.00 的标准溶液定位,结果又如何?

第19章 电解和库仑分析法

电解分析(electrolytic analysis)是以称量沉积于电极表面的沉积物的质量为基础的一种电分析方法。它是一个较古老的方法,又称电重量法(electrogravimetry)。它有时也作为一种分离的手段,可方便地除去某些杂质。

库仑分析(coulometry)是以测量电解过程中被测物质直接或间接在电极上发生电化学反应所消耗的电量为基础的分析方法。它和电解分析不同,被测物不一定在电极上沉积,但要求电流效率必须为100%。

19.1 电解分析的基本原理

电解是借外电源的作用,使电化学反应向着非自发的方向进行。电解过程是在电解池的两个电极上加上直流电压,改变电极电位,使电解质溶液在电极上发生氧化还原反应,同时电解池中有电流通过。电解过程中存在着2条基本规律。

1. 电解电流和电极反应速率的关系——Faraday(法拉第)电解定律

电流进出电解池是通过电极反应来实现的,电流是电极反应的结果。电解电流的大小代表电极反应的速率。在电极上,有1 mol物质的基本单元起反应就有1 F (96 485 C)的电量通过电解池。也可以说,在电极上,有1 mol的电子转移就有1 F的电量通过电解池。这是电解过程的第一条基本规律,称为法拉第电解定律,简称电解定律。

2. 外加电压与反电压及电解电流间的关系——电解方程式

在电解过程中,电解池两个电极上的外加电压U,电解池负极的实际电位φ_-,正极的实际电位φ_+,电解电流i和电解池内阻R间的关系如下

$$U = (\varphi_+ - \varphi_-) + iR \tag{19.1}$$

如在$0.1 \ mol \cdot L^{-1}$的H_2SO_4介质中,电解$0.1 \ mol \cdot L^{-1} \ CuSO_4$溶液,装置如图19.1,其电极都用铂制成;阳极由马达带动,进行搅拌;阴极采用网状结构,优点是表面积较大。电解池的内阻约为$0.5 \ \Omega$。

将两个铂电极浸入溶液中,当接上外电源,外加电压远低于分解电压时,只有微小的残余电流通过电解池。当外加电压增加到接近分解电压时,只有极少量的Cu和O_2分别在阴极和阳极上析出,但这时已构成Cu电极和O_2电极组成的自发电池。该电池产生的电动势将阻止电解作用的进行,称为反电动势。只有外加电压达到克服此反电动势时,电解才能继续进行,电流才能显著上升。通常将两电极上产生迅速的、连续不断的电极反应所需的最小外加电压U_d称为分解电压。理论上分解电压的值就是反电动势的值(图19.2)。

25℃时,Cu和O_2电极的平衡电位分别为:

Cu电极,

$$Cu^{2+} + 2e \Longrightarrow Cu$$

$$\varphi^\circ = 0.337 \ V$$

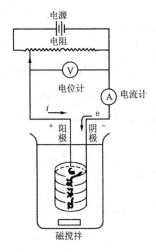

图 19.1 电解装置

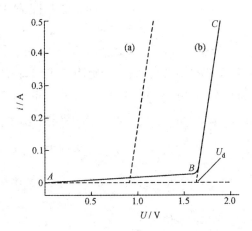

图 19.2 电解铜(Ⅱ)溶液时的电流-电压曲线

(a) 计算所得的曲线；(b) 实验所得的曲线

$$\varphi = \varphi^{\ominus} + \frac{0.059}{2}\lg[Cu^{2+}]$$

$$= 0.337 + \frac{0.059}{2}\lg 0.1 = 0.308(V) \tag{19.2}$$

O_2 电极,

$$\frac{1}{2}O_2 + 2H^+ + 2e \Longleftrightarrow H_2O$$

$$\varphi^{\ominus} = 1.23 \text{ V}$$

$$\varphi = \varphi^{\ominus} + \frac{0.059}{2}\lg[(p(O_2))^{1/2}[H^+]^2]$$

$$= 1.23 + \frac{0.059}{2}\lg[(1)^{1/2}(0.2)^2] = 1.189(V) \tag{19.3}$$

当 Cu 和 O_2 构成电池时,

$$Pt|O_2(101\ 325\ Pa),\quad H^+(0.2\ mol \cdot L^{-1}),\quad Cu^{2+}(0.1\ mol \cdot L^{-1})|Cu$$

Cu 为阴极,O_2 为阳极,电池的电动势为

$$E = \varphi_c - \varphi_a = 0.308 - 1.189 = -0.881(V) \tag{19.4}$$

电解时,理论分解电压的值是它的反电动势 0.881 V。

从图 19.2 可知,实际所需的分解电压比理论分解电压大,超出的部分是由于电极极化作用引起的。极化结果将使阴极电位更负,阳极电位更正。电解池回路的电压降 iR 也应是电解所加的电压的一部分。这时电解池的实际分解电压为

$$U_d = (\varphi_a + \eta_a) - (\varphi_c + \eta_c) + iR \tag{19.5}$$

若电解时,铂电极面积是 $100\ cm^2$,电流为 $0.10\ A$,则电流密度是 $0.001\ A \cdot cm^{-2}$ 时,O_2 在铂电极上的超电压是 $+0.72\ V$,Cu 的超电压在加强搅拌的情况下可以忽略。

$$iR = 0.10 \times 0.50 = 0.050(V) \tag{19.6}$$

$$U_d = 0.88 + 0.72 + 0.05 = 1.65(V) \tag{19.7}$$

19.2　控制电位电解分析

当试样中存在两种以上金属离子时,在一种离子的电解过程中,随着外加电压的增大,第二种离子可能被还原。为了分别测定或分离就需要采用控制阴极电位的电解法。

如以铂为电极,电解液为 $0.1\ mol \cdot L^{-1}$ 的硫酸溶液,含有 $0.01\ mol \cdot L^{-1}\ Ag^+$ 和 $1.0\ mol \cdot L^{-1}\ Cu^{2+}$。25℃时,Cu 开始析出的电位为

$$\varphi_c = \varphi^e(Cu^{2+}, Cu) + \frac{0.059}{2}\lg[Cu^{2+}]$$

$$= 0.337 + \frac{0.059}{2}\lg 1.0 = 0.337(V) \tag{19.8}$$

Ag 开始析出的电位为

$$\varphi_c' = \varphi^e(Ag^+, Ag) + 0.059\lg[Ag^+]$$
$$= 0.799 + 0.059\lg 0.01 = 0.681(V) \tag{19.9}$$

由于 Ag 的析出电位较 Cu 析出电位正,所以 Ag 先在阴极上析出。当其浓度降至 $10^{-6}\ mol \cdot L^{-1}$ 时,一般可以认为 Ag^+ 已电解完全。此时 Ag 的电极电位为

$$\varphi_c'' = 0.799 + 0.059\lg 10^{-6} = 0.445(V) \tag{19.10}$$

阳极发生的是水的氧化反应,析出氧气。

$$\varphi_a = 1.189 + 0.72 = 1.909(V) \tag{19.11}$$

当电解电池的外加电压值为

$$U' = \varphi_a - \varphi_c' = 1.909 - 0.681 = 1.228(V) \tag{19.12}$$

这时 Ag 开始析出,到

$$U'' = \varphi_a - \varphi_c'' = 1.909 - 0.445 = 1.464(V) \tag{19.13}$$

即 1.464 V 时,电解完全。而 Cu 开始析出的电压值为

$$U = \varphi_a - \varphi_c = 1.909 - 0.337V = 1.572(V) \tag{19.14}$$

故 1.464 V 时,Cu 还没有开始析出。

在实际电解过程中阴极电位不断发生变化,阳极电位也并不是完全恒定的。由于离子浓度随着电解的延续而逐渐下降,电池的电流也逐渐减小,应用控制外加电压的方式往往达不到好的分离效果。较好的方法是控制阴极电位。

要实现对阴极电位的控制,需要在电解池中插入一个参比电极,例如甘汞电极,其装置见图 19.3。它通过运算放大器的输出很好地控制阴极电位和参比电极电位差为恒定值。

电解测定 Cu 时,Cu^{2+} 浓度从 $1.0\ mol \cdot L^{-1}$ 降到 $10^{-6}\ mol \cdot L^{-1}$ 时,阴极电位从 $+0.337\ V$(*vs.* NHE)降到 $+0.16\ V$。只要不在该范围内析出的金属离子都能与 Cu^{2+} 分离。还原电位比 $+0.337\ V$ 更正的离子可通过电解分离,比 $+0.16\ V$ 更负的离子可留在溶液中。

控制阴极电位电解,开始时被测物质析出速度较快,随着电解的进行,浓度越来越小,电极反应的速率也逐渐变慢,因此电流也越来越小。当电流趋于零时,电解完成。

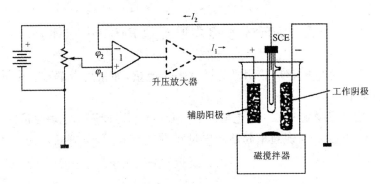

图 19.3 恒阴极电位电解用装置

19.3 恒电流电解法

电解分析有时也在控制电流恒定的情况下进行。这时外加电压较高,电解反应的速率较快,但选择性不如控制电位电解法好。往往一种金属离子还未沉淀完全时,第二种金属离子就在电极上析出。

为了防止干扰,可使用阳极或阴极去极剂,以维持电位不变。如在 Cu^{2+} 和 Pb^{2+} 的混合液中,为防止 Pb 在分离沉积 Cu 时沉淀,可以加入 NO_3^- 作为阴极去极剂。NO_3^- 在阴极上还原生成 NH_4^+,即

$$NO_3^- + 10H^+ + 8e \rightleftharpoons NH_4^+ + 3H_2O$$

它的电位比 Pb^{2+} 更正,而且量比较大,在 Cu^{2+} 电解完成前可以防止 Pb^{2+} 在阴极上还原沉积。

类似的情况也可以用于阳极,加入的去极剂比干扰物质先在阳极上氧化,可以维持阳极电位不变,它称为阳极去极剂。

19.4 汞阴极电解法

汞也可以作为电解池中的阴极,它一般不直接用于测定,而是用做分离的手段。例如采用汞阴极,可将电位较正的 Cu、Pb 和 Cd 等浓缩在汞中而与 U 分离来提纯铀。用同样的方法可以除去金属离子,制备伏安分析的高纯度电解质。在酶法分析中,也可以用此法除去溶液中的重金属离子。痕量重金属离子的存在可以抑制或失去酶的活性。

使用汞阴极电解的装置见图 19.4,其特点为:金属与汞生成汞齐,金属析出电位将正移,易分离;氢在汞上有较大的超电压,扩大了电解分离的电压范围;汞的密度大,有毒,易挥发,需要特别注意。

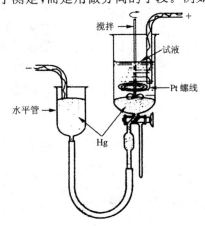

图 19.4 汞阴极电解装置

19.5　库仑分析基本原理和 Faraday 定律

电解分析是采用称量电解后铂阴极的增重来作定量,如果用电解过程中消耗的电量来定量,这就是库仑分析。

库仑分析的基本依据是 Faraday 电解定律。Faraday 定律表示电解反应时,在电极上发生化学变化的物质的质量 m 与通过电解池的电量 Q 呈正比,用数学式表示为

$$m = \frac{M}{zF}Q \tag{19.15}$$

式中 F 为 1 mol 元电荷的电量,称为 Faraday 常数（96 485 C · mol^{-1}）；M 为物质的摩尔质量；z 为电极反应中的电子数。

电解消耗的电量 Q 可按下式计算:

$$Q = it \tag{19.16}$$

若 1 A 的电流通过电解质溶液 1 s 时,其电量为 1 C。

库仑分析法的主要优点是不需要标准化的试剂溶液,电子滴定免去了大量的标准物质的准备工作,分析者只需要一个高质量的供电器、计时器及小铂丝电极即可（偶尔也采用活性银电极）,但通过电解池的电流必须都用于电解被测物质,不应有副反应和漏电现象,即保证电流效率 100%。库仑分析可以分成恒电位库仑分析和恒电流库仑分析两种。

19.6　恒电位库仑分析

恒电位库仑分析是在电解过程中控制工作电极的电位保持恒定值,使被测物质以 100% 的电流效率进行电解。当电流趋于零时,指示该物质已被电解完全。恒电位库仑分析的仪器装置和控制阴极电位电解类似,只是在电路中需要串接一个库仑计,以测量电解过程中消耗的电量。电量也可采用电子积分仪或作图求得。

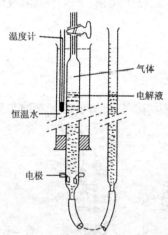

温度计

气体

电解液

恒温水

电极

图 19.5　氢氧库仑计

氢氧库仑计是一种气体库仑计,它的装置见图 19.5。电解管置于恒温水浴中,内装 0.5 mol · L^{-1} K$_2$SO$_4$ 或 Na$_2$SO$_4$ 电解液,当电流通过时,Pt 阳极上析出 O$_2$,Pt 阴极上析出 H$_2$。电解前后刻度管中液面之差为氢、氧气体的总体积。在标准状态下,每库仑电量相当于析出 0.1741 mL 氢、氧混合气体。若得到的体积为 V(mL),电解消耗的电量为

$$Q = \frac{V}{0.1741} \tag{19.17}$$

由 Faraday 定律算出被测物的质量为

$$m = \frac{VM}{0.1741 \times 96485 \times z} \tag{19.18}$$

其中 M 为被测物的摩尔质量。

19.7　恒电流库仑分析(库仑滴定)

库仑分析时,若电流维持一个恒定值,可以大大缩短电解时间。它的电量的测量也很方便,$Q=it$。它的困难是要解决恒电流下具有 100% 的电流效率和设法能指示终点的到达。

如在恒电流下电解 Fe^{2+},它在阳极氧化:

$$Fe^{2+} \longrightarrow Fe^{3+} + e$$

这时,阴极发生的是还原反应:

$$H^+ + e \longrightarrow \frac{1}{2}H_2$$

其电流-电位曲线如图 19.6。选用 $i_0 = i_a = i_c$,需外加电压为 U_0。随着电解的进行,Fe^{2+} 的浓度下降,外加电压就要加大。阳极电位就要发生正移,阳极上可能析出 O_2。电解过程的电流效率将达不到 100%。

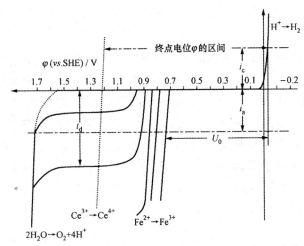

图 19.6　以铈(Ⅲ)为辅助体系的库仑滴定铁(Ⅱ)的电流-电位曲线

如果在电解液中加入浓度较大的 Ce^{3+} 作为一个辅助体系。当 Fe^{2+} 在阳极的氧化电流降到低于 i_0 时,Ce^{3+} 氧化到 Ce^{4+},提供阳极电流。溶液中 Ce^{4+} 能立即同 Fe^{2+} 反应,本身又被还原到 Ce^{3+},即

$$Ce^{4+} + Fe^{2+} \longrightarrow Ce^{3+} + Fe^{3+}$$

这样就可以把阳极电位稳定在氧析出电位以下,而防止了氧的析出。电解所消耗的电量仍全部用在 Fe^{2+} 的氧化上,达到了电流效率的 100%。该法类似于 Ce^{4+} 滴定 Fe^{2+} 的滴定法,其滴定剂由电解产生,所以恒电流库仑法又称为库仑滴定法。

库仑滴定的终点指示可以采用以下几种方法。

(i) 化学指示剂。滴定分析中使用的化学指示剂,只要体系合适仍能在此使用。如用恒电流电解 KI 溶液产生滴定剂 I_2 来测定 As(Ⅲ)时,淀粉就是很好的化学指示剂。

(ii) 电位法。库仑滴定中使用电位法指示终点与电位滴定法确定终点的方法相似。选用合适的指示电极来指示终点前后电位的跃变。

(iii) 双铂极电流指示法。该法又称为永停法,它是在电解池中插入一对铂电极作指示电

极,加上一个很小的直流电压,一般为几十毫伏至 190 mV(图 19.7)。在电解 KI 产生滴定剂 I_2 测定 As(Ⅲ)的体系中,滴定终点前出现的是 As(Ⅴ)-As(Ⅲ)不可逆电对,终点后是可逆的 $I^{3-}-I^-$ 电对。从其极化曲线(即电流随外加电压而改变的曲线,图 19.8)可见,不可逆体系曲线通过横轴是不连续的(电流很小),需要加更大的电压才能有明显的氧化还原电流。可逆体系在很小电压下就能产生明显的电流。双铂电极上的电流曲线如图 19.9。

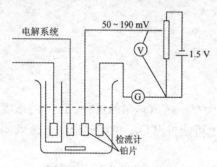

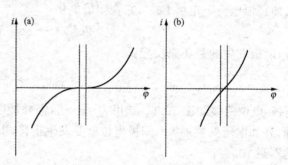

图 19.7 永停终点法装置   图 19.8 I_2 滴定 As(Ⅲ)时,终点前后体系的极化曲线

(a) As(Ⅴ)-As(Ⅲ)体系; (b) $I_3^--I^-$ 体系

当然体系不同也可能出现原来是可逆电对,终点后为不可逆电对,这时图 19.9 就出现相反的情况。如 Ce^{4+} 滴定 Fe^{2+} 体系中,滴定前后都是可逆体系。开始滴定时,溶液中只有 Fe^{2+},没有 Fe^{3+},所以流过电极的电流为零或只有微小的残余电流。随着滴定的进行,溶液中 Fe^{3+} 的浓度逐渐增大,因而通过电极的电流也将逐渐增大。在半滴定之前,Fe^{3+} 的浓度是电流的限制因素。过了半滴定后,Fe^{2+} 的浓度逐渐变小,便成为电流的限制因素了,所以电流又逐渐下降。到达终点时 Fe^{2+} 浓度接近于零,溶液中只有 Fe^{3+} 和 Ce^{3+},所以电流又接近于零。过了终点以后,便有过量 Ce^{4+} 存在,在阳极上 Ce^{3+} 可被氧化,在阴极上 Ce^{4+} 可被还原,双铂电极的回路又出现了明显的电流(图 19.10)。

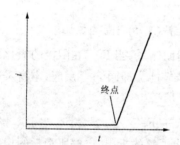

图 19.9 I_2 滴定亚砷酸的双铂电极电流曲线   图 19.10 Ce^{4+} 滴定 Fe^{2+} 的双铂电极电流曲线

恒电流库仑滴定法是用恒电流电解产生滴定剂以滴定被测物质来进行定量分析的方法。该法的优点是:灵敏度高,准确度好,测定的量比经典滴定法低 1~2 个数量级,但可以达到与经典滴定法同样的准确度;它不需要制备标准溶液;不稳定滴定剂可以电解产生;电流和时间能准确测定等。因为有这些优点,使它得到了广泛的应用,下面举几个例子。

(1) Karl Fisher 法测定水

该法的试剂由吡啶、碘、二氧化硫和甲醇组成。碘氧化二氧化硫时需要定量的水:

$$I_2 + SO_2 + 2H_2O \Longrightarrow HI + H_2SO_4$$

利用它可以测定无机或有机物中的水分。吡啶是为了中和反应生成的 HI 酸,使反应向右进行。加入甲醇,是为了防止副反应的发生。

1955 年,Meyer(梅耶)和 Boyd(傅伊德)成功地用电解产生 I_2 的库仑法测定了二胺基丙烷中的微量水分。反应所产生的 I^- 又在工作电极上重新氧化为 I_2,直到全部水反应完毕。我国在石油工业中也研制了测定油中水分的库仑分析仪。

(2) 水质污染中化学需氧量的测定

化学需氧量(COD)是评价水质污染的重要指标之一。它是指 1 L 水中可被氧化的物质(主要是有机物)氧化所需的氧量。污水中的有机物往往是各种细菌繁殖的良好媒介,化学需氧量的测定是环境监测的一个重要项目。

现已有各种根据库仑滴定法设计的 COD 测定仪,如可用一定量的 $KMnO_4$ 标准溶液与水样加热,以氧化水样中可被氧化的物质。剩余的 $KMnO_4$ 用电解产生的亚铁离子进行恒电流库仑滴定:

$$5Fe^{2+} + MnO_4^- + 8H^+ \Longrightarrow Mn^{2+} + 5Fe^{3+} + 4H_2O$$

由于亚铁离子与 MnO_4^- 进行定量的反应,因此根据电解产生亚铁所消耗的电量可以知道溶液中剩余的 MnO_4^- 的量。

几种库仑滴定法产生的滴定剂及应用见表 19.1。

表 19.1　库仑滴定法产生的滴定剂及应用

滴定剂	介　质	工作电极	测定的物质
Br_2	0.1 mol·L^{-1} H_2SO_4+0.2 mol·L^{-1} NaBr	Pt	Sb(III)、I^-、Tl(I)、U(IV)、有机化合物
I_2	0.1 mol·L^{-1}磷酸盐缓冲溶液(pH 8)+0.1 mol·L^{-1} KI	Pt	As(III)、Sb(III)、$S_2O_3^{2-}$、S^{2-}
Cl_2	2 mol·L^{-1} HCl	Pt	As(III)、I^-、脂肪酸
Ce(IV)	1.5 mol·L^{-1} H_2SO_4+0.1 mol·L^{-1} $Ce_2(SO_4)_3$	Pt	Fe(II)、Fe(CN)$_6^{4-}$
Mn(III)	1.8 mol·L^{-1} H_2SO_4+0.45 mol·L^{-1} $MnSO_4$	Pt	草酸、Fe(II)、As(III)
Ag(II)	5 mol·L^{-1} HNO_3+0.1 mol·L^{-1} $AgNO_3$	Au	As(III)、V(IV)、Ce(III)、草酸
Fe(CN)$_6^{4-}$	0.2 mol·L^{-1} $K_3Fe(CN)_6$(pH 2)	Pt	Zn(II)
Cu(I)	0.02 mol·L^{-1} $CuSO_4$	Pt	Cr(IV)、V(V)、IO_3^-
Fe(II)	2 mol·L^{-1} H_2SO_4+0.6 mol·L^{-1}铁铵矾	Pt	Cr(VI)、V(V)、MnO_4^-
Ag(I)	0.5 mol·L^{-1} $HClO_4$	Ag 阳极	Cl^-、Br^-、I^-
EDTA(Y^{4-})	0.02 mol·L^{-1} $HgNH_3Y^{2-}$+0.1 mol·L^{-1} NH_4NO_3(pH 8,除 O_2)	Hg	Ca(II)、Zn(II)、Pb(II)等
H^+或OH^-	0.1 mol·L^{-1} Na_2SO_4 或 KCl	Pt	OH^-或H^+、有机酸或碱

参 考 文 献

[1] 高小霞等.电分析化学导论.北京:科学出版社,1986

[2] 武汉大学化学系编.仪器分析.北京:高等教育出版社,2001

[3] A. J. Bard, L. R. Faulkner. *Electrochemical Methods*. New York:Wiley-Interscience,1980

思考题与习题

19.1　电解分析(电重量法)和库仑分析的共同点是什么? 不同点是什么?

19.2 在电解分析中,一般使用的工作电极面积较大,而且要搅拌,这是为什么?有时还要加入惰性电解质、pH 缓冲液和配合剂,这又是为什么?

19.3 库仑分析的基本原理是什么?基本要求又是什么?控制电位和控制电流的库仑分析是如何达到基本要求的?

19.4 如果要用电解的方法从含 1.00×10^{-2} mol·L^{-1} Ag$^+$、2.00 mol·L^{-1} Cu^{2+} 的溶液中,使 Ag$^+$ 完全析出(浓度达到 10^{-6} mol·L^{-1})而与 Cu^{2+} 完全分离。铂阴极的电位应控制在什么数值上?(*vs.* SCE,不考虑超电位)

19.5 为电解 0.200 mol·L^{-1} 的 Pb^{2+} 溶液,需将此溶液缓冲至 pH = 5.00。若通过这个电解池的电流为 0.50 A,铂电极的面积为 10 cm^2,在阳极上放出氧气(101 325 Pa),氧的超电压为 0.77 V。在阴极上析出铅。假定电解池的电阻为 0.80 Ω,试计算:

(1) 电池的理论电动势(零电流时);

(2) iR 降;

(3) 开始电解时所需的外加电压;

(4) 若电解液体积为 100 cm^3,电流维持在 0.500 A,问需电解多长时间铅离子浓度才减小到 0.01 mol·L^{-1}?

(5) 当 Pb^{2+} 浓度为 0.01 mol·L^{-1} 时,电解所需的外加电压为多少?

19.6 用库仑法测定某炼焦厂下游河水中的含酚量,为此,取 100 mL 水样,酸化并加入过量 KBr,电解产生的 Br$_2$ 与酚发生如下反应:

$$C_6H_5OH + 3Br_2 \rightleftharpoons Br_3C_6H_2OH + 3HBr$$

电解电流为 0.0208 A,电解时间为 580 s。问水样中含酚量(mg·L^{-1})为多少?

19.7 用库仑法测定某有机酸的 m (1 mol)/z 值。溶解 0.0231 g 纯净试样于乙醇-水混合溶剂中,以电解产生的 OH$^-$ 进行滴定,通过 0.0427 A 的恒定电流,经 402 s 到达终点,计算此有机酸的 m (1 mol)/z 值。

第20章 伏 安 法

凡能在电极上发生电化学氧化或还原的溶液组分,都可以用伏安法(voltammetry)进行研究、检测。在伏安法中,电位是通过一个浸入溶液中的导电电极施加到样品上的,此电极称为工作电极。施加的电位是在一定的范围内变化的,当电位扫描到某一特定值时,溶液中的一组分就会在电极上发生氧化或还原反应,此时电极回路中就有电流流过,此电位称为该组分的特征电位,所获电流正比于组分的浓度。伏安法是研究电极过程动力学和化学反应机理的一种非常有效的手段;同时,它还是一种非常灵敏的分析技术,它可用于 ng 级甚至 pg 级的无机及有机组分的常规分析,且具有很快的分析速度。很多非电活性的基团也可以通过适当的化学处理使其具有电化学活性。

20.1 电极系统

20.1.1 二电极系统与三电极系统

在电化学研究中,要准确测定并控制工作电极上的电极电位,参比电极的电位必须保持恒定,这就要求通过参比电极的电流必须很小。如果流过参比电极的电流较大,这势必会改变参比电极的电位,从而影响参比电极的稳定性。对电极的引入,分担了流过参比电极上的电流,从而保证了参比电极的稳定性。

电位仪既可控制电极上的电位,又可测量流过电极的电流,这是伏安法的基础。三电极系统包括工作电极(有的场合也叫指示电极)、与工作电极靠得很近的参比电极和对电极。若工作电极是阴极,那么对电极就为阳极。参比电极与工作电极间的电位差可通过电位仪测得。由于参比电极的电位恒定不变,又基本上无电流流过,因此工作电极上的电位不会受工作电极与对电极间的 iR 降的影响,这就使在高阻非水介质中及极稀水溶液中进行伏安研究成为可能,对波形也不会有明显的影响。

20.1.2 工作电极

在伏安分析中,可以使用多种不同性能和结构的电极作为工作电极。当进行还原测定时,常常使用滴汞电极(DME)和悬汞电极(HMDE)。由于汞本身易被氧化,因此汞电极不宜在正电位范围中使用。但使用固体电极时可进行氧化测定,它既可采用静止电极,也可采用旋转电极。

1. 汞电极

汞电极具有很高的氢过电位(1.2 V)及很好的重现性。最原始的汞电极是滴汞电极(DME),滴汞的增长速度及寿命受地球重力控制,滴汞电极由内径为 0.05～0.08 mm 的毛细管、贮汞瓶及连接软管组成(如图 20.1 所示),每滴汞的滴落速度为 2～5 s,其表面周期性地更新可消除电极表面的污染。同时,汞能与很多金属形成汞齐,从而降低了它们的还原电位,其扩散电流也能很快地达到稳定值,并具有很好的重现性。在非水溶液中,用四丁基铵盐作支持电解质,滴汞电极的电位窗口为$+0.3\sim-2.7$ V ($vs.$ SCE)。当电位正于$+0.3$ V 时,汞将被氧化,产生一个阳极波。

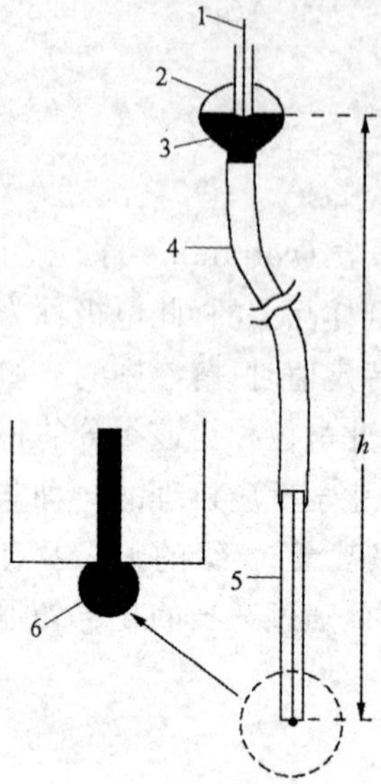

与滴汞电极不同,静态汞滴电极(SMDE)是通过一个阀门在毛细管尖端得到一静态汞滴,它只能通过敲击来更换汞滴。悬汞电极是一个广泛应用的静止电极,汞滴是由一个计算机控制的快速调节阀生成的,通过改变计算机产生脉冲的宽度及数量的多少,可得到一系列具有不同表面积的汞滴。

在玻璃碳电极、金电极、银电极或铂电极表面镀上一层汞膜就可制成汞膜电极,它可用于浓度低于10^{-7} mol·L^{-1}的样品分析中,但主要用于高灵敏度的溶出分析及作为液相色谱的电流检测器。

2. 固体电极

固体电极一般有铂电极、金电极或玻璃碳电极。玻璃碳电极可检测电极上发生的氧化反应,特别适用于在线分析,如用于液相色谱中。把铂丝、金丝或玻璃碳密封于绝缘材料中,再把垂直于轴体的尖端平面抛光即可制得圆盘电极。

3. 旋转圆盘电极

旋转圆盘电极最基本的用途是用于痕量分析及电极过程动力学研究,它还可应用于阳极溶出伏安法及安培滴定中。

图 20.1 滴汞电极结构示意图
1—导线;2—贮汞瓶;
3—汞;4—塑料管;
5—毛细管;6—汞滴

20.1.3 溶液除氧

氧在水溶液中有一定的溶解度,在 25℃时大约为 8 mg·L^{-1}。在伏安分析时,氧可在电极上按下式还原:

$$O_2 + 2H^+ + 2e \longrightarrow H_2O_2$$

$$H_2O_2 + 2H^+ + 2e \longrightarrow 2H_2O$$

其还原电位分别为-0.2 V 和-0.8 V 左右。氧的还原电流将对还原性物质的研究测定产生干扰,因此电化学实验前试液必须除氧,其方法是向溶液中通高纯氮气 5~10 min。为了不影响试液的浓度,氮气要用溶剂蒸气进行预饱和,实验过程中停止通氮气,但试液要保持在氮气氛中。

20.1.4 极谱法与伏安法

极谱法(polarography)与伏安法间没有本质的区别,只存在使用的工作电极的不同:极谱法使用的是表面能够周期性更新的液体电极,如滴汞电极;而伏安法使用的是固体电极或表面静止的液体电极。

20.2 一般电极反应过程

在电极表面,一个总电极反应 Ox$+ze$ ══Red 是由一系列步骤所组成,其结果是使溶解

的氧化态 O 转化为在溶液中的还原态 R(如图 20.2)。一般来说,电极反应速率由如下一些过程的速率控制:

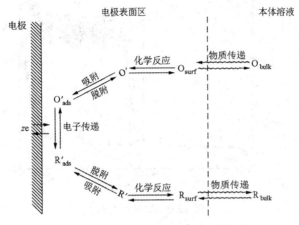

图 20.2 一般电极反应过程

(i) 电极表面物质的传质;

(ii) 电极表面上的电子传递,即电极反应;

(iii) 电子传递的前置或后续化学反应;

(iv) 其他的表面反应,如吸附、脱附等。

最简单的电极反应只包括上述系列中的(i)和(ii)两种过程。在这种最简单的电极反应过程中,若反应物和产物的扩散速率最慢,整个电极反应过程受扩散速率控制,此时电极反应为可逆电极反应;若在电极上进行的电极反应速率最慢,整个电极反应过程受电极反应速率控制,此时电极反应为不可逆电极反应;同时受扩散速率和电极反应速率控制的电极反应为准可逆电极反应。

20.3 极 谱 法

20.3.1 Ilkoviĉ 方程

在经典极谱中,扫描电位施加在两个电极上,一个是面积小而容易极化的工作电极(汞电极),另一个是面积大但电位保持恒定的汞池电极。电位随时间线性变化,扫描速率一般较慢,如 $200\ \text{mV} \cdot \text{min}^{-1}$。溶液中加入支持电解质后,其电迁移和 iR 降可忽略不计,测量时溶液静止(不搅拌)又可消除对流扩散的影响。在这些条件下,在滴汞电极上所获得电流即为扩散电流(或称为极限电流),典型的极谱图如图 20.3 所示。极限电流完全受扩散控制,其大小由 Ilkoviĉ(尤考维奇)方程表示:

$$i_d = 708 z D^{1/2} m^{2/3} t^{1/6} c \tag{20.1}$$

这里 i_d 为最大扩散电流(μA),D 为扩散系数($\text{cm}^2 \cdot \text{s}^{-1}$),$z$ 为电极反应的电子转移数,m 为汞的流速($\text{mg} \cdot \text{s}^{-1}$),$t$ 为汞滴寿命(s),c 为本体溶液的物质的量浓度($\text{mmol} \cdot \text{L}^{-1}$)。

最大扩散电流是在每滴汞寿命的最后时刻获得的,实际测量时往往使用的是平均电流,其大小为

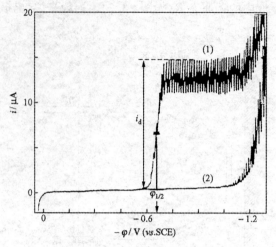

图 20.3　直流极谱图

(1) 1 mol · L⁻¹ HCl, 0.5 mmol · L⁻¹ Cd²⁺; (2) 1 mol · L⁻¹ HCl

$$\bar{i}_d = \frac{1}{t}\int_0^t i_d\mathrm{d}t = 607zD^{1/2}m^{2/3}t^{1/6}c \tag{20.2}$$

式(20.1)和(20.2)称为 Ilkovič 方程,是极谱定量分析的基本公式。式(20.2)中,$607zD^{1/2}$称为扩散电流常数,与毛细管特性无关;$m^{2/3}t^{1/6}$为毛细管常数。从式(20.2)还可看出,$\bar{i}_d$ 与电活性物的浓度 c 呈正比,这是极谱定量分析的依据;$\bar{i}_d$ 还与汞柱高 h 的平方根呈正比,即 $\bar{i}_d \propto h^{1/2}$。经典极谱法的检测下限大约为 10^{-5} mol · L⁻¹。

滴汞电极上的扩散过程有 3 个特点:面积不断增长,具有对流,再现性好。经过理论推导可知,滴汞电极上电流比同面积的平面电极上的电流大 $\sqrt{7/3}$ 倍,这是对流的原因。在经典极谱中,往往在汞滴滴落前一刹那进行测量,此时扩散电流最大。为了提高重现性,汞滴脱落时间改由电动控制仪来控制。

20.3.2　可逆极谱波方程

对于可逆电极反应体系 $\mathrm{Ox}+ze \Longleftrightarrow \mathrm{Red}$,若反应开始时只存在 Ox,浓度为 c_O,而 Red 的浓度为 0,由 Nernst 方程得

$$\varphi = \varphi^{\ominus} + \frac{RT}{zF}\ln\frac{\gamma_O c_O^s}{\gamma_R c_R^s} \tag{20.3}$$

由 Ilkovič 方程可得

$$i_c = k_O(c_O - c_O^s) = (i_d)_c - k_O c_O^s \tag{20.4}$$

$$i_c = k_R(0 - c_R^s) \tag{20.5}$$

其中,下标 c 表明为还原电流;k_O 和 k_R 为常数,分别为 $708zD_O^{1/2}m^{2/3}t^{1/6}$ 和 $708zD_R^{1/2}m^{2/3}t^{1/6}$。

把方程式(20.4)和(20.5)及常数 k_O,k_R 代入方程(20.3)得可逆极谱波方程为

$$\varphi = \varphi^{\ominus} + \frac{RT}{zF}\ln\frac{\gamma_O D_R^{1/2}}{\gamma_R D_O^{1/2}} + \frac{RT}{zF}\ln\frac{(i_d)_c - i_c}{i_c} \tag{20.6}$$

图 20.3 中给出了一条在一个增长的汞滴上记录的电流-电位曲线,当电位(DC 极谱)慢慢地负扫时,每一个电活性物质都产生一个 S 形曲线,在 S 形曲线中,半极限电流处的电位称为半波

电位($\varphi_{1/2}$),这时方程式(20.6)中的右边第三项为 0,因此

$$\varphi_{1/2} = \varphi^{\ominus} + \frac{RT}{zF} \ln \frac{\gamma_O D_R^{1/2}}{\gamma_R D_O^{1/2}} \tag{20.7}$$

若反应开始时只存在 Red,同理可得极谱氧化波方程为

$$\varphi = \varphi_{1/2} + \frac{RT}{zF} \ln \frac{i_a}{(i_d)_a - i_a} \tag{20.8}$$

若溶液中同时存在 Ox 和 Red,其极谱波方程为

$$\varphi = \varphi_{1/2} + \frac{RT}{zF} \ln \frac{(i_d)_c - i}{i - (i_d)_a} \tag{20.9}$$

为了使两个等高度的极谱波完全分开,两个波的半波电位差必须不小于其($\varphi_{3/4} - \varphi_{1/4}$)的 3 倍值。如果两个极谱波的高度差别较大,则需要更大的半波电位差。

20.3.3 残余电流与极谱极大

在极谱波上,当外加电压尚未达到被测离子的分解电压之前就有微小的电流通过电解池,它称为残余电流。残余电流一方面是由溶液中微量的杂质,如金属离子,在电极上反应产生的,它可以通过试剂的提纯来减小;另一方面是由于电极与溶液界面上双电层的充电产生的,称为充电电流,它产生于汞滴的更新及增长。要获得纯扩散电流(法拉第电流),极谱图上的残余电流必须被扣除,扣除方法有二:

(i) 在纯支持电解质溶液中测得残余电流(见图 20.3 曲线(2))。

(ii) 沿电位扫描方向外推伏安图基线部分,外推线与极限电流平行线间的垂直距离即为法拉第电流;但当浓度较低时(小于 10^{-4} mol·L^{-1}),用这种方法来扣除背景将是不可靠的。

在汞滴增长过程中,电极表面会产生对流现象,从而会出现极谱极大现象,极谱极大有时表现为使平台电流增大,实验中一般采用加入少量的表面活性剂来消除,如在溶液中加入 0.005%~0.01% 的动物胶或 Triton X-100 等。

20.3.4 有机物的极谱波

对于有机化合物的电极反应,一般都有 H$^+$ 参加,其电极反应可表示为

$$Ox + ze + mH^+ \Longrightarrow Red$$

由 Nernst 方程得

$$\varphi = \varphi^{\ominus\prime} + \frac{RT}{zF} \ln \frac{c_O^s \cdot [H^+]^m}{c_R^s} = \varphi^{\ominus\prime} + \frac{RT}{zF} \ln \frac{c_O^s}{c_R^s} + \frac{RT}{zF} \ln[H^+]^m \tag{20.10}$$

其中 $\varphi^{\ominus\prime}$ 为条件电位,结合方程(20.6)的推导方法,由方程(20.10)得

$$\varphi = \varphi_{1/2} + \frac{RT}{zF} \ln \frac{(i_d)_c - i_c}{i_c} \tag{20.11}$$

其中半波电位:

$$\varphi_{1/2} = \varphi^{\ominus} + \frac{RT}{zF} \ln \frac{\gamma_O D_R^{1/2}}{\gamma_R D_O^{1/2}} - 2.303 \frac{mRT}{zF} pH \tag{20.12}$$

可见,随溶液 pH 的变化,该化合物的半波电位也将随之移动。

20.3.5　配(络)合物的形成对极谱波的影响

金属配合物离子在汞电极上的反应,可以看做两步进行,第一步是配合物离子的解离:

$$ML_p^{(z-pb)+} \longrightarrow M^{z+} + pL^{b-}$$

第二步是解离出来的 M^{z+} 在电极上还原:

$$M^{z+} + ze + Hg \longrightarrow M(Hg)$$

总反应为

$$ML_p^{(z-pb)+} + ze + Hg \longrightarrow M(Hg) + pL^{b-}$$

配合物离子存在离解平衡,有

$$K_d = \frac{[M^{z+}]_s [L^{b-}]_s^p}{[ML_p^{(z-pb)+}]_s} \tag{20.13}$$

其中 K_d 是配合物的离解常数,下标 s 是指电极表面。假设:① 电极反应可逆;② 配合剂浓度很大,即 $[L^{b-}]_s \cong [L^{b-}]$。则由 Nernst 方程得

$$\varphi = \varphi^\ominus + \frac{RT}{zF}\ln\frac{[M^{z+}]_s}{[M(Hg)]_s} = \varphi^\ominus + \frac{RT}{zF}\ln K_d + \frac{RT}{zF}\ln\frac{[ML_p^{(z-pb)+}]_s}{[L^{b-}]^p[M(Hg)]_s} \tag{20.14}$$

类似于可逆极谱波的情况,根据 Ilković 方程

$$i_c = k_c([ML_p^{(z-pb)+}] - [ML_p^{(z-pb)+}]_s) \tag{20.15}$$

$$(i_d)_c = k_c[ML_p^{(z-pb)+}] \tag{20.16}$$

式中 $k_c = 607 z D_c^{1/2} m^{2/3} t^{1/6}$,$D_c$ 是配合物离子的扩散系数。

$$[ML_p^{(z-pb)+}]_s = \frac{(i_d)_c - i_c}{k_c} \tag{20.17}$$

$[M(Hg)]_s$ 仍由式(20.5)决定,将它们代入式(20.14),得到

$$\varphi = \varphi^\ominus + \frac{RT}{zF}\ln K_d + \frac{RT}{zF}\ln\left(\frac{D'}{D_c}\right)^{1/2} - p\frac{RT}{zF}\ln[L^{b-}] + \frac{RT}{zF}\ln\frac{(i_d)_c - i_c}{i_c} \tag{20.18}$$

当 $i_c = (i_d)_c/2$ 时,得到金属配合物离子极谱还原波的半波电位为

$$(\varphi_{1/2})_c = \varphi^\ominus + \frac{RT}{zF}\ln K_d + \frac{RT}{zF}\ln\left(\frac{D'}{D_c}\right)^{1/2} - p\frac{RT}{zF}\ln[L^{b-}] \tag{20.19}$$

而金属配合物离子极谱还原波方程为

$$\varphi = \varphi_{1/2} + \frac{RT}{zF}\ln\frac{(i_d)_c - i_c}{i_c} \tag{20.20}$$

由式(20.19)可见,金属配合物离子的离解常数 K_d 越小,配合剂浓度越大,金属离子形成配合物离子后,其 $(\varphi_{1/2})_c$ 负移越多。金属配合物离子与相应简单离子半波电位之差 $\Delta\varphi_{1/2}$ 可由式(20.19)和式(20.7)相减,求得

$$\Delta\varphi_{1/2} = \frac{RT}{zF}\ln K_d + \frac{RT}{zF}\ln\left(\frac{D}{D_c}\right)^{1/2} - p\frac{RT}{zF}\ln[L^{b-}] \tag{20.21}$$

一般来说,简单离子和配合物离子的扩散系数近似相等,即 $D \approx D_c$,故

$$\Delta\varphi_{1/2} = \frac{RT}{zF}\ln K_d - p\frac{RT}{zF}\ln[L^{b-}] \tag{20.22}$$

在不同配合剂浓度下测定 $\Delta\varphi_{1/2}$,用 $\Delta\varphi_{1/2}$ 对 $\ln[L^{b-}]$ 作图,得一直线,截距为 $(RT/zF)\ln K_d$,斜率为 $-p(RT/zF)$。若已知 z,便可求得配合物离子的配位数 p 与离解常数 K_d。

20.3.6　不可逆极谱波

前面讨论的是可逆极谱波,它们的极谱电流受扩散控制。当电极反应速率较慢而成为控制步骤时,极谱电流受电极反应速率控制,这类极谱波为不可逆波。

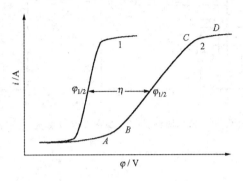

图 20.4　可逆波与不可逆波
1—可逆波;2—不可逆波

不可逆波的波形倾斜,如图 20.4。在 AB 段电位不够负时,电极反应的速率很慢,没有明显电流通过。波的 BC 段电位逐渐变负,过电位逐渐被克服,电极反应速率增加,电流也增加。波的 CD 段,电位足够负,电极反应速率加快,形成完全浓差极化,它可作定量分析用。

20.4　伏安法及有关技术

伏安分析技术的发展主要是提高伏安分析的灵敏度,改善波形和提高分辨率。灵敏度的提高是要增大信噪比,即提高 Faraday 电解电流的值和降低电容电流(即充电电流)。为此改进和发展了极谱分析方法,建立了新的伏安分析方法,如单扫描伏安法,循环伏安法,交流、方波、脉冲伏安法等;也从提高溶液有效利用率出发,形成了极谱催化波、配合物吸附波和溶出伏安法。

20.4.1　单扫描极谱法和循环伏安法

经典直流极谱的电位扫描速率一般较慢,为 $200\ \text{mV}\cdot\text{min}^{-1}$。若将扫描速率加快,如 $250\ \text{mV}\cdot\text{s}^{-1}$,电极表面的离子迅速还原,瞬时产生很大的极谱电流。又由于电极周围的离子来不及扩散到电极表面,使扩散层加厚,导致极谱电流迅速下降,形成峰形的极谱波。经典极谱记录的是滴汞上的平均电流值,而单扫描极谱法(single sweep polarography)是在每滴汞生长的后期,仅加上一个极化电压的锯齿波脉冲,该脉冲随时间线性增加。x 轴记录电位变化,y 轴记录电流的变化值,如图 20.5 和图 20.6 所示。

对于可逆极谱波,Randles-Sevcik(兰德雷斯-谢夫契克)推导出峰电流为

$$i_\text{p} = 2.69 \times 10^5 z^{3/2} D^{1/2} v^{1/2} m^{2/3} t_\text{p}^{1/3} c \tag{20.23}$$

其中 v 为扫描速率($\text{V}\cdot\text{s}^{-1}$),$t_\text{p}$ 为电流峰出现时间(s),c 是被测物的物质的量浓度($\text{mmol}\cdot\text{L}^{-1}$),$m$ 为滴汞流速($\text{mg}\cdot\text{s}^{-1}$),$D$ 为扩散系数($\text{cm}^2\cdot\text{s}^{-1}$),$i_\text{p}$ 以 μA 表示。

峰电位 φ_p 与直流极谱波的 $\varphi_{1/2}$ 的关系为

$$\varphi_\text{p} = \varphi_{1/2} - 1.1\frac{RT}{zF} = \varphi_{1/2} - \frac{0.028}{z} \quad (25^\circ\text{C}) \tag{20.24}$$

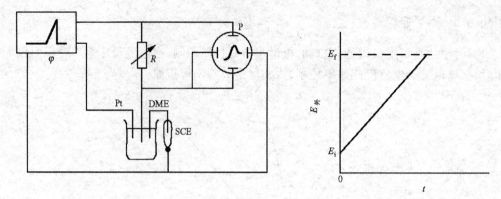

图 20.5　单扫描极谱仪的基本电路及施加电压方式

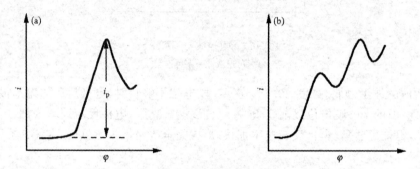

图 20.6　单扫描极谱图
(a) 一种物质；(b) 两种物质

单扫描极谱中峰电流与 $v^{1/2}$ 呈正比，扫描速率大，有利于峰电流增大，检出限可到 10^{-6} mol·L^{-1}。由于电容电流也随 v 增大，故 v 也不能太大，否则信噪比就减小。为了进一步提高分辨率，仪器设有导数装置，可以进行一阶、二阶导数测定。

如以等腰三角形脉冲电压施加于电解池两电极上，将得到如图 20.7 的极化曲线。它有上、下两部分。上部为物质氧化态还原产生的 i-φ 曲线，下部为还原产物在电压回扫过程中又重新被氧化产生的 i-φ 曲线。在一次三角形脉冲电压扫描过程中，完成一个还原和氧化过程的循环，故称为循环伏安法(cyclic voltammetry)。

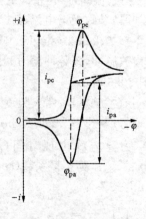

图 20.7　可逆循环伏安曲线

若反应是可逆的,则曲线上下是对称的。两峰电流之比为

$$\frac{i_{pa}}{i_{pc}} = 1 \tag{20.25}$$

阳极峰电位和阴极峰电位之差应为

$$\Delta\varphi_p = \varphi_{pa} - \varphi_{pc} = 2.2\frac{RT}{zF} = \frac{56}{z}(mV) \quad (25℃) \tag{20.26}$$

若反应不可逆,曲线上下不对称,阳、阴极峰电位之差要大于$\frac{56}{z}$mV。这可以用来判断反应的可逆性。

循环伏安法还可用来研究电极反应过程、电极吸附现象,是电化学基础理论研究的手段之一。如用对-氨基苯酚的循环伏安图(图 20.8)研究它的电化学反应产物和电化学-化学偶联的反应。

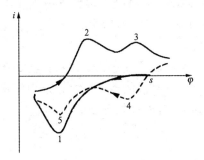

图 20.8 对-氨基苯酚的循环伏安图

开始由较负的电位(图中 s 处)沿箭头方向作阳极扫描,得到一个阳极峰 1;而后作反向阴极扫描,出现两个阴极峰 2 和 3;再作阳极扫描时,出现两个阳极峰 4 和 5(虚线)。其中峰 5 与峰 1 的位置相同。第一次阳极扫描时,电极附近溶液中只有对-氨基苯酚是电活性物质,它被氧化生成对-亚氨基苯醌,即

形成阳极峰 1。其产物有一部分在电极附近溶液中与水和氢离子发生化学反应生成苯醌。

阴极扫描时,它们被还原形成峰 2 和峰 3。

（图：苯醌还原反应式，略）

$+ 2H^+ + 2e \longrightarrow$ （峰2）,　　$+ 2H^+ + 2e \longrightarrow$ （峰3）

再一次阳极扫描时,对苯二酚被氧化为苯醌,形成峰 4,而峰 5 与峰 1 过程相同。

通过配制对苯二酚的溶液,进行循环伏安研究,证明了峰 3 和峰 4 是苯醌和对苯二酚的氧化还原过程。

20.4.2　方波伏安法

方波伏安法(square wave voltammetry)是将频率为 225～250 Hz、振幅为 10～30 mV 的方波电压叠加到直流线性扫描电压上。在方波电压改变方向前的瞬间,记录通过电解池的交流电流。

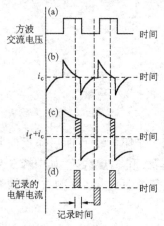

图 20.9　方波伏安法消除电容电流的原理

方波伏安法比直流极谱法灵敏度高。这是由于前者在电容电流充分衰减的情况下才记录电解电流,消除或减小了电容电流的影响,其原理如图 20.9。电容电流 i_c 随时间 t 按指数衰减,即

$$i_c = \frac{\Delta U}{R} \exp(- t/RC) \tag{20.27}$$

其中 ΔU 是方波电压振幅,C 是电极和溶液界面双电层电容,R 是包括溶液在内的整个回路的电阻。而 Faraday 电解电流 i_f 只随时间 $t^{-1/2}$ 衰减,比 i_c 要衰减得慢。因此在方波电压改变方向前的某一时刻记录伏安电流,就可以大大降低电容电流的影响,提高测定的信噪比。

方波极谱法分辨率较好,灵敏度也高,但进一步提高测定灵敏度仍有限制,一是受到毛细管噪音的影响。汞滴下落时,毛细管中汞向上回缩,溶液吸入毛细管尖端内壁,形成一层液膜。液膜的厚度和汞回缩高度对每一滴汞是不规则的,因此使体系的电流发生变化,形成噪音电流。二是施压的交流方波电压频率高,对不可逆体系灵敏度低,要求支持电解质的浓度高。

20.4.3　脉冲伏安法

脉冲极谱法(pulse voltammetry)采用在缓慢变化的直流电压上叠加一个小振幅的周期性脉冲电压,施加在滴汞电极上每一汞滴生长的末期,并在脉冲电压的后期记录电解电流。由于脉冲极谱法的脉冲持续时间比方波极谱法的要长,使电容电流和毛细管噪音电流充分衰减,提高了信噪比,使它成为极谱法中灵敏度较高的方法之一。若不是用滴汞电极作工作电极,则称为脉冲伏安法。

脉冲伏安法按施加脉冲电压和记录电解电流的方式不同,分为常规脉冲伏安法(normal pulse voltammetry, NPV)和微分脉冲伏安法(differential pulse voltammetry, DPV)。

1. 常规脉冲伏安法

它是在给定的直流电压上施加一个矩形脉冲电压。脉冲的振幅随时间逐渐增加,可在 0～2 V 间选择,脉冲宽度 τ 为 40～60 ms,两个脉冲之间的电压恢复至起始电压。在脉冲的后期测量电流,经放大记录,所得的常规脉冲伏安图呈台阶形,如图 20.10。

2. 微分脉冲伏安法

它是在线性变化的直流电压上叠加一个振幅 ΔU 为 5～100 mV、持续时间为 40～80 ms 的矩形脉冲电压。在脉冲加入前 20 ms 和终止前 20 ms 内测量电流,见图 20.11。记录的是这两次测量的电流差值。该值在直流极谱波的 $\varphi_{1/2}$ 处电流差值最大,形成峰值,其伏安图如图 20.11(c)。

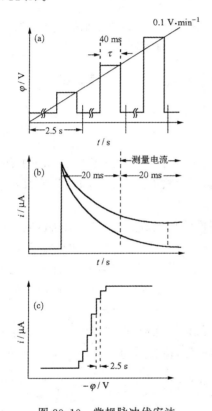

图 20.10　常规脉冲伏安法
(a) 激发信号;(b) 汞滴上电流-时间关系;
(c) 常规脉冲伏安图

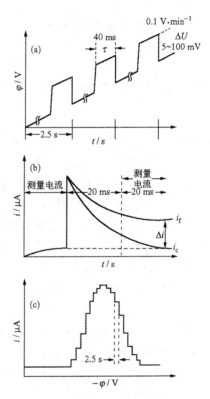

图 20.11　微分脉冲伏安法
(a) 激发信号;(b) 汞滴上电流-时间关系;
(c) 微分脉冲伏安图

20.4.4　交流伏安法

交流伏安法(alternating current voltammetry)是在线性扫描的直流电压上叠加一个几十毫伏的小振幅低频正弦电压,如图 20.12 所示,然后测量通过电解池的交流电流。

交流伏安曲线的产生如图 20.13。在直流电压未达到分解电压之前,叠加的交流电压不会使被测物质在电极上还原。当叠加交流电压在达到极限电流区域时,伏安电流已由被测物质扩散速率所控制,电流值基本恒定。当叠加交流电压在直流极谱曲线陡峭区,而正弦交流电压位于正半周时,实际加在极化电极上的电压比未叠加时更正一些;而当正弦交流电压位于负半周时,要更负一些。它们产生的还原电流比未叠加时要小些或大些。这一电流变化成分通过放大、整流、滤波被记录下来。因此交流伏安曲线呈峰形。

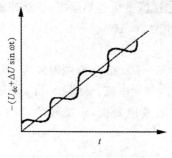

图 20.12　交流伏安法中施加
电压与时间的关系

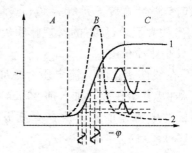

图 20.13　交流伏安曲线产生示意图
1—直流极谱图；2—交流极谱图

交流伏安曲线的峰电位 φ_p 与直流极谱波的半波电位 $\varphi_{1/2}$ 相同。峰电流为

$$i_p = \frac{z^2 F^2}{4RT} D^{1/2} A \omega^{1/2} c \Delta U \tag{20.28}$$

式中 ω 是所加交流电的角频率，ΔU 为交流电压振幅。

交流伏安法的特点是：波呈峰形，分辨能力较高，可以分辨峰电位相差 40 mV 的两个波。交流伏安法对可逆波较灵敏，氧是不可逆波，灵敏度低，氧波的干扰可不考虑。交流伏安法可用于研究电极表面吸附及双电层结构。

由于叠加了正弦交流电压，使电极表面与溶液界面的双电层迅速充放电，所以电容电流较大，限制了最低可检测浓度。为了减小电容电流的影响，开发了相敏交流伏安法。该法根据电容电流相位超前于所加交流电压相位 90°，可逆过程法拉第交流电流超前于所加交流电压相位 45°。应用相敏检测器，在对于所加交流电相角 0° 或 180° 处测量，则测量的电流中电容电流为零，完全消除了电容电流的影响。其检出限比普通交流伏安法大有改善。

在方波、微分脉冲及交流伏安法中得到的伏安曲线皆呈峰形，虽然峰电流各有其不同的表达式，但其可逆波的半峰宽（$W_{1/2}$）在一定条件下基本一致，可表示为

$$W_{1/2} = 3.52 \frac{RT}{zF} = \frac{90.4}{z} (\text{mV}) \quad (25℃) \tag{20.29}$$

利用它们的半峰宽可方便地求得反应电子数 z。

20.4.5　溶出伏安法

溶出伏安法（stripping voltammetry）是一种灵敏度很高的电化学分析方法，一般可达 $10^{-7} \sim 10^{-11}\,\text{mol} \cdot \text{L}^{-1}$。它将电化学富集与测定有机地结合在一起。溶出伏安法的操作分为两步：第一步是预电解，第二步是溶出。

(i) 预电解是在恒电位下和搅拌的溶液中进行，将痕量组分富集到电极上。时间需严格控制。富集后，让溶液静置 30 s 或 1 min，称为休止期，然后再用各种伏安法在极短时间内溶出。

(ii) 溶出时，工作电极发生氧化反应的称为阳极溶出伏安法；发生还原反应的称为阴极溶出伏安法。溶出峰电流大小与被测物质的浓度呈正比。

电解富集的电极有悬汞电极、汞膜电极和固体电极。汞膜电极面积大，同样的汞量做成厚

度为几十纳米到几百纳米的汞膜,其表面积比悬汞大,电富集效率高。凡能在固体电极(汞膜电极)上起可逆氧化还原反应的分析物或可在电极表面形成一种能再溶出的不溶物的分析物都可用溶出伏安法来测量。

图 20.14 是在盐酸介质中测定痕量铜、铅、镉的例子,先将汞电极电位固定在 -0.8 V 处电解一定时间,此时溶液中部分 Cu^{2+}、Pb^{2+}、Cd^{2+} 在电极上还原,生成汞齐。电解完毕后,使电极电位均匀由负向正移动,这时镉、铅、铜分别被氧化而产生峰电流。

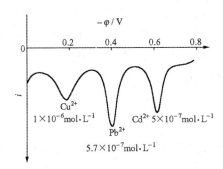

图 20.14　盐酸底液中镉、铅、铜的溶出伏安曲线

溶出伏安法除用于测定金属离子外,还可测定一些阴离子,如氯、溴、碘、硫等离子。它们能与汞生成难溶化合物,可用阴极溶出伏安法进行测定。

20.4.6　配合物吸附波

某些阴离子、阳离子或中性分子可在电极上被强烈地吸附,使其在电极表面的浓度大大高于溶液本体中的浓度。在单扫描或脉冲伏安法中,能得到较大的电解电流。这类伏安法的灵敏度也很高,可用于痕量物质的测定。

配合物吸附波(complex adsorption wave)是以配合物的形式被电极吸附,它可以测定金属离子能还原的配合物,也可测定配位体能还原的配合物。后者能用来间接测定析出电位很正或很负的一些金属离子,如金、镁、钙和稀土等离子。

配合物吸附波有 3 种主要类型:

(i) 配合物中金属离子还原:如碘离子能强烈吸附在滴汞电极上,引起配合物 CdI_2 的诱导吸附,使 Cd^{2+} 还原电流加大。

(ii) 配合物中配体的还原:Mg-铬黑 T 配合物在乙二胺介质中产生灵敏的配合物吸附波。Mg^{2+} 在通常的外加电压下是不能还原的,这里电流是由铬黑 T 的还原而产生的,它可用来测定 10^{-8} mol·L^{-1} 的镁。这类可还原的基团有偶氮基、亚硝基、酮基和醌式等结构。

(iii) 配合物中金属离子和配位体同时还原:如 Cd-卟啉配合物,它在氢氧化钾的溶液中还原电位负于 -1.0 V,这比游离 Cd^{2+} 和卟啉各自的还原电位要负几百毫伏。这时 Cd^{2+} 和卟啉两者必然一起还原。

理想的配合物吸附波要求配体是很好的疏水基团,它在电极表面有一定的吸附能力。生成的配合物的稳定性要适中,配合物形成常数 $\lg K_f$ 一般在 5~8 之间。

20.4.7　极谱催化波

极谱催化波(polarographic catalytic wave)是一种动力波。动力波是一类在电极反应过程

中受某些化学反应速率所控制的极谱波。根据化学反应的情况,可以分成 3 种类型:

(i) 化学反应先于电极反应:

$$A \underset{}{\overset{k}{\rightleftharpoons}} B$$
$$B + ze \longrightarrow C$$

(ii) 化学反应平行于电极反应:

$$A + ze \longrightarrow B$$
$$B + C \rightleftharpoons A$$

(iii) 化学反应后行于电极反应:

$$A + ze \longrightarrow B$$
$$B \overset{k}{\rightleftharpoons} C$$

常用 C 表示化学反应,E 表示电极反应。先行反应简称 CE 过程,平行反应简称 EC′ 过程,后行反应简称 EC 过程。

通常极谱催化波是平行反应过程的动力波,它可以使用普通的极谱仪器,而将测定的灵敏度大大提高。

1. 平行催化波

在电极反应进行的同时,电极周围一薄层溶液(反应层)中发生某化学反应,将电极还原的产物又氧化回来。如

$$Ox + ze \rightleftharpoons Red \qquad 电极反应$$
$$Red + Z \overset{k}{\rightleftharpoons} Ox \qquad 化学反应$$

整个电极过程受有关化学反应动力学控制。这类电流总称为动力电流,这种电极反应与化学反应平行进行,形成了循环,使催化电流比相同浓度电活性物质的扩散电流要大得多,故称平行催化波。实际上电解前后 Ox 的浓度没有变化,被消耗的是氧化剂 Z。而 Ox 相当于一个催化剂,它催化了 Z 的还原。产生的催化电流与 Ox 的浓度在一定范围内呈正比。

常用的氧化剂有 H_2O_2、$NaClO_3$ 或 $KClO_3$、$NaNO_2$ 等,如在苦杏仁酸和硫酸体系中,$NaClO_3$ 和 Mo(Ⅵ)产生一个灵敏的催化波。

$$Mo(Ⅵ) + e \longrightarrow Mo(V)$$
$$6Mo(V) + ClO_3^- + 6H^+ \overset{k}{\rightleftharpoons} 6Mo(Ⅵ) + Cl^- + 3H_2O$$

灵敏度可达 6×10^{-10} mol·L^{-1}。

催化电流的大小,主要取决于化学反应的速率常数 k 值。k 越大,化学反应的速率越快,催化电流越大,方法的灵敏度就越高。催化电流与汞柱高无关,其温度系数取决于化学反应速率常数的温度系数,一般为 $+4\%\sim +5\%$。

2. 氢催化波

氢在汞上有很高的过电位,某些物质在酸性缓冲溶液中能降低氢的过电位,使 H^+ 在比正

常氢波较正的电位上还原,产生氢催化波。根据产生的机理不同,可以分成两类:

(1) 铂族元素的氢催化波

在稀酸溶液中 Pt(Ⅳ) 在汞滴上还原不形成汞齐,而还原形成具有催化活性的铂原子,聚集在滴汞的表面,降低了 H^+ 还原的过电位。如在 $0.1\ mol \cdot L^{-1}$ HCl 溶液中,氢在 $-1.25\ V$ 处开始起波。若溶液中有 $5 \times 10^{-8}\ mol \cdot L^{-1}$ Pt(Ⅳ) 时,在 $-1.05\ V$ 处出现一个氢催化波。该波随铂的浓度增加而增强,可用于测定痕量的铂。

铂族元素中除钯、锇外,痕量的钌、铑、铱也都能产生氢催化波。

(2) 有机化合物或金属配合物的催化波

某些含氮和含硫的有机化合物或它们的金属配合物分子中含有可质子化的基团。这些化合物能与溶液中的质子给予体相互作用,形成质子化产物,吸附到电极表面,发生 H^+ 的还原。电极反应的产物再次质子化,形成一个 H^+ 还原的催化循环,产生氢催化电流。

$$B + DH^+ \Longrightarrow BH^+ + D \qquad 质子化反应$$

$$BH^+ + e \longrightarrow B + \frac{1}{2}H_2 \qquad 电极反应$$

它与平行催化波不同,这类催化剂本身不参加电极反应。这类氢催化波常用来测定氨基酸、蛋白质。如在含有钴(Ⅱ)盐的氨性缓冲溶液中,具有 —SH 的半胱氨酸及胱氨酸均能产生氢催化波。催化电流与胱氨酸及钴的浓度有关,可用来测定胰岛素、尿、脑脊髓液、血清中的胱氨酸及蛋白质,以及用于医疗诊断。

20.4.8 计时分析法

1. 计时电位法

通常的伏安法是控制电解池中工作电极的电位,使它按规定的方式变化,记录电流随电位变化的曲线。计时电位法(chronopotentiometry)是控制流过工作电极的电流(通常为一恒定值),记录工作电极电位与时间变化曲线的方法。

当强度一定的恒电流 i 通过电解池时,工作电极的电位 φ 会随电解进行的时间 t 而变化,可测得 φ-t 曲线。如在含有过量的支持电解质和静止的溶液中进行电解时,Cd^{2+} 在汞电极上还原为镉汞齐,可逆的电极反应为

$$Cd^{2+} + 2e + Hg \Longrightarrow Cd(Hg)$$

25℃时,电极电位为

$$\varphi = \varphi^{\ominus} + \frac{0.059}{2}\lg\frac{[Cd^{2+}]}{[Cd(Hg)]} \tag{20.30}$$

其值由电极表面 $\frac{[Cd^{2+}]}{[Cd(Hg)]}$ 的比率决定。由于电极反应中,电极表面 Cd^{2+} 的浓度逐渐减小,Cd^{2+} 的补充又受到扩散的控制,汞齐中镉的浓度不断增大,汞电极的电位逐渐变负。当电极表面的 Cd^{2+} 耗尽时,电极电位很快向负的方向移动,直至另一物质在电极上还原时电位的变化速率才减慢。φ 随 t 的变化曲线如图 20.15 所示。AB 间隔所代表的时间称为过渡时间 τ。不论电极反应是否可逆,i 与 τ,c_0(本体浓度)之间的关系为

$$\tau^{1/2} = \frac{zFA(\pi D_O)^{1/2}c_O}{2i} \tag{20.31}$$

$\tau^{1/2}$ 与 c_O 呈正比,这是计时电位法定量分析的基础。

对可逆电极过程,$\varphi\text{-}t$ 曲线可表示成

$$\varphi = \varphi_{1/2} + \frac{RT}{zF}\ln\frac{\tau^{1/2} - t^{1/2}}{t^{1/2}} \qquad (20.32)$$

从式(20.32)可见,计时电位法的 $\varphi\text{-}t$ 曲线方程式与直流极谱法中极谱波方程式类似,只需将直流极谱波方程中 i_d 换成 $\tau^{1/2}$ 即可得到。若将 $\lg\dfrac{\tau^{1/2}-t^{1/2}}{t^{1/2}}$ 对 φ 作图,也得到一直线,其斜率为 $zF/2.303RT$。它可用来检验电极反应的可逆性。当 $t=\tau/4$ 时,

$$\varphi_{\tau/4} = \varphi_{1/2} \qquad (20.33)$$

式(20.33)是计时电位法进行定性分析的基础。

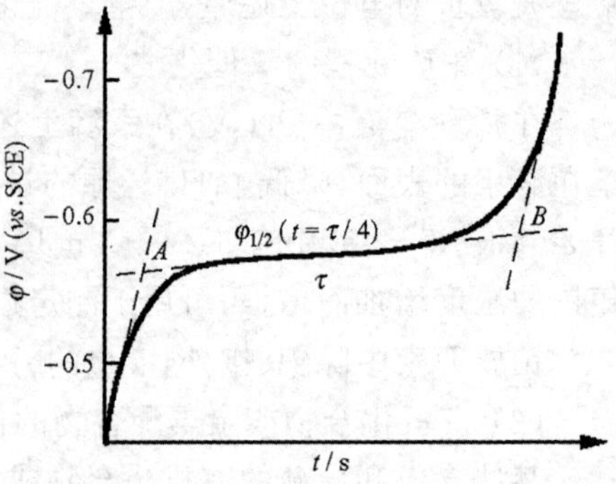

图 20.15 电解 Cd^{2+} 的
计时电位曲线

2. 计时电流法和计时电量法

计时电流法(chronoamperometry)是一种控制电极电位的分析方法。极谱法和伏安法都是属于控制电极电位的方法,它们记录电流与电位关系。在进行这些问题的理论处理时,首先考虑的是一滴汞寿命期间的 $i\text{-}t$ 曲线,当给工作电极一个阶跃电位时,其波形如图 20.16 所示。

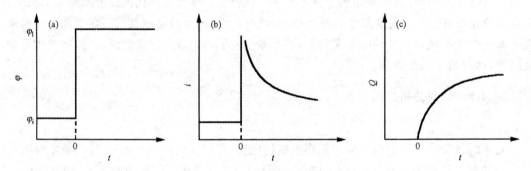

图 20.16 计时电流法和计时电量法
(a) $\varphi\text{-}t$ 曲线;(b) $i\text{-}t$ 曲线;(c) $Q\text{-}t$ 曲线

如电位阶跃已达到产生极限扩散电流时,电流可用 Cottrell 方程式表示:

$$(i_t)_1 = \frac{zFAD_O^{1/2}c_O}{(\pi t)^{1/2}} \qquad (20.34)$$

如电位阶跃未达到极限电流时,则

$$i_t = \frac{zFAD_O^{1/2}(c_O - c_O^s)}{(\pi t)^{1/2}} \qquad (20.35)$$

式中 c_O^s 是电极表面的浓度。一般阶跃前的电位足够正,在这一电位没有还原发生。如对极限电流积分,则可得

$$Q = \int_0^t i_t\mathrm{d}t = \frac{2zFAD_O^{1/2}t^{1/2}c_O}{\pi^{1/2}} \qquad (20.36)$$

$i\text{-}t$,$Q\text{-}t$ 的曲线如图 20.16(b)和(c)所示,分别为计时电流法和计时电量法(chronocoulometry)。计时电量法又称计时库仑法。

近年来,计时电流法已被计时电量法所代替,后者可作为电极过程动力学的研究方法来测定电子转移数 z、电极的实际面积 A 及物质的扩散系数 D_O 等,在研究电活性物质的吸附作用

时,计时电量法也特别有用。

单阶跃的计时电量法是在电极上加上一个从还原波前的电位到还原波峰后的电位的阶跃,它会产生 Faraday 电流 i_f 和电容电流 i_c:

$$i = i_f + i_c = \frac{zFAD_O^{1/2}c_O}{(\pi t)^{1/2}} + i_c \tag{20.37}$$

将上式积分,得

$$Q = \frac{2zFAD_O^{1/2}t^{1/2}c_O}{\pi^{1/2}} + Q_{dl} = kt^{1/2} + Q_{dl} \tag{20.38}$$

其中 Q_{dl} 为对双电层充电的电量,$k = \frac{2zFAD_O^{1/2}c_O}{\pi^{1/2}}$。

如反应物有吸附作用时,则总电量还包括吸附反应物还原所需的电量 Q_{ads},即

$$Q = kt^{1/2} + Q_{dl} + Q_{ads} \tag{20.39}$$

其中 $Q_{ads} = zFA\Gamma$,Γ 为吸附量。

该实验可以如下设计:先在没有反应物的溶液中作计时电量法测量,得到 Q-$t^{1/2}$ 图为一直线,如图 20.17(a) 所示;然后做有反应物存在时的计时电量法实验,如反应物不吸附,得图 20.17 中直线(b)。该直线在电量轴上的截距应与没有反应物时的直线截距一样。如反应物吸附,则得图 20.17 中直线(c),其直线的截距要比空白的大,两个截距之差为 Q_{ads},由它可求得 Γ;从(b),(c)的直线斜率 k 中可求 z,A,D_O。

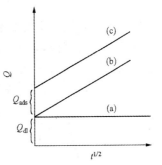

图 20.17 单阶跃计时
电量法 Q-t 图

(a) 空白溶液;

(b) 溶液含不吸附反应物;

(c) 溶液含吸附反应物

在单电位价跃计时电量法中,是假设充电电量 Q_{dl} 与电极电位和吸附无关。但实际上电极电位和吸附对 Q_{dl} 是有影响的。于是,产生了双电位阶跃法。

双阶跃法是将电极电位从起始电位 φ_1 变到第二个电位 φ_2(第一个阶跃),保持一定时间 τ 后又回到起始电位 φ_1(第二个阶跃)。这时电流和电量的变化如图 20.18 所示。第一个电位阶跃时,电流不断衰减,而电量不断增加;第二个电位阶跃时,是反向阶跃,故电流方向相反,电量不断降低。

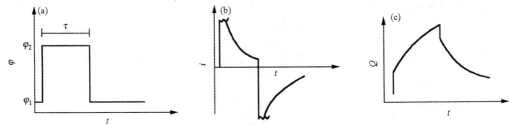

图 20.18 双阶跃计时电流法和计时电量法
(a) 双阶跃 φ-t 曲线;(b) i-t 曲线;(c) Q-t 曲线

双阶跃法电位的阶跃从 φ_1 开始又回到 φ_1,电极电容的电量是不变的,即 Q_{dl} 是一样的,这样就消除了电极电位和吸附对 Q_{dl} 的影响。

类似于单阶跃法,将第一阶跃和第二阶跃的电量 Q' 和 Q'' 对 $t^{1/2}$ 作图,均得直线,如图 20.19 所示。如反应物不吸附,则所得两直线具有绝对值相同的截距和斜率;如反应物吸附,则

两直线的截距不同,其差值可用于计算反应物的吸附量。

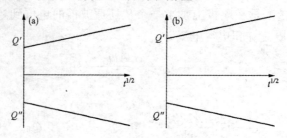

图 20.19　双阶跃计时电量法电量-时间图

(a) 反应物不吸附;(b) 反应物吸附

20.5　应　　用

在所有伏安法中伏安电流与浓度呈正比是伏安法定量分析的基础。伏安分析把电解池内的溶液体系称为底液,它包括支持电解质、极大抑制剂、除氧剂以及为消除干扰和改善极谱波所需加入的试剂,如 pH 缓冲剂、配合剂等。定量分析首先要选择好底液。极谱波的波高代表扩散电流的大小,它可以用作图的方法来测量。

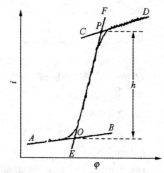

图 20.20　三切线法测量波高

图 20.20 所示的方法称为三切线法。定量方法可采用校准曲线法或标准加入法。

(1) 校准曲线法

配制一系列含不同浓度的被测离子的标准溶液,在相同的实验条件下(底液条件、滴汞电极、汞柱高度)绘制极谱波;以波高对浓度作图得一通过原点的校准曲线。在上述条件下测定未知液的波高,从校准曲线上查得试液的浓度。

(2) 标准加入法

先测得试液体积为 V_x 的被测物质的极谱波的波高 h,再在电解池中加入浓度为 c_s、体积为 V_s 的被测物的标准溶液,在同样实验条件下测得波高 H。则

$$h = kc_x$$

$$H = k\frac{V_xc_x + V_sc_s}{V_x + V_s}$$

消去比例系数 k,则可求得 c_x:

$$c_x = \frac{c_sV_sh}{H(V_x + V_s) - hV_x} \tag{20.40}$$

伏安法广泛用于测定无机物和有机化合物。

(i) 周期表中有许多元素可以用极谱法来测定。常用伏安法分析的元素有 Cr、Mn、Fe、Co、Ni、Cu、Zn、Cd、In、Tl、Sn、Pb、As、Sb、Bi 等。这些元素易于测定,其还原电位分布在 0～－1.6 V 的范围内,往往可以同时得到若干元素的伏安峰,如在氨性溶液中,Cu、Cd、Ni、Zn、Mn 可同时测定。

碱金属和碱土金属,它们的还原电位相当负,因此很难进行伏安分析,它们的盐类如 KCl、

NaCl、Na_2SO_4,常常用做支持电解质。

无机伏安分析主要用于测定纯金属中微量的杂质元素,合金中的各金属成分,矿石中的金属元素,工业制品、药物、食品中的金属元素,及动植物体内或海水中的微量及痕量金属元素。

(ii) 伏安分析法对有机化合物、高分子化合物、药物和农药等分析也非常有用。许多有机化合物可在电极上还原,如共轭不饱和化合物、羰基化合物、有机卤化物、含氮化合物、亚硝基化合物、偶氮化合物、含硫化合物。在药物分析方面有各种抗生素、维生素、激素、生物碱、磺胺类、呋喃类和异烟肼等。在农药化工方面有六六六、DDT、敌百虫和某些硫磷类农药。在高分子化工方面可用于测定氯乙烯、苯乙烯、丙烯腈等单体。

有机化合物常常不溶于水,可以用各种醇或它们与水的混合物作溶剂,加入适量的锂盐或有机季铵盐作为支持电解质。

(iii) 伏安法除可作定量测定外,还可测定配合物离子的离解常数和配位数。从 Ilkovič 方程可以测定金属离子在溶液中的扩散系数。

(iv) 伏安法广泛用于电极过程动力学及复杂电极反应过程的研究,可进行各种动力学参数的测定,如 z,A,D,φ 及电极反应速率常数等;同时还可用于判断电极反应是单步反应,还是多步反应,或是偶联(伴随)化学反应等。

(v) 伏安法可用于研究电极上的吸附现象及双电层结构,还用于测定单分子吸附面积等。

(vi) 伏安法还广泛用于生命科学,如活体研究、免疫分析、DNA 及蛋白质检测等。

参 考 文 献

[1] 高小霞等. 电分析化学导论. 北京:科学出版社,1986

[2] A. J. Bard, L. R. Faulkner. *Electrochemical Methods*. New York:Wiley-Interscience,1980

[3] 汪尔康. 21 世纪的分析化学. 北京:科学出版社,1999

[4] 李启隆. 电分析化学. 北京:北京师范大学出版社,1995

[5] 高鸿,张祖训. 极谱电流理论. 北京:科学出版社,1986

思考题与习题

20.1 极谱分析是特殊情况下的电解,请问特殊性是指什么?

20.2 Ilkovič 方程式的数学表达式是什么? 各项的意义是什么?

20.3 什么是极谱分析的底液? 它的组成是什么? 各自的作用是什么?

20.4 $\varphi_{1/2}$ 的含义? 它有什么特点? 它有什么用途?

20.5 如何通过配合物极谱波方程求配合物的 z,p,K?

20.6 经典直流极谱的局限性是什么? 单扫描极谱、交流极谱、方波极谱和脉冲极谱在这方面有什么改进?

20.7 极谱催化波有哪几种类型? 各类催化波产生的过程有何不同?

20.8 溶出伏安法的原理和特点是什么?

20.9 在 $0.1\ mol \cdot L^{-1}$ KCl 溶液中 Pb^{2+} 的浓度为 $2.0 \times 10^{-3}\ mol \cdot L^{-1}$,极谱分析时得到 Pb^{2+} 的扩散电流为 $20.0\ \mu A$,所用毛细管的 $m^{2/3} \cdot t^{1/6}$ 为 $2.50\ mg^{2/3} \cdot s^{1/6}$。若铅离子还原成金属状态,计算离子在此介质中的扩散系数。

20.10 在稀的水溶液中氧的扩散系数为 $2.6 \times 10^{-5}\ cm^2 \cdot s^{-1}$。在 $0.01\ mol \cdot L^{-1}$ KNO_3 溶液中氧的浓度为 $2.5 \times 10^{-4}\ mol \cdot L^{-1}$,在 $\varphi_{d.c} = -1.50\ V (vs.\ SCE)$ 处所得扩散电流为 $5.8\ \mu A$,m 及 t 分别为 $1.85\ mg \cdot s^{-1}$ 及 $4.09\ s$。在此条件下,氧被还原成什么状态?

20.11 由某一溶液所得到的铅的极谱波,当 m 为 $2.50\ mg \cdot s^{-1}$ 及 t 为 $3.40\ s$ 时扩散电流为 $6.70\ \mu A$。调整毛

细管上的汞柱高度使 t 变成 $4.00\ s$。在此新条件下，铅波的扩散电流是多少？

20.12 在 $0.1\ mol \cdot L^{-1}$ $NaClO_4$ 中锌的半波电位为 $-0.998\ V$ ($vs.\ SCE$)。当加入 $0.04\ mol \cdot L^{-1}$ 乙二胺后 $\varphi_{1/2}$ 移到 $-1.309\ V$，而在 $0.1\ mol \cdot L^{-1}$ $NaClO_4$ 和 $1.96\ mol \cdot L^{-1}$ 乙二胺溶液中锌的 $\varphi_{1/2}$ 为 $-1.45\ V$。问锌与乙二胺配位化合物的化学式和解离常数是多少？

20.13 用标准加入法测定铅，获得如下数据（见下表）。试计算样品溶液中铅的含量（$mg \cdot L^{-1}$）。

溶　　液	在 $-0.65\ V$ 测得电流
$25.0\ mL$ $0.40\ mol \cdot L^{-1}$ KNO_3 溶液，稀释至 $50.0\ mL$	$12.4\ \mu A$
$25.0\ mL$ $0.40\ mol \cdot L^{-1}$ 及 $10.0\ mL$ 样品溶液，稀释至 $50.0\ mL$	$58.9\ \mu A$
$25.0\ mL$ $0.40\ mol \cdot L^{-1}$ $KNO_3 + 10.0\ mL$ 样品溶液 $+5.0\ mL$ $1.7 \times 10^{-3}\ mol \cdot L^{-1}$ Pb^{2+} 溶液，稀释至 $50.0\ mL$	$81.5\ \mu A$

20.14 已知：$z=1$，$m=1.20\ mg \cdot s^{-1}$，$t=3.00\ s$，$D=1.31 \times 10^{-5}\ cm^2 \cdot s^{-1}$，开始浓度为 $2.30\ mmol \cdot L^{-1}$，溶液体积为 $15.0\ mL$。假设在电解过程中扩散电流强度不变。根据 Ilkovič 方程式，计算在极谱电解进行 $1\ h$ 后，溶液中被测离子浓度降低的百分数。

第 21 章　电分析化学新方法和新技术

随着科学的发展,近年来电分析化学取得了长足的进展。在方法上,不断追求高灵敏度和高选择性;在研究手段上,从宏观向介观到微观尺度迈进;在技术上,随着表面科学、纳米技术和物理谱学的兴起,实现了原位(*in situ*)、实时(real time)、在线(on line)和活体(*in vivo*)分析;在应用上,越来越侧重于生命科学领域中的某些基本过程和分子识别的研究。本章将对近年来电分析化学取得的一些新进展进行简单的介绍。

21.1　化学修饰电极

在电分析化学中,使用较普遍的电极如汞、铂、金和碳等,它们长期以来仅仅为电化学反应提供一个得失电子的场所,但很多离子在电极上电子转移的速率较慢。化学修饰电极(chemical modified electrode,CME)是利用化学和物理的方法,将具有优良化学性质的分子、离子、聚合物固定在电极表面,从而改变或改善电极原有的性质,实现电极的功能设计。在电极上可以进行某些预定的、有选择性的反应,并提供更快的电子转移速度。

1973 年 Lane(莱恩)和 Hubbard(哈伯德)将各类烯烃吸附到铂电极的表面,用以结合多种氧化还原体。这项开拓性研究促进了化学修饰电极的问世。

化学修饰电极的基底材料主要是碳(石墨、热解石墨和玻碳)、贵金属和半导体。这些固体电极在修饰之前必须进行表面的清洁处理。用金刚砂纸、$\alpha\text{-Al}_2\text{O}_3$ 粉末在粒度降低的顺序下机械研磨、抛光,再在超声水浴中清洗,得到一个平滑光洁的、新鲜的电极表面。

21.1.1　化学修饰电极制备方法

化学修饰电极按修饰的方法不同可分成共价键合型、吸附型和聚合物型 3 种。

1. 共价键合型修饰电极

这类电极是将被修饰的分子通过共价键的连接方式结合到电极表面。修饰的一般步骤为:电极表面经过预处理(氧化、还原等)后引入键合基,然后再通过键合反应接上功能团。这类电极较稳定,寿命长。电极材料有碳电极、金属和金属氧化物电极。

Anson(安森)将磨光的碳电极在高温下与 O_2 作用,形成较多的含氧基团,如羟基、羧基、酸酐等。然后用 $SOCl_2$ 跟这些含氧基团作用,形成化合物(I)。它再与需要接上去的物质(II)反应,通过胺键把吡啶基接到电极表面,再用电活性物质 $[(NH_3)_5RuH_2O]^{2+}$ 与吡啶基配合,得到活性的电极表面(图 21.1)。

金属和金属氧化物电极的表面一般有较多的羟基(—OH),它可以被用来进行有机硅烷化,引入—NH_2 等活性基团,然后再结合上电活性的官能团。

Murray(默里)在 Pt 电极表面,利用—OH 与硅烷试剂乙二胺烷氧基硅烷的作用生成伯胺基。它能与含羧基或酸性氯化物的化合物反应,将电活性物质键合到电极表面(图 21.2)。其中 DCC 是双环己基二亚胺,它是生成酰胺键的促进剂。

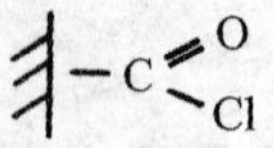

（Ⅰ） 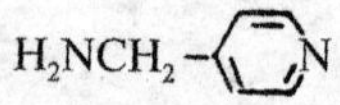　　　　　　　　　　　　　（Ⅱ）

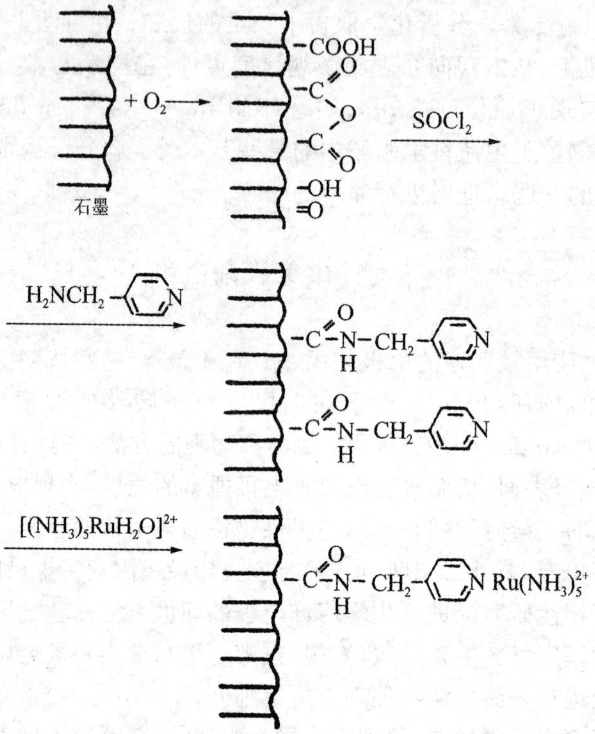

图 21.1　用 SOCl₂ 的分子键合过程

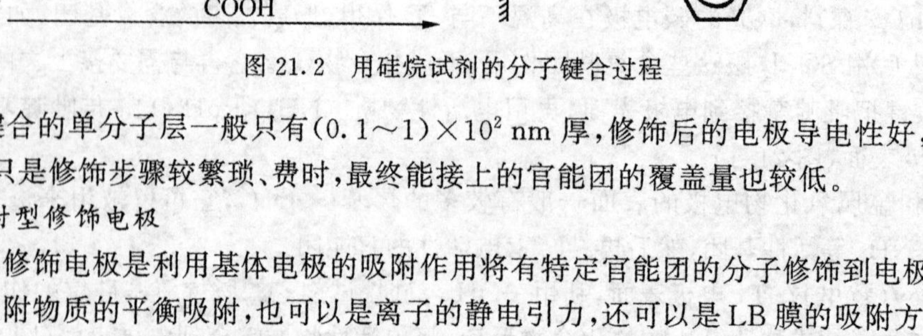

图 21.2　用硅烷试剂的分子键合过程

　　共价键合的单分子层一般只有 $(0.1\sim1)\times10^2$ nm 厚，修饰后的电极导电性好，官能团连接较牢固，只是修饰步骤较繁琐、费时，最终能接上的官能团的覆盖量也较低。

　　2. 吸附型修饰电极

　　吸附型修饰电极是利用基体电极的吸附作用将有特定官能团的分子修饰到电极表面。它可以是强吸附物质的平衡吸附，也可以是离子的静电引力，还可以是 LB 膜的吸附方式。LB 膜（Langmuir-Blodgett（兰格缪尔-布鲁杰特）膜）的吸附是将不溶于水的表面活性物质在水面上铺展成单分子膜后,其亲水基伸向水相,而疏水基伸向气相。当该膜与电极接触时,若电极表面是亲水性的,则表面活性物质的亲水基向电极表面排列,从而得到高度有序排列的分子。

吸附型修饰电极的修饰物通常为含有不饱和键,特别是苯环等共轭双键结构的有机试剂和聚合物,因其 π 电子能与电极表面交叠、共享而被吸附。硫醇、二硫化物和硫化物能借硫原子与金的作用在金电极表面形成有序的单分子膜,称为自组装膜(self assembling membranes, SAMs)。

自组膜是分子通过化学键相互作用自发吸附在固液或气液界面,形成热力学稳定的能量最低有序膜,已有多种类型,其中以烷基硫醇在金上的自组膜最典型并被广泛应用。SAMs 的主要特征是具有组织有序、定向、密集和完好的单分子层或多分子层,而且十分稳定,它具有明晰的微结构,为电化学研究提供了一个重要的实验场所,借此可探测在电极表面上分子微结构和宏观电化学响应之间的关系,SAMs 将在研究界面电子转移、催化(包括生物催化)和分子识别以及构建第三代生物传感器方面具有开拓性意义。

长程电子转移在许多生物过程中起着至关重要的作用,已报道利用二茂铁长链硫醇在金电极表面形成自组膜,藉以研究电子的界面转移动力学首次获得成功,具有电活性基末端的长链硫醇在金电极上的自组膜,将是长程电子转移研究的重点。

应用 SAMs 进行分子识别的研究是一项具有创新性的课题,借 SAMs 对离子或分子的识别(对分子大小,形状配合,与 pH 相关的静电作用,离子键、氢键的作用,选择性结合以及生物大分子的特异性结合等)和在电极上产生选择性响应来进行生物电化学和电分析化学研究已引起人们的注意。例如,以 $[Fe(CN)_6]^{3-/4-}$ 为电化学探针,在谷胱甘肽 SAMs 金电极上研究稀土离子效应,再如,利用硫醇 SAMs 对不同离子的极性、渗透性和传输性的差异来提高测定的选择性等。

被吸附修饰的试剂很多是配合剂,它对溶液中的组分可进行选择性的富集,这大大提高了测定的灵敏度。如玻碳电极修饰 8-羟基喹啉后可用于 Tl^+ 的测定。修饰物也能对某些反应起催化作用,如 Anson 将双面钴卟啉吸附于石墨电极表面,它能在酸性溶液中催化还原 O_2 为 H_2O。自组装膜能组成有序、定向、密集、完好的单分子或多分子层,为研究电极表面分子微结构和宏观电化学响应提供了一个很好的实验场所。

3. 聚合物型修饰电极

这种电极的聚合层可通过电化学聚合、有机硅烷缩合、等离子体聚合连接而成。

电化学聚合是将单体在电极上电解氧化或还原,产生正离子自由基或负离子自由基,它们再进行缩合反应制成薄膜。

有机硅烷缩合是利用有机硅烷化试剂易水解的性质,发生水解聚合生成分子层。

等离子体聚合是将单聚体的蒸气引入等离子体反应器中进行等离子放电,引发聚合反应,在基体上形成聚合物膜。

除以上方法外,将聚合物稀溶液浸涂电极,或滴加到电极表面,待溶剂挥发后也可制得聚合物膜。该法常用于离子交换型聚合物修饰电极的制备。

21.1.2　碳纳米管修饰电极及纳米传感器

碳纳米管(carbon nanotube)自 1991 年被发现以来,因其独特的力学、电子特性及化学稳定性,立即成为世界范围内的研究热点之一。它是最富特征的一维纳米材料,其长度为微米级,直径为纳米级,具有极高的纵横比和超强的力学性能。它可以认为是石墨管状晶体,是单层或多层石墨片围绕中心按照一定的螺旋角卷曲而成的无缝纳米级管,每层纳米管是一个由碳原子通过 sp^2 杂化与周围 3 个碳原子完全键合后所构成的六边形平面所组成的圆柱面。碳纳米管分为多壁碳纳米管(MWNT)和单壁碳纳米管(SWNT)两种。多壁碳纳米管是由石墨层状结构卷曲而成的同心且封闭的石墨管,直径一般为 $2\sim25$ nm。单壁碳纳米管是由单层石墨层状结构卷曲而成的无缝管,直径为 $1\sim2$ nm。单壁碳纳米管常常排列成束,一束中含有几十到几百根碳纳米管相互平行地聚集在一起。

碳纳米管是由石墨演化而来的,因而仍有大量离域的电子沿管壁游动,在电化学反应中对电子传递有良好的促进作用。用碳纳米管去修饰电极,可以提高对反应物的选择性,从而制成电化学传感器。利用碳纳米管对气体吸附的选择性和碳纳米管良好的导电性,可以做成气体传感器。不同温度下吸附微量氧气可以改变碳纳米管的导电性,甚至在金属和半导体之间转换。

将碳纳米管修饰到扫描隧道电子显微镜(STM)的针尖上可制成新型的电子探针,它可观察到原子缝隙底部的情况,用这种工具可以得到分辨率极高的生物大分子图像。如果在多壁碳纳米管的另一端修饰不同的基团,这些基团可以用来识别一些特种原子,这就使得用 STM 从表征一般的微区形貌上升到实际的分子。如果在探头针尖上装上一个阵列基团,完全能够对整个表面的分子进行识别,这对于研究生物薄膜、细胞结构和疾病诊断等是非常有意义的。

21.1.3　化学修饰电极在电分析化学中的应用

1. 化学修饰电极可以提高分析的灵敏度

柄山正树等在玻碳电极上分别以共价键合修饰了亚胺二乙酸(IDA)、乙二胺四乙酸(EDTA)和 3,6-二氧环辛基-1,8-乙氨基-N,N,N′,N′-四乙酸(GEDTA)。这类修饰电极用于循环伏安法测定 Ag(Ⅰ),可以大大提高分析的灵敏度(见表 21.1)。

表 21.1　不同电极测定 Ag(Ⅰ)的结果

电极	$i_{p,a}/\mu A$	$\varphi_{p,a}/V$	峰面积/cm²
GC	0.08	0.220	0.120
GC/IDA	3.30	0.300	3.96
GC/EDTA	2.60	0.320	2.61
GC/GEDTA	3.5	0.300	4.29

2. 利用修饰电极制成各种电化学传感器

Iamiello 和 Yacynych 将 L-氨基氧化酶(LAAO)共价键合在玻碳电极表面形成化学修饰的酶电极。它可作为 L-氨基酸的电位传感器。电极对 L-苯基丙氨酸、L-蛋氨酸、L-亮氨酸在 $10^{-2}\sim10^{-5}$ mol·L^{-1} 的范围有线性的响应。

Heineman 等提出用电化学聚合聚 1,2-二氨基苯修饰铂电极,由于聚合物中胺键的质子化,可以形成 pH 传感器。在 pH $4\sim10$ 之间,呈 Nernst 响应,斜率为 53 mV。

3. 修饰电极的催化作用

董绍俊等制备了聚乙烯二茂铁(Fc)修饰电极,对水溶液中的抗坏血酸(AH₂)在较宽的 pH 和浓度范围内有良好的催化作用:

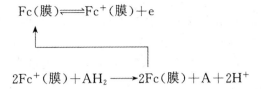

这是平行催化过程,如此循环,电极电流大大增加,提高了测定 AH_2 的灵敏度。

21.2 超微电极

当今,许多科学领域的研究对象正在不断地由宏观转向微观,生物体的研究中常以细胞作为研究对象。分析工作者必须寻求高灵敏度和高选择性的微型、快速的测试工具。它们要不损坏组织,又不会因电解而破坏测定体系的平衡。超微电极(ultramicroelectrode)因此而产生,成为电分析化学发展的一个方面。

超微电极有时又简称微电极,区别于滴汞等微电极,它的直径在 $100\ \mu m$ 以下,其大小已小于常规电极扩散层的厚度。

微电极的种类很多,按其材料不同,可分为微铂、金、汞电极和碳纤维电极;按其形状不同,可分为微盘电极、微环电极、微球电极和组合式微电极。组合式微电极由众多的微电极组合而成,具有微电极的特征,总的电流又比较大。经常使用的 Pt、Au、碳纤维微电极是将这些材料的极细的微丝封入玻璃毛细管中,然后抛光露出盘形端面而制成。

21.2.1 超微电极的基本特征

1. 具有极小的电极半径

一般情况下它的半径在 $50\ \mu m$ 以下,最小已制成半径为纳米级的超微电极。这么小的半径,在对生物活体测试研究过程中,可以插入单个细胞而不使其受损,并且不破坏体内原有的平衡。它可成为研究神经系统中传导机理、生物体循环和器官功能跟踪检测的很好手段。

2. 具有很强的边缘效应

微电极表面扩散呈球型,在很短的时间内电极表面就建立起稳态的扩散平衡。因此用微电极可以研究快速的电荷转移或化学反应,以及对短寿命物质的监测。

球型电极的非稳态扩散过程的还原电流为

$$i = 4\pi z F D r c_0 \left(1 + \frac{r}{\sqrt{\pi Dt}}\right) \tag{21.1}$$

式中,c_0 为氧化态物质在溶液中的浓度,r 为微球电极的半径,D 是扩散系数。

扩散电流 i 为时间 t 的函数。i 随 t 的增加而减小,$t\to\infty$ 时,i 达到稳定。对于微电极来说,r 很小,在很短的时间内就能满足 $\sqrt{\pi Dt}\gg r$,此时第二项可忽略不计,则得

$$i = 4\pi z F D r c_0 \tag{21.2}$$

这时电流为稳态电流。因此,用微电极得到的 $i\text{-}\varphi$ 曲线呈 S 形,而不呈峰形。

3. 具有很小的双电层充电电流

由于微电极面积极小,而电极的双电层电容又正比于电极面积,因而微电极上的充电电容非常低,这大大提高了响应速度和信噪比,提高了检测灵敏度。

4. 具有很小的 iR 降

由于微电极的面积很小,相应电流的绝对值也很小,因此,电解池的 iR 降就非常小,可以忽略不计。这样,在电阻较高的溶液中进行测量时,如在有机溶剂和未加支持电解质的水溶液中,也可用简单的双电极体系代替为消除 iR 降而设计的三电极体系,同时又避免了因支持电解质的加入而带来的污染。

21.2.2 超微电极的应用

在生物电化学方面,微电极不会损坏组织或不因电解破坏测定体系的平衡被充分得到利用。现已用来测量脑神经组织中多巴胺及儿茶胺等物质浓度的变化。通过铂微电极测定血清中抗坏血酸,确定生物器官的循环障碍。用微型碳纤维电极植入动物体内进行活体组织的连续测定,如对 O_2 的连续测定时间可达一个月之久。

超微电极的特色使它在分析化学方面可用于微小的区域、生物活体,以及有机试剂或高阻的电化学体系。微电极能很快得到稳定的电流,使它可用于快速电极反应的研究、测定反应速率常数和电沉积的机理。

21.3 光谱电化学

光谱电化学(spectroelectrochemistry)是 1960 年由美国著名电化学家 Adams(亚当斯)提出设想,1964 年由其研究生 Kuwana 实现的一种新的技术。Kuwana 在进行邻苯二胺衍生物电氧化研究时,看到伴随电极反应有颜色的变化,就将光谱技术与电化学方法结合起来,在一个电解池内同时进行测量。

一般用电化学产生激发信号,以光谱技术监测物质的变化,该法充分利用了电化学方法容易控制物质状态、能定量产生试剂和光谱方法有利于识别物质的特点。

21.3.1 光谱电化学的实验

光谱电化学的实验在一个特殊的薄层电解池中进行,其结构如图 21.3。光谱电化学使用光透电极(optically transparent electrode,OTE),它要求有很好的透光性,且电阻值低。电极通常分为薄膜电极和微栅电极两类。

薄膜电极是将导电材料 SnO_2、In_2O_3、Au、Pt 等涂或镀到透明体(玻璃或石英)上,电极的膜越薄,透光性越好,但导电性较差。

微栅电极是由金属丝编制成网状而成(如 400 条·cm^{-1} 金丝)。光可以从电极中大量的细小网孔中通过。微栅电极经一定时间的电解后,其扩散层厚度比小孔的尺寸要大得多,整个电极可看做平板电极。

图 21.3 是夹心式金网栅薄层电池,被测溶液从贮液器吸入到薄层电池的顶端。金网栅电极所覆盖的溶液体积只有 40 μL 左右,液层厚度约为 0.2 mm。电解很短的时间,就能观察到物质明显的变化。

实现光谱电化学研究的关键技术之一是如何制得合格的电解池。如光透薄层光谱电化学池在设计上应主要考虑阻抗效应和边缘效应;整体式全玻璃(或石英)电解池结构,不用粘合剂,对水和有机体系都适合,有实用价值;红外光谱电化学池研制的难点在于溶剂水对信号的

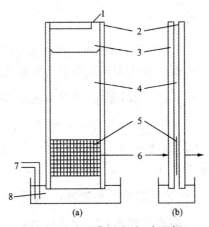

图 21.3　光透薄层电池（金网栅）

(a) 正视图；(b) 侧视图

1—吸液口；2—胶粘剂；3—玻璃；4—溶液；5—金网栅；6—入射光；7—参比和辅助电极；8—贮液池

强烈吸收,往往得不到良好的薄层伏安响应;整体式红外光谱电化学池结构,以 CaF_2 晶体制作薄层池体并作光学窗口,兼顾了水和有机溶剂,同时其光学窗口宽,值得推广。

21.3.2　理论处理

光谱电化学的理论基础是 Nernst 方程和 Lambert-Beer 定律。在光透薄层电极表面电极反应符合 Nernst 方程：

$$\varphi = \varphi^{\ominus} + \frac{RT}{zF}\ln\left(\frac{c_O}{c_R}\right)_{表面} \tag{21.3}$$

而在溶液中被测物则符合 Lambert-Beer 定律：

$$A = \varepsilon l c_{溶液}$$

当溶液中完全为氧化态时：

$$A_O = \varepsilon_O l c_O = \varepsilon l c \tag{21.4}$$

当溶液中完全为还原态时：

$$A_R = \varepsilon_R l c_R = \varepsilon l c \tag{21.5}$$

当溶液中既有氧化态又有还原态时：

$$A_i = l(\varepsilon_O c_O + \varepsilon_R c_R) \tag{21.6}$$

由于电解池很薄,体积很小,故在很短的电解时间内即可实现

$$\left(\frac{c_O}{c_R}\right)_{表面} = \left(\frac{c_O}{c_R}\right)_{溶液} \tag{21.7}$$

而在溶液及电极表面：

$$c_O + c_R = c \tag{21.8}$$

联合方程式(21.3)~(21.8)得光谱电化学理论方程为

$$\varphi = \varphi^{\ominus} + \frac{RT}{zF}\ln\frac{A_i - A_R}{A_O - A_i} \tag{21.9}$$

21.3.3 光谱电化学的应用

光谱电化学是研究电极反应机理的很好的手段,如测定 $\varphi^\ominus$ 和 z 等。薄层光谱电化学能借控制电位而快速准确地调整小体积中氧化态和还原态的浓度比,而且用光谱的方法能很好地测定。利用式(21.3),以 φ 对 $\ln\left(\dfrac{c_O}{c_R}\right)$ 作图得直线,可以由截距求得 $\varphi^\ominus$,由斜率求出 z。

邻二甲基二胺基联苯(OTLD)在 $+0.80\,V$ 和 $+0.40\,V$ 间,出现一清晰的氧化还原波。当外加电压由 $+0.40\,V$ 向正方向扫描,每改正一次电压并待平衡后记录一次吸收光谱,求得光吸光度 A。当电压为 $+0.40\,V$ 时,$c_O/c_R<0.001$,为完全还原态的吸光度 A_R;当电压为 $+0.80\,V$ 时,$c_O/c_R>1000$,为完全氧化态的吸光度 A_O。利用式(21.9),以 φ 对 $\lg\dfrac{A_i-A_R}{A_O-A_i}$ 作图得一直线。由其斜率可求得 z,由截距可求得 $\varphi^\ominus$。上述体系在 $25\,℃$ 时,斜率为 30.8,求出 $z=1.92\approx2$,即 2 个电子反应。截距为 $0.612\,V(vs.\,SCE)$,相当于 $\varphi^{\ominus\prime}=0.854\,V(vs.\,NHE)$。

21.4 扫描隧道电化学显微技术

20 世纪 80 年代初期,扫描隧道显微技术(scanning tunnelling microscopy, STM)问世。以后仅十多年,以 STM 为代表的扫描探针显微技术迅速发展,应用也迅速拓展到包括材料、化学、生物等各个领域。STM 的基本原理是量子理论中的隧道效应,即将原子级的极细的探针和被测研究物质的表面作为两个电极,当样品与针尖间的距离非常接近时(一般小于 1 nm),在外加电场的作用下,电子会穿过两电极间的势垒流向另一电极,这就是隧道效应。隧道电流 I_t 表现为

$$I_t \propto \exp[(-4S\pi/h)(2m\phi)^{1/2}] \tag{21.10}$$

其中 S 为针尖与样品间的距离,h 是 Planck 常数,m 是电子质量,ϕ 为功函数。从式(21.10)不难看出,若 S 减小 1 nm,隧道电流将增加一个数量级。因此 STM 具有很高的分辨率。

STM 的早期研究工作主要集中于大气和真空中,但对于化学家来说在水溶液中进行 STM 的研究将更有实用意义。20 世纪 90 年代初期,在众多电化学家的不断努力下终于诞生了一门可用于化学反应溶液(包括水溶液和非水溶液)中的新技术——电化学 STM。电化学 STM 的特点是可以于溶液中工作,并可从原子、分子层次上研究物质的电子传递过程。它是在普通 STM 的基础上,增加了电化学电位控制系统,其结构如图 21.4 所示。再加上强大的计算机软件系统,用电化学 STM 可连续获得一些溶液电化学及形貌信息,如电极表面的微结构、物质吸附及反应等。

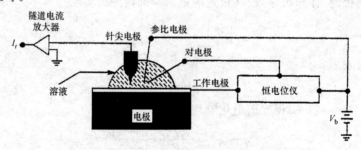

图 21.4 现场电化学扫描隧道显微技术示意图

电化学 STM 在生命科学中的应用引人注目,它可获得分子、超分子和亚细胞水平的生物样品(包括 DNA、氨基酸、蛋白质和酶等)的结构图像及其电子传递信息。图 21.5 给出了在不同电位下 DNA 在金电极表面上的电化学 STM 形貌。

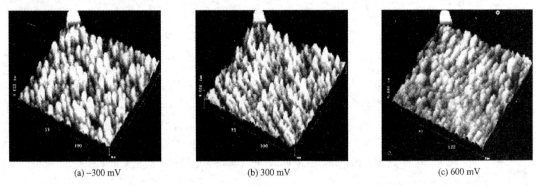

(a) −300 mV　　　　　　(b) 300 mV　　　　　　(c) 600 mV

图 21.5　不同电位下 DNA 在金电极表面上的电化学 STM 形貌[①]

21.5　电化学石英晶体振荡微天平

电化学石英晶体振荡微天平是一种非常灵敏的质量检测器,检测灵敏度可达 ng 级。其基本原理是把石英晶体薄片放在两电极中间,构成一个晶体振荡器,通过测量其振荡频率的变化来表征电极表面物质质量的变化。晶体振荡频率的变化与电极表面质量的变化之间存在着如下线性关系:

$$\Delta f = \frac{-2f_o^2}{\sqrt{\rho_q \mu_q}} \frac{\Delta m}{A} \tag{21.11}$$

其中 Δf 为频率移动,Δm 为质量变化,f_o 为石英晶体的固有频率,ρ_q 为石英晶体密度,μ_q 为剪切模量,A 为电极面积。从上述关系可以看出电极表面上一个微小的质量变化,就可引起振荡器频率的移动。一般情况下,电化学石英晶体振荡微天平可现场检测出 $1 \text{ ng} \cdot \text{cm}^{-2}$ 的质量变化。它可广泛地用于成核与晶体生长、金属电沉积与腐蚀、吸附与脱附、掺杂与去掺杂反应等基本电化学行为的研究。

在氯化钾溶液中,普鲁士蓝固体在电极表面存在着如下电极反应:

$$\{KFe^{3+}[Fe^{2+}(CN)_6]\}_s + e + [K^+]_{aq} \longrightarrow \{K_2Fe^{2+}[Fe^{2+}(CN)_6]\}_s$$

其循环伏安曲线如图 21.6(a)所示。普鲁士蓝在得到一个电子的同时,为保持电荷平衡必须有一个钾离子参加电极反应,并从溶液中进入普鲁士蓝晶胞中。对于上述固体电化学反应,在较早的研究中,由于研究手段的限制,很难用实验直观观察到钾离子的进出。但用电化学石英晶体振荡微天平就可很容易地直观观察到钾离子的进出,结果如图 21.6(b)所示。从图中不难发现,随着普鲁士蓝固体在电极表面的氧化还原,同时伴随着一个钾离子进出普鲁士蓝晶胞的过程。

---

① 　本图由武汉大学庞代文教授提供。

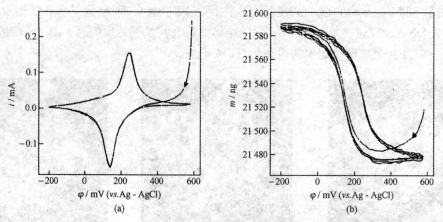

图 21.6 普鲁士蓝固体循环伏安曲线(a)及其现场电极表面质量变化图(b)

21.6 活 体 分 析

超微电极的出现,使分析化学及生物化学工作者有了很好的研究手段,可以将微电极直接插入各种生物体的组织中,而不损坏它们。很多组织导电性能十分优良,具备了电化学必要的辅助电解质的条件。1973 年 Adams 等首先将微电极直接插入大白鼠的大脑尾核部位,进行循环伏安扫描,获得了第一张活体循环伏安图,表明了神经递质多巴胺的存在并创建了活体伏安法(in vivo voltammetry)这一富有创造性的方法。它与以往测试方法的不同之处,是不需要从被测物质里采集一定量的样品并将其处理后,再用有关的方法测定。

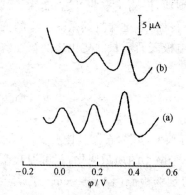

图 21.7 大鼠脑内活体伏安图
(a) 脑内现场活体伏安图;
(b) 电极取出后,在 1×10^{-4} mol·L^{-1}维生素 C$+1 \times 10^{-6}$ mol·L^{-1} 3,4-二羟基苯乙酸$+2.5 \times 10^{-6}$ mol·L^{-1} 5-羟基吲哚乙酸标准溶液中的伏安图

图 21.7(a)为一只老鼠脑内的现场活体伏安图,为研究证明该活体伏安图中 3 个还原峰对应的成分和浓度,当超微电极从鼠脑取出后,在 1×10^{-4} mol·L^{-1}维生素 C$+1 \times 10^{-6}$ mol·L^{-1} 3,4-二羟基苯乙酸$+2.5 \times 10^{-6}$ mol·L^{-1} 5-羟基吲哚乙酸标准溶液中进行相同实验的研究,其伏安图如图 21.7(b)所示。对照图 21.7 中的两条伏安曲线,可清楚获得老鼠脑内的一些神经递质的成分及其浓度,进而可现场研究在鼠体处于不同状态时,如服药或受刺激后,这些神经递质浓度的变化情况,从而给一些神经类疾病的治疗及研究提供理论基础。

21.7 色谱电化学

神经递质、天然组分的分离与分析是当前分析化学的研究热点,把色谱的高分辨率和电化学检测的高灵敏性相结合的色谱电化学是目前神经递质和天然组分的痕量分离分析的一个重要手段。电化学检测器选择性好、灵敏性高,它的死体积小,响应速度快且具有线性,而且造价较低,被广泛地应用于临床、生化及药物分析中。

电化学检测器通常是将工作电极的电位控制在一定值,通过检测被测化合物产生的电流来判断被测物的流出时间,其定量基础是峰电流的大小(或峰面积)与该化合物的浓度呈正比。目前最常用的有 3 种安培型电化学检测器:薄层式、管式和喷壁式,其结构如图 21.8 所示。在薄层式电化学检测器中,进入检测器后流出液是沿平行于电极表面的方向流过的;在管式检测器中,采用的是一个开口的管子作为工作电极,溶液从管中流过;而在喷壁式检测器中,溶液的流向为垂直于电极表面。

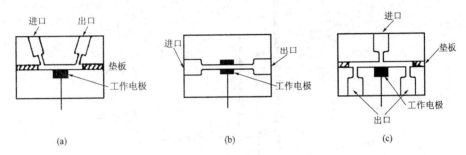

图 21.8　3 种常见的安培型电化学检测器
(a) 薄层式;(b) 管式;(c) 喷壁式

对于组分复杂的体系,如生物样品和医学临床等,采用多个工作电极可以提高电化学检测器的选择性、分辨率和灵敏度。对于双电极检测器,主要有如下 3 种形式:串列式、并列-相邻式和并列-相对式,其结构如图 21.9 所示。并列-相邻式或并列-相对式双电极检测比单电极具有更大的检测范围;若被测物在电极上经氧化还原后,其产物在另一电极上具有更好的选择性和灵敏度时,则选用串列式双电极检测为最佳。

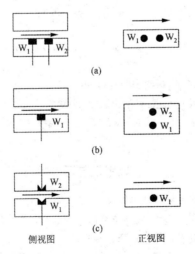

图 21.9　双电极检测器的 3 种基本类型
(a) 串列式;(b) 并列-相邻式;(c) 并列-相对式

在定量分析方面,并列-相邻式双电极检测比单电极具有更大的优越性:

(i) 当样品溶液中同时存在难氧化或还原的物质和易氧化或还原的物质时,前者必须采

用高电位测定,而后者可同时用低电位进行分析;

(ii) 当样品中含有多组分且各组分间的氧化还原电位接近时,可在两个电极上施加适当的电位,记录两个电位下的示差色谱图,以增加检测器对组分的选择性;

(iii) 当样品中同时含有可氧化及可还原物质时,可分别在两个电极上施加氧化电位和还原电位,从而可同时得到氧化和还原两个色谱图。

图 21.10 中给出的是用并列-相邻式双电极检测器采用高低电位方式检测服用乙酰氨基苯酚病人尿样中的代谢产物。

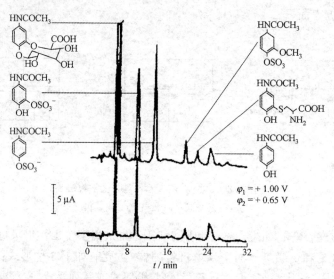

图 21.10 并列-相邻式双电极检测器采用高低电位方式检测服用乙酰氨基苯酚
病人尿样中的代谢产物色谱图

参 考 文 献

[1] A. J. Bard, L. R. Faulkner. *Electrochemical Methods: Fundamentals and Applications* (2nd ed.). John Wiley & Sons, Inc., 2001

[2] 汪尔康. 21 世纪的分析化学. 北京:科学出版社,1999

[3] 董绍俊. 化学修饰电极(修改版). 北京:科学出版社,2003

[4] R. Kellner, J. M. Mermet, M. Otto, H. M. Widmer 编著;李克安,金钦汉等译. 分析化学. 北京:北京大学出版社,2001

思考题与习题

21.1 什么是修饰电极? 修饰过的电极有什么特点?

21.2 请将超微电极和常规电极作一比较,说明微电极的特点? 它能应用于分析化学哪些领域?

21.3 光谱电化学是如何将光与电的技术结合在一起的?

21.4 请简述扫描隧道显微技术和扫描隧道电化学显微技术的工作原理,并阐明它们之间应用范围的差异?

21.5 电化学用于活体检测的有利条件是什么?

21.6 简述石英振荡微天平和电化学石英振荡微天平的工作原理,它们的应用范围是什么?

21.7 阐明电化学检测器与光学检测器的工作原理,并表明它们各自的优缺点及应用范围。

其他分析方法篇

第 22 章 质 谱 法

质谱法是通过将样品转化为运动的气态离子并按质荷比(m/z)大小进行分离记录的分析方法,所得结果即为质谱图(亦称质谱,mass spectrum)。根据质谱图提供的信息可以进行多种无机物、有机物及生物大分子的定性和定量分析,复杂化合物的结构分析,样品中各种同位素比的测定及固体表面的结构和组成分析等。

早期质谱法的最重要工作是发现非放射性同位素,1913 年 Thomson 发表的有关正离子抛物线运动的研究开启了质谱学的篇章[①],随后由 Dempster 和 Aston 分别提出的质量分析模式奠定了现代质谱仪的基本形式[②]。Thomson 报道了氖气是由 ^{20}Ne 和 ^{22}Ne 两种同位素组成。到 20 世纪 30 年代中叶,质谱法已经鉴定了大多稳定同位素,精确地测定了质量,建立了原子质量不是整数的概念,大大促进了核化学的发展。但直到 1942 年,才出现了用于石油分析的第一台商品质谱仪。

从 20 世纪 60 年代开始,质谱法更加普遍地应用到有机化学和生物化学领域。化学家们认识到由于质谱法的独特的电离过程及分离方式,从中获得的信息是具有化学本性、直接与其结构相关的,可以用它来阐明各种物质的分子结构。正是由于这些因素,质谱仪成为多数研究室及分析实验室的标准仪器之一。

22.1 质 谱 仪

22.1.1 质谱仪的工作原理

质谱仪是利用特定的方法将一定量的处于气相的样品电离,再加速并保持在真空腔中,然后利用电磁学原理将产生的样品离子按质荷比进行分离的装置。一般条件下是首先经过一个加速电场对处于离子化区的离子进行加速,再进入质量分析器中,其动能与加速电压及电荷 z 有关,即

$$zeU = \frac{1}{2}mv^2 \tag{22.1}$$

其中 z 为电荷数,e 为元电荷($e=1.60\times10^{-19}$ C),U 为加速电压,m 为离子的质量,v 为离子被加速后的运动速度。具有速度 v 的带电粒子进入质量分析器的电磁场中,根据所选择的分离方式,最终实现各种离子按质荷比(m/z)进行分离。

根据质量分析器的工作原理,可以将质谱仪分为动态仪器和静态仪器两大类。在静态仪器中采用稳定的电磁场,按空间位置将 m/z 不同的离子分开,如单聚焦和双聚焦质谱仪;而在动态仪器中采用变化的电磁场,按时间不同来区分 m/z 不同的离子,如飞行时间和四极滤质器

---

① J. J. Thomson. *Rays of positive electricity and their application to chemical analysis.* Longmans, Green & Co., Ltd., London, 1913

② A. Dempster. Phys Rev., 1918, 11: 316; F. W. Aston. Phil. Mag., 1919, 38: 709

式的质谱仪。

22.1.2 质谱仪的基本结构

质谱仪是通过对样品电离后产生的具有不同 m/z 的离子来进行分离分析的,质谱仪由进样系统、电离系统、质量分析器和检测系统组成,如图22.1所示。为了获得离子的良好分析,必须避免离子和离子能量的损失,因此凡有样品分子及离子存在和通过的地方,必须处于真空状态。

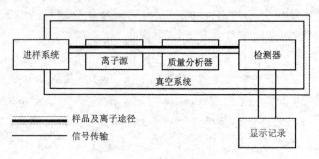

图22.1 质谱仪构成简图

1. 真空系统

质谱仪的离子产生及经过系统必须处于高真空状态(离子源真空度应达 $1.3 \times 10^{-4} \sim 1.3 \times 10^{-5}$ Pa,质量分析器中应达 1.3×10^{-6} Pa)。若真空度过低,则造成离子源灯丝损坏,本底增高,副反应过多从而使图谱复杂化,干扰离子源的调节,加速极放电等问题。一般质谱仪都采用机械泵预抽真空后,再用高效率扩散泵连续地运行以保持真空,现代质谱仪采用分子泵可获得更高的真空度。

2. 进样系统

进样系统的目的是高效重复地将样品引入到离子源中并且不能造成真空度的降低,目前常用的进样装置有3种类型:间歇式进样系统、直接探针进样及色谱进样系统。一般质谱仪都配有前两种进样系统以适应不同的样品需要,有关色谱进样系统参见8.4.4节。

(1)间歇式进样系统

该系统可用于气体、液体和中等蒸气压的固体样品进样,典型的方法是将样品通过注射器或样品小杯将样品注入,利用样品本身的挥发或适当加热的方法使样品气化,由于进样系统的压强比离子源的压强要大,样品离子可以通过分子漏隙(通常是带有一个小针孔的玻璃或金属膜)以分子流的形式渗透进高真空的离子源中。

(2)直接进样系统

对于上述方式无法直接气化的固体、热敏性固体液体及非挥发性液体样品,可采用直接进样法。直接进样法使质谱法的应用范围迅速扩大,使许多少量且复杂的有机化合物和有机金属化合物可以进行有效的分析,如甾族化合物、糖、双核苷酸和低摩尔质量聚合物等都可以获得质谱图。在很多情况下,将低挥发性物质转变为高挥发性的衍生物后再进行质谱分析也是有效的途径,如将酸变成酯,将微量金属变成挥发性螯合物等蒸气压较低的物质。

(3)色谱进样系统

复杂的样品通常要经过各种分离后再引入到质谱仪器中,现在已经发展出各种将分离体系完美地与质谱系统匹配的接口技术。有关内容参见接口技术一节。

3. 电离源

电离源的功能是将进样系统引入的气态样品分子转化成离子。由于离子化所需要的能量随分子性质(如极性大小,含 N、P 等元素等)不同而差异很大,因此对于不同的分子及分析目的应选择不同的离解方法。通常称能给样品较大能量的电离方法为硬电离方法,而给样品较小能量的电离方法为软电离方法,后一种方法适用于易破裂或易电离的样品。离子源是质谱仪的心脏,可以将离子源看做比较高级的反应器,在其中样品发生一系列的特征降解反应,分解作用在很短时间(≈1 μs)内发生,所以可以快速获得质谱。

许多方法可以将气态分子变成离子,它们已被应用到质谱法中,表 22.1 列出了各种离子源的基本特征。

表 22.1 质谱研究中的几种离子源

名 称	简 称	类 型	离子化试剂	最初应用年份
电子轰击离子化 (electron bomb ionization)	EI	气相	高能电子	1920
化学电离 (chemical ionization)	CI	气相	试剂离子	1965
场电离 (field ionization)	FI	气相	高电势电极	1970
场解吸 (field desorption)	FD	解吸	高电势电极	1969
快原子轰击 (fast atom bombandment)	FAB	解吸	高能电子	1981
二次离子质谱 (secondary ion MS)	SIMS	解吸	高能电子	1977
激光解吸 (laser desorption)	LD	解吸	激光束	1978
电流体效应离子化(离子喷雾) (electrohydrodynamic ionization)	EH	解吸附	高场	1978
电喷雾离子化 (electrospray ionization)	ESI		荷电微粒能量	1985

(1)电子轰击源

电子轰击法是通用的电离法,一般是利用高能电子束从试样分子中撞出一个电子而产生正离子,即

$$M + e \longrightarrow M^+ + 2e$$

式中 M 为待测分子,M^+ 为分子离子或母体离子。

电子束产生各种能态的 M^+,若产生的分子离子带有较大的内能(转动能、振动能和电子跃迁能),可以通过碎裂反应而消去,如

$$M^+ \rightarrow M_1^+ \rightarrow M_3^+ \cdots$$

$$M^+ \rightarrow M_2^+ \rightarrow M_4^+ \cdots$$

式中 M_1^+、M_2^+、$\cdots$ 为较低质量的离子,而有些分子离子由于形成时获能不足,难以发生碎裂作

用,而可能以分子离子被检测到。图 22.2 所示为一电子轰击源的示意图,在灯丝和阳极之间加

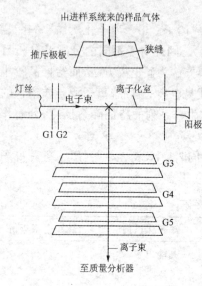

入约 70 V 电压,获得轰击能量为 70 eV 的电子束(一般分子中共价键电离电位约 10 eV),它与进样系统引入的样品气体束发生碰撞而产生正离子,正离子在第一加速电极和反射极间的微小电位差作用下通过第一加速电极狭缝,而第一加速极与第二加速极之间的高电位使正离子获得其最后速度,经过狭缝进一步准直后进入质量分析器。

（2）化学电离源

在质谱中可以获得样品的重要信息之一是其相对分子质量,但经电子轰击产生的 M^+ 峰,往往不存在或其强度很低。必须采用比较温和的电离方法,其中之一就是化学电离法。化学电离法是通过离子-分子反应来进行,而不是用强电子束进行电离。离子(为区别于其他离子,称为试剂离子)与试样分子按下列方式进行反应,转移一个质子给试样或由试样移去一个 H^+ 或电子,试样则变成带电荷的离子。

图 22.2　电子轰击离子化器

化学电离源一般在 $1.3 \times 10^2 \sim 1.3 \times 10^3$ Pa 压强下工作,离子化区中充满 CH_4,首先用高能电子进行电离产生 CH_5^+ 和 $C_2H_5^+$,即

$$CH_4^+ + e \longrightarrow CH_4^+ \cdot + 2e$$

$$CH_4^+ \cdot \longrightarrow CH_3^+ + H \cdot$$

$CH_4^+ \cdot$ 和 CH_3^+ 很快与大量存在的 CH_4 分子起反应,即

$$CH_4^+ \cdot + CH_4 \longrightarrow CH_5^+ + CH_3 \cdot$$

$$CH_3^+ + CH_4 \longrightarrow C_2H_5^+ + H_2$$

CH_5^+ 和 $C_2H_5^+$ 不与中性甲烷进一步反应,一旦小量样品(试样与甲烷之比为 1：1000)导入离子源,试样分子(SH)发生下列反应：

$$CH_5^+ + SH \longrightarrow SH_2^+ + CH_4$$

$$C_2H_5^+ + SH \longrightarrow S^+ + C_2H_6$$

SH_2^+ 和 S^+ 然后可能碎裂,产生质谱。由(M+H)或(M−H)离子很容易测得其相对分子质量。

化学电离法可以大大简化质谱,若采用酸性比 CH_5^+ 更弱的 $C_2H_5^+$(由异丁烷)、NH_4^+(由氨)、H_3O^+(由水)的试剂离子则可更进一步简化。

（3）场离子化源

应用强电场可以诱发样品电离。场电离源由电压梯度约为 $10^7 \sim 10^8$ V·cm^{-1} 的两个尖细电极组成,流经电极之间的样品分子由于价电子的量子隧道效应而发生电离,电离后被阳极排斥出离子室并加速经过狭缝进入质量分析器。阳极前端必须非常尖锐才能达到电离所要求的电压梯度,通常采用经过特殊处理的电极,在电极表面制造出一些微碳针(<1 μm),大量的微碳针电极称为多尖阵列电极,在这种电极上的电离效率比普通电极高几个数量级。

场离子化是一种温和的技术,产生的碎片很少,碎片通常是由热分解或电极附近的分子-离子碰撞反应产生的,主要为分子离子和(M+1)离子。结构分析中,往往最好同时获得场离子

化源或化学离解源产生的质谱图和用电子轰击源的质谱图（图22.3），而获得相对分子质量及分子结构的信息。

（4）火花源

对于金属合金或离子型残渣之类的非挥发性无机试样，必须使用不同于上述离子化源的火花源。火花源类似于发射光谱中的激发源。向一对电极施加约30 kV脉冲射频电压，电极在高压火花作用下产生局部高热，试样仅靠蒸发作用产生原子或简单的离子，经适当加速后进行质量分析。火花源具有一些优点：对于几乎所有元素的灵敏度都较高，可达10^{-9}g，可以对极复杂样品进行元素全分析，对于一些特定的试样已经可以同时测定60种不同元素；信息比较简单，虽然存在同位素及形成多电荷离子因素，但质谱仍然比原子发射光谱法的光谱要简单得多；一般线性响应范围都比较宽，标准校准比较容易。但由于仪器设备价格高昂且操作复杂，使用范围有限。

4. 质量分析器

质谱仪的质量分析器位于离子源和检测器之间，依据不同方式将样品离子按质荷比（m/z）分开，质量分析器的主要类型有：磁分析器、飞行时间分析器、四极滤质器、离子阱分析器和离子回旋共振分析器等。随着微电子技术的发展和特定的研究需要，也可以采用这些分析器的变型和组合。

（1）磁分析器

最常用的分析器类型之一就是扇形磁分析器，

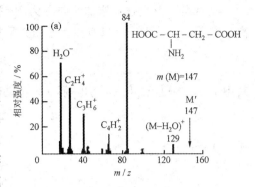
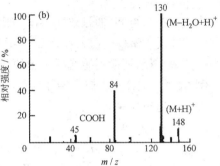
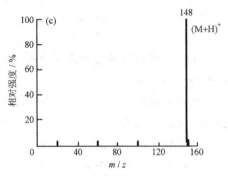

图22.3 谷氨酸的质谱图

(a) 电子轰击源；(b) 场电离源；(c) 场解吸源

离子束经加速后飞入磁极间的弯曲区，由于磁场作用，飞行轨道发生弯曲，见图22.4。

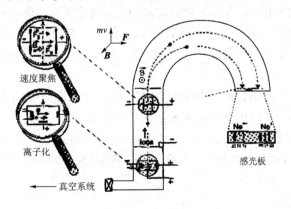

图22.4 单聚集磁式质谱仪

此时离子受到磁场施加的向心力 $Bzev$ 作用,并且离子的离心力 mv^2/r 也同时存在,r 为离子圆周运动的半径。只有在上述两力平衡时离子才能飞出弯曲区,即

$$Bzev = \frac{mv^2}{r} \tag{22.2}$$

其中 B 为磁感应强度,ze 为电荷,v 为运动速度,m 为质量,r 为曲率半径。调整后,可得

$$v = \frac{Bzer}{m} \tag{22.3}$$

代入式(22.1),得

$$m/z = \frac{B^2 r^2 e}{2U} \tag{22.4}$$

从式(22.4)可知,通过改变 B,r,U 这三个数中任一个并保持其余两个不变的方法来获得质谱图。现代质谱仪一般是保持 U,r 不变,通过电磁铁扫描磁场而获得质谱图,故 r 即是扇形磁场的曲率半径;而使用感光板记录的质谱仪中,B,U 一定,r 是变化的。

例 22.2　试计算在曲率半径为 10 cm 的 1.2 T 的磁场中,一个质量数为 100 的一价正离子所需的加速电压是多少?

解　据式(22.4):

$$U = \frac{B^2 r^2 e}{2m/z} = \frac{B^2 r^2 e}{2m}$$

$$= \frac{1.2^2 \times (0.10)^2 \times 1.6 \times 10^{-19}}{2 \times 100/(1000 \times 6.02 \times 10^{23})} = 6.9 \times 10^3 (\text{V})$$

仅用一个扇形磁场进行质量分析的质谱仪称为单聚焦质谱仪,设计良好的单聚焦质谱仪分辨率可达 5000。

若要求分辨率大于 5000,则需要双聚焦质谱仪。单聚焦质谱仪中影响分辨率提高的两个主要因素是离子束离开离子枪时的角分散和动能分散,因为各种离子是在电离室不同区域形成的。为了校正这些分散,通常在磁场前加一个静电分析器(electrostatic analyzer,ESA),这种设备由两个扇形圆筒组成,向外电极加上正电压,内电极为负压。

对某一恒定电压而言,离子束通过 ESA 的曲率半径 r_e 为

$$r_e = \frac{2Ud}{V} \tag{22.5}$$

式中 V 为两极板间的电压,d 为极板间的距离,U 为离子源的加速电压。即不同动能的离子 r_e 不同,更准确地说,ESA 用来将具相同动能的离子分为一类,并聚焦到一点,这样 ESA 使由离子源发散出的离子束按动能聚集成一点,经过适当加工的极面使磁场将具有相同 m/z 分开的离子束再聚集到一点。

一般商品化双聚焦质谱仪的分辨率可达 150 000,质量测定准确度可达 0.03 $\mu g \cdot g^{-1}$,即对于相对分子质量为 600 的化合物可测至误差 ± 0.0002 u。

双聚焦质谱仪有两种流行设计:Nier-Johnson 型和 Mattauch-Herzog 型。前者只有单道检测器,而后者可使用单道检测器,亦可使用位于焦面的感光检测,用于无机及有机盐痕量分析的火花源质谱常用这种设计。

(2) 飞行时间分析器

飞行时间分析器(time of flight,TOF)的离子分离是用非磁式达到的,因为从离子源飞

出的离子动能基本一致,在飞出离子源后进入一长约 1 m 的无场漂移管,在离子加速至速度 v 后到达端点的时间 t 与 m/z 的离子关系为

$$\frac{m}{z} = \left(\frac{2eV}{L^2} \right) t^2 \tag{22.6}$$

由此可见,t 取决于 m/z 的平方根之差别。

因为连续电离和加速将导致检测器的连续输出而无法获得有用信号,所以 TOF 是以大约 10 kHz 的频率进行电子或其他能量脉冲轰击法产生正离子,随即用一具有相同频率的脉冲加速电场加速,被加速的粒子按不同的飞行时间经漂移管到达收集极上,并馈入一个水平扫描频率与电场脉冲频率一致的示波器上,从而得到质谱图。用这种仪器每秒钟可以得到多达1000 幅的质谱。

TOF 可以测量的分子质量数可达 3×10^5 甚至更高,分辨率与激发脉冲宽度、初始离子能量分布范围和飞行时间测量精度有关。从分辨本领、重现性及质量鉴定来说,TOF 不及上述质量分析器,但其快速扫描质谱的性能,使得此类分析器可以用于研究快速反应以及与 GC 联用等,而且 TOF 质谱仪的质量检测上限很高,因而可用于一些高质量离子特别是生物大分子的分析。与磁场分析器相比较,TOF 仪器的体积较小且易于移动与搬运,操作起来比较方便。

(3)四极滤质器

四极滤质器(quadrupole mass filter)由 4 根平行的金属杆组成,其排布见图 22.5 所示。理想的四杆为双曲线,但常用的是 4 支圆柱形金属杆,被加速的离子束被调制对准 4 根极杆之间的准直小孔飞出。

通过在四极上加上直流电压 U 和射频电压 $V\cos\omega t$,在极间形成一个射频场,正电极电压为 $U+V\cos\omega t$,负电极为 $-(U+V\cos\omega t)$。离子进入此射频场后,会受到电场力作用,只有合适 m/z 的离子才会稳定地振荡进入检测器。只要改变 U 和 V 并保持 U/V 比值恒定时,就可以实现不同 m/z 的检测。

四极滤质器分辨率和 m/z 的范围与磁分析器大体相同,其极限分辨率可达 2000,典型的约为 700。其主要优点是传输效率较高,入射离子的动能或角发散影响不大;其次是可以快速地进行全扫描,而且制作工艺简单,仪器紧凑,常用在需要快速扫描的 GC-MS 联用及空间卫星上进行分析。

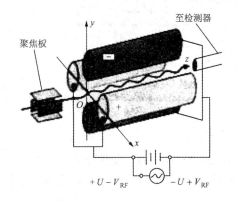

图 22.5 四极滤质器

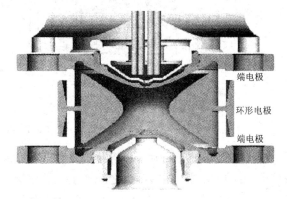

图 22.6 离子阱检测器示意图

（4）离子阱检测器

离子阱(ion trap)是一种通过电场或磁场将气相离子控制并贮存一段时间的装置。已有多种形式的离子阱使用，但常见的有两种形式：一种是后面要讲到的离子回旋共振(ion cyclotron resonance，ICR)技术，另一种是下述较简单的离子阱。

图22.6是离子阱的一种典型构造及示意图，由一环形电极再加上上下各一的端罩电极构成，以端罩电极接地，在环电极上施以变化的频电压，此时处于阱中具有合适的 m/z 的离子将在阱中指定的轨道上稳定旋转，若增加该电压，则较重离子转至指定稳定轨道，而轻些的离子将偏出轨道并与环电极发生碰撞。当一组由电离源(化学电离源或电子轰击源)产生的离子由上端小孔进入阱中后，射频电压开始扫描，陷入阱中离子的轨道则会依次发生变化而从底端离开环电极腔，从而被检测器检测。这种离子阱结构简单，成本低且易于操作，已用于与气相色谱及液相色谱联用检测中。

（5）离子回旋共振分析器

当一气相离子进入或产生于一个强磁场中时，离子将沿与磁场垂直的环形路径运动，称之为回旋，其频率 ω_c 可用下式表示：

$$\omega_c = \frac{v}{r} = \frac{zeB}{m} \tag{22.7}$$

回旋频率 ω_c 只与 m/z 的倒数有关，增加运动速度时，离子回旋半径亦相应增加。

回旋的离子可从与其匹配的交变电场中吸收能量(发生共振)，当在回旋器外加上这种电场，离子吸收能量后速度加快，随之回旋半径逐步增大；停止电场后，离子运动半径又变为常数。

如图22.7中为一组 m/z 相同的离子束，合适的频率将使这些离子一起共振而发生能量变化，其他 m/z 离子则不受影响。

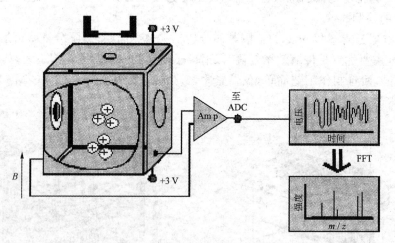

图 22.7　离子回旋共振仪器原理图

由于共振离子的回旋可以产生称之为相电流的信号，相电流可以在停止交变电场后观察到。离子回旋在图中左右两极之间产生电容电流，电流大小与离子数目有关，频率由共振离子的 m/z 决定。在已知磁场 B 存在时通过不同频率扫描，可以获得不同 m/z 的信息。

感应产生的相电流由于共振离子在回旋时不断碰撞而失去能量并归于热平衡状态而逐步

消失,这个过程的周期一般在 0.1～10 s 之间,相电流的衰减信号与 Fourier 变换 NMR 中的自由感应衰减信号(FID signal)类似。

Fourier 变换质谱仪通常是应用在 ICR 的仪器上,用一个频率由低到高的线性增加(如 0.070～3.6 MHz)的短脉冲(≈5 ms),在脉冲之后,再测定由离子室中多种 m/z 离子产生的相电流的衰减信号相干的图谱,并数字化储存,这样获得的时域衰减信号经 Fourier 变换后成为频域的图谱即不同 m/z 的图谱。

脉冲离子回旋共振 Fourier 变换质谱法由于可以测量不同脉冲及不同延迟的信息,可以用于分子反应动力学研究。快速扫描的特性在 GC-MS 联用仪中有非常好的优越性,与常规质量分析器的质谱仪相比,此种方法可以获得较高分辨率及较大相对分子质量的信号。但此类仪器非常昂贵。

5. 检测与记录

质谱仪常用的检测器有法拉第杯(Faraday cup)、电子倍增器及闪烁计数器、照相底片等。

Faraday 杯是其中最简单的一种,其结构如图 22.8 所示。Faraday 杯与质谱仪的其他部分保持一定电位差以便捕获离子,当离子经过一个或多个抑制栅极进入杯中时,将产生电流,经转换成电压后进行放大记录。Faraday 杯的优点是简单可靠,配以合适的放大器可以检测 ≈10^{-15} A 的离子流。但 Faraday 杯只适用于加速电压<1 kV 的质谱仪,因为更高的加速电压会产生能量较大的离子流,这样离子流轰击入口狭缝或抑制栅极时会产生大量二次电子甚至二次离子,从而影响信号检测。

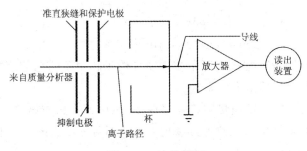

图 22.8　法拉第杯

电子倍增器的种类很多,其工作原理如图 22.9 所示。一定能量的离子轰击阴极导致电子发射,电子在电场的作用下,依次轰击下一级电极而被放大,电子倍增器的放大倍数一般在 10^5～10^8。电子倍增器中电子通过的时间很短,利用电子倍增器可以实现高灵敏度,及快速测定。但电子倍增器存在质量歧视效应,且随使用时间增加,增益会逐步减小。

近代质谱仪中常采用隧道电子倍增器,其工作原理与电子倍增器相似,因为体积较小,多个隧道电子倍增器可以串联起来,用于同时检测多个不同 m/z 的离子,从而大大提高分析效率。

照相检测是在质谱仪特别是在无机质谱仪中应用最早的检测方式。此法主要用于火花源双聚焦质谱仪,其优点是无需记录总离子流强度,也不需要整套的电子线路,且灵敏度可以满足一般分析的要求,但其操作麻烦,效率不高。

质谱信号非常丰富,电子倍增器产生的信号可以通过一组具有不同灵敏度的检流计检出,

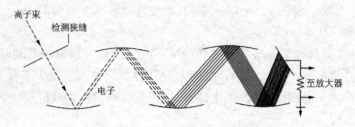

图 22.9 电子倍增器工作原理图

再通过镜式记录仪(不是笔式记录仪)快速记录到光敏记录纸上。现代质谱仪一般都采用较高性能的计算机对产生的信号进行快速接收与处理,同时通过计算机可以对仪器条件等进行严格的监控,从而使精密度和灵敏度都有一定程度的提高。

22.1.3 质谱仪的主要性能指标

1. 质量测定范围

质谱仪的质量测定范围表示质谱仪所能够进行分析的样品的相对原子质量(或相对分子质量)范围,通常采用原子质量单位(unified atomic mass unit,符号 u)进行度量,有时候常用 D(Dalton)表示。

原子质量单位是由 ^{12}C 来定义的,即一个处于基态的 ^{12}C 中性原子的质量的 1/12,即

$$1\ u = \frac{1}{12} \times \left(\frac{12.00000\ g/mol\ ^{12}C}{6.02214 \times 10^{23}/mol\ ^{12}C} \right)$$
$$= 1.66054 \times 10^{-24}\ g$$
$$= 1.66054 \times 10^{-27}\ kg \tag{22.8}$$

而在非精确测量物质的场合,常采用原子核中所含质子和中子的总数即"质量数"来表示质量的大小,其数值等于其相对质量数的整数。

测定气体用的质谱仪,一般质量测定范围在 2~100,而有机质谱仪一般可达 3000 D,现代质谱仪通过利用 TOF 或多电荷电离等方法可以研究相对分子质量达几十万的大分子样品。

2. 分辨本领

所谓分辨本领,是指质谱仪分开相邻质量数离子的能力,一般定义是:对两个相等强度的相邻峰,当两峰间的峰谷不大于其峰高 10% 时,则认为两峰已经分开,其分辨率

$$R = \frac{m_1}{m_2 - m_1} = \frac{m_1}{\Delta m} \tag{22.9}$$

其中 m_1, m_2 为质量数,且 $m_1 < m_2$,故在两峰质量相差越小时,要求仪器分辨率越大。

而在实际工作中,有时很难找到相邻的且峰高相等,同时峰谷又为峰高的 10% 的两个峰,在这种情况下,可任选一单峰,测其峰高 5% 处的峰宽 $W_{0.05}$,即可当做上式中的 Δm,此时分辨率定义为

$$R = m/W_{0.05} \tag{22.10}$$

如果该峰是高斯型的,上述两式计算结果是一样的。

例 22.1 要鉴别 N_2^+(m/z 为 28.006)和 CO^+(m/z 为 27.995)两个峰,仪器的分辨率至少是多少?在其质谱仪上测得一质谱峰中心位置为 245 u,峰高 5% 处的峰宽为 0.52 u,可否满足

上述要求?

解 要分辨 N_2^+ 和 CO^+,要求质谱仪分辨率至少为

$$R_{need} = \frac{27.995}{28.006 - 27.995} = 2545$$

质谱仪的分辨率:

$$R_{sp} = \frac{245}{0.52} = 471$$

$R_{sp} < R_{need}$,故不能满足要求。

磁质谱仪的分辨本领由几个因素决定:① 离子通道的半径;② 加速器与收集器狭缝宽度;③ 离子源的性质。其他类型的质谱仪的分辨本领与相应的离子源、质量分析过程有关。

质谱仪的分辨本领几乎决定了仪器的价格。分辨率在 500 左右的质谱仪可以满足一般有机分析的要求,此类仪器的质量分析器一般是四极滤质器、离子阱等,仪器价格相对较低。若要进行同位素质量及有机分子质量的准确测定,则需要使用分辨率大于 10 000 的高分辨率质谱仪,这类质谱仪一般采用双聚焦磁式质量分析器或 FT-ICR,目前这种仪器分辨率可达 100 000,当然其价格也将会是比较高的。

3. 灵敏度

质谱仪的灵敏度有绝对灵敏度、相对灵敏度和分析灵敏度等几种表示方法。

绝对灵敏度是指仪器可以检测到的最小样品量,相对灵敏度是指仪器可以同时检测的大组分与小组分含量之比,分析灵敏度则指输入仪器的样品量与仪器输出的信号之比。

22.2 质谱图及其应用

22.2.1 质谱图与质谱表

质谱法的主要应用是鉴定复杂分子并阐明其结构,确定元素的同位素质量及分布等。一般质谱给出的数据有两种形式:一是棒图即质谱图,另一个为表格即质谱表(图 22.10)。

质谱图是以质荷比(m/z)为横坐标,相对强度为纵坐标构成,一般将原始质谱图上最强的离子峰定为基峰并定为相对强度 100%,其他离子峰以对基峰的相对强度值表示。

质谱表是用表格形式表示的质谱数据,质谱表中也有两项即质荷比及相对强度。从质谱图上可以很直观地观察到整个分子的质谱全貌,而质谱表则可以准确地给出精确的 m/z 值及相对强度值,有助于进一步分析。

22.2.2 分子离子峰,碎片离子峰,亚稳离子峰及其应用

质谱信号十分丰富,分子在离子源中可以产生各种电离,即同一种分子可以产生多种离子峰,其中比较主要的有分子离子峰、同位素离子峰、碎片离子峰、重排离子峰、亚稳离子峰等。

1. 分子离子峰

试样分子在高能电子撞击下产生正离子,即

$$M + e \longrightarrow M^+ + 2e$$

M^+ 称为分子离子或母离子(parent ion)。

	丙酸								
ELC	C₃H₆O₂						RFN	79-03-4	
PLT	74	RF		IF		CF	801800	LND	
PRS	INT	NRS	INT	RAS	INT	PRB	INT	NRS	INT
30	122	57	272						
31	21	68	11						
34	18	89	33						
38	24	71	13						
40	384	73	420						
41	72	74	894						
42	55	75	11						
43	181								
44	1000								
45	562								
46	40								
47	16								
55	20								
55	197								
58	284								

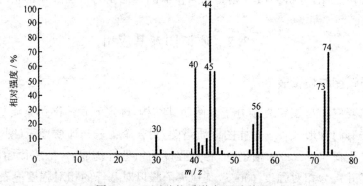

图 22.10　丙酸的质谱表和质谱图

分子离子的质量对应于中性分子的质量,这对未知质谱十分重要。几乎所有的有机分子都可以产生可以辨认的分子离子峰,有些分子如芳香环分子可产生较大的分子离子峰,而高相对分子质量的烃、脂肪醇、醚及胺等则产生较小的分子离子峰。若不考虑同位素的影响,分子离子应该具有最高质量。分子中若含有偶数个氮原子,则相对分子质量将是偶数;反之,将是奇数。这就是所谓的"氮律"。正确地解释分子离子峰十分重要,在有机化学及波谱分析课程中将有较详细的介绍。

2. 碎片离子峰

在一些离子源中,产生的可能具有较高能量的分子离子,将会通过进一步碎裂或重排而释放能量,碎裂后产生的离子形成的峰称为碎片离子峰。

有机化合物受高能作用时会产生各种形式的分裂,一般强度最大的质谱峰对应于最稳定的碎片或分子离子,通过各种碎片离子相对峰高的分析,有可能获得整个分子结构的信息。发生碎裂的规律有以下几点。

有机化合物中, C—C 键不如 C—H 键稳定,因此烷烃的断裂一般发生在 C—C 键之间,且较易发生在支链上。形成正离子的稳定性顺序是三级＞二级＞一级,如 2,2-二甲基丁烷,可以预期在高能离子源中断裂发生在带支链的碳原子周围,形成较稳定的 $m/z=71$ 或 $m/z=57$ 的离子:

$$\text{H}_3\text{C}-\overset{\text{H}_2}{\text{C}}-\overset{\text{CH}_3}{\underset{\text{CH}_3}{\text{C}}}-\text{CH}_3 \longrightarrow \begin{cases} \text{H}_3\text{C}-\overset{\text{H}_2}{\text{C}}-\overset{\text{CH}_3}{\overset{+}{\text{C}}}-\text{CH}_3 \quad (m/z=71) \\[2mm] \overset{\text{CH}_3}{\underset{\text{CH}_3}{\overset{+}{\text{C}}}}-\text{CH}_3 \quad (m/z=57) \end{cases}$$

在烃烷质谱中,C_3H_5^+、C_3H_7^+、C_4H_7^+、C_4H_9^+(m/z 依次为 41,43,55 和 57)占优势,在 $m/z>57$ 中出现峰的相对强度随 m/z 增大而减小,而且会出现一系列 m/z 相差 14 的离子峰,这是由于碎裂下来 —CH$_2$— 的结果。

在含有杂原子的饱和脂肪族化合物质谱中,由于杂原子的定位作用,断裂将发生在杂原子周围,如对于含有电负性较强的杂原子如 Cl、Br 等,将发生以下反应:

$$\text{R} + \text{X} \longrightarrow \text{R}^+ + \text{X}\cdot$$

烯烃多在双键旁的第二个键上断裂,丙烯型共振结构对含有双键的碎片有着明显的稳定作用,但因重排效应,有时很难对长链烯烃进行定性分析。

$$\text{CH}_3-\text{CH}=\text{CH}-\text{CH}_3 \longrightarrow \text{CH}_3-\text{CH}=\text{CH}_2^+$$

含有 C=O 的化合物通常在与其相邻的键上断裂(α-断裂),正电荷保留在含 C=O 的碎片上:

$$\begin{array}{ccc}
\overset{\text{O}}{\underset{}{\text{H}_3\text{C}-\text{C}-\text{CH}_2\text{-CH}_3}} & \longrightarrow & \text{H}_3\text{C}-\text{C}-\text{CH}_2\text{-CH}_3 & \longrightarrow & \text{H}_3\text{C}-\overset{+}{\text{C}}=\text{O} + \text{H}_2\dot{\text{C}}-\text{CH}_3 \\
& & & & (m/z=43)
\end{array}$$

还有一些特殊的重排反应可以形成一些新的离子,常见的有 McLafferty 重排,主要发生在有羰基或双键相邻的原子上,非常特征:

R=H、R'、OR'、OH、NHR'、X …　　阳离子自由基　　　　阳离子自由基　　中性残基

　　苯是芳香化合物中最简单的化合物,其图谱中 M⁺ 通常是最强峰。在取代的芳香化合物中
将优先失去取代基形成苯甲离子,而后进一步形成䓬鎓离子:

$$(m/z = 91)$$

因此在苯环上的邻、间、对位取代很难通过质谱法来进行鉴定。

　　3. 亚稳离子峰

　　若质量为 m_1 的离子在离开离子源受电场加速后,在进入质量分析器之前,由于碰撞等原
因很容易进一步分裂失去中性碎片而形成质量为 m_2 的离子即 $m_1 = m_2 + m$,由于一部分能量
被中性碎片带走,此时的 m_2 离子比在离子源中形成的 m_2 离子能量小,故将在磁场中产生更
大偏转,观察到的 m/z 较小。这种峰称为亚稳离子峰,用 m^* 表示,它的表观质量 m^* 与 m_1, m_2
的关系是

$$m^* = \frac{(m_2)^2}{m_1} \tag{22.11}$$

式中 m_1 为母离子的质量,m_2 为子离子的质量。

　　亚稳离子峰由于其具有离子峰宽大(约 2~5 个质量单位)、相对强度低、m/z 不为整数等
特点,很容易从质谱图中观察出来。

　　通过亚稳离子峰可以获得有关裂解信息,通过对 m^* 峰观察和测量,可找到相关母离子的
质量 m_1 与子离子的质量 m_2,从而确定裂解途径。如在十六烷质谱中发现有几个亚稳离子峰,
其质荷比分别为 32.8, 29.5, 28.8, 25.7 和 21.7,其中 $29.5 \approx 41^2/57$,则表示存在分裂:

$$C_4H_9^+ \longrightarrow C_3H_5^+ + CH_4$$
$$(m/z=57) \qquad (m/z=41)$$

但并不是所有的分裂过程都会产生 m^*,因此没有 m^* 峰并不意味着没有某一分裂过程。

　　分子离子峰及碎片离子峰的准确运用与解析,对有机分子定性分析有很大的用处,可以通
过选择合适的离子源来获得不同的信息,如选用电子轰击源获得碎片离子峰的信息,而化学电
离源、场电离源可获得较多的分子离子峰的信息。如在进行麻黄碱分析时,选用化学电离源和
电子轰击源所获得的质谱图有明显不同。

22.2.3　同位素离子峰及应用

　　有些元素具有天然存在的稳定同位素,所以在质谱图上出现一些 M+1,M+2 的峰,由这
些同位素形成的离子峰称为同位素离子峰。

　　一些常见的同位素相对丰度如表 22.2 所示,其确切质量(以 ¹²C 为 12.000000 为标准)及
天然丰度列于表 22.3。

表 22.2　常见元素的稳定同位素相对丰度

元 素	质量数	相对丰度/%	峰类型	元 素	质量数	相对丰度/%	峰类型
H	1	100.00	M	Li	6	8.11	M
	2	0.015	M+1		7	100.00	M+1
C	12	100.00	M	B	10	25.00	M
	13	1.08	M+1		11	100.00	M+1
N	14	100.00	M	Mg	24	100.00	M
	15	0.36	M+1		25	12.66	M+1
O	16	100.00	M		26	13.94	M+2
	17	0.04	M+1	K	39	100.00	M
	18	0.20	M+2		41	7.22	M+2
S	32	100.00	M	Ca	40	100.00	M
	33	0.80	M+1		44	2.15	M+4
	34	4.40	M+2	Fe	54	6.32	M
Cl	35	100.00	M		56	100.00	M+2
	37	32.5	M+2		57	2.29	M+3
Br	79	100.0	M	Ag	107	100.00	M
	81	98.0	M+2		109	92.94	M+2

表 22.3　几种常见元素同位素的确切质量及天然丰度

元 素	同位素	确切质量	天然丰度/%	元 素	同位素	确切质量	天然丰度/%
H	^1H	1.007825	99.98	P	^{31}P	30.973763	100.00
	$^2H(D)$	2.014102	0.015	S	^{32}S	31.972072	95.02
C	^{12}C	12.000000	98.9		^{33}S	32.971459	0.85
	^{13}C	13.003355	1.07		^{34}S	33.967868	4.21
N	^{14}N	14.003074	99.63		^{35}S	35.967079	0.02
	^{15}N	15.000109	0.37	Cl	^{35}Cl	34.968853	75.53
O	^{16}O	15.994915	99.76		^{37}Cl	36.965903	24.47
	^{17}O	16.999131	0.04	Br	^{79}Br	78.918336	50.54
	^{18}O	17.999159	0.20		^{81}Br	80.916290	49.46
F	^{19}F	18.99843	100.00	I	^{127}I	126.904477	100.00

　　在一般有机分子鉴定时,可以通过同位素峰的统计分布来确定其元素组成,分子离子的同位素离子峰相对强度之比总是符合统计规律的。如在 CH_4 质谱中,有其分子离子峰 $m/z=17$, 16,而其相对强度之比 $I_{17}/I_{16}=0.011$;而在丁烷中,出现一个 ^{13}C 的概率是甲烷的 4 倍,则分子离子峰 $m/z=59,58$ 的强度之比 $I_{59}/I_{58}=C_4^1×0.011×1^3=0.044$;同样,在丁烷中出现 $M+2(m/z=60)$ 同位素峰的概率为 $6×0.011×0.011×1^2=0.0007$,即 $I_{60}/I_{58}=0.0007$,非常小,故在丁烷质谱中一般看不到(M+2)离子峰。

　　在其他元素存在时也有同样的规律性,如在 CH_3Cl、C_2H_5Cl 等分子中 $I_{M+2}/I_M=32.5\%$, 而在含有一个溴原子的化合物中(M+2)$^+$峰的相对强度几乎与 M$^+$峰的相等。

22.2.4　质谱定性分析

　　质谱是纯物质鉴定的最有力工具之一,其中包括相对分子质量测定、化学式确定及结构鉴定等。

1. 相对分子质量的测定

如前所述,从分子离子峰的质荷比的数据可以准确地测定其相对分子质量,所以准确地确认分子离子峰十分重要。虽然理论上可认为除同位素峰外,分子离子峰应是最高质量处的峰,但在实际中并不能由此简单认定。有时由于分子离子稳定性差而观察不到分子离子峰,因此在实际分析时必须加以注意。

在纯样品质谱中,分子离子峰应具有以下性质:

(i) 除同位素峰外它是最高质量的峰。但要注意某些样品会形成质子化离子$(M+H)^+$峰(醚、脂、胺等)、去质子化离子$(M-H)^+$峰(芳醛、醇等)及缔合离子$(M+R)^+$峰。

(ii) 它要符合"氮律"。在只含 C、H、O、N 的化合物中,不含或含偶数个氮原子的分子的质量数为偶数,含有奇数个氮原子的分子的质量数为奇数。这是因为在由 C、H、O、N、P、卤素等元素组成的有机分子中,只有氮原子的化合价为奇数而质量数为偶数。

(iii) 存在合理的中性碎片损失。因为在有机分子中,经电离后,分子离子可能损失一个 H 或 CH_3、H_2O、C_2H_4、⋯碎片,相应为 $M-1$,$M-15$,$M-18$,$M-28$,⋯碎片峰,而不可能出现$(M-3)\sim(M-14)$,$(M-21)\sim(M-24)$范围内的碎片峰,若出现这些峰,则峰不是分子离子峰。

(iv) 在 EI 源中,若降低电子轰击电压,则分子离子峰的相对强度应增加;若不增加则不是分子离子峰。

由于分子离子峰的相对强度直接与分子离子稳定性有关,其大致顺序是:

$$芳香环 > 共轭烯 > 烯 > 脂环 > 羰基化合物 > 直链碳氢化合物 >$$
$$醚 > 脂 > 胺 > 酸 > 醇 > 支链烃$$

在同系物中,相对分子质量越大则分子离子峰相对强度越小。

2. 化学式的确定

由于高分辨的质谱仪可以非常精确地测定分子离子或碎片离子的质荷比(误差可小于10^{-5}),则可利用表 22.3 中的确切质量求算出其元素组成。如 CO 与 N_2 两者的质量数都是 28,但从表 22.3 可算出其确切质量为 27.9949 与 28.0061,若质谱仪测得的质荷比为 28.0040,则可推断其为 N_2。同样,复杂分子的化学式也可算出。

在低分辨的质谱仪上,则可以通过同位素相对丰度法推导其化学式,同位素离子峰相对强度与其中各元素的天然丰度及存在个数呈正比,对于一个 $C_wH_xN_yO_z$ 的化合物,其同位素离子峰$(M+1)^+$、$(M+2)^+$与分子离子峰 M^+ 的强度之比可以通过概率进行计算。利用精确测定的$(M+1)^+$、$(M+2)^+$相对于 M^+ 的强度比值,可从 Beynon 表中查出最可能的化学式,再结合其他规则,确定化学式。

对于含有同位素天然丰度较高元素的化合物,其同位素离子峰相对强度可由$(a+b)^n$展开式计算,式中 a,b 分别为该元素轻、重同位素的相对丰度,n 为分子中该元素个数。如在 CH_2Cl_2 中,对元素 Cl 来说,$a=3$,$b=1$,$n=2$,故$(a+b)^2=9+6+1$,则其分子离子峰与相应同位素离子峰相对强度之比为

$$I_{84}(M) : I_{86}(M+2) : I_{88}(M+4) = 9 : 6 : 1$$

若有多种元素存在时,则以$(a+b)^n \cdot (a'+b')^n \cdot$⋯计算。

例 22.3 某有机物的 M 为 104,$(I_{M+1}/I_M)\% = 6.45$,$(I_{M+2}/I_M)\% = 4.77$,试推出其化学式。

解 由于$(I_{M+2}/I_M)\% > 4.44$,说明有 S、Cl、Br 等存在,但

$$32.5 > (I_{M+2}/I_M)\% > 4.44$$

说明未知物中含有 1 个 S,而不含 Cl、Br。因 Beynon 表只列有含 C、H、N、O 的有机物数值。故扣除 S 的贡献:

$$(I_{M+1}/I_M)\% = 6.45 - 0.80 = 5.65$$

$$(I_{M+2}/I_M)\% = 4.77 - 4.44 = 0.33$$

$$剩余质量 = 104 - 32 = 72$$

查 Beynon 表,质量数为 72 的大组,共有 15 个元素组合,与上述 $(I_{M+1}/I_M)\%$,$(I_{M+2}/I_M)\%$ 接近的列于表 22.4。

表 22.4 质量数 72 附近的几种化合物数据

元素组成	$(I_{M+1}/I_M)\%$	$(I_{M+2}/I_M)\%$
$C_4H_{19}N$	4.86	0.00
C_5H_{12}	5.60	0.13
C_8	6.48	0.18

三者只有 C_5H_{12} 的 $(I_{M+1}/I_M)\%$ 最接近,故化学式可能为 $C_5H_{12}S$。

例 22.4 某有机化合物的 IR,^1H NMR,及 MS 测定的结果如表 22.5 及图 22.11~22.13 所示,试推断其结构并指出图中所标(化学位移及 m/z)各峰对应的结构及理由。

表 22.5 未知化合物电子轰击质谱表

m/z	相对强度/%	m/z	相对强度/%	m/z	相对强度/%	m/z	相对强度/%
15	1.74	44.5	1.45	65	9.53	92	8.37
26	2.82	45	6.22	73	3.9	99	2.85
27	4.23	49	2.4	74	2.3	125	15.88
37	4.11	50	8.14	75	3.73	126	36.37
38	5.25	51	6.93	85	1.47	127	7.97
39	13.86	52	1.09	86	1.64	128	11.57
40	1.01	61	3.67	87	1.3		
41	1.29	62	6.55	89	9.38		
43	2.93	63	15.24	90	3.23		
44	2.22	64	2.86	91	100		

数据节引自〈Mass Spectral Data〉,相对强度(relative intensity,RI)<1.00 部分已略。

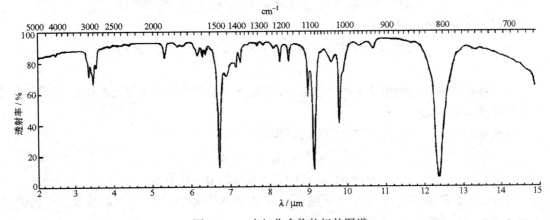

图 22.11 未知化合物的红外图谱

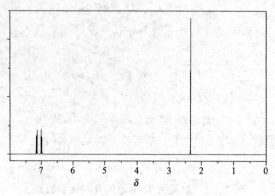

图 22.12 未知化合物 ^{1}H NMR

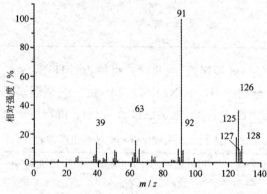

图 22.13 未知化合物 EI-MS

解 从质谱图开始分析,除同位素峰外分子离子峰应为最大,考虑到:

$$I_{128}/I_{126} = 11.57/36.37 = 31.8\%$$

则可能化合物中可能含有一个 Cl 原子。

I_{91} 为基峰,是典型的 $C_6H_5CH_2^+$,指明结构中可能含有苯甲基基团。

而 I_{125} 可能为分子离子脱去一个质子 $(M-H)^+$ 的碎片离子峰,相应的 I_{127} 可能为含 Cl 的 $(M-H)^+$ 离子峰和分子离子的 $I+1$ 离子组成:

$$I_{127} = 1 \times I_{125} \times {}^{37}\text{Cl 相对丰度} + I_{126} \times n \times {}^{13}\text{C 相对丰度}$$

可以推测分子离子峰的 $I+1$ 离子强度:

$$I_{126} \times n \times {}^{13}\text{C 相对丰度} = 7.97 - 15.88 \times 0.325 = 2.81$$

$$n = 7$$

可以推测出该化合物由 7 个碳原子组成,根据分子离子峰质荷比和上述分析,得出该化合物的分子式为 C_7H_7Cl。

从质谱的结果可以推测出该分子可能结构有

$$C_6H_5CH_2Cl \quad 苄氯$$

$$o(m,p)\text{-}ClC_6H_4CH_3 \quad 邻(间,对)\text{-}氯甲苯$$

NMR 图谱表明,在该分子中有 3 组质子,积分高度分别对应 2∶2∶3,结合红外图谱,可以看出苯环上是对位取代的,故该化合物为

对-氯甲苯

NMR 图解释：δ 2.31 为甲基上三个质子，δ 7.09 为苯环上与甲基相邻的两个质子，δ 7.20 为苯环上与 Cl 相邻的两个质子。

质谱图解释如上。

3. 结构鉴定

纯物质结构鉴定是质谱最成功的应用领域，通过对谱图中各碎片离子、亚稳离子、分子离子的化学式，m/z，相对峰高等信息，根据各类化合物的分裂规律，找出各碎片离子产生的途径，从而拼凑出整个分子结构。根据质谱图拼出来的结构，再对照其他分析方法，得出可靠结果。

另一种方法是与相同条件下获得的已知物质标准图谱比较来确认样品分子的结构。

22.2.5 质谱定量分析

质谱检出的离子流强度与离子数目呈正比，因此通过离子流强度测量可进行定量分析。

1. 同位素测量

同位素离子的鉴定和定量分析是质谱发展起来的原始动力，至今稳定同位素测定依然十分重要，只不过不再是单纯的元素分析而已。分子的同位素标记对有机化学和生命化学领域中化学机理和动力学研究十分重要，而进行这一研究前必须测定标记同位素的量，质谱法是常用的方法之一，如以确定氘代苯 $C_6D_6^+$ 与 $C_6D_5H^+$、$C_6D_4H_2^+$ 等分子离子峰的相对强度来进行。对其他涉及标记同位素探针、同位素稀释及同位素年代测定工作都可以用同位素离子峰来进行。后者是地质、考古等工作中经常进行的质谱分析，一般通过测定 $^{36}Ar/^{40}Ar$（由半衰期为 1.3×10^9 a 的 ^{40}K 之俘获产生）的离子峰相对强度之比求出 ^{40}Ar，从而推算出年代。

2. 无机痕量分析

火花源的发展使质谱法可应用于无机固体分析，成为金属合金、矿物等分析的重要方法，它能分析周期表中几乎所有元素，灵敏度极高，可检出或半定量测定 10^{-9} 范围内浓度。由于其谱图简单且各元素谱线强度大致相当，应用十分方便。

电感耦合等离子光源引入质谱后（ICP-MS），有效地克服了火花源的不稳定、重现性差、离子流随时间变化等缺点，使其在无机痕量分析中得到了广泛的应用。

3. 混合物的定量分析

利用质谱峰可进行各种混合物组分分析，早期质谱的应用很多是对石油工业中挥发性烷烃的分析。

在进行分析的过程中，保持通过质谱仪的总离子流恒定，以使用于得到每张质谱或标样的量为固定值。记录样品和样品中所有组分的标样的质谱图，选择混合物中每个组分的一个共有的峰，将样品的峰高假设为各组分这个特定 m/z 峰的峰高之和，然后从各组分标样中测得这个组分的峰高，解数个联立方程，以求得各组分浓度。

用上述方法进行多组分分析时费力且易引入计算及测量误差，故现在一般采用将复杂组分分离后再引入质谱仪中进行分析的方法，常用的分离方法是色谱法。

22.3　色谱-质谱联用技术

质谱法可以进行有效的定性分析,但对复杂有机化合物的分析就无能为力了,而且在进行有机物定量分析时要经过一系列分离纯化操作,十分麻烦。而色谱法对有机化合物是一种有效的分离和分析方法,特别适合进行有机化合物的定量分析,但定性分析则比较困难,因此两者的有效结合必将为化学家及生物化学家提供一个进行复杂化合物高效的定性定量分析的工具。

这种将两种或多种方法结合起来的技术称为联用技术(hyphenated method),利用联用技术的有气相色谱-质谱(GC-MS)、液相色谱-质谱(LC-MS)、毛细管电泳-质谱(CE-MS)及串联质谱(MS-MS)等,其主要问题是如何解决与质谱相连的接口及相关信息的高速获取与贮存等。

22.3.1　气相色谱-质谱(GC-MS)联用

GC-MS是目前最常用的一种联用技术,在销售的商品质谱仪中占有相当大的一部分,从毛细管气相色谱柱中流出的成分可直接引入质谱仪的离子化室,但填充柱必须经过一个分子分离器降低气压并将载气与样品分子分开(图22.14)。

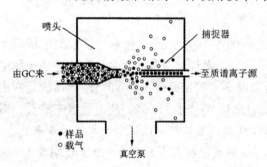

图 22.14　喷射式气体分离器

在分子分离器中,从气相色谱来的载气及样品离子经一小孔(漏隙)加速喷射入喷射腔中,具有较大质量的样品分子将在惯性作用下继续直线运动而进入捕捉器中,载气(通常为氦气)由于质量较小扩散速率较快,容易被真空泵抽走,必要时使用多级喷射,经分子分离器后,50%以上的样品被浓缩并进入离子源,而压力则由 1.0×10^5 Pa 降至 1.3×10^{-2} Pa。

组分经离子源电离后,位于离子源出口狭缝安装的总离子流检测器检测到离子流信号,经放大记录后成为色谱图。当某组分出现时,总离子流检测器发生触发信号,启动质谱仪开始扫描而获得该组分的质谱图。

用于与 GC 联用的质谱仪有磁式、双聚焦、四极滤质器式、离子阱式等质谱仪,其中四极滤质器及离子阱式质谱仪由于具有较快的扫描速度(≈ 10 次/秒),应用较多,其中离子阱式由于结构简单,价格较低,近些年发展更快。

GC-MS 的应用十分广泛,从环境污染分析、食品香味分析鉴定到医疗诊断、药物代谢研究等,而且 GC-MS 是国际奥林匹克委员会进行药检的有力工具之一。

22.3.2　液相色谱-质谱(LC-MS)联用

分离热稳定性差及不易蒸发的样品,气相色谱就有困难了,而用液相色谱则可以方便地进行,因此 LC-MS 联用技术亦发展起来了。LC 分离要使用大量的流动相,如何有效地除去流动相而不损失样品,是 LC-MS 联用技术的难题之一。早期采用传动带技术,即将流动液滴到一条转动的样品带上,经加热除去溶剂,进入真空系统后再离解检测。现在广泛使用的是离子喷雾(ion spray)和电喷雾(electrospray)技术,有效地实现了 LC 与 MS 的连接。

离子喷雾及电喷雾技术是利用离子从荷电微滴直接发射入气相,这一离子蒸发过程如图 22.15 所示。将极性和热不稳定的化合物不发生任何热降解而引入质谱仪中,从而实现任何液相分离技术(如 HPLC 及 CE 等)与质谱仪的联用,几种典型的 LC-MS 接口见图 22.16。

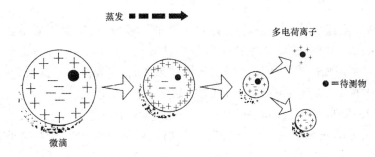

图 22.15 离子蒸发过程

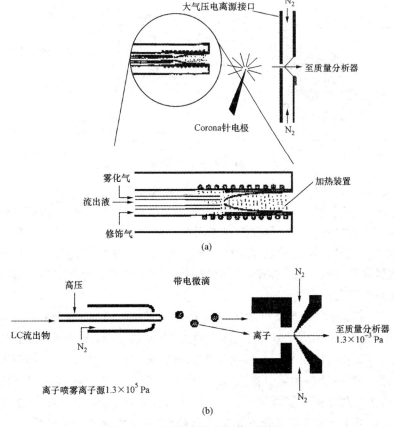

图 22.16 几种喷雾式色谱-质谱接口

在热喷雾接口中,来自 HPLC 的流出液通过不锈钢柱直接进入雾化器中,靠高速空气或氮气的喷射变成细雾,细雾被同轴气体吹入加热器内气化,进入大气压下化学电离源反应区电离,样品离子喷雾的接口中,被分析样品液体进入一个带有高电压的喷雾器,形成带有高电荷微滴的雾,当微滴蒸发时,经过一个非常低的能量转移过程形成含有一个或多个电荷的离子(与液相存在的形式相同),进入质谱可以进行 pg 级分子完全分析,这对只有极少量样品可供使用的诸如生化分析中的应用极为重要。

22.4　质谱表面分析

固体表面的元素组成分析是近代研究的一个重要领域,二次离子质谱法(secondary ion mass spectrometry, SIMS)或离子探针微区分析(ion-microprobe mass analysis)是表面分析有用的工具。它是利用离子束作激发源轰击固体样品表面,使表面一定深度内的样品原子产生溅射,而生成二次离子,然后将离子以合适的方式引入质谱仪进行分析。

典型的 SIMS 仪器如图 22.17 所示,在离子枪中,将工作气体(Ar、O_2、N_2、Xe 之一)由电子轰击源电离,形成的正离子由 $5\sim20$ kV 电场加速,经质谱纯化后进入离子光学系统,变成直径可调的离子束,轰击样品表面,在表面产生原子或离子蒸发,一些原子可以获能后发射一个电子而形成气相离子,引入质谱仪分析。

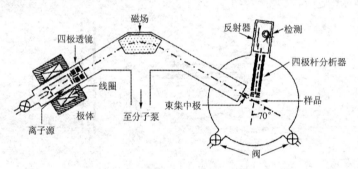

图 22.17　典型的 SIMS 仪器结构示意图

显然,二次离子的产生与受轰击区的元素性质和化学组成相关,表面溅射出某种离子数目变化不一定意味着其组成的变化,所以一般通过进行表面的扫描来尽可能降低这种效应的影响,尽管如此,由于此方法可以获得在固相表面及一定深度内几乎所有同位素($H\sim U$)定性和定量信息(10^{-15} g),在冶金、地质及半导体材料等相应领域中应用很多,20 世纪 70 年代末发明了一种低通量离子束技术,将 SIMS 扩展到固相表面分子的分析,尤其对非挥发性及热不稳定性样品表面分析有其独到之处。

利用质谱法进行固体表面分析的另外一种方法是激光微探针质谱法(laser microprobe mass spectrometry),利用钕-YAG 激光器产生的可调高能(能量密度可达 $10^{10}\sim10^{11}$ W·cm^{-2})的直径为 0.5 μm,波长为 266 nm 的辐射,进行表面蒸发和离子化,再引入质谱分析,一般仪器上还附加一束低功率的氦氖激光($\lambda=633$ nm)用于微区照明,从而获得选定区域的离子信息。激光微探针技术灵敏度极高(可达 10^{-20} g),且分辨率(≈1 μm)及分析速度均较好,可用在无机化学、有机化学及生物化学分析中。其典型应用有测定青蛙神经纤维上 Na/K 浓度之比,视网膜上钙分布,石及煤等粉尘分析,牙体组织中氟浓度分布,氨基酸分析及高分子表面研究等。

22.5 串联质谱法

串联质谱法(tandem mass spectrometry, MS-MS)是质谱法的重要联用技术之一,其方法是将两台质谱仪串联起来代替 GC-MS 或 LC-MS。第一台质谱仪起类似于 GC 或 LC 的作用,用于分离复杂样品中各组分的分子离子,这些离子依次导入第二台质谱仪中,从而产生这些分子离子的碎片质谱。一般第一台质谱仪采用软电离技术(如使用化学电离源),使产生的离子大部分为分子离子或质子化分子离子$(M+H)^+$。为了获得这些分子离子的质谱,将它们导入一碰撞室(field free collision chamber)中,使其与泵入的 He 分子在 $1.33 \times (10^{-1} \sim 10^{-2})$ Pa $(10^{-3} \sim 10^{-4}$ Torr)压力下碰撞活化而产生类似电子轰击源产生的碎片,再用质谱仪 Ⅱ 进行扫描,这种应用称为子离子串联质谱分析(daughter ion tandem mass spectrometry)。

另一种 MS-MS 方法可相应称为母离子串联质谱分析(parent ion tandem mass spectrometry)。此方法中质谱仪 Ⅱ 设定在指定的子离子进行监测,而质谱仪 Ⅰ 进行扫描。这种方法可用于分析鉴定产生相同子质谱的一类化合物,如分析精制煤样中烷基酚$(HOC_6H_4CH_2R)$组分时,将质谱仪 Ⅱ 设在子离子 $HOC_6H_4CH_2^+$ $(m/z = 107)$上而在质谱仪 Ⅰ 上进行母离子扫描。

各式质量分析器都可用于串联质谱中,常用的串联方式是 QqQ(或 QQQ)模式(图22.18),将 3 组四极滤质器串联起来,样品经软电离源(CI 源)电离后加速进入第一级,按一般四极滤质方式分离出母离子,这些离子快速进入第二级,此级为碰撞室,母离子开始发生进一步裂解,此级工作仅有射频场(无直流电压)模式,对离子进行聚焦,再引入$(1.3 \sim 13) \times 10^{-2}$ Pa 氦气发生碰撞而裂解,子离子引入第三级进行扫描记录。离子阱式质谱仪由于离子阱兼有贮存离子并在离子阱中进行反应的功能,已经应用于多级质谱分析(MS^n)研究中。

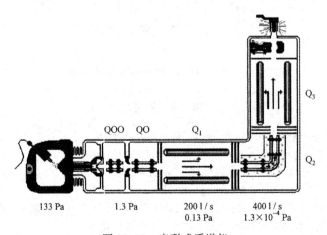

图 22.18 串联式质谱仪

串联质谱法可以起到与 GC-MS、LC-MS 类似的作用且工作效率更高,可用于反应动力学研究(图 22.19),但目前应用更多的是与 GC 或 LC 相连,进行 GC-MS-MS 或 LC-MS-MS 联用,在生命科学、环境科学中应用很有前途。

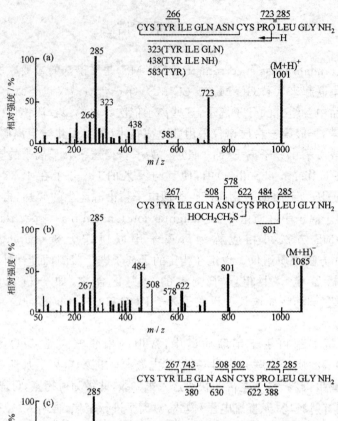

图 22.19　串联式质谱应用

参 考 文 献

[1] 周华. 质谱学及其在无机分析中的应用. 北京：科学出版社, 1986

[2] 丛浦珠. 质谱学在天然有机化学中的应用. 北京：科学出版社, 1987

[3] D. A. Skoog, J. J. Leary. *Principles of Instrumental Analysis*, 4 ed. Barcourt Brace College Publishers, 1992

[4] G. D. Christian, J. E. O'Reilly 编；王镇浦, 王镇棣译. 仪器分析. 北京：北京大学出版社, 1989

[5] 唐恢同编著. 有机化合物的光谱鉴定. 北京：北京大学出版社, 1992

[6] 高鸿主编. 分析化学前沿. 北京：科学出版社, 1991

[7] R. M. Silverstein, G. C. Bassler, T. C. Morrill 著；姚海文等译. 有机化合物光谱鉴定（其附录 IIA 为 Beynon 表）. 北京：科学出版社, 1982

[8] F. Rouessac, A. Rouessac. *Chemical Analysis-Modern Instrumentation Methods and Techniques*. John Wiley & Sons Ltd. , 2000

[9] 范康年. 谱学导论. 北京：高等教育出版社, 2001

[10] 北京大学仪器分析教学组. 仪器分析教程. 北京：北京大学出版社, 1997

思考题与习题

22.1 质谱仪器由哪些主要部件组成？它们的作用是什么？

22.2 试述电子轰击源的工作原理以及优缺点。

22.3 试计算下列化合物的(M+2)/M 和(M+4)/M 的强度之比：

$$C_7H_6Br_2, \quad CH_2Cl_2, \quad C_2H_4BrCl$$

22.4 要分开下列各离子对,要求质谱仪的分辨本领是多少？

$$C_{12}H_{10}O^+ \text{与} C_{12}H_{11}N^+, \quad N_2^+ \text{与} CO^+, \quad CH_2O^+ \text{与} C_2H_6^+$$

22.5 某含卤素的碳氢化合物 $M_r=142$,M+1 峰强度为 M 峰的强度的 1.1%。请分析此化合物含有几个碳原子,可能的化学式是什么？

22.6 某未知化合物的电子轰击质谱图如下图所示,m/z 为 93 和 95 的谱线强度接近,79 和 81 的峰强度也类似,而 m/z 为 49,51 的峰强度之比为 3∶1,试推测其结构。

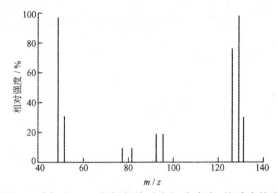

22.7 正丁酸甲酯的质谱图如下,请标出 m/z 数据的峰对应的碎片峰,并讨论其形成机理。

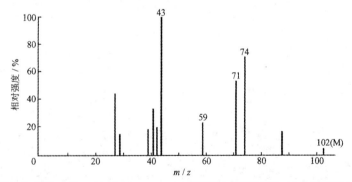

22.8 某纯液体化合物的化学式为 $C_5H_{12}O$, bp. 138℃,质谱图如下图所示,试推测其结构。

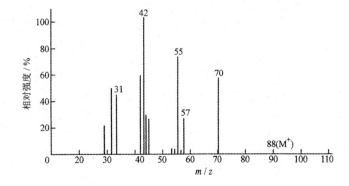

22.9 化合物 A 含 C 47.0%，H 2.5%，为固体，mp. 83℃；化合物 B 含 C 49.1%，H 4.1%，为固体，bp. 181℃。质谱图如下图所示，试推测其结构。

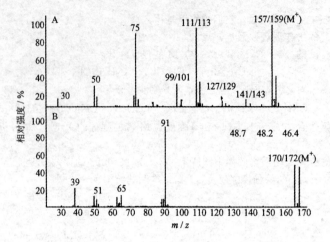

第 23 章 流动注射分析

传统的溶液化学分析方法是手工分析,其特点是将被测物与试剂均匀地混合,让反应达到化学平衡状态,根据反应过程中的化学计量关系以及试剂(滴定剂标准溶液)的用量或生成物的量(沉淀的质量、有色物质的浓度等)确定试样中被测组分的含量。这种经典的分析方法至今仍被广泛应用,也是化学分析人员基本的训练内容之一。手工分析的缺点是手续繁杂、速度慢,分析结果与分析人员的技术水平和熟练程度有关,还不可避免地使分析人员长时间接触化学药品,严重影响健康。

为了克服手工分析的缺点和困难,几十年来,人们根据不同的分析要求,模拟手工分析的程序设计了各种各样的机械程序分析装置,用机械操作代替手工操作,给分析工作者减轻了许多负担,分析速度、准确度、精度也有了一定的提高。但这类程序分析器一般只适于分析一两种特定组分,通用性差。20 世纪 50 年代,连续流动分析技术发展起来了。它的基本方法是把各种化学分析所要用的试剂和试样按一定的顺序和比例用管道和泵输送到一定的反应区域,进行混合,完成化学反应,最后经检测器检测并由记录仪显示分析结果,实现了管道化的自动连续分析。但这些分析仍建立在化学平衡的基础上,速度受到限制。

丹麦技术大学的 J. Ruzicka(茹奇卡)教授和 E. H. Hansen(汉森)副教授于 1974 年提出了流动注射分析(flow injection analysis,FIA)的新概念。把试样溶液直接以试样塞的形式注入到管道的试剂载流中,不需反应进行完全,就可以进行检测。摆脱了传统的必须在稳态条件下操作的观念,提出化学分析可在非平衡的动态条件下进行,从而大大提高了分析速度。一般可达每小时进样 100~300 次。从样品注入到检测器响应的时间间隔一般小于 1 min。设备较简单且灵活,操作简便,启动和关机时间仅需几分钟,因此 FIA 技术不仅适于大批量的常规分析,也适于少量非常规样品的自动测定。FIA 是一种良好的微量分析技术,一般每次测定仅需25~100 μL 样品溶液。由于样品与试剂用量甚微,又在封闭系统中完成测定,因此极大地降低了对人体的毒害和对环境的污染。

23.1 流动注射分析的基本原理

23.1.1 受控扩散和定时重现

样品被注入到试剂载流后,试样塞有矩形浓度轮廓,如图 23.1(a)所示。当样品在载流载带下通过管道移动时,就发生带展宽或扩散。展宽区带的形状由两种作用决定。首先是由层流产生的对流作用使液流中心部分比贴近管壁部分移动得快,因此形成抛物线形的前沿,如图23.1(b)所示。区带展宽也是扩散作用的结果。这里存在两类扩散:径向扩散和轴向扩散。径向扩散就是与流动方向垂直的扩散,轴向扩散则是与流动方向平行的扩散。在细管道中后者一般不重要,但径向扩散总是重要的,尤其是流速较慢时,径向扩散可能是样品带分散的主要原因,以致可形成对称的分析状态,如图 23.1(d)所示。事实上,流动注射分析常在对流和径向扩散两种分散共存的情况下进行,因而获得如图 23.1(c)的峰。此时从管壁朝向中心的径向扩散起着重要作用,使分析物基本上脱离了管壁,因此可消除样品之间的交叉污染。

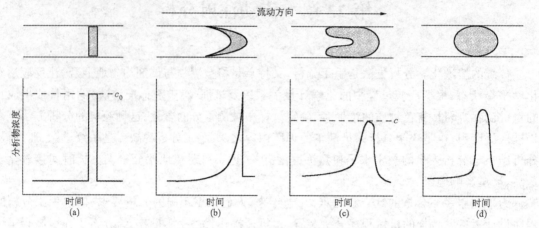

图 23.1　对流和扩散作用

(a) 无分散;(b) 对流引起的分散;(c) 对流和径向扩散引起的分散;(d) 径向扩散引起的分散

当样品通过流通池时,检测器所记录的是连续变化的信号,可以是吸光度、电极电势或任何其他物理参数,因而不需要达到化学平衡(稳态条件)。以分光光度法测定 Cl^- 为例,所基于的反应是

$$Hg(SCN)_2 + 2Cl^- \rightleftharpoons HgCl_2 + 2SCN^-$$

$$Fe^{3+} + SCN^- \rightleftharpoons Fe(SCN)^{2+}$$

Cl^- 和硫氰酸汞(Ⅱ)反应,释放出来的 SCN^- 继续与 Fe(Ⅲ)反应生成深红色的硫氰酸铁络合物,再测定它的吸光度。图 23.2(a)为此方法的 FIA 流程图。

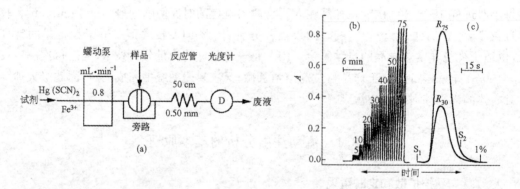

图 23.2　流动注射测定 Cl^-

(a) 流路设计图;(b) 5~75 $\mu g \cdot mL^{-1}$ Cl^- 的平行测定;(c) 30 $\mu g \cdot mL^{-1}$ 和 75 $\mu g \cdot mL^{-1}$ 样品的快速扫描

含 5~75 $\mu g \cdot mL^{-1}$ Cl^- 的溶液(S)通过 30 μL 阀注入含有混合试剂的载液中,载液由泵驱动,流速为 0.8 $mL \cdot min^{-1}$。随着注入的样品在试剂载流中扩散,流经混合螺旋管(长 0.5 m,直径 0.5 mm)时就形成了硫氰酸铁,并流向检测器 D。通过微流通池(体积为 10 μL)连续监测并记录液流在 480 nm 的吸光度 A(图 23.2(b))。为了考察分析读数的重现性,在此实验中每个样品被平行注入 4 次。从浓度为 75 $\mu g \cdot mL^{-1}$ 和 30 $\mu g \cdot mL^{-1}$ 的两个样品峰的快速

扫描图(图 23.2(c))看到,当下一个样品(在 S_2 注入)到达时,留在流通池中的前一个溶液已少于 1%。当样品注入时间间隔为 30 s 时,样品就不会交叉污染。这些实验清楚地显示了 FIA 的一个基本特点:在样品通过分析流路时,以完全相同的方法顺序处理所有的样品。亦即,对一个样品如何处理,对其他任何样品也以完全相同的方法进行处理。流动注射体系中准确体积样品的注入、重现和精确的定时进样以及从注入点到检测点体系的完全相同的操作(所谓控制或可控分散),形成注入样品的浓度梯度,从而产生瞬间的但可精确重现的记录信号,使得流路中的任何一点都能像稳态一样准确测量。一般用峰值作为分析信号,可以获得较高的灵敏度。

23.1.2　分散系数

为了合理地设计 FIA 体系,重要的是知道原始样品溶液在它流到检测器的途中稀释的程度如何,以及从样品注入到读数消耗了多长时间。为了达到这个目的,定义分散系数(dispersion coefficient)D 为:在产生分析读数的那个流体单元,样品物质浓度在分散前后的比值。即

$$D = c_0/c \quad (D > 0)$$

式中 c_0 为注入样品中分析物的浓度,c 为检测器中分析物的浓度。测定一个给定的 FIA 体系的分散系数的最简单的方法是:注入已知体积的染料溶液到无色的载液中,并用分光光度计连续监测分散的染料区带的吸光度,测量记录的峰高(即吸光度),再与用未稀释的染料充满吸收池时获得的信号比较。如果遵从朗伯-比尔定律,两个吸光度的比值就是 D,它可以描述 FIA 管线、检测器和检测方法。例如当 $D = 2$ 时,就意味着染料用载液 1:1 稀释了。值得注意的是,分散系数的定义仅考虑了分散的物理过程,而未考虑化学反应。应该强调的是,任何 FIA 峰都是两种动力学过程同时发生的结果:区带分散的物理过程和样品与试剂间发生反应的化学过程。对每一个单独的注入循环过程,物理过程重现得很好。它不是一种均相混合,而是一种分散,其结果是在样品中形成浓度梯度。

分散系数主要受 3 种相互作用且可以控制的变量影响,即样品体积、管的长度和流动速度。注入的样品体积越大,分散系数越趋向于 1,也就是说样品与载液无明确混合,因此没有发生样品稀释;从样品注入到检测器流经的管长增加,试样塞在管道中扩散混合的时间也增加,分散系数增大;载流流速增加会引起对流扩散的增强和留存时间的减少,这两种因素对分散度的作用效果是相反的。因载流流速增加引起的分散度增加值远小于因留存时间缩短引起的分散度减小值,所以载流速度增加时 D 值下降。

设计 FIA 体系时,需根据实验目的综合考虑各种因素的影响,以确定最佳流路。例如,建立的 FIA 系统是用于常规大批量分析的,那么提高分析速度、增加进样频率就是要考虑的主要方面,就应当减少进样体积,缩短管长,提高流速。

分散系数大致可分为 4 种情况:有限的($D = 1 \sim 3$)、中度的($D = 3 \sim 10$)、高度的($D > 10$)以及减小的($D < 1$)。相应设计的 FIA 体系已被用于各种各样的分析任务。当注入的样品以未被稀释的形式被运载到检测器时,采用的是有限分散,也就是将 FIA 体系用做将样品严格而准确地运载到检测装置(如离子选择电极、原子吸收分光光度计等)的工具。当待测物必须与载液混合并发生反应,以形成要检测的产物时采用中度分散。只有当样品必须被稀释到测量范围内时才应用高度分散。减小的分散意味着检测的样品浓度高于注入的样品浓度,即发生了在线预浓缩(例如通过离子交换柱或经过共沉淀)。

23.2　流动注射分析仪的基本组成

图 23.2(a)是最简单的流动注射体系的流程图。FIA 仪一般由流体驱动单元、进样阀、反应管道和检测器组成。

23.2.1　流体驱动单元

在流动注射体系中,最常见的是用蠕动泵驱动溶液。图 23.3 表明了蠕动泵的操作原理。

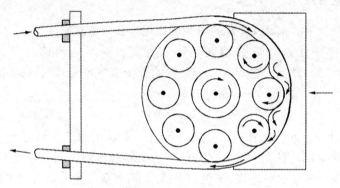

图 23.3　单管路蠕动泵示意图

蠕动泵一般都有 8～10 个排列成圆圈的滚轴,通过转动的滚轴将液体压进塑料或橡胶管。流速由马达的转速和管子的内径控制。若固定蠕动泵的旋转速度,流速就由每个管子的内径决定。商品化的管子具有 0.25～4 mm 的内径,允许流速最小为 0.0005 mL · min^{-1},最大为 40 mL · min^{-1}。蠕动泵可以进行几个管子的同时操作,特别适于应用多种试剂但又不能预先混合的情况。FIA 也可以用活塞泵,但价格较贵,且只允许单流路传送,对于多路管线,则需几个单独的泵。

23.2.2　进样阀

进样阀(valve for injection)又称采样阀、注入阀或注射阀。用得最多且效果最令人满意的是类似于高效液相色谱(HPLC)中所用的旋转式六通阀。注入样品的体积可以为 5～200 μL,典型的是 10～30 μL,用具有适当长度和内径的外部环管计量。这种"塞式"注入的进样方式对载流流动干扰很小,取样和注入过程均可精确重复。

23.2.3　反应管道

在 FIA 管线中所用的导管多数是由细孔径的聚乙烯管和聚四氟乙烯管组成,典型的内径为 0.5～0.8 mm。如图 23.2(a)所示,反应管道(reaction pipeline)通常是盘绕着的,可以增强径向扩散,减小轴向扩散,减弱试样塞增宽的程度而导致更对称的峰,获得较高的灵敏度,而且可以提高进样频率。如果在反应管道内填充直径为管道内径 60% 的玻璃球,则称为单珠串反应器,用这种管道可以得到十分对称的峰形,而分散程度比同规格内径的敞口直管反应器的分散度小 10 倍。

为了连接管道,并使液流按需要分支或集合,经常使用被称为"化学块"或"功能组合块"的装置。在"化学块"的管道连接处可以产生"径向效应",使试样与试剂有效地混合,因而提高进样频率和分析灵敏度。

23.2.4　检测器

FIA 实际上可以与任何类型的检测器(probe unit)相匹配,这也是 FIA 取得很大成功的原因之一。例如 AAS、AES、分光光度计、荧光光度计、电化学系统、折射仪等。

带流通式液槽的分光光度计检测器是 FIA 中用得最多的。流通池和一般吸收池的区别在于:流通池是动态测定,吸收池是静态测定。除了为获得一定的灵敏度而要求有足够的光程外,还要求流通池体积尽可能小,以便减少载流量、试剂量、试样量,并提高分析速度。在液体流通的区域内要避免死角,以避免试样残余液滞留于死角区影响重现性,或截留气泡而干扰测定。图 23.4 中(a),(b)为两种常用的玻璃或石英流通池。然而,用泵输送载流通过分光光度计的做法远不如把光束从分光光度计引入流动注射分析系统,然后再返回光度计更为合理。因而在最近的设计中,广泛地使用了光导纤维。这样,可以将流通池和微管道结合在一起,进行吸光度测定或荧光检测。

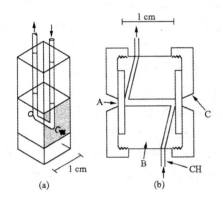

图 23.4　分光光度法中的流通池
(a) 固定在多数商品光度计上的 Hellma 池;
(b) Z 型池,其中 A 为透明窗,B 为聚四氟乙烯池体,C 为池套,CH 为入口通道

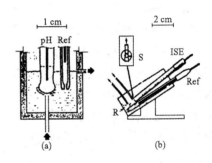

图 23.5　离子选择电极流通池
(a) 射流壁式结构流通池;(b) 梯流式结构流通池

离子选择电极检测器也是 FIA 中常用的一种检测器。图 23.5 为离子选择电极流通池示意图。其中(a) 为装在一个较大的池体中带有玻璃电极(pH)和参比电极(Ref)的射流壁式流通池,试液从一个窄小的喷口射到传感器表面,池内液面保持恒定。(b) 为装有离子选择电极(ISE)和参比电极(Ref)梯流式结构的流通池。载流流过离子选择电极的敏感膜表面,然后再与参比电极接触。通过控制流入流出管口的液流流量调节池中载流的液位。尽管这类流通池的体积可达 1 mL,但其有效体积很小,约为 10 μL。因为被测的只是冲刷电极敏感膜表面的很薄的一层液体。pH 电极、钾离子、硝酸根离子、锂离子等离子选择性电极已成功地用于 FIA 系统中。其他类型的电极和材料也可以和 FIA 微管道技术结合,实现电导法、伏安法或库仑法的微型化。

23.3 FIA 技术及应用

23.3.1 用于重复的和精确的样品传送(有限分散的应用)

由于 FIA 固有的严格定时性,可以用此项技术将给定的样品精确而重复地传递到检测器,从而保证每一个测量循环过程中所有的条件严格保持一致。当火焰原子吸收光谱、原子发射光谱或电感耦合等离子体原子发射光谱与 FIA 结合时,样品的等分试样被直接吸入火焰或等离子体,这些分析仪器的性能就会获得改善,且在某些情况下被大大加强。与传统的样品溶液吸入法相比,可以提高进样频率,进样速率可达 300 样 · h^{-1}。更重要的是,在一般吸入一个样品的时间内可以分别注入两份样品,这意味着 FIA 法不仅能提高精度,也能改善准确度。另一个优点是样品与检测器接触的时间非常短,其余的时间可以用载液清洗检测器。这意味着有高的清洗-进样比,因此可以大大地减少或消除由高浓度盐造成的燃烧器堵塞的情况。

有限分散注入也被用于电化学检测器中。以动态方式操作的很多离子选择性电极容易获得快速、重现的读数。应用 FIA 体系获得 pH、pCa 或 pNO_3 仅需小体积样品($\approx 25\ \mu L$)和很短的测量时间(≈ 10 s)。也就是说在稳态平衡建立前就被测定了。离子选择电极的一般特性是需要相当长的时间(1 min 或更长)才能达到稳态条件,因此读数时间难以严格确定。在 FIA 中这一问题完全由仪器来解决,因为样品是在由选定的管线控制的确定时间后到达检测器的。实验表明,血清 pH 的测量可达 240 样 · h^{-1},精度为 ±0.002 pH,样品注入后 5 s 内即可显示结果。通常有限分散可通过尽可能减少注入口与检测器间的距离、降低泵速以及增加样品体积来实现。因此对于上述的 pH 测量,0.5 mm 管的长度仅 10 cm,样品体积为 30 μL。

离子选择性电极也常常对所研究的离子和干扰物质表现出动力学分辨能力。由于在样品与电极的短的作用时间里,传感器可能对不同物质的响应明显不同,因而可以改善传感器的选择性和检测下限。

待测物浓度和生物传感器的信号响应之间的线性关系,要求满足准一级动力学方程,这样的条件在 FIA 体系中是容易实现的。通过调节 FIA 系统的流速可以直接控制转化的待测物的量,从而使体系可用于生理学测量。此外,利用待测物和干扰物在电极膜层内扩散速率的差异,控制样品与膜的接触时间还可用于动力学分辨。以 FIA 方式工作的生物传感器能保证对传感器本身的连续监测,记录的基线信号就反映了传感器的稳定性。

23.3.2 FIA 转换技术(中度分散的应用)

FIA 转换技术(conversion techniques)可以被定义为:借助适当的样品预处理、试剂生成或基体改性,通过动力学控制的化学反应使不能被检测的物质转化成可被检测的成分的过程。图 23.2 所示的体系中,Cl^- 的检测显然需要通过化学反应才能进行,这是一个很好的中度分散的应用实例。在这类 FIA 体系中,分散应当足够快,以使样品和试剂部分混合,发生反应,但又不过度分散,以免不必要地稀释待测物,使检测灵敏度降低。多数 FIA 步骤是基于中度分散,因为待测物必须经历某种形式的智能"转化"。

在批量化学分析中,总是等到反应达到平衡才进行测量,因而不能利用反应速率之间的差异,而在 FIA 模式中,被测物与干扰物和相同试剂作用的微小反应速率差异会导致不同的测

量灵敏度。例如,分析氯酸盐是依据下列反应:

$$2ClO_3^- + 10Ti^{3+} + 12H^+ \longrightarrow 10Ti^{4+} + Cl_2 + 6H_2O \qquad (快)$$

$$Cl_2 + LMB \longrightarrow MB \qquad (快)$$

$$MB + Ti^{3+} \longrightarrow LMB + Ti^{4+} \qquad (慢)$$

该测试过程是:将氯酸盐样品注入酸性 Ti(Ⅲ)载流中,接着与无色美蓝(LMB)液流合并,生成蓝色物质 MB,这两步反应非常快。MB 经第三步反应被还原的速度是慢的。因此通过测量第二步反应产生的 MB 的吸收,很容易对氯酸盐定量。当 MB 被还原时,样品带已经通过了检测池。

另一个说明此方法应用的例子是在临床化学中有意义的硫氰酸盐的测定。除了吸烟者外,存在于人体的硫氰酸盐浓度是极低的。硫氰酸盐在人体中的半衰期大约是 14 天,因此通过体液(唾液、血液和尿液)分析就很容易区别吸烟者和非吸烟者。一个测定硫氰酸盐的快速而简便的 FIA 方法是基于以下的反应:

$$SCN^- + 5\text{-}Br\text{-}PADAP + 氧化剂 \xrightarrow{2\ mol \cdot L^{-1}H^+} 红色产物(亚稳态)$$

产物生成迅速,摩尔吸光系数很高,但随后就褪色,寿命约 10 s。因此在生色最大的那一刻读数很重要。所用的 FIA 系统示于图 23.6。样品(50 μL 唾液)被注入到水载流中,随后与试剂 5-Br-PADAP(2-(5-溴-2-吡啶偶氮)-5-二乙氨基酚)合并,再和氧化剂重铬酸钾合并,最终的混合体系中酸的浓度约为 2 mol·L^{-1}。由于 FIA 可重现的定时性,故可定量检测亚稳态的有色产物。

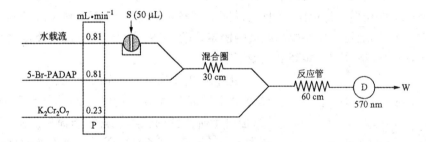

图 23.6　用于测定亚稳态反应产物的 FIA 流程图

不过,还存在一个问题。即使没有硫氰酸根存在,5-Br-PADAP 和重铬酸盐也会逐渐发生反应,生成在测定波长(570 nm)有吸收的组分,即形成消极的背景信号,且随反应时间而增大。如图 23.7 所示,待测物的瞬间信号为时间的函数,先增加,后减少,而背景信号却稳定地增加。通过 FIA,适当地设计分析体系,有可能调节样品停留时间,从而精确地在两个信号之差最大时(由箭头和垂直虚线表示)进行有效的检测。图 23.8 绘出了一些用图 23.6 所示的 FIA 系统获得的实际响应信号。左侧显示的是一系列标准水溶液的信号(范围为 5～100 μmol·L^{-1},每一样品重复进样两次),右侧显示的是来自吸烟者的 5 个唾液样品和来自非吸烟者的 5 个样品(也都是重复进样两次)。正如图中所见,吸烟者与不吸烟者形成明显不同的两组信号。而从分析的观点来说更有意义的是,尽管背景信号相对较高,但所有两次进样的重现性是非常令人满意的。

对于氧化还原过程中产生的"瞬态"试剂(如 Ag(Ⅱ)、Cr(Ⅱ)或 V(Ⅱ)),由于其本身固有的不稳定性,在通常的分析条件下是不能对其进行检测的,但在 FIA 体系中可以提供保护性环境形成并应用这些试剂。

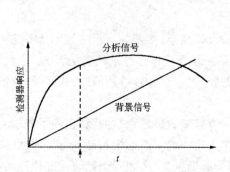

图 23.7　在一个背景信号稳定增加的体系中，
利用 FIA 测定亚稳态物质

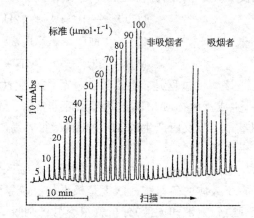

图 23.8　用图 23.6 所示的 FIA 系统获得的
硫氰酸盐信号

23.3.3　FIA 多相转换技术（中度分散的应用）

在 FIA 系统中可以通过多相转换技术提高分析测定的选择性。例如把气体扩散、渗析、溶剂萃取、离子交换或固定化酶等操作与管线步骤结合，以便将样品成分转变成可检测的物质。

1.　固定化酶反应器

当在 FIA 模式中应用填充到小的柱型反应器中的固定化酶时，不仅能提供选择性、经济性和由于固定化而获得的稳定性，而且也保证了严格的重现性，从而保持了分析周期之间固定的转换程度。另外，通过小体积内高浓度的固定化酶，可以使底物在样品稀释度最小时充分而快速地转化，小的分散系数又能降低检测下限。

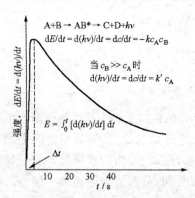

图 23.9　典型的生物或化学发光过程

化学和生物发光是特别引人注意的检测方法，这主要是由于发光过程具有的潜在高选择性和宽的动态范围，也由于所需要的仪器设备相当简单。而且，化学和生物发光具有一个大多数光学方法所不及的优点：只有样品存在时才产生光并测量其强度，一般不存在空白的问题。然而，发光反应常常产生瞬时发射。因为发光强度正比于反应速率，而不是有关物质的浓度（图 23.9），因此，最常见的辐射是以迅速减弱的闪光形式发射。鉴于此，常规定量方法是在固定的时间区间对强度积分，并将积分值与待测物的量相关联。显然，如果在一个严格确定的且保持可重现的条件下测定光强度 dE/dt，并且以完全相同的方式对所有的样品进行物理和化学处理（即在一定的延迟时间重复测定），就能使 dE/dt（最好是对应最大发射的 Δt 值）直接与待测物的浓度相关联。这一点可以通过使用 FIA 来实现。因此，发光与 FIA 的结合革新了生物和化学发光作为分析化学检测方法的应用。图 23.10 给出了应用化学发光的例子。这是一个用固定化葡萄糖氧化酶测定葡萄糖的体系。样品经阀注入缓冲液载流，然后导入酶反应器。在反应器中葡萄糖降解生成过氧化氢，接着与鲁米诺和六氰高铁（Ⅲ）酸盐混合，从而产生了可用一组光二极管监测的化学发光。由此可见，酶在分析链中被用来提供选择性,而 FIA 则是定量分析的有利工具。

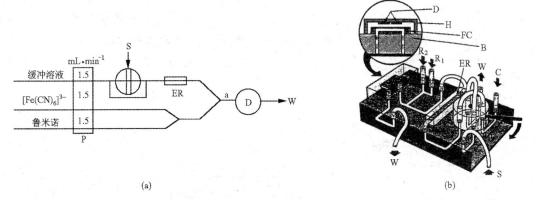

(a)　　　　　　　　　　　　　　　　　(b)

图 23.10　化学发光测定葡萄糖的流程图(a)和 FIA 微型组合系统(b)

(a)中 ER 为装有固定化葡萄糖氧化酶的反应器;(b)中 C 为缓冲液,R_1 是鲁米诺,R_2 是六氰高铁酸盐,流通池 FC 包括
固定在外壳 H 上的两个光二极管 D,H 固定在微型管线底盘 B 上

2. 渗析和气体扩散

渗析常被用于从相对分子质量高的物质(如蛋白质)中分离无机离子,如 Cl^-、Na^+ 或小的有机分子,如葡萄糖。小的离子和分子可以较快地扩散通过薄的醋酸纤维素或硝酸纤维素亲水膜,大分子则不能。在血液或血清中的离子和小分子测定之前常需要进行渗析。

图 23.11 为渗析模式图。分析物离子或小分子从样品溶液透过膜进入接受溶液,其中常含有试剂,与分析物反应形成有色物质,然后用光度法测定。干扰测定的大分子则留在原来的溶液中。膜被支撑在两个塑料盘中间,塑料盘上刻有适合于两部分溶液流动的沟槽。小分子通过膜的迁移通常是不完全的(常常小于 50%),因此成功的定量分析需要严格控制样品和标准溶液的温度和流速。在 FIA 系统中这样的控制不难实现。

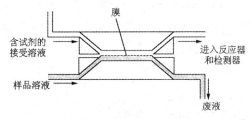

图 23.11　渗析模式图

让气体从给体液流扩散到受体液流,并与其中的试剂反应而被检测,是可以通过 FIA 技术进行的高选择性测定方法。这种分离也可以在类似于图 23.11 的部件中进行。这时,膜通常是疏水性的微孔膜,如 Teflon 或全同聚丙烯。应用这种分离技术的一个典型例子是水溶液中总碳酸盐的测定。样品被注入稀硫酸载流中,然后导入气体扩散装置,在那里,释放出的 CO_2 扩散到含酸碱指示剂的受体液流中。通过光度计检测,产生的信号正比于样品中碳酸盐含量。

3. 溶剂萃取

溶剂萃取是很有效的分离和富集方法之一。但有机试剂污染环境,严重损害人的健康,因而影响了这门技术的发展和应用。FIA 溶剂萃取方法是在密闭体系中连续进行的,使用的有机溶剂少,是实现自动化萃取的一个良好途径。

FIA 溶剂萃取分析流路如图 23.12(a)所示。A 是有机溶剂加入装置(如图 23.12(b)所示),B 是萃取盘管,C 是相分离装置(如图 23.12(c)所示)。试样塞被水载流带到 A 点,被加入的有机试剂"分割"成水相和有机相相间隔的小段,然后进入萃取盘管 B,经萃取后,水相和有机相在 C 处分离。分离出的含有分析物质的有机相最后可通过分光光度计、原子吸收等检测器进行检测。

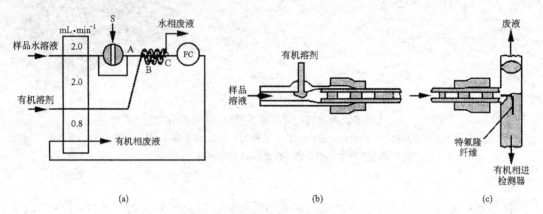

(a)   (b)   (c)

图 23.12 带有萃取部件的流路图(a)和有机溶剂加入装置(b)以及相分离装置(c)

4. 离子交换树脂填充反应器

FIA 转化技术已被证明对于无论是总和还是单一种类的阴离子的测定都是很引人注目的。这些离子很少形成有色组分,以致难于直接用光度法进行测定。图 23.13 所示为引入 OH^- 型阴离子交换树脂柱的 FIA 系统,将含有阴离子的试样溶液注入到弱碱性的载流中(2×10^{-5} mol·L^{-1} NaOH)并流经阴离子交换柱(内径 1.2 mm,长 8 cm),柱上等摩尔的 OH^- 从树脂上释放出来,接着与含有酸碱指示剂的弱酸性溶液(2×10^{-5} mol·L^{-1} HNO$_3$)汇合。通过测定酸碱指示剂颜色的变化即可间接测定样品中阴离子的含量。这样,可以在 15 s 内测出低至 0.1 μg·mL^{-1} 的阴离子,也可以用硫氰酸根型的阴离子交换树脂使注入的阴离子取代等摩尔的硫氰酸根,再与含有 Fe(Ⅲ)的液流汇合,形成深红色的络合物进行光度法检测。

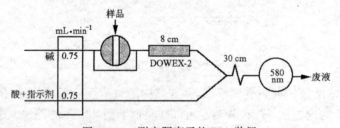

图 23.13 测定阴离子的 FIA 装置

23.3.4 流动注射滴定(高度分散的应用)

在流动注射装置中可以连续滴定(continuum titration)。如图 23.14(a)所示,将待滴定的样品直接加入到滴定剂载流中,在混合室 G 中很好地混合,产生适当的浓度梯度,在这分散的试样带的头部和尾部均可存在着使待测物和滴定剂达到化学计量点的流体单元,这两个流体单元的分散系数相同.两点间的距离随注入样品浓度的增大而增大,随载流中滴定剂浓度的增大而减小.例如,用 NaOH($1×10^{-3}$ mol·L^{-1})滴定 HCl($0.007～0.1$ mol·L^{-1}),滴定剂液流中含有指示剂溴百里酚蓝.滴定过程中指示剂颜色从碱的蓝色到酸的黄色,再回到蓝色.以分光光度计监测颜色变化,即可获得图 23.14(b)记录的信号.半高峰处的峰宽与被滴定物质浓度呈正比.这类滴定可以 60 样·h^{-1} 的速度进行.所有传统的滴定方法均可在 FIA 滴定体系中得到体现.

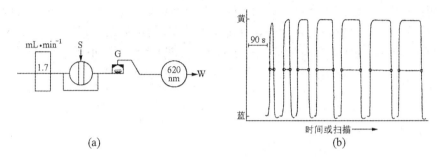

(a)　　　　　(b)

图 23.14　NaOH 滴定 HCl 的流路图(a)及记录的曲线(b)

(b)中从左至右 c(HCl)分别为 0.007,0.01,0.02,0.04,0.06,0.08,0.10 mol·L^{-1}

23.3.5　在线预富集

FIA 技术的最大优点之一是易于与别的组件结合以达到特定的分析目的.固定化酶反应器已被用于底物的选择性降解;含有氧化剂或还原剂的反应器已被用于产生新生态试剂;离子交换柱可以除去干扰组分,或者将样品组分转化为可检测的形式.此外,在线预富集(preconcentration)也是分析检测中一项重要的手段.例如用火焰原子吸收法测定水样中痕量阳离子时就需要进行预富集.预富集后流入检测器的样品浓度可能比注入样品的浓度大得多,此时 $D<1$.

FIA 预富集的步骤是:将较大体积的试样注入流路,通过微型填充反应器时将待测组分保留在那里,然后用少量洗脱剂将反应器中的待测组分洗脱下来并流经检测器.图 23.15 是用于预富集痕量金属离子的单道双阀 FIA 系统示意图.首先,用上游的阀(S)将大体积试样(例如 5 mL)注入到载流中并向前推进,一般在 1 min 之内通过阳离子交换柱(一般长为 2 cm,内径 1.5 mm,内装 Chelex-100 螯合树脂),然后用第二个阀(E)注入小体积洗脱剂(如 50 μL 1 mol·L^{-1} 的 HNO$_3$),将富集了 100 倍左右的待测物释放出来送到检测器中.采用这种离子交换预富集的主要优点是在从注入到检测器的所有时间内,所有的样品和标准均准确地得到相同的处理,并且对所有的样品和标准用的是同样的离子交换柱.由于任何时候流路的几何构

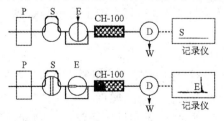

图 23.15　在线预富集单道双阀 FIA 系统

型和随后可能发生的化学反应都受到严格的控制而保持重现,因此待测组分被吸附的完全程度并不重要,但紧接着进行的洗脱必须是定量的,否则将发生样品的交叉污染。

用 FIA 体系可以很方便地通过共沉淀富集再溶解的方法进行分离。例如饮用水中痕量Se(Ⅳ)或 As(Ⅲ)的测定,在共沉淀预浓缩的同时也与基体组分分离了。如图 23.16(a)所示,在采样阀处于"充入"位置时,样品定时地注入,在用微管构成的编织反应器中(KR,100 cm 微孔管,内径 0.5 mm)同时加入氨性缓冲溶液和 La(Ⅲ)溶液,使样品沉淀。收集到足够量的沉淀之后,切换注入阀,沉淀用 1.0 mol·L^{-1} 的 HCl 载流溶解(图 23.16 (b)),接着与四氢硼酸盐溶液混合,生成的硒氢化物最后以辅助氩气流导入 AAS 的流通池。用这个方法,Se(Ⅳ)的检测下限达到 0.006 μg·L^{-1},在 0.1 μg·L^{-1} 时 RSD 为 3%,而 As(Ⅲ)的检测下限是0.003 μg·L^{-1}。而且,400 倍过量的 Ni(Ⅱ)和 Cu(Ⅱ)不干扰测定。

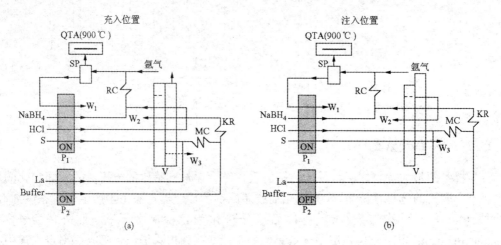

图 23.16 用于 Se 或 As 在线共沉淀-溶解的流动注射-氢化物生成-原子吸收光谱法
(FI-HG-AAS)示意图

23.3.6 停-流技术

FIA 停-流法是继 FIA 滴定法以来应用最多的一种梯度技术(gradient techniques)。该法是在试样带进入流通池的某一确切时刻停泵,记录反应混合物在静态条件下进一步反应的参数(如吸光度等),当记录曲线上升到所需高度时就可以启动蠕动泵继续测定。在停泵时间内分散基本不变而反应趋向完全。每次测量时,只要保证泵停止和启动时间不变,就能获得很好的重现性。如图 23.17 所示,当显色的样品区带通过流通池时记录吸光度曲线:曲线 A 表示连续泵入;曲线 B 表示泵开 9 s,停 14 s,再继续开泵;曲线 C(虚线部分)表示,如果在 14 s 的停流时间内流通池中发生零级或准零级化学反应,将会产生的信号曲线。这时曲线斜率正比于待测物浓度。

停-流法的主要应用有:

(ⅰ) 选择灵敏度。改变停泵时间就可获得不同的 FIA 停-流曲线,即可获得不同的检测灵敏度。如果正好停在峰位上,则可获得最高灵敏度。

(ⅱ) 判别反应。图 23.17 中曲线 C 表明反应还没进行完,停泵期间反应仍在进行,所以记录信号上升;曲线 B 表示反应已进行完全,因此停泵期间信号不变,出现平台;若记录曲线

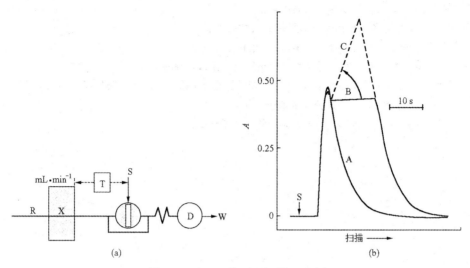

图 23.17　FIA 停-流原理的示意图

呈下降趋势则表明反应产物分解了。

（iii）测定反应速率。由于停-流的时机和时间长短都可以精确控制,在同一停-流时间内物理参数的变化即是反应速率的标志,所以停-流法也能用于测定反应速率。

由于固有的自动背景控制,停-流法特别适合于样品基体的背景值差异很大的应用领域,例如临床化学、生物工程和过程控制等。

从 1975 年第一篇 FIA 论文发表以来,流动注射分析这一新颖而独特的分析方法在环境监测、地质冶金、临床医学、农业、林业等诸领域得到了广泛的应用。它的精确控制几乎适于任何分析领域,它的灵活设计组装使其功能可以无止境地发展。

参 考 文 献

[1] 〔丹麦〕J. Ruzicka,E. H. Hansen 著;徐淑坤,朱兆海,范世华,袁有宪,方肇伦译. 流动注射分析. 北京：北京大学出版社,1991

[2] D. A. Skoog,F. J. Holler and T. A. Nieman. *Principles of Instrumental Analysis* (5th ed.). Saunders College Publishing,USA,1998

[3] R. Kellner,J-M. Mermet,M. Otto,H. M. Widmer et al. *Analytical Chemistry*. USA,New York,1998

思考题与习题

23.1　批量分析与连续流动分析之间的主要区别是什么？

23.2　FIA 与传统的连续流动方法之间的特征区别是什么？

23.3　如何定义 FIA 中的分散系数 D,对于给定的 FIA 体系如何测定之？

23.4　分散系数能否给出给定分析中涉及的化学反应信息？

23.5　为什么以 FIA 方式操作离子选择电极和生物传感器是有利的？

23.6　很多生物传感器是基于酶的应用,因为酶可以提供高选择性。如果要获得待测物浓度和响应信号之间的线性关系,先决条件是达到准一级反应动力学。这意味着什么？在 FIA 体系中怎样才能实现这些条件？

23.7 FIA 与 AAS 结合会提供哪些特殊的优点？

23.8 动力学区别意味着什么？如何将其用在 FIA 中？举例说明。

23.9 初生态试剂意味着什么？为什么 FIA 中可用初生态试剂？

23.10 FIA 与依赖生物或化学发光的检测方式相结合有什么独特的优点？

23.11 在线样品预浓缩应用于 FIA 中，以便达到较低的检测下限。举两例说明如何实现预浓缩？

23.12 什么是 FIA 的梯度技术？这种技术依赖于什么？

23.13 在 FIA 中用到停-流测量，这种测量方法的目的是什么？

第 24 章 热分析与有机元素分析

当一种物质或混合物加热至不同温度时,会发生物理或化学变化,如溶解、沸腾、分解或反应等。这些物理或化学变化与物质的基本性质如成分、各组分含量有关。通过指定控温程序控制样品加热过程,并检测加热过程中产生的各种物理、化学变化的方法通称为热分析法。常见的有热重分析(thermogravimetric analysis,TGA)、差热分析(differential thermal analysis,DTA)、差示扫描量热分析(differential scan calorimetry,DSC)等。

因为加热过程产生的物理或化学变化与所测样品的成分及组成等特性密切相关,热分析可以进行定性的定量分析,从无机物、药物到高分子材料特性分析中都有广泛的应用。

24.1 热 重 分 析

热重分析法是测量样品承受温度变化产生的挥发、分解等过程导致的质量变化,最早研究的是重量分析中沉淀形的处理条件。例如草酸钙沉淀干燥时的湿度控制等,研究发现草酸钙 $Ca(COO)_2 \cdot H_2O$ 随着加热温度的变化会发生不同的分解过程:

$$Ca(COO)_2 \cdot H_2O \longrightarrow Ca(COO)_2 + H_2O$$
$$Ca(COO)_2 \longrightarrow CaCO_3 + CO$$
$$CaCO_3 \longrightarrow CaO + CO_2$$

精确测定草酸钙结晶随温度变化过程可以获得图 24.1,结果表明干燥程度、温度必须准确控制才可以获得比较好的结果。

现在热重分析主要应用在无机物结晶水,高分子材料中易挥发溶剂、未聚合单体、引发剂等含量测定中。还可以应用在煤、重油等化工原料在空气、氧气及惰性气氛下失重过程的测量,从而获得样品中不同成分的信息。

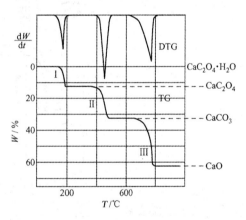

图 24.1 草酸钙在空气气氛下以 $3\,^{\circ}\!C \cdot min^{-1}$ 加热获得的 DTG/TG 曲线

1. 热重分析仪器

热重分析测定质量随温度变化而产生的变化,因此仪器主要包括温度控制与测量、质量测定两个部分。结果也仅有两种情况:一种是在某一温度下样品因分解、蒸发等产生的失重;另一种是在某一温度范围内不产生失重,说明样品材料性质比较稳定。

温度控制与测量主要由加热炉和温度测量热电偶组成,根据工作需要可以选用适应于不同温度范围的热电偶,此系统需要解决的问题是如何保证加热炉、样品及热电偶三者温度的一致性或相关性。

质量的测量主要由微天平来完成,早期使用 Chevanard 天平来进行测量(图 24.2),在这样的装置中,样品在加热炉里以指定的升温速度加热,天平随时记录质量变化。

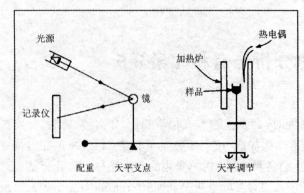

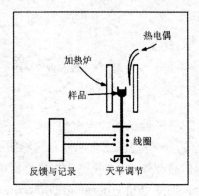

图 24.2　Chevanard 天平　　　　　　　　图 24.3　零点补偿天平

另一种称量方法是利用零点补偿进行测量(图 24.3),在分析过程中随着样品称重变化,补偿线圈中电流产生相应变化以保证样品杯始终处于在加热炉中一个指定的区域,可以有效地保持加热炉温度与样品温度的相关性变化不大。

还有一种是直接称量方式的仪器(图 24.4),在这类仪器中,通过弹簧秤、自平衡秤及 Cahn 电子天平等进行测量,如利用石英弹簧上指针可以直接读出质量变化。

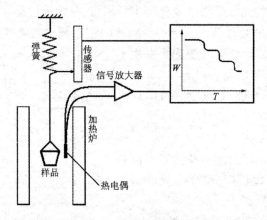

图 24.4　直接称量热分析仪

2. 热重图及应用

图 24.1 所示热重仪获得的质量随温度变化的图谱称为热重图。从图中可以得出气体逸出的温度及变化范围,对于已知体系可以通过指定反应产生的失重计算出样品中某种成分(如前例中草酸钙结晶)的纯度。

从热重图中可以获知一些非常有用的信息,如样品在某个温度下发生分解或其他反应呈不稳定状态,特别是高分子材料、各种合金、建筑材料等发生分解的温度是其重要安全指标之一。还有如利用空气、氧气气氛下进行燃烧失重研究,可以得出原料煤的热值、最佳燃烧温度、残渣等信息。

利用失重量及失重温度不同,还可以进行无机物、矿石、高分子材料的鉴定等。图 24.5 是利用热分析方法分析某种药物中水的含量,结果表明游离水分在约 45℃时基本挥发完毕,在 45~100℃时为结合水的挥发过程,通过这种研究表明药片的含水量及其不同形式存在的水均可以进行分析。

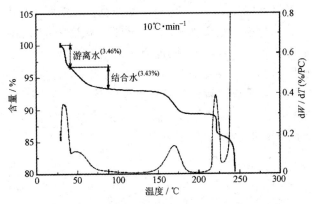

图 24.5　药物的高分辨 TGA 图

24.2　差 热 分 析

随着温度变化,许多物质会产生一系列吸热或放热过程,而这些过程可能并不一定发生质量变化而只是吸收或放出热量,如金属熔融、高分子材料的结晶变化等。差热分析方法就是测量被测样品在温度变化过程中产生的吸热和放热与不会发生任何变化的参比物质温度差异来进行分析的方法。

差热分析仪器主要包括加热炉、测定样品和参比温度的热电偶及相应控制电路,常见的差热分析信息来源如图 24.6 所示。

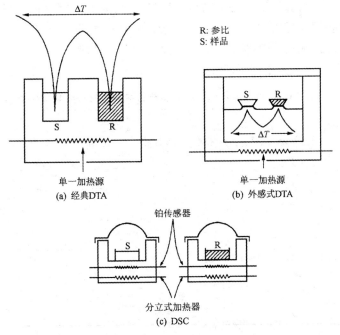

图 24.6　3 种热分析系统的信号来源示意图

在 DTA 仪器中,在程序控制下,整个加热过程按指定速率升温,实际上就同时对样品池和参比池进行加热,三组热电偶分别与加热块、样品池及参比池联用以监测温度变化过程中三部分的温度,特别是样品池与参比池电偶组成差分电路,温差就可以准确地进行检测。若在温度变化过程中,样品池与参比池温度一样,则没有任何信号输出。

而当样品发生物理变化时,样品池就会吸收或放出热量,如碳酸钙分解时,将产生 CO_2 并从坩埚和样品中吸收热量,在分解过程中样品池的温度就会比参比池低,这样样品池与参比池热电偶组成的电路中就可以产生出一个温差信号,以此信号为纵轴,以加热块温度为横轴,就可以获得一个DTA图谱(图24.7)。

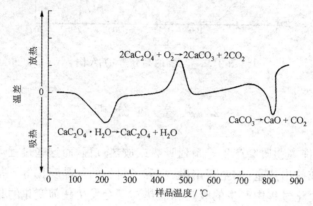

图 24.7　在氧气气氛下以 8℃·min⁻¹ 升温时草酸钙的 DTA 图

若样品在升温过程中因相变或失重过程中产生热量,即伴随一个放热反应,样品池则会比参比池温度高而出现一个正峰。通过监测出现放热或吸热过程的温度,可以有效地标示出体系中物质存在的形式和变化,而这种特征同样可以进行样品的定性分析。

DTA 仪器中要解决的主要问题是如何准确测定样品池与参比池温度差随控温套温度变化而产生的信号,准确地选择合适的热电偶成为控制仪器性能的一个重要因素。常见可以应用热分析仪器的热电偶及其类型列于表 24.1。

表 24.1　可以应用热分析方法进行测量的材料类型和性质

	样 品 类 型						
	化学品	高分子材料	爆炸物	土壤	塑料	纺织品	金属
鉴定	✓	✓	✓	✓	✓	✓	✓
定量构成	✓	✓	✓	✓	✓	✓	
相图	✓	✓	✓		✓		✓
热稳定性	✓	✓	✓		✓	✓	
聚合度	✓	✓			✓	✓	
催化性能	✓						✓
反应性	✓	✓	✓		✓	✓	✓
热化学常数	✓	✓	✓		✓	✓	

24.3　差示扫描量热分析(DSC)

量热计的作用是测定热量,按预定温度-时间程序变化改变样品的温度,称为动态或扫描。差示扫描量热计(亦称为动态热流差示量热计)由两个低热容的加热电偶配对的"孪生量热计"构成。加热电偶按预定的程序同步加热样品和参比物质,所谓扫描是指整个过程中,仪器以一非常短的间隔不断比较两个测量池的温差,这个温差反馈至控制系统调节两个池上的加热功率以保证两个池温平衡。一般用导热性比较好的铝或其他金属筒装样,并与加热元件和温度传感器接触。一般样品盘装载 1～100 mg 样品进行分析。

DSC 是与 DTA 方法类似,是另外一种可以测量样品与参比在升(降)温过程中温度差异的方法。在 DSC 仪器中,仪器通常包含 3 组加热装置,一组作为温度控制用,另外两组分别与样品和参比台相连接,当分别置于样品和参比处热电偶检测到两者温度差异时,通过启动相应的加热装置,保证两者温度保持一致。为保持两者温度一致所消耗的能量可以进行准确的计量,从而获得样品变化过程中产生的相变等信息。

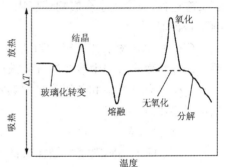

图 24.8　聚合材料不同变化类型的
DTA/DSC 示意图

DSC 产生的图谱(图 24.8)与 DTA 类似,但由于 DSC 采用的工作方式是保持样品与参比温度一致,可以有效地消除热容和热导率差异带来的影响,热测量的精度较好,可以应用于定量分析,甚至可以用于反应焓变的测量。

DSC 主要应用于一些材料的热变化过程研究,特别是高分子材料的玻璃化转变(T_g)、结晶、熔融等过程,可以对相关材料进行定性定量分析。

也有一些仪器实现了 DSC/TGA-DTA 同时分析,通过微天平测量样品盘与参比盘在加热过程的质量变化,而埋入两个盘中的一对热电偶测量热流差异。通过必要的校正技术,已经可以获得比较好的结果(图 24.9)。

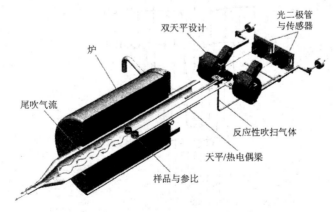

图 24.9　DSC/TGA-DTA 仪器示意图

24.4　DSC/DTA 具体操作与典型应用

在进行 DSC/DTA 测定时有很多实验因素都会影响分析结果,其中常见的有升温速率、样品重量与形态、气氛等。

24.4.1　影响分析结果的一些因素

1. 样品因素

(i) 样品量。在热分析(DSC/DTA)中,一般来说,峰面积与参与该过程的样品量呈正比。为了保证测量的重现性和可靠性,一般使用数毫克粉末状固体样品,样品量过大会因为存在传热或热导差异而带来误差。

(ii) 样品粒度。一般 DSC/DTA 分析都尽量使用小颗粒状样品,因为 DSC/DTA 常涉及化学反应过程,粒度大小会影响反应表面积大小,对结果会有一定影响,而对于监测相变过程,影响不是特别大。

(iii) 样品填装。当 DSC/DTA 分析的过程涉及样品与气氛反应时,样品填装形式十分重要。而在热变化过程中涉及成分释放时也会产生影响,需要在装样时予以考虑。

(iv) 其他与样品相关因素。如热容、热导以及稀释剂使用都可能对分析结果产生影响,在应用时要注意。

2. 仪器因素

DSC/DTA 实际观察的是样品随温度变化产生的样品与参比的温度差异,故影响温度差异的产生、测量和反馈等过程的因素都会对分析结果有明显影响。

(i) 升温速率。一般结果表明随升温速率升高,峰值温度升高,峰面积会稍变小(图 24.10);同时升温速率升高,会影响相邻信号的分辨率。一般建议使用 $5\sim10℃\cdot min^{-1}$ 的升温速率。

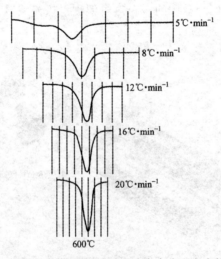

图 24.10　高岭土峰值温度随升温速率变化而产生的变化图

(ii) 样品盘材质与形状。玻璃、陶瓷及金属是 3 种常见的 DTA 样品盘材料,而 DSC 则使用铝盘压装样品,这种材料的形状与导热性能对结果会有一定影响。样品处于不同形态也会造成结果不一样,图24.11是一个典型的例子,分析的是在混凝土中加入的硫酸钙不同结晶水成分的含量,在敞开盘中无法准确分辨下列两个过程,但在密封的样品盘中就可以实现高分辨检测这两步过程。

$$CaSO_4 \cdot 2H_2O \longrightarrow CaSO_4 \cdot \frac{1}{2}H_2O \longrightarrow CaSO_4$$

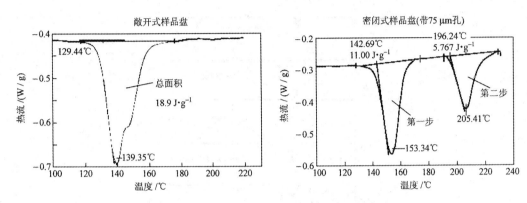

图24.11 不同的样品盘形式对分析结果的影响

(iii) 热电偶。如前所述,合适的敏感热电偶的选择对测量范围和精度都会有明显影响。

(iv) 样品气氛。在很多情况下,气氛可能通过直接参与热反应,带走反应产物等形式影响热平衡过程,通过改变气氛如从空气改成惰性气体时结果会有非常大的差异。

24.4.2 几种热分析方法的典型应用

热分析方法广泛地应用在各种材料的热性能分析上,可以在化合物鉴定、材料鉴定等领域作为定性定量分析方法,近几年在生物体系的研究中也在不断取得进展。

从图24.12中可以看出,在几种常见的高分子聚合物中,聚氯乙烯(PVC)的热稳定性最差,而聚四氟乙烯(PTFE)在温度高达450℃时仍可稳定存在。通过TGA可以考察各种材料的热稳定性,从而为进一步的研究提供参考。许多包装材料都采用各种高聚物,实际使用时要根据使用环境选择合适的包装材料。

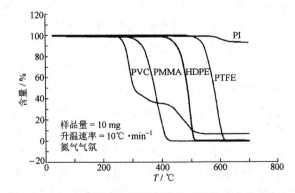

图24.12 几种常见的高分子材料的热稳定性考察

一些文献报道了使用DSC进行生化和临床化学研究中生物高分子的鉴定的结果。图

24.13 所示为利用 DSC 进行脱氧核糖核酸鉴定的研究。400～600 K 之间的不同信号分别对应不同的脱氧核糖核酸：2′-脱氧尿嘧啶、胸腺嘧啶、2′-脱氧胞嘧啶、2′-脱氧胞嘧啶盐酸盐和 2′-脱氧鸟嘌呤。初步分离后，它们可以用 DSC 进行鉴定。

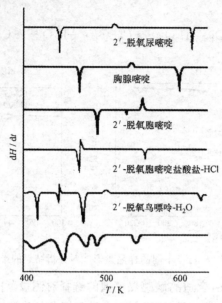

图 24.13   几种常见的 DNA 碱基 DSC 图谱

24.5   有机元素分析

24.5.1   有机元素分析原理

有机化合物主要由 C、H、N、O、S 以及卤素和 P 等元素组成，有机金属化合物则还含有一些金属元素。要确定一个有机化合物的分子结构，除了了解其相对分子质量以外，还必须知道其元素组成。当然，今天我们有可能用现代仪器分析方法，如紫外光谱和红外光谱、质谱、核磁共振，甚至四元 X 射线衍射来确定一个有机化合物的准确结构。但是，有机化学家在研究新的有机化合物的结构时，往往首先要测定其元素组成，以便推断分子式。所以，有机元素分析仍然是一种重要的仪器分析方法。本节所将涉及的元素分析主要是测定 C、H、N、S 和 O 等元素的仪器方法。

有机元素分析始于 20 世纪初，Fritz Pregl（普瑞格尔）等人最早开发了测定元素 C、H、N 的仪器技术，并获得了 1923 年的诺贝尔化学奖。其技术原理是精确称量的样品在氧气流中加热到 1000～1800 ℃进行快速燃烧分解，C、H、N 元素的燃烧产物（二氧化碳、水、氮气和氮氧化物）经吸附分离后用微天平称量，最后计算元素组成。这一技术在后来作了很多改进，比如加入燃烧催化剂加速反应，采用气相色谱技术分离燃烧产物，采用红外光谱、热导检测技术及库仑检测技术来测定气体产物。这样就发展成能测定 C、H、N、S 和 O 元素的现代仪器技术。至于有机化合物中的卤素和 P，可以用化学分析方法（如安培滴定法和离子交换法等）测定，金属元素则多用原子光谱等方法分析。

现代有机元素分析仪的原理与 Pregl 的技术类似，即首先将样品燃烧，然后分离产物，随后检测气体的量,最后根据所用样品的质量便可计算得到样品的元素组成。整个仪器的操作和数据处理由计算机技术完成。下面结合具体仪器结构来阐述有机元素分析的过程。

24.5.2　碳、氢、氮、硫和氧的分析

图 24.14 所示为 CHNS+O 自动分析仪原理图。仪器由两个分析通道组成,一个通道测定 C、H、N、S,另一个通道测定 O。两个通道共用一个双柱气相色谱(GC)系统,采用热导检测器(TCD)测定气体的含量。显然,要测定样品的 C、H、N、S、O 这 5 种元素组成时,需要分别分析两份样品,且一般不能同时分析。需要指出,有的市售仪器是由一个测定通道组成的,测定 C、H、N、S 用一套燃烧系统,测定 O 时需要更换另一套系统。这样减小了仪器体积,但带来了操作上的不方便。

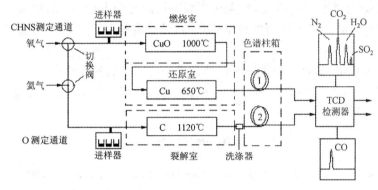

图 24.14　CHNS+O 自动分析仪原理图

1. CHNS 的测定

测定 C、H、N、S 时,由切换阀关闭氦气,两个测定通道均通氧气。准确称取 1 mg 左右的样品置于金属(锡或银)容器中,由进样器导入加有 CuO 或 WO_3 助燃剂的燃烧室炉温控制在 1000 ℃,样品在氧气中迅速燃烧。由于燃烧是强烈的放热反应,故样品实际燃烧温度可瞬间达到 1800 ℃,这就保证了所有样品,包括含卤素的有机化合物,甚至有机金属化合物或无机物的完全分解。根据样品组成不同,燃烧所产生的气体包括 CO_2、H_2O、NO_x 和(或)SO_3,这些气体被氧载气携带进入装有 Cu 的还原室,在 650 ℃下 Cu 将 NO_x 还原为 N_2,将 SO_3 还原为 SO_2。混合气最后进入 GC 分离检测。

GC 的分析原理见 8.4 节。这里的色谱柱 1(见图 24.14)一般为装有 Poropak QS 固定相的气固色谱填充柱,上述混合气体的出峰顺序依次为 N_2、CO_2、H_2O、SO_2。根据 TCD 得到的色谱图,便可计算样品中 C、H、N、S 元素的组成。一次分析所需时间通常为 10 min。

2. O 的测定

测定 O 元素时,由切换阀控制两个测定通道均通氦气。样品由 O 测定通道的进样器引入控温在 1120 ℃的裂解室,其中装有碳。样品在氦气中裂解/燃烧产生的 CO、N_2、H_2、CH_4 以及一些酸性气体随后经过作为还原剂的镀镍的碳进入碱性洗涤器,以除去酸性气体。混合气最后进入 GC 系统分离。这里的色谱柱 2(见图 24.14)为装有分子筛固定相的气固色谱填充柱,可以将 CO 与其他气体分开。根据所测得的 CO 含量和作用样品量,便可计算 O 元素的含量。典型的一次分析时间为 5 min。

　　氧含量的测定不仅对有机化合物的元素分析很有意义,而且还有很多其他用途,比如在石油化工领域,无铅汽油等燃料中一般加有含氧化合物(如甲基叔丁基醚),测定燃料的氧含量,可以间接反映含氧化合物的含量,这对燃料的质量以及环境保护都是很重要的。

24.5.3　总碳和总有机碳分析

　　在环境监测中,常常需要测定地表水、废水和海水,以及固体废弃物和土壤样品中的总碳(TC)和总有机碳(TOC),完成这种测定的仪器就是总碳和总有机碳分析仪。其工作原理是将样品在高温下燃烧,将 C 转化为 CO_2,然后用红外光谱仪测定 CO_2 的量,进而计算样品的 TC 和 TOC 值。具体分析过程如下:

　　用进样器将样品引入 900 ℃高温的反应器中,其中通有含恒定氧气的氮气,样品中所有可被氧化的成分都转化为稳定的氧化物,无机碳和有机碳均变为 CO_2。随后载气携带 CO_2 经过过滤器,以除去可能有的腐蚀性物质和干扰杂质,最后由非色散型红外光谱仪测定 CO_2 的含量,以计算 TC。

　　为了测定 TOC 值,需要另外取一份样品溶于一定浓度的酸溶液中。这样,样品中的无机碳便转化为 CO_2,并被氮气带走。然后按照上面的方法测定只含有机碳的样品,便可得到样品的 TOC 值。

参 考 文 献

[1] J. W. Dodd, K. J. Tonge. *Thermal Methods*. John Wiely&Sons, Chichester, 1987

[2] G. Schwedt. *The Essential Guide to Analytical Chemistry*. John Wiely&Sons, Chichester, 1997

[3] B. Wunderlich. *Thermal Analysis*. Boston:Academic Press, 1990

[4] 蔡正千编. 热分析. 北京:高等教育出版社,1993

[5] R. Kellner 等著;李克安,金钦汉等译. 分析化学. 北京:北京大学出版社,2001,306

[6] John A. Dean. *Analytical Chemistry Handbook*. 北京:世界图书出版公司,1998,17,1

思考题与习题

24.1　热重分析的主要应用是材料的那些性质?

24.2　DTA 与 DSC 的相同与不同之处有哪些?

24.3　在 DSC 仪器中热电偶对的稳定性非常重要,因此选择合适的热电偶材料十分重要。试设想一下,若热电偶随温度变化,参比与样品处热电偶不匹配时可能产生的基线漂移情况。

24.4　有机元素分析对确定有机化合物的结构有什么意义?

24.5　有机元素分析仪中所用的 GC 是基于什么机理分离 N_2、CO_2、H_2O 和 SO_2 的?

24.6　为什么不能在一个测定通道同时测定 C、H、N、S、O 这 5 种元素?

24.7　在测定 C、H、N、S 时为什么要在燃烧室中装 CuO?

24.8　测定 TC 和 TOC 时用什么方法检测 CO_2 的含量?

24.9　除了 24.5 节所讲的检测方法外,还有什么技术可以测定 SO_2 的含量?

第25章 放射化学分析

放射化学分析(radiochemical analysis)是应用放射性同位素及核辐射测量对元素进行微量和痕量分析的方法。常用的方法有两类。一类是放射性同位素作示踪剂的方法：① 同位素稀释法,根据同位素稀释前后分出试样的放射性活度比来计算试样中待测元素的含量。② 放射滴定法,滴定剂和待测离子两种物质都可用放射性同位素标记。根据加入滴定剂后溶液的放射性变化作为指示剂,由放射性活度与加入滴定剂体积作图的转折点来确定滴定终点。③ 放射化学分析法,用适当的方法分离、纯化样品后,用衰变性质、核素的半衰期、放射性衰变的类型和能量来鉴别某个特定的核素。另一类是活化分析法,是用适当能量的中子或其他带电粒子轰击样品,测量样品中产生的特征辐射的性质和强度的方法：① 中子活化分析,是一种能定性和定量测定样品原子组成的高灵敏度、无损检测方法。在核粒子(反应堆热中子、快中子)的作用下,待分析物质中的稳定核素转变为放射性核素或元素周期表上与其相邻的放射性核素,然后用γ射线能谱仪测量其放射性。② 光子活化分析,用高能光子与待测元素作用,当光子的能量高于元素原子核的结合能时能产生(γ,n)反应,测量产生的中子的通量。

本章主要介绍亚化学计量放射性同位素稀释分析(substoichiometric isotope dilution analysis)和反应堆中子活化分析(neutron activation analysis，NAA)。在此之前先介绍一些有关放射性及其测量的基本概念。

25.1 放射性及其测量

25.1.1 放射性衰变过程

有些元素的原子核不稳定,能自发地放射出某种射线,同时核也发生变化,这种现象叫做放射性,这种过程称为放射性衰变。表25.1列出了常见放射性衰变产物的特性。

表 25.1 常见放射性衰变产物的特性

粒 子	符 号	电 荷	质量数
α	α	+2	4
电 子	β^-	−1	$\frac{1}{1840}$
正电子	β^+	+1	$\frac{1}{1840}$
γ 射线	γ	0	0
X 射线	X	0	0
中 子	n	0	1
中微子	ν	0	0

1. 射线类型

α射线由α粒子组成,α粒子通常是由高原子序数的同位素衰变产生的,例如

$$^{238}_{92}U \longrightarrow {}^{234}_{90}Th + {}^{4}_{2}He$$

它实际上是氦原子核 ${}^{4}_{2}He$，由 2 个中子和 2 个质子构成，其质量和氦核相等，等于 4.001 505 u，相当于氢原子质量的 4 倍。α 粒子带有 $2e$ 正电荷。由于 α 粒子具有较高的质量和电荷，所以当它经过介质时有很强的电离作用；但 α 粒子在物质中的穿透本领不高，很容易被吸收，0.05 mm 厚的铝片就可以把 α 射线全部吸收。

β 射线是 β 粒子流，β 粒子是高速运动的电子，是在核内中子转变成质子或质子转变成中子时产生的。前者产生的是一个电子，后者产生的是一个正电子，例如下面两个反应：

$$^{14}_{6}C \longrightarrow {}^{14}_{7}N + \beta^{-} + \nu$$

$$^{65}_{30}Zn \longrightarrow {}^{65}_{29}Zn + \beta^{+} + \nu$$

式中 ν 代表中微子，是一种没有分析意义的粒子。β 粒子的质量为 0.000 549 u（相当于 α 粒子的 1/7200），并带有 $1e$ 的负电荷。β 粒子在穿过物质时，电离作用较弱，也不像 α 粒子那样容易被物质吸收，射程要比 α 粒子大得多。

γ 射线由光子组成，许多 α 和 β 发射过程都留下激发态的原子核，然后该核在回到基态的过程中释放出 γ 射线。γ 射线发射光谱是该原子核的特征，可用于放射性同位素的鉴定。γ 光子能量很大，一般在几十万电子伏以上。γ 射线的电离作用很弱，但其穿透能力很强。

2. 放射性活度单位

贝可［勒尔］是放射性活度的国际单位制（SI）单位每秒的专名，符号 Bq。放射性活度的实用单位是 Ci（居里），其定义为每秒发生 3.7×10^{10} 次衰变的核子数量。1 Ci $= 3.7 \times 10^{10}$ Bq。Ci 单位相当大，通常采用 mCi 和 μCi 则更方便。应该指出，居里数相同的两个放射源只是表示这两种放射源在每秒内衰变的次数相同，但并不能提供有关衰变过程产物或其能量的信息，也并不表示放射出的射线的数目是相同的。例如 ${}^{60}Co$ 衰变时，放射一个 β 粒子外，还放出两个 γ 光子；${}^{33}Cl$ 衰变时，放射一个 β 粒子和一个 γ 光子；而 ${}^{32}P$ 衰变时只放射 β 粒子，无 γ 射线。

在一般实际工作中从所使用的测量仪器上测得的每分钟的脉冲计数来表示放射性活度（计数·min^{-1}），这是相对活度。

在放射化学分析中还常用到放射性比度这一概念，是指放射性物质的单位质量中的放射性活度，用计数·min^{-1}·mg^{-1}表示。

3. 放射性核素

具有放射性的元素和同位素称为放射性元素和放射性同位素，可统称为放射性核素。自然界存在的放射性核素有 3 类：第一类是无衰变系列的原生天然放射性核素，如 ${}^{40}K$、${}^{50}V$、${}^{87}Rb$、${}^{115}In$、${}^{138}La$、${}^{147}Sm$、${}^{176}Lu$、${}^{187}Re$ 和 ${}^{209}Bi$。第二类是由宇宙射线产生的放射性核素，也无衰变系列，如 ${}^{3}H$、${}^{10}Be$、${}^{14}C$、${}^{22}Na$、${}^{28}Mg$、${}^{36}Al$、${}^{31}Si$、${}^{32}P$、${}^{35}S$、${}^{34}Cl$、${}^{39}Ar$ 和 ${}^{81}Kr$ 等。以上两类核素都是 $Z < 84$。第三类是 3 个天然放射系中的核素，具有衰变系列，其一是铀-镭系（$Z = 81 \sim 92$），其二是钍系（$Z = 81 \sim 90$），其三是锕（铀）系（$Z = 81 \sim 92$）。这 3 种放射系中的核素都是 $Z \geqslant 81$（Tl）。天然放射性核素中比较重要的是 U、Th、Ra、Rn、${}^{40}K$、${}^{3}H$、${}^{14}C$ 和 ${}^{87}Rb$ 等。除了天然放射性核素外，还有用加速器或反应堆制造的人工放射性核素，其中铀和钍的裂变产物，尤其是长寿命的裂变产物较为重要。常用放射性同位素的毒性分类可参见表 25.2。

表 25.2　常用放射性同位素的毒性分类

极毒类	^{210}Po、^{226}Ra、^{228}Th、^{231}Pa、^{238}Pu、^{239}Pu、^{241}Am、^{244}Cm
高毒类	^{22}Na、^{60}Co、^{90}Sr、^{106}Ru、^{126}I、^{131}I、^{144}Ce、天然铀、钍、^{210}Pb、^{210}Bi
中毒类	^{24}Na、^{32}P、^{35}S、^{36}Cl、^{45}Ca、^{54}Mn、^{55}Fe、^{65}Zn、^{89}Sr、^{90}Y、^{95}Zr、^{95}Nb、^{99}Mo、^{110m}Ag、^{134}Cs、^{137}Cs、^{140}Ba、^{141}Ce、^{147}Pm、^{152}Eu、^{198}Au、^{204}Tl
低毒类	^{3}H、^{14}C、^{51}Cr

4. 衰变定律

放射性衰变是一个完全随机的过程,衰变速率完全不受外加因素(温度、压力等)的影响。衰变后的核有的是稳定的,有的是不稳定的,不稳定的核继续衰变。衰变前的核称为母体,衰变后的核称为子体。单位时间内有多少个核发生衰变,即衰变率 $-\mathrm{d}N/\mathrm{d}t$,对大量相同原子核可用下式描述:

$$-\frac{\mathrm{d}N}{\mathrm{d}t} = \lambda N(t) \tag{25.1}$$

式中 N 表示在时间 t 时试样中放射性原子核的数目,λ 是某一特定放射性同位素的特征衰变常数,它的单位是 s^{-1}。衰变常数值大的放射性同位素衰变得快,反之衰变得慢。把式(25.1)重排,并在 $t=0$ 和 $t=t$ 区间内积分,在此期间试样中的原子核数目从 N_0 减少到 N,得

$$\ln \frac{N}{N_0} = -\lambda t \tag{25.2}$$

通常表示放射性特征的参数还有半衰期($T_{1/2}$),其定义为放射性核的数目(或原子数目)因衰变而减少到原来的一半时所需要的时间,用 $N_0/2$ 代替式(25.2)中的 N 得到

$$T_{1/2} = \frac{0.693}{\lambda} \tag{25.3}$$

半衰期可由实验直接测量,不同的放射性核素具有不同的半衰期,其差别很大,有的半衰期只有 10^{-10} s,甚至更短,有的长达亿年以上,例如 ^{232}Th 的半衰期为 1.41×10^{10} a。

5. 衰变形式

放射性核素的衰变形式是多种多样的,已知的主要有 α 衰变、β 衰变、β^{+} 衰变、电子俘获、γ 衰变,还有自衰变、放射中子的衰变等形式。

(i) α 衰变。放射性核素在 α 衰变之后,它的质量数 A 降低 4 个单位,原子序数 Z 降低 2 个单位。如以 X 代表母体,Y 代表子体,则 α 衰变可以表示为

$$_{Z}^{A}\mathrm{X} \longrightarrow {}_{Z-2}^{A-4}\mathrm{Y} + \alpha + Q$$

其中 Q 为衰变能。能发生 α 衰变的天然放射性核素绝大部分的原子序数大于 82。人工放射性核素大部分不发生 α 衰变,而能做 α 衰变的人工放射性核素也大多是原子序数大于 82 的核素,例如 ^{213}Bi、^{230}U、^{233}Np、^{232}Pu 等。

(ii) β 衰变。β 衰变后的母体和子体的质量数 A 是相同的,因 β 粒子的质量与核的质量相比要小得多,但子体原子序数 Z 比母体提高了一个单位。β 衰变可用下式表示:

$$_{Z}^{A}\mathrm{X} \longrightarrow {}_{Z+1}^{A}\mathrm{Y} + \beta + \nu + Q$$

式中 ν 是中微子(其质量小于电子质量的万分之五),Q 为衰变能。β 衰变可以看成是母体核中有一个中子转变成质子的结果,即

$$n \longrightarrow p + \beta + \nu$$

(iii) γ 衰变。γ 射线是从原子核内部放射出来的一种波长很短（$10^{-12} \sim 10^{-9}$ cm）的电磁辐射,其性质和 X 射线十分相似。通常是 γ 射线伴随 α 射线或 β 射线等一起发射。在母体放射 β 粒子（或其他粒子）后,子体处于激发态,并立即（约 10^{-13} s）跃迁到基态,而放出 γ 射线。这种能级跃迁对于核的原子序数和原子质量数都没有影响,所以称为同质异能跃迁。这种处于不同能级,但 A 和 Z 都相同的核素称为同质异能素。

(iv) β^+ 衰变。β^+ 粒子称为正电子,是一种质量和电子相同,但带有 $1e$ 正电荷的粒子。β^+ 衰变可以看成是由核中的一个质子转变成中子而放出 β^+ 粒子和中微子:

$$p \longrightarrow n + \beta^+ + \nu$$

β^+ 衰变的子体和母体具有相同的原子质量数 A,但原子序数 Z 降低了 1 个单位,可表示为

$$_Z^A X \longrightarrow _{Z-1}^A Y + \beta^+ + \nu + Q$$

(v) 电子俘获。原子核俘获了一个绕行电子而使核内的一个质子转变成中子和中微子,表示为

$$p + e \longrightarrow n + \nu$$

这种衰变方式可以下式表示:

$$_Z^A X + _{-1}e \longrightarrow _{Z-1}^A Y + \nu + Q$$

由于 K 壳层最靠近核,K 电子被俘获的概率比其他壳层电子被俘获的概率大,所以常见的是 K 电子俘获。

25.1.2 放射性测量

放射性测量和鉴定是放射化学分析中的一个不可缺少的组成部分,一般有两方面的内容。其一是放射性相对和绝对活度的测量;其二是放射性核素及含量的测定。在放射性的活度测量中,不借助任何中间手段而直接测得放射性活度的方法,叫做绝对测量。需借助于中间手段,经标定而测得放射性活度的方法,叫做相对测量。放射性核素的测定及纯度的鉴定,一般采用能谱法。

1. 计数误差

放射性衰变过程固有的随机性引起了放射性测量计数的误差。但是,如给定一足够长的计数时间,在此时间间隔内的衰变程度还是可以在预定的精密度水平上重现。当总的计数较大时（如大于 100）,平均值偏差的分布将趋近于对称的 Gaussian 误差曲线或正态误差曲线。对任意给定时间内的计数数值 N 的标准差 σ_N 为

$$\sigma_N = \sqrt{N} \tag{25.4}$$

相对标准差 $(\sigma_N)_r$ 由下式确定:

$$(\sigma_N)_r = \frac{\sigma_N}{N} = \frac{\sqrt{N}}{N} = \frac{1}{\sqrt{N}} \tag{25.5}$$

由式(25.4)和(25.5)可见,绝对标准差随计数值的增大而增大,而相对标准差则减小。

常用每分钟的计数即计数率 R 来表示试样的放射性,如果在 t(min)时间内测得 N 个计数,则

$$R = \frac{N}{t} \tag{25.6}$$

计数率的标准差 σ_R 可表示为

$$\sigma_R = \frac{\sigma_N}{t} = \frac{\sqrt{N}}{t} \qquad (25.7)$$

或

$$\sigma_R = \sqrt{\frac{R}{t}} \qquad (25.8)$$

用相对值表示则为

$$(\sigma_R)_r = \frac{\sqrt{R/t}}{R} = \sqrt{1/Rt} \qquad (25.9)$$

可用标准差给所测计数规定一个范围,在这个范围内,对给定的置信度预测真实平均计数 (或真实平均计数率),对于 Gaussian 分布可以证明真实平均计数 r 为

$$r = N \pm z\sigma_N = N \pm z\sqrt{N} \qquad (25.10)$$

z 是与所要求的置信度有关的常数,如表 25.3 所示。量 $\pm z\sigma_N = \pm z\sqrt{N}$ 就是测量的绝对不确定性,因此,置信度为 50% 的单次计数 N 的不确定性为

$$z\sigma_N = \pm 0.68\sigma_N = \pm 0.68\sqrt{N}$$

平均测量的不确定性也可用相对误差表示:

$$相对不确定性 = \pm z(\sigma_N)_r = \pm z/\sqrt{N} \qquad (25.11)$$

表 25.3 对应于不同置信度的某些 z 值

置信度	50%	90%	95%	99%
z	0.68	1.65	1.96	2.58

例 25.1 计算测量可在给定时间内产生 868 个计数的试样在置信度为 95% 时的绝对不确定性和相对不确定性。

解

$$绝对不确定性 = \pm z\sigma_N = \pm 1.96\sqrt{868} = \pm 58$$

$$相对不确定性 = \pm \frac{1.96}{\sqrt{N}} \times 100\% = \pm 6.6\%$$

因此在 100 次测量中有 95 次的真实平均计数 r 在 810~926 范围内。

2. **本底校正**

在放射化学分析中所记录的计数包括试样以外其他来源所作的贡献。本底放射性来自大气中存在的微量氡同位素、实验室所用的建筑材料、实验室内偶然的污染、宇宙射线和释放到地球大气中的放射性物质。为了得到真实分析结果,必须对总计数作本底校正。而本底校正所需的计数时间往往与试样的计数时间不同,因此采用计数率较方便。若 R_c 是校正后的计数率,而 R_x 和 R_b 分别是试样和本底的计数率,则

$$R_c = R_x - R_b \qquad (25.12)$$

R_c 的标准差 σ_c 可用试样和本底所对应的标准差 σ_x 和 σ_b 来表示:

$$\sigma_c = \sqrt{\sigma_x^2 + \sigma_b^2} = \sqrt{\frac{R_x}{t_x} + \frac{R_b}{t_b}} \qquad (25.13)$$

相对标准差则由下式确定：

$$(\sigma_c)_r = \frac{\sqrt{\dfrac{R_x}{t_x} + \dfrac{R_b}{t_b}}}{R_x - R_b} \tag{25.14}$$

例 25.2　一个 10 min 有 2000 个计数的试样。已知本底为 5 min 有 100 个计数。计算在 95％置信度时,以经过校正的计数率来表示相对不确定性。

解

$$R_x = 2000/10 = 200(计数 \cdot min^{-1})$$

$$R_b = 100/5 = 20(计数 \cdot min^{-1})$$

$$(\sigma_c)_r = \frac{\sqrt{200/10 + 20/5}}{200 - 20} = 0.027$$

在 95％置信度时,

$$相对不确定性 = z(\sigma_c)_r = 1.96 \times 0.027$$

$$= 0.053 或 5.3\%$$

计算结果表明在 100 次测量中有 95 次经校正所得计数的误差小于 5.3％。

3. 放射性检测器

放射源放出的辐射与物质相互作用能产生光子、电子-离子对或电子-空穴对等,它们的数量取决于核辐射在探测器灵敏体积内消耗的能量所占的比率和探测器材料的特性,有时还取决于核辐射的种类。

（1）充气型检测器

这类检测器包括电离室、正比计数器和 Geiger 计数管等。核辐射在检测器内受阻,损失能量使工作气体电离。电离离子对的数目随工作气体入射核辐射类型及能量的不同而不同。通过电极收集正负离子,记录到电离电流或形成的脉冲信号。根据电离电流的大小或脉冲信号的频率和高度就可确定射线的强度或能量。

图 25.1 是充气型检测器的示意图。射线通过一透明的云母、铍、铝或聚酯窗进入充气室内与氩原子作用使它失去一个外层电子,即产生光电子。该光电子具有很高的动能,能使其他气体原子电离而失去过多的动能。在外加电压的作用下,电子移向中央金属丝阳极,而阳离子则被吸引至圆柱形金属阴极。

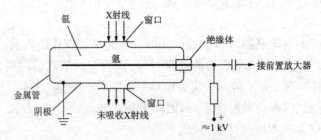

图 25.1　充气型检测器

（2）闪烁计数器

射线与闪烁晶体作用时使其激发而闪烁发光。常用的无机闪烁体有 NaI(Tl)、CsI(Tl)、ZnS(Ag)3 种晶体,由高纯无机物质作基质,微量掺质作激活剂。ZnS(Ag)主要用于 α 测量,

NaI(Tl)和 CsI(Tl)主要用于 γ 测量。有机闪烁体有 3 种,其一是透明的有机晶体,如蒽、芘等晶体;其二是塑料闪烁体,是在聚乙烯单体中加入发光物质三联苯和波长转换剂 1,4-二[2-(5-苯基噁唑基)]苯(POPOP),经过聚合而制成;其三是有机液体闪烁体,是在有机溶剂甲苯或二甲苯中溶入少量发光物质(如三联苯)和 POPOP 而制成。有机闪烁体主要由于 β 测量,特别是对低能量和低比度的测量。

闪烁晶体中产生的闪光先射到光电倍增管的光阴极上,然后转换为可被放大和记录的电脉冲。闪烁体的一个重要特性是每次闪光所产生的光子数目都与入射辐射的能量呈正比。

(3) 半导体检测器

半导体检测器从制备材料来说,可分为硅、锗及化合物 3 类;从制作工艺来说,可分为扩散、面垒、漂移及本征锗等类型。以硅单晶做成全硅面垒检测器,主要用于测量 α 和质子等带电粒子。用硅或锗单晶做成的锂漂移型检测器,其中用硅做成的对测量 β 射线有较好的分辨率;用锗做成的则对测量 γ 射线的能量分辨率特别好。锂漂移型探测器需要在液氮温度下贮存和工作。

半导体检测器的工作原理与电离室的工作原理类似,而在半导体中产生一个电子-空穴对仅消耗约 3 eV(对锗)的能量,这就提高了半导体检测器的能量分辨能力。

(4) 能谱仪

常用的能谱仪有 α 能谱仪、β 能谱仪和 γ 能谱仪,它们是将上述 NaI(Tl)、Si(Li)或 Ge(Li)探头与多道脉冲分析器连接而成。用能谱仪可测量放射性总活度,又可测量射线的能谱。

4. 放射性测量

(1) α 粒子的测量

测 α 放射性的样品应尽可能薄,以减少自吸收损失。同样,样品和计数器之间的窗口也应做得很薄。把 α 源封入无窗气体流动式正比计数器中测量计数可消除自吸收问题。采用脉冲高度分析器可获得 α 发射体的能谱。

(2) β 粒子的测量

对于能量大于 0.2 MeV 的 β 源通常是将一层均匀的样品用薄窗 Geiger 或正比计数管计数。对于低能 β 源(如 ^{14}C、^{35}S 和 ^3H)则最好用液体闪烁计数器。用符合计数器(一种只有当两个检测器来的脉冲同时到达时才会记录一个计数的器件)可使检测器和放大器的本底噪音降低。

(3) γ 辐射的测量

用于 γ 辐射测量的有 NaI(Tl)、正比计数器、高压电离室、Ge(Li)、HPGe、Si(Li)、GaAs、CdTe 等装置。其中 NaI(Tl)、高压电离室等多用于活度测量,Ge(Li)、HPGe 等多用于能谱测量,Si(Li)、HPGe 多用于低能 γ 和 X 射线的测量。

(4) 中子的测量

中子与物质的相互作用不能产生直接电离,它主要是与原子核作用产生新的带电粒子,带电粒子所引起的次级电离现象再被记录。主要有以下几种方法:

(i) 产生带电粒子的核反应法。中子与原子核碰撞后会使原子核吸收一个中子而放出不同的带电粒子。如 $^{10}B(n,\alpha)Li$、$^6Li(n,\alpha)^3H$ 反应放出 α 粒子;$^3He(n,p)^3H$ 反应放出质子等。基于第一种反应的方法,是目前用得最广泛的一种中子探测方法,如三氟化硼正比计数器、含硼电离室及载硼闪烁计数器等。

(ii) 核反冲法。利用中子和轻原子核的弹性散射,可使带电的轻原子核反冲出来,称为反冲核。在此过程中,中子的运动方向有所改变,能量也有所减小。损失的能量传给原子核,使原子核以一定的能量运动,因为它带一定的电荷,可作为带电粒子被记录。这种方法是测量快中子的主要方法。反冲核的质量越小,获得的能量就越大。因此,在核反冲法中常选用氢核作反冲核,所以这种方法也称反冲质子法。如用气体氢、甲烷、有机玻璃和聚乙烯等材料做成的含氢正比计数器,就是基于核反冲原理的中子计数器。

(iii) 核裂变法。中子轰击重原子核(如 ^{235}U、^{239}Pu 等),使重核裂变成两个大小相仿的碎片,即重带电粒子。用电离室、固体径迹检测器、Si(Au)面垒型检测器、液体闪烁检测器等记录重核裂变碎片来测定中子。

(iv) 活化法。选择某些容易吸收中子的元素,放在待测中子源前照射,被辐射元素中的一些原子核将吸收(俘获)中子而放出 γ 射线,用各种 γ 射线检测装置测量,从而测定中子源的通量。

25.2 亚化学计量放射性同位素稀释分析

25.2.1 基本原理

早在 1932 年 G. Hevesy 等首先用同位素稀释法测定了矿物中的铅,奠定了同位素稀释分析法的基础。这种方法的最大优点在于不需要把所测组分定量地分离出来,只需分出一部分纯物质测定其放射性比度即可。这对于那些性质相似而分离困难的物质更为优越。但是这种方法应用上一直存在着放射性比度测定上的困难。因为用沉淀、萃取或电解法作为分离手段分离出足够量的纯物质,用称量或其他分析方法测定它的质量,并作放射性测量,这样就限制了经典的放射性同位素稀释分析法的灵敏度。实际上它的灵敏度是由称量或其他分析方法的灵敏度决定的。1958 年 J. Růžicka 和铃木等各自独立地提出将亚化学计量分离原理应用于放射性同位素稀释分析法。这种亚化学计量放射性同位素稀释分析法省去了测定放射性比度的手续,只要根据同位素稀释前后分出试样的放射性活度比就能计算出试样中待测元素的含量,这样就大大提高了灵敏度,扩大了应用范围。

如果要测定样品中某元素的质量 m_x,必须以该元素的放射性同位素溶液作为标准,而它的放射性比度(S_0)又是已知的,则

$$S_0 = \frac{A_0}{m_0} \tag{25.15}$$

式中 A_0 是放射性活度,m_0 是放射性同位素溶液所含元素的质量。将这种已知比度的放射性指示剂加入待测样品中后,放射性同位素被"稀释"了,原标准溶液的放射性比度 S_0 变成 S_x:

$$S_x = \frac{A_0}{m_0 + m_x} \tag{25.16}$$

因为样品和标准中的放射性活度相等,得到

$$(m_0 + m_x)S_x = m_0 S_0 \tag{25.17}$$

$$m_x = m_0 \left(\frac{S_0}{S_x} - 1 \right) \tag{25.18}$$

这样,根据放射性同位素稀释前后放射性比度的改变及标准溶液中稳定元素的质量(m_0)就可

以求出样品中含待测元素的质量(m_x)。

经典的放射性同位素稀释分析法的灵敏度受到了放射性比度测定灵敏度的限制,如果用放射性同位素稀释前后的放射性相对活度来计算待测元素的量,就能突破这种限制。假定 A_0' 和 A_x' 分别为分出物 m_0' 和 m_x' 的放射性活度,则它们的放射性的比度为

$$S_0 = \frac{A_0'}{m_0'}, \quad S_x = \frac{A_x'}{m_x'} \tag{25.19}$$

如果从放射性标准溶液和经过放射性同位素稀释的样品溶液中分离等量的物质(即 $m_0' = m_x'$),那么,它们的放射性比度之比就等于放射性活度之比:

$$\frac{S_0}{S_x} = \frac{A_0'}{A_x'} \tag{25.20}$$

故式(25.18)就可改写为

$$m_x = m_0 \left(\frac{A_0'}{A_x'} - 1 \right) \tag{25.21}$$

这样,就不再需要测定放射性比度,只需知道加入分析溶液中的放射性标准溶液所含元素的质量和样品溶液同位素稀释前后的放射性相对活度,就可求得待测元素的质量。

为了从不同含量的标准溶液和同位素稀释后的样品溶液中分离出质量相等的待测元素,可加入亚化学计量的反应试剂,即试剂相对于要分离的待测元素来说是不足量的。要使亚化学计量分离成为一种定量分析方法,同时要满足两个条件:① 反应试剂必须定量地消耗在所测定的元素上;② 必须采用某种分离方法使被测元素的已反应部分和没有反应的部分分离。

25.2.2　亚化学计量分离方法

溶剂萃取、离子交换、色谱分离、共沉淀及电化学等方法都可作为亚化学计量法中的分离方法。其中最为成熟、应用最广泛的是溶剂萃取法。

1. 金属螯合物的亚化学计量溶剂萃取

在金属螯合物的溶剂萃取中,最广泛使用的试剂是双硫腙和铜铁灵,因为双硫腙与 Cu、Hg、Ag、Zn、Pb 等金属离子,铜铁灵与铁等金属离子螯合物的萃取平衡常数是相当大的,而且这些试剂十分稳定,甚至在 $10^{-5} \sim 10^{-8}$ mol·L^{-1} 的低浓度下也能保持稳定,这样低的浓度正是同位素稀释分析中常用的浓度。其他合适的金属螯合物萃取剂还有二乙基二硫代氨基甲酸酯、8-羟基喹啉、新铜铁灵和 N-苯甲酰-N-苯基羟胺。

金属离子 M^{n+} 与有机试剂 HA 反应,形成一种中性的金属螯合物 MA_n:

$$M^{n+} + n(HA)_{org} \Longleftrightarrow (MA_n)_{org} + nH^+$$

金属螯合物溶剂萃取的平衡常数为

$$K = \frac{[MA_n]_{org}[H^+]^n}{[M^{n+}][HA]_{org}^n} \tag{25.22}$$

当大于 99.9% 的有机试剂 HA 已用于形成可萃取的螯合物 MA_n,并使同样量的金属离子被分离出来,亚化学计量溶剂萃取的 pH 阈值由式(25.23)计算:

$$pH \geqslant -\frac{1}{n}\lg K - \lg(0.001 c_{HA}) \tag{25.23}$$

式(25.23)适用的条件是有机试剂在水相中的离解可以忽略不计,并假设有机试剂的量是化学计量的一半, $V_{org} = V_{aq}$,即有机相和水相的体积相等。在测定微克量金属时,所用有机试剂浓

度 $c_{HA} \leqslant 10^{-4}\,mol \cdot L^{-1}$,这时式(25.23)可写做

$$pH \geqslant 7 - \frac{1}{n}\ln K \tag{25.24}$$

如果 pH 太高,螯合剂要解离并转入水相,阻止金属螯合物的形成。同时,在碱性溶液中许多金属离子形成不溶性的氢氧化物。由下述表达式来决定 pH 上限:

$$pH \leqslant pK_{HA} + \lg D_{HA} + \lg \frac{V_{org}}{V_{aq}} \tag{25.25}$$

式中 K_{HA} 是螯合剂离解常数,D_{HA} 是它的分配系数。

在掩蔽剂 HB 存在下,pH 阈值可由下式计算:

$$pH \geqslant -\lg(0.001c_{HA}) - \frac{1}{n}\lg K + \frac{1}{n}\lg(1 + K_S[B^-]^s) \tag{25.26}$$

式中 $K_S = \dfrac{[MB_s]}{[M^{n+}][B^-]^s}$,$[B^-]$ 是掩蔽剂阴离子的平衡浓度。当存在络合掩蔽剂时,极限 pH 增大了,分离可在更高的 pH 下进行。

亚化学计量溶剂萃取的选择性主要取决于金属螯合物的萃取平衡常数 K,K 值大的金属螯合物能从 K 值小的金属螯合物中选择性地分离出来。一种有机试剂往往只是选择性地与某些金属离子形成可萃取的络合物,与不被萃取的金属离子分离。然而,如果采用亚化学计量分离法,对那些与所用试剂能形成可萃络合物的金属离子,在一定条件下也可以选择性地分离和测定。在有机相中两种金属离子的浓度比由各自的平衡常数 K 来估算:

$$\frac{[M_1A_{n_1}]_{org}}{[M_2A_{n_2}]_{org}} = \frac{K_1[HA]^{n_1-n_2}[M_1]}{K_2[H]^{n_1-n_2}[M_2]} \tag{25.27}$$

以过量的有机试剂,从干扰金属离子 M_2 中定量(即 $[M_1A_{n_1}]_{org}/[M_2A_{n_2}]_{org} > 100$,而 $[M_1]/[M_2] < 0.01$)分离金属离子 M_1 时(设两种金属离子的起始浓度相等,其电荷数也相等),比值 K_1/K_2 必须大于 10^4。若所用试剂的量仅相当于所存在的金属离子 M_1 量一半的亚化学计量时,从干扰金属离子 M_2 中分离金属离子 M_1(即 $[M_1]/[M_2] = 0.5$,而 $[M_1A_{n_1}]_{org}/[M_2A_{n_2}]_{org} > 100$),这时比值 K_1/K_2 只要大于 200 即可。显然,在亚化学计量分离条件下其选择性比使用过量试剂分离时提高了 50 倍。例如,Hg^{2+} 和 Cu^{2+} 的起始浓度相等,它们的电荷数也相等,Hg^{2+} 和 Cu^{2+} 与双硫腙的萃取平衡常数 K_1 和 K_2 分别为 10^{26} 和 10^{10},因此在有机相中 Hg 的浓度将比 Cu 高 10^{16} 倍,不加任何掩蔽剂,Hg 也能与 Cu 完全分离。而当双硫腙过量时,两者都将被萃取。又如,Ag^+ 和 Cu^{2+} 的双硫腙盐的平衡常数分别为 10^8 和 10^{10},两者的电荷数不同,当在 pH=0 时,用 $10^{-4}\,mol \cdot L^{-1}$ 的双硫腙溶液在亚化学计量溶剂萃取分离时,即使有 100 倍过量的 Cu 存在,Ag 仍然能萃取完全而达到足够的精密度,而在 pH=0 时,如有过量双硫腙时,两种元素都将全部萃取。

2. 离子缔合体系亚化学计量溶剂萃取

金属离子生成络阴离子 Z^{n-},然后与一个大的有机阳离子 T^+ 缔合进入有机相:

$$Z^{n-} + nT^+ \Longrightarrow (ZT_n)_{org}$$

例如,$ReO_4^- + (C_6H_5)_4As^+ \Longrightarrow [(C_6H_5)_4AsReO_4]_{org}$。反应的平衡常数是

$$K = \frac{[ZT_n]_{org}}{[T^+]^n[Z^{n-}]} \tag{25.28}$$

对于 99% 以上的阳离子与一价阴离子反应,当 $V_{aq} = V_{org}$ 时,亚化学计量分离必须满足以下条件:

$$\lg K > 2 - \lg(c_Z - c_T) \tag{25.29}$$

其中 c_T 和 c_Z 分别是有机阳离子和载体阴离子的起始浓度。由萃取化合物在溶剂中的溶解度决定了载体的浓度 (c_Z) 上限,而下限取决于 K,如果 $c_Z = 2c_T$,这时

$$\lg c_Z > 2.3 - \lg K \tag{25.30}$$

同样,亚化学计量分离的选择性比用过量试剂的情况下要高得多。由下式可计算出干扰阴离子 Z' 的起始浓度 $c_{Z'}$:

$$c_{Z'} < 0.005 \left(\frac{K}{K'} + 1 \right) c_Z \tag{25.31}$$

式中 K' 是 TZ' 的萃取平衡常数。

这种类型的分离方法直接用于同位素稀释法作痕量分析可能还达不到灵敏度的要求,但是可用于反同位素稀释分析或活化分析。

3. 水溶金属螯合物的离子交换分离

这种方法是先加入小于溶液中待测金属离子化学计量的络合剂,然后用离子交换法从过量未反应的金属离子中分离出所生成的络合物。按照亚化学计量分离的条件,即 99.9% 以上的络合剂 H_nY 必须与待测金属离子生成中性或带负电荷的络合物 MY。为了测定痕量金属,如果络合剂浓度 $c_{H_nY} \leqslant 10^{-5}\,mol \cdot L^{-1}$,则要求络合物 MY 的稳定常数 $K_{MY} \geqslant 10^8$。实际上大部分金属离子与 EDTA、环己二胺四乙酸等形成的络合物都能满足这个条件。用络合反应的优点是所形成的络合物不管是中性的,或者是带负电荷的,它们都很容易用离子交换、纸色谱、电泳等方法与过量的待测元素的正离子分开。例如,用亚化学计量同位素稀释法测定了岩石样品中的铁,先加入亚化学计量的 EDTA,让溶液流经阳离子变换柱,过量的铁保留在柱上,而 Fe-EDTA 络合物定量地通过柱子。

4. 沉淀反应

用沉淀剂 HA 进行亚化学计量分离的条件可由溶度积决定:

$$K_{sp}(MA_n) = [M][A]^n = [M] \frac{K_{HA}^n [HA]^n}{[H]^n} \tag{25.32}$$

式中

$$K_{HA} = \frac{[H][A]}{[HA]}$$

当 99.9% 以上的有机试剂与 M 反应生成沉淀 MA_n,对溶度积的要求是

$$K_{sp}(MA_n) < [M] \frac{K_{HA}^n (0.001 c_{HA})^n}{[H]^n} \tag{25.33}$$

据此可以推导出测定的 pH 阈值:

$$pH > \frac{1}{n}(np K_{HA} - p K_{sp}(MA_n) - \lg[M] - n\lg c_{HA} + 3n) \tag{25.34}$$

如果 c_M 和 c_{HA} 是 $10^{-2}\,mol \cdot L^{-1}$,则

$$pH > \frac{1}{n}(np K_{HA} - p K_{sp}(MA_n) + 2 + 5n) \tag{25.35}$$

用掩蔽剂(HB)将干扰金属加以掩蔽,可使选择性进一步提高。在这种情况下测定的 pH 为

$$\mathrm{pH} > \frac{1}{n}\left[np\mathrm{K}_{\mathrm{HA}} - \mathrm{pK}_{\mathrm{sp}}(\mathrm{MA}_n) + 2 + 5n + \lg(1 + K_S[\mathrm{B}^-]^S)\right] \tag{25.36}$$

式中 K_S 是水溶性络合物 MB_S 的稳定常数。

通过亚化学计量沉淀剂的沉淀反应来分离等量的待测物一般是不太灵敏的,因此,多用于反同位素稀释分析或活化分析中。

5. 电解

把已知量(M)的待测元素加到控制池中,把含有未知量(N)的样品溶液加到样品池中,再把相等的已知量(N_S)的放射性同位素示踪剂加到每个电解池中。控制池固定在一恒电位上,电解一定时间后,就在每个电解池中沉积相同量的待测元素。通过测量留在每个电解池中的放射性活度即可测定试样的未知含量。由同位素稀释分析的基本公式导出下述关系式:

$$(N - M) = (M + N_S)\frac{A_2 - A_1}{A_t - A_2} \tag{25.37}$$

式中 A_1 和 A_2 分别是留在控制池和样品池中的放射性活度,而 A_t 是加到每个电解池中的放射性总量。A_1,A_2 和 A_t 都以计数 $\cdot$ min^{-1} 表示。

25.2.3 亚化学计量放射性同位素稀释分析的类型

1. 亚化学计量直接放射性同位素稀释分析

把两份相等的亚化学计量的试剂分别加到两份溶液中,其中的一份是已知放射性比度的标准放射性溶液,另一份是预先加入了相同放射性活度的样品溶液。然后以完全相同的条件进行亚化学计量分离,只需测出分离部分的相对放射性活度 A_0 和 A_x 及加入分析试样溶液中放射性同位素的质量 m_0,就可按公式(25.21)计算出待测元素的质量 m_x。

2. 亚化学计量反同位素稀释分析

把已知量的非放射性载体加到未知量的放射性溶液中,通过同位素稀释,可测定放射性溶液的载体质量。具体的方法是,把待分析的试样分成相等的两份,每份都含有待测元素质量 m_x,则第一份试液的放射性比度为

$$S_1 = \frac{A}{m_x} \tag{25.38}$$

在第二份试液中加入已知质量 m_c 的非放射性载体,于是这份试液的放射性比度变为

$$S_2 = \frac{A}{m_x + m_c} \tag{25.39}$$

由以上两式得

$$\frac{S_1}{S_2} = 1 + \frac{m_c}{m_x} \tag{25.40}$$

如果在每份试样溶液中加入等量的亚化学计量的反应试剂,并分离出相同量的待测元素,且测得的放射性活度分别为 A_1 和 A_2,于是

$$\frac{S_1}{S_2} = \frac{A_1}{A_2} = 1 + \frac{m_c}{m_x} \tag{25.41}$$

因此

$$m_x = m_c\left(\frac{A_2}{A_1 - A_2}\right) \tag{25.42}$$

亚化学计量反同位素稀释分析可用于测定放射性同位素制备中的载体质量。

3. 亚化学计量双同位素稀释分析

把等量的已知放射性活度为 A_0 的放射性指示剂分别加到两份含有相等待测元素质量 m_x 的样品溶液中,再往其中的一份加入非放射性同位素,已知其质量为 m_1,而另一份加入质量为 m_2。两份同位素稀释溶液的比放射性是

$$S_1 = \frac{A_0}{m_1 + m_x} \tag{25.43}$$

$$S_2 = \frac{A_0}{m_2 + m_x} \tag{25.44}$$

由上述两式得

$$m_x = \frac{S_2 m_2 - S_1 m_1}{S_1 - S_2} \tag{25.45}$$

如果由两份溶液中亚化学计量分离出等量的待测元素或化合物,其放射性活度分别是 A_1 和 A_2,则

$$m_x = \frac{A_2 m_2 - A_1 m_1}{A_1 - A_2} \tag{25.46}$$

当 $m_1 = m_x$,而 $m_2 \gg m_x$ 时是最佳条件。

4. 取代亚化学计量同位素稀释分析

这种方法是用过量的试剂萃取金属离子,然后除去过量试剂,并用亚化学计量的另一金属离子从有机相中置换出金属离子。取代亚化学计量法的基本反应是

$$n(MA_m)_{org} + mN \rightleftharpoons m(NA_n)_{org} + nM$$

式中 M 和 N 分别是具有电荷 m 和 n 的阳离子,A 是一价的螯合剂阴离子。为测定金属 M,一般要加入亚化学计量的金属 N 的水溶液,最后测量水相的放射性。为了测定金属 N 也可以加入亚化学计量的螯合物 MA_m,最后测量有机相的放射性。

上反应的反应平衡常数为

$$K_e = \frac{[M]^n [NA_n]_{org}^m}{[MA_m]_{org}^n [N]^m} \tag{25.47}$$

金属离子 M 和 N 的萃取常数分别为

$$K_M = \frac{[MA_m]_{org}[H]^m}{[HA]_{org}^m [M]} \tag{25.48}$$

$$K_N = \frac{[NA_n]_{org}[H]^n}{[HA]_{org}^n [N]} \tag{25.49}$$

将式(25.48)和式(25.49)代入式(25.47)得

$$K_e = \frac{K_N^m}{K_M^n} \tag{25.50}$$

假设取代程度 $\geqslant 99.9\%$,当 $V_{org} = V_{aq}$ 时,取代亚化学计量分离的最佳条件和 pH 阈值为

$$m \lg K_N - n \lg K_M \geqslant 3m \tag{25.51}$$

$$pH \geqslant 6 - \frac{1}{m} \lg K_M \tag{25.52}$$

取代亚化学计量同位素稀释分析法比较成功地避免了试剂低浓度时的不稳定。

25.2.4　亚化学计量同位素稀释分析法的精密度、准确度和灵敏度

1. 精密度和准确度

亚化学计量同位素稀释分析法的系统误差有以下几个主要来源：

(i) 同位素交换不完全。如果待测物和稀释剂的价态、化学状态等不同及在化学行为上的不一致，将导致同位素交换不完全。这是影响分析结果准确度的重要原因。

(ii) 不希望发生的同位素交换。如果分子中的放射性原子与不同类型分子中的某些元素进行交换，可能产生不希望发生的同位素交换。特别是在痕量元素分析时，试剂必须进行纯化。

(iii) 示踪剂的放射化学纯度。如果所用示踪剂不是放射化学纯，那么在同位素稀释中测得的放射性比度的下降将不完全取决于非放射待测物的稀释结果。放射化学纯度不仅要求没有干扰的放射性核素，而且要求该放射性核素具有完全相同的化学形式。

(iv) 分离组分的纯度。

(v) 有机相的蒸发和试剂的氧化。在痕量亚化学计量同位素稀释分析中试剂必须稳定。

(vi) 放射性测量误差。为了消除放射性测量误差，应该注意以下三点：变换探测样品时，其几何形状和位置必须保持一致；必须作死时间和自吸收校正；对短寿命的放射性同位素必须作衰变校正。

(vii) 指示剂被稀释的程度。由原始的放射性比度可确定能够加入载体量的限度。例如，原始的放射性比度 $S_1 = 20\ 000$ 脉冲·$(\text{min}\cdot\mu\text{g})^{-1}$，则最好使所得最终放射性比度 S_2 为 400 脉冲·$(\text{min}\cdot\mu\text{g})^{-1}$，这样可加入的载体量将等于

$$m_2 = m_1 \frac{S_1 - S_2}{S_2} = m_1 \frac{20\ 000 - 400}{400} = 49m_1$$

即可稀释到 50 倍。同时，待测元素量与示踪剂量之比值约为 1 时最适宜。

2. 灵敏度

亚化学计量同位素稀释分析不需要测定样品的放射性比度，只要在严格相同的条件下测量标准和分析试样的相对放射性活度，这样就充分发挥了放射性测量灵敏度高的特点，使方法的灵敏度大为提高，多数元素达到 10^{-6} g 以下，有些能达到 10^{-10} g 水平。

同位素稀释法在无机分析中的应用实例，可参见表 25.4。

表 25.4　放射性同位素稀释法在无机分析中的应用

测定元素	示踪剂	说　明
Ag	^{110}Ag	用双硫腙萃取，测出植物中 Ag 0.15～0.86 $\mu\text{g}\cdot\text{g}^{-1}$；用过等量电解法；利用双硫腙+$CCl_4$-水相同位素交换体系；利用亚计量萃取
As		测出土壤和岩石中的 As，用分光光度法测定比度
Bi	^{210}Bi(RaE)	用苯亚磺酸铵测定，测出毫克级
Ca	^{45}Ca	用浓 HNO_3 分离 Ca 和 Sr
Cd		测定锌中 Cd，用亚计量库仑法
Ce	^{144}Ce	校正分光光度法；沉淀法
Co	^{60}Co	用电解分离法测出 1%；用异丁酮萃取分离，分光光度法测定比度，测出 100～500 μg；用亚-超当量法，EDTA 络合，测出 1.09 $\mu\text{g}\cdot\text{mL}^{-1}$

（续表）

测定元素	示踪剂	说　明
Cu	^{61}Cu	亚计量萃取法，测出 10^{-10} g
F	^{18}F	玻璃饱和吸附分离法，测过水中 F^-；应用 F 四苯基锑缔合萃取法测定过蔬菜中 F；用玻璃吸附法，测出过水中 F，0.03 $\mu g \cdot mL^{-1}$；用三甲基氯硅烷亚计量萃取法，测出过水和尿中 F，$\mu g \cdot mL^{-1}$级
Fe	^{59}Fe	用亚计量离子交换法，测出 10^{-9} g；用亚计量法测定过硅酸岩中的 Fe；用铜铁试剂作络合剂的亚计量萃取，测出 10^{-9} g
Hf	^{181}Hf	用萃取-离子交换分离，比色法测定比度，测出过锆中 Hf 0.025%
Hg	^{203}Hg	曾用双硫腙亚计量萃取法测定；测定过制碱工业中电解池中的 Hg
I		用亚计量电解法测定
In	^{114m}In	用亚计量萃取法，测出过 10^{-11} g；用亚计量离子交换法，测出过 $5 \times 10^{-5} \mu g \cdot 10\ mL^{-1}$
K	^{42}K	用沉淀或高氯酸盐的方法测过 Na、Li 盐中的 K
Mo	^{99}Mo	测出过钢中 Mo，1～20 mg
Nb	^{95}Nb	用苯硒酸铵作沉淀剂，曾测出 $\approx 10^{-3}$%；用丹宁作沉淀剂，测出过花岗岩中的 Nb
P	^{32}P	用过等量沉淀分离；对钢铁中 P，可测出 5×10^{-5} g $\cdot$ g^{-1}；测过工业品中的磷酸根、$Na_2P_2O_7$ 和 $Na_5P_3O_{10}$，测过岩石、土壤中 P
Pa	^{231}Pa	用本法研究天然放射系
Pb	RaD	测过矿物中 Pb、花岗岩中 Pb，用 As_2S_3 载带，测出 10^{-5} g $\cdot$ g^{-1}；用 $BaSO_4$ 载带，比色测定比度
	$^{212}Pb(ThB)$	用苯亚磺酸铵作沉淀剂，测出过毫克级
	ThB	用亚计量萃取，测出过微克级
Rb	^{86}Rb	普鲁士蓝共沉淀法分离测定过光卤石中 Rb
Ru	^{103}Ru	用蒸馏分离，分光光度测定比度
S	^{35}S	测定过橡胶中 S 和钢铁中 S
Sb	^{124}Sb	用亚计量萃取法，测出过铅中 Sb$\approx 10^{-5}$%
Se	^{75}Se	用亚-超当量同位素稀释法，测出微克级 Se；测定过酵母等有机体中的 Se；用 2,3-二氨基萘荧光法测过植物中 Se
Sr	^{89}Sr	用 $BaSO_4$ 载带分离、浓 HNO_3 分离 Ca 和 Sr；对海水中 Sr，测出过 8×10^{-6} g $\cdot$ mL^{-1}
Ta	^{182}Ta	对矿物中 Ta，测出 10^{-4}%，用丹宁沉淀
Tb	^{160}Tb	应用 EDTA 亚计量法，用 TTA 萃取分离
Tl	^{204}Tl	亚-超当量同位素稀释法测定出毫克级 Tl
Th,U		用 α 谱仪测量
V		用安培滴定同位素稀释法测过合金钢中的 V
W	^{185}W	用分光光度同位素稀释法测定合金钢中的 W
Yb	^{170}Tm	应用 EDTA 亚计量法，用 TTA 萃取分离
Zn	^{65}Zn	用电解分离法测过 Al 合金中的 Zn；应用过双硫腙络合 Zn 亚计量萃取法

25.3 中子活化分析

活化分析是一种基于核反应的核分析方法。该法用一定能量和流强的中子(热中子、共振中子、快中子)、带电粒子(质子、^2H、^3He、^4He),或高能 γ 光子轰击待测试样,测定由核反应生成的放射性核素衰变时放出的缓发辐射或者测定核反应中放出的瞬发辐射。根据射线的能量和半衰期进行定性鉴定,根据射线的强度可作定量分析。例如,测定富铬基体中的钛,所用的核反应是

$$^{50}Ti + {}_0^1n \longrightarrow {}^{51}Ti + \gamma$$

生成的 ^{51}Ti 是放射性核素,它的半衰期为 5.80 min,可用 γ 计数的方法和 γ 谱仪进行测量。

25.3.1 基本原理

1. 中子引起的核反应

中子活化分析所涉及的核反应主要是俘获反应。根据 Bohr 的复合核理论,俘获反应包含两个阶段:第一阶段是靶核俘获中子生成复合核,复合核刚形成时总是处于激发态;第二阶段是在极短的时间内,复合核跃迁到较低能级,发射 γ 光子、质子、α 粒子、中子或裂变成两个质量大致相同的碎片,即发生(n,γ)、(n,p)、(n,α)、(n,2n)、(n,f)等核反应。反应过程可表示为

$$入射粒子 + 靶核 \longrightarrow 复合核 \longrightarrow 生成核 + 发射粒子$$

如(n,γ)反应:

$$n + {}^AZ \longrightarrow [{}^{A+1}Z]^* \longrightarrow {}^{A+1}Z + \gamma$$
$$(复合核)$$

反应堆中子活化分析主要是慢中子俘获反应,在中子诱发的核反应中(n,γ)反应最重要。这一反应的产物与靶核具有相同的原子序数,只是前者较后者的质量数多 1。(n,α)和(n,p)反应比较少用。而能量大于 1 MeV 的快中子与靶核发生(n,α)和(n,p)反应常较(n,γ)反应更容易。

2. 反应堆中子谱和中子反应截面

(1) 截面的定义

某一种中子核反应的概率可用相应的反应截面 σ 来表示。如果把每立方厘米有 n 个核的靶放在中子束流(中子通量 φ 为 n $cm^{-2} \cdot s^{-1}$)中,那么碰撞次数与通量和每立方厘米靶核的数目呈正比,而比例常数就是核的截面,因此

$$\sigma_{col}(cm^2) = \frac{碰撞次数(cm^{-3} \cdot s^{-1})}{\varphi(cm^{-2} \cdot s^{-1})n(cm^{-3})} \tag{25.53}$$

截面的单位是 m^2,但一般以靶恩(符号 b)表示,1 b$=10^{-28}$ m^2。

(2) 反应堆中子谱

反应堆运行的基础是中子裂变链式反应,目前用于活化分析的反应堆几乎都是天然铀或浓缩铀作燃料,^{235}U 的裂变反应可写为

$$^{235}_{92}U + {}_0^1n \longrightarrow [{}^{236}U]^* \longrightarrow {}^{A_1}_{Z_1}X + {}^{A_2}_{Z_2}Y + (2 \sim 3)n + \gamma$$

^{235}U 俘获中子后,形成受激复合核$[{}^{236}U]^*$,复合核的寿命很短(约 $10^{-14} \sim 10^{-15}$ s),几乎马上分

裂成两块大的碎片 X 和 Y,同时放出 2~3 个中子以及瞬发 γ 辐射。

^{235}U 裂变产生的中子中,约 99% 以上是瞬发的(大约在 10^{-14} s 之内)。为进行活化分析,一般需用各种减速剂(如重水、铍、石墨、普通水等),通过弹性散射或非弹性散射,使中子减速。人们习惯上把 0.1 MeV 以上的中子叫做快中子,把 1 keV 以下的中子叫做慢中子,介于其间的叫做中能中子或共振中子。10^{-2} eV 左右的中子,由于相当于与分子、原子、晶格处于热运动平衡的能量,所以又叫做热中子。热中子能量分布服从 Maxwell 分布,在 20℃时,平均能量为 0.025 eV,平均速率为 2200 m·s^{-1}。热中子反应几乎全部为 (n,γ) 反应,而且很少有副反应,因此热中子活化分析一直在活化分析中占首要地位。

对于反应堆中子活化分析来说,反应堆中子谱可简单描述为热中子(被镉过滤器吸收的那些中子,即从 0 至 E_{Cd} 的全体)和超镉中子(不被镉过滤吸收的那些中子,即从 E_{Cd} 到 1~2 MeV 或 ∞ 的全体)。欧-美核数据委员会(EANDC)推荐镉截止能 $E_{Cd}=0.55$ eV。

(3) 中子反应截面

在中子活化分析中,具有实际意义的截面有以下几种。

(i) 总截面 σ_T,即入射中子与靶核的各种反应的概率之和:

$$\sigma_T = \sigma_{abs} + \sigma_s \tag{25.54}$$

(ii) 吸收截面 σ_{abs},是指通过观测中子被靶核吸收而定出的截面,它对计算活化分析中的中子屏蔽效应是很重要的。

(iii) 热中子截面 σ_{th},指在 20℃时,具有 Maxwell 分布最可几速率的中子的反应截面。

(iv) 活化截面 σ_{act},由测定生成核的放射性而定出的截面。因此,它是同位素截面。对只有一种同位素的元素而言,它就是原子截面,$\sigma_{act}=\sigma_{abs}$;对有多种同位素的元素,

$$\sigma_{abs} = \bar{\sigma}_{act} = \sigma_{act_1}\theta_1 + \sigma_{act_2}\theta_2 + \cdots \tag{25.55}$$

式中 θ 为同位素丰度。在热中子反应中,除少数几种核素外,σ_{act} 即为 σ_{abs}((n,γ)反应截面)。用 σ_{act} 可计算出活化分析生成核的放射性活度。

(v) 共振积分截面,可分为两部分,一部分由共振效应所致,记为 I',另一部分为反应堆 $1/v$ 区尾部所致,记为 $I_{1/v}$。对 0.55 eV 的镉截止能,$I_{1/v}$ 数值约为 $0.46\sigma_0$(σ_0 为热中子截面),因此

$$I = I' + I_{1/v} = I' + 0.46\sigma_0 \tag{25.56}$$

3. 照射中及照射后放射性的生长与衰变

当含有待测元素的试样在中子束中照射时,该元素的某些原子核转变成放射性核素,而且立刻发生衰变,其衰变方式如下

$$(A_1) \xrightarrow[\text{(n,}\gamma)]{\sigma_1} (A_2) \xrightarrow[\beta^-]{\lambda_2} (A_3) \quad \text{(稳定的)}$$

稳定核 (A_1) 由于俘获中子(截面为 σ_1)而被活化,转变成放射性核 (A_2),然后再衰变为稳定核 (A_3)。例如

$$^{23}\text{Na} \xrightarrow[\text{(n,}\gamma)]{0.54b} {}^{24}\text{Na} \xrightarrow[\beta^-]{15.0h} {}^{24}\text{Mg} \quad \text{(稳定的)}$$

照射期间核 (A_2) 的生长与活化截面 σ_1、中子通量 φ 和原子数目 N_1 呈正比(即与 $\sigma_1\varphi N_1$ 呈正比)。另一方面,放射性核 (A_2) 在照射期间以 $\lambda_2 N_2$ 速率衰变,因此

$$\frac{\mathrm{d}N_2}{\mathrm{d}t_\mathrm{i}} = \varphi\sigma_1 N_1^0 - \lambda_2 N_2 \tag{25.57}$$

式中 t_i 为照射时间，N_1^0 为 $t_\mathrm{i}=0$ 时的核(A_1)的原子数，N_2 为放射性核(A_2)的原子数，φ 为中子通量，λ_2 为放射性核素(A_2)的衰变常数。解方程式(25.57)，可以计算照射一定时间 t_i 后，所生成的放射性核(A_2)的量：

$$N_2(t_\mathrm{i}) = \frac{\varphi\sigma_1 N_1^0}{\lambda_2}(1 - \mathrm{e}^{-\lambda_2 t_\mathrm{i}}) \tag{25.58}$$

核(A_2)的放射性与照射时间的关系为

$$A_2(t_\mathrm{i}) = \lambda_2 N_2(t_\mathrm{i}) = \varphi\sigma_1 N_1^0(1 - \mathrm{e}^{-\lambda_2 t_\mathrm{i}}) \tag{25.59}$$

经照射时间 t_i 和冷却时间 t_c 后的放射性为

$$A_2(t_\mathrm{i}, t_\mathrm{c}) = \varphi\sigma_1 N_1^0(1 - \mathrm{e}^{-\lambda_2 t_\mathrm{i}})\mathrm{e}^{-\lambda_2 t_\mathrm{c}} \tag{25.60}$$

式中 $(1-\mathrm{e}^{-\lambda_2 t_\mathrm{i}})$ 称为饱和因子 S，当 $t_\mathrm{i} \gg (T_{1/2})_2$ 时，$\mathrm{e}^{-\lambda_2 t_\mathrm{i}} \to 0$，因此 $S \to 1$，A_2 达最大值，

$$A_2(t_\mathrm{i}) = A_\infty = \varphi\sigma_1 N_1^0$$

$\mathrm{e}^{-\lambda_2 t_\mathrm{c}}$ 称为衰变因子 D。因此式(25.60)可简写为

$$A_2(t_\mathrm{i}, t_\mathrm{c}) = \varphi\sigma_1 N_1^0 S D \tag{25.61}$$

放射性的生长和衰变与半衰期的关系见图 25.2。

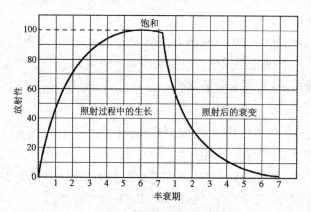

图 25.2　放射性的生长和衰变

式(25.61)表明活化过程中待测元素的放射性同位素的放射性活度正比于待测元素的含量，这是活化分析定量的依据。但在定量计算时，还要作一些校正，如靶核同位素丰度、放射性活度测量影响因素等。因此，用于活化分析定量计算的方程为

$$A = \frac{N_\mathrm{A} m}{A_\mathrm{r}}\theta\gamma\varepsilon\sigma_1\varphi S D \tag{25.62}$$

式中 A 为待测元素放射性同位素的放射性活度(Bq)，N_A 为 Avogadro 常数，m 为试样中欲测元素的质量(g)，A_r 为待测元素的相对原子质量，θ 为靶核同位素丰度(%)，γ 为所测 γ 射线分支比，ε 为测量仪器对该特征峰能量的 γ 射线的探测效率(%)，σ_1 为靶核同位素的活化截面(b)，φ 为中子通量($\mathrm{cm}^{-2} \cdot \mathrm{s}^{-1}$)，$S$ 为饱和因子，D 为衰变因子。从式(25.62)，根据待测元素活化后生成的放射性同位素的放射性活度，可计算出待测元素的含量。

25.3.2　分析方法

1. 分析方法的分类

（1）热中子、共振中子和快中子活化分析

中子活化分析根据中子能量可分为热中子、共振中子和快中子活化分析 3 种。如果在反应堆中子照射过程中，用 0.7～1 mm 厚的镉箔把样品包起来，那么热中子就被屏蔽掉，这样，只有"超镉中子"才能在样品中发生(n,γ)反应。这就是共振中子活化分析。未用镉包时，样品既被热中子活化又被共振中子活化，这就是热中子活化分析。

不同核素对不同能量的中子反应截面是不同的，因而选用不同能量中子活化分析不同的核素。对元素周期表中大多数元素，热中子的活化截面比其他粒子反应的活化截面要高，因此热中子活化分析具有较高的灵敏度，是较常用的分析手段。但是，对于像氧、氮等轻元素，热中子活化截面很低，而采用 14 MeV 快中子活化分析就能获得较高的灵敏度。

（2）仪器和放化中子活化分析

中子活化分析按方法学可分为仪器中子活化分析和放化中子活化分析。

如果样品经照射之后需要经放射化学分离，分出欲测元素，再测量它的 γ 射线强度和半衰期，才能确定欲测元素的含量。这种方法称为放化中子活化分析或破坏性中子活化分析。在某些情况下，可利用高分辨的 γ 谱仪直接测量照射后的样品，从而对它进行定性和定量分析。这称为仪器中子活化分析或非破坏性中子活化分析。

由于高分辨 Ge(Li)探测器和计算机技术的普遍使用，使仪器中子活化分析通常可以不破坏试样同时测定 20～30 种元素，易于实现自动化，能满足大量样品的快速常规分析。

然而，放化中子活化分析也是必不可少的。对痕量元素的分析含量要求达 ng·g^{-1}级或更低，欲分析的元素几乎是元素周期表中所有元素。为了使含量如此低的元素活化到可探测的活度，基体和常量共存元素将达到很高的放射性水平。在这种情况下，不进行放化分离，往往不能满足这种超痕量元素分析的要求。因此，发展所有元素的简便、定量的单元素分离方法，以获得最高的分析灵敏度，是放化中子活化分析的任务。

仪器中子活化和放化中子活化分析相结合可以最大限度地发挥反应堆中子活化分析高灵敏度、多元素同时测定的优越性。

（3）绝对法、相对法和单比较器法中子活化分析

在活化分析中，从所测放射性活度推导待测元素含量的基本方法有以下 3 种。

(i) 绝对法。通过对生成核的放射性活度 A 的测量，从式(25.62)直接计算出欲测元素在试样中的质量 m。由于有关核参数的准确度不够高及中子通量测量的精度等原因，绝对法尚不能常规使用。

(ii) 相对法。实际应用时一般都采用相对法，将一个待测样品和一个已知待测元素含量的标准试样在相同条件下进行辐射和测量，按下式计算样品中待测元素的含量：

$$m_{样} = m_{标}\frac{A_{样}}{A_{标}} \tag{25.63}$$

式中 $m_{样}$，$m_{标}$ 分别为样品和标准中待测元素的质量，$A_{样}$ 和 $A_{标}$ 分别为样品和标准中待测元素的某一放射性同位素的放射性活度。该法由于消除了绝大多数与核参数及实验参数有关的误差，有较高的准确度，所以是最广泛使用的方法。为提高分析的精确度，要求标准样品的基体成

分尽可能和待测样品相似。这样可以减少因中子在样品中的自屏蔽和 γ 射线自吸收的不同而引起的误差。由于采用不同基体的"标准参比物"作标准样品,从而提高了相对分析法的精确度。

但是相对法也存在制备、照射和测量各待测元素的标准的不便,不能测定事先未预期的元素,不适合与计算机结合的大量样品多元素自动化分析等缺点。因此,发展了一种既有绝对法的简便性,又不失相对法准确度的单比较器法。

(iii) 单比较器法。此法是仅用一种或几种核素(比较器)作标准与样品同时辐照,进行多元素分析的方法。用该法只需要测量通量监测器、比较器和样品中待测元素的特征 γ 射线的全能峰面积,就可以按下式计算样品中待测元素质量 $m(g)$:

$$m = \frac{A_P/SDC}{A_{SP}^* K} \tag{25.64}$$

式中 A_P 为特征 γ 射线全能峰的平均计数率;A_{SP}^* 为测得的比较器的比饱和放射性;S 为饱和因子;D 为衰变因子;C 为测量因子($C = (1-e^{-\lambda t_m})/\lambda t_m$),它是对测量时间间隔 t_m 内的衰变作修正;K 是实测因子,$K = K_0 \frac{F+D}{F+D^*} \frac{\varepsilon_P}{\varepsilon_P^*}$,其中 F 是通量比,$F = \frac{\phi_{th}}{\phi_e}$,$\varepsilon$ 为测量仪器对特征峰能量的 γ 射线的探测效率,* 表示比较器,K_0 是复合核常数。由于 K_0 值不受辐照、测量系统的限制,可在各实验室通用,便于测定和使用。

25.3.3　分析方法的灵敏度和准确度

热中子活化分析法测定元素周期表中 80% 以上元素的灵敏度都很高,达到 $10^{-6} \sim 10^{-11}$ g,少数元素可达 10^{-13} g。中子活化分析的灵敏度除取决于被测元素的核反应截面这一固有因素外,还与中子通量、照射时间、仪器探测效率等因素有关。

在活化分析中直接用标准参考物(SRM)作多元素标准,既简便又准确。由于 SRM 能方便地提供包含几十种元素的标准,其基体与试样基体相似,因此诸如干扰核反应、照射时的自屏蔽效应、测量中 γ 射线的减弱以及样品与标准之间的几何差别等影响都可忽略不计。因此普遍采用 SRM 来检验分析方法的准确性,或直接使用 SRM 作照射标准,进一步提高了活化分析测定的准确度,能满足对痕量元素进行例行分析的要求。

25.3.4　分析方法的优缺点和局限性

中子活化分析法与其他分析方法比较,有如下优点:

(i) 灵敏度高,这与其他一些分析方法相比,具有明显的优势。由于分析灵敏度高,所需的样品量也可以很少,这对只有少量可供分析的极其珍贵的样品(如陨石、月球岩样等)分析是很重要的。

(ii) 特效性好,核反应的性质比较简单,与待测元素的化学状态无关。除了能确定待测物是什么元素外,还能确定该核素的同位素,并提供核判据,如半衰期、衰变方式及射线能量等。

(iii) 应用 γ 能谱法作多元素同时分析,这是中子活化分析的一个突出的优点。采用高分辨的 Ge(Li)γ 能谱可同时测定 30～40 种元素。这一点在矿石、环境科学、生命科学和高纯材料样品分析中得到了充分的发挥。

(iv) 非破坏性分析。

(v) 不易沾污和不受试剂空白的影响。

(vi) 无需定量分离。

(vii) 可以对化学性质非常相近的元素进行分析。例如稀土元素,各个稀土元素受中子照射后放出特征能量的 γ 射线各不相同,而且它们的中子活化截面又较大,具有很高的分析灵敏度($10^{-9} \sim 10^{-13}$)。

(viii) 可实现自动化分析。

中子活化分析所需要的活化源是反应堆,它是极其昂贵的大型设备,这就使中子活化分析在具体应用上受到一定的限制。另外,该法对于待测元素有 3 个基本要求:① 待测元素的某一种同位素必须具有足够大的活化截面;② 经过核反应所产生的放射性同位素必须具有足够长的半衰期,以便测量;③ 所产生的放射性同位素发出的射线或粒子必须易于测量。除了活化截面和半衰期的要求产生的限制外,还有在反应堆照射时有热效应,因此样品要耐 70~80℃ 的温度;试样中的元素经辐照会产生所谓"热原子"化学效应,该元素的化学状态会是多种多样的,必须经过化学处理;试样中必须不含像 Cd 等强烈吸收中子的元素,否则引起自屏蔽效应而产生误差;还有,是否存在干扰核反应等核反应引起的问题。以上这些因素都会限制中子活化分析法的应用,不能不说是这种方法的一些缺陷。另外,在一般情况下,中子活化分析只能分析元素的含量,不能测定化学结构和化学价态。

尽管这样,若与其他痕量分析方法相比,还是以中子活化分析法最优。因此,中子活化分析法能用来分析和控制工业产品的质量,主要是分析高纯物质中的微量和超微量元素。在地球化学和宇宙化学领域中主要研究地球和宇宙样品的元素组成和分布,探索地球、太阳和宇宙的演化过程,提供各种矿物的形成规律及其分布。在生命科学中,为进一步研究微量元素与生命的关系,探索痕量元素在各种生物体中的作用,它们在环境-食品-人体这一生态循环中的行为以及其与疾病的关系,活化分析提供了高灵敏度、高效率的多元素分析的手段。稳定同位素示踪和活化分析相结合,为生物医学示踪研究开辟了新领域。在环境科学中,为了确定"环境本底值",必须分析相对无污染地区的"清洁"样品,这些样品往往要求分析灵敏度达 $10^{-9} \sim 10^{-12}$ g。此外,为了查明污染源、污染途径以及污染对人和生态系统的近、远期影响,需要对广泛地区进行长时间的跟踪监测。活化分析越来越被证明是环境科学中的重要分析手段。

参 考 文 献

[1] 罗文宗,陈连仲等编著.放射化学分析.北京:科学出版社,1988
[2] 毕木天.示踪分析法.北京:原子能出版社,1984
[3] "现代核分析技术及其在环境科学中的应用"项目组编著.现代核分析技术及其在环境科学中的应用.北京:原子能出版社,1994

思考题与习题

25.1　写出下列放射化学反应式:

(1) $^6Li + n \longrightarrow {}^3H + {}^4He$;

(2) $^9Be + \gamma \longrightarrow {}^1n + {}^8Be$;

(3) $^{54}Fe + {}^4He \longrightarrow {}^{57}Ni + {}^1n$;

(4) $^{37}Ar + \beta^- \longrightarrow {}^{37}Cl + \nu$。

25.2　^{20}F 的 β 核衰变数为 0.0608 s^{-1},计算一个含有 1.4 mg ^{20}F 样品的放射性活度。

25.3 ^{24}Na β 衰变的半衰期为 1.5 h,如果一个样品起始含有 0.842 mg 放射性核,当核的质量减少到 0.347 mg 时需要多少时间?

25.4 含 ^{210}Po 的样品进行 α 衰变,经 45 d 样品的放射性活度由 $1.78×10^{15}$ d^{-1}减少到 $1.42×10^{15}$ d^{-1},计算核反应的衰变常数和 ^{210}Po 的半衰期。

25.5 估算下列两个测量样品的标准差和相对标准差。

(1) 2000 计数; 　　　　　(2) 20 000 计数。

25.6 某样品测量 15 min,测得 1148 个计数,求计数率和计数率的标准差。

25.7 某样品在 145 s 内测得 453 个计数,求计数率和计数率的标准差。

25.8 0.05 mg 的 ^{89}Y 通过 ^{89}Y(n,γ)^{90}Y 反应生成 ^{90}Y,求在中子照射 72 h 后 ^{90}Y 的放射性活度。已知反应截面为 1.31 b,^{90}Y 的半衰期为 64.3 h,中子通量是 $2.0×10^7$ $cm^{-2}·s^{-1}$。

25.9 将 56 μg ^{60}Co 标记维生素 B_{12},放射性活度为 $7.39×10^7$ 计数·min^{-1},加入含有未知量的未标记维生素 B_{12} 样品中,然后用色谱法提纯分离该样品,得 49 μg 维生素 B_{12},放射性活度为 $1.58×10^5$ 计数·min^{-1},计算样品中未标记的维生素 B_{12}的质量。

25.10 某酵母培养物生长在含^{35}SO$_4^{2-}$(放射性比度为 $4.78×10^7$ 计数·$min^{-1}·μmol^{-1}$)为硫源的合成培养基里。生长几天后,采集细胞并加以提取。将 500 mg 未标记的还原谷胱甘肽加进 50 mL 提取液中,从混合物中再分离出谷胱甘肽,其放射性比度为 $6.97×10^6$ 计数·$min^{-1}·μmol^{-1}$。计算提取液中谷胱甘肽的含量。

第 26 章 生 化 分 析

21 世纪生命科学是中心科学,而化学,特别是生物分析化学(即生化分析)是揭示生命科学本质的基本手段.生化分析主要研究生物大分子、生物药物、生物活性物质的分析,以及生理元素在生物组织层、单细胞,甚至细胞膜和蛋白质碎片内的微分布及结合形式的分析.生化分析是以与生命过程相关的物质的分析为主要分析对象,解决与生物、医学、临床疾病诊断及环境生态等相关的问题.其所使用的技术和方法是没有限制的.从各种光谱技术、分离技术、传感技术到生物反应的利用等等,所涉及的内容非常多,鉴于篇幅所限,本章只能选择其中几个有代表性的方面进行简单的介绍,尽量反映生化分析的特点.本章内容包括酶法分析、免疫分析、核酸分析和蛋白质分析.

26.1 酶 法 分 析

除具有酶活性的核糖核酸外,其他的酶类都是生物体内产生的、具有催化功能的蛋白质.酶催化的反应不像化学催化剂那样往往要求高温、高压,而是在较温和的条件下进行催化反应,如常温、常压和中性的 pH 环境;酶的催化效率一般要比化学催化剂高 $10^7 \sim 10^{13}$ 倍;酶所催化的反应还具有高度的特异性,酶对其催化的对象有高度的选择性,也即酶对底物的专一性.所谓底物(substrate),就是接受酶的作用引起化学反应的物质.通常将被酶作用的物质称为该酶的底物.一种酶只作用于一种或一类底物,酶催化反应几乎没有副产物,这就是酶的特异性或专一性.分析化学家充分注意到了酶的这些特性,特别是利用了酶促反应的高度专一性和放大效应与分析化学的研究思路相结合,建立起的很有特色的酶分析方法,已经得到了广泛的应用.

26.1.1 酶的活性单位

酶法分析基于酶催化的反应,在很大程度上依赖于对酶活性测定及对酶催化的反应的精确控制.大多数酶的相对分子质量是未知的,其量很难用经典的质量、体积或物质的量浓度来表示.酶的量一般用酶活性单位或酶活力(enzyme activity)来表示.酶的活性是指其催化一定反应的能力.酶的活性单位(active unit)指的是在一定条件下,单位时间内底物的减少量或产物的增加量.也即酶量的多少以酶的催化能力来度量,实际分析中通过测定酶的催化反应的速率来表达.酶活力的测定是研究酶的特性、进行酶制剂的生产及研究其应用时的一项必不可少的指标.1961 年第五届国际生化会议采纳了 IUPAC 及国际生化协会酶委员会推荐的酶国际单位 IU(international unit)的定义:即在特定条件下 1 min 内将 1 μmol 的底物转化为产物所需酶的量,这样一个酶的量就叫 1 IU 的酶.在报道酶的活性时应采用固定的温度(建议用25 ℃)、pH 和底物的浓度.1973 年国际酶学委员会推荐了一个新的标准国际酶活性单位卡达尔(Katal,Kat),1 Kat 定义为 1 s 内将 1 mol 底物转化为产物所需酶的量,它与国际单位 IU 之间的关系为

$$1\,\mathrm{Kat} = 1\,\mathrm{mol}^{-1} \cdot \mathrm{s}^{-1} = 60\,\mathrm{mol}^{-1} \cdot \mathrm{min}^{-1} = 60 \times 10^6\,\mu\mathrm{mol}^{-1} \cdot \mathrm{min}^{-1} = 6 \times 10^7\,\mathrm{IU}$$

$$1\,\mathrm{nKat} = 0.06\,\mathrm{IU}$$

酶的比活性(specific activity)又叫比活力,定义为每毫克酶蛋白所具有的催化活性,即 $\mathrm{IU} \cdot \mathrm{mg}^{-1}$(蛋白质)。一般情况下,对同一种酶,比活性越高,其纯度也愈高。用比活性进行酶制剂间相对活性的比较或酶制剂纯度的检测比较方便。

26.1.2 酶催化反应的动力学

由于酶反应的专一性和放大效应,酶在分析化学中有很大的应用潜力。多年来,酶动力学方法已用于测定底物、酶、激活剂和抑制剂。如果将酶作为标记物,与各种结合反应(如免疫反应和核酸杂交)相结合,则其应用范围会更广泛。无论是哪种分析体系,掌握酶反应的动力学理论是非常重要的。

根据质量作用定律,化学反应的速率与反应试剂浓度的乘积呈正比。这表明对单一组分参加的反应,其反应速率直接与反应试剂的浓度呈正比,而对二组分反应,反应速率与两种反应试剂浓度的乘积呈正比。这种关系可以表示为

$$速率 \propto k[试剂] \qquad 单一试剂反应$$
$$速率 \propto k[试剂_1][试剂_2] \quad 两种试剂参加的反应$$

式中 k 为反应速率常数,两个反应分别为一级和二级反应。

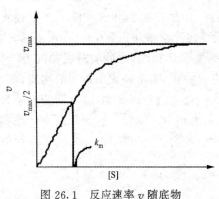

图 26.1 反应速率 v 随底物浓度[S]的变化曲线

对于酶反应,其反应动力学的预测是非常复杂的。但在研究底物浓度[S]对反应速率 v 的影响时,总是得到如图 26.1 所示的实验结果。当底物浓度升高时,最初底物的浓度与反应速率呈正比,这属于一级反应;当底物的浓度升高到一定的程度时,反应速率不再随底物浓度的增加而增大,这时变成零级反应。对这一实验事实给出最为合理的解释是酶催化反应速率依赖于酶(E)-底物(S)复合物{ES}分解形成产物 P 的速率,即

$$E + S \underset{k_2}{\overset{k_1}{\rightleftharpoons}} ES \underset{k_4}{\overset{k_3}{\rightleftharpoons}} E + P \qquad (26.1)$$

由上式可以看出,反应产物的形成只包含一个组分,即 ES 复合物(中间产物),此中间产物可看做相对稳定的过渡态物质,它进一步分解为产物 P 和游离态酶 E。当底物浓度较低时,反应速率与底物浓度呈正比,因而反应表现为一级反应。而高浓度的底物会饱和所有酶的活性位点,使 ES 复合物的浓度为最大,因而表现出最大的反应速率 v_{max}。底物浓度再增加时并不能提高 ES 复合物的浓度,因而反应速率将保持不变,此即零级反应。

1. 米凯利斯-门顿动力学方程式

在 1913 年,L. Leonor Michaelis(米凯利斯)和 M. Maud Menten(门顿)提出了一个简单的模型来说明这些动力学性质。他们在处理这个问题中的关键是认为催化过程中一个专一的 ES 复合物是必需的中间产物。在 Michaelis 和 Menten 之后也有一些学者做了进一步有关反应动力学及机理的研究,但都肯定了他们所提出的基本概念。米氏模型能说明许多酶催化反应的动力学性质,该模型如式(26.1)所示。包含 ES 复合物的这样一个复杂的平衡系统的解离常

数就称为米氏常数 k_m，米氏方程如下

$$v = \frac{v_{max} \times [S]}{k_m + [S]} \tag{26.2}$$

式中 v，v_{max}，$[S]$ 分别代表反应速率、最大反应速率和底物的浓度。这个方程式概括了图 26.1 给出的动力学特征。当底物浓度低时，$[S]$ 比 k_m 小得多，$v = [S] v_{max}/k_m$，即反应的速率与底物的浓度呈正比；而当底物浓度很高时，$[S]$ 比 k_m 大得多，所以 $v = v_{max}$，即反应速率已达到最大值，不再随底物的浓度变化；当然，当 $[S]$ 适中时，反应表现为混合型，即介于零级与一级反应之间，从图 26.1 可以清楚地看到这一点。

2. 米氏常数的测定

在固定酶的量的情况下，改变底物的浓度便可以得到如图 26.1 所示的典型曲线。当酶促反应速率 $v = v_{max}/2$ 时，代入式(26.2)，即可看出底物的浓度在数值上等于米氏常数：

$$\frac{v_{max}}{2} = \frac{v_{max} \times [S]}{k_m + [S]} \tag{26.3}$$

$$[S] = k_m$$

尽管这个方法非常简单，但在实验上一般误差较大。原因是上述关系是双曲线型的，根据曲线确定 v_{max} 有很大的困难。实际上，即使使用很大的底物浓度，也只能得到 v_{max} 的趋近值，而得不到真正的 v_{max}，而对 v_{max} 推测值的任何误差都会反映在由此确定的 k_m 值上。

为了能得到准确的 k_m 值，可将米氏方程变换成直线方程。这只需在式(26.2)的两边取倒数就可以做到，这就是 Lineweave-Burk 方程：

$$\frac{1}{v} = \frac{k_m}{v_{max}} \cdot \frac{1}{[S]} + \frac{1}{v_{max}} \tag{26.4}$$

实验时，选择不同的底物浓度 $[S]$ 测定相应的反应速率 v，然后以 $1/v$ 对 $1/[S]$ 作图得一条直线，外推至与横轴相交。该直线的斜率为 k_m/v_{max}，$1/v$ 坐标轴上的截距为 $1/v_{max}$，而在 $1/[S]$ 坐标轴上的截距为 $-1/k_m$，由此便可以求得 k_m。

26.1.3　影响酶催化反应的因素

影响酶催化反应的因素很多，除了酶和底物的性质，还应考虑酶的浓度、底物的浓度、激活剂与抑制剂、温度、酸度等。在讨论影响酶促反应的因素时，有两个前提：一是采取单因子研究法，即固定其他因素不变；二是讨论酶促反应的初速率，因为此时的反应速率与酶的活性呈正比。

酶催化反应温度的提高将会增加酶的变性。对一个特定的反应，在选择最佳温度时常常既要考虑短时间反应的最大活性，同时也要考虑反应长时间以后由于酶的变性使其活性的降低。反应温度较高时可能最初的反应速率较快，但由于酶易变性，其活性很快会降低。温度对酶催化反应影响的一般规律是随着温度的提高反应速率也提高，但由于酶变性的增加，活性酶的量会降低。这两种作用的综合结果就形成了特征的酶反应的适宜温度曲线，即随温度的升高酶活性先提高，然后降低。

酶催化反应对介质的 pH 是非常敏感的，适宜的酶促反应 pH 范围都较窄。pH 主要影响酶的氨基酸侧链的解离状态及底物分子解离状态，使底物与酶的结合效率发生变化。特定的氨基酸残基常以广义酸碱的角色参与酶催化反应，它们所带电荷的变化会严重地影响催化反应

的速率。在比较窄的 pH 范围内,这些作用是可逆的,但酸性或碱性过强会影响酶的构象,甚至使酶蛋白永久变性。

底物浓度的影响在上一小节中已有叙述。关于酶浓度的影响,正像米氏方程式所预期的那样,酶催化反应的初速率与酶的初始量呈正比。从理论上讲,随着酶的量的增加,反应速率可以无限地增大,但实际上,当酶量太大时反应速率的增大会偏离线性关系。另有一些酶体系,就是在酶量不大时反应速率与酶量之间也不具有线性关系,而是出现向酶量轴弯曲的现象,这可能是由于酶制剂中存在激活剂或抑制剂的缘故。在绝大多数情况下,初速率与酶量之间应具有严格的正比关系,并在大多数动力学分析中总是假定这种关系是成立的。当然,酶的量与反应初速率之间的线性关系可以通过实验来证明。

26.1.4　酶法分析的检测技术

在酶法分析中,被分析的对象可以是酶、底物、底物类似物、酶的活化剂或抑制剂等。总之,凡是可以影响酶催化反应的各种物质都有可能被分析。根据被分析对象是对反应速率的影响,还是对反应平衡的影响,其分析方法也有所不同。例如,对酶活性的测定,只能采用与动力学相关的方法,而对底物的测定既可以采用动力学方法,也可以采用平衡法。常用的分析方法包括初速率法、固定时间分析法、固定变化量分析法及平衡分析法等。必要时还可以采用酶偶联分析法,使分析测定简单化。

1. 酶活性的测定

由于酶活性代表的是其催化反应的能力,所以,根据所催化反应的速率便可以得到酶的活性。测定单位时间内产物的增加量或底物的减少量的方法很多,常用的分析方法有分光光度法、滴定法、电化学分析法、荧光光度法、比旋光度法等。通常多选用测定产物的增加量,因为产物浓度由低向高变化,比较容易测定。由于酶的活性是测定条件依赖性的,所以测定时或者在标准条件下测定,或者利用已知活性标准酶进行校准。否则,应明确标出各种测试的具体条件。

(1) 初速率法

酶促反应的初速率最大,但其恒定的时间一般很有限。初速率的测定必须在此时间范围内进行。但不是所有的酶反应的初速率都与酶的活性呈正比。为了确定这一点,一般可以取 3 个酶浓度测定反应的初速率,如果测定的初速率与酶的浓度之间具有线性关系,则表明所选择的条件是合适的。否则,应降低酶的浓度或寻找其他原因。

在实际测定时,为了真实反映酶的活性,一般要采用过量的底物,使所有酶的活性位点都饱和。这样反应对底物来说为零级反应,而对酶来说为一级反应。所以,测定的反应初速率能很好地反映酶的活性。在底物过量的情况下仍然有一个底物浓度选择的问题,如果酶反应的动力学是符合米氏方程的,则测定酶的活性时所选用底物的浓度至少应是 k_m 的 10 倍,在这种情况下酶反应速率是其最大反应速率的 90% 以上,底物浓度的微小变化对反应速率的影响就比较小。

例如 D-氨基酸氧化酶活性的动力学法测定。D-氨基酸氧化酶催化水中的溶解氧氧化 D-丙氨酸为 α-酮基丙酸,并产生等摩尔的过氧化氢和氨:

$$CH_3CHNH_2COOH + O_2 \longrightarrow CH_3COCOOH + H_2O_2 + NH_3$$

上一反应所产生的氨气参与谷氨酸脱氢酶催化的下一反应:

$$NH_3 + HOOCCH_2CH_2COCOOH + NADH \longrightarrow HOOCCH_2CH_2CHNH_2COOH + NAD^+$$

该反应使还原型烟酰胺腺嘌呤二核苷酸(NADH)转化为烟酰胺腺嘌呤二核苷酸(NAD$^+$)。在 340 nm 处(图 26.2)连续检测到 NADH 吸收的减小,其初速率与体系中存在的氨的浓度呈正比。而氨的浓度与 D-氨基酸氧化酶的活性呈正比。

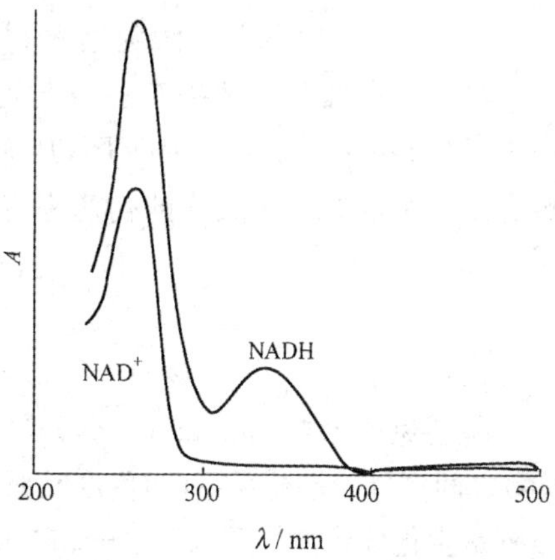

(2) 固定时间分析法

这种方法是间隔一定的时间,分几次取出一定体积的反应液,终止酶反应,然后分析产物的生成量或底物的消耗量。这是最经典的方法,至今仍很常用,一般采用强酸、强碱、三氯乙酸、过氯酸或十二烷基硫酸钠使酶失活,也可以通过快速加热使酶变性等。但应注意,在所选定的时间范围内反应的速率或酶的活性是不变的。

(3) 固定变化分析法

这种方法与固定时间法的原理相同,但把酶活性

图 26.2 NADH 和 NAD$^+$的吸收光谱

与要产生一定的反应量所需的时间关联起来,即酶的活性与产生一定的底物转化量所需的时间呈反比。这种方法对于反应中产生 pH 变化的体系非常有用,因为这可以通过电位法方便地进行测定。同样,在所选定的底物变化量范围内反应的速率或酶的活性应该基本保持不变。

2. 底物的测定

底物浓度的测定一般采取反应平衡法。即将所有的底物都转变为产物,然后测定产物生成的量,这种方法又称为“终点法”。底物有时也可以采用酶循环法或动力学方法进行测定。

(1) 酶循环法

有些酶反应待测底物的浓度非常低,采用一般的方法很难检测到产物的量。但可以采用酶循环法使偶联反应中的一种产物积累放大,当反应进行到一定的时间时,设法终止反应,并测定积累的产物,其量的大小直接与主反应中底物的量呈正比。例如,还原型辅酶Ⅱ(NADPH)的定量分析如下所示:

$$\text{NADPH} + \text{氧代戊二酸} + \text{NH}_3 \xrightarrow{\text{谷氨酸脱氢酶}} \text{NADP}^+ + \text{L-谷氨酸}$$

$$\text{NADP}^+ + \text{葡萄糖-6-磷酸} \xrightarrow{\text{葡萄糖-6-磷酸脱氢酶}} \text{NADPH} + \text{6-磷酸葡萄糖酸}$$

微量的 NADPH 在谷氨酸脱氢酶的存在下与氧代戊二酸和氨反应生成 NADP$^+$和 L-谷氨酸,所生成的 NADP$^+$参与葡萄糖-6-磷酸脱氢酶催化的第二个反应(偶联反应),并使第一个反应所消耗的底物 NADPH 得到返回,这样便完成了第一个循环反应。经过多次循环反应后产物 6-磷酸葡萄糖酸便积累放大,最后测定一定时间内所形成的该产物的量,便可间接地获得 NADPH 量的信息。

(2) 底物的动力学测定法

根据米氏方程,底物在一定的浓度范围内是可以用动力学方法来测定的。但是,当底物的浓度很低时,反应速率很快就会变小,采用一般的方法很难测定反应的初速率。但采用一些特殊的偶联反应可以使得反应速率保持,从而可以获得精确的反应初速率的数据。这样一种设计的原理是通过循环过程使底物的浓度保持恒定,因而指示反应的速率也保持恒定,该速率与第一个反应中底物的浓度呈正比。例如,微量辅酶Ⅰ(NAD$^+$)的分析:

$$NAD^+ + CH_3CH_2OH \xrightarrow{\text{醇脱氢酶}} CH_3CHO + NADH$$

$$NADH + \text{细胞色素 } c^{3+} \xrightarrow{\text{细胞色素 } c \text{ 还原酶}} \text{细胞色素 } c^{2+} + NAD^+$$

NAD^+ 在醇脱氢酶的存在下与乙醇反应生成乙醛和 NADH,所生成的 NADH 又参与下一个反应,并使底物 NAD^+ 复原,从而保证了底物 NAD^+ 的浓度恒定不变,从而可以很方便地测定第一个或第二个反应的初速率,该速率与底物 NAD^+ 的浓度呈正比。

26.2　免 疫 分 析

所谓免疫分析(immunoassay)是指利用抗原(antigen,简写为 Ag)与抗体(antibody,简写为 Ab)之间高特异性的反应(即免疫反应)实现对抗体、抗原或相关物质进行检测的分析方法。免疫分析是生化分析的主要内容之一,它在医药、临床及环境分析等方面有非常广泛的用途。

26.2.1　抗原、抗体及其反应

1. 抗原和抗体的概念

能引起动物机体特异性免疫应答的化学物质叫抗原。这种免疫应答所产生的,能够与抗原发生特异性识别反应的蛋白质就是抗体。抗原具有引发抗体产生的特性(免疫原性)和与抗体发生特异反应的性质(抗原性)。还有一类小分子化合物,它们不能引起免疫应答,却能与抗体反应,它们被称为半抗原。半抗原相当于抗原分子上的一个抗原决定簇,即抗原分子上与抗体结合的一个区域。在研究中发现,许多小分子化合物通过与大分子蛋白质的偶联均能产生针对小分子化合物的抗体,这在临床分析方面具有非常重要的意义。因为激素、药物、代谢物质及活性多肽等都是低相对分子质量化合物,它们与大分子载体蛋白质偶联可得到合成的全抗原。合成的全抗原经动物免疫产生的抗体可以与小分子半抗原发生特异性亲和反应,从而可用于它们的分析。R. A. Lerner 等认为,免疫系统能够合成出十亿种不同的抗体,可见动物的免疫系统可以产生数目惊人的特异性抗体。这些抗体除了担负生物免疫功能之外,还可用于各种不同结构的抗原或半抗原的免疫分析。

抗体由于是动物体免疫系统产生的,其结构具有球蛋白的特点,故通常称之为免疫球蛋白(简写为 Ig),它是机体免疫力的一类重要物质基础,也是医学中用于疾病诊断、治疗、预防和研究发病机理的极为重要的试剂及制剂。目前被人们所认识的免疫球蛋白包括 IgG、IgM、IgA、IgD 和 IgE 5 种类型,分别称为免疫球蛋白 G,免疫球蛋白 M,……。IgG 占血清中总免疫球蛋白的 80%,是最早大量纯化和用于结构研究的免疫球蛋白,机体的主要免疫功能依赖于它,它也是分析应用的主要抗体。在免疫分析中所使用的抗体分为多克隆和单克隆抗体。单克隆抗体是由一个细胞克隆(即一个单一的细胞和其子代、孙代等等的总体)所产生的抗体,其化学结构及生物活性是完全相同的;多克隆抗体则是由多个细胞克隆所产生的化学结构和生物活性都不均一的抗体混合物。

Porter 在 1962 年提出了抗体 IgG 的特征四链结构(图 26.3),其中包括两条重链,两条轻链。现已证明,重链从 C-端开始,每条链大约有 3/4 的氨基酸序列非常相近(恒定区),剩下的1/4 段肽链(可变区)的氨基酸序列表现出很大的变化性,重链的这一段对应于抗原的结合位点。对轻链来说存在同样的恒定区和可变区,恒定区和可变区大约各占 1/2 的肽链。重链和轻

链的可变区共同组成抗体的结合位点,这是免疫球蛋白活性和特异性的关键。每个 IgG 分子具有两个完全等价的与抗原结合的位点。

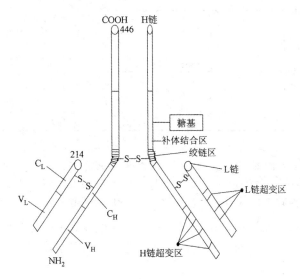

图 26.3　IgG 分子的四链结构

两条重链和两条轻链之间由 3 个二硫键连接,其中 C 和 V 分别代表重链和轻链的恒定区和可变区,
而 H 和 L 则分别代表重链和轻链,214 和 446 分别代表轻链和重链氨基酸的数目

2. 抗体特性的表征

抗体作为一种分析试剂,对其进行表征和质量控制非常重要。抗体的效价或滴度是表征多克隆抗体性能的主要参数之一,它与抗体亲和性相关,定义为对给定的测试反应,可观察到抗原与抗体间反应时相对于原始抗血清(含抗体的血清)的最大稀释度。滴度越大,抗血清的质量越高。免疫双扩散法是免疫分析中应用比较广泛的一种技术。将抗原和抗体加入到琼脂凝胶培养基上打出的孔中,抗原和抗体向四周扩散。当达到抗原与抗体的最佳比例时,由于抗体的交联功能,将形成轮廓清楚的不透明沉淀线,据此可测定抗体的效价。显然,抗体的效价越高,说明抗体的质量越高。抗体的效价与抗体的浓度和亲和性都呈正比关系。显而易见,不同灵敏度的检测方法所测得的效价在数值上会有非常大的差异。如用酶联免疫吸附分析(ELISA)法测得的效价比免疫双扩散法要高几个数量级。所以,抗体效价的比较应当使用相同的方法。

抗体特异性是抗体性能的另一重要参数。抗体可以与其相应的抗原及其结构类似物发生交叉反应,其程度可以通过竞争免疫实验测定。一般通过下述两个步骤:① 在固相载体上固定化确定量的抗体,然后一系列不同浓度的标记抗原与之反应,洗去非特异性吸附的标记抗原后测定结合在固相上的标记抗原的信号强度,作该信号强度与标记抗原浓度之间的关系图,取信号强度为最大信号强度一半处的标记抗原浓度做第二步实验,该信号强度标记为 B_0;② 保持固相抗体浓度不变,使①中选定浓度的标记抗原同一系列不同浓度的未标记抗原或抗原类似物一起竞争结合固相上有限的抗体,测定与抗体结合的标记抗原的信号强度,用 B 标记。根据抗原及其类似物的浓度与置换标记抗原率之间的关系曲线(图 26.4),按下式计算交叉反应率。显然,交叉反应率越小,抗体的特异性越高,由此抗体建立的免疫分析方法的选择性也越高。抗体对抗原的高特异性反应是免疫分析能用于复杂的生物或环境分析体系的基础。

$$\text{交叉反应率}=\frac{\text{产生 50\% 置换反应所需特异性抗原的浓度}}{\text{产生 50\% 置换反应所需抗原类似物的浓度}}\times100\% \qquad (26.5)$$

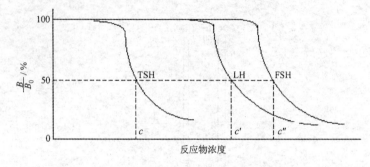

图 26.4　抗原及其类似物与抗体交叉反应的测定

促黄体发生激素(LH)和促卵泡激素(FSH)对促甲状腺激素(TSH)多克隆抗血清交叉反应率分别为 $c/c'\times100\%$ 和

$c/c''\times100\%$，曲线相交处分别代表 50% 标记的 TSH 被置换时 TSH、LH 和 FSH 的浓度

　　根据抗体与抗原反应的平衡关系可以测定单克隆或多克隆抗体的亲和常数或表观亲和常数。抗体对抗原的亲和性直接与免疫分析方法所能达到的灵敏度相关，抗体亲和性越高，免疫分析的灵敏度也越高。

　　3. 抗原与抗体的反应

　　抗原与抗体间的反应类似于酶与底物之间的反应的结合步骤，反应的动力包括离子键、氢键、疏水力及范德华力。每个 IgG 分子可以结合两个抗原分子或抗原决定簇。抗原决定簇是指抗原分子上与抗体分子结合的特定的区域，抗原一般都是多价的，当抗体和抗原以适当的比例混合时便会发生交联而形成沉淀。当抗血清的量固定而改变抗原的量时，随着抗原量增大，沉淀的量呈正比增多，并达到最大，但抗原量继续增加时并不出现平台，而发生沉淀量减少的现象，这与一般化学法中尽量增大试剂的浓度使反应趋于完全的情况不同。当然，上述变化规律是针对具有多个抗原决定簇的抗原与其相应的多克隆抗体体系而言的，如果是半抗原与单克隆抗体混合，则不会发生交联而形成沉淀。

26.2.2　免疫分析的理论基础

　　质量作用定律也是免疫分析的基础，抗体(Ab)和抗原(Ag)结合时的结合作用可表示为

$$k_{eq}=\frac{[\text{Ab-Ag}]}{[\text{Ab}][\text{Ag}]} \qquad (26.6)$$

式中 k_{eq} 为平衡常数，Ab-Ag 为抗体和抗原的复合物。k_{eq} 值的大小在 $10^{6}\sim10^{12}\ \text{L}\cdot\text{mol}^{-1}$ 之间，但只有当 k_{eq} 值在 10^{8} 以上时才具有用于免疫分析的价值。被分析的对象可以是抗原，也可以是抗体。对抗原与抗体间的反应进行直接检测的灵敏度一般都很低，通常在体系中要引入一种标记的抗原或抗体，通过标记的抗原或抗体及设计适当的免疫分析模式达到间接分析的目的，这就是所谓的标记免疫分析。现代免疫分析绝大多数采用的都是标记免疫分析。

　　1. 免疫分析的模式

　　(1) 竞争免疫分析模式

　　该模式的做法是让标记的抗原和待分析样品中的抗原竞争性地与有限量的固相抗体结合(图 26.5)。洗除非特异性结合的两种抗原，通过对固相标记抗原的检测确定待测抗原的浓度。显然，所检测到的标记抗原的浓度与待测抗原的浓度呈反比，并且当抗体和标记抗原的浓度减

小时可获得更高的分析灵敏度。但抗体的浓度不能太小,以保证有足够强的检测信号。

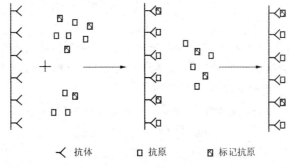

< 抗体　　　□ 抗原　　　▨ 标记抗原

图 26.5　竞争免疫分析示意图

（2）非竞争免疫分析模式

非竞争免疫分析模式种类很多,这里仅介绍其中一种:夹心式免疫分析模式。一般抗原具有多个在空间上分离的抗体的结合位点,据此可设计出夹心式的分析模式:被分析的抗原首先被第一种过量的固相化抗体所捕获,并与游离的样品抗原分离。被捕获抗原的另一个抗原决定簇再选择性地与过量的标记的抗体反应(图 26.6)。结合的标记抗体(一般与固相化的抗体不同)的量与样品中抗原的量呈正比。

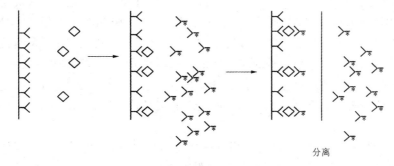

分离

图 26.6　抗原的非竞争夹心免疫分析原理

以上介绍的仅仅是两种设计模式,从理论上讲免疫分析模式的设计是无限制的,最终都可达到确定被分析对象浓度的目的。经典免疫分析的共同特点是:它们都是通过一个标记的抗原或抗体来间接地确定分析物的浓度。由于标记物以结合和游离两种形式存在,所以它们的分离非常重要,有关分离方面的内容可以在本章后的参考文献中找到。

26.2.3　免疫分析方法

现代免疫分析方法的设计都包含一种标记物,由于标记物的不同就出现了不同的分析检测系统。标记免疫分析根据反应完成后是否需要分离又可分为非均相免疫分析和均相免疫分析法。根据分析模式的设计还可分为竞争或非竞争免疫分析两大类。标记免疫分析法所涉及的检测方法包括显色法、荧光法(常规及时间分辨荧光、荧光偏振、荧光猝灭和荧光共振能量转移)、化学发光、浊度分析、放射性同位素测定(闪烁计数和自显影)、中子活化、电子自旋共振、极谱法、原子吸收、电化学传感器(电位、电流及压电晶体传感器)及光传感器等。检测方法远不止上述列举的。从理论上讲,几乎任何一种分析检测技术都有可能用于免疫分析。所以,免疫分析方法种类繁多,许多相同的分析模式因分类出发点的不同而具有不同的名称。下面介绍两种比较重要的免疫分析方法。

1. 酶免疫分析(EIA)

酶免疫分析是以酶作为标记物,根据酶-底物反应产生有色的、发光的或荧光的产物对被分析对象进行定量。根据酶的放大效应可以建立多种灵敏的分析方法。例如,利用肉眼可作定性的观测或测定终点产物的吸光度作定量分析。

多相酶免疫分析是在固相载体表面进行免疫反应,使用较多,测定之前需要固-液两相的分离。酶联免疫吸附分析(ELISA)是采用酶标试剂中应用最为广泛的一种,但它主要用于描述非竞争固相免疫分析,结合相酶标试剂的活性直接正比于抗原的浓度。固相试剂用来分离游离的和结合的酶标记物,同时也加速每一步骤后过量试剂的去除。图 26.6 所示的分析模式可以看成是这种方法中的一个类型,其中的标记物可看成是一种酶。根据分离后酶活性的测定就可以确定夹在两种抗体中间的抗原(被分析的对象)的量。

2. 荧光免疫分析(FIA)

将荧光法引入免疫分析主要是因为它与分光光度法相比具有更高的灵敏度。另外,荧光测定可以把荧光激发波长、发射波长、寿命或偏振等参数同时结合起来,形成特异而花样繁多的分析系统。荧光化合物对微环境的敏感性使得直接研究一些分子过程成为可能。例如,在结合相和游离相不分离的情况下可以研究抗原与抗体的反应过程。这也是均相荧光免疫分析的基础。荧光偏振免疫分析(FPIA)是均相荧光免疫分析的一个例子,它主要用于小分子药物的分析,在临床化学中应用极其广泛。实际分析中,样品小分子及其荧光团标记的样品标样竞争性地与一定量的抗体反应,由于小分子的荧光标记物的相对分子质量和体积相对较小,其荧光偏振值也很小;但当其与高相对分子质量的抗体蛋白质反应后,由于分子体积很大,荧光偏振值加大,在不需要分离的情况下可以直接测定反应液的荧光偏振值,其大小与样品的浓度呈反比关系。

这一技术主要被用于治疗药物的监测及违禁药物的筛选,也用于一些激素(如甲状腺素、皮质醇等)的检测。FPIA 的主要问题是标记试剂与血清蛋白的结合会使样品的背景信号增大。同时,该方法适用的动态范围一般比较窄,其灵敏度局限于 $\mu mol \cdot L^{-1}$ 到 $nmol \cdot L^{-1}$ 级。

由于许多分析样品中总是存在一些高背景的荧光物质,使得常规荧光免疫分析的灵敏度受到了很大的限制。事实上,常规荧光免疫分析在一般情况下的灵敏度局限于 $nmol \cdot L^{-1}$ 浓度范围。时间分辨荧光免疫分析高灵敏度的实质是消除常规荧光测定中的高背景,从而提高了信噪比。为了达到这一目的,常采用长寿命荧光标记物,其寿命要比散射光及来自样品、样品管、滤光片等的背景荧光的寿命长很多。例如,长寿命的镧系螯合物的荧光寿命在 $10\sim1000\,\mu s$ 范围内,因而适合于微秒级时间分辨荧光测定。应用比较广泛的是解离增强镧系荧光免疫分析系统(DELFIA)。它采用氨基多羧络合物 N-(p-异硫氰基苯基)二乙二三胺四乙酸连接镧系发光离子,如 Eu^{3+}(图 26.7)。

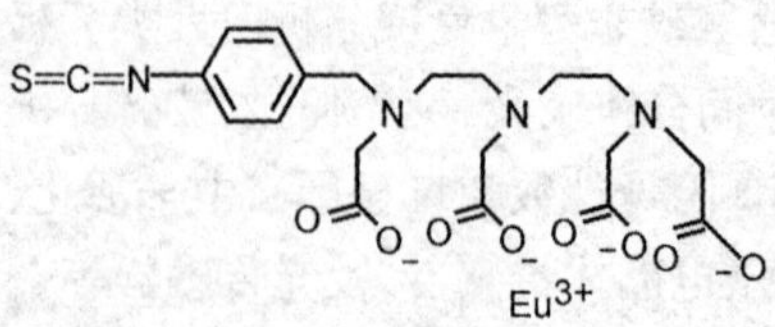

图 26.7 N-(p-异硫氰基苯基)二乙二三胺四乙酸与 Eu^{3+} 的络合物

铕或其他镧系离子的氨基多羧络合物的荧光非常弱。因此,在免疫反应和结合相与游离相标记物被分离之后要加入增强液,这样可以使 Eu^{3+} 的络合解离,同时增强液中还含有 2-萘三氟乙酰丙酮(NTA),它可以与 Eu^{3+} 形成强荧光络合物,增强液中还加有三正辛基氧化磷(TOPO)以保护络合物的荧光不受水分子的猝灭。通过形成 Triton X-100 胶束可以增加络合物的溶解度,并使其荧光进一步增强(图 26.8)。在优化条件下,利用时间分辨荧光技术可以对 Eu^{3+} 在 $5 \times 10^{-14} \sim 10^{-7}$ mol·L^{-1} 范围内进行定量测定。

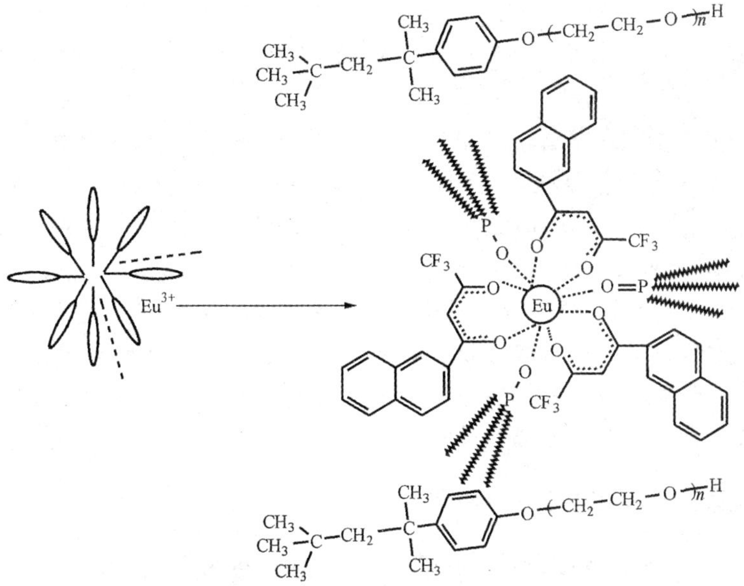

图 26.8 强荧光铕络合物的结构示意图

26.2.4 免疫分析发展的趋势

在免疫分析的诸方法中,放射免疫分析由于具有准确、灵敏的特点,至今使用仍较多。但放射性污染的弊端也是同样明显的。酶联免疫分析是最先提出的非放射免疫方法,并在进入 20 世纪 80 年代后首次占据主导地位,酶免疫分析方法覆盖了一半以上的文献;荧光免疫分析在建立时间分辨荧光免疫分析后有了突跃性发展;而化学和生物发光免疫分析法,由于其高灵敏度和测定简便的特点使其在免疫分析中一直占有一定的位置。在今后比较长的一段时间内,酶免疫分析法将仍占主导地位,特别是在应用方面更将是如此。

自动化和实用的免疫分析法将是今后发展的重点。各种均相的免疫分析法由于不需要分离都可以用来设计制造自动化的免疫分析仪器,在 80 年代初,开始出现这种形式的商品仪器。其中 Abbott TDx 荧光偏振免疫分析(FPIA)仪已成为广泛应用于临床药物分析的自动化免疫分析仪。新型均相免疫分析体系的开发及非均相免疫分析自动化研究都具有很大的需求。免疫分析传感器具有简单的特点,但重复性和再生性是需要解决的关键性问题。其中石英压电晶体免疫传感器、平面波导荧光免疫传感器和标记物连续释放荧光免疫传感器是 3 种具有应用前景的传感器。

大众化免疫分析试剂的研究是另一重要方向,它要求简单而快速。试纸是其中最好的形式。目前市场上还只有采用胶体金标记的以检测人体绒毛膜促性腺激素(HCG)为主的定性的分析试剂盒及试纸。半定量乃至定量的商品试剂基本上还是空白,虽已有一些雏形的方法,这方面仍有很多的工作等待研究工作者去完成。

免疫分析法与其他技术的联用也是今后发展的重要方向之一。色谱和流动注射法及高效毛细管电泳等技术与免疫分析相结合,可以弥补免疫分析上的一些局限性,从而使之具有更好的选择性、灵敏度和快速测定等特点。尤其在药物及其代谢物的分析及结构相近化合物的同时分析方面将发挥重要的作用。而免疫芯片将提供一种高效、全面而低价的临床诊断途径。

26.3　核　酸　分　析

核酸是一类十分重要的生物大分子。它的主要功能是贮存、传递和表达生物体的遗传信息。这些功能与其结构相关。核酸的结构可分一级结构、不同层次的二级结构和三级结构。一级结构决定了它的高级结构,从而决定了核酸的生物功能。核酸分为脱氧核糖核酸(DNA)和核糖核酸(RNA)两大类,它们分别由 $2'$-脱氧核苷酸和核苷酸以磷酸二酯键连接而成。核酸在生物的生长、发育和繁殖等正常生命活动中起着非常重要的作用。因此,核酸是现代生物学、化学和医学重要的研究领域之一。核酸分析化学涉及核酸的定量、构象分析、序列测定及基因诊断等。这里仅介绍基因诊断。基因诊断是在基因水平上对疾病或人体状态进行的诊断,它对于生物医学及临床疾病的诊断有着非常重要的意义。

26.3.1　核酸分子杂交的概念及原理

DNA 是由两条多聚核苷酸链按严格碱基配对原则(鸟嘌呤与胞嘧啶配对,腺嘌呤与胸腺嘧啶配对)形成的双螺旋大分子,维系双螺旋结构主要靠氢键作用和碱基的堆积作用。天然 DNA 在加热、酸或碱的存在下会解离成两条单链 DNA,这个过程就叫 DNA 的变性。热变性中 DNA 解链一半时的温度就叫变性温度 T_m。具有不同大小和组成的 DNA 的 T_m 值一般在 $70\sim85\ ℃$ 之间。变性 DNA 分子在快速冷却时每条链会自动卷曲,并会形成部分链内碱基配对的结构。但若将变性的 DNA 缓慢降低温度,则可恢复原始的双螺旋结构,这个过程就叫 DNA 的复性或退火。碱变性的 DNA 经酸中和处理消除碱性环境时也可以复性,反之亦然。两条单链 DNA 分子(可以是不同来源的单链 DNA)经退火形成双链 DNA 的现象就叫核酸分子杂交。核酸分子杂交不仅可以在两条互补的 DNA 链间进行,也可以在互补的 DNA 和 RNA 或 DNA 类似物(如肽核酸 PNA)之间进行。如果把其中一条链进行标记,那么这个标记的探针就可以通过杂交反应探测互补链的存在与否及存在量的大小,利用这一原理所建立的分析技术就叫核酸分子杂交分析,其主要用途在于基因诊断。

26.3.2　基因诊断的原理和意义

基因诊断就是利用核酸分子杂交等技术确定待测基因是否正常的一种技术,其主要用途在疾病诊断方面。传统疾病诊断的方法有三种:即临床学诊断、血清学诊断和生物化学诊断。它们都是以疾病表型的改变为依据,而表型改变的出现往往较晚,因而常常使病情延误。直接对病人的基因进行诊断,可以在发病的早期(甚至潜伏期)对疾病做出判断,以便及早治疗。基因诊断不仅能对某些疾病做出确切的判断,如确定有遗传病家族史的人或胎儿是否携带疾病的基因等,也能确定与疾病有关联的状态,如发病类型和阶段等。

1. 人类基因及其表达与突变

基因是 DNA 片段中核苷酸碱基的特定序列。从遗传学上讲,它代表了生物的遗传物质,是遗传的基本功能单位;从分子生物学上讲,基因是 DNA 双螺旋链上的一段,它负载着一定的遗传信息,并可在特定条件下表达这种信息,变成特定的生理功能。人类基因组含有 8 万个基因,每个基因的平均长度为 $1 \sim 1.5\,kb$(一个 kb 为一千个碱基对),它们编码一条肽链(功能蛋白)、核糖体 RNA(rRNA),或转运 RNA(tRNA),这些基因分别叫蛋白质基因、rRNA 基因和 tRNA 基因。还有一类基因,不编码任何东西,但具有重要的调节功能,叫调节基因。人体全部基因都组合在一起组成一个生物的完全指令系统就叫人的基因组。人的基因组中包含高度重复序列(在基因组中重复出现 10^6 以上)、中等重复序列(重复 $10^3 \sim 10^5$ 次之间)和单拷贝基因。单拷贝基因在整个基因组中出现次数仅为一次或几次,绝大多数蛋白基因属此类基因,它们的量少,分析难度大。

基因表达主要是指遗传信息由基因经信使 RNA(mRNA)传递给蛋白质的过程。无数事实已经证明,在基因的所有区域和表达过程的每个环节,都有可能发生异常的变化或突变,如点突变、大片段的插入或缺失等。DNA 复制过程中产生突变的可能性也很大,基因诊断的目的就是要发现这些异常的改变及其与人体的状态或疾病之间的关系。

2. 基因诊断的特点

基因诊断属于病因诊断,目的性强。由于它以分子杂交或限制性核酸内切酶的切割等为基础,因而具有非常高的特异性;由于高灵敏标记物的使用,使其具有高的灵敏度,目的基因只需要 pg 水平;基因探针的序列可以是已知或未知的,诊断范围广;被检测的基因是否处于活化状态并不重要,因此可以对那些分阶段表达的特异性基因及其异常进行检测和诊断。在传染性疾病的诊断中不仅可以检测出正在生长的病原体,也能检测出潜伏的病原体。因而它将使得临床诊断的范围大大拓宽,有利于基因相关疾病的提早发现。

26.3.3 基因诊断的途径

基因诊断的途径主要有 3 种:基因突变的检测、连锁分析、mRNA 分析。

1. 基因突变的检测

当某种病的发生与基因的突变有直接的因果关系时,可以通过检测这种基因的突变进行疾病的诊断。如果对致病基因完全或部分了解,分子机制完全了解或部分了解,已有规律可循,则可采取直接检测基因内的突变。这就要求对具体的突变情况有所了解。

2. 基因连锁分析

利用上述检测突变进行基因诊断的方法在临床应用方面相当有限,其原因是:① 致病基因可能在任何位点上产生突变,所以同一种疾病可能对应于多种突变类型;② 有些疾病的致病基因虽然已经知道其在染色体上的位置,但对其基因碱基序列毫无所知;③ 有些致病基因尚未确定。基于上述原因,大多数传染性疾病的诊断不能通过检测突变来进行,而要采用基因连锁分析的方法。

连锁是指同一条染色体上相邻的基因一起被遗传,可以作为遗传标志,这样只要鉴定相邻基因中的一个是否正常就能判断相邻的另一个是否正常,从而判断受检者是否带有致病基因。连锁分析以限制酶片段的多态性(RELP)为遗传标志进行分析,限制性核酸内切酶可以将目标 DNA 在特定的序列处切断。各种基因突变可以发生在限制性内切酶的识别位点上,也可能不在识别位点上,其结果便产生了限制性内切酶酶切位点或酶切核酸片段长度的多态性。所以,用限制性内切酶水解正常 DNA 和突变型 DNA 就会产生长度不同或片段数目不同的片段,这称为限制性内切酶片段长度的多态性。根据这种差异性规律可实现对某种疾病的诊断。

3. 通过检测 mRNA 进行基因诊断

mRNA 的检测是基因诊断的重要方面,它不但可以从基因水平上提供基因功能是否正常的直接证据,而且在基因诊断上还具有如下优点:① 基因转录生成 mRNA 相当于基因模板的扩增过程,mRNA 相当于扩增产物,这样检测 mRNA 的灵敏度比检测 DNA 的更高。② mRNA 不含有内含子序列,对于一些特大的基因,测其 mRNA 较容易。尤其是采用聚合酶链式反应法(PCR)时,可以从总 RNA 经逆转录生成互补 DNA(cDNA)进行扩增,这样检测要更加容易。

上述三种途径进行基因诊断一般都要使用基因探针,基因探针就是用来探测目标基因的核酸序列,其序列与待检测的基因序列互补,长度不一,可是完整的基因,也可是其中一部分。按其性质,可以是编码序列也可以是非编码序列、针对单拷贝基因的序列、高度重复基因的序列、天然的 DNA 序列或人工合成的 DNA 序列。基因探针应该是单链的,如果是双链的,则在杂交之前要进行变性处理。根据核酸探针的来源及性质可分为基因组 DNA 探针、cDNA 探针、cRNA 探针及人工合成的寡聚核苷酸探针等。值得注意的是,并不是任意一段核酸片段均可作为探针,探针选择不当会导致杂交结果解释不清,结论不可靠。为了提高基因诊断的灵敏度,基因探针需要用一种可以被高灵敏检测的物质进行标记,比如同位素、荧光分子或酶等。

26.3.4　基因诊断的实验技术和方法

按照原理,基因诊断的方法可以分为三大类:DNA 探针方法、聚合酶链式反应法(PCR)及其两者相结合的方法。PCR 只是起一个对待测基因放大的作用,放大后可以利用吸收光谱进行直接测定或与 DNA 探针方法结合进行测定,以取得更高的灵敏度。下面仅介绍几种 DNA 探针法。

所谓 DNA 探针方法就是以已知的 DNA 片段(基因片段)作为探针与待测样品 DNA 或其片段杂交,据此判断两者的同源性的程度。至今,这种方法在基因诊断中仍占主导地位。这包括 Southern 印迹杂交、Northern 印迹杂交、斑点杂交、液相杂交、夹心杂交、原位杂交和寡聚核苷酸探针技术等。下面重点介绍 Southern 印迹杂交和寡聚核苷酸探针法用于基因诊断的原理。

1. Southern 印迹杂交

Southern 印迹杂交是最经典的和应用最为广泛的杂交方法。据探针与待测 DNA 限制酶酶切片段杂交的谱带,可直接确定致病基因的缺陷所在。做法是:首先将基因组 DNA 用限制性内切酶进行酶解,酶解片段经琼脂糖凝胶电泳进行分离;然后用碱使分离的 DNA 片段在凝胶中变性,并将变性的 DNA 片段原位转印至硝酸纤维素膜上;经固定化后首先用非特异性核酸对膜上的活性位点进行封闭,然后加入含标记探针的杂交液进行杂交反应,反应完成之后洗膜以除去多余的探针。如果采用的是放射性标记,则利用 X 光底片进行放射自显影,如果采用的是非放射性核素标记,则采用相应的方法进行检测。如果基因突变引起了限制性内切酶切片段长度及数目的变化,并且杂交探针选择得合适,则与正常基因样品相比,杂交带的数目和位置可能发生变化,这一变化便说明基因发生了突变。当然,对于不同的基因疾病,其相应的杂交谱带的变化可能不同,但有一定的规律。据此可以做出诊断。

杂交分析前要将 DNA 片段转印到硝酸纤维膜上,因为凝胶的机械强度不够,在以后长时间的预杂交和杂交过程中会破裂,DNA 片段也会逐渐扩散,甚至离开凝胶。硝酸纤维膜对单链 DNA 具有很强的吸附能力。1975 年 Southern 发明了利用浓盐溶液的推动作用将变性的单链 DNA 转印到硝酸纤维膜上的方法,解决了原位转移的问题。虽然其原理和操作均很简单,但它是基因转移中不可缺少的手段,已经得到了广泛的应用,Southern 印迹杂交也由此而得名。

2. 寡聚核苷酸探针法

寡聚核苷酸探针技术是检测点突变的有效技术。使用该技术的前提是知道点突变的确切位置,以便人工合成对应于该位置在内的正常和突变的一对寡核苷酸片段(约 20 b),经末端标记后作为探针。该技术的原理是:一对碱基的错配对会影响 DNA 与探针结合的稳定性。控制适当的条件(包括温度、盐浓度及有机溶剂的含量),不完全互补的探针可以洗去,只留下完全互补的信号。从杂交谱带上可以看到,有点突变者不能与正常的寡聚核苷酸探针杂交而能与突变的寡聚核苷酸探针杂交,无突变者的杂交情况正好相反。目前这一技术已广泛应用于遗传病及其他一些疾病的基因诊断。现在已经知道,碱基错配对寡聚核苷酸探针与靶片段杂交的稳定性的影响与错配对的类型有关。如 A-C、A-G、A-A 和 C-C 错配对会严重影响杂交反应。该技术的优点是探针容易人工合成和标记,不仅可用于单碱基改变的等位基因的区分,还可用于 mRNA 的检测,从基因转录水平上做出诊断。一个用于 DNA 点突变研究的例子如下:用异硫氰基荧光素(FITC)标记的序列为 FITC-ACACCGACGGC(针对单个碱基突变的序列,FITC-Δ)的探针分别与经过 PCR 放大的正常(H_2N-CCGGCGGTGT,Wt.)和点突变的 DNA 片段(H_2N-GCCGTCGGTGT,Δ)分别在 28 ℃和 54 ℃杂交,用光纤荧光成像分析系统(激发波长为 490 nm)可得到如图 26.9 所示的结果。很显然,通过控制合适的反应温度,完全配对的 DNA 片段间可以发生杂交反应,而只有一个碱基变化的 DNA 片段间不会发生反应,从而可以实现单点突变检测的目的。

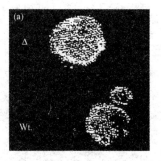

图 26.9 基于光纤荧光成像检测的 DNA 点突变检测

用 FITC-Δ 与 Δ 和 Wt. 分别在 28 ℃(a)和 54 ℃(b)杂交

26.3.5 基因芯片技术

基因芯片是生物芯片的一种,是指以玻璃、硅和塑料等材料为载体,运用微电子、微加工技术和化学方法将大量生物分子和结构微阵列集成在厘米见方的微片上,以实现核酸样品的分离、制备、反应或检测。随着人类基因组计划的进展,基因芯片技术在近十年里取得了迅猛的发展,使得 DNA 测序、疾病诊断、新基因寻找、药物筛选、毒理基因组学、司法鉴定、农作物优育和优选、食品卫生监督等诸多领域都产生了革命性的进步。基因芯片技术是同时将大量的探针分子固定到固相支持物上,借助核酸分子杂交的特异性对 DNA 样品的序列和数量等信息进行高效解读和分析。自从 1996 年,美国的 Stephen Fodor 等采用光引导合成技术制成世界上第一块商品化基因芯片以来,有关基因芯片的研究和应用都取得了巨大的进展,其功能已从基本的测序和基因表达研究扩展到基因诊断和基因组研究等领域,相信后基因组时代(即功能基因组时代)的到来,将为基因芯片的发展提供更广阔的舞台。

1. 基因芯片的制备

基因芯片的制备方法分为原位合成和微量直接点样法。原位合成法利用光引导原位合成,其基本原理是首先在固相载体表面经衍生化接上接头,接头上参与反应的活性基团(—OH、—NH_2 等)用光敏保护基(—X)保护。在合成时,先用一特定的光刻掩模掩盖在合成表面上,然后用某一波长的光透过掩模照射合成表面,被光照射的表面区域,发生光致去保护过程,暴露出活性官能团,再加入带有光敏保护基(—X)的构建单体(核苷酸)经过偶联反应,接上第一个构建单体。重复以上的光致去保护和偶联过程,不断接上合成设计所要求的构建单体,直至合成完成。此法常用于合成高密度的芯片。

基因芯片的另一种制备方法是自动喷印原位合成法。合成过程为:合成前对芯片片基进行预处理,使其带有反应活性基团,同时,将合成用核苷酸单体分别放入多个打印墨盒内,由电脑依据预定的程序在 x-y-z 方向自动控制打印喷头在芯片支持物上移动,并根据芯片不同位点探针序列需要将特定的核苷酸构建单体(不足纳升)喷印到特定位点。喷印上去的试剂即以固相合成原理与该处支持物发生偶联反应。核苷酸每步延伸的合成产率可以高达 99%,合成的探针长度可以达到 40~50 核苷酸。也可以采用合成后直接点样法等。

2. 杂交信号的检测

杂交信号的检测是基因芯片技术中重要的组成部分,根据所使用的标记物不同,检测方法大致可分为荧光标记物法和生物素标记法两大类。荧光标记物方法以入射照明式荧光显微镜为基础,它可以选择性激发和探测样品中的混合荧光标记物,并具有很好的空间分辨率和热分辨率。先将待杂交对象以荧光物质(如荧光素、丽丝胺等)标记,杂交后,用合适的缓冲液清洗之后检测。根据荧光显微镜的区别,使用荧光标记物的检测方法具体又有以下 4 种:

(i) 激光扫描荧光显微镜法。将杂交后的芯片经处理后固定在二维传动平台上,并将一物镜置于其上方。由氩离子激光器产生激光,经滤波后通过物镜聚焦到芯片表面;激发荧光标记物产生荧光,同时通过同一物镜收集荧光信号经另一滤波片滤波后,由光电倍增管探测,经模数转换器转为数字信号。计算机控制传动平台在 x-y 方向上步进平移,芯片被逐点照射,所采集的荧光信号构成杂交信号谱,经计算机处理后形成 $20\,\mu m$ 像素的图像。此法目前运用广泛。

(ii) 激光扫描共聚显微镜法(图 26.10)。该法与激光扫描荧光显微镜基本相同,只是增加了共聚焦技术。它能够在芯片与样品杂交的同时进行检测,不需清洗步骤,因而效率提高。先在激光器前放置一个小孔光阑以尽量缩小聚焦处的光斑半径,使之只能照射在单个探针上。在光电倍增管前放置一个共聚焦小孔,用于阻挡大部分激发光聚焦平面以外的来自样品池的未杂交分子荧光信号。操作时将芯片放入样品池中杂交,由计算机控制激光束或样品池在 x-y 方向的移动,移动步长与芯片上寡核苷酸探针的间距匹配,在几分钟至几十分钟即可获得杂交信号谱。

(iii) 采用电感耦合器件(CCD)相机的荧光显微镜法。此装置同样基于荧光显微镜,只是

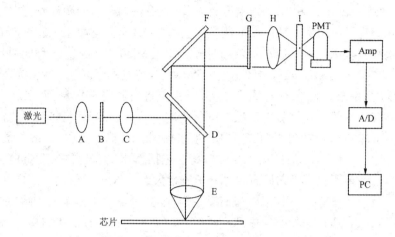

图 26.10　激光共聚焦芯片扫描仪的设计原理示意图

A,C,H—透镜组；B,G—宽带干涉滤光片；D—二色镜；E—物镜组；F—反射镜；I—光阑；PMT—光电倍增管；

Amp—放大器；A/D—数模转换器；PC—计算机

以 CCD 相机作为信号接受器而不是光电倍增管，因此无须扫描传动平台。由于探测方式不是逐点激发探测，而是以激发光均匀照射整个芯片区域，产生荧光信号再由 CCD 相机获取成像。因此，不能使用激光器作为光源，目前一般用高压汞灯经滤波后，通过传统的光学物镜将激发光均匀投射到芯片表面，也有报道采用大功率弧形探照灯，使用光纤维束与透镜结合传输激发光，作为光源。采用 CCD 相机大大提高了获取荧光图像的速率，曝光时间可缩短至几秒。

　　(iv) 光纤传感器法。将基因芯片直接做在光纤维束切面上（远端），光纤维束的另一端（近端）经耦合装置耦合到荧光显微镜中。光纤维束由 7～8 根单模光纤组成，每根直径约 200 μm。用化学方法将寡核苷酸探针共价结合于每根光纤的远端组成寡核苷酸阵列。将光纤远端浸入样品池与荧光标记的样品分子杂交，通过光纤传导来自荧光显微镜的激光，激发杂交的荧光标记物产生荧光，仍由光纤维束传导荧光信号回到荧光显微镜，由 CCD 相机接收。每根光纤单独作用，互不干扰，而来自溶液中的光信号基本不进入光纤。这使远程实时检测成为可能，但受光纤数目限制，目前难以制成大规模的芯片。

　　尽管基因芯片技术已经取得了巨大的进展，但目前仍面临着许多亟待解决的问题。首先，在探针制备方面，原位合成的方法所需设备昂贵而复杂，所需步骤较多，而且合成过程中可能掺入错误的单体及混入杂质；而合成后点样法精密度较差，工作效率有待提高。其次，在样品和芯片杂交反应的环节上，由于杂交在固相上进行，空间和界面因素会对杂交造成不利影响；而且复杂的探针如长的寡核苷酸链容易自身形成二、三级结构，影响与样品的杂交甚至给出错误信号；此外，在同一个芯片上存在多种探针，对杂交条件是一个挑战，因为一种探针的最佳条件未必适合另一种探针。在检测技术方面，目前常用的检测系统如荧光显微镜等灵敏度不高，而更灵敏的系统如光纤传感检测，二极管阵列检测等又过于复杂和昂贵。另外，在其他技术环节上，如样品的标记和处理、片基的处理等等也存在一些具体困难。

26.4　蛋白质分析

　　蛋白质是指主要由 α-氨基酸组成的一类高分子化合物，生物界的蛋白质估计在 10^{10}～10^{12}

数量级。在蛋白质分析化学中,除了定量分析之外,还有许多分析问题涉及蛋白质的构象或不同层次的结构研究,蛋白质氨基酸序列的测定等。由 6～30 个氨基酸通过肽键形成的寡聚物称为多肽。但氨基酸残基数达到 40 或更多(相对分子质量 5000 以上)时,这种肽便具有蛋白质的性质。当然,在相对分子质量方面,多肽和蛋白质并没有严格的界限。一般认为,多肽与蛋白质的根本区别在于蛋白质一般含有 α-螺旋结构,以稳定蛋白质的总构象,而多肽却一般没有这种结构,其构象有很大的可变性和可塑性。按蛋白质化学组成的不同,将其分为简单蛋白和结合蛋白两大类:简单蛋白包括白蛋白、球蛋白、组蛋白、精蛋白、谷蛋白、醇溶谷蛋白及硬蛋白;结合蛋白由简单蛋白质和非蛋白质成分组成,其中包括糖蛋白、核蛋白、脂蛋白、磷蛋白、金属蛋白、血红素蛋白和黄素蛋白。它们的相对分子质量大约在 $6×10^3～1×10^6$ 之间,其结构具有不同的层次,一般分为一级、二级、三级和四级结构,一些蛋白质不具有四级结构。

由 20 种氨基酸在肽链中的不同序列(一级结构)决定各种各样的蛋白质,这种序列异构现象是蛋白质生物功能的多样性及种属特异性的基础。用于蛋白质一级结构表征的手段主要基于蛋白质的分子形状、相对分子质量大小、电离性质、溶解性和疏水性等参数。目前用于蛋白质一级结构表征的内容有:含量、纯度、等电点、相对分子质量、肽谱、氨基酸序列和 N-端序列等。

蛋白质定量分析方法可分为两大类,一类是利用蛋白质的共性,如含氮、含肽键和折射率等性质测量蛋白质的含量;二是利用蛋白质中某些特定的氨基酸残基、芳香基团、酸性和碱性基团等测量蛋白质的含量。迄今,测定蛋白质的分析方法有多种多样,如克氏定氮法、金属络合物、基于染料探针的分光光度法和荧光法、化学发光分析法、气相色谱分析法、液相色谱法,甚至发展了全自动的氨基酸分析仪。

1. 紫外分光光度法

由于蛋白质中存在芳香族氨基酸,一般的蛋白质都在 280 nm 附近有一个最大吸收。根据此吸收可以对蛋白质进行定量分析。这不是一种绝对方法,因为不同蛋白质中的氨基酸组成不同,因而摩尔吸光系数也不同。蛋白质紫外吸收的主要贡献来自色氨酸和酪氨酸残基,它们的吸收在 250～280 nm 之间,而苯丙氨酸残基的吸收位于 257 nm 附近。另外,肽键在 225 nm 处有强的吸收。尽管不同氨基酸的吸收峰会有变化,但蛋白质吸收光谱是所有氨基酸贡献累加的结果,并且都在 280 nm 附近有最大吸收。

蛋白质易受核酸的污染,核酸在 260 nm 附近有强的吸收。为了消除核酸对蛋白质测定的干扰,可分别测定样品在 260 和 280 nm 处的吸光度值,然后利用两个波长下的吸光度差计算蛋白质的浓度。实际上,现在已有不少商品化的仪器根据此原理配备了核酸和蛋白质定量的应用软件。蛋白质的浓度一般依据下列两个经验公式进行计算:

(i) Lowry-Kalckar 公式:蛋白质浓度(mg·mL^{-1})=$1.45A_{280}-0.74A_{260}$

(ii) Warburg-Christian 公式:蛋白质浓度(mg·mL^{-1})=$1.55A_{280}-0.76A_{260}$

式中 A_{260} 和 A_{280} 分别代表样品在 260 和 280 nm 处的吸光度。该方法适合于 0.1～0.5 mg·mL^{-1} 的蛋白质样品的测定。显然,其优点是简单、操作方便,也有一定的灵敏度。缺点是干扰较多,虽然通过适当的计算可校正核酸的干扰,毕竟带来了较大的误差。另外,本方法只适用于可溶性蛋白质样品。

另外,对较稀的溶液可以根据 215 和 225 nm 处吸光度的差来测定蛋白质的浓度。蛋白质溶液在 215 和 225 nm 处吸光度的差与其浓度之间具有相关性。但该处易受其他物质的干扰,如浓度较大的乙酸、琥珀酸及邻苯二甲酸等缓冲溶液有干扰。此法在蛋白质含量处于 $20 \sim 100\,\mu g \cdot mL^{-1}$ 范围内服从 Lambert-Beer 定律。

2. 荧光分光光度法

蛋白质的荧光来自于具有紫外吸收的 3 种氨基酸,即酪氨酸、色氨酸和苯丙氨酸,其最大荧光发射波长分别是 303,348 和 282 nm。当这三种氨基酸的浓度相同时,色氨酸的荧光强度最大,苯丙氨酸的荧光强度非常弱。因此,蛋白质的内源性荧光主要是酪氨酸和色氨酸残基的综合贡献。值得指出的是,相对于蛋白质而言核酸内源性荧光极弱,所以对于蛋白质的定量一般无影响。用荧光法对蛋白质进行定量比紫外分光光度法灵敏,且没有核酸的干扰,来自其他小分子化合物的干扰也相对较小,所以常常在中性水溶液中于 280 nm 处激发,在 $340 \sim 350$ nm 附近检测荧光强度,以便对蛋白质进行定量、半定量或定性分析。

3. 凯氏定氮法

Kieldahl(凯氏)定氮法是用于化合物含氮量测定而对蛋白质分析的一种通用方法。当一种蛋白质的含氮量为已知时该法也可用于蛋白质的定量分析。但由于非蛋白含氮污染物的存在,使得该方法用于蛋白质的定量分析复杂化。消除干扰的一种比较有效的方法是将蛋白质沉淀,然后测定沉淀蛋白质中氮的含量,从而进一步确定蛋白质的含量。

蛋白质中氮的含量一般取 16%。该值对蛋白质的混合物来说比较接近,但对于单一的蛋白质,该值会有一定的差异,特别是当蛋白质中含有较多的碱性氨基酸残基或者是一种结合蛋白时更是如此。一些不同来源蛋白质中氮的含量数据是确定的。根据这些数据可以对相应的蛋白质进行定量分析。

4. 双缩脲法

双缩脲法(biuret assay)是根据双缩脲在碱性硫酸铜溶液中,铜离子与 4 个分子双缩脲中的亲核氮原子配位而形成紫色络合物的现象发展起来的。蛋白质和一些氨基化合物具有与双缩脲类似的反应。铜与 4 个亲核—NH 基团形成四配位络合物,在与蛋白质的反应中,这 4 个亲核基团由连接氨基酸的肽键(—CO—NH—)提供。络合物的最大吸收分别在 330 和 545 nm。虽然 330 nm 处的吸收要强一些,但该处易受污染物的干扰,所以一般通过测定 545 nm 处的吸光度进行定量。

该方法也存在干扰问题,例如:化合物中在同一个 C 或 N 原子上同时连接有 $—CONH_2$、$—CH_2NH_2$、$—C(NH)NH_2$、$—CSNH_2$ 基团中的任意两个时便会发生类似的反应,因而对蛋白质的定量产生影响。

一些多醇类,如丙三醇、乙二醇也会发生类似的络合反应,但其最大吸收与蛋白质-铜络合物的吸收有一些差别,所以对定量分析并不产生影响。

该方法的最大优点是非常可靠,比较抗干扰,操作简单快速,反应使用单一稳定的试剂液,因而适用于自动分析仪。双缩脲试剂有几种配方,其中之一是 Doumas 配方,由硫酸铜、酒石酸钾钠和氢氧化钠组成。该显色反应在 15 min 内达到平衡,并可稳定几小时。所有的蛋白质以相同的方式反应,蛋白质种类之间的差别极小,因而是目前较通用的测定蛋白质总量的方法。但该方法的灵敏度低(约 $1\,mg \cdot mL^{-1}$),测定范围为 $1 \sim 10\,mg \cdot mL^{-1}$,这使得其应用受到了一定的限制。例如:在正常情况下,尿蛋白浓度为 $100 \sim 200\,\mu g \cdot mL^{-1}$,用该法测定不出来。但该法可用于血清总蛋白的测定,也适用于豆类、油料、谷类及肉类等样品中蛋白质的测定。

5. Lowry(劳里)法

劳里法是 Lowry 等人于 1951 年建立的,这是蛋白质测定应用最广,且灵敏度最高的方法之一,其灵敏度可达 $5\,\mu g \cdot mL^{-1}$。该方法利用了一种用来检测酚基的 Folin 试剂(磷钼酸盐-磷钨酸盐)。当使用该单一试剂时可检测蛋白质中的酪氨酸残基,因为该残基中存在酚基。但当该试剂与铜离子结合使用时其灵敏度可大大改善。低浓度的双缩脲试剂与蛋白形成的 Cu^{2+}-蛋白质络合物可以还原 Folin 试剂主要成分磷钼酸盐-磷钨酸盐到钼蓝和钨蓝。反应产物的详细情况目前尚不清楚,但产物在 $600 \sim 800\,nm$ 范围内有一个宽的吸收峰。大约 75% 的还原是由 Cu^{2+}-蛋白质络合物贡献的,而其余主要由酪氨酸残基贡献,色氨酸也有一定的贡献。测定一般在 $750\,nm$ 处进行。

劳里法的优点是灵敏度高,比双缩脲法高 100 倍。不足之处是费时费力,干扰物质的影响大,待测蛋白质样品中所含的酚类及柠檬酸等均干扰测定。另外,不同的蛋白质,其中的酪氨酸和色氨酸残基的含量不同,在显色灵敏度方面存在差异。为此,人们还在不断地研究,特别是不同蛋白质间显色灵敏度差异的消除问题,这使得该方法在不断地完善。

在实验测定时要注意,Folin 试剂仅在酸性条件下稳定,但还原反应是在 pH 10 的溶液中进行的。因此,当 Folin 试剂加入到碱性的铜-蛋白质溶液中时,必须立即混合,以便使还原反应在磷钼酸-磷钨酸试剂分解之前已经完成。

6. 染料结合分析法

染料结合法在蛋白质分析中应用最为广泛。这类方法基于人们在 20 世纪初观察到蛋白质使一些酸碱滴定指示剂颜色改变的现象。从 20 世纪 50 年代开始,人们先后发现了偶氮类试剂、三苯甲烷类试剂以及卟啉类等多种适合于蛋白质定量和定性分析的试剂。这些色素有多个芳香环,大部分是偶氮色素。酸性色素分子内的磺酸基和蛋白质中的碱性氨基酸(如:赖氨酸、精氨酸及组氨酸)残基表现出强烈的亲和性;而碱性染料分子内的氨基与蛋白质中的羧基强烈地结合而成盐。当然,由于染料的不同,结合的程度及对染料光谱性质的影响会有较大的差异。例如,考马斯亮蓝 G-250 (Coomassie brilliant blue,CBB)法是目前研究最多的三苯甲烷类染料,该试剂是在 1976 年由 Bradford 提出的。在酸性条件下($1.46\,mol \cdot L^{-1}\,H_3PO_4$ 介质),CBB 的颜色为浅红色,最大吸收波长在 464 和 $595\,nm$,但与蛋白质反应之后生成深蓝色的复合物,在 $595\,nm$ 处的光吸收强度大大加强(图 26.11)。根据此波长下的吸光度可以对蛋白质进行定量。该反应只需 $2 \sim 5\,min$,颜色至少可稳定 1 h。其灵敏度为 $1 \sim 20\,\mu g \cdot$

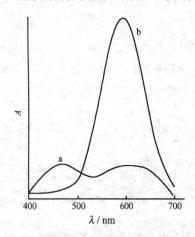

图 26.11　蛋白质与考马斯亮蓝
G-250 络合物的吸收光谱
a—考马斯亮蓝 G-250;
b—考马斯亮蓝 G-250 与蛋白质的络合物

mL^{-1}。该法的干扰也较小,对劳里法干扰的物质基本上不干扰此法。该法还具有灵敏、快速,只需要一种试剂和一步反应的特点。

CBB 与不同蛋白质的结合量似乎与蛋白质中的碱性氨基酸残基有关。尽管随着蛋白质个体的不同结合程度有所差异,但该方法仍适合于所有蛋白质的分析。例如,牛血清白蛋白(BSA)与 CBB 络合物的吸光度要比相同浓度的卵清白蛋白与 CBB 络合物的吸光度高 60%。

因此,标准蛋白应该与待测蛋白是同一种蛋白质。尽管反应液的缓冲容量非常高,但还是应注意严格控制反应液的pH,样品中任何碱性成分的存在都有可能改变反应液的pH,从而导致测定结果的偏差。该体系的主要干扰物质有 K^+、Na^+、Mg^{2+}、$(NH_4)_2SO_4$ 及乙醇等。而大量的去污剂,如 Triton X-100 及 SDS 等则严重干扰测定。采用该方法时必须作校准曲线,这不仅是因为不同蛋白质之间的差异,而且该反应体系中蛋白质与吸光度间不是线性关系。

参 考 文 献

[1] Pristopher P. Price, David J. Newman eds. *Principles and Practice of Immunoassay*. UK：Macmillan Publishers Ltd，1991

[2] 徐宜为编著. 免疫检测技术. 北京：科学出版社,1991

[3] 吴冠芸,方福德. 基因诊断技术及应用. 北京：北京医科大学-中国协和医科大学联合出版社,1992

[4] David J. Holme and Hazel Peak. *Analytical Biochemistry*，Third Edition. Addison Wesley Longman Limited，1998

[5] 李元宗,常文保. 生化分析. 北京：高等教育出版社,2003

思考题与习题

26.1 酶活性及酶活性单位的定义。

26.2 酶法分析的特点及其应用范围。

26.3 影响酶反应的因素。

26.4 半抗原、抗原及抗体的概念。

26.5 免疫反应的特点。

26.6 抗体的效价及免疫反应的交叉反应的实验测定方法。

26.7 免疫分析的的特点及其适用的对象。

26.8 抗体作为一种免疫分析试剂与一般的有机试剂有何不同。

26.9 均相和非均相免疫分析的特点及其分析模式的设计。

26.10 核酸碱基配对原则、核酸分子杂交及基因诊断的概念。

26.11 基因诊断的实验方法。

26.12 基因芯片的制作及其应用研究现状。

26.13 各种蛋白质定量分析方法及其应用特点。

第 27 章　环境分析化学

环境分析化学是分析化学理论与方法的重要应用领域之一,又是环境化学的一个重要支撑。在学习化学分析与仪器分析的基础上,在这里作一简单、扼要的介绍。

27.1　概　　述

27.1.1　环境科学、环境化学与环境分析化学

环境分析化学,简称环境分析,是分析化学的理论与方法的应用领域之一。由于分析化学应用的对象不同,因此引起了在取样、样品处理及测定方法上的不同特点,逐步发展成为一系列相对独立的学科分支:食品分析、药物分析、临床分析、冶金分析、刑侦分析、环境分析等等。但环境分析又是环境化学的一个分支。何谓环境? 我们把围绕人类的空间以及其中可以直接或间接影响人类生活和发展的各种自然因素的综合称为环境。人类生活的小环境主要包括居住区、办公区、商业区、工农业生产场所和运动娱乐区等,大环境则包括大气圈、水圈、土壤岩石圈和生物圈。这些因素相互制约、相互依存,组成了一个动态平衡的环境。其中任何一个环节的破坏或条件恶化,即"环境污染",都会影响人类的健康和生存质量。环境污染与人人相关。在所有致病因素中,环境恶化居首位。于是,新兴的一门交叉学科——"环境科学"应运而生。它是研究人类与环境之间相互关系的科学,探索全球范围内的环境演变规律,揭示人类活动和自然生态的关系,探索环境变化对人类的影响,研究区域污染综合防治措施。它的分支学科众多:环境物理学、环境化学、环境生物学、环境地学、环境医学、环境工程学、环境法学等等。环境化学就是应用化学的原理、方法和技术,在原子、分子水平上研究有害化学物质在环境体系中的来源,它的存在形态和浓度水平,它对环境生态系统的风险、危害及污染物的控制和消除方法等,环境化学又有多个分支学科:环境分析化学、环境污染化学、环境工程化学(又称"污染控制化学")等。

环境分析化学是研究和应用现代分析化学的基本理论和方法,来鉴别和测定环境污染物的学科分支。它的特点是:

(i) 研究对象复杂、广泛。据统计,被美国化学文摘登录的化合物已达 2300 万种,其中 35 万种对人体健康和环境有潜在危险。它们在环境中扩散、迁移、积累和转化。它们分布在土壤、水体、大气、动物、植物、食品和人体组织中,分析化学要从中识别、鉴定它们,任务自然十分艰巨。

(ii) 样品组成复杂,被测组分含量低微。不仅要定性、定量,而且要作形态分析和价态分析。这就大大增加了分析工作的难度。所以,要求不断研究高选择性、高灵敏度的分析方法。

(iii) 样品稳定性差。环境分析面对的是一个不稳定的、多变的动态系统,进入环境中的物质不仅本身不稳定,而且常常相互作用,在环境介质中不断发生迁移和转化。这就要求分析要适时、快速。最好是发展现场连续、自动和遥控等分析技术方法。

(iv) 被测对象的有害性。既然是环境污染物,自然会对人或生物存在危险。它可能表现为

毒性、三致性(致癌、致畸、致突变)、可燃性、爆炸性、腐蚀性等等,这就要求环境分析工作者具有高度责任心和献身精神,又要具有严谨的科学作风和高超的分析技能。

27.1.2　环境分析与环境监测

环境分析与环境监测(environmental analysis and environmental monitoring)是既有密切联系又有区别的概念。环境分析是环境监测的基石之一,环境监测是在环境分析基础上发展起来的。环境分析以不连续操作和实验室分析为主,往往只能分析测定一些局部的、短时间的单个的污染物质。这对评价环境质量来说就远远不够了。它需要有多种代表环境质量标志的数据。环境监测的内容要比环境分析广泛得多。既包含化学污染物,也包含物理因素污染和生物污染,如噪声、振动、热能、辐射、放射性,以及寄生虫、有害微生物等。此外,环境监测为了采集代表环境质量的数据,更注重对污染因素进行长时间的、连续的监测。它涉及化学、物理、生物、自动化、计算机、遥感遥测等许多方面,是多学科交汇形成的综合性技术。因此,环境监测技术按目的不同可分为例行的监视性监测、研究性监测、事故性监测、自卫性监测;按监测对象不同又可分为大气监测、水质监测、土壤监测、生物监测、生态监测、能量监测等。现在,我国已建立了专门的环境监测站(所)4000 余个,遍及全国,从业人员 6 万余人,构成全国性网络整体,已建成国家级空气质量监测网、地表水质量监测网、环境噪声监测网、酸雨监测网等。每年提供有关环境质量信息数据约 3000 万个。借此编制全国环境质量年报、快报和通报,对于防止和控制环境污染作用巨大。

27.1.3　检测就是保护

当代的一个重大问题就是,面对世界人口不断增长和集中(城市化)以及生活水准不断提高,我们应当如何保护好环境,还人们以"碧水蓝天"。为此,我们需要了解环境。我们要知道空气、水、土壤和食品中有哪些有害物质? 有多少? 它们来自何方? 也就是说,要对污染物及其强度作时间和空间方面的追踪,掌握其来源、分布、迁移、反应、转化归宿及对环境的影响程度。在此基础上,总结环境变化的规律,做出对环境污染的预测和预防,为环境治理奠定科学基础。环境分析工作者要和环境医学等学科合作,逐步制定出污染物允许最高浓度(称为"阈值")。环境分析的目标之一就是在污染物远低于阈值时就能检测出来,以便尽早采取措施,而不总是费时费力地"补救"。环境分析已渗透在整个环境科学各个领域,起着十分重要的作用。例如,水俣病的发现及病因研究,这是一种污染造成的公害病之一。1953 年日本熊本县水俣湾的渔村中,出现了病因不明的中枢神经疾病。患者逐年增加,1956 年开始调查研究,普查发现当地人群的血液和头发中汞含量甚高。直至 1963 年,一些学者从当地化肥厂排出的废渣和当地出产的鱼、贝类中,分离出 CH_3HgCl 结晶。分别以 CH_3HgCl 和当地捕捞的鱼、贝喂猫,猫表现出了典型的水俣病病状：痉挛、麻痹、意识障碍、运动失调等。据此,要求工厂改革工艺,不得排放汞及其化合物,在汞污染区,禁止捕捞和食用鱼、贝类。此外,规定了最大无作用剂量,即按每日每千克体重计算,摄入的甲基汞量不得超过 0.5 μg。1976 年"水俣病"专著出版。

综上所述,早期、即时的环境分析使人们及早做出关于污染的来源、变化趋势和采取对策的水平的慎重决定。所以说,检测就是保护。提高环境监测水平关键是要改进分析方法,如采样技术、分离技术和数据处理技术,提高分析检测方法的灵敏度、选择性、准确度和分析速度,以便在远低于污染物危险阈值的浓度时就能够检测出来,从而能够提示我们及早采取措施。从这一意义上说,可以把检测和保护等同起来。

27.1.4　环境分析和"法治"

自 20 世纪 60 年代以来,特别是震惊世界的"水俣病事件"(甲基汞污染中毒)、"骨痛病事件"(镉中毒)、"米糠油事件"(多氯联苯污染)等"八大公害"发生以后,环境问题引起了各国重视。许多国家认识到,除了运用行政、经济和科学技术措施保护环境外,还必须运用法律手段保护环境。于是,相继制定了保护环境的法律和规范。我国宪法规定:"国家保护和改善生活环境和生态环境,防治污染和其他公害",这是国家关于环境保护的根本要求和环境立法的依据。据此,国家公布了"中华人民共和国环境保护法"以及"水污染防治法"、"大气污染防治法"、"固体废物污染环境防治法"等法律文件。此外,还规定了"排污收费制度"、"限期治理制度",防止落后的生产工艺和设备的"淘汰制度"。而执行这些法规和制度,首先就要确认谁污染了环境?污染物是什么?污染严重程度如何?解决这些问题的依据就是准确可靠的分析检测数据。可以说,环境分析是贯彻执行环境保护法规的柱石,在收集环境背景值数据,积累长期监测资料基础上,为制订和修订各类环境标准和环境法规提供依据。

27.1.5　化学污染物与优先污染物

所谓污染物,是指进入环境后使环境的正常组成和性质发生直接或间接有害于人类的变化的物质。环境科学研究的主要是生产和生活排放的污染物。按污染物的性质,可分为物理污染物、生物污染物和化学污染物。物理污染物可分为噪声污染物、微波辐射污染物和放射性污染物等;生物污染物可分为病原体污染物和变异原污染物等;化学污染物可分为无机污染物和有机污染物等。无机污染物包括铅、镉、铬、汞、砷、卤素、氰化物、氮氧化物、卤化氢、石棉、PH_3、PX_3、PX_5、H_2S、SO_2、H_2SO_3、H_2SO_4 等。有机污染物包括烃类,如芳烃、多环芳烃(如苯并芘);金属有机化合物,如四乙基铅、羰基镍;含氧有机化合物,如醇、醛、酮、酸、酯、酐、酚、醚等;含氮有机化合物,如胺、腈、硝基苯、亚硝胺等;有机卤化物,如 CCl_4、氯乙烯、多氯联苯(PCBs)、氯代二噁英等;有机磷化合物,如有机磷农药(乐果、马拉硫磷);有机硫化合物,如硫醇、巯基甲烷、烷基硫化物等;表面活性剂,它已成为一大类环境污染物。据估计,已有 10 万种化合物进入"环境",有 7000 种是工业上大量生成的。这些化合物对环境来说,绝大部分是"不友好"的。它们通过溶解、挥发、迁移、扩散、吸附、沉降及生物摄取等途径,分布在水体、大气、土壤和生物体中。但是,由于化学污染物为数太多,我们不可能对每一个污染物都制订标准,都建立分析方法,都实行严格的监控,更不要说采用"零风险"途径解决污染问题了。零风险就是绝对的安全,例如,要求从大气中完全消除 CO 和 CO_2,既是不可能做到的,也是完全没有必要的。我们不能把检测和危险混为一谈,不能认为在特定浓度下"有毒"的物质,在任何低浓度下都是不可容忍的。限于人类社会的财力、物力和科技发展水平,我们只能针对性极强地从众多的污染物中选出一些重点污染物予以控制,实行监测或治理。为此,各国都依据残留水平、降解难易、生物积累性、三致作用(致癌、致畸、致突变)、毒性大小以及对人体和生态环境危害程度,将污染物进行分级排队,提出一份优先控制名单。我们把优先筛选出来的污染物称为环境污染优先污染物(priority pollutants),又称为优先监测污染物。对优先污染物进行的监测称为优先监测。美国于 20 世纪 70 年代中期确定了 129 种优先污染物,我国"环境优先监测研究"课题已经完成,提出了"中国环境优先污染物黑名单",包括 68 种化学物质(见表 27.1)。需要指出的是,优先污染物控制名单,只是当前科学技术发展水平的反映,它将会随着人类对污染物认识的深化及分析技术的发展不断进行修改。

表 27.1　中国环境优先污染物黑名单

化学类别	名　　　称
(1) 卤代(烷、烯)烃类	二氯甲烷、三氯甲烷、四氯化碳、1,2-二氯乙烷、1,1,1-三氯乙烷、1,1,2-三氯乙烷、1,1,2,2-四氯乙烷、三氯乙烯、四氯乙烯、三溴甲烷
(2) 苯系物	苯、甲苯、乙苯、邻-二甲苯、间-二甲苯、对-二甲苯
(3) 氯代苯类	氯苯、邻-二氯苯、对-二氯苯、六氯苯
(4) 多氯联苯类	多氯联苯
(5) 酚类	苯酚、间-甲酚、2,4-二氯酚、2,4,6-三氯酚、五氯酚、对-硝基酚
(6) 硝基苯类	硝基苯、对-硝基甲苯、2,4-二硝基甲苯、三硝基甲苯、对-硝基氯苯、2,4-二硝基氯苯
(7) 苯胺类	苯胺、二硝基苯胺、对-硝基苯胺、2,6-二氯硝基苯胺
(8) 多环芳烃	萘、荧蒽、苯并[b]荧蒽、苯并[k]荧蒽、苯并[a]芘、茚并[1,2,3-c,d]芘、苯并[ghi]芘
(9) 酞酸酯类	酞酸二甲酯、酞酸二丁酯、酞酸二辛酯
(10) 农药	六六六、滴滴涕、滴滴畏、乐果、对硫磷、甲基对硫磷、除草醚、敌百虫
(11) 丙烯腈	丙烯腈
(12) 亚硝胺类	N-亚硝基二丙胺、N-亚硝基二正丙胺
(13) 氰化物	氰化物
(14) 重金属及其化合物	砷及其化合物、铍及其化合物、镉及其化合物、铬及其化合物、铜及其化合物、铅及其化合物、汞及其化合物、镍及其化合物、铊及其化合物

27.2　环境分析的取样

　　环境分析的取样是分析监测工作的关键步骤之一,是一项十分复杂、耗时耗力、技术性要求甚高的工作。要取得具有代表性和有效性的环境样品,既要遵照国家环保局对各类环境体系的取样方案提出的一系列规范性条例,又要考虑到监测对象的特殊性,提出具体的采样方案。为了合理布设采样点,确定采样时间、采样频度和采样量,就必须根据分析监测的对象、监测项目和监测要求,事先对监测区的情况作详细调查。弄清污染源的分布,工业区的布局,相关企业的性质、产品、规模等情况,"三废"排放量及所含有害物质的类别;了解人口分布,农药及化肥使用情况;了解监测区域水文、气象、地质、地貌、城市给排水、降雨量及主导风向等等。充分利用历史资料和各方面信息,将有助于减少取样工作量。虽然增加采样点、采样持续时间、采样频度和采样量都有利于提高分析监测结果的可靠性,但必须同时要考虑人力、物力的消耗。因此,要优化采样方案,当然,还要考虑到采样方法实施的可能性。例如:河水采样可借用船只、桥梁、涉水等,大气采样可借用气球等等;又如要考虑采样所使用的工具和仪器。

27.2.1　水样的采集和保存

　　水质监测涉及范围甚广:河流、湖泊、水库、海洋、地下水、工业用水、排放水、生活饮用水等等。我们以河流、湖泊为例。

　　1. 采样点的布设

　　在对河流和湖泊考虑采样点的布设时,常将其看成一个三维空间,而采样点就分布在某一断面上。监测断面应设置在水域的关键位置上,例如河流进入城市以前的地方;湖泊、水库的主要入口或出口处;有大量废水排入河流的主要居民区、工业区的上游或下游;饮用水源区、主要风景区、水上娱乐区、排灌站等。有时为了取得水系和河流的环境背景监测值,还应在清洁的、基本上未受人类活动影响的河段上设置"背景断面"。图 27.1 为湖区监测断面示意图。在一断面上采样点的数目,取决于水面的宽度和深度,监测断面和采样点的位置确定后,应设立人工标志物,使每次采样取自同一位置,以保证样品的可比性 。倘若是对工业废水监测的采样,可以有针对性地选择车间或工厂总排污口处布点采样,也可以在污水处理设施的出口处布点,以考察对废水处理的效果。

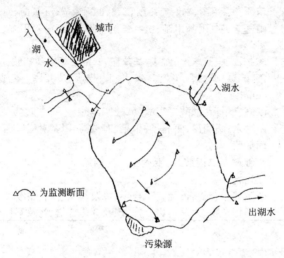

图 27.1　河、湖区多断面采样点布设示意图

2. 采样频率

为使采集的水样具有代表性,能够反映水质的变化规律,必须确定合理的采样时间和频率。如为了掌握河流水质的季节变化,需要采集四季的水样,每季不少于三次;也可按丰水期、平水期和枯水期采样,每期采样两次;对于一些重要的控制断面,为能了解一天内或几天内的水质变化,可以在一天 24 h 内按一定时间间隔进行采样;背景断面每年采样 1～2 次即可。

3. 水样的采集

环保部门使用多种类型的水质监测采样器。最简单的当为水桶和单层采水瓶,结构简单,使用方便,但水样与空气接触,不适于测定水中溶解氧;常用的采水器还有直立式采水器、手摇泵、电动采水泵、连续自动定时采水器、深层采水器等。当采样环境流量大,水深时,常采用急流采样器,如图 27.2 所示。它是将一根长钢管固定在铁框上,管内装有一根长橡皮管,橡皮管上部用夹子夹紧,橡皮管下端与瓶塞上一根短玻璃管连接,橡皮塞上另有一根长玻璃管直通至采样瓶底部。当采集水样时,塞紧橡胶塞,沿垂直方向伸入要求的水深处,打开上部橡皮管夹,水样便从长玻璃管

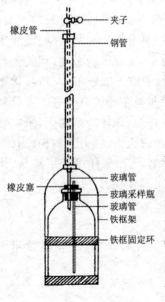

图 27.2　急流采水器

口进入样品瓶中,瓶内空气由短玻璃管沿橡皮管排出。这样采集的水样是与大气隔绝的,因此可用于测定水中溶解性气体,如溶解氧。当然,对采样瓶或采样桶的材质应有一定规格,要求其化学性能稳定,不吸附待测组分,容易清洗,可反复使用等。

　　4. 水样的保存

　　水样在存放过程中,由于物理的、化学的和生物的作用,其成分可能发生变化。如金属离子可能被瓶壁吸附,硫化物、亚硫酸盐、氰化物可能被氧化,苯酚类可能被细菌分解等等。为此,水样保存(water sample preservation)应当采取三项措施:一是选择性质稳定、杂质含量低的材料作贮水容器,如硼硅玻璃、石英、聚乙烯、聚四氟乙烯等;二是尽可能地缩短采样和测定的时间间隔。一些项目尽量在现场测定,如水样的pH、色度、嗅味、悬浮物、浊度、电导、溶解氧等;三是对不能尽快分析的水样采取适当的保存措施,如加入化学试剂,冷藏或冷冻。冷藏或冷冻是很好的保存技术,但它不适用于很多类型的样品;加入化学试剂可调节水样的pH,防止金属离子水解沉淀或被瓶壁吸附,或起生物抑制的作用。当然,加入的保存试剂纯度要高,并且不能干扰以后的测定。必要时,应做相应的空白试验,对测定结果进行校正。表 27.2 列出我国"水质采样"标准中建议的水样保存方法。

表 27.2　常用水样保存方法

项　目	容器类别	保存方法	可保存时间	建　议
COD	G	2～5 ℃冷藏	尽快	
		加 H_2SO_4 酸化,pH<2	1 周	
		−20 ℃冷冻	1 月	
BOD	G	2～5 ℃冷藏	尽快	
		−20℃冷冻	1 月	
凯氏氮	P 或 G	加 H_2SO_4,pH≤2	24 h	注意 H_2SO_4 中的 NH_4^+ 空白。阻止硝化菌作用,可加杀菌剂 $HgCl_2$ 或 $CHCl_3$
氨氮	P 或 G	加 H_2SO_4,pH≤2, 2～5 ℃冷藏	24 h	
硝酸盐氮	P 或 G	酸化,pH≤2, 2～5 ℃冷藏	24 h	有些废水不能保存,应尽快分析
亚硝酸盐氮	P 或 G	2～5 ℃冷藏	尽快	同硝酸盐氮
TOC	G	加 H_2SO_4,pH<2, 2～5 ℃冷藏	24 h	尽快分析
有机氯农药	G	2～5 ℃冷藏	1 周	
有机磷农药	G	2～5 ℃冷藏	24 h	最好现场用有机溶剂萃取
阴离子表面活性剂	G	加 H_2SO_4,pH<2, 2～5 ℃冷藏	48 h	
非离子表面活性剂	G	加 4%甲醛使含 1%,充满容器,冷藏	1 月	
砷	P	加 H_2SO_4,pH 1～2 加 NaOH,pH 为 12	数月	生活污水,工业废水用此法
硫化物		每 100 mL 水样加 2 mol·L^{-1} $Zn(Ac)_2$ 和 1 mol·L^{-1} NaOH 各 2 mL,2～5 ℃冷藏	24 h	现场固定
总氰	P 或 G	加 NaOH,pH 为 12	24 h	若含余氯,应加 $Na_2S_2O_3$ 除去

（续表）

项　目	容器 类别	保存方法	可保存 时间	建　议
酚	BG	加 H_3PO_4、$CuSO_4$，pH 小于 2 加 NaOH，pH 为 12	24 h	
肼	G	加 HCl 至 1 mol·L^{-1}，冷暗处	24 h	
汞	P 或 BG	1%HNO_3～0.05%$K_2Cr_2O_7$	2 周	
总铝	P	加 HNO_3，pH 1～2	1 月	取混匀样，消解后测定
溴化物	P 或 G	2～5 ℃冷藏	尽快	避光保存
氯化物	P 或 G		数月	
氟化物	P		数月	
碘化物	棕色玻 璃瓶	加 NaOH，pH 为 8，2～5 ℃冷藏	24 h	
硒	G 或 BG	加 HNO_3，pH≤2	数月	
硅酸盐	P	酸化滤液，pH<2，2～5 ℃冷藏	24 h	
Ba、Cd、Fe、Cu、Pb、Mn、 Ni、Ag、Sn、Zn、Co、Ca、总 铬等	P	加 HNO_3，pH 1～2	1 月	取混匀样，消解后测定

　　P 为聚乙烯容器；G 为玻璃容器；BG 为硼硅玻璃容器。
　　COD 为化学需氧量；BOD 为生物化学需氧量；TOC 为总有机碳。

27.2.2　大气样品的采集

1. 大气采样点的布设

　　大气"海阔天空"，合理布点对了解污染的特征及提高监测效率显得更为重要。通常采用的布点方法有以下 4 种：

　　(i) 网格布点法。该法是将监测区域的地面按地理坐标划分成若干均匀方格，采样点可设在方格中心(图 27.3)。网格大小视污染源、人口分布及人力、物力等因素而定。但对一个城市来说，总点数应在 15 个以上，若将网格划分足够小，则可将监测结果绘成污染物浓度空间分布图，对城市环境状况的了解和治理将有重要意义。

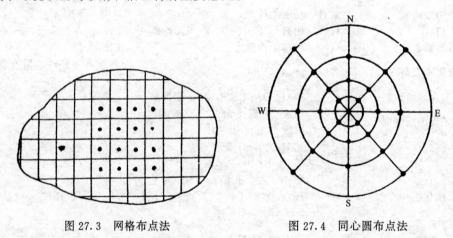

图 27.3　网格布点法　　　　　　图 27.4　同心圆布点法

　　(ii) 功能区布点法。该法是将监测区划分为工业区、商业区、居住区、工业居住混合区、交通稠密区、文化区和清洁区,在各功能区设置一定数量的采样点。该法多用于区域性常规监测。

(iii) 同心圆布点法。该法适用于污染源的调查或风向多变的情况。先以点污染源为圆心,画同心圆,圆间距约 0.5~2.0 km,同心圆数目不少于 5 个,再画出 8 方位的放射线。同心圆与放射线的交点即为监测点(图 27.4)。

(iv) 扇形布点法。此法适用于主导风向明确,风向变化不大的情况。首先以主导风向为轴线,向两侧分别画出 30°,22.5°,15° 等夹射角射线,再画出三条放射线和同心弧线,射线与弧线交叉点即为监测点(图 27.5)。

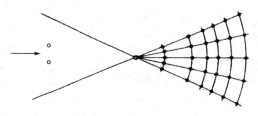

图 27.5 扇形布点法

2. 采样时间和频度

我国监测技术规范对环境空气污染例行监测规定的采样时间(一个采样周期所持续的时间)和采样频度(在采样时间内的采样次数)如表 27.3 所示。

表 27.3 环境空气采样时间与频度

临测项目	采样时间和频度
二氧化硫	隔日采样,每次采样连续(24±0.5)h,每月 14~16 d,每年 12 个月
氮氧化物	隔日采样,每次采样连续(24±0.5)h,每月 14~16 d,每年 12 个月
总悬浮颗粒物	隔双日采样,每天(24±0.5)h 连续监测,每月监测 5~6 d,每年 12 个月监测
灰尘自然沉降量	每月(30±1)d 监测,每年 12 个月监测
硫酸盐化速率	每月(30±1)d 监测,每年 12 个月监测

3. 环境空气的采样方法

(i) 直接采样法:直接抽取少量空气样品进行分析。该法所得结果为污染物瞬时浓度,要求采用的分析方法有较高的灵敏度。该法常用的采样工具为塑料袋、玻璃注射器(100 mL,采样时宜往复推拉玻璃柱塞多次)、采气管(与气泵相连)和真空瓶(与气泵相连,采样前将其抽成真空状态)。

(ii) 富集采样法。又称浓缩采样法。该法适合于大气中污染物浓度甚低时的情况,在采样同时将污染物进行富集。因此,该法测定的是采样时间内有害物质的平均浓度。常采用的是溶液吸收法和填充柱阻留法。溶液吸收法是将待测气体通过吸收液,由于溶解作用或化学反应将待测组分吸收进吸收液中。吸收液中待测组分浓度与通气时间、吸收速度大小等相关。常用的吸收液有水、化学试剂的水溶液和有机溶剂等。选择吸收液时应考虑到以下因素:吸收液对富集对象溶解度大或化学反应快速;吸收液要有足够的稳定性;吸收液不应影响下一步测定。采样吸收液列举于表 27.4 中。填充柱阻留法是让气样以一定流速通过用活性炭、硅胶、分子筛等填充的玻璃管或不锈钢管柱,通过吸附、反应等作用,使待测组分阻留在柱中的填充剂上,达到浓缩的目的。采样后通过解吸或溶剂洗脱,使待测组分从填充剂上释放出来进行测定。

表 27.4   大气监测中采用的吸收液示例

被测组分	吸收液	测定方法
二氧化硫	(1) 0.04 mol·L^{-1}四氯汞钾溶液($HgCl_2$+KCl)	分光光度法
	(2) 0.3%过氧化氢水溶液(pH 4.0～4.5)	钍试剂分光光度法
硫化氢	硫酸锌-氢氧化钠-硫酸铵	亚甲基蓝分光光度法
氮氧化物	(1) 冰乙酸-对氨基苯磺酸-盐酸萘乙二胺	分光光度法
	(2) 3%H_2O_2溶液	中和滴定法
氨	0.01 mol·L^{-1} H_2SO_4溶液	分光光度法
氰化氢	0.05 mol·L^{-1} NaOH 溶液	分光光度法
光化学氧化剂(O_3)	碘化钾-硼酸溶液	分光光度法
氯	(1) 溴化钾-甲基橙-硫酸溶液	分光光度法
	(2) 0.4%NaOH	碘量法
氯化氢	0.1 mol·L^{-1} NaOH	分光光度法
二硫化碳	(1) 乙酸铜-乙醇-二乙胺	分光光度法
	(2) 20%KOH-乙醇溶液	碘量法
甲醛	酚试剂(3-甲基-苯并噻唑腙)(MBTH)0.005%水溶液	分光光度法
丙烯醛	乙醇-三氯乙酸-二氯化汞-4-己基间苯二酚	分光光度法
酚类	0.1 mol·L^{-1} NaOH	4-氨基安替比林光度法 或气相色谱法
苯胺	0.01 mol·L^{-1} H_2SO_4	分光光度法
吡啶	0.01 mol·L^{-1} HCl	分光光度法
异氰酸甲酯	二甲基亚砜-盐酸	分光光度比
光气	(1) KI-丙酮	碘量法
	(2) 苯胺水溶液(0.025%)	紫外分光光度法

27.2.3   土壤样品的采集

土壤是人类和生物赖以生存的基础。土壤中的化学污染物通过食物链进入人体,因此,土壤中所含的农药和重金属是环境监测的重点之一。土壤不均一性比大气和水体严重得多,因此更强调多点土壤采样(soil sampling),采样点的布设要根据污染情况和监测目的设定。所采得样品等量均匀混合,反复按四分法弃取,以获得有代表性的样品。通常按图 27.6 所示的 4 种方式之一布设采样点。

测定土壤中的挥发酚、铵态氮、硝态氮、二价铁等不稳定成分,需要提供新鲜土壤样品。除此之外,绝大多数土壤测定项目均要求提供风干样品。因为风干样品较易混匀,重复性、准确性均比较好,也有利于防止土壤的霉变。将风干样品贮存于玻瓶或聚乙烯瓶中,在阴凉、干燥、避光、密封条件下可保存一年以上。

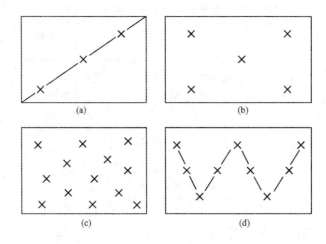

图 27.6 土壤样品的采集布点法示意图

(a) 蛇形布点法：适用于大面积、地势不平坦的田块；(b) 梅花形布点法：适用于面积较小、地势平坦的田块；
(c) 棋盘式布点法：适用于地势平坦的水型污染的田块；(d) 对角线布点法：适用于污水灌溉的田块

27.3 环 境 标 准

环境标准(environmental standards)是国家环境保护法的一个重要组成部分,它是为保护环境、防治污染、保护资源、保护人民健康和实施环境监督管理而制订的技术规定。它既是环境保护的目标,又是环境保护的手段;它既是判断环境质量和衡量环保工作的准绳,又是环境工作执法的依据。随着环境科学的发展,环境标准的种类越来越多。我国环境标准分为六类：环境质量标准、污染物排放标准(控制标准)、环境基础标准、环境方法标准(有关采样、分析、检验、统计计算的标准)、环境标准物质标准及环保仪器和设备标准。环境标准分为国家级标准和地方级标准。其中,环境基础标准、环境方法标准和标准物质标准只有国家级标准,地方不得制定相关标准,并尽可能采用国际标准。若按环境要素分类,环境标准又可分为水质标准、大气标准、土壤标准和生物质量标准。

水质标准。我国已经颁布的水质标准有：地面水质量标准、生活饮用水标准、海水水质标准、农田灌溉用水水质标准、污水综合排放标准、医院污水排放标准和一批工业水污染物排放标准等。地面水环境质量标准见表 27.5。该表所列标准适用于全国江河、湖泊、水库等具有使用功能的地面水域。依据地面水域使用目的和保护目标将其划分为 5 类：

Ⅰ类：主要适用于源头水、国家自然保护区。

Ⅱ类：主要适用于集中式生活饮用水水源地一级保护区、珍贵鱼类保护区、鱼虾产卵场等。

Ⅲ类：主要适用于集中式生活饮用水源二级保护区、一般鱼类保护区及游泳区。

Ⅳ类：主要适用于一般工业用水及人体非直接接触的娱乐用水区。

Ⅴ类：主要适用于农业用水区及一般景观要求水域。

表 27.5　地面水环境质量标准（mg·L⁻¹）

序号	参数	I 类	II 类	III 类	IV 类	V 类
	基本要求	所有水体不应有非自然原因所导致的下述物质： (1) 凡能沉淀而形成令人厌恶的沉积物 (2) 漂浮物，诸如碎片、浮渣、油类或其他的一些引起感官不快的物质 (3) 产生令人厌恶的色、臭、味或浑浊度的 (4) 对人类、动物或植物有损害、毒性或不良生理反应的 (5) 易滋生令人厌恶的水生生物的				
1	水温/℃	人为造成的环境水温度变化应限制在： 夏季周平均最大温升≤1 冬季周平均最大温降≤2				
2	pH	6.5～8.5			6～9	
3	硫酸盐（以 SO_4^{2-} 计）≤	250 以下	250	250	250	250
4	氯化物（以 Cl 计）≤	250	250	250	250	250
5	溶解性铁≤	0.3	0.3	0.5	0.5	1.0
6	总锰≤	0.1	0.1	0.1	0.5	1.0
7	总铜≤	0.01	1.0（渔 0.01）	1.0（渔 0.01）	1.0	1.0
8	总锌≤	0.05	1.0（渔 0.1）	1.0（渔 0.1）	2.0	2.0
9	硝酸盐（以 N 计）≤	10	10	20	20	25
10	亚硝酸盐（以 N 计）≤	0.06	0.1	0.15	1.0	1.0
11	非离子氨≤	0.02	0.02	0.02	0.2	0.2
12	凯氏氮≤	0.5	0.5	1	2	2
13	总磷（以 P 计）≤	0.02	0.1（湖、库 0.025）	0.1（湖、库 0.05）	0.2	0.2
14	高锰酸盐指数≤	2	4	6	8	10
15	溶解氧≥	饱和率 90%	6	5	3	2
16	化学需氧量（COD_Cr）≤	15	15	15	20	25
17	生化需氧量（BOD₅）≤	3	3	4	6	10
18	氟化物（以 F⁻计）≤	1.0	1.0	1.0	1.5	1.5
19	硒（+4 价）≤	0.01	0.01	0.01	0.02	0.02
20	总砷≤	0.05	0.05	0.05	0.1	0.1
21	总汞≤	0.00005	0.00005	0.0001	0.001	0.001
22	总镉≤	0.001	0.005	0.005	0.005	0.01
23	铬（+6 价）≤	0.01	0.05	0.05	0.05	0.1
24	总铅≤	0.01	0.05	0.05	0.05	0.1
25	总氰化物≤	0.005	0.05（渔 0.005）	0.2（渔 0.005）	0.2	0.2
26	挥发酚≤	0.002	0.002	0.005	0.01	0.1
27	石油类（石油醚萃取）≤	0.05	0.05	0.05	0.5	1.0
28	阴离子表面活性剂≤	0.2	0.2	0.2	0.3	0.3
29	总大肠菌群（个/L）≤	10000				
30	苯并[a]芘/(μg·L⁻¹)	0.0025	0.0025	0.0025		
31	甲基汞	1×10^{-7}	1×10^{-6}	1×10^{-6}	5×10^{-6}	5×10^{-6}

大气标准。我国已颁布的大气标准有：大气环境质量标准、大气污染物最高允许浓度、居民区大气中有害物质最高允许浓度、汽车污染物排放标准、车间空气中有害物质的最高允许浓

度等等。大气中各项污染物的浓度限值见表 27.6。环境空气污染分析方法见表 27.7。

表 27.6 大气中各项污染物的浓度限值

污染物名称	取值时间	浓度限值/$(mg \cdot m^{-3})$		
		一级标准	二级标准	三级标准
二氧化硫 SO_2	年日平均	0.02	0.06	0.10
	日平均	0.05	0.15	0.25
	1 h 平均	0.15	0.50	0.70
总悬浮颗粒物 TSP	年日平均	0.08	0.20	0.30
(total suspended particles)	日平均	0.12	0.30	0.50
可吸入颗粒物 PM_{10}	年日平均	0.04	0.10	0.15
(inhalable particles, particular matter less than 10 μm)	日平均	0.05	0.15	0.25
氮氧化物 NO_x	年日平均	0.05	0.05	0.10
	日平均	0.10	0.10	0.15
	1 h 平均	0.15	0.15	0.30
二氧化氮 NO_2	年日平均	0.04	0.04	0.08
	日平均	0.08	0.08	0.12
	1 h 平均	0.12	0.12	0.24
一氧化碳 CO	日平均	4.00	4.00	6.00
	1 h 平均	10.00	10.00	20.00
臭氧 O_3	1 h 平均	0.12	0.16	0.20
铅 Pb	季日平均	1.50×10^{-3}		
	年日平均	1.00×10^{-3}		
苯并[a]芘(B[a]P)	日平均	0.01×10^{-3}		
氟化物 F	日平均	7×10^{-3}		
	1 h 平均	20×10^{-3}		

"日平均"为任何一日的平均浓度不得超过的限值。

"年日平均"为任何一年的日平均浓度均值不得超过的限值。

表 27.7 环境空气污染物的分析方法简表

污染物名称	分析方法	污染物名称	分析方法
二氧化硫	(1) 甲醛吸收副玫瑰苯胺分光光度法 (2) 四氯汞盐副玫瑰苯胺分光光度法 (3) 紫外荧光法	臭氧	(1) 靛蓝二磺酸钠分光光度法 (2) 紫外光度法 (3) 化学发光法
总悬浮颗粒物	重量法	一氧化碳	非分散红外法
可吸入颗粒物 (PM_{10})	重量法	苯并[a]芘	(1) 乙酰化滤纸层析-荧光分光光度法 (2) 高效液相色谱法
氮氧化物 (以 NO_2 计)	(1) Saltzman 法 (2) 化学发光法	铅	火焰原子吸收分光光度法
二氧化碳	(1) Saltzman 法 (2) 化学发光法	氟化物(以 F 计)	(1) 滤膜氟离子选择电极法 (2) 石灰滤纸氟离子选择电极法

近些年来,借鉴了国际上通用的惯例,我国也开展了空气质量周报、日报和污染预报的发

布工作,并且采用了空气污染指数*(air pollution index,API)的形式。空气污染指数是一种定量反映和评定空气质量的尺度,是一种将常规监测的几种空气污染物浓度简化成单一的数字形式,分级表示空气质量等级状况,具有简明、直观的特点。空气污染指数及相应的空气质量等级见表27.8。

表 27.8　空气污染指数及其意义

污染物浓度/$(mg \cdot m^{-3})$			空气污染指数 API*	空气质量等级	空气质量描述	对健康的影响	对应空气适用范围
SO_2	NO_x	TSP					
0.050	0.050	0.120	0~50	I	优	可正常活动	自然保护区、风景名胜区和其他需要特殊保护的地区
0.150	0.100	0.300	51~100	II	良	可正常活动	为城镇规划中确定的居住区、商业交通居民混合区、文化区、一般工业区和农村地区
0.250	0.150	0.500	101~200	III	轻度污染	长期接触,人群中体质较差者出现刺激症状	特定工业区
1.600	0.565	0.625	201~300	IV	中度污染	接触一段时间后,心脏病和肺病患者症状加剧,运动耐受力降低,健康人群中普遍出现症状	
2.100	0.750	0.875	301~400	V	重度污染	健康人除出现较强烈症状,降低运动耐受力外,会提前引发某些疾病	
2.620	0.940	1.000	401~500				

　*　关于 API 与污染物浓度的换算等,请参见:何燧源,金云云,何方.环境化学(第三版).上海:华东理工大学出版社,2000。

27.4　环境污染物监测示例

27.4.1　化学需氧量

化学需氧量(chemical oxygen demand,COD)是指在一定条件下,氧化 1 L 水样中还原性物质所消耗的氧化剂的量。以氧的 $mg \cdot L^{-1}$ 值表示结果,记为 COD_{Cr}。水中还原性物质主要是有机化合物,还包括亚硝酸盐、硫化物、亚铁盐等无机化合物。它是水体受还原性物质污染程度的反映,也可看做水中含有机物多少的间接指标之一,但它不能确切反映许多痕量危害性大的有机物的污染状况。

化学需氧量以重铬酸钾法测定。在强酸性溶液中,以 Ag_2SO_4 为催化剂,加入一定量 $K_2Cr_2O_7$,氧化水样中还原性物质(反应慢,需回流)。过量的 $K_2Cr_2O_7$ 用 $(NH_4)_2Fe(SO_4)_2$ 标准溶液回滴,以试铁灵(邻二氮菲亚铁)为指示剂。

化学需氧量也可用恒电流库仑滴定法测定。此时需用库仑式 COD 测定仪。

用 $KMnO_4$ 溶液为氧化剂也可测得"化学需氧量",以前称为锰法化学需氧量,标记为 COD_{Mn}。我国新的环境标准中将该值改称"高锰酸盐指数"。高锰酸盐指数与 COD_{Cr} 无相关关系。

27.4.2 生化需氧量

水中的有机物在好氧微生物作用下,进行生物氧化分解时所消耗的溶解氧的量,称为生物化学需氧量(biochemical oxygen demand,BOD),简称生化需氧量。微生物在分解有机物时,分解作用的速率和程度同温度和时间有关。为了使测定的 BOD 数值有可比性,采用在 20 ℃时,培养 5 d 后 1 L 水中溶解氧的消耗量(mg)来表示,称为 5 日生化需氧量,记为 BOD_5。它也是一种间接反映水体被有机物污染程度的指标,亦是研究废水的可生化降解性的重要参数。若 $BOD_5 \leqslant 1\ mg \cdot L^{-1}$,表示水体清洁;若 $BOD_5 > 3 \sim 4\ mg \cdot L^{-1}$,表示水体受到污染。测定时将水样一分为二,一份立即测定溶解氧含量,另一份放入 20 ℃培养箱中,5 d 后测定之。两者之差即为 BOD_5 值。溶解氧的测定采用碘量法:于水样中加入硫酸锰和碱性碘化钾溶液,遂产生锰酸盐。在碘化钾存在下,以硫酸酸化之,高价锰就氧化碘离子而析出与水中溶解氧相当的碘,以硫代硫酸钠标准溶液滴定析出的碘,即可计算出溶解氧的含量。

水中溶解氧也可用检压库仑式 BOD 测定仪或微生物电极法测定。

27.4.3 大气中氮氧化物(NO_x)的测定

氮的氧化物有多种存在形式。大气中氮氧化物主要是 NO 和 NO_2。大气中 NO_x 含量是评价大气质量的常规分析指标之一。测定时,先将空气经过 Cr_2O_3-砂子氧化管,将 NO 氧化成 NO_2,再通入用冰乙酸、对氨基苯磺酸和盐酸萘乙二胺配成的吸收液采样,NO_2 生成 NO_2^- 后与对氨基苯磺酸发生重氮化反应,其重氮化合物再与盐酸萘乙二胺偶合成玫瑰红色染料,其吸光度大小与 NO_2 浓度呈正比,因此,可用分光光度法进行测定。吸收及显色反应如下:

$$2NO_2 + H_2O \Longrightarrow HNO_2 + HNO_3$$

$$HO_3S{-}\!\!\!\!\bigcirc\!\!\!\!{-}NH_2 + HNO_2 + CH_3COOH \longrightarrow \left[HO_3S{-}\!\!\!\!\bigcirc\!\!\!\!{-}N^+{\equiv}N \right]CH_3COO^- + 2H_2O$$

$$\left[HO_3S{-}\!\!\!\!\bigcirc\!\!\!\!{-}N^+{\equiv}N \right]CH_3COO^- + \underset{\text{(萘乙二胺)}}{N{-}CH_2{-}CH_2{-}NH_2 \cdot 2HCl} \longrightarrow$$

$$HO_3S{-}\!\!\!\!\bigcirc\!\!\!\!{-}N{=}N{-}\!\!\!\!\bigcirc\!\!\!\!{-}N{-}CH_2{-}CH_2{-}NH_2 + CH_3COOH + 2HCl$$

(玫瑰红色偶氮染料)

NO 不与吸收液反应。因此,空气不通过 Cr_2O_3-砂子氧化管,测得的是 NO_2 含量,若事先将空气通过 Cr_2O_3-砂子氧化管,测得的是 NO_x 总量,两者之差为 NO 的含量。

27.4.4 室内空气中甲醛的测定

室内空气污染程度要比室外严重得多。而一般情况下,人们大约 80% 以上的时间是在室内度过的。我国于 2002 年发布了室内环境质量评价标准,将室内环境质量分为三级。其化学性指标见表 27.9。

表 27.9 室内环境质量评价标准（化学指标部分）

污染物			级别			备注
类别	项目	单位	一级	二级	三级	
	甲醛	$mg \cdot m^{-3}$	0.04	0.08	0.12	8 h 平均
	苯	$\mu g \cdot m^{-3}$	10	20	30	8 h 平均
	二甲苯	$mg \cdot m^{-3}$	0.30	0.60	0.90	8 h 平均
	TVOC*	$\mu g \cdot m^{-3}$	200	300	600	8 h 平均
	苯并[a]芘	$ng \cdot m^{-3}$	不得检出	1	2	日平均
化学性指标	氨	$mg \cdot m^{-3}$	0.1	0.2	0.5	
	CO_2	$mg \cdot m^{-3}$	600	1000	1500	
	CO	$mg \cdot m^{-3}$	3	5	10	8 h 平均
	O_3	$mg \cdot m^{-3}$	0.10	0.12	0.16	8 h 平均
	SO_2	$mg \cdot m^{-3}$	0.15	0.15	0.25	日平均
	NO_2	$mg \cdot m^{-3}$	0.10	0.10	0.15	日平均
生物学指标	细菌总数	$Cfu \cdot m^{-3}$	1000	2000	4000	
放射性指标	氡及其子体	$Bq \cdot m^{-3}$	100	100	200	

* TVOC 为总挥发性有机物(total volatile organic compounds)。

室内空气污染源来自室内装修、木器家具、地毯、杀虫剂和吸烟等等。它们均可产生多种挥发性有机物,包括甲醛。甲醛会引起眼睛不适,喉咙灼痛,恶心和呼吸困难,现已证明甲醛会导致哺乳动物患癌症。甲醛含量是评价室内空气质量的重要指标之一。测定甲醛先采用有流量测量装置的空气采样器,以重蒸水为吸收液,以 $0.5 \sim 1.0 \, L \cdot min^{-1}$ 的流量采样 $5 \sim 20 \, min$。甲醛气体经水吸收后,在 pH≈6 的乙酸-乙酸铵缓冲溶液中,与乙酰丙酮作用,生成稳定的黄色化合物,在 λ_{max} 为 413 nm 处测定吸光度。显色反应如下:

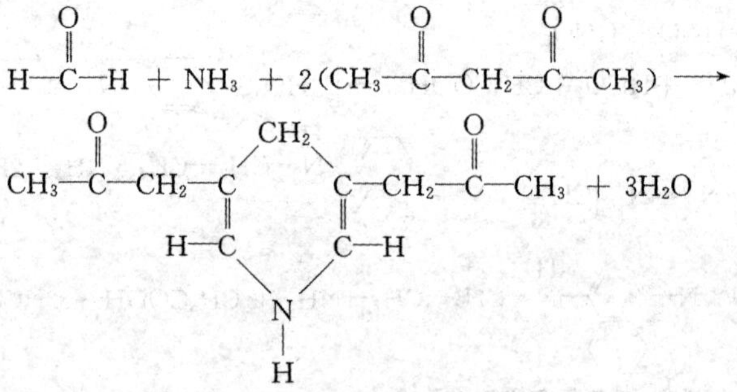

27.5 环境分析化学的发展

世界上重大环境污染事件不断出现,就不断地向分析化学提出了新课题,促进环境分析化学在解决没完没了的新难题中新生。最引人注目的水俣病事件(甲基汞)、骨痛病事件(Cd)、米糠油事件(多氯联苯)等等重大事件已近 20 件之多。最近的一次当属 1999 年 3 月,比利时二噁英污染事件。先是从鸡蛋和鸡肉中发现了二噁英,继而在饲料、乳制品、其他畜禽产品中也发现了二噁英。由于二噁英是世界上已知毒性最强的化合物,被列为一级致癌物,致癌性超过了黄曲霉毒素,因此人心惶惶。人们急需了解:二噁英来自什么地方? 它污染了多少种食品? 含量有多大？哪些商品要"下架"？哪些商品要拒绝入关？环境中水、空气是否受到了污染？解决这些问题关键是分析化学的贡献，但是测定二噁英谈何容易，一是二噁英组成复杂，二噁英是一俗称，它分为多氯二苯并二噁英(polychlorinated dibenzo-p-dioxin，PCDD)和多氯二苯并呋喃(polychlorinated dibenzofuran，PCDF)，它们分别由 75 个和 135 个同族体(congener)构成，化学结构如下图所示，常写成 PCDD/Fs。

氯原子取代数目不同而使它们各有 8 个同系物(homolog)，而每个同系物随氯原子取代位置的不同又存在众多异构体(isomer)，例如，四氯二苯并二噁英(TCDD)共有 22 个异构体。这些异构体毒性可相差 1000 倍，其中 2,3,7,8-四氯代二苯并二噁英(2,3,7,8-TCDD)是最毒的，也是研究得最多的。二是二噁英具有高度脂溶性，它先溶于脂肪，再渗入细胞核，与蛋白质结合紧密，难以分离和提取。三是二噁英含量甚低，通常为 $ng \cdot g^{-1}$ 水平，进行超痕量分析易受基质中其他成分影响。所以测定前需要复杂、冗长的分离和富集步骤。四是测定需用高效毛细管色谱法加高分辨质谱联用，耗时，花费甚高，难以推广普及。显然发展快速简便的分析方法为当务之急。目前，免疫分析法显示了一定的优越性。除了二噁英以外，关系国计民生的污染事件层出不穷，"毒大米"(黄曲霉素严重超标)、"瘦肉精"(盐酸克伦特罗)、"农药蔬菜"等等，无不给环境分析提出了各种难题。

　　无机分析的难点是元素的化学形态分析，化学形态包括价态、化合态、结合态和化学结构态等。只测定污染物的含量很难说明其污染行为。例如：Cr^{6+} 的毒性比 Cr^{3+} 的毒性高 100 倍；亚砷酸盐(As^{3+})的毒性比砷酸盐(As^{5+})的毒性高 60 倍；同是含 N 的 NO_3^- 和 NH_4^+，在土壤中被吸附和淋溶的能力相去甚远。又如甲基汞(CH_3Hg^+)在不同的环境中存在形态不同：在大气中为 CH_3HgCH_3，在水体中为 $CH_3Hg(OH)$，在生物体中是 $CH_3Hg\text{-}S\text{-}protein$，等等。形态分析是一种超痕量分析，需要发展灵敏度高、检出限低的新方法。

　　由于环境体系的开放性、多变性，以及污染物具有时空分布的特点，需要创新，发展新的原理、新仪器，实现环境分析的连续自动化。要发展遥控分析技术，实现大气的"不取样"多组分(包括自由基)的自动分析，要发展"掌上"型仪器，以便推广和普及。当前，各种方法和仪器的联用，取长补短，发挥各自特点，有助于解决复杂的、重大的环境难题，如 HPLC-ICP，HPLC-ICP-MS 联用等等。

参 考 文 献

[1] G. G. Pimentel, J. A. Coonrod. 化学中的机会. 北京：北京大学出版社，1990

[2] 吴鹏鸣. 环境监测原理与应用. 北京：化学工业出版社，1991

[3] 戴树桂. 环境化学. 北京：高等教育出版社，1997

[4] 国际环境保护局. 环境执法手册. 北京：中国环境科学出版社，1996

[5] 奚旦立，孙裕生，刘秀美. 环境监测. 北京：高等教育出版社，1995

[6] 何燧源. 环境污染物分析监测. 北京：化学工业出版社，2001

[7] 王正萍，周雯. 环境有机污染物监测分析. 北京：化学工业出版社，2002

[8] 国家自然科学基金委.自然科学学科发展战略调研报告：环境化学.北京：科学出版社,1996

[9] 阎吉昌.环境分析.北京：化学工业出版社,2002

[10] 庞叔薇,徐晓白.环境分析化学发展趋向.大学化学,2002,17(1)：1

思考题与习题

27.1 环境分析有何特点？

27.2 为什么说"检测就是保护"？

27.3 何谓"优先污染物"？提出"优先污染物"的意义何在？

27.4 监测水样中的 COD、BOD 的意义是什么？试述测定 COD_C 和 BOD_5 的原理和步骤。

27.5 何为空气污染指数？如何将污染物浓度换算为空气污染指数？

第 28 章　电路和测量技术基础

仪器分析的发展和电子学的发展有密切的关系,信号的发生、转换、放大和显示都可以用电子线路快速而方便地完成.许多化学信号可通过换能器变成电信号,而电信号也很容易用表头、记录仪或数字形式显示出来.一个化学工作者有必要掌握这一领域的基本知识,以便可以更有效地利用分析仪器。

本章将主要讨论电路和测量方面的一些基本知识.关于更进一步的内容,可参阅有关的资料。

28.1　简单电路在测量中的应用

在一般的仪器信号测量中,常见的测量信号包括电流、电位、电阻、电量以及电容等物理量,基本测量使用电流表等设备即可进行,其不同应用方法构成了电信号测量的基础。

28.1.1　电流表

它是利用一个悬挂在固定磁场中的线圈在有电流通过时,由于电磁作用,产生转动来进行测量的,指针的偏转正比于线圈中通过的电流.根据测量范围的不同可分为安培表、毫安表、微安表。

满刻度量程:小的约几十微安,大的到十几安培。

准确性: $\pm 0.5\% \sim 3\%$。

内阻:根据线圈的绕径和圈数,内阻约几百欧姆到几千欧姆。

检流计是一种特定的电流表,其结构和工作原理与电流表相同,只是在线圈的垂直轴上装有一面小反光镜,镜面偏转角度大小反映出流过线圈电流的大小.利用光的反射原理,用长光程系统,可以将偏转角度放大成偏转距离,大大提高检测灵敏度,检流计可测定小到 10^{-10} A 的电流。

1. 用电流表测量电流

测量电流时电流表要串联在电路上,常用分流电路来改变并扩大量程。

例 28.1　图 28.1 是常用的 Ayrton 分流电路,假设电表满刻度量程为 $50\ \mu A$,内阻 $3000\ \Omega$.若要使测量量程为 0.1,1,10 和 100 mA 时,$R_1 \sim R_4$ 各值应为多少欧姆?

通过计算可得其结果为: $R_4 = 3\ \Omega, R_3 = 27\ \Omega, R_2 = 270\ \Omega, R_1 = 2700\ \Omega$。

2. 用电流表测量电压

测量电路见图 28.2(b).欲测 AB 点之间的电压,

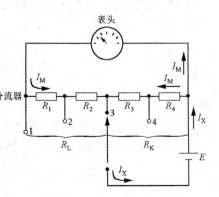

图 28.1　带 Ayrton 分流器的电流表

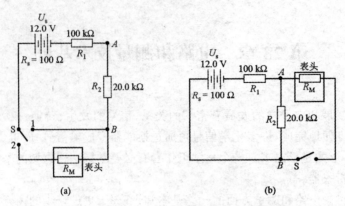

图 28.2 测量电流(a)和 AB 两端电压(b)的线路

电流表与 AB 点并联。

$$U_{AB} = I_M R_M \tag{28.1}$$

I_M 为流过电流表的电流，R_M 为其内阻。要扩大电压量程就要串联一些电阻。图 28.3 为万用电表测直流电压时的电路原理图。若要求电压的量程(满刻度值)为 2.5，10，50，100，250 及 1000 V 时，请计算出 R_0 到 R_3 各电阻值。

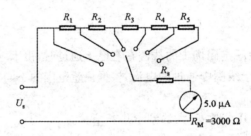

图 28.3 万用电表测电压的原理图

(i) 电流表内阻对电流测量的影响很大，而在电路中串联一个电流表就会不同程度上改变原电路中的电流值，从而导致测量误差，以图 28.2(a)为例：

在无电流表接入时的电流：

$$I = \frac{U_s}{R_1 + R_2 + R_s} = \frac{U_s}{R_T} \tag{28.2}$$

接入电流表后，总电阻发生变化，测量所得电流为

$$I_M = \frac{U_s}{R_T + R_M} \tag{28.3}$$

所以　　　　　相对误差 $= \dfrac{I_M - I}{I} = \dfrac{-R_M}{R_T + R_M}$ $\tag{28.4}$

故电流表内阻 R_M 越小，测量误差就越小。

(ii) 电流表内阻对电压测量也会产生影响，以图 28.2(b)为例：

若 $R_M = 50.00\,\text{k}\Omega$，$U_{AB}$ 的计算值应为

$$U_{AB} = \frac{12.0 \times 20.0}{100 + 20.0 + 0.100} = 2.00(\text{V})$$

并联电表后 A，B 两点间的电阻 R_{AB} 为

$$\frac{1}{R_{AB}} = \frac{1}{R_2} + \frac{1}{R_M} = \frac{1}{20.0} + \frac{1}{50.0}$$

因此,相对误差为

$$\frac{1.50 - 2.00}{2.00} \times 100 = -2.5\%$$

请思考,若图 28.2(b) 中 R_M 仍为 50.0 kΩ,其他电阻都改为原来的 1/10,试计算测量的相对误差并比较 R_M 对相对误差的影响。

28.1.2 比较测量法

图 28.4 是比较测量法的一个例子,图中 U_s 为 Weston 标准电池在 25 ℃ 下的电动势,为 1.0183 V; U_x 为待测电压;G 为灵敏的指零电流计,测量过程如下:

(i) 接通开关 P,选择开关 S 倒向 1,将 C 指到 1.0183 V(25 ℃时)。连续调节电位器 R,不时将 K 短时间按下。当按下 K 时,G 的指针不动(指零,即无电流流过 G),便停止调节 R,此时线性电压分压器的刻度已校准好。

(ii) 将 S 倒向 2,连续改变 C 的位置,直接按下 K 时 G 指零。此时 C 的刻度就是 U_x 的电压值。

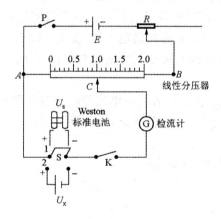

图 28.4 一种实验室用电位计线路图

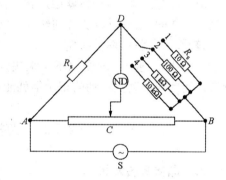

图 28.5 电阻测量用 Wheatstone 电桥

28.1.3 电阻测量——Wheatstone 电桥

图 28.5 中 AB 为均匀的电阻丝并有刻度;S 为交流信号源,通常能提供 6～10 V、1000 Hz 的交流信号; R_s 为标准电阻并有若干档供选用;ND 为零点指示器,通常是一幅耳机,电桥平衡时,D, C 两端电位相等,耳机中听不到交流信号声。此时有

$$R_x \cdot R_{BC} = R_s \cdot R_{AC} \tag{28.5}$$

由已知的 R_{BC}, R_s 及 R_{AC},可以计算出 R_x。

28.1.4 记录仪

图 28.6 是实验室常见记录仪工作原理图。待测信号 U_x 不停地与一个参比电压 U_R 的电位计输出作比较。比较产生的电位差用一机械斩波器转换成交流信号。斩波器是一个交流电磁铁簧片,随着交流电源的波动而上下振动。它产生的交流信号通过斩波放大器(交流耦合的

功率放大器)放大,推动可逆马达转动,马达转动直到电位计输出与 U_x 之差降至零停止,该马
达通过皮带又带动记录笔和滑动接头,在记录纸上记录信号。记录纸由同步马达驱动可以对应
时间、电位或波长等的控制变化。

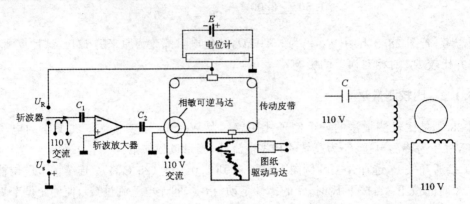

图 28.6　自平衡记录式电位计示意图　　　　图 28.7　马达线圈示意图

马达有两组线圈,如图 28.7,一组是固定的(定子),一组是转动的(转子)。通电后它们产
生的磁场是互相垂直的。两个线圈都供给频率相同的交流电(如 50 Hz),由于电容 C 的作用,
两个线圈的交流电流的相位差为 90°,因此产生旋转磁场,使马达转动。但是只要任何一个线
圈的电压倒相(改变 180°),马达就会反转。任何一个线圈停止供电,马达就停止转动。可逆马
达就是这样工作的,它可以改变方向转动。同步马达则不可改变线圈供电方式,它向一个方向
恒速转动,转速由电源频率 f 决定。

记录过程中,只要 U_x 的变化不是很快,电位器中心滑动点的电位每时每刻都和 U_x 处于
平衡状态。因此与滑动点联动的记录笔就能自动地将 U_x 的变化记录成相应的曲线。

28.2　运算放大器与测量

28.2.1　晶体管放大器

晶体管是半导体三极管。它由 2 个 p-n 结和 3 个电极构成,如图 28.8。要使晶体管正常工
作,必须外加大小和极性适当的电压。以 npn 型为例,给发射结外加正向电压,位垒降低,形成
发射极电流 I_E,它是电子流与空穴流之和。由于基区杂质浓度比发射区小 2～3 个数量级,注
入发射区的空穴流与注入基区的电子流相比可略去不计。I_E 可近似地认为是电子流形成的。

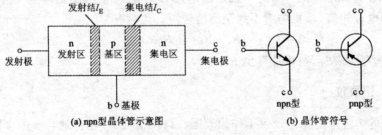

(a) npn型晶体管示意图　　　　　(b) 晶体管符号

图 28.8　晶体管示意图和符号

发射区注入基区的电子流,靠近发射结边界上浓度随发射结电压 U_{BE} 增加,按指数规律增大。电子向电极扩散,扩散中与基区的空穴复合,复合掉的空穴由外电源补充,形成基极电流 I_B。扩散中大部分电子到达集电结。基区宽度很窄,掺杂浓度很低,将提高到集电结的电子数量。

集电结外加较大的反向电压,虽使位垒增高,但由于外加电压较大,可形成强电场使基区电子迅速通过集电进入电区,形成集电极电流 I_C。

发射极电流大,集电极电流也就大。这种控制作用就形成了晶体管的放大作用。在共发射极电路中,发射区每向基区流过一单位的基极电流,就要向集电极流过 β 个单位的电流。这时基极电流 I_B 作为输入电流,I_C 为输出电流,β 就是电流放大倍数。它们形成电流放大。

$$I_C = \beta I_B \tag{28.6}$$
$$I_E = I_B + I_C \tag{28.7}$$

通过负载电阻 R_L 可以把放大了的集电极电流转化为电压 $I_C R_B$,从而进行电压放大(电压增益)。

$$U_{CE} = U_{CC} - I_C R_L \tag{28.8}$$

图 28.9 是一个晶体管的放大电路,也是最简单的放大器。

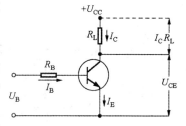

图 28.9　晶体管放大电器

结果表明一个放大器性能的因素有:输入阻抗、输出阻抗、电压增益、频率响应范围、可靠性、直线性、稳定性、噪音和漂移等。其中:① 可靠性是指操作者在很长一段时间不进行调整的情况下,对给定的输入,放大器能再现输出的能力。② 直线性是指输入和输出之间的关系,理想状况是指它们作图为通过原点的直线。一台放大器的输出必须受输入控制;若不是这样,则仪器对内部产生的信号发生响应,如产生振荡。这种失控,表现出稳定性不好。③ 噪音是一种叠加在被放大信号上的乱真的交流信号。通常,噪音信号含有放大器频带的全部频率成分,极低频的噪音可称为漂移。

在分析一个复杂的电路或器件时,可以把它等效成一个具有一定阻抗的元件。对输入系统来说,它是输入阻抗。对输出系统来说,它是输出阻抗。当一个信号输入时,为了使信号的大部分(如电压降)作用在元件上,希望输入阻抗越大越好。相反,当元件输出信号时,希望输出阻抗越小越好,这样可把大部分信号送给输出系统。放大器的输出阻抗、输入阻抗,就是把放大器等效成这样的元件产生的。

单极放大器提供的增益是有限的。为了提供足够的电压增益和功率增益,一般放大器都由多级构成,级间的连接称为耦合。

交流放大器是只对输入信号中的交流分量有响应的放大器,放大器的级间是通过电容器或变压器耦合的。

直流放大器的级间是通过与频率无关的电阻元件进行耦合的。它既能放大直流输出信号,也能放大一定频率范围的交流信号,它的主要缺点是零点漂移。图 28.10 是

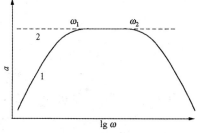

图 28.10　增益与信号频率的关系图
1—交流耦合;2—直流耦合

这两类放大器的增益 a 与信号频率 ω 关系的理想曲线。

28.2.2　差分放大器

分析仪器中产生的信号,频率一般不高,所以直流耦合放大器得到广泛的应用。由于直流放大器对低频信号有响应,它们很容易受漂移的影响而产生偏差。如输入端不加信号时,由于温度或电源电压等因素的变化,而使输出电压偏离零值,上下缓慢漂动,称为零点漂移。

为了克服这一缺陷。可采用差分放大器,它是一个对称的电路,可使漂移信号相互抵消,还可对漂移信号引入很深的反馈,把漂移信号抑制到很小的程度。

典型的差分放大器如图 28.11 所示,电路是完全对称的,当温度变化或电源电压波动时,引起两个三极管的集电极电流和电压的变化相同。差分放大器有两个输入端和两个输出端,如果在两个输入端输入相等的信号,输出为零,只有输入有差时,才能在两个输出端有输出信号。

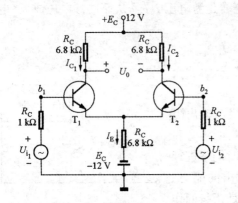
图 28.11　射极耦合差分放大器

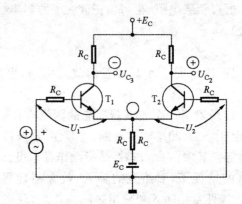
图 28.12　单端输入射极耦合差分放大器

差分放大器可以如上面所说的双端输入,双端输出,也可双端输入,单端输出,缺的一端可以采用接地的方式连接。同样也可单端输入与双端输出,单端输入与单端输出。单端输入如图 28.12,信号电压 U_i 加到 T_1 管,T_1,T_2 是对称的。这时 U_i 时间上近似分为两半,以差模的形式加在两管的输入电路上。因此电路的工作状态与双端输入时是近似一致的。

$$U_i - U_1 - U_e = 0, \quad U_1 = U_i - U_e$$

$$-U_e - U_2 = 0, \quad U_2 = -U_e$$

$$U_i = U_1 - U_2$$

$$U_1 = -U_2$$

$$U_1 = U_i/2$$

$$U_2 = -U_i/2$$

再观察一下它们的极性。假定在某一瞬间输入电压 U_i 为正(增加),即

$$U_i \uparrow \oplus, U_2 \uparrow, I_{C_1} \uparrow, I_{C_1} R_C \uparrow, I_{C_1} \downarrow \ominus$$

另外,当

$$U_i \uparrow, I_{C_1} \uparrow, U_e \uparrow, U_2 \downarrow, I_{C_2} \downarrow, U_{C_2} \uparrow \oplus$$

U_{C_1} 与 U_i 反相,称为反相输出;U_{C_2} 与 U_i 同相,称为同相输出。

28.2.3　运算放大器

它是一种增益、宽频带直流耦合的差分放大器,使用时一定采用负反馈电路。

图 28.13 是一种运算放大器,它由输入极、中间极、输出极和偏置电路组成。输入极采用差分放大电路。图 28.14 是它的外部接线圈。它的符号及等效电路为图 28.15。

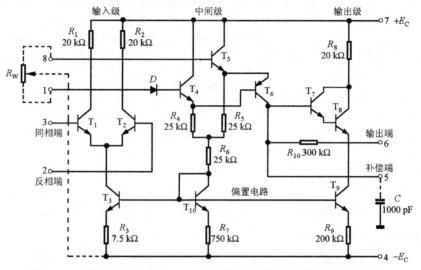

图 28.13　集成运算放大器 5G23 电路图(用虚线连接部分为外接元件)

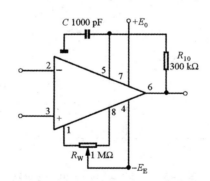

图 28.14　5G23 的外部接线图

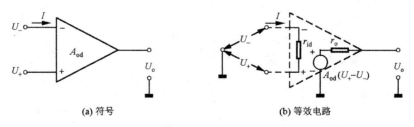

图 28.15　运算放大器的符号及其等效电路

1. 负反馈的连接

负反馈的连接如图 28.16。通过图中的 R_f 将输出的一部分输入(反馈)到输入的反相端。反馈就是将输出信号的一部分送到输入信号里,若加强原信号为正,减弱为负反馈。负反馈可以大大提高放大器的稳定性。当输入信号不变,由于放大器参数的变化,使放大倍数有增加或减少时,输出信号增加或减少,反馈信号也增加或减少,使得有效的输入信号减少或增加,达到稳定。

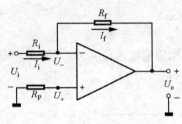

图 28.16　反相输入放大器

2. 运算放大器的主要特性

运算放大器是高性能的放大器件,主要特性列于表 28.1 中。

表 28.1　运算放大器的主要特性

特　　性	理想性能	实际性能
开路增益	∞	$10^4 \sim 10^8$,一般 10^5
输入阻抗	∞	$10^5 \sim 10^{13}\ \Omega$,一般 $10^6\ \Omega$
输出阻抗	0	$1 \sim 10\ \Omega$
输出电源	足够大	$5 \sim 100\ \text{mA}$
频率范围	带宽无限	$10 \sim 100\ \text{kHz}$

3. 运算放大器的典型线路

图 28.17 是运算放大器的典型常见电路。放大后的输出 U_o 与输入 U_i 有 $180°$ 的相位差,由于相位移动是负的,故通过电阻 R_f 反馈回去的部分输出。

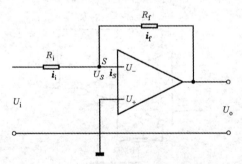

图 28.17　运算放大器典型连接电路

4. 运算放大器的增益

$$a = \frac{U_o}{U_+ - U_-} \tag{28.9}$$

由于 $U_+ = 0$(接地),$U_S = U_-$,故

$$a = -\frac{U_o}{U_S}$$

由 S 点,有

$$i_i = i_S + i_f$$
$$i_i \approx i_f$$

$$i_f = \frac{U_S - U_o}{R_f}$$

$$U_S = -\frac{U_o}{a}$$

$$i_f R_f = -\frac{U_o}{a} - U_o = -\left(1 + \frac{1}{a}\right)U_o$$

由于 $a \gg 1$，故

$$U_o = -i_i R_f$$

另外

$$i_i = \frac{U_i - U_S}{R_i}$$

且由于 i_S 很小，接近于零，S 点的电位趋近于地电位。因此，S 点被认为处于电路的"虚地"，即

$$U_S \approx 0$$

则

$$U_o = -\frac{R_f}{R_i}U_i \tag{28.10}$$

运算放大器的典型用法见表 28.2。

表 28.2　运算放大器的一些典型用法

类　型	电　路	关系式和说明
电流跟随器	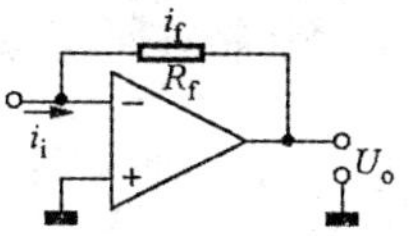	$U_o = -i_i R_f$
电压跟随器	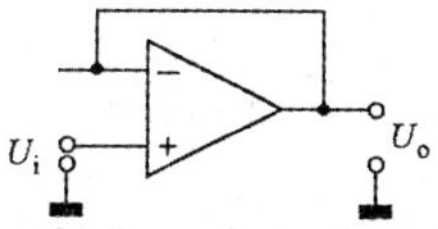	$U_o = U_i$
分压器或反相器 （乘、除运算）	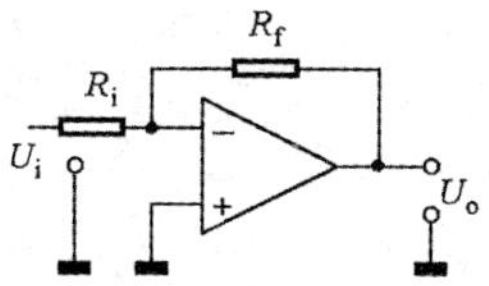	$U_o = -U_i\left(\dfrac{R_f}{R_i}\right)$ $R_f = R_i$ 反相器 $R_f < R_i$ 分压器 $R_f > R_i$ 电压放大器
加和器 （加、减运算）	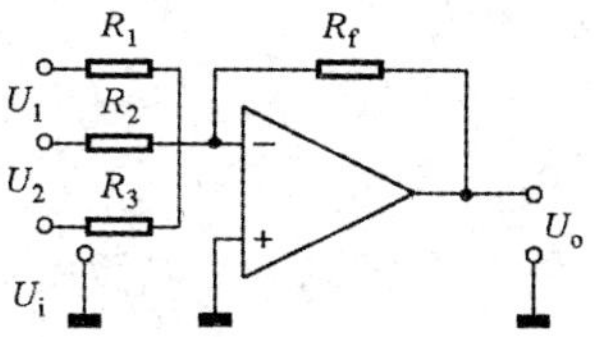	由于 $i_f = i_1 + i_2 + i_3$， $U_o = \left[U_1\left(\dfrac{R_f}{R_1}\right) + U_2\left(\dfrac{R_f}{R_2}\right) + U_3\left(\dfrac{R_f}{R_3}\right)\right]$
微分器	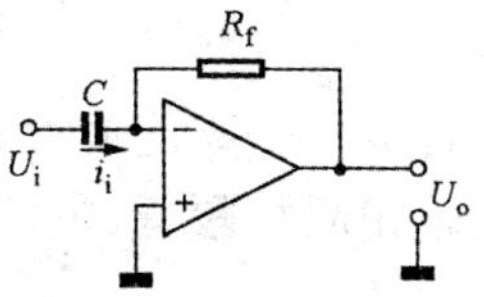	由于 $i_f = C\dfrac{dU_f}{dt}$，$U_o = -i_f R_f$， $U_o = -R_f C\dfrac{dU_f}{dt}$

（续表）

类　　型	电　　路	关系式和说明

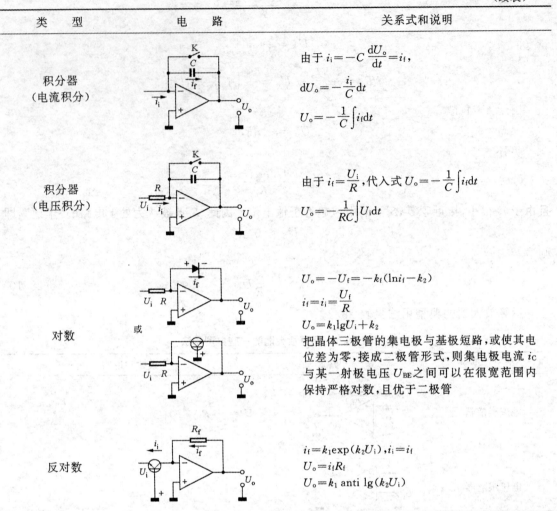

积分器（电流积分）

由于 $i_i = -C\dfrac{dU_o}{dt} = i_f$，

$$dU_o = -\frac{i_i}{C}dt$$

$$U_o = -\frac{1}{C}\int i_f dt$$

积分器（电压积分）

由于 $i_f = \dfrac{U_i}{R}$，代入式 $U_o = -\dfrac{1}{C}\int i_f dt$

$$U_o = -\frac{1}{RC}\int U_i dt$$

对数

$$U_o = -U_f = -k_f(\ln i_f - k_2)$$

$$i_f = i_i = \frac{U_f}{R}$$

$$U_o = k_1\lg U_i + k_2$$

把晶体三极管的集电极与基极短路，或使其电位差为零，接成二极管形式，则集电极电流 i_C 与某一射极电压 U_{BE} 之间可以在很宽范围内保持严格对数，且优于二极管

反对数

$$i_f = k_1\exp(k_2 U_i),\ i_i = i_f$$

$$U_o = i_f R_f$$

$$U_o = k_1\ \text{anti}\ \lg(k_2 U_i)$$

28.2.4　应用举例

1. 电流的测量

光电管产生的光电流 I_x 为

$$I_x = I_f + I_S \approx I_f$$

$$U_o = -I_f R_f = -I_x R_f$$

$$I_x = -U_o/R_f \tag{28.11}$$

R_f 的大小，可以用来调节测量范围。如 R_f 是 $100\,\text{k}\Omega$，$1\,\mu\text{A}$ 电流就会有 $0.1\,\text{V}$。如 $1\,\text{k}\Omega$ 要 $0.1\,\text{mA}$，产生 $0.1\,\text{V}$。

2. 电压的测量

图 28.18 是一个电压跟随器组成的电路，它们构成一个既能放大，又能测量高阻抗电压信号的电压测量器件。运算放大器的输入阻抗较高，输出阻抗较低，电压跟随器起了阻抗转换的作用，而 R_f/R_i 构成反相放大倍数。$U_m = 20U_x$。

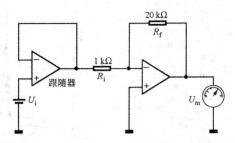

图 28.18　一种供电压放大用的高阻抗线路

3. 电阻和电导的测量

在电路中用一恒定电位代替 U_i，把要测的电阻和电导（电解池、热敏电阻、热辐射计等）代替 R_i 或 R_f，就可得到一定比例变化的输出电压 U_o。

4. 积分计算

$$U_o = -\frac{1}{R_i C_f}\int_0^t U_i \mathrm{d}t \tag{28.12}$$

积分计算的关系可见表 28.2。它可以得到输出电压是输入电压的时间积分。在时间为零时，断开重调开关和合上保持开关，就可得到定积分。若在时间 t 时断开保持开关，积分就将终止，U_o 保持一个恒定值。合上重调开关，电容器充电，新的一次积分运算又开始。积分线路及电压的时间积分见图 28.19。

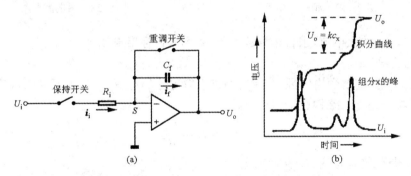

图 28.19　积分线路（a）和色谱图及其时间积分（b）

其中 U_o 正比于组分 x 的浓度

5. 微分运算

$$U_o \approx -R_f C_i \frac{\mathrm{d}U_i}{\mathrm{d}t} \tag{28.13}$$

微分计算电路也是分析中常见的电路，如图 28.20，小电容 C_f 和小电阻 R_f 的引入是为了滤掉高频电压，而又不致明显地使所测信号衰减。其运算关系见表 28.2。

6. 恒电位源

参比电池，如 Weston 电池，可以提供恒定电位，但它通过的电流不能很大，否则不能维持其电位的恒定。当它与运算放大器连接时（如图 28.21），就构成一个可使相当大电流通过的标准电源。由于 S 点处于虚地，且

$$U_o = U_S$$
$$IR_L = U_o = U_S \tag{28.14}$$

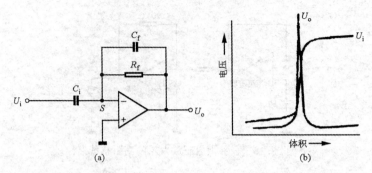

图 28.20　一种实用的微分线路(a)和滴定仪曲线 U_f 及其导数 U_o.(b)

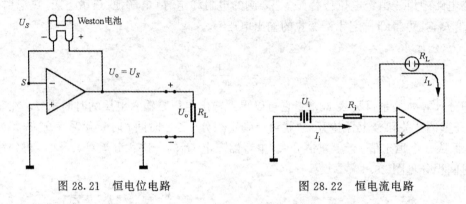

图 28.21　恒电位电路　　　　　　　图 28.22　恒电流电路

这时通过 R_L 的大电流，来自运算放大器，而不来自标准电池。

7. 恒电流源

分析仪器有时需要恒电流源，如保持通过电解电池的电流恒定，它不受输入功率或电池内阻变化的影响。图 28.22 构成了这种电路。

$$I_L = I_i = \frac{U_i}{R_i} \tag{28.15}$$

U_i 和 R_i 是保持恒定的，I_L 也就恒定。

参 考 文 献

[1] 武汉大学电子线路教材编写组编写，梁明理改编. 电子线路，第 2 版. 北京：高等教育出版社，1988
[2] 冯建国，冯建兴. 分析仪器电子技术. 北京：原子能出版社，1986

思考题与习题

28.1　电流表与电压表测量应用时，如何连入电路中？它们的内阻对测量误差的影响如何？

28.2　如果用常规的万用表测量 pH 电极的电势是否可以？为什么？

28.3　比较测量法有何特点？为什么常用来测量电池的电动势？

28.4　积分放大器是如何工作的？举例说明积分放大器在仪器分析中的应用。

第 29 章　计算机在分析化学中的应用

计算机在分析化学中的应用已经十分普及,可以说,现代分析化学已经离不开计算机和计算机科学技术。计算机在分析化学中的应用从大的方面来说,可以分三个方面:

1. **数值计算和实验数据处理**

分析化学问题的理论处理经常面对的是复杂体系,用人工计算的方法难以进行。例如有关溶液平衡计算,人们总是寻求用简化的方法来处理,就像过去乃至现在的大学教科书所介绍的那样。对于简单体系,不失为一种好方法。但是对于稍微复杂的体系,例如环境体系、生命体系、药物体系,还有物质结构和性能之间的关系问题等就显得无能为力了,而用数值方法进行计算机处理就可能得以解决。另外,大量的分析测定的数据处理,需要用到大量的统计学方法,也要用计算机来处理,除了节约时间之外,还可获得尽可能多的信息,这对正确评价实验结果或改进实验方法都是非常重要的。近些年来,化学计量学的研究和应用,对分析化学的发展进步起到很大的推动作用。

2. **分析仪器自动化及仪器联用技术**

现代分析仪器大多配备了计算机(或微处理器),对仪器的性能进行检测和工作过程进行控制。许多仪器从采样、测量到数据处理实现全自动化操作。甚至有些小型常用仪器,例如滴定管、移液管也采用了微机控制技术,使得这些只用手工操作的仪器变得容易了。近些年来,多种仪器联用技术的发展对计算机技术提出了更高的要求。

随着微电子技术的迅速发展,微型电子计算机(简称微机)的性能价格比大幅度提高,微机在仪器分析中的应用也因此得到了迅速发展。它已从离线(off-line)模式,逐步发展到在线(on-line)及嵌入(in-line)模式,同时,分析设备的小型化如芯片化仪器(lab-on-chips)也广泛要求使用计算机进行测量和数据处理。随着分析仪器的自动化,智能化程度也越来越高,许多用于长时间、全自动分析的仪器已开发出来并用于各种日常分析之中。

3. **数据库和计算机辅助设计**

化学的数据量极其庞大,分析化学数据在其中占有很大比例,有效地查阅并使用这些数据对分析化学工作者来说,是非常艰难的。近些年来,化学工作者与计算机专家共同研制了化学数据库,由计算机代替人工检索,可以快速准确地得到所需数据、资料和信息。利用数据库,计算机还可以帮助分析化学工作者确定实验结果或提供最优实验方案的建议,这对分析化学研究和测试工作的效率和水平的提高起到巨大作用。

29.1　微型电子计算机简介

随着微电子技术发展,现在微机运算能力远比当年的巨型电子计算机优异。要使微机正常工作,应配置适当的硬件和软件。

29.1.1　微机的硬件

微机主要由中央处理器(central processing unit,CPU)、存储器及输入或输出设备组成,这些部件通过总线结合在一起(图 29.1)。

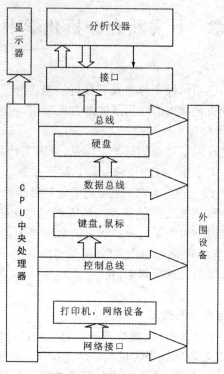

图 29.1　微机基本结构

CPU 是微机的大脑,微机的所有动作,如信息接收、处理、储存及输出均由 CPU 控制。决定微机性能的主要因素有 CPU 处理速度(现在可达 4 GHz)、动态存储能力(内存)及存储能力等。微机配备的输入或输出设备,如硬盘、软盘驱动器、光盘机、扫描仪、打印机等也对微机性能有一定影响。

29.1.2　微机的软件

微机的工作是由程序来控制的,由于微机只能处理 0 和 1 两种状态信号,所以其工作的操作程序必须是相应的由 0 和 1 组成的代码(称为机器码)组成。因机器码复杂、难于记忆且容易出现人为错误,故又发明了简码,即用字母代替 0 和 1 组成的指令。

为了更便于大多数人使用,又发展出许多更简单、更接近于人们使用习惯的高级程序语言来用于控制微机的操作,如 BASIC、FORTRAN、COBOL、C、PASCAL,这些高级语言容易记忆,便于掌握,但一定要经过相应的编译过程"翻译"成机器码才能使微机完成指定的工作。

29.2　数值方法在分析化学中的应用

29.2.1　直接计算法

在分析化学计算中,有些问题比较简单,可以用直接计算法来解决。由于直接计算法可获得解析解,除了计算过程中的舍入误差外,没有其他计算误差,也就是说计算结果是准确的。

例 29.1　计算难溶化合物 M_pL_q 的溶解度。

解　考虑到溶解后的金属离子 M 可能生成羟基络合物，L 可能质子化，会影响 M_pL_q 的溶解度(以下各式中均略去离子所带电荷)。

$$M_pL_q \longleftrightarrow pM + qL$$

$$\downarrow OH \qquad\qquad \downarrow H$$

$$M(OH), M(OH)_2, \cdots \qquad HL, H_2L, \cdots$$

则达到溶解平衡时，溶解度 s 为

$$s = [M']/p = [L']/q$$

由于

$$[M] = [M']/\alpha_{M(OH)}$$

$$[L] = [L']/\alpha_{L(H)}$$

$$[M]^p[L]^q = K_{sp}$$

则

$$([M']/\alpha_{M(OH)})^p([L']/\alpha_{L(H)})^q = K_{sp}$$

即

$$(ps/\alpha_{M(OH)})^p(qs/\alpha_{L(H)})^q = K_{sp}$$

经整理得溶解度的算式为

$$s = \sqrt[p+q]{K_{sp}\alpha_{M(OH)}^p\alpha_{L(H)}^q/(p^pq^q)} \tag{29.1}$$

式中 $\alpha_{M(OH)}=1+\sum[OH]^i\beta_i^{OH}$, $\alpha_{L(H)}=1+\sum[H]^j\beta_j^H$。

由已知 pH 即可算得 $\alpha_{M(OH)}$，$\alpha_{L(H)}$，代入式(29.1)，即可算得溶解度 s。

用以上算法可直接算得 $Cd_3(PO_4)_2$ 在 pH 2,4,6 时的溶解度(已知 $K_{sp}=3\times10^{-33}$，PO_4^{3-} 的 $\log\beta_1^H=12.32$，$\log\beta_2^H=19.33$，$\log\beta_3^H=21.69$，由于 Cd^{2+} 在此条件下不生成羟基络合物，所以 $\alpha_{Cd(OH)}=1$)：

pH 2 时，$s=0.12$ mol·L^{-1}；pH 4 时，$s=1.5\times10^{-4}$ mol·L^{-1}；pH 6 时，$s=3.3\times10^{-7}$ mol·L^{-1}。

本题用计算机求解要比手工计算容易得多。如果在程序中将 $p,q,\beta_i^{OH},\beta_j^H,K_{sp}$ 以及 pH 均设置成可变参数，则可计算任意难溶物在任意酸度下的溶解度。

在直接计算法中，一元二次方程的求根公式经常被用到，例如一元弱酸(HA)、弱碱(B)溶液 pH 的近似计算，一元强酸(HCl)、强碱(NaOH)溶液 pH 的精确计算等。下面另举一例说明计算中应注意的一个问题。

例 29.2　用 EDTA (Y)在 pH 1.0 滴定金属离子 Th^{4+}，计算滴定到化学计量点时的$[Y]$。

解　根据溶液中的物料平衡关系，同时考虑在 pH 1.0 时 Th^{4+} 不水解，可列出如下方程：

$$\begin{cases} c(Th^{4+}) = [ThY] + [Th^{4+}] \\ c(Y) = [ThY] + [Y]\alpha_{Y(H)} \end{cases}$$

整理成关于$[Y]$的一元二次方程：

$$K_{ThY}\alpha_{Y(H)}[Y]^2 + (c(Th^{4+})K_{ThY} + \alpha_{Y(H)} - c(Y)K_{ThY})[Y] - c(Y) = 0 \tag{29.2}$$

已知 $\log K_{ThY}=23.2$，pH 1.0 时，$\log\alpha_{Y(H)}=18.3$，$c(Th^{4+})=c(Y)=0.0100$ mol·L^{-1}，则上述一元二次方程为

$$10^{41.5}[Y]^2 + 10^{18.5}[Y] - 0.0100 = 0$$

这个方程可用一元二次方程的求根公式计算。但是，方程的系数很大，超出计算机容许的数值

范围,同时,各系数大小差别也很大,可能会得到错误结果,最好先进行变量变换:

设 $x=10^{20}[Y]$,则方程变成

$$10^{1.5}x^2 + 10^{-1.7}x - 0.0100 = 0$$

解得 $x=0.553$,则

$$[Y] = x/10^{20} = 5.53 \times 10^{-21}(\text{mol} \cdot \text{L}^{-1})$$

直接计算法能够解决许多分析化学计算问题,例如电位滴定终点的计算、溶液中各物种分布系数的计算及分布图的绘制、各物种浓度对数图的绘制、副反应系数的计算及其曲线的绘制等。但是在涉及高次方程求解时,直接计算法就力不从心了。例如对一个一元弱酸(HA)溶液 $[H^+]$ 的精确计算,要求解如下的一元三次方程:

$$[H^+]^3 + K_a[H^+]^2 - (K_a c_a + K_w)[H^+] - K_a K_w = 0 \qquad (29.3)$$

这个方程虽有解析解,但直接计算已属不易。如果方程的方次再高或是一个超越方程,就不可能给出解析解,这就要借助数值方法求解了。

29.2.2　高次方程的数值解

高次方程的数值解法有很多,以下只介绍常用的 3 种:

1. 简单迭代法

如果将方程整理成 $x=f(x)$ 的形式,可取一个初值 x_0 代入方程右边,算得 x_1;将 x_1 再代入方程右边,算得 x_2;……;如此重复这个迭代过程,算得 x_i。如果方程是收敛的,则经过若干次迭代计算后,x_i 和 x_{i+1} 将会非常接近,当

$$|x_i - x_{i+1}|/x_i \leqslant \varepsilon \qquad (\varepsilon \text{ 是相对误差,可取一个小正数})$$

则 x_i 即为方程的解。

例如,式(29.3)可以整理成如下形式:

$$[H^+] = \{K_a(c_a - [H^+] + [OH^-]) + K_w\}^{1/2} \qquad (29.4)$$

这就是一个关于 $[H^+]$ 的迭代方程($[H^+]=f([H^+])$),一般用最简计算式估计 $[H^+]_0$,即 $[H^+]_0=(K_a c_a)^{1/2}$。然后将 $[H^+]_0$ 代入方程右边,算得 $[H^+]_1$;再将 $[H^+]_1$ 代入方程右边,算得 $[H^+]_2$;……;如此反复迭代,直到第 i 次与第 $i+1$ 次的迭代计算值的相对误差小于 0.1% 即停止计算,$[H^+]_i$ 的值即为该题的解。由于算法简单,这里不再举例说明。此方法虽然简单,但能解决许多超越方程的求解问题。

2. 牛顿迭代法

方程 $f(x)=0$ 可用 Newton(牛顿)迭代公式求解。牛顿迭代公式如下

$$x_{i+1} = x_i - f(x_i)/f'(x_i) \qquad (29.5)$$

式中 $f'(x_i)$ 是函数 $f(x_i)$ 在 x_i 处的一阶微商。

如果迭代过程是收敛的,则先估计一个初值 x_0 代入方程的右边,算得 x_1;再将 x_1 代入方程右边,算得 x_2;……;如此反复迭代计算,直到相邻的两次迭代计算值的相对误差达到计算要求时,方程的解已经求得,计算即停止。

例 29.3　计算多元酸 H_nL 溶液的 pH。

解　对于任意多元酸 H_nL 的水溶液,质子条件是

$$[H^+] = [H_{n-1}L] + 2[H_{n-2}L] + 3[H_{n-3}L] + \cdots + (n-1)[HL] + n[L] + [OH^-]$$

将式中各形态平衡浓度用 $[H^+], c_a, K_w, \beta_i^H$ 表示,可得到如下方程:

$$nc_a[H^+] + c_a \sum (n-i)[H^+]^{i+1}\beta_i^H + K_w(1 + \sum [H^+]^i\beta_i^H) - \sum [H]^{i+2}\beta_i^H = 0$$

(29.6)

因此

$$f([H^+]) = nc_a[H^+] + c_a \sum (n-i)[H^+]^{i+1}\beta_i^H + K_w(1 + \sum [H^+]^i\beta_i^H)$$
$$- [H^+]^2 - \sum [H^+]^{i+2}\beta_i^H$$

(29.7)

$$f'([H^+]) = nc_a + c_a \sum (n-i)(i+1)[H^+]^i\beta_i^H + K_w \sum i[H^+]^{i-1}\beta_i^H$$
$$- 2[H^+] - \sum (i+2)[H^+]^{i+1}\beta_i^H$$

(29.8)

写成牛顿迭代公式:

$$[H^+]_{i+1} = [H^+]_i - f([H^+]_i)/f'([H^+]_i)$$

(29.9)

解此方程时,可用最简式 $[H^+] = (K_{a_1}c_a)^{1/2}$ 的计算结果作为 $[H^+]_0$ 代入式(29.7)、式 (29.8),再代入式(29.9),算得 $[H^+]_1$;然后将 $[H^+]_1$ 代入式(29.7)、式(29.8),再代入式 (29.9),算得 $[H^+]_2$;……;如此反复迭代计算,直到方程的解符合误差要求为止。

例如用此方法计算 $0.10\ \text{mol} \cdot \text{L}^{-1}\ H_4P_2O_7$ 的 pH。已知 $I=0.1$ 时 $\log\beta_i^H$ 值分别为 8.5, 14.6,17.1,18.1。迭代计算 19 次(按误差 0.1% 要求),算得 pH=1.19(按有效数字规则,应为 1.2)。

3. 二分法

方程 $f(x)=0$ 在某区间 (a,b) 内有一个实根,此实根即为函数 $f(x)$ 与 x 轴的交点,而在此交点两侧函数 $f(x)$ 一定为异号,据此,可以用二分法计算方程的根。

选取包括方程根在内的一个区间 (a,b),取该区间中点 $x_0=(a+b)/2$ 求其函数值 $f(x_0)$, 若 $f(x_0)$ 与 $f(a)$ 异号(则 $f(x_0)$ 与 $f(b)$ 一定是同号),则根必在 (a,x_0) 区间内;让 $a_1=a, b_1= x_0$,再取其中点 $x_1=(a_1+b_1)/2$,比较 $f(x_1)$ 与 $f(a_1)$ 是否异号,若 $f(x_1)$ 与 $f(a_1)$ 同号,则根必在 (x_1,b_1) 区间内,再对 (x_1,b_1) 区间二分;……;如此反复二分,每次二分区间的中点 $x_0,x_1, x_2,\cdots$ 即为方程根的近似值。若二分 i 次,则含根的区间

$$b_i - a_i = (a-b)/2^i$$

变得足够小,即趋近于 0,故方程的根即为 b_i 或 a_i。

例 29.4　计算多元酸碱滴定过程中溶液的 pH 变化(滴定曲线)。

解　以强碱滴定弱酸 H_nL 为例,其滴定过程的溶液质子条件可以下式表示:

$$c(NaOH) + [H^+] = [H_{n-1}L] + 2[H_{n-2}L] + 3[H_{n-3}L] + \cdots + n[L] + [OH^-]$$

(29.10)

将其中各有关浓度用 $[H^+]$ 和酸的离解常数 K_{a_i}、水的离子积 K_w 和酸的分析浓度 $c(H_nL)$ 表示并整理得

$$[H^+]^{n+2} + (c(NaOH) + K_{a_1})[H^+]^{n+1} + (c(NaOH)K_{a_1} + c(H_nL)K_{a_1} + K_{a_1}K_{a_2} + K_w)[H^+]^n$$
$$+ \sum \{(c(NaOH)\prod K_{a_k} - (i+1)c(H_nL)\prod K_{a_k} + \prod K_{a_k} - K_w\prod K_{a_k})[H^+]^{n-i}\} = 0$$

(29.11)

式中 $c(NaOH), c(H_nL)$ 为滴定剂和被滴酸的分析浓度,考虑到滴定过程的稀释效应,则

$$c(NaOH) = c_0(NaOH)V(NaOH)/(V(NaOH) + V(H_nL))$$

$$c(H_nL) = c_0(H_nL)V(H_nL)/(V(NaOH) + V(H_nL))$$

其中 $c_0(NaOH)$ 是滴定剂的准确浓度, $c_0(H_nL)$ 是被滴酸的起始浓度。

　　用强酸滴定多元弱碱的算式类似,只是把式(29.11)中的 $c(NaOH)$ 换成 $c(HCl)$,把 $c(H_nL)$ 换成 $c(L)$,把 $[H^+]$ 换成 $[OH^-]$,把酸的离解常数 K_a 换成碱的离解常数 K_b 即可。这时,算出的是 $[OH^-]$,然后换算成 $[H^+]$。根据计算结果,计算机还可以直接给出滴定曲线、滴定突跃及滴定到任何一点的 pH。同时,本算法还可以计算任意元酸(或碱)的 pH(滴定剂加入体积为 0 时),计算强酸或强碱溶液的 pH 及其滴定曲线(这时 K_a 或 K_b 取一个很大的数,例如 10^4),还可以计算两性物质溶液的 pH。

　　按式(29.11)用二分法计算比较方便,其优点是:计算简单,收敛速度快;起始区间容易确定,在分析化学所研究的溶液体系中,pH 都在 0~14 之间,所以 $[H^+]_0$ 的起始区间就选 $(10^{-14}, 1)$。

29.2.3　方程组的解

　　1. 线性方程组的解

　　线性方程组

$$\begin{cases} a_{11}x_1 + a_{12}x_2 + a_{13}x_3 + \cdots + a_{1n}x_n = b_1 \\ a_{21}x_1 + a_{22}x_2 + a_{23}x_3 + \cdots + a_{2n}x_n = b_2 \\ \vdots \qquad \vdots \qquad \vdots \qquad\qquad \vdots \qquad \vdots \\ a_{n1}x_1 + a_{n2}x_2 + a_{n3}x_3 + \cdots + a_{nn}x_n = b_n \end{cases} \tag{29.12}$$

可以写成矩阵形式

$$A\{X\} = \{B\}$$

用克莱姆法则(Crammer's Rule)可以很容易地写出方程组的解:

$$x_i = |D_i|/|A| \qquad (|A| \neq 0)$$

式中 $|A|$ 为方程系数的行列式:

$$|A| = \begin{vmatrix} a_{11} & a_{12} & a_{13} & \cdots & a_{1n} \\ a_{21} & a_{22} & a_{23} & \cdots & a_{2n} \\ \vdots & \vdots & \vdots & & \vdots \\ a_{n1} & a_{n2} & a_{n3} & \cdots & a_{nn} \end{vmatrix} \tag{29.13}$$

$|D_i|$ 为系数行列式中第 i 列元素为常数项所代替的行列式。

　　例如求 x_2:

$$x_2 = \dfrac{\begin{vmatrix} a_{11} & b_1 & a_{13} & \cdots & a_{1n} \\ a_{21} & b_2 & a_{23} & \cdots & a_{2n} \\ \vdots & \vdots & \vdots & & \vdots \\ a_{n1} & b_n & a_{n3} & \cdots & a_{nn} \end{vmatrix}}{|A|} \tag{29.14}$$

求 x_i,则将常数项代替分子的行列式中第 i 列元素即得。用克莱姆法则计算线性方程组的解看似简单,计算量却很大,而且随着 n 的增大,计算工作量急剧增加。对于一个含 n 个未知数的方程组来说,总共要做$(n^2-1)n!$次乘法和加法。n较大时,即使使用高速计算机也很难完成这样的计算工作量。同时,由于计算过程中的舍入误差也相当可观,所得结果也不可靠,所以一般不采用这个方法来计算线性方程组的解。

计算线性方程组的解的常用方法有矩阵法、高斯消元法和 Gauss-Seidel(高斯-赛德尔)迭代法等。在实际工作中,高斯消元法用得比较多,下面重点介绍此方法。

按线性方程组的自然顺序消元的方法叫顺序消元法,具体解法如下:

线性方程组系数的增广矩阵为

$$\begin{bmatrix} a_{11}^{(1)} & a_{12}^{(1)} & a_{13}^{(1)} & \cdots & a_{1n}^{(1)} & a_{1,n+1}^{(1)} \\ a_{21}^{(1)} & a_{22}^{(1)} & a_{23}^{(1)} & \cdots & a_{2n}^{(1)} & a_{2,n+1}^{(1)} \\ \vdots & \vdots & \vdots & & \vdots & \vdots \\ a_{n1}^{(1)} & a_{n2}^{(1)} & a_{n3}^{(1)} & \cdots & a_{nn}^{(1)} & a_{n,n+1}^{(1)} \end{bmatrix} \tag{29.15}$$

上标(1)表示该元素是属于原方程组的系数。消元时要对系数进行变换,经过一次变换的元素上标变成(2),经过两次变换的元素上标变成(3),……,其中 $a_{1,n+1},a_{2,n+1},\cdots,a_{n,n+1}$ 为常数项 $b_1,b_2,\cdots,b_n$。

为了消去除第一个方程以外的其他方程中的 x_1 项,需要进行以下的变换:

$$a_{ij}^{(2)} = a_{ij}^{(1)} - a_{1j}^{(1)} a_{i1}^{(1)}/a_{11}^{(1)} \tag{29.16}$$

式中 $i=2,3,\cdots,n$;$j=1,2,\cdots,n+1$。这时系数矩阵变成

$$\begin{bmatrix} a_{11}^{(1)} & a_{12}^{(1)} & a_{13}^{(1)} & \cdots & a_{1n}^{(1)} & a_{1,n+1}^{(1)} \\ 0 & a_{22}^{(1)} & a_{23}^{(1)} & \cdots & a_{2n}^{(1)} & a_{2,n+1}^{(1)} \\ \vdots & \vdots & \vdots & & \vdots & \vdots \\ 0 & a_{n2}^{(1)} & a_{n3}^{(1)} & \cdots & a_{nn}^{(1)} & a_{n,n+1}^{(1)} \end{bmatrix}$$

然后再对第三个方程及其以后的各方程进行同样的变换,直至矩阵变成上三角矩阵:

$$\begin{bmatrix} a_{11}^{(1)} & a_{12}^{(1)} & a_{13}^{(1)} & \cdots & a_{1n}^{(1)} & a_{1,n+1}^{(1)} \\ 0 & a_{22}^{(2)} & a_{23}^{(2)} & \cdots & a_{2n}^{(2)} & a_{2,n+1}^{(2)} \\ 0 & 0 & a_{33}^{(3)} & \cdots & a_{3n}^{(3)} & a_{3,n+1}^{(3)} \\ \vdots & \vdots & \vdots & & \vdots & \vdots \\ 0 & 0 & 0 & \cdots & a_{n,n}^{(n)} & a_{n,n+1}^{(n)} \end{bmatrix} \tag{29.17}$$

变换公式可总结为

$$a_{ij}^{(i)} = a_{ij}^{(i-1)} - a_{i-1,j}^{(i-1)} a_{i,i-1}^{(i-1)}/a_{i-1,i-1}^{(i-1)} \tag{29.18}$$

其中 $i=2,3,\cdots,n$;$j=i-1,i,i+1,\cdots,n+1$。

在程序设计时,为了减少计算工作量,j 值可取

$$j = i,i+1,\cdots,n+1$$

则矩阵的下三角元素均不必进行变换计算。

从最后一个方程求得

$$x_n = a_{n,n+1}^{(n)}/a_{n,n}^{(n)} \tag{29.19}$$

再将 x_n 代入第二个方程求得 x_{n-1},如此将求得的 $x_n,x_{n-1},\cdots$,依次回代入各方程,即可求得所有的解。回代过程可用回代公式表示:

$$x_n = (a_{i,n+1}^{(i)} - \sum a_{ij}^{(i)} x_j)/a_{ii}^{(i)} \tag{29.20}$$

上述消元法是按方程组的自然顺序消元的，如果用做除数的元素为 0，则会使消元法无法进行；或者当除数是一个很小的数时，由于舍入误差会很大，也可能得到错误结果。

例 29.5 取碳酸钠、碳酸氢钠和氢氧化钠的混合物 0.200 g，溶于水，用 0.1025 mol·L^{-1} 的 HCl 滴定，以酚酞为指示剂，滴定到溶液由红色转无色，消耗 HCl 12.31 mL，再以甲基橙为指示剂继续滴定到黄色转橙色，共消耗 HCl 31.25 mL，求该混合物中含碳酸钠、碳酸氢钠、氢氧化钠各多少克？

解 查得碳酸钠、碳酸氢钠、氢氧化钠的摩尔质量分别为 100.99,84.01,40.00 g·mol^{-1}，设它们在混合物中的含量分别为 x_1, x_2, x_3 g，根据题意可列出方程组：

$$\begin{cases} x_1 + x_2 + x_3 = 0.200 \\ x_1/105.99 + x_3/40.00 = 0.1025 \times 12.31/1000 \\ 2x_1/105.99 + x_2/84.01 + x_3/40.00 = 0.1025 \times 31.25/1000 \end{cases} \tag{29.21}$$

按顺序消元法计算得到以下错误结果：

$$x_1 = -2.006, \quad x_2 = 1.321, \quad x_3 = 0.885$$

主元素消去法可解决顺序消元法可能得到错误结果的这一问题。按主元素选取方法的不同，又分列主元消去法、行主元消去法和全主元消去法，其中列主元消去法是最常用的方法。

列主元消去法的算法是：首先查得方程系数矩阵的第一列中绝对值最大的元素（即主元素），把该元素所处的方程与第一个方程互换位置，这样该绝对值最大的元素处于消去元的位置。然后，按顺序消元法消去除第一个方程（即主元素所在方程）的其他各方程的第一项；再在方程系数矩阵的第二列中查得绝对值最大的元素（不含第一行元素），把该元素所处的方程与第二个方程互换位置，然后，按顺序消元法消去除第一，第二个方程以外的其他各方程的第二项……，按此方法，先找列主元，再交换方程的位置，然后消元，反复进行这一过程，直至消元完毕。这样做，总是保持除数是列主元，减少了计算过程中的舍入误差，保证计算结果是正确的。

用列主元消去法算得例 29.5 的结果为

$$x_1 = 0.0797, \quad x_2 = 0.0999, \quad x_3 = 0.0204$$

这个结果无疑是正确的。

2. 非线性方程组的解

非线性方程组的常用解法有高斯-赛德尔迭代法、Newton-Raphson（牛顿-雷扶生）法等，其中迭代法方法简单，只要将方程组整理成如下的迭代形式：

$$\begin{cases} x_1 = g_1(x_1, x_2, \cdots, x_n) \\ x_2 = g_2(x_1, x_2, \cdots, x_n) \\ \vdots \qquad \vdots \\ x_n = g_n(x_1, x_2, \cdots, x_n) \end{cases} \tag{29.22}$$

就可以用迭代法求解了。先设一组初值 $x_1^{(0)}, x_2^{(0)}, \cdots, x_n^{(0)}$，代入各方程求得 $x_1^{(1)}, x_2^{(1)}, \cdots, x_n^{(1)}$；再将此组近似值代入方程组右边，……，如此反复迭代，算得一系列方程组的近似解 $x_1^{(i)}, x_2^{(i)}, \cdots, x_n^{(i)}$。直到每个解都达到误差要求，即停止计算报告结果。以下着重介绍牛顿-雷扶生法。

对非线性方程组

$$\begin{cases} f_1(x_1,x_2,\cdots,x_n) = 0 \\ f_2(x_1,x_2,\cdots,x_n) = 0 \\ \quad\vdots \qquad\qquad\qquad \vdots \\ f_n(x_1,x_2,\cdots,x_n) = 0 \end{cases} \tag{29.23}$$

在其近似解 $x_j^{(0)}(x_1^{(0)},x_2^{(0)},\cdots,x_n^{(0)})$ 用 Talor(泰勒)级数展开并略去高次项得到以下代表方程组的通式：

$$f_i(x_1,x_2,\cdots,x_n) = f_i(x_1^{(0)},x_2^{(0)},\cdots,x_n^{(0)}) + \sum \Delta x_j \partial f_i / \partial x_j \tag{29.24}$$

式中 $i=1,2,3,\cdots,n$；$\Delta x_j^{(1)} = x_j^{(1)} - x_j^{(0)}$ $(j=1,2,3,\cdots,n)$；$\partial f_i/\partial x_j$ 表示方程 $f_i(x_1,x_2,\cdots,x_n)$ 在 $x_i^{(0)}$ $(x_1^{(0)},x_2^{(0)},\cdots,x_n^{(0)})$ 处的一阶偏导数。令 $f_i(x_1,x_2,\cdots,x_n)=0$，得如下线性方程组：

$$\sum \Delta x_j \partial f_i / \partial x_j = - f_i(x_1^{(0)},x_2^{(0)},\cdots,x_n^{(0)}) \tag{29.25}$$

这是一个关于 Δx_j 的线性方程组,很容易用前述的列主元消去法算得 Δx_j,则

$$x_j^{(1)} = x_j^{(0)} + \Delta x_j^{(1)} \tag{29.26}$$

重复这一迭代过程,可得到一系列近似解：

$$x_j^{(k+1)} = x_j^{(k)} + \Delta x_j^{(k+1)} \qquad (k=1,2,3,\cdots) \tag{29.27}$$

当 $|(x_j^{(k+1)} - x_j^{(k)})/x_j^{(k+1)}| < \varepsilon$ (一般令 ε 小于 10^{-3})时,$x_j^{(k)}$ 即为原方程组的解。

例 29.6　计算 $M(ClO_4)_m + NaX + H_2O$ 体系中各物种的浓度。

解　体系中的阴离子 X^- 可能质子化,也可能与金属离子 M^{m+} 生成 $1\sim n$ 级络合物 MX_i,若已知 $M(ClO_4)_m$、NaX 的分析浓度分别为 c_M,c_L,由溶液中的物料平衡关系可列出如下方程组：

$$\begin{cases} [M^{m+}] + \sum [MX_i^{m-i}] - c_M = 0 \\ [X^-] + [HX] + \sum i[MX_i^{m-i}] - c_L = 0 \\ [H^+] + [Na^+] - [OH^-] - [ClO_4^-] - [X^-] + m[M^{m+}] + \sum (m-i)[MX_i^{m-i}] = 0 \end{cases}$$
$$\tag{29.28}$$

令 $x_1=[X^-]$, $x_2=[M^{m+}]$, $x_3=[H^+]$,则以上方程组变成如下形式：

$$\begin{cases} f_1(x_1,x_2,x_3) = x_2 + x_2\sum \beta_i x_1^i - c_M = 0 \\ f_2(x_1,x_2,x_3) = x_1 + x_1 x_3/K_a + x_2\sum i\beta_i x_1^i - c_L = 0 \\ f_3(x_1,x_2,x_3) = x_3 + c_L - K_w/x_3 - mc_M - x_1 + mx_2 + x_2\sum (m-i)\beta_i x_1^i = 0 \end{cases}$$
$$\tag{29.29}$$

式中 K_a 为 HX 的离解常数,β_i 为 MX_i 的累积形成常数。因此

$$\partial f_1/\partial x_1 = x_2\sum i\beta_i x_1^{i-1}, \quad \partial f_1/\partial x_2 = 1 + \sum \beta_i x_1^i, \quad \partial f_1/\partial x_3 = 0$$

$$\partial f_2/\partial x_1 = 1 + x_3/K_a + x_2\sum i^2\beta_i x_1^{i-1}, \quad \partial f_2/\partial x_2 = \sum i\beta_i x_1^i,$$

$$\partial f_2/\partial x_3 = x_1/K_a$$

$$\partial f_3/\partial x_1 = -1 + x_2\sum (m-i)i\beta_i x_1^{i-1}, \quad \partial f_3/\partial x_2 = m + \sum (m-i)\beta_i x_1^i,$$

$$\partial f_3/\partial x_3 = 1 + K_w/x_3^2$$

这样,线性方程组的系数已经求得,按主元消去法解此线性方程组求得 Δx_j,最后算得方程组的解。

应用实例:计算 $Cd(ClO_4)_2 + NaCN + H_2O$ 体系中各物种的浓度。$Cd(ClO_4)_2$ 的浓度为 $0.00100\ mol \cdot L^{-1}$, NaCN 的浓度为 $0.0100\ mol \cdot L^{-1}$,Cd^{2+} 与 CN^- 可生成 $Cd(CN)_i^{+2-i}$ 络合物 $(i=1,2,3,4)$,其累积形成常数 $\log\beta_i$ 分别为 $5.48, 10.62, 15.18, 18.76$;HCN 的 $pK_a = 9.4$。按上述算法算得

$[Cd^{2+}] = 1.61 \times 10^{-13}\ mol \cdot L^{-1}$ $[Cd(CN)^+] = 2.75 \times 10^{-10}\ mol \cdot L^{-1}$

$[Cd(CN)_2] = 2.15 \times 10^{-7}\ mol \cdot L^{-1}$ $[Cd(CN)_3^-] = 4.43 \times 10^{-5}\ mol \cdot L^{-1}$

$[Cd(CN)_4^{2-}] = 9.55 \times 10^{-4}\ mol \cdot L^{-1}$ $[HCN] = 3.77 \times 10^{-4}\ mol \cdot L^{-1}$

$[Na^+] = 0.0100\ mol \cdot L^{-1}$ $[ClO_4^-] = 0.00200\ mol \cdot L^{-1}$

$pH = 10.58$ $pOH = 3.42$

初值 $x_j^{(0)}(x_1^{(0)}, x_2^{(0)}, \cdots, x_n^{(0)})$ 的选取是一个问题,若选取的初值不合适,迭代过程可能不收敛,计算就会发生困难。

29.2.4 拟合法

1. 最小二乘法

最小二乘法是拟合法的基础,以下通过一个实例介绍最小二乘法的原理。

在物理化学和分析化学研究中,经常要测定弱酸的离解常数。这里介绍一个用光度法测定某有机二元酸(H_2R)的离解常数的方法。在实验中,改变有机酸溶液的 pH_i,测定其对应的吸光度 A_i,根据吸光度的加和性:

$$A = A'_{H_2R} + A'_{HR} + A'_R \qquad (29.30)$$

式中, A'_{H_2R}, A'_{HR}, A'_R 分别为溶液中 H_2R、HR、R 的吸收,将它们用 $[H^+], K_{a_1}, K_{a_2}$ 表示,则有

$$A = ([H^+]^2 A_{H_2R} + K_{a_1}[H^+]A_{HR} + K_{a_1}K_{a_2}A_R)/([H^+]^2 + K_{a_1}[H^+] + K_{a_1}K_{a_2})$$

$$(29.31)$$

式中 A_{H_2R}, A_{HR}, A_R 分别为酸完全以 H_2R、HR、R 形式存在时的吸光度,其中 A_{H_2R} 和 A_R 均可由实验直接测定,A_{HR} 不易准确测定。将上式整理得

$$(A_{H_2R} - A)[H^+]^2 = A[H^+]K_{a_1} + (A - A_R)K_{a_1}K_{a_2} - [H^+]A_{HR}K_{a_1} \qquad (29.32)$$

令 $y = (A_{H_2R} - A)[H^+]^2$, $x_1 = A[H^+]$, $x_2 = A - A_R$, $x_3 = -[H^+]$; $a_1 = K_{a_1}$, $a_2 = K_{a_1}K_{a_2}$, $a_3 = A_{HR}K_{a_1}$,则以上方程变成

$$y = a_1 x_1 + a_2 x_2 + a_3 x_3 \qquad (29.33)$$

因此只要测得三组数据 pH_1, A_1;pH_2, A_2;pH_3, A_3,代入上述方程就可以算得 a_1, a_2, a_3,从而算得 K_{a_1}, K_{a_2}, A_{HR}。但是由于实验测定的数据具有随机误差,光凭三组测定数据进行计算,得到的结果会很不可靠,所以一般要测量许多组数据 $(pH_1, A_1$;pH_2, A_2;$\cdots$;$pH_n, A_n)$,如果将所有这些数据代入方程,就会得到一个含 n 个方程的方程组,这个方程组又叫做矛盾方程组,解此方程组的步骤如下:

将每一点的 pH_i, A_i 代入方程,得到对应的 y_i 和 $x_j^{(i)}$。

$$\hat{y}_i = a_1 x_1^{(i)} + a_2 x_2^{(i)} + a_3 x_3^{(i)} \qquad (29.34)$$

y_i 与实验测定值存在着偏差 Δy_i：

$$\Delta y_i = y_i - \hat{y}_i = y_i - (a_1 x_1^{(i)} + a_2 x_2^{(i)} + a_3 x_3^{(i)}) \tag{29.35}$$

如果 Δy_i 越近于 0，计算值即为测定值，则有 $\hat{y}_i = y_i$，令

$$S = \sum \Delta y_i^2 = \sum [y_i - (a_1 x_1^{(i)} + a_2 x_2^{(i)} + a_3 x_3^{(i)})]^2 \tag{29.36}$$

S 又叫残差平方和，若 S 取极小值，$\hat{y}_i$ 将接近 y_i，根据极值原理，应使

$$\partial S/\partial a_1 = 0, \quad \partial S/\partial a_2 = 0, \quad \partial S/\partial a_3 = 0$$

得到如下线性方程组：

$$\begin{cases} a_1 \sum x_1^2 + a_2 \sum x_1 x_2 + a_3 \sum x_1 x_3 = \sum x_1 y \\ a_1 \sum x_1 x_2 + a_2 \sum x_2^2 + a_3 \sum x_2 x_3 = \sum x_2 y \\ a_1 \sum x_1 x_3 + a_2 \sum x_2 x_3 + a_3 \sum x_3^2 = \sum x_3 y \end{cases} \tag{29.37}$$

解此线性方程组，算得 a_1, a_2, a_3，因而

$$K_{a_1} = a_1, \quad K_{a_2} = a_2/a_1, \quad A_{HR} = a_3/a_1$$

例 29.7　用吸光光度法测定间苯二甲酸的离解常数 K_{a_1}, K_{a_2}，实验测得其溶液的吸光度随酸度的变化的数据如下表：（已经测得 $A_{H_2L} = 0.353, A_L = 0.337$）

pH	2.90	3.00	3.10	3.20	3.30	3.40	3.50	3.60	3.70
A	0.370	0.374	0.378	0.382	0.387	0.393	0.398	0.403	0.407
pH	4.28	4.38	4.46	4.54	4.64	4.72	4.78	4.85	4.91
A	0.407	0.403	0.398	0.393	0.387	0.382	0.378	0.374	0.370

解　用上述算法设计程序解得

$$K_{a_1} = 2.15 \times 10^{-4}, \mathrm{p}K_{a_1} = 3.67; \qquad K_{a_2} = 3.82 \times 10^{-5}, \mathrm{p}K_{a_2} = 4.42$$

$$A_{HR} = 0.472$$

2. 一元线性拟合

在分析化学实验中经仪器测得的物理量与被测物含量（或浓度）常存在着线性关系，如果用测得的物理量对被测物含量（或浓度）作图可得一条直线，分析化学称之为标准曲线（或工作曲线），人们可以从工作曲线上查得样品中被测组分的量。但是，人工作图的办法具有作图者的主观因素，不够准确。如果能够用拟合的办法算得该工作曲线的截距和斜率，则可以按此线性方程直接计算出结果，而不必作图，同时还可以对实验结果进行统计学评价以得到更多的信息。

设有一组实验数据 $x_1, y_1; x_2, y_2; \cdots; x_n, y_n$，它们之间存在线性关系：

$$y = a + bx \tag{29.38}$$

若将实验数据（可以 x_i, y_i 表示）代入，则得到计算值 $\hat{y}_i = a + bx_i$。

它们与测量值的偏差 $\Delta y_i = y_i - \hat{y}_i$ 应尽可能小，根据最小二乘法原理可以得到以下线性方程组：

$$\begin{cases} na + b \sum x_i = \sum y_i \\ a \sum x_i + b \sum x_i^2 = \sum x_i y_i \end{cases} \tag{29.39}$$

解此线性方程组,可求得 a,b 的值。

为了得到更多的信息,可对线性方程进行回归分析,为此定义:

$$l_{xx} = \sum (x_i - \overline{x})^2 = \sum x_i^2 - 1/n(\sum x_i)^2 \qquad (29.40)$$

$$l_{yy} = \sum (y_i - \overline{y})^2 = \sum y_i^2 - 1/n(\sum y_i)^2 \qquad (29.41)$$

$$l_{xy} = \sum (x_i - \overline{x})(y_i - \overline{y}) = \sum x_i y_i - \sum x_i \sum y_i/n \qquad (29.42)$$

则 $b=l_{xy}/l_{xx}$,b 又叫回归系数。而 $a=\overline{y}-b\overline{x}$,因此拟合直线一定通过 $(\overline{x},\overline{y})$ 和 $(0,a)$ 这两点,连接这两点的直线即为工作曲线,比人工描点作图要客观可靠。

对于 y 的每次测量值,其变差大小可通过该次测量值与平均值 $\overline{y}$ 的差值来表示,其总差方和为

$$S = \sum (y_i - \overline{y})^2 = l_{yy} \qquad (29.43)$$

可以证明

$$\sum (y_i - \overline{y})^2 = \sum (y_i - \hat{y}_i)^2 + \sum (\hat{y}_i - \overline{y})^2 \qquad (29.44)$$

即

$$总差方和(S) = 剩余差方和(Q) + 回归差方和(U)$$

式中 U 值越大越好,Q 值越小越好。拟合的好坏取决于 U 在 S 中所占的比重,一般定义一个参数 r 来表示,r 又叫做相关系数。

$$r = \sqrt{U/S} = l_{xy}/\sqrt{l_{xx}l_{yy}} \qquad (29.45)$$

$|r| \leqslant 1$,r 值越大,表示线性关系越好。$r>0$ 正相关,直线斜率为正;$r<0$,负相关,直线斜率为负;$r=0$,不相关,即 y 与 x 之间无线性相关关系。那么要问,r 值多大,y 与 x 之间才有线性关系呢?这可用 r 检验法来确定。

如果按上式算得的 r 值大于在测量的自由度(f)和指定的置信水平下的 $r_{f,a}$(可从表 29.1 中查得),则表示 y 与 x 显著相关,否则它们之间就不存在线性关系,拟合函数失去意义。

表 29.1 相关系数(r)检验表

$\dfrac{n-2}{\alpha}$	1	2	3	4	5	6	7	8	9	10	11	12	13	14	15
0.01	1.000	0.990	0.959	0.917	0.878	0.834	0.798	0.765	0.735	0.708	0.684	0.661	0.641	0.623	0.606
0.05	0.997	0.950	0.878	0.811	0.754	0.707	0.666	0.632	0.602	0.576	0.553	0.532	0.514	0.497	0.482

$\dfrac{n-2}{\alpha}$	16	17	18	19	20	25	30	40	50	100	200	300	400	1000
0.01	0.590	0.575	0.561	0.549	0.537	0.487	0.449	0.393	0.354	0.254	0.181	0.148	0.128	0.081
0.05	0.468	0.456	0.444	0.433	0.423	0.381	0.349	0.304	0.273	0.195	0.138	0.113	0.098	0.062

回归直线的精度可以用剩余标准差 σ 来估计:

$$\sigma = \sqrt{Q/(n-2)} = \sqrt{(1-r^2)l_{yy}/(n-2)} = \sqrt{(l_{yy} - bl_{xx})/(n-2)} \qquad (29.46)$$

σ 越小,表示根据拟合函数算得的 y 值就越准确。若在拟合函数所表示的直线 $y=a+bx$ 两侧各画一条直线:

$$y' = a + bx + z\sigma$$

$$y'' = a + bx - z\sigma$$

当 $z=2$ 时,可以预料,在全部可能出现的 y_i 值中,大约有 95.4% 的实验点会落在这两条直线所夹的范围之中;当 $z=3$ 时,则有 99.7% 的实验点会落在这两条直线所夹的范围之中。更严格地说,这两条直线的两头应为曲线。

由于 x_i, y_i 是随机量,根据它们计算得到的 a, b 也是随机量,在统计学上用 a, b 的方差来衡量 a, b 的变动性:

$$\sigma_a = \sigma \sqrt{\sum x_i^2 / (nl_{xx})} \tag{29.47}$$

$$\sigma_b = \sigma / \sqrt{l_{xx}} \tag{29.48}$$

σ_a, σ_b 也是衡量拟合函数优劣的一对重要参数。由上式知道,x_i 之间越分散,σ_a, σ_b 就越小;n 越大,σ_a 就越小。这就指出了改进实验的方法。

例 29.8　用极谱法测得 Cd^{2+} 标准系列溶液的峰高得到如下数据:

$c(Cd^{2+})/(mol \cdot L^{-1})$	0	5.00×10^{-5}	1.00×10^{-4}	2.00×10^{-4}	4.00×10^{-4}
峰高 (h)/mm	0	2.8	6.1	13.5	27.0

在同样条件下测得两份 Cd^{2+} 样品溶液的峰高分别为 10.0, 5.0 mm,计算样品溶液中 Cd^{2+} 的浓度。

解　按线性拟合法设计程序算得

$$\text{线性方程}\qquad y = 6.84 \times 10^4 x - 0.380$$
$$\sigma = 0.352, \qquad r = 0.9996$$
$$\sigma_a = 0.230, \qquad \sigma_b = 1.11 \times 10^3$$

由此可见,该线性方程的相关系数很好,剩余标准差也很小,只是 σ_a 较大,可考虑增加标准溶液的数目及加大互相之间的浓度差来加以改善。

按以上方程算得两份样品溶液中的浓度分别为 1.52×10^{-4}, 7.87×10^{-5} mol $\cdot$ L^{-1}。

许多非线性方程可以通过适当变换而成为线性方程,因而也可以应用线性拟合法来处理。拟合法不仅可以解决线性方程拟合问题,也可以用来解决多元线性拟合、多项式拟合、非线性拟合等方面,在分析化学数据处理中均有应用,此处从略。

在分析化学中常用的数值方法还有插值法、数值积分法等,有兴趣的读者可以参阅有关书籍。

29.3　微机与分析仪器

由于微机具备强大的数据处理功能及在程序控制下自动工作的能力,微机与分析仪器的结合是十分必要的,特别是复杂信号处理及实验室自动化的场合。

29.3.1　微机与分析仪器连接方式

微机与分析仪器连接有 3 种方式(如图 29.2)。

在第一种方式中(见图 29.2(a)),操作者将获取的实验室数据输入到微机中,利用微机的计算功能完成诸如工作曲线拟合与绘制、浓度计算等任务。此模式需要通过操作人员来进行，称为离线模式。

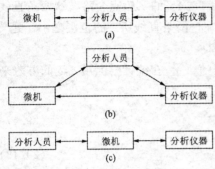

图 29.2　微机与分析仪器的连接方式

(a) 离线模式；(b) 在线模式；(c) 嵌入模式

第二种方式为在线模式(见图 29.2(b))，操作人员同时控制微机及分析仪器，微机直接从分析仪器获取数据并进行处理，同时在操作人员指令控制下向分析仪器发出控制信号，当然分析仪器的一些参数仍需操作人员进行调节。

第三种方式为嵌入模式(见图 29.2(c))，操作人员只与微机发生联系，将有关样品、分析要求等指标输入，分析仪器则在微机控制下完成整个分析工程并获得最终结果。在这种模式中微机不仅获取数据，而且自动控制并优化分析仪器的各种参数，这在全自动化分析实验室中非常有效。

29.3.2　模-数与数-模转换

仪器输出的信号一般是连续的模拟信号，同样，控制仪器也必须是模拟信号，而微机只能处理分立的数字信号，因此如何标准快速地实现模拟信号与数字信号的转换十分重要。

1. 模-数转换

在微机的数据采集系统中，需要微机进行处理的输入量往往是一些模拟信号，一般指电压或电流信号，因此，首先应该在模-数转换(anolog-digital convertor，ADC)器中与标准信号比较，将其转换成数字量后才能供微机处理。ADC 输入关系可用下式表示：

$$E_{nom} = U_R \left(\frac{a_1}{2} + \frac{a_2}{2^2} + \cdots + \frac{a_n}{2^n} \right) \tag{29.49}$$

$$E_{nom} - \frac{1}{2} \times \frac{U_R}{2^n} < U_A < E_{nom} + \frac{1}{2} \times \frac{U_R}{2^n} \tag{29.50}$$

式中 U_R 为参比电压；E_{nom} 为数字信号电压；U_A 为输入模拟信号电压；$a_1, a_2, \cdots, a_n$ 为"0"或"1"的系数；n 为 ADC 的位数。

当所有 $a_1, a_2, \cdots, a_n$ 均为"1"时，若 $U_A = U_R$，转换结果 E_{nom} 与 U_R 只相差 $U_R/2^n$，即 ADC 转换最大精度为 $U_R/2^n$。相应地，ADC 分辨率为

$$R = \frac{最大精度}{满量程电压} = \frac{1}{2}$$

在考虑 ADC 性能时还必须考虑另一个参数——转换时间，即在规定误差范围内完成转换所需的时间，这与所使用的转换方式、元件相关，通常转换时间中还应包括使转换器复零的时间，一般用 ms 或 μs 表示。

ADC 的种类很多，基本上可分为直接比较型与间接比较型两大类，基于这两种方式已可分出诸如逐位比较、多比较器、跟踪式、积分式及 V/F 转换式 ADC。

(1) 直接比较型 ADC

它的基本原理在于比较。用一套基准电压和被测电压进行逐位比较，最后达成一致。颇类似天平称量。我们可以看一下参比电压为 5 V 的 10ADC 是如何将 3 V 电压信号转换成数字

信号的(见图 29.3)。在这种 ADC 中,基准电压组为

$$\frac{1}{2} \times 5, \frac{1}{2^2} \times 5, \cdots, \frac{1}{2^{10}} \times 5 \text{ V} \tag{29.51}$$

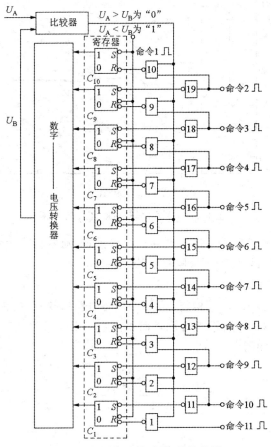

图 29.3 逐位比较型模-数转换器

转换过程如下:

第一步,用最大基准 2.5 V 与 3 V 比较,2.5<3,保留结果计为"1"。

第二步,加上 $\frac{1}{2^2} \times 5$,用 $\left(\frac{1}{2} + \frac{1}{2^2}\right) \times 5.0$ 与 3.0 V 比较,前者大,必须去掉 $\frac{1}{2^2} \times 5$ V,此位结果为"0",总结果为"10",写入寄存器。

第三步,用 $\left(\frac{1}{2} + \frac{0}{2^2} + \frac{0}{2^3} + \frac{1}{2^4}\right) \times 5$ V 与 3 V 比较,2.8125<3,此位结果为"1",总结果为"1001",写入寄存器。

······

第十步,用 $\left(\frac{1}{2} + \frac{0}{2^2} + \frac{0}{2^3} + \frac{1}{2^4} + \frac{1}{2^{10}}\right) \times 5$ V 与 3 V 比较,此位结果为"0",总结果为"1001100110",写入寄存器。

第十一步,输出数据,寄存器清零。

这种转换过程可由图 29.4 表示,其中最高位"1"代表 2.5 V,最后一位"1"代表

$$\frac{1}{2^{10}} \times 5 \text{ V} = 4.88281 \text{ mV}$$

即精度为 4. 88 mV。

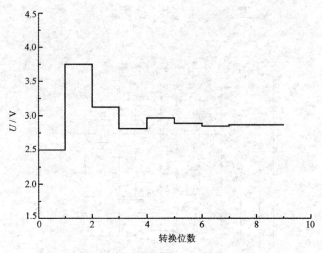

图 29.4　逐位比较 ADC 工作流程图

逐位比较型 ADC 的主要优点是速度高且程序固定,随着转换位数增加则精度增加,但使用元件多,线路十分复杂,且易受环境噪音的影响。

(2) 间接比较型 ADC

为了克服直接比较型 ADC 结构复杂、抗干扰能力差的缺点,将被测电压转换成另一种物理量(通常为时间或频率),然后再进行比较而得出数字量。常见的有积分式电压-数字 ADC,其工作原理即输出信号如图 29.5 所示。

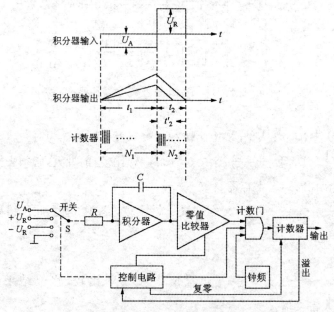

图 29.5　积分比较型 ADC 工作流程与线路

开始工作之前,开关 S 接地,积分器输出为 0,计算器复零。

第一步,采样。控制电路将开关 S 输出与 U_A 接通,则 U_A 被积分器积分,同时计数器打开计数,积分至设定时间 t_1 后,计数器达到设定值 N_1。

第二步,测量。计数器达到 N_1 后复零溢出,将开关 S 转换至参比电压 U_R,积分器使 U_R 与 U_A 相反的方向积分,至积分器输出向零电平方向变化并开始计数。当积分器为零电平时,零位比较器动作,停止计数,得到技术值 N_2 并指示存储。由于 U_R,N_1 一定,故 N_2 直接与 U_A 相关。

从物理实质看,$U\text{-}t$ 转换过程是电容器上电荷平衡过程,在积分电容充放电平衡的条件下,将 U_R 和 U_A 转换位充放电时间 t_1,t_2 进行比较,由于采样和测量中,对 U_R 和 U_A 使用同一积分器,又使用同一时钟频率去测定 t_1,t_2,故只要 R,C 一定,测量误差可以抵消,故大大降低了对 R,C 的要求,为获得较高精度转换条件创造了条件。

积分式 ADC 本质上是积分过程,是平均值转换,因此对交流干扰有很强的抑制能力,但转换速度也因此受到限制,一般不高于 20 次 · s^{-1},但价格便宜,易于控制,使其在多种场合得到应用。

2. 数-模转换

微机控制分析仪器是通过数-模转换(digital-anolog convertor,DAC)器进行的。其转换可以分为两种:一种为简单的开关控制,通过数字量"0"和"1"代表开关的"开"和"关",从而对仪器的各种动作进行控制;另一种是通过与 ADC 相反的过程,将数字量与基准电压 U_R 进行比较得到一个连接的输出电压,从而完成电压扫描、梯度变化等参数变化控制。

29.4　微机与分析数据

即使采用多种措施,由分析仪器获得的数据总还含有噪音,尤其是在短时间内采集信号,更有可能受到干扰。若能采集到足够密集的信号,则可以通过平滑处理,减少观察过程带来的随机误差。

29.4.1　多次平均

多次平均法可用于各种模式的微机与分析仪器联用的仪器中,在滴定分析中也是通过进行多次实验并将所得结果平均来减小随机误差。

随着测量次数的增加,信号对噪音之比(signal-to-noise ratio,S/N)会逐步提高:

$$(S/N)_n = (S/N)_1 \cdot \sqrt{n} \tag{29.52}$$

式中 $(S/N)_n$ 为 n 次平均后信噪比,$(S/N)_1$ 为单次测量信噪比。

多次测定取平均值的方法简单,可靠性好,对快速产生信号且样品分析总时间要求不高的信号处理比较有效。在经典电子学电路中用积分电路可以完成,在微电子中亦可很方便地进行。在很多仪器(如

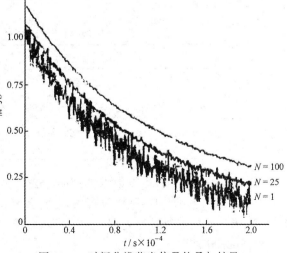

图 29.6　时间分辨荧光信号的叠加结果
原始数据 $(S/N)_1 = 20$, 100 次叠加后 $(S/N)_{100} = 200$

单光束激光诱导荧光计、连续波核磁共振仪等)中都采用这种方法减小随机误差。

1. 局部平滑

随着数据接收技术的发展,已可以在短时间内采集到足够多的数据,通过对这些数据的平滑处理来滤去高频噪音,也可以大大提高信噪比。经多次平均后的数据亦可用局部平滑的方法来进一步提高信噪比。常见的有 5 点、11 点平滑的方法。

局部平滑是基于采取的数据是相关的这一基本假设,如在五点三次平滑方法中,对在 Δt 内采集的 $2n+1$ 个点: $y_{-n},y_{1-n},\cdots,y_{-1},y_0,y_1,\cdots,y_{n-1},y_n$,取连续 5 个点为一小区段,采用下述三次多项式进行拟合。

$$y = a_0 + a_1 t + a_2 t^2 + a_3 t^3 \tag{29.53}$$

利用相邻五点用最小二乘法确定 a_0,a_1,a_2,a_3,以得出最近似的函数为数据的平滑公式,依次求出平滑后的数据:

$$\overline{y}_{-n} = \frac{1}{70}(69y_{-n} + 4y_{1-n} - 6y_{2-n} + 4y_{3-n} - y_{4-n})$$

$$\overline{y}_{1-n} = \frac{1}{35}(2y_{-n} + 27y_{1-n} + 12y_{2-n} - 8y_{3-n} + 2y_{4-n})$$

$$\cdots\cdots$$

$$\overline{y}_i = \frac{1}{35}(-3y_{i-2} + 12y_{i-1} + 17y_i + 12y_{i+1} - 3y_{i+2}) \quad (i = 2-n,\cdots,n-2)$$

$$\cdots\cdots$$

$$\overline{y}_{n-1} = \frac{1}{35}(2y_{n-4} - 8y_{n-3} + 12y_{n-2} + 27y_{n-1} + 2y_n)$$

$$\overline{y}_n = \frac{1}{70}(-y_{n-4} + 4y_{n-3} - 6y_{n-2} + 4y_{n-1} + 69y_n)$$

$$\tag{29.54}$$

平滑方式及其应用软件很多,在计算机速度日益加快的今天,可以很方便地用专用软件进行平滑。若有需要还可以对一组数据进行多次平滑。

表 29.1 为 5~13 点的平滑的权重系数,可以直接从表中查出权重系数并计算出归一化因子 $\sum a_i$ 而列出平滑公式,计算 $\overline{y}_i$。

表 29.1　5~13 点平滑的权重系数

点　数	−6	−5	−4	−3	−2	−1	0	1	2	3	4	5	6
5					−3	12	17	12	−3				
7				−2	3	6	7	6	3	−2			
9			−21	14	39	54	59	54	39	14	−21		
11		−36	9	44	69	84	89	84	69	44	9	−36	
13	−11	0	9	16	21	24	25	24	21	16	9	0	−11

由于平滑方法可以通过数据处理而滤去高频噪音,在频谱分析及慢信号提取(如色谱信号)中得到广泛应用。但在平滑过程中,可能会引起一些波形畸变。在条件许可情况下,还可以选用 Fourier 变换方法进行处理。

2. Fourier 变换

处理实验数据的目的是为了从大量的观察数据中得到尽可能多的信息,但有时用直接处理方法效果不好或者必须进行十分复杂的实验操作。如在波谱分析中,常规的波谱图是用单色仪进行波长扫描得到的。一方面,这样做需要相当长的时间;另一方面分光的结果使大部分能量排除在窗口之外,影响了方法的精度和灵敏度。而直接用复合光时,将会得到含有各色光信息的信号,但常规方法不能处理这些信息,必须经过转换来进行。

Fourier 变换就是处理上述信息的重要的数学工具之一,如同对数转换可以将乘法变成相对简单的加法一样,Fourier 变换可以使复杂信号的处理简化。

(1) 基本原理

如果有一个时间函数 $h(t)$,对于参量 f 的任何一个值都满足下列积分:

$$H(f) = \int_{-\infty}^{+\infty} h(t)\exp(-j2\pi ft)\mathrm{d}t \tag{29.55}$$

则 $H(f)$ 就是 $h(t)$ 的傅氏变换,期中 t 为时间变量,f 为频率变量,$H(f)$ 是频率的函数。

而 $h(t)$ 是 $H(f)$ 的逆变换,其定义为

$$h(t) = \int_{-\infty}^{+\infty} H(f)\exp(j2\pi ft)\mathrm{d}f \tag{29.56}$$

即我们可以由一个时间函数的傅氏变换(频率函数 $H(f)$)确定这个时间函数,反之亦然,$H(f)$ 与 $h(t)$ 称为傅氏变换对,记为

$$h(t) \Leftrightarrow H(f) \tag{29.57}$$

傅氏变换是线性变换,即

$$h_1(t) + h_2(t) \Leftrightarrow H_1(f) + H_2(f) \tag{29.58}$$

其物理意义是:一个复合频率的波谱可从该复合波谱的观察出的时间函数中变换出来。

(2) 离散的 Fourier 变换

实验过程中获得数据经常是有限频带宽度的函数,即频率为 0 至某一个极大值,相应地 $h(t)$ 函数是一个以间隔 Δt 取样的数组,其中

$$\Delta t = \frac{1}{2f_{\max}}$$

获得的 $h(t)$ 函数可表达为离散形式 h_n:

$$h_n = h(n\Delta t)\delta(t - n\Delta t) \qquad (n = 0,1,2,\cdots,N-1) \tag{29.59}$$

N 决定了观察 h_n 的所需时间和 $H(f)$ 中频率分辨能力 Δf,即

$$\Delta f = \frac{1}{N\Delta t}$$

相应地,其傅氏变换可表达为

$$H(k\Delta f) = \sum_{n=0}^{N-1} h_n \cdot \exp(-j2\pi fn\Delta t) \tag{29.60}$$

因为频率分布范围为 $0 \sim f_{\max}$,则其中共有 $f_{\max}/\Delta f$ 个点,即 $H(f)$ 表示为离散函数:

$$H(k\Delta f) = \sum_{n=0}^{N-1} h_n \cdot \exp(-j2\pi k/N) \tag{29.61}$$

其逆变换为

$$h_n = \frac{1}{N}\sum_{k=0}^{N-1} H_k \cdot \exp(j2\pi kn/N) \tag{29.62}$$

（3）快速 Fourier 变换

离散的时间函数的傅氏变换可以写成下列形式：

$$A_r = \sum_{n=0}^{N-1} X_k[\exp(-j2\pi/N)]^{rk} \qquad (r=0,1,2,\cdots,N-1) \tag{29.63}$$

一个总的 A_r 函数计算则要计算 N 次乘法和 N 次加法，即至少 N^2 次，为保证采样的有效性和频率函数的频率分辨能力，通常采样点都很大，如 4096 个。要完成这样计算则要进行至少 1.68×10^7 次运算，显然这样大的运算量是微机无法承担的，甚至大型机都无能为力，因此虽然傅氏变换在理论上早已可行，但因未找到合适的算法而无法得到应用。

快速 Fourier 变换的出现，虽然只是数学计算技巧的进步，但大大推进了傅氏变换的实际应用。长剑的 Cooley-Tukey 算法中，将离散的时间系列 $\{X_k\}$ 分成含奇数点和偶数点的两个子系列，通过将子系列计算后，可合并出计算结果。所需计算步骤为

$$2 \times \left(\frac{N}{2}\right)^2 = \frac{1}{2}N^2 \tag{29.64}$$

同样将子系列进一步分解成两组子系列，直至每个子系列成为只有一个数值的"数组"。经过一系列分组和组合，使傅氏变换的次数减少到只需 $N\log_2 N$，相应于 4096 点的运算，快速傅氏变换只需要约 50 000 次运算，效率提高了 340 倍。

快速傅氏变换在仪器分析中的直接应用有 Fourier 变换红外（FTIR）、脉冲 Fourier 变换核磁共振波谱（PFTNMR）、Fourier 变换质谱（FTMS）等，同样亦可以应用于化学数据的平滑处理中。

傅氏变换方法首先将时域信号（t）变换到频域信号（f），由于信号频域和干扰噪音的频域不同，可以用一个矩形滤波函数核得到的频域信号相乘，以滤去波函数以外的频域成分。一般排除高频成分，然后用逆傅氏变换到了平滑的时域数字数据，其过程如图 29.7 所示。

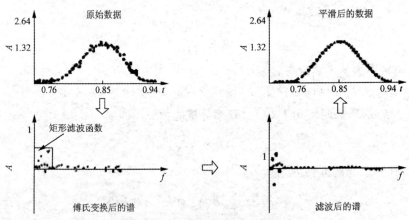

图 29.7　FT 数据平滑示意图

这种滤波效果在时域信号处理时十分理想，完成了模拟电路中无法实现的结果，与局部平滑相比，傅氏变换可以避免造成波形畸变。

29.4.2　应用举例

1. 激光诱导时间分辨荧光

时间分辨荧光测定是通过测量荧光背景下微量物质不同半衰期的各种荧光信号，经解析

后获得相应物质的含量。如测定在高蛋白质溶液中免疫荧光探针 Eu-TTA(铕-噻吩甲酰基三氟代丙酮)的信号,从而获得 Eu-TTA 标记的抗体或抗原的浓度,其测量原理如图 29.8 所示。

在激光诱导时间分辨荧光(laser-induced time-resolution flourometer)体系中,激光脉冲激发后样品中蛋白质产生较短寿命的荧光,而 Eu-TTA 产生的荧光寿命较长,为了准确测定 Eu-TTA 荧光,必须待蛋白质荧光信号衰减完全后再开始测定。

微机控制激光诱导时间分辨荧光仪中起着控制与数据接收处理的作用,其工作流程如表 29.2 所示。其中,1～5 步共需时间在 400～1000 μs 之间,故重复 1000 次并作出报告只需数秒钟。

荧光信号多次叠加结果如图 29.6 所示。

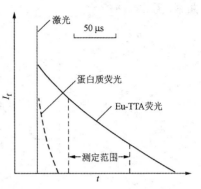

图 29.8　激光诱导荧光衰变曲线

表 29.2　激光诱导时间分辨荧光工作过程

微机步骤或动作	操作
(1) 在指定地址输出一个高电平	经 ADC 产生脉冲,触发激光
(2) 接受激光脉冲信号,开始荧光寿命计时	激光探测器检测到激光脉冲,经 ADC 转换成脉冲信号,传给微机
(3) 延时	等待蛋白质荧光信号衰减
(4) 延时结束,指示微机开始接收 ADC 产生的荧光数据	光电倍增管接收荧光光子,产生信号,经 ADC 后,待微机采集,形成数据组 $I_{F(t)}$
(5) 处理采集的数据	局部平滑,计算,获得 $I_{F(t)}$
(6) 重复步骤(1)～(5)至指定次数	叠加 $I_{F(t)}$
(7) 结果计算与报告	用 $I_{F(t)}$ 计算 Eu-TTA 含量

2. 伏安仪

伏安仪是电分析化学中常用的仪器之一。其基本原理是在一定的条件下,检测电极之间电流随两端所加电压之变化来测定溶液中氧化还原反应,从而达到分析溶液中某一组分的目的,其工作原理如图 29.9 所示。

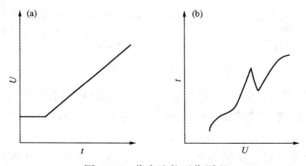

图 29.9　伏安法的工作原理

从图 29.9 可知,微机在控制伏安仪工作过程中,至少必须能完成电压控制、电流测量及记录、数据处理等动作。其中前两种工作最令人关心。在伏安仪工作时,电极两端的电压是一个连续变量,故不能用形状式 DAC 控制,而应用类似 ADC 的 DAC 进行控制。微机输出 D 值,经

与参比电位 φ_r 相比较输出相应的 φ_A,同时通过 ADC 采集电流信号,经处理后等到相应的 i-φ 曲线(图 29.10)。

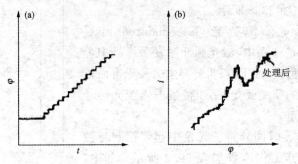

图 29.10　微机操作伏安仪信号示意图

29.4.3　实验自动化

1. 专家系统

随着微机技术发展,微机具有了更强的处理与记忆能力,使其在分析化学中发挥着更大的作用,其中之一是各种专家系统的应用。

对某一特定的分析课题进行研究时,制定出合适的分析方案十分重要。选择何种手段及相应条件等,都依赖于一定的基础和经验。分析专家往往可以根据课题的一些原始信息,如样品来源、大致含量、准确度及精度要求等经过文献调研初步确定一个大致的分析方案。

专家系统就是这样一个程序,它内部存有大量的信息,通过推理和查证程序找出一个合适的方案。专家系统的性能很大程度上取决于其内部信息量的多少及处理能力。专家系统的基本结构如图 29.11 所示。

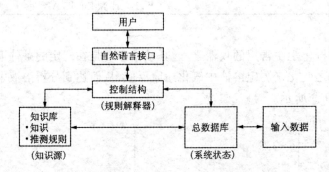

图 29.11　专家系统的基本结构

其中知识库为相应领域的一些成果与通用规则、条件等;控制结构则由推测程序及如何利用知识库的方法等组成;总数据库用于记录整个系统的状态,以保证对整个解决问题过程的监控。

专家系统中知识库需要专家们协助开发,一旦完成后就可以替代专家们的部分功能,如解决问题、培训学生和用户等。当然专家系统本身一般是开放的,即专家可以对其进行修改或补充。

已有多种用于仪器分析的专家系统应用,如色谱专家系统、质谱专家系统、红外图谱解析专家系统等,分别用于实验条件选择、图谱解析等场合,取得了较大的成功。

2. 自动化

在专家系统及各种控制部件帮助下,分析仪器的自动化程度大大提高。许多仪器已可以完成从样品登记、取样、初步分析、优化分析条件、分析、贮存结果及结果报告等全分析过程。操作人员工作则主要集中在监控及帮助优化分析条件等工作上,大大地减小了工作强度,极大地提高了工作效率。在大量样品分析,尤其是大量相似样品,如油田普查、地质普查分析时,可以利用自动化分析仪器来进行。

通过计算机网络可以把各种自动化仪器及专家系统联系起来,可以实现信息共存。例如,实验时将红外光谱、紫外光谱、核磁共振波谱及质谱系统联成网络,可以很方便地对某一样品进行分析并获得结果。一个典型的实验室全自动化网络系统如图 29.12 所示。

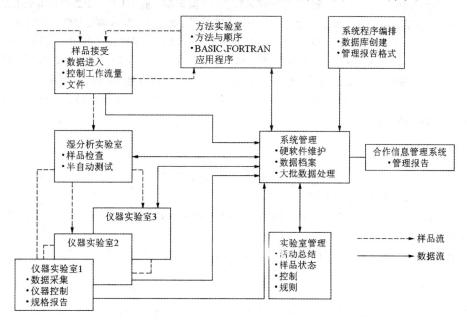

图 29.12　信息管理-实验室自动化系统模型

参 考 文 献

[1] 李克安,童沈阳.分析化学中的数值方法——计算机在分析化学中的应用.北京:北京大学出版社,1990

[2] 忻新泉编著.计算机在化学中的应用.南京:南京大学出版社,1986

[3] 周明得,白晓笛,田开亮.微型计算机接口电路及应用.北京:清华大学出版社,1987

[4] 张如洲.微型计算机数据采集与处理.北京:北京工业学院出版社,1987

[5] 吴秉亮.化学中的微计算机数据接口与数值方法.武汉:武汉大学出版社,1987

[6] 陈佳圭,金瑾华.微弱信号检测.北京:中央广播大学出版社,1989

[7] R. D. Braun 著,北京大学化学系等译.最新仪器分析全书.北京:化学工业出版社,1990

[8] 朱明华,施文赵主编.近代分析化学.北京:高等教育出版社,1991

思考题与习题

29.1　计算 CaC_2O_4 在 $Na_2C_2O_4$ 溶液中的溶解度随溶液 pH 的变化情况。已知草酸的 $K_{a_1}=8\times10^{-2}$,$K_{a_2}=1\times$

10^{-4},CaC_2O_4 的溶度积 $K_{sp}=1.62\times10^{-8}$,求 $Na_2C_2O_4$ 浓度分别为 1.0,0.10 及 0.0010 $mol\cdot L^{-1}$ 时 CaC_2O_4 的溶解度在 pH $1.0\sim5.0$ 范围内的变化情况。

29.2 络合反应最佳 pH 条件可由实验确定,但是如果已知有关常数,可以用计算的方法求得反应的最佳 pH 范围。如 Pb 与 PAR 的反应(以 R 表示 PAR):

$$Pb^{2+}+R^{2-}\Longrightarrow PbR \qquad \log K_{PbR}=10.96$$

当 $\dfrac{[PbR]}{[Pb']}=\dfrac{K_{PbR}[R']}{\alpha_{Pb(OH)}\alpha_{R(H)}}>10^3$ 时,认为反应完全,若已知试剂浓度 $c(R^{2-})=5.0\times10^{-4}$ $mol\cdot L^{-1}$,且 $c(R^{2-})\gg c(Pb^{2+})$。$\log\beta_{Pb}^{OH}=6.2,10.3,13.3$;$\log\beta_R^H=11.9,17.5,20.6$。求 Pb 与 PAR 反应的最佳 pH 范围。

29.3 若已知某混合酸溶液中含有 1.0×10^{-4} $mol\cdot L^{-1}$ HCl,2.3×10^{-5} $mol\cdot L^{-1}$ HNO_3,1.2×10^{-5} $mol\cdot L^{-1}$ $HClO_4$,1.0×10^{-4} $mol\cdot L^{-1}$ HAc($K_a=1.754\times10^{-5}$),2.3×10^{-5} $mol\cdot L^{-1}$ HCOOH($K_a=1.25\times10^{-4}$),5.0×10^{-4} $mol\cdot L^{-1}$ 丁酸($K_a=1.48\times10^{-5}$),计算该溶液的 pH 及其中各存在形态的浓度。

29.4 计算用强碱滴定混合弱酸或强酸滴定混合弱碱溶液过程中的 pH 随加入滴定剂体积的变化情况。

若用 0.1000 $mol\cdot L^{-1}$ NaOH 滴定 20.00 mL 混合酸溶液,该混合酸中含 0.0100 $mol\cdot L^{-1}$ HAc($K_a=1.754\times10^{-5}$),0.0050 $mol\cdot L^{-1}$ 柠檬酸($K_{a_1}=7.4\times10^{-4}$,$K_{a_2}=1.7\times10^{-5}$,$K_{a_3}=4.0\times10^{-7}$)和 0.0500 $mol\cdot L^{-1}$ 琥珀酸($K_{a_1}=6.2\times10^{-5}$,$K_{a_2}=2.3\times10^{-6}$)。请计算该滴定过程的 pH 变化。

29.5 计算用 EDTA 滴定两种金属离子 M 和 N 混合溶液过程中的 $[M]$,$[N]$,$[MY]$,$[NY]$,$[Y]$(或 pM,pN,pMY,pNY,pY)。

提示:
$$c_M=[M]+[MY],$$
$$c_N=[N]+[NY],$$
$$c_Y=[MY]+[NY]+[Y]$$

(忽略 Y 的质子化,M、N 的水解)

若 $c_M=c_N=0.0100$ $mol\cdot L^{-1}$,$c_Y=0.0100$ $mol\cdot L^{-1}$,$K_{MY}=1.0\times10^8$,$K_{NY}=1.0\times10^3$,请用自编程序计算。

29.6 银氨溶液在 2.0 $mol\cdot L^{-1}$ NH_4NO_3 中测得溶液的 $[NH_3]$ 及平均配位体数 $\bar{n}$:

$[NH_3]/(mol\cdot L^{-1})$	1.094×10^{-4}	4.198×10^{-4}
$\bar{n}$	0.429	1.463

NH_3 可与 Ag^+ 生成 $AgNH_3^+$、$Ag(NH_3)_2^+$ 两级络合物,求银氨络合物的稳定常数 K_1,K_2。

29.7 电位法测定一元酸的离解常数可用以下公式计算:

$$K_a=\dfrac{([B]+[H^+]-[OH^-])[H^+]}{c(HA)-[B]-[H^+]+[OH^-]}$$

或

$$\log\dfrac{[B]+[H^+]-[OH^-]}{c(HA)-[B]-[H^+]+[OH^-]}=-pK_a+pH$$

其中

$$c(HA)=\dfrac{c_0(HA)V_0}{V_0+V}, \qquad [B]=[NaOH]=\dfrac{c(NaOH)V}{V_0+V}$$

式中,$c_0(HA)$ 为被滴酸的起始浓度;V_0 为被滴酸的起始体积;B 为加入的强碱(滴定剂),这里为 NaOH;$c(NaOH)$ 为标准碱 B 的浓度;V 为加入的标准碱体积。

用 0.1063 $mol\cdot L^{-1}$ KOH 滴定 0.01025 $mol\cdot L^{-1}$ 苯甲酸溶液 50.00 mL,滴定数据为

$V(NaOH)/mL$	0.50	1.00	1.50	2.00	2.50
pH	3.32	3.56	3.76	3.95	4.15
$V(NaOH)/mL$	3.00	3.50	4.00	4.50	
pH	4.32	4.55	4.85	5.70	

计算苯甲酸的 pK_a。

附　录

附录 I　主要参考书目

[1] R. Kellner，J.-M. Mermet，M. Otto，H. M. Widmer 等编著；李克安，金钦汉等译.分析化学.北京：北京大学出版社,2001

[2] 张锡瑜等编著.化学分析原理.北京：科学出版社,1991

[3] 彭崇慧,冯建章,张锡瑜,李克安,赵凤林.定量化学分析简明教程(第二版).北京：北京大学出版社,1997

[4] 北京大学化学系仪器分析教学组编.仪器分析教程.北京：北京大学出版社,1997

[5] 北京大学化学系分析化学教研室.基础分析化学实验(第二版).北京：北京大学出版社,1998

[6] A. Ringbom 著,戴明译.分析化学中的络合作用.北京：高等教育出版社,1987

[7] 武汉大学化学系.仪器分析.北京：高等教育出版社,2001

[8] 方惠群,史坚,倪君蒂编.仪器分析原理.南京：南京大学出版社,1994

[9] David Harvey. *Modern Analytical Chemistry*. McGraw-Hill, 2000

[10] Douglas A. Skoog, Donald M. West, F. James Holler, Stanley R. Grouch. *Fundamentals of Analytical Chemistry*, 8th ed.. Thomson Learning, 2004

[11] Douglas A. Skoog, F. James Holler, Timothy A. Nieman. *Principles of Instrumental Analysis*. Thomson Learning, 1998

[12] G. D. Christian, J. E. O'Reilly 主编；王镇浦,王镇棣译.仪器分析.北京：北京大学出版社,1986

[13] 常文保,李克安.简明分析化学手册.北京：北京大学出版社,1981

附录 II　常用试剂和指示剂

II.1　常用酸碱指示剂

II.1.1　单一指示剂

指示剂	颜　色			pK (HIn)	pT	变色间隔	每 10 mL 被滴定溶液中指示剂用量
	酸色型	过　渡	碱色型				
百里酚蓝（第一步离解）	红	橙	黄	1.7	2.6	1.2～2.8	1～2 滴 0.1％水溶液(S)①
甲基黄	红	橙黄	黄	3.3	3.9	2.9～4.0	1 滴 0.1％乙醇溶液
溴酚蓝	黄		紫	4.1	4	3.0～4.4	1 滴 0.1％水溶液(S)
甲基橙	红	橙	黄	3.4	4	3.1～4.4	1 滴 0.1％水溶液
溴甲酚绿	黄	绿	蓝	4.9	4.4	3.8～5.4	1 滴 0.1％水溶液(S)
甲基红	红	橙	黄	5.0	5.0	4.4～6.2	1 滴 0.1％水溶液(S)
溴甲酚紫	黄		紫		6	5.2～6.8	1 滴 0.1％水溶液(S)
溴百里酚蓝	黄	绿	蓝	7.3	7	6.0～7.6	1 滴 0.1％水溶液(S)
酚红	黄	橙	红	8.0	7	6.4～8.0	1 滴 0.1％水溶液(S)
百里酚蓝（第二步离解）	黄		蓝	8.9	9	8.0～9.6	1～5 滴 0.1％水溶液
酚酞	无色	粉红	红	9.1		8.0～9.8	1～2 滴 0.1％乙醇溶液
百里酚酞	无色	淡蓝	蓝	10.0	10	9.4～10.6	1 滴 0.1％乙醇溶液

　① 这些指示剂是钠盐。

Ⅱ.1.2　混合指示剂

指示剂溶液的组成		变色点 pH	颜色		备　注
			酸色	碱色	
0.1%甲基橙水溶液 ＋ 0.25%靛蓝磺酸钠水溶液	(1∶1)	4.1	紫	黄绿	pH 4.1 灰色
0.1%溴甲酚绿乙醇溶液 ＋ 0.2%甲基红乙醇溶液	(3∶1)	5.1	酒红	绿	pH 5.1 灰色
0.1%溴甲酚绿钠盐水溶液 ＋ 0.1%氯酚红钠盐水溶液	(1∶1)	6.1	蓝绿	蓝紫	pH 5.4 蓝绿 pH 5.8 蓝 pH 6.0 蓝带紫 pH 6.2 蓝紫
0.1%中性红乙醇溶液 ＋ 0.1%次甲基蓝乙醇溶液	(1∶1)	7.0	蓝紫	绿	
0.1%甲酚红水溶液 ＋ 0.1%百里酚蓝水溶液	(1∶3)	8.3	黄	紫	pH 8.2 粉色 pH 8.4 清晰的紫色
0.1%百里酚蓝的 50%乙醇溶液 ＋ 0.1%酚酞的 50%乙醇溶液	(1∶3)	9.0	黄	紫	从黄到绿再到紫

Ⅱ.2　常用金属指示剂

指示剂	离解常数	滴定元素	颜色变化	配制方法
酸性铬蓝 K	$pK_{a_1}=6.7$ $pK_{a_2}=10.2$ $pK_{a_3}=14.6$	Mg(pH 10) Ca(pH 12)	红～蓝	0.1% 乙醇溶液
钙指示剂	$pK_{a_2}=3.8$ $pK_{a_3}=9.4$ $pK_{a_4}=13\sim14$	Ca(pH 12～13)	酒红～蓝	与 NaCl 按 1∶100 的质量比混合
铬黑 T	$pK_{a_1}=3.9$ $pK_{a_2}=6.4$ $pK_{a_3}=11.5$	Ca(pH 10,加入 EDTA-Mg) Mg(pH 10) Pb(pH 10,加入酒石酸钾) Zn(pH 6.8～10)	蓝～红 红～蓝 红～蓝 红～蓝	与 NaCl 按 1∶100 的质量比混合
紫脲酸铵	$pK_{a_1}=1.6$ $pK_{a_2}=8.7$ $pK_{a_3}=10.3$ $pK_{a_4}=13.5$ $pK_{a_5}=14$	Ca(pH>10,25% 乙醇) Cu(pH 7～8) Ni(pH 8.5～11.5)	红～紫 黄～紫 黄～紫红	与 NaCl 按 1∶100 的质量比混合
o -PAN	$pK_{a_1}=2.9$ $pK_{a_2}=11.2$	Cu(pH 6) Zn(pH 5～7)	红～黄 粉红～黄	0.1% 乙醇溶液

指示剂	离解常数	滴定元素	颜色变化	配制方法
磺基水杨酸	$pK_{a_1}=2.6$ $pK_{a_2}=11.7$	Fe(Ⅲ)(pH 1.5~3)	红紫~黄	1%~2%水溶液
二甲酚橙	$pK_{a_2}=2.6$ $pK_{a_3}=3.2$ $pK_{a_4}=6.4$ $pK_{a_5}=10.4$ $pK_{a_6}=12.3$	Bi(pH 1~2) La(pH 5~6) Pb(pH 5~6) Zn(pH 5~6)	红~黄	0.5% 乙醇溶液

Ⅱ.3　常用的氧化还原指示剂

指示剂	$\varphi^{\ominus\prime}(In)/V$ $[H^+]=1\,mol/L$	颜色变化		配　制　方　法
		还原态	氧化态	
次甲基蓝	+0.52	无	蓝	0.05%水溶液
二苯胺磺酸钠	+0.85	无	紫红	0.8 g 指示剂，2 g Na_2CO_3，加水稀释至 100 mL
邻苯氨基苯甲酸	+0.89	无	紫红	0.11 g 指示剂溶于 20 mL 5% Na_2CO_3 中，用水稀释至 100 mL
邻二氮菲亚铁	+1.06	红	浅蓝	1.485 g 邻二氮菲，0.695 g $FeSO_4\cdot7H_2O$，用水稀释至 100 mL

Ⅱ.4　常用预氧化剂与预还原剂

氧化剂	反应条件	主要用途	过量试剂除去方法
$(NH_4)_2S_2O_8$	酸性，银催化	$Mn^{2+}\longrightarrow MnO_4^-$ $Cr^{3+}\longrightarrow Cr_2O_7^{2-}$ $Ce^{3+}\longrightarrow Ce^{4+}$ $VO^{2+}\longrightarrow VO_3^-$	煮沸分解
$NaBiO_3$	酸性	同上	过滤除去
$KMnO_4$	酸性	$VO^{2+}\longrightarrow VO_3^-$	加 $NaNO_2$ 和尿素
H_2O_2	碱性	$Cr^{3+}\longrightarrow CrO_4^{2-}$	煮沸分解(Ni^{2+}催化)
Cl_2,Br_2	酸性或中性	$I^-\longrightarrow IO_3^-$	煮沸除去，或加苯酚除溴

还原剂	反应条件	主要用途	过量试剂除去方法
锌汞齐还原柱 (Jones 还原器)	酸性	$Fe^{3+}\longrightarrow Fe^{2+}$ $Ti(Ⅳ)\longrightarrow Ti(Ⅲ)$ $VO_3^-\longrightarrow V^{2+}$ $Sn(Ⅳ)\longrightarrow Sn(Ⅱ)$ $Cr^{3+}\longrightarrow Cr^{2+}$	注:由于氢在汞上有很大的超电压，在酸性溶液中使用锌汞齐不致产生 H_2

（续表）

还原剂	反应条件	主要用途	过量试剂除去方法
银还原器	HCl 介质	$Fe^{3+} \longrightarrow Fe^{2+}$ $U(VI) \longrightarrow U(IV)$	注：Cr^{3+}、Ti(IV) 不被还原，在用 $K_2Cr_2O_7$ 滴定 Fe^{2+} 时不产生干扰
Zn，Al	酸性	$Sn(IV) \longrightarrow Sn(II)$ $Ti(IV) \longrightarrow Ti(III)$	过滤或加酸溶解
$SnCl_2$	酸性加热	$Fe^{3+} \longrightarrow Fe^{2+}$ $As(V) \longrightarrow As(III)$ $Mo(VI) \longrightarrow Mo(V)$	加 $HgCl_2$ 氧化
$TiCl_3$	酸性	$Fe^{3+} \longrightarrow Fe^{2+}$	水稀释，Cu^{2+} 催化空气氧化
SO_2	中性或弱酸性	$Fe^{3+} \longrightarrow Fe^{2+}$ $As(V) \longrightarrow As(III)$ $Sb(V) \longrightarrow Sb(III)$	煮沸或通 CO_2 气流

Ⅱ.5 部分显色剂及其应用

试　剂	离子	络合物组成和颜色	λ_{max}/nm	ε	反应条件
铬天青 S（CAS）	Al^{3+}	1:3　蓝色	585	5×10^4	pH 5.6
CAS+CTMAB（溴代十六烷基三甲胺）	Al^{3+}	Al:CAS:CTMAB =1:3:2　绿色	615	1.3×10^5	pH 5.2~6.0
CAS+Zeph（氯化十四烷基二甲基苄基铵）	Be^{3+}	1:2　绿色	610	9.9×10^4	pH 5.1
丁二酮肟	Ni^{2+}	1:2 或 1:4　红色	470	1.3×10^4	pH 11~12,在 I_2 或 H_2O_2 存在下,用 $CHCl_3$ 萃取,比色
偶氮胂Ⅲ	La^{3+} Gd^{3+} Dy^{3+}	2:2　绿色	650	$(4 \sim 7) \times 10^4$	pH 2.9
PAR + Zeph	Ga	Ga:PAR:Zeph 1:2:1　红紫	513	1.1×10^5	pH 2.4~7.4,用 $CHCl_3$ 萃取
PAR + Zeph	Zn	Zn:PAR:Zeph 1:2:2　红紫	505	9.2×10^4	pH 9.7 用 $CHCl_3$ 萃取

（续表）

试　　剂	离　子	络合物组成和颜色	λ_{max}/nm	ε	反　应　条　件
双硫腙	Pb^{2+}	1:2　紫红	520	7.0×10^4	pH 8～10 CCl_4 萃取比色
邻二氮菲	Fe^{2+}	1:3　红色	512	1.1×10^4	pH 2～9

附录 Ⅲ　化学平衡常数等各类物理化学数据

Ⅲ.1　一些离子的离子体积参数($\mathring{a}$)和活度系数(γ)

离　　　子	$\mathring{a}$ /nm	离　子　强　度			
		0.005	0.01	0.05	0.1
H^+	0.9	0.934	0.914	0.854	0.826
Li^+,$C_6H_5COO^-$	0.6	0.930	0.907	0.834	0.796
Na^+,HCO_3^-,IO_3^-,$H_2PO_4^-$,Ac^-	0.4	0.927	0.902	0.817	0.770
$HCOO^-$,ClO_3^-,ClO_4^-,F^-,MnO_4^-,OH^-,SH^-	0.35	0.926	0.900	0.812	0.762
K^+,Br^-,CN^-,Cl^-,I^-,NO_3^-,NO_2^-	0.3	0.925	0.899	0.807	0.754
Ag^+,Cs^+,NH_4^+,Rb^+,Tl^+	0.25	0.925	0.897	0.802	0.745
Be^{2+},Mg^{2+}	0.8	0.756	0.690	0.517	0.446
Ca^{2+},Cu^{2+},Zn^{2+},Fe^{2+},$C_6H_4(COO)_2^{2-}$	0.6	0.748	0.676	0.484	0.402
Ba^{2+},Cd^{2+},Hg^{2+},Pb^{2+},S^{2-},$C_2O_4^{2-}$	0.5	0.743	0.669	0.465	0.377
Hg^{2+},CO_3^{2-},CrO_4^{2-},HPO_4^{2-},SO_3^{2-},SO_4^{2-}	0.4	0.738	0.661	0.445	0.351
Al^{3+},Cr^{3+},Fe^{3+},La^{3+}	0.9	0.540	0.443	0.242	0.179
Cit^{3-}（柠檬酸根）	0.5	0.513	0.404	0.179	0.112
$Fe(CN)_6^{3-}$,PO_4^{3-}	0.4	0.505	0.394	0.162	0.095
Ce^{4+},Th^{4+},Zr^{4+}	1.1	0.348	0.253	0.099	0.063
$Fe(CN)_6^{4-}$	0.5	0.305	0.200	0.047	0.020

Ⅲ.2　弱酸及弱碱在水溶液中的离解常数(25℃)

Ⅲ.2.1　弱酸

酸	化学式		$I=0$		$I=0.1$	
			K_a	pK_a	K_a^M	pK_a^M
砷　酸	H_3AsO_4	K_{a_1}	6.5×10^{-3}	2.19	8×10^{-3}	2.1
		K_{a_2}	1.15×10^{-7}	6.94	2×10^{-7}	6.7
		K_{a_3}	3.2×10^{-12}	11.50	6×10^{-12}	11.2

（续表）

酸	化学式		$I=0$		$I=0.1$	
			K_a	pK_a	K_a^M	pK_a^M
亚 砷 酸	H_3AsO_3	K_{a_1}	6.0×10^{-10}	9.22	8×10^{-10}	9.1
硼 酸	H_3BO_3	K_{a_1}	5.8×10^{-10}	9.24		
碳 酸	$H_2CO_3(CO_2+H_2O)$	K_{a_1}	4.2×10^{-7}	6.38	5×10^{-7}	6.3
		K_{a_2}	5.6×10^{-11}	10.25	8×10^{-11}	10.1
铬 酸	H_2CrO_4	K_{a_2}	3.2×10^{-7}	6.50		
氢 氰 酸	HCN		4.9×10^{-10}	9.31	6×10^{-10}	9.2
氢 氟 酸	HF		6.8×10^{-4}	3.17	8.9×10^{-4}	3.1
氢 硫 酸	H_2S	K_{a_1}	8.9×10^{-8}	7.05	1.3×10^{-7}	6.9
		K_{a_2}	1.2×10^{-13}	12.92	3×10^{-13}	12.5
磷 酸	H_3PO_4	K_{a_1}	6.9×10^{-3}	2.16	1×10^{-2}	2.0
		K_{a_2}	6.2×10^{-8}	7.21	1.3×10^{-7}	6.9
		K_{a_3}	4.8×10^{-13}	12.32	2×10^{-12}	11.7
硅 酸	H_2SiO_3	K_{a_1}	1.7×10^{-10}	9.77	3×10^{-10}	9.5
		K_{a_2}	1.6×10^{-12}	11.80	2×10^{-13}	12.7
硫 酸	H_2SO_4	K_{a_2}	1.2×10^{-2}	1.92	1.6×10^{-2}	1.8
亚 硫 酸	$H_2SO_3(SO_2+H_2O)$	K_{a_1}	1.29×10^{-2}	1.89	1.6×10^{-2}	1.8
		K_{a_2}	6.3×10^{-8}	7.20	1.6×10^{-7}	6.8
甲 酸	HCOOH		1.7×10^{-4}	3.77	2.2×10^{-4}	3.65
乙 酸	CH_3COOH		1.75×10^{-5}	4.76	2.2×10^{-5}	4.65
丙 酸	C_2H_5COOH		1.35×10^{-5}	4.87		
氯 乙 酸	$ClCH_2COOH$		1.38×10^{-3}	2.86	2×10^{-3}	2.7
二 氯 乙 酸	$Cl_2CHCOOH$		5.5×10^{-2}	1.26	8×10^{-2}	1.1
氨 基 乙 酸	$NH_3^+CH_2COOH$	K_{a_1}	4.5×10^{-3}	2.35	3×10^{-3}	2.5
	$NH_3^+CH_2COO^-$	K_{a_2}	1.7×10^{-10}	9.78	2×10^{-10}	9.7
苯 甲 酸	C_6H_5COOH		6.2×10^{-5}	4.21	8×10^{-5}	4.1
草 酸	$H_2C_2O_4$	K_{a_1}	5.6×10^{-2}	1.25	8×10^{-2}	1.1
		K_{a_2}	5.1×10^{-5}	4.29	1×10^{-4}	4.0
α-酒石酸	CH(OH)COOH | CH(OH)COOH	K_{a_1}	9.1×10^{-4}	3.04	1.3×10^{-3}	2.9
		K_{a_2}	4.3×10^{-5}	4.37	8×10^{-5}	4.1
琥 珀 酸	CH_2COOH | CH_2COOH	K_{a_1}	6.2×10^{-5}	4.21	1.0×10^{-4}	4.00
		K_{a_2}	2.3×10^{-6}	5.64	5.2×10^{-6}	5.28
邻苯二甲酸	⌬—COOH 　　—COOH	K_{a_1}	1.12×10^{-3}	2.95	1.6×10^{-3}	2.8
		K_{a_2}	3.91×10^{-6}	5.41	8×10^{-6}	5.1
柠 檬 酸	CH_2COOH | $C(OH)COOH$ | CH_2COOH	K_{a_1}	7.4×10^{-4}	3.13	1×10^{-3}	3.0
		K_{a_2}	1.7×10^{-5}	4.76	4×10^{-5}	4.4
		K_{a_3}	4.0×10^{-7}	6.40	8×10^{-7}	6.1
苯 酚	C_6H_5OH		1.12×10^{-10}	9.95	1.6×10^{-10}	9.8
乙酰丙酮	$CH_3COCH_2COCH_3$		1×10^{-9}	9.0	1.3×10^{-9}	8.9

（续表）

酸	化学式		$I=0$		$I=0.1$	
			K_a	pK_a	K_a^M	pK_a^M
乙二胺四乙酸	CH₂COOH / CH₂—N / CH₂COOH / CH₂COOH / CH₂—N / CH₂COOH	K_{a_1}			1.3×10^{-1}	0.9
		K_{a_2}			3×10^{-2}	1.6
		K_{a_3}			8.5×10^{-3}	2.07
		K_{a_4}			1.8×10^{-3}	2.75
		K_{a_5}	5.4×10^{-7}	6.27	5.8×10^{-7}	6.24
		K_{a_6}	1.12×10^{-11}	10.95	4.6×10^{-11}	10.34
8-羟基喹啉		K_{a_1}	8×10^{-6}	5.1	1×10^{-5}	5.0
		K_{a_2}	1×10^{-9}	9.0	1.3×10^{-10}	9.9
苹果酸	HOOCCH₂CHCOOH / OH	K_{a_1}	4.0×10^{-4}	3.40	5.2×10^{-4}	3.28
		K_{a_2}	8.9×10^{-6}	5.05	1.9×10^{-5}	4.72
苯酚			1.12×10^{-10}	9.95	1.6×10^{-10}	9.8
水杨酸		K_{a_1}	1.05×10^{-3}	2.98	1.3×10^{-3}	2.9
		K_{a_2}			8×10^{-14}	13.1
磺基水杨酸		K_{a_1}			3×10^{-3}	2.6
		K_{a_2}			3×10^{-12}	11.6
顺丁烯二酸	CH—COOH / ‖ / CH—COOH （顺式）	K_{a_1}	1.2×10^{-2}	1.92		
		K_{a_2}	6.0×10^{-7}	6.22		

Ⅲ.2.2　弱碱

碱	化学式		$I=0$		$I=0.1$	
			K_b	pK_b	K_b^M	pK_b^M
氨	NH₃		1.8×10^{-5}	4.75	2.3×10^{-5}	4.63
联氨	H₂N-NH₂	K_{b_1}	9.8×10^{-7}	6.01	1.3×10^{-6}	5.9
		K_{b_2}	1.32×10^{-15}	14.88		
羟氨	NH₂OH		9.1×10^{-9}	8.04	1.6×10^{-8}	7.8
甲胺	CH₃NH₂		4.2×10^{-4}	3.38		
乙胺	C₂H₅NH₂		4.3×10^{-4}	3.37		

碱	化学式		$I=0$		$I=0.1$	
			K_b	pK_b	K_b^M	pK_b^M
苯胺	$C_6H_5NH_2$		4.2×10^{-10}	9.38	5×10^{-10}	9.3
乙二胺	$H_2NCH_2CH_2NH_2$	K_{b_1}	8.5×10^{-5}	4.07		
		K_{b_2}	7.1×10^{-8}	7.15		
三乙醇胺	$N(CH_2CH_2OH)_3$		5.8×10^{-7}	6.24	1.3×10^{-8}	7.9
六次甲基四胺	$(CH_2)_6N_4$		1.35×10^{-9}	8.87	1.8×10^{-9}	8.74
吡啶	C_5H_5N		1.8×10^{-9}	8.74	1.6×10^{-9}	8.79 ($I=0.5$)
邻二氮菲			6.9×10^{-10}	9.16	8.9×10^{-10}	9.05

Ⅲ.2.3　氨基酸的离解常数

氨基酸	全质子化结构	羧　基	氨　基	取代基
丙氨酸	$\begin{array}{c}NH_3^+\\|\\CH-CH_3\\|\\CO_2H\end{array}$	$pK_a=2.348$	$pK_a=9.867$	
精氨酸	$\begin{array}{c}NH_3^+ \qquad \overset{+}{N}H_2\\|\qquad\qquad\|\\CH-CH_2CH_2CH_2NH-C\\|\qquad\qquad\|\\CO_2H\qquad NH_2\end{array}$	$pK_a=1.823$	$pK_a=8.991$	$(pK_a=12.48)$
天冬酰胺	$\begin{array}{c}NH_3^+ \quad O\\|\qquad\|\\CH-CH_2CNH_2\\|\\CO_2H\end{array}$	$pK_a=2.14^c$	$pK_a=8.72^c$	
天冬氨酸	$\begin{array}{c}NH_3^+\\|\\CH-CH_2CO_2H\\|\\CO_2H\end{array}$	$pK_a=1.990$	$pK_a=10.002$	$pK_a=3.900$
半胱氨酸	$\begin{array}{c}NH_3^+\\|\\CH-CH_2SH\\|\\CO_2H\end{array}$	$(pK_a=1.71)$	$pK_a=10.77$	$pK_a=8.36$
谷氨酸	$\begin{array}{c}NH_3^+\\|\\CH-CH_2CH_2CO_2H\\|\\CO_2H\end{array}$	$pK_a=2.23$	$pK_a=9.95$	$pK_a=4.42$
谷氨酰胺	$\begin{array}{c}NH_3^+ \quad O\\|\qquad\|\\CH-CH_2CH_2CNH_2\\|\\CO_2H\end{array}$	$pK_a=2.17^c$	$pK_a=9.01^c$	

氨基酸	全质子化结构	羧　基	氨　基	取代基
甘氨酸	$\overset{NH_3^+}{\underset{CO_2H}{CH}}$—H	$pK_a=2.350$	$pK_a=9.778$	
组氨酸	$\overset{NH_3^+}{\underset{CO_2H}{CH}}$—$CH_2$—咪唑环	$pK_a=1.7^c$	$pK_a=9.08^c$	$pK_a=6.02^c$
异亮氨酸	$\overset{NH_3^+}{\underset{CO_2H}{CH}}$—$\overset{CH_3}{\underset{CH_2CH_3}{CH}}$	$pK_a=2.319$	$pK_a=9.754$	
亮氨酸	$\overset{NH_3^+}{\underset{CO_2H}{CH}}$—$CH_2CH(CH_3)_2$	$pK_a=2.329$	$pK_a=9.747$	
赖氨酸	$\overset{NH_3^+}{\underset{CO_2H}{CH}}$—$CH_2CH_2CH_2CH_2NH_3^+$	$pK_a=2.04^c$	$pK_a=9.08^c$	$pK_a=10.69^c$
蛋氨酸	$\overset{NH_3^+}{\underset{CO_2H}{CH}}$—$CH_2CH_2SCH_3$	$pK_a=2.20^c$	$pK_a=9.05^c$	
苯丙氨酸	$\overset{NH_3^+}{\underset{CO_2H}{CH}}$—$CH_2$—苯环	$pK_a=2.20$	$pK_a=9.31$	
脯氨酸	HO_2C—吡咯烷环（$\overset{+}{H_2N}$）	$pK_a=1.952$	$pK_a=10.640$	
丝氨酸	$\overset{NH_3^+}{\underset{CO_2H}{CH}}$—$CH_2OH$	$pK_a=2.187$	$pK_a=9.209$	
苏氨酸	$\overset{NH_3^+}{\underset{CO_2H}{CH}}$—$\overset{CH_3}{\underset{OH}{CH}}$	$pK_a=2.088$	$pK_a=9.100$	

（续表）

氨基酸	全质子化结构	羧　基	氨　基	取代基
色氨酸	NH_3^+ $CH-CH_2-$(indole) CO_2H	$pK_a = 2.35^c$	$pK_a = 9.33^c$	
酪氨酸	NH_3^+ $CH-CH_2-$(benzene)$-OH$ CO_2H	$pK_a = 2.17^c$	$pK_a = 9.19$	$pK_a = 10.47$
缬氨酸	NH_3^+ $CH-CH(CH_3)_2$ CO_2H	$pK_a = 2.286$	$pK_a = 9.718$	

注：标有 c 的数据为 $I = 0.1\ mol \cdot L^{-1}$ 时的浓度常数，其余皆为活度常数（25℃），括号中的数据为不确定值。

Ⅲ.3　金属络合物的稳定常数

金属离子	离子强度	i	$\lg\beta_i$
氨络合物			
Ag^+	0.1	1,2	3.40, 7.40
Cd^{2+}	0.1	1,…,6	2.60, 4.65, 6.04, 6.92, 6.6, 4.9
Co^{2+}	0.1	1,…,6	2.05, 3.62, 4.61, 5.31, 5.43, 4.75
Cu^{2+}	2	1,…,4	4.13, 7.61, 10.48, 12.59
Ni^{2+}	0.1	1,…,6	2.75, 4.95, 6.64, 7.79, 8.50, 8.49
Zn^{2+}	0.1	1,…,4	2.27, 4.61, 7.01, 9.06
羟基络合物			
Ag^+	0	1,2,3	2.3, 3.6, 4.8
Al^{3+}	2	4	33.3
Bi^{3+}	3	1	12.4
Cd^{2+}	3	1,…,4	4.3, 7.7, 10.3, 12.0
Cu^{2+}	0	1	6.0
Fe^{2+}	1	1	4.5
Fe^{3+}	3	1,2	11.0, 21.7
Mg^{2+}	0	1	2.6
Ni^{2+}	0.1	1	4.6
Pb^{2+}	0.3	1,…,3	6.2, 10.3, 13.3
Zn^{2+}	0	1,…,4	4.4, —, 14.4, 15.5
Zr^{4+}	4	1,…,4	13.8, 27.2, 40.2, 53
氟络合物			
Al^{3+}	0.53	1,…,6	6.1, 11.15, 15.0, 17.7, 19.4, 19.7
Fe^{3+}	0.5	1,2,3	5.2, 9.2, 11.9

（续表）

金属离子	离子强度	i	$\lg\beta_i$
Th^{4+}	0.5	1,2,3	7.7, 13.5, 18.0
TiO^{2+}	3	1,…,4	5.4, 9.8, 13.7, 17.4
Sn^{4+}	*	6	25
Zr^{4+}	2	1,2,3	8.8, 16.1, 21.9
氯络合物			
Ag^+	0.2	1,…,4	2.9, 4.7, 5.0, 5.9
Hg^{2+}	0.5	1,…,4	6.7, 13.2, 14.1, 15.1
碘络合物			
Cd^{2+}	*	1,…,4	2.4, 3.4, 5.0, 6.15
Hg^{2+}	0.5	1,…,4	12.9, 23.8, 27.6, 29.8
氰络合物			
Ag^+	0~0.3	1,…,4	—, 21.1, 21.8, 20.7
Cd^{2+}	3	1,…,4	5.5, 10.6, 15.3, 18.9
Cu^+	0	1,…,4	—, 24.0, 28.6, 30.3
Fe^{2+}	0	6	35.4
Fe^{3+}	0	6	43.6
Hg^{2+}	0.1	1,…,4	18.0, 34.7, 38.5, 41.5
Ni^{2+}	0.1	4	31.3
Zn^{2+}	0.1	4	16.7
硫氰酸络合物			
Fe^{3+}	*	1,…,5	2.3, 4.2, 5.6, 6.4, 6.4
Hg^{2+}	1	1,…,4	—, 16.1, 19.0, 20.9
硫代硫酸络合物			
Ag^+	0	1,2	8.82, 13.5
Hg^{2+}	0	1,2	29.86, 32.26
柠檬酸络合物			
Al^{3+}	0.5	1	20.0
Cu^{2+}	0.5	1	18
Fe^{3+}	0.5	1	25
Ni^{2+}	0.5	1	14.3
Pb^{2+}	0.5	1	12.3
Zn^{2+}	0.5	1	11.4
磺基水杨酸络合物			
Al^{3+}	0.1	1,2,3	12.9, 22.9, 29.0
Fe^{3+}	3	1,2,3	14.4, 25.2, 32.2
乙酰丙酮络合物			
Al^{3+}	0.1	1,2,3	8.1, 15.7, 21.2
Cu^{2+}	0.1	1,2	7.8, 14.3
Fe^{3+}	0.1	1,2,3	9.3, 17.9, 25.1
邻二氮菲络合物			
Ag^+	0.1	1,2	5.02, 12.07
Cd^{2+}	0.1	1,2,3	6.4, 11.6, 15.8

* 离子强度不定。

（续表）

金属离子	离子强度	i	$\lg\beta_i$
Co^{2+}	0.1	1,2,3	7.0, 13.7, 20.1
Cu^{2+}	0.1	1,2,3	9.1, 15.8, 21.0
Fe^{2+}	0.1	1,2,3	5.9, 11.1, 21.3
Hg^{2+}	0.1	1,2,3	—, 19.65, 23.35
Ni^{2+}	0.1	1,2,3	8.8, 17.1, 24.8
Zn^{2+}	0.1	1,2,3	6.4, 12.15, 17.0
乙二胺络合物			
Ag^+	0.1	1,2	4.7, 7.7
Cd^{2+}	0.1	1,2	5.47, 10.02
Cu^{2+}	0.1	1,2	10.55, 19.60
Co^{2+}	0.1	1,2,3	5.89, 10.72, 13.82
Hg^{2+}	0.1	2	23.42
Ni^{2+}	0.1	1,2,3	7.66, 14.06, 18.59
Zn^{2+}	0.1	1,2,3	5.71, 10.37, 12.08

Ⅲ.4　金属离子与氨羧络合剂*络合物稳定常数的对数值

金属离子	EDTA			EGTA		HEDTA	
	$\lg K^H$ (MHL)	$\lg K$ (ML)	$\lg K^{OH}$(MOHL)	$\lg K^H$ (MHL)	$\lg K$ (ML)	$\lg K$ (ML)	$\lg K^{OH}$(MOHL)
Ag^+	6.0	7.3					
Al^{3+}	2.5	16.1	8.1				
Ba^{2+}	4.6	7.8		5.4	8.4	6.2	
Bi^{3+}		27.9					
Ca^{2+}	3.1	10.7		3.8	11.0	8.0	
Ce^{3+}		16.0					
Cd^{2+}	2.9	16.5		3.5	15.6	13.0	
Co^{2+}	3.1	16.3			12.3	14.4	
Co^{3+}	1.3	36					
Cr^{3+}	2.3	23	6.6				
Cu^{2+}	3.0	18.8	2.5	4.4	17	17.4	
Fe^{2+}	2.8	14.3				12.2	5.0
Fe^{3+}	1.4	25.1	6.5			19.8	10.1
Hg^{2+}	3.1	21.8	4.9	3.0	23.2	20.1	
La^{3+}		15.4			15.6	13.2	
Mg^{2+}	3.9	8.7			5.2	5.2	
Mn^{2+}	3.1	14.0		5.0	11.5	10.7	
Ni^{2+}	3.2	18.6		6.0	12.0	17.0	
Pb^{2+}	2.8	18.0		5.3	13.0	15.5	
Sn^{2+}		22.1					

（续表）

金属离子	EDTA			EGTA		HEDTA	
	$\lg K^{H}$ (MHL)	$\lg K$ (ML)	$\lg K^{OH}$(MOHL)	$\lg K^{H}$ (MHL)	$\lg K$ (ML)	$\lg K$ (ML)	$\lg K^{OH}$(MOHL)
Sr^{2+}	3.9	8.6		5.4	8.5	6.8	
Th^{4+}		23.2					8.6
Ti^{3+}		21.3					
TiO^{2+}		17.3					
Zn^{2+}	3.0	16.5		5.2	12.8	14.5	

＊表中 EDTA—乙二胺四乙酸；EGTA—乙二醇-双（2-氨基乙醚）四乙酸；HEDTA—2-羟乙基乙二胺三乙酸。

Ⅲ.5　一些络合滴定剂、掩蔽剂、缓冲剂阴离子的 $\lg\alpha_{A(H)}$ 值

pH	EDTA	HEDTA	NH_3	CN^-	F^-
0	24.0	17.9	9.4	9.2	3.05
1	18.3	15.0	8.4	8.2	2.05
2	13.8	12.0	7.4	7.2	1.1
3	10.8	9.4	6.4	6.2	0.3
4	8.6	7.2	5.4	5.2	0.05
5	6.6	5.3	4.4	4.2	
6	4.8	3.9	3.4	3.2	
7	3.4	2.8	2.4	2.2	
8	2.3	1.8	1.4	1.2	
9	1.4	0.9	0.5	0.4	
10	0.5	0.2	0.1	0.1	
11	0.1				
12					
13					
酸的形成常数					
$\lg K_1$	10.34	9.81	9.4	9.2	3.1
$\lg K_2$	6.24	5.41			
$\lg K_3$	2.75	2.72			
$\lg K_4$	2.07				
$\lg K_5$	1.6				
$\lg K_6$	0.9				

Ⅲ.6　一些金属离子的 $\lg\alpha_{M(OH)}$ 值

金属离子	离子强度	pH													
		1	2	3	4	5	6	7	8	9	10	11	12	13	14
Al^{3+}	2					0.4	1.3	5.3	9.3	13.3	17.3	21.3	25.3	29.3	33.3
Bi^{3+}	3	0.1	0.5	1.4	2.4	3.4	4.4	5.4							
Ca^{2+}	0.1													0.3	1.0
Cd^{2+}	3								0.1	0.5	2.0	4.5	8.1	12.0	
Co^{2+}	0.1							0.1	0.4	1.1	2.2	4.2	7.2	10.2	
Cu^{2+}	0.1							0.2	0.8	1.7	2.7	3.7	4.7	5.7	

金属离子	离子强度	pH												
		1	2	3	4	5	6	7	8	9	10	11	12	13	14
Fe^{2+}	1									0.1	0.6	1.5	2.5	3.5	4.5
Fe^{3+}	3			0.4	1.8	3.7	5.7	7.7	9.7	11.7	13.7	15.7	17.7	19.7	21.7
Hg^{2+}	0.1			0.5	1.9	3.9	5.9	7.9	9.9	11.9	13.9	15.9	17.9	19.9	21.9
La^{3+}	3										0.3	1.0	1.9	2.9	3.9
Mg^{2+}	0.1											0.1	0.5	1.3	2.3
Mn^{2+}	0.1										0.1	0.5	1.4	2.4	3.4
Ni^{2+}	0.1									0.1	0.7	1.6			
Pb^{2+}	0.1							0.1	0.5	1.4	2.7	4.7	7.4	10.4	13.4
Th^{4+}	1				0.2	0.8	1.7	2.7	3.7	4.7	5.7	6.7	7.7	8.7	9.7
Zn^{2+}	0.1									0.2	2.4	5.4	8.5	11.8	15.5

Ⅲ.7　金属指示剂的 $\lg\alpha_{In(H)}$ 及金属指示剂变色点的 pM（即$(pM)_t$）值

Ⅲ.7.1　铬黑 T

pH	6.0	7.0	8.0	9.0	10.0	11.0	12.0	13.0	稳 定 常 数
$\lg\alpha_{In(H)}$	6.0	4.6	3.6	2.6	1.6	0.7	0.1		$\lg K^H(HIn)11.6;\lg K^H(H_2In)6.3$
$(pCa)_t$(至红)			1.8	2.8	3.8	4.7	5.3	5.4	$\lg K(CaIn)5.4$
$(pMg)_t$(至红)	1.0	2.4	3.4	4.4	5.4	6.3			$\lg K(MgIn)7.0$
$(pZn)_t$(至红)	6.9	8.3	9.3	10.5	12.2	13.9			$\lg\beta(ZnIn)12.9;\lg\beta(ZnIn_2)20.0$

Ⅲ.7.2　紫脲酸铵

pH	6.0	7.0	8.0	9.0	10.0	11.0	12.0	稳 定 常 数
$\lg\alpha_{In(H)}$	7.7	5.7	3.7	1.9	0.7	0.1		$\lg K^H(HIn)10.5;$
$\lg\alpha_{HIn(H)}$	3.2	2.2	1.2	0.4	0.2	0.6	1.5	$\lg K^H(H_2In)9.2$
$(pCa)_t$(至红)			2.6	2.8	3.4	4.0	4.6	5.0	$\lg K(CaIn)5.0$
$(pCu)_t$(至橙)	6.4	8.2	10.2	12.2	13.6	15.8	17.9	
$(pNi)_t$(至黄)	4.6	5.2	6.2	7.8	9.3	10.3	11.3	

Ⅲ.7.3　二甲酚橙*

pH	1.0	2.0	3.0	4.0	4.5	5.0	5.5	6.0
$(pBi)_t$(至红)	4.0	5.4	6.8					
$(pCd)_t$(至红)					4.0	4.5	5.0	5.5
$(pHg)_t$(至红)						7.4	8.2	9.0
$(pLa)_t$(至红)					4.0	4.5	5.0	5.6
$(pPb)_t$(至红)			4.2	4.8	6.2	7.0	7.6	8.2
$(pTh)_t$(至红)	3.6	4.9	6.3					
$(pZn)_t$(至红)					4.1	4.8	5.7	6.5
$(pZr)_t$(至红)	7.5							

* 表中二甲酚橙与各金属络合物的$(pM)_t$均系实验测得。

Ⅲ.7.4　PAN

pH	4.0	5.0	6.0	7.0	8.0	9.0	10.0	11.0	稳定常数(20%二氧六环)
$lg\alpha_{In(H)}$	8.2	7.2	6.2	5.2	4.2	3.2	2.2	1.2	$lgK(HIn)12.2$; $lgK^H(H_2In)1.9$
$(pCu)_t$(至红)	7.8	8.8	9.8	10.8	11.8	12.8	13.8	14.8	$lgK(CuIn)16.0$

Ⅲ.8　标准电极电位($\varphi^\ominus$)及一些氧化还原电对的条件电位($\varphi^{\ominus\prime}$)

Ⅲ.8.1　标准电极电位 $\varphi^\ominus$(25℃)

电 极 反 应	$\varphi^\ominus/V$
$F_2+2e \Longrightarrow 2F^-$	$+2.87$
$O_3+2H^++2e \Longrightarrow O_2+H_2O$	$+2.07$
$S_2O_8^{2-}+2e \Longrightarrow 2SO_4^{2-}$	$+2.0$
$H_2O_2+2H^++2e \Longrightarrow 2H_2O$	$+1.77$
$Ce^{4+}+e \Longrightarrow Ce^{3+}$	$+1.61$
$2BrO_3^-+12H^++10e \Longrightarrow Br_2+6H_2O$	$+1.5$
$MnO_4^-+8H^++5e \Longrightarrow Mn^{2+}+4H_2O$	$+1.51$
$PbO_2(固)+4H^++2e \Longrightarrow Pb^{2+}+H_2O$	$+1.46$
$BrO_3^-+6H^++6e \Longrightarrow Br^-+3H_2O$	$+1.44$
$Cl_2+2e \Longrightarrow 2Cl^-$	$+1.358$
$Cr_2O_7^{2-}+14H^++6e \Longrightarrow 2Cr^{3+}+7H_2O$	$+1.33$
$MnO_2(固)+4H^++2e \Longrightarrow Mn^{2+}+2H_2O$	$+1.23$
$O_2+4H^++4e \Longrightarrow 2H_2O$	$+1.229$
$2IO_3^-+12H^++10e \Longrightarrow I_2+6H_2O$	$+1.19$
$Br_2+2e \Longrightarrow 2Br^-$	$+1.08$
$HNO_2+H^++e \Longrightarrow NO+H_2O$	$+0.98$
$VO_2^++2H^++e \Longrightarrow VO^{2+}+H_2O$	$+0.999$
$NO_3^-+3H^++2e \Longrightarrow HNO_2+H_2O$	$+0.94$
$Hg^{2+}+2e \Longrightarrow 2Hg$	$+0.845$
$Ag^++e \Longrightarrow Ag$	$+0.7994$
$Hg_2^{2+}+2e \Longrightarrow 2Hg$	$+0.792$
$Fe^{3+}+e \Longrightarrow Fe^{2+}$	$+0.771$
$O_2+2H^++2e \Longrightarrow H_2O_2$	$+0.69$
$2HgCl_2+2e \Longrightarrow Hg_2Cl_2+2Cl^-$	$+0.63$
$MnO_4^-+2H_2O+3e \Longrightarrow MnO_2+4OH^-$	$+0.588$
$MnO_4^-+e \Longrightarrow MnO_4^{2-}$	$+0.57$
$H_3AsO_4+2H^++2e \Longrightarrow HAsO_2+2H_2O$	$+0.56$
$I_3^-+2e \Longrightarrow 3I^-$	$+0.54$
$I_2(固)+2e \Longrightarrow 2I^-$	$+0.535$
$Cu^++e \Longrightarrow Cu$	$+0.52$
$Fe(CN)_6^{3-}+e \Longrightarrow Fe(CN)_6^{4-}$	$+0.355$
$Cu^{2+}+2e \Longrightarrow Cu$	$+0.34$
$Hg_2Cl_2+2e \Longrightarrow 2Hg+2Cl^-$	$+0.268$

（续表）

电 极 反 应	$\varphi^\ominus/V$
$SO_4^{2-}+4H^++2e \Longrightarrow H_2SO_3+H_2O$	$+0.17$
$Cu^{2+}+e \Longrightarrow Cu^+$	$+0.17$
$Sn^{4+}+2e \Longrightarrow Sn^{2+}$	$+0.15$
$S+2H^++2e \Longrightarrow H_2S$	$+0.14$
$S_4O_6^{2-}+2e \Longrightarrow 2S_2O_3^{2-}$	$+0.09$
$2H^++2e \Longrightarrow H_2$	0.00
$Pb^{2+}+2e \Longrightarrow Pb$	-0.126
$Sn^{2+}+2e \Longrightarrow Sn$	-0.14
$Ni^{2+}+2e \Longrightarrow Ni$	-0.25
$PbSO_4(固)+2e \Longrightarrow Pb+SO_4^{2-}$	-0.356
$Cd^{2+}+2e \Longrightarrow Cd$	-0.403
$Fe^{2+}+2e \Longrightarrow Fe$	-0.44
$S+2e \Longrightarrow S^{2-}$	-0.48
$2CO_2+2H^++2e \Longrightarrow H_2C_2O_4$	-0.49
$Zn^{2+}+2e \Longrightarrow Zn$	-0.7628
$SO_4^{2-}+H_2O+2e \Longrightarrow SO_3^{2-}+2OH^-$	-0.93
$Al^{3+}+3e \Longrightarrow Al$	-1.66
$Mg^{2+}+2e \Longrightarrow Mg$	-2.37
$Na^++e \Longrightarrow Na$	-2.713
$Ca^{2+}+2e \Longrightarrow Ca$	-2.87
$K^++e \Longrightarrow K$	-2.925

Ⅲ.8.2　一些氧化还原电对的条件电位（$\varphi^{\ominus\prime}$,25℃）

电 极 反 应	$\varphi^{\ominus\prime}/V$	介　质
$Ag^{2+}+e \Longrightarrow Ag^+$	2.00	$4\ mol \cdot L^{-1}\ HClO_4$
	1.93	$3\ mol \cdot L^{-1}\ HNO_3$
$Ce(Ⅳ)+e \Longrightarrow Ce(Ⅲ)$	1.74	$1\ mol \cdot L^{-1}\ HClO_4$
	1.45	$0.5\ mol \cdot L^{-1}\ H_2SO_4$
	1.28	$1\ mol \cdot L^{-1}\ HCl$
	1.60	$1\ mol \cdot L^{-1}\ HNO_3$
$Co(Ⅲ)+e \Longrightarrow Co(Ⅱ)$	1.95	$4\ mol \cdot L^{-1}\ HClO_4$
	1.86	$1\ mol \cdot L^{-1}\ HNO_3$
$Cr_2O_7^{2-}+14H^++6e \Longrightarrow 2Cr^{3+}+7H_2O$	1.03	$1\ mol \cdot L^{-1}\ HClO_4$
	1.15	$4\ mol \cdot L^{-1}\ H_2SO_4$
	1.00	$1\ mol \cdot L^{-1}\ HCl$
$Fe(Ⅲ)+e \Longrightarrow Fe(Ⅱ)$	0.75	$1\ mol \cdot L^{-1}\ HClO_4$
	0.70	$1\ mol \cdot L^{-1}\ HCl$
	0.68	$1\ mol \cdot L^{-1}\ H_2SO_4$
	0.51	$1\ mol \cdot L^{-1}\ HCl\text{-}0.25\ mol \cdot L^{-1}\ H_3PO_4$

（续表）

电 极 反 应	$\varphi^{\ominus\prime}/V$	介　　质
$Fe(CN)_6^{3-}+e =\!=\!= Fe(CN)_6^{4-}$	0.56	$0.1\ mol \cdot L^{-1}\ HCl$
	0.72	$1\ mol \cdot L^{-1}\ HClO_4$
$I_3^-+2e =\!=\!= 3I^-$	0.545	$0.5\ mol \cdot L^{-1}\ H_2SO_4$
$Sn(IV)+2e =\!=\!= Sn(II)$	0.14	$1\ mol \cdot L^{-1}\ HCl$
$Sb(V)+2e =\!=\!= Sb(III)$	0.75	$3.5\ mol \cdot L^{-1}\ HCl$
$SbO_3^-+H_2O+2e =\!=\!= SbO_2^-+2OH^-$	-0.43	$3\ mol \cdot L^{-1}\ KOH$
$Ti(IV)+e =\!=\!= Ti(III)$	-0.01	$0.2\ mol \cdot L^{-1}\ H_2SO_4$
	0.15	$5\ mol \cdot L^{-1}\ H_2SO_4$
	0.10	$3\ mol \cdot L^{-1}\ HCl$
$V(V)+e =\!=\!= V(IV)$	0.94	$1\ mol \cdot L^{-1}\ H_3PO_4$
$U(VI)+2e =\!=\!= U(IV)$	0.35	$1\ mol \cdot L^{-1}\ HCl$

Ⅲ.9　难溶化合物的活度积($K_{sp}^{\ominus}$)和溶度积(K_{sp}, 25℃)

化 合 物	$I=0$		$I=0.1$	
	$K_{sp}^{\ominus}$	$pK_{sp}^{\ominus}$	K_{sp}	pK_{sp}
AgAc	2×10^{-3}	2.7	8×10^{-3}	2.1
AgCl	1.77×10^{-10}	9.75	3.2×10^{-10}	9.50
AgBr	4.95×10^{-13}	12.31	8.7×10^{-13}	12.06
AgI	8.3×10^{-17}	16.08	1.48×10^{-16}	15.83
Ag_2CrO_4	1.12×10^{-12}	11.95	5×10^{-12}	11.3
AgSCN	1.07×10^{-12}	11.97	2×10^{-12}	11.7
Ag_2S	6×10^{-50}	49.2	6×10^{-49}	48.2
Ag_2SO_4	1.58×10^{-5}	4.80	8×10^{-5}	4.1
$Ag_2C_2O_4$	1×10^{-11}	11.0	4×10^{11}	10.4
Ag_3AsO_4	1.12×10^{-20}	19.95	1.3×10^{-19}	18.9
Ag_3PO_4	1.45×10^{-16}	15.84	2×10^{-15}	14.7
AgOH	1.9×10^{-8}	7.71	3×10^{-8}	7.5
$Al(OH)_3$ 无定形	4.6×10^{-33}	32.34	3×10^{-32}	31.5
BaC_1O_4	1.17×10^{-10}	9.93	8×10^{-10}	9.1
$BaCO_3$	4.9×10^{-9}	8.31	3×10^{-8}	7.5
$BaSO_4$	1.07×10^{-10}	9.97	6×10^{-10}	9.2
BaC_2O_4	1.6×10^{-7}	6.79	1×10^{-6}	6.0
BaF_2	1.05×10^{-6}	5.98	5×10^{-6}	5.3
$Bi(OH)_2Cl$	1.8×10^{-31}	30.75		
$Ca(OH)_2$	5.5×10^{-6}	5.26	1.3×10^{-5}	4.9
$CaCO_3$	3.8×10^{-9}	8.42	3×10^{-8}	7.5
CaC_2O_4	2.3×10^{-9}	8.64	1.6×10^{-8}	7.8
CaF_2	3.4×10^{-11}	10.47	1.6×10^{-10}	9.8
$Ca_3(PO_4)_2$	1×10^{-26}	26.0	1×10^{-23}	23
$CaSO_4$	2.4×10^{-5}	4.62	1.6×10^{-4}	3.8
$CdCO_3$	3×10^{-14}	13.5	1.6×10^{-13}	12.8

化　合　物	$I=0$		$I=0.1$	
	$K_{sp}^{\ominus}$	$pK_{sp}^{\ominus}$	K_{sp}	pK_{sp}
CdC_2O_4	1.51×10^{-8}	7.82	1×10^{-7}	7.0
$Cd(OH)_2$(新析出)	3×10^{-14}	13.5	6×10^{-14}	13.2
CdS	8×10^{-27}	26.1	5×10^{-26}	25.3
$Ce(OH)_3$	6×10^{-21}	20.2	3×10^{-20}	19.5
$CePO_4$	2×10^{-24}	23.7		
$Co(OH)_2$(新析出)	1.6×10^{-15}	14.8	4×10^{-15}	14.4
CoS α型	4×10^{-21}	20.4	3×10^{-20}	19.5
CoS β型	2×10^{-25}	24.7	1.3×10^{-24}	23.9
$Cr(OH)_3$	1×10^{-31}	31.0	5×10^{-31}	30.3
CuI	1.10×10^{-12}	11.96	2×10^{-12}	11.7
$CuSCN$			2×10^{-13}	12.7
CuS	6×10^{-36}	35.2	4×10^{-35}	34.4
$Cu(OH)_2$	2.6×10^{-19}	18.59	6×10^{-19}	18.2
$Fe(OH)_2$	8×10^{-16}	15.1	2×10^{-15}	14.7
$FeCO_3$	3.2×10^{-11}	10.50	2×10^{-10}	9.7
FeS	6×10^{-18}	17.2	4×10^{-17}	16.4
$Fe(OH)_3$	3×10^{-39}	38.5	1.3×10^{-38}	37.9
Hg_2Cl_2	1.32×10^{-18}	17.88	6×10^{-18}	17.2
HgS(黑)	1.6×10^{-52}	51.8	1×10^{-51}	51
HgS(红)	4×10^{-53}	52.4		
$Hg(OH)_2$	4×10^{-26}	25.4	1×10^{-25}	25.0
$KHC_4H_4O_6$	3×10^{-4}	3.5		
K_2PtCl_6	1.10×10^{-5}	4.96		
$La(OH)_3$(新析出)	1.6×10^{-19}	18.8	8×10^{-19}	18.1
$LaPO_4$			4×10^{-23}	22.4*
$MgCO_3$	1×10^{-5}	5.0	6×10^{-5}	4.2
MgC_2O_4	8.5×10^{-5}	4.07	5×10^{-4}	3.3
$Mg(OH)_2$	1.8×10^{-11}	10.74	4×10^{-11}	10.4
$MgNH_4PO_4$	3×10^{-13}	12.6		
$MnCO_3$	5×10^{-10}	9.30	3×10^{-9}	8.5
$Mn(OH)_2$	1.9×10^{-13}	12.72	5×10^{-13}	12.3
MnS(无定形)	3×10^{-10}	9.5	6×10^{-9}	8.8
MnS(晶形)	3×10^{-13}	12.5		
$Ni(OH)_2$(新析出)	2×10^{-15}	14.7	5×10^{-15}	14.3
NiS α型	3×10^{-19}	18.5		
NiS β型	1×10^{-24}	24.0		
NiS γ型	2×10^{-26}	25.7		
$PbCO_3$	8×10^{-14}	13.1	5×10^{-13}	12.3
$PbCl_2$	1.6×10^{-5}	4.79	8×10^{-5}	4.1

* $I=0.5$。

（续表）

化 合 物	$I=0$		$I=0.1$	
	$K_{sp}^{\ominus}$	$pK_{sp}^{\ominus}$	K_{sp}	pK_{sp}
$PbCrO_4$	1.8×10^{-14}	13.75	1.3×10^{-13}	12.9
PbI_2	6.5×10^{-9}	8.19	3×10^{-8}	7.5
$Pb(OH)_2$	8.1×10^{-17}	16.09	2×10^{-16}	15.7
PbS	3×10^{-27}	26.6	1.6×10^{-26}	25.8
$PbSO_4$	1.7×10^{-8}	7.78	1×10^{-7}	7.0
$SrCO_3$	9.3×10^{-10}	9.03	6×10^{-9}	8.2
SrC_2O_4	5.6×10^{-8}	7.25	3×10^{-7}	6.5
$SrCrO_4$	2.2×10^{-5}	4.65		
SrF_2	2.5×10^{-9}	8.61	1×10^{-8}	8.0
$SrSO_4$	3×10^{-7}	6.5	1.6×10^{-6}	5.8
$Sn(OH)_2$	8×10^{-29}	28.1	2×10^{-28}	27.7
SnS	1×10^{-25}	25.0		
$Th(C_2O_4)_2$	1×10^{-22}	22		
$Th(OH)_4$	1.3×10^{-45}	44.9	1×10^{-44}	44.0
$TiO(OH)_2$	1×10^{-29}	29	3×10^{-29}	28.5
$ZnCO_3$	1.7×10^{-11}	10.78	1×10^{-10}	10.0
$Zn(OH)_2$（新析出）	2.1×10^{-16}	15.68	5×10^{-16}	15.3
ZnS α 型	1.6×10^{-24}	23.8		
ZnS β 型	5×10^{-25}	24.3		
$ZrO(OH)_2$	6×10^{-49}	48.2	1×10^{-47}	47.0

附录 Ⅳ 部分习题参考答案

第 3 章

3.18

	H₃PO₄			H₂CO₃		NH₂OH	(CH₂)₆N₄
	1	2	3	1	2		
K_a	6.9×10^{-3}	6.2×10^{-8}	4.8×10^{-13}	4.2×10^{-7}	5.6×10^{-11}	1.1×10^{-6}	7.4×10^{-6}
K_b	2.1×10^{-2}	1.6×10^{-7}	1.4×10^{-12}	1.8×10^{-4}	2.4×10^{-8}	9.1×10^{-9}	1.35×10^{-9}

3.19 $5.2\times10^{-5}\ mol\cdot L^{-1}$

3.20 4.02

3.21 5.3 mL，9.5 mL，12.8 mL

3.22 (1) 1.96 (2) 9.06 (3) 6.15 (4) 6.06 (5) 12.77 (6) 1.84

3.23 (1) 1.64 (2) 2.29 (3) 4.71 (4) 7.21

3.24 0.75 g; 8.6 mL，6.7 mL

3.25 方法一：$c(HAc)=0.39\ mol\cdot L^{-1}$，$c(Ac^-)=0.86\ mol\cdot L^{-1}$，117 g，23 mL；方法二：128 g，25 mL；方法三：116 g，23 mL

3.26 11.12，9.25，6.25，5.28，4.30

3.27 5.00, 5.21, 4.79

3.28 $pH_{sp_1}=4.58$（MO）， $pH_{sp_2}=9.95$（百里酚酞）

3.29 $pH_{sp}=7.50$（酚红）

3.30 8.23, $+0.02\%$

3.31 8.13, 5.88; -0.07%

3.32 8.88, 9.70, 8.06; 1%

3.33 9.40, 8.88, 9.92; -0.07%

3.34 $+0.5\%$, $+0.3\%$

3.35 3.10, 3.03, 3.17

3.36 5.1; $+0.08\%$, -0.5%

3.37 0.3802%, 0.871%

3.38 $w(Na_2CO_3)=75.03\%$, $w(NaHCO_3)=22.19\%$

第 4 章

4.9 $10^{-9.37}$, $10^{9.37}$, $10^{4.63}$, 3.3

4.10

pL	22.1	11.4	7.7	3.0
主要形态	Fe^{3+}	$[Fe^{3+}]=[FeL]$	FeL_2	FeL_3

4.11 (1) 3.4, 0.2, 3.4　(2) 4.0, 0.5, 4.0

4.12 (1) 13.8　(2) -6.1

4.13 14.4, $10^{-8.2}\ mol \cdot L^{-1}$, $10^{-8.5}\ mol \cdot L^{-1}$

4.14 $10^{-7.6}\ mol \cdot L^{-1}$; 3.8

4.15

浓度 $c/(mol \cdot L^{-1})$	pCa		
	-0.1%	化学计量点	$+0.1\%$
0.01	5.3	6.5	7.7
0.1	4.3	6.0	7.7

4.16 $10^{9.2}(10^{9.3})$

4.17 5%; $10^{-6.1}(10^{-6.05})\ mol \cdot L^{-1}$, $10^{-3.3}\ mol \cdot L^{-1}$

4.18 (1) pH 为 $2.1 \sim 3.4$　(2) -0.2%

4.19 0.02%

4.20

	$[X']$	$[X]$	$\sum[H_iX]$	$[Cd^{2+}]$
sp	$10^{-5.3}$	$10^{-11.2}$	$10^{-6.6}$	$10^{-7.1}$
ep	$10^{-4.9}$	$10^{-10.8}$	$10^{-6.2}$	$10^{-7.1}$

4.21 12.10%, 8.34%

4.22 $0.01635\ mol \cdot L^{-1}$, $0.01618\ mol \cdot L^{-1}$, $0.00813\ mol \cdot L^{-1}$

4.23 0.67 g

第 5 章

5.13 0.77 V　　　　**5.14** 0.24 V

5. 15 0.13 V

5. 16 1.5×10^{-15} mol·L^{-1}

5. 17 0.11 V, 0.14 V, 0.17 V, 0.20 V, 0.23 V, 0.33 V, 0.52 V, 0.58 V, 0.64 V, 0.70 V

5. 18 0.02667 mol·L^{-1}

5. 19 1 : 1.1

5. 20 56.08%

5. 21 37.64%

5. 22 2.454%

5. 23 36.2%, 19.4%

5. 24 23.09%, 21.39%

第 6 章

6. 13 (1) 0.8999　　(2) 0.7643　　(3) 0.1110　　(4) 0.03782

6. 14 (1) 2×10^{-9} mol·L^{-1}　　(2) 2×10^{-3} mol·L^{-1}　　(3) 4×10^{-5} mol·L^{-1}

(4) 4×10^{-4} mol·L^{-1}　　(5) 3×10^{-6} mol·L^{-1}

6. 15 1.1×10^{-13}

6. 16 54.33%, 0.5%

6. 17 98.0%

6. 18 33.9%

6. 19 3.6 mol·L^{-1}

6. 20 34.15%, 65.85%

6. 21 3.00

6. 22 65.84%

6. 23 8.16%, 44.7%

6. 24 3.21%

第 7 章

7. 3 100%, 0.3%; 能

7. 6 7.1×10^{2}

7. 7 76%, 51%

7. 8 92%

7. 9 7.8 mL

7. 10 2.7%

第 8 章

8. 18. (1) 0.83　(2) 3393, 0.0088 cm　(3) 98 cm　(4) 56.69 min　(5) 0.004 cm

8. 19. (1) 4, 4.41, 5.33　(2) 1.1, 1.2, 1.22, 1.77　(3) 0.058 cm, 0.14 cm, 0.045 cm, 0.080 cm

(4) 3.8 m　(5) 6.65 min

8. 20. (1) 4039, 3920, 3921, 1866, 0.006 cm, 0.006 cm, 0.006 cm, 0.013 cm

(2) 0.74, 3.29, 3.55, 4.03, 6.35, 28.17, 30.37, 34.52

(3) 0.94, 1.08　(4) 1.28, 1.14　(5) 63.65 cm　(6) 53.24 cm　(7) 63.65 cm

8. 21 (1) 941　(2) 0.70, 1.79　(3) 4.26, 4.74, 6.05, 13.60, 15.11, 19.31　(4) 1.11, 1.28

8. 22 (1) 2.54, 2.62, 1.03　(2) 73236　(3) 1.6 m　(4) 82 min

8. 48 (2) 40 : 60

8. 54 乙醇 18.2%, 正庚烷 29.7%, 苯 21.4%, 乙酸乙酯 30.7%

8. 55 50.0 mg/L, 58.2 mg/L

8. 56 对二甲苯 4.7×10^{-6} mol/L (0.50 mg/L), 间二甲苯 4.0×10^{-6} mol/L (0.42 mg/L), 邻二甲苯 3.6×10^{-6} mol/L (0.38 mg/L)

8. 61 $\mu_{EOF} = 7.3 \times 10^{-4}$ cm^2·V^{-1}·s^{-1};

苯胺: $\mu_a = 1.23 \times 10^{-3}$ cm^2·V^{-1}·s^{-1}, $\mu_e = 0.50 \times 10^{-4}$ cm^2·V^{-1}·s^{-1};

苯甲酸: $\mu_a = 3.67 \times 10^{-4}$ cm^2·V^{-1}·s^{-1}, $\mu_e = -3.63 \times 10^{-4}$ cm^2·V^{-1}·s^{-1}

附录Ⅴ　索　引

附录 Ⅵ　元素周期表

注：相对原子质量录自 2003 年国际相对原子质量表，以¹²C ＝ 12 为基准。相对原子质量末位数的准确度加注在其后括号内。

图示说明：

| 原子序数 → 19 | 元素名称 |
| 元素符号 → K 钾 ← 注：带点是人造元素 |
| 4s¹ ← 外围电子的构型 |
| 相对原子质量 → 39.0983 |

周期 1

| 1 H 氢 1s¹ 1.00794(7) | | 2 He 氦 1s² 4.002602(2) |

电子层 K，电子数 2

周期 2

- 3 Li 锂 2s¹ 6.941(2)
- 4 Be 铍 2s² 9.012182(3)
- 5 B 硼 2s²2p¹ 10.811(7)
- 6 C 碳 2s²2p² 12.0107(8)
- 7 N 氮 2s²2p³ 14.0067(2)
- 8 O 氧 2s²2p⁴ 15.9994(3)
- 9 F 氟 2s²2p⁵ 18.9984032(5)
- 10 Ne 氖 2s²2p⁶ 20.1797(6)

电子层 L K，电子数 8 2

周期 3

- 11 Na 钠 3s¹ 22.989770(2)
- 12 Mg 镁 3s² 24.3050(6)
- 13 Al 铝 3s²3p¹ 26.981538(2)
- 14 Si 硅 3s²3p² 28.0855(3)
- 15 P 磷 3s²3p³ 30.973761(2)
- 16 S 硫 3s²3p⁴ 32.065(5)
- 17 Cl 氯 3s²3p⁵ 35.453(2)
- 18 Ar 氩 3s²3p⁶ 39.948(1)

电子层 M L K，电子数 8 8 2

周期 4

- 19 K 钾 4s¹ 39.0983
- 20 Ca 钙 4s² 40.078(4)
- 21 Sc 钪 3d¹4s² 44.955910(8)
- 22 Ti 钛 3d²4s² 47.867(1)
- 23 V 钒 3d³4s² 50.9415(1)
- 24 Cr 铬 3d⁵4s¹ 51.9961(6)
- 25 Mn 锰 3d⁵4s² 54.938049(9)
- 26 Fe 铁 3d⁶4s² 55.845(2)
- 27 Co 钴 3d⁷4s² 58.933200(9)
- 28 Ni 镍 3d⁸4s² 58.6934(2)
- 29 Cu 铜 3d¹⁰4s¹ 63.546(3)
- 30 Zn 锌 3d¹⁰4s² 65.409(4)
- 31 Ga 镓 4s²4p¹ 69.723(1)
- 32 Ge 锗 4s²4p² 72.64(1)
- 33 As 砷 4s²4p³ 74.92160(2)
- 34 Se 硒 4s²4p⁴ 78.96(3)
- 35 Br 溴 4s²4p⁵ 79.904(1)
- 36 Kr 氪 4s²4p⁶ 83.798(2)

电子层 N M L K，电子数 8 18 8 2

周期 5

- 37 Rb 铷 5s¹ 85.4678(3)
- 38 Sr 锶 5s² 87.62(1)
- 39 Y 钇 4d¹5s² 88.90585(2)
- 40 Zr 锆 4d²5s² 91.224(2)
- 41 Nb 铌 4d⁴5s¹ 92.90638(2)
- 42 Mo 钼 4d⁵5s¹ 95.94(2)
- 43 Tc 锝* 4d⁵5s² 97.907
- 44 Ru 钌* 4d⁷5s¹ 101.07(2)
- 45 Rh 铑 4d⁸5s¹ 102.90550(2)
- 46 Pd 钯 4d¹⁰ 106.42(1)
- 47 Ag 银 4d¹⁰5s¹ 107.8682(2)
- 48 Cd 镉 4d¹⁰5s² 112.411(8)
- 49 In 铟 5s²5p¹ 114.818(3)
- 50 Sn 锡 5s²5p² 118.710(7)
- 51 Sb 锑 5s²5p³ 121.760(1)
- 52 Te 碲 5s²5p⁴ 127.60(3)
- 53 I 碘 5s²5p⁵ 126.90447(3)
- 54 Xe 氙 5s²5p⁶ 131.293(6)

电子层 O N M L K，电子数 8 18 18 8 2

周期 6

- 55 Cs 铯 6s¹ 132.90545(2)
- 56 Ba 钡 6s² 137.327(7)
- 57~71 La~Lu 镧系
- 72 Hf 铪 5d²6s² 178.49(2)
- 73 Ta 钽 5d³6s² 180.9479(1)
- 74 W 钨 5d⁴6s² 183.84(1)
- 75 Re 铼 5d⁵6s² 186.207(1)
- 76 Os 锇 5d⁶6s² 190.23(3)
- 77 Ir 铱 5d⁷6s² 192.217(3)
- 78 Pt 铂 5d⁹6s¹ 195.078(2)
- 79 Au 金 5d¹⁰6s¹ 196.96655(2)
- 80 Hg 汞 5d¹⁰6s² 200.59(2)
- 81 Tl 铊 6s²6p¹ 204.3833(2)
- 82 Pb 铅 6s²6p² 207.2(1)
- 83 Bi 铋 6s²6p³ 208.98038(2)
- 84 Po 钋 6s²6p⁴ 208.98
- 85 At 砹 6s²6p⁵ 209.99
- 86 Rn 氡 6s²6p⁶ 222.02

电子层 P O N M L K，电子数 8 18 32 18 8 2

周期 7

- 87 Fr 钫 7s¹ 223.02
- 88 Ra 镭 7s² 226.03
- 89~103 Ac~Lr 锕系
- 104 Rf 𬬻* 6d²7s² 261.11
- 105 Db 𬭊* 6d³7s² 262.11
- 106 Sg 𬭳* 6d⁴7s² 263.12
- 107 Bh 𬭛* 6d⁵7s² 264.12
- 108 Hs 𬭶* 6d⁶7s² 265.13
- 109 Mt 鿏* 6d⁷7s² 266.13
- 110 Ds 𫟼* 6d⁸7s² (269)
- 111 Rg 𬬭* (272)
- 112 Uub* (277)
- 114 Uuq* (289)
- 116 Uuh* (289)

电子层 Q P O N M L K

镧系

- 57 La 镧 5d¹6s² 138.9055(2)
- 58 Ce 铈 4f¹5d¹6s² 140.116(1)
- 59 Pr 镨 4f³6s² 140.90765(2)
- 60 Nd 钕 4f⁴6s² 144.24(3)
- 61 Pm 钷* 4f⁵6s² 144.91
- 62 Sm 钐 4f⁶6s² 150.36(3)
- 63 Eu 铕 4f⁷6s² 151.964(1)
- 64 Gd 钆 4f⁷5d¹6s² 157.25(3)
- 65 Tb 铽 4f⁹6s² 158.92534(2)
- 66 Dy 镝 4f¹⁰6s² 162.500(1)
- 67 Ho 钬 4f¹¹6s² 164.93032(2)
- 68 Er 铒 4f¹²6s² 167.259(3)
- 69 Tm 铥 4f¹³6s² 168.93421(2)
- 70 Yb 镱 4f¹⁴6s² 173.04(3)
- 71 Lu 镥 4f¹⁴5d¹6s² 174.967(1)

锕系

- 89 Ac 锕 6d¹7s² 227.03
- 90 Th 钍 6d²7s² 232.0381(1)
- 91 Pa 镤 5f²6d¹7s² 231.03588(2)
- 92 U 铀 5f³6d¹7s² 238.02891(3)
- 93 Np 镎 5f⁴6d¹7s² 237.05
- 94 Pu 钚 5f⁶7s² 244.06
- 95 Am 镅* 5f⁷7s² 243.06
- 96 Cm 锔* 5f⁷6d¹7s² 247.07
- 97 Bk 锫* 5f⁹7s² 247.07
- 98 Cf 锎* 5f¹⁰7s² 251.08
- 99 Es 锿* 5f¹¹7s² 252.08
- 100 Fm 镄* 5f¹²7s² 257.10
- 101 Md 钔* (5f¹³7s²) 258.10
- 102 No 锘* (5f¹⁴7s²) 259.10
- 103 Lr 铹* (5f¹⁴6d¹7s²) 260.11